蝉的系统分类学

陈　泽　杨晓军　著

科　学　出　版　社
北　京

内 容 简 介

本书综合了著者多年的研究成果及国内外其他蜱螨学家长期积累的知识与最新研究进展，是目前国内蜱分类领域中涵盖范围最大、内容最丰富的专业书籍。本书包括蜱的系统分类学概述、系统分类学研究方法、化石与演化、生物学特性、物种概况、形态特征、分类鉴定及生物信息学研究新进展 8 个方面，在形态特征方面，更新了种属检索表、完善了文字描述及模式图的同时，还增加了大量实物图。全书共计 576 张图，使物种的分类鉴定更形象直观。

本书适用于兽医寄生虫学、人体寄生虫学、蜱媒病学等领域以蜱或蜱媒病为研究对象的科研院所和高等院校的科研人员，也可作为高校中动物学、寄生虫学等相关课程的参考书目。

图书在版编目（CIP）数据

蜱的系统分类学/陈泽，杨晓军著. —北京：科学出版社, 2021.1

ISBN 978-7-03-062925-8

Ⅰ.①蜱…　Ⅱ.①陈…　②杨…　Ⅲ. ①蜱类–生物分类学–研究

Ⅳ.①S852.74

中国版本图书馆 CIP 数据核字(2019)第 253327 号

责任编辑：马　俊　韩学哲　付丽娜 / 责任校对：郑金红

责任印制：吴兆东 / 封面设计：刘新新

科学出版社 出版

北京东黄城根北街 16 号

邮政编码: 100717

http://www.sciencep.com

北京建宏印刷有限公司 印刷

科学出版社发行　各地新华书店经销

*

2021 年 1 月第　一　版　开本：889×1194 1/16

2021 年 1 月第一次印刷　印张：41 1/4

字数：1 034 000

定价：498.00 元

(如有印装质量问题，我社负责调换)

前　　言

广义的系统分类学是对有机体分门别类，反映其自然关系的有序系统学科，由分类学、命名法、生物学数据和演化史等组成。合理的系统学框架和准确鉴别有机体的能力是研究寄生虫演化及生态学过程的关键，也是有效诊断及防治寄生虫和相关疾病的基础。

蜱是广泛寄生于陆地脊椎动物（包括人）的一种外寄生虫，是吸血节肢动物中宿主范围最广的类群。蜱除吸血会造成宿主损伤外，有些还是多种病原体的传播媒介，甚至是储存宿主。世界上约10%的蜱种会携带并传播各种病原（包括病毒、细菌、立克次体、原虫等），被此类蜱叮咬后，在特定条件下可能会引起地方性人畜共患病（如出血热、森林脑炎、蜱媒斑疹热、Q热、莱姆病、巴贝虫病等）。此外，有些蜱分泌的毒素甚至会引起宿主瘫痪。2007年以来，在我国安徽、河南、湖北、山东等多地相继出现由蜱叮咬使人致病甚至死亡的报道，已成为人们关注的焦点新闻，而误诊则是导致病例死亡的主要原因。

人类认识蜱也有非常悠久的历史，并见其载于文字。蜱在国内民间称为草爬子、狗鳖子、狗豆子、牛鳖子、草瘪子、鸡瘪子、八脚子、壁虱、扁虱等，新疆维吾尔族称为“沙勒夹”（salijia），哈萨克族称为“凯内”（kennei）。先秦小篆“螕”和“蜱”字，收录在东汉许慎《说文解字》（公元121年）中。小篆是从大篆简化发展而来，在商朝后期（公元前1400～前1100年）甲骨文中能识别出来的有“虫”和“卑”字，所以“螕”和“蜱”字在我国文字中出现的时代，可能还要推前到夏商之前，距今达4500～5000年之久。《说文解字》解“螕，啮牛虫也。从虫，萞声”；“蜱，蜱蛸也。从虫，卑声”。如据《说文解字》，蜱蛸应是螳螂子，两者非同物。李时珍《本草纲目》（1578年）在【虫部】“牛虱”下称“牛螕”（螕，音同卑），亦作蜱，啮牛虱也……生牛身上，状如萞麻子，有白黑二色，啮血满腹时，自坠落也。此后，在《康熙字典》（1716年）上可查到蜱的相关写法。20世纪50年代后将“蜱”读pí，既非萞声，亦非卑音，此后各种字典、词汇中统一将蜱等同于螕。

西洋最早的文字记载见于公元前3200年，到16世纪文字中便有*Ricinus caninus*即“狗萞虫”的名称，以及墨巴钝缘蜱*Ornithodoros moubata*和其他的蜱在非洲各地有不同的土名达20个之多。18世纪中后期人们开始对蜱进行系统的命名及分类。至今该类群已被描述900多种，其分类地位也不断提升。自20世纪90年代以来，分子生物学技术逐渐应用到蜱的系统分类学领域，蜱的分类系统发生了多次变更，但目前仍有很多类群存在争议。同时，2000年后出现的世界蜱类名录便有10多个版本。可见，蜱的系统分类学领域发展很快，争议也颇多。

近现代以来，我国在蜱系统分类领域的研究先后两次被中断。首先是我国经历的历史浩劫不仅严重阻碍了经济发展，自然科学研究更是停滞不前，蜱类领域的研究极其匮乏。我国早期出现的蜱类学家有冯兰洲、王凤振、黄克峻、陆宝麟、吴维均、赵修复、姚文炳、邓国藩、姜在阶、邵冠男、陈国仕、于心、叶瑞玉、龚正达等，并发表了相关文献。其中邓国藩（1978）、邓国藩和姜在阶（1991）分别撰写的两部蜱类形态鉴定的专著——《中国经济昆虫志 第十五册 蜱螨目：蜱总科》《中国经济昆虫志 第三十九册 蜱螨亚纲：硬蜱科》，以及于心等（1997）的《新疆蜱类志》，为我国蜱类领域的研究做出了重要贡献。然而，在随后20年，这方面的工作再次跌入低谷，同时伴随着大量标本毁坏甚至遗失，与世界蜱类系统分类突飞猛进的发展形成鲜明对比。此外，我国在蜱类研究领域存在分类学专著年代久远、分类系统过时、种类描述不全等问题，同时还存在许多同物异名、异物同名、蜱类名录翻译不规范等现象，致使蜱的种类鉴定、物种描述、区系调查、分类系统的采用等方面都非常混乱。最为严重的是由于缺乏形态分类学基础，一些分子生物学的研究结果存在诸多错误。这严重限制了我国蜱及蜱媒病相关领域的深入发展。可见，我国亟须一部专业的全面介绍蜱系统分类学的基础知识及其形态分类鉴定的专著。

著者自2004年以来，一直专注于蜱的分类学研究。在此，著者综合前期的研究结果及国内外其他蜱类学家长期以来积累的研究成果，最大程度上从蜱的系统分类学概述、系统分类学研究方法、化石与演化、生物学特性、物种概况、形态特征、分类鉴定、生物信息学研究新进展等8个方面进行描述。分类鉴定方面，在更新种属检索表、完善文字描述及模式图的同时，还增加了大量的实物图，使分类鉴定更加形象直观。本书撰写过程中，还引用了国内外一些学者已经公开发表的研究成果或图表等资料并进行了标注，如有失误之处在向原作者表示歉意的同时也致以诚挚的谢意。本书在撰写过程中得到河北师范大学刘敬泽教授的鼎力相助，还得到沃尔特里德陆军医疗中心（Walter Reed Army Medical Center）Richard G. Robbins 博士、中国农业科学院兰州兽医研究所殷宏研究员和罗建勋研究员、澳大利亚昆士兰大学 Stephen C. Barker 博士、美国国家蜱博物馆 Dmitry Apanaskevich 博士、中国科学院动物研究所国家动物博物馆陈军研究员、南开大学高山副教授、福建省农业科学院林坚贞研究员、美国农业部农业研究组织（USDA-ARS）Andrew Li 博士、美国南密西西比大学 Shahid Karim 博士、新疆维吾尔自治区地方病防治研究所于心研究员、中国人民解放军军事医学科学院孙毅研究员及其他兄弟院所蜱类科研人员的大力支持。本书特别感谢国际著名的螨类学家温廷桓教授在本书撰写过程中给予的悉心指导。此外，本书感谢许肖枫、高志华、宣益波和张敬凯对部分内容的参与和修改。

本书得到中国国家自然科学基金委员会的面上项目“基于多种证据重建革蜱属的分类体系”（No. 31471967）、青年科学基金项目“硬蜱部分争议种分类地位的研究”（No. 31101621）、地区科学基金项目“云南省蜱的种类及关键种的生物学特性和生态学研究”（No. 31260106）、博士后基金“璃眼蜱分类地位的重新评估”（No. 2012M510623）、河北师范大学2020年科技类科研基金项目（No. L2020B17）等的支持。

本书的不足之处，恳请国内外同行不吝赐正，以便今后的修改和完善。

著　者

2020年11月

目　　录

第一章　蜱的系统分类学概述

蜱的系统分类是蜱媒病及蜱类其他研究领域的基础，而物种的准确识别则是有效防控蜱及蜱媒病的重要前提。1746 年，Linnaeus 首次对蜱进行了描述，随后 Latreille 等蜱螨学家开始对蜱进行命名、分类。然而，由于蜱宿主丰富、分布广泛、进化史复杂等，一些类群形态变异较大，至今人们对蜱的分类体系仍存在很多争议，主要体现在蜱的姐妹群、软蜱科各属、一系列争议种的划分等方面。自 20 世纪 90 年代分子生物学技术应用到蜱的系统分类学领域以来，一些国家和地区的蜱螨学家在传统分类方法的基础上结合分子系统分类学方法，解决了一些长期利用形态学或生物学特性无法阐明的难题（如盲花蜱属 *Aponomma* 的分类地位）。然而，由于研究的种类及同一种类不同地理分布的数量有限，很多方面仍存在争议。自 21 世纪以来就发表了 10 多个世界蜱类名录，呈现百家争鸣的现象。

相比之下，国内在这一领域的研究非常薄弱。早期研究主要局限在蜱的物种识别及形态鉴定上，在系统进化方面的研究非常有限。为此，本章着重从现今国际上关于蜱的系统分类方面的研究进展进行论述，便于我国蜱类研究者在今后更好地开展工作。

第一节　蜱的分类地位

分类学是生命科学研究的基础，物种的准确鉴定和明晰的分类地位是分类学研究的主要目的。早在 18 世纪，人们就对蜱进行了命名及分类。然而时至今日，蜱的分类系统（大到目级以上、小到种级）已发生了多次变更，但在很多方面仍没有完全达成一致。

蜱的科学命名最早见于林奈的《自然系统》（*Systema Naturae*）中，称为“肉刺螨”*Acarus reduvius* Linnaeus, 1746。由于动物分类命名采用双名法以《自然系统》第 10 版（1758）为起点，因此此前命名的动物名称即使符合双名法，也一律被摒弃（引自《国际动物命名法规》，简称 ICZN)。《自然系统》第 10 版所列的第一种蜱是“蓖子螨”*Acarus ricinus* Linnaeus, 1758，隶属于螨属 *Acarus* Linnaeus, 1758，词义为体不分节的动物。所以广义的螨包括蜱，这如同广义的“昆虫”指节肢动物（arthropod)，狭义的“昆虫”指昆虫纲或六足纲（Insecta = Hexapoda)。随后从螨属 *Acarus* Linnaeus, 1758 中分出蜱属 *Ixodes* Latreille, 1795（现专指硬蜱属)，词源来自希腊文 ιχος（ixos)“黏胶”、ιχοδες（ixodes)“似黏胶物”，与汉语“蜱”相符。因而“蓖子螨”更名为蓖子蜱 *Ixodes ricinus*（Linnaeus, 1758）*nom. emend.*。此后，蜱属中分出锐缘蜱属 *Argas* Latreille, 1796 和枯蜱属 *Carios* Latreille, l796。随着人们发现的蜱类数目增多，蜱的分类地位也不断上升，从属级上升到科、总科、亚目甚至目。

20 世纪初，Nuttall 等（1908）将蜱列入蜱螨目 Acarina 中的蜱总科 Ixodoidea。Baker 和 Wharton（1952）把蜱类提升为蜱亚目 Ixodides，后蜱亚目的拉丁名修订为 Ixodida。Krantz（1978）认为蜱螨类应提升为蜱螨亚纲 Acari，蜱类则为寄螨目 Parasitiformes 下的一亚目。对于亚目以下的分类系统，诸位学者基本同意设立一个蜱总科，下分硬蜱科 Ixodidae、软蜱科 Argasidae 和纳蜱科 Nuttalliellidae。

Lindquist（1984）认为蜱螨是一个单系类群，在蜱螨亚纲中节腹螨类 Opilioacariformes 和寄螨类 Parasitiformes 是姐妹群，它们又与真螨类 Acariformes 构成姐妹群。Woolley 和 Sauer（1988）将寄螨类和真螨类划为一个同生群，将蜱提升到目级地位 Ixodida，但当时没有得到广泛认同。Lehtinen（1991）认为哈氏器、能收缩的颚体及颚体基部肌肉组织等特征是蜱类和巨螨类 Holothyrida 的共有衍征，并以此为基础提出巨螨类是蜱类姐妹群的假说。后来的分子生物学分析（18S rDNA、28S rDNA、mt 16S rDNA）

及与形态学相结合的综合分析均支持这一假说。

蜱螨亚纲的高级分类阶元至今还比较混乱，尤其在目与总目的划分上。目前，多数采用Krantz和Walter（2009）的分类体系，将蜱螨亚纲分为2个总目——寄螨总目Parasitiformes和真螨总目Acariformes，其中寄螨总目包括4目：节腹螨目Opilioacarida、巨螨目Holothyrida、蜱目Ixodida及中气门目Mesostigmata；真螨总目包括2目：恙螨目Trombidiformes和疥螨目Sarcoptiformes。以前的甲螨目Oribatida修订为甲螨亚目，无气门目（或粉螨亚目）修订为甲螨亚目下的无气门股Astigmatina。

综上所述，蜱应隶属于节肢动物门Arthropoda蛛形纲Arachnida蜱螨亚纲Acari寄螨总目Parasitiformes蜱目Ixodida，目前包括4科：硬蜱科Ixodidae、软蜱科Argasidae、纳蜱科Nuttalliellidae和恐蜱科Deinocrotonidae。

第二节 蜱的命名

鉴于蜱的命名及中文译名非常混乱，为便于国内外学术文献和会议交流，本节重点介绍《国际动物命名法规》中与蜱类命名相关的条款，并参照中国科学院编译出版委员会名词室审定的《昆虫名称》，遵循中名“简短化、系统化”的要求，对蜱属级及以上阶元的命名提出了系统化、规范化的建议。著者经反复斟酌并结合国内多数专家的宝贵意见，对温廷桓和陈泽（2016）、陈泽和温廷桓（2017）根据词源和/或简洁的原则翻译拉丁学名时涉及的我国已有的常用拉丁学名采用原译名，不常用或未有中文译名的拉丁学名则基于原始文献的命名词源进行翻译，无词源描述的则根据拉丁名的词根并结合物种定名时的原始描述翻译。

此外，本部分列出了所有具名的关于蜱的亚属、属、亚科及科的名称（包括现在已被摒弃或无效的名称），以便于相关人员理解。关于蜱有效种的名称详见第五章（蜱的物种概况）。

一、蜱的学名遵循《国际动物命名法规》

科学的动物命名遵循《国际动物命名法规》（International Code of Zoological Nomenclature，ICZN），其是在1904年第6届国际动物学大会（巴黎）通过并发布的《国际动物命名法则》（Règles internationales de la Nomenclature zoologique，1905）基础上的延续和不断完善，依次经过1964年、1985年和1999年的3次修订。ICZN适用范围载明于ICZN Art.1，限于科级到种级的动物学名，所以最高到总科，最低到亚种，不涉及目级及以上的阶元，不承认亚种以下阶元如变种（variety）或型（form）和系或株（strain）。ICZN是与植物命名法规、细菌命名法规、病毒命名法规等互相独立的。遵照ICZN双名法原则（principle of binominal nomenclature），动物种名学名必须是与属名相连的双名（binomen），亚种取三名（trinomen），种级以上的属名和科名取单名（uninomen），亚属名要置于属名和种名间的括号内，不作为种名的双名。属名和种名在用正体的文献中要用斜体以示有别，反之亦然。科名用正体，科与属第一个字母大写，其余字母一律小写。以拉丁文（化）命名的学名符合正式发表的规格，根据优先原则（principle of priority），第一个发表的是有效名，凡以后出现同名或异名均为无效名。优先学名的命名作者不构成分类单元名称的组成部分，但可以随意引证，包括发表日期（年份），按格式跟随在学名之后（ICZN Art.51）。除优先原则外，还有一个同等原则（principle of coordination），规定属级内和科级内的亚级是同等的，即在一个属名或科名建立时，无论原作者是否建立该单元的亚级单元，都被认为同时已建立了具有相同的载名模式，如为属，等于同时建立了亚属，反之亦然，具有相同的模式种（ICZN Art.43）；如为科，就是同时建立了总科、亚科、族等的亚级单元，反之亦然（ICZN Art.36），不过要做不同的词尾修改处理，科、亚科、族具有相同的载名模式属。因此作者和日期也不变，如果以后其级阶提升或下降，引证时要将原始优先作者和日期置于圆括号内，其后跟随第一修订人名和日期。对于科级名称原始拼写包括词尾不正确的，要予以改正，但其原始作者身份与日期是可用的（ICZN Art.11.7.1.3）。例如，以 ICZN 的条款对照软蜱文献，可以发现不少研究者，包括公认的权威专家，如 Hoogstraal、Keirens 等也发生了错误。尤其是软蜱科级名称的引证作者及日期，并不符合 ICZN Art.36、Art.3。本研究采用符合 ICZN 的科名和引证，例如，作者身份只引证其姓氏，Koch 不能将其名（第一和第二名）的缩写带上而引证为 C. L. Koch；同时要指出的是，姓氏的词头表示其贵族身份或教徒身份时，以及德文和荷兰文等的词头应予省略，如 De、St.、von、zur、van der 等（ICZN，1st，3rd ed.，App. D Ⅲ）。例如，Carl von Linné，只写 Linné（瑞典文姓）或 Linnaeus（英文姓），不带名及表示爵位的 von。

二、蜱的学术中名审定原则

除 20 世纪 30 年代的几篇文献外，国内以现代科学的方法对蜱类进行系统研究起步较晚，20 世纪中叶才开始，专业研究人员至今不多。20 世纪，中国科学院编译出版委员会名词室经昆虫名称审查小组公布的《昆虫名称》有关蜱的中名共 32 个，包括 1 总科 2 科 9 属 20 种。后来研究者分散陆续增添，现在审视发现，除某些瑕疵或与原义不符外，或虽可用但系统性不够。例如，*Argas* 在《昆虫名称》中被定为“隐喙蜱属”，后来有关文献称为“锐缘蜱属”；钝缘蜱属 *Ornithodoros* 是 *ornitho+doros*，原义“禽鸟+囊”，并无钝缘之意。以上均与原意不符，但容易接受且已广为使用。再如 *Amblyomma*，由希腊文 *amblys*（迟钝）+*omma*（眼）拼成，《昆虫名称》定为“钝眼蜱属”，词源是正确的，但后人将其改为与词源毫不相关的“花蜱属”且已被我国学界广为使用，为避免混乱，本书亦用花蜱属。以上汉语名称很难与学名相联系，不利于学名的理解和记忆，因为同一拉丁文的词干常会反复出现在不同的昆虫、蜱螨类的族群或词干中。为此，我们对蜱的所有拉丁学名进行了系统翻译，保留已有的广为使用的中文译名，不常用或未翻译的拉丁学名则按词源翻译。具体见本章第四节及第五章。

《昆虫名称》“序例”指出几条原则，最重要的是名称要简短化和系统化，尽量采用单字。因此有些字可以给予新的含义，如以“甲”代替“甲虫”等。据此，一个不成文的原则是，一个动物的学术名称由 4 至 5 个字构成，包括种名一二个字，属名一二个字，加上一个字的类别，个别的名称可达 6 个字，所以《昆虫名称》中无一名称超过 6 字者。以人名为种名者，称“某氏”，以人名为属名者不用“氏”，最好的众所熟知的例子是一种能引起象腿丝虫病的寄生虫——*Wuchereria bancrofti* 即“班氏吴策线虫”，属名和种名都是源自姓氏。故而 *Nuttalliella* 译为纳蜱属，不是纳氏蜱属。《昆虫名称》中有一条原则，是中名“尽可能与学名拉丁文字源或含义一致”，所以人名、地名尽量按原文发音，尤其是非英语发音者，如法文、德文、西班牙文等，也包括中文。外国地名的简短化可从 20 世纪翻译的地名中学习，如 Egypt“埃及”省略了 p 和 t 2 个尾音；Africa“非洲”和 America“美洲”简化了开头字母 A 的发音；Brasil“巴西”省去了 r、l 的发音。依此原则，地理名称甚至可简化到用一个单字，如埃、非、美、巴等。例如，*rioplatensis*，此种名是以南美洲流经阿根廷、乌拉圭和巴西南部的河流 Rio de la Plata 来命名，来源于西班牙语，意为“River of Silver”（银白的河流），国内世界地图译为普拉塔河，本研究则用音义兼备的“流白”两字表示。在硬蜱科的属名中有几个习用的属名可作范本，如硬蜱属 *Ixodes*、革蜱属 *Dermacentor*（原意 *derma* 皮革+*cent* 叮刺）、血蜱属 *Haemaphysalis*（*haema* 血+*physal* 泡）、牛蜱属 *Boophilus*（*boos* 牛+*phil* 嗜），除硬蜱属外，其余 3 个属名都满足了达意、简洁、明了的要求，而将可省略的字简去了。所以本研究拟在蜱名录中，尤其是对未曾翻译的中文译名做一尝试，以便系统化。对于已有的蜱的中文译名，有些译名尽管不符合简短化原则，但词源翻译正确，词意相通，再者鉴于在学界已经耳熟能详，如再做改动怕日后不了解的人引起混乱。为此，本书仍保持原名，如锐缘蜱属、钝缘蜱属、扇头蜱属、璃眼蜱属等。

载名模式（name-bearing type）是 ICZN 命名种、属、科的依据。种的模式以模式标本（holotype 或 syntype）实物为据，属的命名以模式种（type species）、科则以模式属（type genus）而建立。例如，最早记录和描述的蜱是 *Acarus ricinus*（蓖子螨，在建立了 *Ixodes* 之后，易名为 *Ixodes ricinus*），以此种作为载

名模式建立了 *Ixodes*（蜱属），并以此属为载名模式建立的科是 Ixodidae（蜱科），以此科为载名模式建立的总科是 Ixodoidea（蜱总科），是很系统的。同样以 *Argas reflexus*（翘缘软蜱）为模式种建立了 *Argas*（软蜱属），并据此载名模式属建立了 Argasidae（软蜱科），此与 Ixodidae（蜱科）是并列的，在西方文字表达上是清楚的。可是到中名时，尤其到了属名时，问题就出现了。Argasidae 称软蜱科，之后就不得不将《昆虫名称》中用的载名模式“蜱科”Ixodidae 变成狭义的名称“硬蜱科”，也依次将 *Ixodes* 的中文名“蜱属”改为“硬蜱属”。此后，软蜱科被分成两个亚科——Argasinae 和 Ornithodorinae 时，拉丁名 Argasinae 的拼写是正确的，并与 Ornithodorinae 对称，但中文译名为“软蜱亚科”就显得跟 Ornithodorinae 的中文译名“钝缘蜱亚科”不对称了，为此 Argasinae 改称为锐缘蜱亚科。因此本来的“软蜱属”*Argas* 改称“锐缘蜱属”。这就是中文昆虫名称的变通，这种不与载名模式一致的中名情况，同样出现在昆虫纲的蚊科 Culicidae，其载名模式“蚊属”*Culex* 的中名为“库蚊属”。

第三节　蜱的系统分类学研究进展

物种的系统分类在很大程度上依赖于人们对其不同类群间系统进化关系的理解。随着人们知识水平的不断完善，新技术、新方法的广泛应用，蜱系统分类学这一古老的学科也不断在前人研究的基础上得到长足发展，经历了从传统到现代、从最初单一的形态学特征分析到目前的形态、生物学特性结合分子生物学特征的综合分析方法。在此基础上，人们解决了很多系统分类学问题并得到了认可，但同时又出现了更多新问题，引起各种争议。鉴于此，我们将致力于从客观的角度来阐述蜱系统分类学研究的历史及现状，以期为同行学者或对此领域感兴趣的其他读者提供翔实的基础信息。

传统的系统分类学研究主要依靠物种的形态特征、生物学特性、生物地理信息和遗传学特征等，这些分类依据在多数情况下（大的分类阶元内）能清晰地反映一个物种的分类地位和系统发育关系。然而，很多形态学或生物学特性在特定环境中变异较大且易受主观因素的影响，从而造成不同学者对蜱分类体系的划分存在争议。其中最有影响的是美国学派或西方学派和前苏联学派或东欧学派。两个学派普遍认同软蜱科、硬蜱科和纳蜱科的划分，而在科以下的划分上则存在很多分歧。

20 世纪 70 年代，随着限制性内切酶的发现、DNA 重组技术的建立、DNA 序列快速测定方法的发明，分子生物学及其技术得到了迅速发展。自 20 世纪 90 年代以来，分子生物学技术逐渐应用到蜱的系统分类学领域，尤其是针对硬蜱科的种类，致使蜱的分类系统产生了很大变更。

一、软蜱科的系统分类

软蜱科的分类一直争议较大，尤其是属级分类阶元，其中近 2/3 的软蜱根据不同的分类系统被划分到 2 个及以上的属中。目前有 5 个关于软蜱科属级分类的学派或体系，分别是：前苏联学派或东欧学派（Filippova，1966；Pospelova-Shtrom，1969）、美国学派或西方学派（Clifford *et al.*，1964；Hoogstraal，1985）、法国学派（Camicas & Morel，1977；Camicas *et al.*，1998）、支序学派（Klompen & Oliver，1993）、Mans 等分子学派（表 1-1）。这些学派一致将软蜱科分为 2 亚科：锐缘蜱亚科和钝缘蜱亚科，也得到了后来分子数据的支持。这些学派也一致同意 3 属的地位：锐缘蜱属（属于锐缘蜱亚科）、钝缘蜱属和耳蜱属（属于钝缘蜱亚科），然而，它们对这 3 属的种类组成及其他属和亚属在亚科中的位置、种类组成、分类地位有争议（温廷桓和陈泽，2016）。

1. 前苏联学派或东欧学派

前苏联学派或东欧学派认为软蜱科分为锐缘蜱亚科 Argasinae 和钝缘蜱亚科 Ornithodorinae，锐缘蜱亚科包括锐缘蜱族 Argasini（锐缘属 *Argas*）；钝缘蜱亚科包括耳蜱族 Otobiini（耳蜱属 *Otobius* 和泡蜱属 *Alveonasus*）和钝缘蜱族 Ornithodorini（钝缘蜱属 *Ornithodoros* 和穴蜱属 *Antricola*）。

表 1-1　软蜱科 5 种分类体系的比较

前苏联学派或东欧学派 [1]	美国学派或西方学派 [2, 3]	法国学派 [4]	支序学派 [5]	Mans 等分子学派 [6]
Argasinae 锐缘蜱亚科	**Argasinae**	**Argasinae**	**Argasinae**	**Argasinae**
Argasini 锐缘蜱族				
***Argas* 锐缘蜱属**	***Argas***	***Argas***	***Argas***	***Argas***
Argas 锐缘蜱亚属	*Argas*	*Argas*	*Argas*	*Argas*
Persicargas 波蜱亚属	*Persicargas*	*Persicargas*	（*Persicargas*）	*Persicargas*
				***Navis* 船蜱属**
	Microargas 妙蜱亚属			
		***Carios* 枯蜱属**		
Carios 枯蜱亚属	*Carios*	*Carios*		
Chiropterargas 蝠蜱亚属	*Chiropterargas*	*Chiropterargas*		
		***Ogadenus* 墺蜱属**		***Ogadenus***
	Ogadenus	*Ogadenus*	*Ogadenus*	*Ogadenus*
Secretargas 匿蜱亚属	*Secretargas*	*Secretargas*	*Secretargas*	***Secretargas***
		Proknekalia	*Proknekalia*	***Proknekalia***
			Alveonasus	***Alveonasus***
Ornithodorinae 钝缘蜱亚科	**Ornithodorinae**	**Ornithodorinae**	**Ornithodorinae**	**Ornithodorinae**
Otobiini 耳蜱族				
***Otobius* 耳蜱属**	***Otobius***	***Otobius***	***Otobius***	***Otobius***
***Alveonasus* 泡蜱属**	***Ornithodoros***	***Alveonasus***		
Ogadenus 墺蜱亚属				
Proknekalia 巢蜱亚属	*Proknekalia*			
Alveonasus 泡蜱亚属	*Alveonasus*	*Alveonasus*		
Ornithodorini 钝缘蜱族				
***Ornithodoros* 钝缘蜱属**		***Ornithodoros***	***Ornithodoros***	***Ornithodoros***
Ornithodoros 钝缘蜱亚属 *Ornamentum* 饰蜱亚属	*Ornithodoros* *Ornamentum*	*Ornithodoros* *Ornamentum* ***Alectorobius* 鸡蜱属**	（*Ornithodoros*， *Ornamentum*，*Pavlovskyella*， *Theriodoros*，*Microargas*）	*Ornithodoros* *Ornamentum* *Microargas*
Pavlovskyella 巴蜱亚属 *Theriodoros* 兽蜱亚属	*Pavlovskyella* （*Theriodoros*）	*Theriodoros* （*Pavlovskyella*）		*Pavlovskyella* *Theriodoros*
			Carios	***Carios***
Alectorobius 鸡蜱亚属 *Reticulinasus* 网蜱亚属 *Subparmatus* 垛蜱亚属	*Alectorobius* *Reticulinasus* *Subparmatus*	*Alectorobius* *Reticulinasus* *Subparmatus*	（*Carios*，*Chiropterargas*， *Alectorobius*，*Subparmatus*， *Reticulinasus*，*Antricola*， *Parantricola*，*Nothoaspis*）	*Alectorobius* *Carios* *Reticulinasus* *Subparmatus*
***Antricola* 穴蜱属**	***Antricola***[3]	***Antricola***		
Antricola 穴蜱亚属	*Antricola*			*Antricola*
Parantricola 窟蜱亚属	*Parantricola*	***Parantricola* 窟蜱属**		*Parantricola*
	***Nothoaspis* 赝蜱属**	***Nothoaspis***		*Nothoaspis*
		***Microargas* 妙蜱属**		***Chiropterarga***

注：1 Pospelova-Shtrom，1946；Filippova，1966；Pospelova-Shtrom，1969。2 Clifford *et al.*，1964；Hoogstraal，1985。3 穴蜱属的亚属划分依据 Cerny（1966）。4 Camicas & Morel，1977；Camicas *et al.*，1998。5 Klompen & Oliver，1993。6 Mans *et al.*，2019。各学派的分类体系中括号内的亚属名被认为是无效名，包含的种归到前面的属或亚属内

2. 美国学派或西方学派

美国学者认同两个亚科的划分，但拒绝族的应用，他们将墺蜱亚属 *Ogadenus* 划到锐缘蜱亚科锐缘蜱属中，而前苏联学派则将其划为钝缘蜱亚科耳蜱族泡蜱属的亚属。此外，美国学者还增加了一个单型属——赝蜱属 *Nothoaspis*。前苏联学派和美国学派分类体系的划分是基于整体相似性，其分类地位取决于表型差异的程度，而不是单系分支的系统发生观点。

3. 法国学派

以 Camicas 等（1998）为代表的法国学派仅列出一个简单的分类阶元名录，里面的任何类群没有形态或生理特征支持，因此，这些类群的划分无法进行严格验证。另外，他们提出的体系包含一个亚属裸名（nomen nudum subgenus）即网蜱亚属 *Reticulibius* Morel。因为他们将原来的鸡蜱亚属 *Alectorobius* 提升到属的地位，并包含具名的 4 亚属：兽蜱亚属 *Theriodoros*、鸡蜱亚属 *Alectorobius*、网蜱亚属 *Reticulinasus* 和垛蜱亚属 *Subparmatus*。同时他们又建立了另一网蜱亚属 *Reticulinasus* Morel（不同于原来的网蜱亚属 *Reticulinasus* Schulze, 1941，详见 Camicas *et al.*，1998），包含原属于鸡蜱亚属（后被他们提升到鸡蜱属）中与蝙蝠有关的 7 种。此外，他们提议的鸡蜱属中还包括 3 个未命名的单型亚属“Sbg. nov. 1～3 Morel”。鉴于他们采用的网蜱亚属 *Reticulibius* Morel 及未命名的 3 个单型亚属在文中既没有定义，又没有正式发表过的文献，且 *Reticulibius* 已被使用，但不符合动物命名法规，故亚属名 *Reticulibius* Morel 为裸名。该分类体系很少被采用。

4. 支序学派

Klompen 和 Oliver（1993）基于 83 个形态学、发育和行为特征对软蜱科的属及亚属水平进行了综合系统进化分析，并对美国学派的软蜱分类体系在属级水平上进行了修订：将钝缘蜱亚科的 2 亚属（泡蜱亚属 *Alveonasus* 和巢蜱亚属 *Proknekalia*）移到锐缘蜱亚科，将锐缘蜱亚科的 3 亚属（枯蜱亚属 *Carios*、蝠蜱亚属 *Chiropterargas* 和妙蜱亚属 *Microargas*）移到钝缘蜱亚科。钝缘蜱亚科中，他们提议只有 3 属：耳蜱属 *Otobius*、钝缘蜱属 *Ornithodoros* 和枯蜱属 *Carios*。枯蜱属来自原来锐缘蜱属的枯蜱亚属，并包含 7 个原来的属或亚属[鸡蜱亚属 *Alectorobius*、穴蜱属（匙喙蜱属）*Antricola*、枯蜱亚属、蝠蜱亚属 *Chiropterargas*、赝蜱属（伪/拟盾蜱属）*Nothoaspis*、网蜱亚属 *Reticulinasus* 和垛蜱亚属 *Subparmatus*]。然而，他们并不认为这些类群是枯蜱属的有效亚属，因为他们的分析表明鸡蜱亚属是并系。如果识别枯蜱属的亚属需要提升并系——鸡蜱亚属的各个谱系到亚属地位，这将会增加低支持率的亚属和属的数量。尽管后来一些研究采用了 Klompen 和 Oliver（1993）提出的分类体系（Klompen *et al.*，1996，1997，2000，2007；Black *et al.*，1997；Ushijima *et al.*，2003；Labruna & Venzal，2009；Barros-Battesti *et al.*，2011；Heath，2012），但鉴于分子生物学的广泛应用和普遍认可，很多学者对此分类体系主要依靠形态学的系统进化分析结果而无分子生物学数据的支持持怀疑态度。

以上 4 个分类体系仅依赖于形态、生理或生活史特性。近些年来，分子标记广泛应用于物种分类，已有软蜱分子系统进化分析的报道。在软蜱中，线粒体 16S rDNA 是应用最广泛的分子标记，人们证实该基因可以解决近缘种或种内的系统进化问题，但不能解决种间或属间的较高级阶元的进化问题（Nava *et al.*，2009；Estrada-Peña *et al.*，2010；Burger *et al.*，2014b）。核 18S rDNA 是硬蜱分子系统进化中常用的分子标记，在软蜱中还未广泛应用。目前部分软蜱的 18S rDNA 序列分析发现将钝缘蜱属中的泡蜱亚属 *Alveonasus* 移到锐缘蜱属这一结果得到了强烈的支持；同时还发现梅氏耳蜱 *Otobius megnini* 为墨巴钝缘蜱 *Ornithodoros*（*O.*）*moubata* 和波多钝缘蜱 *O.*（*Alectorobius*）*puertoricensis* 的姐妹群。Klompen 等（2000）利用 18S rDNA 同时结合部分 28S rDNA、16S rDNA 和形态学特征在硬蜱与 5 个软蜱的全证据分析中也支持将钝缘蜱属中的泡蜱亚属移到锐缘蜱属。

鉴于节肢动物的早期研究发现，18S rDNA 在解决高级分类阶元的进化关系（门和总门）时非常有用，而 28S rDNA 更有利于解决较低级阶元水平问题。然而，相关研究发现，将 28S rDNA 序列并入 18S rDNA 序列中可以改善硬蜱科中各属间关系的支持率，但不能完全解决所有属间的关系问题（Burger *et al.*，2012，2013）。Burger 等（2014b）通过 7 种软蜱的完整线粒体基因组和 5 种软蜱的部分线粒体基因组序列，对软蜱进行属级水平的分析，具体信息如下：墨西穴蜱 *Antricola*（*Antricola*）*mexicanus*、某种锐缘蜱 *Argas* sp.、朱色锐缘蜱 *A.*（*Persicargas*）*miniatus*、仙燕锐缘蜱 *A.*（*Argas*）*lagenoplastis*、梅氏耳蜱 *Otobius megnini*（耳蜱属模式种）、长喙钝缘蜱 *Ornithodoros*（*Pavlovskyella*）*rostratus*、巴西钝缘蜱 *O.*（*Pavlovskyella*）*brasiliensis* 的完整线粒体基因组；马氏钝缘蜱 *O.*（*Subparmatus*）*marinkellei*、丰氏钝缘蜱 *O.*（*Alectorobius*）*fonsecai*、亚马赝蜱 *Nothoaspis amazoniensis*、边缘穴蜱 *Antricola*（*Parantricola*）*marginatus*（窟蜱亚属的模式种）、塞氏钝缘蜱 *O.*（*Ornithodoros*）*savignyi*（钝缘蜱属的模式种）的部分线粒体基因组。此外，他们还测定了某种异盾螨 *Allothyrus* sp.（全盾螨目 Holothyrida）的完整线粒体基因组。全盾螨营自由生活，以节肢动物尸体的体液为食，一直被认为是蜱的姐妹群。全盾螨和蜱的姐妹群关系通过形态与发育特征及核 rDNA 序列的系统进化分析得到了验证。Burger 等（2014b）通过分析后发现软蜱科存在 4 个支系，其中一个为钝缘蜱亚科中的新热带种群（多数与蝙蝠相关），被称为新热带钝缘蜱。这些蜱来自穴蜱属（匙喙蜱属）*Antricola*、赝蜱属（伪/拟盾蜱属）*Nothoaspis* 和钝缘蜱属的两个亚属——鸡蜱亚属 *Alectorobius*、垛蜱亚属 *Subparmatus*。Burger 等（2014b）还验证了钝缘蜱属的模式种——塞氏钝缘蜱的系统进化地位，发现该种与其他 4 种钝缘蜱即巴西钝缘蜱、墨巴钝缘蜱、猪仔钝缘蜱和长喙钝缘蜱在一个进化枝上，且支持率很高。这个狭义的钝缘蜱类群不包括鸡蜱亚属和垛蜱亚属的种类，即丰氏钝缘蜱、好角钝缘蜱 *O.*（*Alectorobius*）*capensis* 和马氏钝缘蜱，在传统分类中这些种类均属于钝缘蜱属。通过分析线粒体 rDNA、核 rDNA 和线粒体基因组序列，Burger 等（2014b）发现只有线粒体基因组序列才有可能解决软蜱主要谱系中有争议的系统进化关系，如 Klompen 和 Oliver（1993）提出的枯蜱属的分类地位。

5. Mans 等分子学派

Mans 等（2019）基于部分软蜱的分子数据（线粒体基因组、18S rDNA 和 28S rDNA）对分布在非洲热带界、新北界和古北界的部分软蜱进行了系统进化分析，提出了分子分类体系。该体系与 Klompen 和 Oliver（1993）提出的体系大体一致：枯蜱属、蝠蜱属/亚属、泡蜱属/亚属分别归为钝缘蜱亚科、钝缘蜱亚科和锐缘蜱亚科。然而，在属与亚属的确认上与 Klompen 和 Oliver（1993）体系存在较大差异，如 Klompen 和 Oliver（1993）体系中的墺蜱亚属、匿蜱亚属 *Secretargas*、巢蜱亚属、泡蜱亚属、蝠蜱亚属均被 Mans 等（2019）提升到属级地位。此外，Mans 等（2019）成立了一个新属——船蜱属 *Navis*。该分子分类体系具有重要的参考意义，但其研究种群、数据、分析方法及其列出的名录存在以下局限性：①研究的类群有限，很多争议种及重要地理区系的种类未涉及，尤其是基于 18S rDNA 和 28S rDNA 的系统进化分析结果提出将泡蜱亚属上升到属级地位，但从构建的系统进化树上不能直接判断该类群的属级地位；②Mans 等（2019）列出的世界软蜱名录中错列了其他学派的一些信息，如库氏钝缘蜱 *Ornithodoros cooleyi* McIvor, 1941，按美国学派该种归属的亚属应为泡蜱亚属而非巴蜱亚属 *Pavlovskyella*，支序学派将该种归入锐缘蜱属而非钝缘蜱属，支序学派将蝠蜱亚属的种归入枯蜱属而非锐缘蜱属；③分析过程仅依据分子数据而未结合形态学特征，这就可能会存在物种鉴定错误导致相应物种分子数据的不准确。

由不同学派对软蜱的划分（表 1-1）可见，软蜱的系统分类一直存在争议，尤其是属级分类阶元。根据不同的分类体系，目前 218 种软蜱中近 2/3 的种类被划分到 2 个及以上的属中（详见第五章第一节：世界蜱类概况）。由于目前软蜱的传统分类学家很少涉及分子系统学研究，而分子生物学家由于难以掌握软蜱复杂的形态学特征，也无法进行深入的系统进化分析，因此大多数软蜱物种的分属模棱两可，难以清晰切割而归属存疑，其系统分类学研究还有大量工作亟须开展。只有在对多数物种尤其是对争议种形态学和生物学特征进行综合分析的基础上，结合现代分子生物学和生物信息学技术，通过多种证据的系统进化分析才能解决软蜱的学派之争，构建客观自然的分类体系。

鉴于此，目前很多蜱类分类学家只是根据 Hoogstraal（1985）将软蜱分成 5 属[锐缘蜱属 *Argas*、钝缘蜱属 *Ornithodoros*、穴蜱属（匙喙蜱属）*Antricola*、赝蜱属（伪/拟盾蜱属）*Nothoaspis* 和耳蜱属（残喙蜱属）*Otobius*]而不分相关的亚属。为此，在软蜱的系统进化分析没有重大突破的情况下，本书也照此处理，以便于后续的深入研究。

二、硬蜱科的系统分类

硬蜱科的分类已基本达成一致，多数采用 Barker 和 Murrell（2004）提出的分类体系。目前，共出现了 4 个关于硬蜱科分类的学派或体系，分别是：前苏联学派或东欧学派、美国学派或西方学派、法国学派、现代学派（表 1-2）。

1. 前苏联学派或东欧学派

该学派将硬蜱科分为硬蜱亚科和花蜱亚科，花蜱亚科又包含花蜱族 Amblyommini 和扇头蜱族 Rhipicephalini；其中花蜱族分为 4 亚族，扇头蜱族分为 2 亚族（Filippova，1984，1994）。Balashov（2004）按国际命名法规修订了之前各亚族学名的错误拼写，但是将花蜱亚族后缀（ina）错写成亚科后缀（inae），我们在此进行了修正，具体如下：

Tribe Amblyommini Banks, 1907 花蜱族

  Subtribe Haemaphysalina (Banks, 1907) Balashov, 2004 血蜱亚族

    (= Hamaphysalinae Pomerantzev, 1936 *lapsus*; Haemaphysalini Pomerantzev, 1947 *lapsus*)

  Subtribe Amblyommina (Banks, 1907) Chen & Wen, 2020 *nom. emend.* 花蜱亚族

    (= Amblyommatini Pomerantzev, 1947 *lapsus*; Amblyommini Filippova, 1994 *lapsus*; Amblyomminae Balashov, 2004 *lapsus*)

  Subtribe Anomalohimalaina (Filippova, 1994) Balashov, 2004 异扇蜱亚族

    (= Anomalohimalaini Filippova, 1994 *lapsus*)

  Subtribe Dermacentorina Balashov, 2004 革蜱亚族

    (= Dermacentorini Filippova, 1994 *lapsus*)

Tribe Rhipicephalini Banks, 1907 扇头蜱族

  Subtribe Margaropina (Pomerantzev, 1936) Balashov, 2004 珠蜱亚族

    (= Margaropinae Pomerantzev, 1936; Margaropini Pomerantzev, 1947 *lapsus*)

  Subtribe Rhipicephalina (Banks, 1907) Balashov, 2004 扇头蜱亚族

    (= Rhipiphysalinae Pomerantzev, 1936 *lapsus*; Rhipicephalaria Pomerantzev, 1936 *lapsus*; Rhipicephalini Pomerantzev, 1947 *lapsus*)

2. 美国学派或西方学派

Hoogstraal 和 Aeschlimann（1982）根据形态学、生活史、宿主类型等将硬蜱划为两个不分等级的“群”，即前沟型（prostriata）和后沟型（metastriata），并将硬蜱科分为 5 亚科。前沟型仅包括硬蜱亚科 Ixodinae；后沟型包括花蜱亚科 Amblyomminae、血蜱亚科 Haemaphysalinae、璃眼蜱亚科 Hyalomminae 和扇头蜱亚科 Rhipicephalinae（Hoogstraal & Aeschlimann，1982），并以假定的从“原始”到“衍生”的顺序列出（图 1-1）。

3. 法国学派

Camicas 和 Morel（1977）、Camicas 等（1998）则倾向于将硬蜱分为两科：硬蜱科和花蜱科 Amblyommidae，其中硬蜱科包括顶蜱亚科 Eschatocephalinae Camicas & Morel, 1977 和硬蜱亚科，但这一分类体系很少被采用。

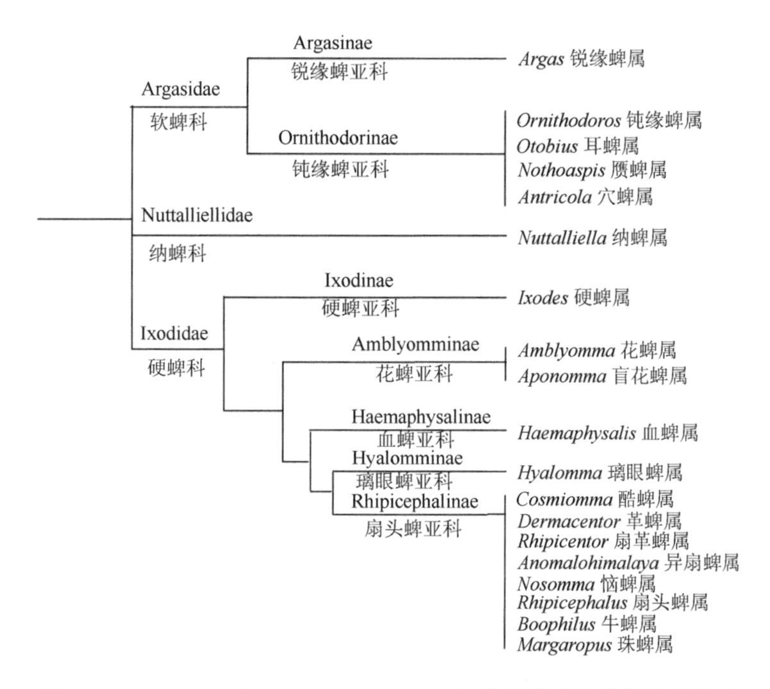

图 1-1　Hoogstraal 和 Aeschlimann（1982）的蜱类系统进化关系假说

4. 现代学派

21 世纪以来，分子生物学技术广泛应用到硬蜱的系统进化分析中。基于很多学者对蜱的分子系统进化分析、形态与分子结合的综合系统进化分析结果（Wesson & Collins，1992；Klompen & Oliver，1993；Wesson *et al.*，1993；Black & Piesman，1994；Caporale *et al.*，1995；Hutcheson *et al.*，1995；McLain *et al.*，1995a，1995b；Rich *et al.*，1995；Crampton *et al.*，1996；Klompen *et al.*，1996，1997，2000；Norris *et al.*，1996，1997，1999；Black *et al.*，1997；Zahler *et al.*，1997；Borges *et al.*，1998；Barker，1998；Black & Roehrdanz，1998；Crosbie *et al.*，1998；Mangold *et al.*，1998a，1998b；Dobson & Barker，1999；Klompen，1992，1999；Fukunaga *et al.*，2000；Murrell *et al.*，1999，2000，2001a，2001b，2003；Beati & Keirans，2001；Ushijima *et al.*，2003；Xu *et al.*，2003），Barker 和 Murrell（2004）对蜱的系统分类进行了归纳整理，主要针对硬蜱提出了新的分类体系（图 1-2，表 1-2）。目前该体系已得到多数人认可并已广泛应用，具体如下。

（1）增加了一个新亚科——槽蜱亚科 Bothriocrotoninae

槽蜱亚科 Bothriocrotoninae 因其模式属槽蜱属 *Bothriocroton* 而得名。字源拉丁文 *bothrion*（槽、穴、沟）+*croton*（蜱、臭虫），二词组合为槽蜱，因为在其体上有较深宽的沟槽而得名，亦可称为沟蜱，但不如槽蜱，因为 *bothrion* 在螨类形态和寄生绦虫中都有以此词命名的双槽或槽头绦虫等，已经众所熟悉，且有其独特性，故也在此处加以表明。

该科由 Klompen 等（2002）创建，将原来属于花蜱亚科盲花蜱属的槽蜱亚属 *Aponomma*（*Bothrioncroton*）提升为槽蜱属 *Bothriocroton*（Keirans, King & Sharrad, 1994）Klompen, Dobson & Barker, 2002，并以此为模式属，建立了槽蜱亚科 Bothriocrotoninae Klompen, Dobson & Barker, 2002，成为硬蜱科下与花蜱亚科并立的亚科。目前槽蜱亚科为单属，含 7 种（主要寄生在爬行动物身上）：袋熊槽蜱 *B. auruginans*、单色槽蜱 *B. concolor*、黑蜥槽蜱 *B. glebopalma*、帆蜥槽蜱 *B. hydrosauri*、波纹槽蜱 *B. undatum*、瓯氏槽蜱 *B. oudemansi* 和针鼹槽蜱 *B. tachyglossi*。

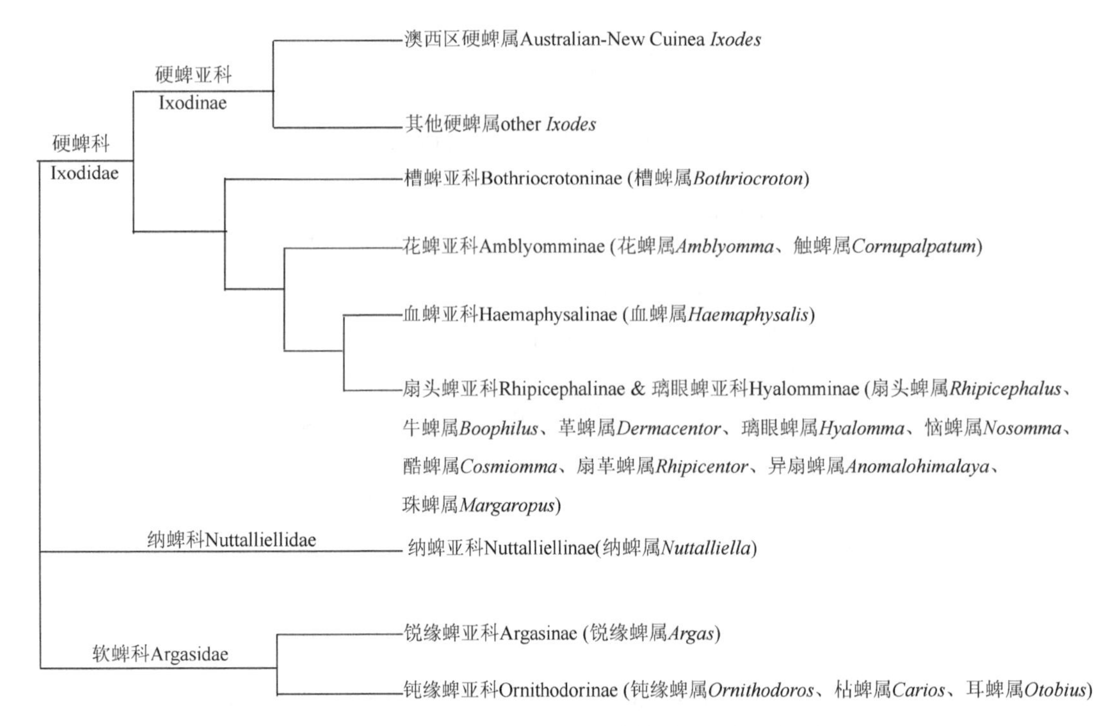

图 1-2　Barker 和 Murrell（2004）的蜱类系统进化关系假说

表 1-2　硬蜱科各学派分类体系的比较

前苏联学派或东欧学派[1, 2]	美国学派或西方学派[3]	现代学派[4]
Ixodinae 硬蜱亚科	**Ixodinae**	**Ixodinae**
Ixodes 硬蜱属	*Ixodes*	*Ixodes*
		Bothriocrotoninae 槽蜱亚科
		Bothriocroton 槽蜱属
Amblyomminae 花蜱亚科	**Amblyomminae**	**Amblyomminae**
Amblyommini 花蜱族		
Amblyommina 花蜱亚族		
Amblyomma 花蜱属	*Amblyomma*	*Amblyomma*
Aponomma 盲花蜱属	*Aponomma*	
	Haemaphysalinae 血蜱亚科	**Haemaphysalinae**
Haemaphysalina 血蜱亚族		
Haemaphysalis 血蜱属	*Haemaphysalis*	*Haemaphysalis*
	Rhipicephalinae 扇头蜱亚科	**Rhipicephalinae**
Anomalohimalaina 异扇蜱亚族		
Anomalohimalaya 异扇蜱属	*Anomalohimalaya*	*Anomalohimalaya*
Dermacentorina 革蜱亚族		
Dermacentor 革蜱属	*Dermacentor*	*Dermacentor*
Rhipicentor 扇革蜱属	*Rhipicentor*	*Rhipicentor*
Rhipicephalini 扇头蜱族		
Margaropina 珠蜱亚族		
Margaropus 珠蜱属	*Margaropus*	*Margaropus*
Boophilus 牛蜱属	*Boophilus*	
Rhipicephalina 扇头蜱亚族		
Rhipicephalus 扇头蜱属	*Rhipicephalus*	*Rhipicephalus*
Nosomma 恼蜱属	*Nosomma*	*Nosomma*
Cosmiomma 酷蜱属	*Cosmiomma*	*Cosmiomma*
	Hyalomminae 璃眼蜱亚科	
Hyalomma 璃眼蜱属	*Hyalomma*	*Hyalomma*

注：1，2 Filippova，1984，1994；3 Hoogstraal & Aeschlimann，1982；4 Barker & Murrell，2004

（2）增加了一个来自化石的新属——触蜱属 *Cornupalpatum*

该属只含 1 种，即缅甸触蜱 *Cornupalpatum burmanicum* Poinar & Brown, 2003，来自白垩纪时期的幼蜱化石。这种蜱和花蜱属的一些种（曾为盲花蜱）类似。

（3）花蜱亚科包括花蜱属 *Amblyomma* 和触蜱属 *Cornupalpatum*

Klompen 等（2002）研究发现多数盲花蜱应归入花蜱属，否则花蜱属是并系。此后 Horak 等（2002）首次将盲花蜱属的部分种类（7 个澳大利亚本土种）归入槽蜱属并成立了槽蜱亚科，其余 20 种归到花蜱属中，隶属于花蜱亚科。中国原属于盲花蜱属的 3 种全部移到花蜱属，即厚体花蜱 *Am. crassipes*、派氏花蜱 *Am. pattoni* 和巨蜥花蜱 *Am. varanense*。然而，Burger 等（2012）通过分析三痕花蜱 *Am. triguttatum*、红鹿花蜱 *Am. elaphense*、穗缘花蜱 *Am. fimbriatum*、齿蜥花蜱 *Am. sphenodonti*、同色槽蜱 *B. concolor* 和波纹槽蜱 *B. undatum* 的线粒体基因组及核 DNA，发现花蜱属不是单系。红鹿花蜱和齿蜥花蜱与其他花蜱不在一个进化枝上，齿蜥花蜱更像槽蜱属的姐妹群，而红鹿花蜱可能与血蜱属的亲缘关系更近，可见要确定齿蜥花蜱和红鹿花蜱的分类地位，还需要综合分析更多的花蜱及其相关种类。

由于缅甸触蜱与花蜱属的一些种（曾为盲花蜱）类似，因此一起归入花蜱亚科。

（4）璃眼蜱亚科是扇头蜱亚科的同物异名

许多学者已经指出璃眼蜱亚科与扇头蜱亚科应该是同物异名，因为璃眼蜱亚科不包含扇头蜱亚科的成员时是并系（Murrell *et al.*，2001；Klompen *et al.*，2000，2002）。

（5）尚蜱属 *Anocentor* 的种类归入革蜱属

Barker 和 Murrell（2002）提出应该把尚蜱（包括 *Ac. nitens* 和 *Ac. dissimilis*）归到革蜱属中，因为革蜱属不含这个属时是并系，随后这个属被并到革蜱属中（Horak *et al.*，2002；Barker & Murrell，2004）。

（6）扇头蜱亚科的变更

扇头蜱亚科包括璃眼蜱属、革蜱属、异扇蜱属、扇头蜱属、恼蜱属、酷蜱属、扇革蜱属和珠蜱属。Murrell 等（2000，2001）、Beati 和 Keirans（2001）、Murrell 和 Barker（2003）等利用 12S rDNA、16S rDNA、*cox 1*、内部转录间隔 2（ITS 2）等不同的分子标记，以及利用形态学和分子生物学相结合的分析方法研究了牛蜱与扇头蜱之间的关系后，提出牛蜱属应划为扇头蜱属的一个亚属。目前，这种观点已被很多学者在不同的分子进化分析中证实，并得到绝大多数学者的认可。因此我国的广布种微小牛蜱 *Boophilus microplus* 的学名应为微小扇头蜱 *Rhipicephalus*（*Boophilus*）*microplus* 或 *Rhipicephalus microplus*。

三、纳蜱科的系统分类

纳蜱兼具软蜱和硬蜱的部分特征，但由于最初标本有限，纳蜱的很多生物学特性尤其是分子生物学数据严重缺乏，因而该类群一直是蜱螨系统进化及分类学研究的瓶颈。最近 Mans 等（2011）在非洲南部采集到那马纳蜱 *Nuttalliella namaqua* 的活体标本（称为蜱类祖先谱系的活化石），揭开了该蜱的神秘面纱。他们对那马纳蜱的分布、吸血特性、宿主等进行了详细描述，同时结合 18S rDNA 及线粒体 16S rDNA 基因进行了系统进化分析，揭示了该蜱位于蜱类系统进化树的基部，是蜱类的原始谱系。

由此可见，分子生物学特性在蜱类系统分类学中的应用解决了很多形态学特征无法阐明的问题。采用形态学和分子生物学相结合的分析方法将会更有助于建立自然、客观的分类体系，但这将是一项长期而艰巨的任务。

四、问题和展望

自 20 世纪 90 年代分子生物学技术应用到蜱的系统分类学研究以来，人们对蜱类有了更深入的认识，解决了一些长期利用形态学或生态学特性无法阐明的难题。尽管如此，此领域仍存在一系列的问题，如蜱类的姐妹群；软蜱科的分类体系、硬蜱属的单系性、花蜱属内各类群间的系统进化关系等。

1. 蜱的姐妹群

蜱的古老特征及其与其他寄螨类 Parasitiformes 的形态学隔离导致很难揭示它们的祖先。关于蜱类的姐妹群主要有两种观点，一种认为是巨螨类（((Ixodida，Holothyrida）Mesostigmata）Opilioacarifomes)；另一种认为是中气门类（((Ixodida，Mesostigmata）Holothyrida）Opilioacariformes）。目前的证据都支持巨螨类是蜱类的姐妹群，现存的巨螨类在颚体和哈氏器的结构上与蜱类的相似，认为它们具有共同祖先。并且蜱类 Ixodida 和巨螨类 Holothyrida 的分子标记分析也说明与其他类群相比，蜱与巨螨类之间的关系更为亲近。已知这些体型较大的螨虫约有 30 种分布在澳大利亚、新几内亚、南美洲和印度与太平洋的岛屿。它们主要生活在潮湿森林的土壤表面，以其他节肢动物的尸体为食。

2. 软蜱科

软蜱科属级分类争议最大，其不同的分类体系间差异很大。目前关于软蜱的属级分类主要有 5 个学派（表 1-1），可见软蜱科中属级水平的划分远不如硬蜱科明晰。事实上，目前存在的所有软蜱分类体系中，多数种类被划分到不止一个属中。以上争议需要结合形态学特征和分子数据对假定的单源类群模式种深入研究后方可确立。

3. 硬蜱科

目前，国际上关于硬蜱科的系统分类主要体现为前苏联学派或东欧学派、美国学派或西方学派、法国学派及现代学派，涉及以下文献：Camicas & Morel，1977；Hoogstraal & Aeschlimann，1982；Black & Piesman，1994；Filippova，1994；Camicas *et al.*，1998；Barker & Murrell，2002，2004；Horak *et al.*，2002。目前在硬蜱的属级水平上，人们已基本认同 Barker 和 Murrell（2004）的分类体系，尽管还存在一些争议。例如，目前尽管多数学者将牛蜱属下降为扇头蜱属的亚属，但一些学者仍然认为牛蜱属是一个有效属名。然而，随着对硬蜱的分子系统进化分析的深入研究，在其他分类阶元上人们又不断发现其他新问题。

（1）硬蜱亚科

传统上常把硬蜱亚科作为单系类群，但已有证据表明硬蜱属存在两个主要谱系，即澳西区硬蜱属 Australian-New Guinea *Ixodes* 和其他硬蜱属（other *Ixodes* 或称非澳西区硬蜱属）。已证实澳西区硬蜱包括沓氏硬蜱群 *I. tasmani* group（沓氏硬蜱、全环硬蜱 *I. holocyclus* 和海鸦硬蜱 *I. uriae*）、袋鼩硬蜱 *I. antechini* 和鸭兽硬蜱 *I. ornithorhynchi*。线粒体控制区的研究表明，心板硬蜱 *I. cordifer*、角突硬蜱 *I. cornuatus*、赫氏硬蜱 *I. hirsti*、蚁兽硬蜱 *I. myrmecobii*、袋貂硬蜱 *I. trichosuri* 也属于澳西区硬蜱，因为这些蜱中均具有 2 个控制区，而其他非澳西区硬蜱种群包括锐跗硬蜱 *I. acutitarsus*、浅沼硬蜱 *I. asanumai*、六角硬蜱 *I. hexagonus*、被甲硬蜱 *I. loricatus*、卵形硬蜱 *I. ovatus*、全沟硬蜱 *I. persulcatus*、毛茸硬蜱 *I. pilosus*、蓖子硬蜱 *I. ricinus*、肩突硬蜱 *I. scapularis*、简蝠硬蜱 *I. simplex* 和鸫硬蜱 *I. turdus*，这些蜱中仅有 1 个控制区。由于多数硬蜱属的种类还未得到研究，目前还无法确切知道现存种类有多少种属于澳西区硬蜱种群。

此外，一些硬蜱的亚属地位还没有确定，如徐广等（2003）分析了硬蜱属的 19 个种类，这些种类分属于 3 个亚属（硬蜱亚属 *Ixodes*、龛蜱亚属 *Pholeoixode*、多齿蜱亚属 *Multidentatus*），发现硬蜱亚属中的蓖子硬蜱复合种群不是单系。Guglielmone 等（2006）基于线粒体 16S rDNA 序列和形态学特征研究了司氏硬蜱 *I. stilesi* 的系统发生，发现司氏硬蜱和一些南部新热带种不属于硬蜱亚属，这不同于 Clifford（1973）的提议。可见硬蜱的亚属分类地位还需进一步明确。

总之，由于多数硬蜱属的种类还没有得到研究，无法确切知道现存种类有多少种属于澳西区硬蜱种群，而且也不能确定硬蜱属的单系性。因此，今后应通过国际的标本交换尽可能地研究所有的硬蜱属种类，才能解决这个属内的系统发生问题。

（2）花蜱亚科和槽蜱亚科

废除盲花蜱属及确立花蜱亚科和槽蜱亚科的系统分类地位的研究结果已得到了广泛认同。然而 Miller

等（2007）研究 18S rDNA 时发现与其他花蜱和槽蜱相比，齿蜥花蜱 *Am. sphenodonti*（盲花蜱属的原始种）在系统进化树中的地位很特别，既没有与花蜱聚到一起，又没有与槽蜱构成单系类群。他们认为齿蜥花蜱可能构成一个新属，另外齿蜥花蜱与其他原始种如红鹿花蜱 *Am. elaphense* 的关系还未知，需要进一步深入研究。

人们在研究花蜱属不同类群间的相互关系时也发现在亚属分类上存在很多争议。Santos Dias（1993）依据雄蜱的基节建立了聚蜱亚属 *Anastosiella*，此亚属包括以下新热带种：巴西花蜱 *Am. brasiliense*、斑体花蜱 *Am. maculatum*、虎斑花蜱 *Am. tigrinum*、暗色花蜱 *Am. triste*、小跗花蜱 *Am. parvitarsum*、西猯花蜱 *Am. Pecarium*，以及分布在埃塞俄比亚界、新北界和澳洲界的 5 种蜱（白边花蜱 *Am. albolimbatum*、大象花蜱 *Am. eburneum*、嗼氏花蜱 *Am. moyi*、稀点花蜱 *Am. paulopunctatum* 和犀牛花蜱 *Am. rhinocerotis*）。Camicas 等（1998）又对聚蜱亚属 *Anastosiella* 进行了修订，并将斑体花蜱、纽氏花蜱 *Am. neumanni*、小跗花蜱、虎斑花蜱和暗色花蜱称为斑体花蜱群（the maculatum group）；金线花蜱 *Am. aureolatum* 和卵形花蜱 *Am. ovale* 称为卵形花蜱群（the ovale group）。然而 Estrada-Peña 等（2005）基于 16S rDNA 和未成熟蜱形态学特征的研究结果反对这种划分，他们认为 *Anastosiella* 亚属仅包括斑体花蜱、虎斑花蜱和暗色花蜱，不包含纽氏花蜱、小跗花蜱及卵形花蜱复组中的两个种。

可见花蜱属中亚属的分类地位还比较混乱，需要进一步深入研究。另外，此后的研究可能会支持将齿蜥花蜱 *Am. sphenodonti* 建立为一个新属。

（3）血蜱亚科和璃眼蜱亚科

血蜱属的分类地位也是有争议的。Hoogstraal 和 Aeschlimann（1982）认为血蜱亚科与（璃眼蜱亚科+扇头蜱亚科）的亲缘关系较近，因为它们的足和须肢上都有刺。然而，人们通过研究 16S rDNA 序列发现血蜱与花蜱在同一进化枝上，但与其他硬蜱的关系至今还不明确。

Hoogstraal 和 Aeschlimann（1982）认为璃眼蜱亚科是原始的，并位于扇头蜱亚科的基部，因为璃眼蜱具有延长的口下板和须肢，他们认为这些特征是原始性状。然而，Black 和 Piesman（1994）研究发现璃眼蜱与扇头蜱亚科在同一进化枝上。Black 等（1997）利用 18S rDNA、Klompen 等（1997）综合形态和发育特征分析发现璃眼蜱在扇头蜱亚科内。尽管 Hoogstraal 的观点对于理解璃眼蜱的分类地位具有一定的帮助，然而，目前看来，他将璃眼蜱亚科和血蜱亚科看成后沟型蜱类中原始类群的证据不足，璃眼蜱似乎与扇头蜱亚科的亲缘关系更近。

（4）扇头蜱亚科

将曾经的牛蜱属划分为扇头蜱属的一个亚属的观点已被广泛认可，同时多数学者认为璃眼蜱亚科是扇头蜱亚科的同物异名，应包含在扇头蜱亚科内。

人们分析了来自美洲、非洲、亚洲和澳大利亚的微小扇头蜱的 12S rDNA，发现来自美洲的标本（包括阿根廷、玻利维亚、巴西、哥斯达黎加、巴拉圭、乌拉圭）与非洲的标本（南非和坦桑尼亚）在同一进化枝上（支持率 99%），而澳大利亚类群在另一进化枝上（支持率 78%）。令人惊讶的是，来自尼泊尔的微小扇头蜱与埃及的具环扇头蜱 *R. annulatus* 亲缘关系较近，尽管其支持率较低（51%）。美洲和非洲类群之间的核苷酸分歧度很低（0.2%），但它们与澳大利亚和尼泊尔的微小扇头蜱之间的核苷酸分歧度较高，分别为 1.3%和 2.5%。相反，Barker（1998）通过分析 ITS 2 序列发现以上假设的支持率较低。因为澳大利亚与非洲的微小扇头蜱核苷酸分歧度（0.8%）比澳大利亚、巴西、肯尼亚和南非的低（平均为 1%）。然而，Spickett 和 Malan（1978）发现澳大利亚与非洲的微小扇头蜱不能成功杂交，同时 Labruna 等（2007）发现美洲和非洲的微小扇头蜱能成功杂交，但澳大利亚和非洲、澳大利亚和美洲的微小扇头蜱均不能成功杂交。这些结果在微卫星和 16S rDNA 序列分析中均得到了验证。因此，微小扇头蜱可能是由非洲传到美洲的，美洲-非洲种群的微小扇头蜱可能与澳大利亚微小扇头蜱不是同一种。可见微小扇头蜱的起源与分化问题还需进一步验证。

Szabo 等（2005）通过研究巴西和阿根廷两个地区血红扇头蜱的生物学特性、线粒体 12S rDNA，发现两者有很大差异，通过杂交实验发现两个地区的杂交后代没有生殖能力。而分析 12S rDNA 的结果显示阿根廷的血红扇头蜱与欧洲类群的基因具有更近的亲缘关系，同时巴西的血红扇头蜱与非洲类群的亲缘关系更近，因此阿根廷的血红扇头蜱很可能起源于欧洲，而巴西的血红扇头蜱很可能起源于非洲。另外人们还发现血红扇头蜱与图兰扇头蜱的线粒体 DNA 在动物地理区划上也存在很大争议。

由上述可见，扇头蜱属各类群间分类地位及系统进化关系比较复杂，这也充分体现了这个属还需要从整体上进行更深入的研究。

很多证据表明，任何单一方法都不能从根本上解决蜱类系统发生的问题。把形态学和分子生物学数据结合在一起的全证据方法，并结合蜱类和宿主间的关系、动物地理学、古生物学及比较寄生虫学（寄生状态的进化）等进行分析是解决蜱类系统进化问题的有效方法。此外，由于蜱类线粒体基因组的研究已经为观察蜱类系统发生及演化提供了新视角，因此研究各亚科及其姐妹群（巨螨类和中气门类）的线粒体全基因组序列对于揭示节肢动物系统学的本质有很大作用。因此，随着更多新技术和新方法的不断引入与广泛应用，蜱类系统分类学研究必将取得更为显著的进展。

五、我国蜱类系统分类学研究

我国疆域辽阔，蜱的种类丰富，目前已记录 120 种（占世界蜱类总数的 13%），并且我国对蜱的研究已有悠久的历史。早在东汉时期（约公元 121 年），许慎就在《说文解字》中指出蜱为牛的寄生虫。明代李时珍的《本草纲目》中也已有关于蜱类防控的记载，提出利用牛扁（又称特扁、扁毒）治疗牛虱（蜱）更有效。

然而，近现代以来，我国在该领域的研究先后两次被中断。首先是我国经历的历史浩劫不仅严重阻碍了经济发展，自然科学研究更是停滞不前。新中国成立后，我国曾涌现出一批杰出的蜱类学家，包括冯兰洲、王凤振、黄克峻、陆宝麟、吴维均、赵修复、姚文炳、邓国藩、姜在阶、邵冠男、陈国仕、于心、叶瑞玉、龚正达等，并发表了一系列相关论文，撰写了一系列专著。目前，在中国比较有影响的蜱分类学专著有 3 部：①邓国藩于 1978 年编著的《中国经济昆虫志 第十五册 蜱螨目：蜱总科》，记录了 79 种蜱，但出版时间较早，种类明显不全；②邓国藩和姜在阶于 1991 年编著的《中国经济昆虫志 第三十九册 蜱螨亚纲：硬蜱科》，记载了硬蜱科中硬蜱属 20 种，革蜱属 13 种，血蜱属 43 种，花蜱属 4 种，璃眼蜱属 9 种，盲花蜱属 4 种，扇头蜱属 5 种，异扇蜱属 2 种，牛蜱属 1 种，共 9 属 101 种和亚种；③于心等于 1997 年编著的《新疆蜱类志》，描述了分布于新疆的 42 种蜱。然而，在这些著作发表之后的 20 多年里，这方面的工作几乎停滞下来，同时伴随着大量标本毁坏甚至遗失。另外，蜱的种类鉴定、物种描述、种名翻译、区系调查、分类系统的采用等方面都非常混乱。近年来，随着人们对蜱及蜱媒病重视程度的提高，我国蜱的系统分类学研究有了一定的进展，但主要体现在分子生物学方面的研究，并且与传统的形态分类脱节。这导致了一些研究结果（尤其是系统进化学分析）可信度不高，甚至得出错误的结论。

1. 我国曾经采用的分类体系

我国自 20 世纪 90 年代以来一直采用以下分类系统，即将蜱划为蜱螨亚纲 Acari 中的寄螨目 Parasitiformes 蜱亚目 Ixodida 蜱总科 Ixodoidea，下分软蜱科 Argasidae、硬蜱科 Ixodidae 和纳蜱科 Nuttalliellidae。其中软蜱科包括锐缘蜱亚科 Argasinae（锐缘蜱属 *Argas*）和钝缘蜱亚科 Ornithodorinae[耳蜱属（残喙蜱属）*Otobius*、钝缘蜱属 *Ornithodoros*、穴蜱属（匙喙蜱属）*Antricola* 和赝蜱属（伪/拟盾蜱属）*Nothoaspis*]；纳蜱科仅包括纳蜱亚科 Nuttalliellinae 中的纳蜱属 *Nuttalliella*；硬蜱科包括硬蜱亚科 Ixodinae（硬蜱属 *Ixodes*）、花蜱亚科 Amblyomminae（花蜱属 *Amblyomma*、盲花蜱属 *Aponomma*、革蜱属 *Dermacentor*、血蜱属 *Haemaphysalis*）和扇头蜱亚科 Rhipicephalinae（璃眼蜱属 *Hyalomma*、尚蜱属 *Anocentor*、异扇蜱属 *Anomalohimalaya*、扇头蜱属 *Rhipicephalus*、牛蜱属 *Boophilus*、恼蜱属 *Nosomma*、酷蜱属 *Cosmiomma*、扇革蜱属 *Rhipicentor* 及珠蜱属 *Margaropus*）（表 1-3）。

2. 本书采用的分类体系

20 世纪末，分子生物学技术的应用及研究方法的不断完善使蜱的分类系统产生了很大变更。如前所述，软蜱的系统分类一直争议不断。目前存在 5 个学派，均基于传统的系统分类学研究方法，现代分子系统学研究仅涉及少数种类，因此还没有得到说服力最强的分类体系。然而，鉴于多数学者对 Hoogstraal（1985）的认可，更为了便于学术交流，同多数蜱分类学者一致，本书也采用 Hoogstraal（1985）的属级分类体系，软蜱科包括锐缘蜱属 *Argas*、钝缘蜱属 *Ornithodoros*、穴蜱属（匙喙蜱属）*Antricola*、赝蜱属（伪/拟盾蜱属）*Nothoaspis* 和耳蜱属（残喙蜱属）*Otobius*，但不分相关的亚属。在硬蜱科中，Barker 和 Murrell（2004）提出的分类体系已基本得到多数蜱类学者的认同，本书亦采用该分类体系（表 1-3）。

表 1-3　我国采用的两种分类系统的比较

曾经采用的分类系统	目前采用的分类系统
Argasidae 软蜱科	**Argasidae 软蜱科**
Argasinae 锐缘蜱亚科	Argasinae 锐缘蜱亚科
Argas 锐缘蜱属	*Argas* 锐缘蜱属
Ornithodorinae 钝缘蜱亚科	Ornithodorinae 钝缘蜱亚科
Otobius 耳蜱属	*Otobius* 耳蜱属
Ornithodoros 钝缘蜱属	*Ornithodoros* 钝缘蜱属
Nothoaspis 赝蜱属	*Nothoaspis* 赝蜱属
Antricola 穴蜱属（匙喙蜱属）	*Antricola* 穴蜱属（匙喙蜱属）
Ixodidae 硬蜱科	**Ixodidae 硬蜱科**
Ixodinae 硬蜱亚科	Ixodinae 硬蜱亚科
Ixodes 硬蜱属	*Ixodes* 硬蜱属
	Bothriocrotoninae 槽蜱亚科
	Bothriocroton 槽蜱属
Amblyomminae 花蜱亚科	Amblyomminae 花蜱亚科
Amblyomma 花蜱属	*Amblyomma* 花蜱属（含部分盲花蜱属 *Aponomma*）
Aponomma 盲花蜱属	
	Cornupalpatum 触蜱属（与其他属的关系未知）
	Compluriscutula 垛蜱属（与其他属的关系未知）
Dermacentor 革蜱属	
	Haemaphysalinae 血蜱亚科
Haemaphysalis 血蜱属	*Haemaphysalis* 血蜱属
Rhipicephalinae 扇头蜱亚科	Rhipicephalinae 扇头蜱亚科
Hyalomma 璃眼蜱属	*Hyalomma* 璃眼蜱属
	Dermacentor 革蜱属（含尚蜱属 *Anocentor*）
Anomalohimalaya 异扇蜱属	*Anomalohimalaya* 异扇蜱属
Rhipicephalus 扇头蜱属	*Rhipicephalus* 扇头蜱属（含牛蜱属 *Boophilus*）
Boophilus 牛蜱属	
Nosomma 恼蜱属	*Nosomma* 恼蜱属
Cosmiomma 酷蜱属	*Cosmiomma* 酷蜱属
Rhipicentor 扇革蜱属	*Rhipicentor* 扇革蜱属
Margaropus 珠蜱属	*Margaropus* 珠蜱属
Nuttalliellidae 纳蜱科	**Nuttalliellidae 纳蜱科**
Nuttalliellinae 纳蜱亚科	Nuttalliellinae 纳蜱亚科
Nuttalliella 纳蜱属	*Nuttalliella* 纳蜱属
	Deinocrotonidae 恐蜱科
	Deinocrotoninae 恐蜱亚科
	Deinocroton 恐蜱属
合计：**3 科 6 亚科 19 属**	合计：**4 科 9 亚科 21 属**

综上所述，我国蜱的系统分类严重滞后，主要体现在：①已有的蜱类分类学专著出版年代较久远（分别为 1978 年和 1991 年），且存在分类系统过时，物种的中文译名不完善，一些物种的分类特征描述不全、同物异名、检索表不完善等缺陷；②国内存在的有争议的蜱类类群及其争议种数量较多；③蜱的系统进化研究非常薄弱。而相比之下，国际上很多国家对这一领域的研究却突飞猛进，伴随着许多蜱的分类地位变更、种名修正、新种发现、旧种名遗弃或重新启用等。因此，在中国急需对这些错误和变更及时纠正，同时更要利用中国的蜱类物种及分布的区系特点结合分子生物学特性进行系统研究，以弥补中国蜱类系统分类研究的不足，从而为以后有效防治蜱类寄生及蜱媒病打下基础。

第四节　蜱的科级及以下分类阶元

为使人们更清楚地了解蜱的分类体系及研究历史，本节将详细介绍蜱的科级及以下较低阶元的建立和变更史。

一、蜱的科级分类系统

Leach（1815）最早建立了蜱科 Ixodides，包含锐缘蜱属 *Argas*、硬蜱属 *Ixodes* 和诱蜱属 *Europoda*。载名模式属是 *Ixodes* Latreille, 1795。此后，蜱科拉丁学名 Ixodides 校正为 Ixodidae。按照 ICZN 条款，Leach 于 1815 年最先提出蜱的科名拼写，在之后的 50 余年中曾出现过很多蜱科的异名：Ixodides Leach, 1815；Ixodei Dugès, 1834；Ixodea Burmeister, 1837；Ixodiden Koch, 1844；Ixodida Küchenmeister, 1855；Ixodidés Donnadieu, 1875；Ixodini Canestrini & Fanzago, 1877，这些异名的词尾拼写均不符合 ICZN，直至 Murray 于 1877 年才修改为正确的蜱科的词缀-idae 而成立 Ixodidae，现专指硬蜱科（俗称硬蜱），但根据 ICZN 优先的作者身份和日期仍归于 Leach, 1815 并置于括号内，随后引证第一厘定者 Murray，连带厘定日期 1877（ICZN Art.35）。如今的文献所见，大都只引证厘定者 Murray，是违背 ICZN 的，相反，原始作者优先应予引证，厘定者倒可以忽略。

Koch 于 1837 年建立了钝缘蜱属 *Ornithodoros* Koch, 1837，随后将不具盾板的蜱成立了 1 新科——软蜱科 Argasiden（俗称软蜱），具盾板的蜱则为硬蜱科（Koch，1844）。同样 Koch 定下的软蜱科原始科名的词尾不符合 ICZN，1844～1890 年也出现几个异名：Argantidae Agassiz, 1848；Argasides Fürstenberg, 1861；Argasini Canestrini & Fanzago, 1877；直至 Canestrini（1890）才厘定正确 Argasidae。然而，Argasidae 被引证的是后来的厘定者 Canestrini, 1890，而忽略了原始作者 Koch, 1844。

蜱的第 3 个科发现于 20 世纪，即纳蜱科 Nuttalliellidae Schulze, 1935，至今为单属单种——那马纳蜱 *Nuttalliella namaqua*，特征处于软蜱与硬蜱之间，不能归并于两者任何之一。Peñalver 等（2017）建立了第 4 个科恐蜱科 Deinocrotonidae，亦为 1 属 1 种——德氏恐蜱 *Deinocroton draculi*。

国际蜱类学家对于蜱的高级分类系统有不同的学派，有些认为应将蜱的科级阶元提升，如 Arpagostoma Lahille, 1905“铗蜱亚目”，含软蜱科与硬蜱科，但并不为众所接受。后来 Hammen 提出蜱应是蜱螨亚纲的一目——蜱目 Ixodida Hammen, 1968，其下分为 2 亚目：软蜱亚目 Argasina Hammen, 1968 和硬蜱亚目 Ixodina Hammen, 1968。现在蜱目已经确立，而大多学者认为不设亚目。在蜱目之下曾分有 2 总科：硬蜱总科 Ixodoidea（Leach, 1815）Banks, 1849 和软蜱总科 Argasoidea（Leach, 1815）Schulze, 1935。此外，Schulze（1940）将纳蜱科上升为纳蜱总科 Nuttallieloidea（Schulze, 1935），认为蜱目共 3 总科（加上最近发现的恐蜱科，计 4 总科）。然而，近年来的研究一致认为蜱目下仅一个蜱总科，下分 4 科。根据 Keirans（2009），蜱总科 Ixodoidea（Leach, 1815）Banks, 1894 隶属于寄螨总目 Parasitiformes Reuter, 1909（=Anactinochaetinosa 暗毛总目）蜱目 Ixodida（Leach, 1815）*sensu* Hammen, 1968。分类系统如下：

Phylum Arthropoda 节肢动物门
　Class Arachnida 蛛形纲
　　Subclass Acari 蜱螨亚纲
　　　Superorder Parasitiformes 寄螨总目
　　　　Order Ixodida 蜱目
　　　　　Superfamily Ixodoidea 蜱总科
　　　　　　Family Argasidae 软蜱科
　　　　　　　Ixodidae 硬蜱科
　　　　　　　Nuttalliellidae 纳蜱科
　　　　　　　Deinocrotonidae 恐蜱科

二、蜱的亚科级分类系统

蜱的亚科级及以下分类系统存在一些争议，体现在不同学派对族、亚族的认可及一些类群的归属上。目前主要有以下学派：①以 Filippova（1966，1994）为代表的前苏联学派或东欧学派；②以 Hoogstraal 和 Aeschlimann（1982）、Hoogstraal（1985）为代表的美国学派或西方学派；③以 Camicas 等（1998）为代表的法国学派；④硬蜱研究以 Barker 和 Murrell（2004）为代表的现代学派；软蜱研究以 Klompen 和 Oliver（1993）为代表的支序学派及以 Mans 等（2019）为代表的分子学派。具体学派观点详见本章第三节。

1. 软蜱科

在蜱的科级下设亚科级阶元，首见软蜱亚科 Argasinae（Koch, 1844）Trouessart, 1892（Syn. Argasidae Murray, 1877；Argasinés Railliet, 1893）。后来 Pospelova-Shtrom（1946）将躯体背腹间无分界的属如 *Ornithodoros* 等归纳为钝缘蜱亚科 Ornithodorinae Pospelova-Shtrom, 1946，以与锐缘蜱亚科背腹之间有边缝为界区别。Pospelova-Shtrom 同时还将软蜱分为 3 族：锐缘蜱亚科下 1 个锐缘蜱族 Argasini（Koch, 1844）Pospelova-Shtrom, 1946（Syn. Argasides Megnin, 1880；Argasidés Railliet, 1886；Argasinae Neumann, 1899），钝缘蜱亚科下 2 族，即钝缘蜱族 Ornithodorini Pospelova-Shtrom, 1946 和耳蜱族 Otobiini Pospelova-Shtrom, 1946。然而，很多西方学者不接受亚科之下设族。根据多数学者的观点，如今软蜱科级分类系统如下：

Order Ixodida (Leach, 1815) Hammen, 1968 蜱目
　Superfamily Ixodoidea (Leach, 1815) Banks, 1894 蜱总科
　　Family Argasidae (Koch, 1844) Canestrini, 1890 软蜱科
　　　Subfamily Argasinae (Koch, 1844) Trouessart, 1892 锐缘蜱亚科
　　　Subfamily Ornithodorinae Pospelova-Shtrom, 1946 钝缘蜱亚科

这里附带要说明的是 Hoogstraal（1985）曾提升过 3 亚科，未为众所接受：

　　　Subfamily Otobiinae (Pospelova-Shtrom, 1946) Hoogstraal, 1985 耳蜱亚科
　　　Subfamily Antricolinae Hoogstraal, 1985 穴蜱亚科
　　　Subfamily Nothoaspinae Hoogstraal, 1985 赝蜱亚科

2. 硬蜱科

目前，Barker 和 Murrell（2004）关于硬蜱的分类体系基本得到了广泛认可。具体如下：

Order Ixodida (Leach, 1815) Hammen, 1968 蜱目
　Superfamily Ixodoidea (Leach, 1815) Banks, 1894 蜱总科
　　Family Ixodidae (Leach, 1815) Murray, 1877 硬蜱科
　　　Subfamily Ixodinae (Leach, 1815) Banks, 1908 硬蜱亚科

Subfamily Bothriocrotoninae (Keirans, King & Sharrad, 1994)
Klompen, Dobson & Barker, 2002 槽蜱亚科
Subfamily Amblyomminae Banks, 1907 花蜱亚科
Subfamily Haemaphysalinae (Banks, 1907) Pomerantzev, 1936
(non Feider & Mironescu, 1961, preoccupied)血蜱亚科
Subfamily Rhipicephalinae Salmon & Stiles, 1901 扇头蜱亚科

三、蜱的属级分类系统

尽管长期以来人们不断结合新知识、新技术来完善蜱的系统分类学研究，但鉴于传统研究方法本身的特点、现代分子生物学技术研究的局限性及不同学者关注的角度不同，其建立的分类体系亦有差别。这一方面促进了该领域的长足发展，另一方面导致了蜱（尤其是软蜱）的分类体系一直争议不断。鉴于属级水平的观点通常决定特定的物种类群，并且多数蜱和蜱媒病研究主要涉及蜱的属及以下阶元，著者认为有必要着重在蜱的属级水平上系统阐述蜱的分类系统，明确本书采用的分类体系，一方面减少读者在阅读过程中的疑惑，另一方面促进我国在该领域的研究进展。

1. 软蜱科

软蜱具名的属和亚属共 19 个，包括 3 个异名，介绍于后。在每个属名之后，有一个置于方括号内的属名缩写，是本研究建议的。因为根据 ICZN，一个种名的学名，在一篇著作中如果反复引用时，可以将其属名缩写，仅第一个字母大写即可，如 *Argas persicus*，缩写成 *A. persicus*，但种名不可缩写成 *A. p.*。但在同一科内几个属的缩写会出现相同的缩写，如 *Argas*、*Alectorobius*、*Alveonasus*、*Antricola* 属名缩写都是 *A.*，如在同一篇著作中都以 *A.*表示，就会发生混乱。本研究在蜱的属名缩写排列中做了尝试，供同道参考，并希望提出更规范的格式。

按历史年份排列，软蜱具名属和亚属如下，其中中名后面括号内的名称为国内曾经出现但词源不准确且不常使用的名称，最后中括号内的英文简写为相应属名简写，现一并列出供读者参考。由于蜱的亚属名数量很多，且很少使用，未提供简写。

(1) *Argas* Latreille, 1796 锐缘蜱属/亚属 [*A*]
(= *Rhynchoprion* Hermann, 1804 锯蜱属 [*Ry*]; *Argasium* Rafinesque, 1815)
Type species: *Acarus reflexus* Fabricius, 1794
(2) *Carios* Latreille, 1796 (= *Caris* Latreille, 1801 *nom. nud.*)枯蜱属/亚属(败蜱属/亚属)[*C*]
Type species: *Argas* (*Carios*) *vespertilionis* Latreille, 1796
(3) *Ornithodoros* Koch, 1837 钝缘蜱属/亚属 [*O*]
Type species: *Argas savignyi* Audouin, 1826
(4) *Alectorobius* Pocock, 1909 鸡蜱属/亚属 [*Al*]
Type species: *Argas talaje* Guérin-Méneville, 1849
(5) *Otobius* Bank, 1912 耳蜱属(残喙蜱属) [*Ot*]
Type species: *Argas megnini* Dugès, 1883
(6) *Alveonasus* Schulze, 1941 泡蜱属/亚属 [*Av*]
Type species: *Ornithodoros lahorensis* Neumann, 1908
(7) *Reticulinasus* Schulze, 1941 网蜱属/亚属 [*Rn*]
Type species: *Ornithodoros batuensis* Hirst, 1929(= *Argas steini* Schulze, 1935 *nom. nud.*)
(8) *Antricola* Cooley & Kohls, 1942 穴蜱属/亚属(匙喙蜱属/亚属) [*An*]
Type species: *Ornithodoros coprophila* McIntoch, 1935

(9) *Ogadenus* Pospelova-Shtrom, 1946 　墺蜱属/亚属 [*Og*]
Type species: *Argas brumpti* Neumann, 1907
(10) *Pavlovskyella* Pospelova-Shtrom, 1950 　巴蜱亚属(genus *Ornithodoros*)
(=*Theriodoros* Pospelova-Shtrom, 1950 　兽蜱亚属)
Type species: *Argas erraticus* Lucas, 1849
(11) *Chiropterargas* Hoogstraal, 1955 　蝠蜱亚属
Type species: *Argas boueti* Roubaud & Colas-Belcour, 1933
(12) *Secretargas* Hoogstraal, 1957 　匿蜱亚属
Type species: *Argas transgariepinus* White, 1846
(13) *Ornamentum* Clifford, Kohls & Sonenshine, 1964 　饰蜱亚属
Type species: *Ornithodoros coriaceus* Koch, 1844
(14) *Subparmatus* Clifford, Kohls & Sonenshine, 1964 　垛蜱亚属(genus *Alectorobius*)
Type species: *Ornithodoros viguerasi* Cooley & Kohls, 1941
(15) *Persicargas* Kaiser, Hoogstraal & Kohls, 1964 　波蜱亚属
(= *Argas* (*Euargas*) Filippova, 1964 *nom. nud.* 　雅蜱亚属)
Type species: *Argas persicus* (Oken, 1818)(=*Rynchoprion persicum* Oken, 1818)
(16) *Microargas* Hoogstraal & Kohls, 1966 　妙蜱属/亚属 [*Ma*]
Type species: *Argas transversus* Banks, 1902(= *Argas transversa*)
(17) *Parantricola* Černý, 1966 　窟蜱亚属
Type species: *Ornithodoros marginatus* Banks, 1910
(18) *Nothoaspis* Keirans & Clifford, 1975 　赝蜱属(伪/拟盾蜱属) [*Na*]
Type species: *Nothoaspis reddelli* Keirans & Clifford, 1975
(19) *Proknekalia* Keirans, Hoogstraal & Clifford, 1977 　巢蜱亚属(genus *Ogadenus*)
Type species: *Ornithodoros* (*Proknekalia*) *vansomereni* Keirans, Hoogstraal & Clifford, 1977

为了方便查对，软蜱亚科具名的属缩写符号如下：

[*A*] *Argas* 　[*Al*] *Alectorobius* 　[*An*] *Antricola* 　[*Av*] *Alveonasus*
[*C*] *Carios*
[*Ma*] *Microargas*
[*Na*] *Nothoaspis*
[*O*] *Ornithodoros* 　[*Og*] *Ogadenus* 　[*Ot*] *Otobius*
[*Rn*] *Reticulinasus* 　[*Ry*] *Rhynchoprion*

然而现在认为以上许多属尤其亚属是不成立的。鉴于软蜱的分类尤其是属级阶元一直存在很多争议，且目前形成了 5 个差别较大的分类体系，具体见本章第三节。为此根据近年的文献，本书中采用的软蜱属级分类暂且按照 Hoogstraal（1985）的系统，即分为 5 属：锐缘蜱属 *Argas*、钝缘蜱属 *Ornithodoros*、穴蜱属（匙喙蜱属）*Antricola*、赝蜱属（伪/拟盾蜱属）*Nothoaspis* 和耳蜱属（残喙蜱属）*Otobius*，而不分相关的亚属。

2. 硬蜱科

目前，国际上关于硬蜱科的属级阶元分类体系包括以下几种：Camicas & Morel，1977；Hoogstraal & Aeschlimann，1982；Black & Piesman，1994；Filippova，1994；Camicas *et al.*，1998；Horak *et al.*，2002；Barker & Murrell，2004。属级阶元水平的观点通常决定特定的物种类群。例如，一些作者仍然认为牛蜱属 *Boophilus* 是一个有效属名，尽管近期多数研究者将其下降为扇头蜱属的一个亚属。同样，一些分类学家认为盲花蜱属 *Aponomma* 为有效属名，而其他学者将澳大利亚分布的盲花蜱种类移到了槽蜱属 *Bothriocroton*，其余种类则包含在花蜱属 *Amblyomma* 中。尚蜱 *Anocentor* Schulze, 1937 在一些属级分类体

系中为有效属，但多数学者认为该单型属最好作为革蜱属的亚属。

（1）硬蜱亚科

硬蜱亚科具名的属和亚属共 18 个，包括 6 个可能存在的异名，介绍于后。为便于学术交流及规范化书写，同软蜱一致，本研究在每个属名后的方括号内列有建议的缩写。具名的属和亚属按字母顺序如下。

1) *Afrixodes* Morel, 1966 非蜱亚属
  Type species: *Ixodes rasus cumulatimpunctatus* Schulze, 1943
2) *Alloixodes* Černý, 1969 异蜱亚属
  Type species: *Ixodes capromydis* Černý, 1966
3) *Ceratixodes* Neumann, 1902 角蜱属/亚属[*Ci*]
  Type species: *Ixodes uriae* White, 1852
4) *Coxixodes* Schulze, 1941 基蜱亚属
  Type species: *Ixodes ornithorhynchi* Lucas, 1846
5) *Endopalpiger* Schulze, 1935 内须蜱亚属
  Type species: *Ixodes luxuriosus* Schulze, 1935
6) *Eschatocephalus* Frauenfeld, 1853 顶蜱属/亚属[*Ec*]
  (= *Pomerantzevella* Feider, 1965 波蜱亚属)
  Type species: *Ixodes vespertilionis* Koch, 1844
7) *Exopalpiger* Schulze, 1935 外须蜱亚属
  (= *Arthuriella* Santos Dias, 1958 阿蜱亚属)
  Type species: *Ixodes priscicollaris* Schulze, 1932
8) *Haemixodes* Kohls & Clifford, 1967 赦蜱亚属
  (= *Amerixodes* Camicas, Hervy, Adam & Morel, 1998 美蜱亚属)
  Type species: *Ixodes urugiwyensis* Kohls & Clifford, 1967
9) *Ixodes* Latreille, 1795 硬蜱属/亚属[*I*]
  (=*Trichotoixodes* Reznik, 1961 髦蜱亚属; *Cynorhaestes* Hermann, 1804 *pro parte* 狗蜱属[*Cy*]; *Phaulixodes* (=*Phauloixodes lapsus*) Berlese, 1889 轻蜱亚属; *Pseudixodes* Haller, 1882 庶蜱属)
  Type species: *Acarus ricinus* Linnaeus, 1758
10) *Indixodes* Camicas, Hervy, Adam & Morel, 1998 印蜱亚属
  Type species: *Haemalastor aeutitarsus* Karsch, 1880(= *Ixodes aeutitarsus*)
11) *Lepidixodes* Schulze, 1935 鳞蜱属[*Li*]
  Type species: *Ixodes kopsteini* Oudemans, 1925
12) *Monoindex* Emel'yanova & Kozlovskaya, 1967 单蜱亚属
  Type species: *Ixodes maslovi* Emel'yanova & Kozlovskaya, 1967
13) *Multidentatus* Clifford, Sonenshine, Keirans & Kohls, 1973 多齿蜱亚属
  Type species: *Ixodes laysanensis* Wilson, 1964
14) *Partipalpiger* Hoogstraal, Clifford, Saito & Keirans, 1973 派须蜱亚属
  Type species: *Ixodes ovatus* Neumann, 1899
15) *Pholeoixodes* Schulze, 1942 龛蜱属/亚属[*Pi*]
  (= *Ixodiopsis* Filippova, 1957 坚蜱亚属; *Ornithixodes* Emel'yanova, 1979 禽蜱亚属)
  Type species: *Ixodes hexagonus* Leach, 1815
16) *Scaphixodes* Schulze, 1941 舟蜱属/亚属[*Sc*]
  Type species: *Ixodes unicavatus* Neumann, 1902
17) *Sternalixodes* Schulze, 1935 胸蜱亚属
  Type species: *Ixodes cordifer* Neumann, 1908

18) *Xiphixodes* Schulze, 1941 剑蜱亚属

Type species: *Ixodes collocaliae* Schulze, 1937

为便于查对，缩写符号如下：

[*Ci*] *Ceratixodes*　　[*Cy*] *Cynorhaestes*

[*Ec*] *Eschatocephalus*

[*I*] *Ixodes*

[*Li*] *Lepidixodes*

[*Pi*] *Pholeoixodes*

[*Sc*] *Scaphixodes*

如前所述，随着分子生物学技术在硬蜱属系统分类学研究领域的应用，发现硬蜱属中的许多亚属不成立。然而，鉴于目前分子研究涉及的种类有限，且 Clifford 等（1973）在形态分类的基础上已对硬蜱属进行了系统研究，并确认了 14 亚属的分类地位，另外还有 3 个单模亚属的种类未涉及，需进一步验证。Camicas 和 Morel（1977）、Camicas 等（1998）将硬蜱亚科分为 6 属：角蜱属 *Ceratixodes*、顶蜱属 *Eschatocephalus*、硬蜱属 *Ixodes*、鳞蜱属 *Lepidixodes*、龛蜱属 *Pholeoixodes*、舟蜱属 *Scaphixodes*。然而，这种分属不被多数人认可。

为此，本研究暂时采用 Clifford 等（1973）的硬蜱属分类系统，并包括单蜱亚属 *Monoindex*、基蜱亚属 *Coxixodes* 和剑蜱亚属 *Xiphixodes* 3 亚属，共 17 亚属，具体如下：

Family Ixodidae 硬蜱科

Subfamily Ixodinae 硬蜱亚科

Genus *Ixodes* 硬蜱属

Subgenus *Afrixodes* 非蜱亚属

Alloixodes 异蜱亚属

Ceratixodes 角蜱亚属

Coxixodes 基蜱亚属

Endopalpiger 内须蜱亚属

Eschatocephalus 顶蜱亚属

Exopalpiger 外须蜱亚属

Haemixodes 赧蜱亚属

Ixodes s. s. 硬蜱指名亚属

Lepidixodes 鳞蜱亚属

Monoindex 单蜱亚属

Multidentatus 多齿蜱亚属

Partipalpiger 派须蜱亚属

Pholeoixodes 龛蜱亚属

Scaphixodes 舟蜱亚属

Sternalixodes 胸蜱亚属

Xiphixodes 剑蜱亚属

（2）花蜱亚科和槽蜱亚科

花蜱亚科依据其模式属花蜱属 *Amblyomma* 而建立。为便于学术交流及规范化书写，本研究在每个属名后的方括号内列有建议的缩写。具名的属和亚属共 12 个，包括 4 个可能存在的异名，按字母顺序排列如下。

1) *Adenopleura* Macalister, 1872 腺蜱亚属

(= *Amerindia* Santos Dias, 1963 *pro parte* 殷蜱亚属; *Brasiliana* Santos Dias, 1963 巴蜱亚属)
Type species: *Adenopleura campressum* Macalister, 1872
2) *Africaniella* Santos Dias, 1974 尼蜱亚属
(= *Neumanniella* Lahille, 1905 纽蜱亚属)
Type species: *Ixodes transversalis* Lucas, 1844
3) *Amblyomma* Koch, 1844 花蜱属/亚属(钝眼蜱属)[*Am*]
Type species: *Acarus cajennensis* Fabricius, 1787
4) *Anastosiella* Santos Dias, 1963 聚蜱亚属
Type species: *Amblyomma maculatum* Koch, 1844
5) *Aponomma* Neumann, 1899 盲花蜱属/亚属[*Ap*]
(= *Ophiodes* Murray, 1877 蛇蜱属[*Op*])
Type species: *Ixodes gervaisi* Lucas, 1847
6) *Cernyomma* Santos Dias, 1963 切蜱亚属
(= *Amerindia* Santos Dias, 1963 *pro parte* 殷蜱亚属)
Type species: *Amblyomma acutangulatum* Neumann, 1899
7) *Compluriscutula* Poinar & Buckley, 2008 垛蜱属[*Co*]
Type species: *Compluriscutula vetulum* Poinar & Buckley, 2008
8) *Cornupalpatum* Poinar & Brown, 2003 触蜱属[*Cn*]
Type species: *Cornupalpatum burmanicum* Poinar & Brown, 2003
9) *Dermiomma* Rondelli, 1939 翳蜱亚属
(= *Filippovanaia* Santos Dias, 1963 *pro parte* 菲蜱亚属; *Amerindia* Santos Dias, 1963 *pro parte* 殷蜱亚属)
Type species: *Amblyomma scalpturatum* Neumann, 1906
10) *Haemalastor* Koch, 1844 巇蜱亚属
(= *Keiransiella* Santos Dias, 1993 珂蜱亚属)
Type species: *Haemalastor longirostris* Koch, 1844
11) *Walkeriana* Santos Dias, 1963 瓦蜱亚属
(=*Hoogstraalia* Santos Dias, 1963 弧蜱亚属; *Macintoshiella* Santos Dias, 1969 *pro parte* 玛蜱亚属; *Koloninum* Santos Dias, 1993 扣蜱亚属)
Type species: *Amblyomma supinoi* Neumann, 1905
12) *Xiphiastor* Murray, 1877 星蜱亚属
(= *Theileriana* Santos Dias, 1963 泰蜱亚属; 太蜱亚属 *Theileriella* Santos Dias, 1968)
Type species: *Acarus variegatus* Fabricius, 1794
槽蜱亚科目前为单属亚科，槽蜱属是亚科模式属。
1) *Bothriocroton* (Keirans, King & Sharrad, 1994) Klompen, Dobson & Brker, 2002 槽蜱属/亚属[*B*]
Type species: *Aponomma* (*Bothriocroton*) *glebopalma* Keirans, King & Sharrad, 1994

为便于查对，花蜱亚科和槽蜱亚科具名的属缩写符号如下：

[*Am*] *Amblyomma*　　[*Ap*] *Aponomma*
[*B*] *Bothriocroton*
[*Co*] *Compluriscutula*　　[*Cn*] *Cornupalpatum*　　[*Op*] *Ophiodes*

目前关于花蜱亚科和槽蜱亚科的属级、亚属级的研究有限，多数花蜱和槽蜱种类还未进行系统研究。在花蜱亚科，Camicas 等（1998）发表了一个属级及亚属级分类系统，此外我们结合 Klompen 等（2002）的分子分析和形态特征研究结果，花蜱亚科和槽蜱亚科共计 2 亚科 4 属 9 亚属。槽蜱亚科则是单属型，仅槽蜱属包含 7 种。具体如下：

Family Ixodidae 硬蜱科

Subfamily Amblyomminae 花蜱亚科

Genus *Amblyomma* 花蜱属

Subgenus *Adenopleura* 腺蜱亚属

Amblyomma 花蜱亚属

Anastosiella 聚蜱亚属

Aponomma 盲花蜱亚属

Cernyomma 切蜱亚属

Dermiomma 翳蜱亚属

Haemalastor 巇蜱亚属

Walkeriana 瓦蜱亚属

Xiphiastor 星蜱亚属

Genus *Compluriscutula* 垛蜱属

Genus *Cornupalpatum* 触蜱属

Subfamily Bothriocrotoninae 槽蜱亚科

Genus *Bothriocroton* 槽蜱属

（3）血蜱亚科

血蜱亚科依据其模式属血蜱属 *Haemaphysalis* 而建立，且仅包括血蜱属 1 属。血蜱亚科具名的属和亚属共 16 个，具体如下。

1) *Aboimisalis* Santos Dias, 1963 奥蜱亚属

Type species: *Haemaphysalis cinnabarina* Koch, 1844

2) *Aborphysalis* Hoogstraal, Dhanda & Kammah, 1971 卜蜱亚属

Type species: *Haemaphysalis aborensis* Warburton, 1913

3) *Alloceraea* Schulze, 1918 突蜱亚属

Type species: *Haemaphysalis inermis* Birula, 1895

4) *Allophysalis* Hoogstraal, 1959 奇蜱亚属

Type species: *Haemaphysalis warburton* Nuttall, 1912

5) *Elongiphysalis* Hoogstraal, Wassef & Uilenberg, 1974 长蜱亚属

Type species: *Haemaphysalis elongata* Neumann, 1897

6) *Garnhamphysalis* Hoogstraal & Wassef, 1981 淦蜱亚属

Type species: *Haemaphysalis calvus* Nuttall & Warburton, 1915

7) *Gonixodes* Dugès, 1888 刚蜱亚属

Type species: *Ixodes leporispalustris* Parkard, 1869

8) *Haemaphysalis* Koch, 1844 血蜱属/亚属[*H*]

Type species: *Haemaphysalis concinna* Koch, 1844

9) *Herpetobia* Canestrini, 1890 爬蜱亚属

Type species: *Haemaphysalis sulcata* Canestrini & Fanzagp, 1878

10) *Kaiseriana* Santos Dias, 1963 凯蜱亚属

(= *Hoogstraaliter* Santos Dias, 1963 瓠蜱亚属)

Type species: *Haemaphysalis bispinosa* Neumann, 1897

11) *Ornithophysalis* Hoogstraal & Wassef, 1973 鸟蜱亚属

Type species: *Haemaphysalis doenitzi* Warburton & Nuttall, 1909

12) *Rhipistoma* Koch, 1844 啜蜱亚属

(= *Rhipidostoma* Agassiz, 1846; *Prosopodon* Canestrini, 1897 脸蜱亚属; *Opisthodon* Canestrini, 1897 牙蜱亚属; *Feldmaniella* Santos Dias, 1963 棐蜱亚属; *Sugimotoiana* Santos Dias, 1963 杉蜱亚属)

Type species: *Ixodes leachii* Audouin, 1826

13) *Robertsalis* Santos Dias, 1963 罗蜱亚属

Type species: *Haemaphysalis spinigera* Neumann, 1897

14) *Sharifiella* Santos Dias, 1958 侠蜱亚属

Type species: *Haemophysalis theilerae* Hoogstraal, 1953

15) *Segalia* Santos Dias, 1968 瑟蜱亚属

(= *Fonsecaia* Santos Dias, 1968 丰蜱亚属; *Paraphysalis* Hoogstraal, 1974 伴蜱亚属)

Type species: *Haemaphysalis montgomeryi* Nuttall, 1912

16) *Subkaiseriana* Hoogstraal, (*in litt*)涩蜱亚属

Type species: *Haemaphysalis turturis* Nuttall & Warburton, 1915

为便于查对，血蜱亚科具名的属缩写符号如下：

[*H*] *Haemaphysalis*

（4）扇头蜱亚科

扇头蜱亚科依据其模式属扇头蜱属 *Rhipicephalus* 而建立，包括璃眼蜱属、革蜱属、异扇蜱属、扇头蜱属、恼蜱属、酷蜱属、扇革蜱属和珠蜱属。扇头蜱亚科具名的属和亚属共 22 个，具体如下。

1) *Amblyocentor* Schulze, 1932 矇蜱亚属

(= *Puncticentor* Schulze, 1932 点蜱亚属)

Type species: *Ixodes rhinocerinus* Denny, 1843

2) *Americentor* Santos Dias, 1963 靓蜱亚属

Type species: *Ixodes albopictus* Packard, 1869

3) *Anocentor* Schulze, 1937 尚蜱属/亚属[*Ac*]

(= *Otocentor* Cooley, 1938 盯蜱属[*Oc*])

Type species: *Dermacentor nitens* Neumann, 1897

4) *Anomalohimalaya* Hoogstraal, Kaiser & Mitchell, 1970 异扇蜱属[*Ah*]

Type species: *Anomalohimalaya lama* Hoogstraal, Kaiser & Mitchell, 1970

5) *Asiacentor* Filippova & Panova, 1974 亚蜱亚属

Type species: *Dermacentor pavlovskyi* Olenev, 1927

6) *Boophilus* Curtice, 1891 牛蜱亚属/属[*Bo*]

Type species: *Ixodes annulatus* Say, 1821

7) *Cosmiomma* Schulze, 1819 酷蜱属[*Cs*]

Type species: *Ixodes hippopotamensis* Denny, 1843

8) *Dermacentor* Koch, 1844 革蜱属/亚属[*D*]

(= *Conocentor* Schulze, 1943 同蜱亚属; *Dermacentorites* Olenev, 1931 皮蜱亚属; *Kohlsiella* Santos Dias, 1963 科蜱亚属; *Olenevia* Santos Dias, 1963 呑蜱亚属; *Serdjukovia* Santos Dias, 1963 赛蜱属[*Se*])

Type species: *Acarus reticulatus* Fabricius, 1794

9) *Dermaphysalis* Hoogstraal, Uilrnburg & Klein, 1966 鞫蜱亚属

Type species: *Haemaphysalis nesomys* Hoogstraal, Uilrnburg & Klein, 1966

10) *Digineus* Pomerantzev, 1936 狄蜱亚属

Type species: *Rhipicephalus bursa* Canestrini & Fanzago, 1878

11) *Hyalomma* Koch, 1844 璃眼蜱属/亚属[*Hy*]

(= *Euhyalomma* Filippova, 1984 眸蜱亚属)

Type species: *Hyalomma dromedarii* Koch, 1844

12) *Hyalommasta* Schulze, 1930 琉蜱亚属
Type species: *Acarus egyptius* Linnaeus, 1785
13) *Hyalommina* Schulze, 1919 睽蜱亚属
(= *Delpyiella* Santos Dias, 1955 玳蜱亚属)
Type species: *Hyalomma rhipicephaloides* Neumann, 1901
14) *Hyperaspidion* Pomerantzev, 1936 超蜱亚属
(= *Rhipicephalinus* Zumpt, 1950 翅蜱亚属)
Type species: *Rhipicephalus armatus* Pocock, 1900
15) *Indocentor* Schulze, 1933 梵蜱亚属
(= *Dermacentonomma* Santos Dias, 1978 鞅蜱亚属)
Type species: *Dermacentor auratus* Supino, 1897
16) *Margaropus* Karsch, 1879 珠蜱属[*M*]
Type species: *Margaropus winthemi* Karsch, 1879
17) *Nosomma* Schulze, 1919 恼蜱属[*No*]
Type species: *Hyalomma monstrosum* Nuttall & Warburton, 1908
18) *Palpoboophilus* Mining, 1934 须蜱亚属
Type species: *Boophilus* (*Palpoboophilus*) *decoloraturs* Mining, 1934
19)*Pterygodes* Neumann, 1913 翼蜱亚属
Type species: *Rhipicephalus fulvus* Neumann, 1913
20) *Rhipicentor* Nuttall & Warburton, 1908 扇革蜱属[*Rc*]
Type species: *Rhipicentor bicornis* Nuttall & Warburton, 1908
21) *Rhipicephalus* Koch, 1844 扇头蜱属/亚属[*R*]
(= *Eurhipicephalus* Neumann, 1904 佞蜱亚属; *Lamellicauda* Pomerantzev, 1936 膜蜱亚属; *Pomerantzevia* Santos Dias, 1959 玻蜱亚属; *Tendeirodes* Santos Dias, 1959 柔蜱亚属; *Morelenia* Santos Dias, 1963 莫蜱亚属)
Type species: *Ixodes sanguineus* Latreille, 1806
22) *Uroboophilus* Mining, 1934 殖蜱亚属
Type species: *Boophilus cordifer* Neumann, 1908

为了方便查对，扇头蜱亚科具名的属缩写符号如下：

[*Ac*] *Anocentor*
[*Ah*] *Anomalohimalaya*
[*Bo*] *Boophilus*
[*Cs*] *Cosmiomma*
[*D*] *Dermacentor*
[*H*] *Haemaphysalis*　　[*Hy*] *Hyalomma*
[*M*] *Margaropus*
[*No*] *Nosomma*
[*Oc*] *Otocentor*
[*R*] *Rhipicephalus*　　[*Rc*] *Rhipicentor*
[*Se*] *Serdjukovia*

3. 纳蜱科和恐蜱科

纳蜱科和恐蜱科均为单属单种，其属名及其缩写具体如下。

(1) 纳蜱科

1) *Nuttalliella* Bedford, 1931 纳蜱属[*N*]

Type species: *Nuttalliella namaqua* Bedford, 1931

(2) 恐蜱科

1) *Deinocroton* Peñalver, Arillo, Anderson & Pérez-de la Fuente, 2017 恐蜱属[*De*]

Type species: *Deinocroton draculi* Peñalver, Arillo, Anderson & Pérez-de la Fuente, 2017

为方便核对，缩写符号如下：

[*N*] *Nuttalliella*

[*De*] *Deinocroton*

第二章　蜱的系统分类学研究方法

有效的系统分类学研究方法对蜱的分类系统构建和系统发育的研究具有重要意义。本章拟从传统方法、现代方法及整合分类学（integrated taxonomy）三个方面对其在蜱系统分类学领域的应用进行评述。

一、传统方法

传统的系统分类学研究主要依据物种的形态学特征、生物学特性、生物地理学信息和遗传学特征等，这些分类依据在多数情况下（大的分类阶元内）能清晰地反映一个物种的分类地位和系统发育关系，但也具有其自身的局限性，具体如下所述。

1. 形态学特征

蜱的形态鉴定一般借助于光学显微镜，以形态学特征为主，并以此建立蜱的分类体系。蜱分类所依据的外部形态特征主要有：假头基的形状，基突及背突的有无、长短，孔区的形状、大小及间距，耳状突的有无、长短，须肢形状，口下板齿式，盾板形状，颈沟的有无、深浅及形状，生殖孔的位置、形状，足基节及其距的形状，爪垫长短，气门板的形状等。电镜下一些细微分类特征也应用于蜱的鉴定，如肛瓣毛序、哈氏器感觉毛、不同龄期幼蜱及若蜱的差异等。以上特征提高了形态分类的鉴定水平。

形态学特征在生物学研究中比较直观、形象，但在一定程度上使系统发生研究复杂化，主要表现在以下两个水平：①物种描述。尤其是当生物学种无法应用时，如无性生殖或孤雌生殖种群；即便能够识别物种，有时利用常规技术正确鉴定物种也存在困难（如角突硬蜱 *Ixodes cornuatus* 与全环硬蜱 *I. holocyclus*）。②种、属、科等分类阶元的进化关系问题。利用常规的比较形态学方法解决寄生虫的分类鉴定问题有一定局限性，因为有些缺乏足够的形态学差异，如幼虫或若虫期的蜱、形态很相似的近缘种等。另外还有一些同型（类似于趋同进化）或特有形态特征（适应特定的环境）也不能提供系统进化信息。此外，形态学鉴定还需要有丰富的经验，而且易受主观因素影响，如蜱媒复合体及亲缘种的鉴别需要寻找更精细的分类特征，但有些精细特征很可能是非稳定遗传性状，或同一物种不同地理种群的微小变化，这些均可能被视为新种的特征。

为此，蜱的系统分类学研究还需要一些其他的生物学参数作为补充，如宿主的分布范围、生长特性或血清学等。此外，20 世纪 90 年代以来发展的分子生物学技术如同工酶电泳及核酸测序等在蜱的鉴定和系统研究中均起了非常重要的作用。

2. 生物学特性

多数硬蜱有一个三宿主的生活史：蜱在生活史的每个时期（幼蜱、若蜱和成蜱）饱血后均离开宿主蜕皮到下一个时期。有些蜱类，从幼蜱到若蜱均不离开宿主，称为二宿主蜱（所有扇头蜱属 *Rhipicephalus* 中的狄蜱亚属 *Digineus* 和一些璃眼蜱）。在最极端情况下，所有阶段都发生在一个宿主上，称单宿主蜱[所有牛蜱、光亮革蜱 *Dermacentor*（*Anocentor*）*nitens* 和白纹革蜱 *D. albipictus*]。所以在一定程度上可根据不同的生活史来鉴定一些蜱类。但对于璃眼蜱来说，其宿主类型是可变的，如小亚璃眼蜱在兔身上时为二宿主，在羊身上时为三宿主。总之，蜱的宿主类型虽不能作为分类的主要指标，但可为蜱的分类和系统发育提供借鉴的依据。

蜱的滞育现象普遍存在，但因种而异，并有不同的表现形式。通过对肩突硬蜱 *Ixodes scapularis*、微

小扇头蜱 *Rhipicephalus*（*Boophilus*）*microplus*、一些革蜱及其他蜱在发育时间和行为上的研究，结果发现这种特性有很大差别。此外，精子的形成时期（吸血前或吸血后）、若蜱龄期的数量、吸血行为的差异（快、慢或不吸血）等也可作为分类和系统发育有价值的参考，但精子特征由于已研究的类群太少，其可比性受到限制。

3. 生物地理学信息

蜱的分布具有明显的地理特异性。世界上的蜱分为硬蜱科、软蜱科、纳蜱科和恐蜱科四大类，而纳蜱科只分布于非洲大陆。在我国只有硬蜱科和软蜱科两大类，其中华南区的硬蜱区系最为丰富，并有其地区特点。随着蜱类系统学研究的快速发展，硬蜱谱系的地理分布日益受到关注，如恼蜱属 *Nosomma*、璃眼蜱属 *Hyalomma*、扇革蜱属 *Rhipicentor*、扇头蜱属、珠蜱属 *Margaropus* 和异扇蜱属 *Anomalohimalaya* 在非洲、中东、印度次大陆的谱系研究；硬蜱中的前沟型（prostriata）和后沟型（metastriata）谱系的变化。这种地理分布特异性有助于人们对蜱的分类和系统发生的深入认识。

4. 遗传学特征

染色体是遗传物质的携带者，染色体组型反映了染色体的数目、大小、形状等，能代表类群的特征，是形态分类的重要补充。20 世纪初，人们开始研究蜱的染色体。然而，由于研究方法的局限性，很少涉及核型分析。后来人们将蜱的生殖器官用地衣红压片法制备常规核型，Goroshchenko（1962）最先用此方法研究翘缘锐缘蜱 *Argas reflexus* 复组的核型与分类的关系。此后，国内外学者对蜱类染色体做了大量的研究。染色体制备方法的改进和显带技术的发展，促进了染色体核型分析的发展。Gunn 和 Hilburn（1989）根据 C 带的存在位置及核仁形成区（NOR）的定位与数目，成功地区分了 5 种革蜱。我国自 20 世纪 80 年代开始研究蜱类染色体和核型。目前，世界上已发表了 110 种蜱的核型资料，具体见表 2-1。如果能继续提高染色体带型的分辨率并在蜱类中掌握多数种类的核型和带型特征，核型分析也可能成为研究蜱分类及系统学的重要工具。

表 2-1　蜱的染色体数目和性别决定

种类	性别	2*n*	性别决定	参考文献
锐缘蜱属 *Argas*				
树栖锐缘蜱 *A. arboreus*	M，F	24	XY，XX	Gunn *et al.*，1989
本氏锐缘蜱 *A. brumpti*	F	24	—	Oliver，1982
库氏锐缘蜱 *A. cooleyi*	M，F	26	XY，XX	Oliver，1982
赫氏锐缘蜱 *A. hermanni*	M，F	26	XY，XX	Goroshchenko，1962a
日本锐缘蜱 *A. japonicus*	M，F	26	XY，XX	Oliver，1982
波斯锐缘蜱 *A. persicus*	F	26	XY	Goroshchenko，1962b
	M，F	26	XX，XY	周洪福和孟阳春，1988
辐射锐缘蜱 *A. radiatus*	M，F	26	XX，XY	Homsher & Oliver，1973
翘缘锐缘蜱 *A. reflexus*	M，F	26	XX，XY	Goroshchenko，1962b
桑氏锐缘蜱 *A. sanchezi*	M，F	26	XY，XX	Homsher & Oliver，1973
三叉锐缘蜱 *A. tridentatus*	M，F	26	XY，XX	Goroshchenko，1962a
蝙蝠锐缘蜱 *A. vespertilionis*	M，F	20	—	Goroshchenko，1962c
聪氏锐缘蜱 *A. zumpti*	M，F	26	XY，XX	Oliver，1968
钝缘蜱属 *Ornithodoros*				
跳鼠钝缘蜱 *O. alactagalis*	M	32，34	—	Goroshchenko，1962a
粗糙钝缘蜱 *O. asperus*	M，F	16	XY，XX	Goroshchenko，1962a
好角钝缘蜱 *O. capensis*	M，F	20	XY，XX	Goroshchenko，1962a
戈氏钝缘蜱 *O. gurneyi*	M，F	12	XY，XX	Oliver，1966

续表

种类	性别	2*n*	性别决定	参考文献
拉合尔钝缘蜱 *O. lahorensis*	M，F	26	—	Goroshchenko，1962a
麦氏钝缘蜱 *O. macmillani*	M	16	—	Oliver，1966
墨巴钝缘蜱 *O. moubata*	M，F	20	—	Geigy & Wagner，1957；Wagner，1958
	M，F	20	XY，XX	Goroshchenko，1962a
帕氏钝缘蜱 *O. parkeri*	M，F	20	XY，XX	Oliver，1982
塞氏钝缘蜱 *O. savignyi*	M，F	20	XY，XX	Howell，1966
特突钝缘蜱 *O. tartakovskyi*	M，F	16	XY，XX	Goroshchenko，1962a
左氏钝缘蜱 *O. tholozani*	M，F	16	—	Goroshchenko，1962a
耳蜱属 *Otobius*				
兔耳蜱 *Ot. lagophilus*	M	20	—	Oliver，1977
梅氏耳蜱 *Ot. megnini*	M	20	—	Oliver，1977
花蜱属 *Amblyomma*				
美洲花蜱 *Am. americanum*	M，F	21，22	XO，XX	Oliver，1982
卡宴花蜱 *Am. cajennense*	M，F	21，22	XO，XX	Oliver，1982
达氏花蜱 *Am. darwini*	M	20	XY	Oliver，1982
异形花蜱 *Am. dissimile*	M，F	21，22	XO，XX	Oliver，1982
穗缘盲花蜱 *Aponomma fimbriatum*=穗缘花蜱 *Am. fimbriatum*	M	21	XO	Oliver & Bremner，1968
希伯来花蜱 *Am. hebraeum*	M，F	20，20	XY，XX	Oliver，1982
灰黄花蜱 *Am. helvolum*	M，F	21，22	XO，XX	Oliver，1982
拟态花蜱 *Am. imitator*	M，F	21，22	XO，XX	Oliver，1982
无饰花蜱 *Am. inornatum*	M，F	21，22	XO，XX	Oliver，1982
丽表花蜱 *Am. lepidum*	M，F	21，22	XO，XX	Wysoki & Boliand，1979
宽边花蜱 *Am. limbatum*	M	21	X_1X_2Y	Oliver & Bremner，1968
斑体花蜱 *Am. maculatum*	M	21	XO	Oliver，1982
石坡花蜱 *Am. marmoreum*	M	21	XO	Oliver，1982
媄氏花蜱 *Am. moreliae*（Sydney）	M，F	21，22	X_1X_2Y，$X_1X_1X_2X_2$	Oliver & Bremner，1968
媄氏花蜱 *Am. moreliae*（Brisbane）	M，F	20，20	XY，XX	Oliver & Bremner，1968
龟形花蜱 *Am. testudinarium*	M，F	21，22	XO，XX	Oliver，1982
三痕花蜱 *Am. triguttatum*	M，F	19，20	XO，XX	Oliver & Bremner，1968
肢结花蜱 *Am. tuberculatum*	M，F	21，22	XO，XX	Oliver，1982
Am. sp.（Galapagos）	M	21	XO	Oliver，1982
Am. sp.（Japan）	M	21	—	Oliver，1982
巨蜥花蜱 *Am. varanense*	M	21	XO	Oliver，1988
彩饰花蜱 *Am. variegatum*	M，F	21，22	XO，XX	Wysoki & Boliand，1979
槽蜱属 *Bothriocroton*				
同色槽蜱 *B. concolor*=同色牛蜱 *Boophilus concolor*	M	19	XO	Oliver，1982
帆蜥槽蜱 *B. hydrosauri*=帆蜥牛蜱 *Boophilus hydrosauri*	M，F	17，18	XO，XX	Oliver & Bremner，1968
波纹槽蜱 *B. undatum*=波纹牛蜱 *Boophilus undatum*	M，F	19，20	XO，XX	Oliver & Bremner，1968
革蜱属 *Dermacentor*				
白纹革蜱 *D. albipictus*	M	21	XO	Oliver & Osburn，1972
安氏革蜱 *D. andersoni*	M，F	21，22	XO，XX	Kahn，1964；Oliver，1966
金泽革蜱 *D. auratus*	M	21	XO	Oliver，1982
亨氏革蜱 *D. hunteri*	M，F	21，22	XO，XX	Oliver，1966，1972

续表

种类	性别	2*n*	性别决定	参考文献
光亮革蜱 *D. nitens*	M	21	XO	Oliver，1982
银盾革蜱 *D. niveus*	M，F	21，22	XO，XX	秦志辉等，1991
草原革蜱 *D. nuttalli*	M，F	21，22	XO，XX	周洪福等，1987
西方革蜱 *D. occidentalis*	M，F	21，22	XO，XX	Oliver，1966，1972
细孔革蜱 *D. parumapertus*	M，F	21，22	XO，XX	Oliver，1966，1972
森林革蜱 *D. silvarum*	M，F	21，22	XO，XX	Sokolov，1954
台湾革蜱 *D. taiwanensis*	M，F	20，20	XY，XX	Oliver，1982
变异革蜱 *D. variabilis*	M，F	21，22	XO，XX	Oliver，1966，1972
血蜱属 *Haemaphysalis*				
班氏血蜱 *H. bancrofti*	M	21	—	Oliver & Bremner，1968
二棘血蜱 *H. bispinosa*	M，F	21，22	XO，XX	Oliver *et al.*，1974a
卜氏血蜱 *H. bremneri*	M，F	21，22	XO，XX	Oliver，1982
铃头血蜱 *H. campanulata*	M，F	21，22	XO，XX	Oliver *et al.*，1974a
褐黄血蜱 *H. flava*	M，F	21，22	XO，XX	Oliver *et al.*，1974a
台湾血蜱 *H. formosensis*	M，F	21，22	XO，XX	Oliver *et al.*，1974a
豪猪血蜱 *H. histricis*（=*H. hystricis*）	M，F	20 或 21，20	XY，XX	Oliver *et al.*，1974a
无距血蜱 *H. inermis*	M，F	21，22	XO，XX	周洪福等，1984
日本血蜱 *H. japonica*	M	21	XO	Oliver *et al.*，1974a
	M，F	22，22	XY，XX	周洪福等，1983
北岗血蜱 *H. kitaokai*	M	19	XO	Oliver *et al.*，1974a
拉氏血蜱 *H. lagrangei*	M	21	XO	Oliver，1982
里氏血蜱 *H. leachi*	M	16?	—	Warren，1933
泽兔血蜱 *H. leporispalustris*	M，F	21，22	XO，XX	Kahn，1964
长角血蜱 *H. longicornis*	M，F	21，22	XO，XX	Oliver *et al.*，1973
	F	30～35	孤雌生殖	Oliver & Bremner，1968；Oliver *et al.*，1973
大刺血蜱 *H. megaspinosa*	M，F	21，22	XO，XX	Oliver *et al.*，1974a
琉兔血蜱 *H. pentalagi*	M	21	XO	Oliver *et al.*，1974a
璃眼蜱属 *Hyalomma*				
埃及璃眼蜱 *Hy. aegyptium*	M，F	21，22	XO，XX	—
小亚璃眼蜱 *Hy. anatolicum*	M，F	21，22	XO，XX	Sokolov，1954
盾陷璃眼蜱 *Hy. excavatum*	M，F	21，22	XO，XX	Kahn，1964
亚洲璃眼蜱 *Hy. asiaticum*	M	21	XO	Sokolov，1954
盾陷璃眼蜱 *Hy. excavatum×plumbeum*（=边缘璃眼蜱 *Hy. marginatum*）	F	22	—	Sokolov，1954
残缘璃眼蜱 *Hy. detritum* =盾糙璃眼蜱 *Hy. scupense*	M	21	XO	
嗜驼璃眼蜱 *Hy. dromedarii*	M，F	21，22	XO，XX	Kahn，1964
法氏璃眼蜱 *Hy. franchinii*	M，F	21，22	XO，XX	—
缺板璃眼蜱 *Hy. impeltatum*	M	21	XO	—
边缘璃眼蜱 *Hy. marginatum*（=*plumbeum*）	M，F	21，22	XO，XX	Sokolov，1954；Kahn，1964；Kahn & Muhsam，1958；
扇头璃眼蜱 *Hy. rhipicephaloides*	M	21	XO	—
麻点璃眼蜱 *Hy. rufipes*	M，F	21，22	XO，XX	Kahn，1964
硬蜱属 *Ixodes*				
浅沼硬蜱 *I. asanumai*	M，F	28，28	XY，XX	Hayashi，1986

续表

种类	性别	2*n*	性别决定	参考文献
角突硬蜱 *I. cornuatus*	F	24	—	Oliver & Bremner，1968
六角硬蜱 *I. hexagonus*	M，F	26，28	XY，XX	Kahn，1964
全环硬蜱 *I. holocyclus*	M，F	23，24	XO，XY	Oliver，1982
金氏硬蜱 *I. kingi*	M	26	XY	Oliver *et al.*，1974b
累岛硬蜱 *I. laysanensis*	M，F	28，28	XY，XX	Oliver，1982
日本硬蜱 *I. nipponensis*	F	28	—	Oliver，1982
毛茸硬蜱 *I. pilosus*	M	28	XY	Oliver，1982
蓖子硬蜱 *I. ricinus*	M，F	28，28	XY，XX	Kahn，1964
	M	28	XY	Nordenskiold，1909
肩突硬蜱 *I. scapularis*= *I. dammin*	M，F	28，28	XY，XX	Oliver，1982
沓氏硬蜱 *I. tasmani*	F	24	—	Oliver & Bremner，1968
扇头蜱属 *Rhipicephalus*				
具环扇头蜱 *R.*（*Boophilus*）*annulatus*	M，F	21，22	XO，XX	Newton *et al.*，1972a，1972b
无色扇头蜱 *R.*（*Boophilus*）*decoloratus*	M，F	21，22	XO，XX	Londt & Spickett，1976
微小扇头蜱 *R.*（*Boophilus*）*microplus*	M，F	21，22	XO，XX	Newton *et al.*，1972a，1972b
具肢扇头蜱 *R. appendiculatus*	M	21	XO	Goroshchenko，1962a
	M，F	21，22	XO，XX	Oliver，1982
囊形扇头蜱 *R. bursa*	M	24?	—	Tuzet & Millot，1937
埃氏扇头蜱 *R. evertsi*	M，F	21，22	XO，XX	邓国藩，1978
血红扇头蜱 *R. sanguineus*	M，F	21，22	XO，XX	Kahn，1964；Warren，1933
图兰扇头蜱 *R. turanicus*	M，F	21，22	XO，X	Kahn，1964
凹点扇头蜱 *R. simus*	M，F	21，22	XO，XX	邓国藩，1978

注：引自秦志辉等（1997）并做了补充及部分修改；？表示有疑问

此外，遗传杂交实验是以杂交子代的生育力作为蜱种鉴定的重要依据，但该方法比较费时，且步骤烦琐，一般不作为蜱种鉴定的方法。它多用于鉴定亲缘种和蜱媒复合体，如 Pegram 等（1987）就成功地用该方法对三个争议种嫩边扇头蜱 *Rhipicephalus praetextatus*、凹点扇头蜱 *R. simus* 和慕氏扇头蜱 *R. muhsamae* 进行了鉴别。

二、现代方法

20 世纪 70 年代，随着限制性内切酶的发现、DNA 重组技术的建立、DNA 序列快速测定方法的发明，分子生物学及其技术得到了迅速发展和广泛应用。在形态分类基础上建立的以蛋白质和 DNA 分子为特征的分子分类体系，标志着蜱的系统分类学研究方法进入了以分子生物学手段为核心的现代分类研究阶段。

现代系统分类学的研究方法通常包括蛋白质电泳、气相色谱法、免疫技术、DNA 杂交、限制性酶切分析、DNA/RNA 测序、随机扩增多态性 DNA-聚合酶链反应（RAPD-PCR）技术等。目前较适用于蜱的系统分类学研究的方法是蛋白质电泳、气相色谱法、限制性片段长度多态性（RFLP）技术、RAPD-PCR 技术、扩增片段长度多态性（AFLP）技术、DNA/RNA 序列测定等。

1. 蛋白质电泳

蛋白质电泳技术是通过电泳产生的带谱进行同工酶、酶原和异型酶分析。这一技术有快速、高效和易于操作等优点，更重要的是，它允许在多个独立位点上进行遗传学描述。在蜱类中，蛋白质电泳技术能较精确地阐明种下各种群间的遗传相似度、鉴别不同的生活史阶段，解决一些系统学问题。因而，此技术被广泛用于各种寄生虫种内和种间的变异研究。Hunt 和 Hilburn（1985）对几种硬蜱进行了同工酶研究，裘明华和周友梅（1989）对长角血蜱 *Haemaphysalis longicornis*、亚洲璃眼蜱 *Hyalomma asiaticum*、盾糙璃眼蜱 *Hy. scupense* 进行了同工酶研究。随后，很多学者又对墨巴钝缘蜱 *Ornithodoros moubata*、波斯锐缘蜱 *Argas persicus*、中华硬蜱 *Ixodes sinensis*、二棘血蜱 *H. bispinosa* 和镰形扇头蜱 *Rhipicephalus haemaphysaloides* 进行了蛋白质成分的比较研究，发现 SDS 聚丙烯酰胺凝胶电泳能有效地区分蜱的不同种、属。Jackson 等（1998）检测了分布于澳大利亚东南部的全环硬蜱 *I. holocyclus* 和角突硬蜱 *I. cornuatus* 异型酶的遗传变异，发现异型酶能有效地区分表型特征极为相似的种。虽然已有 37 种酶被用于同工酶的研究，但 Monis 等（2002）认为，只有异型酶适合于遗传和系统发生分析，同时他们认为异型酶分析的主要缺点是解释带谱时需要丰富的经验，特别是关于副带的判别和异常条带的排除，而且在解释复杂的聚合酶带谱时容易受主观因素的影响。此外，蛋白质电泳技术的局限性还体现在蛋白质容易失活，在整个实验过程中保持蛋白质的活性尤为重要。

2. 气相色谱法

气相色谱法是通过测定用有机溶剂提取的不同蜱的体壁碳氢化合物组分与含量，从而区分不同的蜱种。Estrada-Peña 等（1992）用气相色谱法分析了扇头蜱属的不同种类，结果发现利用该方法能将血红扇头蜱 *Rhipicephalus sanguineus*、图兰扇头蜱 *R. turanicus*、微小扇头蜱和囊形扇头蜱 *R. bursa* 4 个形态学相似的种区分开，他们又用同样的方法对血红扇头蜱不同来源的标本及新鲜活体标本在同一条件下测定了它们的体壁碳氢化合物的组分与含量，其结果一致。可见该方法对标本保存方法的要求较低。Estrade-Peña 等（1993，1994，1995）还用此方法分析了锐缘蜱属 *Argas* 和花蜱属 *Amblyomma* 自然种群的遗传相似度，并对不同地区的彩饰花蜱 *Am. variegatum* 进行了表型变异和地理关系的分析。随着气相色谱法的广泛应用，这种方法无疑将成为蜱类鉴定的重要方法之一，同时还可作为蛋白质电泳技术的重要补充。

3. RFLP 技术

限制性片段长度多态性（RFLP）技术是 20 世纪 80 年代中期发展起来的一种 DNA 多态分析技术，它将目标 DNA 用一定数目和种类的限制性内切酶进行酶切，由于不同的目标 DNA 的序列结构（遗传信息）有差异，限制性内切酶在其上识别位点的数目和距离就不同，因而会产生相当多的长度不等的 DNA 片段。然后通过 Southern 杂交检测被标记 DNA 片段，从而构建出多态性图谱（较简单的靶序列，如 mtDNA 可省去杂交直接用电泳方法检测），进行系统进化和亲缘关系的分析。它主要用于研究种内及种间变异、基因流水平、种群有效大小、亲缘关系和相似度及杂交区带等，目前很少用于较高级阶元的系统发育研究。已对许多昆虫进行过 RFLP 分析，经 mtDNA 的 RFLP 分析结果表明，尽管单一种群内的变异很少，但研究过的多数种类普遍存在种内变异，故可用于种群系统发育的研究。在蜱中，Tian 等（2011）利用 RFLP 技术成功地区分了长角血蜱与青海血蜱的 16S rDNA 和 ITS 2 序列。

4. RAPD-PCR 技术

Williams（1990）在 PCR 基础上发展了随机扩增多态性 DNA（random amplified polymorphic DNA，RAPD）技术，并将其用于物种鉴定和遗传图谱构建。由于该技术具有简便、快捷、灵敏、材料要求低、取材少、费用低等优点，很快被广泛应用于遗传学、分子进化、分类等领域，主要用于物种亲缘关系和系统分类的研究。蓝明扬和于心（1996）对亚洲璃眼蜱进行了 RAPD 分析。乔中东和殷国荣（1997）选用 6 个随机引物分别对 1 种血蜱与 1 种璃眼蜱进行了 RAPD 研究，发现可迅速找出种、属的基因鉴别标志。杨银书等（2004a，2004b）分别用不同的多聚核苷酸单链引物对草原革蜱 *Dermacentor nuttalli*、森林革蜱 *D. silvarum*、青海血蜱 *Haemaphysalis qinghaiensis*、台湾血蜱 *H. formosensis*、刻点血蜱 *H. punctata*、龟形花蜱 *Amblyomma testudinarium*、卵形硬蜱 *Ixodes ovatus* 7 种蜱的基因组 DNA 进行了随机扩增，计算了遗传距离并分析了其多态性，结果均表明利用 RAPD 技术可以准确地区分这 7 种蜱。赵红斌等（2005）对 3 个不同地区的草原革蜱基因组用 9 种随机引物进行了多态性研究，发现 3 个地区的草原革蜱基因组存在差异。常德辉等（2005）以 8 种随机排列碱基顺序的多聚核苷酸单链为引物对青海血蜱与日本血蜱 *H. japonica* 进行了鉴别。然而，RAPD 标记为显性标记，不能有效地鉴定出杂合子，结果分析中的序列同源假设（长度相等的扩增片段视为同源性片段）可能会高估不同样本间的亲缘关系；此外，RAPD 还极易受反应条件的影响，不同实验条件下的结果难以统一比较，而且 RAPD 的单条带有可能是多个分子的混合物，因此 RAPD 技术在应用上一直存在争议。国外也有一些利用 RAPD 技术对蜱类进行研究的报道。

5. AFLP 技术

AFLP 技术是在 RFLP 技术和 RAPD 技术基础上发展起来的一种高效分子标记技术。该技术既有 RAPD 技术的多态性，又有 RFLP 技术的稳定性和可靠性，灵敏度高，它所检测的多态性是酶切位点的变化或酶切片段间 DNA 序列的变异，本质上与 RFLP 技术一致，不过，它可以通过控制引物随机核苷酸的种类和数目来选择不同的 DNA 片段及扩增片段的数目。AFLP 能检测到大量的基因位点，选用不同的引物组合能够检出亲缘关系很近的物种间极细微的差别。聚丙烯酰胺凝胶电泳（PAGE）的应用加强了它的灵敏性。由于 AFLP 技术的高效性和可靠性，尽管昂贵，其仍被不少学者应用于系统学研究。AFLP 技术已经成为一种研究蜱及昆虫遗传多样性的重要工具。

6. SSCP 技术

单链构象多态性（single-strand conformation polymorphism，SSCP）是 Masato Orita 等于 1989 年建立的。应用这一方法必须预先知道目的 DNA 序列，根据其两端的核苷酸顺序合成双引物，特异性扩增目的序列，扩增产物变性后，用聚丙烯酰胺凝胶电泳分离检测。Mixson 等（2004）采用 SSCP 技术对肩突硬蜱的种群结构进行了分析，他们以线粒体细胞色素 b（Cyt b）和核糖体 DNA 基因的内部转录间隔 ITS 1 作为种群目标分子的标记位点。在 Cyt b 位点上，共发现了 7 个单倍基因型。在 ITS 1 位点上发现了 13 个基因型。基因型频率分析结果显示，沿美国东海岸分布的肩突硬蜱隶属于两个不同的南北种群，但是基因流在地理区域间频繁发生。尽管蜱自身的迁徙扩散能力有限，但地理区域内个体间的遗传变异程度仍然较大，这可能与肩突硬蜱宿主动物的频繁迁移有关。另外，结果显示，南方种群的遗传变异程度明显大于北方种群。这说明 SSCP 技术确实是一种有效的分子标记方法，可用于蜱的种群遗传和进化生物学研究。

7. 微卫星 DNA 指纹图谱技术

微卫星位点的大小变化可为物种的识别提供标记。微卫星是在多数有机体的基因组中散布的小重复序列，仅 2～4 个核苷酸长度。微卫星的大小变化，是由大量重复拷贝的差异以及复制期间 DNA 聚合酶的滑移引起的，通常利用引物通过 PCR 扩增其重复序列，然后可在测序的梯度聚丙烯酰胺凝胶上进行电泳检测。在分子系统学研究中，可以利用某个微卫星 DNA 两端的保守序列设计一对特异引物，通过 PCR 扩增这个位点的微卫星序列，然后用寡核苷酸探针如（GAGA）$_4$ 等杂交检测微卫星 DNA 的变异。微卫星已经被用于检测蜱螨的遗传变异。但目前国内在这方面的相关报道很少。

8. DNA/RNA 序列测定

目前应用广泛的序列测定技术是同在 1977 年分别由 Sanger 等提出的酶法及由 Maxam 和 Gilbert 提出的化学降解法的基础上发展而来的。基因序列的多样性要远高于物种的形态差异，并且分析不同进化速度的基因有助于解决不同分类阶元的系统分类学问题。因此，近年来，尤其是伴随测序技术的快速发展及测序成本的极大降低，以测序为基础的分子标记技术广泛应用于蜱的系统分类学及蜱类起源与演化研究。

Black 和 Piesman（1994）根据线粒体 16S rDNA 3′端的编码序列，推测出线粒体 16S rDNA 3′端约 460 个核苷酸序列的二级结构，并比较了 36 种软蜱和硬蜱的该部分序列，由此推荐将 16S rDNA 序列用于解决亚科以下水平的系统发生关系。随后该方法在蜱类很多类群的系统发生研究中得到了成功应用。此外，利用蜱的 18S rDNA、ITS 1、ITS 2 和线粒体 12S rDNA、cox 1 基因序列进行系统发生与种间关系方面的分析也很多。

鉴于蜱类分布广泛，体型较小，有些宿主难以获得，因此有些种类数量较少且很难采集到。此外，蜱具有坚硬的几丁质盾板，从其标本尤其是长期被乙醇浸泡的吸血标本中很难提取 DNA，所以关于蜱类分子标记序列的报道比较有限（图 2-1）。截至 2015 年年底，涉及测序的种类不足世界蜱类总数的 1/2，其中比例最大的是线粒体 16S rDNA，也仅占 34%，最小的是 ITS 1 基因序列，涉及的物种数不足 20。

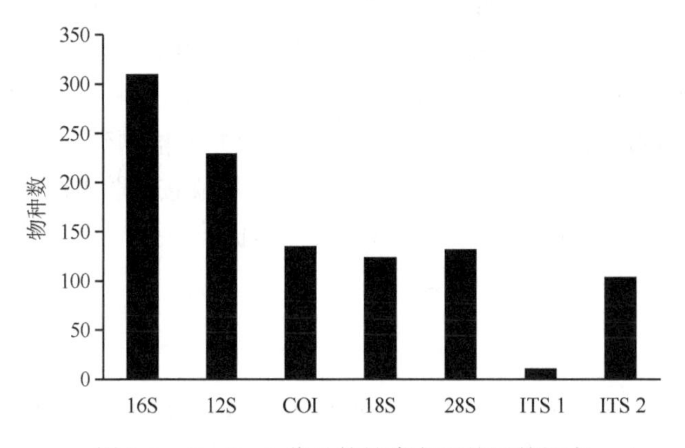

图 2-1　GenBank 收录的蜱类主要基因数据库

三、整合分类学

整合分类学（integrated taxonomy）是指将多种数据信息，包括形态学特征、分子生物学信息、生态学特性等，结合在一起进行系统分类的一种分析方法。这种方法使蜱类系统分类学的研究水平有了质的飞跃。

Klompen 等（2000）利用 125 项指标的形态学特征数据集并结合 18S、28S 及 16S 线粒体 rDNA 序列数据分析了硬蜱间的系统学关系，结果表明：对前沟型硬蜱（硬蜱属）的谱系不支持，但对后沟型（硬蜱科中的其他属）的谱系强烈支持，同时指出 Hoogstraal 和 Aeschlimann（1982）提出的 5 亚科中的 3 亚科是并系。

Beati 和 Keirans（2001）对部分线粒体 12S rDNA 序列（337～355 个碱基对）及 7 属 36 种硬蜱的 63 个形态学特征进行了分析，结果表明：牛蜱是单系且是从扇头蜱属分化而来的，牛蜱与扇头蜱属中的萼氏扇头蜱 *R. evertsi* 聚成一类。但多数扇头蜱属的聚类和早先基于形态学数据的分类是一致的。

Murrell 等（2001）利用 12S rDNA、细胞色素 c 氧化酶 I 基因（*cox 1*）、内部转录间隔 2（ITS 2）、18S rDNA 和形态学特征共 5 个方面的数据，进行了如下分析：①推测扇头蜱亚科 Rhipicephalinae 和璃眼蜱亚科 Hyalomminae 7 属的系统发生关系；②研究这些属内的亚属和种群间的关系；③解释生物地理学和生活史的演化。在此基础上，Murrell 等（2001）提出了蜱类系统发生关系的修订观点和改变这些蜱命名法的建议。

以上分析结果均要借助于系统进化树的构建，但不同构建方法都有自身的优缺点。要解决特定的系统发生问题，首先要挑选合理的分类群及序列，尽量减少数据的偏倚，并选择合理的建树方法，最后还要对结果进行评价并给出进化学上的解释。

对 DNA/RNA 序列进行分析后可得到多种信息，包括推测蛋白质可能的结构功能和特性。不同生物间的序列相似性也可进行比较研究。对序列数据进行核对、组建及修正需要借助于一些计算机程序来处理，如 GCG（version 7）、Malign（version 2.0）、Clustal W（version 1.5）。处理后的数值可通过多种方法如距离矩阵法（distance matrix method，DM）、最大简约法（maximum parsimony，MP）、最大似然法（maximum likelihood method，ML）、贝叶斯法（Bayesian method）等来构建系统发育树。目前广泛应用的系统发生分析软件是 PAUP 4.0 b10、MEGA 5.0（6.0）、MrBayes 3.2.1 等。

四、蜱的系统分类学研究方法的展望

近二十几年来，由于分子生物学技术的飞速发展，学科间的相互渗透，生物信息学和统计方法的日益完善，许多先进的科学方法、实验技术不断引入蜱的系统分类学研究中，促使蜱的分子系统学也迅速发展起来，并取得了大量成果。技术应用上以序列测定为主，在材料获取和数据分析不断完善的条件下，以遗传的本质——DNA 分子特征为基础的蜱类分子系统学，结合传统的系统学研究方法，将会使分类鉴定更加客观自然，极大地提高了蜱的系统分类学研究水平。由于蜱类分子系统学起步较晚，研究方法多借鉴昆虫或其他节肢动物，因此仍需要探索新的研究技术和方法。

第三章　蜱类化石与演化

自1985年Hoogstraal提出蜱的起源与演化的假说以来，许多学者都力图阐述蜱的起源与演化问题。目前，关于蜱类的起源和系统发生、寄生状态的进化及蜱类与不同宿主类群之间关系的假说主要是基于比较形态学、生物地理学、分子生物学和古生物学资料。虽然形态学和其他表型特征及分子生物学特性为蜱类系统发生关系和演化的分析提供了依据，但有关蜱起源与演化的假说还未达成共识，一直存在争论。本章就目前的研究现状，对蜱类已发现的化石、蜱起源与演化的主要假说及蜱起源与演化的时间、地点、原始宿主等方面进行概述。

第一节　蜱 类 化 石

蜱是一个古老的类群，但由于体型小、吸血寄生等特性，其化石记录非常有限。全世界共计18种，且主要局限在美洲、欧洲及东南亚。我国蜱类物种多样，疆域辽阔，古生物的遗体、遗迹非常丰富，然而，至今无蜱类化石报道。为此，本节总结并详细描述了目前已知的蜱类化石，一方面促进包括蜱类在内的寄生虫系统演化领域的研究，另一方面希望引起我国科研人员对蜱类化石研究的重视。

蜱隶属于节肢动物门 Arthropoda 蛛形纲 Arachnida 蜱螨亚纲 Acari 寄螨总目 Parasitiformes 蜱目 Ixodida，是陆生脊椎动物专性、非永久性体外寄生虫（陈泽等，2011）。目前，关于蜱类起源与演化的认识主要是通过系统发生分析并结合比较形态学、生物地理学、分子生物学和古生物学等方面研究提出的假说，但这些假说都没有得到完全证实（Balashov，2004；杨晓军等，2008；de la Fuente，2003），尤其在蜱的较高级阶元及软蜱科各属的划分上存在争议（杨晓军等，2008；陈泽等，2007，2009）。

化石在推测物种起源与演化中具有至关重要的作用，也是验证各种假说的直接证据，但蜱的化石记录比较混乱。目前蜱的化石已记录18种，主要为硬蜱（表3-1）。蜱也可能在其形成实体化石的宿主身上发现，如曾在冰中保存的毛犀牛化石上发现了蜱。然而，蜱类宿主实体化石的形成条件非常苛刻，且最早发现的不超出新近纪上新世（Pliocene）（5～1.6 mya[①]）。琥珀中含有蜱的可能性也很小，因为在形成化石之前，蜱和树脂需要有直接接触，且最早不早于石炭纪（Carboniferous Period）（345～280 mya）（那时才出现能形成琥珀的树）。目前，已报道的最早的蜱类琥珀化石来自白垩纪且不早于 146 mya（Poinar，2003）。

一、蜱类化石记录

表3-1描述了已发现的所有蜱类化石及其详细资料，其中软蜱科2种、硬蜱科15种、恐蜱科1种和2个未知种，这些蜱类化石分属于不同的地质年代及地区，具体信息如下。

1. 琥珀硬蜱 *Ixodes succineus*（40～35 mya）

该种由Weidner（1964）从波罗的海琥珀中发现，2016年被Dunlop等重新归类为现代硬蜱中的一个派须蜱亚属 *Partipalpiger*，即琥珀硬蜱 *Ixodes*（*Partipalpiger*）*succineus*（Dunlop *et al.*，2016）。该亚属目前仅限于亚洲。

① mya. million years ago，即百万年之前

表 3-1　已记录的蜱类化石标本

种	宿主范围	时期	来源及参考文献
琥珀硬蜱 *Ixodes*（*Partipalpiger*）*succineus*	鸟类、哺乳类	雌蜱	波罗的海琥珀（第三纪*，40～35 mya[1]）（Weidner，1964；Dunlop *et al.*，2016）
#硬蜱属未知种 *Ixodes* sp.（图 3-1）	鸟类、哺乳类	幼蜱	波罗的海琥珀（第三纪，50～35 mya）（de la Fuente，2003）
#璃眼蜱未知种 *Hyalomma* sp.（图 3-6）	爬行类、鸟类、哺乳类	雄蜱	波罗的海琥珀（第三纪，50～35 mya）（de la Fuente，2003）
阿根廷花蜱 *Amblyomma argentinae*（=龟花蜱 *Am. testudinis*）类似种	爬行类、鸟类、哺乳类	雄蜱	多米尼加琥珀（第三纪，40～30 mya[2]）（Lane & Poinar，1986）
花蜱未知种 *Amblyomma* sp.	爬行类、鸟类、哺乳类	幼蜱	多米尼加琥珀（第三纪，40～15 mya）（Poinar，1992）
异形花蜱类似种 *Amblyomma* sp. near *dissimile*（图 3-8）	未知	幼蜱	多米尼加琥珀（第三纪，45～15 mya）（Keirans *et al.*，2002）
花蜱未知种 *Amblyomma* sp.（图 3-2，图 3-3）	爬行类、鸟类、哺乳类	幼蜱	多米尼加琥珀（第三纪，40～15 mya）（de la Fuente，2003）
#软蜱未知种	未知	成蜱	多米尼加琥珀（第三纪，40～15 mya）（de la Fuente，2003）
未知种（图 3-4）	未知	28 只 1 龄幼蜱	多米尼加琥珀（第三纪，40～15 mya）（de la Fuente，2003）
Amblyomma sp.（图 3-5）	爬行类、鸟类、哺乳类	成蜱	多米尼加琥珀（第三纪，40～15 mya）（de la Fuente，2003）
未知种（图 3-7）	未知	成蜱（软蜱）	多米尼加琥珀（第三纪，40～15 mya）（de la Fuente，2003）
古老钝缘蜱 *Ornithodoros antiquus*（图 3-9）	两栖类、爬行类、鸟类、哺乳类	雌蜱、雄蜱	多米尼加琥珀（第三纪，40～30 mya）（Poinar，1995）
泽西钝缘蜱 *O. jerseyi*（=泽西枯蜱 *Carios jerseyi*）（图 3-10）	鸟类、哺乳类	幼蜱	新泽西琥珀（白垩纪，94～90 mya）（Klompen & Grimaldi，2001）
第三纪硬蜱 *I. tertiarius*	鸟类、哺乳类	未明	怀俄明州渐新世第三纪沉积物（约 30 mya）（Scudder，1885）
网纹革蜱类似种 *Dermacentor* sp. near *reticulatus*	哺乳类	雄蜱	波兰上新世毛犀牛 *Tichorhinus antiquitatis* 外耳道（5～3 mya）（Schille，1916）
花蜱未知种 *A.* sp.（图 3-11）	未知	幼蜱	缅甸白垩纪琥珀（约 100 mya）（Grimaldi *et al.*，2002）
缅甸触蜱 *Cornupalpatum burmanicum*（图 3-12，图 3-13）	爬行类	幼蜱	缅甸白垩纪琥珀（约 100 mya[3]）（Poinar & Brown，2003）
古老垛蜱 *Compluriscutula vetulum*（图 3-14）	未知	幼蜱	缅甸下白垩纪琥珀（100 mya）（Poinar & Buckley，2008）
缅甸花蜱 *Amblyomma birmitum*	未知	雌蜱	缅甸下晚白垩纪琥珀（约 99 mya）（Lindia *et al.*，2017）
德氏恐蜱 *Deinocroton draculi*	翼龙	成蜱	缅甸下晚白垩纪琥珀（约 99 mya）（Peñalver *et al.*，2017）

注：本表参考 de la Fuente（2003）并做了修订。# 是否为蜱类化石有争议，详见正文描述；*“第三纪”原为新生代的第一个“纪”，距今 6500 万年至 260 万年，分为老第三纪、新第三纪。新制订的地质年代表将老第三纪改称古近纪，新第三纪改称新近纪，“第三纪”不再使用，但为与后面年代一致，本研究沿用 de la Fuente（2003）标注。1 原文献记录为 40～35 mya，然而 de la Fuente（2003）引用为 50～35 mya 且无文字解释，故本研究以原始文献为依据；2 原文献记录为 40～30 mya，但 Klompen 和 Grimaldi（2001）引用为 20～15 mya，de la Fuente（2003）引用为 40～15 mya，且均无文字解释，故本研究以原始文献为依据。3 原文献记录为约 100 mya，但 de la Fuente（2003）引用为 95～65 mya，本研究以原始文献为依据

2. 多米尼加古近纪渐新世化石群

de la Fuente（2003）在古近纪渐新世的一头冷冻毛犀牛的外耳道和琥珀中发现了很多蜱类化石（表 3-1），其中 7 个琥珀化石、3 个幼虫标本分别暂时归到硬蜱属（图 3-1）和花蜱属（图 3-2，图 3-3）中。其中一个琥珀含有 28 个保存完好的 1 龄幼蜱（图 3-4），这是首次报道的蜱类化石群。另外两个标本的成蜱暂时归为花蜱属和璃眼蜱属（图 3-5，图 3-6），其他标本则为软蜱科未知属的成蜱（图 3-7）。然而，

Chitimia-Dobler 等（2017）指出 de la Fuente（2003）所描述的璃眼蜱琥珀化石不是蜱，而是一种螨虫（真螨总目 Acariformes：盲蛛螨科 Caeculidae）（de la Fuente，2003，Chitimia-Dobler *et al.*，2017）。该类群的典型特征是前足具有一个很大的刺，这在蜱中均不存在。另外，de la Fuente（2003）描述的来自中新世的多米尼加琥珀中的软蜱也是错误的；来自波罗的海琥珀中的硬蜱属幼虫及来自中新世多米尼加琥珀中的幼蜱需要进一步核实（de la Fuente，2003；Chitimia-Dobler *et al.*，2017）。

3. 阿根廷花蜱 *Amblyomma argentinae*（=龟花蜱 *Amblyomma testudinis*）类似种[①]

一种类似于阿根廷花蜱 *Am. argentinae* 的雄蜱发现于多米尼加的早第三纪（mid-Miocene）（40～30 mya）琥珀中。

4. 异形花蜱 *Am. dissimile* 类似种

Keirans 等（2002）在多米尼加的第三纪（45～15 mya）琥珀中发现了 4 只花蜱幼蜱，这些幼蜱与异形花蜱 *Am. dissimile* 相似（Keirans *et al.*，2002）（图 3-8）。异形花蜱主要寄生在美国南部、加勒比海、美洲中部及南部分布的两栖动物和爬行动物上。由于无法看到这些幼蜱的背部刚毛，因此无法确认是否为异形花蜱或另一新种。

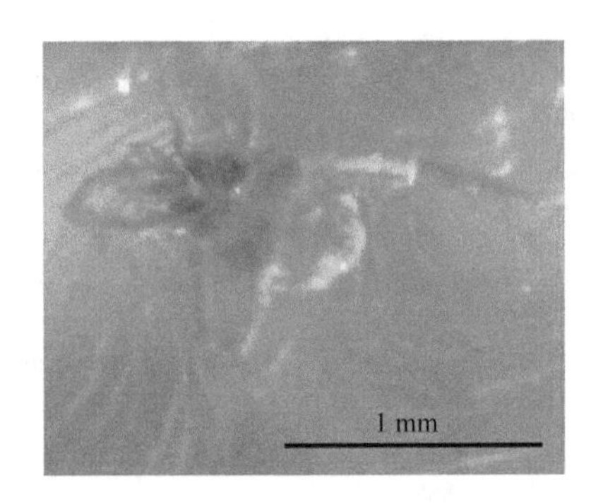

图 3-1　*Ixodes* sp. 幼蜱
（引自 de la Fuente，2003）

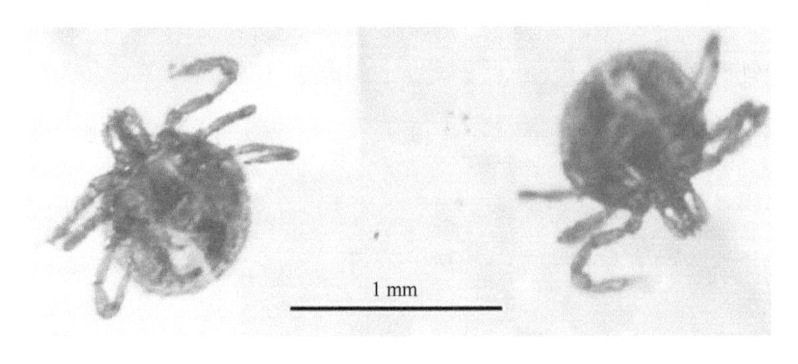

图 3-2　*Amblyomma* sp. 幼蜱腹面观和背面观
（引自 de la Fuente，2003）

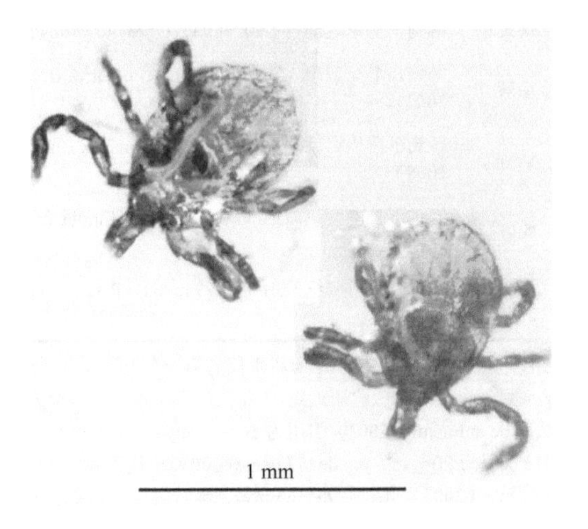

图 3-3　*Amblyomma* sp. 幼蜱腹面观和背面观
（引自 de la Fuente，2003）

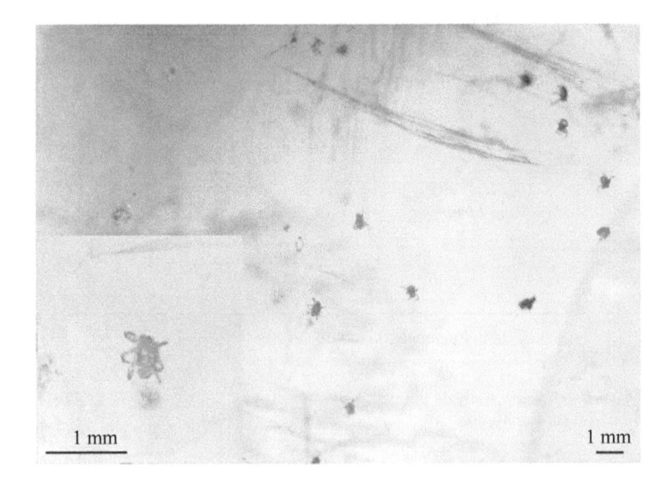

图 3-4　未知 1 龄幼蜱（引自 de la Fuente，2003）

① 种名具体描述详见第五章蜱的物种概况

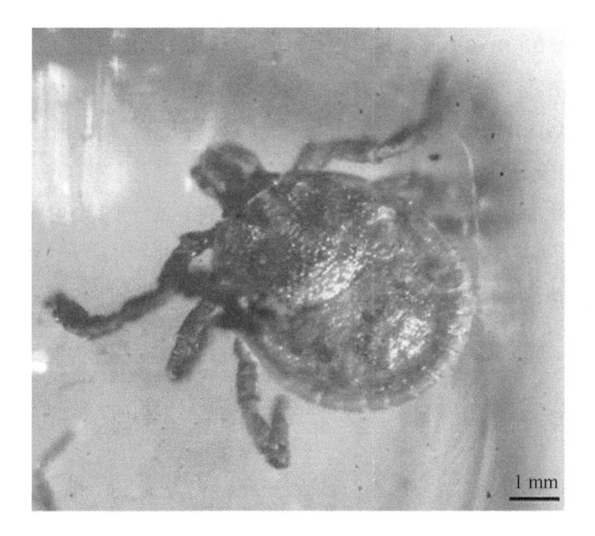

图 3-5　*Amblyomma* sp. 成蜱背面观
（引自 de la Fuente，2003）

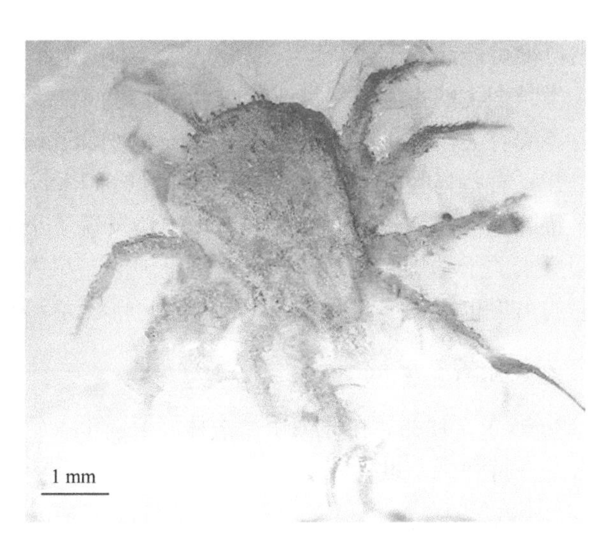

图 3-6　*Hyalomma* sp. 雄蜱背面观
（引自 de la Fuente，2003）

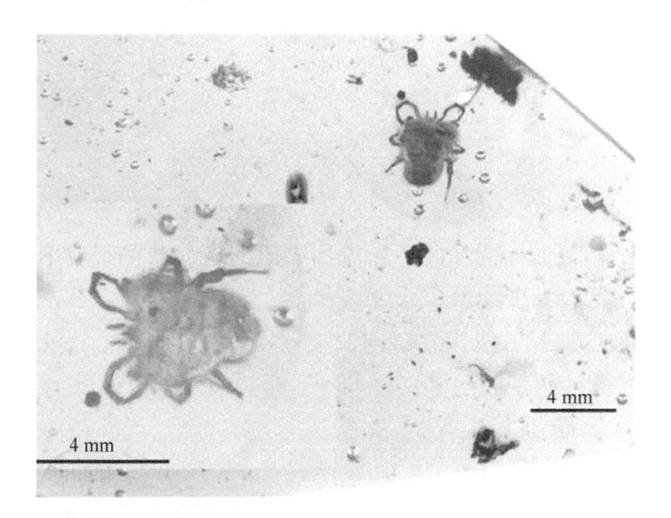

图 3-7　未知软蜱成蜱（引自 de la Fuente，2003）

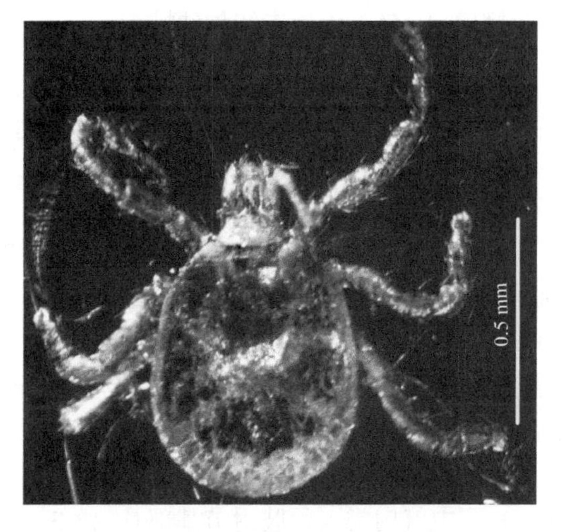

图 3-8　*Amblyomma dissimile* 类似种幼蜱
（引自 Keirans *et al.*，2002）

5. 古老钝缘蜱 *Ornithodoros antiquus*

以古老钝缘蜱 *Ornithodoros antiquus*（图 3-9）为代表的第一只软蜱化石来自中新世多米尼加琥珀（40～30 mya），该化石具有巴蜱亚属 *Pavlovskyella* 和鸡蜱亚属 *Alectorobius* 的共同特征，但又不同于现存成员的所有特征。作者通过分析从该化石中发现的宿主粪便及毛发，推测该蜱的宿主是哺乳动物（很可能是啮齿类）。

6. 泽西钝缘蜱 *O. jerseyi*（=泽西枯蜱 *Carios jerseyi*）

泽西钝缘蜱 *O. jerseyi*（图 3-10）发现于新泽西琥珀化石中，其年代可追溯到白垩纪土伦阶（Turonian Stage）（94～90 mya），是第一个软蜱幼蜱化石。该标本具有钝缘蜱中枯蜱的一般特征，但背部刚毛的类型及后缘具 2 列小刚毛不同于现存的枯蜱。该化石的出现使原来关于枯蜱起源于隔离后南美洲的观点受到冲击，但也不能完全否认该观点。早期关于该类群的推测是基于系统分析和分布类型的比较，认为起源于新热带界，且发生在南美洲隔离之后（约 100 mya）（Klompen *et al.*，1996）。然而，该化石出现在 94～90 mya 的北美洲，与先前的推测在时间上可以兼容，但需要跨越隔离南北美洲的大洋屏障才能扩散到北美洲。蝙蝠是现存枯蜱的常见宿主，且比较容易跨越水域。然而，最早的蝙蝠化石来自始新世早期，该类群很可能起源于古新世，或最早起源于白垩纪（70～65 mya），可见蝙蝠不是该蜱类化石的宿主。因此，当时会飞的古蜥、鸟类或飞龙可能是泽西钝缘蜱的宿主。尽管 Klompen 和 Grimaldi（2001）认为翼龙与该蜱有关，但也不否认鸟类是其宿主（Klompen & Grimaldi，2001）。因为很多现存的枯蜱在鸟上寄生，并且有些鸟类分布很广，如好角钝缘蜱 *O. capensis* 在几个大陆上均有分布。与"鸟类宿主"的观点相一致的是，在同一岩石露头的琥珀中还发现了小的羽毛。可见，如果当时存在鸟类传播该蜱的可能，那么原来关于枯蜱起源的观点应该是正确的。尽管该化石在整体上为蜱的起源与演化提供了有力证据，但它的出现也引发了新的宿主问题，因此软蜱尤其是枯蜱间的比较研究可能有助于解决这些问题。

7. 第三纪硬蜱 *I. tertiarius*

Scudder（1885）在怀俄明州格林河渐新世（约 30 mya）的沉积物中发现该蜱，然而，随后他对该种的有效性持怀疑态度。

8. 网纹革蜱 *Dermacentor reticulatus* 类似种

Schille（1916）从波兰上新世毛犀牛化石的外耳道中发现类似于网纹革蜱 *D. reticulatus* 的雄蜱。

9. 花蜱属 *Amblyomma* 未知种幼蜱

Grimaldi 等（2002）报道了在缅甸发现的白垩纪幼蜱化石（图 3-11）。该蜱属于大型的在全球广泛分布的花蜱属。但由于其分类特征少，无法确定其分类地位。

10. 缅甸触蜱 *Cornupalpatum burmanicum*

缅甸触蜱 *Cornupalpatum burmanicum* 是 Poinar 和 Brown（2003）在缅甸胡康河谷的白垩纪琥珀（约 100 mya）中发现的。该化石身体呈亚圆形，具缘沟和 11 个缘垛，无肛沟和眼，须肢延长分 4 节，第Ⅳ节明显且着生于顶端，须肢第Ⅲ节亚末端具简单而分叉的爪（图 3-12，图 3-13）。其中最后一个特征是其他所有蜱类化石和现存蜱类中没有的典型特征。除缘沟和须肢爪外，该幼蜱其他特征非常接近于盲花蜱 *Aponomma*，被认为是至今最原始的蜱类谱系之一，它的宿主主要是爬行动物。

蜱螨亚纲中，已知须肢爪仅存在于节腹螨类（须肢跗节末端具爪）、巨螨类（须肢跗节亚端部具 2～3 只爪）及中气门类（须肢跗节基部具 2～3 只爪），且均着生在须肢第Ⅳ节上。所以缅甸触蜱的须肢爪不能作为其他蜱螨亚纲类群须肢爪的同源器官。该蜱的须肢爪可能是用来帮助其附着到宿主上，或在血餐之前刺穿或撕破宿主的黏膜样组织的一种工具。这些须肢爪是代表了蜱类的一个基本谱系还是蜱为了适应特定的宿主群而进化出来的结构，尚未可知。缅甸触蜱口下板上倒齿的数量很少，这就可能是因为随着时间的推移，进化的口下板（具有较大和更多的倒齿）代替了须肢爪成为一种抓握或固定的器官。Poinar 和 Brown（2003）认为在进化过程中，缅甸触蜱须肢爪的位置大致与血蜱属中的奇蜱亚属 *Allophysalis* 的未成熟蜱须肢腹面刺的位置相当。Hoogstraal 和 Kim（1985）认为由于蜱类适应了鸟类和哺乳动物宿主，多数情况下须肢第Ⅳ节变成一种小的朝向腹部的附属物，并位于须肢第Ⅲ节近末端的一个保护性凹陷中。Poinar 和 Brown（2003）发现缅甸触蜱须肢爪也出现在以上区域。然而，从上述缅甸触蜱须肢的描述中，我们得知该蜱须肢具有 4 节，且第Ⅲ节具刺，而现今存在的硬蜱须肢均分为 4 节。因此 Poinar 和 Brown（2003）中关于缅甸触蜱须肢爪与血蜱属中奇蜱亚属的未成熟蜱须肢第Ⅲ节腹面刺有关系的推测可能正确，但其另一种推测即与退化的须肢第Ⅳ节有关系的说法禁不住推敲。

缅甸触蜱上只有 11 个缘垛清晰可见，在身体边缘缘垛处具有一个小的凹口，并在相同区域的对面有一个模糊的沟，说明具有 13 个缘垛的硬蜱可能早于这个化石的进化枝。幼蜱缘垛宽度的变化出现在花蜱属中（具有一个狭窄的中央缘垛，与化石蜱相似）。分析该化石与在相同沉积物中发现的花蜱幼蜱化石，说明硬蜱至少有两条进化路线，这两条路线可通过白垩纪很好地建立起来。其中一条进化路线不同于现在的形式，而是通过幼虫具有的须肢爪进化，这可能是对现在已灭绝的爬行类宿主的一种适应（Poinar & Brown，2003）。

11. 古老垛蜱 *Compluriscutula vetulum*

Poinar 和 Buckley（2008）从缅甸下白垩纪（100 mya）琥珀中又发现了另一种硬蜱幼虫——古老垛蜱 *Compluriscutula vetulum*（图 3-14）。该蜱身体呈圆形；具 13 个缘垛；须肢延长分 4 节；第Ⅳ节明显，位于亚端部；无眼和肛沟；口下板上半部具齿，齿式 2|2，每列具齿 3～4 枚。这是在缅甸琥珀中发现的第 3 种硬蜱，可见当时蜱类在该地区至少有 3 个谱系。

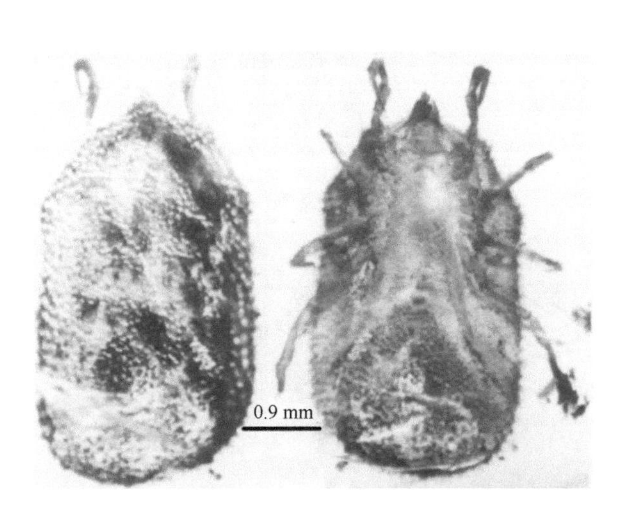

图 3-9　*Ornithodoros antiquus* 成蜱背面观、腹面观（引自 Poinar，1995）

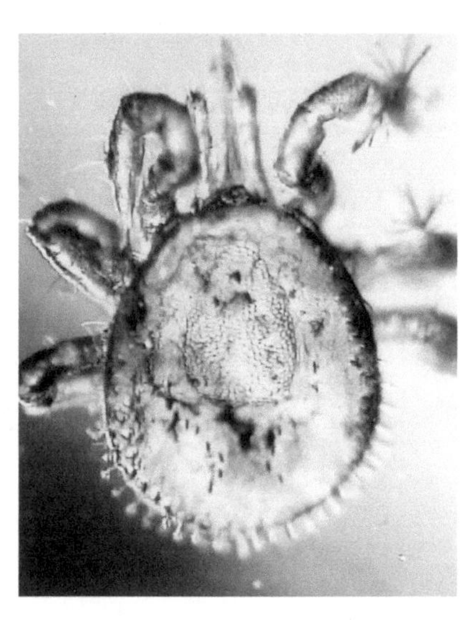

图 3-10　*O. jerseyi* 幼蜱背面观（引自 Klompen & Grimaldi，2001）

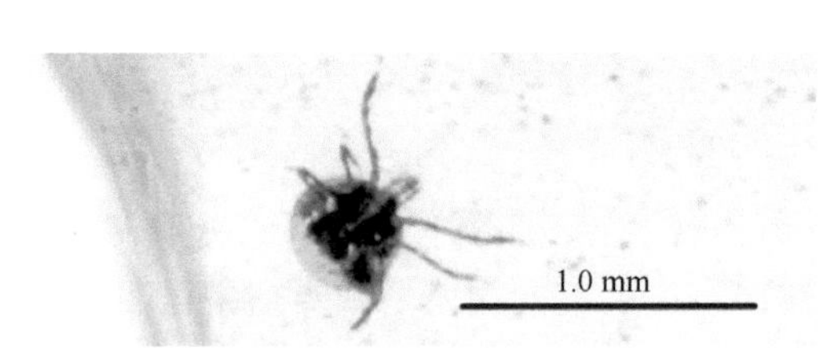

图 3-11　*Amblyomma* sp.幼蜱腹面观（引自 Grimaldi *et al.*，2002）

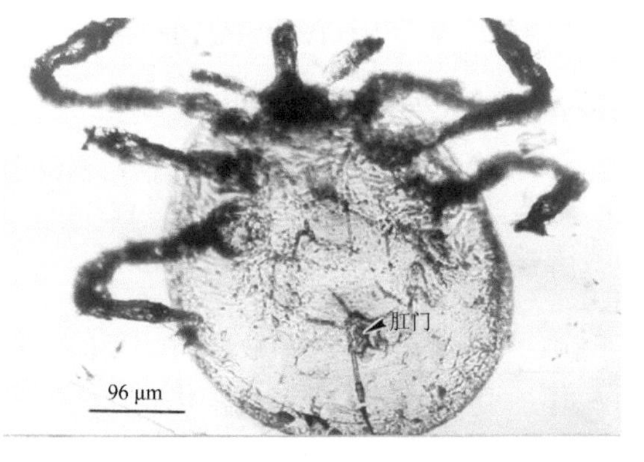

图 3-12　*Cornupalpatum burmanicum* 幼蜱腹面观（引自 Poinar & Brown，2003）

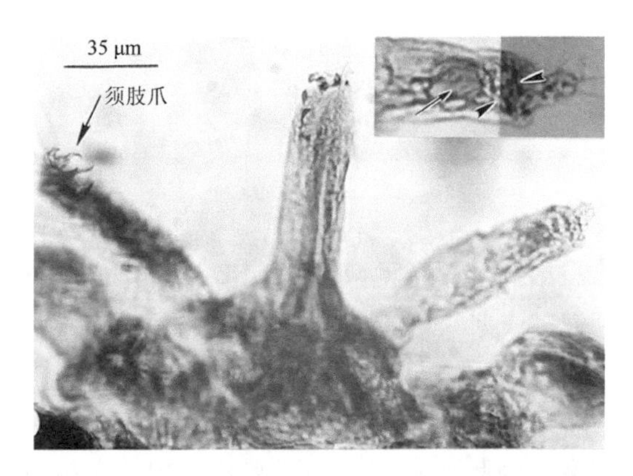

图 3-13　*Cr. burmanicum* 幼蜱假头腹面观（引自 Poinar & Brown，2003）

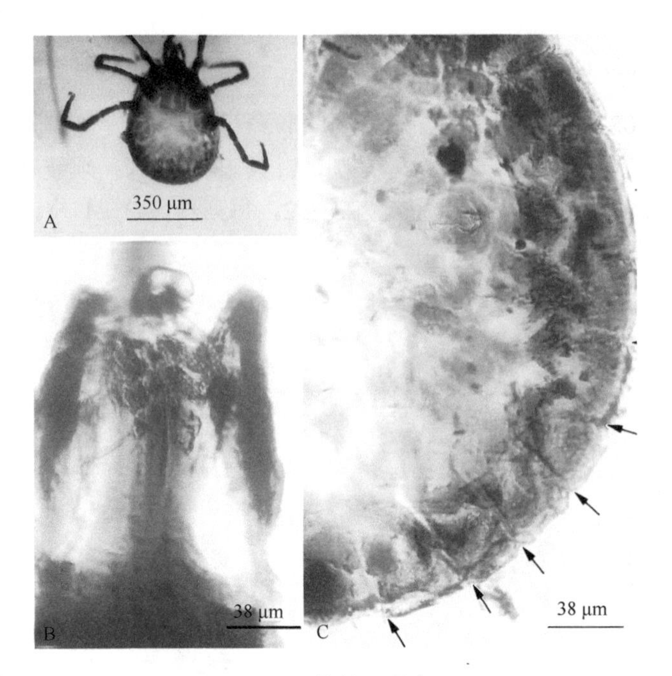

图 3-14 *Compluriscutula vetulum* 幼蜱（引自 Poinar & Buckey，2008）
A. 腹面观；B. 假头腹面观；C. 箭头示缘垛

12. 缅甸花蜱 *Amblyomma birmitum*

Chitimia-Dobler 等（2017）从来自缅甸的琥珀（99 mya）中发现了一个未饱血雌蜱新种——缅甸花蜱 *Amblyomma birmitum*。该蜱身体亚圆形，盾板心形，须肢第Ⅱ节至少为第Ⅲ节的 2 倍，缘垛 11 个，具眼。气门板逗点形，基节Ⅰ～Ⅳ无明显的距。

13. 德氏恐蜱 *Deinocroton draculi*

Peñalver 等（2017）在 9900 万年前白垩纪翼龙的琥珀化石中发现。

二、我国蜱类化石现状

我国化石分布地域广，蕴藏量丰富，种类多样，是世界著名的古生物化石大国（张和，2007）。然而，迄今为止，我国一直没有发现蜱类化石。在我国已知的化石记录中，有很多蜱类宿主化石的报道，包括各种两栖类、有鳞类、哺乳类、鸟类等。这些化石的大量存在说明我国具有蜱类化石的潜在可能。蜱类体型小且吸血寄生，此外我国对蜱类化石的研究一直匮乏，因此造成我国蜱类化石很难采集到甚至采集到也难以辨别的现状。鉴于蜱类化石对于寄生虫系统演化研究的重要作用，我国很有必要对这一领域引起足够重视。

三、结语

目前已发现的蜱类化石数量不多，分属于 3 科 18 种，其中 10 种为未定种，这些化石主要集中在第三纪和白垩纪。依据现有化石信息很难准确推测蜱类的起源与演化，但有助于进行蜱的系统分类，且为验证各种起源与演化假说提供了直接依据。此外，分析化石中的蜱类 DNA 分子对于生物演化研究具有重要意义。然而，从化石中能否成功获得目的 DNA 一直存在争议。

很多琥珀商人采集和买卖的琥珀中可能含有蜱类标本，但很多没有得到正确的分类和鉴定。这些情况增加了发现蜱类化石标本的难度。因此，本节旨在引起我国相关人员对蜱类化石的足够重视，促进更多化石标本的发现，解决蜱的起源与演化问题。

第二节　蜱的起源与演化

随着分类学、形态学、生态学和动物地理学资料的不断完善，分子生物学技术的广泛应用，很多学者对蜱的起源与演化及系统发生问题进行了多次探讨。然而，尽管对其进行了精深研究并结合了各种分析方法的使用，包括遗传学和分子分类学，但蜱类寄生状态的起源时间、原始宿主、蜱内部的系统发生关系及与寄螨总目 Parasitiformes 中其他螨虫的系统发生关系一直是假说性的推测，还没有得到严格和可验证的分析。

此外，蜱的化石很少，而且能观察到精细结构的蜱类化石多为琥珀，致使这些化石记录中含有的信息量有限，因此仅依据化石也很难推测蜱类的起源与演化。长期以来，关于蜱起源与演化的假说主要基于系统发生学、宿主类型、生物学、形态学和生物地理学等证据。

Hoogstraal 于 1985 年最早提出蜱的起源与演化假说，此后几乎所有的关于蜱类演化的传统假说都强调宿主的重要性，认为宿主的特异性是蜱类演化的主要因素，寄生在原始宿主上的蜱也必然是原始的，而且现存宿主的最古老类群出现时，各蜱类谱系就已经出现了。因此，传统的假说一般都遵循着寄生虫学的古老原则，即寄生虫的几乎所有生物学特性都依赖于宿主。

自 20 世纪 80 年代以来，随着更严格的分析方法的应用，寄生虫-宿主关系的研究方法也有了巨大的改变，其中最重要的方法是利用系统发生学推测寄生虫的系统进化史。这种系统发生论可以严格地验证适应性假说及协同物种形成或地理隔离假说。人们不再认为寄生虫的演化主要取决于其宿主，也不再将它们的很多结构描述成退化的结果，而是利用其独立的演化谱系来展示其与宿主的关系和脱离宿主后所处环境（针对非永久性寄生虫）的各种模式。

已研究的寄生昆虫多为永久性寄生虫，如虱、疥螨。然而，非永久性寄生昆虫如蚊、蜱等的生活史类型多样，但它们的生活史都有两个阶段（寄生期和非寄生期），存在不同的选择机制，其选择压力也不同。然而，与蚤、蚊、螨等其他类群不同，蜱非常独特，它的每个发育阶段（不包括卵）一般都要经历叮咬和脱离宿主的双重压力。那么在蜱的寄生和非寄生阶段，生态学的不同成分在蜱的演化中起了什么作用？这将是人们一直试图解决的问题。

近几十年来，有两个重要的进展为人们提供了重新考虑蜱类系统学和进化问题的新方法。第一，分子生物学技术的应用为系统发生分析提供了新数据。第二，在蜱类系统分类学中采用分子生物学与形态学特征相结合的综合系统发生分析的方法更有利于推测出反映蜱类亲缘关系的假说。这种方法正被用于重新检测各种蜱类进化假说。以下是目前关于蜱类起源与演化的几种重要假说供读者参考。

一、蜱起源与演化的主要假说

随着对蜱、宿主、生态因子、生物地理学、系统发生学等方面的深入理解，人们不断提出新的观点来力图阐释蜱的起源与演化。其中涉及蜱类起源的推测跨度达 3 亿年，历经多个演化时代，包括晚志留纪（443～417 mya）、泥盆纪（417～362 mya）、晚二叠纪（290～248 mya）、三叠纪（248～206 mya）和白垩纪（146～65 mya）。早期的假说主要基于蜱的宿主特异性及蜱与宿主协同进化的观点。近期假说则考虑了生态因子、生物地理学及系统发生论的观点。以下是比较有影响的几种假说。

1. Hoogstraal 假说

Hoogstraal 在 40 年中发表了 400 多篇论文，其中很多涉及他对蜱类起源与演化的看法。现今人们对蜱类生态学、栖息地的选择及其与宿主关系的理解多数来自他的大量观察和记录。他所提出的蜱类起源与演化假说是传统观点的代表，在该领域，尤其是在20世纪后期具有很大影响。

Hoogstraal和早期的蜱类研究者认为，蜱类口器和基节的各种结构“调整”变化是为了适应特定的宿主。蜱在不同发育期（幼蜱、若蜱、成蜱）结构特征的变化是由于各阶段寄生的宿主不同，因而对宿主的适应在蜱类进化中起了主要作用。这种适应还引起了蜱的宿主特异性，并最终导致了蜱和宿主之间的平行进化。这种观点贯穿于Hoogstraal所有关于蜱类进化的文章中。蜱对宿主的特异性可分成六类（总体严格特异型、总体中度特异型、严格发育阶段特异型、严格/中度发育阶段特异型、中度发育阶段特异型、非特异型），每种蜱对应1类宿主，其范围包括：总体严格特异型（strict-total category）即成蜱和未成熟蜱均对应相同的特异宿主群，包括所有软蜱、硬蜱中的盲花蜱 *Aponomma*（已归入花蜱属 *Amblyomma* 中）、牛蜱属 *Boophilus*（已归入扇头蜱属 *Rhipicephalus* 中）和珠蜱属 *Margaropus* 的所有种及硬蜱科其余属的多数种类；非特异型（nonparticular category）只包括硬蜱，但几乎包括了硬蜱科中主要属的代表种类。虽然Hoogstraal认识到有些蜱类的宿主范围很广，但他认为这些是蜱在物种形成过程中其占优势的宿主-寄生虫关系受到人为干扰造成的。在Hoogstraal的观点中，蜱显然具有高度的宿主特异性，它是协同物种形成的初步证据。上述这些关于宿主特异性在蜱类进化中的重要性结论，经常出现在医学昆虫教科书和蜱分类学文献中。

Hoogstraal在假设蜱是一个非常古老衍生群的情况下，综合蜱类宿主特异性和广泛的协同物种形成的想法提出了蜱类长期进化的观点。他指出蜱类的祖先类似于现在的软蜱，出现于古生代晚期或中生代早期（225 mya），它们有一个三宿主的生活史。当时气候温暖潮湿，蜱类的祖先宿主被假定为“大型、皮肤光滑的爬行类”，并可以全年活动。随后，蜱沿着两条途径辐射，即软蜱科Argasidae和硬蜱科Ixodidae。前沟型硬蜱就是从那些祖先种类中分化出的最早的谱系之一。后沟型硬蜱中的花蜱亚科Amblyomminae在二叠纪晚期起源于爬行类，并于三叠纪和侏罗纪在那些爬行类宿主上辐射。血蜱亚科则起源于三叠纪的爬行动物。璃眼蜱亚科Hyalomminae和扇头蜱亚科Rhipicephalinae分别起源于白垩纪晚期、第三纪的哺乳动物。

上述蜱类长期进化的模型基于两种假设：①最原始的蜱类群与最原始的宿主类群有关；②蜱可能出现在其特殊宿主类群产生之前。这在其他人提出的蜱类进化模型中也有体现。例如，Pomerantzev（1947）不赞成爬行类为蜱（至少是硬蜱）的祖先宿主（他倾向于哺乳动物或鸟），他通过硬蜱属 *Ixodes* 的澳洲亚属与最原始哺乳动物——单孔类动物和有袋动物的关系得出这些蜱是硬蜱亚科中最原始的类群。Morel（1969）指出最原始的后沟型蜱是与龟有关的花蜱，因为龟被认为是祖先宿主，他认为这些蜱类与龟在侏罗纪同时起源。Filippova（1977）基于与单孔类动物和有袋动物有关的一种假设认为硬蜱科Ixodidae起源于白垩纪的某个地区。所有这些模型均基于蜱类的宿主特异性及蜱与宿主的协同物种形成的假说。但这两种假说一直没有得到很好的检验。

然而，Klompen等（1996）通过对蜱类-宿主关系的分析对上述已被广泛接受的蜱类宿主特异性及协同物种形成的假说提出了质疑，认为在蜱类演化中生物地理学、生态特异性和宿主大小对蜱类-宿主关系的建立发挥了重要作用。

2. Klompen 假说

Klompen等（1996）认为生物地理学和生态特异性在蜱类进化中起重要作用。他们认为Hoogstraal假说存在一个重要的方法学上的缺陷，即Hoogstraal没有清楚地区分宿主适应性和物种形成两个过程，他认为将两者联系在一起是有原因的，即适应性和宿主特异性的产生意味着协同物种形成（cospeciation）。一群寄生虫宿主的特异性程度为那些寄生虫的物种形成模式提供直接线索，这种观点也嵌入“寄生虫学规则”中。然而，通过独立推导寄生虫和宿主的系统发生来分析寄生虫与宿主联系的答案驳斥了以上观点，表明宿主特异性很难预测物种形成的模式。Klompen等（1996）认为虽然物种形成和适应性在系统发生上总是相关的，但两者并不相互依赖。所以用宿主特异性的认知模式支持协同物种形成的假说在方法学上存在缺陷。此外，虽然宿主适应性可能会导致宿主特异性，但所观察的宿主特异性不能作为宿主适应性的指标。在蜱没有机会传递到可供选择的宿主的情况下，也会发生宿主特异性，甚至还可能会产生协同物种形成，或产生对脱离宿主后所在栖息地适应的次生效应。

Klompen 等（1996）认为在缺少化石证据时，关于蜱类起源时间的假说能够通过检验它们最基础的假设，即多数蜱的种类具有严格的宿主特异性，进行间接检验。Klompen 和 Oliver（1993）等通过文献资料报道的数据检验了硬蜱属 *Ixodes* 和寄生在蝙蝠上的软蜱——枯蜱属/亚属 *Carios* 的分类系统。这两个类群均有广泛的地理分布，覆盖了几个生物地理区系。此外，所有寄生在蝙蝠上的枯蜱为 Hoogstraal 定义的总体严格特异型。为排除 Hoogstraal 提出的“当家养或野生哺乳动物（寄生虫生理上可接受的宿主）侵入最初的宿主-寄生虫关系中时，同一种蜱就会改变有限的宿主特异性模式”，他们在分析中排除了所有与人或家养动物有关的记录。在分析中，将特定蜱种相关宿主的种类相对于采集地点的数量作散点图，在严格宿主特异性的条件下，宿主数量和标本采集地的数量应该没有相关性。不考虑标本采集地的数量，宿主的数量应该保持很少。相反，如果宿主特异性是由采样不足造成的人为误差，那么宿主的数量将会随着抽样强度的增加而增多。硬蜱属和枯蜱属/亚属与其宿主的分析均表明，标本采集地和宿主种类存在强的正相关。他们认为如果寄生虫的物种形成相对于宿主的物种形成是缓慢的，有些广泛水平的宿主特异性就会保留。利用相同的基础数据，他们根据寄生的宿主科的数量相对于标本的总量对硬蜱属作图检验了这个观点。分析结果表明，虽然有些蜱的宿主被完全或大部分限制到一个单一科甚至属的宿主类群中，但总体趋势是随着标本数量的增加，宿主在科的数量上也增加。这些结果说明总体严格特异型和非特异型蜱类的差别在很大程度上可能是由物种的采集误差（偶然采集和频繁采集）造成的。因此，Klompen 等（1996）认为蜱类宿主特异性应重新评估，但这个结论仅削弱了 Hoogstraal 关于蜱的宿主特异性导致协同物种形成的观点，不能否认协同物种形成的存在。

另外，相对于宿主特异性，Klompen 等更支持栖息地或生态特异性。按照这种观点，蜱类进化可能主要是由适应一个特殊的栖息地类型所决定，而不是由适应一个特殊的宿主类群来决定。这个假说的建立来自许多蜱类寄生在有相似巢穴或栖息地而在系统发生关系比较远的宿主上。他们引用了图卡钝缘蜱 *Ornithodoros turicata* 的例子。该种常与美国东南部的佛州地鼠陆龟的洞穴联系在一起，在洞穴内栖息的穴蛙、佛州地鼠陆龟、蛇、小型哺乳动物及穴居的猫头鹰均可成为图卡钝缘蜱的宿主。此外，这种蜱至少在穴蛙上的发育与在佛州地鼠陆龟上的发育一样好。这就使人们对曾经普遍接受的“宿主范围广但只有少数适合蜱类发育”假说产生了怀疑。在另一个例子中，库氏锐缘蜱 *Argas cooleyi* 和康坎钝缘蜱 *O. concanensis* 的主要宿主是崖燕 *Hirundo pyrrhonota*。它们使用相同的聚集信息素，但是它们很少聚合在一起，可能是由于它们最适栖息地的湿度、温度等不同。此外，这些蜱展示了不真实的宿主特异性。例如，康坎钝缘蜱的偏爱宿主蝙蝠常栖息于悬崖的燕巢中。总体上，这种关系模式似乎对有崖燕巢的悬崖比对崖燕更为特异。鉴于许多相关的宿主种类使用相同或相关的栖息地类型的现象，如不同种的蝙蝠生活在一洞穴中，Klompen 等认为生态特异性假说可以允许在一定程度上具有广泛的宿主特异性，但宿主特异性只能作为生态特异性的一个次级结果。

他们通过系统进化分析发现 Hoogstraal 和 Aeschlimann（1982）提出的 5 亚科中有 3 个是并系，包括璃眼蜱亚科 Hyalomminae、花蜱亚科 Amblyomminae 和硬蜱亚科 Ixodinae。此外，他们的分析支持沓氏硬蜱组 *I. tasmani* group 和澳大利亚本土的盲花蜱属（现已归入槽蜱属）两个谱系。硬蜱属的异源性严重冲击了早期仅基于形态学观察的结果。

此外，Klompen 等（2000）以全盾螨目、中气门目和节腹螨目的种类为外群，利用形态学特征和分子特征相结合的方法对蜱类的系统发生进行了分析，肯定了蜱类的单系性，并且巨螨类 Holothyrida（由异盾螨 *Allothyrus* sp.代表）与蜱类 Ixodida 具有更近的亲缘关系。此外，蜱类+巨螨类的进化枝具有非常高的支持率[自举值（bootstrap value）=100%]，这对于硬蜱的生物地理学分析具有一定的参考价值。他们认为巨螨类只出现在假定的冈瓦纳超大陆（Gondwana supercontinent）的部分区域，包括澳大利亚、新西兰、南美洲和从马达加斯加到新几内亚的印度洋的各种岛屿。这可能对蜱吸血行为的演化有一些影响。关于巨螨类和节腹螨类取食行为的研究认为，这些类群的代表是食腐动物，以昆虫碎尸为食但不捕食活的昆虫。寄螨中的中气门类保持着祖先蜘蛛类食肉动物的生活方式，在与系统学数据进行综合分析后揭示了蜱类可能源自食腐动物，而不是有巢的食肉动物。

此外，他们认为硬蜱科在亚科水平上最突出的特点是前沟型和后沟型的全部或部分基础谱系分布在澳大利亚，所有其他本土的澳洲硬蜱（指那些不是被人明显引进的种），或者与广泛分布的海鸟有关（如硬蜱属中多齿蜱亚属 *Multidentatus* 种类）或者是许多来自东南亚的血蜱属衍生种。基于这种模式，他们认为硬蜱科起源于澳大利亚，或者至少在澳大利亚和非澳大利亚两个谱系之间有一个基部分歧。如果证实其是在澳大利亚起源的，则蜱将是在冈瓦纳大陆分裂和澳大利亚大陆被相对隔离之后起源的，即硬蜱科起源的年代上限为白垩纪中期（约 120 mya）。这个估计明显不同于 Hoogstraal 假说的二叠纪、Balashov 假说的三叠纪或者 Oliver 假说的泥盆纪，但与 Filippova 关于硬蜱属 *Ixodes* 起源于白垩纪晚期的推断相符。

3. Balashov 假说

Balashov（2004）综合分析了分类学、形态学、生态学、比较寄生虫学、动物地理学、古生物学和分子生物学数据，认为软蜱和硬蜱的祖先在三叠纪之前就分化了。硬蜱的祖先可能最初生活在潮湿森林中含有腐败树叶的土壤表面，与现存的巨螨类群相似。现存硬蜱和软蜱的共同祖先转换到寄生状态可能发生在古生代末期或中生代早期（250～200 mya）的热带气候区。他认为，蜱类的演化可能主要取决于特殊的栖息地类型，而不是宿主类型。

Balashov 认为形态学上最原始的蜱类甚至在三叠纪末期泛大陆（Pangaea）破碎前或者稍后在南半球的冈瓦纳古大陆上可能就已经出现了。随后蜱类的扩散和它们现在的分布，反映了在大陆暂时隔离条件下及在大陆板块连接时动物群交流的条件下独立类群发育的过程。

基于分子系统学研究，Balashov 认为软蜱和硬蜱的共同祖先在三叠纪就进化为一个独立的类群。蜱的祖先很可能最初生活在潮湿森林落叶层的土壤表面，与典型的现存巨螨类一样。森林的枯枝落叶层与哺乳动物的地道及洞穴中的环境条件在温湿度方面相似。在温带的森林中，以上栖息地以小型节肢动物（包括蜱）的日常和季节性迁徙为特征。气候干燥期间，硬蜱祖先仍以巢栖式寄生的方式进化。最初蜱类祖先以各种节肢动物及其尸体为食，后来过渡到脊椎动物上吸血寄生。甚至在进化发育的早期阶段，已经分化为软蜱祖先（软蜱科 Argasidae）和硬蜱祖先（硬蜱科 Ixodidae）2 个主要分枝。在这一时期，蜱其他的进化分枝也同样有出现和消失的机会。

对于软蜱，锐缘蜱亚科 Argasinae 和钝缘蜱亚科 Ornithodorinae 是 2 个早期分开的进化枝。但由于每个现存的种在具有丰富气候带的大陆中都有发现，因此动物地理学的数据不能说明这个科的系统发生。现存软蜱的宿主包括哺乳动物和鸟类，只在特殊的情况下才有爬行类。然而，也不能排除这些蜱类在三叠纪就已转换到大型爬行类上。无疑在这两个亚科的进化史中，会反复出现宿主转换为哺乳动物和鸟类的现象；它们的杂食性导致了这种转换。钝缘蜱属 *Ornithodoros* 的有些种可以刺破饱血同类的体壁吮吸血液，这可能是它们祖先捕食节肢动物的初级阶段。锐缘蜱亚科的祖先可能从爬行类转换到中生代的鸟类，而钝缘蜱亚科转换到了哺乳动物。白垩纪已经存在的无数蝙蝠可能是钝缘蜱亚科中最古老的宿主。同时，Balashov 认为最近的软蜱同它们的祖先一样以巢栖式寄生为特征，在宿主上多日取食、蜕皮，这种寄生方式独立并重复出现在这些蜱的几个进化枝上。这种生活史的转化反映了许多暂时性体外寄生虫的一种共同趋势：在宿主上寄生的时间延长，而在宿主附近定居的功能退化。

对于硬蜱，其祖先在早期进化中就已经形成了每个发育期都伴随着吸血行为延长的暂时性寄生状态。其中后沟型硬蜱和前沟型硬蜱明显不同，不但体现在分子水平上，而且在染色体数量上后沟型为 23～28，前沟型为 21～22。此外，在性别决定的模式上也有区别，如前沟型多为 XX-XY 型，而后沟型主要为 XX-XO 型。两个类群在雌性生殖系统外分泌管的结构、唾液腺分泌细胞的组成、皮肤腺的结构及蜕皮结构的初始形成位点方面均不同。后沟型硬蜱在吸血过程中，蜱分泌的唾液使宿主皮肤形成一种凝固胶质鞘，而这种鞘在许多前沟型硬蜱中没有出现。前沟型硬蜱具有特有的三宿主生活史、在所有发育阶段多为巢栖式寄生且雄性不吸血就可交配等特征。后沟型硬蜱至少在成蜱阶段以牧场式寄生占优势。多数高级的进化分枝[璃眼蜱属 *Hyalomma*、扇头蜱属 *Rhipicephalus* 和牛蜱属 *Boophilus*（已归入扇头蜱属）]为单宿主和二宿主生活史。雄蜱（不包括某些花蜱）需要通过初步吸血来终止精子发生并获得交配的能力。

前沟型硬蜱和后沟型硬蜱之间明显的差别及缺少中间型表明了这些进化枝的早期分离。在三叠纪就已经存在的小型原兽亚纲、有袋动物及有胎盘的哺乳动物可能是前沟型硬蜱祖先的原始宿主。前沟型硬蜱的祖先很可能就生活在这些原始哺乳动物的栖息地中。在进化早期，一部分蜱能够转换到海鸟上寄生，这些海鸟在白垩纪就已经存在并拥有营巢地。即使现在，硬蜱属 *Ixodes* 的一些原始亚属也仍寄生在这些宿主上。显然硬蜱转换到有蹄类上的牧场式寄生明显比较晚，发生在新宿主出现的新生代。

大型爬行类可能是后沟型硬蜱分枝的原始宿主。已知一些花蜱属 *Amblyomma*（属于原盲花蜱）的化石残留物来自白垩纪。几乎所有现存的盲花蜱（现已分别归为花蜱属和槽蜱属 *Bothriocroton*）都寄生在大型蜥蜴和蛇上，而且它们可能过去就在这些宿主上进化。槽蜱属的多数原始硬蜱不仅寄生在爬行类上，还寄生在澳大利亚本土的哺乳动物上。由于现存的种大多与爬行类、鸟类和哺乳动物有关，因此在花蜱属中重建宿主变化的进化过程很困难。

新生代的哺乳动物可能是血蜱属 *Haemaphysalis* 的原始宿主，它保留了最初的三宿主生活史。然而，很难猜测这些原始哺乳动物属于哪个目及这个事件在哪里发生。革蜱属 *Dermacentor* 的进化相当复杂且难以重建。

较年轻的属包括璃眼蜱属 *Hyalomma*、扇头蜱属 *Rhipicephalus* 和珠蜱属 *Margaropus*，它们的进化无疑与有蹄类或者大型游牧哺乳动物有关。在这些类群中独立出现了二宿主和单宿主的发育周期，应该是在有蹄类上寄生的一种适应。

4. Mans 假说

Mans 等（2011）基于对那马纳蜱的自然宿主、吸血行为及其与其他蜱的系统关系分析，确定了该蜱位于蜱类主要科的基部，是蜱类祖先谱系的活化石。他们认为蜱类祖先的吸血行为类似于软蜱，可能起源于晚二叠纪南非南部的卡罗（Karoo）盆地所在的冈瓦纳大陆。纳蜱科的种类在二叠纪灭绝事件中几乎全部灭绝，仅那马纳蜱作为蜱最近的祖先谱系存活下来。该假说主要基于以下资料及推测。

那马纳蜱的分布仅局限在南非，说明蜱类起源于该地区所对应的冈瓦纳大陆，从而将 Bedford（1931）的非洲起源假说由硬蜱科扩展到蜱总科。最近的分子钟及古生物学研究表明，寄螨类（包括蜱）应起源于晚石炭纪或早二叠纪［(300±27) mya］。这一时期对于脊椎动物在南非尤其在卡罗盆地的演化非常有意义。二叠纪中期（270～260 mya），卡罗盆地由冰室向温室转化，建立了理想的气候环境，有利于变温动物的扩散。这一时期，在卡罗盆地进化出许多兽孔目动物（下孔型是类似于哺乳动物的爬行动物），它们最终进化成哺乳动物。最大的全球大灭绝事件发生在二叠纪晚期，即二叠纪与三叠纪过渡期——251 mya，并在卡罗盆地伴随着大量脊椎动物的分化。鉴于此，仅在三叠纪卡罗盆地发现的双颞窝类爬行动物的化石，可能是由其他地理区系迁徙而来。

因此，他们认为蜱的祖先谱系起源于中二叠纪①（270～260 mya）的卡罗盆地，并寄生在兽孔目动物上。在二叠纪大灭绝之后，卡罗盆地出现脊椎动物多元化尤其是双颞窝类爬行动物，伴随着蜱类物种形成，从而导致三叠纪蜱类各主要科的形成，同时也表明蜱类险些灭绝。很可能在二叠纪的大灭绝事件中，宿主的近乎灭绝致使纳蜱科种类减少。而那马纳蜱是这个走向死亡演化分支的单型种，是一个活化石。

① 一般指大洋洲地区，如澳大利亚、新西兰，以及邻近的太平洋岛屿

蜱主要科的丰富物种要归因于它们分别适应了各自的宿主和各种生态环境。蜱起源于卡罗盆地，也揭示了为什么那马纳蜱是一个活化石，因为卡罗盆地的基本生态环境自晚二叠纪以来一直如此，当时卡罗盆地的气候条件由相当潮湿寒冷环境转化为半干旱环境。这可能促进了它们倾向于栖息在岩缝，停留在遮蔽的微生境中，常以小的在岩缝中爬行的蜥蜴为宿主。

晚二叠纪灭绝事件中仅存的一支兽孔目谱系为水龙兽，占早三叠纪陆地化石的 95%。三叠纪时期它们仅存活两种，且栖息在洞穴中。因此，那马纳蜱可能只寄生在这个谱系上。当兽孔类多数被双颞窝类代替后，蜱的宿主发生了转换，蜥蜴成为特异宿主。相似的一些硬蜱和软蜱的主要宿主也是蜥蜴，直到哺乳类和鸟类取代爬行类成为宿主。随着下孔型爬行动物的产生及其分布跨越冈瓦纳大陆，从而延长了蜱在宿主上寄生的时间，最终形成硬蜱典型的生活史类型。

二、蜱演化的时间和地点

Hoogstraal（1985）指出蜱类的祖先类似于现在的软蜱，出现于古生代晚期或中生代早期（250 mya）。后来蜱类沿着两条途径辐射，即软蜱科 Argasidae 和硬蜱科 Ixodidae。前沟型硬蜱就是从那些祖先种类中分化出的最早的谱系之一。后沟型硬蜱中的花蜱亚科 Amblyomminae 在二叠纪晚期起源于爬行类，并在三叠纪和侏罗纪期间在那些宿主上辐射。血蜱亚科则出现在三叠纪的爬行动物上。璃眼蜱亚科 Hyalomminae 和扇头蜱亚科 Rhipicephalinae 分别起源于白垩纪晚期、第三纪的哺乳动物。

Dobson 和 Barker（1999）认为硬蜱甚至是所有蜱类，可能起源于泥盆纪（390 mya）时期的澳大利亚，更准确地讲是变成澳大利亚的那部分冈瓦纳大陆。而 Klompen 等（1996）认为，硬蜱最初可能在白垩纪晚期（约 120 mya）从一种类似于锐缘蜱的祖先起源而来，随后在澳大利亚和南极洲与其他冈瓦纳大陆分离的过程中开始演化。

de la Fuente（2003）认为蜱类起源于白垩纪（146～65 mya），而演化和扩散出现在第三纪（65～5 mya）。另外人们认为蜱类是在变成澳大利亚的部分冈瓦纳大陆演化的，原因是其姐妹群即巨螨类 Holothyrida 分布于冈瓦纳大陆（澳大利亚、新西兰、南美洲和中美洲、加勒比海和印度洋的岛屿），以及这种螨类最“原始”的科仅限于澳大利亚和新西兰。硬蜱科在澳大利亚演化的证据是后沟型的基部谱系即槽蜱亚科 Bothriocrotoninae，以及两个假想的硬蜱属 *Ixodes* 的谱系之一即澳西区[①]硬蜱属，几乎只生活在澳大利亚（除了该谱系中寄生在海鸟上的海鸦硬蜱 *I. uriae* 为全球性分布）。

Nava 等（2011）基于对蜱的活化石——那马纳蜱的自然宿主、吸血行为及其与其他蜱的系统关系的分析，认为蜱的祖先可能起源于中二叠纪南非南部卡罗盆地所在的冈瓦纳大陆。

三、蜱的原始宿主与协同进化

国外的蜱类学文献中曾长期接受 Hoogstraal 关于蜱类的宿主特异性、高度适应特定宿主群，以及与陆地脊椎动物协同进化的观点。根据这个观点，原始的蜱类类群就与最古老的宿主群有关，首先与爬行类有关。这些观点符合体外寄生虫与其宿主协同进化的概念，以及系统发生上原始寄生虫和原始宿主群之间的关系。但以上观点是以永久性体外寄生虫如蚤和虱的分析为基础，对于暂时性体外寄生虫（包括蜱）而言似乎是错误的。

Hoogstraal（1985）认为蜱类最初的宿主是爬行类；Oliver（1989）认为是两栖类；而 Stothard 和 Fuerst（1995）则认为是鸟类。Dobson 和 Barker（1999）赞成迷齿亚纲的两栖类是原始宿主，从变成澳大利亚的那部分冈瓦纳大陆演化而来。Klompen 等（2000）反对蜱类在 390 mya 起源于迷齿亚纲的两栖类这一观

① Nava 等（2011）认为蜱起源于 270～260 mya，并在文中三处涉及该时间，两处描述为晚二叠纪，一处描述为中二叠纪，本研究查证后认为 270～260 mya 对应的时间应为中二叠纪

点，因为现在澳大利亚的两栖类上没有蜱寄生。然而，南美洲的海蟾蜍 *Bufo marinus* 被大量圆形花蜱 *Amblyomma rotundatum* 寄生。并且迷齿亚纲的两栖类属于一个独特的演化类群，并辐射到我们现代两栖类区系。因此，曾经大批寄生在迷齿亚纲两栖类的蜱类后代再寄生到现代两栖类的可能性很小。Balashov（2004）认为锐缘蜱亚科 Argasinae 的祖先可能是从爬行类转换到中生代的鸟类，而钝缘蜱亚科 Ornithodorinae 是转换到哺乳动物。白垩纪已经存在的无数蝙蝠可能是钝缘蜱亚科最古老的宿主；三叠纪的哺乳动物可能是前沟型硬蜱的原始宿主，而爬行类是后沟型硬蜱的原始宿主。

Klompen 和 Grimaldi（2001）在新泽西琥珀化石中发现了泽西钝缘蜱/泽西枯蜱，见 Klompen 和 Oliver（1993）的分类系统（表 1-1）。这不仅使原来关于枯蜱起源于隔离后南美洲的观点受到冲击，还否认了蝙蝠是枯蜱的原始宿主。因为蝙蝠很可能起源于古新世，或最早起源于白垩纪（70～65 mya），而泽西钝缘蜱化石的年代可追溯到白垩纪土伦阶（Turonian Stage）（94～90 mya），可见蝙蝠不是该蜱类化石的宿主。他们推测当时会飞的古蜥、鸟类或飞龙很可能是泽西钝缘蜱的宿主。

已知一些花蜱（原盲花蜱属）的化石均来自白垩纪。几乎所有现存的盲花蜱（现分别归为花蜱属和槽蜱属）都寄生在大型蜥蜴和蛇上，而槽蜱属的多数原始种类不仅寄生在爬行类上，还在澳大利亚的哺乳动物上寄生。由于现存的花蜱与爬行类、鸟类和哺乳类接触频繁，因此花蜱属的演化很复杂且难以重建。

血蜱属的种类保留了最初三宿主的生活史，新生代的哺乳动物可能是它们的原始宿主。蜱类中较年轻属（璃眼蜱属、扇头蜱属和珠蜱属）的演化与有蹄类或大型游牧哺乳动物有关，这些类群为了适应在有蹄类上寄生，演化为二宿主或单宿主型。

硬蜱和脊椎动物协同进化的概念大体上是主观的，因为这是从少数宿主收集的有限寄生虫资料中提出的。通过分析宿主名录，结果表明，多数蜱寄生在几种宿主上（常属于脊椎动物的不同科、目甚至纲）。蜱主要具有一种宿主-寄生虫特异性的生态型；其中寡主寄生（oligoxenous）和多主寄生（polyxenous）占优势，而单主寄生（monoxenous）数量很少。在蜱这个类群里，协同进化是罕见的并被限制在短暂的进化时期，因为蜱在必须适应宿主的同时适应不稳定的环境。

在现存蜱类中，常发现蜱能成功地适应新的宿主，如蜱类可以寄生在引进的野生动物或家养动物上。当几种有利的生态学因子结合时就可以出现这种转换。首先，必须要完成一个宿主-寄生虫的联系，其次，宿主必须在形态学和生理学方面适合寄生虫，而寄生虫必须能够占据它的生态位并能和其他已经生活在这种宿主上的其他节肢动物共存。

现存蜱类的宿主绝大多数为哺乳动物，约 200 种鸟类，近 100 种爬行类。两栖类上只有两种花蜱 *Amblyomma* 寄生（在这些宿主上很难发现其他种）。

前沟型硬蜱中，最原始的澳大利亚本土的硬蜱属 *Ixodes* 最初寄生于本土的有袋动物和原兽亚纲。有胎盘的哺乳动物在澳大利亚扩展后，这些蜱很快适应并寄生在这些新宿主上。事实上，在蓖子硬蜱-全沟硬蜱（*Ixodes ricinus*-*I. persulcatus*）高级类群中的许多种都具有无限潜在的宿主圈，包括哺乳动物、鸟类和爬行类。这些多主寄生的物种可以攻击与其接触的所有脊椎动物，并能寄生在多数宿主上。寡主寄生和单主寄生在硬蜱属 *Ixodes* 中很少见，并能寄生在空间和生态上与其他潜在宿主分离的宿主上，如燕子和蝙蝠。

花蜱属中原盲花蜱属 *Aponomma*（已成为无效属）的蜱种被认为是后沟型硬蜱中最原始的类群。它们绝大多数寄生于大型蜥蜴和蛇。这个属中最原始的 5 个澳大利亚种，寄生于原兽亚纲与有袋哺乳动物及巨蜥和蛇，现已将其划分为一个独立的属——槽蜱属 *Bothriocroton*。已知花蜱属中 40%的宿主为爬行类（蜥蜴、蛇和龟），其余则和哺乳动物有关，其中有些种类可同时寄生于爬行类和鸟类。已知美洲花蜱 *Amblyomma americanum* 约有 100 种宿主，主要包括哺乳动物，也有鸟类，而爬行类不常见。

多数革蜱属 *Dermacentor*、扇头蜱属 *Rhipicephalus*、璃眼蜱属 *Hyalomma* 和血蜱属 *Haemaphysalis* 的种类寄生于无亲缘关系的宿主。它们的成蜱阶段寄生在有蹄类动物上，幼蜱和若蜱阶段寄生于不同的小型哺乳动物上。血蜱属的种类也寄生于鸟类和爬行类。璃眼蜱属和扇头蜱属中少数的单宿主、二宿主种类是以有蹄类动物为宿主的，属于寡主寄生的寄生虫。

显然，蜱类和它们的宿主之间没有系统发生的平行现象，或仅限于短期进化的过程中。现有的硬蜱和陆地脊椎动物特定纲、目或科之间的营养关系显然是次要的，并且比这些蜱所在的属要年轻很多。多数寄生虫学家认为，寄生虫的进化速度慢于它们的脊椎动物宿主的进化速度，并且关于蜱的资料也支持这个论点。

四、华彩的演化

许多扇头蜱亚科的种类具有华彩的盾板。将华彩映射到 Murrell 等（2001）的系统发生树上，我们就能够推测出华彩在广义的扇头蜱亚科 Rhipicephalinae *sensu lato*（包括扇头蜱亚科和璃眼蜱亚科）中是如何演化的。Barker 和 Murrell（2004）认为，无华彩的盾板对扇头蜱亚科是原始特征（祖征），因为此种盾板在扇头蜱亚科假定的姐妹群（血蜱亚科 Haemaphysalinae）及在硬蜱谱系的早期分支（基部）中占优势。花蜱亚科（包括有华彩盾板和无华彩盾板的种类）是扇头蜱亚科的姐妹群，正如 Klompen 等（2000）所说，最简约的解释仍然是无华彩的盾板是扇头蜱亚科的祖征。如果无华彩的盾板是扇头蜱亚科的祖征，那么有华彩的盾板在广义的扇头蜱中至少演化了三次：①革蜱的祖先（所有革蜱都具有华彩，但需要说明的是光亮革蜱 *D. nitens* 明显恢复到祖征状态即无华彩）；②怪异恼蜱 *Nosomma monstrosum*；③斑盾扇头蜱 *R. maculatus* 和靓盾扇头蜱 *R. pulchellus*。值得注意的是，Klompen 等（1997）从形态学特征中找到了一些支持酷蜱属 *Cosmiomma* 是扇头蜱亚科 Rhipicephalinae 最早分支谱系的证据。如果此种推测正确，那么华彩是扇头蜱亚科的祖征，并经历了两次丢失和重新获得。无论上述哪种情况正确，华彩已经至少演化了一次并在扇头蜱亚科中至少丢失了一次。

华丽盾板是否具有功能还未可知，这很可能是这些蜱在展示某种信息，也或许在向捕食者表明它们是可口性很差的食物。Barker 和 Horak（2002）在私人通信中也曾谈到，有来自非洲的扇头蜱亚科的一些种可能在模仿花蜱属 *Amblyomma* 中其他具华彩的蜱，而那些蜱对鸟来说可能是难吃的食物（Barker & Murrell，2004）。

五、寄生状态的演化

蜱均为暂时性寄生虫，具有一个短期或延长的吸血期，并在饱血后脱离宿主。为了更有效地吸血，蜱类逐渐适应了宿主的止血系统。蜱反复朝着长久寄生的方向进化。根据栖息地的特征、宿主-寄生虫接触的地点及寻找宿主的方式，硬蜱通常分为巢栖式（nidicolous）和牧场式（pasture）。巢栖式会持续待在藏身处并攻击它们的宿主，而牧场式则从土壤表面或从植物上攻击宿主。

软蜱是巢栖式吸血型，如钝缘蜱聚集在哺乳动物的栖息地；锐缘蜱在鸟巢内。多数枯蜱的宿主为蝙蝠，它们一般逗留在宿主聚集的洞穴、岩穴及裂缝内[Klompen 和 Oliver（1993）的分类系统，表 1-1]。在巢栖式寄生占优势的情况下，有些种类则朝着延长吸血期的暂时性寄生的方向进化。多数软蜱的成虫和若虫吸血几分钟到几小时不等。所有锐缘蜱亚科和一些钝缘蜱亚科的幼虫吸血延续几天，并伴随身体的快速生长。泡蜱 *Alveonasus*、耳蜱 *Otobius* 的幼虫和若虫吸血与蜕皮都在宿主身上。钝缘蜱属的一些种类在蜕皮到若虫时不吸血。而横沟锐缘蜱 *Argas transversus* 长期寄生在一种巨大的加拉帕戈斯陆龟体上并在其身上产卵。

相对于软蜱来说，硬蜱具有较长的吸血期。其幼蜱、若蜱及雌蜱只吸血一次，且吸血期从未成熟阶段的 3～6 d 到雌蜱的 6～12 d，同时伴随着身体的明显变大。只有缺角血蜱 *H. inermis* 的幼蜱和若蜱及所在亚属的一些种类吸血几小时。后沟型硬蜱的雄蜱饱血需要 3～6 d，且它们的重量会增加 1.5～2.0 倍，此后才与雌蜱交配并在宿主身上逗留几周。硬蜱属雄蜱在饥饿状态下就能与雌蜱交配，如锥头硬蜱 *I.*

trianguliceps、全沟硬蜱 *I. persulcatus* 等。这些蜱类的每个发育阶段都是自由生活期与寄生期交替进行的。非寄生期持续几个月到几年，而幼蜱、若蜱和成蜱吸血时间的总和为 10～20 d。吸血后，蜱就离开宿主并在土壤、干草、巢穴中蜕皮或产卵。

根据蜱的宿主更换次数和蜕皮地点，其生活史可以分成单宿主型、二宿主型和三宿主型。其中三宿主型的生活史最常见，包括花蜱属 *Amblyomma*、硬蜱属 *Ixodes* 和血蜱属 *Haemaphysalis* 的所有种，以及革蜱属 *Dermacentor*、扇头蜱属 *Rhipicephalus* 和璃眼蜱属 *Hyalomma* 的多数种类。对于二宿主型的蜱，饱血幼蜱一直吸附在宿主身上并蜕皮，只在若蜱饱血后才脱离宿主。在单宿主型的蜱中，包括所有牛蜱、马耳革蜱和白纹革蜱，幼蜱在宿主身上经历 3 次吸血和 2 次蜕皮，最后饱血雌蜱脱离宿主。

二宿主和单宿主的生活史是蜱在游牧动物身上寄生的一种适应。对于牧场式硬蜱，找不到宿主是致蜱类死亡的主要因素。在干旱的草原和沙漠中，当牛蜱、璃眼蜱和扇头蜱转换到有蹄动物上吸血时，遇到宿主的机会就会减少，饥饿个体的存活时间和概率也相应压缩。在宿主身上蜕皮便可提高存活率和增加繁殖后代的机会。

硬蜱在进化中的不同分支是由它们和宿主的空间关系决定的。多数硬蜱的各发育期及许多三宿主蜱（革蜱属、扇头蜱属、血蜱属和璃眼蜱属）的未成熟期都呈典型的巢栖式寄生状态。此外，牧场式寄生存在于硬蜱的所有属中，革蜱属、扇头蜱属和璃眼蜱属中的二宿主种，特别是单宿主种最常见。在这些属的三宿主种中，幼蜱和若蜱常是小型哺乳动物的巢栖式寄生虫，成蜱是有蹄动物的牧场式寄生虫。但对于更原始的硬蜱属及花蜱属则缺乏它们的栖息地和宿主模式的相关资料。

六、吸血行为的演化

现在的研究表明，蜱的祖先谱系在分化出各主要科之前就进化出了吸血行为。这符合蜱吸血行为起源的简约观点，因为所有的蜱均为专性吸血的外寄生虫，这与原来认为硬蜱和软蜱在吸血行为上是分别进化的观点相反。原有的观点是基于软蜱和硬蜱的唾液腺蛋白存在很大差异，就这点而言，在蜱的各科间保守的具有保护功能的直系同源蛋白很少。这表明尽管蜱的祖先谱系可能含有多数唾液腺蛋白家族，但这些蛋白家族中多数基因的复制是在特定谱系扩展的，表明与蜱分化后相伴随的蛋白质功能也有分化。

Mans 等（2011）认为蜱起源于中二叠纪（270～260 mya）的卡罗盆地并寄生在兽孔目上，仅发生在二叠纪末期灭绝事件之前（251 mya），而蜱主要科的物种形成发生在三叠纪（240～230 mya）。在这个相对短暂的时期蜱经历了起源、适应吸血生活、物种形成三个阶段。这一时期是一个动荡的时期，伴随着兽孔目的起源、新脊椎动物宿主的灭绝和扩散。在这一时期，适应吸血生活并转换宿主在蜱各主要科的吸血行为演化中起重要作用，在硬蜱中起的作用尤为显著，因为它们与宿主的接触时间更长。相比而言，软蜱吸血快，尽管寄生鸟类和哺乳动物的软蜱不同，但其凝血和免疫调节系统在多数属中是保守的，因而蜱的吸血行为是在祖先谱系中进化的。但软蜱和硬蜱在哺乳动物与鸟类上的吸血行为是分别适应的。以下方面将很有意思：软蜱中保守的抗凝血和抗炎症机制是否在蜱的原始谱系中存在，在那马纳蜱中能否发现？通过对比分析软蜱和硬蜱的转录组，发现主要蛋白家族是保守的，但大部分基因的复制在不同谱系中是特异的，且发生在硬蜱和软蜱分化之后。这表明，蜱的祖先谱系具有一个简单（每一蛋白家族仅含少量成员）但多样化的唾液腺蛋白域（很多不同的蛋白家族）。随着对那马纳蜱研究的深入，软蜱中保守的抗凝血和抗炎症机制会不会在蜱的原始谱系中存在，并在那马纳蜱中发现？这种有趣的推测可通过今后对那马纳蜱转录组的测定来验证。

七、环境变化及蜱类区系的演化

许多种和属的分布范围与大生物群落（森林、草原、热带稀树大草原、沙漠和热带雨林）的边界是一致的。蜱适应景观变化和转换到新宿主的能力在硬蜱进化中起到了重要作用。当枯蜱属/亚属和花蜱属 *Amblyomma* 已经存在并随后出现硬蜱属、璃眼蜱属时，尤其自白垩纪中期以来，大陆之间的连接和地球表面气候带的分布发生了重大变化，有些蜱的类群可能同它们的宿主一起灭绝了。然而，有些蜱却在这些自然灾难中存活下来，适应了新环境并转换到新的宿主上寄生。对于多数原始的软蜱和前沟型硬蜱，巢栖式寄生已发展成为从潮湿的热带气候转变成干旱气候的一种特殊适应方式。

在过去数千年的人为影响下，蜱类宿主发生了很大变化。家畜替代了野生有蹄类成为许多蜱类的主要宿主，而这些蜱之前的主要宿主均分布在无树大草原和热带稀树大草原中。

动物地理学的资料有利于蜱类进化的研究，但使用这些资料需要特别小心。蜱类现存种的范围可以反映许多历史和生态学因素的相互作用。动物地理学重建的可能性是基于这些蜱类跨越海洋、越过高山和沙漠的有限能力。虽然蜱类能够随着迁徙的鸟类频繁地在欧洲、非洲和亚洲之间进行大陆转移，但迁徙者通常不能在新的地区繁衍。当景观发生改变时，蜱类增加或减少其分布范围以应对生物和非生物因子的长期变化，故不属于典型的爆发式扩散。

蜱类定居的历史因素反映了一些类群在隔离大陆上的发育及在大陆板块连接处的动物区系间交流的复杂过程，特别是在澳大利亚和南美洲，缺乏最年轻的璃眼蜱属 *Hyalomma* 和扇头蜱属 *Rhipicephalus*（包括牛蜱）的代表种，但在这些动物区系中存在原始的特有种，这也是最有趣的地方。Balashov（1993）首次尝试用大陆漂移理论来解释蜱类的分布，并得到较广泛的认同。他认为最原始的属（硬蜱属和花蜱属）在 200～180 mya 甚至在泛大陆分裂之前可能就形成了。所以，环热带区带状分布的花蜱（100 多种）是原始种类，这些蜱类现今分布在劳亚古大陆（Laurasia）和冈瓦纳大陆及其形成的当代大陆上。热带和亚热带气候是蜱类存活的必需条件，只有某些花蜱能够生活在温带气候中。

硬蜱属 *Ixodes* 已适应了多数气候带并分布在各个大陆中，这个属中最原始种的群体在澳大利亚和新几内亚，这个地区被认为是全部硬蜱属起源的地方。然而，原始的外须蜱亚属 *Exopalpiger* 不但在澳大利亚而且在非洲、南美洲和欧亚大陆有分布，这与以上观点矛盾。如同随着海鸟转移的情况一样，如角蜱亚属 *Ceratixodes*、蒴蜱亚属 *Scaphixodes* 和多齿蜱亚属 *Multidentatus*，这种现象不能通过宿主在大陆间的转移来解释。

盲花蜱属 *Aponomma* 中最原始的种被归为独立的槽蜱属 *Bothriocroton*，仅分布在澳大利亚。这些原始种类在澳大利亚经过长时间的隔离存活下来，而在其他大陆已经灭绝。盲花蜱属的其他种类则生活在东半球的热带和亚热带雨林。

血蜱属 *Haemaphysalis* 和革蜱属 *Dermacentor* 明显是在泛大陆（Pangaea）分开后形成的。它们首先在东南亚的潮湿热带雨林气候中演化，然后在劳亚古大陆的大草原和山地景观的温带气候中演化。多数调查者认为最年轻的进化枝扇头蜱属 *Rhipicephalus*（包括牛蜱）和珠蜱属 *Margaropus* 是在非洲与外界隔离的古近纪期间形成的；那个时期璃眼蜱属 *Hyalomma* 在西亚的沙漠中演化。以上属的进一步扩散是在亚洲和非洲（大约 17 mya），以及非洲和欧洲（14～12 mya）之间大陆连接后出现的。

Murrell 等（2000，2001）在此基础上利用全证据（total evidence）方法提出了关于扇头蜱亚科分布的假说，认为革蜱属（含尚蜱）在非洲热带森林中演化并通过始新世（50 mya）的哺乳动物扩散到欧亚大陆，并在渐新世（35 mya）从欧亚大陆或欧洲分别通过白令海峡大陆桥与格陵兰扩散到新北界。此后（约 2.5 mya）革蜱属通过巴拿马海峡从新北界扩散到新热带界。璃眼蜱属（含恼蜱）在亚洲地区演化并在中新世（19 mya）扩散；扇头蜱属（含牛蜱）在非洲演化并在中新世（14 mya）扩散到欧亚大陆；扇革蜱属只在非洲演化并保留。但根据 de la Fuente（2003）对化石证据研究的结果，人们推测璃眼蜱亚科的扩散应在始新世（50～35 mya）。

八、分子进化

自 20 世纪 90 年代以来，蜱的分子生物学研究发展迅速。其中在种群水平、种内及种间变异分析中涉及的分子标记主要有 ITS 1、ITS 2、28S rDNA、*bm 86*、线粒体 16S rDNA、12S rDNA、*cox 1* 和 *cox 2*。其他关于种内和种间水平的遗传标记还有微卫星、异型酶多态性、RAPD 等。

每种分子标记都有自身的优劣，因此可根据不同研究目的采用不同的分子标记。利用 18S rDNA 和 28S rDNA 可很好地解决蜱类科间及亚科间的系统关系，但不适合分析低级分类阶元。Shaw 等（2002）通过分析 17 个地域的全环硬蜱 *Ixodes holocyclus* ITS 2 序列，发现其种内遗传距离为 0.7%，与角突硬蜱 *I. cornuatus* 的种间遗传距离为 13.1%。其他许多关于 ITS 基因的研究也证实该基因适合在种级水平上进行系统分类和进化分析，并且该基因在分辨杂交种类中有明显优势，但 Barker（1998）发现扇头蜱属的 ITS 2 的基因序列在种内变异较大。

线粒体中的 16S rDNA 和 12S rDNA 已广泛应用到蜱的分类及系统进化研究中。其中 16S rDNA 比 12S rDNA 在系统分析中更有优势，如扩增 16S rDNA 的引物可扩增的物种范围更广，并且扩增的序列含有更多的信息位点；另外在 GenBank 中 16S rDNA 库比 12S rDNA 库大且涉及属的范围更广。因此，16S rDNA 在分析蜱类属级以上的系统进化关系方面具有一定优势。利用蜱类 *cox 1* 基因进行的系统分类研究还相对较少，并且 *cox 1* 序列尤其在昆虫中多用来分析种内的系统进化关系。尽管蜱的分子分类及系统进化分析在一些方面还有待完善，但已经对理解蜱的系统发生和寄生状态的进化做出了重要贡献。

软蜱科已确认包括 2 个分支（锐缘蜱亚科 Argasinae 和钝缘蜱亚科 Ornithodorinae），但由于分子方法分析的种类不足，妨碍了对已识别属和亚科分类地位的估计。

硬蜱科分为 2 个主要分支，其中一个对应单一的硬蜱属 *Ixodes*（前沟型 prostriata，硬蜱亚科 Ixodinae）。近些年的分子生物学分析表明硬蜱属包含 2 个种群，一个为澳大利亚-新几内亚种群，剩余种则为另一种群，但以上研究只集中分析了蓖子硬蜱组 *Ixodes ricinus* group 的 15 种，由于分析种类的数量不足，这两个群体和它们亚属的分类地位还需进一步验证。

在后沟型硬蜱的分支中，亚科被重新修订，而盲花蜱属 *Aponomma* 的 6 个澳大利亚种被认为是最原始的种，归并为一个单独的亚科——槽蜱亚科 Bothriocrotoninae，其内分单独的 1 属——槽蜱属 *Bothriocroton*；花蜱属 *Amblyomma* 和血蜱属 *Haemaphysalis* 均作为亚科同等处理，而扇头蜱属 *Rhipicephalus*、牛蜱属 *Boophilus*、革蜱属 *Dermacentor*、异扇蜱属 *Anomalohimalaya* 和璃眼蜱属 *Hyalomma* 被认为是最年轻的类群并归到扇头蜱亚科 Rhipicephalinae 中。关于硬蜱科 Ixodidae 的系统发生和分类的新概念还需要进一步完善，并对大量软蜱、硬蜱属、花蜱属和血蜱属的种类进行分子生物学方面的研究。

九、问题和展望

虽然形态学、生态学、分子生物学及其他方面的生物学特性为蜱类起源与演化提供了许多依据。尤其是自 20 世纪 90 年代以来，随着现代生物学方法的应用，人们对蜱类起源与演化有了更全面的理解。但目前有关蜱类起源与演化的假说仍有许多问题亟待解决。首先，由于一些关键类群难以采集，如那马纳蜱，仅有雌蜱标本，其相关信息量很少，从而无法确定蜱类三个科之间的系统发生关系；其次，至今蜱螨亚纲的系统发生和分类地位还较混乱，没有统一的标准，且蜱螨亚纲整体水平上的系统研究几乎空白，从而不能完全确定蜱螨类中与蜱类亲缘关系最近的姐妹群，这就不能确定蜱类系统发生树的“根”；再次，目前发现的蜱类化石数量很少，能提供的古生物学资料有限，因此就不能确定蜱类最初的出现时间；最后，有些类群的单系性问题还没有解决，如软蜱科的单系性及硬蜱科中硬蜱属和扇头蜱属的单系性问题等。任何单一的方法都不能从根本上解决蜱类系统发育的问题，将形态学和分子生物学数据结合在一起的全证据方法，并结合有关蜱类和不同宿主之间的关系、动物地理学、古生物学及比较寄生虫学（寄生状态类型的进化）等方面的资料，是解决蜱类系统发育及演化问题的有效方法。因此，今后应不断创新研究手段，充实研究内容，以期找到解决蜱类起源与演化问题的最终答案。

第四章 蜱的生物学特性

蜱的生物学特性与其危害性和传播病原体的能力密切相关，了解蜱的生物学特性对于防控蜱及蜱媒病具有重要意义。本章重点介绍蜱的生活史及吸血特性，蜱的生态学特性可参考刘敬泽和杨晓军编著的《蜱类学》。

多数软蜱是宿主巢内、洞穴或栖息地的巢栖性寄生虫，且雌雄不在宿主上进行交配。由于巢穴常被一个宿主或同一物种的不同个体使用，许多软蜱终生以相同的动物个体或种类为宿主。但有些种类如图卡钝缘蜱 *Ornithodoros turicata* 主要逗留在美国东南部的佛州地鼠陆龟的洞穴中，除寄生于这种陆龟外，还可以寄生栖息于该洞穴中的穴蛙、蛇、小型哺乳动物及穴居的猫头鹰上。软蜱的宿主范围很广，可以跨越不同的陆地脊椎动物，包括龟、有鳞类（如蜥蜴和蛇）、鸟类和哺乳类，有些种类还能寄生于两栖类。软蜱在宿主动物的巢穴处生活，而宿主动物栖息场所内的微生境（温度、湿度）比较稳定，对于软蜱的生活与繁殖都很适宜，它们分布在温带和热带的主要动物地理区系。

虽然有些硬蜱与宿主的巢、洞穴联系在一起，但多数类群不受此限制。硬蜱多活动在森林、草原、低矮灌木丛、杂木林和草场植被等地，几乎可以适应各种类型的生境，但多数种类仅在某一最适生境类型中最为丰富。因此单一因子不能决定蜱类的分布。此外，不同阶段的宿主可能被不同发育期的同一个体或相同种类的不同个体或不同种类的硬蜱寄生。其中最后一种情况会经常出现，即不同种类不同发育期的蜱发现于不同阶段的宿主。因为许多不同发育期的蜱普遍出现在个体大小不同的宿主上。硬蜱的宿主范围与软蜱相似，它们的地理分布更为广泛，甚至包括较冷的温带和北极地区，如有些寄生在海鸟中的蜱甚至出现在南极洲海岸的岛屿上。

多数前沟型硬蜱都寄生在哺乳动物（单孔类、有袋类和有胎盘类）上，但是蒴蜱亚属 *Scaphixodes*、多齿蜱亚属 *Multidentatus*、髦蜱亚属 *Trichotoixodes*、角蜱亚属 *Ceratixodes* 和剑蜱亚属 *Xiphixodes* 等的所有种类几乎均专性寄生在鸟上。其他亚属（包括胸蜱亚属 *Sternalixodes*、龛蜱亚属 *Pholeoixodes*、非蜱亚属 *Afrixodes*、硬蜱亚属 *Ixodes*）的个别种主要寄生于鸟类[如卑氏硬蜱 *I.*（*Pholeoixodes*）*baergi*]，或偶尔寄生于鸟类上，如肩突硬蜱 *I.*（*Ixodes*）*scapularis*。有些硬蜱属的种类在未成熟期寄生于蜥蜴和蛇上，如蓖子硬蜱 *I.*（*Ixodes*）*ricinus*，浅沼硬蜱 *I.*（*Ixodes*）*asanumai* 似乎只寄生在蜥蜴上，但很少种类寄生在海龟或两栖动物上。

后沟型硬蜱的宿主范围总体上比前沟型硬蜱的宿主范围广。多数类群特别是衍生的后沟型硬蜱（酷蜱属-珠蜱属谱系）几乎是专性的，与哺乳动物有关，但有些种与鸟类（花蜱属 *Amblyomma* 和血蜱属 *Haemaphysalis*）、有鳞类（花蜱属）、海龟（花蜱属和埃及璃眼蜱 *Hyalomma aegyptium*）及两栖动物（花蜱属）有关。未成熟蜱通常比成蜱有更广泛的宿主范围。

第一节 蜱的生活史

蜱的生活史包括卵、幼蜱、若蜱和成蜱，后 3 个时期均为自由活动期。雌蜱饱血后离开宿主，经一段时间才开始产卵，这一时期称为产卵前期；卵产出后经胚胎发育到幼蜱孵出，这一时期称为孵化期；新孵化的幼蜱、新蜕皮的若蜱和成蜱，均需要经过一段时间，才能叮咬宿主吸血，这段时间称为休止期或静止期，如内蒙古的亚洲璃眼蜱 *Hyalomma asiaticum*①幼蜱的吸血前期为 1～3 d；若蜱的吸血前期为 2～

① 曾认为该地区的为亚东璃眼蜱，后同其余 2 个亚种亚洲璃眼蜱指名亚种 *Hy. asiaticum asiaticum* 和亚洲璃眼蜱高加索亚种 *Hy. asiaticum caucasicum* 一起提升为亚洲璃眼蜱，不再有亚种之分

4 d；成蜱的吸血前期为 1～2 d。幼蜱孵出后经休止期，开始寻找宿主进行血餐，饱血后经过一定天数的蜕皮期发育为若蜱；若蜱再吸血，饱血后蜕变为成蜱。这种从雌蜱开始吸血到下一代成蜱出现称为一个生活周期，即一代。然而，刚孵化的幼蜱或刚蜕皮的若蜱及成蜱即便可以吸血，其抵抗力也较弱、容易死亡。只有在蜕皮后经过一定时期，蜱的活力才能达到最佳状态，此时蜱叮咬宿主的能力最强。硬蜱在发育过程中只经历一个若蜱阶段，而软蜱有多个若蜱阶段。需要补充的是，幼蜱一般由卵孵出，经吸血后才能蜕皮成为若蜱，但软蜱的个别种（如墨巴钝缘蜱 *Ornithodoros moubata*）可由卵直接孵出若蜱。若蜱和成蜱形态上很相似，但生殖器官尚未成熟，所以性的二态现象仅在成蜱阶段才能表现出来。除少数种类外，未成熟蜱的发育和成蜱的繁殖都需要吸血。根据蜱的三个吸血阶段、更换宿主的次数及未成熟蜱是否在宿主体表上蜕皮，可将蜱的生活史分为一宿主型、二宿主型、三宿主型和多宿主型。

一、软蜱

软蜱从卵发育到成蜱阶段之前存在多个若蜱期，如乳突钝缘蜱 *O. papillipes* 的若蜱期有 3～6 个，有的甚至达 8 个。因此几乎所有软蜱均为多宿主寄生模式，在其生命周期中多次更换宿主。软蜱吸血速度很快，除了某些幼蜱需要吸血几天，多数若蜱和成蜱在几小时或更短时间即可饱血。雌蜱可多次吸血多次产卵，具有多个生殖营养循环，但每次产卵量一般不超过 500 粒。一些寄生于蝙蝠和鸟类的软蜱幼蜱吸血时间较长，速度较慢。多数幼蜱叮咬宿主后 15～30 min 便可饱血，然后脱离宿主，在沙土、落叶层、草地或其他有宿主经过的开阔生境中蜕皮成为 1 龄若蜱；1 龄若蜱继续叮咬宿主并快速饱血，然后蜕皮为 2 龄若蜱；2 龄若蜱接着寻找宿主，饱血、蜕皮到新的若蜱阶段，新的若蜱再吸血直到蜕皮为成蜱。饥饿的成蜱在吸血前配子就开始形成，其交配发生在成蜱吸血前，已交配的雌蜱饱血后开始产卵。产卵完成后，雌蜱仍旧具有旺盛的生殖力，再次寻找宿主，饱血后再次产卵（图 4-1）。不同种类的软蜱，其生活

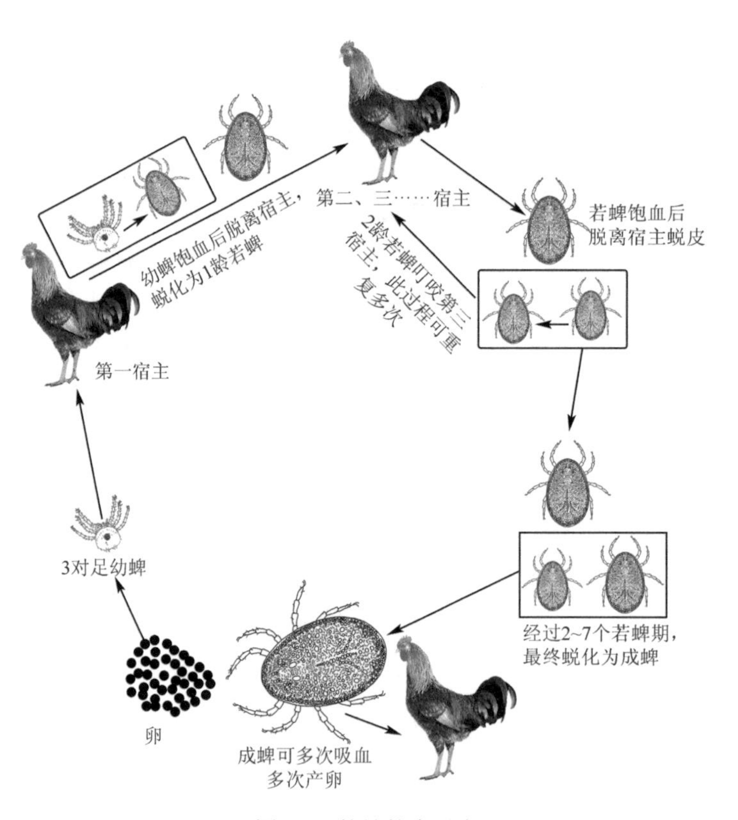

图 4-1　软蜱的生活史

史长短差异显著，一般从卵发育到成蜱需要 1 个月到 1 年。甚至对于同一种，由于取食频率和温度不同，发育周期也有很大差异，如分布在新疆的乳突钝缘蜱，在 26℃条件下，3～4 个月就可完成发育，而在不适宜的条件下，可延长至 15～18 年。

二、硬蜱

多数硬蜱科种类的生活周期具有明显的一致性。与软蜱不同，硬蜱若蜱期仅有一个，多数种类脱离宿主后，各个阶段仅吸血一次且缓慢（需数天）。尽管硬蜱具有这种慢速吸血行为，但饱血脱离宿主后，要在周围环境里度过生命中 94%～97%的时间。

它们的幼蜱、若蜱及雌蜱只吸血一次，且吸血期从未成熟阶段的 2～8 d 到雌蜱的 6～20 d，同时伴随着身体的明显变大。只有缺角血蜱 *Haemaphysalis inermis* 的幼蜱和若蜱及所在亚属的一些种类吸血几小时。后沟型硬蜱的雄蜱饱血需要 3～6 d，体重会增加 1.5～2.0 倍，此后，才与雌蜱交配，并在宿主身上逗留几周。前沟型硬蜱（硬蜱属 *Ixodes*）的雄蜱在饥饿状态下就能与雌蜱交配，如全沟硬蜱 *I. persulcatus*。这些蜱类的每个发育阶段都是非寄生期与寄生期交替进行的。非寄生期持续几个月到几年，而幼蜱、若蜱和成蜱吸血时间的总和为 10～20 d。吸血后，蜱就离开宿主并在土壤、干草、巢或洞穴中蜕皮或产卵。雌蜱饱血体重甚至比饥饿时高 100 倍，以后一次性产大量卵，之后死亡。例如，内蒙古的亚洲璃眼蜱平均每只雌蜱产卵 9055 粒，森林革蜱产 5116 粒，长角血蜱产 2143 粒。硬蜱最初产卵量较少，然后逐渐增多，并在饱血后第 3～5 天达到高峰，随后产卵量急剧降低。不同蜱种之间产卵量存在很大差异，雌蜱饱血后 50%以上的体重都在这个过程中转化为卵。可见，硬蜱是节肢动物中生殖能力很强的类群。

硬蜱的宿主类型包括 3 种：一宿主型、二宿主型和三宿主型。大多数硬蜱为三宿主型，包括花蜱属 *Amblyomma*、硬蜱属 *Ixodes* 和血蜱属 *Haemaphysalis* 的所有种，革蜱属 *Dermacentor*、扇头蜱属 *Rhipicephalus* 和璃眼蜱属 *Hyalomma* 的多数种类也是三宿主型。三宿主型的硬蜱在幼蜱孵出后便会到植被或动物巢穴中寻找宿主，此时的宿主为第一宿主；幼蜱饱血后从宿主上脱落，在附近的自然环境中蜕皮成为若蜱，若蜱再寻找宿主吸血，此时的宿主为第二宿主；若蜱饱血后再次离开宿主蜕变为成蜱，成蜱再寻找新的宿主，此时的宿主为第三宿主；交配后的成蜱饱血后，雌蜱在附近的隐蔽环境中开始产卵，完成其生命周期。这种在个体发育的 3 个阶段都需要寻找新宿主的发育模式称为三宿主生活周期（图 4-2）。

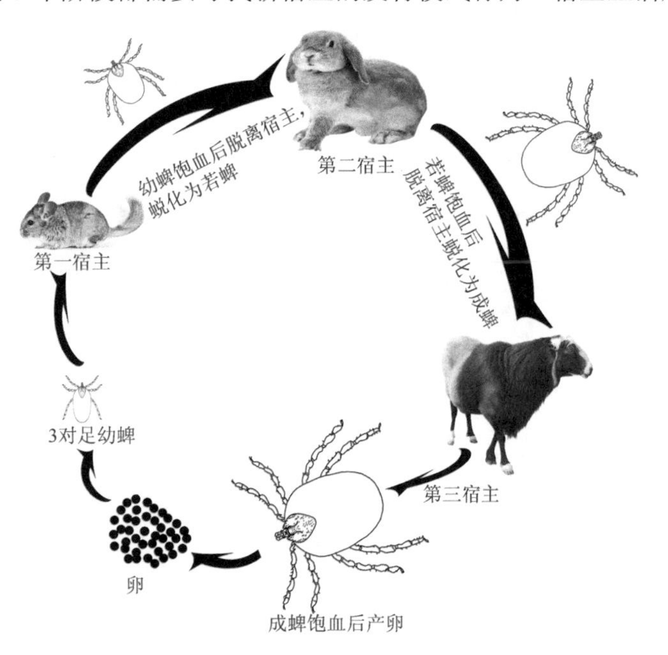

图 4-2　三宿主型硬蜱的生活史

少数硬蜱属于一宿主或二宿主型，如囊形扇头蜱 *Rhipicephalus bursa* 是典型的二宿主蜱。幼蜱在宿主身上吸血并蜕化为若蜱；若蜱饱血脱离宿主体，然后蜕化为成蜱；成蜱再寻找新的宿主，雌蜱交配并饱血后脱落，最后产卵（图 4-3）。

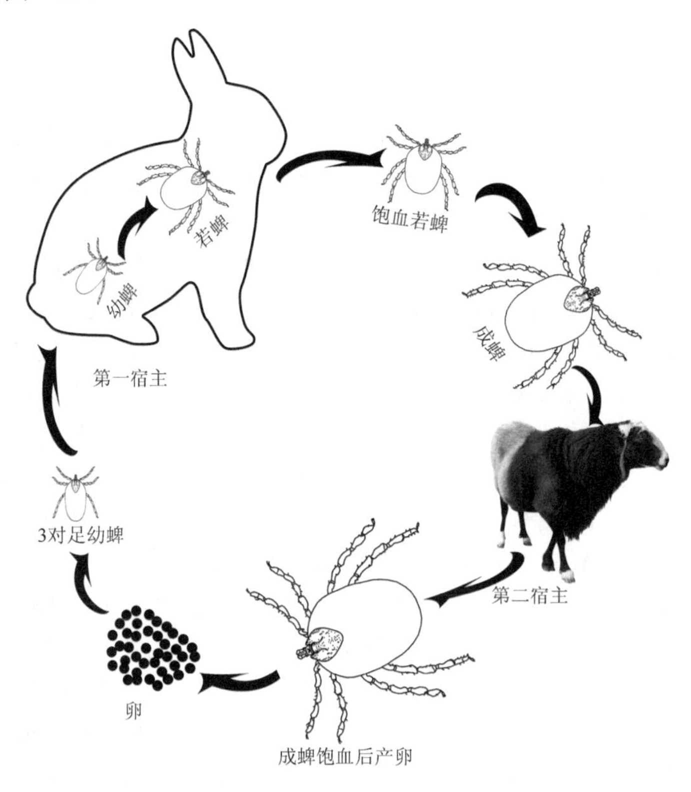

图 4-3　二宿主型硬蜱的生活史

微小扇头蜱 *Rhipicephalus*（*Boophilus*）*microplus* 是典型的一宿主型（图 4-4），在宿主上经历了 3 次吸血和 2 次蜕皮，即其幼蜱和若蜱均在牛上吸血、蜕皮，只有交配后并饱血的雌蜱才会从宿主上脱落，然后产卵。所有牛蜱、盾糙璃眼蜱 *Hy. scupense* 和白纹革蜱 *Dermacentor albipictus* 均为此类型。

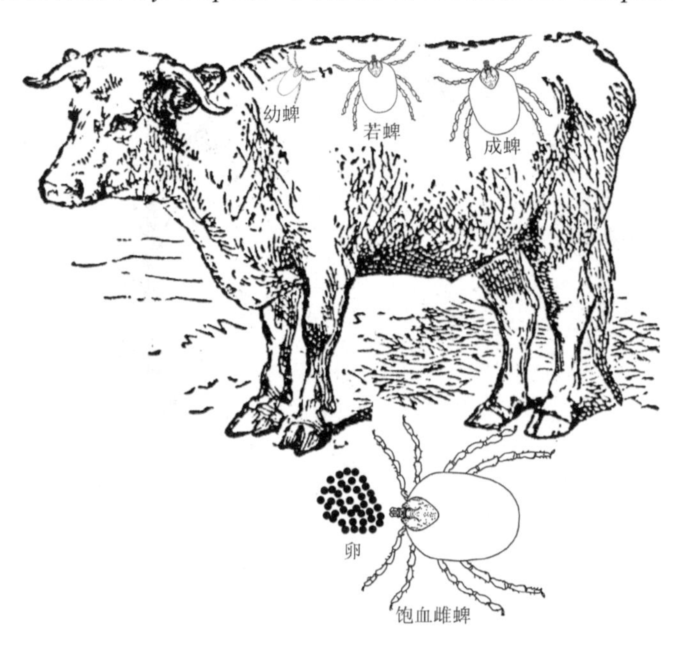

图 4-4　一宿主型硬蜱的生活史

此外，有些蜱在不同的宿主上表现为不同的宿主类型。例如，小亚璃眼蜱在羊身上为典型的三宿主型，在兔体上则为二宿主型，而在牛身上两种类型均出现，其中多数为三宿主型，少数为二宿主型（具体描述见下文）。

三、典型蜱种

鉴于影响蜱生殖发育的因素很多，不同种类的蜱、同一种类选择不同的宿主、同一种类同种宿主处于不同的环境条件（温度、湿度、光周期等）均可造成蜱类生活史的差异。国内外的相关研究很多，这为我们提供了大量的参考数据。

1. 波斯锐缘蜱

波斯锐缘蜱主要寄生在家鸡上，在其他家禽和野鸽 *Columba* spp.、麻雀 *Passer* spp.、燕子 *Hirundo* spp. 等生物上均有寄生，常侵袭人，有时在牛、羊上也发现。该蜱对人、家畜和家禽危害很大（祁兆平等，1988）。波斯锐缘蜱属于不完全变态发育，分为卵、幼蜱、若蜱和成蜱 4 个发育期。其中若蜱又分为 2～7 个龄期，若蜱龄期的个数不仅与温度有关，还与各个虫体发育状态有关。各个阶段若蜱均可蜕皮为成蜱。蜱的发育周期随外界环境的不同而不同，一般可达 4 个月到一年。在山东，3 月上旬至 10 月中旬为该蜱的活动期，5～9 月为活跃期，7 月为蜱活动的高峰期，11 月至翌年 2 月为越冬期。该蜱的耐饿能力很强，幼蜱能耐饿 8 个月，若蜱能耐饿 24 个月，成蜱能耐饿三年之久。该蜱各期均能越冬。其寿命可达 10～20 年（狄凯，1980）。

（1）卵

卵呈鱼肝油胶丸状，透明，小于谷粒，肉眼可见，集中成堆状。卵的发育期长达 11～27 d，其中在实验室波斯锐缘蜱的产卵期为 14～18 d。同时，由卵内孵出的幼虫经过若干天之后才侵袭家禽。

（2）幼蜱

幼蜱活动不受昼夜限制，白天可以在宿主体上或墙面等活动。一般在禽的翼下无羽部或其他部位毛根部附着吸血，可连续附着 10 余天，附着部位似褐色结痂。幼蜱饱血时间 2～7 d，也可到 10 d 左右。幼蜱蜕皮为若蜱的时间为 4～18 d（祁兆平等，1988；田庆云，1989）。

（3）若蜱

若蜱活动受光线影响，一般在晚上进行活动。其吸血部位一般为禽类无毛覆盖的趾部。因若蜱又分为 2～7 个若蜱期，各阶段若蜱吸血时间不同，时间一般在几分钟到几小时之间。若蜱蜕皮时间个体间差异较大，蜕变期为十几天到几十天，可能与个体差异和饱血程度相关。

（4）成蜱

成蜱对光较为敏感，且有群聚性，因此白天群聚性栖息在阴暗处，如墙皮下。根据实验观察，在 7 月下旬至 9 月中旬，绝大部分的蜱白天聚集在栖息处的暴露面，夜间 19～20 时开始活动（白天也有少数活动），零点左右是蜱活动的高峰期（狄凯，1982）。

成蜱的交配均在吸血后进行，白天和夜间均可见到。交配时，雄蜱爬到雌蜱下面，腹面向上，与雌蜱腹部相对，附肢紧紧抱住雌蜱体外缘。交配时间为 15 min 左右。可能存在多体受精现象（田庆云，1989）。

成蜱仅在吸血时才爬到宿主体上，吸血后即离开宿主，每次吸血后体重可增加 15～20 倍（狄凯等，1980）。成蜱吸血部位一般在禽类的无毛覆盖的趾部。吸血时间一般为 15 min 到 3 h。雌蜱产卵前期为 3～160 d（祁兆平等，1988；田庆云，1989），根据实验观察，产卵前期时间长度差异很大，似乎与雌蜱吸血月份有关。6～8 月吸血雌蜱产卵前期最短，1 月吸血雌蜱产卵前期最长。产卵时间为 4～21 d，产卵数量与吸血量有关，一般一次产卵 50～200 个，一生产卵可达 1000 余个。

2. 长角血蜱

长角血蜱 *Haemaphysalis longicornis* 是我国常见种，广泛分布于全国各地。在国外也分布甚广，包括美国、日本、朝鲜、俄罗斯（远东地区）、澳大利亚、新西兰及南太平洋一些岛屿。长角血蜱的宿主范围比较广泛，并且是牛、马、鹿、羊、狗等动物的主要寄生害虫。据报道，长角血蜱可以传播犬吉氏巴贝虫、贝氏立克次体、牛卵圆巴贝虫、瑟氏泰勒虫、突变泰勒虫和森林脑炎病毒等病原体，给人类健康和畜牧业发展带来极大危害。

已知长角血蜱存在两个生殖种群——两性生殖种群和孤雌生殖种群，这种现象早期就引起了人们的注意，但多数是以二棘血蜱或其同物异名纽氏血蜱 *H. neumanni* 的形式发表。随后 Hoogstraal 等（1968）对长角血蜱的两个种群进行了比较并综述了它们的分布状况，同时纠正了以往将长角血蜱鉴定为二棘血蜱的错误。据报道，长角血蜱孤雌生殖种群广泛分布在澳大利亚、新西兰、新喀里多尼亚、斐济、新赫布里底群岛、汤加、苏联东北部、日本的北海道和本州岛及我国东北等。目前在我国的四川及上海也发现了孤雌生殖种群。Chen 等（2012）在实验室条件下同时对来自河北的两性长角血蜱和四川的孤雌长角血蜱的生活史进行了研究。在实验过程中，蜱类的非寄生期均饲养在培养箱中[温度（25±1）℃；相对湿度（RH）75%；自然光照]，寄生期饲养在兔耳上。

在发育过程中，孤雌生殖种群的体重除饱血成蜱与两性生殖的雌蜱无显著差异外，其余阶段包括卵期及饱血期均显著大于两性生殖种群（$P<0.01$；饥饿若蜱 $P<0.05$）；孤雌生殖种群饱血若蜱的蜕皮期、成蜱的产卵前期及卵的孵化期均显著长于两性生殖种群（$P<0.01$），但幼蜱和若蜱的吸血前期、吸血期及饱血幼蜱的蜕皮期，以及成蜱的吸血前期、产卵期及产卵量与两性生殖种群相比无明显差异，且孤雌生殖种群卵的孵化率低于两性生殖种群（分别为 69%、73%）；孤雌生殖种群的成蜱吸血期明显比两性生殖种群的雌蜱吸血期短，这可能是两性生殖种群存在交配行为造成的，总体上两个种群完成整个生活史的时间差异不大（分别为 134 d 和 129 d）。

（1）日产卵量

由图 4-5 可见，孤雌生殖种群雌蜱的产卵时间稍长于两性生殖种群，但产卵前期的日产卵量明显低于两性生殖种群。

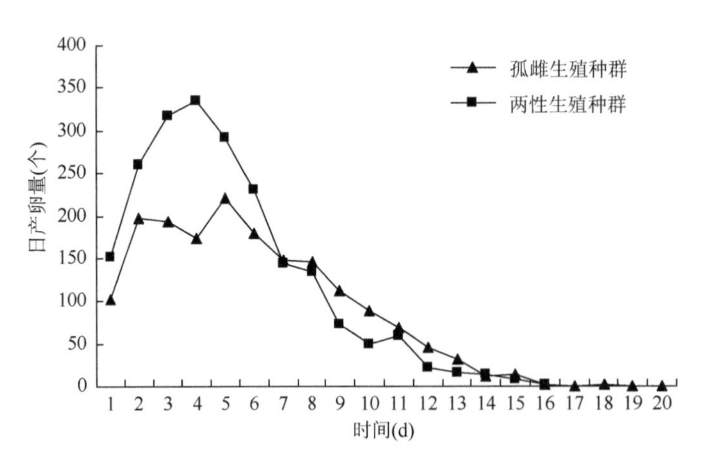

图 4-5 长角血蜱雌蜱日产卵量（10 只雌蜱）

（2）各发育阶段的生物学特性

孤雌生殖种群雌蜱的产卵量与两性生殖种群无明显差异（$P>0.05$），但卵重显著大于两性生殖种群（$P<0.01$），孵化率低于两性生殖种群，两者分别为 69%、73%（表 4-1）。

表 4-1　长角血蜱卵的生物学特性

种群 \ 参数	产卵量（个/♀）（平均值±标准误）	卵重（mg/200 只）（平均值±标准误）	孵化期（d）（平均值±标准误）	孵化率（%）
P	893～3275（1803±166）[a]	13.2～14.6（14.1±0.3）[A]	32～36（34±0.6）[A]	69
B	961～3319（2003±143）[a]	8.9～10.7（9.7±0.3）[B]	25～33（30±0.7）[B]	73

注：P 表示孤雌生殖种群，B 表示两性生殖种群；同列不同小写字母表示差异显著，不同大写字母表示差异极显著，下同

孤雌生殖种群幼蜱的吸血前期、吸血期及蜕皮前期与两性生殖种群的各期均无显著差异（$P>0.05$），但吸血前后的体重均显著大于两性生殖种群（$P<0.01$）（表 4-2）。

表 4-2　长角血蜱幼蜱的生物学特性

种群 \ 参数	吸血前期（d）（平均值±标准误）	吸血期（d）（平均值±标准误）	蜕皮前期（d）（平均值±标准误）	饥饿体重（mg/200 只）（平均值±标准误）	饱血体重（mg/10 只）（平均值±标准误）
P	3～6（4±0.3）[a]	3～4（3.1±0.4）[a]	11～14（12±0.9）[a]	8.8～10.4（9.4±0.5）[A]	6.1～6.8（6.4±0.2）[A]
B	3～7（4±1.7）[a]	3～5（4.1±0.6）[a]	12～15（13±1.0）[a]	7.1～8.9（8.0±0.3）[B]	4.9～5.5（5.2±0.1）[B]

孤雌生殖种群若蜱的吸血前期及吸血期与两性生殖种群的各期均无显著差异（$P>0.05$），但蜕皮前期及吸血前后的体重均显著大于两性生殖种群（分别为 $P<0.01$、$P<0.05$、$P<0.01$）（表 4-3）。

表 4-3　长角血蜱若蜱的生物学特性

种群 \ 参数	吸血前期（d）（平均值±标准误）	吸血期（d）（平均值±标准误）	蜕皮前期（d）（平均值±标准误）	饥饿体重（mg/200 只）（平均值±标准误）	饱血体重（mg/10 只）（平均值±标准误）
P	5～8（7±0.6）[a]	4～7（5±0.2）[a]	15～23（17±0.3）[A]	4.8～5.1（4.9±0.1）[a]	3.2～5.0（4.0±0.1）[A]
B	6～8（7±0.1）[a]	4～7（5±0.3）[a]	13～17（15±0.1）[B]	3.9～4.6（4.2±0.2）[b]	1.8～4.7（3.5±0.1）[B]

孤雌生殖种群雌蜱的吸血前期、饱血体重及产卵期与两性生殖种群的各期无显著差异（$P>0.05$），但吸血期、饥饿体重及产卵前期与两性生殖种群有极显著差异（$P<0.01$）（表 4-4）。

表 4-4　长角血蜱雌蜱的生物学特性

种群 \ 参数	吸血前期（d）（平均值±标准误）	吸血期（d）（平均值±标准误）	饥饿体重（mg/200 只）（平均值±标准误）	饱血体重（mg/10 只）（平均值±标准误）	产卵前期（d）（平均值±标准误）	产卵期（d）（平均值±标准误）
P	6～10（7±13）[a]	4～5（4.6±0.1）[A]	1.8～3.4（2.6±0.1）[A]	102.3～356.0（208.2±10.9）[a]	5～8（7±0.2）[A]	12～20（15.6±0.9）[a]
B	8～11（8±1.0）[a]	6～9（7.2±0.1）[B]	1.2～3.1（2.2±0.0）[B]	119.6～305.9（218.9±5.6）[a]	5～6（5±0.1）[B]	9～16（14.4±0.7）[a]

总之，除饱血成蜱外，孤雌生殖种群各虫期的体重均显著大于两性生殖种群（$P<0.01$；饥饿若蜱 $P<0.05$）；除成蜱的吸血期和若蜱的蜕皮期外，其余各虫期的吸血前期、吸血期和蜕皮期差异不显著（$P>0.05$）。两者的生活周期分别为 134 d 和 129 d。

整体上来看，在长角血蜱两个种群的生活史中除饱血成蜱外，孤雌生殖种群各虫期的体重均显著大于两性生殖种群（$P<0.01$；饥饿若蜱 $P<0.05$），这与 Hoogstraal 等（1968）关于长角血蜱两个种群的描述一致，但与周金林等（2004）、李知新等（2007）关于上海和甘肃孤雌生殖长角血蜱的描述有较大差异。周金林等（2004）观察的孤雌生殖长角血蜱幼蜱、若蜱体重大于两性生殖种群，成蜱阶段则明显小于两性生殖种群；而李知新等（2007）观察孤雌生殖长角血蜱的体重在幼蜱、若蜱的饥饿阶段与两性生殖种群没有差异，饱血阶段及成蜱期明显大于两性生殖种群（$P<0.01$；饥饿成蜱 $P<0.05$）。这种差异可能由以下原因造成：同一种群的蜱在不同温湿度下，其生物学特性也会有很大差异，两个种群的差异性很大程度上受外界条件的影响，所以比较长角血蜱的两个生殖种群应在同期同条件下观察。周金林等（2004）只观察了孤雌生殖的长角血蜱，其所对照的两性生殖长角血蜱的生活史参数是刘敬泽和姜在阶（1998）的观察结果，所以对于这种亲缘关系很近的种群来说，不同条件下的观察结果可比性不强。蜱的生活史要经历卵、幼蜱、若蜱和成蜱 4 个阶段，李知新等（2007）所描述的孤雌生殖种群幼蜱和若蜱的饥饿期

与两性生殖种群的差异不显著，到饱血期却差异极显著。通常如果体重较大的饱血幼蜱蜕皮成若蜱后，那么饥饿若蜱的体重也应该较大，然而按他们的结论，饱血幼蜱差异极显著，饥饿若蜱却差异不显著，因此推测它们的这种差异可能是测量误差造成的。

本研究发现，两个种群除成蜱的吸血期和若蜱的蜕皮期外，其余各期的吸血前期、吸血期和蜕皮期差异不显著（$P>0.05$），这与李知新等（2007）的观察结果大体一致。然而李知新等（2007）发现孤雌生殖种群的雌蜱吸血时间显著长于两性生殖种群，与我们的观察结果恰恰相反。孤雌生殖的雌蜱不存在交配行为，所以应该比两性生殖的雌蜱吸血时间短，但不同地理分布区的长角血蜱在吸血特性上也可能会有差异。

研究还发现，孤雌生殖种群存在两个较小的产卵高峰，而两性生殖种群则有一个产卵高峰，随后日产卵量急剧下降，这与李知新等（2007）的观察结果相似，只是出现高峰的时间有些差异，这也可能是不同地理种造成的。另外，本实验发现，在产卵前期孤雌生殖种群的日产卵量明显低于两性生殖种群，但总产卵量差异不显著。总体来看，孤雌生殖种群的生活史略大于两性生殖种群，分别为 134 d 和 129 d。

3. 微小扇头蜱

微小扇头蜱为世界广布种，其最适宿主为牛，另外在山羊、绵羊、骆驼、马、驴、猪、狗及一些野生鹿和啮齿动物上也有发现。寄生部位主要包括牛的面颊、耳郭、耳根、颈部、背部、前后肢腋下、腹部、乳房、臀部、股内侧和尾部，其中以颈部两侧和肉垂中的数量最多，其次为前后肢腋下、腹部和乳房。其在我国南方地区终年可见，到 7～9 月达到高峰，10 月之后逐渐减少。北方地区 3 月下旬开始活动，11 月下旬逐渐消失。微小扇头蜱为一宿主蜱，即该蜱的幼虫、若虫和成虫均在同一个宿主上完成，到饱血成蜱才脱离宿主。Ma 等（2016）在甘肃兰州自然条件下研究了从南方采集的微小扇头蜱对牛、绵羊和兔子三种宿主的吸血特性，分析后发现，微小扇头蜱的饱血率分别为 11.0%（165/1500）、0.47%（7/1500）、5.5%（82/1500）。大部分幼蜱在接触绵羊 5 d 后死亡，这是造成绵羊繁殖蜱饱血率低的原因。另外，在孵化期间，以绵羊为宿主的未产卵饱血雌蜱的死亡率为 57.1%（4/7），牛和兔的死亡率分别为 15.8%（26/165）和 22.0%（18/82）。此外，来自 3 种宿主的雌蜱饱血程度差异很大，几乎所有以牛为宿主的微小扇头蜱完全饱血。陈天铎等（1989）对福州地区的微小扇头蜱进行了生物学特性观察，具体数据如下。

（1）发生世代及虫态历时

福州地区微小扇头蜱在牛体表终年均有不同程度寄生。以 7～9 月为寄生高峰期，每年发生 4 代（表 4-5），世代重叠，以第四代饥饿幼蜱在野外越冬。第四代饱血的雌蜱在冬季多数不能产卵。

表 4-5　福州地区微小扇头蜱的发生世代

代数	起止日期（月.日）	平均气温（℃）	每代发育时间（d）		
			最短	最长	平均
第一代	4.16～7.12	25.29	63	88	77.2
第二代	6.27～8.21	30.08	42	56	44.4
第三代	8.12～10.12	27.19	44	62	47.2
第四代	9.28～2.28	17.81	90	152	128.5

第一代微小扇头蜱各时期的发育特点见表 4-6。

表 4-6　第一代微小扇头蜱各时期的发育特点

虫期	发育期	日期	天数（平均值）(d)	气温（平均值）(℃)
卵	孵化期	4 月中旬至 6 月上旬	39～46（41.8）	12.2～30.0（22.71）
幼蜱	静止期	5 月下旬至 6 月中旬	3～7（5.5）	20.9～30.2（25.85）
	吸血和蜕皮期	6 月上旬至 6 月中旬	5～7（6.4）	20.8～31.7（26.44）
若蜱	吸血和蜕皮期	6 月下旬至 7 月上旬	7～13（10.4）	23.8～34.9（28.11）
雌蜱	吸血期	7 月上旬至 7 月下旬	7～11（9.8）	25.5～35.0（31.53）
	产卵前期	7 月中旬至 7 月下旬	2～4（3.3）	27.9～35.0（31.65）

（2）不同世代雌蜱的产卵情况

不同世代雌蜱的产卵情况见表 4-7。雌蜱的产卵高峰期一般在开始产卵的第 2～5 天，以后日产卵量逐渐减少。单只雌蜱的产卵量为 1589～4138 粒（平均 2986 粒）。各代的虫卵孵化率分别为：第一代 79.2%、第二代 84.8%、第三代 86.6%、第四代 40%。

表 4-7　微小扇头蜱不同世代雌蜱的产卵情况

代数	雌蜱数	平均气温（℃）	产卵前期（平均值）(d)	产卵期（平均值）(d)	卵期（平均值）(d)
第一代	13	25.29	2～4（3.2）	13～24（19.5）	39～46（41.8）
第二代	11	30.28	4～6（5.1）	11～14（12.5）	20～22（20.8）
第三代	14	27.19	4～5（4.3）	10～17（13.0）	18～25（19.2）
第四代	12	17.81	28～32（30）	8～24（18.2）	34～40（35.6）

（3）孵化与蜕皮特性

幼蜱孵出时，卵壳后缘先裂开，足伸出壳外，不停运动，使卵壳裂口不断扩大，露出虫体后半部，最后整个虫体脱离卵壳。刚孵出的幼蜱体色淡黄，多藏匿于卵块和灰白色的卵壳下静止不动。经过 3～7 d 的静止期，排出白色颗粒状物质，体色逐渐加深变为黄褐色，活动能力逐渐增强，开始寻觅宿主。幼蜱爬到宿主体表，寻找合适的吸血部位。饱血后的幼蜱和若蜱的蜕皮方式相似，均为体后缘先裂开，虫体外皮裂为上下两瓣，分别蜕化为饥饿若蜱和成蜱。多数若蜱和成蜱仍在幼蜱的吸血处继续吸血，少数会更换吸血部位。雄蜱吸血 1～2 d 后，开始寻找雌蜱交配，常更换吸血部位，雌蜱最初几天吸血缓慢，以后逐渐增快，尤其是交配后的雌蜱在最后几天吸血量最大，迅速饱血后脱离宿主。

（4）寿命与越冬

微小扇头蜱的饥饿幼蜱寿命最长，一般能存活 3 个月以上，最长可达 227 d。饱血雌蜱一般存活不超过 1 个月。冬季不能产卵的饱血雌蜱最长可存活 96 d。但根据其他文献报道，微小扇头蜱的幼蜱寿命最长可达 264 d（姜在阶，1978）。

在野外，微小扇头蜱第四代未吸血的幼蜱隐藏在枯树叶堆、草根、石块或土块下，或在石头缝隙中越冬。根据实验室饲养观察，第三代饥饿幼蜱也能越冬。福州地区冬季平均气温 13.09℃，对越冬幼蜱影响甚微，少数能爬到牛体上吸血，但吸血和蜕皮的速度极为缓慢。

4. 小亚璃眼蜱

孙明等（2011）在实验室条件下研究了小亚璃眼蜱的生活史并比较了不同宿主（兔和羊）对其生活史的影响，发现小亚璃眼蜱在羊体上表现为三宿主型，其完整的生活周期需经卵、幼蜱、若蜱、成蜱 4 个阶段（表 4-8），平均需要 121.5 d（84～159 d）；在兔体上表现为二宿主型生活史，当用幼蜱感染兔体时，幼蜱饱血后仍在原处继续叮咬并蜕皮，直到饱血若蜱才脱落（表 4-9），完成其生活史需要 77～140 d（平均 108.5 d）。

表 4-8　三宿主型小亚璃眼蜱各时期的发育特点

虫期	发育期	天数
卵	孵化期	23～37
幼蜱	吸血期	3～7
	蜕皮期	13～21
若蜱	吸血期	5～10
	蜕皮期	13～34
雌蜱	吸血期	6～10
	产卵前期	7～20
	产卵期	14～22
	产卵后死亡期	4～14

表 4-9 二宿主型小亚璃眼蜱各时期的发育特点

虫期	发育期	天数
卵	孵化期	24～36
未成熟蜱	吸血期	11～18
	蜕皮前期（饱血若蜱）	14～35
雌蜱	吸血期	5～9
	产卵前期	8～19
	产卵期	15～23
	产卵后死亡期	3～12

（1）卵

小亚璃眼蜱的卵棕黄色，长宽为（0.50～0.64）mm ×（0.40～0.50）mm，产卵量 1677～5714 粒（平均为 3738 粒），每枚卵约重 0.079 mg。卵在孵化初期没有明显变化，20 d 后开始变白，外壳呈透明状，经 23～37 d 孵出幼蜱。

（2）幼蜱

刚孵出的小亚璃眼蜱幼蜱体色发白，长宽为（0.66～0.78）mm ×（0.40～0.56）mm。将卵置于试管中，幼蜱刚孵出时沿管壁缓慢爬动，活动并不明显，经 2～3 d 聚集在管壁上方；随后 3～4 d 幼蜱体色变深，呈黄褐色或浅黄色，表现活跃，这时具备侵袭力。释放到羊体上的幼蜱，一般经 1～2 d 才开始叮咬吸血，叮咬后 3～5 d 即可饱血脱落。

叮咬兔体的幼蜱，饱血后并不离开宿主，在原处蜕皮。如果幼蜱叮咬部位过于密集，部分蜕化形成的若蜱离开原叮咬部位，寻找适宜部位又重新叮咬吸血，经 11～18 d 形成饱血若蜱。在温度 28℃、湿度 80%～85%的条件下，从羊体脱落的饱血幼蜱经 13～21 d 蜕化为饥饿若蜱，蜕化率＞90%，但这些饥饿若蜱在盛有饱和食盐水的玻璃干燥器内的生存期较短，大部分蜕皮的若蜱仅生存 1～2 个月后即死亡。

（3）若蜱

小亚璃眼蜱的饥饿若蜱长宽为（1.26～1.59）mm ×（1.02～1.16）mm。若蜱在饲喂羊体后经 1～2 d 开始吸血，吸血期为 5～10 d，平均 7.5 d。饱血若蜱为深灰色，长宽为（4.52～5.62）mm×（3.02～3.42）mm，平均体重 18.8 mg（14.6～25.5 mg）。在温度 28℃、湿度 80%～85%的条件下，经 13～34 d 蜕化为饥饿成蜱，蜕化率约为 95%，成蜱的雌雄比例约 1.6∶1。成蜱具有较强的生存耐饥饿能力，生存期可达 3 个月之久。

（4）成蜱

小亚璃眼蜱的饥饿雄蜱长宽为（3.20～4.78）mm ×（2.46～3.50）mm，体重 5.4～7.7 mg（平均 6.4 mg）。饥饿雌蜱长宽为（5.00～6.16）mm ×（2.60～4.22）mm，体重 7.0～15.3 mg（平均 10.9 mg）。饲喂在羊体上的成蜱经 2～3 d 全部叮咬，第 4 天个别蜱形态明显变大，颜色由红褐色逐渐变为青灰色，排出大量黑色的血凝块样粪便，第 6 天开始饱血并脱落，饱血雌蜱长宽为（11.92～18.86）mm ×（7.74～11.40）mm；体重 225.9～714.8 mg（平均 450.5 mg）。

饲喂在兔体上的成蜱经 1～2 d 即可全部叮咬，且饱血脱落时间也比在羊体上早，饱血雌蜱长宽为（13.90～18.28）mm ×（7.78～11.60）mm；体重 400.8～787.9 mg（平均 573.0 mg）。饱血雌蜱脱落后呈蚕豆状，灰褐色，经一定的产卵前期后开始产卵，其产卵总量随体重增加而增加。产卵结束后，雌蜱体表皱缩，3～14 d 后死亡。

（5）滞育

2010 年 3 月 9～14 日从兔体上收集了 36 只饱血小亚璃眼蜱雌蜱，其中 34 只经 8～19 d 的产卵前期开始产卵。剩余 2 只分别经过 65 d 和 67 d 才开始产卵。另外，2009 年 9 月 30 日至 10 月 8 日从羊体上收集了 29 只饱血雌蜱，其中 4 只发生滞育，其生殖滞育期为 65～215 d，产卵期为 42～47 d，且饱血雌蜱的产卵量明显减少，平均为1784粒。此外，2010年1月收集的大部分饱血若蜱经13～34 d蜕化为成蜱，少数经49～62 d蜕皮。随后，将这批饥饿成蜱在羊体上饲喂，部分蜱只在羊体上爬动而拒绝叮咬和吸血，也有部分蜱叮咬，但在吸食少量血液后停止吸血，出现滞育现象，其饱血程度明显降低，雌蜱平均体重为297.5 mg。

5. 亚洲璃眼蜱

亚洲璃眼蜱是我国北方的常见种，主要宿主为家畜，也寄生于一些小型哺乳动物、鸟类和人，给畜牧业和人类健康带来极大危害。

（1）发育阶段

在河北的实验室条件下，在兔耳上观察采自内蒙古的亚洲璃眼蜱的生活史，其寄生期处于自然温度，非寄生期在光照培养箱中[（26 ±1）℃、RH 70%、自然光照]，完成整个生活史要经历4个时期：卵、幼蜱、若蜱和成蜱，平均需要151.6 d（104～109 d）（表4-10）。类似条件下（在兔耳上寄生），其他三宿主型的硬蜱完成其生活史分别为：长角血蜱135.8 d [温度（27 ± 1）℃、RH 75%、6L：18D]、森林革蜱87.5 d（74～102）d [温度（27 ± 1）℃、RH 70%、6L：18D]、钝刺血蜱109 d（91～137）d [温度（26 ± 1）℃、RH 75%±5%、6L：18D]。

表4-10　亚洲璃眼蜱各时期的发育特点

虫期	发育期	数量	天数（平均值±标准误）
卵	孵化期	1000	36～44（38.8±1.19）
幼蜱	吸血前期	60	1～3（2.1±0.51）
	吸血期	300	3～8（5.8±0.30）
	蜕皮前期	300	8～12（10.7±0.41）
若蜱	吸血前期	54	2～4（3.3±0.44）
	吸血期	80	4～8（6.0±0.62）
	蜕皮前期	80	18～32（26.0±0.30）
成蜱	吸血前期	20	1～2（1.4±0.42）
	吸血期	50	8～13（10.1±0.21）
	产卵前期	15	6～30（20.9±1.00）
	产卵期	15	17～34（26.5±1.18）

（2）各虫期的吸血特性及吸血前后体重变化

与多数蜱一样，亚洲璃眼蜱的幼蜱、若蜱和成蜱叮到宿主后起初吸血缓慢，身体变化不显著，随着吸血时间的推移，其体积和体重渐增。当幼蜱在饱血前3 d、若蜱在饱血前2 d、雌蜱交配后5～6 d时，吸血能力迅速增强并伴随着体重剧增。各虫期饱血前后体重变化见表4-11。Balashov（1972）报道了亚洲璃眼蜱的幼蜱、若蜱和成蜱饱血后分别增重15倍、96倍和96倍。黄重安（1978）报道的同种数据虽与Balashov（1972）的有一定差异，幼蜱、若蜱和成蜱分别增重26.5倍、135.6倍、61.3倍，但总体趋势一致，均表明在若蜱期吸血效率最高。姚文炳和丁玉茅（1984）关于亚东璃眼蜱（现已为无效亚种名，提升为亚洲璃眼蜱）各发育期的体重变化表明，幼蜱吸血后增重16.07倍，若蜱增重52.92倍，成蜱增重53.06倍。此种差异也可能与物种的不同地理株特性、实验室繁殖的代次、不同的观察地点、实验室条件等因素有关。

表4-11　亚洲璃眼蜱幼蜱、若蜱和成蜱吸血前后体重变化

发育期	虫数	吸血前（mg）（平均值±标准误）	饱血后（mg）（平均值±标准误）	增重倍数（饱血后/吸血前）
幼蜱	100	0.05±0.00	0.69±0.01	13.80
若蜱	100	0.38±0.02	30.19±1.21	79.45
雌蜱	50	25.27±0.63	1026.32±123.10	40.61
雄蜱	50	22.40±0.63	38.98±1.82	1.74

（3）雌雄性比及饱血若蜱体重与成蜱性别之间的关系

通过分析亚洲璃眼蜱饱血若蜱与其蜕变为成蜱之间的体重关系，发现蜕变为雌蜱的饱血若蜱平均体重为 33.3 mg（13.9～55.8 mg），蜕变为雄蜱的饱血若蜱平均体重为 27.1 mg（6.5～45.5 mg）。若蜱蜕化为成蜱的雌雄性比为 1.07∶1。通常体重大的饱血若蜱蜕化为雌蜱，体重小的饱血若蜱蜕化为雄蜱，如果蜕化为雌蜱和雄蜱的饱血若蜱体重没有重叠，那么饱血若蜱体重可作为判断成蜱性别的指标，如肩突硬蜱 *Ixodes scapularis*、侏仔花蜱 *Am. parvum*、无饰花蜱 *Am. inornatum* 及美洲花蜱 *Am. americanum*。然而这种性别预测在其他一些种类中体现不出来，如小亚璃眼蜱、囊形扇头蜱、三痕花蜱 *Am. triguttatum* 和彩饰花蜱 *Am. variegatum*，这些蜱类蜕化为雌蜱、雄蜱的饱血若蜱体重范围存在重叠。该实验观察的亚洲璃眼蜱蜕化为雌蜱的饱血若蜱体重[（33.3 ± 0.65）mg]明显大于蜕化为雄蜱的饱血若蜱体重[（27.1 ± 0.79）mg]，但两种饱血若蜱的体重范围有部分重叠（图 4-6）。由此可见，亚洲璃眼蜱的饱血若蜱体重可在一定程度上反映其蜕化为成蜱的性别。亚洲璃眼蜱雌雄性比为 1.07∶1，与黄重安（1978）的观察结果（1.18∶1）接近，说明此种蜱雌雄比例大致相当。

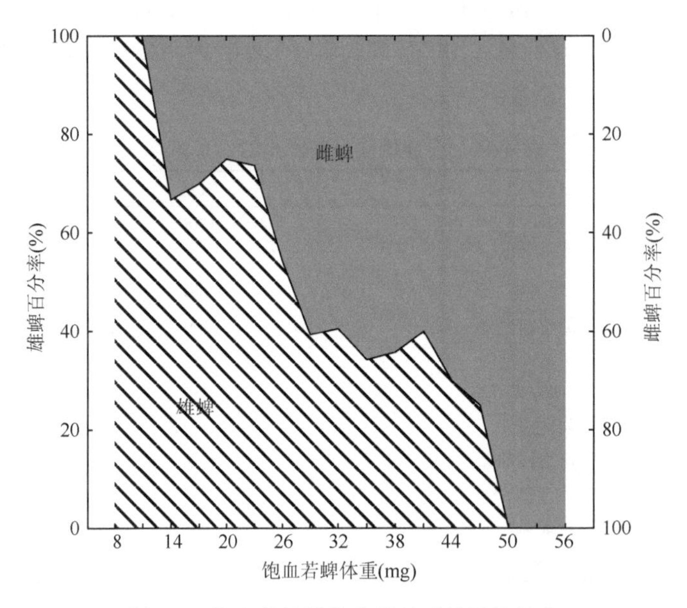

图 4-6 饱血若蜱蜕化为雌蜱或雄蜱的比率

（4）产卵特性

亚洲璃眼蜱雌蜱的产卵特性见表 4-12。

表 4-12 亚洲璃眼蜱雌蜱的产卵特性

参数	虫数	范围	平均值±标准误
饱血体重（mg/♀）	50	434.9～1 669.9	1 026.3±123.1
产卵量（个/♀）	11	3 082～17 022	9 054.9±1 499.9
产卵前期（d）	30	6～30	20.9±1.0
产卵期（d）	11	17～34	26.5±1.18
孵化期（d）	500	36～44	38.8±1.19

分析雌蜱饱血体重与产卵量的关系发现，两者有显著相关性（r=0.9641，P<0.05）（图 4-7）。雌蜱体重与产卵量之间存在显著正相关关系（r=0.9641，P <0.05），正常情况下，大多数蜱的饱血体重与产卵量具有此种关系，如小亚璃眼蜱 *Hy. anatolicum*、埃及璃眼蜱 *Hy. aegyptium*、盾陷璃眼蜱 *Hy. excavatum*、舒氏璃眼蜱 *Hy. schulzei*、森林革蜱 *Dermacentor silvarum*、金泽革蜱 *D. auratus*、长角血蜱 *Haemaphysalis longicornis*、猛突血蜱 *H. montgomeryi*、囊形扇头蜱 *Rhipicephalus bursa*、微小扇头蜱 *R.*（*Boophilus*）*microplus*、镰形扇头蜱 *R. haemaphysaloides* 及侏仔花蜱 *Amblyomma parvum* 等。

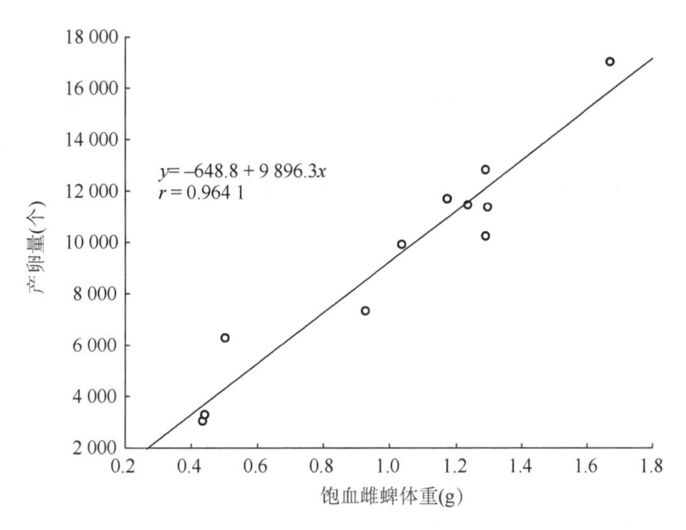

图 4-7　亚洲璃眼蜱饱血体重与产卵量间的关系（11 只雌蜱）

从图 4-8 可见，雌蜱最初产卵量较少，然后逐渐增多，并在饱血后第 4～5 天达到高峰，随后产卵量急剧降低。亚洲璃眼蜱卵的孵化率（孵出幼蜱数/卵数）为 85.7%（82.9%～87.9%）。

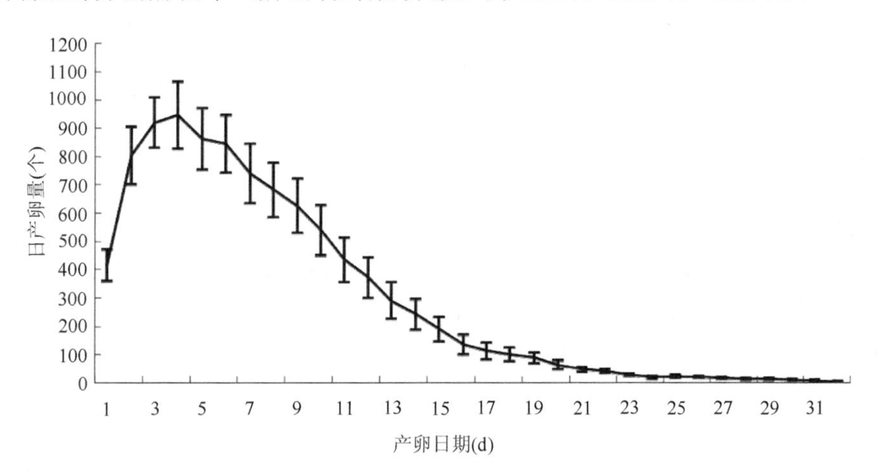

图 4-8　亚洲璃眼蜱平均日产卵量的变化（11 只雌蜱）

误差线表示平均值的标准误

（5）亚洲璃眼蜱的寿命及滞育

在河北的实验室条件下[（26 ± 1）℃、RH 70%、自然光照]，采自内蒙古的亚洲璃眼蜱饥饿幼蜱可存活 4～5 个月，饥饿若蜱可存活 5～6 个月，饥饿成蜱可存活 1 年左右。自然条件下，观察亚洲璃眼蜱的吸血能力发现，在河北从 11 月到翌年 3 月（–7～6.7℃，RH 27%～28%），成蜱的吸血前期明显延长，并且多数雌蜱很难饱血，由此可见亚洲璃眼蜱存在滞育行为。

第二节　蜱的吸血特性

蜱的生长、发育和繁殖都依赖于在宿主上摄取的营养物质，涉及从饥饿到饱血一系列的复杂行为。相对于蚊子而言，蜱的缓慢吸血有助于它们伴随宿主的移动而扩散。例如，肩突硬蜱 *I. scapularis* 的若蜱和成蜱在叮咬鸟类时，可随之移动数英里[①]。甚至一些蜱可以随鸟类在大陆间迁移。蜱的吸血过程一般包括以下步骤：寻找宿主、接近并到达宿主体表、在体表上寻找合适的叮咬位点、将口器刺入宿主皮肤、附着叮咬、吸血、饱血、拔出口器并脱离宿主。

气味、震动、阴影及外表等刺激因素均可引起蜱的趋向行为。有些蜱的单眼可以定位两侧或盾板的边缘区域。很多蜱无眼，但它们可以通过接触皮肤和辐射的温度及上面提到的刺激来确定血源位置。蜱通过须肢或其他部位上的刚毛来接受触觉刺激，以选择在宿主皮肤上的附着位点。这些地方通常处于宿主的隐蔽部位。接着刺入宿主皮肤，利用螯肢上的感觉器官来“品尝”宿主。蜱利用跗节上的爪抓住宿主的表皮，使身体与宿主的表皮呈一定角度，然后用螯肢切割皮肤。口下板上的倒齿则会刺入创口。硬蜱口器分泌的类似黏合蛋白的物质起加固作用，有助于蜱牢固地附着在宿主体表。口下板的内面形成吸血通道的腹面，并被螯肢鞘覆盖。这个通道是蜱吸取宿主的组织液并分泌唾液到宿主体内的主要途径。蜱在宿主体上的寄生部位有一定的选择性，一般在皮肤较薄、不易被骚动的部位，如草原革蜱 *D. nuttalli* 多寄生于牛的颈部肉垂处，以及绵羊的耳壳、颈部及臀部；微小扇头蜱 *Rhipicephalus*（*Boophilus*）*microplus* 主要寄生在牛体的头、耳、颈肉垂、股内侧、臀等部位；波斯锐缘蜱 *Argas persicus* 幼蜱主要寄生在鸡的翅下及其他部位的毛根部，成蜱和若蜱多寄生在鸡的腿趾部。

一般幼蜱和若蜱在宿主上吸血时间较成蜱短，吸血量也较成蜱少。蜱的吸血能力主要与以下因素有关。

1. 孵出或蜕皮后的日龄

例如，具肢扇头蜱 *R. appendiculatus* 幼蜱和若蜱在兔身上饱血后蜕皮第 7 天，再次喂食后达到饱血的百分比分别为 51%和 52%；蜕皮后第 21 天，百分比分别为 72%和 71%；蜕皮后第 35 天，百分比分别为 81%和 67%；蜕皮后第 45 天，百分比分别为 78%和 71%。蜕皮后 5 周内的成蜱，日龄越老者取食能力越强。

2. 季节和环境的温、湿度

例如，亚洲璃眼蜱雌蜱在羊体上吸血，夏季（6 月、7 月）需 5～8 d，而在秋季则需 9～15 d。嗜群血蜱 *H. concinna*、森林革蜱 *D. silvarum* 和全沟硬蜱 *I. persulcatus* 的幼蜱、若蜱喂于兔体上时，在 6～11℃下不易饱血脱落，如将兔移至 25～28℃下，3～5 d 即可全部脱落。森林革蜱的卵在相对湿度 55%或以下皆不能孵化，孵化率以相对湿度 75%和 85%为高，可达 97%以上。

3. 蜱的生理状态和取食宿主

长期饥饿的蜱取食时间较长。同种蜱寄生于不同宿主，吸血时间和吸血量也有差异。例如，金泽革蜱 *D. auratus* 在正常宿主野猪上饲养时，雌蜱吸血 8～16 d，饱食体重可达饥饿时体重的 100 倍；而在实验动物兔上饲养时，雌蜱在 7 月、8 月吸血 16～20 d，11 月为 9 d，雌蜱饱血后体重仅为饥饿时的 55 倍。长角血蜱在牛体上的饱血体重要比在羊体上或兔体上的饱血体重大。

软蜱吸血相对较快。在需要吸血时才爬上宿主，一般可以在附着后迅速吸血，不分泌黏合剂，不产生新的体壁，它们的基节也不分泌多余的水分。它们饱血后就脱落，吸血活动一般在夜间。一般幼蜱叮咬 15～30 min 后可以饱血，成蜱需要 35～70 min，常因种类和虫期不同而异，通常寄生在鸡上的波斯锐缘蜱幼蜱吸血需要 3～7 d，而若蜱和成蜱只需十几分钟到数小时。也有个别种类在某一时期不需要吸血，如美洲常见的梅氏耳蜱 *Otobius megnini*，成蜱不吸血就能正常产卵。

与软蜱相比，硬蜱的吸血时间长，尤其在吸血初期消化血液和组织液的速度很慢。这是由于它们在吸血的同时要产生新的体壁来容纳吸食的大量血液。吸血完成后体重可增加几倍到几十倍，受精的饱血雌蜱体重甚至能增加上百倍，如森林革蜱幼蜱、若蜱、雌蜱和雄蜱的饱血体重分别是饥饿时体重的 10.5

---

① 1 英里 = 1.609 344 km

倍、11.3 倍、76.1 倍和 1.3 倍；亚洲璃眼蜱幼蜱、若蜱、雌蜱和雄蜱的饱血体重分别是饥饿时体重的 13.8 倍、79.5 倍、40.6 倍和 1.7 倍。由于蜱在吸血时将多余的水分返回给宿主来浓缩血液，因此，蜱实际吸血的总量可能会达到吸血后体重的 2～3 倍。硬蜱中吸血时间最短的是缺角血蜱 *Haemaphysalis inermis*，幼蜱吸血 1.5 h，若蜱为 1～3 h。一般硬蜱的幼蜱和若蜱平均吸血 2～8 d，而成蜱则需要 6～20 d。

硬蜱各个活动期仅吸血一次，且不分昼夜，只要到宿主体上便一次性饱血。吸血过程分为预备期、增长期和伸长期 3 个时期。预备期从叮咬宿主到肠中开始吸入血液为止，这一时期通常不超过 12～24 h。在此期间蜱的体重不增加，甚至因失水而减少 10%～20%。增长期占吸血过程中的大部分时间，在这一时期内蜱的体重均匀增加。伸长期是离开宿主前 12～24 h，特点是身体极度膨大，吸血量多于以前两期的总和，体重增加 400%～700%。在许多硬蜱中都可以看到雌蜱在寄生的最后一夜吸食大量血液的现象。这是由于在摄食期间硬蜱的体壁和体内肠壁同时不断生长，以便容纳更多血液。体壁的干重在此期间增加近 20 倍，而厚度仅增加 1～2 倍。体表的几丁质与其他物质（主要是蛋白质）的比例从饥饿蜱的 1∶8 增加到饱血蜱的 1∶25。

有些在吸血过程中受到干扰而中断吸血的硬蜱，再次遇到宿主后可重复吸血，但吸血能力随最初吸血量的增多而降低。例如，亚洲璃眼蜱的幼蜱和若蜱在吸血的早期离开宿主，但当它们所摄食的血液量还不能满足蜕变所需要的消耗量时，还会重新叮咬宿主，再次吸血。但在吸血晚期，吸够一定量的血液能够完成蜕变时，它们将不再叮咬吸血。

第五章　蜱的物种概况

尽管蜱是节肢动物中数量较少的类群之一，全世界仅已知 900 多种，但是蜱对人类健康及畜牧业发展造成的危害非常严重。据联合国粮食及农业组织（FAO）统计，全球每年仅硬蜱对畜牧业造成的经济损失就高达 70 亿美元。因此，蜱的准确鉴定和合理命名是避免混淆并进行蜱及蜱媒病防控的关键。然而，目前，关于蜱的命名及其数目一直存在争议。近十几年来，世界蜱类名录就有 10 多个版本。为此，本章将针对世界及我国分布的蜱类物种概况做一综述，重点讨论近些年来重要物种的修正、存在的争议及目前比较认可的蜱类名录。这些观点可能会随着人们不断深入研究、逐渐达成共识而发生变化，但相信最终结果将更有利于我们对这一类群的全面掌握。

第一节　世界蜱类概况

在有关蜱分类的文献中，20 世纪末至今先后发表了 11 个比较有影响的世界蜱类名录。其中以 Barker 和 Murrell（2004）最先进行了综合整理，这个名录综合了 Keirans（1992）、Camicas 等（1998）、Keirans 和 Robbins（1999）、Walker 等（2000）及 Horak 等（2002）的蜱类名录，并借鉴了 Klompen 和 Oliver（1993）及 Klompen 等（2002）对蜱类分类地位的修订，还借鉴了 Venzal 等（2001）、Guglielmone 和 Keirans（2002）及 Murrell 和 Barker（2003）对种的修订。

然而，对这一名录人们还是提出了许多质疑，包括同物异名、种名拼写、种名遗漏及无效种名引用等。Nava 等（2009）对蜱的系统分类及进化进行了综述，并讨论了蜱的种类，认为世界上应有 879 种蜱；Kolonin（2009）公布了 865 种硬蜱，但提出的许多同物异名缺乏充分证据；Guglielmone 等（2009）针对 2003～2008 年的蜱类命名及描述进行了勘误，但其中的某些观点也存在争议；另外近些年还发表了一系列关于同物异名、种名修订等的文献。2010 年，Guglielmone、Robbins、Apanaskevich、Petney、Estrada-Peña、Horak、Shao 及 Barker 等国际蜱螨专家综合多数人的观点，整理了全球有效蜱种名录文献，并且联合诸文献作者发表了一个在有效种上大家比较认同的世界蜱类名录。

Guglielmone 等（2010）列出蜱的有效种增加到 895 种，其中硬蜱 702 种、软蜱 193 种。此外，Guglielmone 等（2014）又针对世界硬蜱科的种类重新进行了厘定，并辅以详细说明，陈泽和温廷桓（2016）及 Mans 等（2019）更新了世界软蜱名录。最近，陈泽和刘敬泽（2020）综述了蜱分类的最新进展，重新厘定了世界蜱类名录并规范了相应的中文译名，并辅以同物异名、曾出现的物种名等，共计 4 科 21 属 960 种。软蜱科 5 属 218 种，其中锐缘蜱属 62 种、钝缘蜱属 135 种、穴蜱属 17 种、赝蜱属 2 种、耳蜱属 2 种；硬蜱科 14 属 740 种，其中硬蜱属 251 种、花蜱属 140 种、触蜱属 1 种、槽蜱属 7 种、异扇蜱属 3 种、垛蜱属 1 种、酷蜱属 1 种、革蜱属 42 种、血蜱属 175 种、璃眼蜱属 27 种、珠蜱属 3 种、恼蜱属 2 种、扇革蜱属 2 种、扇头蜱属 85 种；恐蜱科 1 属 1 种；纳蜱科 1 属 1 种。

为便于蜱类研究者的种类查询及后继研究，本研究记述的 218 种软蜱是在 Mans 等（2019）名录的基础上，根据影响力较大的 3 个分类体系（美国学派、支序学派、Mans 等分子学派）依次列出。种名按 Nava 等（2009）、Guglielmone 等（2010）、温廷桓和陈泽（2016）的观点，在没有基于形态和分子证据构建完善的分类体系之前，暂时采用 Hoogstraal（1985）将软蜱分成 5 属而不分相关的亚属这一论点。本名录增加了最近发现的新种，同时更新了温廷桓和陈泽（2016）中世界蜱类名录 1 的软蜱名录及中文译名，以及陈泽和温廷桓（2017）中世界蜱类名录 2 的硬蜱属名录及中文译名。此外，经反复斟酌并结合国内多数专家的宝贵意见，将温廷桓和陈泽（2016）、陈泽和温廷桓（2017）中根据词源和/或简洁的原则翻译拉丁学名时涉及的我国已有的常用拉丁学名采用原译名，不常用或未有中文译名的拉丁学名则基于原始文献的命名词源进行翻译，无词源描述的则根据拉丁学名的词根并结合物种定名时的原始描述进行翻译。

一、软蜱科

属名暂时采用美国学派 Hoogstraal（1985）的体系，种名后面括号内的名称依次代表美国学派提议的亚属（赝蜱属和耳蜱属无亚属）、Mans 等分子学派提议的属、支序学派提议的属。

1. 锐缘蜱属 *Argas* Latreille, 1796 [*A*]（62 种）

(1) *A. abdussalami* Hoogstraal & McCarthy, 1965 艾氏锐缘蜱 (波蜱亚属 *Persicargas*、锐缘蜱属 *Argas*、锐缘蜱属 *Argas*)
= *A.* (*Persicargars*) *abdussalami*

(2) *A. africolumbae* Hoogstraal, Kaiser, Walker, Ledger, Converse & Rice, 1975 非洲鸽锐缘蜱 (锐缘蜱亚属 *Argas*、锐缘蜱属 *Argas*、锐缘蜱属 *Argas*)

(3) *A. arboreus* Kaiser, Hoogstraal & Kohls, 1964 树栖锐缘蜱 (锐缘蜱亚属 *Argas*、锐缘蜱属 *Argas*、锐缘蜱属 *Argas*)
= *A.* (*Pericargas*) *arboreus*

(4) *A. assimilis* Teng & Song, 1983 拟日锐缘蜱 (锐缘蜱亚属 *Argas*、锐缘蜱属 *Argas*、锐缘蜱属 *Argas*)

(5) *A. australiensis* Kohls & Hoogstraal, 1962 澳洲锐缘蜱 (枯蜱亚属 *Carios*、枯蜱属 *Carios*、枯蜱属 *Carios*)
= *A.* (*Carios*) *australiensis*, *Carios australiensis*

(6) *A. beijingensis* Teng, 1983 北京锐缘蜱 (锐缘蜱亚属 *Argas*、锐缘蜱属 *Argas*、锐缘蜱属 *Argas*)

(7) *A. beklemischevi* Pospelova-Shtrom, Vasil'yeva & Semashko, 1963 别氏锐缘蜱 (波蜱亚属 *Persicargas*、锐缘蜱属 *Argas*、锐缘蜱属 *Argas*)
= *A.* (*Persicargas*) *beklemischevi*

(8) *A. boueti* Roubaud & Colas-Belcour, 1933 鲍氏锐缘蜱 (蝠蜱亚属 *Chiropterargas*、蝠蜱属 *Chiropterargas*、枯蜱属 *Carios*)
= *A.* (*Chiropterargas*) *boueti*, *Carios* (*Ch.*) *boueti*

(9) *A. brevipes* Banks, 1908 短须锐缘蜱 (锐缘蜱亚属 *Argas*、锐缘蜱属 *Argas*、锐缘蜱属 *Argas*)

(10) *A. brumpti* Neumann, 1907 本氏锐缘蜱 (墺蜱亚属 *Ogadenus*、墺蜱属 *Ogadenus*、锐缘蜱属 *Argas*)
= *Ogadenus brumpti*, *Alveonasus* (*Og.*) *brumpti*, *Argas* (*Og.*) *brumpti*

(11) *A. bureschi* Dryenski, 1957 布氏锐缘蜱 (无记录、锐缘蜱属 *Argas*、锐缘蜱属 *Argas*)

(12) *A. ceylonensis* Hoogstraal & Kaiser, 1968 锡兰锐缘蜱 (蝠蜱亚属 *Chiropterargas*、蝠蜱属 *Chiropterargas*、枯蜱属 *Carios*)
= *A.* (*Chiropterargas*) *ceylonensis*, *Carios* (*Ch.*) *ceylonensis*

(13) *A. confusus* Hoogstraal, 1955 易混锐缘蜱 (蝠蜱亚属 *Chiropterargas*、蝠蜱属 *Chiropterargas*、枯蜱属 *Carios*)
= *A.* (*Chiropterargas*) *confusus*, *A. afghanstaniensis*, *Carios* (*Ch.*) *confusus*

(14) *A. cooleyi* Kohls & Hoogstraal, 1960 库氏锐缘蜱 (锐缘蜱亚属 *Argas*、锐缘蜱属 *Argas*、锐缘蜱属 *Argas*)

(15) *A. cordiformis* Hoogstraal & Kohls, 1967 心形锐缘蜱 (蝠蜱亚属 *Chiropterargas*、蝠蜱属 *Chiropterargas*、枯蜱属 *Carios*)
= *A.* (*Chiropterargas*) *cordiformis*, *Carios* (*Ch.*) *cordiformis*

(16) *A. cucumerinus* Neumann, 1901 胡瓜锐缘蜱 (锐缘蜱亚属 *Argas*、锐缘蜱属 *Argas*、锐缘蜱属 *Argas*)

(17) *A. dalei* Clifford, Keirans, Hoogstraal & Corwin, 1976 达氏锐缘蜱 (锐缘蜱亚属 *Argas*、锐缘蜱属 *Argas*、锐缘蜱属 *Argas*)

(18) *A. daviesi* Kaiser & Hoogstraal, 1973 戴氏锐缘蜱 (枯蜱亚属 *Carios*、枯蜱属 *Carios*、枯蜱属 *Carios*)
= *A.* (*Carios*) *daviesi*, *Carios daviesi*

(19) *A. delicatus* Neumann, 1910 纤小锐缘蜱 (锐缘蜱亚属 *Argas*、锐缘蜱属 *Argas*、锐缘蜱属 *Argas*)

(20) *A. dewae* Kaiser & Hoogstraal, 1974 迪氏锐缘蜱 (枯蜱亚属 *Carios*、枯蜱属 *Carios*、枯蜱属 *Carios*)
= *A.* (*Carios*) *dewae*, *Carios dewae*

(21) *A. dulus* Keirans, Clifford & Capriles, 1971 巢鹛锐缘蜱 (锐缘蜱亚属 *Argas*、锐缘蜱属 *Argas*、锐缘蜱属 *Argas*)

(22) *A. echinops* Hoogstraal, Uilenberg & Blanc, 1976 刺猬锐缘蜱 (匿蜱亚属 *Secretargas*、匿蜱属 *Secretargas*、锐缘蜱属 *Argas*)
= *A.* (*Secretargas*) *echinops*, *Ogadenus* (*Sa.*) *echinops*

(23) *A. falco* Kaiser & Hoogstraal, 1974 猎隼锐缘蜱 (锐缘蜱亚属 *Argas*、锐缘蜱属 *Argas*、锐缘蜱属 *Argas*)

(24) *A. giganteus* Kohls & Clifford, 1968 巨型锐缘蜱 (波蜱亚属 *Persicargas*、锐缘蜱属 *Argas*、锐缘蜱属 *Argas*)
= *A.* (*Persicargas*) *giganteus*

(25) *A. gilcolladoi* Estrada-Peña, Lucientes & Sánchez, 1987 盖氏锐缘蜱 (波蜱亚属 *Persicargas*、锐缘蜱属 *Argas*、锐缘蜱属 *Argas*)
= *A.* (*Persicargas*) *gilcolladoi*

(26) *A. hermanni* Audouin, 1826 赫氏锐缘蜱 (锐缘蜱亚属 *Argas*、锐缘蜱属 *Argas*、锐缘蜱属 *Argas*)

(27) *A. himalayensis* Hoogstraal & Kaiser, 1973 喜山锐缘蜱 (锐缘蜱亚属 *Argas*、锐缘蜱属 *Argas*、锐缘蜱属 *Argas*)

(28) *A. hoogstraali* Morel & Vassiliades, 1965 弧氏锐缘蜱 (匿蜱亚属 *Secretargas*、匿蜱属 *Secretargas*、锐缘蜱属 *Argas*)
= *A.* (*Secretargas*) *hoogstraali*, *Ogadenus* (*Sa.*) *hoogstraali*

(29) *A. japonicus* Yamaguti, Clifford & Tipton, 1968 日本锐缘蜱 (锐缘蜱亚属 *Argas*、锐缘蜱属 *Argas*、锐缘蜱属 *Argas*)

(30) *A. keiransi* Estrada-Peña, Venzal & González-Acuña, 2003 珂氏锐缘蜱 (波蜱亚属 *Persicargas*、锐缘蜱属 *Argas*、锐缘蜱属 *Argas*)

(31) *A. lagenoplastis* Froggatt, 1906 仙燕锐缘蜱 (锐缘蜱亚属 *Argas*、锐缘蜱属 *Argas*、锐缘蜱属 *Argas*)

(32) *A. latus* Filippova, 1961 宽型锐缘蜱 (锐缘蜱亚属 *Argas*、锐缘蜱属 *Argas*、锐缘蜱属 *Argas*)

(33) *A. lowryae* Kaiser & Hoogstraal, 1975 洛氏锐缘蜱 (锐缘蜱亚属 *Argas*、锐缘蜱属 *Argas*、锐缘蜱属 *Argas*)

(34) *A. macrodermae* Hoogstraal, Moorhouse, Wolf & Wassef, 1977 鬼蝠锐缘蜱 (枯蜱亚属 *Carios*、枯蜱属 *Carios*、枯蜱属 *Carios*)
= *A.* (*Carios*) *macrodermae*, *Carios macrodermae*

(35) *A. macrostigmatus* Filippova, 1961 大门锐缘蜱 (锐缘蜱亚属 *Argas*、锐缘蜱属 *Argas*、锐缘蜱属 *Argas*)

(36) *A. magnus* Neumann, 1896 大型锐缘蜱 (锐缘蜱亚属 *Argas*、锐缘蜱属 *Argas*、锐缘蜱属 *Argas*)
= *A. reflexus magnus*

(37) *A. miniatus* Koch, 1844 朱色锐缘蜱 (波蜱亚属 *Persicargas*、锐缘蜱属 *Argas*、锐缘蜱属 *Argas*)
= *Argas chinche*, *A. persicus miniatus*, *A. p. dissimilis*, *A.* (*Persicargas*) *miniatus*

(38) *A. monachus* Keirans, Radovsky & Clifford, 1973 僧鹦锐缘蜱 (锐缘蜱亚属 *Argas*、锐缘蜱属 *Argas*、锐缘蜱属 *Argas*)

(39) *A. monolakensis* Schwan, Corwin & Brown, 1992 陌湖锐缘蜱 (锐缘蜱亚属 *Argas*、锐缘蜱属 *Argas*、锐缘蜱属 *Argas*)

(40) *A. moreli* Keirans, Hoogstraal & Clifford, 1979 莫氏锐缘蜱 (锐缘蜱亚属 *Argas*、锐缘蜱属 *Argas*、锐缘蜱属 *Argas*)

(41) *A. neghmei* Kohls & Hoogstraal, 1961 内氏锐缘蜱 (锐缘蜱亚属 *Argas*、锐缘蜱属 *Argas*、锐缘蜱属 *Argas*)

(42) *A. nullarborensis* Hoogstraal & Kaiser, 1973 努拉锐缘蜱 (波蜱亚属 *Persicargas*、锐缘蜱属 *Argas*、锐缘蜱属 *Argas*)

= *A.* (*Persicargas*) *nullarborensis*

(43) *A. persicus* (Oken, 1818) 波斯锐缘蜱 (波蜱亚属 *Persicargas*、锐缘蜱属 *Argas*、锐缘蜱属 *Argas*)

= *Rhynchoprion persicum*, *A. mauritianus*, *A. americanus firmatus*, *A. miniatus firmatus*, *A. radiates*, *A.* (*Persicargars*) *periscus*, *Carios fischeri*

(44) *A. polonicus* Siuda, Hoogstraal, Clifford & Wassef, 1979 波兰锐缘蜱 (锐缘蜱亚属 *Argas*、锐缘蜱属 *Argas*、锐缘蜱属 *Argas*)

(45) *A. pusillus* Kohls, 1950 小型锐缘蜱 (枯蜱亚属 *Carios*、枯蜱属 *Carios*、枯蜱属 *Carios*)

= *Carios pusillus*

(46) *A. quadridentatus* (Heath, 2012) 四齿锐缘蜱 (枯蜱亚属 *Carios*、枯蜱属 *Carios*、枯蜱属 *Carios*)

(47) *A. radiatus* Railliet, 1893 辐射锐缘蜱 (波蜱亚属 *Persicargas*、锐缘蜱属 *Argas*、锐缘蜱属 *Argas*)

= *A.* (*Persicargas*) *radiatus*

(48) *A. reflexus* (Fabricius, 1794) 翘缘锐缘蜱 (锐缘蜱亚属 *Argas*、锐缘蜱属 *Argas*、锐缘蜱属 *Argas*)

= *Acarus columbarum*, *Acarus marginatus*, *Acarus reflexus*, *Rhynchoprion columbae*, *Ixodes reflexus*, *I. hispanus*

(49) *A. ricei* Hoogstraal, Kaiser, Clifford & Keirans, 1975 瑞氏锐缘蜱 (波蜱亚属 *Persicargas*、锐缘蜱属 *Argas*、锐缘蜱属 *Argas*)

= *A.* (*Persicargas*) *ricei*

(50) *A. robertsi* Hoogstraal, Kaiser & Kohls, 1968 罗氏锐缘蜱 (波蜱亚属 *Persicargas*、锐缘蜱属 *Argas*、锐缘蜱属 *Argas*)

= *A.* (*Persicargars*) *robertsi*

(51) *A. sanchezi* Dugès, 1887 桑氏锐缘蜱 (波蜱亚属 *Persicargas*、锐缘蜱属 *Argas*、锐缘蜱属 *Argas*)

= *A.* (*Persicargas*) *sanchezi*

(52) *A. sinensis* Jeu & Zhu, 1982 中华锐缘蜱 (枯蜱亚属 *Carios*、枯蜱属 *Carios*、枯蜱属 *Carios*)

=*A.* (*Carios*) *sinensis*, *Carios sinensis*

(53) *A. streptopelia* Kaiser, Hoogstraal & Horner, 1970 斑鸠锐缘蜱 (波蜱亚属 *Persicargas*、锐缘蜱属 *Argas*、锐缘蜱属 *Argas*)

= *A.* (*Persicargas*) *streptopelia*

(54) *A. striatus* Bedford, 1932 条纹锐缘蜱 (锐缘蜱亚属 *Argas*、船蜱属 *Navis*、锐缘蜱属 *Argas*)

(55) *A. theilerae* Hoogstraal & Kaiser, 1970 泰氏锐缘蜱 (波蜱亚属 *Persicargas*、锐缘蜱属 *Argas*、锐缘蜱属 *Argas*)

=*A.* (*Persicargas*) *theilerae*

(56) *A. transgariepinus* White, 1846 跨嘎锐缘蜱 (匿蜱亚属 *Secretargas*、匿蜱属 *Secretargas*、锐缘蜱属 *Argas*)

= *A. kochi*, *A.* (*Secretargas*) *transgariepinus*, *Ogadenus* (*Sa.*) *transgariepinus*

(57) *A. transversus* Banks, 1902 横沟锐缘蜱 (妙蜱亚属 *Microargas*、钝缘蜱属 *Ornithodoros*、钝缘蜱属 *Ornithodoros*)

=*Argas transvera* Banks, 1902, *Microargas transversus*, *Ornithodoros transversus*

(58) *A. tridentatus* Filippova, 1961 三叉锐缘蜱 (锐缘蜱亚属 *Argas*、锐缘蜱属 *Argas*、锐缘蜱属 *Argas*)

(59) *A. vespertilionis* (Latreille, 1796) 蝙蝠锐缘蜱 (枯蜱亚属 *Carios*、枯蜱属 *Carios*、枯蜱属 *Carios*)
= *Carios vespertilionis*, *A. fischeri*, *A. pipistrellae*, *C. longimana*, *C. inermis*, *C. elliptica*, *C. decussata*, *C. pipistrellae*, *A. pulchella*, *A.* (*C.*) *vespertilionis*, *Alectorobius vespertilionis*

(60) *A. vulgaris* Filippova, 1961 普通锐缘蜱 (锐缘蜱亚属 *Argas*、锐缘蜱属 *Argas*、锐缘蜱属 *Argas*)

(61) *A. walkerae* Kaiser & Hoogstraal, 1969 沃氏锐缘蜱 (波蜱亚属 *Persicargas*、锐缘蜱属 *Argas*、锐缘蜱属 *Argas*)
=*A.* (*Persicargas*) *walkerae*

(62) *A. zumpti* Hoogstraal, Kaiser & Kohls, 1968 聪氏锐缘蜱 (波蜱亚属 *Persicargas*、锐缘蜱属 *Argas*、锐缘蜱属 *Argas*)

争议种:①普通锐缘蜱 *A. vulgaris* Filippova, 1961,Camicas 等(1998)、Horak 等(2002)、Barker 和 Murrell (2004)均将其列为有效种，但有人怀疑其为纤小锐缘蜱 *A. delicatus* Neumann, 1910 的同物异名，Guglielmone 等(2009, 2010)认为在对比模式标本之前暂将两者作为有效种，本书亦如此处理；②费氏锐缘蜱 *A. fischeri* (Audouin, 1827)，尽管 Camicas 等 (1998)、Barker 和 Murrell (2004)认为此种为有效种，但 Hoogstraal (1958)和 Filippova (1964)认为此种为蝙蝠锐缘蜱 *A. vespertilionis* 的同物异名，尽管他们也怀疑此种可能为有效种，但要确定它的有效性还需进一步比较分布在非洲和欧洲的种群。为此本书赞同 Guglielmone 等 (2009，2010)的观点，暂将此种作为无效种。

2. 钝缘蜱属 *Ornithodoros* Koch, 1837 [*O*] (135 种)

(1) *O. acinus* Whittick, 1938 痘疱钝缘蜱 (泡蜱亚属 *Alveonasus*、泡蜱属 *Alveonasus*、锐缘蜱属 *Argas*)
= *O. delanoei acinus*, *O.* (*Alveonasus*) *acinus*, *Argas* (*Av.*) *acinus*

(2) *O. alactagalis* Issaakjan, 1936 跳鼠钝缘蜱 (巴蜱亚属 *Pavlovskyella*、钝缘蜱属 *Ornithodoros*、钝缘蜱属 *Ornithodoros*)
= *O. nereensis*, *Alectorobius* (*Theriodoros*) *nereensis*, *Al.* (*Th.*) *alactagalis*, *O. alactagalis nereensis*, *O.* (*Pavlovskyella*) *alactagalis*

(3) *O. amblus* Chamberlin, 1920 迷糊钝缘蜱 (鸡蜱亚属 *Alectorobius*、枯蜱属 *Carios*、枯蜱属 *Carios*)
= *Argas amblus*, *Alectorobius amblus*, *O.* (*Al.*) *amblus*, *Carios amblus*

(4) *O. antiquus* Poinar, 1995 古老钝缘蜱[化石] (鸡蜱亚属 *Alectorobius*、枯蜱属 *Carios*、枯蜱属 *Carios*)

(5) *O. apertus* Walton, 1962 开孔钝缘蜱 (钝缘蜱亚属 *Ornithodoros*、钝缘蜱属 *Ornithodoros*、钝缘蜱属 *Ornithodoros*)
= *O. moubata apertus*

(6) *O. aragaoi* Fonseca, 1960 扰氏钝缘蜱 (鸡蜱亚属 *Alectorobius*、枯蜱属 *Carios*、枯蜱属 *Carios*)
= *Alectorobius aragaoi*, *Carios aragaoi*

(7) *O. arenicolous* Hoogstraal, 1953 沙地钝缘蜱 (巴蜱亚属 *Pavlovskyella*、钝缘蜱属 *Ornithodoros*、钝缘蜱属 *Ornithodoros*)
= *O. gondii*, *O.* (*Pavlovskyella*) *arenicolous*, *Alectorobius* (*Theriodoros*) *arenicolous*

(8) *O. asperus* Warburton, 1918 粗糙钝缘蜱 (巴蜱亚属 *Pavlovskyella*、钝缘蜱属 *Ornithodoros*、钝缘蜱属 *Ornithodoros*)
= *O. severus*, *O. asperus verrucosus*, *O. a. sergievi*, *O.* (*Pavlovskyella*) *asperus*, *Alectorobius* (*Theriodoros*) *asperus*

(9) *O. atacamensis* Muñoz-Leal, Venzal & González-Acuña, 2016 阿塔钝缘蜱 (鸡蜱亚属 *Alectorobius*、枯蜱属 *Carios*、枯蜱属 *Carios*)

(10) *O. azteci* Matheson, 1935 阿兹钝缘蜱 (鸡蜱亚属 *Alectorobius*、枯蜱属 *Carios*、枯蜱属 *Carios*)
= *O. anduzei*, *O.* (*Alectorobius*) *azteci*, *Al. azteci*, *Carios azteci*

(11) *O. batuensis* Hirst, 1929 黑洞钝缘蜱[=Dark Cave] (网蜱亚属 *Reticulinasus*、枯蜱属 *Carios*、枯蜱属

Carios)

= *Argas steini*, *O. steini*, *Reticulinasus steini*, *Alectorobius batuensis*, *Carios batuensis*

(12) *O. brasiliensis* Aragão, 1923 巴西钝缘蜱 (巴蜱亚属 *Pavlovskyella*、钝缘蜱属 *Ornithodoros*、钝缘蜱属 *Ornithodoros*)

= *Argas brasiliensis*, *O.* (*Pavlovskyella*) *brasilliensis*, *Alectorobius* (*Theriodoros*) *brasiliensis*

(13) *O. buettikeri* Vial & Camicas, 2009 柏氏钝缘蜱 (泡蜱亚属 *Alveonasus*、泡蜱属 *Alveonasus*、锐缘蜱属 *Argas*)

(14) *O. brodyi* Matheson, 1935 博氏钝缘蜱 (鸡蜱亚属 *Alectorobius*、枯蜱属 *Carios*、枯蜱属 *Carios*)

= *O.* (*Alectorobius*) *brodyi*, *Alectorobius brodyi*, *Carios brodyi*

(15) *O. camicasi* (Sylla, Cornet & Marchand, 1997) 卡氏钝缘蜱 (网蜱亚属 *Reticulinasus*、枯蜱属 *Carios*、枯蜱属 *Carios*)

= *Alectorobius camicasi*, *Carios camicasi*

(16) *O. canestrinii* (Birula, 1895) 坎氏钝缘蜱 (泡蜱亚属 *Alveonasus*、泡蜱属 *Alveonasus*、锐缘蜱属 *Argas*)

= *Argas canestrinii*, *Alveonasus canestrinii*, *Alectorobius canestrinii*, *O.* (*Av.*) *canestrinii*, *A.* (*Av.*) *canestrinii*

(17) *O. capensis* Neumann, 1901 好角钝缘蜱 (鸡蜱亚属 *Alectorobius*、枯蜱属 *Carios*、枯蜱属 *Carios*)

= *O. talaje capensis*, *Alectorobius capensis*, *Argas talaje capensis*, *A. capensis*, *O.* (*Al.*) *capensis*, *O.* (*Al.*) *maritimus*, *O. sanctipauli*, *Carios capensis*

(18) *O. casebeeri* Jones & Clifford, 1972 开氏钝缘蜱 (鸡蜱亚属 *Alectorobius*、枯蜱属 *Carios*、枯蜱属 *Carios*)

= *O.* (*Alectorobius*) *casebeeri*, *Alectorobius casebeeri*, *Carios casebeeri*

(19) *O. cavernicolous* Dantas-Torres, Venzal & Labruna, 2012 洞栖钝缘蜱 (鸡蜱亚属 *Alectorobius*、枯蜱属 *Carios*、枯蜱属 *Carios*)

(20) *O. cheikhi* Vermeil, Marjolet & Vermail, 1977 谢氏钝缘蜱 (鸡蜱亚属 *Alectorobius*、枯蜱属 *Carios*、枯蜱属 *Carios*)

= *Alectorobius cheikhi*, *Carios cheikhi*

(21) *O. chironectes* Jones & Clifford, 1972 负鼠钝缘蜱 (鸡蜱亚属 *Alectorobius*、枯蜱属 *Carios*、枯蜱属 *Carios*)

= *O.* (*Alectorobiius*) *chironectes*, *Alectorobius chironectes*, *Carios chironectes*

(22) *O. chiropterphila* Dhanda & Rajagopalan, 1971 翼蝠钝缘蜱 (网蜱亚属 *Reticulinasus*、枯蜱属 *Carios*、枯蜱属 *Carios*)

= *O.* (*Reticulinasus*) *chiropterphila*, *Alectorobius* (*Rn.*) *chiropterphila*, *Carios chiropterphila*

(23) *O. cholodkovskyi* Pavlovsky, 1930 霍氏钝缘蜱 (巴蜱亚属 *Pavlovskyella*、钝缘蜱属 *Ornithodoros*、钝缘蜱属 *Ornithodoros*)

= *O.* (*Pavlovskyella*) *cholodkovskyi*, *Alectorobius* (*Theriodoros*) *cholodkovskyi*

(24) *O. clarki* Jones & Clifford, 1972 克氏钝缘蜱 (鸡蜱亚属 *Alectorobius*、枯蜱属 *Carios*、枯蜱属 *Carios*)

= *O.* (*Alectorobius*) *clarki*, *Alectorobius clarki*, *Carios clarki*

(25) *O. collocaliae* Hoogstraal, Kadarsan, Kaiser & Van Peenen, 1974 金燕钝缘蜱 (鸡蜱亚属 *Alectorobius*、枯蜱属 *Carios*、枯蜱属 *Carios*)

= *O.* (*Alectorobius*) *collocaliae*, *Alectorobius collocaliae*, *Carios collocaliae*

(26) *O. compactus* Walton, 1962 紧凑钝缘蜱 (钝缘蜱亚属 *Ornithodoros*、钝缘蜱属 *Ornithodoros*、钝缘蜱属 *Ornithodoros*)

(27) *O. concanensis* Cooley & Kohls, 1941 康坎钝缘蜱 (鸡蜱亚属 *Alectorobius*、枯蜱属 *Carios*、枯蜱属 *Carios*)

= *O. aquilae*, *Alectorobius aquilae*, *Al. concanensis*, *O.* (*Al.*) *concanensis*, *Carios concanensis*

(28) *O. coniceps* (Canestrini, 1890) 锥头钝缘蜱 (鸡蜱亚属 *Alectorobius*、枯蜱属 *Carios*、枯蜱属 *Carios*)

= *Argas coniceps*, *Alectorobius coniceps*, *O.* (*Al.*) *conceps*, *Carios coniceps*

(29) *O. cooleyi* McIvor, 1941 库氏钝缘蜱 (泡蜱亚属 *Alveonasus*、钝缘蜱属 *Ornithodoros*、锐缘蜱属 *Argas*)

= *Alveonasus cooleyi*, *Argas* (*Av.*) *cooleyi*

(30) *O. coriaceus* Koch, 1844 糙皮钝缘蜱 (饰蜱亚属 *Ornamentum*、钝缘蜱属 *Ornithodoros*、钝缘蜱属 *Ornithodoros*)

= *Argas coriaceus*, *O.* (*Ornamentum*) *coriaceus*, *Alectorobius* (*Or.*) *coriaceus*

(31) *O. costalis* Diatta, Bouattour, Durand, Renaud & Trape, 2013 海滨钝缘蜱 (巴蜱亚属 *Pavlovskyella*、钝缘蜱属 *Ornithodoros*、钝缘蜱属 *Ornithodoros*)

(32) *O. cyclurae* de la Cruz, 1984 圆蜥钝缘蜱 (鸡蜱亚属 *Alectorobius*、枯蜱属 *Carios*、枯蜱属 *Carios*)

= *O.* (*Alectorobius*) *cyclurae*, *Alectorobius cyclurae*, *Carios cyclurae*

(33) *O. darwini* Kohls, Clifford & Hoogstraal, 1969 达氏钝缘蜱 (鸡蜱亚属 *Alectorobius*、枯蜱属 *Carios*、枯蜱属 *Carios*)

= *O.* (*Alectorobius*) *darwini*, *Alectorobius darwini*, *Carios darwini*

(34) *O. delanoei* Roubaud & Colas-Belcour, 1931 德氏钝缘蜱 (泡蜱亚属 *Alveonasus*、泡蜱属 *Alveonasus*、锐缘蜱属 *Argas*)

= *Ogadenus delanoei*, *Alveonasus delanoei*, *O.* (*Av.*) *delanoei*, *Argas delanoei*

(35) *O. denmarki* Kohls, Sonenshine & Clifford, 1965 丹氏钝缘蜱 (鸡蜱亚属 *Alectorobius*、枯蜱属 *Carios*、枯蜱属 *Carios*)

= *O.* (*Alectorobiius*) *denmarki*, *Alectorobius denmarki*, *Carios denmarki*

(36) *O. dugesi* Mazzotti, 1943 迭氏钝缘蜱 (鸡蜱亚属 *Alectorobius*、枯蜱属 *Carios*、枯蜱属 *Carios*)

=*Alectorobius dugesi*, *Carios dugesi*

(37) *O. dusbabeki* Černý, 1967 都氏钝缘蜱 (鸡蜱亚属 *Alectorobius*、枯蜱属 *Carios*、枯蜱属 *Carios*)

= *O.* (*Alectorobius*) *dusbabeki*, *Alectorobius dusbabeki*, *Carios dusbabeki*

(38) *O. dyeri* Cooley & Kohls, 1940 代氏钝缘蜱 (鸡蜱亚属 *Alectorobius*、枯蜱属 *Carios*、枯蜱属 *Carios*)

= *O.* (*Alectorobius*) *dyeri*, *Carios dyeri*, *Al. dyeri*

(39) *O. eboris* Theiler, 1959 大象钝缘蜱 (泡蜱亚属 *Alveonasus*、泡蜱属 *Alveonasus*、锐缘蜱属 *Argas*)

= *O.* (*Alveonasus*) *eboris*, *Alveonasus eboris*, *A.* (*Av.*) *eboris*

(40) *O. echimys* Kohls, Clifford & Jones, 1969 棘鼠钝缘蜱 (鸡蜱亚属 *Alectorobius*、枯蜱属 *Carios*、枯蜱属 *Carios*)

= *O.* (*Alectorobius*) *echimys*, *Alectorobius echimys*, *Carios echimys*

(41) *O. elongatus* Kohls, Sonenshine & Clifford, 1965 长型钝缘蜱 (鸡蜱亚属 *Alectorobius*、枯蜱属 *Carios*、枯蜱属 *Carios*)

= *Alectorobius elongatus*, *Carios elongatus*

(42) *O. eptesicus* Kohls, Clifford & Jones, 1969 棕蝠钝缘蜱 (鸡蜱亚属 *Alectorobius*、枯蜱属 *Carios*、枯蜱属 *Carios*)

= *O.* (*Alectorobius*) *eptesicus*, *Alectorobius eptesicus*, *Carios eptesicus*

(43) *O. eremicus* Cooley & Kohls, 1941 荒漠钝缘蜱 (钝缘蜱亚属 *Ornithodoros*、钝缘蜱属 *Ornithodoros*、钝缘蜱属 *Ornithodoros*)

(44) *O. erraticus* (Lucas, 1849) 游走钝缘蜱 (巴蜱亚属 *Pavlovskyella*、钝缘蜱属 *Ornithodoros*、钝缘蜱属 *Ornithodoros*)

= *Argas erraticus*, *O. miliaris*, *Alectorobius* (*Theriodoros*) *erraticus*, *O. e. major*, *O.* (*Pavlovskyella*) *erraticus*

(45) *O. faccinii* Barros-Battesti, Landulfo & Luz, 2015 珐氏钝缘蜱 (鸡蜱亚属 *Alectorobius*、枯蜱属 *Carios*、枯蜱属 *Carios*)

(46) *O. faini* Hoogstraal, 1960 仿氏钝缘蜱 (网蜱亚属 *Reticulinasus*、枯蜱属 *Carios*、枯蜱属 *Carios*)
= *O.* (*Reticulinasus*) *faini*, *Alectorobius* (*Rn.*) *faini*, *Carios faini*

(47) *O. foleyi* Parrot, 1928 佛氏钝缘蜱 (泡蜱亚属 *Alveonasus*、泡蜱属 *Alveonasus*、锐缘蜱属 *Argas*)
= *O. franchinii*, *O. f. foleyi*, *Alveonasus foleyi*, *O.* (*Av.*) *foleyi*, *Argas* (*Alv.*) *foleyi*

(48) *O. fonsecai* (Labruna & Venzal, 2009) 丰氏钝缘蜱 (鸡蜱亚属 *Alectorobius*、枯蜱属 *Carios*、枯蜱属 *Carios*)
= *Carios fonsecai*

(49) *O. furcosus* Neumann, 1908 跗叉钝缘蜱 (巴蜱亚属 *Pavlovskyella*、钝缘蜱属 *Ornithodoros*、钝缘蜱属 *Ornithodoros*)
= *O.* (*Pavlovskyella*) *furcosus*, *Alectorobius* (*Theriodoros*) *furcosus*

(50) *O. galapagensis* Kohls, Clifford & Hoogstraal, 1969 嘎岛钝缘蜱 (鸡蜱亚属 *Alectorobius*、枯蜱属 *Carios*、枯蜱属 *Carios*)
= *O.* (*Alectorobius*) *galapagensis*, *Alectorobius galapagensis*, *Carios galapagensis*

(51) *O. guaporensis* Nava, Venzal & Labruna, 2013 瓜波钝缘蜱 (鸡蜱亚属 *Alectorobius*、枯蜱属 *Carios*、枯蜱属 *Carios*)

(52) *O. graingeri* Heisch & Guggisberg, 1953 格氏钝缘蜱 (巴蜱亚属 *Pavlovskyella*、钝缘蜱属 *Ornithodoros*、钝缘蜱属 *Ornithodoros*)
= *O.* (*Pavlovskyella*) *graingeri*, *Alectorobius* (*Theriodoros*) *graingeri*

(53) *O. grenieri* Klein, 1965 葛氏钝缘蜱 (巴蜱亚属 *Pavlovskyella*、钝缘蜱属 *Ornithodoros*、钝缘蜱属 *Ornithodoros*)
= *O.* (*Pavlovskyella*) *grenieri*, *Alectorobius* (*Theriodoros*) *grenieri*

(54) *O. gurneyi* Warburton, 1926 戈氏钝缘蜱 (巴蜱亚属 *Pavlovskyella*、钝缘蜱属 *Ornithodoros*、钝缘蜱属 *Ornithodoros*)
= *Argas gurneyi*, *O.* (*Ornamentum*) *gurneyi*

(55) *O. hadiae* (Klompen, Keirans & Durden, 1995) 亥氏钝缘蜱 (网蜱亚属 *Reticulinasus*、枯蜱属 *Carios*、枯蜱属 *Carios*)
=*O.* (*Reticulinasus*) *hadiae*, *Carios hadiae*, *Alectorobius* (*R.*) *hadiae*

(56) *O. hasei* (Schulze, 1935) 哈氏钝缘蜱 (鸡蜱亚属 *Alectorobius*、枯蜱属 *Carios*、枯蜱属 *Carios*)
= *Argas hasei*, *O.* (*Alectorobius*) *hasei*, *Alectorobius hasei*, *Carios hasei*

(57) *O. hermsi* Wheeler, Herms & Meyer, 1935 荷氏钝缘蜱 (巴蜱亚属 *Pavlovskyella*、钝缘蜱属 *Ornithodoros*、钝缘蜱属 *Ornithodoros*)
= *Alectorobius hermsi*, *O.* (*Pavlovskyella*) *hermsi*

(58) *O. huajianensis* Sun, Xu, Liu, Wu & Qin, 2019 铧尖钝缘蜱 (钝缘蜱亚属 *Ornithodoros*、钝缘蜱属 *Ornithodoros*、钝缘蜱属 *Ornithodoros*)

(59) *O. indica* Rau & Rao, 1971 印度钝缘蜱 (钝缘蜱亚属 *Ornithodoros*、钝缘蜱属 *Ornithodoros*、钝缘蜱属 *Ornithodoros*)

(60) *O. jerseyi* (Klompen & Grimaldi, 2001) 泽西钝缘蜱[化石] (鸡蜱亚属 *Alectorobius*、枯蜱属 *Carios*、枯蜱属 *Carios*)
= *Carios jerseyi*

(61) *O. jul* Schulze, 1940 毛茸钝缘蜱 (鸡蜱亚属 *Alectorobius*、枯蜱属 *Carios*、枯蜱属 *Carios*)
= *O.* (*Alectorobius*) *jul*, *Alectorobius jul*, *Carios jul*

(62) *O. kairouanensis* Trape, Diatta, Bouattour, Durand & Renaud, 2013 凯万钝缘蜱 (巴蜱亚属 *Pavlovskyella*、钝缘蜱属 *Ornithodoros*、钝缘蜱属 *Ornithodoros*)

(63) *O. kalahariensis* Bakkes, de Klerk & Mans, 2018 喀拉钝缘蜱 (钝缘蜱亚属 *Ornithodoros*、钝缘蜱属

Ornithodoros、钝缘蜱属 *Ornithodoros*)

(64) *O. kelleyi* Cooley & Kohls, 1941 凯氏钝缘蜱 (鸡蜱亚属 *Alectorobius*、枯蜱属 *Carios*、枯蜱属 *Carios*)
= *Alectorobius kelleyi*, *O.* (*Alectorobius*) *kelleyi*, *Carios kelleyi*

(65) *O. knoxjonesi* Jones & Clifford, 1972 琼氏钝缘蜱 (鸡蜱亚属 *Alectorobius*、枯蜱属 *Carios*、枯蜱属 *Carios*)
= *O.* (*Alectorobius*) *knoxjonesi*, *Carios knoxjonesi*

(66) *O. kohlsi* Guglielmone & Keirans, 2002 科氏钝缘蜱 (鸡蜱亚属 *Alectorobius*、枯蜱属 *Carios*、枯蜱属 *Carios*)
= *O. boliviensis*, *Alectorobius kohlsi*, *Carios kohlsi*

(67) *O. lahillei* Venzal, González-Acuña & Nava, 2015 拉氏钝缘蜱 (鸡蜱亚属 *Alectorobius*、枯蜱属 *Carios*、枯蜱属 *Carios*)

(68) *O. lahorensis* Neumann, 1908 拉合尔钝缘蜱 (泡蜱亚属 *Alveonasus*、泡蜱属 *Alveonasus*、锐缘蜱属 *Argas*)
= *Alveonasus lahorensis*, *Av. macedonicus*, *Av. canestrinii canestrinii*, *Av. c. sogdianus*, *O.* (*Av.*) *lahorensis*, *Alectorobiius lahorensis*, *Argas* (*Av.*) *lahorensis*

(69) *O. macmillani* Hoogstraal & Kohls, 1966 麦氏钝缘蜱 (巴蜱亚属 *Pavlovskyella*、钝缘蜱属 *Ornithodoros*、钝缘蜱属 *Ornithodoros*)
= *O.* (*Pavlovskyella*) *macmillani*, *Alectorobius macmillani*

(70) *O. madagascariensis* Hoogstraal, 1962 马岛钝缘蜱 (网蜱亚属 *Reticulinasus*、枯蜱属 *Carios*、枯蜱属 *Carios*)
= *O.* (*Reticulinaus*) *madagascariensis*, *Alectorobius* (*Rn.*) *madagascariensi*, *Carios madagascariensis*

(71) *O. marinkellei* Kohls, Clifford & Jones, 1969 马氏钝缘蜱 (垛蜱亚属 *Subparmatus*、枯蜱属 *Carios*、枯蜱属 *Carios*)
= *O.* (*Subparmatus*) *marinkellei*, *Alectorobius* (*Sp.*) *marinkellei*, *Carios marinkellei*

(72) *O. maritimus* Vermeil & Marguet, 1967 海岛钝缘蜱 (鸡蜱亚属 *Alectorobius*、枯蜱属 *Carios*、枯蜱属 *Carios*)
= *O. conceps maritimus*, *Alectorobius maritimus*, *Carios maritimus*

(73) *O. marmosae* Jones & Clifford, 1972 鼠鼦钝缘蜱 (鸡蜱亚属 *Alectorobius*、枯蜱属 *Carios*、枯蜱属 *Carios*)
= *O.* (*Alectorobius*) *marmosae*, *Alectorobius marmosae*, *Carios marmosae*

(74) *O. marocanus* Velu, 1919 摩洛钝缘蜱 (巴蜱亚属 *Pavlovskyella*、钝缘蜱属 *Ornithodoros*、钝缘蜱属 *Ornithodoros*)
= *A. marocanus*, *O. erraticus marocanus*, *Alectorobius* (*Theriodoros*) *marocanus*

(75) *O. merionesi* Trape, Diatta, Belghyti, Sarih, Durand & Renaud, 2013 枚氏钝缘蜱 (巴蜱亚属 *Pavlovskyella*、钝缘蜱属 *Ornithodoros*、钝缘蜱属 *Ornithodoros*)

(76) *O. microlophi* Venzal, Nava & González-Acuña, 2013 微冠钝缘蜱 (鸡蜱亚属 *Alectorobius*、枯蜱属 *Carios*、枯蜱属 *Carios*)

(77) *O. mimon* Kohls, Clifford & Jones, 1969 矛蝠钝缘蜱 (鸡蜱亚属 *Alectorobius*、枯蜱属 *Carios*、枯蜱属 *Carios*)
= *O.* (*Alectorobius*) *mimon*, *Alectorobius mimon*, *Carios mimon*

(78) *O. mormoops* Kohls, Clifford & Jones, 1969 妖蝠钝缘蜱 (垛蜱亚属 *Subparmatus*、枯蜱属 *Carios*、枯蜱属 *Carios*)
= *O.* (*Subparmatus*) *mormoops*, *Alectorobius* (*Sp.*) *mormoops*, *Carios mormoops*

(79) *O. moubata* (Murray, 1877) 墨巴钝缘蜱 (非洲钝缘蜱, 毛白钝缘蜱) (钝缘蜱亚属 *Ornithodoros*、钝缘蜱属 *Ornithodoros*、钝缘蜱属 *Ornithodoros*)
= *Argas moubata*, *Ixodes moubata*, *O. caecus*, *O. duttoni*, *O. jubata*

(80) *O. muesebecki* Hoogstraal, 1969 密氏钝缘蜱 (鸡蜱亚属 *Alectorobius*、枯蜱属 *Carios*、枯蜱属 *Carios*)

= *O.* (*Alectorobius*) *muesebecki*, *Alectorobius muesebecki*, *Carios muesebecki*

(81) *O. multisetosus* (Klompen, Keirans & Durden, 1995) 多毛钝缘蜱 (网蜱亚属 *Reticulinasus*、枯蜱属 *Carios*、枯蜱属 *Carios*)

= *Carios multisetosus*, *Alectorobius* (*Reticulinasus*) *multisetosus*

(82) *O. natalinus* Černý & Dusbábek, 1967 纳塔钝缘蜱 (鸡蜱亚属 *Alectorobius*、枯蜱属 *Carios*、枯蜱属 *Carios*)

= *Alectorobius natalinus*, *Carios natalinus*

(83) *O. nattereri* Warburton, 1927 那氏钝缘蜱 (巴蜱亚属 *Pavlovskyella*、钝缘蜱属 *Ornithodoros*、钝缘蜱属 *Ornithodoros*)

= *Argas nattereri*

(84) *O. nicollei* Mooser, 1932 尼氏钝缘蜱 (巴蜱亚属 *Pavlovskyella*、钝缘蜱属 *Ornithodoros*、钝缘蜱属 *Ornithodoros*)

= *Argas nicollei*, *Alectorobius nicolei*, *O.* (*Ornamentum*) *nicollei*

(85) *O. noorsveldensis* Bakkes, de Klerk & Mans, 2018 努斯钝缘蜱 (钝缘蜱亚属 *Ornithodoros*、钝缘蜱属 *Ornithodoros*、钝缘蜱属 *Ornithodoros*)

(86) *O. normandi* Larrousse, 1923 诺氏钝缘蜱 (巴蜱亚属 *Pavlovskyella*、钝缘蜱属 *Ornithodoros*、钝缘蜱属 *Ornithodoros*)

= *Alectorobius normandi*

(87) *O. occidentalis* Trape, Diatta, Durand & Renaud, 2013 西方钝缘蜱 (巴蜱亚属 *Pavlovskyella*、钝缘蜱属 *Ornithodoros*、钝缘蜱属 *Ornithodoros*)

(88) *O. octodontus* Muñoz-Leal, González-Acuña & Venzal, 2020 八齿鼠钝缘蜱 (鸡蜱亚属 *Alectorobius*、枯蜱属 *Carios*、枯蜱属 *Carios*)

(89) *O. papillipes* (Birula, 1895) 乳突钝缘蜱 (巴蜱亚属 *Pavlovskyella*、钝缘蜱属 *Ornithodoros*、钝缘蜱属 *Ornithodoros*)

= *Argas papillipes*, *Alectorobius papillipes*, *Al. tholozani papillipes*

(90) *O. papuensis* (Klompen, Keirans & Durden, 1995) 巴布钝缘蜱 (网蜱亚属 *Reticulinasus*、枯蜱属 *Carios*、枯蜱属 *Carios*)

= *Alectorobius* (*Reticulinasus*) *papuensis*, *Carios papuensis*

(91) *O. parkeri* Cooley, 1936 帕氏钝缘蜱 (巴蜱亚属 *Pavlovskyella*、钝缘蜱属 *Ornithodoros*、钝缘蜱属 *Ornithodoros*)

= *O. wheeleri*, *O. parkeri hastingsi*, *O.* (*Pavlovskyella*) *parkeri*, *Alectorobius* (*Theriodoros*) *parkeri*

(92) *O. pavimentosus* Neumann, 1901 砾面钝缘蜱 (钝缘蜱亚属 *Ornithodoros*、钝缘蜱属 *Ornithodoros*、钝缘蜱属 *Ornithodoros*)

(93) *O. peringueyi* Bedford & Hewitt, 1925 佩氏钝缘蜱 (巢蜱亚属 *Proknekalia*、巢蜱属 *Proknekalia*、锐缘蜱属 *Argas*)

= *Argas peringueyi*, *Alveonasus* (*Ogadenus*) *aequalis*, *Ixodes aequalis*, *Alveonasus peringueyi*, *O.* (*Proknekalia*) *peringueyi*, *Ogadenus* (*Proknekalia*) *peringueyi*

(94) *O. peropteryx* Kohls, Clifford & Jones, 1969 兜蝠钝缘蜱 (鸡蜱亚属 *Alectorobius*、枯蜱属 *Carios*、枯蜱属 *Carios*)

= *O.* (*Alectorobius*) *peropteryx*, *Al. peropteryx*, *Carios peropteryx*

(95) *O. peruvianus* Kohls, Clifford & Jones, 1969 秘鲁钝缘蜱 (鸡蜱亚属 *Alectorobius*、枯蜱属 *Carios*、枯蜱属 *Carios*)

= *O.* (*Alectorobius*) *peruvianus*, *Alectorobius peruvianus*, *Carios peruvianus*

(96) *O. peusi* (Schulze, 1943) 菩氏钝缘蜱 (巢蜱亚属 *Proknekalia*、巢蜱属 *Proknekalia*、锐缘蜱属 *Argas*)

= *Alveonasus peusi*, *Argas* (*Proknkalia*) *peusi*, *Ogadenus* (*Proknkalia*) *peusi*

(97) *O. phacochoerus* Bakkes, de Klerk & Mans, 2018 疣猪钝缘蜱 (钝缘蜱亚属 *Ornithodoros*、钝缘蜱属 *Ornithodoros*、钝缘蜱属 *Ornithodoros*)

(98) *O. piriformis* Warburton, 1918 梨形钝缘蜱 (网蜱亚属 *Reticulinasus*、枯蜱属 *Carios*、枯蜱属 *Carios*)

= *Alectorobius* (*Reticulinasus*) *piriformis*, *O.* (*Rn.*) *piriformis*, *Carios piriformis*

(99) *O. porcinus* Walton, 1962 猪仔钝缘蜱 (钝缘蜱亚属 *Ornithodoros*、钝缘蜱属 *Ornithodoros*、钝缘蜱属 *Ornithodoros*)

= *O. p. avivora*, *O. p. domesticus*

(100) *O. procaviae* Theodor & Costa, 1960 蹄兔钝缘蜱 (钝缘蜱亚属 *Ornithodoros*、钝缘蜱属 *Ornithodoros*、钝缘蜱属 *Ornithodoros*)

= *O.* (*Pavlovskyella*) *procaviae*, *Alectorobius* (*Theriodoros*) *procaviae*

(101) *O. puertoricensis* Fox, 1947 波多钝缘蜱 (鸡蜱亚属 *Alectorobius*、枯蜱属 *Carios*、枯蜱属 *Carios*)

=*Alectorobius puertoricensi* , *O.* (*Al.*) *puertoricensis*, *Carios puertoricensis*

(102) *O. quilinensis* Venzal, Nava & Mangold, 2012 奎林钝缘蜱 (鸡蜱亚属 *Alectorobius*、枯蜱属 *Carios*、枯蜱属 *Carios*)

(103) *O. rennellensis* Clifford & Sonenshine, 1962 伦内钝缘蜱 (网蜱亚属 *Reticulinasus*、枯蜱属 *Carios*、枯蜱属 *Carios*)

= *O.* (*Reticulinasus*) *rennellensis*, *Alectorobius* (*Rn.*) *rennellensis* , *Carios rennellensis*

(104) *O. rietcorreai* Labruna, Nava & Venzal, 2016 里氏钝缘蜱 (鸡蜱亚属 *Alectorobius*、枯蜱属 *Carios*、枯蜱属 *Carios*)

(105) *O. rioplatensis* Venzal, Estrada-Peña & Mangold, 2008 流白钝缘蜱 (鸡蜱亚属 *Alectorobius*、枯蜱属 *Carios*、枯蜱属 *Carios*)

= *Alectorobius rioplatensis*, *Carios rioplatensis*

(106) *O. rondoniensis* (Labrun, Terassini, Camargo, Brandão, Ribeiro & Estrada-Peña, 2008) 朗哚钝缘蜱 (鸡蜱亚属 *Alectorobius*、枯蜱属 *Carios*、枯蜱属 *Carios*)

= *Alectorobius rondoniensis*, *Carios rondoniensis*

(107) *O. rossi* Kohls, Sonenshine & Clifford, 1965 罗氏钝缘蜱 (鸡蜱亚属 *Alectorobius*、枯蜱属 *Carios*、枯蜱属 *Carios*)

= *O.* (*Alectorobius*) *rossi*, *Alectorobius rossi*, *Carios rossi*

(108) *O. rostratus* Aragão, 1911 长喙钝缘蜱 (巴蜱亚属 *Pavlovskyella*、钝缘蜱属 *Ornithodoros*、钝缘蜱属 *Ornithodoros*)

= *Argas rostratus*, *O.* (*Ornamentun*) *rostratus*

(109) *O. rudis* Karsch, 1880 扁薄钝缘蜱 (鸡蜱亚属 *Alectorobius*、枯蜱属 *Carios*、枯蜱属 *Carios*)

= *O. venezuelensis*, *O. migonei*, *Argas migonei*, *A. venezuelensis*, *Alectorobius rudis*, *Carios rudis*

(110) *O. rupestris* Trape, Bitam, Renaud & Durand, 2013 岩生钝缘蜱 (巴蜱亚属 *Pavlovskyella*、钝缘蜱属 *Ornithodoros*、钝缘蜱属 *Ornithodoros*)

(111) *O. salahi* Hoogstraal, 1953 萨氏钝缘蜱 (网蜱亚属 *Reticulinasus*、枯蜱属 *Carios*、枯蜱属 *Carios*)

= *O.* (*Reticulinasus*) , *Alectorobius* (*Rn.*) *salahi*, *Carios salahi*

(112) *O. saraivai* Muñoz-Leal & Labruna, 2017 瑟氏钝缘蜱 (鸡蜱亚属 *Alectorobius*、枯蜱属 *Carios*、枯蜱属 *Carios*)

(113) *O. savignyi* (Audouin, 1826) 塞氏钝缘蜱 (钝缘蜱亚属 *Ornithodoros*、钝缘蜱属 *Ornithodoros*、钝缘蜱属 *Ornithodoros*)

= *Argas savignyi*, *A. schinzii*, *A. pavimentosus*, *O. morbillosus*, *O. tunisiacum*

(114) *O. sawaii* Kitaoka & Suzuki, 1973 泽井钝缘蜱 (鸡蜱亚属 *Alectorobius*、枯蜱属 *Carios*、枯蜱属 *Carios*)
= *O.* (*Alectorobius*) *sawaii*, *Alectorobius sawaii*, *Carios sawaii*

(115) *O. setosus* Kohls, Clifford & Jones, 1969 毛背钝缘蜱 (鸡蜱亚属 *Alectorobius*、枯蜱属 *Carios*、枯蜱属 *Carios*)
= *Alectorobius setosus*, *Carios setosus*

(116) *O. solomonis* Dumbleton, 1959 所罗钝缘蜱 (网蜱亚属 *Reticulinasus*、枯蜱属 *Carios*、枯蜱属 *Carios*)
= *O.* (*Reticulinasus*) *solomonis*, *Alectorobius* (*Rn.*) *solomonis*, *Carios solomonis*

(117) *O. sonrai* Sautet & Witkowski, 1943 颂壤钝缘蜱 (巴蜱亚属 *Pavlovskyella*、钝缘蜱属 *Ornithodoros*、钝缘蜱属 *Ornithodoros*)
= *O. erraticus sonrai*, *O. e. minor*, *Alectorobius* (*Theriodoros*) *sonrai*

(118) *O. sparnus* Kohls & Clifford, 1963 稀少钝缘蜱 (巴蜱亚属 *Pavlovskyella*、钝缘蜱属 *Ornithodoros*、钝缘蜱属 *Ornithodoros*)
= *Alectorobius sparnus*, *Otobius sparnus*

(119) *O. spheniscus* Hoogstraal, Wassef, Hays & Keirans, 1985 企鹅钝缘蜱 (鸡蜱亚属 *Alectorobius*、枯蜱属 *Carios*、枯蜱属 *Carios*)
= *O.* (*Alectorobius*) *spheniscus*, *Alectorobius spheniscus*, *Carios spheniscus*

(120) *O. stageri* Cooley & Kohls, 1941 斯氏钝缘蜱 (鸡蜱亚属 *Alectorobius*、枯蜱属 *Carios*、枯蜱属 *Carios*)
=*Alectorobius stageri*, *O.* (*Al.*) *stageri*, *Carios stageri*

(121) *O. tadaridae* Černý & Dusbábek, 1967 犬蝠钝缘蜱 (鸡蜱亚属 *Alectorobius*、枯蜱属 *Carios*、枯蜱属 *Carios*)
=*O.* (*Alectorobius*) *tadaridae*, *Alectorobius tadaridae*, *Carios tadaridae*

(122) *O. talaje* (Guérin-Méneville, 1849) 牧场钝缘蜱 (鸡蜱亚属 *Alectorobius*、枯蜱属 *Carios*、枯蜱属 *Carios*)
= *Argas talaje*, *O. talaje capensis*, *Alectorobius talaje*, *Carios talaje*

(123) *O. tartakovskyi* Olenev, 1931 特突钝缘蜱 (巴蜱亚属 *Pavlovskyella*、钝缘蜱属 *Ornithodoros*、钝缘蜱属 *Ornithodoros*)
= *Alectorobius tartakovskyi orientalis*, *Al. t. anthropophilus*, *O.* (*Pavlovslyella*) *tartakovskyi*, *Al.* (*Theriodoros*) *tartakovskyi*

(124) *O. tholozani* (Laboulbène & Mégnin, 1882) 左氏钝缘蜱 (巴蜱亚属 *Pavlovskyella*、钝缘蜱属 *Ornithodoros*、钝缘蜱属 *Ornithodoros*)
= *Argas tholozani*, *A. tolosani*, *O. miana*, *O. crossi*, *O. thorozani pavlovskyi*, *O. t. crossi*, *O. t. persepoliensis*, *O.* (*Pavlovskyella*) *tholozani*, *Alectorobius tholozani*, *Al.* (*Theriodoros*) *tholozani*

(125) *O. tiptoni* Jones & Clifford, 1972 惕氏钝缘蜱 (鸡蜱亚属 *Alectorobius*、枯蜱属 *Carios*、枯蜱属 *Carios*)
= *O.* (*Alectorobius*) *tiptoni*, *Alectorobius tiptoni*, *Carios tiptoni*

(126) *O. turicata* (Dugès, 1876) 图卡钝缘蜱 (土氏钝缘蜱) (巴蜱亚属 *Pavlovskyella*、钝缘蜱属 *Ornithodoros*、钝缘蜱属 *Ornithodoros*)
= *Argas turicata*, *O. americanus*, *O. tourichalos*, *O.* (*Pavlovskyella*) *turicata*, *Alectorobius* (*Theriodoros*) *turicata*

(127) *O. tuttlei* Jones & Clifford, 1972 图氏钝缘蜱 (鸡蜱亚属 *Alectorobius*、枯蜱属 *Carios*、枯蜱属 *Carios*)
= *O.* (*Alectorobius*) *tuttlei*, *Alectorobius tuttlei*, *Carios tuttlei*

(128) *O. vansomereni* Keirans, Hoogstraal & Clifford, 1977 索氏钝缘蜱 (巢蜱亚属 *Proknekalia*、巢蜱属 *Proknekalia*、锐缘蜱属 *Argas*)
=*Argas* (*Proknekalia*) *vansomereni*, *Ogadenus* (*Pk.*) *vansomereni*

(129) *O. verrucosus* Olenev, Zasukhin & Fenyuk, 1934 疣皮钝缘蜱 (巴蜱亚属 *Pavlovskyella*、钝缘蜱属 *Ornithodoros*、钝缘蜱属 *Ornithodoros*)

= *Alectorobius verrucosus*

(130) *O. viguerasi* Cooley & Kohls, 1941 维氏钝缘蜱（垛蜱亚属 *Subparmatus*、枯蜱属 *Carios*、枯蜱属 *Carios*）
=*O.* (*Subparmatus*) *viguerasi*, *Alectorobius* (*Sp.*) *viguerasi*, *Carios viguerasi*

(131) *O. waterbergensis* Bakkes, de Klerk & Mans, 2018 沃特钝缘蜱（钝缘蜱亚属 *Ornithodoros*、钝缘蜱属 *Ornithodoros*、钝缘蜱属 *Ornithodoros*）

(132) *O. xerophylus* Venzal, Mangold & Nava, 2015 旱地钝缘蜱（鸡蜱亚属 *Alectorobius*、枯蜱属 *Carios*、枯蜱属 *Carios*）

(133) *O. yumatensis* Cooley & Kohls, 1941 尤马钝缘蜱（鸡蜱亚属 *Alectorobius*、枯蜱属 *Carios*、枯蜱属 *Carios*）
=*O.* (*Alectorobius*) *yumatensis*, *Alectorobius yumatensis*, *Carios yumatensis*

(134) *O. yunkeri* Keirans, Clifford & Hoogstraal, 1984 佣氏钝缘蜱（鸡蜱亚属 *Alectorobius*、枯蜱属 *Carios*、枯蜱属 *Carios*）
= *O.* (*Alectorobius*) *yunkeri*, *Alectorobius yunkeri*, *Carios yunkeri*

(135) *O. zumpti* Heisch & Guggisberg, 1953 聪氏钝缘蜱（巴蜱亚属 *Pavlovskyella*、钝缘蜱属 *Ornithodoros*、钝缘蜱属 *Ornithodoros*）
=*O.* (*Pavlovskyella*) *zumpti*, *Alectorobius* (*Theriodoros*) *zumpti*

无效种：①玻利钝缘蜱 *O. boliviensis* Kohls & Clifford, 1964，种名 *O. boliviensis* 已被应用过，即 *O. boliviensis* Bacherer Gutiérrez, 1931，但后来发现其为梅氏耳蜱 *Ot. megnini* (Dugès, 1883) 的同物异名从而被废除，所以种名 *O. boliviensis* 不能再使用。为此 Guglielmone 和 Keirans (2002) 将 *O. boliviensis* Kohls & Clifford, 1964 重新定名为科氏钝缘蜱 *O. kohlsi* Guglielmone & Keirans, 2002。②寺氏钝缘蜱 *O. steini* (Schulze, 1935)，Klompen 等 (1995) 认为此种是黑洞钝缘蜱 *O. batuensis* 的同物异名，并归入枯蜱属 *Carios*，而 Camicas 等 (1998) 将其归入鸡蜱亚属 *Alectorobius*。显然 *O. steini* 为无效种名。

3. 穴蜱属 *Antricola* Cooley & Kohls, 1942 [*An*] (17 种)

(1) *An. armasi* de la Cruz & Estrada-Peña, 1995 阿氏穴蜱（穴蜱亚属 *Antricola*、枯蜱属 *Carios*、枯蜱属 *Carios*）
=*Carios armasi*

(2) *An. centralis* de la Cruz & Estrada-Peña, 1995 中心穴蜱（穴蜱亚属 *Antricola*、枯蜱属 *Carios*、枯蜱属 *Carios*）
= *Carios centralis*

(3) *An. cernyi* de la Cruz, 1978 塞氏穴蜱（穴蜱亚属 *Antricola*、枯蜱属 *Carios*、枯蜱属 *Carios*）
=*Carios cernyi*

(4) *An. coprophilus* (McIntosh, 1935) 蝠粪穴蜱（穴蜱亚属 *Antricola*、枯蜱属 *Carios*、枯蜱属 *Carios*）
= *Ornithodoros coprophilus*, *Carios coprophilus*

(5) *An. delacruzi* Estrada-Peña, Barros-Battesti & Venzal, 2004 枯氏穴蜱（穴蜱亚属 *Antricola*、枯蜱属 *Carios*、枯蜱属 *Carios*）
=*Carios delacruzi*

(6) *An. granasi* de la Cruz, 1973 尕氏穴蜱（穴蜱亚属 *Antricola*、枯蜱属 *Carios*、枯蜱属 *Carios*）
= *Carios granasi*

(7) *An. guglielmonei* Estrada-Peña, Barros-Battesti & Venzal, 2004 古氏穴蜱（穴蜱亚属 *Antricola*、枯蜱属 *Carios*、枯蜱属 *Carios*）
= *Carios guglielmonei*

(8) *An. habanensis* de la Cruz, 1976 哈瓦穴蜱（穴蜱亚属 *Antricola*、枯蜱属 *Carios*、枯蜱属 *Carios*）
=*Antricola silvai*, *Carios habanensis*

(9) *An. hummelincki* de la Cruz & Estrada-Peña, 1995 胡氏穴蜱（穴蜱亚属 *Antricola*、枯蜱属 *Carios*、枯蜱属

Carios)
= *Carios hummelincki*

(10) *An. inexpectata* Estrada-Peña, Barros-Battesti & Venzal, 2004 超大穴蜱 (穴蜱亚属 *Antricola*、枯蜱属 *Carios*、枯蜱属 *Carios*)
= *Carios inexpectata*

(11) *An. marginatus* (Banks, 1910) 边缘穴蜱 (窟蜱亚属 *Parantricola*、枯蜱属 *Carios*、枯蜱属 *Carios*)
= *Ornithodoros marginatus*, *An.* (*Parantricola*) *marginatus*, *Parantricola marginatus*, *Carios marginatus*

(12) *An. martelorum* de la Cruz, 1978 貂皮穴蜱 (穴蜱亚属 *Antricola*、枯蜱属 *Carios*、枯蜱属 *Carios*)
= *Carios martelorum*

(13) *An. mexicanus* Hoffmann, 1958 墨西穴蜱 (穴蜱亚属 *Antricola*、枯蜱属 *Carios*、枯蜱属 *Carios*)
= *Carios mexicanus*

(14) *An. naomiae* de la Cruz, 1978 瑙氏穴蜱 (穴蜱亚属 *Antricola*、枯蜱属 *Carios*、枯蜱属 *Carios*)
=*Carios naomiae*

(15) *An. occidentalis* de la Cruz, 1978 西方穴蜱 (穴蜱亚属 *Antricola*、枯蜱属 *Carios*、枯蜱属 *Carios*)
=*Carios occidentalis*

(16) *An. siboneyi* de la Cruz & Estrada-Peña, 1995 丝氏穴蜱 (穴蜱亚属 *Antricola*、枯蜱属 *Carios*、枯蜱属 *Carios*)
= *Carios siboneyi*

(17) *An. silvai* Černý, 1967 森林穴蜱 (穴蜱亚属 *Antricola*、枯蜱属 *Carios*、枯蜱属 *Carios*)
= *Carios silvai*

4. 赝蜱属 *Nothoaspis* Keirans & Clifford, 1975 [*Na*] (2 种)

(1) *Na. amazoniensis* Nava, Venzal & Labruna, 2010 亚马赝蜱 (赝蜱属 *Nothoaspis*、枯蜱属 *Carios*、枯蜱属 *Carios*)
= *Carios amazoniensis*

(2) *Na. reddelli* Keirans & Clifford, 1975 芮氏赝蜱 (赝蜱属 *Nothoaspis*、枯蜱属 *Carios*、枯蜱属 *Carios*)
= *Carios reddelli*

5. 耳蜱属 *Otobius* Bank, 1912 [*Ot*] (2 种)

(1) *Ot. lagophilus* Cooley & Kohls, 1940 兔耳蜱 (耳蜱属 *Otobius*、耳蜱属 *Otobius*、耳蜱属 *Otobius*)
= *Ornithodoros lagophilus*

(2) *Ot. megnini* (Dugès, 1883) 梅氏耳蜱 (耳蜱属 *Otobius*、耳蜱属 *Otobius*、耳蜱属 *Otobius*)
= *Argas megnini*, *A. americana*, *Rhynchoprium spinosum*, *Ornithodoros megnini*, *Otophilus asinia*

二、硬蜱科

1. 硬蜱属 *Ixodes* Latreille, 1795 [*I*] (251 种)

(1) *I. abrocomae* Lahille, 1916 骆鼠硬蜱
= *I.* (*Alloixodes*) *abrocomae*

(2) *I. acuminatus* Neumann, 1901 尖形硬蜱
= *I.* (*I.*) *acuminatus*, *I. theodori*, *I. dorriensmithi*, *I. transcaucasicus*, *I. diversicoxalis*, *I. t. hystrix*, *I. guernseyensis*

(3) *I. acutitarsus* (Karsch, 1880) 锐跗硬蜱
= *Haemalastor acutitarsus*, *I.* (*I.*) *acutitarsus*, *Eschatocephalus acutitarsus*, *I. laevis*, *I. gigas*, *I.* (*Indixodes*)

acutitarsus

(4) *I. affinis* Neumann, 1899 近缘硬蜱

= *I. communis*, *I.* (*I.*) *affinis*

(5) *I. albignaci* Uilenberg & Hoogstraal, 1969 爱氏硬蜱

= *I.* (*Afrixodes*) *albignaci*

(6) *I. alluaudi* Neumann, 1913 吖氏硬蜱

= *I.* (*Arthuriella*) *alluaudi*, *I.* (*Exopalpiger*) *alluaudi*

(7) *I. amarali* Fonseca, 1935 亚氏硬蜱

= *I.* (*Amerixodes*) *amarali*

(8) *I. amersoni* Kohls, 1966 默氏硬蜱

=*I.* (*Multidentatus*) *amersoni*, *Scaphixodes* (*Mu.*) *amersoni*

(9) *I. anatis* Chilton, 1904 鸭硬蜱

(10) *I. andinus* Kohls, 1956 安第硬蜱

= *I.* (*Exopalpiger*) *andinus*

(11) *I. angustus* Neumann, 1899 狭端硬蜱

= *Ixodes angustus*, *I.* (*Ixodiopsis*) *angustus*, *I.* (*Pholeoixodes*) *angustus*, *Pholeoixodes angustus*

(12) *I. antechini* Roberts, 1960 袋鼩硬蜱

= *I.* (*Exopalpiger*) *antechini*

(13) *I. apronophorus* Schulze, 1924 飞鼠硬蜱

= *I. arvicolae*, *I. arvalis*, *I. a. danicae*, *I.* (*I.*) *apronophorus*

(14) *I. arabukiensis* Arthur, 1959 阿埔硬蜱

(15) *I. aragaoi* Fonseca, 1935 扰氏硬蜱

= *I. ricinus aragaoi*, *I. r. rochensis*, *I. rochai*, *I. ricinus*, *I.* (*I.*) *pararicinus*, *I.* (*I.*) *aragaoi*

(16) *I. arboricola* Schulze & Schlottke, 1930 嗜鸟硬蜱

= *I. arboricola muscicapae*, *I. strigicola*, *I. dryadis*, *I. a. domesticus*, *I. a. arboricola*, *I. passericola*, *I. a. bogatschevi*, *Eschatocephalus dryadis*, *I. lagodechiensis*, *I.* (*Pholeoixodes*) *lagodechiensis*, *I.* (*Pi.*) *arboricola*, *Pi. arboricola*, *Pi.* (*Ornithixodes*) *arboricola*

(17) *I. arebiensis* Arthur, 1956 雷比硬蜱

= *I.* (*Afrixodes*) *arebiensis*

(18) *I. ariadnae* Hornok, Kontschán, Kováts, Kovács, Angyal, Görföl, Polacsek, Kalmár & Mihalca, 2014 阿然硬蜱

(19) *I. asanumai* Kitaoka, 1973 浅沼硬蜱

= *I.* (*I.*) *asanumai*

(20) *I. aulacodi* Arthur, 1956 藤鼠硬蜱

= *I.* (*Afrixodes*) *aulacodi*

(21) *I. auriculaelongae* Arthur, 1958 长耳硬蜱

= *I.* (*Afrixodes*) *auriculaelongae*

(22) *I. auritulus* Neumann, 1904 耳髁硬蜱

= *I.* (*I.*) *auritulus*, *I. percavatus*, *I. a. auritulus*, *I. auritulus zealandicus*, *I. thoracicus*, *I.* (*Multidentatus*) *auritulus*, *Scaphixodes* (*Mu.*) *auritulus*

(23) *I. australiensis* Neumann, 1904 澳洲硬蜱

= *I.* (*I.*) *australiensis*, *I.* (*Endopalpiger*) *australiensis*, *I.* (*Exopalpiger*) *australiensis*

(24) *I. baergi* Cooley & Kohls, 1942 卑氏硬蜱

= *Pholeoixodes baergi*, *I.* (*Pi.*) *baergi*

(25) *I. bakeri* Arthur & Clifford, 1961 倍氏硬蜱

= *I. (Afrixodes) bakeri*

(26) *I. banksi* Bishopp, 1911 斑氏硬蜱

= *Pholeoixodes banksi*, *I. (Pi.) banksi*

(27) *I. bedfordi* Arthur, 1959 贝氏硬蜱

= *I. (Afrixodes) bedfordi*

(28) *I. bequaerti* Cooley & Kohls, 1945 孛氏硬蜱

= *I. (I.) bequaerti*

(29) *I. berlesei* Birula, 1895 伯氏硬蜱

= *I. (I.) berlesei*, *Cardioshesis berlesei*, *I. (Scaphixodes) berlesei*, *Scaphixodes (Sc.) berlesei*

(30) *I. bivari* Santos Dias, 1990 比氏硬蜱

= *I. (I.) bivari*

(31) *I. bocatorensis* Apanaskevich & Bermúdez, 2017 博卡硬蜱

(32) *I. boliviensis* Neumann, 1904 玻利硬蜱

= *I. bicornis*

(33) *I. brewsterae* Keirans, Clifford & Walker, 1982 佈氏硬蜱

= *I. oldi variant*, *I. (Afrixodes) brewsterae*

(34) *I. browningi* Arthur, 1956 勃氏硬蜱

= *I. (Afrixodes) browning*

(35) *I. brumpti* Morel, 1965 本氏硬蜱

= *I. (Afrixodes) brumpti*

(36) *I. brunneus* Koch, 1844 棕色硬蜱

= *I. californicus*, *I. kelloggi*, *I. frontalis brunneus*, *I. ricinus californicus*, *I. (I.) californicus*, *I. (I.) brunneus*, *Scaphixodes (Trichotoixodes) brunneus*

(37) *I. calcarhebes* Arthur & Zulu, 1980 弧棘硬蜱

= *I. (Afrixodes) calcarhebes*

(38) *I. caledonicus* Nuttall, 1910 苏东硬蜱

= *I. caledonicus sculpturatus*, *I. gussevi*, *I. sculpturatus*, *I. (Scaphixodes) gussevi*, *I. (Sc.) caledonicus*, *Scaphixodes (Sc.) caledonicus*

(39) *I. canisuga* Johnston, 1849 犬硬蜱

= *I. inermis*, *I. hexagonus inchoatus*, *I. (I.) hexagonus inchoatus*, *I. vulpis*, *I. melicola*, *I. autumnalis vulpis*, *I. sciuricola*, *I. vulpinus*, *I. vulpicola*, *I. latirostris*, *I. barbarossae*, *I. mammulatus*, *Pholeoixodes canisuga*, *I. (Pi.) canisuga*

(40) *I. capromydis* Černý, 1966 鬃鼠硬蜱

= *I. (Alloixodes) capromydis*

(41) *I. catherinei* Keirans, Clifford & Walker, 1982 忾氏硬蜱

=*I. (Afrixodes) catherinei*

(42) *I. cavipalpus* Nuttall & Warburton, 1908 凹须硬蜱

= *I. rubicundus limbatus*, *I. (I.) r. limbatus*, *I. (Afrixodes) cavipalpus*

(43) *I. ceylonensis* Kohls, 1950 锡兰硬蜱

= *I. (Afrixodes) ceylonensis*

(44) *I. chilensis* Kohls, 1956 智利硬蜱

= *Pholeoixodes chilensis*, *I. (Pi.) chilensis*

(45) *I. colasbelcouri* Arthur, 1957 括氏硬蜱

= *I. colas-belcouri*, *I.* (*Afrixodes*) *colasbelcouri*, *I.* (*I.*) *colasbelcouri*

(46) *I. collaris* Hornok, 2016 领脊硬蜱

(47) *I. collocaliae* Schulze, 1937 金燕硬蜱

= *Xiphixodes collocaliae*, *Scaphixodes* (*Xi.*) *collocaliae*

(48) *I. columnae* Takada & Fujita, 1992 柱板硬蜱

(49) *I. conepati* Cooley & Kohls, 1943 獾鼬硬蜱

= *Pholeoixodes conepati*, *I.* (*Pi.*) *conepati*

(50) *I. confusus* Roberts, 1960 易混硬蜱

= *I.* (*Sternalixodes*) *confusus*

(51) *I. cookei* Packard, 1869 谷氏硬蜱

= *I. cruciarius*, *I. hexagonus longispinosus*, *I.* (*I.*) *cookei*, *I. h. cookei*, *Pholeoixodes cookei*, *I.* (*Pi.*) *cookei*

(52) *I. cooleyi* Aragão & Fonseca, 1951 库氏硬蜱

= *I.* (*Amerixodes*) *cooleyi*

(53) *I. copei* Wilson, 1980 硌氏硬蜱

= *I.* (*I.*) *copei*, *I.* (*Tricholoixodes*) *copei*, *Scaphixodes* (*Ti.*) *copei*

(54) *I. cordifer* Neumann, 1908 心板硬蜱

= *Sternalixodes cordifer*, *St. cordifer bibax*, *I.* (*Si.*) *cordifer bibax*, *I.* (*Si.*) *cordifer*

(55) *I. cornuae* Arthur, 1960 备角硬蜱

= *Scaphixodes* (*Multidentatus*) *cornuae*

(56) *I. cornuatus* Roberts, 1960 角突硬蜱

= *I. robertsi*

(57) *I. cornutus* Lotozky, 1956 具角硬蜱

(58) *I. corwini* Keirans, Clifford & Walker, 1982 咯氏硬蜱

= *I.* (*Afrixodes*) *corwini*

(59) *I. crenulatus* Koch, 1844 草原硬蜱

= *I.* (*Pholeoixodes*) *crenulatus*, *I. lividus crenulatus*, *I. crenulatus terecus*, *Pi. crenulatus*

(60) *I. cuernavacensis* Kohls & Clifford, 1966 圭纳硬蜱

= *I.* (*I.*) *cuernavacensis*

(61) *I. cumulatimpunctatus* Schulze, 1943 积点硬蜱

= *I. rasus cumulatimpunctatus*, *I. pseudorasus*, *I.* (*Afrixodes*) *cumulatimpunctatus*

(62) *I. dampfi* Cooley, 1943 旦氏硬蜱

= *Pholeoixodes dampfi*, *I.* (*Pi.*) *dampfi*

(63) *I. daveyi* Nuttall, 1913 岱氏硬蜱

= *Scaphixodes* (*Trichotoixodes*) *daveyi*

(64) *I. dawesi* Arthur, 1956 道氏硬蜱

= *I.* (*Afrixodes*) *dawesi*

(65) *I. dendrolagi* Wilson, 1967 树袋鼠硬蜱

= *I.* (*Sternalixodes*) *dendrolagi*

(66) *I. dentatus* Marx, 1899 齿突硬蜱

= *I.* (*I.*) *dentatus*

(67) *I. dicei* Keirans & Ajohda, 2003 棉鼠硬蜱

(68) *I. diomedeae* Arthur, 1958 信天翁硬蜱

= *I.* (*Multidentatus*) *diomedeae*, *Scaphixodes* (*Mu.*) *diomedeae*

(69) *I. diversifossus* Neumann, 1899 俩点硬蜱

(70) *I. djaronensis* Neumann, 1907 扎茸硬蜱
　　= *I.* (*I.*) *ugandanus djaronensis*, *I. arabukiensis*, *I.* (*Afrixodes*) *djaronensis*
(71) *I. domerguei* Uilenberg & Hoogstraal, 1965 独氏硬蜱
　　= *I. domergui*, *Scaphixodes* (*Trichotoixodes*) *domerguei*
(72) *I. downsi* Kohls, 1957 党氏硬蜱
　　= *Scaphixodes* (*Sc.*) *downsi*
(73) *I. drakensbergensis* Clifford, Theiler & Baker, 1975 德堡硬蜱
　　= *I.* (*Afrixodes*) *drakensbergensis*
(74) *I. eadsi* Kohls & Clifford, 1964 厄氏硬蜱
　　= *I.* (*I.*) *eadsi*
(75) *I. eastoni* Keirans & Clifford, 1983 依氏硬蜱
　　= *I.* (*Pholeoixodes*) *eastoni*, *I.* (*Ixodiopsis*) *eastoni*, *Pi. eastoni*
(76) *I. eichhorni* Nuttall, 1916 哎氏硬蜱
　　= *I.* (*Multidentatus*) *eichhorni*, *Scaphixodes* (*Mu.*) *eichhorni*, *I. mindanensis*
(77) *I. eldaricus* Dzhaparidze, 1950 埃达硬蜱
　　= *I. tatei*, *I.* (*I.*) *eldaricus*
(78) *I. elongatus* Bedford, 1929 长型硬蜱
　　= *I.* (*Afrixodes*) *elongatus*
(79) *I. eudyptidis* Maskell, 1885 企鹅硬蜱
　　= *I. praecoxalis*, *I. intermedius*, *I. neumanni*, *I.* (*I.*) *eudyptidis*, *I.* (*I.*) *e. eudyptidis*, *I.* (*Multidentatus*) *eudyptidis*, *Scaphixodes* (*Mu.*) *eudyptidis*
(80) *I. euplecti* Arthur, 1958 寡鸟硬蜱
　　= *Scaphixodes euplecti*, *I.* (*Afrixodes*) *euplecti*
(81) *I. evansi* Arthur, 1956 埃氏硬蜱
　　= *I.* (*Afrixodes*) *evansi*
(82) *I. fecialis* Warburton & Nuttall, 1909 章盾硬蜱
　　= *I. fecialis aegrifossus*, *I.* (*Exopalpiger*) *fecialis*
(83) *I. festai* Tonelli-Rondelli, 1926 凡氏硬蜱
　　= *I.* (*I.*) *festai*
(84) *I. filippovae* Černý, 1961 菲氏硬蜱
　　= *I. vulpis hungaricus*, *I. danyi*, *Pholeoixodes filippovae*, *I.* (*Pi.*) *filippovae*
(85) *I. fossulatus* Neumann, 1899 边沟硬蜱
　　= *I.* (*I.*) *fossulatus*
(86) *I. frontalis* (Panzer, 1798) 额头硬蜱
　　= *Acarus frontalis*, *I. pari*, *I. pallipes*, *I. avisugus*, *I. frontalis frontalis*, *Euixodes frontalis*, *I.* (*I.*) *frontalis*, *I. apronatus*, *I. tordi*, *I. sigalasi*, *I. segalasi*, *I.* (*Trichotoixodes*) *frontalis*, *I.* (*I.*) *pari*, *Scaphixodes* (*Ti.*) *frontalis*
(87) *I. fuscipes* Koch, 1844 褐足硬蜱
　　= *I. spinosus*, *I.* (*I.*) *fuscipes*, *Haemalastor fuscipes*
(88) *I. fynbosensis* Apanaskevich, Horak, Matthee & Matthee, 2011 凡波硬蜱
(89) *I. galapagoensis* Clifford & Hoogstraal, 1980 嘎岛硬蜱
　　= *I.* (*I.*) *galapagoensis*
(90) *I. ghilarovi* Filippova & Panova, 1988 给氏硬蜱
　　= *I.* (*Exopalpiger*) *ghilarovi*

(91) *I. gibbosus* Nuttall, 1916 隆跗硬蜱
　　= *I. ricinus gibbosus*, *I. hexagonus dardanicus*, *I. r. atypicus*, *I. candavius*, *I.* (*I.*) *gibbosus*

(92) *I. granulatus* Supino, 1897 粒形硬蜱
　　= *I.* (*I.*) *granulates*, *I. kempi*

(93) *I. gregsoni* Lindquist, Wu & Redner, 1999 垓氏硬蜱

(94) *I. guatemalensis* Kohls, 1956 危地硬蜱
　　= *I.* (*I.*) *guatemalensis*

(95) *I. hearlei* Gregson, 1941 黑氏硬蜱
　　= *Pholeoixodes hearlei*, *I.* (*Pi.*) *hearlei*

(96) *I. heinrichi* Arthur, 1962 汗氏硬蜱
　　= *I.* (*Afrixodes*) *heinrichi*

(97) *I. hexagonus* Leach, 1815 六角硬蜱
　　= *I. autumnalis*, *I. erinacei*, *I. auricularis*, *I. sexpunctatus*, *I. vulpis*, *I. erinaceus*, *Euixodes hexagonus*, *I.* (*I.*) *hexagonus*, *I.* (*I.*) *h. hexagonus*, *I. h. pacata*, *I. h. hungaricus*, *I.* (*Pholeoixodes*) *hexagonus*, *I. h. rarus*, *Pi. hexagonus*

(98) *I. himalayensis* Dhanda & Kulkarni, 1969 喜山硬蜱
　　= *I.* (*I.*) *himalayensis*

(99) *I. hirsti* Hassall, 1931 赫氏硬蜱
　　= *I. victoriensis*, *I.* (*Sternalixodes*) *hirsti*

(100) *I. holocyclus* Neumann, 1899 全环硬蜱
　　= *I.* (*I.*) *holocyclus*, *I. rossianus*, *I.* (*Sternalixodes*) *rossianus*, *I.* (*Si.*) *holocyclus*, *Sternalixodes holocyclus*, *Si. rossianus*

(101) *I. hoogstraali* Arthur, 1955 弧氏硬蜱
　　= *I.* (*Afrixodes*) *hoogstraali*

(102) *I. howelli* Cooley & Kohls, 1938 豪氏硬蜱
　　= *I.* (*I.*) *howelli*, *I.* (*Scaphixodes*) *howelli*, *Sc.* (*Sc.*) *howelli*

(103) *I. hyatti* Clifford, Hoogstraal & Kohls, 1971 哈氏硬蜱
　　= *I. ochotonarius*, *I.* (*I.*) *hyatti*

(104) *I. hydromyidis* Swan, 1931 水鼠硬蜱
　　= *I.* (*Endopalpiger*) *hydromyidis*, *I.* (*En.*) *hydromyidis*

(105) *I. inopinatus* Estrada-Peña, Nava & Petney, 2014 意外硬蜱

(106) *I. jacksoni* Hoogstraal, 1967 杰氏硬蜱
　　= *I.* (*Ceratixodes*) *jacksoni*, *Ceratixodes jacksoni*

(107) *I. jellisoni* Cooley & Kohls, 1938 介氏硬蜱
　　= *I.* (*I.*) *jellisoni*

(108) *I. jonesae* Kohls, Sonenshine & Clifford, 1969 珺氏硬蜱
　　= *I.* (*Exopalpiger*) *jonesae*

(109) *I. kaiseri* Arthur, 1957 恺氏硬蜱
　　= *I. bakonyensis*, *I. vulpinus*, *Pholeoixodes kaiseri*, *I.* (*Pi.*) *kaiseri*

(110) *I. kangdingensis* Guo, Sun, Xu & Durden, 2017 康定硬蜱

(111) *I. kashmiricus* Pomerantzev, 1948 克什米尔硬蜱
　　= *I. kaschmiricus*, *I. persulcatus kaschmiricus*, *I.* (*I.*) *kaschmiricus*

(112) *I. kazakstani* Olenev & Sorokoumov, 1934 哈萨克硬蜱
　　= *I.* (*I.*) *kazakstani*

(113) *I. kerguelenensis* André & Colas-Belcour, 1942 凯盖硬蜱

= *I. canisuga kerguelenensis*, *I. zumpti*, *I. pterodromae*, *I.* (*Multidentatus*) *kerguelensis*, *Scaphixodes* (*Mu.*) *kerguelenensis*

(114) *I. kingi* Bishopp, 1911 金氏硬蜱

= *I. pratti*, *I. kingi*, *I.* (*Exopalpiger*) *kingi*, *Pholeoixodes kingi*, *I.* (*Pi.*) *kingi*

(115) *I. kohlsi* Arthur, 1955 科氏硬蜱

= *I.* (*Scaphixodes*) *kohlsi*, *I.* (*I.*) *kohlsi*, *I.* (*Multidentatus*) *kohlsi*, *Sc.* (*Mu.*) *kohlsi*

(116) *I. kopsteini* (Oudemans, 1926) 寇氏硬蜱

= *Eschatocephalus ropsteini*, *Ec. kopsteini*, *I.* (*Lepidixodes*) *kopsteini*, *I.* (*Li.*) *paradoxus*, *Li. kopsteini*

(117) *I. kuntzi* Hoogstraal & Kohls, 1965 鼯鼠硬蜱

= *I.* (*I.*) *kuntzi*

(118) *I. laguri* Olenev, 1929 兔鼠硬蜱

= *I. redikorzevi lagurae*, *I. r. laguri*, *I. l. laguri*, *I. l. armeniacus*, *I. l. colchicus*, *I.* (*I.*) *laguri*, *I. l. slovacicus*, *I.* (*I.*) *l. laguri*, *I. armenicus*

(119) *I. lasallei* Méndez Arocha & Ortiz, 1958 腊氏硬蜱

=*I.* (*I.*) *lasallei*

(120) *I. latus* Arthur, 1958 宽型硬蜱

= *I.* (*Afrixodes*) *latus*

(121) *I. laysanensis* Wilson, 1964 累岛硬蜱

= *I.* (*Multidentatus*) *laysanensis*, *Scaphixodes* (*Mu.*) *laysanensis*

(122) *I. lemuris* Arthur, 1958 狐猴硬蜱

= *I.* (*Afrixodes*) *lemuris*

(123) *I. lewisi* Arthur, 1965 浏氏硬蜱

= *I.* (*Afrixodes*) *lewisi*

(124) *I. lividus* Koch, 1844 青紫硬蜱

= *I. obotriticus bavaricus*, *I. plumbeus bavaricus*, *I. p. obotriticus*, *I. p. plumbeus*, *I. lividus obotriticus*, *I. l. bavaricus*, *I.* (*Pholeoixodes*) *hirundinicola*, *I. canisuga obotriticus*, *I.* (*Pi.*) *plumbeus*, *I.* (*Pi.*) *p. obturatorius*, *I.* (*Pi.*) *lividus*, *Pi. lividus*

(125) *I. longiscutatus* Boero, 1944 长盾硬蜱

= *I.* (*Amerixodes*) *longiscutatus*, *I. longiscutatum*, *I. uruguayensis*

(126) *I. loricatus* Neumann, 1899 被甲硬蜱

= *I. coxaefurcatus*, *I.* (*I.*) *loricatus*, *I.* (*I.*) *coxaefurcatus*, *I. didelphidis*, *I.* (*Amerixodes*) *loricatus*

(127) *I. loveridgei* Arthur, 1958 录氏硬蜱

= *I.* (*Afrixode*) *loveridgei*

(128) *I. luciae* Sénevet, 1940 露西硬蜱

= *I. scuticrenatus*, *I. loricatus vogelsangi*, *I. l. spinosus*, *I. vogelsangi*, *I.* (*Amerixodes*) *luciae*

(129) *I. lunatus* Neumann, 1907 月牙硬蜱

= *I.* (*I.*) *lunatus*, *I. lunulatus*, *I.* (*Afrixodes*) *lunatus*

(130) *I. luxuriosus* Schulze, 1932 华丽硬蜱

= *Endopalpiger luxuriosus*, *I.* (*En.*) *luxuriosus*, *I.* (*Exopalpiger*) *luxuriosus*

(131) *I. macfarlanei* Keirans, Clifford & Walker, 1982 嘛氏硬蜱

= *I.* (*Afrixodes*) *macfarlanei*

(132) *I. malayensis* Kohls, 1962 马来硬蜱

= *I.* (*Ixodes*) *malayensis*

(133) *I. marmotae* Cooley & Kohls, 1938 旱獭硬蜱
= *I. (Exopalpiger) marmotae*, *Pholeoixodes marmotae*, *I. (Pi.) marmotae*

(134) *I. marxi* Banks, 1908 马氏硬蜱
= *I. hexagonus inchoatus*, *I. inchoatus*, *I. (I.) h. inchoatus*, *I. marii*, *I. (Pholeoixodes) marxi*, *Pi. marxi*

(135) *I. maslovi* Emel'yanova & Kozlovskaya, 1967 迈氏硬蜱

(136) *I. matopi* Spickett, Keirans, Norval & Clifford, 1981 马托硬蜱
= *I. (Afrixodes) matopi*

(137) *I. mexicanus* Cooley & Kohls, 1942 墨西哥硬蜱
= *I. (I.) mexicanus*

(138) *I. microgalei* Apanaskevich & Goodman, 2013 鼩猬硬蜱

(139) *I. minor* Neumann, 1902 小型硬蜱
= *I. bishoppi*, *I. (I.) bishoppi*, *I. (I.) minor*

(140) *I. minutae* Arthur, 1959 微小硬蜱
= *I. (Afrixodes) minutae*

(141) *I. mitchelli* Kohls, Clifford & Hoogstraal, 1970 米氏硬蜱
= *I. (Scaphixodes) mitchelli*, *Scaphixodes (Sc.) mitchelli*

(142) *I. monospinosus* Saito, 1968 单棘硬蜱
= *I. (I.) monospinosus*

(143) *I. montoyanus* Cooley, 1944 茂氏硬蜱
= *I. (I.) montoyanus*

(144) *I. moreli* Arthur, 1957 莫氏硬蜱
= *I. (Afrixodes) moreli*

(145) *I. moscharius* Teng, 1982 嗜麝硬蜱

(146) *I. moschiferi* Nemenz, 1968 寄麝硬蜱
= *I. rangtangensis*, *I. (Indixodes) moschiferi*

(147) *I. muniensis* Arthur & Burrow, 1957 慕尼硬蜱
=*I. (Afrixodes) muniensis*, *I. (Scaphixodes) muniensis*

(148) *I. muris* Bishopp & Smith, 1937 小鼠硬蜱
= *I. (I.) muris*

(149) *I. murreleti* Cooley & Kohls, 1945 海雀硬蜱
= *I. (Multidentatus) murreleli*, *Scaphixodes (Mu.) murreleti*

(150) *I. myospalacis* Teng, 1986 鼢鼠硬蜱
= *I. (Pholeoixodes) myospalacis*, *Pi. myospalacis*

(151) *I. myotomys* Clifford & Hoogstraal, 1970 泽鼠硬蜱
= *I. (Afrixodes) myotomys*

(152) *I. myrmecobii* Roberts, 1962 蚁兽硬蜱
= *I. (Sternalixodes) myrmecobii*

(153) *I. nairobiensis* Nuttall, 1916 内罗硬蜱
= *I. (Afrixodes) nairobiensis*

(154) *I. nchisiensis* Arthur, 1958 恩屺硬蜱
= *I. (Afrixodes) nchisiensis*

(155) *I. nectomys* Kohls, 1956 泳鼠硬蜱
= *I. (I.) nectomys*

(156) *I. neitzi* Clifford, Walker & Keirans, 1977 奈氏硬蜱

= *I. donarthuri*, *I.* (*Afrixodes*) *neitzi*

(157) *I. nesomys* Uilenberg & Hoogstraal, 1969 岛鼠硬蜱

= *I.* (*Afrixodes*) *nesomys*

(158) *I. neuquenensis* Ringuelet, 1947 内肯硬蜱

= *I. brunneus*, *I.* (*Amerixodes*) *neuquenensis*

(159) *I. nicolasi* Santos Dias, 1982 伲氏硬蜱

= *I.* (*Afrixodes*) *nicolasi*

(160) *I. nipponensis* Kitaoka & Saito, 1967 日本硬蜱

= *I.* (*I.*) *nipponensis*

(161) *I. nitens* Neumann, 1904 光亮硬蜱

= *I.* (*I.*) *nitens*

(162) *I. nuttalli* Lahille, 1913 纳氏硬蜱

= *I.* (*Endopalpiger*) *nuttalli*, *I.* (*Pholeoixodes*) *nuttalli*, *I.* (*Alloixodes*) *nuttalli*

(163) *I. nuttallianus* Schulze, 1930 拟蓖硬蜱

= *I. muntiaci*, *I.* (*I.*) *nuttallianus*, *I. ricinoides*

(164) *I. occultus* Pomerantzev, 1946 窝窟硬蜱

= *I.* (*I.*) *occultus*

(165) *I. ochotonae* Gregson, 1941 鼠兔硬蜱

= *I. holdenriedi*, *I.* (*Ixodiopsis*) *ochotonae*, *Pholeoixodes ochotonae*, *Pi. holdenriedi*, *I.* (*Pi.*) *ochotonae*, *I.* (*Pi.*) *holdenriedi*

(166) *I. okapiae* Arthur, 1956 非鹿硬蜱

= *I.* (*Afrixodes*) *okapiae*

(167) *I. oldi* Nuttall, 1913 欧氏硬蜱

= *I.* (*Afrixodes*) *oldi*

(168) *I. ornithorhynchi* Lucas, 1846 鸭兽硬蜱

= *I.* (*I.*) *ornithorhynchi*, *Coxixodes ornithorhynchi*, *I.* (*Co.*) *ornithorhynchi*

(169) *I. ovatus* Neumann, 1899 卵形硬蜱

= *I. japonensis*, *I.* (*I.*) *ovatus*, *I.* (*I.*) *japonensis*, *I. ricinus ovatus*, *I. frequens*, *I. carinatus*, *I. taiwanensis*, *I. shinchikuensis*, *I. lindbergi*, *I.* (*Partipalpiger*) *ovatus*, *I. siamensis*

(170) *I. pacificus* Cooley & Kohls, 1943 太平洋硬蜱

= *I.* (*I.*) *pacificus*

(171) *I. paranaensis* Barros-Battesti, Arzua, Pichorim & Keirans, 2003 巴拉硬蜱

(172) *I. pararicinus* Keirans & Clifford, 1985 伴蓖硬蜱

(173) *I. pavlovskyi* Pomerantzev, 1946 巴氏硬蜱

= *I. pavlovskyi occidentalis*, *I. p. pavlovskyi*, *I.* (*I.*) *pavlovskyi*

(174) *I. percavatus* Neumann, 1906 夜莺硬蜱

=*I.* (*I.*) *percavatus*, *I.* (*Multidentatus*) *percavatus*, *Scaphixodes* (*Mu.*) *percavatus*

(175) *I. peromysci* Augustson, 1940 鹿鼠硬蜱

= *I.* (*I.*) *peromysci*

(176) *I. persulcatus* Schulze, 1930 全沟硬蜱

= *I. ricinus miyazakiensis*, *I. persulcatus diversipalpis*, *I. p. cornuatus*, *I. p. persulcatus*, *I.* (*I.*) *persulcatus*, *I.* (*Monoindex*) *maslovi*, *I. sachalinensis*

(177) *I. petauristae* Warburton, 1933 鼯鼠硬蜱

= *I. kerri*, *I. pseudoholocyclus*, *I.* (*Indixodes*) *petauristae*

(178) *I. philipi* Keirans & Kohls, 1970 斐氏硬蜱
= *I. (Scaphixodes) philipi, Scaphixodes (Sc.) philipi*

(179) *I. pilosus* Koch, 1844 毛茸硬蜱
= *I. luteus, I. (I.) pilosus, I. (I.) luteus, I. (Afrixodes) pilosus*

(180) *I. pomerantzevi* Serdjukova, 1941 钝跗硬蜱
= *I. (Ixodiopsis) pomeranzevi, Pholeoixodes pomeranzevi, I. (Pi.) pomeranzevi*

(181) *I. pomerantzi* Kohls, 1956 泊氏硬蜱
= *I. (I.) pomerantzi*

(182) *I. priscicollaris* Schulze, 1932 幽颈硬蜱
= *I. (Exopalpiger) priscicollaris*

(183) *I. procaviae* Arthur & Burrow, 1957 蹄兔硬蜱
= *I. (Afrixodes) procaviae*

(184) *I. prokopjevi* (Emel'yanova, 1979) 普氏硬蜱
= *Pholeoixodes (Mammalixodes) prokopjevi, Pi. prokopjevi*

(185) *I. radfordi* Kohls, 1948 然氏硬蜱
= *I. (Afrixodes) radfordi*

(186) *I. rageaui* Arthur, 1958 绕氏硬蜱
= *I. (Afrixodes) rageaui*

(187) *I. randrianasoloi* Uilenberg & Hoogstraal, 1969 冉氏硬蜱
= *I. (Afrixodes) randrianasoloi*

(188) *I. rasus* Neumann, 1899 锉板硬蜱
= *I. (I.) rasus, I. rasus eidmanni, I. eidmanni, I. (Afrixodes) rasus*

(189) *I. redikorzevi* Olenev, 1927 雷氏硬蜱
= *I. diversicoxalis, I. redikorzevi emberizae, I. r. redikorzevi, I. r. theodori, I. theodori, I. transcaucasicus, I. t. hystryx*

(190) *I. rhabdomysae* Arthur, 1959 纹鼠硬蜱
= *I. (Afrixodes) rhabdomysae*

(191) *I. ricinus* (Linnaeus, 1758) 蓖子硬蜱
= *Ricinus caninus, Acarus reduvius, A. ricinus, A. sanguisugus, A. s. collurionis, A. lipsiensis, A. ricinoides, A. hirudo, A. holsatus, A. putorii, A. rufipes, R. caninis, A. vulgaris, A. caraborum, A. istriatus, A. fuscus, A. ambulantium, Cynorhaestes ricinus, Cy. reduvius, I. reticulatus, I. reduvius, I. sanguisugus, I. vulgaris, I. holsatus, I. lipsiensis, I. megathyreus, Cy. megathyreus, Cy. hermanni, I. bipunctatus, Crotonus ricinus, I. trabeatus, I. marginalis, I. sciuri, I. fuscus, Amblyomma sanguisugum, I. tristriatus, I. sulcatus, I. rufus, I. lacertae, R. lacertarum, I. pustularum, I. fouisseur, I. vicinus, I. fodiens, Pseudixodes holsatus, I. obscurus, I. ovatus, Euixodes ricinus, E. reduvius, I. nigricans, I. (I.) nigricans, I. (I.) ricinus, Rhipicephalus ricinus, Boophilus ricinus, A. (Amblyomma) ricinoides, I. areolaris, I. ricinus oncorhyncha, Dermacentor ricinus, Phaulixodes rufus, Rhipicephalus rufus*

(192) *I. rothschildi* Nuttall & Warburton, 1911 若氏硬蜱
= *I. percavatus rothschildi, I. (Scaphixodes) rothschildi, I. (Multidentatus) rothschildi, Sc. (Mu.) rothschildi*

(193) *I. rotundatus* Arthur, 1958 圆基硬蜱
= *I. (Afrixodes) rotundatus*

(194) *I. rubicundus* Neumann, 1904 红润硬蜱
= *I. r. rubicundus, I. (I.) rubicundus, I. (Afrixodes) rubicundus*

(195) *I. rubidus* Neumann, 1901 深红硬蜱
= *I. (I.) rubidus, I. (Pholeoixodes) rubidis, Pi. rubidus*

(196) *I. rugicollis* Schulze & Schlottke, 1930 皱颈硬蜱
　　= *I.* (*Pholeoixodes*) *rugicollis*, *Pi. rugicollis*
(197) *I. rugosus* Bishopp, 1911 皱皮硬蜱
　　= *I. cookie rugosus*, *Pholeoixodes rugosus*, *I.* (*Pi.*) *rugosus*
(198) *I. sachalinensis* Filippova, 1971 库页硬蜱
(199) *I. scapularis* Say, 1821 肩突硬蜱
　　= *I. fuscous*, *I. reduvius*, *I. pratti*, *I. ricinus scapularis*, *I. fuscus*, *I. r scapularis*, *I.* (*I.*) *scapularis*, *I. ozarkus*, *I. muris*, *I. scapularis dammini*, *I.* (*I.*) *dammini*
(200) *I. schillingsi* Neumann, 1901 希氏硬蜱
　　= *I.* (*I.*) *schillingsi*, *I.* (*Afrixodes*) *schillingsi*
(201) *I. schulzei* Aragão & Fonseca, 1951 舒氏硬蜱
　　= *I.* (*Amerixodes*) *schulze*
(202) *I. sculptus* Neumann, 1904 蚀刻硬蜱
　　= *I. aequalis*, *I.* (*I.*) *sculptus*, *I.* (*Ixodiopsis*) *sculptus*, *I.* (*Pholeoixodes*) *sculptus*, *Pi. sculptus*
(203) *I. semenovi* Olenev, 1929 西氏硬蜱
　　= *I.* (*Scaphixodes*) *semenovi*, *Scaphixodes* (*Sc.*) *semenovi*
(204) *I. shahi* Clifford, Hoogstraal & Kohls, 1971 沙氏硬蜱
　　= *I.* (*Indixodes*) *shahi*
(205) *I. siamensis* Kitaoka & Suzuki, 1983 暹罗硬蜱
(206) *I. sigelos* Keirans, Clifford & Corwin, 1976 净褐硬蜱
(207) *I. signatus* Birula, 1895 标志硬蜱
　　= *I. arcticus*, *I. parvirostris*, *I. eudyptidis signata*, *Ceratixodes signatus*, *I.* (*I.*) *eudyptidis signatus*, *I.* (*I.*) *arcticus*, *I. e. signatus*, *I.* (*Scaphixodes*) *signatus*, *Scaphixodes* (*Sc.*) *signatus*
(208) *I. simplex* Neumann, 1906 简蝠硬蜱
　　= *I.* (*I.*) *simplex*, *I. audyi*, *I. s. simplex*, *I. spiculae*, *I. africanus*, *I. s. africanus*, *I. pospelovae*, *I. chiropterorum*, *I.* (*I.*) *s. simplex*, *I.* (*Eschatocephalus*) *simplex*, *I.* (*Pomerantzevella*) *simplex*, *I.* (*Pomerantzevella*) *chiropterorum*, *Ec. simplex*
(209) *I. sinaloa* Kohls & Clifford, 1966 锡那硬蜱
　　= *I.* (*I.*) *sinaloa*
(210) *I. sinensis* Teng, 1977 中华硬蜱
　　= *I.* (*I.*) *sinensis*
(211) *I. soricis* Gregson, 1942 鼩鼱硬蜱
　　= *I.* (*Pholeoixodes*) *soricis*, *Pi. soricis*
(212) *I. spinae* Arthur, 1958 须棘硬蜱
　　= *I.* (*Afrixodes*) *spinae*
(213) *I. spinicoxalis* Neumann, 1899 基刺硬蜱
　　= *I.* (*I.*) *spinicoxalis*
(214) *I. spinipalpis* Hadwen & Nuttall, 1916 棘须硬蜱
　　= *I. dentatus spinipalpis*, *I.* (*I.*) *spinipalpis*, *I. neotomae*
(215) *I. steini* Schulze, 1932 寺氏硬蜱
　　= *Endopalpiger steini*, *I.* (*En.*) *steini*, *I.* (*Exopalpiger*) *steini*
(216) *I. stilesi* Neumann, 1911 司氏硬蜱
　　= *I. elegans*, *I.* (*Amerixodes*) *stilesi*
(217) *I. stromi* Filippova, 1957 思氏硬蜱

=*I.* (*Ixodiopsis*) *stromi*, *I.* (*Pholeoixodes*) *stromi*, *Pi. stromi*

(218) *I. subterranus* Filippova, 1961 地下硬蜱

= *I.* (*Pholeoixodes*) *subterranus*, *Pi. subterranus*

(219) *I. succineus* Weidner, 1964 琥珀硬蜱

(220) *I. taglei* Kohls, 1969 台氏硬蜱

= *I.* (*Pholeoixodes*) *taglei*, *I.* (*Amerixodes*) *taglei*

(221) *I. tamaulipas* Kohls & Clifford, 1966 塔毛硬蜱

= *I.* (*I.*) *tamaulipas*

(222) *I. tancitarius* Cooley & Kohls, 1942 探夕硬蜱

= *I.* (*I.*) *tancitarius*

(223) *I. tanuki* Saito, 1964 嗜貉硬蜱

= *I.* (*I.*) *tanuki*

(224) *I. tapirus* Kohls, 1956 山貘硬蜱

=*I.* (*I.*) *tapirus*

(225) *I. tasmani* Neumann, 1899 沓氏硬蜱

= *I.* (*I.*) *tasmani*, *I.* (*Endopalpiger*) *tasmani*, *En. tasmani*, *I.* (*En.*) *t. victoriae*, *I.* (*En.*) *t. tasmani*, *I.* (*Exopalpiger*) *tasmani*

(226) *I. tecpanensis* Kohls, 1956 太盼硬蜱

= *I.* (*I.*) *tecpanensis*

(227) *I. texanus* Banks, 1909 得州硬蜱

= *I. pratti*, *I.* (*Pholeoixodes*) *texanus*, *Pi. texanus*

(228) *I. theilerae* Arthur, 1953 泰氏硬蜱

= *I. theileri*, *Scaphixodes* (*Trichotoixodes*) *theilerae*

(229) *I. thomasae* Arthur & Burrow, 1957 汤氏硬蜱

= *I.* (*Afrixodes*) *thomasae*

(230) *I. tiptoni* Kohls & Clifford, 1962 惕氏硬蜱

= *I.* (*Pholeoixodes*) *tiptoni*, *I.* (*I.*) *tiptoni*

(231) *I. tovari* Cooley, 1945 妥氏硬蜱

= *I.* (*I.*) *tovari*

(232) *I. transvaalensis* Clifford & Hoogstraal, 1966 德兰硬蜱

= *I.* (*Afrixodes*) *transvaalensis*

(233) *I. trianguliceps* Birula, 1895 锥头硬蜱

= *I. tenuirostris*, *I.* (*I.*) *trianguliceps*, *I.* (*I.*) *tenuirostris*, *I. nivalis*, *I. n. suecieus*, *I.* (*Exopalpiger*) *nivalis*, *I.* (*Ex.*) *trianguliceps*, *I.* (*Ex.*) *tenuirostris*, *Endopalpiger heroldi*, *Ex. heroldi*, *I. triangulatus*, *Ex. trianguliceps*

(234) *I. trichosuri* Roberts, 1960 袋鼯硬蜱

= *I.* (*Sternalixodes*) *trichosuri*

(235) *I. tropicalis* Kohls, 1956 热带硬蜱

= *I.* (*I.*) *tropicalis*

(236) *I. turdus* Nakatsuji, 1942 鸫硬蜱

= *Scaphixodes* (*Trichotoixodes*) *turdus*

(237) *I. ugandanus* Neumann, 1906 乌干达硬蜱

= *I.* (*I.*) *u. ugandanus*, *I. ampullaceus*, *I. mossambicus*, *I. mossambicensis*, *I.* (*Afrixodes*) *ugandanus*

(238) *I. unicavatus* Neumann, 1908 单囊硬蜱

= *I.* (*I.*) *unicavatus*, *Scaphixodes unicavatus*, *I. tauricus*, *I.* (*Sc.*) *tauricus*, *I.* (*Sc.*) *unicavatus*, *Sc.* (*Sc.*) *unicavatus*

(239) *I. uriae* White, 1852 海鸦硬蜱

= *Hyalomma puta*, *I. fimbriatus*, *I. borealis*, *I. hirsutus*, *I. putus*, *I. puta*, *Ceratixodes putus*, *Ci. puta*, *I.* (*Ci.*) *putus*, *Ci. borealis*, *I.* (*I.*) *hirsutus*, *I.* (*Ci*) *p. procellariae*, *I. p. procellariae*, *Ci. p. procellariae*, *Dermacentor rosmari*, *Ci. uriae*, *Ci. uriae procellariae*, *I.* (*Ci.*) *uriae*

(240) *I. vanidicus* Schulze, 1943 混淆硬蜱

= *I.* (*Afrixodes*) *vanidicus*

(241) *I. venezuelensis* Kohls, 1953 委内硬蜱

= *I.* (*I.*) *venezuelensis*

(242) *I. ventalloi* Gil Collado, 1936 奋氏硬蜱

= *I. thompsoni*, *I. festai*, *I.* (*I.*) *ventalloi*

(243) *I. vespertilionis* Koch, 1844 长蝠硬蜱

= *I. flavipes*, *Eschatocephalus gracilipes*, *Ec. nodulipes*, *I. troglodytes*, *Haemalastor gracilipes*, *Sarconyssus brevipes*, *S. kochi*, *S. hispidulus*, *S. flavidus*, *S. exaratus*, *S. brevipes*, *S. flavipes*, *S. nodulipes*, *I. longipes*, *Eschatocephalus seidlitzii*, *Ec. frauenfeldi*, *I. siculifer*, *H. vespertilionis*, *H. exaratus*, *H. nodulipes*, *I. nodulipes*, *I. pagurus*, *Peplonyssus pagurus*, *Ec. seidlitzi*, *Ec. vespertilionis*, *Ec. exaratus*, *Ec. flavipes*, *I.* (*I.*) *exaratus*, *I.* (*Ec.*) *vespertilionis*

(244) *I. vestitus* Neumann, 1908 覆毛硬蜱

= *I.* (*I.*) *vestitus*, *I.* (*Exopalpiger*) *vestitus*

(245) *I. victoriensis* Nuttall, 1916 维多硬蜱

=*I.* (*Endopalpiger*) *victoriensis*, *I.* (*Exopalpiger*) *victoriensis*

(246) *I. walkerae* Clifford, Kohls & Hoogstraal, 1968 沃氏硬蜱

= *I.* (*Afrixodes*) *walkerae*

(247) *I. werneri* Kohls, 1950 畏氏硬蜱

= *I.* (*I.*) *werneri*

(248) *I. woodi* Bishopp, 1911 武氏硬蜱

= *I. angustus woodi*, *I.* (*Pholeoixodes*) *woodi*, *Pi. woodi*, *I.* (*Ixodiopsis*) *woodi*

(249) *I. woyliei* Ash, Elliot, Godfrey, Burmej, Abdad, Northover, Wayne, Morris, Clode, Lymbery & Thompson, 2017 沃利硬蜱

(250) *I. zaglossi* Kohls, 1960 针鼹硬蜱

= *I.* (*Endopalpiger*) *zaglossi*, *I.* (*Exopalpiger*) *zaglossi*

(251) *I. zairensis* Keirans, Clifford & Walker, 1982 扎伊硬蜱

= *I.* (*Afrixodes*) *zairensi*

无效种：①*I. apteridis* Maskell, 1897，Camicas 等 (1998)认为鸭硬蜱 *I. anatis* Chilton, 1904 是此种的同物异名，值得关注的是，Dumbleton (1953)曾对此种进行了详细阐述，他指出 *I. apteridis* 在分类上具有优先权，但由于 *I. apteridis* 的模式种丢失且不能通过此种的描述来准确鉴定物种，因此应保留鸭硬蜱，为此 *I. apteridis* 为无效种；②*I. donarthuri* Santos Dias, 1980，Keirans 和 Hillyard (2001)通过观察其副模认为是奈氏硬蜱 *I. neitzi* Clifford, Walker & Keirans, 1977 的同物异名；③*I. kempi* Nuttall, 1913，Keirans 和 Brewster (1981)观察了选模和副选模后认为是粒形硬蜱 *I. granulatus* Supino, 1897 的同物异名；④*I. neotomae* Cooley, 1944，Norris 等 (1997) 经观察后认为是棘须硬蜱 *I. spinipalpis* Hadwen & Nuttall, 1916 的同物异名；⑤壤塘硬蜱 *I. rangtangensis* Teng, 1973，邓国藩 (1986) 指出此种为寄麝硬蜱 *I. moschiferi* Nemenz, 1968 的同物异名；⑥乌拉硬蜱 *I. uruguayensis* Kohls & Clifford, 1967，Venzal 等 (2001) 鉴定了此种的幼蜱和若蜱，发现应为长盾硬蜱 *I. longiscutatus* Boero, 1944，因此 *I. uruguayensis* 是长盾硬蜱的同物

异名；⑦*I. zealandicus* (Dumbleton, 1953)，此物种为耳髁硬蜱 *I. auritulus* Neumann, 1904 的同物异名；⑧聪氏硬蜱 *I. zumpti* Arthur, 1960，Arthur (1965)及 Wilson (1970)证明此种为凯盖硬蜱 *I. kerguelenensis* Andre & Colas-Belcour, 1942 的同物异名。

2. 花蜱属 *Amblyomma* Koch, 1844 [*Am*] (140 种)

(1) *Am. albolimbatum* Neumann, 1907 白边花蜱
= *Am.* (*Anastosiella*) *albolimbatum*, *Am.* (*Cernyomma*) *albolimbatum*

(2) *Am. albopictum* Neumann, 1899 白纹花蜱
= *Am. haitianum*, *Ixodes variegatus*, *Am.* (*Keiransiella*) *albopictum*, *Am.* (*Cernyomma*) *albopictum*

(3) *Am. americanum* (Linnaeus, 1758) 美洲花蜱
= *Acarus americanus*, *Ac. nigua*, *Am. americana*, *Am. americanus*, *Am. unipunctata*, *Am. unipunctatum*, *Euthesius americanus*, *Haemalastor americanus*, *Ixodes americanus*, *I. nigua*, *I. orbiculatus*, *I. orbicularis*, *I. unipuncta*, *I. unipunctata*, *I. unipunotata*, *I. unipictus*, *I. nigra*, *Rhynchoprion americanum*, *Rh. americanus*, *Am. amblyomma*, *Am. foreli*, *Am.* (*Anastosiella*) *americanum*, *Am.* (*Am.*) *americanum*

(4) *Am. anicornuta* Apanaskevich & Apanaskevich, 2018 角肛花蜱

(5) *Am. antillorum* Kohls, 1969 安岛花蜱
= *Am. antillonim*, *Am.* (*Keiransiella*) *antillorum*, *Am.* (*Cernyomma*) *antillorum*

(6) *Am. arcanum* Karsch, 1879 隐匿花蜱
= *Aponomma arcanum*, *Ap. exornatum flavomaculatum*, *Ap.* (*Ap.*) *arcanum*, *Am.* (*Ap.*) *arcanum*

(7) *Am. argentinae* Neumann, 1905 阿根廷花蜱
= *Am. diemeniae*, *Am. testudinis*, *Haemalastor argentinae*, *Ixodes testudinis*, *Acarus testudinis*, *Am. testidinis*, *Am. testudines*, *Am.* (*Macintoshiella*) *testudinis*, *Am.* (*Walkeriana*) *argentinae*

(8) *Am. astrion* Dönitz, 1909 星珠花蜱
= *Amblyomma cohaerens*, *Am.* (*Theileriella*) *astrion*, *Am.* (*Xiphiastor*) *astrion*

(9) *Am. aureolatum* (Pallas, 1772) 金线花蜱
= *Acarus aureolatus*, *Am. aureolatus*, *Am. ovale striatum*, *Am. striatum*, *Am. oblongum*, *Am. confine*, *Haemalastor aureolatus*, *Ixodes aureolatus*, *Am.* (*Am.*) *aureolatum*, *Am.* (*Anastosiella*) *aureolatum*

(10) *Am. auricularium* (Conil, 1878) 耳道花蜱
= *Am. auriculare*, *Am. auricularius*, *Am. concolor*, *Am. curruca*, *Ixodes auricularius*, *Am. auricularum*, *Am. uricularium*, *Am. concoloro*, *Am. curraca*, *Am. pseudoconcolor*, *Am.* (*Amerindia*) *pseudoconcolor*, *Am.* (*Adenopleura*) *auricularium*

(11) *Am. australiense* Neumann, 1905 澳洲花蜱
= *Am.* (*Theileriella*) *australiense*, *Am.* (*Adenopleura*) *australiense*

(12) *Am. babirussae* Schulze, 1933 鹿猪花蜱
= *Am. cyprium*, *Am. cyprium cyprium*, *Am.* (*Amerindia*) *babirussae*, *Am.* (*Cernyomma*) *babirussae*

(13) *Am. beaurepairei* Vogelsang & Santos Dias, 1953 毕氏花蜱
= *Am.* (*Adenopleura*) *beaurepairei*

(14) *Am. birmitum* Chitimia-Dobler, de Araujo, Ruthensteiner, Pfeffer & Dunlop, 2017 缅甸花蜱

(15) *Am. boeroi* Nava, Mangold, Mastropaolo, Venzal, Oscherov & Guglielmone, 2009 卟氏花蜱

(16) *Am. boulengeri* Hirst & Hirst, 1910 帛氏花蜱
= *Am.* (*Cernyomma*) *boulengeri*

(17) *Am. brasiliense* Aragão, 1908 巴西花蜱
= *Am. brasiliensis*, *Am. braziliense*, *Am. braziliensis*, *Am.* (*Anastosiella*) *brasiliense*, *Am.* (*Dermiomma*) *brasiliense*

(18) *Am. breviscutatum* Neumann, 1899 短盾花蜱

= Am. breviscutatum aeratipes, Am. cyprium, Am. cyprium aeratipes, Am. cyprium cyprium, Am. dammermani, Am. quasicyprium, Am. scaevola, Am. cyprinum, Am. cyprium aetipes, Am. dommermani, Am. (Adenopleura) cyprium cyprium, Am. (Adenopleura) cyprium aeratipes, Am. (Cernyomma) breviscutatum

(19) *Am. cajennense* (Fabricius, 1787) 卡宴花蜱

= Acarus cajennense, Ac. cajennensis, Am. cajennense cajennense, Am. finitimum, Am. tapiri, Am. tenellum, Ixodes cajennense, I. cajennensis, Am. cajamense, Am. cajanense, Am. cajannense, Am. cajennese, Am. cajenneense, Am. cajennenese, Am. cajennens, Am. cajennensi, Am. cajennesse, Am. cajennse, Am. cajeunense, Am. canjennense, Am. cayannense, Am. cayenense, Am. cayennense, Ac. cajennesis, Am. tellum, I. cajennesis, I. cayenensis, I. herrerae, Am. parviscutatum, Am. cajennenese parviscutatum, Am. (Am.) cajennense

(20) *Am. calabyi* Roberts, 1963 喀氏花蜱

= Am. (Cernyomma) calabyi

(21) *Am. calcaratum* Neumann, 1899 基距花蜱

= Am. calcaratum calcaratum, Am. calcaratum leucozomum, Am. calcaratum venezuelense, Am. fossum intermedium, Am. leucozomum, Am. (Am.) leucozomum, Am. (Am.) calcaratum, Am. (Dermiomma) calcaratum

(22) *Am. chabaudi* Rageau, 1964 侠氏花蜱

= Am. (Adenopleura) chabaudi

(23) *Am. clypeolatum* Neumann, 1899 镶盾花蜱

= Am. atrogenatum, Am. zeylanicum, Am. zelanicum, Am. (Adenopleura) clypeolatum, Am. (Xiphiastor) clypeolatum

(24) *Am. coelebs* Neumann, 1899 独特花蜱

= Am. bispinosum, Am. collebs, Am. (Am.) coelebs, Am. (Dermiomma) coelebs

(25) *Am. cohaerens* Dönitz, 1909 连纹花蜱

= Am. anceps, Am. choarence, Am. chohaerens, Am. choherense, Am. hebraeum, Am. cohaeren, Am. cohaerence, Am. cohaerense, Am. coharens, Am. cohearens, Am. coherence, Am. coherens, Am. (Theileriella) cohaerens, Am. (Xiphiastor) cohaerens

(26) *Am. compressum* (Macalister, 1872) 扁体花蜱

= Adenopleura compressum, Am. cuneatum, Am. javanense cuneatum, Haemalastor compressum, Am. compressum compressum, Am. (Adenopleura) compressum

(27) *Am. cordiferum* Neumann, 1899 心形花蜱

= Am. (Cernyomma) cordiferum, Am. (Walkeriana) cordiferum

(28) *Am. crassipes* (Neumann, 1901) 厚体花蜱

= Aponomma crassipes, Ap. (Ap.) crassipes, Am. (Ap.) crassipes

(29) *Am. crassum* Robinson, 1926 厚实花蜱

= Am. erassum, Am. (Macintoshiella) crassum, Am. (Walkeriana) crassum

(30) *Am. crenatum* Neumann, 1899 堞垛花蜱

= Am. subluteum, Haemalastor crenatum, Am. sublutum, Am. (Anastosiella) subluteum, Am. (Xiphiastor) crenatum

(31) *Am. cruciferum* Neumann, 1901 十纹花蜱

= Am. (Walkeriana) cruciferum, Am. (Cernyomma) cruciferum

(32) *Am. darwini* Hirst & Hirst, 1910 达氏花蜱

= Am. darwini wollebaeki, Am. (Adenopleura) darwini, Am. (Cernyomma) darwini

(33) *Am. dissimile* Koch, 1844 异形花蜱

= *Am. adspersum, Am. cubanum, Am. deminutivum, Am. infumatum, Am. irroratum, Am. margaritae, Am. trinitatis, Aponomma thumbi, Haemalastor dissimile, Ixodes boarum, Ixodes pulchellus, Am. dissimili, Am. dissimilis, Am. diminutivum, Am. infutum, Am. trinitatus*

(34) *Am. dubitatum* Neumann, 1899 疑种花蜱

= *Am. cajennense chacoensis, Am. cooperi, Am. lutzi, Am. ypsilophorum, Am. ypisilophorum, Am. (Theileriella) lutzi, Am. (Theileriella) dubitatum, Am. (Adenopleura) dubitatum, Am. (Dermiomma) dubitatum*

(35) *Am. eburneum* Gerstäcker, 1873 大象花蜱

= *Am. barbaricum, Am. hebraeum eburneum, Am. ebruneum, Am. eburnum, Am. haebraeum eburneum, Am. hebraeum eburnum, Am. (Anastosiella) eburneum, Am. (Xiphiastor) eburneum*

(36) *Am. echidnae* Roberts, 1953 针鼹花蜱

(37) *Am. elaphense* (Price, 1959) 红鹿花蜱

= *Aponomma elaphense, Ap. elaphensis, Ap. (Ap.) elaphense, Am. (Ap.) elaphense*

(38) *Am. exornatum* Koch, 1844 外饰花蜱

= *Am. neglectum, Aponomma exornatum, Ap. neglectum, Ap. rondelliae, Am. enornatum, Ap. (Ap.) rondelliae, Ap. (Ap.) exornatum, Am. (Ap.) exornatum*

(39) *Am. extraoculatum* Neumann, 1899 突眼花蜱

= *Am. (Koloninum) extraoculatum, Am. (Cernyomma) extraoculatum*

(40) *Am. falsomarmoreum* Tonelli-Rondelli, 1935 仿石花蜱

= *Am. clypeolatum, Am. (Theileriella) falsomarmoreum, Am. (Xiphiastor) falsomarmoreum*

(41) *Am. fimbriatum* Koch, 1844 穗缘花蜱

= *Aponomma ecinctum, Ap. fimbriatum, Ap. simplex, Ap. trabeatum, Ap. undatum fimbriatum, Ap. fimbriatum trabeatum, Ap. (Ap.) fimbriatum, Am. (Ap.) fimbriatum*

(42) *Am. flavomaculatum* (Lucas, 1846) 黄斑花蜱

= *Aponomma flavomaculatum, Ap. halli, Ap. pulchrum, Ixodes flavomaculatum, Ixodes flavomaculatus, Ixodes varani, Ap. exornatum, Ap. exornatum flavomaculatum, Ophiodes flavomaculatum, Op. flavomaculatus, Ap. flavamaculatum, Ap. (Ap.) flavomaculatum, Am. (Ap.) flavomaculatum*

(43) *Am. fulvum* Neumann, 1899 黄褐花蜱

= *Am. (Adenopleura) fulvum, Am. (Cernyomma) fulvum*

(44) *Am. fuscolineatum* (Lucas, 1847) 褐线花蜱

= *Am. fuscolineatus, Aponomma fuscolineatum, Ap. fuscolineatus, Ixodes fuscolineatus, Am. serpentinum, Am. (Adenopleura) fuscolineatum, Ap. (Ap.) fuscolineatum, Am. (Ap.) fuscolineatum*

(45) *Am. fuscum* Neumann, 1907 暗褐花蜱

= *Am. (Adenopleura) fuscum*

(46) *Am. geayi* Neumann, 1899 哥氏花蜱

= *Am. v-notatum, Am. gaeyi*

(47) *Am. gemma* Dönitz, 1909 宝石花蜱

= *Am. gema, Am. gemina, Am. (Theileriella) gemma, Am. (Xiphiastor) gemma*

(48) *Am. geochelone* Durden, Keirans & Smith, 2002 陆龟花蜱

(49) *Am. geoemydae* (Cantor, 1847) 嗜龟花蜱

= *Am. boucaudi, Am. caelaturum, Am. caelaturum perfectum, Am. formosanum, Am. malayanum, Haemalastor geoemydae, Ixodes geoemydae, Am. geomydae, Am. coelaturum, Am. coelaturum perfectum, Am. cyprium, Am. (Adenopleura) geoemydae, Am. (Ad.) boucaudi, Am. (Cernyomma) geoemydae*

(50) *Am. gervaisi* (Lucas, 1847) 伽氏花蜱

= *Aponomma gervaisi, Ap. gervaisi gervaisi, Ap. gervaisi toreuma, Ap. gervaisi typica, Haemaphysalis sindensis*, *Ixodes gervaisi*, *Ophiodes gervaisi*, *Ap. gervarsii*, *I. gerveasii*, *Op. ophiophilus*, *Op. gervaisii*, *Ap. paragonicum*, *Ap. pulchrum*, *Ap.* (*Ap.*) *pulchrum*, *Ap.* (*Ap.*) *gervaisi*, *Am.* (*Ap.*) *gervaisi*

(51) *Am. glauerti* Keirans, King & Sharrad, 1994 革氏花蜱

= *Am. glauteri*, *Am.* (*Cernyomma*) *glauerti*

(52) *Am. goeldii* Neumann, 1899 勾氏花蜱

= *Am. ininii*, *Am.* (*Dermiomma*) *goeldii*

(53) *Am. hadanii* Nava, Mastropaolo, Mangold, Martins, Venzal & Guglielmone, 2014 嗨氏花蜱

(54) *Am. hainanense* Teng, 1981 海南花蜱

= *Am. haiananense*, *Am.* (*Adenopleura*) *hainanense*

(55) *Am. hebraeum* Koch, 1844 希伯来花蜱

= *Am. annulipes*, *Am. hebraeum hebraeum*, *Am. theilerae*, *Am. theileri*, *Haemalastor hebraeum*, *Ixodes poortmani*, *Am. haebreum*, *Am. hebraem*, *Am. hebraum*, *Am. hebreum*, *Am. hassalli*, *Am.* (*Theileriella*) *theilerae*, *Am.* (*Ti.*) *hebraeum*, *Am.* (*Xiphiastor*) *hebraeum*

(56) *Am. helvolum* Koch, 1844 灰黄花蜱

= *Am. decoratum*, *Am. feuerborni*, *Am. furcosum*, *Am. quadrimaculatum*, *Am. tenimberense*, *Aponomma tenimberense*, *Haemalastor helvolum*, *Am. helvalum*, *Am. decoloratum*, *Am. feuerbornia*, *Am. tenimerbense*, *Rhipicephalus furcosum*, *Ixodes aquilae*, *Am.* (*Aponomma*) *tenimberense*, *Am.* (*Theileriella*) *helvolum*, *Am.* (*Cernyomma*) *helvolum*

(57) *Am. hirtum* Neumann, 1906 多毛花蜱

= *Am.* (*Cernyomma*) *hirtum*

(58) *Am. humerale* Koch, 1844 肩斑花蜱

= *Am. brimonti*, *Am. gypsatum*, *Am. gypsatus*, *Am. longirostrum*, *Haemalastor humerale*, *Am. humeralae*, *Am. humerali*, *Am. humerli*, *Am.* (*Hoogstraalia*) *humerale*, *Am.* (*Macintoshiella*) *humerale*, *Am.* (*Walkeriana*) *humerale*

(59) *Am. imitator* Kohls, 1958 拟态花蜱

= *Am. imitador*, *Am. immitator*, *Am. cajennense imitator*, *Am.* (*Am.*) *imitator*

(60) *Am. incisum* Neumann, 1906 切痕花蜱

= *Am. brasiliense superbrasiliense*, *Am. superbrasiliense*, *Am. iscisum*, *Am.* (*Filippovanaia*) *incisum*, *Am.* (*Dermiomma*) *incisum*

(61) *Am. inopinatum* (Santos Dias, 1989) 意外花蜱

= *Aponomma inopinatum*, *Ap.* (*Ap.*) *inopinatum*, *Am.* (*Ap.*) *inopinatum*

(62) *Am. inornatum* (Banks, 1909) 无饰花蜱

= *Am. inornata*, *Am. philipi*, *Aponomma inornata*, *Am. inoratum*, *Am. inortatum*, *Am. inornatum*, *Am.* (*Amerindia*) *inornatum*, *Am.* (*Adenopleura*) *inornatum*

(63) *Am. integrum* Karsch, 1879 完满花蜱

= *Am. mudaliari*, *Am. prolongatum*, *Am. mudalliuri*, *Am. prolongnatum*, *Am. distinctum*, *Am.* (*Theileriella*) *integrum*, *Am.* (*Xiphiastor*) *integrum*

(64) *Am. interandinum* Beati, Nava & Cáceres, 2014 安谷花蜱

(65) *Am. javanense* (Supino, 1897) 爪哇花蜱

= *Am. badium*, *Am. compressum javanense*, *Am. indicum*, *Am. javanense javanense*, *Am. javanensis*, *Am. sublaeve*, *Aponomma capponii*, *Ap. javanense*, *Dermacentor indicus*, *Haemalastor javanensis*, *Rhipicephalus javanensis*, *Ap. politum*, *Ap. javanense javanense*, *Am. compressum javanense*, *Am.* (*Adenopleura*) *javanense*

(66) *Am. komodoense* (Oudemans, 1928) 科莫花蜱

= *Am. draconis*, *Aponomma komodoense*, *Ap.* (*Ap.*) *komodoense*, *Ap. draconis*, *Am.* (*Ap.*) *komodoense*

(67) *Am. kraneveldi* (Anastos, 1956) 埃氏花蜱

= *Aponomma kraneveldi, Ap. karneveldi, Ap. (Ap.) kraneveldi, Am. (Ap.) kraneveldi*

(68) *Am. latepunctatum* Tonelli-Rondelli, 1939 隐点花蜱

(69) *Am. latum* Koch, 1844 宽体花蜱

= *Aponomma falsolaeve, Ap. laeve capense, Ap. laeve capensis, Ap. latum, Ap. ochraceum, Hyalomma latum, Ap. larve capensis, Am. laeve, Ap. laeve, Ap. laeve lueve, Ap. (Ap.) ochraceum, Ap. (Ap.) latum, Am. (Ap.) latum*

(70) *Am. lepidum* Dönitz, 1909 丽表花蜱

= *Am. hebraeum lepidum, Am. lepidium, Am. lepidu, Am. haebraeum lepidum, Am. (Theileriella) lepidum, Am. (Xiphiastor) lepidum*

(71) *Am. limbatum* Neumann, 1899 宽边花蜱

= *Am. limbatus, Am. (Theileriella) limbatum, Am. (Cernyomma) limbatum*

(72) *Am. loculosum* Neumann, 1907 区盾花蜱

= *Am. sternae, Am. (Adenopleura) loculosum*

(73) *Am. longirostre* (Koch, 1844) 长喙花蜱

= *Am. avecolens, Am. avicola, Am. giganteum, Am. longirostris, Haemalastor crassitarsus, Haemalastor longirostris, Hyalomma crassitarsus, Hyalomma longirostre, Hyalomma longirostris, Am. longirostra, Am. longirotre, Am. longyrostre, Am. avecolense, Am. (Haemalastor) longirostris, Am. (Keiransiella) avecolens, Am. (Haemalastor) longirostre*

(74) *Am. macfarlandi* Keirans, Hoogstraal & Clifford, 1973 唛氏花蜱

= *Am. (Macintoshiella) macfarlandi, Am. (Cernyomma) macfarlandi*

(75) *Am. macropi* Roberts, 1953 劢氏花蜱

= *Am. (Cernyomma) macropi*

(76) *Am. maculatum* Koch, 1844 斑体花蜱

= *Haemalastor maculatum, Am. immaculatum, Am. macuatum, Am. maculata, Am. maculatus, Am. macuolatum, Am. (Anastosiella) maculatum*

(77) *Am. marmoreum* Koch, 1844 石坡花蜱

= *Haemalastor marmoreum, Am. hassalli, Am. rugosum, Am. devium, Am. serpentinum, Am. (Theileriella) marmoreum, Am. (Xiphiastor) marmoreum*

(78) *Am. mixtum* Koch, 1844 杂色花蜱

= *Am. mixtus, Am. versicolor, Am. versicolore, Ixodes mixtus*

(79) *Am. moreliae* (Koch, 1867) 蟆氏花蜱

= *Ixodes moreliae, Aponomma moreliae, Am. (Adenopleura) moreliae, Am. (Cernyomma) moreliae*

(80) *Am. moyi* Roberts, 1953 嗼氏花蜱

= *Am. (Anastosiella) moyi, Am. (Cernyomma) moyi*

(81) *Am. multipunctum* Neumann, 1899 多点花蜱

= *Am. (Am.) multipunctum, Am. (Dermiomma) multipunctum*

(82) *Am. naponense* (Packard, 1869) 纳波花蜱

= *Am. mantiquirense, Am. naponensis, Ixodes naponensis, Am. mantiquerense, Am. (Amerindia) mantiquerense, Am. (Aa.) naponense, Am. (Dermiomma) naponense*

(83) *Am. neumanni* Ribaga, 1902 纽氏花蜱

= *Am. furcula, Am. eumanni, Am. neumani, Am. fuscula, Am. (Anastosiella) neumanni*

(84) *Am. nitidum* Hirst & Hirst, 1910 光泽花蜱

= *Am. laticaudae, Am. (Adenopleura) nitidum, Am. (Cernyomma) nitidum*

(85) *Am. nodosum* Neumann, 1899 须突花蜱

= *Am. uncatum*, *Am.* (*Am.*) *nodosum*, *Am.* (*Dermiomma*) *nodosum*

(86) *Am. nuttalli* Dönitz, 1909 纳氏花蜱

= *Am. werneri*, *Am. werneri typicum*, *Am. werneri werneri*, *Am. nuttali*, *Am. rugosum*, *Am. silvai*, *Am.* (*Theileriella*) *nuttalli*, *Am.* (*Xiphiastor*) *nuttalli*

(87) *Am. oblongoguttatum* Koch, 1844 椭斑花蜱

= *Am. darlingi*, *Am. vittatum*, *Am. longoguttatum*, *Am. oblonguttatum*, *Am. obolongoguttatum*, *Am. strobeli*, *Am. guianense*, *Am. Exophtalmum*, *Am.* (*Amerindia*) *exophtalmum*, *Am.* (*Am.*) *guianense*, *Am.* (*Am.*) *oblongoguttatum*

(88) *Am. orlovi* (Kolonin, 1992) 奥氏花蜱

= *Africaniella orlovi*, *Aponomma orlovi*, *Ap.* (*Africaniella*) *orlovi*

(89) *Am. ovale* Koch, 1844 卵形花蜱

= *Am. auronitens*, *Am. beccarii*, *Am. confine*, *Am. fossum*, *Am. oblongum*, *Am. ovale kriegi*, *Am. quasistriatum*, *Am. striatum fossum*, *Am. ovale krieg*, *Am.* (*Am.*) *ovale*, *Am.* (*Anastosiella*) *ovale*

(90) *Am. pacae* Aragão, 1911 豚鼠花蜱

= *Am. fiebrigi*, *Am. nigrum*, *Am.* (*Filippovanaia*) *pacae*, *Am.* (*Dermiomma*) *pacae*

(91) *Am. papuanum* Hirst, 1914 巴布花蜱

= *Am. papuana*, *Am.* (*Adenopleura*) *papuanum*, *Am.* (*Macintoshiella*) *papuanum*, *Am.* (*Cernyomma*) *papuanum*

(92) *Am. parkeri* Fonseca & Aragão, 1952 帕氏花蜱

= *Am.* (*Adenopleura*) *parkeri*, *Am.* (*Haemalastor*) *parkeri*

(93) *Am. parvitarsum* Neumann, 1901 小跗花蜱

= *Am. altiplanum*, *Am. parvitansum*, *Am.* (*Anastosiella*) *parvitarsum*

(94) *Am. parvum* Aragão, 1908 侏仔花蜱

= *Am. carenatum*, *Am. parvum carenatus*, *Am. parvu*, *Am. parvus*, *Am. minutum*, *Am.* (*Brasiliana*) *parvum*, *Am.* (*Amerindia*) *parvum*, *Am.* (*Adenopleura*) *parvum*

(95) *Am. patinoi* Labruna, Nava & Beati, 2014 筢氏花蜱

(96) *Am. pattoni* (Neumann, 1910) 派氏花蜱

= *Am. pseudolaeve*, *Aponomma laeve paradoxum*, *Ap. pattoni*, *Ap. pseudolaeve*, *Ap.* (*Ap.*) *pseudolaeve*, *Ap.* (*Ap.*) *pattoni*, *Am.* (*Ap.*) *pattoni*

(97) *Am. paulopunctatum* Neumann, 1899 稀点花蜱

= *Am. sparsum paulopunctatum*, *Am. paulopunotatum*, *Am. trimaculatum*, *Am.* (*Anastosiella*) *paulopunctatum*, *Am.* (*Xiphiastor*) *paulopunctatum*

(98) *Am. pecarium* Dunn, 1933 西猯花蜱

= *Am.* (*Anastosiella*) *pecarium*, *Am.* (*Am.*) *pecarium*

(99) *Am. personatum* Neumann, 1901 脸盾花蜱

= *Am.* (*Theileriella*) *personatum*, *Am.* (*Xiphiastor*) *personatum*

(100) *Am. pictum* Neumann, 1906 绣纹花蜱

= *Am. conspicuum*, *Am.* (*Theileriella*) *pictum*, *Am.* (*Adenopleura*) *pictum*, *Am.* (*Dermiomma*) *pictum*

(101) *Am. pilosum* Neumann, 1899 毛茸花蜱

= *Am.* (*Macintoshiella*) *pilosum*, *Am.* (*Cernyomma*) *pilosum*

(102) *Am. pomposum* Dönitz, 1909 华丽花蜱

= *Am. variegatum nocens*, *Am. nocens*, *Am. superbum*, *Am. variegatum pomposum*, *Am. supurbum*, *Am.* (*Theileriella*) *pomposum*, *Am.* (*Xiphiastor*) *pomposum*

(103) *Am. postoculatum* Neumann, 1899 睛后花蜱

= *Am.* (*Theileriella*) *postoculatum*, *Am.* (*Cernyomma*) *postoculatum*

(104) *Am. pseudoconcolor* Aragão, 1908 似色花蜱

= *Am. pseudocobcolor*, *Am. pseudocolor*, *Am.* (*Amerindia*) *pseudoconcolor*

(105) *Am. pseudoparvum* Guglielmone, Mangold & Keirans, 1990 似侏花蜱

= *Am.* (*Amerindia*) *pseudoparvum*, *Am.* (*Adenopleura*) *pseudoparvum*

(106) *Am. quadricavum* (Schulze, 1941) 四腔花蜱

= *Am. arianae*, *Am.* (*Adenopleura*) *arianae*, *Aponomma quadricavum*, *Ap.* (*Ap.*) *quadricavum*, *Am.* (*Cernyomma*) *quadricavum*

(107) *Am. rhinocerotis* (de Geer, 1778) 犀牛花蜱

= *Acarus rhinocerotis*, *Am. aureum*, *Am. foai*, *Am. petersi*, *Am. walckenaeri*, *Cynorhaestes rhinocerotis*, *Dermacentor rhinocerotis*, *Haemalastor rhinocerotis*, *Hyalomma walckenaeri*, *Ixodes rhinocerotis*, *I. walckenaeri*, *Dermacentor rhinozerotis*, *D. rhinocerotis rhinocerotis*, *Rhipicephalus walckenaeri*, *Am.* (*Anastosiella*) *rhinocerotis*, *Am.* (*Xiphiastor*) *rhinocerotis*

(108) *Am. robinsoni* Warburton, 1927 柔氏花蜱

= *Am.* (*Cernyomma*) *robinsoni*

(109) *Am. romarioi* Martins, Luz & Labruna, 2019 罗氏花蜱

(110) *Am. romitii* Tonelli-Rondelli, 1939 络氏花蜱

= *Am. tasquei*

(111) *Am. rotundatum* Koch, 1844 圆形花蜱

= *Am. agamum*, *Am. fuscomaculatum*, *Am. goeldii*, *Am. ininii*, *Am. kerberti*, *Aponomma kerberti*, *Haemalastor rotundatum*, *Ixodes fuscomaculatus*, *Am. rotondatum*, *Am. rotundum*, *I. rotundatum*, *Am. agamun*, *Am. aganum*, *I. flavomaculatus*, *Am.* (*Macintoshiella*) *rotundatum*, *Am.* (*Filippovanaia*) *fuscomaculatum*, *Am.* (*Walkeriana*) *rotundatum*

(112) *Am. sabanerae* Stoll, 1894 撒氏花蜱

= *Am. sahanerae*, *Am. subanerae*, *Am.* (*Macintoshiella*) *sabanerae*, *Am.* (*Walkeriana*) *sabanerae*

(113) *Am. scalpturatum* Neumann, 1906 雕纹花蜱

= *Am. beccarii*, *Am. brasiliense guyanense*, *Am. myrmecophagae*, *Am. myrmecophagium*, *Am. scapturatum*, *Am. sculpturatum*, *Am. brasiliense guianense*, *Am.* (*Dermiomma*) *scalpturatum*, *Am.* (*Filippovanaia*) *scalpturatum*

(114) *Am. sculptum* Berlese, 1888 雕盾花蜱

= *Am. esculptum*, *Am.* (*Am.*) *sculptum*

(115) *Am. scutatum* Neumann, 1899 盾甲花蜱

= *Am. boneti*, *Am. castanedai*, *Am. sculatum*, *Am. scutalum*, *Am. castaneidae*, *Am.* (*Amerindia*) *scutatum*, *Am.* (*Aa.*) *castanedai*, *Am.* (*Adenopleura*) *scutatum*

(116) *Am. soembawense* (Anastos, 1956) 松岛花蜱

= *Aponomma soembawense*, *Ap. soembawensis*, *Ap.* (*Ap.*) *soembawensis*, *Ap.* (*Ap.*) *soembawense*, *Am.* (*Ap.*) *soembawense*

(117) *Am. sparsum* Neumann, 1899 稀毛花蜱

= *Am. faiai*, *Am. hebraeum magnum*, *Am. magnum*, *Am. poematium*, *Am. schlottkei*, *Am. sparsum sparsum*, *Am. werneri poematium*, *Am. werneri schlottkei*, *Am. sparnum*, *Am. faifai*, *Am. hassalli*, *Am. rugosum*, *Am. crenatum*, *Am. hebraeum*, *Am.* (*Theileriella*) *sparsum*, *Am.* (*Xiphiastor*) *sparsum*

(118) *Am. sphenodonti* (Dumbleton, 1943) 齿蜥花蜱

= *Aponomma ludovici*, *Ap. sphenodonti*, *Ap.* (*Ap.*) *sphenodonti*, *Am.* (*Ap.*) *sphenodonti*

(119) *Am. splendidum* Giebel, 1877 光辉花蜱

= *Am. hebraeum splendidum*, *Am. quantini*, *Am. rostratum*, *Haemalastor splendidus*, *Hm. rostratum*, *Xiphiastor rostratum*, *Am. splendens*, *Am.* (*Theileriella*) *splendidum*, *Am.* (*Xa.*) *splendidum*

(120) *Am. squamosum* Kohls, 1953 暗鳞花蜱

= *Am.* (*Adenopleura*) *squamosum*, *Am.* (*Cernyomma*) *squamosum*

(121) *Am. supinoi* Neumann, 1905 苏氏花蜱

= *Am. annandalei*, *Am. testudinis*, *Aponomma testudinis*, *Ixodes testudinis*, *Am. supinae*, *Dermacentor longipes*, *D. feae*, *D. feai*, *Am.* (*Walkeriana*) *supinoi*

(122) *Am. sylvaticum* (de Geer, 1778) 林地花蜱

= *Acarus sylvaticus*, *Am. sylvaticus*, *Cynorhaestes sylvaticus*, *Haemalastor sylvaticus*, *Ixodes sylvaticus*, *Am. syivaticum*, *Am. devium*, *Hyalomma devium*, *Aponomma devium*, *Am.* (*Macintoshiella*) *sylvaticum*, *Am.* (*Walkeriana*) *sylvaticum*

(123) *Am. tapirellum* Dunn, 1933 美貘花蜱

= *Am.* (*Am.*) *tapirellum*

(124) *Am. testudinarium* Koch, 1844 龟形花蜱

= *Am. compactum*, *Am. fallax*, *Am. infestum*, *Am. infestum borneense*, *Am. infestum infestum*, *Am. infestum taivanicum*, *Am. infestum testudinarium*, *Am. testudinarium taivanicum*, *Am. yajimai*, *Haemalastor infestum*, *Hm. infestum testudinarium*, *Hm. testudinarium*, *Ixodes auriscutellatus*, *Am. testadinarium*, *Am. testidinarium*, *Am. testudinalum*, *Am. testudinarum*, *Am. borneense infestum*, *Am. campactum*, *Am. yajimae*, *Am. yijimai*, *Am.* (*Anastosiella*) *infestum*, *Am.* (*Xiphiastor*) *testudinarium*

(125) *Am. tholloni* Neumann, 1899 拓氏花蜱

= *Haemalastor tholloni*, *Am. thalloni*, *Am. thollini*, *Am. thollona*, *Am. tholoni*, *Hm. thollini*, *Am.* (*Theileriella*) *tholloni*, *Am.* (*Xiphiastor*) *tholloni*

(126) *Am. tigrinum* Koch, 1844 虎斑花蜱

= *Am. bouthieri*, *Am. ovatum*, *Am. rubripes*, *Am. trigrinum*, *Dermacentor triangulatus*, *Am.* (*Anastosiella*) *tigrinum*

(127) *Am. tonelliae* Nava, Beati & Labruna, 2014 傥氏花蜱

(128) *Am. torrei* Pérez Vigueras, 1934 陀氏花蜱

= *Am.* (*Adenopleura*) *torrei*, *Am.* (*Cernyomma*) *torrei*

(129) *Am. transversale* (Lucas, 1845) 横沟花蜱

= *Africaniella transversale*, *Aponomma globulus*, *Ap. transversale*, *Ap. transversalis*, *I. globulus*, *I. transversalis*, *Neumanniella transversale*, *Ne. transversalis*, *Ap.* (*Neumanniella*) *transversale*, *Ap.* (*Africaniella*) *transversale*, *Am.* (*Africaniella*) *transversale*

(130) *Am. triguttatum* Koch, 1844 三痕花蜱

= *Am. triguttatum ornatissimum*, *Am. triguttatum queenslandense*, *Am. triguttatum queenslandensis*, *Am. triguttatum rosei*, *Am. triguttatum triguttatum*, *Am. truguttatum*, *Am.* (*Cernyomma*) *triguttatum triguttatum*, *Am.* (*Ce.*) *triguttatum rosei*, *Am.* (*Ce.*) *triguttatum queenslandensis*, *Am.* (*Ce.*) *triguttatum ornatissimum*

(131) *Am. trimaculatum* (Lucas, 1878) 三斑花蜱

= *Aponomma trimaculatum*, *Ap. trimaculatus*, *Ixodes trimaculatus*, *Am. primaculatum*, *Ap. primaculatum*, *Ap. undatum*, *Ap.* (*Ap.*) *trimaculatum*, *Am.* (*Ap.*) *trimaculatum*

(132) *Am. triste* Koch, 1844 暗色花蜱

= *Am.* (*Anastosiella*) *triste*

(133) *Am. tuberculatum* Marx, 1894 肢结花蜱

= *Am.* (*Macintoshiella*) *tuberculatum*, *Am.* (*Walkeriana*) *tuberculatum*

(134) *Am. usingeri* Keirans, Hoogstraal & Clifford, 1973 乌式花蜱

= *Am. asingeri*, *Am.* (*Macintoshiella*) *usingeri*, *Am.* (*Cernyomma*) *usingeri*

(135) *Am. varanense* (Supino, 1897) 巨蜥花蜱

= *Aponomma barbouri*, *Ap. fraudigerum*, *Ap. gervaisi lucasi*, *Ap. lucasi*, *Ap. varanense*, *Ap. varanensis*,

Ixodes varanensis, *Ap. quadratum*, *Ap.* (*Ap.*) *varanense*, *Am.* (*Ap.*) *varanense*

(136) *Am. variegatum* (Fabricius, 1794) 彩饰花蜱

= *Acarus variegatus*, *Am. elegans*, *Am. variegatum variegatum*, *Am. variegatus*, *Am. venustum*, *Haemalastor elegans*, *Hyalomma venustum*, *Ixodes elegans*, *Ixodes variegatus*, *Am. varegatum*, *Am. vareigatum*, *Am. variagatum*, *Am. variegaum*, *Am. varigata*, *Am. varigatum*, *Am. varirgatum*, *Am. vriegatum*, *Hyalomma variegatum*, *Am. hebraeum variegatum*, *Am.* (*Theileriana*) *variegatum*, *Am.* (*Theileriella*) *variegatum*, *Am.* (*Xiphiastor*) *variegatum*

(137) *Am. varium* Koch, 1844 变异花蜱

= *Am. crassipunctatum*, *Am. gertschi*, *Am. varium albida*, *Haemalastor varium*, *Am. varius*, *Am. crassipunctatus*, *Am.* (*Theileriella*) *varium*, *Am.* (*Adenopleura*) *varium*, *Am.* (*Dermiomma*) *varium*

(138) *Am. vikirri* Keirans, Bull & Duffield, 1996 胎蜥花蜱

= *Am. vikkiri*

(139) *Am. williamsi* Banks, 1924 威氏花蜱

= *Am.* (*Macintoshiella*) *williamsi*, *Am.* (*Cernyomma*) *williamsi*

(140) *Am. yucumense* Krawczak, Martins & Labruna, 2015 优库花蜱

无效种：①*Am. acutangulatum* Neumann, 1899；②*Am. arianae* Keirans & Garris, 1986，此种为四腔花蜱 *Am. quadricavum* (Schulze, 1941)的同物异名；③*Am. bibroni* (Gervais, 1842)；④*Am. colasbelcouri* (Santos Dias, 1958)，此种应为括氏血蜱 *H. colasbelcouri* (Santos Dias, 1958) 的同物异名；⑤*Am. cooperi* Nuttall & Warburton, 1908，此种是疑种花蜱 *Am. dubitatum* Neumann, 1899 的同物异名；⑥*Am. curruca* Schulze, 1936，Fairchild 等(1966)通过标本鉴定，并在 Barros-Battesti 的私人通信中认为此种应为耳道花蜱 *Am. auricularium* (Conil, 1878)的同物异名；⑦铜色花蜱 *Am. cyprium* Neumann, 1899，经鉴定，此种与短盾花蜱 *Am. breviscutatum* Neumann, 1899 是同一种，但由于短盾花蜱发表在铜色花蜱之前，所以 *Am. cyprium* 为无效名；⑧*Am. decorosum* (Koch, 1867)，Klompen 等(2002)证实其为波纹槽蜱 *Bothriocroton undatum* (Fabricius, 1775) 的同物异名；⑨*Am. nocens* Robinson, 1912，Keirans 和 Hillyard (2001) 通过鉴定模式标本确定其是华丽花蜱 *Am. pomposum* Dönitz, 1909 的同物异名；⑩瓯氏花蜱 *Am. oudemansi* (Neumann, 1910)，Beati 等 (2008)认为此种应为瓯氏槽蜱 *B. oudemansi* (Neumann, 1910)；⑪*Am. perpunctatum* (Packard, 1869)，Santos Dias (1961)最初认为哥氏花蜱 *Am. geayi* Neumann, 1899 是它的同物异名，但 Fairchild 等 (1966) 认为原始描述不完整。因此本书同 Guglielmone 等(2009)的观点一致，暂且认为种名 *Am. perpunctatum* 无效；⑫*Am. striatum* Koch, 1844，此种为金线花蜱 *Am. aureolatum* (Pallas, 1772)的同物异名；⑬*Am. superbum* Santos Dias, 1953，Voltzit 和 Keirans (2003) 认为此种本名应拼写为 *supurbum*，并且 Walker 和 Olwage (1987) 认为此种应为华丽花蜱 *Am. pomposum* Dönitz, 1909 的同物异名；⑭*Am. testudinis* (Conil, 1877)，此种是阿根花蜱 *Am. argentinae* Neumann, 1905 的同物异名；⑮*Am. trinitatus* Turk, 1948，其种本名应为 *trinitatis*，并且 Keirans 和 Hillyard (2001)认为此种应为异形花蜱 *Am. dissimile* Koch, 1844 的同物异名。

3. 异扇蜱属 *Anomalohimalaya* [*Ah*] (3 种)

(1) *Ah. cricetuli* Teng & Huang, 1981 仓鼠异扇蜱

(2) *Ah. lamai* Hoogstraal, Kaiser & Mitchell, 1970 喇嘛异扇蜱

= *Ah. lama*

(3) *Ah. lotozkyi* Filippova & Panova, 1978 洛氏异扇蜱

4. 槽蜱属 *Bothriocroton* (Keirans, King & Sharrad, 1994) [*B*] (7 种)

(1) *B. auruginans* (Schulze, 1936)回纹槽蜱

= *Aponomma auruginans*, *Ap. auruginosus*, *Ixodes phascolomyis*, *I. phascolomys*, *I. phascolymis*, *Ap. phascolomyis*, *Ap.* (*Ap.*) *auruginans*

(2) *B. concolor* (Neumann, 1899)同色槽蜱

= *Aponomma concolor*, *Ap. tropicum*, *Ap. concalor*, *Ap. hydrosauri*, *Ap.* (*Ap.*) *concolor*

(3) *B. glebopalma* (Keirans, King & Sharrad, 1994)黑蜥槽蜱

= *Aponomma glebopalma*, *Ap.* (*Bothriocroton*) *glebopalma*

(4) *B. hydrosauri* (Denny, 1843)帆蜥槽蜱

= *Am. hydrosauri*, *Aponomma hydrosauri*, *Ap. trachysauri*, *Ixodes hydrosauri*, *I. trachysauri*, *Ap. hidrosauri*, *Ap.* (*Ap.*) *hydrosauri*

(5) *B. oudemansi* (Neumann, 1910)瓯氏槽蜱

= *Am. oudemansi*, *Aponomma oudemansi*, *Ap. oudemansi oudemansi*, *Bothriocroton oedemansi*, *Ap. oudemansi galactites*, *Ap. galactites*, *Ap.* (*Ap.*) *oudemansi*

(6) *B. tachyglossi* (Roberts, 1953)针鼹槽蜱

= *Aponomma tachyglossi*

(7) *B. undatum* (Fabricius, 1775)波纹槽蜱

= *Acarus undatus*, *Am. decorosum*, *Am. varani*, *Aponomma decorosum*, *Ap. decorosus*, *Ap. undatum*, *Ap. undatus*, *Ixodes decorosus*, *I. undatus*, *I. varani*, *Ap.* (*Ap.*) *undatum*, *Ap.* (*Ap.*) *decorosus*

5. 触蜱属 *Cornupalpatum* [*Cr*] (1 种)

(1) *Cornupalpatum burmanicum* Poinar & Brown, 2003 缅甸触蜱

6. 垛蜱属 *Compluriscutula* [*Co*] (1 种)

(1) *Compluriscutula vetulum* Poinar & Buckley, 2008 古老垛蜱

7. 酷蜱属 *Cosmiomma* [*Cs*] (1 种)

(1) *Cs. hippopotamensis* (Denny, 1843) 河马酷蜱

= *Amblyomma hippopotamense*, *Amblyomma hippopotami*, *Cs. bimaculatum*, *Cs. bimaculatus*, *Dermacentor hippopotamensis*, *Hyalomma hippopotamense*, *Ixodes bimaculatus*, *Ixodes hippopotamensis*, *Dermacentor* (*Cs.*) *hippopotamensis*

8. 革蜱属 *Dermacentor* [*D*] (42 种)

(1) *D. abaensis* Teng, 1963 阿坝革蜱

= *Dermacentor* (*D.*) *abaensis*

(2) *D. albipictus* (Packard, 1869) 白纹革蜱

= *Cynorhaestes albipictus*, *Cynorhaestes nigrolineatus*, *D. albipictus nigreolineata*, *D. albipictus nigreolineatus*, *D. erraticus albipictus*, *D. nigrolineatus*, *D. salmoni*, *D. variegatus*, *D. varius*, *Ixodes albipictus*, *Ixodes nigrolineatus*, *D. albitpictus*, *D. albopictus*, *Ixodes erraticus*, *D. variegatus kamshadalus*, *Ixodes oregonensis*, *D. varius kamtschadalus*, *D. erraticus*, *D. albipictus kamshadalus*, *D.* (*Americentor*) *albipictus*, *D. kamtsehadalus*, *D. albipictus kamtschadalus*, *D. variegatus kamtschadalus*

(3) *D. andersoni* Stiles, 1908 安氏革蜱

= *D. modestus*, *D. undersoni*, *Cynorhaestes venustus*, *D. venustus*, *D.* (*Olenevia*) *andersoni*, *D. andersoni venustus*, *D.* (*D.*) *andersoni*, *D. andersoni*

(4) *D. asper* Arthur, 1960 糙盾革蜱

= *D.* (*D.*) *asper*

(5) *D. atrosignatus* Neumann, 1906 妖脸革蜱

= *Indocentor atrosignatus*, *D. astrosignatus*, *D. atrosigmatus*, *D. auratus*, *D.* (*Indocentor*) *atrosignatus*

(6) *D. auratus* Supino, 1897 金泽革蜱

= *D. auratus auratus*, *D. auratus sumatranus*, *Indocentor auratus*, *Indocentor auratus sumatranus*, *D. amratus*, *Indocentor compactus sumatranus*, *D.* (*Indocentor*) *auratus*, *D.* (*Indocentor*) *auralus sumatranus*

(7) *D. bellulus* (Schulze, 1935) 美盾革蜱

=*D. atrosignatus*, *D. auratus*, *D. taiwanensis*

(8) *D. circumguttatus* Neumann, 1897 滴形革蜱

= *Amblyocentor circumguttatus*, *D. circumguttatus circumguttatus*, *D. circumguttatus cunhasilvai*, *D. cricumguttatus*, *Amblyocentor circumguttattus*, *Amblyocentor* (*Puncticentor*) *circumguttatus*, *D.* (*Puncticentor*) *circumguttatus cunha-silvai*, *D.* (*Puncticentor*) *circumguttatus circumguttatus*, *D.* (*Amblyocentor*) *circumguttatus*

(9) *D. compactus* Neumann, 1901 坚实革蜱

= *D. auratus compactus*, *Indocentor compactus*, *Indocentor compactus compactus*, *Indocentor compactus tricuspis*, *D.* (*Indocentor*) *compactus*

(10) *D. confragus* (Schulze, 1933) 脆盾革蜱

= *D. confractus*, *Indocentor confractus*, *Indocentor confragtus*, *D.* (*Indocentor*) *confractus*, *Indocentor confragus*

(11) *D. dispar* Cooley, 1937 异色革蜱

= *D.* (*D.*) *dispar*

(12) *D. dissimilis* Cooley, 1947 异纹革蜱

= *Anocentor dissimilis*, *D. nigrolineatus*

(13) *D. everestianus* Hirst, 1926 西藏革蜱

= *Cynorhaestes everestianus*, *D. birulai*, *D.* (*Conocentor*) *everestianus*, *D.* (*D.*) *everestianus*

(14) *D. filippovae* Apanaskevich & Apanaskevich, 2015 菲氏革蜱

(15) *D. halli* McIntosh, 1931 合氏革蜱

= *D.* (*D.*) *halli*

(16) *D. hunteri* Bishopp, 1912 亨氏革蜱

= *D.* (*D.*) *hunteri*

(17) *D. imitans* Warburton, 1933 拟态革蜱

= *D.* (*D.*) *imitans*

(18) *D. kamshadalus* Neumann, 1908 堪察革蜱

= *D. albipictus kamshadalus*, *D. albipictus kamtschadalus*, *D. albipictus kamtshadalus*, *D. kamstchadalus*, *D. variegatus kamschadalus*, *D. variegatus kamshadalus*, *D. variegatus kamtschadalus*, *D. variegatus kamtshadalus*, *D. varius kamtschadalus*, *D. varius kamtshadalus*, *D. variegatus kamchadalus*

(19) *D. laothaiensis* Apanaskevich, Chaloemthanetphong & Vongphayloth, 2019 老泰革蜱

(20) *D. latus* Cooley, 1937 宽型革蜱

= *D.* (*D.*) *latus*

(21) *D. limbooliati* Apanaskevich & Apanaskevich, 2015 林氏革蜱

(22) *D. marginatus* (Sulzer, 1776) 边缘革蜱

= *Acarus marginata*, *Acarus marginatus*, *Cynorhaestes marginatus*, *D. antrorum*, *D. aulicus*, *D. dentipes*, *D. marginatus lacteolus*, *D. reticulatus aulicus*, *Ixodes marginatus*, *D. maginatus*, *D. marginatos*, *D. maryinatus*, *Acarus ricinus*, *Ixodes marmoratus*, *Crotonus variegatus*, *D. puncticollis*, *D. parabolicus*, *D. cruentus*, *Haemaphysalis marmorata*, *Ixodes hungaricus*, *D. gynaecoides*, *D. rotundicoxalis*, *D. longicoxalis*, *D. silvarum*, *D. variatus*, *D. marginatus rotundicoxalis*, *D. marginatus longicoxalis*, *D.* (*Kohlsiella*) *antrorum*, *D.* (*D.*) *marginatus*

(23) *D. montanus* Filippova & Panova, 1974 高山革蜱

= *D. (Asiacentor) montanus*

(24) *D. nitens* Neumann, 1897 光亮革蜱

= *Anocentor columbianus*, *Anocentor nitens*, *Otocentor nitens*, *Anocentor colombianus*

(25) *D. niveus* Neumann, 1897 银盾革蜱

= *Cynorhaestes niveus*, *D. daghestanicus*, *D. daghestanicus daghestanicus*, *D. marginatus daghestanicus*, *D. niveus daghestanicus*, *D. niveus niveus*, *D. reticulatus niveus*, *D. hiveus*, *D. neveus*, *D. nievus*, *D. daghestanucus*, *D. neveus daghestanicus*, *D. silvarum niveus*, *D. ushakovae*, *D. (D.) niveus*

(26) *D. nuttalli* Olenev, 1929 草原革蜱

= *D. birulai kukunoriensis*, *D. chacassicus*, *D. nuttalli chacassicum*, *D. nutallii*, *D. nuttali*, *D. (D.) nuttalli*

(27) *D. occidentalis* Marx, 1892 西方革蜱

= *D. reticulatus occidentalis*, *D. (D.) occidentalis*

(28) *D. panamensis* Apanaskevich & Bermúdez, 2013 巴拿革蜱

(29) *D. parumapertus* Neumann, 1901 细孔革蜱

=*Cynorhaestes parumapertus marginatus*, *D. electus parumapertus*, *D. parumapertus marginatus*, *D. variabilis parumapertus*, *D. arumapertus*, *D. parumpertus*, *Ixodes bifurcatus*, *Ixodes brunneus*, *D. bifurcatus*, *D. (D.) parumapertus*

(30) *D. pavlovskyi* Olenev, 1927 胫距革蜱

= *Cynorhaestes pavlovskyi*, *D. pawlovskyi*, *D. (Asiacentor) pavlovskyi*

(31) *D. pomerantzevi* Serdjukova, 1951 波氏革蜱

= *D. (Serdjukovia) pomeranrzevi*, *D. (D.) pomerantzevi*

(32) *D. pseudocompactus* Apanaskevich & Apanaskevich, 2016 似坚革蜱

(33) *D. raskemensis* Pomerantzev, 1946 扰克革蜱

= *D. rasckemensis*, *D. raskamensis*, *D. raskeminsis*, *D. raskimensis*, *D. (D.) raskemensis*

(34) *D. reticulatus* (Fabricius, 1794) 网纹革蜱

= *Acarus reticulatus*, *Cynorhaestes pictus*, *D. ferrugineus*, *D. pictus*, *D. reticulatus reticulatus*, *Ixodes pictus*, *Ixodes reticulatus*, *D. recticulatus*, *D. reiculatus*, *D. reticalutus*, *D. reticularis*, *D. reticulates*, *D. reticulutus*

(35) *D. rhinocerinus* (Denny, 1843) 犀牛革蜱

= *Amblyocentor rhinocerinus*, *Amblyomma rhinocerinus*, *D. rhinocerinus otis*, *D. rhinocerinus schillingsi*, *D. rhinocerotis arangis*, *D. rhinocerotis permaculatus*, *D. rhinocerotis rhinocerotis*, *Ixodes rhinocerinus*, *D. rhinocerous*, *D. rhinocerinus permaculatus*, *D. rhinocerotis spermaculatus*, *D. rhinocerotis schillingsi*, *D. (Amblyocentor) rhinocerinus*, *D. (Amblyocentor) rhinocerinus permaculatus*, *D. rhinocerotis*, *Amblyocentor (Amblyocentor) rhinocerinus*

(36) *D. silvarum* Olenev, 1931 森林革蜱

= *Cynorhaestes silvarum*, *D. asiaticus*, *D. silvarum ablutus*, *D. sylvarum*, *D. silvaum*, *D. coreus*, *D. (Dermacentar) silvarum*

(37) *D. sinicus* Schulze, 1932 中华革蜱

= *D. sinicus pallidior*, *D. sinicus sinicus*, *D. sinicus pollidior*, *D. (D.) sinicus*

(38) *D. steini* (Schulze, 1933) 寺氏革蜱

= *D. steini leviculus*, *Indocentor ater*, *Indocentor steini*, *Indocentor steini steini*, *Aponomma bourreti*, *D. auratus*, *Dermaeentonomma bourreti*, *D. (Indocentor) steini*

(39) *D. taiwanensis* Sugimoto, 1935 台湾革蜱

= *D. (Indocentor) taiwanensis*

(40) *D. tamokensis* Apanaskevich & Apanaskevich, 2016 太莫革蜱

(41) *D. ushakovae* Filippova & Panova, 1987 午氏革蜱

= *D. usnakovae*

(42) *D. variabilis* (Say, 1821) 变异革蜱

= *D. americanus*, *D. electus*, *D. variabilis variabilis*, *Ixodes quinquestriatus*, *Ixodes robertsoni*, *Ixodes variabilis*, *D. variabailis*, *D. variabili*, *D. variavilis*, *D. veriabilis*, *Ixodes cinctus*, *Ixodes punctulatus*, *Ixodes albipictus*, *Ixodes robertsonii*, *Ixodes bovis*, *D. bifurcatus*, *D. venustus*, *D.* (*D.*) *variabilis*

无效种：*D. daghestanicus* Olenev, 1928，此种为银盾革蜱 *D. niveus* Neumann, 1897 的同物异名。

修订种：脆盾革蜱 *D. confragus* (Schulze, 1933)，Schulze (1933) 最初定名此种为 *Indocentor confractus* Schulze, 1933 和 *Indocentor confragus* Schulze, 1933，但随后 Schulze (1935) 确认 *confragus* 为正确的种本名。

9. 血蜱属 *Haemaphysalis* [*H*] (175 种)

(1) *H. aborensis* Warburton, 1913 阿波尔血蜱

= *H. arborensis*, *H.* (*Aborphysalis*) *aborensis*

(2) *H. aciculifer* Warburton, 1913 尖距血蜱

=*H. aciculifer aciculifer*, *H. maciculifer*, *H.* (*Kaiseriana*) *aciculifer*

(3) *H. aculeata* Lavarra, 1904 长距血蜱

=*H. longipalpis*, *H. aculeate*, *H.* (*Kaiseriana*) *aculeata*

(4) *H. adleri* Feldman-Muhsam, 1951 偃氏血蜱

=*H.* (*Rhipistoma*) *adleri*

(5) *H. anomala* Warburton, 1913 滑须血蜱

=*H. cornigera anomala*, *H. cornigera anomola*, *H. novaeguineae*, *H.* (*Kaiseriana*) *anomala*

(6) *H. anomaloceraea* Teng, 1984 异角血蜱

(7) *H. anoplos* Hoogstraal, Uilenberg & Klein, 1967 痕棘血蜱

=*H.* (*Rhipistoma*) *anoplos*, *H.* (*Elongiphysalis*) *anoplos*

(8) *H. aponommoides* Warburton, 1913 长须血蜱

=*H. inermis aponommoides*, *H. internis aponommoides*, *H.* (*Alloceraea*) *aponommoides*

(9) *H. asiatica* (Supino, 1897) 亚洲血蜱

=*H. asiaticus*, *H. dentipalpis*, *H. gestroi*, *Opisthodon asiaticus*, *Opisthodon gestroi*, *Prosopodon asiaticus*, *Prosopodon gestroi*, *H.* (*Sugimotoiana*) *dentipalpis*, *H.* (*Rhipistoma*) *asiatica*, *H.* (*Rhipistoma*) *asiaticus*, *H. leachi*

(10) *H. atheruri* Hoogstraal, Trapido & Kohls, 1965 皑氏血蜱

=*H. atherurus*, *H.* (*Aborphysalis*) *atherurus*, *H.* (*Aborphysalis*) *atheruri*

(11) *H. bancrofti* Nuttall & Warburton, 1915 班氏血蜱

=*H. krijgsmani*, *H. meraukensis*, *H. novaeguineae*, *H. krijgemani*, *H. leachi australis*, *H.* (*Kaiseriana*) *bancrofti*

(12) *H. bandicota* Hoogstraal & Kohls, 1965 板齿鼠血蜱

=*H.* (*Ornithophysalis*) *bandicota*

(13) *H. bartelsi* Schulze, 1938 坝氏血蜱

=*H.* (*Rhipistoma*) *bartelsi*

(14) *H. bequaerti* Hoogstraal, 1956 孛氏血蜱

=*H. leachi small specimens*, *H.* (*Rhipistoma*) *bequaerti*

(15) *H. birmaniae* Supino, 1897 缅甸血蜱

=*H.* (*H.*) *birmaniae*

(16) *H. bispinosa* Neumann, 1897 二棘血蜱

=*H. bispinosa bispinosa*, *H. bispinosis*, *H. hispinosa*, *H.* (*Kaiseriana*) *bispinosa*

(17) *H. bochkovi* Apanaskevich & Tomlinson, 2019 博氏血蜱

(18) *H. borneata* Hoogstraal, 1971 婆洲血蜱

=*H.* (*Kaiseriana*) *borneata*

(19) *H. bremneri* Roberts, 1963 卜氏血蜱

=*H. bremeri*, *H. humerosa*, *H.* (*Ornithophysalis*) *bremneri*

(20) *H. calcarata* Neumann, 1902 肢棘血蜱

=*H.* (*Rhipistoma*) *calcarata*

(21) *H. calva* Nuttall & Warburton, 1915 秃腹血蜱

=*H. calvus*, *H.* (*Garnhamphysalis*) *calvus*, *H.* (*Garnhamphysalis*) *calva*

(22) *H. campanulata* Warburton, 1908 铃头血蜱

=*H. campanulata hoeppliana*, *H. flava*, *H.* (*H.*) *campanulata*

(23) *H. canestrinii* (Supino, 1897) 坎氏血蜱

=*Opisthodon canestrinii*, *Prosopodon canestrinii*, *Hyalomma canestrinii*, *H.* (*Rhipistoma*) *canestrinii*

(24) *H. capricornis* Hoogstraal, 1966 鬣羚血蜱

=*H.* (*H.*) *capricornis*, *H.* (*Aborphysalis*) *capricornis*

(25) *H. caucasica* Olenev, 1928 高加索血蜱

=*H.* (*Rhipistoma*) *caucasica*

(26) *H. celebensis* Hoogstraal, Trapido & Kohls, 1965 西里血蜱

=*H.* (*Kaiseriana*) *celehensis*

(27) *H. chordeilis* (Packard, 1869) 夜鹰血蜱

=*Ixodes chordeilis*, *H. chordeiles*, *H. chordeilus*, *H. leporis*, *H. cinnabarina*, *H.* (*Aboimisalis*) *chordeilis*

(28) *H. cinnabarina* Koch, 1844 赭盾血蜱

=*H. cinnaberina*, *H. sanguinolenta*, *H. punctata cinnaberina*, *H. punctata*, *H.* (*Aboimisalis*) *cinnabarina*

(29) *H. colasbelcouri* (Santos Dias, 1958) 括氏血蜱

=*Amblyomma colasbelcouri*, *Aponomma colasbelcouri*, *H. vietnamensis*, *H. coulasbelcouri*, *H.* (*Alloceraea*) *colasbelcouri*, *H.* (*Alloceraea*) *vietnamensis*

(30) *H. colesbergensis* Apanaskevich & Horak, 2008 科堡血蜱

=*H. colasbergensis*

(31) *H. concinna* Koch, 1844 嗜群血蜱

=*H. concinna concinna*, *H. concinna kochi*, *H. kochi*, *Ixodes chelifer*, *H. concinnae*, *H. conicinna*, *H. concinna hirudo*, *H.* (*H.*) *concinna*, *H. filippovae*, *H.* (*H.*) *filippovae*, *H. hirudo*

(32) *H. cooleyi* Bedford, 1929 库氏血蜱

=*Hyalomma cooleyi*, *H.* (*Rhipistoma*) *cooleyi*

(33) *H. cornigera* Neumann, 1897 具角血蜱

=*H. cornigera cornigera*, *H. cornigera typical*, *H. proxima*, *H. spiniceps*, *H. cuscobia*, *Opisthodon cuscobius*, *H.* (*Hoogstraaliter*) *cornigera*, *H.* (*Kaiseriana*) *cornigera*

(34) *H. cornupunctata* Hoogstraal & Varma, 1962 角点血蜱

=*Haempahysalis cormupunctata*, *H.* (*Aboimisalis*) *cornupunctata*

(35) *H. cretacea* Chitimia-Dobler, Pfeffer & Dunlop, 2017 白垩纪血蜱[化石]

(36) *H. cuspidata* Warburton, 1910 尖突血蜱

=*H.* (*Kaiseriana*) *cuspidata*

(37) *H. dangi* Phan Trong, 1977 珰氏血蜱

=*H.* (*Aborphysalis*) *dangi*

(38) *H. danieli* Černý & Hoogstraal, 1977 丹氏血蜱

=H. xinjiangensis, *H.* (*Allophysalis*) *danieli*

(39) *H. darjeeling* Hoogstraal & Dhanda, 1970 大吉岭血蜱

=H. darjiling, *H. drajeeling*, *H.* (*H.*) *darjeeling*

(40) *H. davisi* Hoogstraal, Dhanda & Bhat, 1970 待氏血蜱

=H. (*Kaiseriana*) *davisi*

(41) *H. demidovae* Emel'yanova, 1978 蒂氏血蜱

=H. (*Allophysalis*) *demidovae*

(42) *H. doenitzi* Warburton & Nuttall, 1909 钝刺血蜱

=H. centropi, *H. weidneri*, *H. doenitizi*, *H. paviovskyi*, *H.* (*Ornithophysalis*) *doenitzi*, *H.* (*Ornithophysalis*) *paviovskyi*

(43) *H. elliptica* (Koch, 1844) 椭圆血蜱

=H. humerosoides, *H. leachi humerosoides*, *Rhipicephalus ellipticum*, *Rhipicephalus ellipticus*, *Rhipistoma ellipticum*, *H. humersoides*, *H. leachi humersoides*, *H. leachi auct.*, *H. leachii*, *H.* (*Rhipistoma*) *elliptica*

(44) *H. elongata* Neumann, 1897 长棘血蜱

(45) *H. erinacei* Pavesi, 1884 短垫血蜱

=H. erinacei erinacei, *H. erinacei ornata*, *H. erinacei taurica*, *H. erinacei turanica*, *H. numidiana*, *H. numidiana taurica*, *H. numidiana turanica*, *H. taurica*, *H. taurica ornata*, *H. yalvaci*, *H. erinacci*, *H.* (*Rhipistoma*) *erinacei erinacei*

(46) *H. eupleres* Hoogstraal, Kohls & Trapido, 1965 灵猫血蜱

=H. (*Rhipistoma*) *eupleres*

(47) *H. filippovae* Bolotin, 1979 菲氏血蜱

(48) *H. flava* Neumann, 1897 褐黄血蜱

=H. flava armata, *H. flava flava*, *H. watanabei*, *H. flavii*, *H. hirudo*, *H.* (*H.*) *flava*

(49) *H. formosensis* Neumann, 1913 台湾血蜱

=H. farmosensis, *H.* (*Aborphysalis*) *formosensis*

(50) *H. fossae* Hoogstraal, 1953 狸猫血蜱

=H. (*Rhipistoma*) *fossae*

(51) *H. fujisana* Kitaoka, 1970 富山血蜱

=H. (*H.*) *fujisana*

(52) *H. garhwalensis* Dhanda & Bhat, 1968 加瓦尔血蜱

=H. (*Allophysalis*) *garhwalensis*

(53) *H. goral* Hoogstraal, 1970 青羊血蜱

=H. (*H.*) *goral*

(54) *H. grochovskajae* Kolonin, 1992 硌氏血蜱

=H. grochovskaja, *H.* (*Kaiseriana*) *grochovskajae*

(55) *H. heinrichi* Schulze, 1939 亨氏血蜱

=H. (*Rhipistoma*) sp., *H.* (*Rhipistoma*) *heinrichi*

(56) *H. hirsuta* Hoogstraal, Trapido & Kohls, 1966 毛门血蜱

=H. papuana, *H.* (*Segalia*) *hirsuta*

(57) *H. hispanica* Gil Collado, 1938 西班血蜱

=H. campanulata hispanica, *H.* (*Rhipistoma*) *hispanica*

(58) *H. hoodi* Warburton & Nuttall, 1909 互氏血蜱

=H. africana, *H. hoodi hoodi*, *H.* (*Ornithophysalis*) *hoodi*

(59) *H. hoogstraali* Kohls, 1950 弧氏血蜱
=H. (Segalia) hoogstraali

(60) *H. burkinae* Apanaskevich & Tomlinson, 2019 布基纳血蜱

(61) *H. horaki* Apanaskevich & Tomlinson, 2019 霍氏血蜱

(62) *H. houyi* Nuttall & Warburton, 1915 户氏血蜱
=H. calcarata houyi, H. (Rhipistoma) houyi

(63) *H. howletti* Warburton, 1913 毫氏血蜱
=H. (Ornithophysalis) howletti

(64) *H. humerosa* Warburton & Nuttall, 1909 肩角血蜱
= H. (Ornithophysalis) humerosa

(65) *H. hylobatis* Schulze, 1933 长臂猿血蜱
=Rhipicephalus hylobatis, H. (Kaiseriana) hylobatis

(66) *H. hyracophila* Hoogstraal, Walker & Neitz, 1971 蹄兔血蜱
=H. (Rhipistoma) hyraeophila

(67) *H. hystricis* Supino, 1897 豪猪血蜱
= H. genevrayi, H. iwasakii, H. nishiyamai, H. tieni, H. trispinosa, H. histricis, H. hystericis, H. hystricus, H. hystriticis, H. hystrsis, H. nishiyama, H. menui, H. (Kaiseriana) hystricis

(68) *H. ias* Nakamura & Yajima, 1937 尧氏血蜱
=H. cornigera ias, H. gpe cornigera, H. (Kaiseriana) ias

(69) *H. indica* Warburton, 1910 印度血蜱
=H. leachi indica, H. (Rhipistoma) indica

(70) *H. indoflava* Dhanda & Bhat, 1968 靛黄血蜱
=H. (H.) indoflava

(71) *H. inermis* Birula, 1895 缺角血蜱
=Alloceraea inermis, Alloceraea inermis inermis, H. ambigua, H. ibrikliensis, Hyalomma inermis, Ixodes punctulatus, Rhipicephalus inermis, H. (Alloceraea) ambigua, H. (Alloceraea) inermis, Allocerea inermis, Allocerea inermis inermis

(72) *H. intermedia* Warburton & Nuttall, 1909 居间血蜱
=H. bispinosa intermedia, H. parva, H. (H.) intermedia, H. (Kaiseriana) intermedia

(73) *H. japonica* Warburton, 1908 日本血蜱
=H. douglasi, H. japonica douglasi, H. japonica japonica, H. jezoensis, H. japonicum, H. japonicus, H. japonnica, H. japonica, H. jezonsis, H. flava

(74) *H. juxtakochi* Cooley, 1946 近柯血蜱
=H. kochi, H. kohlsi, H. juxtackochi, H. juxtacochi, H. juxtakichi, H. yuxtakochi, H. (Gonixodes) juxtakochi

(75) *H. kadarsani* Hoogstraal & Wassef, 1977 咖氏血蜱
= H. (Ornithophysalis) kadarsani

(76) *H. kashmirensis* Hoogstraal & Varma, 1962 克什米尔血蜱
=H. (Herpetobia) kashmirensis

(77) *H. kinneari* Warburton, 1913 晋氏血蜱
=H. papuana kinneari, H. (Kaiseriana) kinneari

(78) *H. kitaokai* Hoogstraal, 1969 北岗血蜱
=H. kitaoki, H. (Alloceraea) kitaokai

(79) *H. knobigera* Prakasan & Ramani, 2007 瘤距血蜱

(80) *H. kolonini* Du, Sun, Xu & Shao, 2018 科氏血蜱

(81) *H. koningsbergeri* Warburton & Nuttall, 1909 亢氏血蜱
  =*H. leachi koningsbergeri*, *H. koenigsbergi*, *H. leachi australis*, *H.* (*Rhipistoma*) *koningsbergeri*
(82) *H. kopetdaghica* Kerbabaev, 1962 岢嵴血蜱
  =*H. kopetdaghicus*, *H. warburtoni kopetdaghicus*, *H. kopetdagica*, *H. kopetdagihca*, *H.* (*Allophymlis*) *kopetdaghicus*, *H.* (*Allophysalis*) *kopetdaghica*
(83) *H. kumaonensis* Geevarghese & Mishra, 2011 库玛血蜱
(84) *H. kutchensis* Hoogstraal & Trapido, 1963 喀奇血蜱
  =*H.* (*Kaiseriana*) *kutchensis*
(85) *H. kyasanurensis* Trapido, Hoogstraal & Rajagopalan, 1964 科萨血蜱
  =*H.* (*Aborphysalis*) *kyasanurensis*
(86) *H. lagostrophi* Roberts, 1963 兔袋鼠血蜱
  =*H.* (*Ornithophysalis*) *lagostrophi*
(87) *H. lagrangei* Larrousse, 1925 拉氏血蜱
  =*H. hystricis indochinensis*, *H.* (*Kaiseriana*) *lagrangei*
(88) *H. laocayensis* Phan Trong, 1977 老开血蜱
  =*H.* (*Kaiseriana*) *laocayensis*
(89) *H. leachi* (Audouin, 1826) 里氏血蜱
  =*H. leachi leachi*, *Ixodes leachi*, *Rhipidostoma leachi*, *Rhipistoma leachi*, *H. leachu*, *Hyalomma leachi*, *Rhipicephalus leachi*, *Ixodes leachii*, *Rhipistoma leachii*, *H. leachii*, *H. leachi humerosoides*, *H. humerosoides*, *H. leachii leachii*, *H. leachii humerosoides*, *H.* (*Feldmaniella*) *leachi*, *H.* (*Rhipistoma*) *leaehi*
(90) *H. lemuris* Hoogstraal, 1953 狐猴血蜱
  =*H.* (*Rhipistoma*) *lemuris*
(91) *H. leporispalustris* (Packard, 1869) 泽兔血蜱
  =*Gonixodes rostralis*, *H. leporis*, *H. leporis proxima*, *Ixodes leporispalustris*, *Ixodes rostralis*, *Rhipistoma leporis*, *H. leporispalustis*, *H. leporispalustria*, *H. leporuspalustris*, *H. proxima*, *H.* (*Gonixodes*) *leporispalustris*
(92) *H. lobachovi* Kolonin, 1995 乐氏血蜱
  =*H.* (*Kaiseriana*) *lobachovi*
(93) *H. longicornis* Neumann, 1901 长角血蜱
  =*H. bispinosa neumanni*, *H. concinna longicornis*, *H. neumanni*, *H. neumanni bispinosa*, *H. loangicornis*, *H. longicorni*, *H. bispinosa*, *H.* (*Kaiseriana*) *neumanni*, *H.* (*Kaiseriana*) *longicornis*
(94) *H. luzonensis* Hoogstraal & Parrish, 1968 吕宋血蜱
  =*H.* (*Kaiseriana*) *luzonensis*
(95) *H. madagascariensis* Colas-Belcour & Millot, 1948 马岛血蜱
  =*H. hoodi madagascariensis*, *H.* (*Rhipistoma*) *madagascariensis*, *H.* (*Ornithophysalis*) *madagascariensis*
(96) *H. mageshimaensis* Saito & Hoogstraal, 1973 日岛血蜱
  =*H. bamunensis*, *H. magehimaensis*, *H. magishimaensis*, *H. bamunnesis*, *H.* (*Kaiseriana*) *mageshimaensis*
(97) *H. megalaimae* Rajagopalan, 1963 啄木鸟血蜱
  =*H.* (*Ornithophysalis*) *megalaimae*
(98) *H. megaspinosa* Saito, 1969 大刺血蜱
  =*H.* (*H.*) *megaspinosa*
(99) *H. menglaensis* Pang, Chen & Xiang, 1982 勐腊血蜱
(100) *H. minuta* Kohls, 1950 微小血蜱
  =*H. minua*, *H.* (*Ornithophysalis*) *minuta*

(101) *H. mjoebergi* Warburton, 1926 秘氏血蜱
=*H. mjobergi*, *H.* (*Garnhamphysalis*) *mjoebergi*
(102) *H. montgomeryi* Nuttall, 1912 猛突血蜱
=*H. montgonervi*, *H. montogomeryi*, *H.* (*Fonsecaia*) *montgomeryi*, *H.* (*Segalia*) *montgomeryi*
(103) *H. moreli* Camicas, Hoogstraal & El Kammah, 1972 莫氏血蜱
=*H. leachi*, *H. leachii leachii*, *H.* (*Rhipistoma*) *moreli*
(104) *H. moschisuga* Teng, 1980 嗜麝血蜱
=*H.* (*Herpetobia*) *moschisuga*
(105) *H. muhsamae* Santos Dias, 1954 慕氏血蜱
=*H. leachi muhsami*, *H. muhsami*, *H.* (*Rhipistoma*) *muhsamae*
(106) *H. nadchatrami* Hoogstraal, Trapido & Kohls, 1965侑氏血蜱
=*H. papuana nadchatrami*, *H.* (*Kaiseriana*) *papuana nadchatrami*, *H.* (*Kaiseriana*) *nadchatrami*
(107) *H. nepalensis* Hoogstraal, 1962 尼泊尔血蜱
=*H.* (*Herpetobia*) *nepalensis*
(108) *H. nesomys* Hoogstraal, Uilenberg & Klein, 1966 水鼩血蜱
=*H.* (*Dermaphysalis*) *nesomys*
(109) *H. norvali* Hoogstraal & Wassef, 1983 闹氏血蜱
=*H.* (*Rhipistoma*) *norvali*
(110) *H. novaeguineae* Hirst, 1914 新几血蜱
=*H. spinigera novaeguineae*, *H.* (*Kaiseriana*) *novaeguineae*
(111) *H. obesa* Larrousse, 1925 肥大血蜱
=*H. besa*, *Hamaphysalis obese*, *H. hirsuta*, *H.* (*Segalia*) *obesa*
(112) *H. obtusa* Dönitz, 1910 痕角血蜱
=*H.* (*Rhipistoma*) *obtusa*
(113) *H. oliveri* Apanaskevich & Horak, 2008 偶氏血蜱
(114) *H. orientalis* Nuttall & Warburton, 1915 东方血蜱
=*H. hoodi orientalis*, *H. zambeziae*, *H.* (*Rhipistoma*) *orientalis*
(115) *H. ornithophila* Hoogstraal & Kohls, 1959 嗜鸟血蜱
=*H. bacthaiensis*, *H. bacthaensis*, *H.* (*Ornithophysalis*) *ornithophila*
(116) *H. palawanensis* Kohls, 1950 巴拉望血蜱
=*H.* (*Segalia*) *palawanensis*
(117) *H. papuana* Thorell, 1883 巴布血蜱
=*H. papuana papuana*, *H. papuna*, *H. hirudo*, *H.* (*Kaiseriana*) *papuana*
(118) *H. paraleachi* Camicas, Hoogstraal & El Kammah, 1983 伴里血蜱
=*H. leachi Rageau*, *H. leachi leachi*, *H. leachii leachii*, *H.* (*Rhipistoma*) *paraleachi*
(119) *H. paraturturis* Hoogstraal, Trapido & Rebello, 1963 斑鸠血蜱
=*H.* (*Subkaiseriana*) *paraturturis*
(120) *H. parmata* Neumann, 1905 垛碟血蜱
=*H.* (*Kaiseriana*) *parmata*
(121) *H. parva* (Neumann, 1897) 侏仔血蜱
=*Dermacentor parvus*, *H. otophila*, *H. otophila schulzei*, *H. parvus*, *H. sulcata otophila*, *H. parvum*, *H.* (*Segalia*) *parva*
(122) *H. pavlovskyi* Pospelova-Shtrom, 1935 巴氏血蜱
(123) *H. pedetes* Hoogstraal, 1972 跳兔血蜱

=*H. numidiana*, *H.* (*Rhipistoma*) *pedetes*

(124) *H. pentalagi* Pospelova-Shtrom, 1935 琉兔血蜱

=*H.* (*H.*) *pentalagi*

(125) *H. petrogalis* Roberts, 1970 岩袋鼠血蜱

=*H.* (*Ornithophysalis*) *petrogalis*

(126) *H. phasiana* Saito, Hoogstraal & Wassef, 1974 雉鸡血蜱

=*H.* sp. *incertae sedis*, *H.* (*Ornithophysalis*) *phasiana*

(127) *H. pospelovashtromae* Hoogstraal, 1966 葩氏血蜱

=*H. aksarensis*, *H. pospelovashtromi*, *H.* (*Allophysalis*) *pospelovashtromae*

(128) *H. primitiva* Teng, 1982 川原血蜱

=*H.* (*Alloceraea*) *primitiva*

(129) *H. princeps* Tomlinson &Apanaskevich, 2019 第一血蜱

(130) *H. camicasi* Tomlinson & Apanaskevich, 2019 卡氏血蜱

(131) *H. psalistos* Hoogstraal, Kohls & Parrish, 1967 截棘血蜱

=*H.* (*Kaiseriana*) *psalistos*

(132) *H. punctaleachi* Camicas, Hoogstraal & El Kammah, 1973 点里血蜱

=*H. leachi*, *H.* (*Rhipistoma*) *punctaleachi*

(133) *H. punctata* Canestrini & Fanzago, 1878 刻点血蜱

=*H. crassa*, *H. punctata autumnalis*, *H. punctata punctate*, *H. rhinolophi*, *H. sulcata svenigae*, *H. punctate*, *H. puntata*, *Hyalomma punctate*, *H. rhipolophi*, *Rhipicephalus expositicius*, *H. peregrinus*, *H. peregrine*, *H. expositicius*, *H. cinnabarina punctate*, *H.* (*Aboimisalis*) *punctata*

(134) *H. qinghaiensis* Teng, 1980 青海血蜱

=*H. quinghaiensis*, *H. ginghaiensis*, *H. qigaiensi*, *H.* (*Herpetobia*) *quinghaiensis*

(135) *H. quadriaculeata* Kolonin, 1992 四距血蜱

= *H. darjeeling*, *H.* (*Garnhamphysalis*) *quadriaculeata*

(136) *H. ramachandrai* Dhanda, Hoogstraal & Bhat, 1970 苒氏血蜱

=*H.* (*Kaiseriana*) *ramachandrai*

(137) *H. ratti* Kohls, 1948 家鼠血蜱

=*H.* (*Ornithophysalis*) *ratti*

(138) *H. renschi* Schulze, 1933 伦氏血蜱

=*H.* (*Kaiseriana*) *renschi*

(139) *H. roubaudi* Toumanoff, 1940 鲁氏血蜱

=*H. rouboudi*, *H.* (*H.*) *roubaudi*, *H.* (*Aborphysalis*) *roubaudi*

(140) *H. rugosa* Santos Dias, 1956 皱纹血蜱

=*H. aciculifer rugosa*, *H.* (*Kaiseriana*) *rugosa*

(141) *H. rusae* Kohls, 1950 黑鹿血蜱

=*H.* (*Garnhamphysalis*) *rusae*

(142) *H. sambar* Hoogstraal, 1971 水鹿血蜱

=*H. samber*, *H.* (*Haemaphvsalis*) *sambar*, *H.* (*Kaiseriana*) *sambar*

(143) *H. sciuri* Kohls, 1950 松鼠血蜱

=*H.* (*Ornithophysalis*) *sciuri*

(144) *H. semermis* Neumann, 1901 啬沟血蜱

=*H. senermis*, *H. sermermis*, *H.* (*Kaiseriana*) *semermis*

(145) *H. shimoga* Trapido & Hoogstraal, 1964 希莫血蜱

=*H. cornigera shimoga*, *H. cornigera vietnama*, *H.* (*Kaiseriana*) *shimoga*, *H. anomaloceraea*

(146) *H. silacea* Robinson, 1912 麝鼩血蜱

=*H. silaceae*, *H.* (*H.*) *silacea*

(147) *H. silvafelis* Hoogstraal & Trapido, 1963 林猫血蜱

=*H.* (*Subkaiseriana*) *silvafelis*

(148) *H. simplex* Neumann, 1897 简洁血蜱

=*H.* (*Ornithophysalis*) *simplex*

(149) *H. simplicima* Hoogstraal & Wassef, 1979 简顶血蜱

=*H.* (*Ornithophysalis*) *simplicima*

(150) *H. sinensis* Zhang, 1981 中华血蜱

(151) *H. spinigera* Neumann, 1897 距刺血蜱

=*H. spinigera spinigera*, *H.* (*Robertsalis*) *spinigera*, *H.* (*Kaiseriana*) *spinigera*

(152) *H. spinulosa* Neumann, 1906 尖棘血蜱

=*H. ethiopica*, *H. spinlosa*, *H. spinose*, *H.* (*Rhipistoma*) *spinulosa*

(153) *H. subelongata* Hoogstraal, 1953 亚长血蜱

=*H.* (*Elongiphysalis*) *subelongata*

(154) *H. subterra* Hoogstraal, El Kammah & Camicas, 1992 土下血蜱

=*H.* sp., *H.* (*Rhipistoma*) *subterra*

(155) *H. sulcata* Canestrini & Fanzago, 1878 具沟血蜱

=*H. angorense*, *H. angorensis*, *H. beneditoi*, *H. cholodkovskyi*, *H. cinnabarina punctata musimonis*, *H. cretica*, *H. montana*, *H. nicollei*, *H. punctata cretica*, *H. punctata montana*, *H. sewelli*, *H. sulcata sulcata*, *Herpetobia sulcate*, *H. sulcuta*, *Hyalomma sulcate*, *H. choldokovsky*, *H. cholodkowskyi*, *H. cinnabarina cretica*, *Ixodes viperarum*, *H. punctata*, *Herpetobia sulcate*, *Ixodes* (*Ixodes*) *viperarum*, *H. cinnabarina punctata longicornis*, *Haemaphymalis cinnabarina punctata recta*, *H. cinnabarina recta*, *Hyalomma sulata*, *H. cretica*, *H.* (*Herpetobia*) *sulcata*

(156) *H. sumatraensis* Hoogstraal, El Kammah, Kadarsan & Anastos, 1971 苏门血蜱

=*H.* (*H.*) *sumatraensis*, *H.* (*Segalia*) *sumatraensis*

(157) *H. sundrai* Sharif, 1928 卅氏血蜱

=*H. himalaya*, *H.* (*Herpetobia*) *sundrai*

(158) *H. suntzovi* Kolonin, 1993 嵩氏血蜱

=*H.* (*Aborphysalis*) *suntzovi*

(159) *H. susphilippensis* Hoogstraal, Kohls & Parrish, 1968 菲猪血蜱

=*H.* (*Kaiseriana*) *susphilippensis*

(160) *H. taiwana* Sugimoto, 1936 台岛血蜱

=*H. cornigera taiwana*, *H.* (*Kaiseriana*) *taiwana*

(161) *H. tauffliebi* Morel, 1965 淘氏血蜱

=*H.* (*Ornithophysalis*) *tauffliebi*

(162) *H. theilerae* Hoogstraal, 1953 泰氏血蜱

=*H.* (*Sharifiella*) *theilerae*

(163) *H. tibetensis* Hoogstraal, 1965 西藏血蜱

=*H. tebetensis*, *H.* (*Allophysalis*) *tibelensis*

(164) *H. tiptoni* Hoogstraal, 1953 惕氏血蜱

=*H.* (*Elongiphysalis*) *tiptoni*

(165) *H. toxopei* Warburton, 1927 秃氏血蜱

=*H. papuana toxopei*, *H.* (*Kaiseriana*) *toxopei*

(166) *H. traguli* Oudemans, 1928 鼷鹿血蜱

=*H. monospinosa*, *H. atheruri*, *H.* (*Kaiseriana*) *traguli*

(167) *H. traubi* Kohls, 1955 佗氏血蜱

=*H.* (*H.*) *traubi*

(168) *H. turturis* Nuttall & Warburton, 1915 斑鸠血蜱

= *H.* (*Subkaiseriana*) *turturis*

(169) *H. verticalis* Itagaki, Noda & Yamaguchi, 1944 草原血蜱

=*H.* (*H.*) *verticalis*

(170) *H. vidua* Warburton & Nuttall, 1909 孤本血蜱

=*H.* (*Kaiseriana*) *vidua*

(171) *H. walkerae* Apanaskevich & Tomlinson, 2019 沃氏血蜱

(172) *H. warburtoni* Nuttall, 1912 汶川血蜱

=*H. warburconi*, *H.* (*Allophysalis*) *warburtoni*, *Ixodes warburtoni*

(173) *H. wellingtoni* Nuttall & Warburton, 1908 微形血蜱

=*H. wellihyloni*, *H. willingtoni*, *H.* (*Kaiseriana*) *wellingtoni*

(174) *H. yeni* Toumanoff, 1944 越原血蜱

=*H. yeli*, *H.* (*Kaiseriana*) *yeni*

(175) *H. zumpti* Hoogstraal & El Kammah, 1974 聪氏血蜱

=*H.* (*Rhipistoma*) *zumpti*

无效种：①喜山血蜱 *H. himalaya* Hoogstraal, 1966，Hoogstraal 和 Kim (1985) 提出此种为卅氏血蜱 *H. sundrai* Sharif, 1928 的同物异名；②新疆血蜱 *H. xinjiangensis* Teng, 1980，邓国藩和姜在阶 (1991) 认为其是丹氏血蜱 *H. danieli* 的同物异名；③越南血蜱 *H. vietnamensis* Hoogstraal & Wilson, 1966，Camicas 等 (1998) 认为其为括氏血蜱 *H. colasbelcouri* 的同物异名，并且 J. E. Keirans 与 I. G. Horak 在私人通信中也赞同此观点，因此 *H. vietnamensis* 为无效种名。

修订种：青海血蜱 *H. qinghaiensis* Teng, 1980 最初由邓国藩发现并命名，但 Camicas 等(1998)将该种名拼写为 *H. quinghaiensis* Teng, 1980。随后，Guglielmone 等 (2009，2010)肯定了 Camicas 等(1998)的观点，并指出 *qinghaiensis* 为拉丁名语法错误，并在其世界蜱类名录中使用。然而，以上学者由于对我国语言文化不了解才错误修订。根据《国际动物命名法规》(ICZN)，“*qinghaiensis*” 符合 ICZN 的命名规则。按第四版 ICZN (1999) “荐则 11A” 规定：一个未经改变的地方性文字不应被用作科学名称。恰当的拉丁化是由地方性文字组成名称的首选方法。按第三版 ICZN (1985) “荐则 11” 规定：使用拉丁字母的国家的地理名称和专有名称应以它们所起源的国家的拼写法书写。凡不使用拉丁字母或没有真正的字母或没有文字的国家的地理名称或专有名称，在拼写时应考虑以下各节……应用下列的字母，应试图尽可能准确地表达该地区的发音……其中关于字母 “*q*” 的使用如下：字母 *q* 可用来代表阿拉伯语的 *qaf*。*qu* 的组合，用以表示其在英语 *quote* 和法语 *quoi* 中所表达的声音。Camicas 等 (1998)、Guglielmone 等 (2009，2010) 只关注了 “不使用拉丁字母或没有真正的字母或没有文字的国家的地理名称或专有名称”，这些国家在物种命名拼写时使用 *q* 的处理情况。殊不知，我国的汉语拼音便是拉丁化字母。1979 年在国际标准化组织信息与文献标准化技术委员会 (ISO/TC 46) 会议上，中国建议把汉语拼音作为中文罗马字母拼写法国际标准，用于情报和文献工作中，并于 1982 年通过。中文罗马字母拼写法在国际标准中称为 “中文罗马化” (Chinese romanization)，即通常所说的 “拉丁化”。为此，*H. qinghaiensis* Teng, 1980 以我国青海地名的汉语拼音命名的物种名是符合《国际动物命名法规》的，为有效种名，无需修订。为此，本书作者连同复旦大学的螨类学家温廷桓教授和美国沃尔特里德陆军医疗中心的蜱分类学家 Richard G. Robbins 共同撰文

进行了更正（Wen *et al*., 2016）。

10. 璃眼蜱属 *Hyalomma* [*Hy*] (27 种)

(1) *Hy. aegyptium* (Linnaeus, 1758) 埃及璃眼蜱

= *Acarus aegyptius*, *Acarus testudinis*, *Cynorhaestes aegyptius*, *Hy. aegyptium syriacum*, *Hy. aegyptius*, *Hy. affine*, *Hy. syriacum*, *Hy. syriacum punctata*, *Hy. syriacum punctatum*, *Hy. testudinis*, *Ixodes aegyptius*, *Ixodes testudinis*, *Amblyomma aegyptius*, *Hy. aegyptiaca*, *Hy. aegypticum*, *Hy. ageyptium*, *Hy. aegytium*, *Hy. eagypticum*, *Hy. egyptium*, *Ixodes cornuger*, *Hy. cornuger*, *Hy.* (*Hy.*) *syriacum*, *Hy.* (*Hy.*) *aegyptium*, *Amblyomma aegyptium*

(2) *Hy. albiparmatum* Schulze, 1920 (常错写为 1919) 白垛璃眼蜱

= *Hy. aegyptium albiparmatum*, *Hy. albiparmata*, *Hy. brunneiparmatum*, *Hy. impressum brunneiparmatum*, *Hy. planum albiparmatum*, *Hy. impressum albiparmatum*, *Hy.* (*Hy.*) *albiparmatum*

(3) *Hy. anatolicum* Koch, 1844 小亚璃眼蜱

= *Hy. aegyptium aegyptium brunnipes*, *Hy. aegyptium excavata*, *Hy. aegyptium excavatum*, *Hy. aegyptium mesopotamium*, *Hy. aegyptium ornatipes*, *Hy. anatolicum anatolicum*, *Hy. armeniorum*, *Hy. depressum*, *Hy. detritum albipictum ornatipes*, *Hy. lusitanicum depressum*, *Hy. marginatum balcanicum brunnipes*, *Hy. marginatum marginatum brunnipes*, *Hy. mesopotamium*, *Hy. pavlovskyi*, *Hy. pusillum*, *Hy. pusillum alexandrinum*, *Hy. pusillum ornatipes*, *Hy. pusillum pusillum*, *Hy. savignyi armeniorum*, *Hy. savignyi exsul*, *Hy. savignyi mesopotamium*, *Hy. savignyi pusillum*, *Hy. anatlicum*, *Hy. anatulicum*, *Rhipicephalus anatolicum*, *Amblyomma depressum*, *Haemaphysalis anatolicum anatolicum*, *Hy. anatalicum anatalicum*, *Hy. anatolicumi anatolicumi*, *Hy. anatolium anatolium*, *Hy. anatulicum anaatulicum*, *Hy. antolicum antolicum*, *Hy. marginatum balkanicum brunnipes*, *Hy. marginatum exusl*, *Ixodes aegyptius*, *Ixodes savignyi*, *Hy. aegyptium aegyptium excavatum*, *Hy. savignyi savignyi*, *Hy. lusitanicum cicatricosum*, *Hy. savignyi*, *Hy. detritum savignyi*, *Hy. anatolicum excavatum*, *Hy. excavatum*, *Hy.* (*Hy.*) *anatolicum anatolicum*, *Hy. anatolicum*, *Hy. detritum albipictum* f. *ornatipes*, *Hy. aegyptium* f. *excavata*, *Hy. aegyptium aegyptium* f. *brunnipes*, *Hy. aegyptium* f. *ornatipes*, *Hy. marginatum balcanicum* f. *brunnipes*

(4) *Hy. arabica* Pegram, Hoogstraal & Wassef, 1982 阿拉伯璃眼蜱

= *Hy.* (*Hyalommina*) *arabica*

(5) *Hy. asiaticum* Schulze & Schlottke, 1929 亚洲璃眼蜱

= *Hy. amurense*, *Hy. anatolicum asiaticum*, *Hy. asiaticum asiaticum*, *Hy. asiaticum caucasicum*, *Hy. asiaticum citripes*, *Hy. asiaticum kozlovi*, *Hy. dromedarii asiaticum*, *Hy. dromedarii citripes*, *Hy. kozlovi*, *Hy. tunesiacum amurense*, *Haemaphysalis asiaticum*, *Hy. asciatum*, *Hy. ascaticumi asciaticum*, *Hy. ascatumi asciaticum*, *Hy. asiaticum kolzovi*, *Hy. asiaticum koslovi*, *Hy.* (*Hy.*) *asiaticum asiaticum*, *Hy. asiaticum*

(6) *Hy. brevipunctata* Sharif, 1928 细点璃眼蜱

= *Hy. brevipunctata*, *Hy. hussaini brevipunctata*, *Hy.* (*Hyalommina*) *brevipunctata*, *Hy. brevipuneata*

(7) *Hy. dromedarii* Koch, 1844 嗜驼璃眼蜱

= *Hy. aegyptium margaropoides*, *Hy. delpyi*, *Hy. dromedarii canariense*, *Hy. dromedarii dromedarii*, *Hy. yakimovi*, *Hy. yakimovi persiacum*, *Ixodes arenicola*, *Ixodes camelinus*, *Hy. dromadarii*, *Hy. dromaderii*, *Hy. dromdareii*, *Hy. dromedarri*, *Hy. dromedaii*, *Hy. dromedanii*, *Hy. dromedarri*, *Hy. dromedary*, *Hy. dromederii*, *Hy. dromedrii*, *Hy. dromerdarii*, *Hy. sdromedarii*, *Ixodes trilineatus*, *Ixodes cinctus*, *Hy.* (*Hy.*) *aegyptium dromedarii*, *Hy.* (*Hy.*) *dromedarii*

(8) *Hy. excavatum* Koch, 1844 盾陷璃眼蜱

= *Hy. aegyptium typica*, *Hy. anatolicum excavatum*, *Hy. anatolicum zavattarii*, *Hy. detritum pavlovskyi*, *Hy. syriacum typica*, *Hy. tunesiacum*, *Hy. tunesiacum ganorai*, *Hy. tunesianicum pavlovskyi*, *Hy. tunesianicum tunesianicum*, *Hy. tunesianicum turkmeniense*, *Hy. turkmeniense*, *Hy. escavatum*, *Hy. exavatum*, *Hy. excowatum*, *Haemaphysalis anatolicum excevatum*, *Hy. anatolicum escavatum*, *Hy. anatolicum excavacum*,

Hy. anatolieum excavatum, *Hy. turkestanica*, *Ixodes algeriensis*, *Hy. algeriense*, *Hy. lusitanicum*, *Hy. lusitanicum algericum*, *Hy. anatolicum*, *Hy.* sp. near *excavatum*, *Hy.* (*Hy.*) *anatolicum excavatum*, *Hy. turkestanica*, *Hy. tunesiacum turkmeniense*, *Hy. tunesiacum pavlovskyi*, *Hy. tunesiacum tunesiacum*

(9) *Hy. franchinii* Tonelli-Rondelli, 1932 法氏璃眼蜱

= *Hy. tunesiacum franchinii*, *Hy.* (*Hy.*) *franchinii*

(10) *Hy. glabrum* Delpy, 1949 光滑璃眼蜱

= *Hy. rufipes glabrum*

(11) *Hy. hussaini* Sharif, 1928 侯氏璃眼蜱

= *Hy. hussaini typica*, *Hy.* (*Delpyiella*) *hussaini*, *Hy.* (*Hyalommina*) *hussaini* f. *typica*, *Hy.* (*Hyalommina*) *hussaini*

(12) *Hy. hystricis* Dhanda & Raja, 1974 豪猪璃眼蜱

= *Hy.* (*Hyalommina*) *hystricis*

(13) *Hy. impeltatum* Schulze & Schlottke, 1929（常错写为 1930）缺板璃眼蜱

= *Hy. brumpti*, *Hy. dromedarii leptosoma*, *Hy. erythraeum*, *Hy. fezzanensis*, *Hy. impeltatum impeltatum*, *Hy. leptosoma*, *Hy. savignyi impeltatum*, *Hy. sinaii*, *Hy. impelatum*, *Hy. impltatum*, *Hy. erythreaum*, *Hy. erythreum*, *Hy. marginatum balclanicum*, *Hy.* (*Hy.*) *impeltatum*

(14) *Hy. impressum* Koch, 1844 缩臀璃眼蜱

= *Hy. aegyptium impressum*, *Hy. aegyptium impressum typica*, *Hy. dromedarii impressa*, *Hy. dromedarii impressum*, *Hy. impressum impressum*, *Hy. savignyi intermedia*, *Hy.* (*Hy.*) *impressum*

(15) *Hy. isaaci* Sharif, 1928 伊氏璃眼蜱

= *Hy. aegyptium isaaci*, *Hy. dromedarii indosinensis*, *Hy. marginatum isaaci*, *Hy. sharifi isaaci*, *Hy.* (*Hy.*) *aegyptium isaaci*, *Hy.* (*Hy.*) *marginatum isaaci*, *Hy. marginatum indosinense*

(16) *Hy. kumari* Sharif, 1928 酷氏璃眼蜱

= *Hy.* (*Hyalommina*) *kumari*

(17) *Hy. lusitanicum* Koch, 1844 卢西璃眼蜱

= *Hy. aegyptium lusitanicum*, *Hy. excavatum lusitanicum*, *Hy. iberum*, *Hy. lusitanicum berberum*, *Hy. lusitanicum cicatricosum*, *Hy. lusitanicum lusitanicum*, *Hy. savignyi iberum*, *Amblyomma lusitanicum*, *Hy. lustanicum*, *Rhipicephalus lusitanicum*, *Hy. savignyi*, *Hy.* (*Hy.*) *lusitanicum*

(18) *Hy. marginatum* Koch, 1844 边缘璃眼蜱

= *Hy. aegyptium marginatum*, *Hy. cypriacum*, *Hy. dentatum*, *Hy. marginatum bacuense*, *Hy. marginatum balcanicum*, *Hy. marginatum brionicum*, *Hy. marginatum caspium*, *Hy. marginatum espanoli*, *Hy. marginatum hispanum*, *Hy. marginatum marginatum*, *Hy. marginatum olenevi*, *Hy. plumbeum nigricum*, *Hy. rufipes glabratum*, *Hy. steineri codinai*, *Hy. transcaucasicum*, *Haemaphysalis marginatus*, *Hy. marginatom marginatom*, *Hy. marginatum balkanicum*, *Hy. rufipes glabrata*, *Acarus hispanus*, *Acarus plumbeus*, *Ixodes hispanus*, *Ixodes plumbeus*, *Hy. hispanum*, *Hy. dentatum*, *Phauloixodes plumbeus*, *Phaulixodes plumbeus*, *Rhipicephalus plumbeus*, *Hy. aegyptium impressum*, *Hy. marginalum annulipes*, *Hy. plumbeum*, *Hy. plumbeum plumbeum*, *Haemaphysalis plumbeum*, *Hy.* (*Hy.*) *marginatum marginatum*, *Hy. hispanicum*

(19) *Hy. nitidum* Schulze, 1919 泽板璃眼蜱

= *Hy. impressum nitidum*, *Hy.* (*Hy.*) *nitidum*

(20) *Hy. punt* Hoogstraal, Kaiser & Pedersen, 1969 玄土璃眼蜱

= *Hy.* (*Hyalommina*) *punt*

(21) *Hy. rhipicephaloides* Neumann, 1901 扇头璃眼蜱

= *Rhipicephalus rhipicephaloides*, *Hy. rhipicephaliodes*, *Hy.* (*Hyalommina*) *rhipicephaloides*

(22) *Hy. rufipes* Koch, 1844 麻点璃眼蜱

= *Hy. aegyptium impressum rufipes*, *Hy. aequipunctatum*, *Hy. impressum rufipes*, *Hy. marginatum impressum, Hy. marginatum rufipes, Hy. plumbeum impressum, Hy. rufipes rufipes, Hy. savignyi impressa, Amblyomma rufipes, Hy. fufipes, Hy. refipus, Hy. rifipes, Hy. rufitipes, Hy. rupifes, Hy. marginatum rupifes, Hy. grossum, Hy. aegyptium aegyptium, Hy. aegyptium impressum, Hy. aegyptium impressum* f. *rufipes, Hy. aegyptium impressum* f. *typica, Hy. impressum, Hy. (Hy.) rufipes rufipes, Hy. (Hy.) marginatum rufipes*

(23) *Hy. schulzei* Olenev, 1931 舒氏璃眼蜱

= *Hy. schultzei, Hy. (Hy.) schulzei*

(24) *Hy. scupense* Schulze, 1918 盾糙璃眼蜱

= *Hy. aegyptium ferozedini, Hy. dardanicum, Hy. detritum, Hy. detritum albipictum, Hy. detritum annulatum, Hy. detritum damascenium, Hy. detritum dardanicum, Hy. detritum detritum, Hy. detritum mauritanicum, Hy. detritum perstrigatum, Hy. detritum rubrum, Hy. detritum scupense, Hy. mauritanicum, Hy. mauritanicum annulatum, Hy. scupense detritum, Hy. scupense scupense, Hy. sharifi, Hy. steineri, Hy. steineri enigkianum, Hy. steineri steineri, Hy. uralense, Hy. verae, Hy. volgense, Haemaphysalis detritum, Hy. dardonicum, Hy. dentritum, Hy. detericum, Hy. deteritum, Hy. scharifi, Hy. valgense, Hy. volgense, Hy. (Hy.) detritum scupense*

(25) *Hy. somalicum* Tonelli-Rondelli, 1935 索马里璃眼蜱

= *Hy. impeltatum somalicum*

(26) *Hy. truncatum* Koch, 1844 杆足璃眼蜱

= *Hy. aegyptium impressum transiens, Hy. impressum luteipes, Hy. impressum planum, Hy. impressum planum rhinocerotis, Hy. impressum transiens, Hy. lewisi, Hy. planum, Hy. planum rhinocerotis, Hy. rhinocerotis, Hy. savignyi typica, Hy. transiens, Hy. zambesianum, Hyalommina lewisi, Hy. trancutum, Hy. trunctatum, Hy. truncutrum, Hy. truncutum, Hy. aegyptium aegyptium, Hy. aegyptium impressum* f. *transiens, Hy. aegyptium albiparmatum* f. *transiens, Hy. (Hyalommina) lewisi, Hy. impressum planum* f. *rhinoccrotis, Hy. savignyi, Hy. detritum, Hy. (Hy.) transiens, Hy. (Hy.) truncatum*

(27) *Hy. turanicum* Pomerantzev, 1946 图兰璃眼蜱

= *Hy. marginatum turanicum, Hy. plumbeum turanicum, Hy. marginatum toranicum, Hy. marginatum balcanicum, Hy. rufipes glabrum, Hy. glabrum, Hy. (Hy.) marginatum turanicum*

无效种：①残缘璃眼蜱 *Hy. detritum* Schulze, 1919，实际是盾糙璃眼蜱 *Hy. scupense* Schulze, 1918 的同物异名，但在西方以种名 *Hy. detritum* 被广泛认识，因此为避免混淆可将此种拼写为 *Hy. scupense* (=*Hy. detritum*)。

11. 珠蜱属 ***Margaropus*** **[*M*] (3 种)**

(1) *M. reidi* Hoogstraal, 1956 肋氏珠蜱

(2) *M. wileyi* Walker & Laurence, 1973 危氏珠蜱

(3) *M. winthemi* Karsch, 1879 云氏珠蜱

= *Boophilus winthemi, M. lounsburyi, M. phthirioides, Rhipicephalus phthirioides, M. wintemi, M. withemi*

12. 恼蜱属 ***Nosomma*** **[*No*] (2 种)**

(1) *No. keralensis* Prakasan & Ramani, 2007 喀邦恼蜱

(2) *No. monstrosum* (Nuttall & Warburton, 1908) 怪异恼蜱

= *Hyalomma monstrosum, No. montrosum, No. monstrususm*

13. 扇革蜱属 ***Rhipicentor*** **[*Rc*] (2 种)**

(1) *Rc. bicornis* Nuttall & Warburton, 1908 双角扇革蜱

= *Rc. gladiger, Rhipicephalus gladiger, Rhipicephalus bicornis*

(2) *Rc. nuttalli* Cooper & Robinson, 1908 纳氏扇革蜱

= *Rc. vicinus*, *Rc. nuttali*

14. 扇头蜱属 *Rhipicephalus* [*R*] (85 种)

(1) *R.* (*Boophilus*) *annulatus* (Say, 1821) 具环扇头蜱

= *Boophilus annulatus*, *Boophilus annulatus affinis*, *Boophilus annulatus annulatus*, *Boophilus annulatus caicarata*, *Boophilus annulatus caicaratus*, *Boophilus bovis*, *Boophilus calcaratus*, *Boophilus calcaratus balcanicus*, *Boophilus calcaratus calcaratus*, *Boophilus calcaratus hispanicus*, *Boophilus calcaratus palestinensis*, *Boophilus calcaratus persicus*, *Boophilus congolensis*, *Boophilus decoloratus calcaratus*, *Boophilus intraoculatus*, *Boophilus margaropus annulatus*, *Boophilus occidentalis*, *Boophilus palestinensis*, *Boophilus persicus*, *Boophilus schulzei*, *Haemaphysalis rosea*, *Ixodes annulatus*, *Ixodes bovis*, *Ixodes calcaratus*, *Ixodes dugesi*, *Ixodes indentatus*, *Margaropus annulatus*, *Margaropus annulatus annulatus*, *Margaropus annulatus calcarata*, *Margaropus annulatus calcaratus*, *Margaropus annulatus dugesi*, *Margaropus bovis*, *Margaropus calcaratus*, *Margaropus dugesi*, *R. annulatus calcarata*, *R. annulatus calcaratus*, *R. annulatus dugesi*, *R. bovis*, *R. calcaratus*, *R. decoloratus calcaratus*, *R. dugesi*, *Uroboophilus occidentalis*, *Ornithodoros annulatus*, *R. annulatis*, *Boophilus annalatus*, *Boophilus annualtus*, *Boophilus annulata*, *Boophilus annulatum*, *Boophilus calcaratus balanicus*, *Ixodes identatus*, *R. rosea*, *R. annulatus*, *R.* (*Boophilus*) *annulatus*, *Boophilus* (*Boophilus*) *calcaratus balcanicus*, *Boophilus* (*Boophilus*) *congolensis*, *Boophilus balcanicus*

(2) *R. appendiculatus* Neumann, 1901 具肢扇头蜱

= *Eurhipicephalus appendiculatus*, *R. appenciculatus*, *R. appendicalatus*, *R. appendicularius*, *R. appendiculatis*, *R. appendjculatus*, *R. appenidiculatus*, *R.* (*Eurhipicephalus*) *appendieulatus*, *R.* (*Lamellicauda*) *appendiculatus*, *R.* (*R.*) *appendiculatus*

(3) *R. aquatilis* Walker, Keirans & Pegram, 1993 沼泽扇头蜱

= *R.* sp., *R.* (*R.*) *aquatilis*

(4) *R. armatus* Pocock, 1900 戟胄扇头蜱

= *R.* (*Eurhipicephalus*) *armatus*, *R.* (*Hyperaspidion*) *armatus*

(5) *R. arnoldi* Theiler & Zumpt, 1950（常错写为 1949）雅氏扇头蜱

= *R.* (*R.*) *arnoldi*

(6) *R. aurantiacus* Neumann, 1907 橙色扇头蜱

= *R. cuneatus*, *R. ziemanni aurantiacus*, *R. longicoxatus*, *R.* (*R.*) *aurantiacus*

(7) *R. australis* Fuller, 1899 南方扇头蜱

= *Boophilus annulatus australis*, *Boophilus annulatus caudatus*, *Boophilus annulatus microplus*, *Boophilus australis*, *Boophilus microplus*, *Margaropus annulatus australis*, *Margaropus annulatus caudatus*, *Margaropus annulatus microplus*, *Margaropus australis*, *R. annulatus australis*, *R. annulatus caudatus*, *R. annulatus microplus*, *Uroboophilus australis*, *Boophilus australia*, *Ixodes australis*

(8) *R. bequaerti* Zumpt, 1950 孛氏扇头蜱

= *R. simus planus*, *R.* (*R.*) *bequaerti*

(9) *R. bergeoni* Morel & Balis, 1976 拜氏扇头蜱

= *R.* (*R.*) *bergeoni*

(10) *R. boueti* Morel, 1957 鲍氏扇头蜱

= *R.* (*R.*) *boueti*

(11) *R. bursa* Canestrini & Fanzago, 1878 囊形扇头蜱

= *Digineus bursa*, *Eurhipicephalus bursa*, *R. burea*, *Ixodes scapularis*, *Ixodes scapulatus*, *R. bilenus*, *Phauloixodes rufus*, *Phaulixodes rufus*, *R. rufus*, *R.* (*Eurhipicephalus*) *bursa*, *Eurhipicephalus bilenus*, *R.* (*Digineus*) *bursa*, *R. lundbladi*

(12) *R. camicasi* Morel, Mouchet & Rodhain, 1976 卡氏扇头蜱

= *R.* (*R.*) *camicasi*

(13) *R. capensis* Koch, 1844 好角扇头蜱

= *Eurhipicephalus capensis*, *R. capensis capensis*, *R. capencis*, *R.* (*Eurhipicephalus*) *capensis*, *R.* (*R.*) *capensis*

(14) *R. carnivoralis* Walker, 1966 肉兽扇头蜱

= *R.* (*Lamellicauda*) *carnivoralis*, *R.* (*R.*) *carnivoralis*

(15) *R. cliffordi* Morel, 1965 奎氏扇头蜱

= *R. pseudolongus*, *R.* (*R.*) *cliffordi*

(16) *R. complanatus* Neumann, 1911 坦盾扇头蜱

= *R. planus*, *R. planus complanatus*, *Amblyomma complanatum*, *R.* (*R.*) *complanatus*

(17) *R. compositus* Neumann, 1897 汇伍扇头蜱

= *R. ayrei*, *R. capensis composita*, *R. capensis compositus*, *R.* (*R.*) *compositus*

(18) *R. congolensis* Apanaskevich, Horak & Mulumba-Mfumu, 2013 刚果扇头蜱

(19) *R. cuspidatus* Neumann, 1906 尖板扇头蜱

= *R. cuspidalis*, *R.* (*Rhipicephalinus*) *cuspidatus*, *R.* (*Hyperaspidion*) *cuspidatus*

(20) *R.* (*Boophilus*) *decoloratus* (Koch, 1844) 无色扇头蜱

= *Boophilus annulatus decoloratus*, *Boophilus capensis*, *Boophilus decoloratus*, *Boophilus florae*, *Boophilus scheepersi*, *Eurhipicephalus decoloratus*, *Margaropus annulatus decoloratus*, *Margaropus decoloratus*, *Palpoboophilus decoloratus*, *R. annulatus decoloratus*, *Boophilus decloratus*, *Boophilus declorotus*, *Boophilus decolaratus*, *Boophilus docoloratus*, *Boophilus argentinus*, *Margaropus argentinus*, *Boophilus annulatus argentinus*, *Boophilus* (*Palpoboophilus*) *decoloratus*

(21) *R. deltoideus* Neumann, 1910 三角扇头蜱

= *R.* (*Rhipicephalinus*) *deltoideus*, *R.* (*Morelenia*) *deltoideus*, *R.* (*R.*) *deltoideus*

(22) *R. distinctus* Bedford, 1932 差异扇头蜱

= *R. punctatus*, *R.* (*R.*) *distinctus*, *R. simpsoni*

(23) *R. duttoni* Neumann, 1907 杜氏扇头蜱

(24) *R. dux* Dönitz, 1910 独硕扇头蜱

= *R. schwetzi*, *R.* (*Tendeirodes*) *dux*, *R.* (*R.*) *dux*

(25) *R. evertsi* Neumann, 1897 萼氏扇头蜱

= *Eurhipicephalus evertsi*, *R. evertsi albigeniculatus*, *R. evertsi evertsi*, *R. evertsi mimeticus*, *R. mimeticus*, *R. eversi*, *R. everti*, *R. evetsi*, *R.* (*Eurhipicephalus*) *evertsi*, *R.* (*Digineus*) *evertsi evertsi*, *R.* (*Digineus*) *evertsi*, *R.* sp. near *oculatus*

(26) *R. exophthalmos* Keirans & Walker, 1993 突眼扇头蜱

= *R. exophthlamos*, *R. exopthalmos*, *R.* sp. near *oculatus*, *R.* (*R.*) *exophthalmos*

(27) *R. follis* Dönitz, 1910 皮囊扇头蜱

= *R. molis*, *R.* (*R.*) *follis*, *R.* sp. near *capensis*

(28) *R. fulvus* Neumann, 1913 褐红扇头蜱

= *Pterygodes fulvus*, *R.* (*Pterygodes*) *fulvus*

(29) *R.* (*Boophilus*) *geigyi* (Aeschlimann & Morel, 1965) 溉氏扇头蜱

= *Boophilus geigy*, *R. geiyi*, *Boophilus geigeyi*, *Boophilus geiyi*, *Boophilus decoloratus*

(30) *R. gertrudae* Feldman-Muhsam, 1960 鬲氏扇头蜱

= *R. getrudae*, *R.* (*R.*) *gertrudae*

(31) *R. glabroscutatum* Du Toit, 1941 滑盾扇头蜱

= *R. glabroscutatum*

(32) *R. guilhoni* Morel & Vassiliades, 1963 癸氏扇头蜱

= *R. sanguineus*, *R.* (*R.*) *guilhoni*

(33) *R. haemaphysaloides* Supino, 1897 镰形扇头蜱

= *R. expeditus*, *R. haemaphysaloides expedita*, *R. haemaphysaloides expeditus*, *R. haemaphysaloides haemaphysaloides*, *R. haemaphysaloides niger*, *R. haemaphysaloides ruber*, *R. ruber*, *Boophilus haemaphysaloides*, *R. haemaphysalides*, *R. haemaphysalis*, *R. haemaphysalodies*, *R. haemophysaloides*, *R.* (*R.*) *haemaphysaloides*, *R.* (*Eurhipicephalus*) *haemaphysaloides*, *R.* (*R.*) *haemaphysaloides haemaphysaloides*

(34) *R. humeralis* Tonelli-Rondelli, 1926 肩突扇头蜱

= *R. pulchellus humeralis*, *R.* (*Tendeirodes*) *humeralis*, *R.* (*Lamellicauda*) *humeralis*, *R.* (*R.*) *humeralis*

(35) *R. hurti* Wilson, 1954 呼氏扇头蜱

= *R.* (*R.*) *hurti*

(36) *R. interventus* Walker, Pegram & Keirans, 1995 间形扇头蜱

= *R. tricuspis*, *R.* sp. near *tricuspis*, *R.* (*R.*) *interventus*

(37) *R. jeanneli* Neumann, 1913 珍氏扇头蜱

= *R. janneli*, *R. kochi*, *R.* (*R.*) *jeanneli*

(38) *R. kochi* Dönitz, 1905 柯氏扇头蜱

= *R. neavei*, *R.* (*Lamellicauda*) *neavei*, *R. punctatus*, *R.* sp. near *pravus*, *R.* (*R.*) *neavei*, *R.* (*R.*) *kochi*, *R. naevei*, *R. naevi*, *R. neavi*

(39) *R.* (*Boophilus*) *kohlsi* (Hoogstraal & Kaiser, 1960) 科氏扇头蜱

= *Boophilus kohlsi*, *Boophilus kohlesi*

(40) *R. leporis* Pomerantzev, 1946 野兔扇头蜱

= *R. pomerantzevi*, *R. pomeranzevi*, *R.* (*Lamellicauda*) *pomeranzevi*, *R.* (*R.*) *leporis*

(41) *R. longiceps* Warburton, 1912 长颚扇头蜱

= *Rhipicephalas* (*Lamellicauda*) *longiceps*, *R.* (*R.*) *longiceps*

(42) *R. longicoxatus* Neumann, 1905 长基扇头蜱

= *R. camelopardalis*, *R.* (*R.*) *longicoxatus*

(43) *R. longus* Neumann, 1907 长形扇头蜱

= *R. capensis longus*, *R. confusus*, *R. falcatus*, *R. capensis pseudolongus*, *R. pseudolongus*, *R.* (*R.*) *longus*

(44) *R. lounsburyi* Walker, 1990 隆氏扇头蜱

= *R. follis*, *R.* sp., *R.* (*R.*) *lounsburyi*

(45) *R. lunulatus* Neumann, 1907 弯板扇头蜱

= *R. attenuatus*, *R. glyphis*, *R. simus lunulatus*, *R. simus tricuspis*, *R. tricuspis*, *R.* (*R.*) *lunulatus*

(46) *R. maculatus* Neumann, 1901 斑盾扇头蜱

= *R. maculatos*, *R. ecinctus*, *R.* (*Eurhipicephalus*) *maculatus*, *R.* (*Tendeirodes*) *maculatus*, *R.* (*Lamellicauda*) *maculatus*, *R.* (*R.*) *maculatus*

(47) *R. masseyi* Nuttall & Warburton, 1908 麻氏扇头蜱

= *R. tendeiroi*, *R. massyi*, *R.* (*R.*) *masseyi*

(48) *R.* (*Boophilus*) *microplus* (Canestrini, 1888) 微小扇头蜱

= *Boophilus annulatus argentinus*, *Boophilus annulatus australis*, *Boophilus annulatus caudatus*, *Boophilus annulatus microplus*, *Boophilus argentinus*, *Boophilus australis*, *Boophilus caudatus*, *Boophilus cyclops*, *Boophilus distans*, *Boophilus microplus*, *Boophilus microplus annulatus*, *Boophilus minningi*, *Boophilus sharifi*, *Haemaphysalis micropla*, *Margaropus annulatus argentinus*, *Margaropus annulatus australis*, *Margaropus annulatus caudatus*, *Margaropus annulatus mexicanus*, *Margaropus annulatus microplus*,

Margaropus argentinus, *Margaropus australis*, *Margaropus caudatus*, *Margaropus micropla*, *Margaropus microplus*, *Palpoboophilus brachyuris*, *Palpoboophilus minningi*, *R. annulatus argentinus*, *R. annulatus australis*, *R. annulatus caudatus*, *R. annulatus microplus*, *R. argentinus*, *R. caudatus*, *R. sharifi*, *Uroboophilus australis*, *Uroboophilus caudatus*, *Uroboophilus cyclops*, *Uroboophilus distans*, *Uroboophilus indicus*, *Uroboophilus microplus*, *R. micropa*, *R. micropilus*, *Boophilus annulatus microdus*, *Boophilus cautatus*, *Boophilus micoplus*, *Boophilus microlpus*, *Boophilus microphis*, *Boophilus micropIes*, *Boophilus miroplus*, *Boophilus sharfi*, *Margaropus annulatus microphilis*, *Margaropus annulatus microphilus*, *Margaropus microphilus*, *R. annulatus argentina*, *R. annulatus argentinensis*, *R. annulatus micropus*, *Ixodes brevipes*, *R. microplus*, *R. australis*, *R. annulatus argentinensis*, *Ixodes australis*, *Boophilus annulalus* subsp. *calcaratus*, *Boophilus* (*Uroboophilus*) *sinensis*, *Boophilus* (*Uroboophilus*) *sharifi*, *Boophilus* (*Uroboophilus*) *rotundiscutatus*, *Boophilus* (*Uroboophilus*) *longiscutatus*, *Boophilus* (*Uroboophilus*) *krijgsmani*, *Boophilus* (*Uroboophilus*) *fallax*, *Boophilus* (*Uroboophilus*) *distans*, *Boophilus* (*Uroboophilus*) *cyelops*, *Boophilus* (*Uroboophilus*) *caudatus*, *Boophilus* (*Uroboophilus*) *microplus*, *Uroboophilus sinensis*, *Boophilus* (*Palpoboophilus*) *minningi*, *Boophilus intraoculatus*, *Boophilus intraoculatus*, *Uroboophilus occidentalis*, *Uroboophilus sharifi*, *Urohoophilus rotundiscutatus*, *Urohoophilus longiscutatus*, *Urohoophilus krijgsmani*, *Urohoophilus fallax*

(49) *R. moucheti* Morel, 1965 侔氏扇头蜱

= *R.* (*R.*) *moucheti*

(50) *R. muehlensi* Zumpt, 1943 泌氏扇头蜱

= *R. muchlensi*, *R. muechlensi*, *R. muhelensi*, *R. muhlensi*, *R.* (*Lamellicauda*) *muehlensi*, *R.* (*R.*) *muehlensi*

(51) *R. muhsamae* Morel & Vassiliades, 1965 慕氏扇头蜱

= *R. simus simus*, *R. simus*, *R.* (*R.*) *muhsamae*

(52) *R. neumanni* Walker, 1990 纽氏扇头蜱

= *R.* (*R.*) *neumanni*

(53) *R. nitens* Neumann, 1904 亮盾扇头蜱

= *Eurhipicephalus nitens*, *R.* (*R.*) *nilens*

(54) *R. oculatus* Neumann, 1901 明眸扇头蜱

= *R.* (*Eurhipicephalus*) *oculatus*, *R. transiens oculatus*, *R.* (*R.*) *oculatus*

(55) *R. oreotragi* Walker & Horak, 2000 岩羚扇头蜱

(56) *R. pilans* Schulze, 1935 短毛扇头蜱

= *R. haemaphysaloides paulopunctata*, *R. haemaphysaloides paulopunctatus*, *R. haemaphysaloides pilans*, *R. paulopunctatus*, *R. pilans*, *R.* (*R.*) *haemaphysaloides pilans*

(57) *R. planus* Neumann, 1907 平盾扇头蜱

= *R. planus planus*, *R. planus typica*, *R. reichenowi*, *R. simus planus*, *R. zumpti*, *R.* (*R.*) *planus*

(58) *R. praetextatus* Gerstäcker, 1873 嫩边扇头蜱

= *Eurhipicephalus hilgerti*, *Eurhipicephalus shipleyi*, *Eurhipicephalus simus hilgerti*, *Eurhipicephalus simus shipleyi*, *R. hilgerti*, *R. perpulcher*, *R. shipleyi*, *R. simus hilgerti*, *R. simus shipleyi*, *R. praetexatus*, *R. simus*, *R. erlangeri*, *Eurhipicephalus simus erlangeri*, *R. simus erlangeri*, *R.* (*R.*) *praetextatus*

(59) *R. pravus* Dönitz, 1910 陋形扇头蜱

= *R. pravus pravus*, *R. pravas*, *R.* (*R.*) *pravus*, *R. neavei*

(60) *R. pseudolongus* Santos Dias, 1953 伪长扇头蜱

= *R. capensis pseudolongus*

(61) *R. pulchellus* (Gerstäcker, 1873) 靓盾扇头蜱

= *Dermacentor pulchellus*, *Eurhipicephalus pulchellus*, *Lamellicauda pulchellus*, *R. marmoreus*, *R. pulchellus pulchellus*, *R. puchelllus*, *R. pulchelluss*, *R. pulchelus*, *R. pulehelus*, *R. puluchulus*, *R. maculatus*,

R. (*Eurhipicephalus*) *pulchellus*, *Eurhipicephalus pulchellus*, *R.* (*Lamellicauda*) *pulchellus*, *R.* (*Tendeirodes*) *pulchellus*, *R.* (*R.*) *pulchellus*

(62) *R. pumilio* Schulze, 1935 短小扇头蜱

= *R. pumilis*, *R.* (*R.*) *pumilio*

(63) *R. punctatus* Warburton, 1912 点盾扇头蜱

= *R. neavei punctatus* , *R. puncatatus*, *R. serranoi*, *R. mossambicus*, *Rhipicephalous piresi*, *R. pravus*, *R.* (*R.*) *punctatus*

(64) *R. pusillus* Gil Collado, 1936 弱小扇头蜱

= *R. bursa pusillus*, *R.* (*R.*) *pusillus*

(65) *R. ramachandrai* Dhanda, 1966 胥氏扇头蜱

= *R. arakeri*, *R.* (*R.*) *ramachandrai*

(66) *R. rossicus* Yakimov & Kohl-Yakimova, 1911 俄扇头蜱

= *R. sanguineus rossicus*, *R.* (*R.*) *rossicus*

(67) *R. sanguineus* (Latreille, 1806) 血红扇头蜱

= *R. saguineus*, *R. sanginues*, *R. sangiuneus*, *R. sanguienus*, *R. sanguieus*, *R. sanguineeus*, *R. sanguineos*, *R. sanguineous*, *R. sanguines*, *R. sanguineue*, *R. sangunieeus*, *R. sanguinieus*, *R. sanguinius*, *R. sanguinous*, *R. sanguinrus*, *R. sanguinus*, *R. sangunineus*, *R. sanquineus*, *R. sauguineus*, *Ixodes sanguineus*, *Ixodes linnaei*, *Ixode plombé*, *Ixodes plumbeus*, *R. siculus*, *R. limbatus*, *R. rutilus*, *R. linnei*, *Ixodes dugesi*, *R. rubicundus*, *R. carinatus*, *R. stigmaticus*, *R. beccarii*, *Phauloixodes intermedius*, *R. brevicollis*, *R. flavus*, *R. bhamensis*, *R. intermedius*, *R. sanguineus brevicollis*, *R.* (*Eurhipicephalus*) *sanguineus*, *Boophilus dugesi*, *R. texallus*, *Eurhipicephalus sanguineus*, *R. breviceps*, *R. sanguineus sanguineus*, *R. dugesi*, *Ixodes hexagonus sanguineus*, *R. macropis*, *R.* (*R.*) *sanguineus*, *R.* (*R.*) *sanguineus sanguineus*

(68) *R. scalpturatus* Santos Dias, 1959 刻纹扇头蜱

= *R.* (*Pomerantzevia*) *scalpturatus*, *R.* (*R.*) *scalpturatus*

(69) *R. schulzei* Olenev, 1929 舒氏扇头蜱

= *R. sanguineus schulzei*, *R. schultzei*, *R. schulzi*, *R.* (*R.*) *schulzei*

(70) *R. sculptus* Warburton, 1912 雕盾扇头蜱

= *R.* (*Lamellicauda*) *sculptus*, *R.* (*R.*) *sculptus*

(71) *R. senegalensis* Koch, 1844 塞内扇头蜱

= *R. longoides*, *R. simus longoides*, *R. simus senegalensis*, *R. senegalis*, *R. simus*, *R. planus complanatus*, *R. longus*, *R.* (*R.*) *senegalensis*

(72) *R. serranoi* Santos Dias, 1950 啬氏扇头蜱

(73) *R. simpsoni* Nuttall, 1910 辛氏扇头蜱

= *R. simus simus*, *R.* (*R.*) *simpsoni*

(74) *R. simus* Koch, 1844 凹点扇头蜱

= *Eurhipicephalus simus*, *R. simus simus*, *R. simus typica*, *Haemaphysalis simus*, *R. sinus*, *R. sanguineus simus*, *R.* (*Eurhipicephalus*) *simus*, *R. ecinctus*, *Hoemaphysalis simus*, *R.* (*R.*) *simus simus*, *R. sanguineus simus*, *R.* (*R.*) *simus*

(75) *R. sulcatus* Neumann, 1908 深沟扇头蜱

= *R. sanguineus sulcatus*, *R. punctatissimus*, *R. sanguineus punctatissimus*, *R. sanguineus*, *R. sanguineus sanguineus*, *R.* (*R.*) *sulcatus*

(76) *R. supertritus* Neumann, 1907 仨突扇头蜱

= *R. coriaceus*, *R. cariaceus*, *R.* (*Lamellicauda*) *supertritus*, *R.* (*R.*) *supertritus*

(77) *R. tetracornus* Kitaoka & Suzuki, 1983 四角扇头蜱

= *R.* (*R.*) *tetracornus*

(78) *R. theileri* Bedford & Hewitt, 1925 泰氏扇头蜱

= *R.* (*Zumptielinus*) *theileri*, *R.* (*Hyperaspidion*) *theileri*

(79) *R. tricuspis* Dönitz, 1906 三尖扇头蜱

= *R. simus tricuspis*, *R.* (*R.*) *tricuspis*, *R. lunulatus*

(80) *R. turanicus* Pomerantzev, 1940（常错写为 1936）图兰扇头蜱

= *R. tauranicus*, *R. tuanicus*, *R. tunanicus*, *R. turamicus*, *R. secundus*, *R. sulcatus*, *R.* (*R.*) *turanicus*, *R.* sp., *R. gpe sanguineus*

(81) *R. walkerae* Horak, Apanaskevich & Kariuki, 2013 沃氏扇头蜱

(82) *R. warburtoni* Walker & Horak, 2000 瓦氏扇头蜱

(83) *R. zambeziensis* Walker, Norval & Corwin, 1981 赞比扇头蜱

= *R. zabeziensis*, *R. zamberiensis*, *R. zambesiensis*, *R.* (*R.*) *zambeziensis*

(84) *R. ziemanni* Neumann, 1904 齐氏扇头蜱

= *R. brevicoxatus*, *R. ziemanni brevicoxatus*, *R. ziemann*, *R.* (*Eurhipieephalus*) *ziemanni*, *R.* (*R.*) *ziemanni*

(85) *R. zumpti* Santos Diaz, 1950 聪氏扇头蜱

三、纳蜱科

1. 纳蜱属 *Nuttalliella* Bedford, 1931 [*N*] (1 种)

(1) *N. namaqua* Bedford, 1931 那马纳蜱

四、恐蜱科

1. 恐蜱属 *Deinocroton* Peñalver, Arillo, Anderson & Pérez-de la Fuente, 2017 [*De*] (1 种)

(1) *De. draculi* Peñalver, Arillo, Anderson & Pérez-de la Fuente, 2017 德氏恐蜱

综上所述，世界蜱类名录仍需进一步完善，尤其是可疑种的深入鉴定、新种描述、遗失种的补充等。另外国际交流也是解决分歧的最好方法，如中国曾记述的壤塘硬蜱和新疆血蜱分别由邓国藩于 1973 年和 1980 年定名及发表，但后来他认为这两种分别是寄麝硬蜱和丹氏血蜱的同物异名。然而，由于早期语言不通及交流的局限性，很多蜱螨学家在编制世界蜱类名录时仍将这两个物种作为有效种列入其中。由此推测世界各地均可能存在此种现象，加之蜱的体型较小，如保存不当常造成标本损坏甚至遗失。可见蜱的分类及命名是一项长期艰巨的任务，需要世界各地的蜱螨学家共同努力才能促进这一领域有序、健康发展。

第二节 中国蜱类概况

早在东汉时期（约公元 121 年），许慎就在《说文解字》中对蜱进行了描述，明代就有关于蜱类防治的研究，可见在中国很早就注意到了蜱。然而由于历史原因，我国蜱类研究曾一度停滞不前，远落后于国际研究水平。新中国成立后，森林脑炎在东北林区的流行推动了我国蜱类的研究工作，出现了以邓国藩先生为首的一批蜱分类学家，并撰写了一些专著。目前，在中国比较有影响的蜱类名录有 3 个：①《中国经济昆虫志 第十五册 蜱螨目：蜱总科》（邓国藩，1978）记述了 2 科 10 属 79 种和亚种；②《中国经济昆虫志 第三十九册 蜱螨亚纲：硬蜱科》（邓国藩和姜在阶，1991）记述了硬蜱科 9 属 101 种和亚种；③《新疆蜱类志》（于心等，1997）记述了分布于新疆的 9 属 42 种。之后随着森林脑炎的逐渐被控制，少有蜱媒病的规模性发生，这一方面的工作几乎陷入停滞状态，同时也伴随着大量标本的毁坏甚至遗失。

另外，关于蜱的种类鉴定、物种描述、区系调查、分类系统的采用等方面都比较混乱。2007 年以来，我国很多地方发生了蜱媒病，并导致多起人畜死亡的案例，蜱又一度成为学界关注的热点，然而中国现有的蜱类专著存在年代久远、采用的分类系统过时、同物异名、异物同名、种类不全、描述不完善等问题，因此亟须针对国内蜱类现状及国际最新研究进展，对中国蜱类重新厘定，修订其中的错误、完善其中的不足，并与国际最新蜱类分类体系接轨，从而为我国蜱类工作者的国际学术交流和合作创造条件，为其他领域的深入研究及蜱媒病的有效防治奠定基础。

经过多年厘定，中国已知分布的蜱类应为 2 科 9 属 124 种：①软蜱科 2 属 14 种，其中锐缘蜱属 10 种、钝缘蜱属 4 种；②硬蜱科 7 属 110 种，其中硬蜱属 24 种、花蜱属 9 种、异扇蜱属 3 种、革蜱属 16 种、血蜱属 44 种、璃眼蜱属 6 种、扇头蜱属 8 种。以下是对邓国藩（1978）、邓国藩和姜在阶（1991）发表的蜱类名录做出的修订和补充，并附中国蜱类名录列表。

一、增加的有效种

① 拟日锐缘蜱 *Argas assimilis* Teng & Song, 1983；② 北京锐缘蜱 *A. beijingensis* Teng, 1983；③ 日本锐缘蜱 *A. japonicus* Yamaguti, Clifford & Tipton, 1968；④ 罗氏锐缘蜱 *A. robertsi* Hoogstraal, Kaiser & Kohls, 1968；⑤ 小型锐缘蜱 *A. pusillus* Kohls, 1950；⑥ 中华锐缘蜱 *A. sinensis* Jeu & Zhu, 1982；⑦ 普通锐缘蜱 *A. vulgaris* Filippova, 1961；⑧ 好角钝缘蜱 *Ornithodoros capensis* Neumann, 1901；⑨ 伯氏硬蜱 *Ixodes berlesei* Birula, 1895；⑩ 雷氏硬蜱 *I. redikorzevi* Olenev, 1927；⑪ 日本硬蜱 *I. nipponensis* Kitaoka & Saito, 1967；⑫ 哈萨克硬蜱 *I. kazakstani* Olenev & Sorokoumov, 1934；⑬心形花蜱 *Am. cordiferum* Neumann, 1899；⑭ 灰黄花蜱 *Am. helvolum* Koch, 1844；⑮ 派氏花蜱 *Am. pattoni*（Neumann, 1910）；⑯洛氏异扇蜱 *Ah. lotozkyi* Filippova & Panova, 1978；⑰美盾革蜱 *D. bellulus*（Schulze, 1935）；⑱ 坚实革蜱 *D. compactus* Neumann, 1901；⑲ 寺氏革蜱 *D. steini*（Schulze, 1933）；⑳太莫革蜱 *D. tamokensis* Apanaskevich & Apanaskevich, 2016；㉑ 括氏血蜱 *H. colasbelcouri*（Santos Dias, 1958）；㉒ 台岛血蜱 *H. taiwana* Sugimoto, 1936；㉓ 啄木鸟血蜱 *Haemaphysalis megalaimae* Rajagopalan, 1963；㉔ 俄扇头蜱 *R. rossicus* Yakimov & Kohl-Yakimova, 1911；㉕ 舒氏扇头蜱 *R. schulzei* Olenev, 1929。

二、无效种

① 伪盾盲花蜱 *Aponomma pseudolaeve* Schulze, 1935，已归并到花蜱属中，且是派氏花蜱 *Am. pattoni*（Neumann, 1910）的同物异名；② *Ap. lucasi* Supino, 1897 和巴氏盲花蜱 *Ap. barbouri* Anastos, 1950，已归并到花蜱属中，且均为巨蜥花蜱 *Am. varanense*（Supino, 1897）的同物异名；③ 越南血蜱 *H. vietnamensis* Hoogstraal & Wilson, 1966，为括氏血蜱 *H. colasbelcouri* 的同物异名，详见本章第一节；④ 朝鲜革蜱 *D. coreus* Itagaki, Noda & Yamaguchi, 1944，应为森林革蜱 *D. silvarum* Olenev, 1931 的同物异名；⑤微小牛蜱 *Boophilus microplus* Canestrini, 1888，被修订到扇头蜱属中。

三、修订种及亚种

①Apanaskevich 和 Horak（2008）通过研究确定印支边缘璃眼蜱 *Hy. marginatum indosinensis* Toumanoff, 1944 是伊氏边缘璃眼蜱 *Hy. marginatum isaaci* Sharif, 1928 的同物异名，且已上升到种级水平伊氏璃眼蜱 *Hy. isaaci* Sharif, 1928；②残缘璃眼蜱 *Hyalomma detritum detritum* 和盾糙璃眼蜱 *Hy. d. scupense* 被认为是同物异名，并提升到种级地位即盾糙璃眼蜱 *Hy. scupense*；③亚洲璃眼蜱指名亚种 *Hy. asiaticum asiaticum* Schulze & Schlottke, 1929 及亚东璃眼蜱 *Hy. asiaticum kozlovi* Olenev, 1931 统一为亚洲璃眼蜱 *Hy. asiaticum*，无亚种之分；④微小扇头蜱 *R.*（*Boophilus*）*microplus*（Canestrini, 1888）原为牛蜱属，现被修

订到扇头蜱属中。具体讨论详见本章第一节。

四、争议种及存疑种

1）邓国藩（1983）认为原来国内报道的翘缘锐缘蜱 *A. reflexus*（Fabricius, 1794）可能是北京锐缘蜱或普通锐缘蜱之误，而新疆记录的翘缘锐缘蜱应为普通锐缘蜱。但是在于心等（1997）的《新疆蜱类志》中有翘缘锐缘蜱，而无普通锐缘蜱 *A. vulgaris*。

2）于心等（1997）的《新疆蜱类志》中记述了雷氏硬蜱 *I. redikorzevi* Olenev, 1927，但 Kolonin（2009）认为该种是尖形硬蜱 *I. acuminatus* Neumann, 1901 的同物异名，并体现在部分文献中。Guglielmone 等（2010）却认为两者均为有效种名，为此还需要进一步深入研究才能明确其分类地位。

3）海南花蜱 *Am. hainanense* Teng, 1981。Kolonin（2009）在海南进行了实地考察，认为分布在中国的海南花蜱 *Am. hainanense* 应为灰黄花蜱 *Am. helvolum*。因缺乏翔实证据，我们先暂定为有效种。

4）仓鼠异扇蜱 *Ah. cricetuli* Teng & Huang, 1981。邓岗领等（1999）、于心等（2006）均认为仓鼠异扇蜱 *Ah. cricetuli* Teng & Huang, 1981 应为洛氏异扇蜱 *Ah. lotozkyi* 的同物异名。由于缺少标本实证，在本书中均作为有效种。

5）阿坝革蜱 *D. abaensis* 曾被认为是西藏革蜱 *D. everestianus* Hirst, 1926（Robbins & Robbins, 2003）或俾氏革蜱 *D. birulai* Olenev, 1927 的同物异名（Kolonin，2009）。在 Guglielmone 等（2009，2010，2014）、Guglielmone 和 Nava（2014）等的世界蜱类名录中阿坝革蜱被列为有效种。Apanaskevich 等（2014）认为该种和俾氏革蜱均为西藏革蜱的同物异名，他们认为西藏革蜱存在很明显的地区形态差异，但不足以达到种的区别。然而，鉴于本书作者近期的分子分析，作者发现阿坝革蜱与西藏革蜱确实存在一些稳定差异，但由于样本量小、分子标记代表性不高等因素，不能完全肯定两者的分类关系，还需进一步验证。为此，在获得充足证据之前，本书暂时将两者作为两个种来描述。

6）青海血蜱 *H. qinghaiensis* Teng, 1980。有人曾怀疑其为日本血蜱的同物异名，作者经过形态观察及分子生物学分析证实青海血蜱、日本血蜱为两个物种。

7）二棘血蜱 *H. bispinosa* Neumann, 1897。尽管在我国有文献记载，但是作者通过多年全国范围的调查均未发现该种，该种可能在我国没有分布，故在本名录中去除。

五、中国蜱类名录

（一）软蜱科

1. 锐缘蜱属 *Argas* Latreille, 1796 [*A*] (有效种 10 种)

(1) 拟日锐缘蜱 *A. assimilis* Teng & Song, 1983
(2) 北京锐缘蜱 *A. beijingensis* Teng, 1983
(3) 日本锐缘蜱 *A. japonicus* Yamaguti, Clifford & Tipton, 1968
(4) 波斯锐缘蜱 *A. persicus* (Oken, 1818)
(5) 小型锐缘蜱 *A. pusillus* Kohls, 1950
(6) 翘缘锐缘蜱 *A. reflexus* (Fabricius, 1794)
(7) 罗氏锐缘蜱 *A. robertsi* Hoogstraal, Kaiser & Kohls, 1968
(8) 中华锐缘蜱 *A. sinensis* Jeu & Zhu, 1982
(9) 蝙蝠锐缘蜱 *A. vespertilionis* (Latreille, 1796)
(10) 普通锐缘蜱 *A. vulgaris* Filippova, 1961

2. 钝缘蜱属 *Ornithodoros* Koch, 1837 [*O*] (有效种 4 种)

(1) 好角钝缘蜱 *O. capensis* Neumann, 1901
(2) 拉合尔钝缘蜱 *O. lahorensis* Neumann, 1908
(3) 乳突钝缘蜱 *O. papillipes* Birula, 1895
(4) 特突钝缘蜱 *O. tartakovskyi* Olenev, 1931

（二）硬蜱科

1. 硬蜱属 *Ixodes* Latreille, 1795 [*I*] (有效种 24 种)

(1) 锐跗硬蜱 *I. acutitarsus* (Karsch, 1880)
(2) 嗜鸟硬蜱 *I. arboricola* Schulze & Schlottke, 1930
(3) 伯氏硬蜱 *I. berlesei* Birula, 1895
(4) 草原硬蜱 *I. crenulatus* Koch, 1844
(5) 粒形硬蜱 *I. granulatus* Supino, 1897
(6) 哈氏硬蜱 *I. hyatti* Clifford, Hoogstraal & Kohls, 1971
(7) 克什米尔硬蜱 *I. kashmiricus* Pomerantzev, 1948
(8) 哈萨克硬蜱 *I. kazakstani* Olenev & Sorokoumov, 1934
(9) 鼯鼠硬蜱 *I. kuntzi* Hoogstraal & Kohls, 1965
(10) 嗜麝硬蜱 *I. moscharius* Teng, 1982
(11) 寄麝硬蜱 *I. moschiferi* Nemenz, 1968
(12) 鼢鼠硬蜱 *I. myospalacis* Teng, 1986
(13) 日本硬蜱 *I. nipponensis* Kitaoka & Saito, 1967
(14) 拟蓖硬蜱 *I. nuttallianus* Schulze, 1930
(15) 卵形硬蜱 *I. ovatus* Neumann, 1899
(16) 全沟硬蜱 *I. persulcatus* Schulze, 1930
(17) 钝跗硬蜱 *I. pomerantzevi* Serdjukova, 1941
(18) 雷氏硬蜱 *I. redikorzevi* Olenev, 1927
(19) 西氏硬蜱 *I. semenovi* Olenev, 1929
(20) 简蝠硬蜱 *I. simplex* Neumann, 1906
(21) 中华硬蜱 *I. sinensis* Teng, 1977
(22) 基刺硬蜱 *I. spinicoxalis* Neumann, 1899
(23) 嗜貉硬蜱 *I. tanuki* Saito, 1964
(24) 长蝠硬蜱 *I. vespertilionis* Koch, 1844

2. 花蜱属 *Amblyomma* Koch, 1844 [*Am*] (有效种 9 种)

(1) 心形花蜱 *Am. cordiferum* (Neumann, 1899)
(2) 厚体花蜱 *Am. crassipes* (Neumann, 1901) (= *Aponomma crassipes* 厚体盲花蜱)
(3) 嗜龟花蜱 *Am. geoemydae* (Cantor, 1847)
(4) 海南花蜱 *Am. hainanense* Teng, 1981
(5) 灰黄花蜱 *Am. helvolum* Koch, 1844
(6) 爪哇花蜱 *Am. javanense* (Supino, 1897)
(7) 派氏花蜱 *Am. pattoni* (Neumann, 1910)

(8) 龟形花蜱 *Am. testudinarium* Koch, 1844
(9) 巨蜥花蜱 *Am. varanense* (Supino, 1897)

3. 异扇蜱属 *Anomalohimalaya* [*Ah*] (有效种 3 种)

(1) 喇嘛异扇蜱 *Ah. lamai* Hoogstraal, Kaiser & Mitchell, 1970
(2) 仓鼠异扇蜱 *Ah. cricetuli* Teng & Huang, 1981
(3) 洛氏异扇蜱 *Ah. lotozkyi* Filippova & Panova, 1978

4. 革蜱属 *Dermacentor* [*D*] (有效种 16 种)

(1) 阿坝革蜱 *D. abaensis* Teng, 1963
(2) 金泽革蜱 *D. auratus* Supino, 1897
(3) 美盾革蜱 *D. bellulus* (Schulze, 1935)
(4) 坚实革蜱 *D. compactus* Neumann, 1901
(5) 西藏革蜱 *D. everestianus* Hirst, 1926
(6) 边缘革蜱 *D. marginatus* (Sulzer, 1776)
(7) 高山革蜱 *D. montanus* Filippova & Panova, 1974
(8) 银盾革蜱 *D. niveus* Neumann, 1897
(9) 草原革蜱 *D. nuttalli* Olenev, 1929
(10) 胫距革蜱 *D. pavlovskyi* Olenev, 1927
(11) 网纹革蜱 *D. reticulatus* (Fabricius, 1794)
(12) 森林革蜱 *D. silvarum* Olenev, 1931=朝鲜革蜱 *D. coreus*
(13) 中华革蜱 *D. sinicus* Schulze, 1932
(14) 寺氏革蜱 *D. steini* (Schulze, 1933)
(15) 台湾革蜱 *D. taiwanensis* Sugimoto, 1935
(16) 太莫革蜱 *D. tamokensis* Apanaskevich & Apanaskevich, 2016

5. 血蜱属 *Haemaphysalis* [*H*] (有效种 44 种)

(1) 阿波尔血蜱 *H. aborensis* Warburton, 1913
(2) 异角血蜱 *H. anomaloceraea* Teng, 1984
(3) 长须血蜱 *H. aponommoides* Warburton, 1913
(4) 亚洲血蜱 *H. asiatica* (Supino, 1897)
(5) 板齿鼠血蜱 *H. bandicota* Hoogstraal & Kohls, 1965
(6) 缅甸血蜱 *H. birmaniae* Supino, 1897
(7) 铃头血蜱 *H. campanulata* Warburton, 1908
(8) 坎氏血蜱 *H. canestrinii* (Supino, 1897)
(9) 括氏血蜱 *H. colasbelcouri* (Santos Dias, 1958) =越南血蜱 *H. vietnamensis* Hoogstraal & Wilson, 1966
(10) 嗜群血蜱 *H. concinna* Koch, 1844
(11) 具角血蜱 *H. cornigera* Neumann, 1897
(12) 丹氏血蜱 *H. danieli* Černý & Hoogstraal, 1977
(13) 钝刺血蜱 *H. doenitzi* Warburton & Nuttall, 1909
(14) 短垫血蜱 *H. erinacei* Pavesi, 1884
(15) 褐黄血蜱 *H. flava* Neumann, 1897

(16) 台湾血蜱 *H. formosensis* Neumann, 1913
(17) 加瓦尔血蜱 *H. garhwalensis* Dhanda & Bhat, 1968
(18) 青羊血蜱 *H. goral* Hoogstraal, 1970
(19) 豪猪血蜱 *H. hystricis* Supino, 1897
(20) 日本血蜱 *H. japonica* Warburton, 1908
(21) 北岗血蜱 *H. kitaokai* Hoogstraal, 1969
(22) 拉氏血蜱 *H. lagrangei* Larrousse, 1925
(23) 长角血蜱 *H. longicornis* Neumann, 1901
(24) 日岛血蜱 *H. mageshimaensis* Saito & Hoogstraal, 1973
(25) 啄木鸟血蜱 *H. megalaimae* Rajagopalan, 1963
(26) 大刺血蜱 *H. megaspinosa* Saito, 1969
(27) 勐腊血蜱 *H. menglaensis* Pang, Chen & Xiang, 1982
(28) 猛突血蜱 *H. montgomeryi* Nuttall, 1912
(29) 嗜麝血蜱 *H. moschisuga* Teng, 1980
(30) 尼泊尔血蜱 *H. nepalensis* Hoogstraal, 1962
(31) 嗜鸟血蜱 *H. ornithophila* Hoogstraal & Kohls, 1959
(32) 雉鸡血蜱 *H. phasiana* Saito, Hoogstraal & Wassef, 1974
(33) 川原血蜱 *H. primitiva* Teng, 1982
(34) 刻点血蜱 *H. punctata* Canestrini & Fanzago, 1878
(35) 青海血蜱 *H. qinghaiensis* Teng, 1980
(36) 中华血蜱 *H. sinensis* Zhang, 1981
(37) 距刺血蜱 *H. spinigera* Neumann, 1897
(38) 具沟血蜱 *H. sulcata* Canestrini & Fanzago, 1878
(39) 台岛血蜱 *H. taiwana* Sugimoto, 1936
(40) 西藏血蜱 *H. tibetensis* Hoogstraal, 1965
(41) 草原血蜱 *H. verticalis* Itagaki, Noda & Yamaguchi, 1944
(42) 汶川血蜱 *H. warburtoni* Nuttall, 1912
(43) 微形血蜱 *H. wellingtoni* Nuttall & Warburton, 1908
(44) 越原血蜱 *H. yeni* Toumanoff, 1944

6. 璃眼蜱属 *Hyalomma* [*Hy*] (有效种 6 种)

(1) 小亚璃眼蜱 *Hy. anatolicum* Koch, 1844
(2) 亚洲璃眼蜱 *Hy. asiaticum* Schulze & Schlottke, 1929
(3) 嗜驼璃眼蜱 *Hy. dromedarii* Koch, 1844
(4) 伊氏璃眼蜱 *Hy. isaaci* Sharif, 1928
(5) 麻点璃眼蜱 *Hy. rufipes* Koch, 1844
(6) 盾糙璃眼蜱 *Hy. scupense* Schulze, 1918=残缘璃眼蜱 *Hy. detritum* Schulze, 1919

7. 扇头蜱属 *Rhipicephalus* [*R*] (有效种 8 种)

(1) 微小扇头蜱 *R.* (*Boophilus*) *microplus* (Canestrini, 1888)
(2) 囊形扇头蜱 *R. bursa* Canestrini & Fanzago, 1878
(3) 镰形扇头蜱 *R. haemaphysaloides* Supino, 1897

(4) 短小扇头蜱 *R. pumilio* Schulze, 1935
(5) 俄扇头蜱 *R. rossicus* Yakimov & Kohl-Yakimova, 1911
(6) 血红扇头蜱 *R. sanguineus* (Latreille, 1806)
(7) 舒氏扇头蜱 *R. schulzei* Olenev, 1929
(8) 图兰扇头蜱 *R. turanicus* Pomerantzev, 1940

第六章　蜱的形态特征

蜱是蜱螨亚纲中独特的类群，与螨相比，体型较大，成蜱饥饿时期体长2～10 mm，饱血后可达30 mm。身体呈囊形且高度愈合，由假头（capitulum）和躯体（idiosoma）两部分构成。躯体上着生足。体壁不高度骨化，厚革质状，背部或具盾板。第Ⅰ对足跗节（tarsus）背面有一感觉器官——哈氏器（Haller's organ）；所有跗节均具趾节（apotelus）。蜱在未吸血时背腹扁平，背面稍隆起。吸血后除硬蜱的雄蜱及软蜱的若蜱和成蜱无明显变化外，其他虫体在饱血后身体明显增大。这个类群900多种，分为4科：软蜱科Argasidae、硬蜱科Ixodidae、纳蜱科Nuttalliellidae和恐蜱科Deinocrotonidae。

为让读者对蜱的外部形态有更清楚的认识，本章将结合图片详细介绍蜱形态分类有关的名词术语，并在此基础上，进一步介绍软蜱科和硬蜱科的形态特征及鉴别要点。

第一节　名 词 术 语

假头（capitulum）（图6-1）：位于躯体前端或腹面前方，由口器（mouthpart）和假头基（basis capituli）组成。在蜱螨中，节肢动物的一些节退化，身体仅包括两部分：颚体（gnathosoma）或假头、躯体（idiosoma）。

假头位置（capitulum position）（图6-2）：有些从身体背面可见（A），如各期硬蜱或部分软蜱的幼虫；有些仅在腹面可见（B），如多数软蜱。

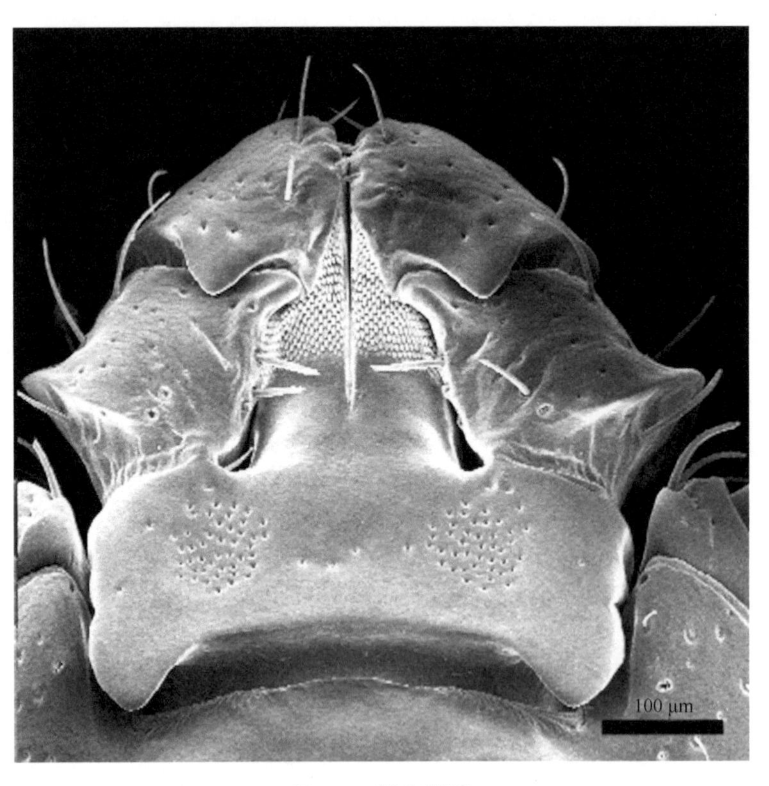

图6-1　假头背面

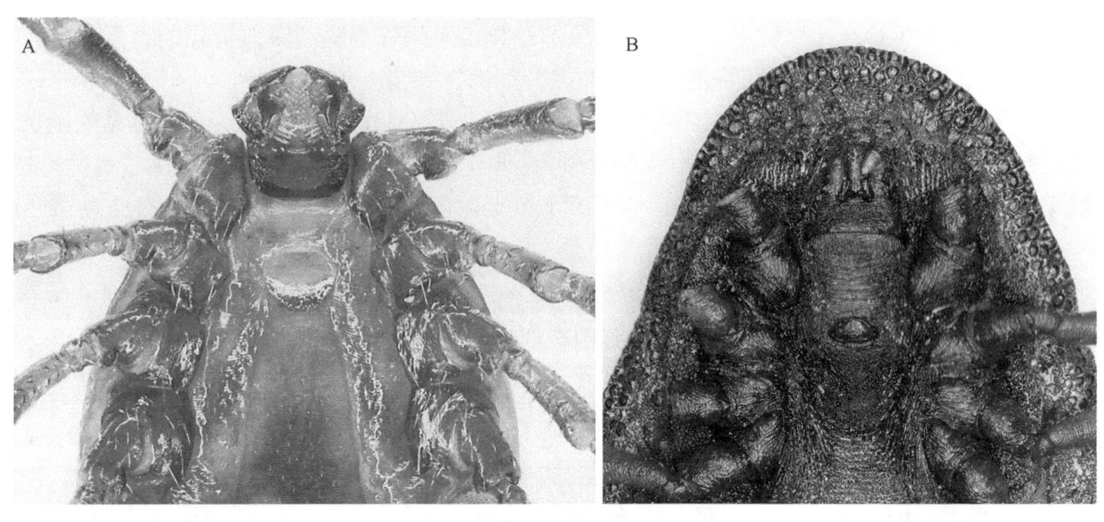

图 6-2　假头位置

口器（mouthpart）（图 6-3）：着生在假头基上，由须肢（palp）、口下板（hypostome）、螯肢鞘（cheliceral sheath）和螯肢（chelicera）组成，是蜱吸血的关键器官。蜱在吸血过程中，须肢起辅助作用，不会刺入宿主体内；而口下板和螯肢鞘形成管道用来刺穿宿主皮肤并吸血。

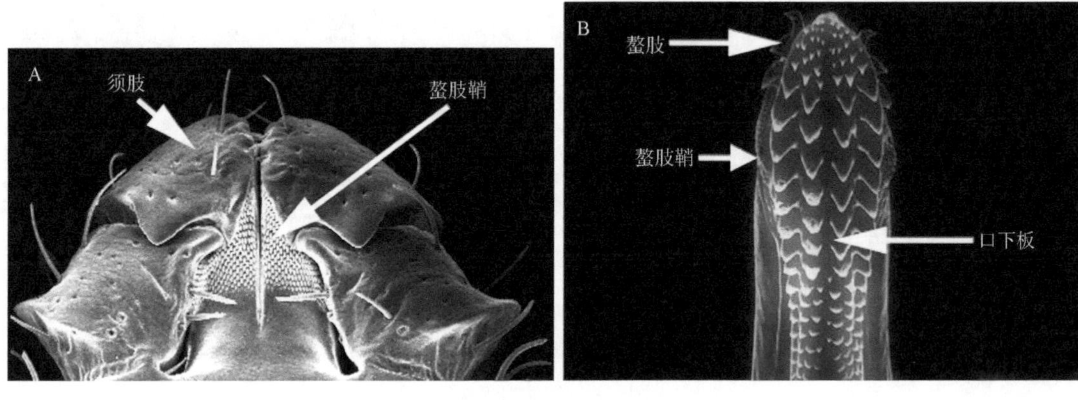

图 6-3　口器

口器长度（mouthpart length）（图 6-4）：有些短于假头基（A）；有些长于假头基（B）。

口器宽度（mouthpart width）（图 6-4）：有些宽于假头基（A）；有些窄于假头基（B）。

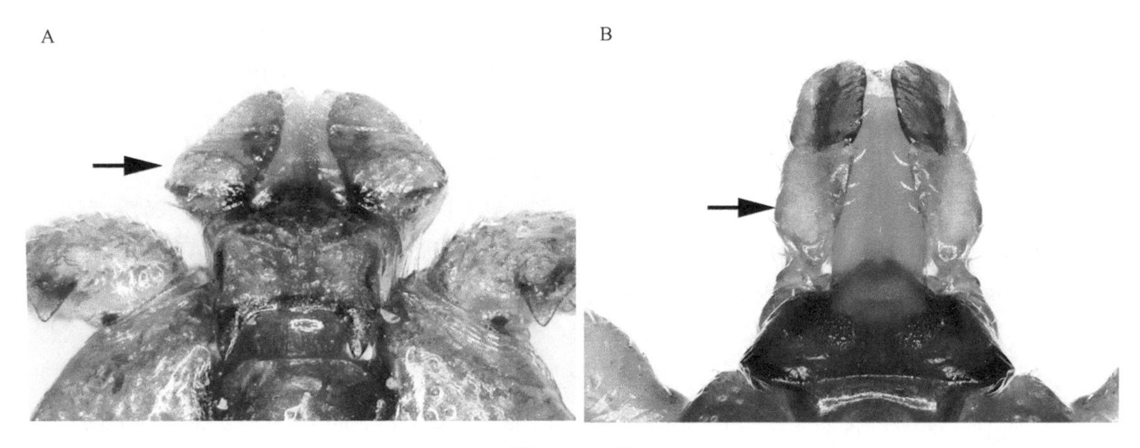

图 6-4　口器

须肢（palp）（图 6-3）：一对位于口器两侧的分节结构，是蜱探寻最适吸血位点的重要工具。在吸血时，蜱的须肢会张开，可能还会协助将用于附着的黏合剂涂抹到宿主皮肤上。

须肢第Ⅰ节（palp article Ⅰ）（图 6-5）：很多种蜱的须肢第Ⅰ节背面不可见。背面可见的则呈多种形状，有些为球形并远离螯肢鞘（A）；或呈角状并横向延伸（B），甚至覆盖螯肢鞘。

须肢第Ⅱ节（palp article Ⅱ）（图 6-5）：位于第Ⅰ节上，有些种的外侧缘直（B），有些略微凹陷（A，C），有些明显凹陷。

须肢第Ⅲ节（palp article Ⅲ）（图 6-5）：位于第Ⅱ节上，有粗有细，有长有短。很多种类在该节背部具刺，有些腹面也具刺（C）。刺有长有短，还有的斜向内侧。

须肢第Ⅳ节（palp article Ⅳ）（图 6-5）：短小，镶嵌于第Ⅲ节亚端部，仅腹面可见。顶端着生无数细小的感觉毛（sensory setae），起化学感受器的作用。

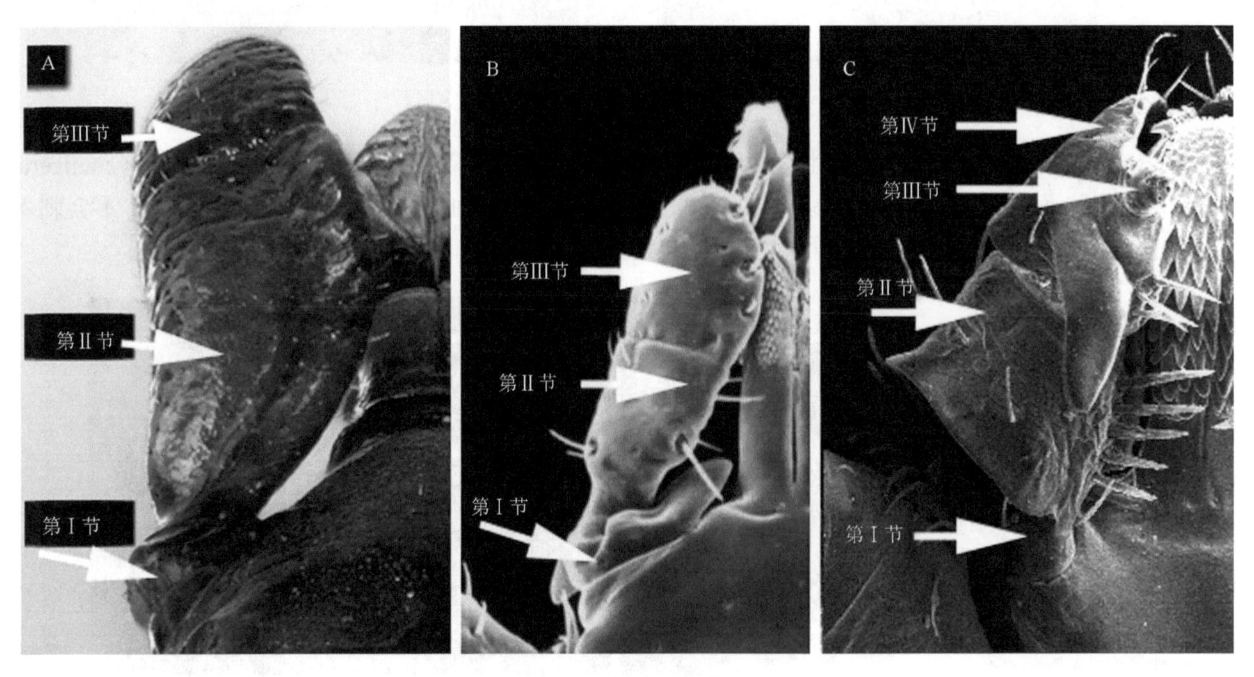

图 6-5　须肢及其节

螯肢（chelicera）（图 6-6）：是一对从假头基部向前伸出的长杆状结构，在两个须肢之间。其末端由定趾（靠内侧）和动趾（靠外侧）组成，两趾末端均有大的锯齿，在蜱吸血时起侧面支撑、定位并切割宿主皮肤的作用。通常定趾和动趾裸露在外，其余包在螯肢鞘（cheliceral sheath）内。螯肢鞘的背部表面布有很多细齿。

假头基（basis capituli or basis）（图 6-7）：位于假头基部，呈矩形、六角形、三角形等。表面或具刻点和珐琅斑。雌蜱的假头基上有孔区。有些假头基背部后缘直，有些微波状。

孔区（porose area）（图 6-7）：位于雌蜱假头基的背面，由许多小凹点聚集形成，具感觉功能。此外，在雌蜱产卵过程中，孔区会分泌一些物质，在吉氏器的辅助下覆盖在卵上，使卵保持水分。

孔区间隔（porose area separation）（图 6-7）：两个孔区之间的距离，有些种类宽（A），有些种类窄（B）。

基突（cornua）（图 6-7）：假头基背部后缘两侧向后形成的角突称为基突（cornua）。有些种类具有基突（A），有些种类没有基突（B）。

口下板（hypostome）（图 6-3，图 6-8）：位于螯肢腹面，与螯肢合拢形成口腔，两者由一层薄膜相隔。蜱的口下板背面有一深沟，称为食管（food canal）（=口前管 preoral canal），可输送吸食的血液到口和咽部。口下板的形状和长短因种而异（剑状、矛状、压舌板状等）。

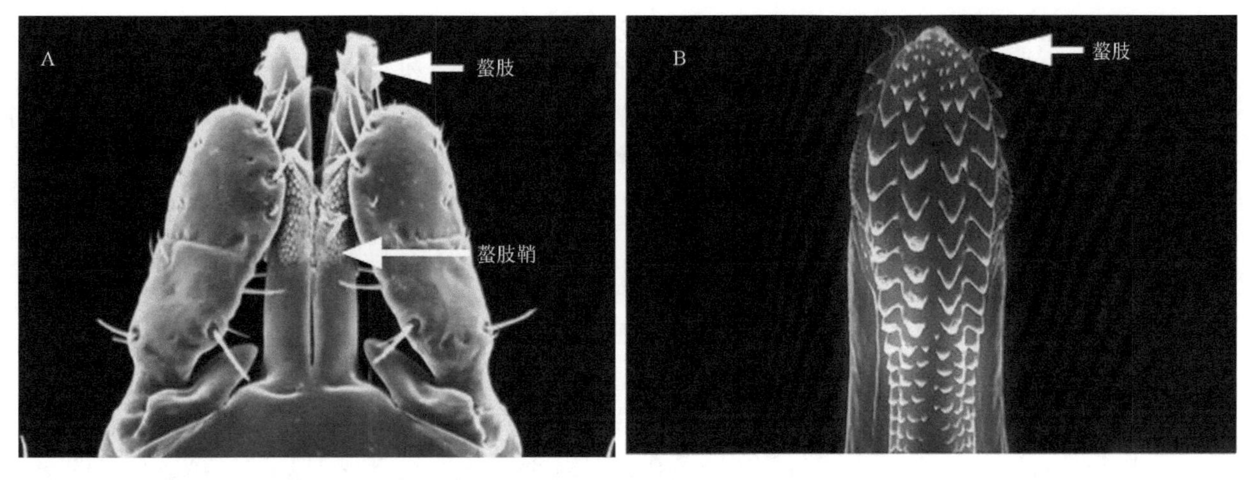

图 6-6　螯肢

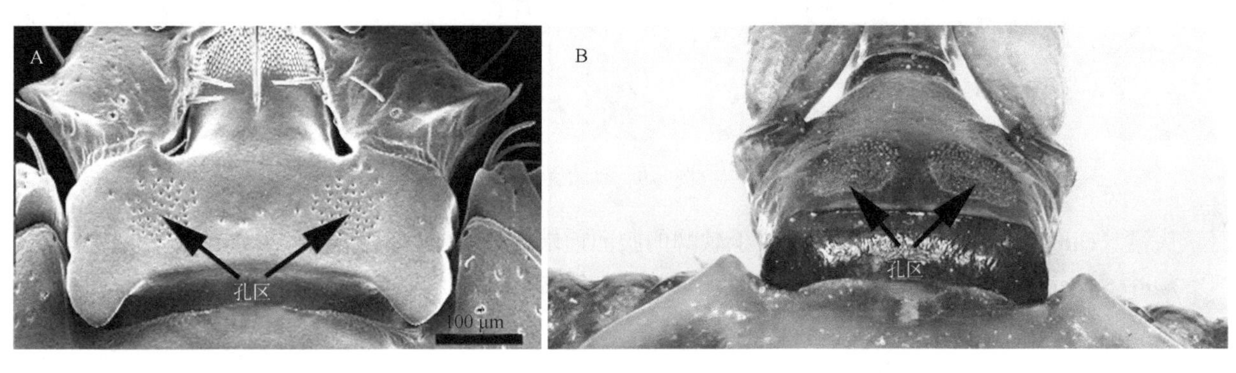

图 6-7　假头基及孔区

齿（denticle）（图 6-8）：口下板腹面具有成列排布的齿（denticle），吸血时起刺穿宿主皮肤与附着的作用。端齿细小，形成齿冠（corona），而中部齿较大。一些巢栖性的雄蜱和某些软蜱口下板裸露无齿，仅有微细的褶。

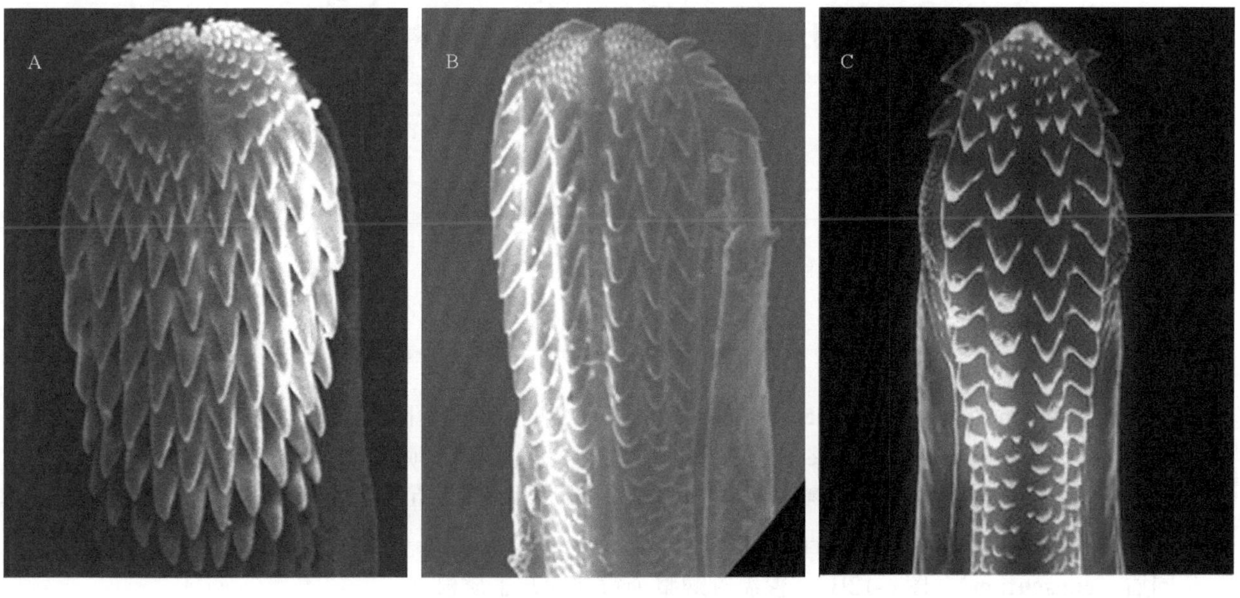

图 6-8　口下板及齿式

A. 5|5 齿式；B. 3|3 齿式；C. 2|2 齿式

齿式（dentition formula）（图 6-8）：口下板中线两侧齿的列数称为齿式（dentition formula），如 3|3，即各侧具 3 纵列，又如 3-4|4-3，即前端各侧具 4 纵列，以后各侧为 3 纵列。

耳状突（auricula）（图 6-9）：假头基腹面前部靠近侧缘的 1 对凸起结构。其形状和发达程度因种而异，一般呈齿状（A）、角状或脊状，有的则完全退化（B）。

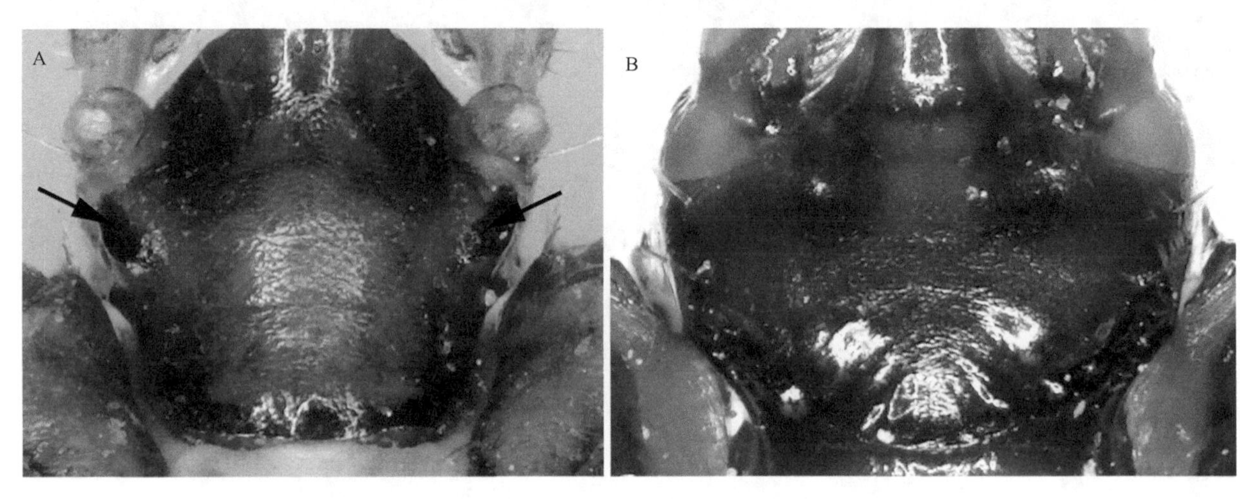

图 6-9 耳状突

头窝（camerostome）（图 6-10）：位于软蜱的腹面前端，假头坐落其间。

颊叶（cheek）（图 6-10）：一些软蜱的头窝两侧具有成对的叶状突起，称为颊叶。

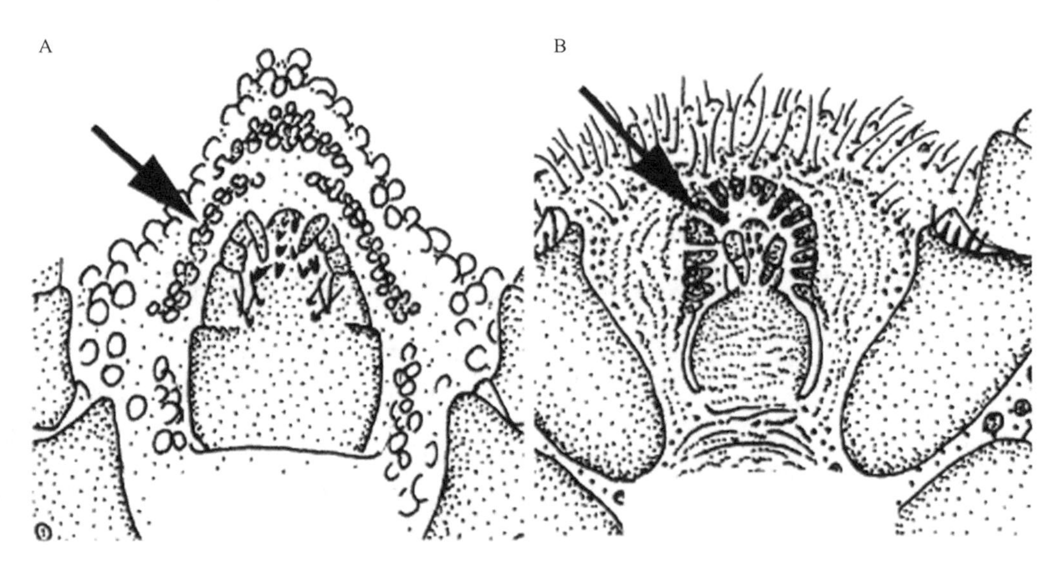

图 6-10 头窝及颊叶（引自：Barker & Walker，2014）
A. 单片；B. 多片

口下板后毛（posthypostomal seta）（图 6-11）：假头基腹面，口下板基部着生的刚毛。

须肢后毛（postpalpal hair）（图 6-11）：有些软蜱在假头腹面、须肢后内侧具有一对刚毛。

盾板（scutum）（图 6-12A）：覆盖雌蜱、若蜱及幼蜱背部前方的几丁质板。后来人们为了方便，将雄蜱的背部几丁质板即同盾也称为盾板。

同盾（conscutum）（图 6-12B）：覆盖雄蜱整个背部的几丁质板。

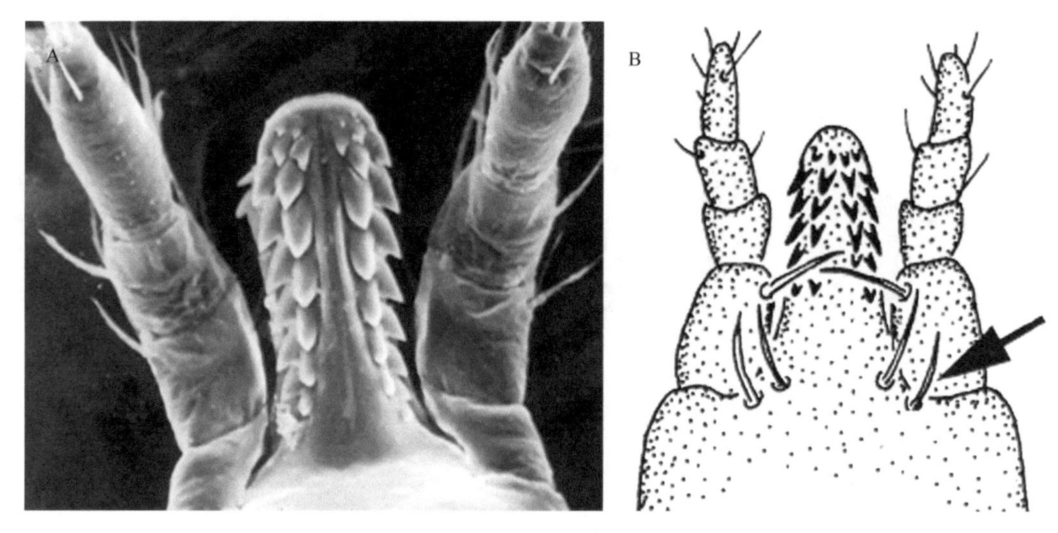

图 6-11　口下板后毛及须肢后毛（B 引自：Barker & Walker，2014）
A. 无；B. 明显

假盾（pseudoscutum）：在雄蜱，盾板前部相当雌蜱盾板位置的部位，称假盾区，该特征在革蜱属非常明显。此外，后来发现的那马纳蜱的雌蜱、雄蜱、若蜱及德氏恐蜱各期的几丁质化弱的背板也统称为假盾。

异盾（alloscutum）（图 6-12A）：雌蜱后部没有被盾板覆盖的体壁。该部分在雌蜱吸血过程中可以快速膨胀以容纳更多血液。

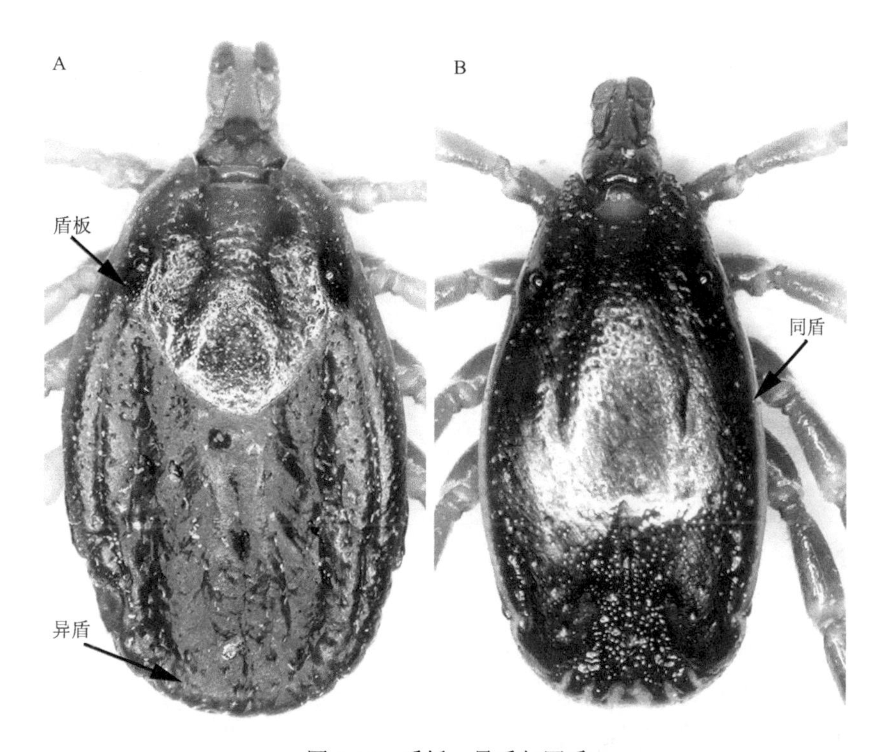

图 6-12　盾板、异盾与同盾

盾板或同盾皱褶（scutal or conscutal corrugation）（图 6-13）：盾板或同盾表面有些光滑（A），有些具皱褶（B）。

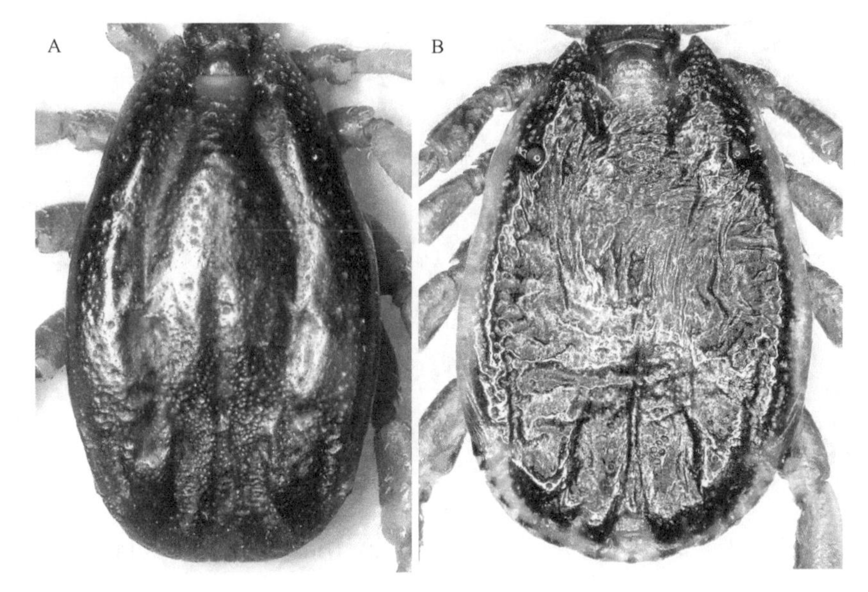

图 6-13 盾板皱褶

眼（eye）（图 6-14）：有些蜱不具眼（A），有些蜱具眼（B）。一些硬蜱的眼着生在盾板或同盾的两侧（B）；一些软蜱的眼着生在腹面的基节上褶上。

盾板后缘（scutum posterior margin）（图 6-14）：雌蜱盾板后缘可能比较圆钝（A），或角状凸出（B），或后侧缘凹陷。

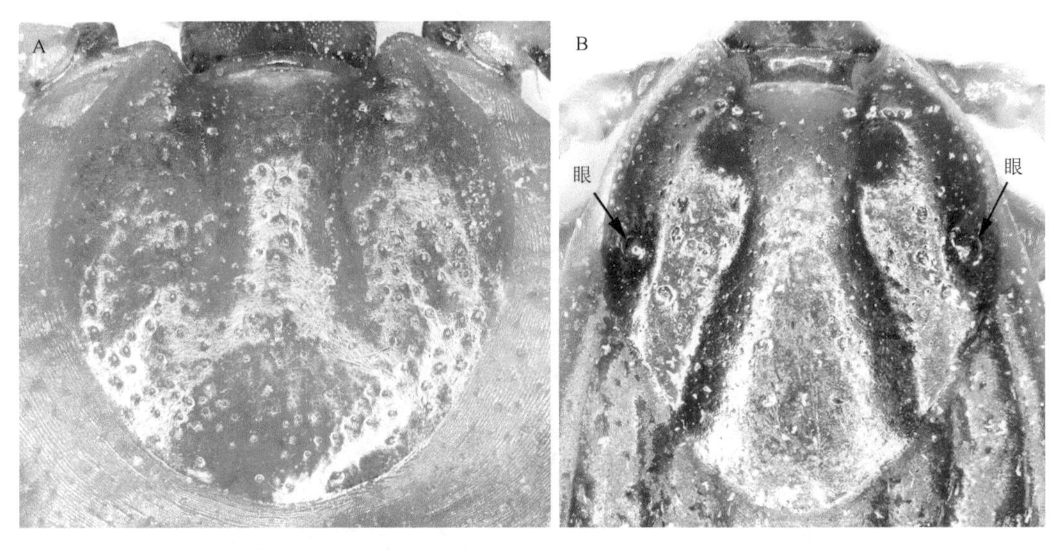

图 6-14 雌蜱盾板后缘

缘凹（emargination）（图 6-15）：盾板前缘靠假头基处的凹入部分。

肩突（scapulae）（图 6-15）：盾板前缘两侧向前突出的部分。

颈沟（cervical groove）或中沟（mesial groove）（图 6-15）：自缘凹后方两侧向后伸展，不同的种类长短和深浅不一。

侧沟（lateral groove）（图 6-15）：有些种类的雄蜱在同盾的两侧缘具有一对沟。

缘沟（marginal groove）或缘线（marginal line）（图 6-15）：雌蜱盾板身体两侧的沟，后末端多与缘垛相连。

侧脊（lateral carinae）（图 6-15）：一些种类的雌蜱在盾板前部靠近侧缘，起始于肩突附近的隆起。

肩沟（scapulae groove）（图 6-15）：雌蜱的侧脊内侧形成的沟。少数文献称为侧沟是不准确的。

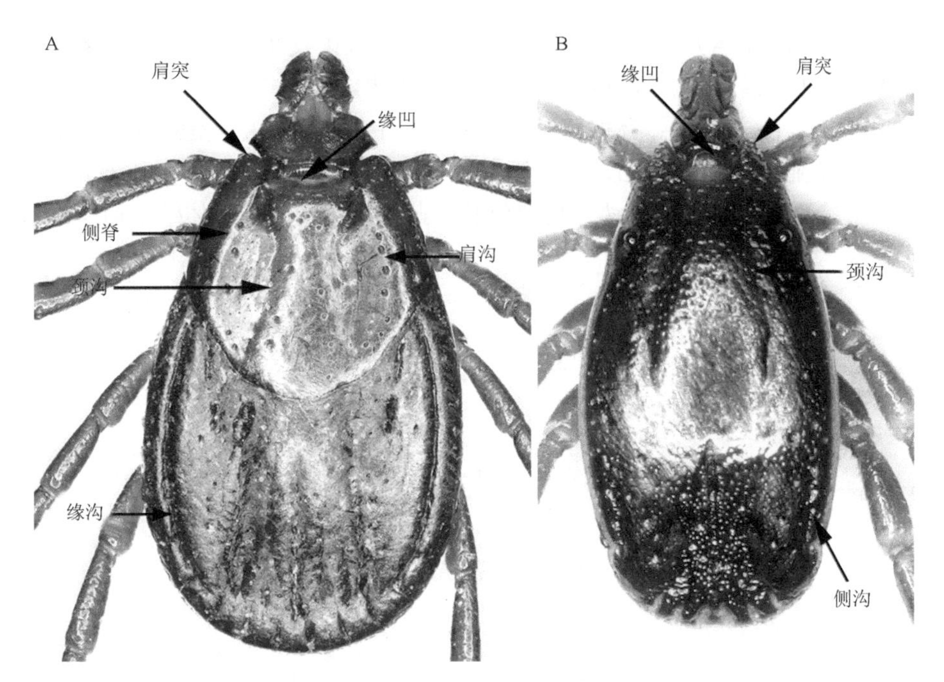

图 6-15 盾板或同盾的各种沟、脊

缘垛（festoon）（图 6-16A）：很多蜱的身体后缘具有的方形结构称为缘垛，通常为 11 个，但有些种类的缘垛会愈合或退化。

尾突（caudal process）（图 6-16B）：一些雄蜱的身体末端具有一个小的突出，称为尾突。

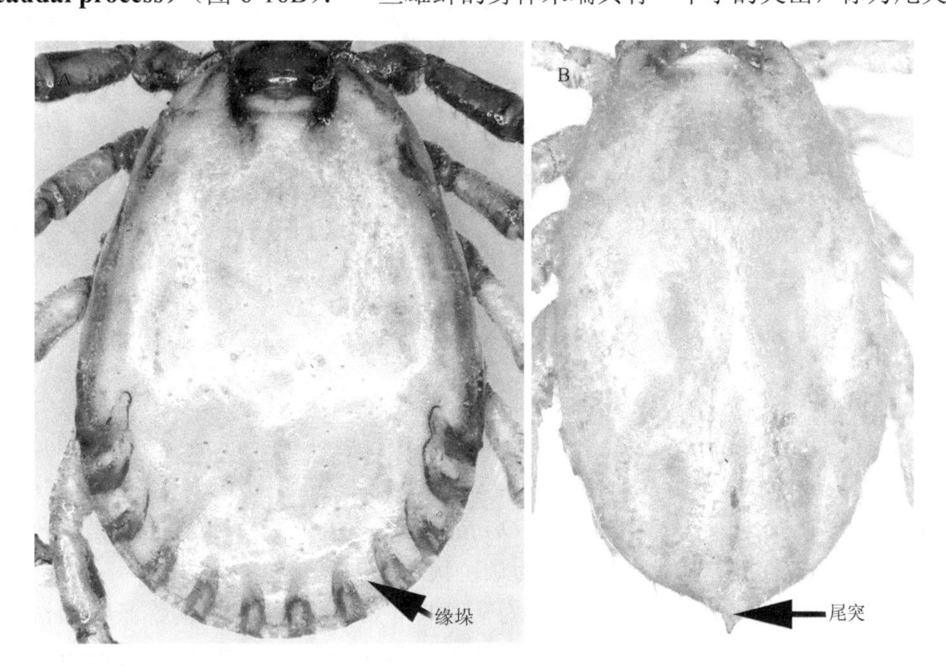

图 6-16 缘垛与尾突

体壁皱褶（folding pattern of integument）（图 6-17）：因属种不同而异，分为条纹状（striate）、皱纹状（wrinkled）、颗粒状（granulate）、乳突状或痈状（mammillate）。尽管有些若蜱的体壁会有分化，但多数若蜱期的体壁结构与成蜱相似，妙蜱亚属 *Microargas*、耳蜱属的若蜱及拉合尔钝缘蜱 *Ornithodoros* *lahorensis* 的 1 龄若蜱例外。这些若蜱的体壁为条纹状并具有刺状刚毛，而成蜱的体壁则为颗粒状或皱纹状。

条纹状（striate）（图 6-17A）：体壁条纹狭长，分布密集且条纹间平行分布。多数软蜱的幼蜱、耳蜱的若蜱、拉合钝缘蜱的 1 龄若蜱及各期硬蜱的体壁均为此结构。

皱纹状（wrinkled）（图 6-17B）：体壁褶皱不太密集，中等长度，呈波浪状分布，皱褶间隙宽阔。墺蜱亚属 *Ogadenus*、巢蜱亚属 *Proknekalia*、泡蜱亚属 *Alveonasus*、库氏钝缘蜱 *Ornithodoros cooleyi* 的若蜱及成蜱为此结构；匿蜱亚属 *Secretargas* 为轻度皱纹状。此外，纳蜱的雌蜱体壁结构与此相近。

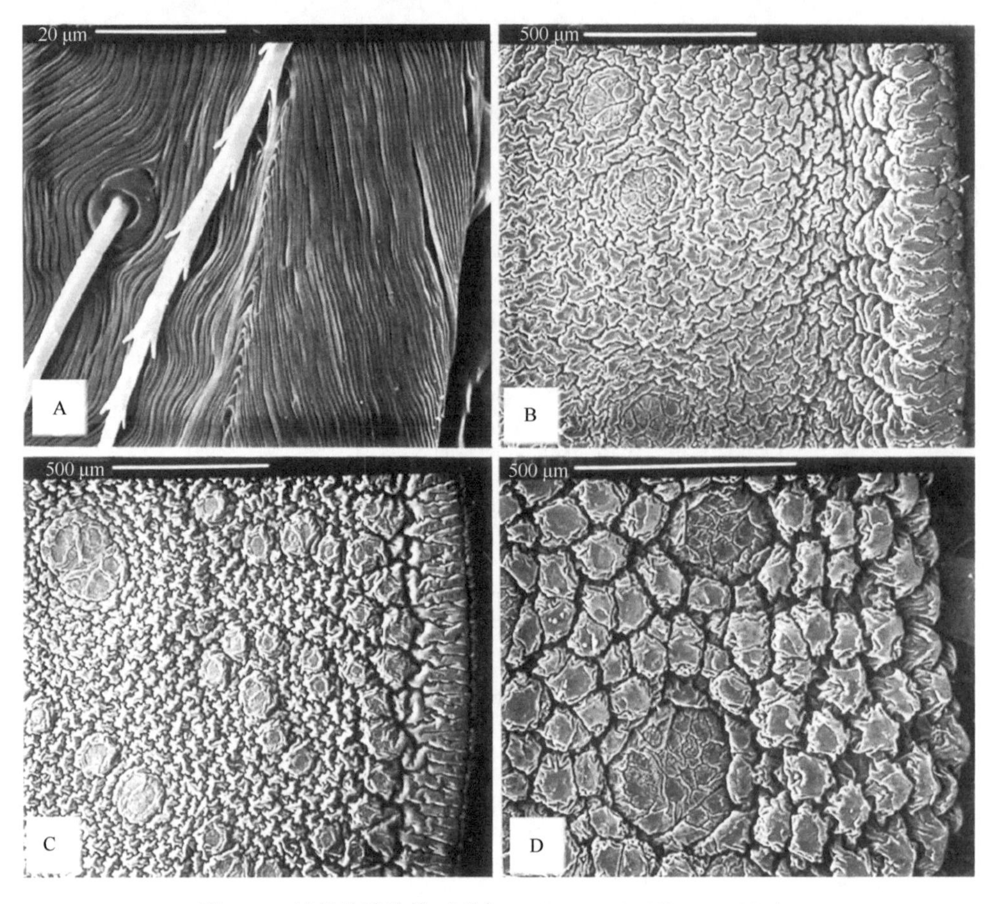

图 6-17　蜱的体壁结构（引自：Klompen & Oliver，1993）

A. 条纹状；B. 皱纹状；C. 颗粒状；D. 痈状

颗粒状（granulate）（图 6-17C）：体壁皱褶稀疏、短，波浪状程度大且通常会形成小的独立的凸起。锐缘蜱亚属 *Argas*、波蜱亚属 *Persicargas*、枯蜱亚属 *Carios* 和蝠蜱亚属 *Chiropterargas* 的若蜱、成蜱，以及耳蜱属（残喙蜱属）*Otobius* 的成蜱为此种类型。耳蜱属（残喙蜱属）成蜱体壁上小的凸起特别丰富。格氏钝缘蜱 *Ornithodoros graingeri*、诺氏钝缘蜱 *Ornithodoros normandi* 和聪氏钝缘蜱 *Ornithodoros zumpti*（均属于巴蜱亚属 *Pavlovskyella*）的幼蜱体壁亦为颗粒状。

痈状（mammillate）（图 6-17D）：所有皱褶均呈现非常大的独立凸起。网蜱亚属 *Reticulinasus*、鸡蜱亚属 *Alectorobius*、垛蜱亚属 *Subparmatus*、穴蜱亚属 *Antricola*、窟蜱亚属 *Parantricola*、饰蜱亚属 *Ornamentum*、巴蜱亚属 *Pavlovskyella*、钝缘蜱亚属 *Ornithodoros*、扁薄钝缘蜱 *Ornithodoros rudis* 和稀少钝缘蜱 *Ornithodoros sparnus* 的若蜱、成蜱为此种类型。通常痈的表面粗糙，但博氏钝缘蜱（属于鸡蜱亚属）、垛蜱亚属、窟蜱亚属、穴蜱亚属和赝蜱属的痈非常光滑，形成“鹅卵石”状的表面。

盘窝（disc）（图 6-18）：一些软蜱的背部具有表面平坦、近似于圆形或椭圆形的结构，是背腹肌的附着位点。

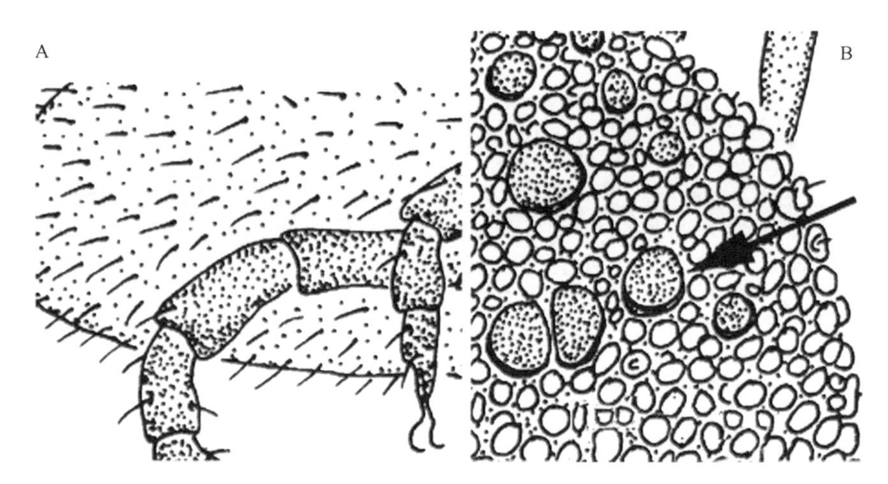

图 6-18　盘窝（引自：Barker & Walker，2014）

生殖孔（genital aperture）（图 6-19）：位于腹面正中，足基节Ⅱ～Ⅳ水平。雌性硬蜱的生殖孔呈 U 形、V 形、舌形（A）等。有些雌蜱生殖孔边缘有一对细小的翼状突（ala）（B），有些雄蜱的生殖孔为厣状覆盖物，称生殖帷（genital apron）或盖叶（operculum）（C）。软蜱的生殖孔与硬蜱的相似，但雌蜱无翼状突、雄蜱无生殖帷（genital apron），呈半月形或半圆形开口；雌蜱为横缝状（D）。

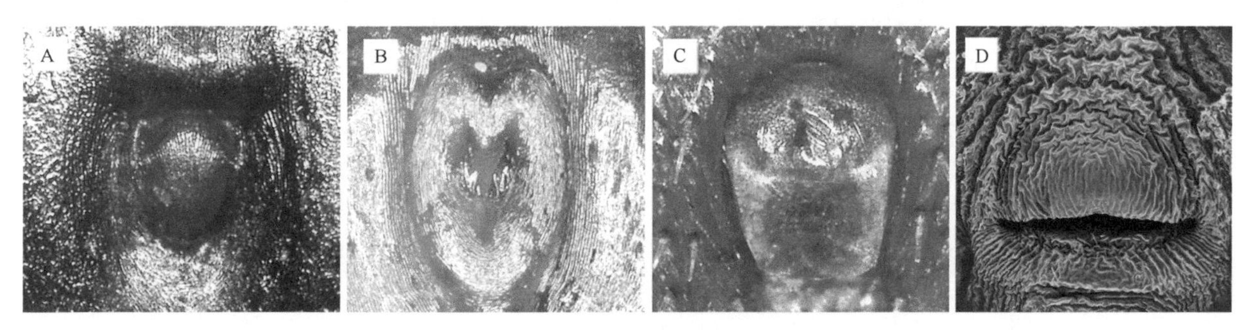

图 6-19　生殖孔

气门板（peritreme or spiracle plate）（图 6-20）：硬蜱的气门板位于第Ⅳ对足基节的后外侧，呈圆形、卵圆形、逗点形或其他形，有的向后延伸成背突（dorsal prolongation），或有几丁质增厚区。在气门板中部有一几丁质化的气门斑（macula），气门（stigma）的半月形裂口即位于其间。气门斑周围由许多圆形的杯状体（goblet）围绕。软蜱的气门板小，不明显，位于足基节Ⅲ和Ⅳ之间外侧的基节上褶上。

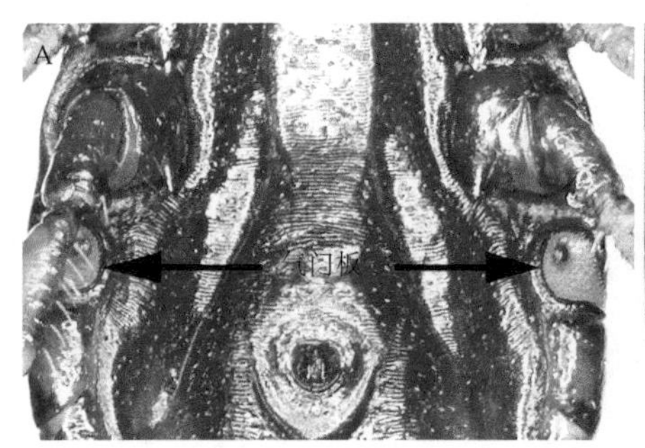

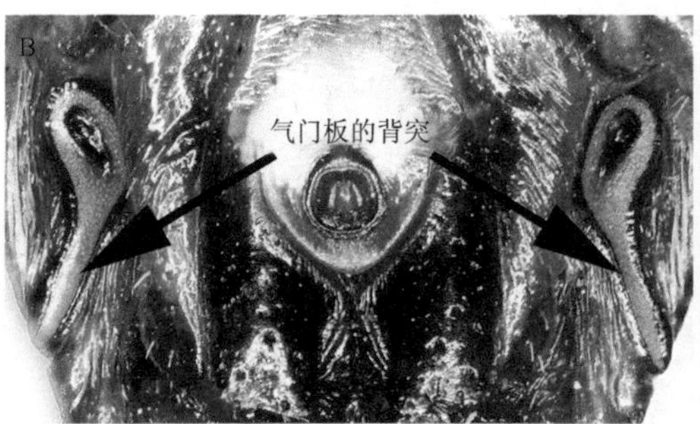

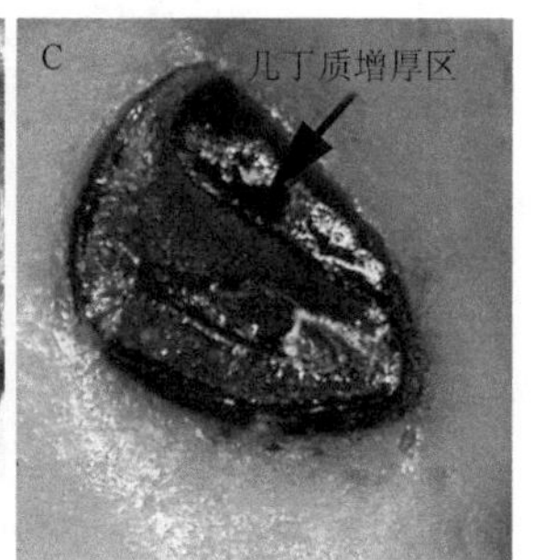

图 6-20　气门板

肛门（anus）（图 6-21）：位于后部正中，由一对半月形肛瓣（anal valve）构成的纵行裂口，其上有纤细的肛毛 1～5 对。多数硬蜱围绕在肛门之前或之后有肛沟（anal groove），一般为半圆形或马蹄形。软蜱没有肛沟。

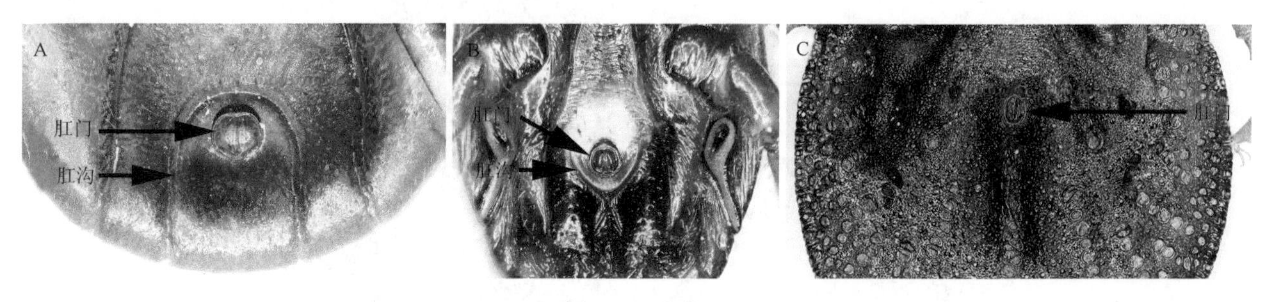

图 6-21　肛门

肛后横沟（transverse postanal groove）（图 6-22）：位于一些软蜱的腹面后缘，通常为两个，左右对称，不同于周围体壁的皱褶类型。

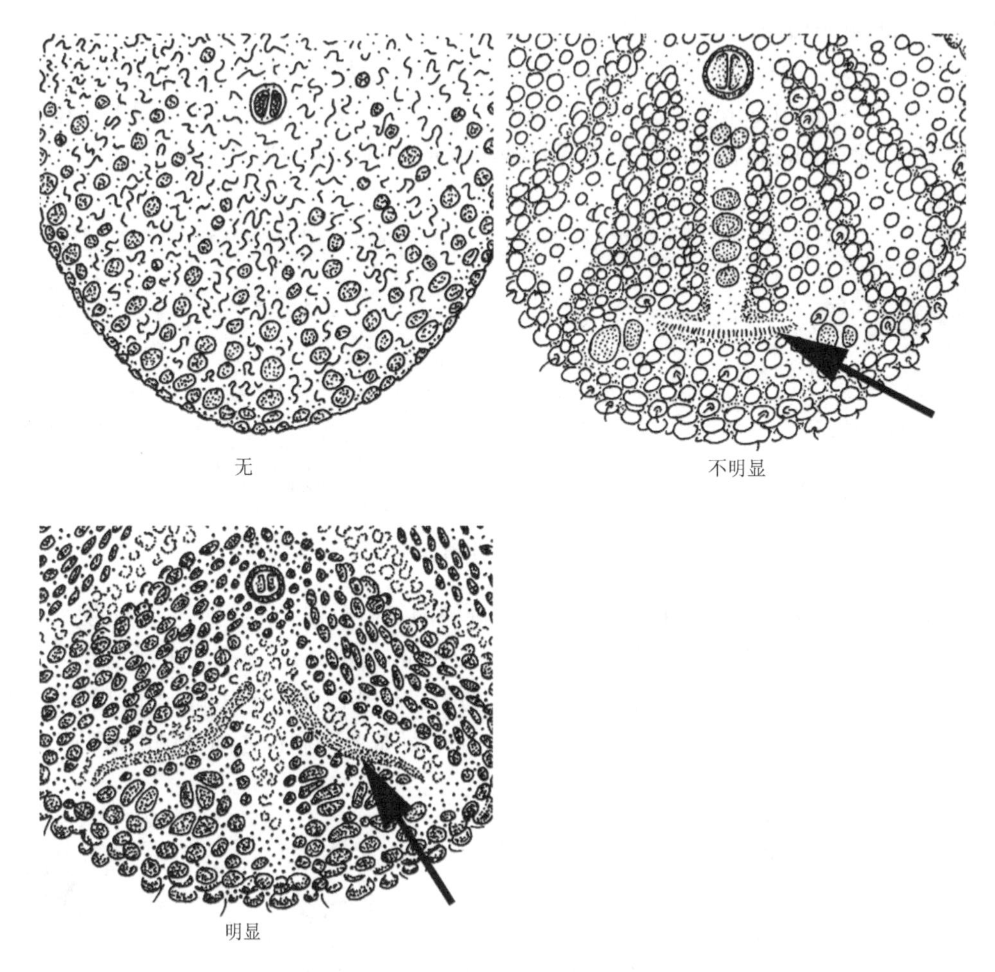

图 6-22　肛后横沟（引自：Barker & Walker，2014）

肛后中沟（median postanal groove）（图 6-23）：位于一些软蜱的腹部正中，肛门之后，有些与肛后横沟呈 t 字形交叉在肛门之后（A）。

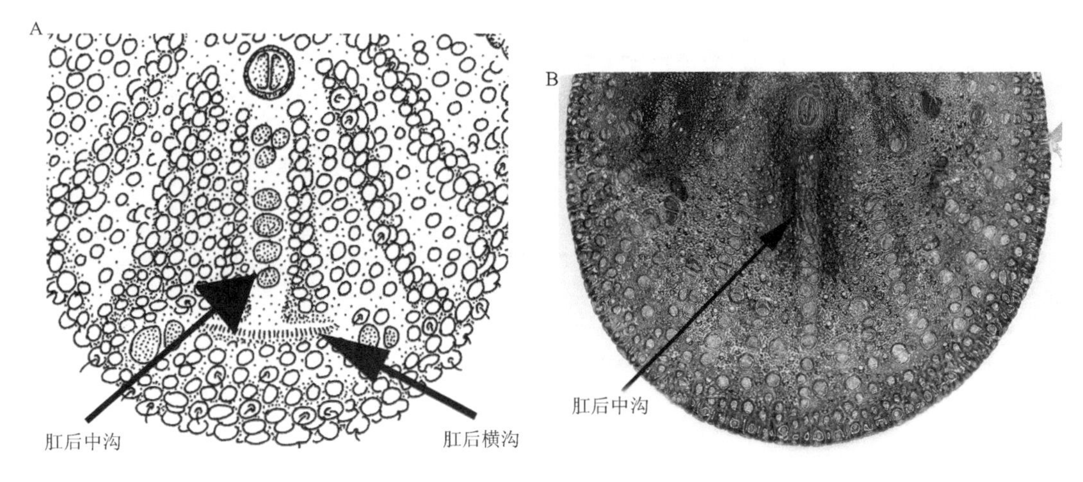

图 6-23 肛后中沟（A 引自：Barker & Walker，2014）

腹板（ventral plate）（图 6-24）：一些硬蜱科的雄蜱在身体腹面有几丁质板，其数目因蜱属不同而异。硬蜱属有腹板 7 块，包括生殖前板（pregenital plate）一块，位于生殖孔之前；中板（medial plate）一块，位于生殖孔与肛门之间；侧板（epimeral plate）一对，位于体侧缘的内侧；肛板（anal plate）一块，位于肛门的周围，仅靠中板之后；肛侧板（adanal plate）一对，位于肛板的外侧。有些蜱属的腹面，只有一对肛侧板和位于其外侧的一对副肛侧板（accessory plate），如扇头蜱属。璃眼蜱属除肛侧板和副肛侧板外，在肛侧板下方还有一对肛下板（subanal plate）。也有些蜱属腹面无几丁质板，如革蜱属和血蜱属。

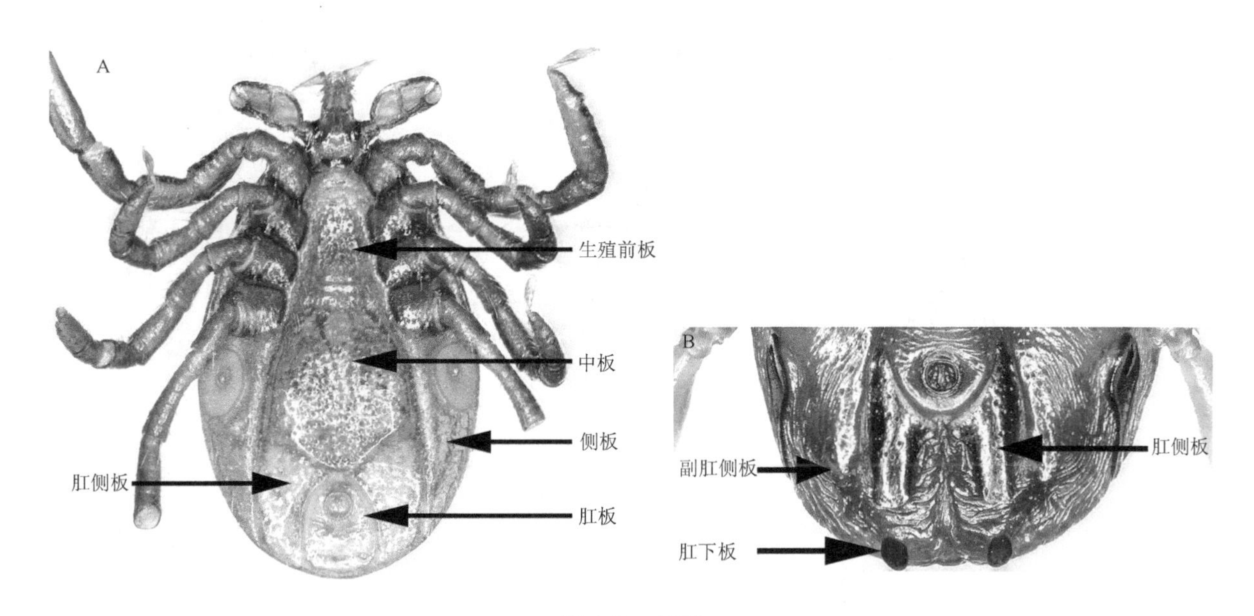

图 6-24 腹板

A. 硬蜱属腹板；B. 璃眼蜱属腹板

足（leg）（图 6-25）：位于腹面前部两侧，若蜱和成蜱 4 对，幼蜱 3 对。各足由 6 节组成，由身体内侧向外侧依次为基节（coxa）、转节（trochanter）、股节（femur）、胫节（tibia）、后跗节（metatarsus）和跗节（tarsus）。跗节末端具爪（claw）一对，爪基有发达程度不同的爪垫（pulvillus）。

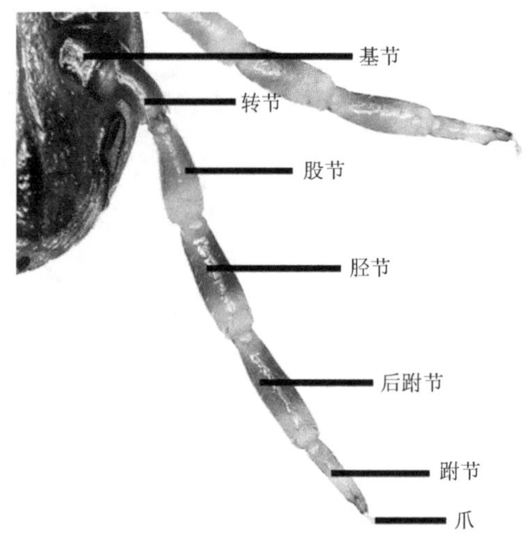

图 6-25　足

基节（coxa）（图 6-26）：基节固定于腹面体壁，不能活动。基节从前向后依次为基节Ⅰ、基节Ⅱ、基节Ⅲ、基节Ⅳ。某些种类的雄蜱（如革蜱）基节Ⅳ向后极度延伸。基节上通常着生距（spur），靠后内角的称内距（internal spur），靠后外角的称外距（external spur）。有些硬蜱属的种类在基节靠后缘有半透明附膜（syncoxae）。

转节（trochanter）（图 6-25，图 6-27）：短，其腹面或具发达程度不同的距。某些蜱（如革蜱属、血蜱属）的第Ⅰ对足转节背面具有背距（dorsal spur）。

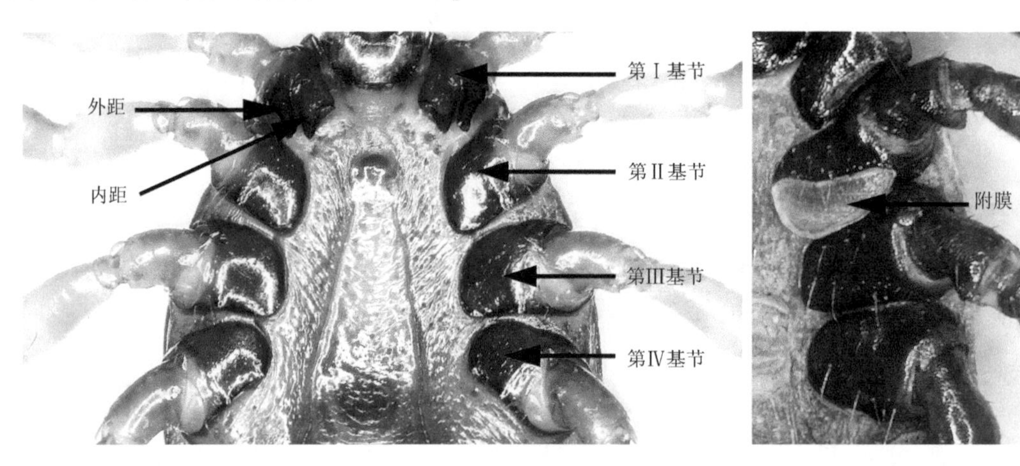

图 6-26　基节

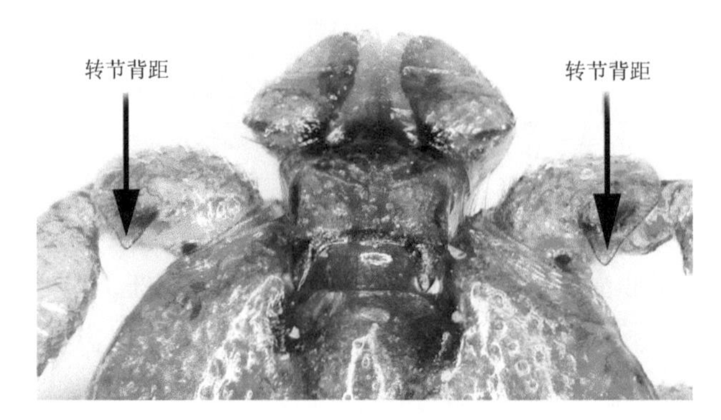

图 6-27　转节背距

跗节（tarsus）（图 6-25，图 6-28）：跗节为最后一节，其上有环形假关节（pseudo-articulation），亚端部背缘通常逐渐细窄，有时或具隆突。第 I 对足跗节接近端部的背缘有哈氏器（Haller's organ），为嗅觉器官。

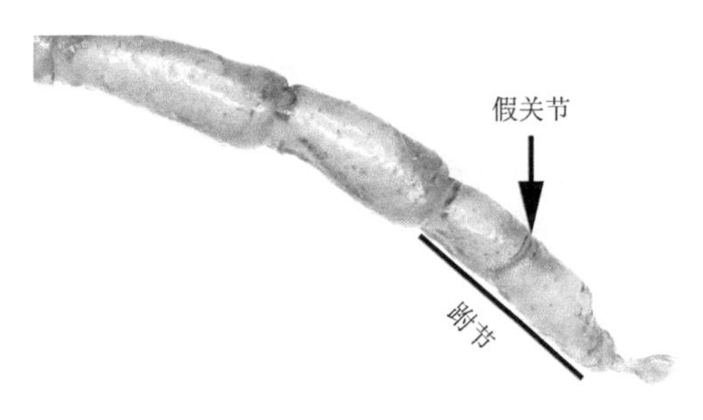

图 6-28　跗节

爪（claw）（图 6-25，图 6-29）：位于跗节末端，基部具有发达程度不同的爪垫（pulvillus）。

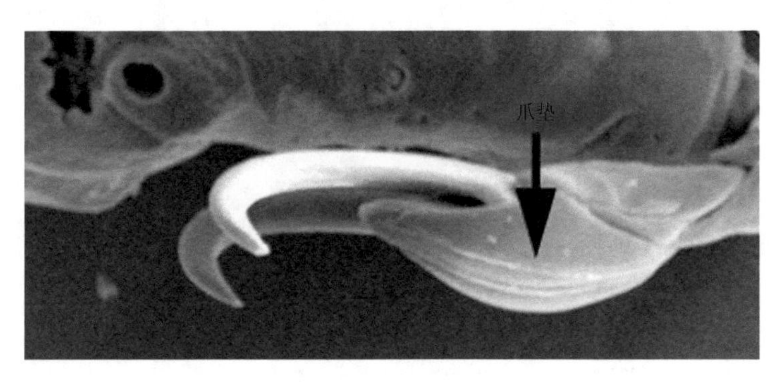

图 6-29　爪及爪垫

哈氏器（Haller's organ）（图 6-30，图 6-31）：硬蜱成虫哈氏器由前窝和后囊及与之相关的周围刚毛组成（图 6-10）。前窝内有前窝感毛 6～7 根，其形状粗细不同。直径最粗、上面有孔的称为孔毛，多为 1 根。沟毛 1～2 根，为长圆柱形或长圆锥形，表面上有纵沟，直径较孔毛稍细。锥毛 1 根，为短圆锥形。细毛 2 根，直径最小。

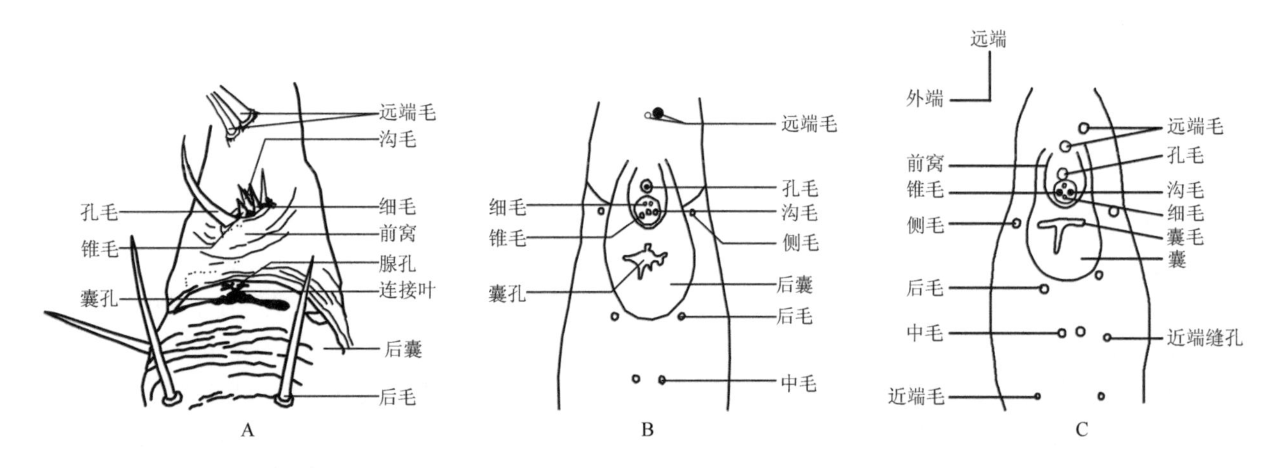

图 6-30　成蜱（A）、若蜱（B）和幼蜱（C）的哈氏器模式图（参考：邓国藩和姜在阶，1991）

囊位于前窝后，表面有囊孔，其形状和大小因种类不同而异。有的种类囊中间有连接叶，其数目不等。有些种类在连接叶的远端有缝孔，有人认为其是皮肤腺的开口，称为腺孔。在前窝和后囊周围有许多刚毛。

囊内附属物分两类，一类是受神经支配的感毛，不分支，上面有孔；另一类是多形体，非神经支配，没有感觉功能，形态变化大，可分为 3 种：①毛状，2～3 叉，分支的部位上、中、下都有；②多分支，形似鹿角；③一根毛从上到下长有很多小刺。

哈氏器的形状、前窝深浅、基盘数目、感毛总数、孔毛数目和位置、囊孔形状及囊内附属物的形态在不同属间有明显差异（图 6-31）。

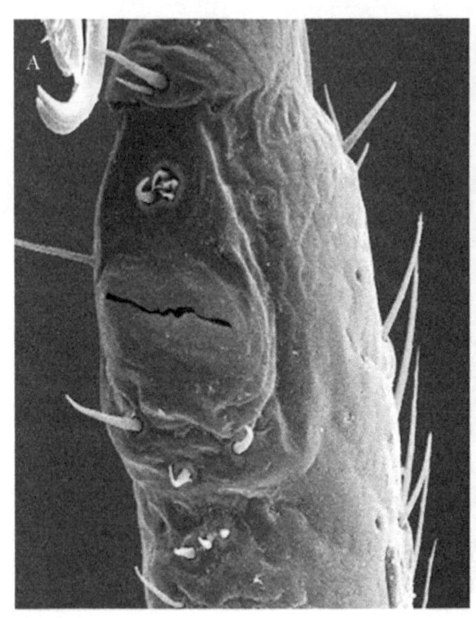

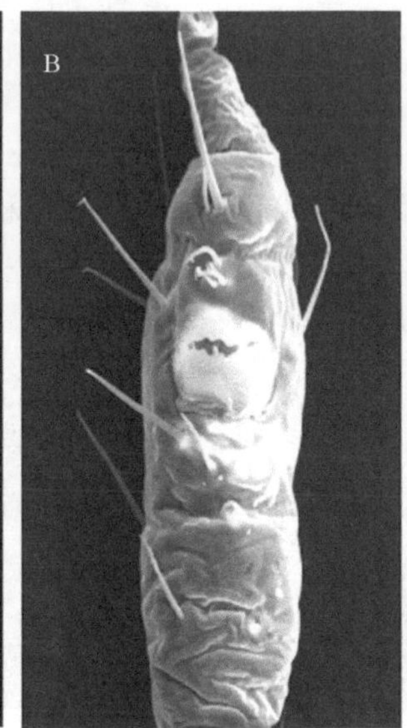

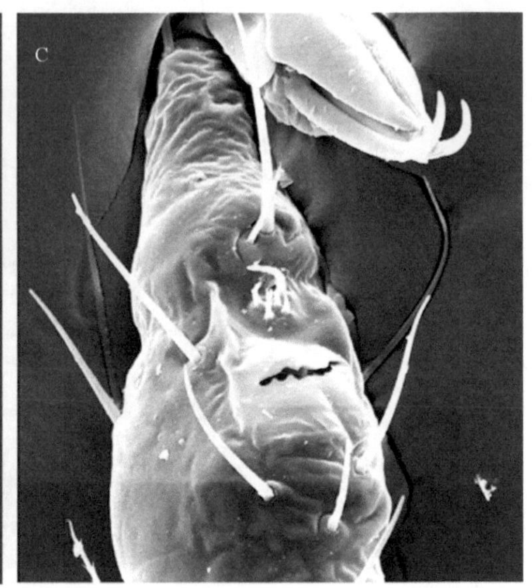

图 6-31　长角血蜱成蜱（A）、若蜱（B）及幼蜱（C）的哈氏器

第二节　软蜱的形态特征

软蜱体壁革质，躯体背面无骨化盾板，故称软蜱（图 6-32）。软蜱在形态上与硬蜱存在很大差别（表 6-1）。软蜱科包括 2 亚科 5 属：锐缘蜱亚科 Argasinae 包括 1 属（锐缘蜱属 *Argas*）；钝缘蜱亚科 Ornithodorinae 包括 4 属[钝缘蜱属 *Ornithodoros*、穴蜱属（匙喙蜱属）*Antricola*、赝蜱属（伪/拟盾蜱属）*Nothoaspis* 和耳蜱属（残喙蜱属）*Otobius*]。其中我国分布有锐缘蜱属和钝缘蜱属。

一、假头

软蜱的假头（图 6-33）位于躯体的腹面前端，若有头窝（camerostome），假头通常坐落其间，在头窝两侧有一对叶状突，称颊叶（cheek）。口下板与螯肢间由上唇（labrum）相隔，从外表难以看到。须肢圆柱形，端部向后下方弯曲，从外形上看更像足。须肢由 4 节组成，没有革螨的端趾或亚端毛。各节较为柔软，约等长，第Ⅳ节不陷进第Ⅲ节的端部腹面。成蜱和若蜱的假头均位于腹部，背部不可见。须肢后内侧或具一对须肢后毛（postpalpal hair）。口下板不发达，具有小齿甚至无齿。口下板基部有一对口下板后毛（posthypostomal seta）。螯肢是从假头基部向前伸出的一对长杆状结构，位于假头背面的前方正中，在两个须肢之间。螯肢末端具有定趾（靠内侧）和高度灵活的动趾（靠外侧），两趾顶端均有大的锯齿。两趾通常裸露在外，其余部分包在螯肢鞘（cheliceral sheath）内。

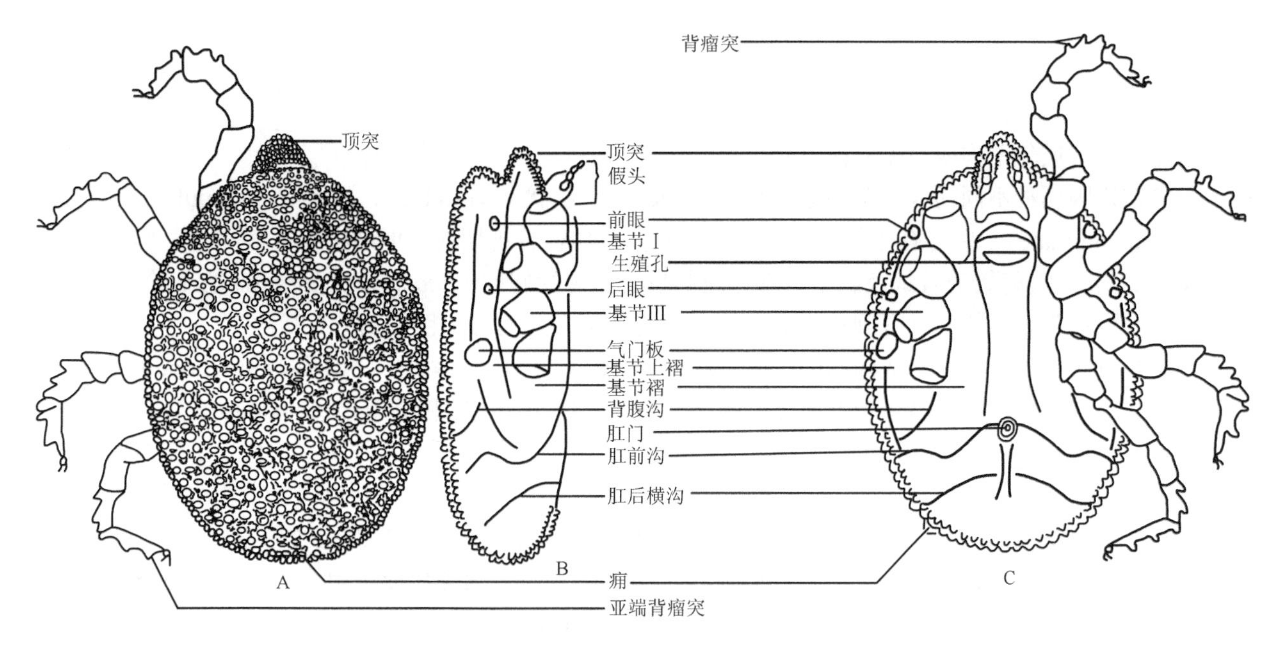

图 6-32　软蜱外部形态图（参考：Goddard & Layton，2006）

A. 背面观；B. 侧面观；C. 腹面观

表 6-1　软蜱与硬蜱形态特征形态比较

形态特征	软蜱	硬蜱
性二态现象	不明显	明显
假头基	在躯体前端腹面，从背面不能见，雌蜱无孔区	在躯体前端，从背面可见，雌蜱有孔区
须肢	较长，第Ⅳ节不内陷，各节运动灵活	较短，第Ⅳ节嵌在第Ⅲ节顶端腹面。除第Ⅳ节外，各节运动不灵活
盾板	无	有
缘垛	无	通常有
眼（如果有）	身体侧面，位于基节上褶上	背面，位于盾板两侧
气门板	很小，位于足基节Ⅲ和Ⅳ之间外侧的基节上褶上	通常较大，位于第Ⅳ基节后外侧
足		
基节	无距	有距
基节腺	发达；足基节Ⅰ、Ⅱ之间通常有 1 对基节腺开口	退化或不发达
爪垫	无或退化	通常有

图 6-33　软蜱假头腹面观

二、躯体

由弹性的革质体壁构成，无盾板。

体壁结构因属种不同而异，分为条纹状（striate）、皱纹状（wrinkled）、颗粒状（granulate）、乳突状或痈状（mammillate）。尽管有些若蜱会有分化，但多数物种若蜱期的体壁结构与成蜱相似。然而，妙蜱亚属 *Microargas*、耳蜱属的若蜱及属于泡蜱亚属的拉合尔钝缘蜱 *Ornithodoros lahorensis* 的1龄若蜱例外。这些若蜱的体壁为条纹状并具有刺状刚毛，而成蜱的体壁则分别为颗粒状或皱纹状。

软蜱在背腹肌附着处所形成的凹陷，称为盘窝（disc）。腹面前端有时突出，称顶突（hood）。无盾窝。沿足基节的内外两侧，可有沿体轴方向延伸的两条褶带，位于内侧的称基节褶（coxal fold），位于外侧的称基节上褶（supracoxal fold）。若具眼，则着生于基节上褶上。气门板小，不明显，位于足基节Ⅲ和Ⅳ之间外侧的基节上褶上。基孔（coxal pore）（基节腺分泌物的出口）位于身体两侧足基节Ⅰ～Ⅱ。在躯体体缘后1/3处有背腹沟（dorso-ventral groove）。生殖孔的形状有别于硬蜱，雄蜱无生殖帷（genital apron），呈半月形或半圆形开口；雌蜱为横缝状。腹面在生殖孔两侧向后延伸形成生殖沟。肛门在躯体中部或稍偏后的体轴正中部，若有肛前沟（preanal groove）则横过肛门之前，再向两侧伸展；或有肛后中沟（median post-anal groove）及肛后横沟（transverse post-anal groove），两者呈T字形交叉在肛门之后。软蜱的性二态现象不明显。生殖孔的形状是鉴别雌雄的主要依据。

软蜱体缘的性状一度成为人们分类的依据。通常认为锐缘蜱亚科体缘扁锐，而钝缘蜱亚科体缘圆钝。但这个特征的鉴定必须依据饥饿期的标本，在实际分类中较难应用。此外，尽管多数饥饿软蜱可以容易地辨别体缘扁锐与否，但很多种类的体缘介于扁锐与圆钝之间，如墺蜱亚属 *Ogadenus*、巢蜱亚属 *Proknekalia*、麦氏钝缘蜱 *Ornithodoros*（*Pavlovskyella*）*macmillani*、鸡蜱亚属 *Alectorobius* 的一些种类（如斯氏钝缘蜱 *O. stageri*、代氏钝缘蜱 *O. dyeri*）及窟蜱亚属 *Parantricola* 和穴蜱亚属 *Antricola* 的种类。体缘明显扁锐的软蜱为：锐缘蜱亚属 *Argas*、波蜱亚属 *Persicargas*、匿蜱亚属 *Secretargas*、枯蜱亚属 *Carios* 和蝠蜱亚属 *Chiropterargas*。其余软蜱及所有硬蜱的体缘均为圆钝。

足（leg）位于腹面前部两侧，共4对，各足由6节组成，由体侧向外依次为基节（coxa）、转节（trochanter）、股节（femur）、胫节（tibia）、后跗节（metatarsus）和跗节（tarsus）。基节固定于腹面体壁，不能活动。基节无距，跗节（有时包括后跗节）背缘或有几个瘤突（dorsal hump），靠近爪的亚端背瘤突（subapical dorsal protuberance）一般较明显。爪垫退化或付缺。

第三节　硬蜱的形态特征

体壁革质，具几丁质盾板，故称硬蜱。雌蜱、若蜱及幼蜱的盾板覆盖背面前部，雄蜱则覆盖整个背部。有的体表具有色斑。未吸血个体一般呈椭圆形或卵圆形。

一、假头

假头（图6-34）位于身体前端，狭窄向前突出，主要包括：假头基（basis capituli）、须肢（palp）、螯肢（chelicera）、口下板（hypostome）。

假头基　位于假头基部，呈矩形、六角形、三角形或梯形，其形状因属种不同而异。表面或具稀疏刻点，后缘有时呈脊状，形成背脊（dorsal ridge）。后缘两侧或向后形成角突，称基突（cornua），基突的有无及长短是分类的依据。雌蜱假头基上有一对具感觉功能的孔区（porose area），由许多小凹点聚集形成。某些种类的孔区很大，几乎覆盖了整个假头基背部。孔区的形状、大小和间距常因种类而异。假头

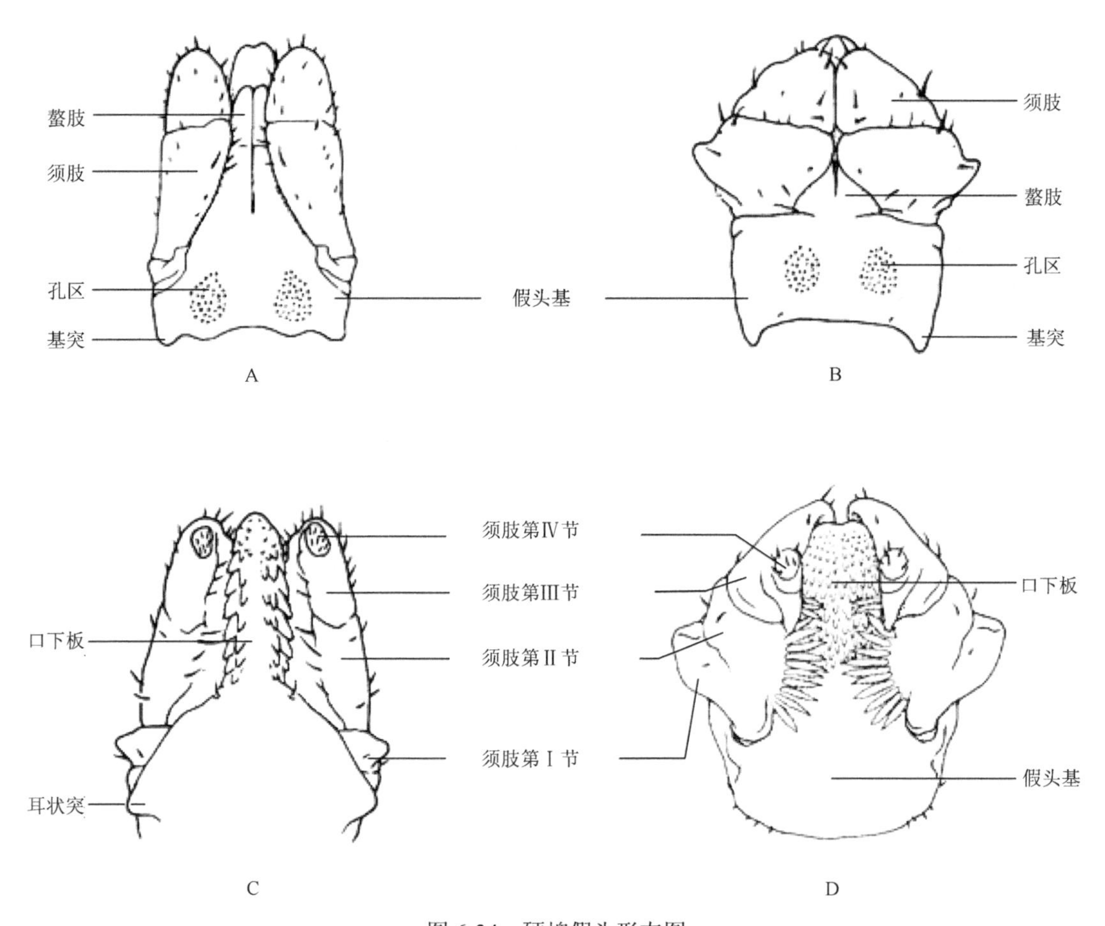

图 6-34　硬蜱假头形态图

A，C. 硬蜱属雌蜱的假头背面、腹面观；B，D. 血蜱属雌蜱的假头背面、腹面观

基腹面前部靠近侧缘或具 1 对角突，称耳状突（auricula），其形状和发达程度也因种而异，一般呈齿状或角状，有的退化为脊状。中部有时具一细浅的横缝（transverse suture），后部两侧有时收窄；后缘或呈脊状，形成腹脊（ventral ridge）或腹角。

须肢　位于假头基前方两侧，左右成对，呈杆状，由 4 节（article）组成。同软蜱一样，没有革螨的端趾（terminal apotele）或亚端毛（subterminal setae），各节的长短与形状为分类依据。须肢第Ⅰ节很短，环状或具突起；第Ⅱ、Ⅲ节较长，外侧缘直或凸出形成侧突，背面或腹面有时具刺（spine）（或称距 spur）；第Ⅳ节短小，镶嵌于第Ⅲ节亚端部，仅腹面可见，其顶端着生无数细小的感觉毛（sensory setae）形成感觉器，起化学感受器的作用。而软蜱中，须肢各节可自由活动且长度近似相等。其他着生在须肢的腹部和中央的感觉毛，遮掩着口器，起保护作用。当蜱在宿主上吸血时，须肢起辅助口器、固定和支撑蜱体的作用。

螯肢　从假头基部向前伸出的一对长杆状结构，位于假头背面的前方正中，在两个须肢之间，一般仅从背面可见。其末端具有定趾（靠内侧）和高度灵活的动趾（靠外侧），两趾顶端均有大的锯齿，在蜱吸血时起侧面支撑、定位并切割宿主皮肤的作用。两趾通常裸露在外，其余部分包在螯肢鞘（cheliceral sheath）内。与螨不同的是，多数蜱的口下板上着生倒齿。

口下板　位于螯肢腹面，与螯肢合拢形成口腔，两者由一层薄膜相隔，从外表难以看到。蜱的口下板背面有一深沟，称食管（food canal）（或称口前管 preoral canal），可输送吸食的血液到口和咽部。口下板的形状和长短因种而异（剑状、矛状或压舌板状等）。其上有纵列的倒齿（denticle），吸血时起穿刺宿主皮肤与附着的作用。端部齿细小，形成齿冠（corona）。中部齿较大。一些巢栖性的雄蜱和某些软蜱口下板裸露无齿，仅有微细的褶。在蜱的形态分类中，常以齿式（dentition formula）表示中线两侧的齿列

数，如 3|3，即各侧具 3 纵列，又如 3-4|4-3，即前端各侧具 4 纵列，以后各侧为 3 纵列。口下板的大小和形状及齿式常作为种类鉴定的依据。

二、躯体

躯体（图 6-35，图 6-36）连接在假头基后缘的扁平部分，呈囊形或椭圆形。其前部着生足和生殖孔，后部着生气门和肛门。吸过血的蜱，雌雄个体大小相差悬殊。其具体结构如下。

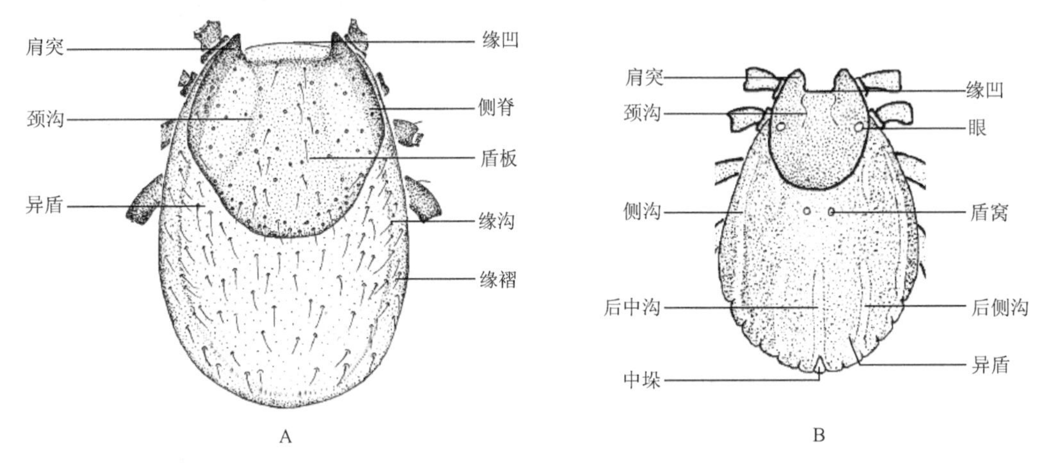

图 6-35　雌蜱躯体背面观（引自：Walker *et al.*，2007）
A. 硬蜱属；B. 璃眼蜱属

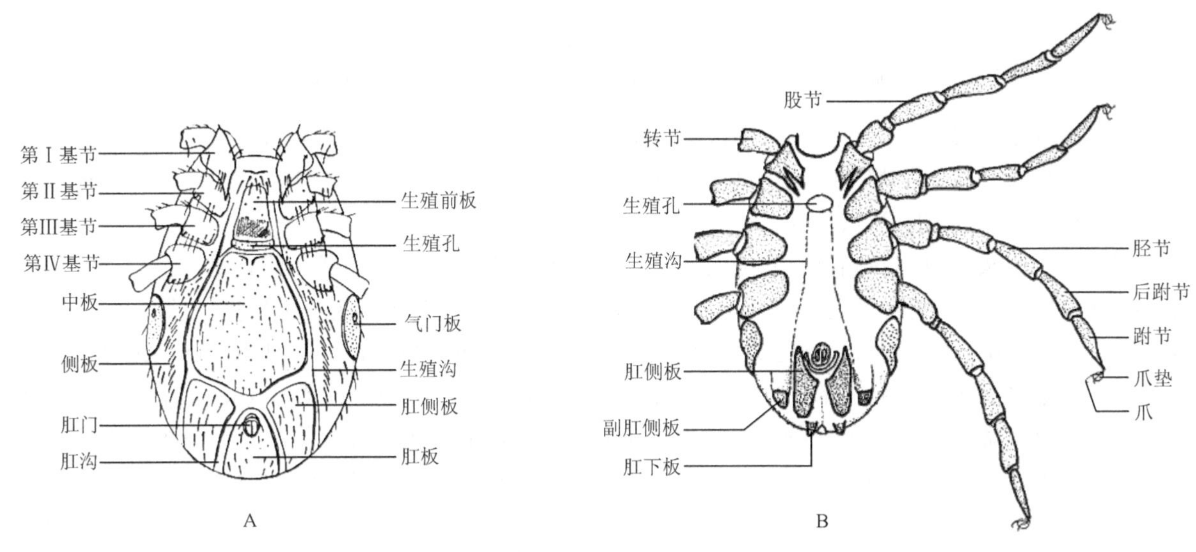

图 6-36　雄蜱躯体腹面观（B 引自：Walker *et al.*，2007）
A. 硬蜱属；B. 璃眼蜱属

背面（dorsum）　具有明显的几丁质盾板（scutum），可用以区分蜱螨亚纲的其他动物。其中雄蜱覆盖整个背面（称同盾 conscutum），但雌蜱、若蜱和幼蜱仅覆盖背面前部。盾板的形状因种类而异，一般为长圆形或卵形。雌蜱、若蜱和幼蜱的盾板也有呈盾形、心形或其他形的。盾板上或具色斑（如革蜱属、花蜱属等），此为分类依据。有些种的盾板上布有点窝状刻点，其粗细、深浅、数目及疏密程度是重要的分类依据。此外，盾板上还有少量的微小刚毛。盾板前缘靠假头基处凹入，即缘凹（emargination）；其两侧向前突出，形成肩突（scapula）。雌蜱有一对可伸出的器官，称吉氏器（Gene’s organ），位于硬蜱的缘凹或软蜱的头窝（camerostome）内。吉氏器是蜱类独有的一种器官，在硬蜱中，它开口于盾板前缘之下，以及其与假头基后缘移行部的体壁上，并由异盾的内体壁横褶围拢。在软蜱，吉氏器位于假头基之前的头窝内，有一硬化层覆盖它的基部，硬化层的孔沟可能就是分泌蜡质的地方。蜡质分泌物可以包裹在卵外，使卵粒黏附在一起。

除硬蜱、血蜱、部分花蜱、异扇蜱等外，其余种类均具眼，位于盾板的侧缘，类似于昆虫的单眼。颈沟（cervical groove）自缘凹后方两侧向后伸展，其长度及形状亦因种类而异。雌蜱的盾板前部靠近侧缘，或有直线形隆起的侧脊（lateral carina），其内侧形成沟，称侧沟（lateral groove）。在雄蜱，盾板前部相当于雌蜱盾板位置的部位，称假盾区（pseudoscutum）。沿盾板侧缘的内侧，通常有一对侧沟，其长度和深浅程度在分类上很重要。靠近中部有一对圆形的盾窝（fovea），是性信息素腺即盾窝腺（foveal gland）的通口。后部正中还有一条后中沟（posterior median groove），其两侧还有一对后侧沟（posterior lateral groove）。有些种类在后缘具方块形的缘垛（festoon），通常为 11 个，正中的一个有时较大，色淡而明亮，称中垛（parma）。也有些种类躯体末端突出，形成尾突（caudal process）。

有些蜱背面体缘还有缘褶（marginal fold）和缘沟（marginal groove）。在雌蜱盾板以后的革质柔软部分称异盾（alloscutum）；其上相当于雄蜱的侧沟位置有缘沟，有时延长左右连接。

腹面（venter）正中，足基节Ⅱ～Ⅳ水平具有生殖孔（genital aperture）。雌性生殖孔呈 U 形或 V 形。不同物种间的雌性生殖孔差异较大，是分类学研究的重要依据。有些雌蜱生殖孔边缘有一对细小的翼状突（ala），也有些呈厣状覆盖物，称生殖帷（genital apron）或盖叶（operculum）。生殖孔前方及两侧有一对向后伸展的生殖沟（genital grove）。

肛门（anus）位于后部正中，是由一对半月形肛瓣（anal valve）构成的纵行裂口，其上有纤细的肛毛 1～5 对。围绕在肛门之前或之后有肛沟（anal groove），一般为半圆形或马蹄形（是分类的主要标志）。

硬蜱科中，肛沟围绕在肛门之前的蜱称为前沟型硬蜱（仅包括硬蜱属，图 6-37），肛沟围绕在肛门之后的称为后沟型硬蜱（硬蜱属之外的其他属，图 6-38）。有些蜱在肛沟之后还有肛后中沟（median postanal groove）。雄蜱腹面还有几丁质板，其数目因蜱属不同而异。

另外，在第Ⅳ对足基节的后外侧有一对气门板（peritreme or spiracle plate）。其形状因种类而异，呈圆形、卵圆形、逗点形或其他形，有的向后延伸成背突（dorsal prolongation），是重要的分类依据。

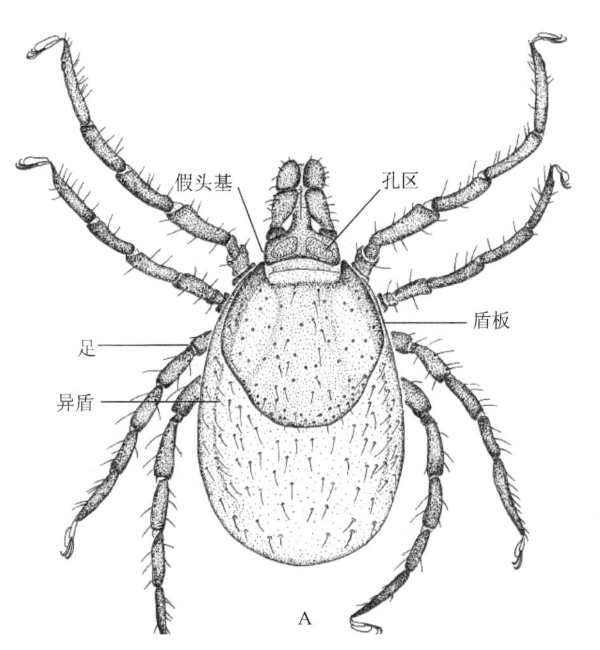

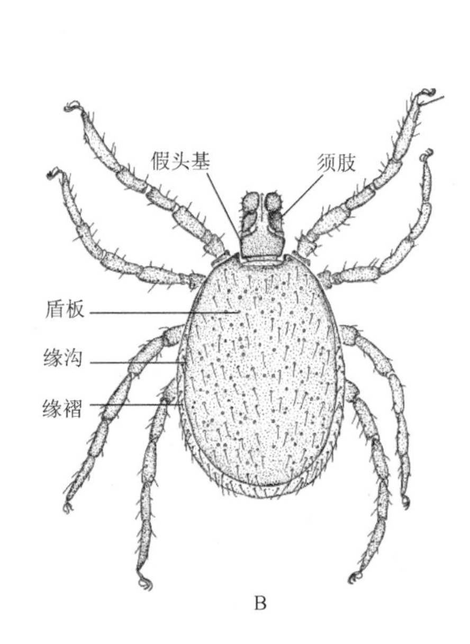

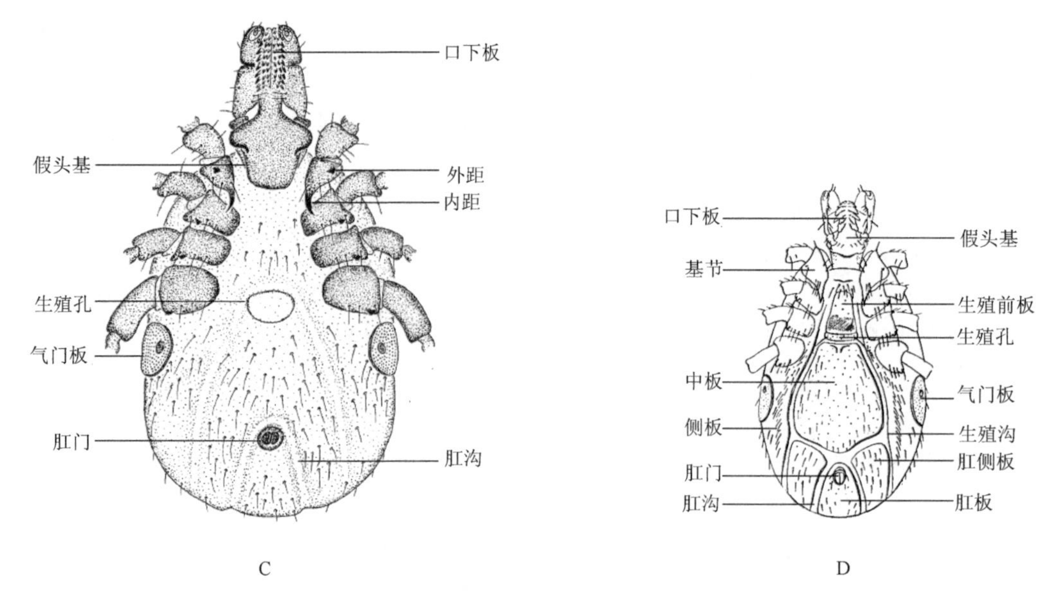

图 6-37　前沟型硬蜱形态图（硬蜱属）（引自：Walker *et al.*，2007）
A. 雌蜱的背面观；B. 雄蜱的背面观；C. 雌蜱的腹面观；D. 雄蜱的腹面观

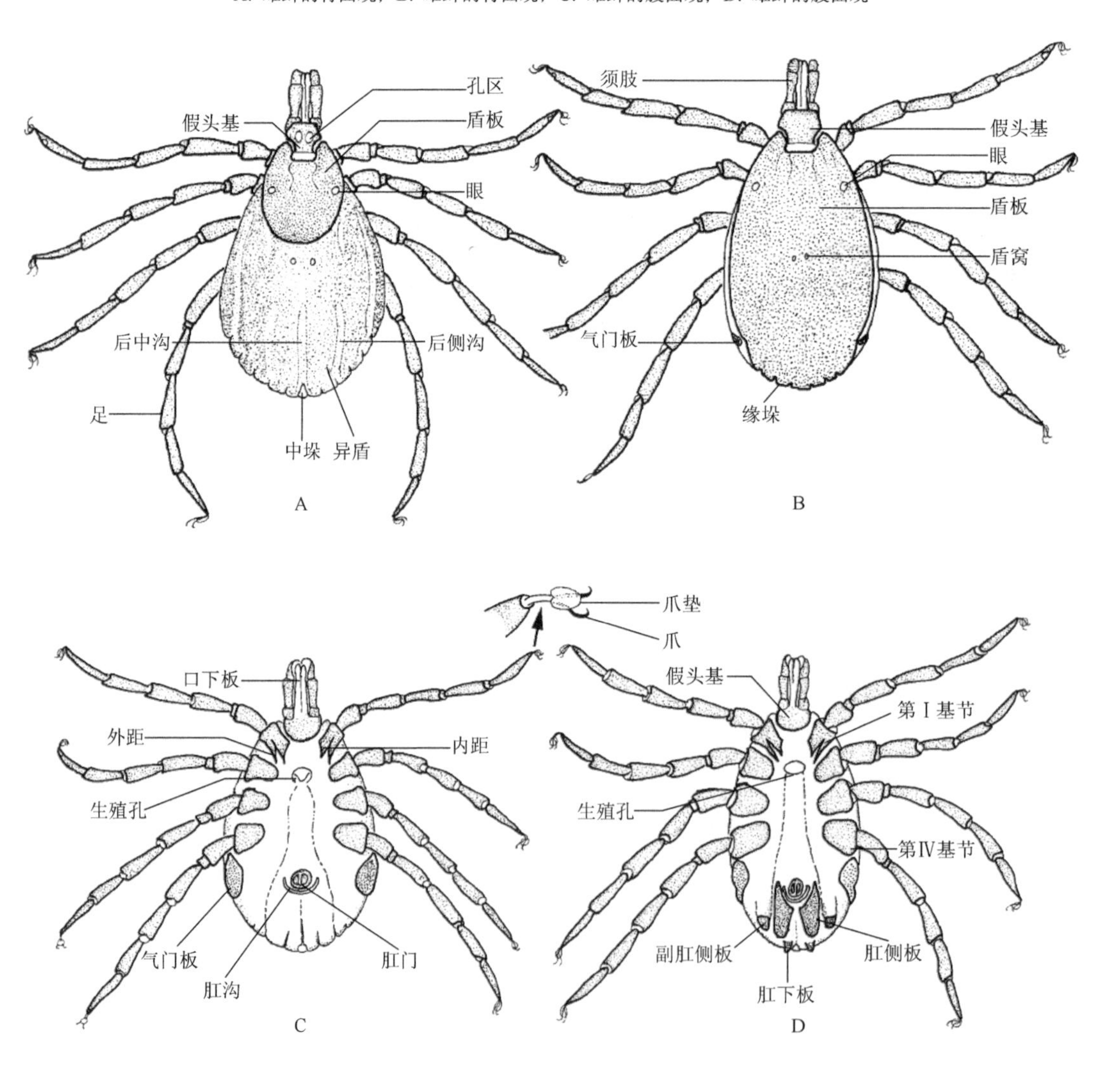

图 6-38　后沟型硬蜱形态图（璃眼蜱属）（引自：Walker *et al.*，2007）
A. 雌蜱的背面观；B. 雄蜱的背面观；C. 雌蜱的腹面观；D. 雄蜱的腹面观

足（leg）位于腹面前部两侧，共 4 对，各足由 6 节组成，由体侧向外依次为基节（coxa）、转节（trochanter）、股节（femur）、胫节（tibia）、后跗节（metatarsus）和跗节（tarsus）。基节固定于腹面体壁，不能活动。某些种类的雄蜱基节极大延伸，几乎覆盖全部腹面。基节上通常着生距（spur），靠后内角的称内距（internal spur），靠后外角的称外距（external spur）。距的有无和大小是分类的重要依据。除基节外其余各节均能活动。转节短，其腹面或具发达程度不同的距。某些蜱属（如革蜱属、血蜱属）第Ⅰ对足转节背面有向后的背距（dorsal spur）。其他各节均较细长，腹侧边缘不整齐，常呈齿状或角突状，并着生呈序列的刚毛，背面边缘较为平滑。有的种类足节上色素浓淡不一，显现出淡色的纵纹或横纹（如璃眼蜱属）。跗节为最后一节，其上有环形假关节（pseudo-articulation），亚端部背缘通常逐渐细窄，有时或具隆突。跗节末端具爪（claw）一对，爪基有发达程度不同的爪垫（pulvillus），为分类的主要依据。第Ⅰ对足跗节接近端部的背缘有哈氏器（Haller’s organ），为嗅觉器官。哈氏器的细微结构，也可作为种类鉴别的依据。

第七章　蜱的分类鉴定

蜱包括4科：软蜱科 Argasidae、硬蜱科 Ixodidae、纳蜱科 Nuttalliellidae 和恐蜱科 Deinocrotonidae，其中我国分布有软蜱科和硬蜱科。本章结合国内蜱类现状及国际上分类学最新研究进展，对蜱的各科、属检索表及我国蜱类的种检索表进行了更新，并在早期学者研究的基础上，对我国蜱的物种描述进行了补充、修正，以便于蜱的准确识别。

第一节　蜱的科、属鉴定

蜱表皮革质，背面或具盾板，吸血后体型增大。身体高度愈合，呈囊状，无头、胸、腹之分，包括假头（capitulum）和躯体（idiosoma）。假头位于躯体前端或腹面前方；口下板（hypostome）具成列倒齿；须肢（palp）能伸缩或正常。第Ⅰ对足跗节（tarsus）背面近端部有一感觉器官——哈氏器（Haller's organ）；所有跗节均具趾节（apotelus）。

科检索表

1. 身体背面具背板；假头向前，从背面可见；气门板显著，位于身体腹面，足基节Ⅳ的后外侧；须肢各节长短不一或几乎等长……………………………………………………………………………………………………2
   身体背面无背板（有些种类的幼蜱和膺蜱属的种类具革质背板，但硬化程度不高）；假头位于腹面前方，若蜱和成蜱从背面不可见；气门板不明显，位于足基节Ⅲ和Ⅳ之间的基节上褶上；须肢各节几乎等长……软蜱科 Argasidae（Koch）
2. 身体背板硬化程度低，成蜱常呈网状或具很多大刻点；须肢4节，末节内陷不明显或不内陷 ……………………3
   身体背面具明显坚硬的盾板；须肢第Ⅳ节收缩，内陷在第Ⅲ节腔内 ……………………………硬蜱科 Ixodidae（Leach）
3. 身体背板呈网状，背板周围的表皮覆盖物高度折叠；生殖沟连续……………………纳蜱科 Nuttalliellidae Schulze
   身体背板具很多大刻点，背板周围的表皮覆盖物折叠程度浅并具很多大刻点；生殖沟不连续，分前、后两部分…………
   ……………………………………………………………………………………恐蜱科 Deinocrotonidae Peñalver

一、软蜱科

躯体背面无几丁质盾板故称软蜱（soft tick），表皮革质，呈皱纹状或颗粒状，也有的呈乳突状或结节状。假头位于腹面前端，若蜱和成蜱的假头从背部不可见。须肢第Ⅳ节不内陷，各节可自由转动。身体腹面基节附近有一明显的基节上褶（supracoxal fold），上有气门板和眼。气门板不明显，位于足基节Ⅲ和Ⅳ之间外侧的基节上褶上。基孔（coxal pore）（基节腺分泌物的出口）位于身体两侧的足基节Ⅰ和Ⅱ之间。软蜱的性二态现象不明显。生殖孔的形状是鉴别雌雄的主要依据，雌蜱呈横缝状，雄蜱呈半月状。

如前所述，软蜱科各属的划分一直存在争议，近200个有效种中，2/3的分属模棱两可，故本书遵从绝大多数蜱类学家的观点，暂且根据 Hoogstraal（1985）的分类体系将软蜱分成5属（锐缘蜱属 *Argas*、钝缘蜱属 *Ornithodoros*、穴蜱属 *Antricola*、膺蜱属 *Nothoaspis* 和耳蜱属 *Otobius*）。软蜱科主要属的形态比较见图7-1。

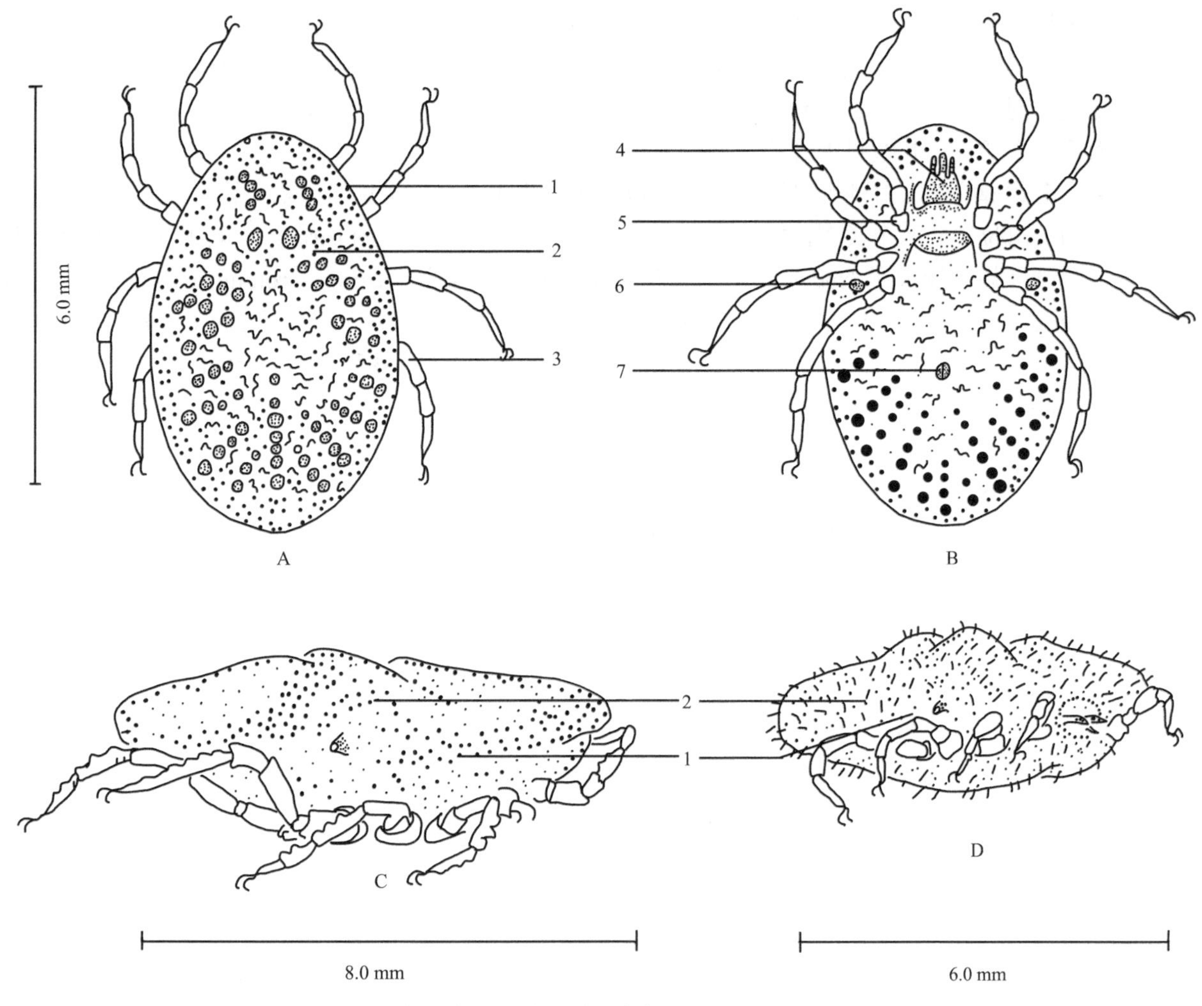

图 7-1　软蜱主要属的区别（参考：Walker *et al.*，2007）

A. 锐缘蜱属背面观；B. 锐缘蜱属腹面观；C. 钝缘蜱属侧面观；D. 耳蜱属侧面观。1. 侧面结构（多数锐缘蜱具有，钝缘蜱和耳蜱无）；2. 体壁（锐缘蜱属和钝缘蜱属具痈，耳蜱属具刺）；3. 足（细长，无淡色环，无爪垫）；4. 假头腹面可见（锐缘蜱属和耳蜱属一些种类的幼蜱/若蜱背面可见，须肢各节均小，假头基外侧缘直）；5. 基节 I 无距；6. 气门板小，位于足III与IV之间；7. 肛门（无肛沟）

软蜱科的属检索表

1. 背腹间有明显的缝线相隔；体缘具方形或栅状的外围细胞（又称缘盘 marginal disc）；无眼；成蜱和若蜱的表皮具皱褶，背面具有呈放射状排列的盘窝（disc）；宿主多为鸟或蝙蝠……锐缘蜱属 *Argas* Latreille
   背腹间无明显的缝线相隔；体缘无外围细胞；一些种类具眼；成蜱和若蜱的表皮变异大，呈痈状或刺状；宿主多变……2
2. 若蜱表皮着生刺，口下板发达；成蜱表皮颗粒状，口下板退化；成蜱躯体在基节IV之后变狭；宿主为兔形类或偶蹄动物……耳蜱属 *Otobius* Bank
   若蜱和成蜱表皮无刺；成蜱口下板变异大，但雌蜱没有退化；成蜱躯体圆形或卵圆形；宿主多变……3
3. 若蜱和成蜱的身体背面具有一个光滑的高出区域或假盾区；须肢第 I 节具有一个大的凸缘（flange）遮住部分口下板……赝蜱属 *Nothoaspis* Keirans & Clifford
   成蜱身体背面无假盾；须肢第 I 节无凸缘……4
4. 雌蜱的口下板基部宽阔，似匙形，雄蜱口下板退化；多寄生于蝙蝠……穴蜱属 *Antricola* Cooley & Kohls
   口下板形态多变，但具齿，不呈匙形；宿主多样，包括蝙蝠……钝缘蜱属 *Ornithodoros* Koch

二、硬蜱科

躯体卵圆形，背面具几丁质盾板。雌蜱、若蜱及幼蜱的盾板仅覆盖身体前半部，而雄蜱几乎覆盖整个背部，许多种类在盾板后缘形成缘垛（festoon）。假头位于躯体前端，背面可见；须肢由 4 节组成，第Ⅳ节短小，嵌于第Ⅲ节端部腹面的凹陷内。假头基呈矩形、六角形或其他形，具属间特异性。雌蜱假头基背面具孔区一对，有些种类在身体前半部盾板两侧具眼一对。气门板一对，位于足Ⅳ基节后外侧。许多雄蜱腹面具几丁质板，其数目因蜱的属种而异。

近年来，多数蜱螨学家对硬蜱科属级地位的划分基本达成了一致（见第一章、第五章）。硬蜱科根据肛沟与肛门的相对位置分两个类型，即前沟型（prostriata）和后沟型（metastriata）。其中前沟型仅硬蜱亚科 Ixodinae 包括 1 属（硬蜱属 *Ixodes*）；后沟型包括 4 亚科：槽蜱亚科 Bothriocrotoninae 包括 1 属（槽蜱属 *Bothriocroton*）；花蜱亚科 Amblyomminae 包括 2 属（花蜱属 *Amblyomma* 和触蜱属 *Cornupalpatum*）；血蜱亚科 Haemaphysalinae 包括 1 属（血蜱属 *Haemaphysalis*）；扇头蜱亚科 Rhipicephalinae 包括 8 属（璃眼蜱属 *Hyalomma*、革蜱属 *Dermacentor*、异扇蜱属 *Anomalohimalaya*、扇头蜱属 *Rhipicephalus*、恼蜱属 *Nosomma*、酷蜱属 *Cosmiomma*、扇革蜱属 *Rhipicentor* 和珠蜱属 *Margaropus*）。目前，来自化石的触蜱属与其他属的关系还不清楚，因其形态特征和花蜱相似，故将其暂列在花蜱亚科中。我国分布的硬蜱科包括硬蜱属、花蜱属、血蜱属、璃眼蜱属、革蜱属、异扇蜱属和扇头蜱属。硬蜱科重要属的形态比较见图 7-2。

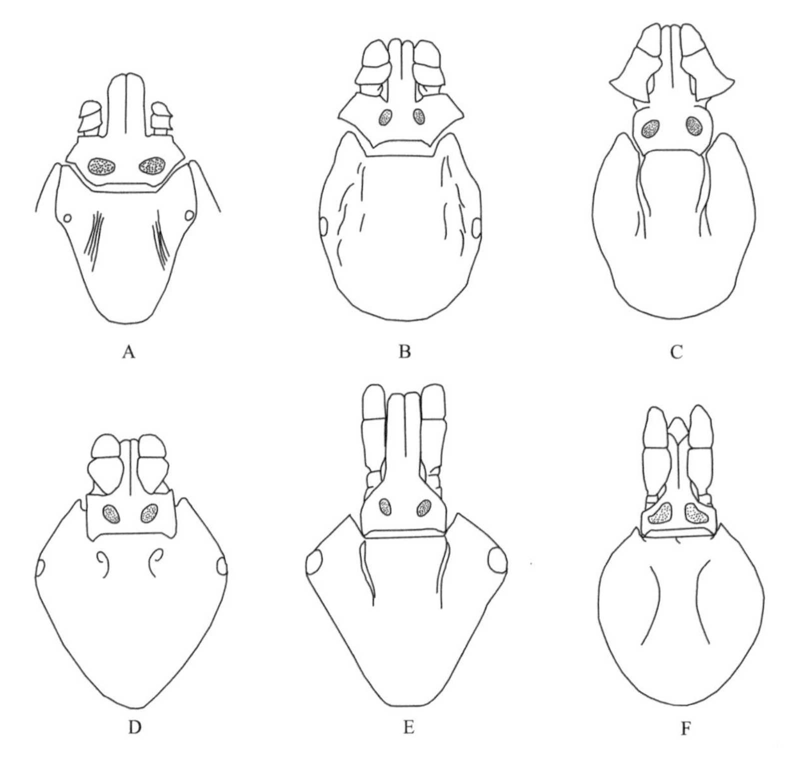

图 7-2　硬蜱科重要属的区别（参考：Strickland *et al.*，1976）

A. 扇头蜱属中的牛蜱亚属；B. 扇头蜱属；C. 血蜱属；D. 革蜱属；E. 花蜱属；F. 硬蜱属

硬蜱科的属检索表

1. 幼蜱须肢第Ⅲ节具爪……触蜱属 *Cornupalpatum* Poinar & Brown
   幼蜱须肢第Ⅲ节不具爪……2
2. 身体呈圆形；缘垛 13 个……垛蜱属 *Compluriscutula* Poinar & Buckley
   身体呈圆形或其他形；缘垛少于 13 个甚至无……3
3. 肛沟围绕在肛门之前；无眼；雄蜱腹面几乎全部被几丁质板覆盖（共 7 块）；幼蜱口下板后毛 2 对，背部无矢状感器；通常为巢居性寄生，宿主不具专一性；雄蜱不吸血，分布广泛……硬蜱属 *Ixodes* Latreille
   肛沟围绕在肛门之后；眼有或无；雄蜱腹面无几丁质板，或发育不完全，仅分布在身体后端（肛侧板、副肛侧板和肛下板）；幼蜱仅 1 对口下板后毛，身体背部具矢状感器；通常不穴居或巢居；雄蜱吸血，分布相对有地域性……4

4. 无眼（尤其成蜱和若蜱）……5
   多数具眼（雄性原牛蜱属的种类、光亮革蜱 *D. nitens* Neumann 及部分花蜱难以分辨）……8
5. 盾板具珐琅斑（极少数无）；须肢长且近似于圆柱形……6
   盾板无珐琅斑；须肢长或短且呈圆锥形（非圆柱形）……7
6. 多数种类转节具距；幼蜱躯体具有 6 个大蜡腺（7 种，分布于澳大利亚）……槽蜱属 *Bothriocroton*（Keirans, King & Sharrad）
   转节无距；幼蜱躯体具有 2 个大蜡腺（原属于盲花蜱属，现为盲花蜱亚属；20 种，除澳大利亚、欧洲、南美洲和南极洲外均有分布）……花蜱属 *Amblyomma* Koch 盲花蜱亚属 *Aponomma* Neumann
7. 假头基方形至矩形；须肢短，呈圆锥形，第Ⅱ节长宽约相等，其外侧超出假头基边缘；幼蜱须肢 3 节，其背面矢状感器前端具 2 对缘毛；全球性分布，常见……血蜱属 *Haemaphysalis* Koch
   雄性假头基背面四边形，其前侧缘分叉，雌性假头基六边形；须肢长，圆锥形，第Ⅱ节长约为宽的 2 倍，不向外侧延伸；幼蜱不具以上特点（主要分布在中亚地区）……异扇蜱属 *Anomalohimalaya* Hoogstraal, Kaiser & Mitchell
8. 气门板具不规则脊，部分具象牙色斑；缘垛 9 个（非洲）……酷蜱属 *Cosmiomma* Schulze
   气门板正常，无脊或色斑；缘垛有或无，但不是 9 个……9
9. 须肢显著长于假头基，第Ⅱ节长明显大于宽……10
   须肢长度近似等于假头基，且第Ⅱ节长与宽大致相等……12
10. 盾板和须肢具色斑，须肢第Ⅲ节背面和腹面均具有凸缘；雄蜱具有成对的肛侧板、副肛侧板和肛下板……恼蜱属 *Nosomma* Schulze
    盾板色斑有或无，须肢第Ⅲ节背腹面不具凸缘；雄蜱腹面几丁质板有或无……11
11. 盾板不具色斑；雄蜱具肛侧板，且通常还具肛下板；缘垛不规则，部分愈合；眼着生在盾板侧缘的凹陷内，半球形凸出……璃眼蜱属 *Hyalomma* Koch
    盾板一般具色斑，少数无色斑；雄蜱不具肛侧板和肛下板；缘垛规则，不愈合；如具眼，多数着生在盾板边缘，通常周缘无凹陷，眼不凸出……花蜱属 *Amblyomma* Koch（不包括盲花蜱亚属 *Aponomma*）
12. 无缘垛，雄蜱的第Ⅳ对足很大……珠蜱属 *Margaropus* Karsch
    有缘垛，雄蜱的第Ⅳ对足正常……13
13. 假头基背面六角形，通常无色斑……14
    假头基矩形，通常有色斑……革蜱属 *Dermacentor* Koch
14. 盾板通常无色斑（除 4 种蜱）；雄蜱具肛侧板和副肛侧板；雄蜱足基节Ⅳ不大于基节Ⅰ～Ⅲ，无长距；雌蜱足基节Ⅳ无 2 个短距（主要分布在非洲，但血红扇头蜱和微小扇头蜱为世界广布种）……扇头蜱属 *Rhipicephalus* Koch
    盾板无色斑；雄蜱无肛侧板和副肛侧板；雄性足基节Ⅳ大于基节Ⅰ～Ⅲ，且具 2 个长距；雌蜱足基节Ⅳ有 2 个短距（仅分布在非洲，少见）……扇革蜱属 *Rhipicentor* Nuttall & Warburton

第二节　我国软蜱的种类鉴定

一、锐缘蜱属 *Argas*

成蜱和若蜱的表皮革质具很多不规则皱纹及盘窝（disc），多数具有多角形凹陷。身体扁平，呈圆形或卵圆形；背部与腹部面积约相等。假头位于身体前端，背面不可见（尤其是成蜱和若蜱）。无眼。成蜱和若蜱的哈氏器刚毛无孔且其囊不具多形性。成蜱无肛前沟、肛后中沟和肛后横沟，多数无顶突；多数成蜱表皮具有多边形凹陷；跗节Ⅰ～Ⅳ至少具有 1 个发达的瘤突。宿主多样，主要为鸟类。此属为世界性分布，除位于克里米亚半岛和地中海半岛的大门锐缘蜱 *A. macrostigmatus* 外，绝大多数种类分布在干旱环境中，如沙漠、稀树草原、干燥的洞穴等。

中国锐缘蜱属成蜱的种检索表

1. 身体呈卵圆形，前端不突出；口下板稍窄长，其顶端达到须肢第Ⅲ节前缘，个别种类达到须肢第Ⅱ节前缘……2
   身体近似圆形，前端收窄略微突出；口下板宽短，其顶端约达须肢第Ⅱ节前缘……8
2. 体缘的外围细胞宽短，近似方形；须肢后毛较长……3

体缘的外围细胞窄长，呈条纹或栅形；须肢后毛缺失或很短……4
3. 体缘表面的外围细胞大，规则；每一方形结构中具1根刚毛；气门板相对较小，呈肾形；在我国分布广泛；宿主主要为家禽及鸽、燕子、麻雀等鸟类，也侵袭人……波斯锐缘蜱 *A. persicus*（Oken）
体缘表面的外围细胞小，不规则；每一方形结构中具1根或2根刚毛；气门板相对较大，呈半月形；只分布在台湾；宿主主要为夜鹭、白鹭等鸟类……罗氏锐缘蜱 *A. robertsi* Hoogstraal, Kaiser & Kohls
4. 肛门明显位于身体中后部；位于体缘感毛的骨化环细小，且小于或近似等于钟形感器……普通锐缘蜱 *A. vulgaris* Filippova
肛门位于身体中部稍后；体缘感毛的骨化环大于钟形感器……5
5. 体型较大，躯体呈长卵形，后部略宽于前部；须肢第Ⅰ节明显短于第Ⅱ节……北京锐缘蜱 *A. beijingensis* Teng
体型中等，躯体呈卵形，后部明显比前部宽；须肢第Ⅰ节等于或略长于第Ⅱ节……6
6. 体缘平……7
体缘微翘……翘缘锐缘蜱 *A. reflexus*（Fabricius）
7. 体缘栅形，皱脊粗短，且排列不整齐；雌蜱口下板较短，顶端达须肢第Ⅱ节前端；为古北界种……日本锐缘蜱 *A. japonicus* Yamaguti, Clifford & Tipton
体缘栅形，皱脊粗短，且排列比较整齐；雌蜱口下板较长，顶端达须肢第Ⅲ节中部；为东洋界种……拟日锐缘蜱 *A. assimilis* Teng & Song
8. 雌蜱具生殖毛和碗状背前器……中华锐缘蜱 *A. sinensis* Jeu & Zhu
雌蜱无生殖毛和碗状背前器……9
9. 体型中等（长、宽大于3 mm）；口下板齿式2|2，每列具齿5～6枚……蝙蝠锐缘蜱 *A. vespertilionis*（Latreille）
体型小（长、宽小于3 mm）；口下板齿式2|2，每列具齿4枚……小型锐缘蜱 *A. pusillus* Kohls

（1）拟日锐缘蜱 *A. assimilis* Teng & Song, 1983

定名依据　本种与日本锐缘蜱 *A. japonicus* 形态相似，并以此定名。日本锐缘蜱是古北界种类，本种则发现于东洋界。

宿主　日本金腰燕 *Hirundo daurica japonica*。

分布　国内：江西（铜鼓）。

鉴定要点

体型中等，身体呈卵圆形，后部明显宽于前部。口下板稍窄长，雌蜱顶端达须肢第Ⅲ节中部，雄蜱超过第Ⅲ节前缘；须肢第Ⅰ节等于或略长于第Ⅱ节；第Ⅳ节长于第Ⅲ节；须肢后毛一对，相当细短。体缘栅形，皱脊粗短，且排列比较整齐；体缘感毛的骨化环大于钟形感器。肛门位于身体中部稍后。雌蜱跗节Ⅰ～Ⅳ端腹毛4对、4对、3对、5对，而雄蜱5对、5对、5对、5对。末期若蜱各跗节的亚端部具明显的瘤状突。

具体描述

雌蜱（图7-3）

半饱血标本长6.06～7.04 mm，宽3.94～4.54 mm。呈卵圆形，前端明显窄于后端，且由前向后逐渐变宽。

假头较小，背部不可见，头窝不明显。假头基腹面近似矩形，宽约为长的1.8倍，表面多皱褶，其后缘位于基节Ⅰ前缘的水平线。口下板后毛一对，长而明显，须肢后毛一对，相当细短，位于口下板后毛的后外侧；侧毛4对，基侧毛2对，均细短。口下板剑形，长0.29 mm（自口下板后毛基部至前端），前端约达须肢第Ⅲ节中部；两侧平行，前端圆钝；前半部具齿，齿冠短小，具齿4～6枚；齿式前3排为2|2大齿，往后为6排3|3～5|5鳞片状细齿。须肢圆柱形，第Ⅰ节最宽，前缘向内侧弯曲；第Ⅱ节明显较窄，第Ⅲ、Ⅳ节依次变窄；第Ⅰ～Ⅳ节长度分别为0.12 mm、0.12 mm、0.08 mm、0.11 mm，以第Ⅲ节最短。各节背面具多根细长毛，腹面毛短小而稀少，第Ⅰ～Ⅳ节依次具毛2根、2根、2根、1～2根。

背部表皮皱褶，前部的皱脊较窄长，弯曲度大，中部及后部的较短，近似星状，凸起明显。与其他种类相比，盘窝较小，在中部呈放射状排列，接近体缘分布的盘窝更小，且排列紧密。体缘的外围细胞呈栅状，皱脊窄长且弯曲，排列不规则。背、腹缘上钟形感器细小，感毛细短，毛基骨化环较大，腹缘杯形器更大。背、腹缘间缝线明显。体表刚毛相当稀少。无眼。气门板新月形，位于基节Ⅳ外侧。生殖孔横沟状，位于基节Ⅰ后缘的水平线，宽于假头基部，其前缘两侧具短毛一对。肛门椭圆形，位于躯体中部略微偏后；其上具 6 对细短的刚毛。

足中等粗细，着生于躯体前半部，足Ⅳ最长。基节Ⅱ、Ⅲ、Ⅳ靠紧，与基节Ⅰ分离。各跗节窄长，背缘与腹缘几乎平行，亚端部背缘向远端呈瘤状突出。跗节Ⅰ～Ⅳ各部位刚毛数目分别为：端背毛均 1 根；亚背毛 9 根、6 根、4 根、6 根（该部位刚毛的排列两侧不对称，故给出的是刚毛总数）；中毛 3 对、2 对、2 对、2 对；端腹毛 4 对、4 对、3 对、5 对；亚腹毛 4 对、4 对、4 对、5 对。爪正常，爪垫退化。

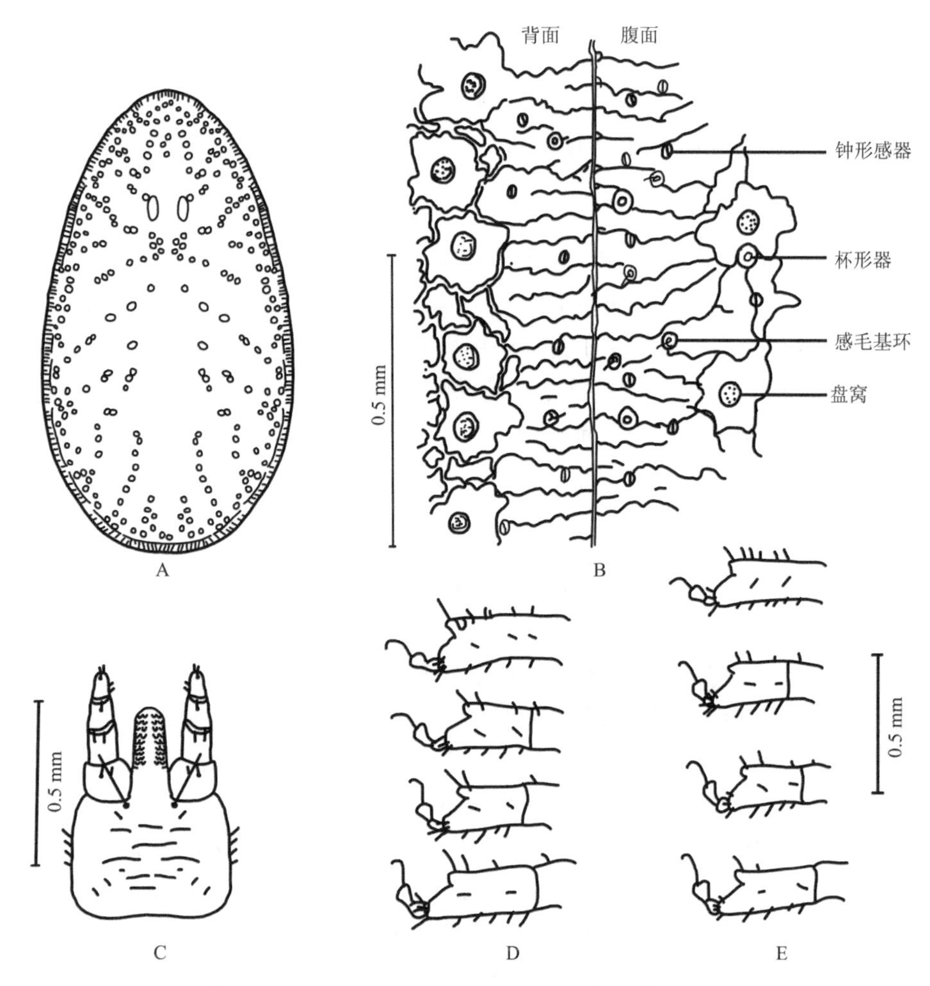

图 7-3　拟日锐缘蜱（参考：邓国藩和宋杰益，1983）

A. 雌蜱的背面观；B. 雌蜱体缘表皮；C. 雌蜱假头腹面观；D. 雌蜱跗节Ⅰ～Ⅳ；E. 若蜱跗节Ⅰ～Ⅳ

雄蜱

外形与雌蜱相似，但较小，半饱血标本体长 5.60～6.51 mm，宽 3.63～4.09 mm。

假头基较宽，宽约为长的 2.3 倍；基侧毛 1 对。口下板长 0.26 mm，前端超过须肢第Ⅲ节前缘。须肢第Ⅰ～Ⅳ节长度分别为 0.11 mm、0.08 mm、0.08 mm、0.09 mm。

生殖孔半圆形，其后缘位于基节Ⅰ与Ⅱ之间的水平线，宽为长的 2 倍。

足的跗节Ⅰ～Ⅳ各部位刚毛数目分别为：端背毛均 1 根；亚背毛 8 根、4 根、4 根、4 根，中毛 3 对、2 对、2 对、2 对，端腹毛均 5 对，亚腹毛 6 对、3 对、3 对、4 对。

若蜱（图 7-3）

外形与成蜱相似。末期若蜱体长 4.54 mm，宽 2.88 mm。

假头基宽为长的 1.4 倍。口下板后毛 1 对，细长，亚中毛 1 对，基侧毛 2 对，均细短。口下板长 0.251 mm，前端约达须肢第Ⅲ节前缘。齿式与成蜱相似，但主部 2|2 的三角形大齿为 2 排。须肢第Ⅰ～Ⅳ节长度分别为 0.11 mm、0.11 mm、0.07 mm、0.08 mm；第Ⅱ～Ⅳ节腹面各具细毛 1 根。

肛门位于躯体中点稍后，具刚毛 7 对。

足的各跗节亚端部瘤状突明显。跗节Ⅰ～Ⅳ各部位刚毛数目分别为：端背毛均 1 根；亚背毛 9～11 根、6 根、6 根、6 根；中毛均 2 对；端腹毛均 5 对；亚腹毛 6 对、4 对、4 对、4 对。

幼蜱未知。

（2）北京锐缘蜱 *A. beijingensis* Teng, 1983

定名依据 来源于北京。

宿主 主要寄生于家鸽、野鸽、家鸡、麻雀、燕子等，也可侵袭人。

分布 国内：北京（石景山）、河北（怀安）。

鉴定要点

体型较大，躯体呈长卵形，后部略宽于前部。口下板稍窄长，顶端约达须肢第Ⅲ节前缘；须肢第Ⅰ节短于第Ⅱ节；第Ⅳ节长于第Ⅲ节；须肢后毛一对，相当细短。体缘栅形，皱脊粗短，且排列比较整齐；体缘感毛的骨化环大于钟形感器。肛门位于身体中部稍后。雌蜱跗节Ⅰ～Ⅳ端腹毛 5 对、4 对、4 对、5 对，而雄蜱 5 对、5 对、5 对、4 对。若蜱各跗节的亚端部瘤状突较短。本种与翘缘锐缘蜱和普通锐缘蜱近似。以往北京报道的翘缘锐缘蜱（邓国藩，1978）系本种误订。

具体描述

雌蜱（图 7-4）

体长 8.23～9.39 mm，宽 5.99～6.18 mm。呈长卵形，后端宽圆，向前略微收窄；体缘扁锐，饥饿时略微上翘。

假头小，背部不可见，头窝不明显。假头基腹面矩形，宽约为长的 2 倍，其后缘位于基节Ⅰ前缘的水平线。口下板后毛较长，侧面观其顶端超过须肢第Ⅱ节中部的水平线；须肢后毛极为细短，位于口下板后毛后外侧，靠近须肢基部内侧；侧毛 4～5 对，较须肢后毛长；基侧毛 1～2 对，极为细短。口下板长 0.42 mm（自口下板后毛基部至前端），前端将近达到须肢第Ⅲ节前缘；两侧缘几乎平行，顶端圆钝或微凹；前半部具齿，顶端二排细齿，其后为 3 排 2|2 的三角形大齿，约占齿区的 2/5，再后约为 9 排 3|3～5|5 的鳞片状细齿。须肢圆柱状，第Ⅰ～Ⅳ节长度分别为 0.18 mm、0.22 mm、0.16 mm、0.18 mm；第Ⅰ节最宽，第Ⅱ节显著较窄，第Ⅲ、Ⅳ节依次变窄；各节背面具细毛多根，腹面毛短小而稀少，第Ⅰ～Ⅳ节分别为 2 根、1 根、1 根、2 根。螯肢定趾具 2 齿。

体表皱褶状，皱脊大小和形状不一，但边缘均呈放射状，且短型的居多，近似星状；皱沟较浅，宽度与皱脊约相等。盘窝明显，呈放射状排列，体缘四周的细小。体表刚毛稀少，相当细短。体缘皱褶呈栅状，形成明显的缘带；其上皱褶较短，皱沟窄浅，呈波纹状。体缘背、腹间缝线明显；背、腹缘上钟形感器细小，感毛短小，毛基骨化环较大，腹缘杯形器更大，相当明显。腹面体表与背面相似。无眼。气门板新月形，位于基节Ⅳ外侧。生殖孔横裂状，位于基节Ⅰ后缘的水平线，其前缘两侧具细短毛一对。肛门椭圆形，位于腹面中点稍后，具刚毛 6 对。

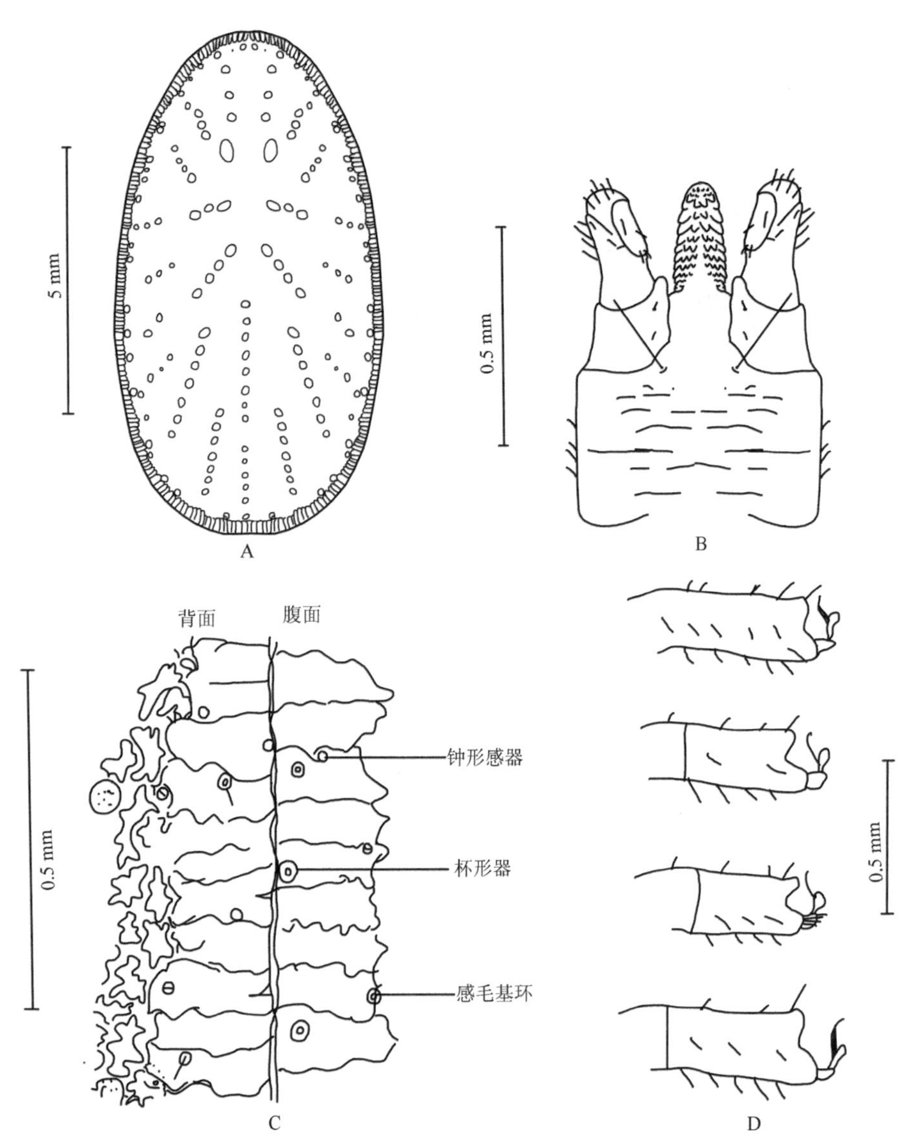

图 7-4　北京锐缘蜱雌蜱（参考：邓国藩，1983）

A. 背面观；B. 假头腹面观；C. 体缘表皮；D. 跗节

足Ⅰ～Ⅲ约等长，足Ⅳ略长。基节Ⅱ、Ⅲ、Ⅳ靠紧，与基节Ⅰ分离。各跗节亚端部背缘具瘤状突。跗节Ⅰ～Ⅳ各部位刚毛数分别为：端背毛均 1 根；亚背毛 4（另有一单根）对、3 对、3 对、2 对；中毛 4 对、2 对、3 对、3 对；端腹毛 5 对、4 对、4 对、5 对；亚腹毛 5 对、4 对、4 对、5 对；在哈氏器前后有细短毛数根。爪正常，爪垫退化。

雄蜱

形态与雌蜱相似，但体型较小，长 5.34～8.49 mm，宽 3.26～5.79 mm。

假头基宽约为长的 2.18 倍。口下板略长，为 0.45 mm，前端约达须肢第Ⅲ节前缘。须肢第Ⅰ～Ⅳ节长度分别为 0.14 mm、0.16 mm、0.10 mm、0.12 mm。

生殖孔半圆形，位于基节Ⅱ中部水平线，宽为长的 1.8 倍。

足的跗节Ⅰ～Ⅳ各部位刚毛数分别为：端背毛均 1 根；亚背毛 4 对、3 对、2 对、2 对；中毛 3 对、2 对、2 对、2 对；端腹毛 5 对、4 对、4 对、4 对；亚腹毛 5 对、3 对、3 对、4 对。

若蜱（图 7-5）

体长 2.72～5.90 mm，宽 1.81～3.78 mm。以下根据体型最大的标本（末期若蜱）描述。

假头基腹面矩形，宽约为长的1.37倍，具一对长的口下板后毛，基侧毛2对，亚中毛1对，均细短。须肢第Ⅰ～Ⅳ节长度分别为0.15 mm、0.20 mm、0.13 mm、0.17 mm；第Ⅱ～Ⅳ节腹面各具细毛1根。口下板长0.40 mm，前端约达须肢第Ⅲ节前缘；两侧缘平行，顶端圆钝；齿式与成蜱相似，但后部的鳞片状细齿较少。

背、腹面和周缘体表与成蜱相似。肛门位于腹面中点稍后；具刚毛3对。

足长度中等。各跗节亚端部瘤状突较短；各部位刚毛数按节序分别为：端背毛均1根；亚背毛3对（另有1单根）、3对、3对、3对；中毛2对、1对、2对、2对；端腹毛3对、3对、3对、4对；亚腹毛4对、3对、3对、4对。爪正常，爪垫退化。

幼蜱（图7-5）

卵圆形，饱血后长2.79～2.90 mm，宽1.99～2.10 mm。

假头长0.36～0.37 mm（口下板前端至假头基后缘），宽0.22～0.24 mm（须肢基部后方）。口下板后毛及须肢后毛细短，前者间距0.08 mm，后者间距0.08 mm。须肢长0.31 mm，Ⅰ～Ⅳ节分别为0.10 mm、0.06 mm、0.08 mm、0.06 mm；其上刚毛分别为：0根、5根（背面2根、侧面2根、腹面1根）、4根（背面2根、侧面1根、腹面1根）、12根（端毛8根、背面2根、侧面1根、腹面1根）。口下板长0.24 mm，宽0.09 mm；两侧缘平行，前端圆钝。齿冠具2～3排小齿，其后齿式为2|2，共7～9排，靠后部齿渐细小。

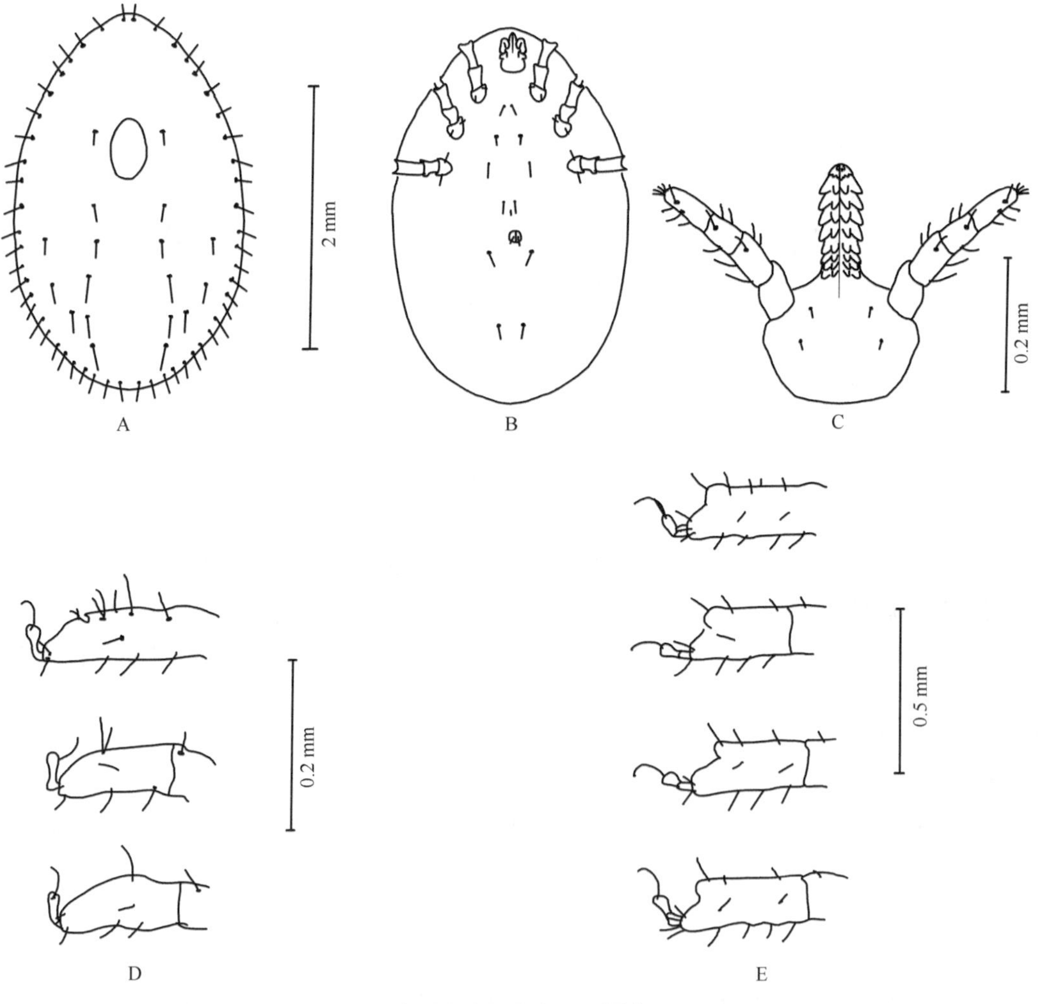

图7-5　北京锐缘蜱（参考：邓国藩，1983）

A. 幼蜱的背面观；B. 幼蜱的腹面观；C. 幼蜱假头腹面观；D. 幼蜱跗节Ⅰ～Ⅲ；E. 若蜱跗节Ⅰ～Ⅳ

背板近似卵形，长 0.40～0.42 mm，最宽处 0.26～0.30 mm；表面具卵石状纹。体缘刚毛 24～25 对，各毛前 1/2 具细短棘，背板两侧刚毛 1 对；后部两侧刚毛 8 对。腹面刚毛：胸毛 3 对；围肛毛 3 对；肛毛 1 对；各基节具细毛 2 对。

足长度中等。跗节 I 长 0.24～0.25 mm（不包括爪）。哈氏器大，顶部开放，囊内可见网状感器，并有喇叭形感器向近端伸延。

（3）日本锐缘蜱 *A. japonicus* Yamaguti, Clifford & Tipton, 1968

定名依据　发现地日本。

此种软蜱首次由 Inatomi 和 Yamaguti（1960）在日本冈山市新见县邮局屋檐下的日本金腰燕窝中发现。次年，Yamaguti 和 Inatomi（1961）观察了未成熟蜱，认为是翘缘锐缘蜱 *A. reflexus*（Fabricius, 1794）的变种，并称为 *A. reflexus* var. *japonicus*。Hara（1963）在日本长野家燕的巢中发现波斯锐缘蜱。Uchikawa 等（1967）在长野一家学校医院屋檐下的燕巢中发现了大量锐缘蜱。Yamaguti 等于 1968 年观察了以上标本，包括 Hara 的波斯锐缘蜱，认为这些蜱均为一新种——日本锐缘蜱 *A. japonicus*。此外，他们还认为俄罗斯一些地区（尤其是 Primor 地区）分布的普通锐缘蜱可能是日本锐缘蜱。

宿主　主要宿主为燕，包括日本金腰燕 *Hirundo daurica japonica*、烟腹毛脚燕 *Deliclion dasypus*。此外在斑鸠、麻雀等鸟类上也有寄生。在实验室条件下，该蜱可在鸡上寄生。

分布　国内：北京、河北、吉林（长春）、辽宁、宁夏（银川）、台湾；国外：朝鲜、韩国、日本。

鉴定要点

体型中等，躯体呈卵形，后部宽于前部。口下板较短，顶端达须肢第 II 节前端。须肢第 I 节与第 II 节约等长；第 IV 节与第 III 节约等长，但短于第 I 节与第 II 节；须肢后毛一对。体缘栅形，皱脊粗短，排列不整齐；体缘感毛的骨化环大于钟形感器。肛门位于身体中部稍后。雌蜱跗节 I～IV 端腹毛 5 对、5～6 对、5～6 对、5 对，雄蜱 5 对、5 对、5 对、5 对。若蜱各跗节的亚端部不具明显的瘤状突。与美洲西北部分布的库氏锐缘蜱 *A. cooleyi* Kohls & Hoogstraal, 1960、澳大利亚分布的仙燕锐缘蜱 *A. lagenoplastis* Froggatt, 1906 和俄罗斯东部的普通锐缘蜱 *A. vulgaris* Filippova, 1961 相似。然而，它们的成蜱在跗节、假头基和肛瓣的刚毛数量与分布上不同。幼蜱与库氏锐缘蜱和仙燕锐缘蜱相似，但该种在体毛的长度（日本锐缘蜱长）、数量、分布和结构上与仙燕锐缘蜱不同；躯体后部的体毛数量、分布及口下板（日本锐缘蜱口下板长，倒齿数目多）与库氏锐缘蜱不同；口下板齿式和背板的大小与普通锐缘蜱不同。

具体描述

雌蜱（图 7-6）

长 4.55～7.14 mm（平均 5.95 mm），宽 3.10～4.92 mm（平均 3.90 mm）。正模略微吸血，长 6.8 mm，宽 4.3 mm。未吸血个体身体扁平，卵圆形，身体前半部外部轮廓窄于后半部，且由后向前逐渐收窄。

假头较小，背部不可见，头窝不明显。假头基腹面近似矩形，其后缘位于基节 I 前缘水平线。口下板后毛一对，长而明显。基侧毛 3～4 对，均细小；侧毛 4～5 对；须肢后毛 1 对，位于口下板后毛后外侧，靠近须肢基部内侧。口下板较短（0.26～0.31 mm），顶端达须肢第 II 节前端，两侧缘近似平行，长约为宽的 4 倍。口下板顶部略微凹陷，前半部具齿，纵向及横向均不成排。顶端具 2～4 小齿，其后为 2～3 排 2|2 的三角形大齿，约占齿区的 1/3，再后为多于 7 排 3|3～5|5 的鳞片状细齿，占齿区基部的 2/3。须肢位于口下板两侧，第 III、IV 节超出口下板，各节呈球状，第 I 节最宽，第 II 节相对变窄，但长度与第 I 节相当，第 III 节与第 II 节宽度近似，但其长约为第 II 节的 2/3，第 IV 节变窄，长度与第 III 节相近。各节背部具长毛多根，第 I～IV 节腹面具毛，数量分别为：2 根、2～3 根、2 根、1 根。

背部体表具痈（mammillate）及大致呈放射性排列的盘窝（其中在身体的前 1/2 最为明显）。刚毛不明显，细小，灰白色，不规则分布。盘窝明显，背部中央最大。侧面体壁形成明显的边缘带，由近似平

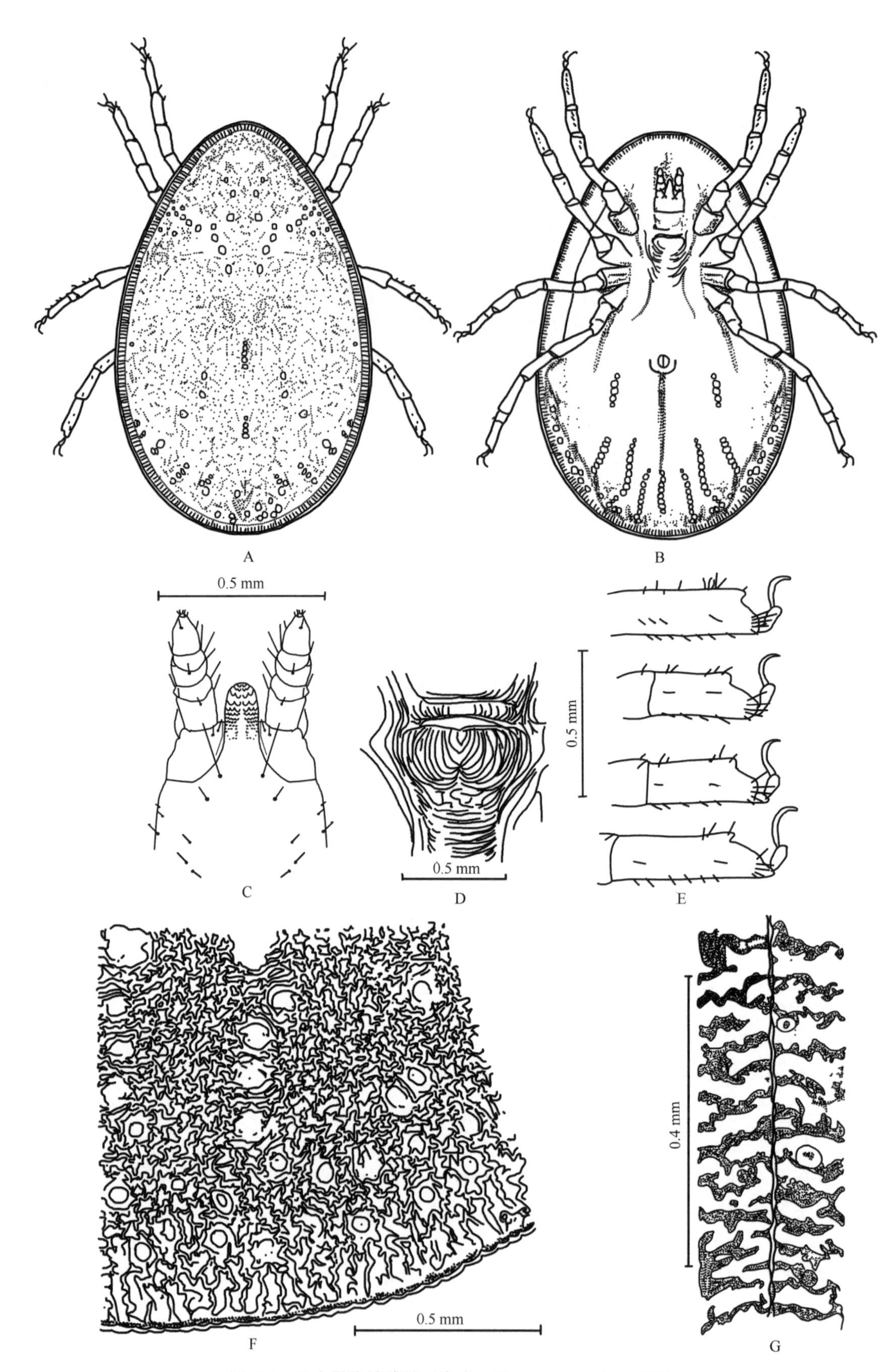

图 7-6 日本锐缘蜱雌蜱（参考：Yamaguti *et al.*，1968）

A. 背面观；B. 腹面观；C. 假头腹面观；D. 生殖孔；E. 跗节Ⅰ～Ⅳ；F. 体表；G. 体缘表皮

行的条纹组成，并由环绕整个身体的缝线分为背部和腹部两个区域。无眼。气门板新月形，位于基节Ⅳ外侧。生殖孔横裂状，位于基节Ⅰ后缘的水平线。其前缘具短毛多根，肛门椭圆形，位于腹面中点稍后，具5～6对长刚毛。具基节褶和基节上褶。

足着生于身体前半部，足Ⅰ～Ⅲ约等长，足Ⅳ略长。基节Ⅰ与Ⅱ略分离，Ⅱ～Ⅳ紧靠。跗节亚端部背缘向远端呈瘤突状突出，但未高出背缘水平线。爪约等长，发达，爪垫退化。跗节Ⅰ～Ⅳ各部位刚毛数分别为：端背毛均1根；亚背毛9～11根、4～6根、4～5根、4根（该部位刚毛的排列两侧不对称，故给出的是刚毛总数）；中毛3～4对、2对、2对、2对；端腹毛5对、5～6对、5～6对、5对；亚腹毛5～7对、3～5对、4～6对、4～6对；哈氏器前端具少量短毛。

雄蜱（图7-7）

长为4.30～5.71 mm（平均5.23 mm），宽为2.50～4.28 mm（平均3.44 mm）。除一些细微特征具有性别差异外，外形与雌蜱相似。

口下板略长于雌蜱，顶端微凹，齿式与雌蜱相似。假头基上的刚毛基本与雌蜱相似。然而，其分布有一些差异。须肢后毛明显小于雌蜱。

生殖孔半圆形。

足的跗节形状与雌蜱相似，跗节Ⅰ～Ⅳ各部位刚毛数分别为：端背毛均1根；亚背毛9～11根、2～4根、4～6根、4～5根（与雌蜱相似，为此区域的刚毛总数）；中毛3～4对、2～4对、2～3对、2～3对；端腹毛均5对；亚腹毛5～6对、3～4对、3～5对、4～6对。

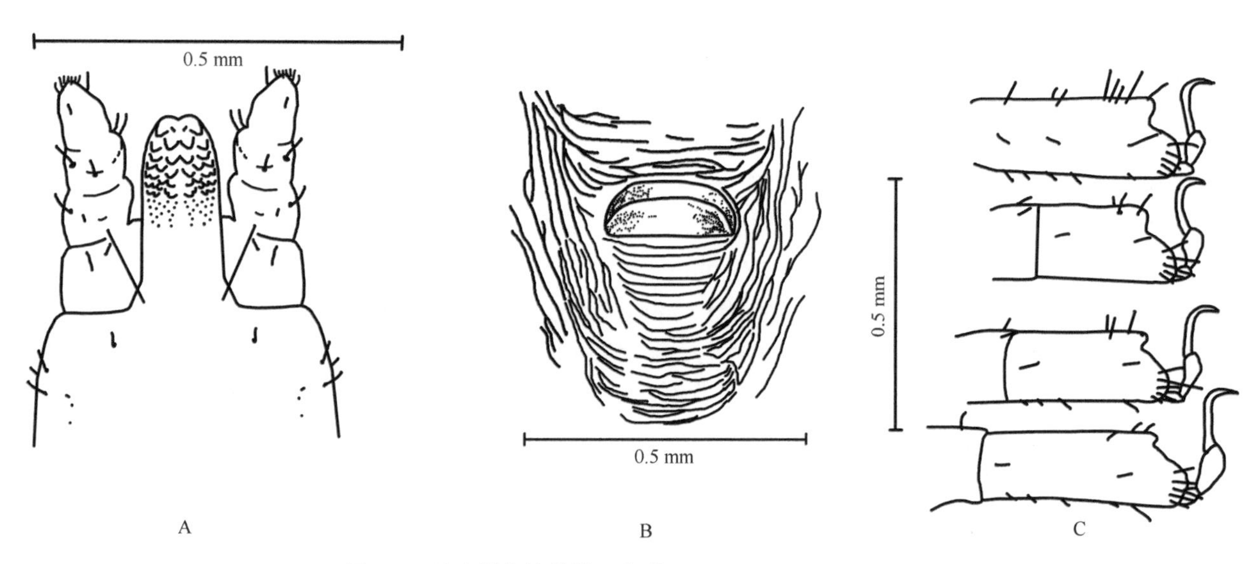

图7-7　日本锐缘蜱雄蜱（参考：Yamaguti *et al.*，1968）
A. 假头腹面观；B. 生殖孔；C. 跗节Ⅰ～Ⅳ

若蜱（图7-8）

最大的若蜱同雄蜱及小型雌蜱相当。以下是1龄若蜱的描述：体卵圆形，与成蜱相比更近似圆形。

假头占身体的比例较大，位于头窝中，其后缘位于基节Ⅰ前缘水平线。假头基腹面矩形，长大于宽，具1对长的口下板后毛及2对短的亚中毛。口下板两侧缘平行，逐渐略微变细，长约为宽的3倍（从口下板后毛基部到口下板顶端）；顶端圆钝，前半部具齿，不成行或纵排分布。顶端具2～4枚小齿，其后为3排2|2的大齿，占齿区的1/2，再后为4～6排3|3～4|4的小齿。大齿宽阔，边缘尖锐或钝圆；小齿近似矩形。口下板达到须肢第Ⅳ节。须肢长度依次为Ⅳ>Ⅰ>Ⅱ>Ⅲ。Ⅱ～Ⅳ腹面均含有1根刚毛。

体表比成蜱光滑，刚毛更明显。体表周缘同成蜱相似。肛门椭圆形，肛瓣上具刚毛 3 对。气门板圆形位于基节Ⅲ、Ⅳ之间的外侧。其他特征同成蜱相似。

足的跗节亚端部背缘无明显的瘤状突。跗节Ⅰ～Ⅳ各部位刚毛数分别为：端背毛均 1 根；亚背毛总数 7～8 根、4 根、4 根、4 根；中毛均 1 对；亚腹毛 3 对、2 对、2 对、3 对。

2 龄若蜱毛序变化如下：假头基上的基侧毛 2～3 对；侧毛 1～3 对。须肢第Ⅰ节多 1 腹毛；肛瓣刚毛 4 对；跗节Ⅰ～Ⅳ刚毛分别为：亚背毛总数 8～9 根、4 根、4 根、4 根；中毛均 2 对；端腹毛均 4 对；亚腹毛 4 对、3 对、3 对、3 对。

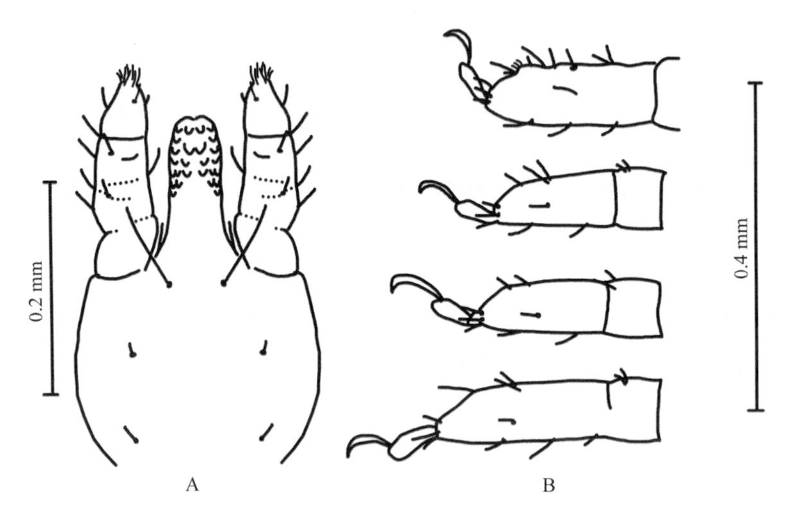

图 7-8　日本锐缘蜱若蜱（参考：Yamaguti *et al.*，1968）

A. 假头腹面观；B. 跗节Ⅰ～Ⅳ

幼蜱（图 7-9）

饥饿幼蜱体长 0.68～0.88 mm（包括假头）或 0.53～0.70 mm（不包括假头），宽 0.50～0.63 mm。

假头基长 0.21～0.31 mm，宽 0.18～0.21 mm；须肢长 0.22～0.24 mm，宽 0.04～0.06 mm。须肢各节长度Ⅰ～Ⅳ分别为：0.04～0.06 mm、0.06～0.08 mm、0.05～0.06 mm、0.07～0.08 mm。背毛比腹毛更发达。须肢Ⅰ～Ⅳ各节毛序为：0 根、5 根（背毛 2 根、外侧毛 2 根、腹毛 1 根）、4 根（背毛 2 根、侧毛 1 根、腹毛 1 根）、12 根（较短的端腹毛 8 根、背毛 1 根、外侧毛 1 根、内侧毛 1 根、腹毛 1 根）。口下板从中部延伸突起，两侧缘平行，顶端微凹，长为 0.14～0.16 mm，宽为 0.06～0.07 mm。齿式 2|2。除顶端小齿外，内侧齿 6～7 枚，外侧齿 8～9 枚。

鳞片区域纵向延长，在躯体中部最宽。长为 0.25～0.29 mm，宽为 0.18～0.24 mm。鳞片区的侧缘具刚毛 1 对。躯体后 1/4 处有 7 根刚毛。背部体缘刚毛多于 40 根（39～49 根，25 个标本平均 43 根）。前部体缘刚毛短于后部体缘刚毛。腹毛细。各基节具 2 根刚毛，基节区域内侧具 3 对刚毛，围肛毛 3 对。肛瓣刚毛 1 对。无后中毛。

足的跗节Ⅰ长 0.21～0.25 mm。哈氏器具有一个延长的喇叭形的感受器。足上其他节的毛序相似，尤其是足Ⅱ和Ⅲ。

生物学特性　Uchikawa 等（1967）、Uchikawa 和 Sato（1968，1969）观察了日本长野县 Nagano 的自然种群，并在实验室内用鸡进行了繁殖。他们发现该种蜱非常活跃，从 3 月末到 9 月，一些蜱甚至可伴随宿主鸟类的筑巢行为侵入医院的病房区。在鸟巢中可发现所有发育阶段的蜱，包括卵。当宿主离开并迁移到南方地区时，蜱会继续停留在巢中并越冬。越冬类群包括未吸血的蜱和上次血餐后饱血脱落的蜱。30℃下饥饿幼蜱可存活 3 周，但在自然条件下，它们可存活到翌年春季。在自然种群中至少可发现两个龄期的若蜱。实验室条件下，偶尔会出现 4 龄若蜱。不同龄期的若蜱在形态上差异细微。若蜱在蜕皮后其跗节腹面端部的刚毛会发生变化，以此区分若蜱的不同龄期。此外，在实验室条件下，幼蜱、若蜱和成蜱在鸡上均有一个短暂的寄生前期，约 3 d。幼蜱吸血 3～6 d，若蜱和成蜱为 9 min 至 1 h。30℃下，饱血幼蜱经 5～12 d 到 1 龄若蜱；饱血 1 龄若蜱经 8～18 d 到 2 龄若蜱；饱血的 2 龄、3 龄若蜱经 12～20 d 到成蜱。低温下此过程会延长。经过 5～12 d，每个雌蜱会产下 36～200 粒卵，卵的孵化期为 12～16 d。幼蜱饱血后的体型会发生变化并与若蜱接近。

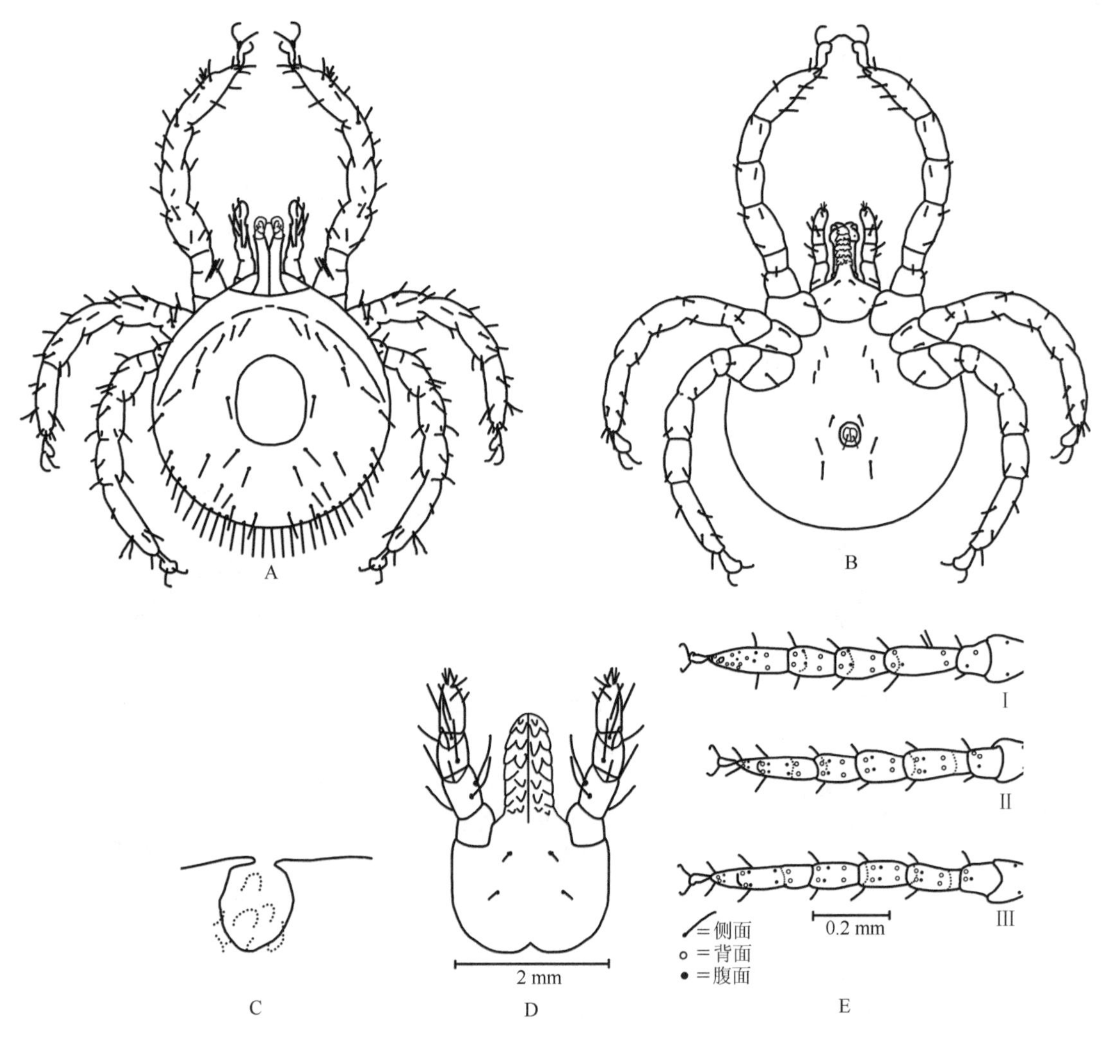

图 7-9　日本锐缘蜱幼蜱（参考：Yamaguti *et al.*，1968）
A. 背面观；B. 腹面观；C. 哈氏器；D. 假头腹面观；E. 足 I ～ III

蜱媒病　尽管有一些关于此种蜱侵袭鸟巢的报道，并有居民被蜱叮咬的记录，然而，该种蜱可导致的人类疾病还不清楚。但该蜱的栖息地与人类很近，具有传播人类疾病的可能性。

（4）波斯锐缘蜱 *A. persicus*（Oken, 1818）

定名依据　引自 *Persae*，译为波斯“Persians”。

宿主　主要寄生于家鸡，其他家禽和野鸽 *Columba* spp.、麻雀 *Passer* app.、燕子 *Hirundo* spp.等鸟类及牛、羊上均有寄生，常侵袭人。

分布　国内：北京、福建、甘肃、河北、吉林、江苏、辽宁、内蒙古、山东、山西、陕西、上海、四川、台湾、新疆，在西北和华北较为常见；国外：非洲、欧洲、亚洲、美洲及大洋洲的一些国家。

鉴定要点

身体呈卵圆形，前部稍窄，后部宽圆；口下板稍窄长，其顶端达到须肢第Ⅲ节前缘；须肢第Ⅰ～Ⅲ节近似等长，第Ⅳ节略长；须肢后毛一对，细长。体缘的外围细胞排列规则，背部的宽短，呈方形；腹部的稍长，呈矩形。肛门位于身体中部稍后。气门板相对较小，呈肾形。若蜱各跗节无亚端部瘤状突。

具体描述

雌蜱（图 7-10～图 7-12）

饥饿个体长 5.10～9.75 mm，宽 3.40～6.15 mm。体卵圆形，背腹扁平，前部稍窄，后部宽圆。

假头中等大小。口下板顶端至躯体前缘的距离大约等于假头的长度（包括须肢）。头窝浅、短小。假头基矩形，长约等于宽的 1/2；表面有很多横皱褶，前方有 1 对口下板后毛和 1 对须肢后毛，二者位于同一水平线；两侧缘中部有 5～6 根短毛。须肢第Ⅰ～Ⅳ节依次变宽，须肢第Ⅰ～Ⅲ节近似等长，第Ⅳ节略长；须肢第Ⅰ节与口下板基部连接，并以扁薄的边缘覆盖口下板基部侧缘。口下板前部略微收窄，顶端中部浅凹；齿冠的小齿很细，其后的大齿排列为 2|2，再后为中部的小齿，排列为 3|3（图 7-11A，B）。雄蜱口下板较雌蜱的稍短，其上的小齿数目较少。

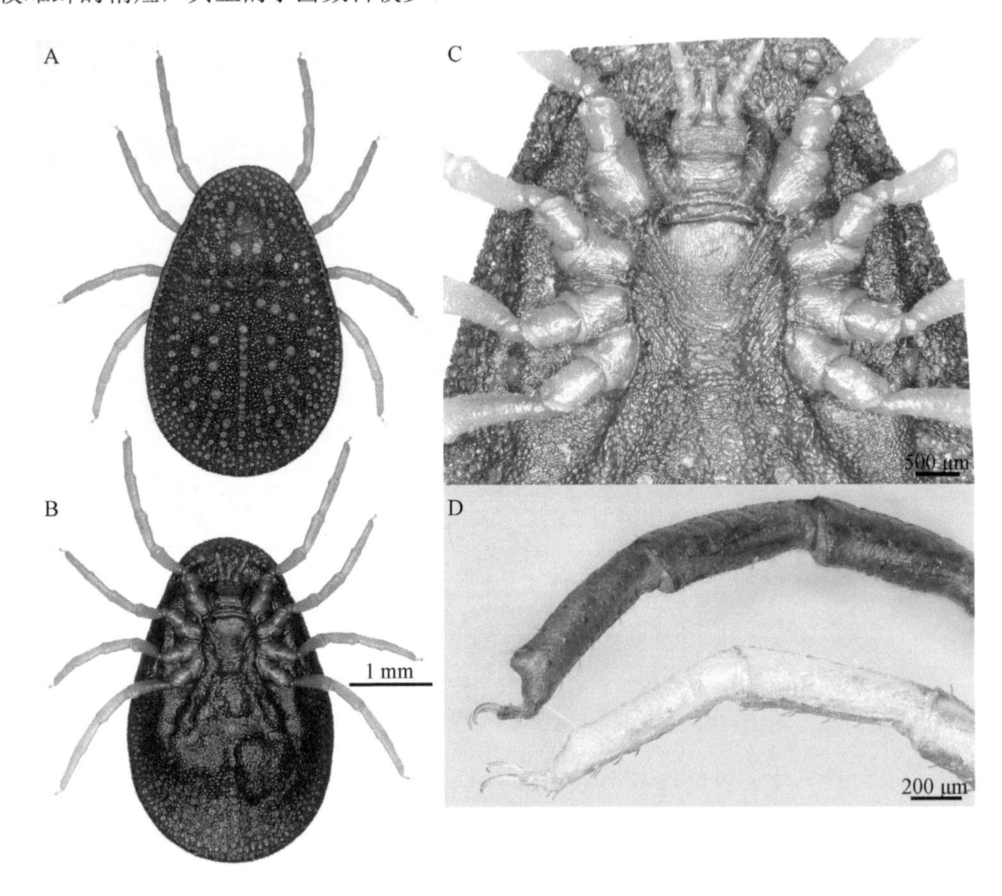

图 7-10　波斯锐缘蜱雌蜱

A. 背面观；B. 腹面观；C. 基节及生殖孔；D. 跗节Ⅰ、跗节Ⅳ

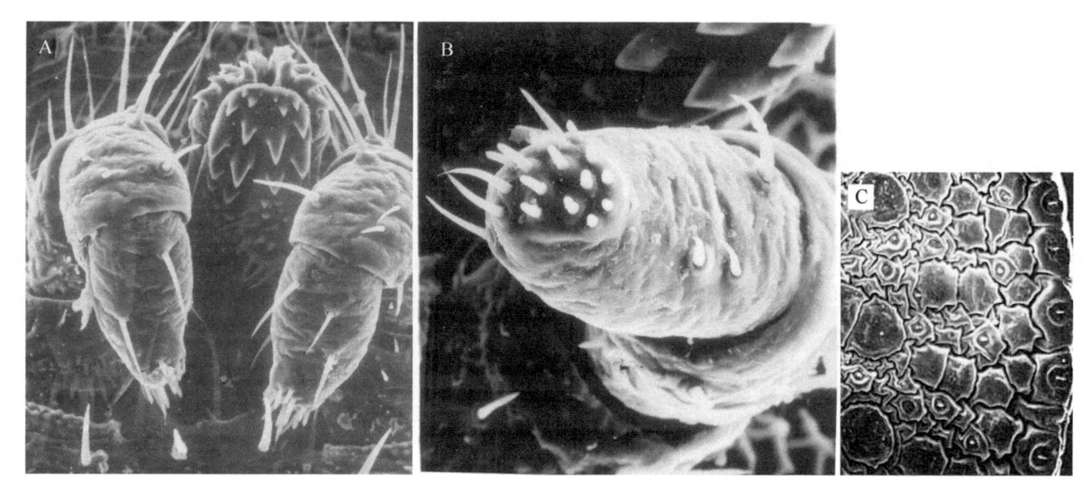

图 7-11　波斯锐缘蜱雌蜱电镜照片
A. 假头腹面观；B. 须肢；C. 背缘体壁

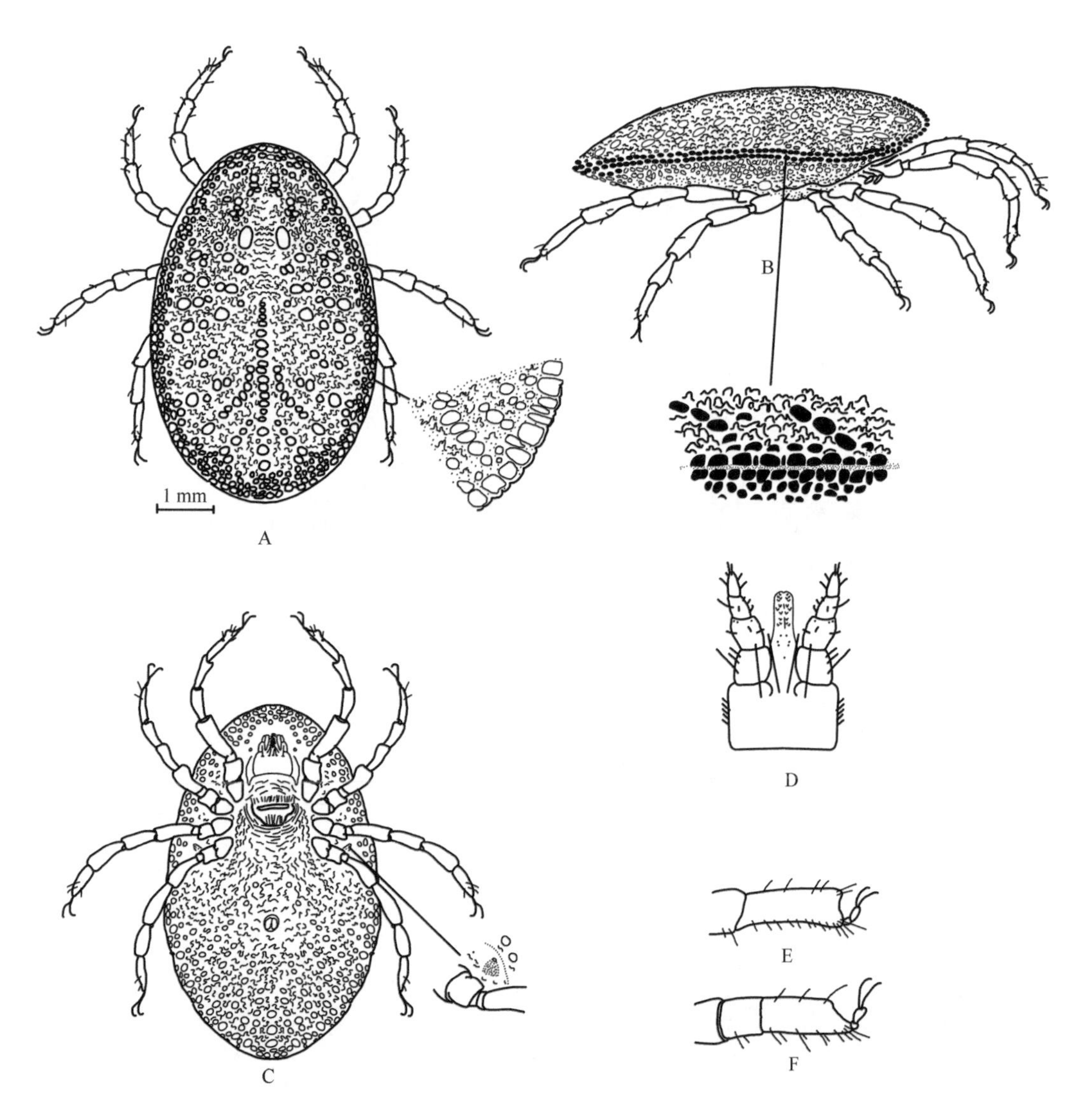

图 7-12　波斯锐缘蜱雌蜱（参考：Walker *et al.*，2007；Nuttall *et al.*，1908）
A. 背面观；B. 侧面观；C. 腹面观；D. 假头腹面观；E. 跗节Ⅰ；F. 跗节Ⅳ

背部表皮高低不平，形成无数细密的弯曲皱纹；盘窝大小不一，呈圆形或卵圆形，排列成放射状，但靠近体缘的盘窝排列不规则；圆突（button）数目一般较多，但有些标本较少或不明显，体缘由许多不规则方格形小室组成，有些小室在当中有一小窝，小窝有时着生一根很短的细毛（图 7-11C）。侧面表皮有背、腹两层小室，由连续的缝线（sutural line）分隔；背层小室短，呈方形，腹层小室稍长，呈矩形。腹面表皮与背面相似。

雌蜱生殖孔位于基节Ⅰ后缘，呈横裂形；雄蜱生殖孔半圆形，位于基节Ⅰ与Ⅱ之间的水平线。肛门椭圆形，约位于假头基后缘至躯体后缘的中部。气门板位于基节Ⅳ背侧方，呈新月形，较肛门的宽度窄。基节褶及基节上褶明显。无眼。

足长度和粗细适中，表面粗糙不平，其上着生细毛。基节Ⅰ与Ⅱ分开，其余各基节互相靠近；各基节表面有纵皱纹。跗节Ⅰ～Ⅲ亚端部背突短小(图 7-10A)，跗节Ⅳ亚端部背突付缺或极不明显(图 7-10D)。爪正常，爪垫退化。

雄蜱（图 7-13）

仅体型、生殖孔及体毛序与雌蜱不同，体长 4.7～7.5 mm，宽 3.2～5.4 mm。

图 7-13　波斯锐缘蜱雄蜱

A. 背面观；B. 腹面观；C. 假头腹面观；D. 生殖孔

若蜱（图 7-14，图 7-15）

末期若蜱与成蜱大小约等长；发育为雌蜱的若蜱大于发育为雄蜱的若蜱。若蜱与成蜱的主要区别为：

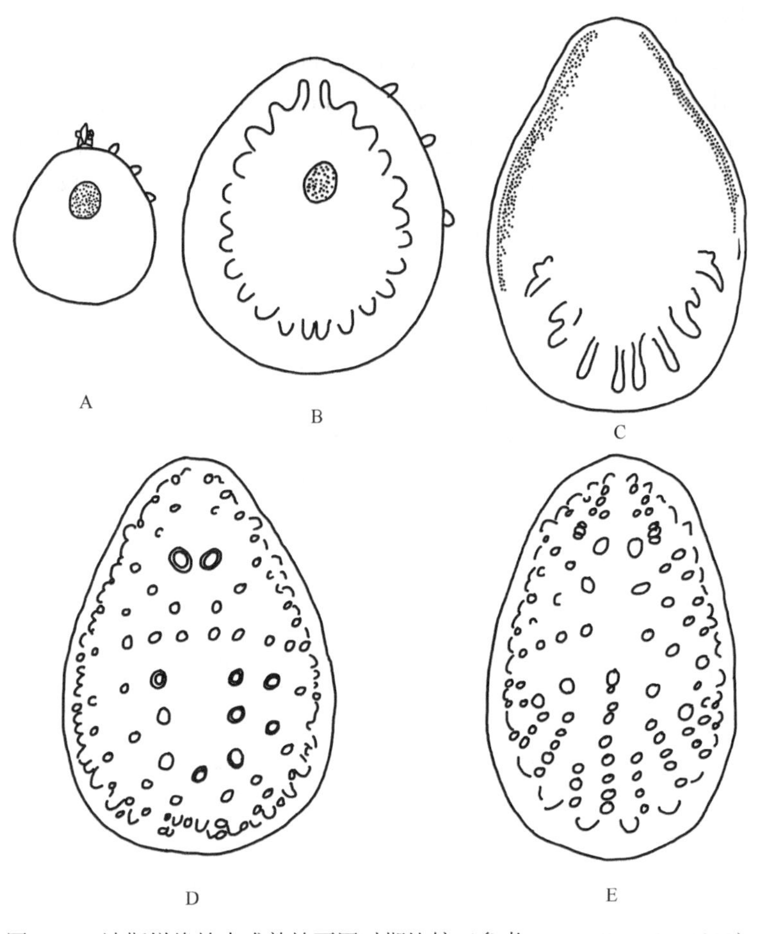

图 7-14 波斯锐缘蜱未成熟蜱不同时期比较（参考：Nuttall *et al.*，1908）

A. 孵化后 3 周幼蜱；B. 饱血后 11 周幼蜱；C. 1 龄若蜱；D. 饱血后 1 个月的 1 龄若蜱，已出现盘窝；E. 饱血后 8 个月的 2 龄若蜱，具很多盘窝

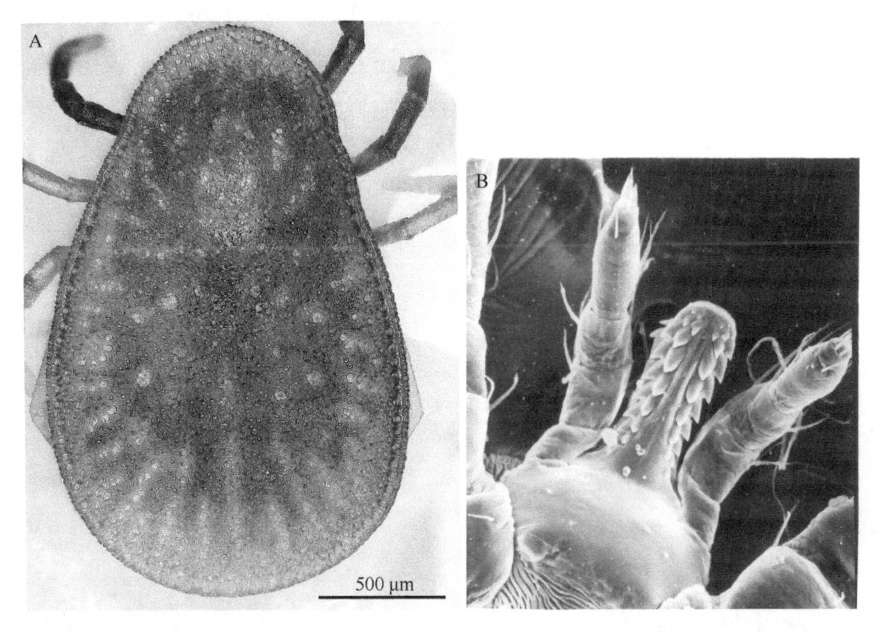

图 7-15 波斯锐缘蜱若蜱假头腹面观

A. 背面观；B. 假头腹面观

无生殖孔；刚毛数量少；跗节比较细长，末端逐渐变窄而不是突然变窄。具有 2 个若蜱阶段。1 龄若蜱饱血后长 4～4.5 mm；2 龄若蜱饱血后长 5.5～6.7 mm。盘窝明显，但与成蜱相比，不太明显。

幼蜱（图 7-14，图 7-16～图 7-18）

长（包括假头）0.82～0.98 mm，宽 0.68～0.76 mm。近似圆形，足 3 对。假头背面可见，身体背腹面具有皱褶，无气门及盘窝。假头基长 0.31 mm，宽 0.2～0.24 mm。口下板顶端圆钝，长 0.17 mm，宽 0.08 mm。口下板后毛 2 对；顶端齿式 4|4，前部 1/3 处齿式 3|3，其后为 2|2。须肢第Ⅰ～Ⅳ节长度分别为：0.05～0.08 mm、0.06～0.08 mm、0.05～0.07 mm、0.11～0.13 mm。身体的背部中央具一个光滑区域或称为背板。背板大，长 0.2～0.24 mm，宽 0.18～0.2 mm；具有很多羽状毛，在身体后部边缘尤为明显。足长。

卵　近似球形，黄褐色。直径 6～8 mm。表面无外部结构。

生物学特性　栖息在禽舍、鸟巢及其附近房舍、树木的缝隙内，略有群聚性。白天隐伏，夜间爬出活动。幼蜱的活动不受昼夜限制，主要侵袭鸡的翅下及其他部位的毛根部。幼蜱吸血时间较长，吸血期为 3～7 d，蜕皮期为 4～17 d，饱血后绝大多数夜间离开宿主。若蜱和成蜱多在鸡的腿趾无羽毛处吸血，每次吸血只需十几分钟到数小时。一般夜间 20:00 至次日 2:00 蜱活动频繁，00:00 左右是蜱的活动高峰（表 7-1）。1 龄若蜱蜕皮期为 10～97 d，3 龄若蜱蜕皮期为 12～63 d。雌雄交配一般在夜间进行，每次交配历时 5～8 min。饱血雌蜱在栖息地交配和产卵，产卵一般持续 2～3 d，个别的延续达 12 d。每次产卵 12～271 粒（平均 118 粒）。一生产卵的次数及总数依吸血的次数和吸血量而定，一生产卵可达 1000 余粒。

图 7-16　波斯锐缘蜱幼蜱

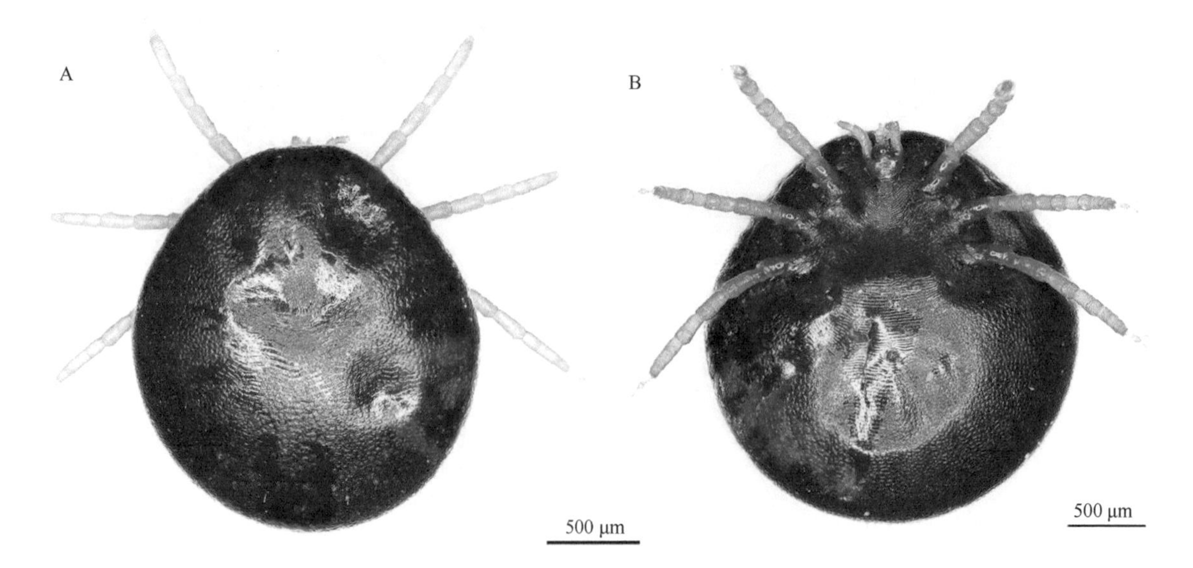

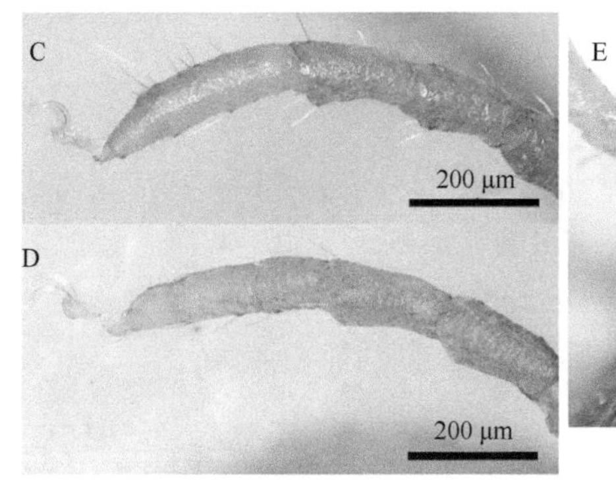

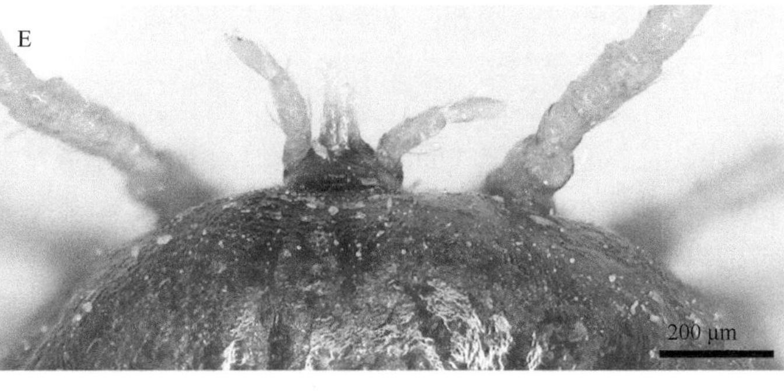

图 7-17　波斯锐缘蜱饱血幼蜱

A. 背面观；B. 腹面观；C. 跗节Ⅰ；D. 跗节Ⅳ；E. 假头背面观

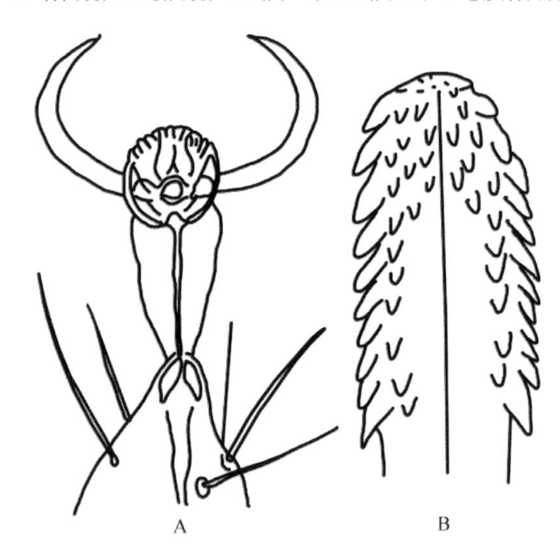

图 7-18　波斯锐缘蜱幼蜱（参考：Nuttall *et al*.，1908）

A. 跗节Ⅱ；B. 口下板

表 7-1　波斯锐缘蜱的夜间活动规律（参考：狄凯，1982）　　（单位：只）

日　期	20:00	22:00	00:00	2:00	4:00
6 月	14	22	26	19	7
7 月	20	38	42	13	15
8 月	32	46	49	30	21
9 月	18	24	27	32	16
合　计	84	130	144	94	59

山东分布的波斯锐缘蜱在 3 月上旬至 10 月中旬为活动期，5～9 月为活跃期，7 月数量达到高峰，11 月至次年 2 月为越冬期。10 月下旬大部分蜱停止活动，11 月上旬基本上都入巢进入越冬期，次年 2 月下旬看到极少量蜱活动。在新疆，幼蜱的活动季节 3～11 月，以 8～10 月数量最多。

蜱媒病　该蜱不仅直接叮刺家禽、家畜和人，它还可以传播鹅疏螺旋体 *Borrelia anserina*，引起一种容易复发的急性败血性传染病（又称鹅螺旋体病）。该病属于世界性分布的禽类传染病，具有死亡率高、传播范围广的特点，对禽类养殖业造成很大危害。已发现波斯锐缘蜱在自然界还可感染落基山斑疹热（Rocky Mountain spotted fever）和 Q 热（Q fever）。

（5）小型锐缘蜱 *A. pusillus* Kohls, 1950

定名依据　*pusill* 译为很小“very small”。

宿主　主要宿主为蝙蝠。

分布 国内：台湾；国外：菲律宾、印度尼西亚。

鉴定要点

体型小，长、宽均小于 3 mm；躯体近似圆形，前端收窄略微突出；口下板宽短，其顶端约达须肢第Ⅱ节前缘；须肢短小；第Ⅰ节最长，第Ⅱ、Ⅲ节次之，第Ⅳ节最短。雌蜱无生殖毛和碗状背前器；口下板齿式 2|2，每列具齿 4 枚。同蝙蝠锐缘蜱和鲍氏锐缘蜱 *A. boueti* 的成蜱一样，该种的肛门之后也具有一对特殊器官，位于肛后中沟两侧，呈裂缝状，其周缘表皮有细密皱纹，其功能不详。

具体描述

雄蜱（图 7-19）

体亚圆形，前端收窄略微突出，后部宽圆。体长 2.53 mm，宽 2.67 mm。

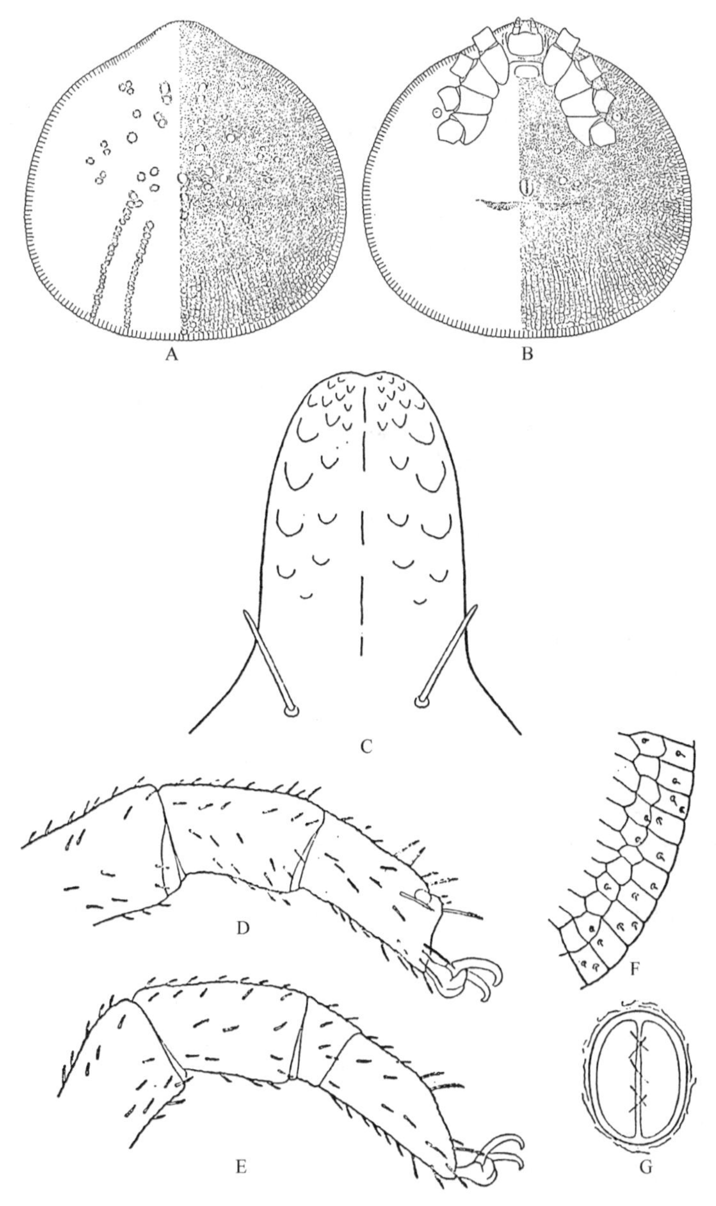

图 7-19 小型锐缘蜱雄蜱（参考：Kohls，1950）

A. 背面观；B. 腹面观；C. 口下板；D. 后跗节和跗节Ⅰ；E. 后跗节和跗节Ⅳ；F. 背部体缘；G. 肛门

背面表皮粗糙不平，呈现无数细密皱纹，背腹面的后部表皮由许多很不规则的方形小室组成，略呈放射状排列，每一小室有 1 或 2 个小窝，小窝上着生一根短毛。盘窝不明显，排列如图 7-19A 所示。中部的较大，排列不规则，在后部的较小，呈放射状排列。腹面表皮与背面相似。

假头短小，位于躯体前端突出部的腹方。头窝宽短。假头基宽 0.3 mm。口下板后毛一对，其顶端略超过须肢第Ⅰ节中部。须肢后毛、顶突及颊叶付缺。须肢短小；第Ⅰ节最长，第Ⅱ、Ⅲ节次之，第Ⅳ节最短。口下板宽短，前部略为收窄，顶端中部浅凹；口下板后毛部位到顶端为 0.13 mm；齿冠有少数细齿，其后的大齿排列为 2|2，每列具齿 4 枚。

生殖孔位于基节Ⅰ之间，呈宽半圆形。肛门椭圆形，位于躯体中部稍后；长 0.15 mm，宽 0.12 mm；其上着生 3 对细短毛。在肛门之后约等于其一半长度处，有一对特殊器官，位于肛后中沟两侧，呈裂缝状，其周缘表皮有细密皱纹。基节上褶自假头基伸至基节Ⅳ后缘；基节褶自基节Ⅱ后缘向后伸，而在基节Ⅳ后方与基节上褶连接。气门板小，位于基节Ⅳ背侧方。无眼。

足粗壮，表面粗糙不平，其上着生细毛。基节位于躯体前部 1/3，各基节互相靠近。各跗节亚端部背突付缺，其端部斜度自跗节Ⅰ至跗节Ⅳ逐渐减小。爪正常，爪垫很小。

幼蜱（图 7-20）

略吸血个体长 0.41 mm（不包括假头），宽 0.33 mm。近似圆形，假头背面可见，躯体背腹面具有皱褶，无气门及盘窝。口下板尖，长约 0.11 mm；两侧近于平行，除齿冠外，齿式顶部 5|5，其后为 4|4 和 3|3，基部为 2|2。

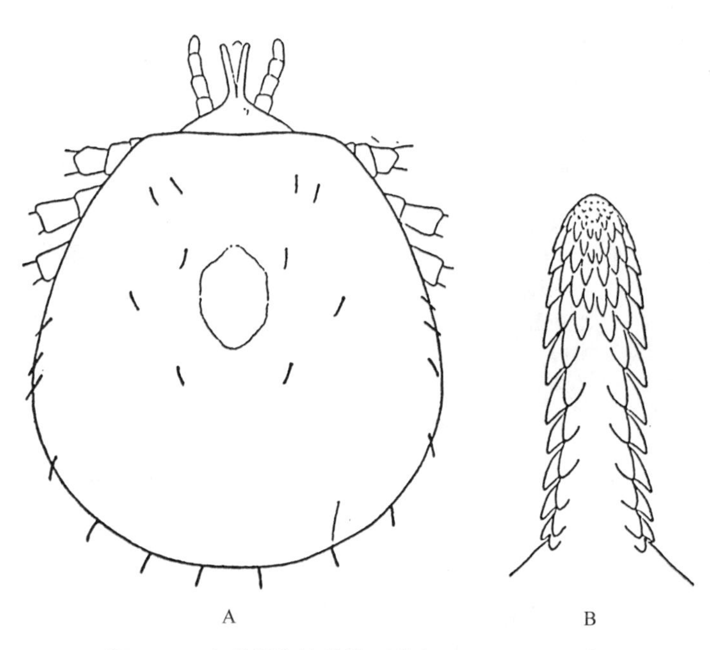

图 7-20　小型锐缘蜱幼蜱（引自：Kohls，1950）
A. 背面观；B. 口下板

身体的背部中央具一个光滑背板，具有很多羽状毛，在身体后部边缘尤为明显。肛门具一对刚毛。具长足 3 对。

生物学特性　栖息在蝙蝠洞穴附近。

（6）翘缘锐缘蜱 *A. reflexus*（Fabricius, 1794）

定名依据　体缘略向背方翘起。

邓国藩（1983）认为原来国内报道的翘缘锐缘蜱 *A. reflexus*（Fabricius, 1794）可能是北京锐缘蜱或普通锐缘蜱之误，而新疆记录的翘缘锐缘蜱应为普通锐缘蜱。但是在于心等（1997）的《新疆蜱类志》中有翘缘锐缘蜱，而无普通锐缘蜱 *A. vulgaris*。

宿主 家鸽、岩鸽、燕子、黄嘴山鸦和麻雀等鸟类；家鸡上也有寄生。

分布 国内：甘肃、河北、内蒙古、宁夏、山东、陕西、新疆等；国外：伊朗、土耳其及欧洲、北非和东非的一些国家。

鉴定要点

体型较为粗壮，在后部 1/3 处明显变宽；躯体呈卵形。口下板稍窄长，顶端约达须肢第Ⅲ节前缘；第Ⅰ～Ⅲ节依次变短，第Ⅳ节与第Ⅲ节长度约等。须肢后毛一对，相当细短。体缘栅形，皱脊粗短，且排列比较整齐。肛门位于身体中部稍后。雌蜱跗节Ⅰ～Ⅳ端腹毛均 5 对。各跗节无隆突和亚端部瘤状突。

具体描述

雌蜱（图 7-21，图 7-22）

饥饿个体长 5.82～11.18 mm，宽 4.65～7.37 mm。体卵圆形，背腹扁平，前部稍窄，后部宽圆，在肛门水平最宽；体缘略向背方翘起。假头和足的基节从背部不可见。

图 7-21　翘缘锐缘蜱雌蜱（引自：http://www.uniprot.org/taxonomy/34604）

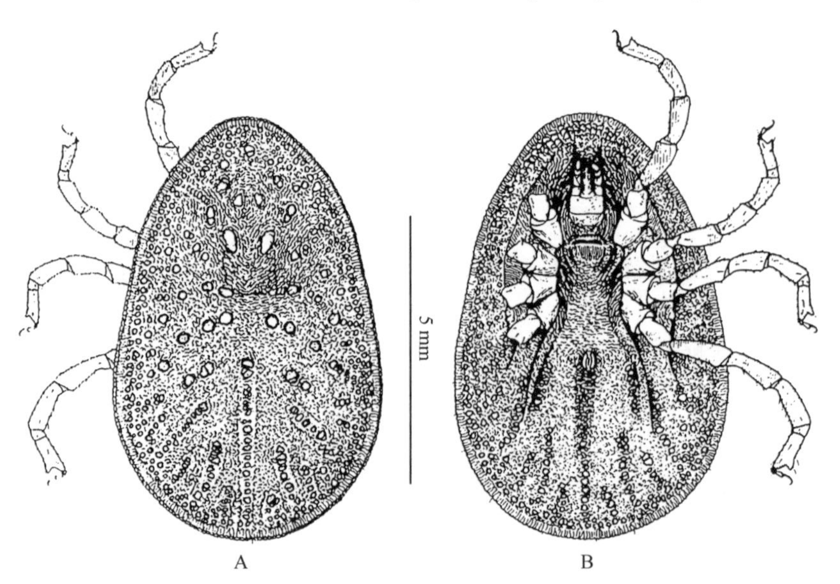

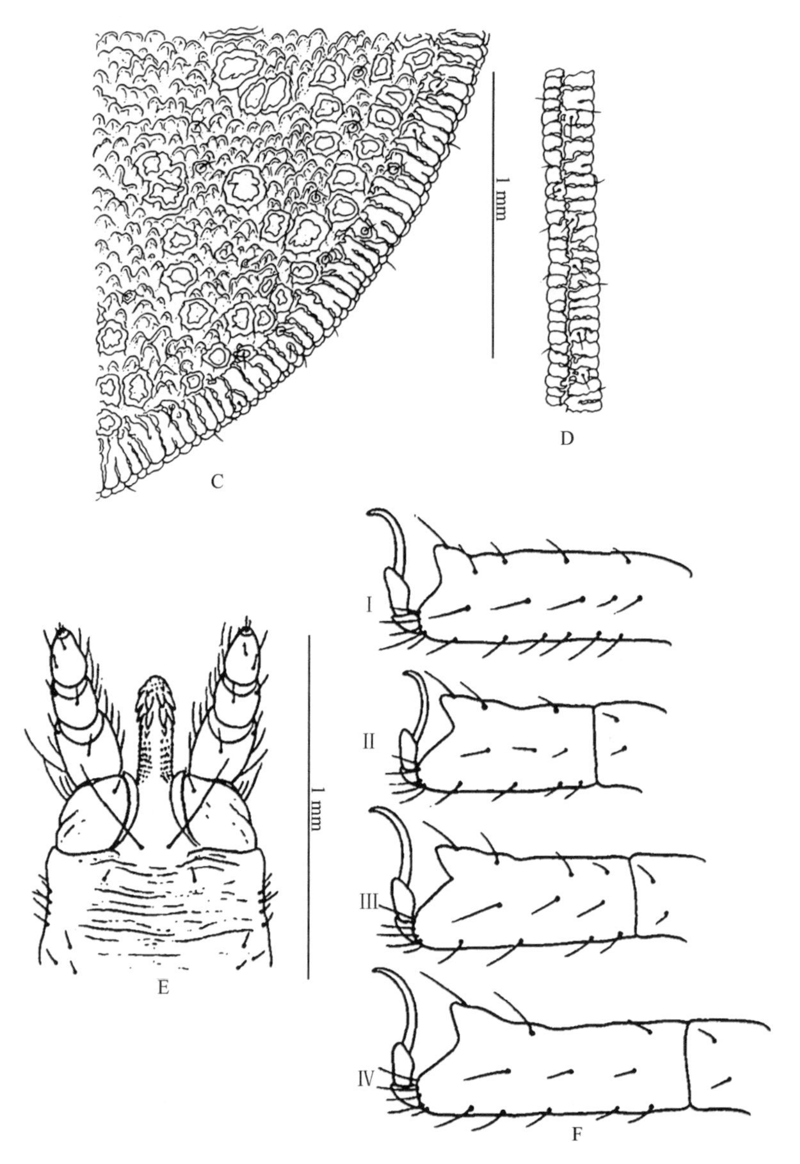

图 7-22　翘缘锐缘蜱雌蜱（引自：Hoogstraal & Kohls，1960）
A. 背面观；B. 腹面观；C. 背部表皮；D. 侧面表皮；E. 假头腹面观；F. 跗节Ⅰ～Ⅳ

假头中等大小。假头基腹面呈矩形，长约为宽的 3/4。口下板长为宽的 2.5 倍，两侧缘近似平行，顶端圆钝，中间略凹；齿冠上的小齿很细，其后 3～4 排齿长且尖细，齿式为 2|2，以后为 7～11 排小齿，齿式 3|3 到 5|5。须肢第Ⅰ节与口下板基部连接，其内侧缘覆盖于口下板基部侧缘。须肢端部常向腹后方弯曲。须肢第Ⅲ节与口下板顶端齐平；各节均近似球形，第Ⅰ～Ⅲ节依次变短，第Ⅳ节与第Ⅲ节长度约等。口下板后毛 1 对，细长，其顶端约达第Ⅱ节须肢中部。须肢后毛 1 对，很短。

体表皱褶状，皱脊大小和形状不一。盘窝大且明显，呈圆形或卵圆形，放射状排列，但靠近体缘的盘窝排列不规则。体缘皱褶呈长条纹状。近体缘有很多大小不一的乳状突，侧面表皮有细密皱褶，略呈栅状。体缘背、腹间缝线明显。腹面表皮与背面相似。无眼。生殖孔横裂状，位于基节Ⅰ水平线。肛门椭圆形，位于腹面中点稍后，具刚毛 10 对。气门板小，新月形，位于基节Ⅳ背侧方。基节褶和基节上褶明显。

足的长度和粗细适中，表面粗糙并着生短毛。基节Ⅰ与Ⅳ分开，其余各基节相互靠近；各基节表面具纵皱纹。各跗节亚端部背突相当明显，形状相似。跗节各部位刚毛数按节序分别为：端背毛均 1 根；亚背毛 4 对、2 对、3 对、2 对；中毛 5 对、3 对、3 对、3 对；端腹毛均 5 对；亚腹毛 6 对、4 对、4 对、

5 对。爪正常，爪垫退化。

雄蜱（图 7-23）

除第二性征外，与雌蜱相似。

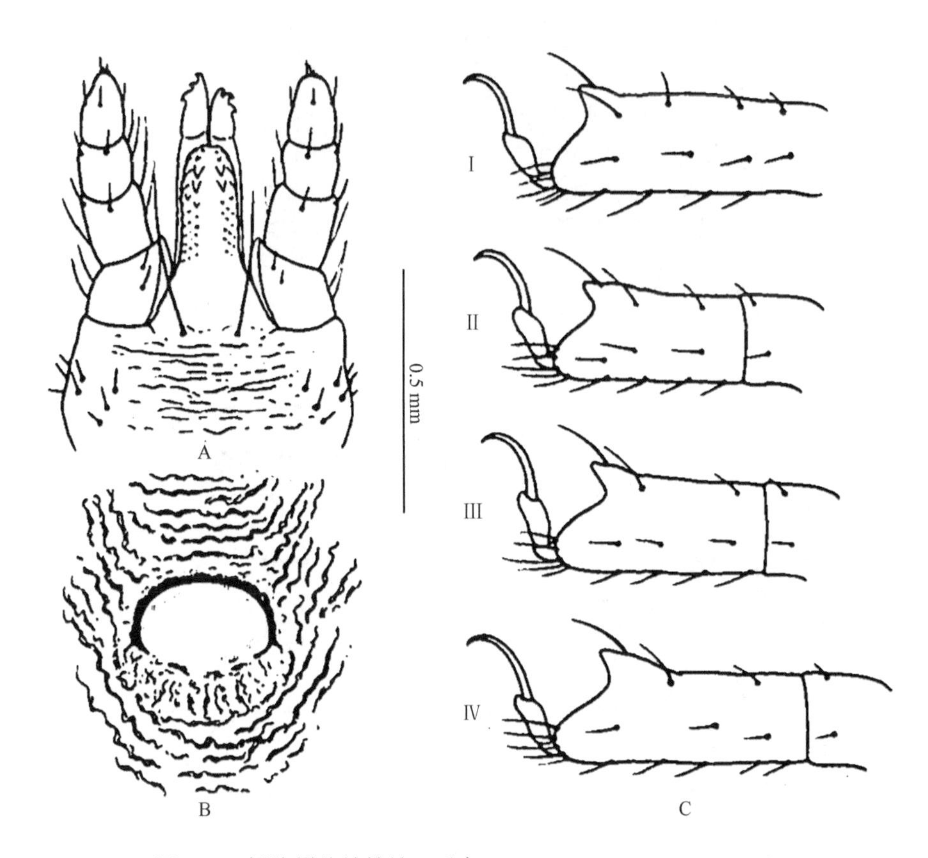

图 7-23　翘缘锐缘蜱雄蜱（引自：Hoogstraal & Kohls，1960）

A. 假头腹面观；B. 生殖孔；C. 跗节 I ～IV

长宽为（5.55～8.12）mm ×（3.66～5.34）mm。生殖孔近似半圆形。雄性口下板较雌性稍宽，其上的齿较小，齿冠不明显。假头基腹面的须肢后毛付缺。

若蜱（图 7-24）

1 龄饥饿若蜱体长 3 mm，宽 2 mm。体卵圆形，后部宽阔，前部收窄。表皮特征与成蜱相似，但皱褶更细，刚毛更显著。

假头非常大，位于头窝中。假头基腹面矩形，具一对长的口下板后毛，到达口下板顶端；亚中毛 2 对，短。口下板长为宽的 3 倍，侧缘近似平行，顶端圆钝；齿冠具明显的小齿，其后齿式为 2|2，齿长且尖细共 4～5 排；后面齿式 3|3 到 5|5，为 4～5 排钩状小齿。须肢第III节与口下板顶端齐平；第 II 节与第IV节等长；第 I 节稍短，第III节最短。

足长度中等。各跗节无隆突和亚端部瘤状突；各部位刚毛数按节序分别为：端背毛均 1 根；亚背毛 3 对、1 对、1 对、1 对；中毛均 2 对；端腹毛均 3 对；亚腹毛 3 对、2 对、3 对、3 对。

其他特征与成蜱相似。

幼蜱（图 7-25）

身体亚圆形，饥饿幼蜱长 0.81 mm（不包括假头），宽 0.62 mm。有些呈圆形，直径为 0.61～0.84 mm。

须肢第 I ～III节等长，第IV略长于其他 3 节。口下板长，两侧缘近似平行，前端圆钝。齿冠具 3～4 排小齿，其后齿式为 2|2，共 10～12 排，靠基部的齿渐细小。

背板长矩形。体缘刚毛 27 对。腹面刚毛：胸毛 3 对；围肛毛 3 对；肛毛 1 对；各基节具细毛 2 对。足长而粗壮。爪相当长，爪垫退化。

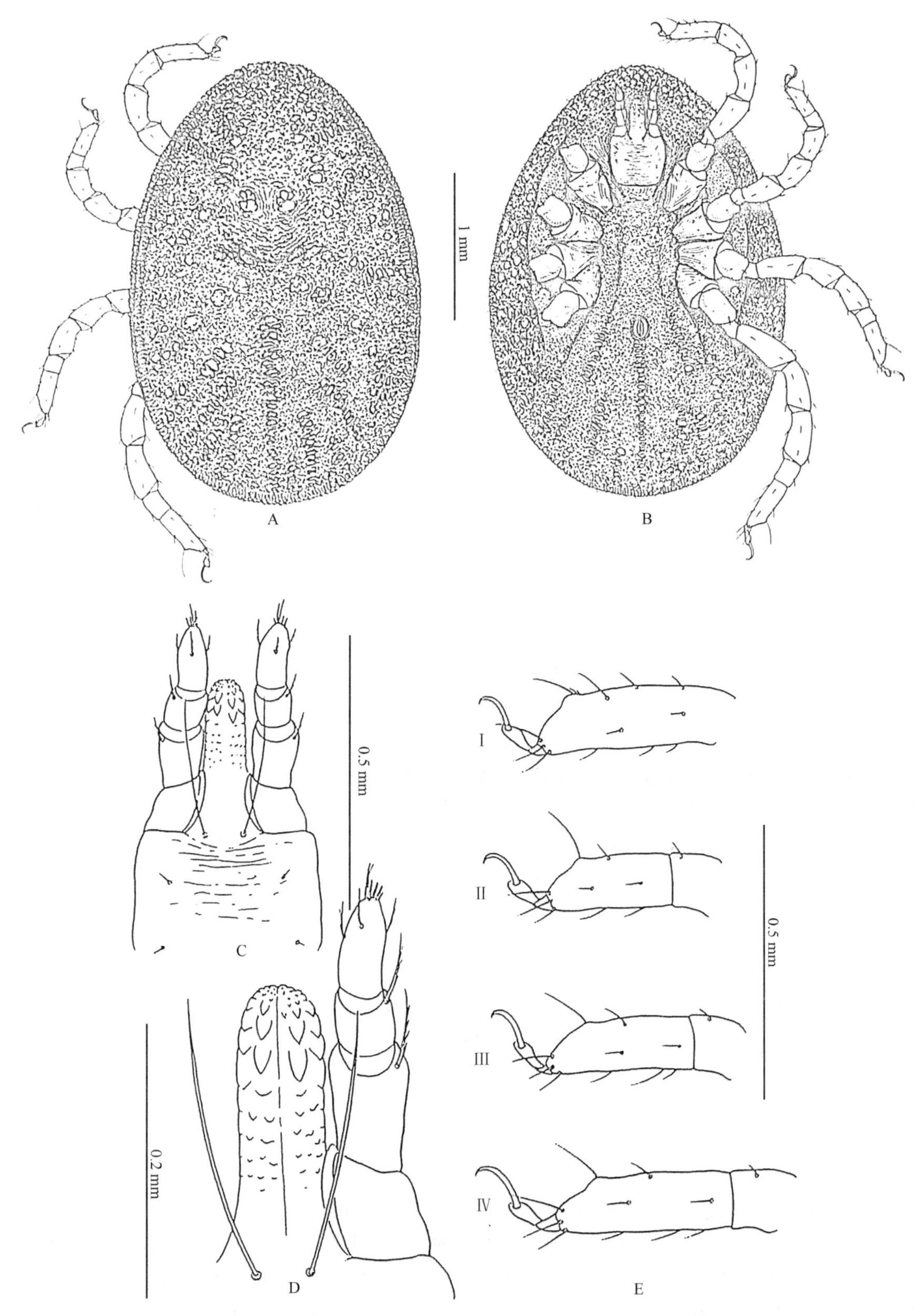

图 7-24　翘缘锐缘蜱 1 龄若蜱（引自：Hoogstraal & Kohls，1960）

A. 背面观；B. 腹面观；C. 假头腹面观；D. 口下板及须肢；E. 跗节 Ⅰ～Ⅳ

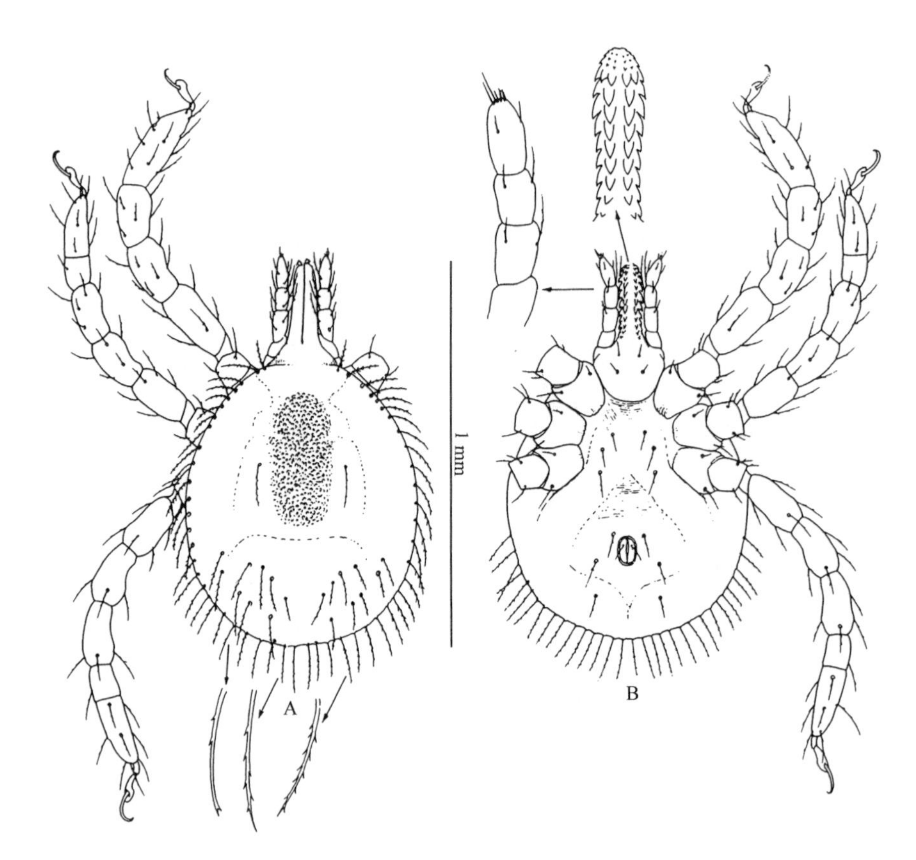

图 7-25　翘缘锐缘蜱幼蜱（引自：Hoogstraal & Kohls，1960）
A. 背面观；B. 腹面观

生物学特性　主要栖息在鸟巢及其附近。

蜱媒病　该蜱可自然感染 Q 热、立克次体和落基山斑疹热立克次体，以及西尼罗病毒、柴努达病毒、大阿布病毒、蓬特维病毒、夸兰菲尔病毒、伯氏疏螺旋体 *Borrelia burgdorferi* 等多种病原。

（7）罗氏锐缘蜱 *A. robertsi* Hoogstraal, Kaiser & Kohls, 1968

定名依据　为感谢澳大利亚的 F. H. S. Roberts 而定名。

宿主　家鸡、鸬鹚 *Phalacrocorax*、苍鹭 *Ardea*、池鹭 *Ardeola*、牛背鹭 *Bubulcus*、夜鹭 *Nycticorax*、白鹭 *Egretta*、钳嘴鹳 *Anastomus*、鹮 *Threskiornis*、朱鹭 *Plegadis* 等。

分布　国内：台湾；国外：澳大利亚、斯里兰卡、泰国、印度、印度尼西亚。

鉴定要点

体型中等，躯体呈卵圆形，后部明显比前部宽。口下板稍窄长，顶端约达须肢第Ⅲ节前缘；第Ⅰ～Ⅳ节依次变短。须肢后毛一对，较长。体缘的外围细胞宽短，近似方形，排列不规则；每一方形结构中具 1 根或 2 根刚毛；气门板相对较大，呈半月形。

具体描述

雌蜱（图 7-26）

虫体长宽为（6.0～7.4）mm（平均 6.6 mm）×（3.4～3.7）mm（平均 3.6 mm）。

体表皱褶状，具痈。每个大型的杯状痈上通常具刚毛，各种形状的小型痈分布在大型痈之间，并在一些区域形成链条状。盘窝大而明显，仅前部大盘窝由狭窄的“之”字形脊线环绕。身体侧缘由一排近似矩形的小室及亚圆形细胞组成，每个小室有 1 个（少数 2 个）小窝，其上着生刚毛。侧缘缝线连续，隔断了一些侧缘细胞。腹面体表分布的痈形成的脊线短、粗糙且不规则。

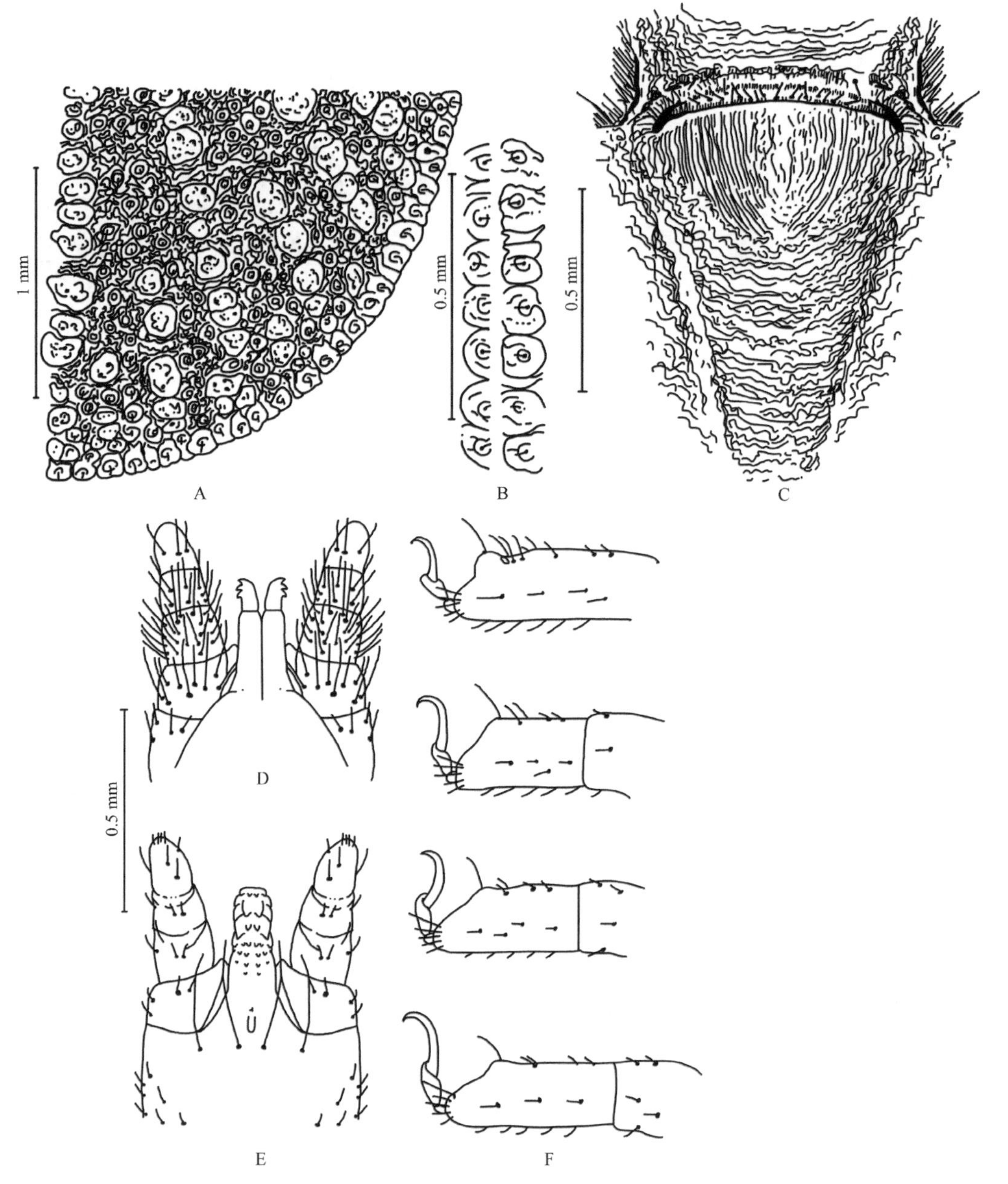

图 7-26　罗氏锐缘蜱雌蜱（参考：Hoogstraal *et al.*，1968）

A. 背面体缘；B. 侧面体缘；C. 生殖孔；D. 假头背面观；E. 假头腹面观；F. 跗节Ⅰ～Ⅳ

假头基腹面后方着生 7 对刚毛，口下板后毛和须肢后毛各 1 对，均较长。口下板长约为宽的 3 倍，前半部具齿；齿式 2|2，内侧具齿 2 或 3 枚，外侧具齿 3 或 4 枚。须肢Ⅰ～Ⅳ依次渐窄，各节长度的比例为 1.0∶0.9∶0.6∶0.5；各节具刚毛多根，依次为：第Ⅰ节背毛 9 根，腹毛 4 根；第Ⅱ节背毛 22 根，腹毛 3 根；第Ⅲ节背毛 7 根，腹毛 3 根；第Ⅳ节背毛 3 根，腹毛 4 根，此外顶端具毛 6 根。

足比较粗壮，跗节上刚毛分布如图 7-26F 所示。

雄蜱（图 7-27）

除大小及第二性征外，形态同雌蜱相似。虫体长 4.3～6.0 mm，宽 2.7～3.6 mm。

假头同雌蜱相似，但假头基的 6 对刚毛位置不同，侧缘 4 对，内侧 2 对。口下板长约为宽的 3.5 倍。须肢Ⅰ～Ⅳ节的比例为 1.0∶0.8∶1.1∶1.2，各节具刚毛多根，依次为：第Ⅰ节背毛 8 根，腹毛 2 根；第Ⅱ节背毛 9 根，腹毛 2 根；第Ⅲ节背毛 4 根，腹毛 2 根；第Ⅳ节背毛 2 根，腹毛 3 根，此外顶端具毛 6 根。

足大体同雌蜱相似，跗节及生殖孔如图 7-27 所示。

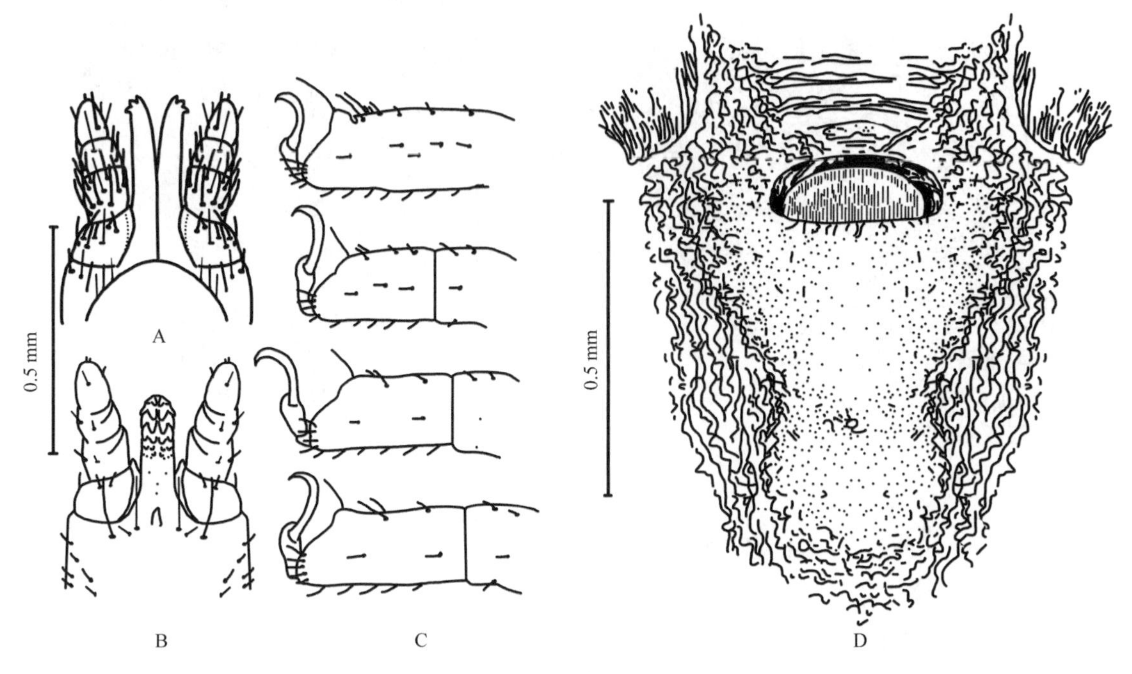

图 7-27 罗氏锐缘蜱雄蜱（参考：Hoogstraal *et al.*，1968）

A. 假头背面观；B. 假头腹面观；C. 跗节Ⅰ～Ⅳ；D. 生殖孔

若蜱（图 7-28）

1 龄若蜱、2 龄若蜱、3 龄若蜱的大小依次为：2.6 mm×1.8 mm、3.5 mm×2.4 mm、4.8 mm×3.1 mm。与树栖锐缘蜱相比，表皮具有更多粗糙的痈。跗节如图 7-28C 所示。

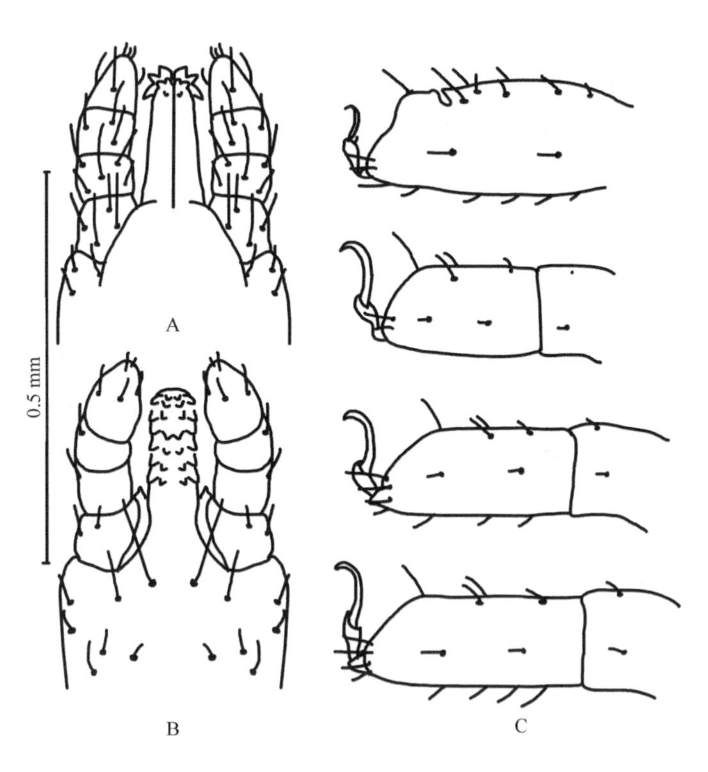

图 7-28 罗氏锐缘蜱若蜱（参考：Hoogstraal *et al.*，1968）

A. 假头背面观；B. 假头腹面观；C. 跗节Ⅰ～Ⅳ

幼蜱（图 7-29）

未吸血个体呈梨形，长约 0.6 mm，宽约 0.6 mm。假头背部可见。背板椭圆形，长约 0.2 mm，宽约 0.16 mm。

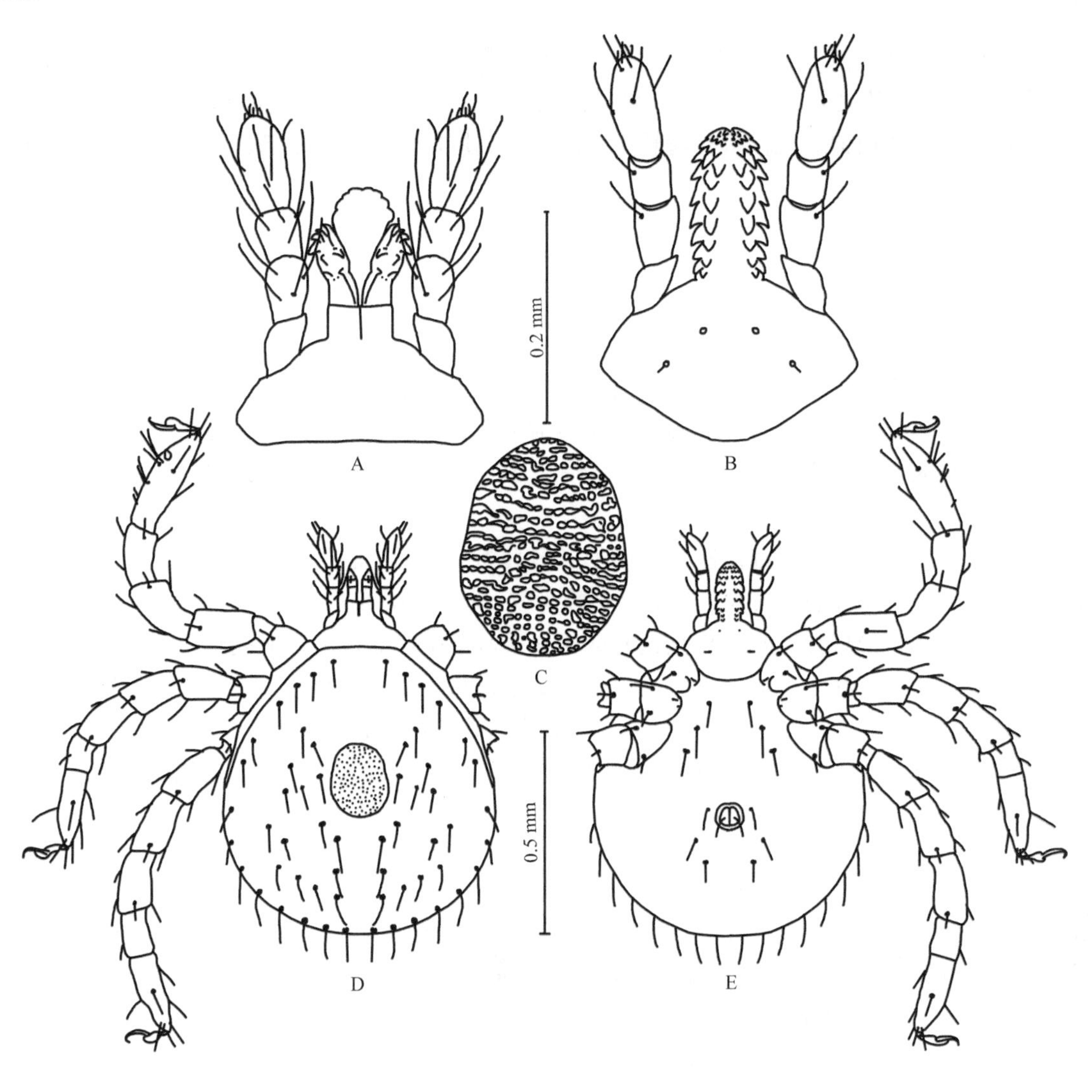

图 7-29　罗氏锐缘蜱幼蜱（参考：Hoogstraal *et al.*，1968）
A. 假头背面观；B. 假头腹面观；C. 背板；D. 背面观；E. 腹面观

身体和足上的刚毛多数在端部及亚端部具细短棘。背部具有 6 对前侧毛和 8 对后侧毛（共 14 对背侧毛）；12～15 对中侧毛和亚中侧毛（背板同一水平的 3～5 对，背板后部 9～10 对）（背部刚毛共 26～29 对）。后侧毛长约 0.06 mm。腹面具有 3 对基节内刚毛、3 对围肛毛、1 对肛瓣刚毛。

假头腹面长约 0.31 mm。假头基腹面着生 2 对微刚毛。口下板长约 0.16 mm，延伸至须肢第Ⅳ节的后部 1/3 处，顶端圆钝；齿冠小，具 3～4 排小齿，每列具齿 7 枚。须肢窄长，Ⅰ～Ⅳ节的比例为 1.0∶1.2∶0.8∶2.0；长度分别为 0.05 mm、0.06 mm、0.043 mm、0.10 mm。各节具刚毛多根，依次为：第Ⅰ节 0 根；第Ⅱ节背毛 4 根，腹毛 1 根；第Ⅲ节背毛 3 根，腹毛 1 根；第Ⅳ节背毛 2 根，腹毛 2 根，此外顶端具 1 刚毛束。刚毛具细短棘，在远端逐渐变细。

足中等大小。哈氏器不具有向近端延伸的感器。

（8）中华锐缘蜱 *A. sinensis* Jeu & Zhu, 1982

定名依据　发现地中国，*sinensis* 意为来源于中国。

宿主 蝙蝠。

分布 国内：四川。

鉴定要点

该种与蝙蝠锐缘蜱相似。身体近圆形，前端收窄略微突出；口下板宽短，其顶端约达须肢第Ⅱ节前缘；须肢第Ⅰ～Ⅳ节依次变短。口下板后毛和须肢后毛各1对。体缘的外围细胞近似长方形，排列规则；雌蜱具生殖毛和碗状背前器。气门板相对较小，新月形。肛门位于身体中部。各跗节无隆突和亚端部瘤状突。

具体描述

雌蜱（图7-30）

身体亚圆形或亚矩形，呈淡棕黄色，躯体前端突出。体长3.58～4.97 mm；体宽3.42～4.72 mm。假头短小，着生位于躯体前端的头窝内，在第Ⅰ对足基节前缘之间。假头基侧缘略内弯，其下方表皮呈明显横形褶皱，假头基可缩入其内。假头腹面着生前外毛、后侧毛、须肢后毛及口下板后毛各1对。须肢4节，第Ⅰ节最长，其余各节递减，第Ⅳ节最短。口下板舌形，顶端中部微凹；齿冠上有二排细齿，齿式2|2。

背面表皮粗糙，形成紧密、细而圆形或角形（多数为五边形）的颗粒，并有皱纹。某些颗粒或体缘小室上生有刚毛1根，周缘的室较大。具盘窝，并呈放射状排列，前端前侧具2排，后端亚周围具4排。盘窝多数较小，外廓角形成亚圆形，排列紧密或相连接。前中盘窝最大，亚圆形，单个或成对。围室明显，多呈长方形，前缘者狭小，后缘者宽大。表皮皱褶，每室具深的裂缝，着生刚毛及感觉陷。围室上或其外缘生有碗状背外器。此外，在躯体背面生有对称的碗状背前器2对。第1对位于前1/4近侧纵中线处，第2对位于第1对内侧下方、横中线上方的纵中线处。侧缝连续。腹面表皮结构包括放射状盘窝、围室等，与背面相似。

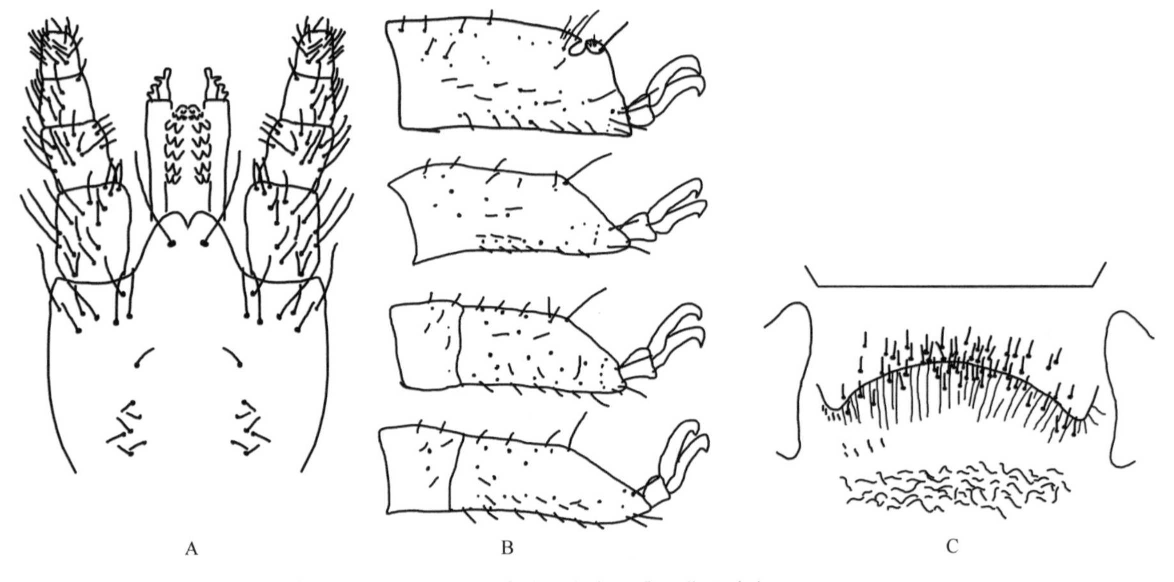

图7-30 中华锐缘蜱雌蜱（参考：裘明华和朱朝君，1985）

A. 假头腹面观；B. 跗节Ⅰ～Ⅳ；C. 生殖孔

第1对足基节之间，表皮呈横的皱纹。第Ⅱ、Ⅲ对足基节间则呈纵的皱纹，上生有分散的具短刚毛的颗粒。第Ⅲ基节下方至肛门上侧方，着生巨型盘窝3对。第1对长椭圆形，第2、3对似圆形。生殖孔呈横裂状，位于第Ⅰ对足基节之间，表皮具纵皱纹，内壁有生殖毛数十根到上百根。肛门椭圆形，位于腹面近中线处，由 2 个肛瓣组成。肛门下方具一条直而微凹的横向延伸的腹对沟（ventral paired groove）或腹对器（ventral paired organ）。腹对沟由前壁和后壁组成，其间被具皱纹的表皮隔开；前、后壁生有 6～7 排或单生密集相接的刚毛；前壁中部，着生 1 根前中刚毛，是腹面最长的刚毛。气门板小，新月状，位于第Ⅳ基节的背侧缘。基节上褶自假头基伸展至第Ⅳ足基节后缘。基节褶在近第Ⅲ基节处向后伸，至第Ⅳ基节后缘与基节上褶相连。眼和腹沟付缺。

足短而粗，在躯体前端 1/3 处，表面粗糙，各足基节靠近。跗节上刚毛及毛序见图 7-30B。各足跗节亚端部无背突。第Ⅰ～Ⅳ足跗节端部斜度渐小，爪正常，爪垫小。生殖孔呈横裂状，位于第Ⅰ对基节之间，表皮具纵皱纹，内壁有生殖毛 61 根。此外，吉氏器呈弧形，能伸缩，位于头窝，开口为横裂缝，着生大量吉氏毛。

雄蜱（图 7-31）

除大小及第二性征外，形态同雌蜱相似。虫体长 3.22～4.82 mm，宽 2.97～3.5 mm。生殖孔位于第 1 对足基节之间，表面光滑略呈宽半圆形，生殖孔侧缘具褶皱。

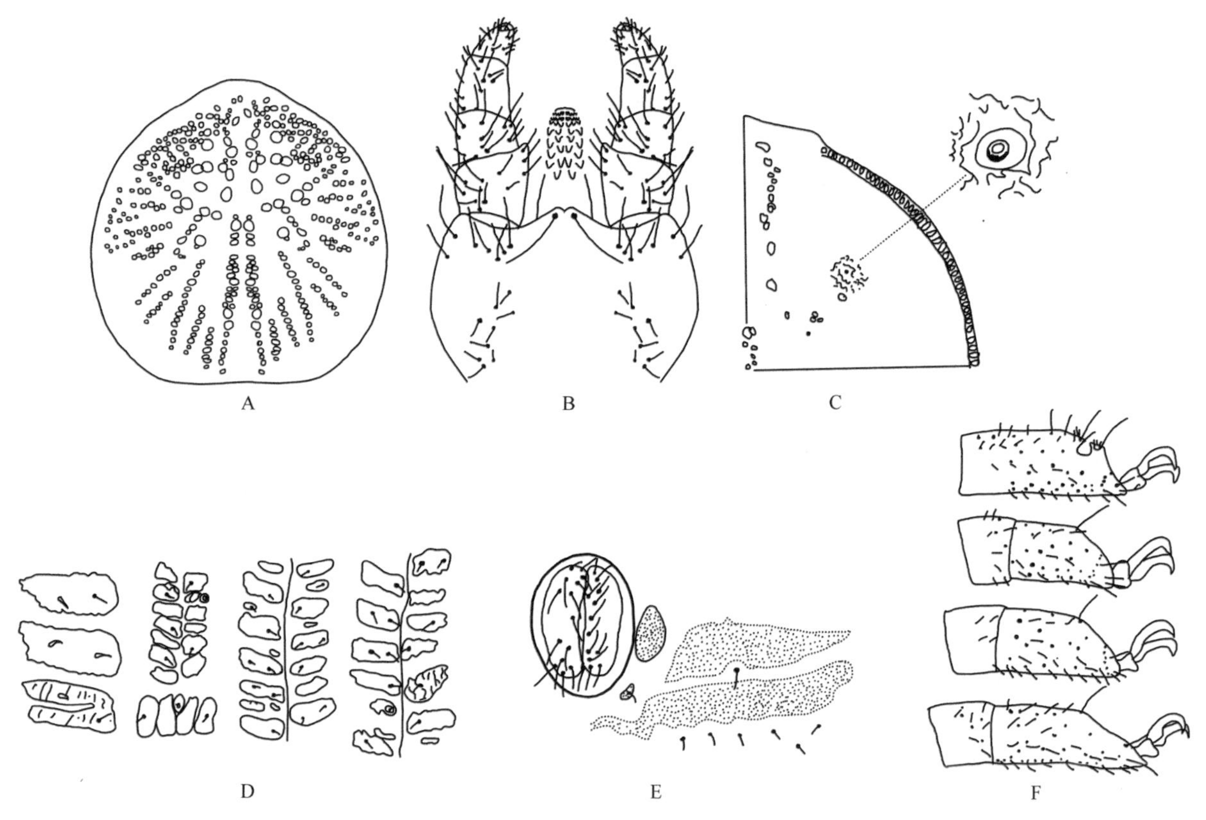

图 7-31　中华锐缘蜱雄蜱（参考：裘明华和朱朝君，1985）

A. 背面观；B. 假头腹面观；C. 躯体背面前半部，示碗状背前器；D. 围室和碗状背外器；E. 肛门和腹对沟；F. 跗节Ⅰ～Ⅳ

若蜱（图 7-32）

若蜱与成蜱相似，但体色略浅。各龄若蜱的虫体，随龄期增加而逐渐增大。虫体结构，除生殖孔、吉氏器未分化外和成蜱相似。1 龄若蜱，体刚毛仅见于近围室周缘。腹对沟不分前壁和后壁，着生刚毛 8 根。腹对沟随龄期增加而扩大，自 2 龄若蜱起出现前壁和后壁，刚毛数量明显增加。

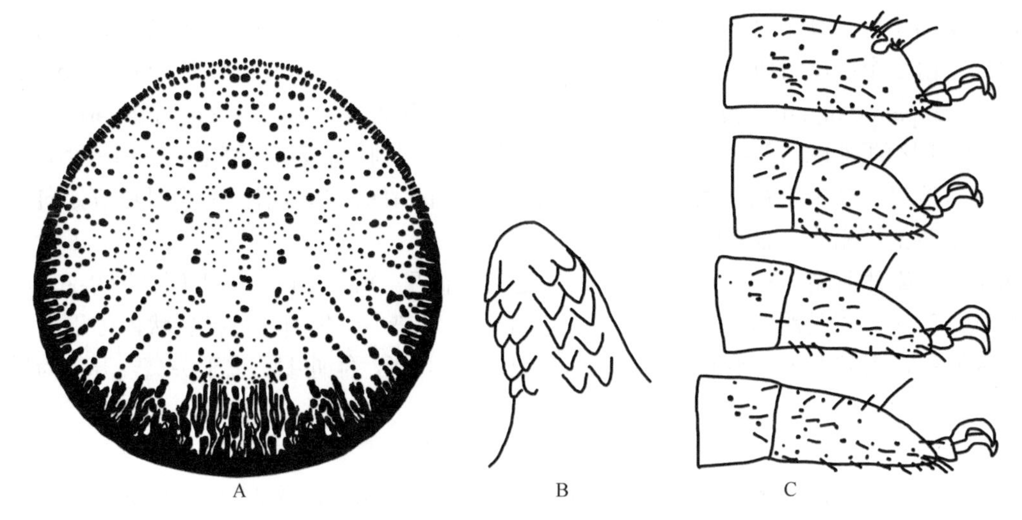

图 7-32 中华锐缘蜱若蜱（参考：裘明华和朱朝君，1985）

A. 背面观；B. 口下板；C. 跗节Ⅰ～Ⅳ

幼蜱（图 7-33）

饥饿幼蜱淡黄色，呈椭圆形，长 0.43～0.46 mm（平均 0.45 mm），宽 0.3～0.4 mm（平均 0.38 mm）。饱血幼蜱体色为红色或黑红色，多数呈长圆形，少数为亚圆形，长 1.45～1.93 mm，宽 1.35～1.65 mm（不包括假头）。

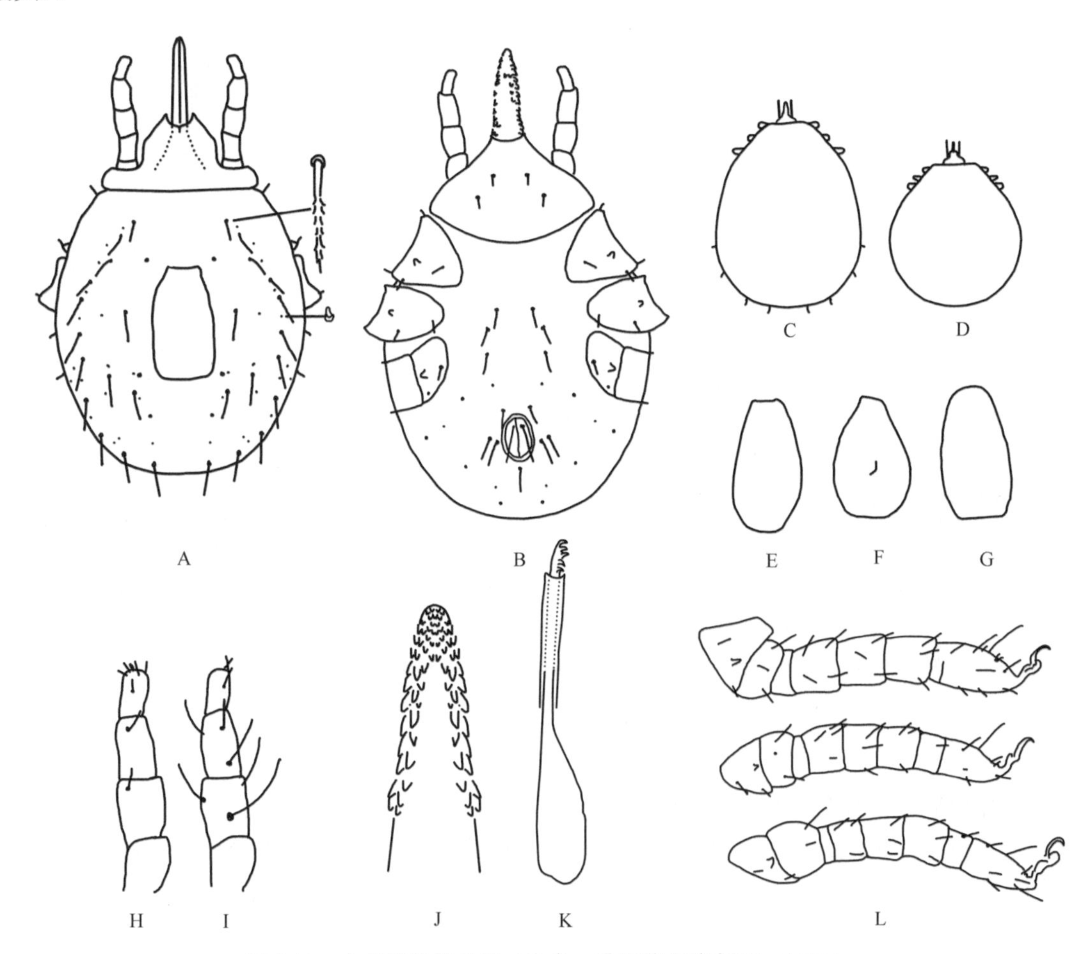

图 7-33 中华锐缘蜱幼蜱（参考：裘明华和朱朝君，1982）

A. 背面观；B. 腹面观；C、D. 饱血幼蜱呈长圆形、亚圆形；E～G. 盾板形态；H、I. 须肢背面观、腹面观；J. 口下板；K. 螯肢；L. 足Ⅰ～Ⅲ

口下板剑形；齿式主要为2|2。顶端为3|3（向后为4|4及3|3），中部以后为2|2。靠侧缘的齿较大（图7-33）。须肢第Ⅰ节为41.25～45 μm（平均43.13 μm）；第Ⅱ节为52.50～56.25 μm（平均52.81 μm）；第Ⅲ节为48.75～56.25 μm（平均54.37 μm）；第Ⅳ节为33.75～37.5 μm（平均35.62 μm）。各节长度比值为1∶1.22∶1.26∶0.83。

须肢第Ⅱ、Ⅲ节各有背毛3根、腹毛1根。第Ⅳ节背、腹毛各1根及顶毛簇7根。须肢腹毛光裸。假头基腹面略呈三角形，上生口下板后毛1对和须肢后毛各1对。

背板形状近似长方形，其上密布大小近似镶嵌的小室。背毛有长形刚毛14对，其中背外毛11对（前外毛5对、后外毛6对）位于背面外侧；亚中毛3对，位于背板的周缘。前外毛顶端尖直，后外毛顶端钝而密生分枝毛。背外毛长度变化的幅度较大，一般第1前外毛最短（37.5～48.75 μm），而第10～11后外毛最长（67.50～93.75 μm）。亚中毛长37.5～52.50 μm。此外，在背面尚生有微毛13对，其中7对位于背外毛之间，6对位于背板的上方及偏后方。腹毛（图7-33）：足Ⅱ和足Ⅲ基节之间有光裸的胸毛3对，长22.5～33.75 μm。肛门生有刚毛1对，肛门前、侧缘生有围肛毛3对，后缘有后中毛（肛后毛）1根。此外，在胸毛后方生有微毛7对。

足3对，足内、外两侧刚毛的数量基本上对称。基节有距，自基节至跗节各节的刚毛数：足Ⅰ为2根、4根、8根、6根、6根、15根；足Ⅱ为2根、5根、7根、5根、6根、13根；足Ⅲ为2根、4根、6根、5根、6根、13根。

（9）蝙蝠锐缘蜱 *A. vespertilionis*（Latreille, 1796）

定名依据　宿主 *Vespertilio pipistrellus*，故翻译为蝙蝠锐缘蜱。

宿主　主要寄生于蝙蝠，偶然也侵袭人。

分布　国内：广东、广西、河北、湖南、江苏、山东、台湾、新疆、云南；国外：欧洲、亚洲及非洲一些国家。

鉴定要点

身体近似圆形，前端收窄略微突出；口下板宽短，其顶端约达须肢第Ⅱ节前缘；第Ⅰ节最长，第Ⅱ、Ⅲ节约等长，第Ⅳ节最短；口下板后毛1对；体缘的外围细胞近似长方形，排列规则；雌蜱无生殖毛和碗状背前器。气门板较小。肛门位于身体中部稍后。各跗节无隆突和亚端部瘤状突。

具体描述

雌蜱（图7-34）

体型变化较大，多为亚圆形，前端收窄略微突出，后缘宽圆。雌蜱体长4.2～6.0 mm，宽3.8～5.4 mm；未吸血蜱身体扁平。

假头短小，位于躯体前端突出部的腹方。头窝宽短。假头基侧缘略弯，宽显著大于长。口下板后毛一对，其顶端略超过须肢第Ⅰ节中部。顶突及颊叶付缺。须肢短小，其顶端约达躯体前缘；第Ⅰ节最长；第Ⅱ、Ⅲ节等长，长度为第Ⅰ节的2/3；第Ⅳ节最短，为第Ⅱ节或第Ⅲ节的1/2。口下板宽短，前部略为收窄，顶端中部浅凹，达须肢第Ⅱ节前缘；齿冠有少数细齿，其后的大齿排列为2|2，每列具齿5～6枚。

背面表皮粗糙不平，呈现无数细密皱纹，后部表皮由许多很不规则的方形小室组成，略呈放射状排列；盘窝不明显，在中部的较大，排列不规则，在后部的较小，呈放射状排列。体缘宽约0.1 mm，由不规则的矩形小室组成，每一小室有1或2个小窝，小窝上着生一根短毛。侧面表皮由一缝线分隔成背、腹两层，各层厚度相等，均由方格形小室组成，小室内一般有1或2个小窝。腹面表皮与背面相似。

生殖孔位于基节Ⅰ之间，雌蜱的为横裂状。肛门椭圆形，位于身体中部稍后。在肛门之后约等于其一半长度处，有一对特殊器官，位于肛后中沟两侧，呈裂缝状，其周缘表皮有细密皱纹。基节上褶自假头基伸至基节Ⅳ后缘；基节褶自基节Ⅱ后缘向后伸，而在基节Ⅳ后方与基节上褶连接。气门板小，位于基节Ⅳ背侧方。无眼。

足粗壮，表面粗糙不平，其上着生细毛。基节位于躯体前部 1/3，各基节互相靠近。各跗节亚端部背突付缺，其端部斜度自跗节Ⅰ至跗节Ⅳ逐渐减小。爪正常，爪垫很小。

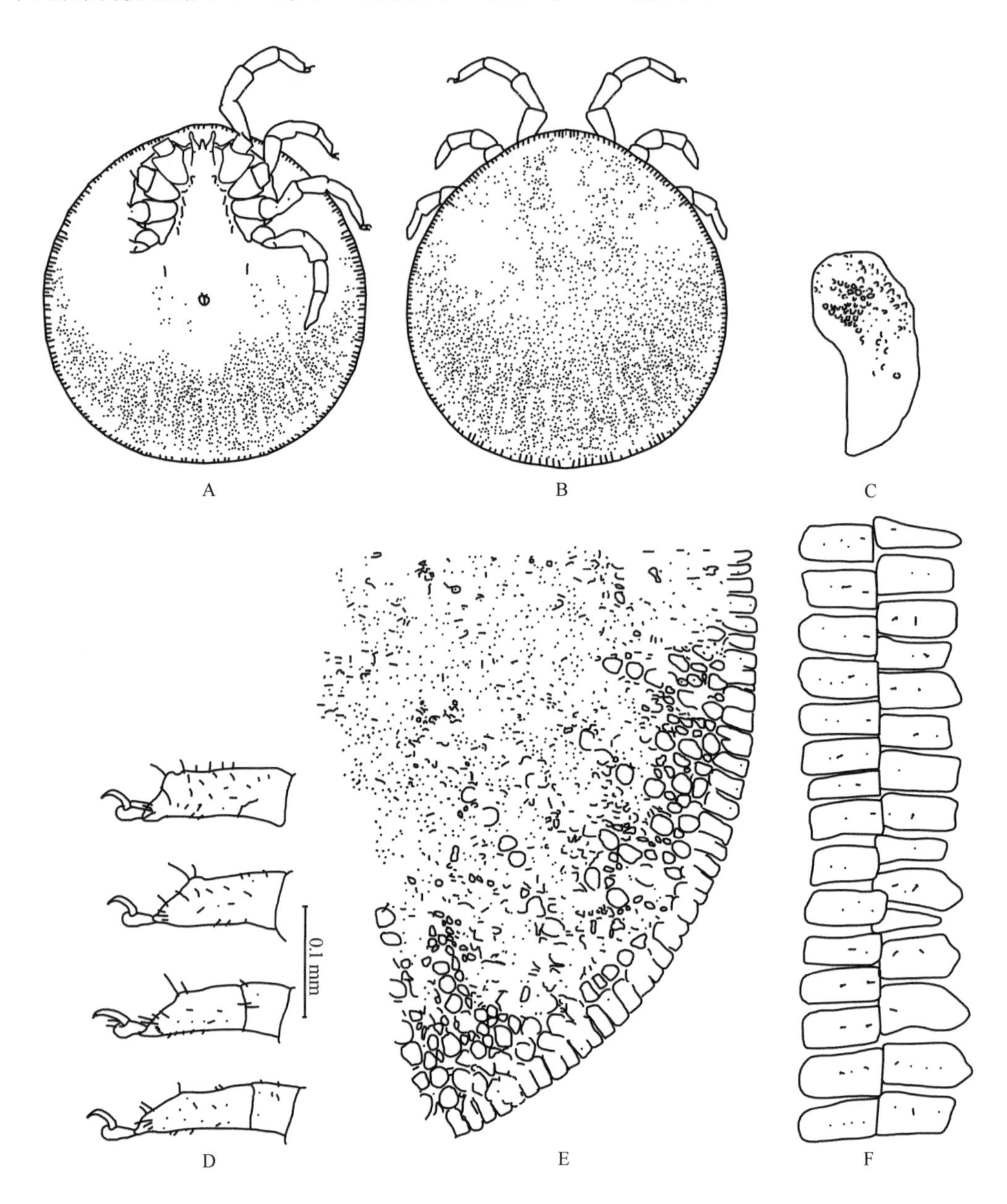

图 7-34 蝙蝠锐缘蜱雌蜱（参考：Yamaguti *et al.*，1971）

A. 腹面观；B. 背面观；C. 气门板；D. 跗节Ⅰ～Ⅳ；E. 背面体缘；F. 侧面体缘

雄蜱（图 7-35）

除体型和第二性征外，与雌蜱相似。雄蜱体长 3.6～4.8 mm，宽 3.2～4.4 mm。生殖孔位于基节Ⅰ之间，雄蜱的呈宽半圆形。

若蜱

与成蜱很相似。体型小于成蜱，个体小的若蜱通常看起来比成蜱窄长，导致外形更像波斯锐缘蜱。具有成对的腹器、体缘结构和体缘细胞。假头位于头窝中，位于基节Ⅰ前 1/2 水平线。部分须肢经常从体缘露出。与成蜱相比，若蜱的口下板顶端凹陷不明显，齿冠的倒齿比较粗壮，外侧齿更靠近口下板边缘。

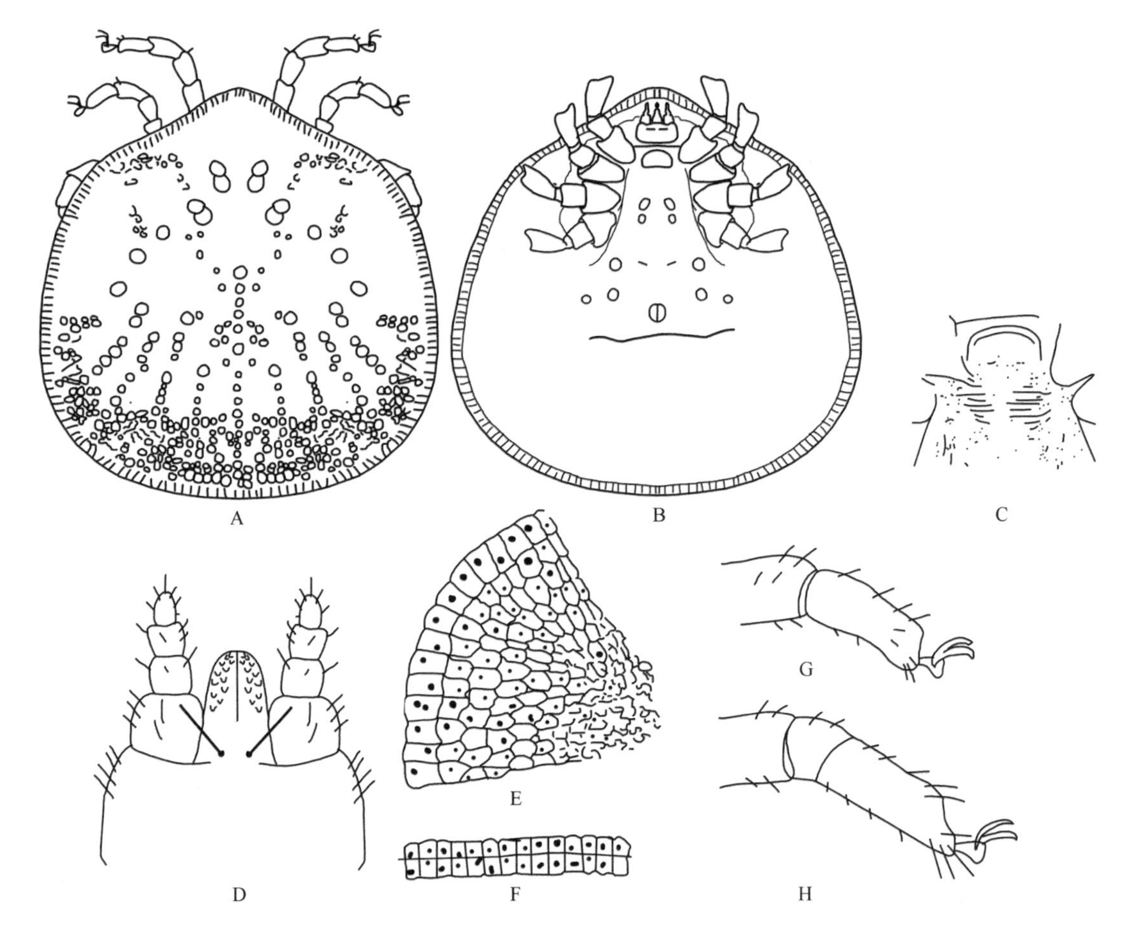

图 7-35　蝙蝠锐缘蜱雄蜱（参考：Yamaguti *et al.*，1971；Hoogstraal，1958）

A. 背面观；B. 腹面观；C. 生殖孔；D. 假头腹面观；E. 背面体缘；F. 侧面体缘；G. 跗节Ⅰ；H. 跗节Ⅳ

幼蜱（图 7-36）

灰白色，呈短的卵圆形，体长约 0.8 mm。假头背面可见。背部具一个长的卵圆形盾板。

口下板长为宽的 4 倍，顶端具有小凹陷。齿式前部为 2|2，其后为 2|2。从口下板基部到顶端，外侧及中部每列具齿约 12 枚，内侧则 2～5 枚。口下板后毛短。须肢超出口下板顶端，第Ⅰ节和第Ⅳ节短；第Ⅱ节和第Ⅲ节等长，且长于前两节。

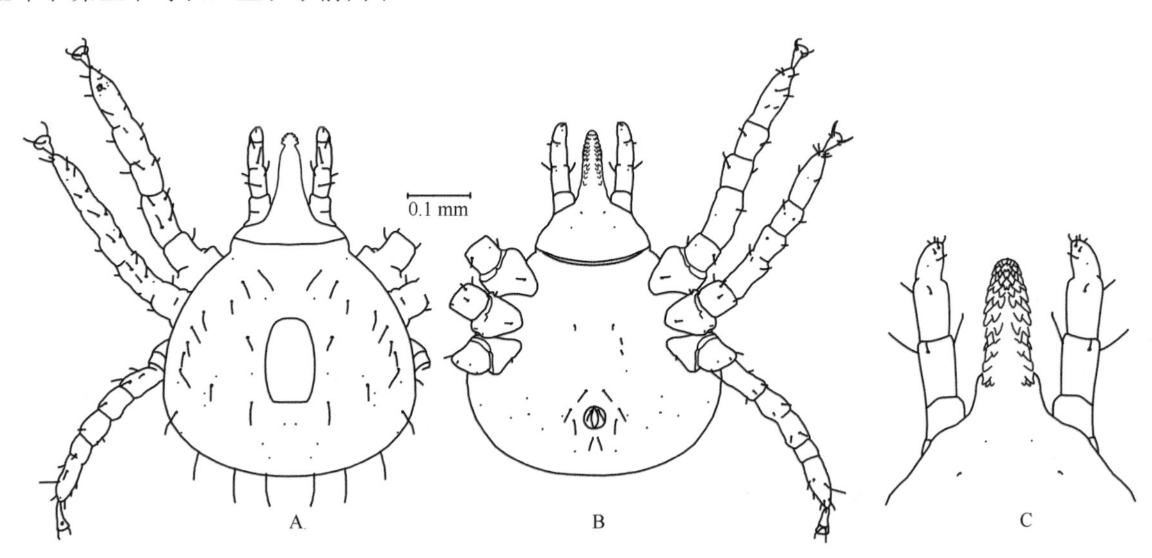

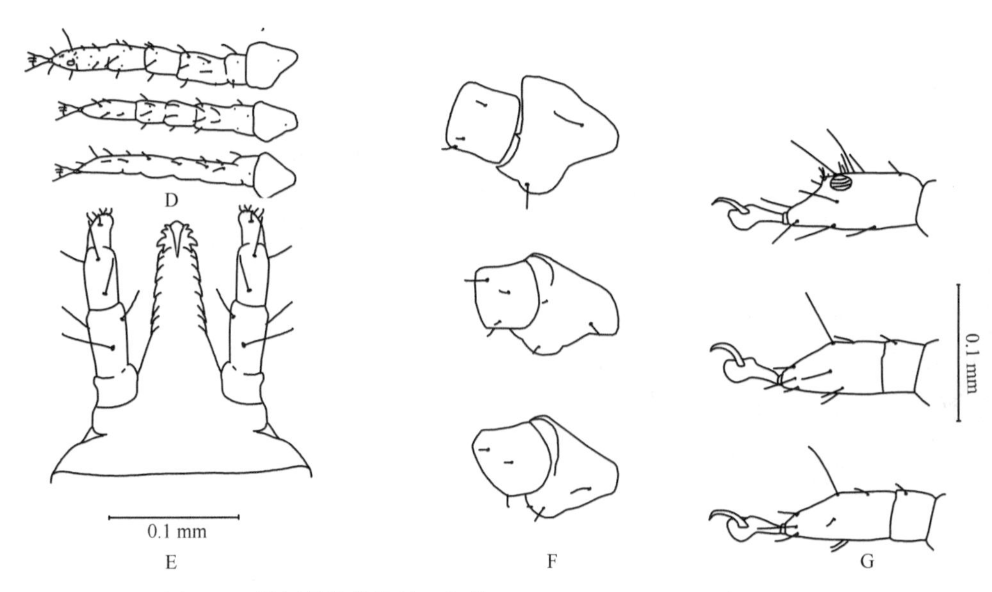

图 7-36 蝙蝠锐缘蜱幼蜱（参考：Yamaguti *et al.*，1971）
A. 背面观；B. 腹面观；C. 假头腹面观；D. 足Ⅰ～Ⅲ；E. 假头背面观；F. 基节；G. 跗节Ⅰ～Ⅲ

足中等，基节Ⅰ～Ⅲ依次变小。各跗节端部逐渐变窄，均无亚端部隆突。

生物学特性 专性寄生，栖息在蝙蝠洞穴附近的缝隙内。

（10）普通锐缘蜱 *A. vulgaris* Filippova, 1961

定名依据 *vulgaris* 意为普通“common”或“ordinary”，故翻译为普通锐缘蜱。

宿主 寄生于麻雀、鸽、白嘴鸦等鸟类，也侵袭人。

分布 国内：新疆；国外：广泛分布于欧亚大陆北部，包括达吉斯坦、俄罗斯、哈萨克斯坦、吉尔吉斯斯坦、捷克、斯洛伐克、塔吉克斯坦、土库曼斯坦、乌兹别克斯坦、亚美尼亚、以色列等。

鉴定要点

身体呈卵圆形，前端不突出；体缘的外围细胞窄长，呈条纹或栅形；须肢后毛缺失或很短；肛门明显位于身体中后部；位于体缘感毛的骨化环细小，且小于或近似等于钟形感器。本种与翘缘锐缘蜱近似，但成蜱和若蜱口下板顶端的齿退化或部分退化，齿冠具齿 2～3 排共 5～7 对。哈氏器后囊未超出哈氏器边缘，而翘缘锐缘蜱明显超出。肛门离躯体中点明显靠后，体缘栅状，皱脊较窄长，皱沟弯曲度大，体缘感毛基部的骨化环细小，其直径不大于钟形感器；幼蜱躯体亚圆形，背面体缘侧毛较少，共 19～21 对。

具体描述

成蜱（图 7-37，图 7-38）

体卵圆形，前端收窄略微突出，后缘宽圆。雌蜱长 5.8～10.2 mm，宽 3.1～5.1 mm；雄蜱长 4.9～7.3 mm，宽 3.1～4.5 mm。须节Ⅱ较短，呈圆柱形；须肢后毛很短或缺。口下板宽，齿冠具齿 2～3 排，共 5～7 对，其后为 2|2，后部为 3|3 到 4|4，齿尖。表皮上的脊窄，弯曲，很多与缘窝连接到一起，且这些缘窝之间也有连接。体缘表面结构窄长，呈条纹状或栅状；体缘的刚毛与单个脊的宽度相等或更长。肛门明显位于身体中后部，后方无横裂。位于体缘感毛的骨化环细小，且小于或近似等于钟形感器。气门明显小于肛门，气门板狭窄，宽 0.03～0.05 mm。

生物学特性 贝纳柯克斯体 *Coxiella burnetii* 及鸡疏螺旋体 *Borrelia gallinarum* 的传播媒介。

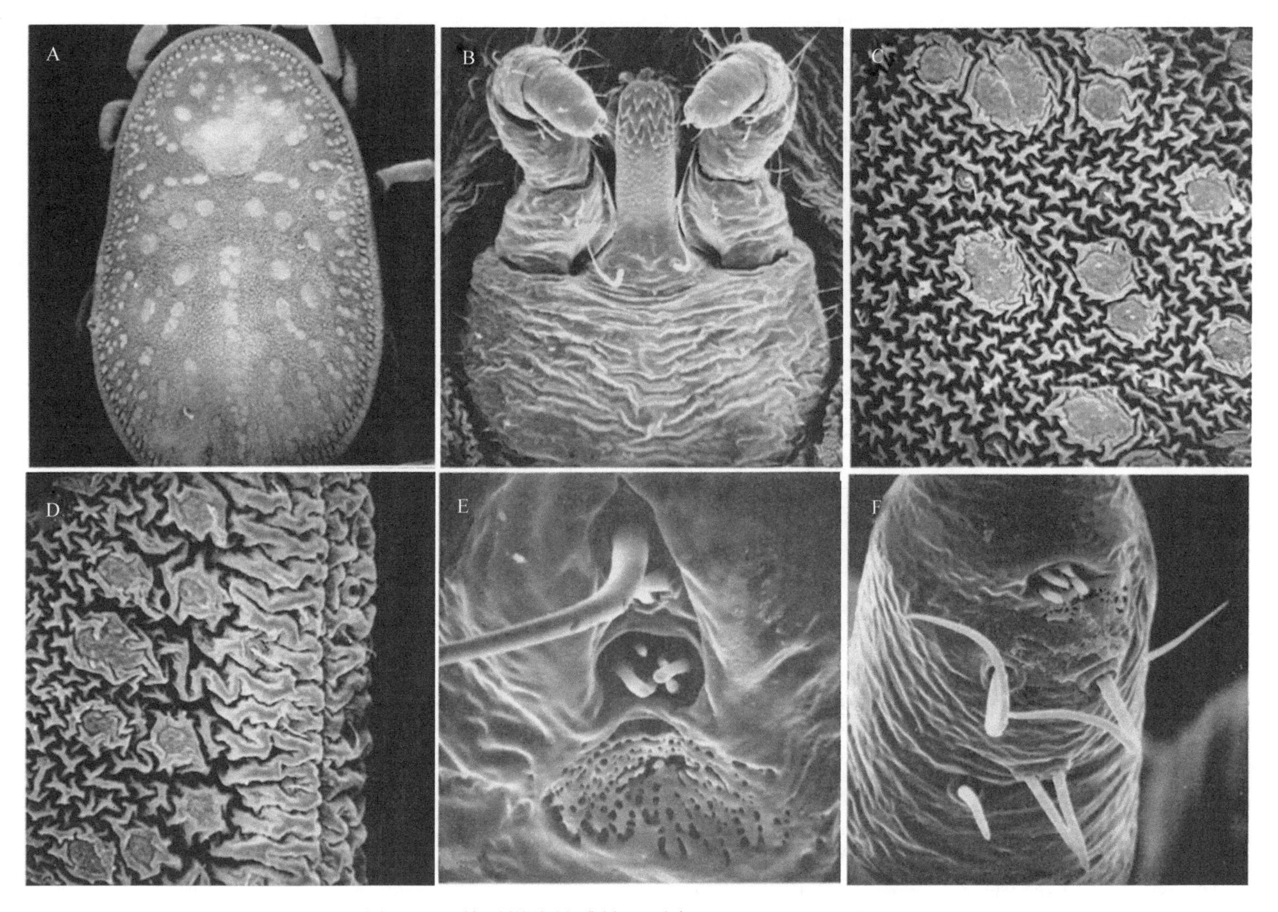

图 7-37　普通锐缘蜱雌蜱（引自：Siuda *et al.*，1979）

A. 背面观；B. 假头腹面观；C. 背部表皮结构；D. 背部边缘的缘窝结构；E. 哈氏器；F. 幼蜱哈氏器

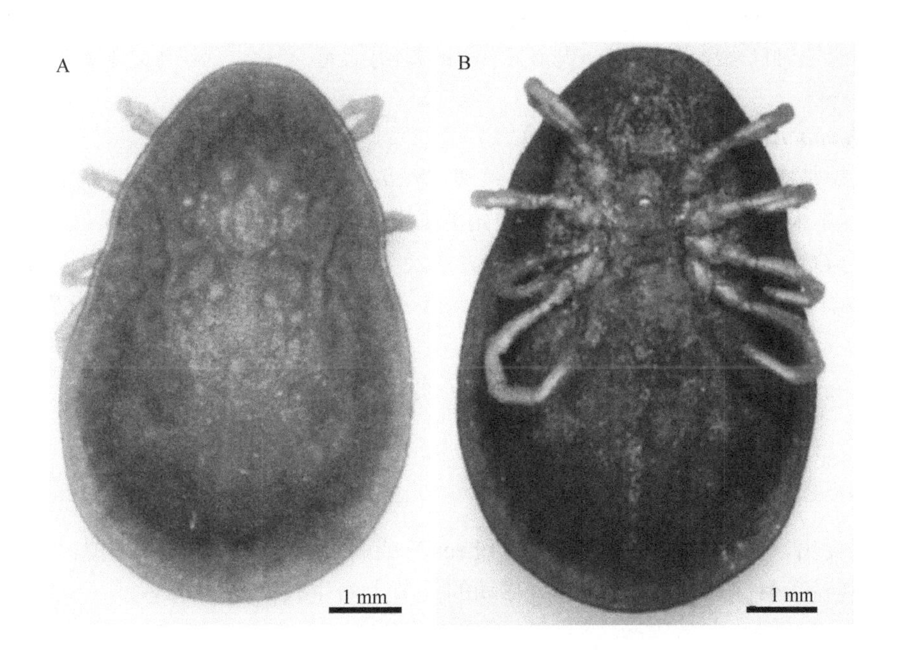

图 7-38　普通锐缘蜱雄蜱
A. 背面观；B. 腹面观；C. 生殖孔及基节

二、钝缘蜱属 *Ornithodoros*

体型略扁，但体缘圆钝；背面与腹面无缝线分隔；口下板较发达，成蜱与若蜱相似；表皮革质，上有皱褶，并呈乳突或结节状；盘窝有或无，但一般随机排列，不呈放射状。眼有或无。成蜱具背腹沟。幼蜱须肢转节具背刺；除戈氏钝缘蜱 *O. gurneyi* 和糙皮钝缘蜱 *O. coriaceus* 外，幼蜱吸血快（几小时），有的甚至不吸血。

中国钝缘蜱属种检索表（成蜱）

1. 体表皱纹状，密布星状小窝；无肛后横沟……拉合尔钝缘蜱 *O. lahorensis*（Neumann）
   体表颗粒状；具肛后横沟……2
2. 身体前端骤然变窄，顶突长且尖窄；宿主包括海鸟……好角钝缘蜱 *O. capensis*（Neumann）
   身体前端逐渐变窄，顶突短，或长但钝；宿主非海鸟……3
3. 跗节 I 背缘不具明显瘤突；肛后横沟比较直或呈波纹状，并与肛后中沟相交近似直角……乳突钝缘蜱 *O. papillipes* Birula
   跗节 I 背缘具明显瘤突；肛后横沟向后弯曲，与肛后中沟相交不成直角……特突钝缘蜱 *O. tartakovskyi* Olenev

（1）好角钝缘蜱 *O. capensis*（Neumann, 1901）

定名依据　该蜱是 Neumann 最初以塔拉钝缘蜱 *Ornithodoros talaje* 变种即 *Ornithodoros talaje* var. *capensis* 发表的。标本采自南非开普殖民地（好望角）海岸线附近岛上的企鹅巢中，并以地名好望角命名。Kohls（1957）认为 *O. capensis* 在形态、与宿主的关系及分布上不同于 *O. talaje*，应该为一独立种。

宿主　海滨鸟类 *Larus crassirostris* 和 *Calonectris leucomelas*、欧洲兔、海龟 *Chelonia mydas*、家禽、人。

分布　世界广布种。国内：台湾；国外：南非、澳大利亚南部、日本及大西洋、太平洋和印度洋的一些岛屿。

鉴定要点（图 7-39～图 7-42）

该种身体前端突出，两侧骤然收窄，颊叶（cheek）或瓣片（flap）较窄，只覆盖口器一部分。顶突长且尖窄；体表颗粒状，具肛后横沟。足上可移动的关节上着生长而密的刚毛。

具体描述

目前该种仅局限于主要鉴别要点的描述，还没有发表该种的详细描述，相关文献见 Neumann（1901）、Nuttall 等（1908）、Kohls（1957）、Yamaguti 等（1971）。

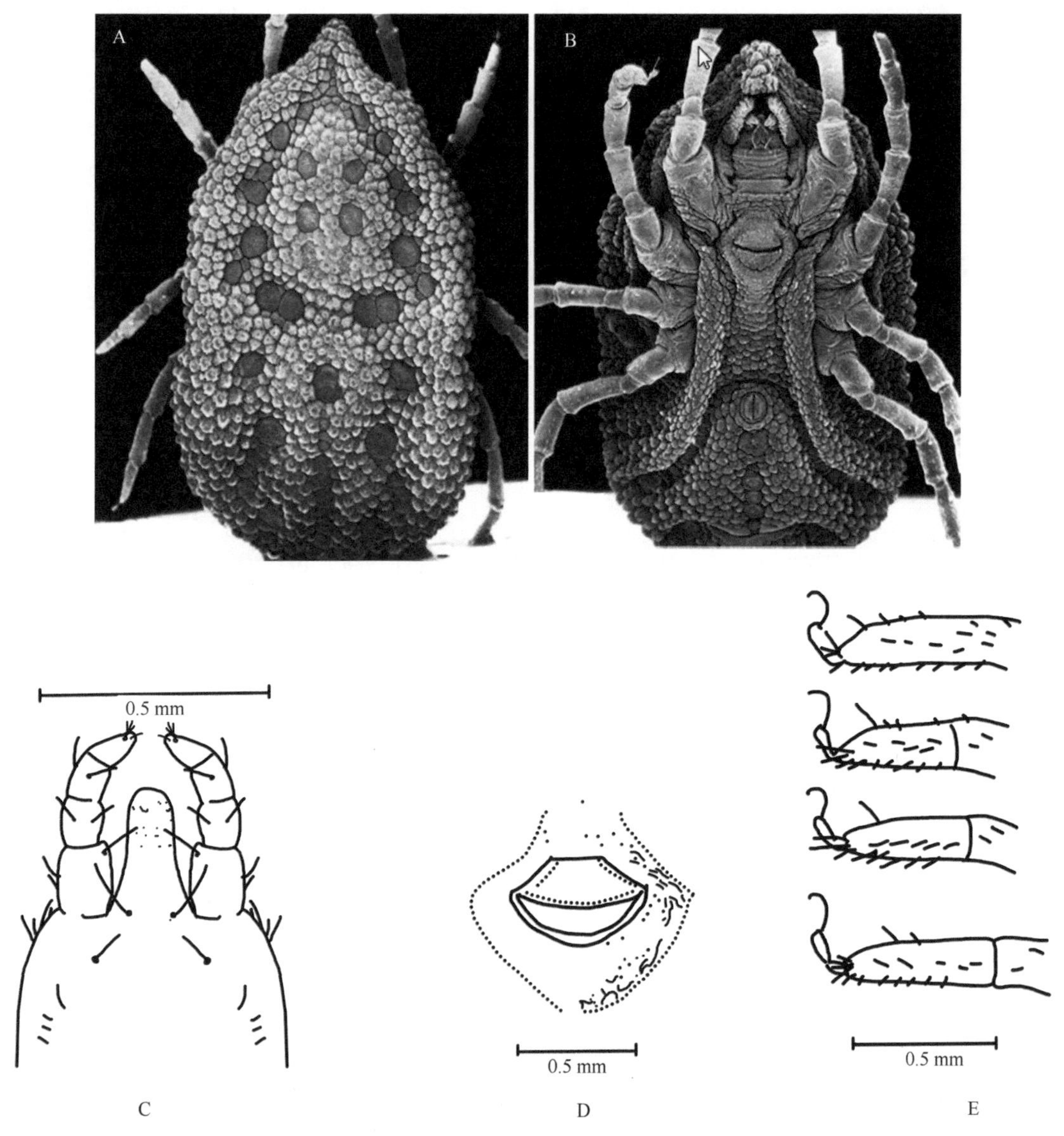

图 7-39　好角钝缘蜱雌蜱（部分参考：Yamaguti *et al.*，1971）

A. 背面观；B. 腹面观；C. 假头腹面观；D. 生殖孔；E. 跗节 I～IV

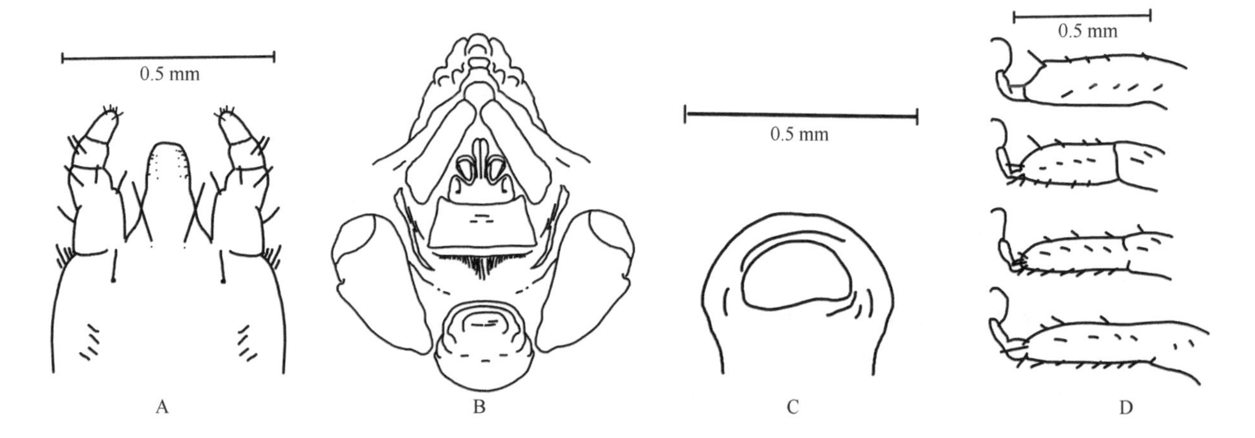

图 7-40　好角钝缘蜱雄蜱（参考：Yamaguti *et al.*，1971；Nuttall *et al.*，1908）

A. 假头腹面观；B. 腹面前端；C. 生殖孔；D. 跗节 I～IV

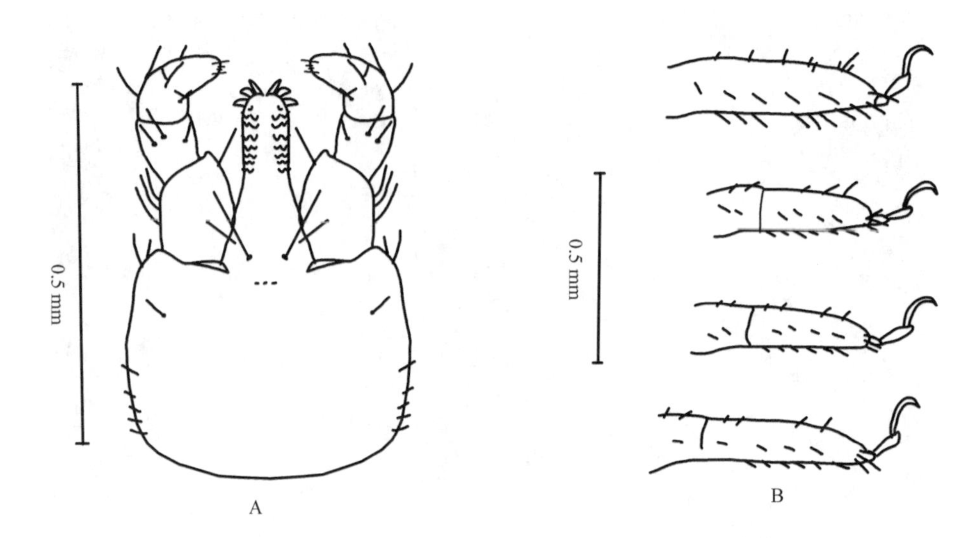

图 7-41　好角钝缘蜱若蜱（参考：Yamaguti *et al.*，1971）

A. 假头腹面观；B. 跗节Ⅰ～Ⅳ

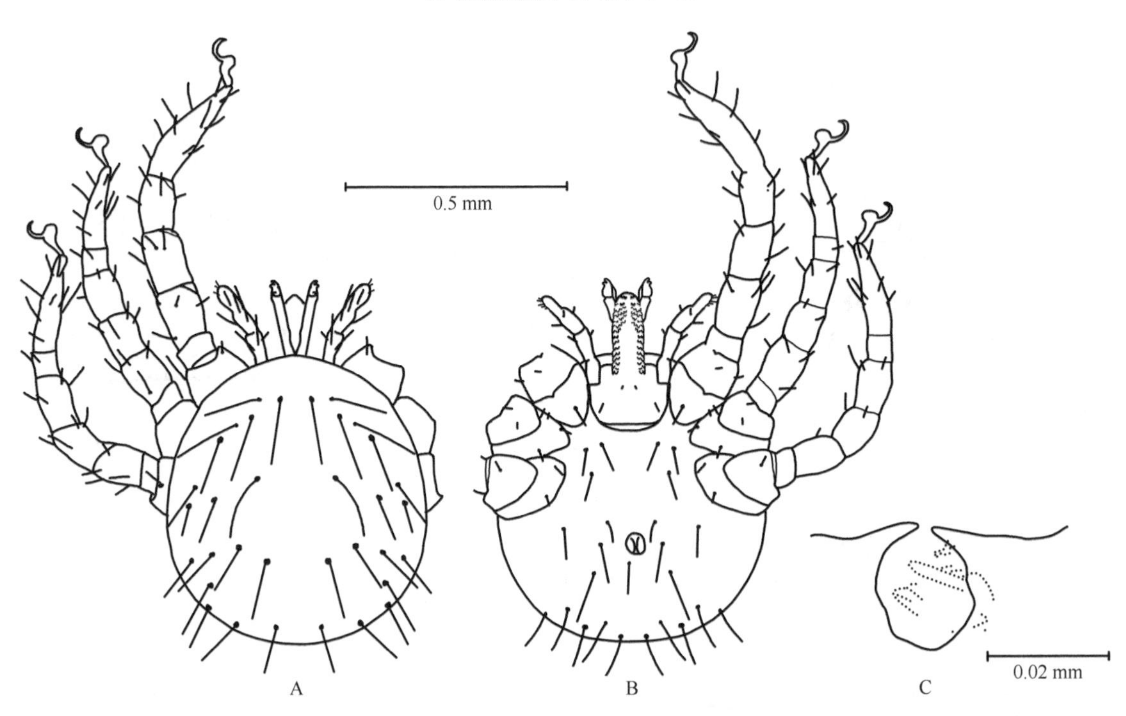

图 7-42　好角钝缘蜱幼蜱（参考：Yamaguti *et al.*，1971）

A. 背面观；B. 腹面观；C. 哈氏器

生物学特性　幼蜱 5 d 饱血，蜕皮到 1 龄若蜱需要 1～4 d。1 龄若蜱不吸血的情况下，蜕皮到 2 龄若蜱需要 13～17 d。这些 2 龄若蜱蜕皮后 9 d 内饱血，经 14～18 d 可蜕皮为 3 龄若蜱。实验室条件 25℃下，若蜱至少有 3 个龄期，但一些 3 龄若蜱会发育为 4 龄若蜱。其生活史还需要进一步研究。

（2）拉合尔钝缘蜱 *O. lahorensis*（Neumann, 1908）

定名依据　以发现地 Lahore 命名。

宿主　主要寄生于绵羊、骆驼、山羊、牛、马、犬等，有时还侵袭人。

分布　国内：新疆；国外：俄罗斯、巴基斯坦、伊朗。

鉴定要点

体表皱纹状，密布星状小窝；无肛前沟和肛后横沟；肛后沟紧靠肛门之后，相当明显；肛后沟两侧有几对不规则的盘窝。

具体描述

成蜱（图 7-43，图 7-44）

体略呈卵圆形，雌蜱长约 10 mm，宽约 5.6 mm；雄蜱长约 8 mm，宽约 4.5 mm。两侧缘大致平行，在足基节Ⅳ附近略收窄；前端尖窄，形成锥状顶突，在雄蜱较为显著；后缘宽圆。体色土黄，足色稍浅。

背面前部稍隆起，后部高低不平。表皮呈皱纹状，遍布很多星状小窝。躯体前半部中段有一对长形盘窝，互相平行而靠近；躯体中部有 4 个圆形盘窝，排列略呈四边形；后部两侧还有几对圆形盘窝，表皮上有少数分散的短毛。

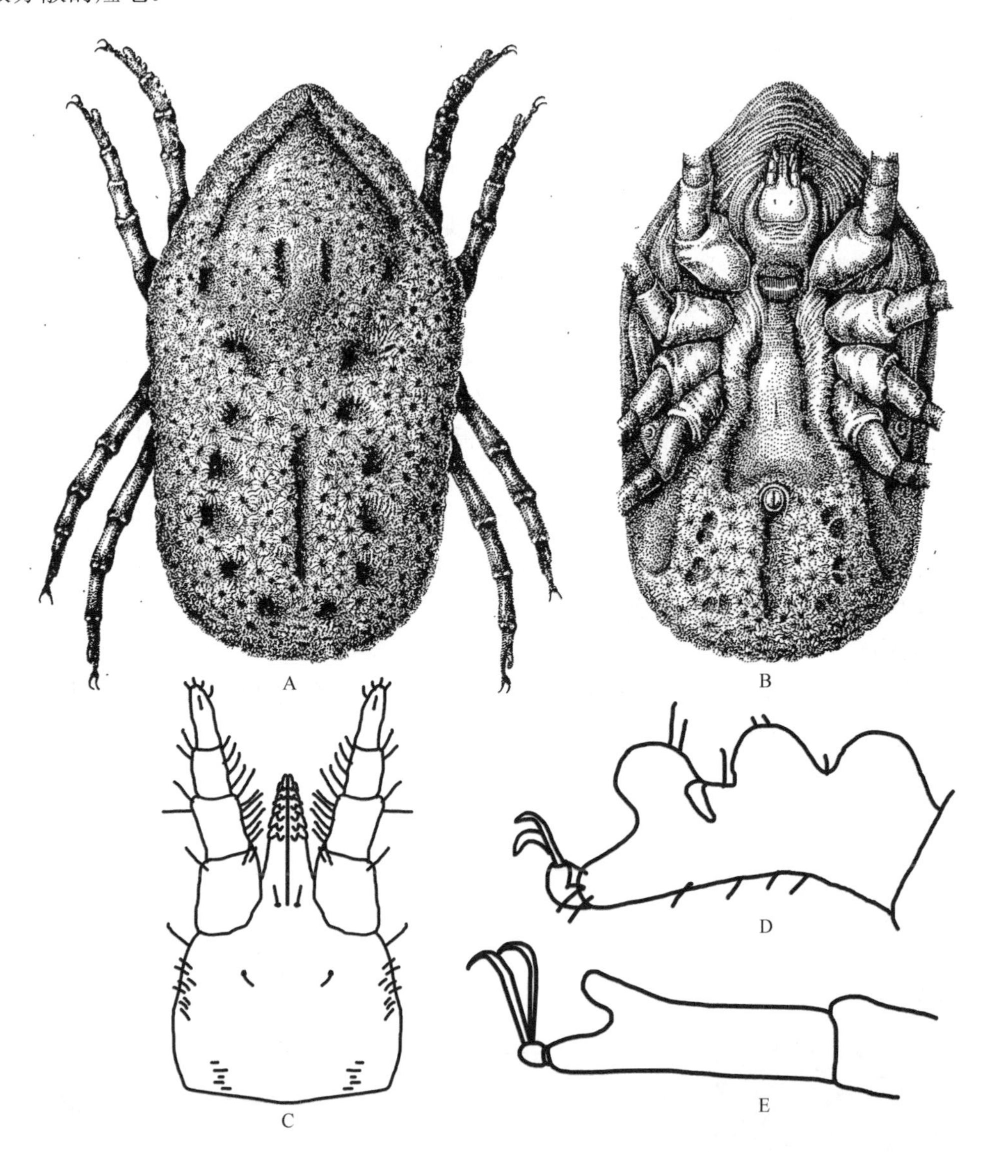

图 7-43　拉合尔钝缘蜱雌蜱（参考：Filippova，1966）

A. 背面观；B. 腹面观；C. 假头腹面观；D. 跗节Ⅰ；E. 跗节Ⅳ

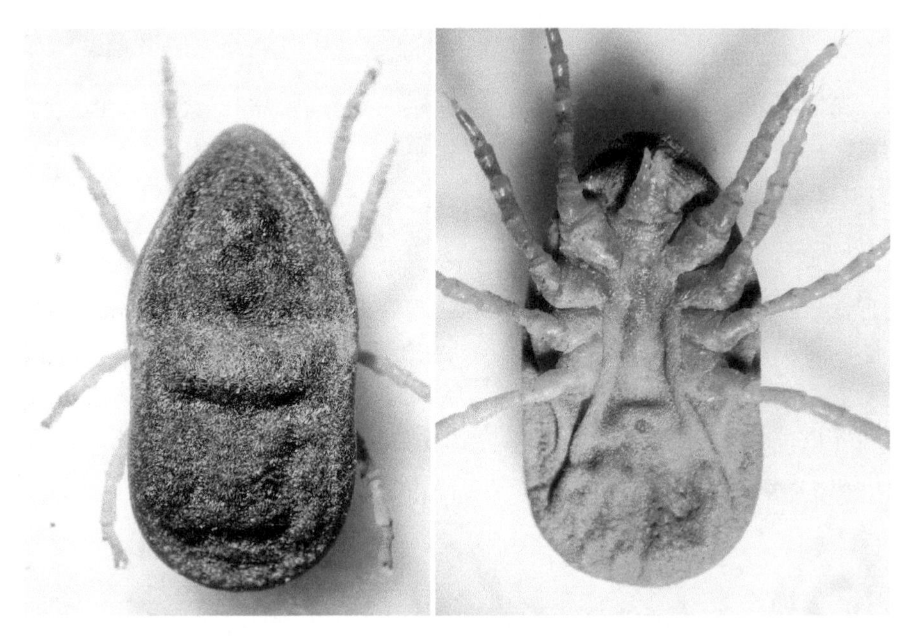

图 7-44　拉合尔钝缘蜱雄蜱

假头中等大小（雌蜱约 1.2 mm）。口下板窄长，矛头状，齿式 2|2，每纵列具齿 6～8 枚，靠内的一列各齿间距稍大；中部稍后到基部完全缺齿。须肢长筒形，第Ⅱ、Ⅲ节背面有向前弯曲的长毛。头窝三角形，较深而窄。假头基矩形，宽约为长的 1.4 倍；口下板后毛和须肢后毛均短小。

腹面表皮结构与背面相似，但细毛稍多而长，靠近前缘尤为显著。生殖孔位于基节Ⅰ之间，雌蜱的呈横裂状，雄蜱呈半圆形。肛门约位于生殖孔与体后缘间的中点偏后；无肛前沟；肛后沟紧靠肛门之后，相当明显。在肛后沟两侧有几对不规则的盘窝。气门板位于基节Ⅳ背侧方，呈新月形。雌蜱的气门板与肛门宽度约相等，雄蜱的稍大于肛门宽度。无眼。

足中等粗细。基节略呈圆锥形，基节Ⅰ与Ⅱ略微分开，其余各节互相靠近。跗节Ⅰ背缘有 2 个粗大的瘤突和 1 个粗大的亚端部瘤突；跗节Ⅱ～Ⅳ的假关节短，在背部非常明显，其假关节亚端部背缘有一大的瘤突，斜向上方。爪正常，爪垫退化。

若蜱（图 7-45）

1 龄若蜱为 5.5 mm×2.7 mm。表皮具极细皱褶，具少数刺，几乎无盘窝分布。除肛缘沟外，其他腹沟不明显。无生殖孔痕迹，头窝浅，足短而粗壮。

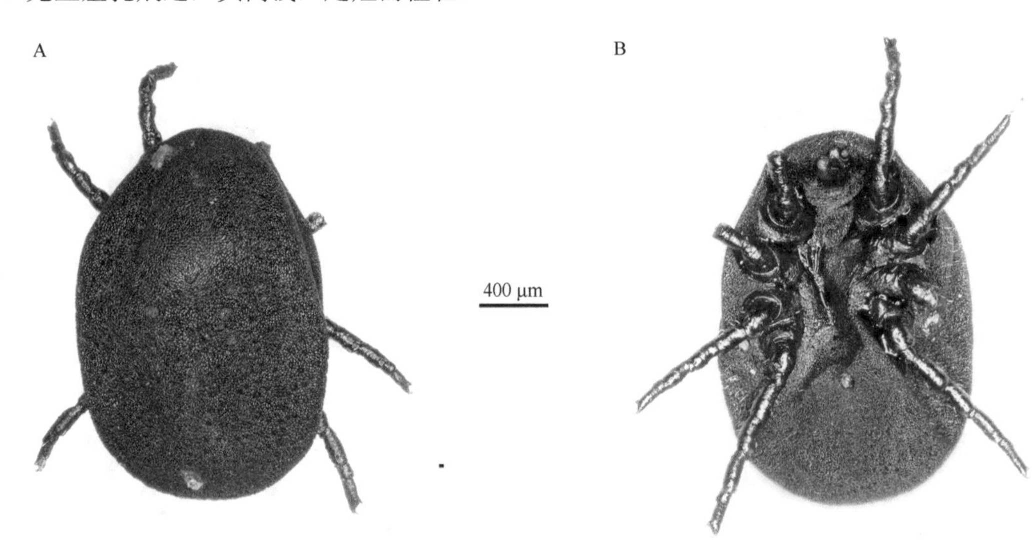

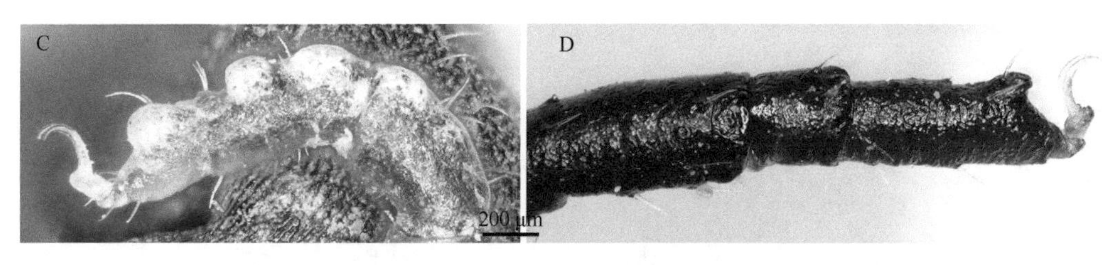

图 7-45　拉合尔钝缘蜱若蜱

A. 背面观；B. 腹面观；C. 跗节Ⅰ；D. 跗节Ⅳ

2 龄若蜱为 11 mm×6 mm，表皮皱褶更粗糙并具多形性。盘窝可见，几乎无毛，具生殖孔原基。头窝深，但不完全被假头覆盖。足与成蜱相似，但背部瘤突没有成蜱明显。

幼蜱未知。

生物学特性　主要生活在羊圈或其他牲畜棚内（鸡窝内也有发现）。成蜱白天隐伏在棚圈的缝隙内，也有在木柱树皮下或石块下的，夜间活动。幼蜱和前期若蜱在动物体上取食、蜕皮，且在其体表长时间停留；3 龄若蜱饱血后离开，蜕化为成蜱。

（3）特突钝缘蜱 *O. tartakovskyi* Olenev, 1931

定名依据　该种以 Tartakovsky 教授的名字命名，应为塔氏钝缘蜱。然而，该种名早期被译成特突钝缘蜱且已被广泛使用。

宿主　一般寄生于大沙鼠 *Rhombomys opimus* 等野鼠类、乌龟，也侵袭人。

分布　国内：新疆；国外：俄罗斯、乌兹别克斯坦。

鉴定要点

体表颗粒状；身体前端逐渐变窄，顶突长而钝；具肛后横沟且向后弯曲，与肛后中沟相交不成直角；跗节Ⅰ背缘具明显瘤突。

具体描述

成蜱（图 7-46～图 7-48）

体小，雌蜱长宽为（2.1～6）mm（平均 4.9 mm）×（1.5～3.6）mm（平均 2.8 mm）；雄蜱长宽（1.7～4）mm（平均 3.5 mm）×（1～2.6）mm（平均 2 mm）。体宽卵形；两侧缘几乎平行；前部逐渐变窄，其边缘微波状，顶端长而窄钝；后部边缘宽圆。

背面有缘褶，但吸血后不明显，在背腹沟处呈现小缺刻。背腹沟向下伸展，与基节上沟后端相连接。体表遍布很多小颗粒，粗细大致均匀，排成链条状或不规则。盘窝中等大小或较小，分布不均匀，在后部一般较少。体表有稀少细毛，靠近前端较多而明显。

假头靠近腹面前端。须肢长，按节序渐窄。假头基宽稍大于长，呈短矩形。口下板后毛与须肢后毛约等长。口下板顶端约达须肢第Ⅱ节前缘或第Ⅲ节中部水平线；齿式中部大齿为 2|2。顶突发达，前端圆钝。颊叶与顶突连接或分离，其形状不一，略呈四边形或三角形，在雄蜱有时不明显；其前缘及下缘呈波浪状或具缺刻；雌蜱的颊叶一般较雄蜱发达。

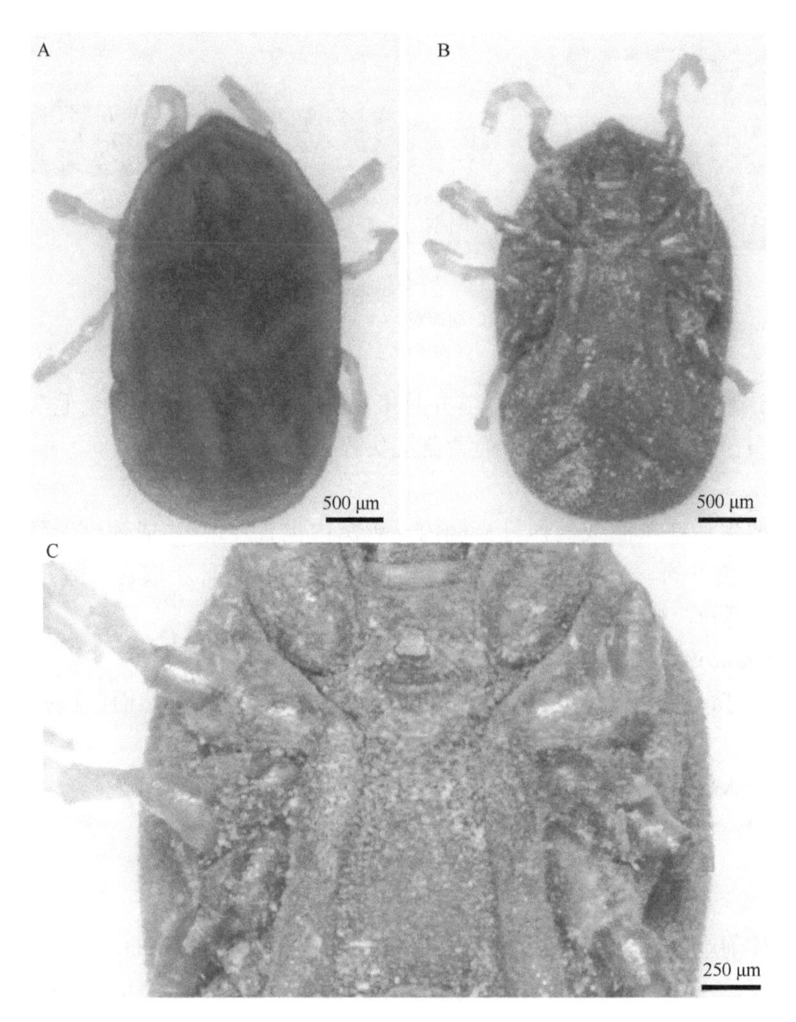

图 7-46　特突钝缘蜱雌蜱
A. 背面观；B. 腹面观；C. 生殖孔及基节

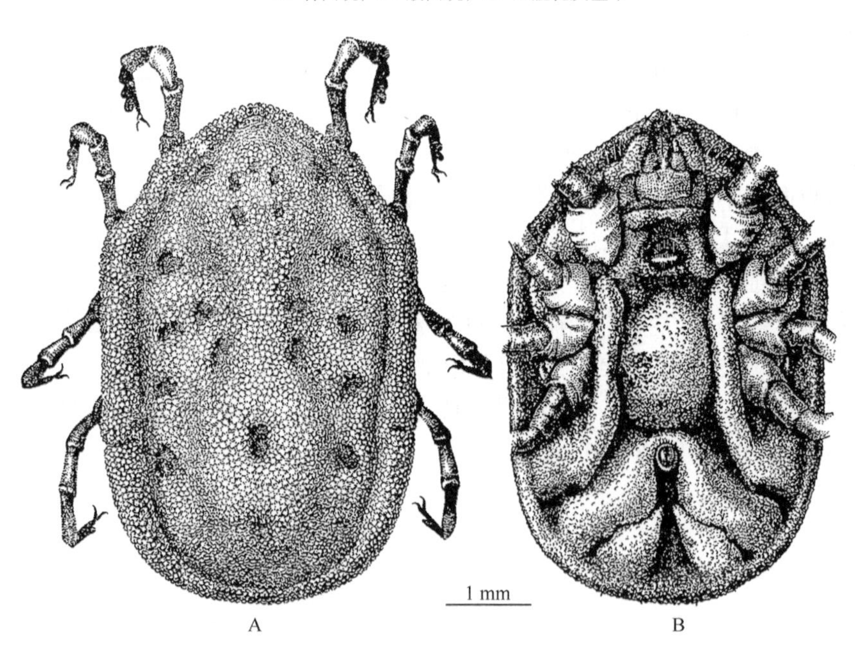

图 7-47　特突钝缘蜱雌蜱（引自：Filippova，1966）
A. 背面观；B. 腹面观

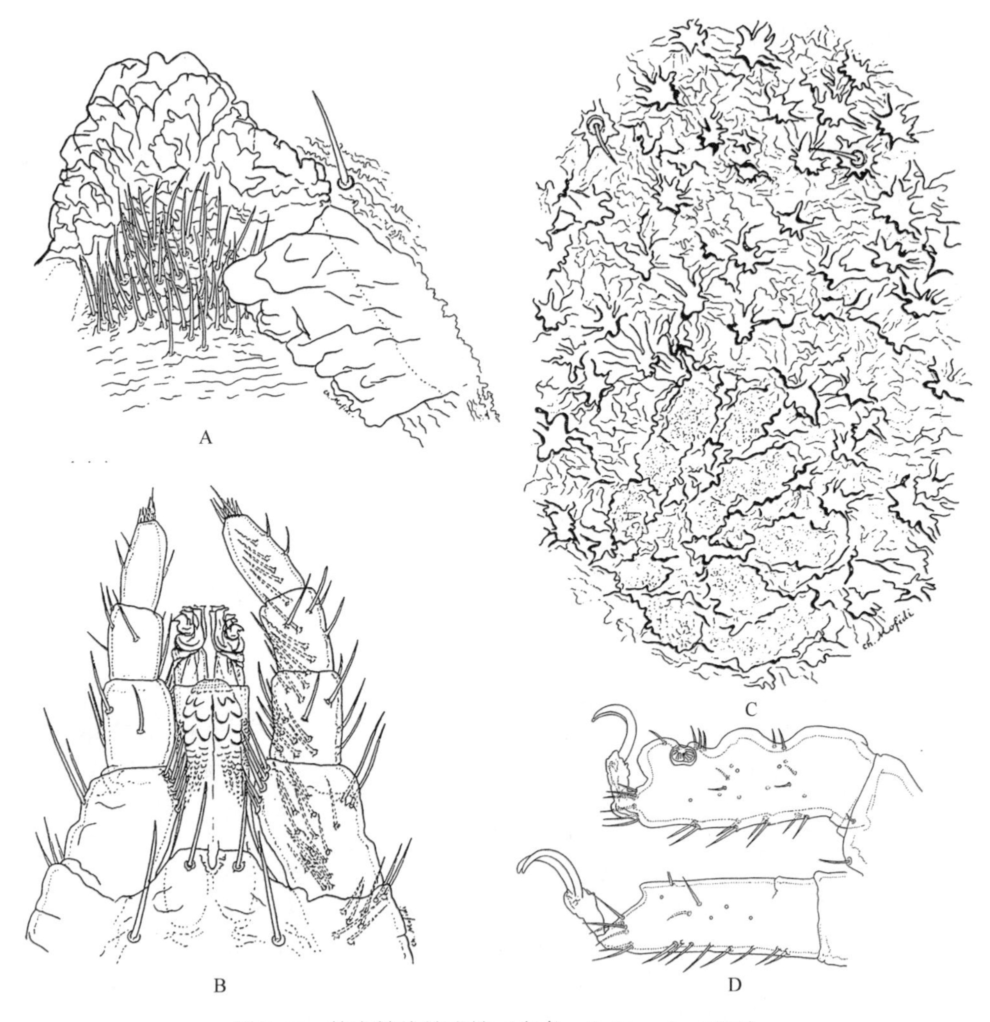

图 7-48　特突钝缘蜱成蜱（参考：Baltazard，1952）

A. 头窝；B. 假头腹面观；C. 体壁结构；D. 跗节Ⅰ、跗节Ⅳ

生殖孔约位于基节Ⅰ后缘水平线，雌蜱的呈横裂状，雄蜱的为半圆形。肛前沟中部向前弧形凸出，两侧臂向后强度弯曲。肛后横沟窄而深，与肛后中沟约相交在肛门至体后端的中间点，有时略偏近肛门一边，其相交所形成的后一对角为锐角。肛后中沟深而宽，其后半段更逐渐变宽；末端将近达到体后缘。气门板小，新月形，雄蜱的较雌蜱的稍大。无眼。

足瘦长。基节Ⅰ与基节Ⅱ稍微分开，其余基节互相靠紧。跗节Ⅰ背缘通常有 3～4 个瘤突，亚端瘤突明显。跗节Ⅱ亚端瘤突发达，但背缘的其他两个瘤突不大明显。跗节Ⅲ、Ⅳ背缘除亚端瘤突外，近端还有一个不明显的瘤突。爪正常，爪垫退化。

生物学特性　常出现在荒漠及半荒漠地带。一般栖息在沙石洞窟或野鼠类的洞穴，在刺猬洞内也曾发现。

（4）乳突钝缘蜱 *O. papillipes* Birula, 1895

定名依据　该种跗节上具有突起，最初邓国藩将其译为乳突钝缘蜱；温廷桓与陈泽（2016）修订为跗突钝缘蜱。后经再三斟酌，尽管跗突钝缘蜱更为贴近原意，但鉴于乳突钝缘蜱已广泛使用，且意思相通，为避免混乱，本书保留为乳突钝缘蜱。西方学者一直认为该种是左氏钝缘蜱 *O. tholozani*（Laboulbene & Mégnin, 1882）的同物异名（Hoogstraal，1985），而东欧学者坚持两者为独立种（Filippova，1966）。在达成共识前，目前将乳突钝缘蜱暂定为有效种。

宿主　一般寄生于狐、野兔、刺猬等中小型哺乳动物上，有时也寄生于绵羊、犬等家畜，也侵袭人。

分布 国内：山西、新疆；国外：阿富汗、俄罗斯、伊朗、印度。

鉴定要点

体表颗粒状；身体前端逐渐变窄，顶突短；横沟比较直或呈波纹状，并与肛后中沟相交近似直角；跗节Ⅰ背缘不具明显瘤突。

具体描述

成蜱（图 7-49，图 7-50）

大型或中型蜱。体略似卵圆形，雌蜱体长多数 6～8 mm，最长可达 10 mm，宽 3.5～4.5 mm。雄蜱平均为 5.5 mm×3.2 mm。两侧缘直而近似于平行；前部逐渐收窄，边缘略呈微波状，顶端尖窄突出；后部边缘宽圆。体色黄灰或灰色。

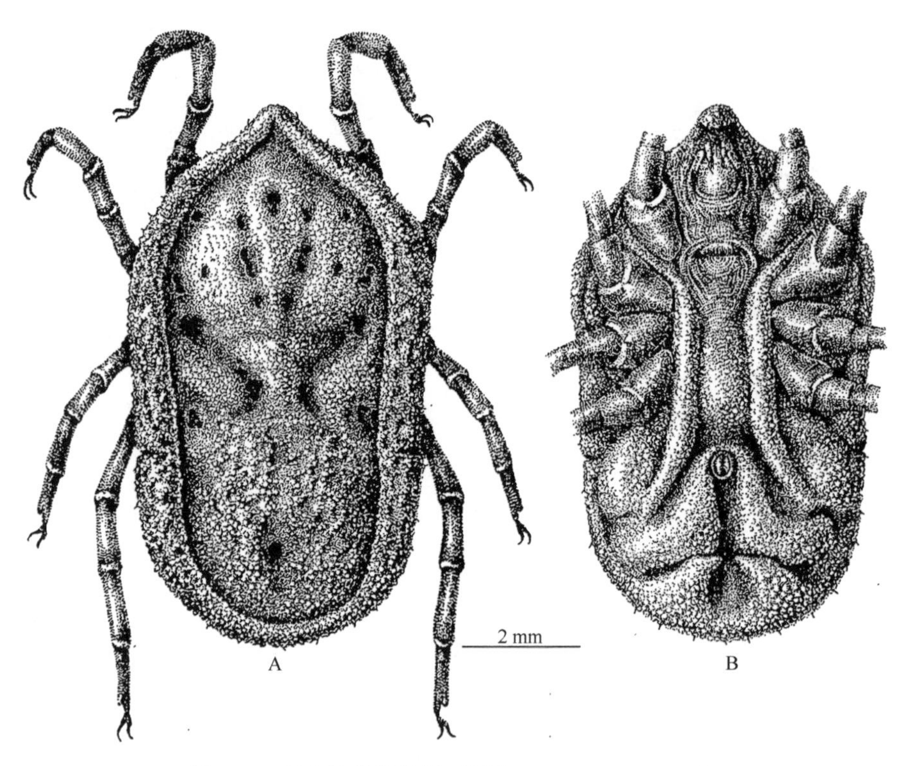

图 7-49 乳突钝缘蜱雌蜱（引自：Filippova，1966）
A. 背面观；B. 腹面观

体缘有较宽的缘褶，但吸血后不明显，在背腹沟处体缘形成小缺刻，有时不大明显。表皮粗糙，遍布很多小颗粒，但不太均匀，一般连成链条状，在体后半部常连成环状；体表的皱褶为网络状，有短毛着生，靠近前缘的较明显。盘窝略小，分布不均匀；在前部偏中有 7 个，排成 3、2、2 的横列，其外侧有几对零散分布；在中部有 3 对，排成外弧形；后部相当稀少。

假头离腹面前端稍近。须肢长，按节序渐窄。口下板顶端约达须肢第Ⅱ节前缘水平线；齿式为 2|2，靠内的一列齿间距稍宽。假头基宽稍大于长，呈矩形；具口下板后毛和须肢后毛各一对，其长大致相等。顶突发达，向下方伸出，顶端圆钝。颊叶与顶突分离，呈不规则的四边形或三角形，其游离的边缘具细浅缺刻；雌蜱的颊叶一般较雄蜱发达。

生殖孔位于基节Ⅰ后缘水平线，雌蜱的呈横裂状，雄蜱的为半圆形。肛前沟明显，两侧臂向后强度弯曲。肛后横沟微波状，约位于肛门至体后端的中间点，与肛后中沟垂直或略斜相交。肛后中沟通常将近达到体后缘，其末端显著变宽。气门板小，新月形，无眼。

足瘦长。基节Ⅰ与基节Ⅱ略微分开，基节Ⅱ～Ⅳ互相靠紧。跗节Ⅰ亚端部斜削渐细，其余部分粗细大致均匀；背缘微波状，形成 4 个不明显的瘤突，亚端部瘤突短小，向端部略突出。跗节Ⅱ近端背缘有一不明显的瘤突；亚端部瘤突发达，呈半圆形突出。跗节Ⅲ、Ⅳ背缘平直，不形成瘤突，但亚端部瘤突明显，斜向上方。各后跗节背缘不具瘤突。爪正常，爪垫退化。

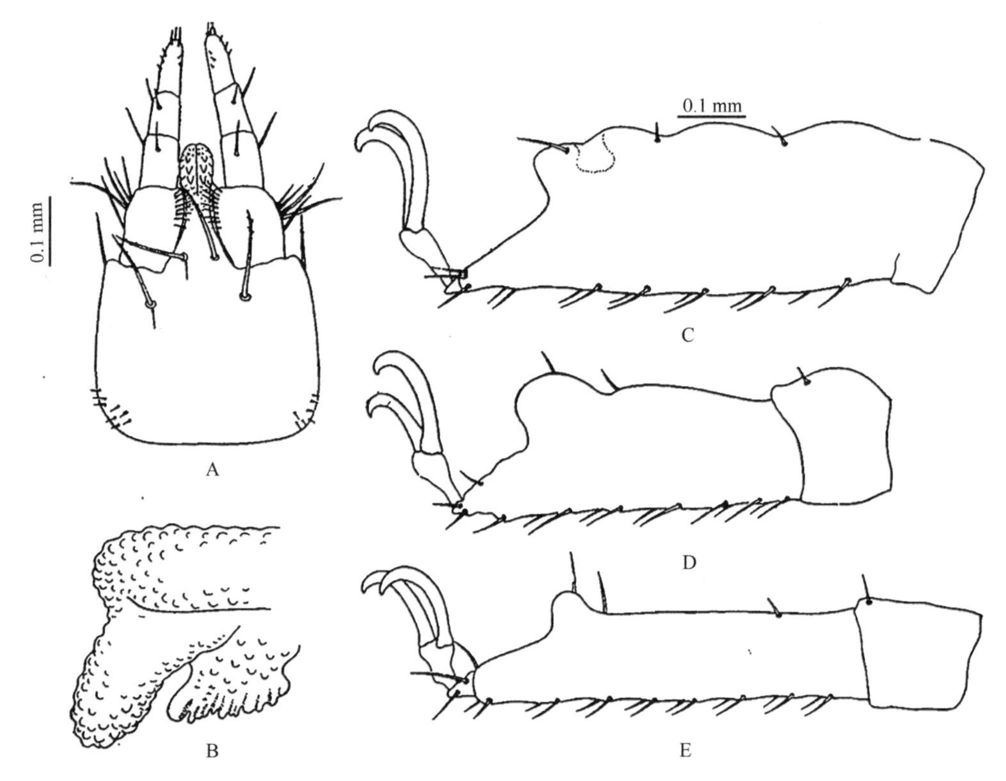

图 7-50　乳突钝缘蜱雌蜱（引自：Filippova，1966）

A. 假头背面观；B. 头窝及颊叶；C. 跗节Ⅰ；D. 跗节Ⅱ；E. 跗节Ⅳ

生物学特性　通常栖息在荒漠及半荒漠地带的中小型兽类的洞穴或岩窟内，也可隐匿在牲畜的厩舍。白天隐伏，夜间活动。

第三节　我国硬蜱的种类鉴定

一、硬蜱属 *Ixodes*

肛沟均围绕在肛门之前，为前沟型蜱；须肢及假头形状变异较大，须肢在第Ⅰ、Ⅱ节之间可动。盾板颜色单一，无珐琅斑，无缘垛及眼。气门板圆形或卵圆形。雄蜱盾板一般有明显的缘褶，腹面一般覆盖 7 块几丁质板。各足基节多数无距（少数具 1 或 2 距）；跗节均无齿。

模式种　蓖子硬蜱 *I. ricinus*（Linnaeus, 1758）

硬蜱属是硬蜱科中最大的属，现已记录 251 种。该属比较原始，在 200～180 mya 就可能形成了（甚至在泛古陆分裂之前），多数属于三宿主型。以非洲界、古北界和新北界的种类最多，澳大利亚界和东洋界的种类较少，新热带界的种类记录很少。与其他硬蜱不同，硬蜱属的雄蜱在饥饿状态下就能与雌蜱交配。

中国硬蜱属的种检索表

雌蜱

1. 足特别细长；假头基后侧角明显向外侧突出 ………………………………… 长蝠硬蜱 *I. vespertilionis* Koch

足长适中；假头基后侧角不向外侧突出 …… 2
2. 须肢粗短，且第Ⅱ节约等于或略长于第Ⅲ节，两节之间界限不明显；足基节Ⅰ无内距或内距不明显 …… 3
须肢较长，且第Ⅱ节明显长于第Ⅲ节，两节间分界明显；足基节Ⅰ具明显内距或窄小如距突 …… 7
3. 足基节Ⅰ～Ⅳ具明显外距，呈尖齿状 …… 4
足基节Ⅰ～Ⅳ无外距 …… 5
4. 孔区很大，近椭圆形；盾板表面粗糙，具较密的细小刻点，且分布均匀 …… 西氏硬蜱 *I. semenovi* Olenev
孔区适中；盾板表面光滑，无刻点 …… 伯氏硬蜱 *I. berlesei* Birula
5. 耳状突付缺；盾板呈宽卵形 …… 简蝠硬蜱 *I. simplex* Neumann
耳状突呈脊状；盾板心形 …… 6
6. 假头基在两孔区之间有弧形隆起；盾板侧脊较明显 …… 草原硬蜱 *I. crenulatus* Koch
假头基在两孔区之间无弧形隆起；无盾板侧脊 …… 嗜鸟硬蜱 *I. arboricola* Schulze & Schlottke
7. 足基节Ⅰ～Ⅳ外距不明显，脊状或付缺；基节Ⅰ内距较短，且末端钝 …… 8
足基节Ⅰ～Ⅳ或基节Ⅲ、Ⅳ外距粗短；基节Ⅰ内距较长，末端尖细 …… 9
8. 盾板心形；足基节Ⅰ、Ⅱ后缘无半透明附膜 …… 鼢鼠硬蜱 *I. myospalacis* Teng
盾板亚圆形；足基节Ⅰ、Ⅱ后缘有半透明附膜 …… 卵形硬蜱 *I. ovatus* Neumann
9. 假头基腹面后部收窄；耳状突付缺 …… 10
假头基腹面多数中部收窄；耳状突明显或不明显 …… 11
10. 盾板呈橄榄形，端部明显收窄；基节Ⅰ、Ⅱ后缘无半透明附膜 …… 钝跗硬蜱 *I. pomerantzevi* Serdjukova
盾板近似于圆形；基节Ⅰ、Ⅱ后缘有半透明附膜 …… 嗜麝硬蜱 *I. moscharius* Teng
11. 基节Ⅰ外距发达，末端超出基节Ⅱ前缘 …… 12
基节Ⅰ无外距或外距短小 …… 14
12. 盾板心形 …… 13
盾板近椭圆形 …… 雷氏硬蜱 *I. redikorzevi* Olenev
13. 假头基腹面横缝很明显；爪垫约达爪长之半 …… 锐跗硬蜱 *I. acutitarsus*（Karsch）
假头基腹面横缝很不明显；爪垫较长近爪端 …… 寄麝硬蜱 *I. moschiferi* Nemenz
14. 须肢窄长，两端明显细窄 …… 15
须肢窄长或适中，但前端不明显细窄 …… 16
15. 基突明显，盾板刻点稀少 …… 哈萨克硬蜱 *I. kazakstani* Olenev & Sorokoumov
基突付缺，盾板刻点大，分布均匀 …… 粒形硬蜱 *I. granulatus* Supino
16. 体型小；耳状突明显，尖齿状 …… 哈氏硬蜱 *I. hyatti* Clifford, Hoogstraal & Kohls
体型中等；耳状突粗短或脊状 …… 17
17. 足基节Ⅰ无外距；基节Ⅰ、Ⅱ后缘有半透明附膜 …… 18
足基节Ⅰ有外距；基节Ⅰ、Ⅱ后缘无半透明附膜 …… 19
18. 须肢较宽，且内缘明显凸出，第Ⅱ节端部最显著 …… 嗜貉硬蜱 *I. tanuki* Saito
须肢较窄长，且内缘浅弧形凸出，第Ⅱ节中部稍前最明显 …… 拟蓖硬蜱 *I. nuttallianus* Schulze
19. 须肢内缘明显凸出，第Ⅱ节中部稍前最明显；孔区小而深 …… 鼯鼠硬蜱 *I. kuntzi* Hoogstraal & Kohls
须肢内缘凸出不明显；孔区较大，间距稍大于或小于其短径 …… 20
20. 各足跗节亚端部有凸起（位于收窄处后方）；生殖孔裂口弧形 …… 克什米尔硬蜱 *I. kashmiricus* Pomerantzev
各足跗节亚端部无凸起；生殖孔裂口呈平直 …… 21
21. 耳状突明显突出，半圆形；盾板表面光滑，中部刻点稀少，周围较粗而密 …… 基刺硬蜱 *I. spinicoxalis* Neumann
耳状突较短，呈钝齿形或浅弧形；盾板刻点中等大小，且在中部较稀 …… 22
22. 足基节Ⅰ内距明显超出基节Ⅱ前缘的 1/3 …… 全沟硬蜱 *I. persulcatus* Schulze
足基节Ⅰ内距未达到或略超出基节Ⅱ前缘 …… 23
23. 足基节Ⅰ内距未达到或接近基节Ⅱ前缘 …… 日本硬蜱 *I. nipponensis* Kitaoka & Saito
足基节Ⅰ内距略超出基节Ⅱ前缘，但未达到基节Ⅱ前缘 1/3 的位置 …… 中华硬蜱 *I. sinensis* Teng

雄蜱

1. 足特别细长；肛板窄长且后部收缩 …… 长蝠硬蜱 *I. vespertilionis* Koch
足长适中；肛板两端收窄或后部渐宽 …… 2

2. 足基节Ⅰ无内距或内距不明显；基节Ⅱ～Ⅳ无外距或呈脊状……3
足基节Ⅰ有内距；基节Ⅱ～Ⅳ或至少基节Ⅳ具粗短外距……5
3. 无缘褶；基节Ⅳ后缘分布稠密小刺……简蝠硬蜱 *I. simplex* Neumann
缘褶明显；基节Ⅳ后缘无小刺……4
4. 肛沟呈圆弧形；足基节Ⅰ后内角尖细……草原硬蜱 *I. crenulatus* Koch
肛沟顶端平钝，呈截状；足基节Ⅰ后内角圆钝……嗜鸟硬蜱 *I. arboricola* Schulze & Schlottke
5. 足基节Ⅰ内距短小，长度等于或小于其外距；假头基腹面横基弯向前方，如弯向后方则基节Ⅲ后缘有半透明附膜……6
足基节Ⅰ内距发达，长度明显超出其外距；假头基腹面横基弯向后方且基节Ⅲ后缘无半透明附膜……7
6. 假头基基突付缺；肛板前窄后宽略呈拱形……卵形硬蜱 *I. ovatus* Neumann
假头基基突粗短；肛板中部最宽略呈椭圆形……粒形硬蜱 *I. granulatus* Supino
7. 足基节Ⅰ内、外距异常发达且相互靠近，外距末端超出基节Ⅱ前缘……8
足基节Ⅰ仅有较长内距，如有外距则短小且与内距相隔较远……9
8. 盾板刻点稀少，缘褶很大；中板宽大且长、宽约等……锐跗硬蜱 *I. acutitarsus*（Karsch）
盾板刻点稠密，缘褶较窄；中板窄长且长显著大于宽……寄麝硬蜱 *I. moschiferi* Nemenz
9. 体型小；气门板小，近似卵形或卵圆形……10
体型中等大小；气门板大，近似卵圆形……11
10. 体型略呈卵圆形，前部较窄后部较宽；耳状突呈尖齿状；口下板齿式侧缘较内缘粗长……哈氏硬蜱 *I. hyatti* Clifford, Hoogstraal & Kohls
体型略呈椭圆形；耳状突钝齿状；口下板齿式侧缘明显长于内缘……哈萨克硬蜱 *I. kazakstani* Olenev & Sorokoumov
11. 足基节Ⅰ、Ⅱ后缘有窄的半透明附膜，无外距……12
足基节Ⅰ、Ⅱ后缘无半透明附膜，有外距……14
12. 无耳状突；足基节Ⅰ内距较短，未达到基节Ⅱ前缘……嗜麝硬蜱 *I. moscharius* Teng
耳状突粗短或呈脊状；足基节Ⅰ内距较长且超出基节Ⅱ前缘……13
13. 口下板侧缘齿大而尖且向外侧突出；中板后缘呈浅弧形……嗜貉硬蜱 *I. tanuki* Saito
口下板侧缘齿等于或短于中部齿且不向外侧突出；中板后缘弧度较深……拟蓖硬蜱 *I. nuttallianus* Schulze
14. 耳状突较明显；足基节Ⅰ内距约达基节Ⅱ中部……基刺硬蜱 *I. spinicoxalis* Neumann
耳状突短钝或很不明显；足基节Ⅰ内距约达基节Ⅱ前1/3……15
15. 口下板侧缘齿等于或短于中部齿且不向外侧突出；肛板中部最宽，近椭圆形……鼯鼠硬蜱 *I. kuntzi* Hoogstraal & Kohls
口下板侧缘齿大而尖且向外侧突出；肛板后部最宽，近拱形……16
16. 假头基腹面横脊呈圆角状向后突出；耳状突较明显呈钝齿状……全沟硬蜱 *I. persulcatus* Schulze
假头基腹面横脊向后呈浅弧形弯曲；耳状突短小、圆钝或不明显……17
17. 耳状突短钝；假头基腹面横脊长且中段略弯……中华硬蜱 *I. sinensis* Teng
耳状突不明显；假头基腹面横脊短呈浅弧形但未达到耳状突……克什米尔硬蜱 *I. kashmiricus* Pomerantzev

（1）锐跗硬蜱 *I. acutitarsus*（Karsch, 1880）

定名依据　*acuti*-尖锐；*tarsus* 跗节。

宿主　幼蜱、若蜱寄生于啮齿动物和食虫动物。成蜱寄生于犬、山羊、岩羊、黄牛、犏牛、大熊猫、黑熊、野猪、斑羚 *Naemorhedus goral*、林麝 *Moschus berezovskii*、红嘴蓝鹊等，也侵袭人。

分布　国内：甘肃、湖北、青海、四川、台湾、西藏、新疆、云南；国外：缅甸、尼泊尔、日本、泰国、印度、越南。

鉴定要点

雌蜱须肢较长，且第Ⅱ节明显长于第Ⅲ节，两节间分界明显。假头基后侧角不向外突出；腹面中部收窄，横缝很明显。盾板心形。足长适中；足基节Ⅰ～Ⅳ具明显外距，基节后缘无半透明附膜；基节Ⅰ外距发达，末端超出基节Ⅱ前缘，内距较长，末端尖细。爪垫约达爪长之半。

雄蜱的须肢、假头基（无孔区）鉴别要点同雌蜱类似。盾板刻点稀少，缘褶很大，腹面中板宽大且长宽约等。足长适中，与雌蜱相似，但基节Ⅱ～Ⅳ较窄。

具体描述

雌蜱（图 7-51，图 7-52）

体型大，卵圆形；长（包括假头）宽为（6.13～7.23）mm ×（3.28～3.56）mm，中部稍后最宽。缘沟深；缘褶肥大，后端稍窄。

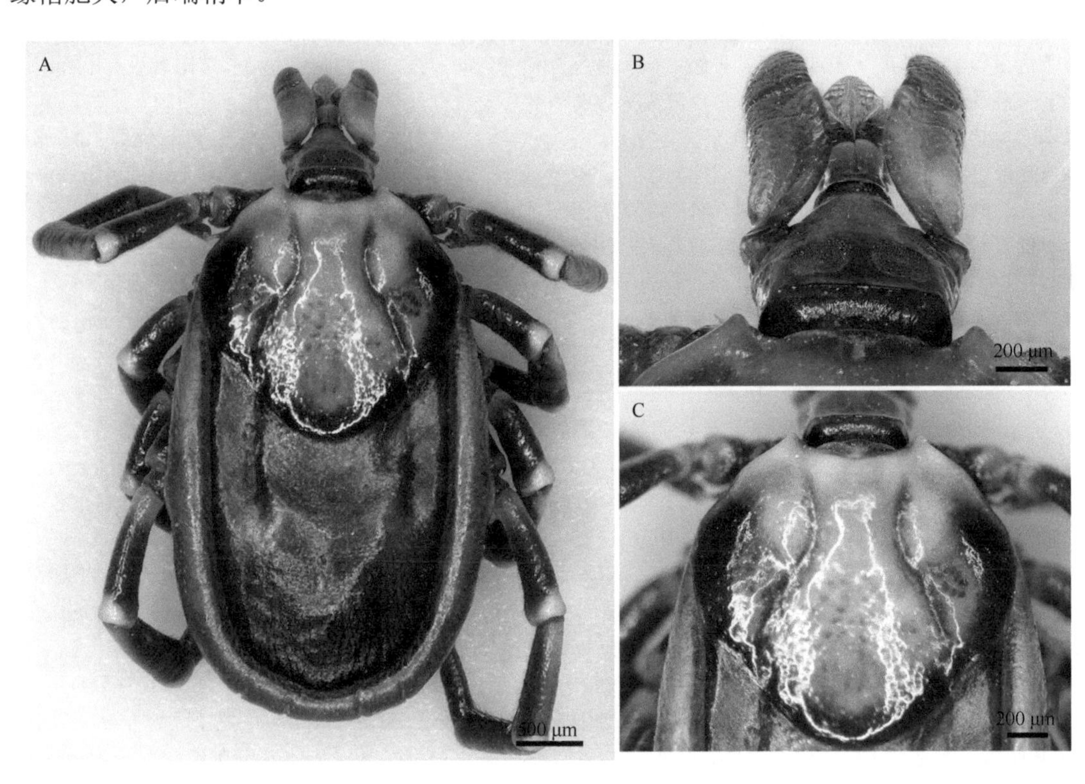

图 7-51　锐跗硬蜱雌蜱

A. 背面观；B. 假头背面观；C. 盾板

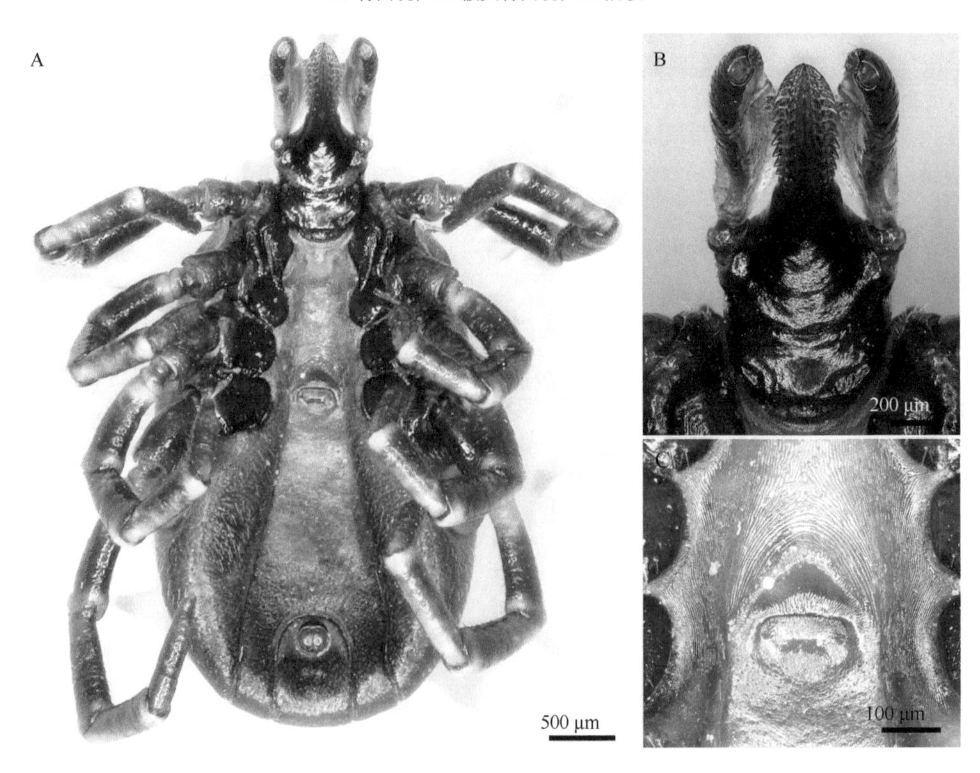

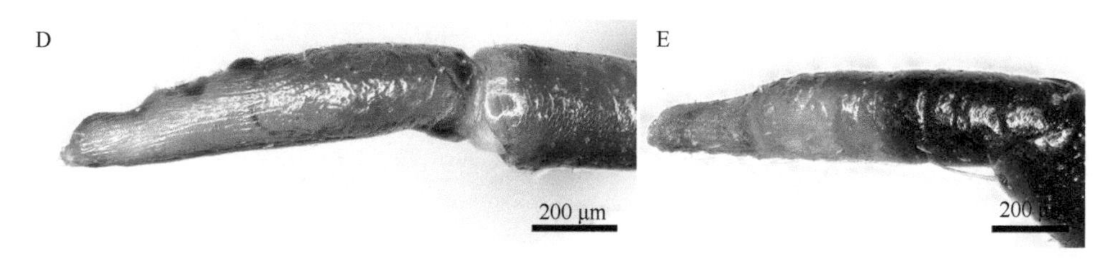

图 7-52 锐跗硬蜱雌蜱

A. 腹面观；B. 假头腹面观；C. 生殖孔；D. 跗节Ⅰ；E. 跗节Ⅳ

须肢明显窄长，长约为宽的 4 倍；前端圆钝；第Ⅰ节外侧呈结节状凸出；第Ⅱ节外缘略内弯，内缘浅弧形凸出，第Ⅲ节两侧缘向前弧形收窄。第Ⅱ节长约为第Ⅲ节的 2 倍。假头基近似倒置梯形，两侧向后略收窄，后缘略直。无基突。孔区卵圆形，向内斜置，间距小于其短径。假头基腹面宽阔，中部收窄，横缝明显；无耳状突。口下板剑形；齿冠细齿 4|4，主部齿式 2|2，中部有较宽的隆脊分隔，靠侧缘的齿较发达，每纵列具齿约 10 枚。

盾板近似心形，长宽为（2.15～2.33）mm×（2.13～2.38）mm，前 1/3 稍后处最宽。缘凹宽浅，肩突粗短。颈沟浅而明显，前段向后内斜，后段向后外斜，末端达盾板后侧缘。侧脊不明显。盾板表面光亮，其上散布小刻点，中部稀少，周围稍密。

足长，各足相似。基节Ⅰ有 2 长距，内距弯，指向生殖孔，末端约超过基节Ⅱ的 1/2，外距较短，向外弯曲，略超过基节Ⅱ前缘；基节Ⅱ～Ⅳ宽约为长的 1.5 倍，内距均不明显，呈脊状，外距粗短。跗节Ⅰ亚端部略收窄，跗节Ⅳ亚端部逐渐细窄。各足爪垫短，约达爪长的 1/2。生殖孔位于基节Ⅳ水平线；生殖沟向后外斜。肛沟近似马蹄形，两侧近似平行。气门板大，亚圆形，气门斑位置靠前。

雄蜱（图 7-53，图 7-54）

体型大，卵圆形；中部稍后最宽，长（包括假头）宽为（3.28～4.83）mm ×（2.68～3.27）mm。缘沟深；缘褶肥大，后端稍窄。

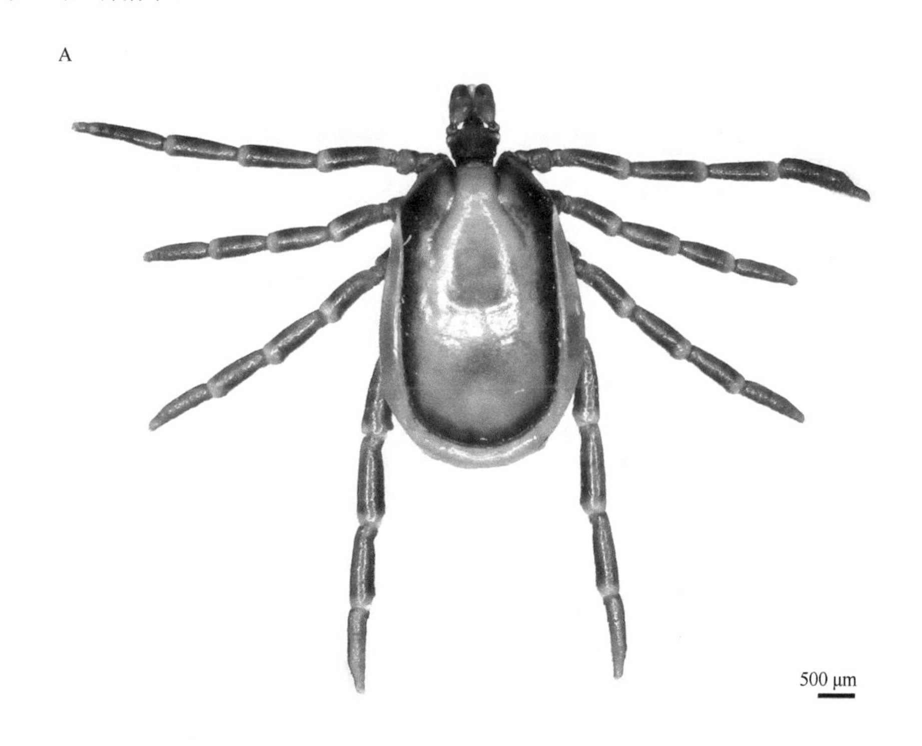

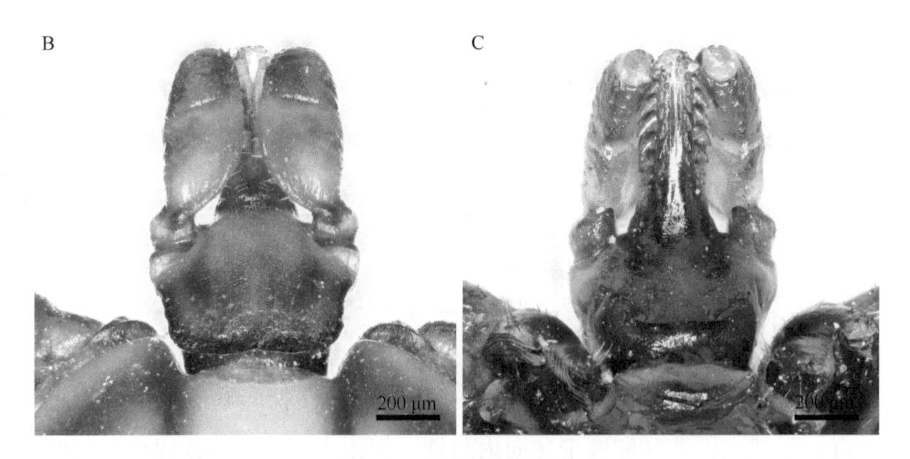

图 7-53　锐跗硬蜱雄蜱

A. 背面观；B. 假头背面观；C. 假头腹面观

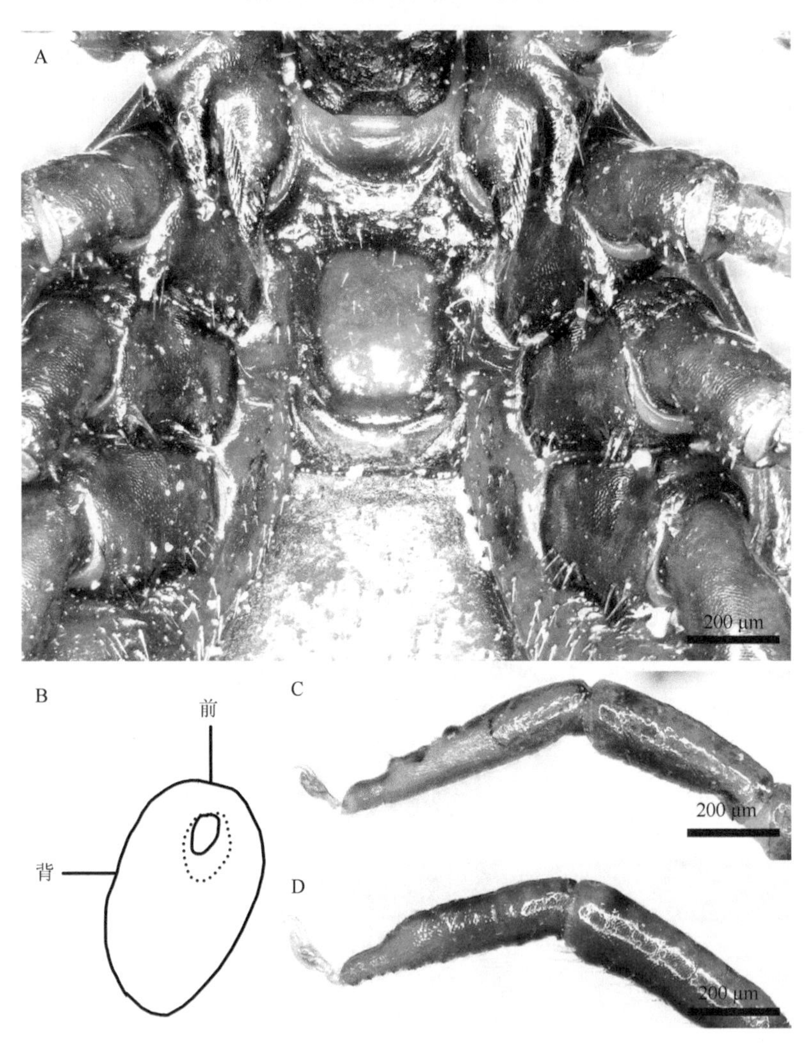

图 7-54　锐跗硬蜱雄蜱

A. 基节及生殖孔；B. 气门板；C. 跗节 I；D. 跗节Ⅳ

须肢较长，前端圆钝；第 I 节外侧呈结节状凸出；第 II 节外缘略直，内缘浅弧形凸出，第III节两侧缘向前弧形收窄。第 II 节长约为第III节的 2 倍。假头基近似倒置梯形，两侧向后略收窄，后缘略直。基突付缺。假头基腹面宽阔，两侧缘向后收窄，后缘较平直。耳状突不明显。口下板剑形，比雌蜱略短；

齿冠细齿 4|4，主部齿式 2|2，中部有较宽的隆脊分隔，靠侧缘的齿较发达，每纵列具齿约 7 枚。

盾板缘凹宽浅，肩突粗短。颈沟浅，前段向后内斜，后段向后显著外斜。盾板表面光亮，其上散布小刻点，中部稀少，颈沟外侧稍多而明显。

足长，各足相似。基节Ⅰ有 2 长距，内距弯，指向生殖孔，末端约超过基节Ⅱ的 1/2，外距较短，略微超过基节Ⅱ前缘；基节Ⅱ～Ⅳ内距均不明显呈脊状，外距粗短。跗节Ⅰ亚端部明显收窄，跗节Ⅳ亚端部逐渐细窄。各足爪垫短，约达爪长的 1/2。生殖孔位于基节Ⅲ之间水平线；生殖沟向后外斜。生殖前板长形；中板近似六边形，长与宽约等，前、后缘平行，后侧缘与后缘连接成钝角，前侧缘弧形凸出，与生殖沟相邻；肛板宽短，前端圆钝，两侧向后外斜。气门板大，卵圆形，气门斑位置靠前。

若蜱（图 7-55）

身体呈卵圆形，前端稍窄；长（包括假头）宽为（2.24～3.85）mm ×（0.88～1.88）mm。

假头背面（包括基突）长宽为（0.75～0.85）mm ×（0.35～0.43）mm。假头基近似三角形，后缘略直，基突中等大小，末端尖细，指向后方。须肢窄长，长宽为（0.63～0.7）mm ×（0.11～0.14）mm；第Ⅱ节外缘略内弯，内缘浅弧形凸出，第Ⅲ节两侧缘向前弧形收窄；第Ⅱ节显著长于第Ⅲ节。假头基腹面后缘平直，耳状突之后略为收窄。耳状突明显，宽三角形，指向后侧方。口下板棒状，顶端圆钝；齿式 2|2，每纵列具齿 14 枚。

盾板呈长卵形，长宽为（0.99～1.03）mm ×（0.70～0.82）mm，前 1/3 处最宽。肩突圆钝。表面光滑，刻点和刚毛稀少。侧脊明显。颈沟前段向后内斜，后段向后外斜，几乎达到侧脊末端。

基节Ⅰ两距粗短，内距大于外距。各转节无距。基节Ⅱ～Ⅳ内距付缺，外距三角形，按节序渐小。肛瓣刚毛 3 对。气门板近似圆形。

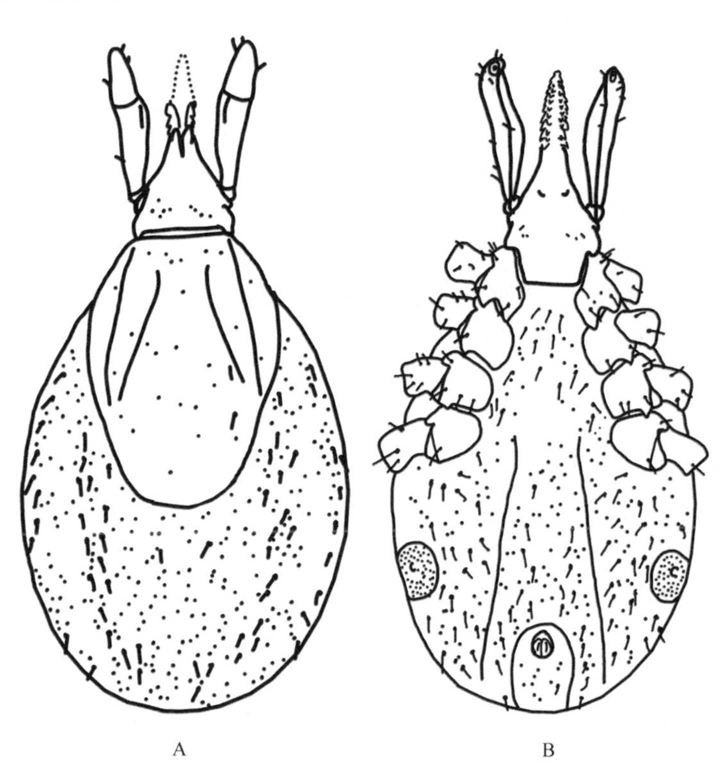

图 7-55　锐跗硬蜱若蜱（参考：邓国藩和姜在阶，1991）
A. 背面观；B. 腹面观

幼蜱（图 7-56）

身体呈卵圆形，前端稍窄，中部附近最宽；长（包括假头）宽为（0.94～1.32）mm ×（0.5～0.73）mm。

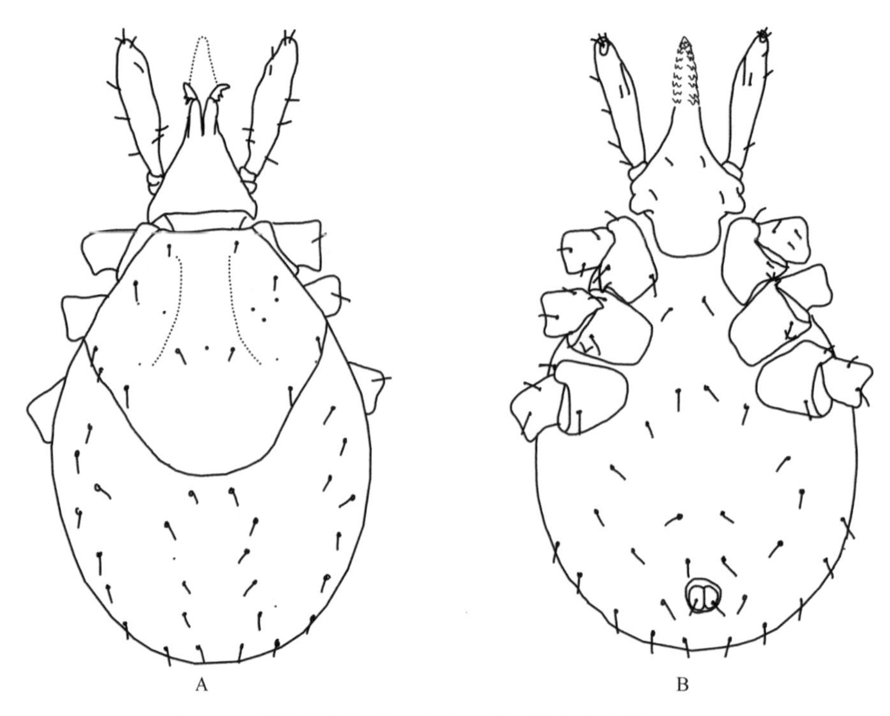

图 7-56　锐跗硬蜱幼蜱（参考：邓国藩和姜在阶，1991）
A. 背面观；B. 腹面观

假头呈三角形，背面长宽为（0.27～0.312）mm ×（0.18～0.22）mm。须肢窄长，长宽为（0.23～0.25）mm ×（0.02～0.05）mm；第Ⅱ、Ⅲ节分界不明显；第Ⅰ节刚毛 0 根，第Ⅱ、Ⅲ节刚毛背面 9 根、腹面 4 根，第Ⅳ节刚毛 12～14 根。假头基近似三角形，后缘平直；基突小，斜向后侧方。假头基腹面宽阔，耳状突之后收窄，后缘宽弧形；耳状突明显，呈钝齿状。口下板窄长，末端尖细，齿式 2|2；齿区长宽为（0.12～0.13）mm ×（0.02～0.05）mm；外列齿 9～12 枚，内列齿 9～10 枚。

盾板呈亚圆形，长宽为（0.38～0.41）mm ×（0.39～0.43）mm。前段向后内斜，后段向后外斜，末端未达到盾板后侧缘。

基节Ⅰ内距粗大，呈宽三角形；外距小，呈尖齿状；基节Ⅱ内距付缺，外距小；基节Ⅲ无距。各基节分别具刚毛 3 根、2 根、2 根。各转节无距。跗节Ⅰ粗壮，端部逐渐细窄，长宽为（0.226～0.245）mm ×（0.072～0.089）mm。

生物学特性　生活在山林地带。云南、湖北 6 月可见成蜱；甘肃（文县）3 月、4 月及 12 月均可在宿主上发现成蜱；西藏（南部）4～5 月常发现成蜱；台湾 12 月至翌年 2 月均可发现成蜱。该蜱的活动季节很长，在冬、春、夏季均可发现。

蜱媒病　能自然感染土拉杆菌。

（2）嗜鸟硬蜱 *I. arboricola* Schulze & Schlottke, 1930

定名依据　*arboricola* 意为生活在树上“growing in trees”，但嗜鸟硬蜱已被广泛使用。

宿主　主要为鸟类，包括猫头鹰、鹦鹉、麻雀 *Passer montanus*、大山雀 *Parus major newtoni*、紫翅椋鸟 *Sturnus vulgaris*、赭红尾鸲 *Phoenicurus ochruros*、斑鹟 *Muscicapa striata*、普通䴓 *Sitta europaea affinis* 等。

分布　国内：甘肃、内蒙古、青海、西藏、新疆；国外：阿富汗、埃及、奥地利、保加利亚、波兰、丹麦、德国、法国、芬兰、荷兰、捷克、罗马尼亚、挪威、苏联、瑞典、瑞士、斯洛伐克、匈牙利、英国。

鉴定要点

雌蜱须肢粗短，且第Ⅱ节长度约等于第Ⅲ节，两节之间界限不明显。假头基在两孔区之间无弧形隆起；后侧角不向外突出；腹面宽阔，横缝明显，耳状突呈脊状。盾板近心形，无盾板侧脊。足长适中；足基节Ⅰ～Ⅳ无外距及内距，后内角均圆钝，基节后缘无半透明附膜。爪垫约达爪长 1/3。

雄蜱的须肢、假头基（无孔区）鉴别要点同雌蜱类似。盾板缘褶明显，表面略有皱纹，刻点较粗，在侧部及后部较为明显。腹面中板多边形，靠后部最宽；肛沟顶端平钝，呈截状；肛板后部渐宽。足长适中，与雌蜱相似。

具体描述

雌蜱（图 7-57）

体呈卵圆形，中部稍后最宽，前部收窄，后部圆弧形。长（包括假头）宽为（2.10～2.59）mm ×（1.47～1.59）mm。缘沟深；缘褶较窄。

须肢粗短，呈短棒状，前端窄钝，外缘较直，内缘弧形凸出；表面有细毛，在第Ⅱ、Ⅲ节分界处最宽；第Ⅱ节长度约等于第Ⅲ节，两节之间界限不明显。假头基背面宽短，近似矩形；两侧缘近于平行或向后稍窄，后缘直，中部向内弯曲；表面扁平，正中具细窄浅陷。孔区大，边缘接近假头基的侧缘及后缘；呈卵圆形，间距略小于其短径；基突付缺。假头基腹面宽阔，中部收窄，后缘略呈弧形凸出；耳状突短小，呈脊状。口下板呈棒状，前端圆钝，两侧近于平行；齿式端部 4|4，中间 3|3，基部为 2|2，侧缘的齿较发达。

盾板近似心形，前 1/3 处最宽；长宽为（0.80～0.92）mm ×（0.69～0.83）mm。缘凹宽浅，肩突粗短。颈沟浅，前段向后内斜，后段浅弯，向后外斜，末端达盾板后侧缘。两侧区具皱褶，侧脊不明显。刻点少，分布较浅，两侧及后部具较多细毛。

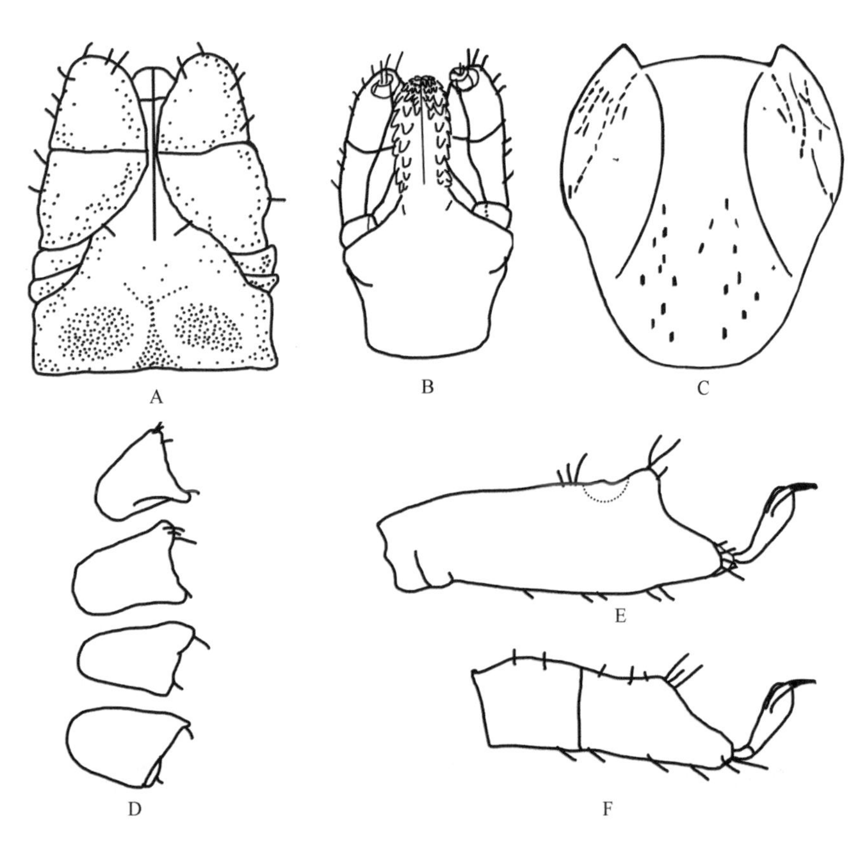

图 7-57　嗜鸟硬蜱雌蜱（部分参考：邓国藩和姜在阶，1991）

A. 假头背面观；B. 假头腹面观；C. 盾板；D. 基节；E. 跗节Ⅰ；F. 跗节Ⅳ

足长中等。基节宽短，无距，后内角圆钝，后外角略呈隆脊状。跗节Ⅰ亚端部隆突发达，向前骤然收窄。跗节Ⅳ亚端部隆突略小于跗节Ⅰ。爪垫短，约及爪长的1/3。

生殖孔位于基节Ⅱ、Ⅲ之间的水平线。肛沟前端收窄，两侧向后外斜。气门板近似圆形，气门斑位置靠前。

雄蜱（图7-58）

体呈卵圆形，长（包括假头）宽为（1.98～2.13）mm ×（1.22～1.43）mm；两侧近于平行，中部稍后最宽；缘褶明显，较窄。

假头短小。须肢粗短，中部稍后最宽，前端窄钝，外缘较直，内缘弧形凸出；第Ⅱ、Ⅲ节分界不明显，表面细毛稀少。假头基呈矩形，表面扁平，分布小刻点；两侧缘近于平行，后缘较直；基突付缺。假头基腹面宽圆，后缘弧形，耳状突呈脊状。口下板前端中部凹入，两侧向后渐宽；齿小，侧缘的齿较尖，中部的齿较钝。

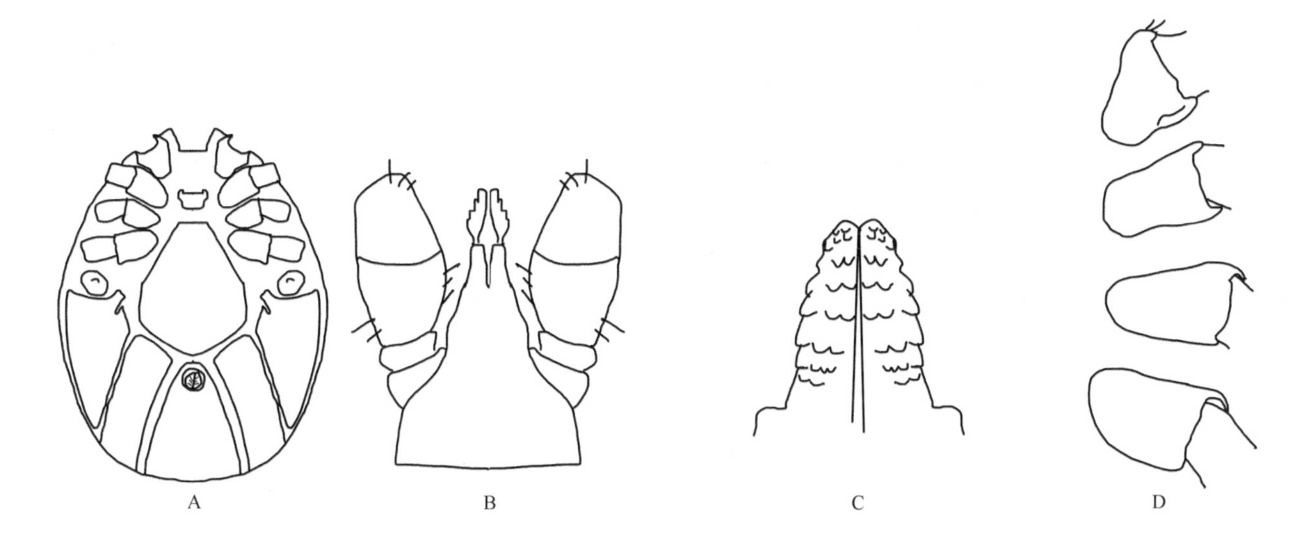

图7-58　嗜鸟硬蜱雄蜱（部分参考：邓国藩和姜在阶，1991）
A. 躯体腹面观；B. 假头背面观；C. 口下板；D. 基节

盾板呈卵圆形，中部略隆起，表面不光滑，略有褶纹。缘凹宽浅，肩突粗短。颈沟浅，前段内斜，后段显著外斜。刻点较粗，主要分布在盾板周缘。

足长中等，各基节均无距，爪垫短小，约及爪长的1/3。生殖孔位于基节Ⅱ和基节Ⅲ之间的水平线。腹板上散布小刻点和细毛；中板呈多边形，靠后部1/3处最宽；肛板前端窄钝，两侧向后外斜；肛侧板窄长，前、后宽度约等。

若蜱（图7-59）

身体呈卵圆形，前端稍窄，后端宽弧形。

须肢粗短，前端圆钝，外缘略直，内缘浅弧形凸出；第Ⅰ节背、腹面可见，第Ⅱ、Ⅲ节约等长。假头基近似矩形，两侧平行，后缘直或略微呈弧形内凹；基突付缺。假头基腹面宽阔，中部收窄，后侧缘弧形；耳状突呈脊状。口下板粗短，前端圆钝，中部最宽；齿冠短小，齿式端部4|4，中间3|3，基部2|2。口下板后毛2对，短小。

盾板近似盾形，长稍大于宽，前部最宽，向后渐窄，后缘窄弧形。缘凹宽浅，肩突短钝。颈沟前段窄而浅，向后内斜，后段较宽而深，转为外斜。表面光滑，刻点稀少。

足长中等。各基节无距，基节Ⅰ后内角圆钝。跗节Ⅰ亚端部隆突明显，向前骤然收窄；跗节Ⅱ～Ⅳ亚端部隆突较小。爪垫短小。肛沟前端尖窄，两侧向后外斜。气门板呈卵圆形，气门斑位置靠前。

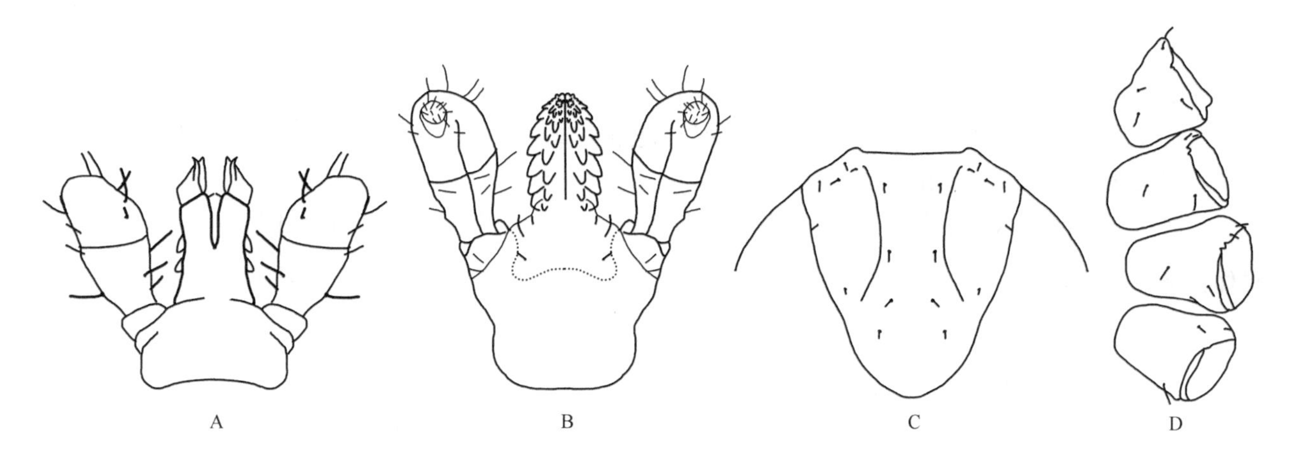

图 7-59　嗜鸟硬蜱若蜱（参考：邓国藩和姜在阶，1991）
A. 假头背面观；B. 假头腹面观；C. 盾板；D. 基节

幼蜱（图 7-60）

身体呈宽卵形，前端稍窄，后部宽弧形。

须肢粗短，前端圆钝，外缘较直，内缘弧形凸出；第Ⅰ节背、腹面可见；第Ⅱ、Ⅲ节分界不明显。假头基短小，近似矩形；后缘略微内凹，后侧缘略呈角状。假头基腹面宽阔，后部稍窄，后缘浅弧形；耳状突付缺。口下板粗短，前端圆钝，中部最宽，基部稍窄；齿冠短小，齿式端部 3|3，主部 2|2。口下板后毛 2 根。

盾板光滑，略似心形，前部最宽，向后渐窄。缘凹宽浅，肩突短钝。颈沟不明显。盾板刚毛 5 对，短小；异盾刚毛略长。

足长中等。基节Ⅰ内距呈脊状，不明显，外距付缺；基节Ⅱ、Ⅲ无距。各跗节亚端部短，逐渐收窄。爪垫短小。

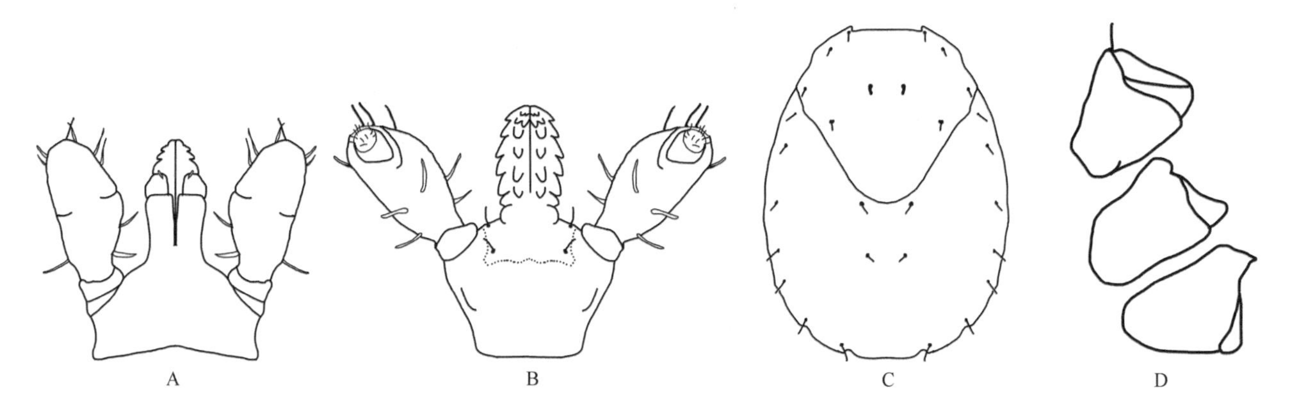

图 7-60　嗜鸟硬蜱幼蜱（参考：邓国藩和姜在阶，1991）
A. 假头背面观；B. 假头腹面观；C. 躯体背面观；D. 基节

生物学特性　多出现在树洞的鸟巢中。若蜱和雌蜱 5～7 月可在宿主上发现。雄蜱多生活于寄主巢内，宿主上未发现雄蜱。

（3）伯氏硬蜱 *I. berlesei* Birula, 1895

定名依据　以人名命名。

宿主　主要寄生于家鸽、野鸽、紫翅椋鸟 *Sturnus vulgaris* 等。

分布　国内：新疆；国外：塔吉克斯坦、乌兹别克斯坦、西伯利亚、西欧。

鉴定要点

雌蜱须肢粗短，且第Ⅱ节约等于第Ⅲ节，两节之间界限不明显。假头基孔区适中；后侧角不向外突出；腹面宽阔，腹面耳状突宽齿状。盾板近心形，表面光滑，无刻点。足长适中；足基节Ⅰ～Ⅳ具明显外距，呈尖齿状；基节Ⅰ、Ⅱ有很小的内距。

雄蜱盾板光滑，爪垫短小。基节Ⅰ～Ⅳ具有外距；基节Ⅰ～Ⅲ有内距。气门板圆形。

具体描述

雌蜱（图 7-61）

体型较小；身体呈宽卵形，前端较窄，后部宽弧形；长（包括假头）宽约 1.5 mm×0.8 mm。

假头短，须肢第Ⅱ、Ⅲ节分界不明显。假头基刻点稀少，表面光滑，后缘弧形，后侧缘呈角状；假头基腹面宽阔，耳状突发达，呈钝齿状，耳状突下方弧形收窄。口下板棒状；齿式端部 3|3，中、后部 2|2。

盾板近似心形，长大于宽，表面光滑，无刻点，异盾具细毛。颈沟明显，前端内斜，向后转为外斜。基节Ⅰ～Ⅳ具有外距，基节Ⅰ、Ⅱ内距较明显。转节Ⅰ～Ⅲ具短钝的腹距。爪垫短小，不及爪长的 1/2。

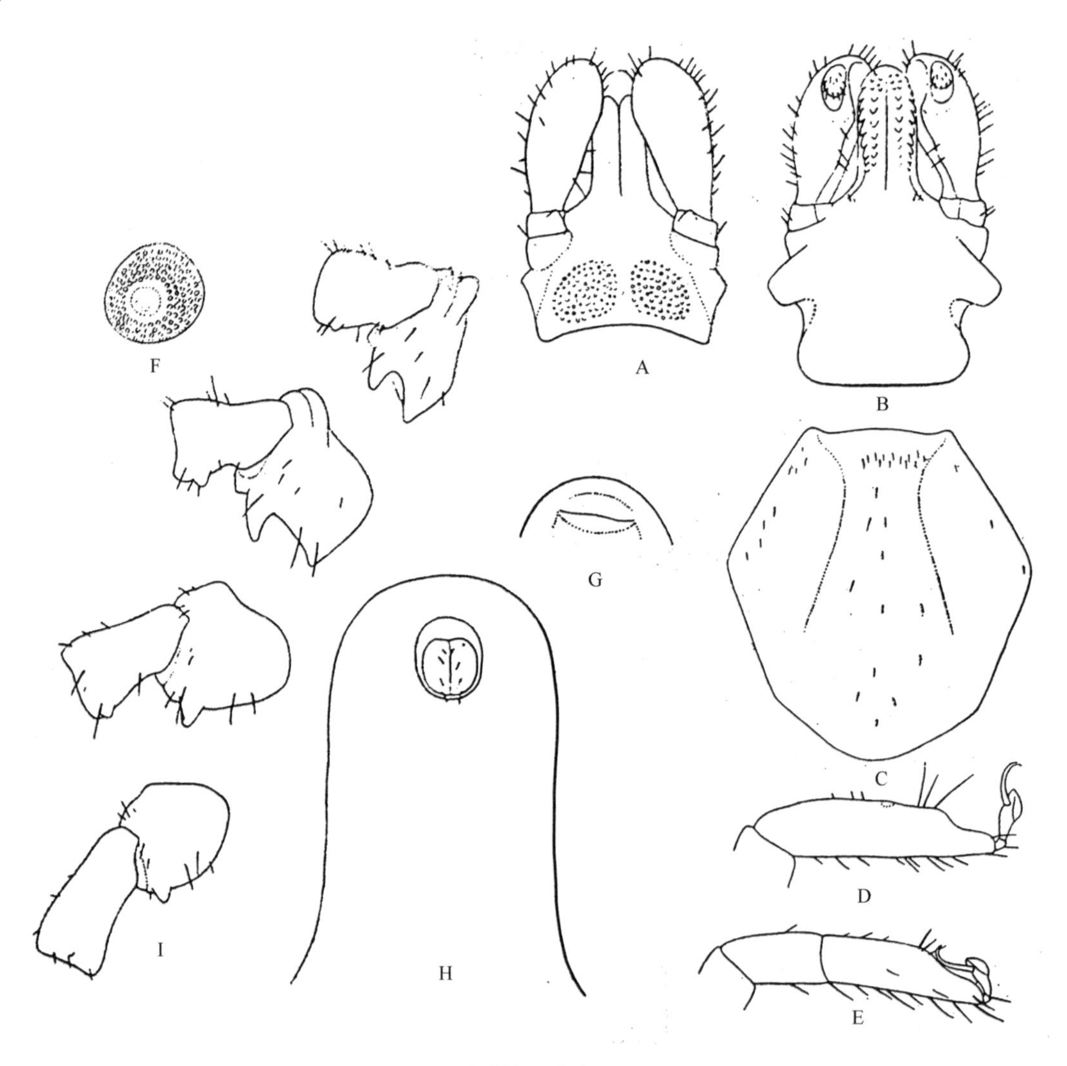

图 7-61　伯氏硬蜱雌蜱（参考：Birula，1895）

A. 假头背面观；B. 假头腹面观；C. 盾板；D. 跗节Ⅰ；E. 跗节Ⅳ；F. 气门板；G. 生殖孔；H. 肛门；Ⅰ. 基节

雄蜱

体型小，身体呈椭圆形。盾板光滑。假头短小，假头基背、腹面均无齿突。基节Ⅰ～Ⅳ均具外距；基节Ⅰ～Ⅲ具内距，基节Ⅳ无内距。爪垫短小，不及爪长的1/2。气门板呈圆形。

（4）草原硬蜱 *I. crenulatus* Koch, 1844

定名依据　*crenulatus* 意为“minutely crenate or notched”，故该种的中文译名应为刻痕硬蜱。然而，早期翻译的草原硬蜱已被广泛使用。

宿主　以洞穴型小型动物为主，包括喜马拉雅旱獭 *Marmota himalayana*、天山旱獭 *M. baibacina*、草狐 *Vulpes vulpes*、獾 *Meles meles*、长尾黄鼠 *Citellus undulatus*、普通刺猬 *Erinaceus europaeus*、香鼬 *Mustela altaica*、高原兔 *Lepus oiostolus* 等，也寄生于犬、紫翅椋鸟 *Sturnus vulgaris*、云雀 *Alauda* sp.、麻雀 *Passer* sp.上。

分布　国内：甘肃、黑龙江、吉林、辽宁、内蒙古、青海、四川、西藏、新疆；国外：阿富汗、埃及、巴勒斯坦、保加利亚、波兰、丹麦、德国、法国、克什米尔地区、黎巴嫩、罗马尼亚、蒙古国、苏联、瑞士、西班牙、匈牙利、伊朗、意大利、印度、英国。

鉴定要点

雌蜱须肢粗短，且第Ⅱ节约等于第Ⅲ节，两节之间界限不明显。假头基在两孔区之间有弧形隆起；后侧角不向外突出；耳状突呈脊状。盾板近心脏形，盾板侧脊较明显。足长适中；足基节Ⅰ～Ⅳ无外距及内距，基节后缘无半透明附膜。爪垫不及爪长的1/3。

雄蜱的须肢、假头基（无孔区）鉴别要点同雌蜱类似；盾板缘褶明显，刻点中等大小，分布大致均匀。腹面中板长约为宽的1.3倍，后端较前端窄。足长适中，与雌蜱相似。

具体描述

雌蜱（图 7-62～图 7-64）

身体呈卵圆形，长（包括假头）宽为（2.51～2.70）mm ×（1.41～1.61）mm，中部稍后最宽。缘褶明显，后部明显较宽。

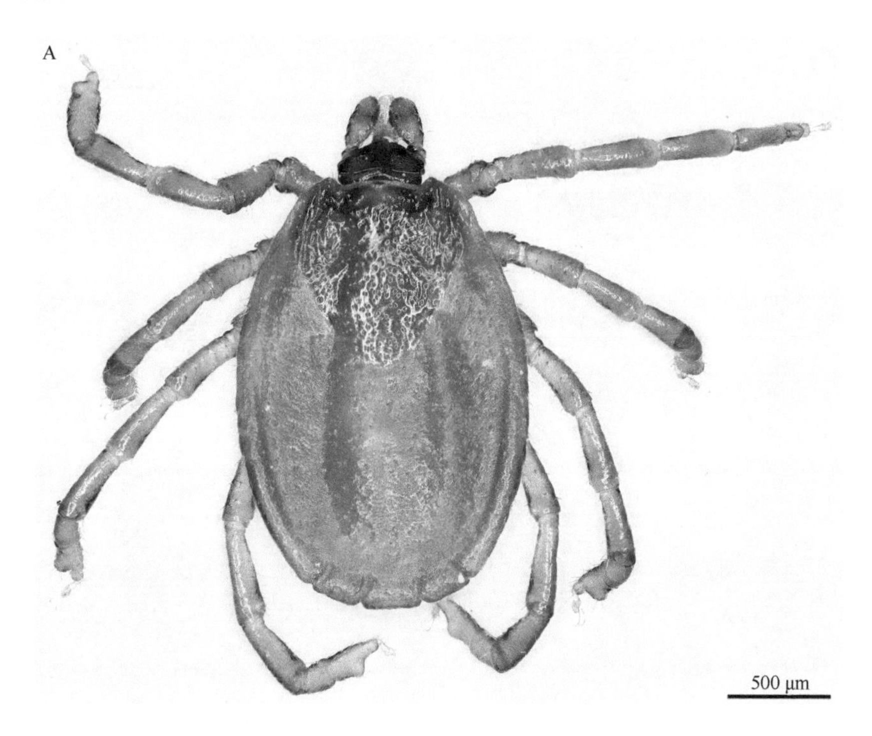

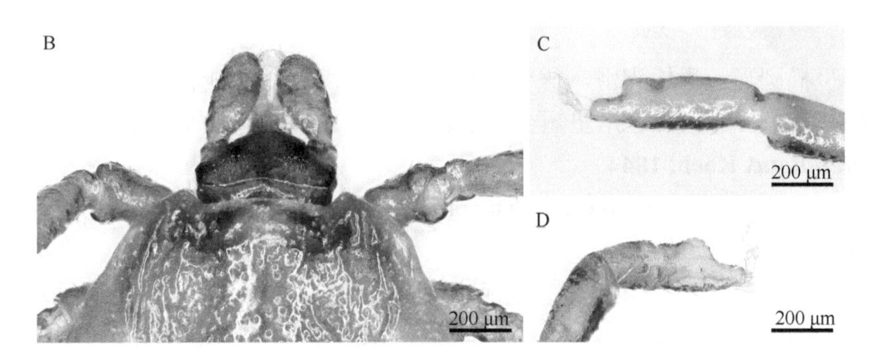

图 7-62　草原硬蜱雌蜱

A. 背面观；B. 假头背面观；C. 跗节 Ⅰ；D. 跗节Ⅳ

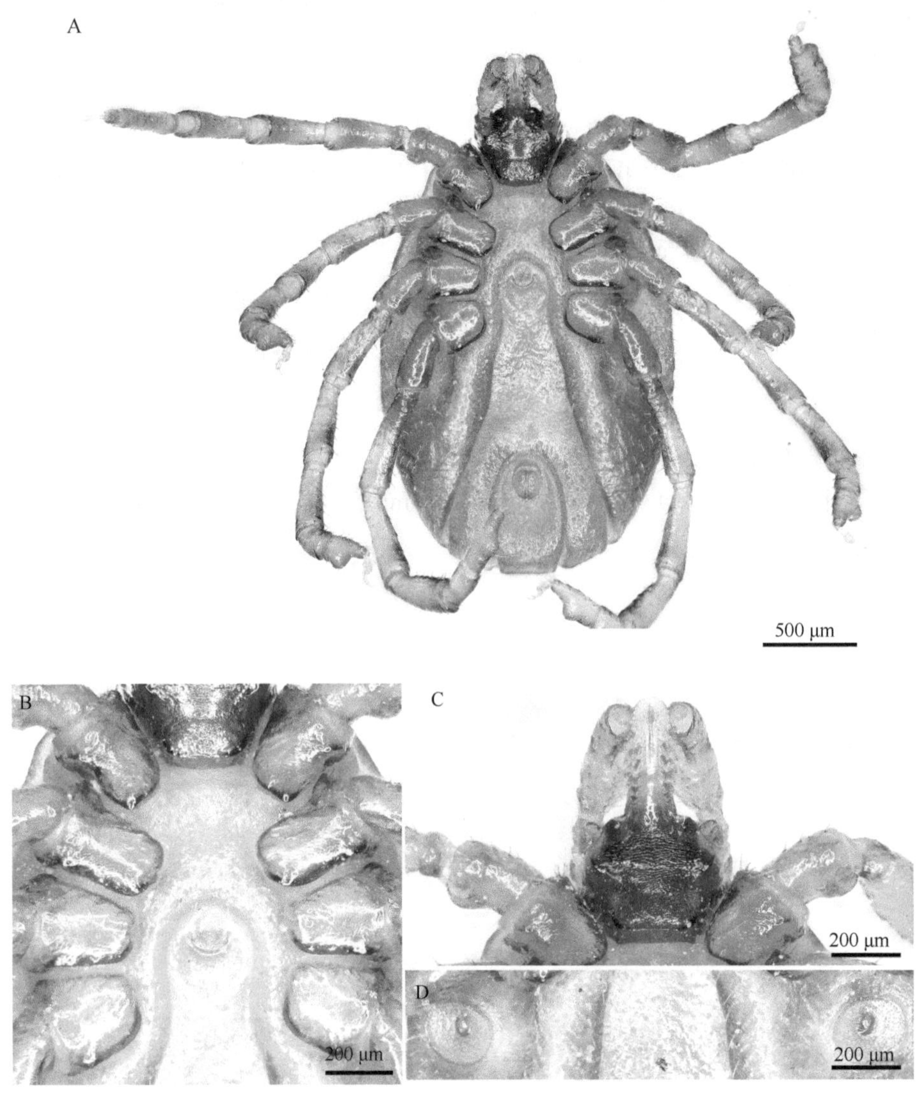

图 7-63　草原硬蜱雌蜱

A. 腹面观；B. 基节及生殖孔；C. 假头腹面观；D. 气门板

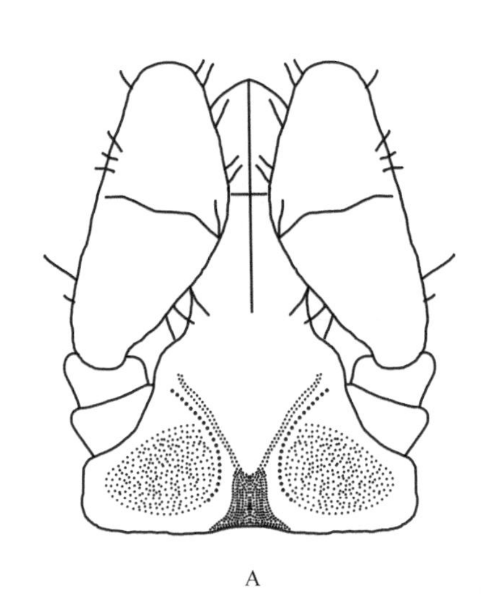

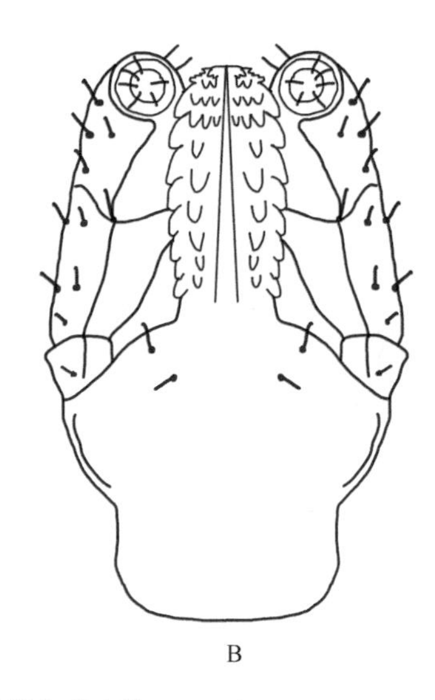

图 7-64　草原硬蜱雌蜱（参考：邓国藩和姜在阶，1991）
A. 假头背面观；B. 假头腹面观

须肢粗短，前端窄钝，外缘较直，内缘弧形凸出；在第Ⅱ、Ⅲ节分界处最宽；第Ⅱ节约等于第Ⅲ节，两节之间界限不明显；第Ⅰ节短小，第Ⅱ、Ⅲ节约等长，表面不光滑。假头基宽短，后缘中部略向前凸入，侧缘向前略外斜；孔区大而深陷，椭圆形，两孔区的内侧有弧形隆突，间距小于其短径；基突付缺。假头基腹面中部稍窄，后缘圆弧形；耳状突呈脊状。口下板发达，棒状；齿式端部 3|3，后部 2|2。

盾板近似心脏形，前部约 1/3 处最宽；长宽（0.93～0.98）mm ×（0.97～1.0）mm。缘凹宽浅，肩突稍钝。颈沟浅，前段向后内斜，后段浅弯，向后外斜，末端达盾板后侧缘。侧脊明显。刻点较大而浅，散布整个表面。盾板不光滑，偶有不规则皱纹。

足长适中。基节宽短（按躯体方向），无距。基节Ⅰ后内角加厚呈角状，但不明显。跗节Ⅳ亚端部具明显隆突，向前骤然收窄；爪垫很短，不及爪长的 1/3。生殖孔位于基节Ⅱ稍后水平线。生殖沟除中部外，两侧缘大致平行；肛沟长，前端圆钝，两侧近于平行。肛瓣刚毛 5 对。气门板长圆形，气门斑位置靠前。

雄蜱（图 7-65）

身体呈宽卵形，中部最宽，后缘呈宽弧形；长（包括假头）宽为（1.92～2.73）mm ×（1.25～1.75）mm。缘褶明显，后端稍窄。

假头短小。须肢粗短，前端窄钝，中部最宽；外缘略直，内缘浅弧形凸出；第Ⅰ节明显，第Ⅱ、Ⅲ节约等长，其上有细毛。假头基矩形，表面有小刻点；基突付缺。假头基腹面宽阔，侧缘与后缘相连成圆角；耳状突呈脊状。口下板长形，顶端中部凹入，两侧略平行；齿短小，位于两侧，齿式前部 3|3，后部 2|2，每纵列具齿 8～9 枚。

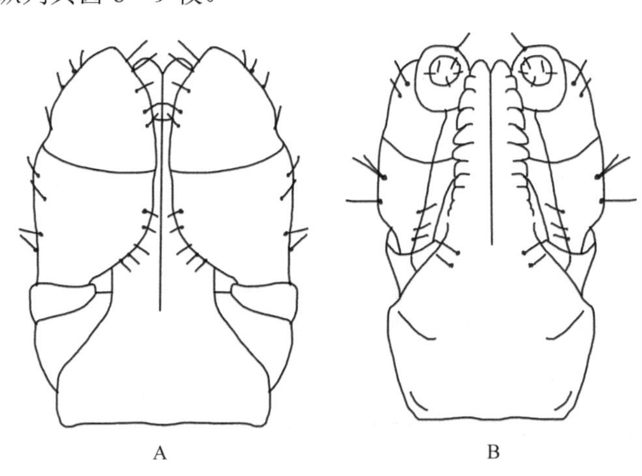

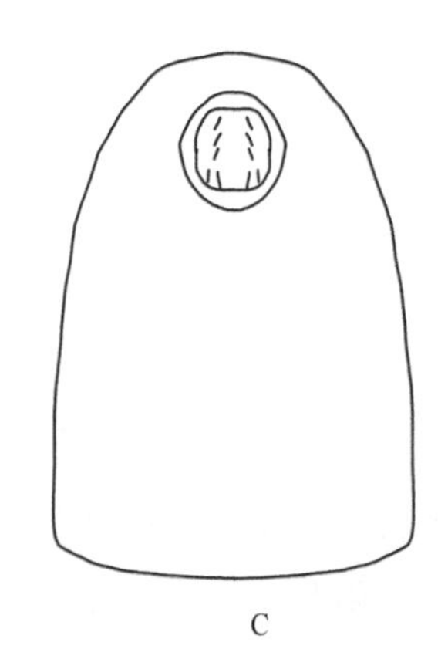

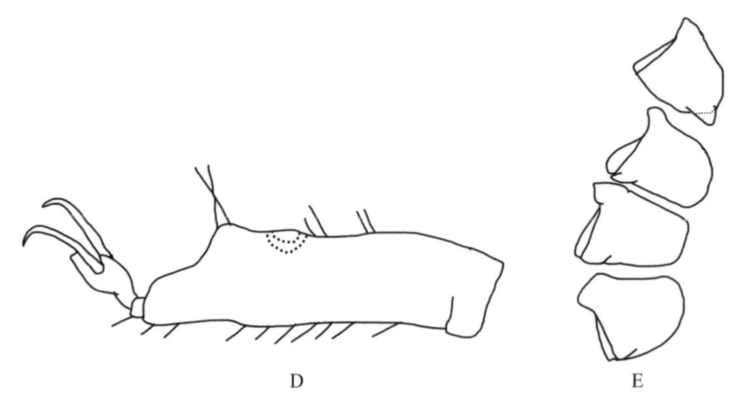

图 7-65　草原硬蜱雄蜱（参考：邓国藩和姜在阶，1991）
A. 假头背面观；B. 假头腹面观；C. 肛门及肛沟；D. 跗节Ⅰ；E. 基节

盾板呈卵圆形，中部略隆起。肩突短钝。颈沟宽而明显，向后外斜。刻点中等大小，分布大致均匀。在颈沟稍后、后中部及其两侧常有卵形或长卵形的凹陷分布。

足比雌蜱稍细短。基节宽大于长（按躯体方向），无距。基节Ⅰ后内角突出，呈窄短的角突。基节Ⅱ～Ⅳ后外角呈脊状。跗节Ⅳ亚端部隆突较小，向前明显收窄；爪垫很短，不及爪长的1/3。生殖孔位于基节Ⅱ稍后水平线。腹板散布小刻点和细毛；中板长约为宽的1.3倍，前窄后宽；肛板长，前端圆钝，两侧向后略微外斜；肛侧板窄长，向内微弯，左右两侧距离约等。气门板近圆形。

若蜱（图 7-66）

身体呈宽卵形，前端稍窄，后部圆弧形。

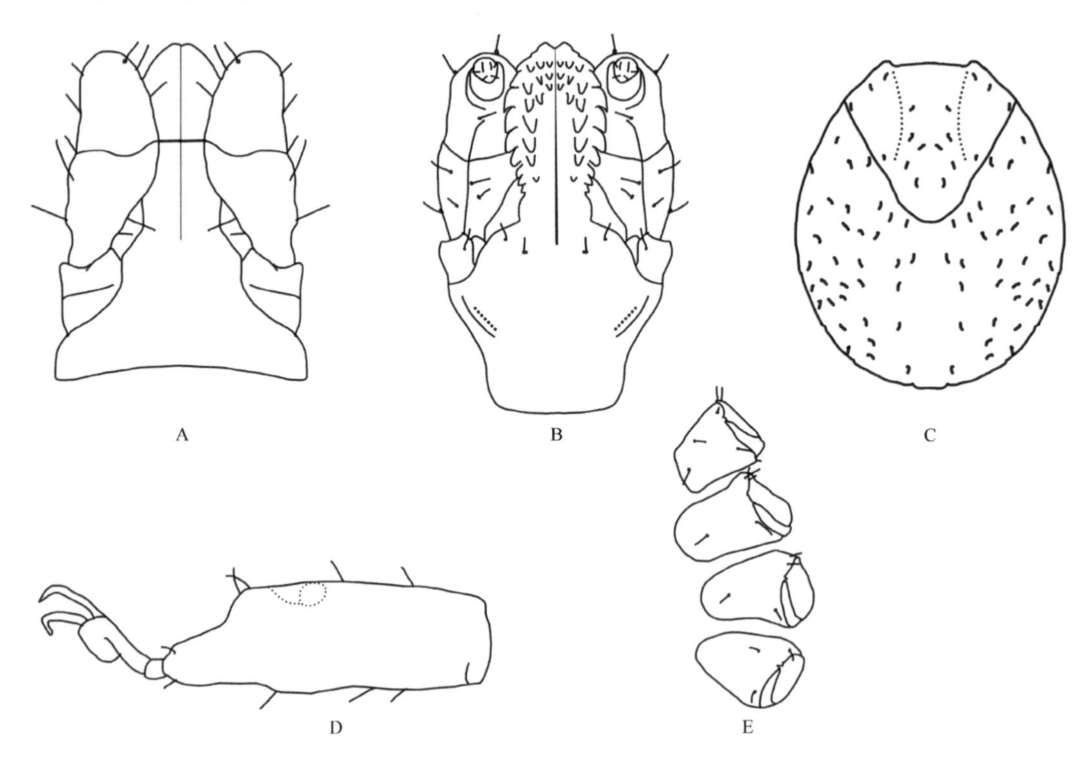

图 7-66　草原硬蜱若蜱（参考：邓国藩和姜在阶，1991）
A. 假头背面观；B. 假头腹面观；C. 躯体背面观；D. 跗节Ⅰ；E. 基节

须肢棒状，在第Ⅱ、Ⅲ节分界处最宽；前端圆钝，外缘较直，内缘弧形凸出；第Ⅰ节明显，背、腹面均可见；第Ⅱ、Ⅲ节约等长。假头基宽短，后缘略凹向前方，侧缘短，向外略弯；基突付缺。假

头基腹面宽阔，后中部明显收窄，并先后延伸，后缘略外弯，后侧缘呈圆角状；耳状突短，呈脊状。口下板球棒状，前端圆钝，两侧缘浅弧形凸出，基部收窄；齿式端部 4|4，中、后部 2|2。口下板后毛 2 对。

盾板呈心形，长与宽约等，前部约 1/3 处最宽，后部窄弧形收缩，后缘最窄。刻点稀少。刚毛短小。缘凹宽浅，肩突粗短。颈沟明显，前段向后内斜，后段向后外斜，末端达盾板后侧缘。

足长中等。各基节宽大于长（按躯体方向），无距。基节Ⅰ后内角略呈直角，基节Ⅱ～Ⅳ后内角圆钝。跗节Ⅰ亚端部背面骤然收窄。爪垫不及爪长的 1/3。

幼蜱（图 7-67）

身体呈宽卵形，前端稍窄，后部圆弧形。

须肢粗短，前端圆钝，外缘较直，内缘浅弧形凸出；第Ⅰ节明显，背、腹面均可见；第Ⅱ节与第Ⅲ节分界不明显。假头基似三角形，后缘中部向前方略微凹入，后侧缘呈锐角状；基突付缺。假头基腹面前宽后窄，后侧缘呈圆弧形；耳状突付缺；口下板粗短，顶端中间凹入，中部较宽，基部收窄；齿式端部 4|4 或 3|3，中、后部 2|2。口下板后毛细小。

盾板略呈心形，长宽约等，前 1/3 处最宽，后缘窄钝。刻点稀少，具 5 对短小的刚毛。缘凹宽浅，肩突短钝。颈沟长但不明显，约达到盾板后侧缘。

足长适中。各基节无距；基节Ⅰ后内角略呈圆形隆突，基节Ⅱ、Ⅲ后内角弧形。跗节Ⅰ亚端部背面斜窄。爪垫很短，不及爪长的 1/3。

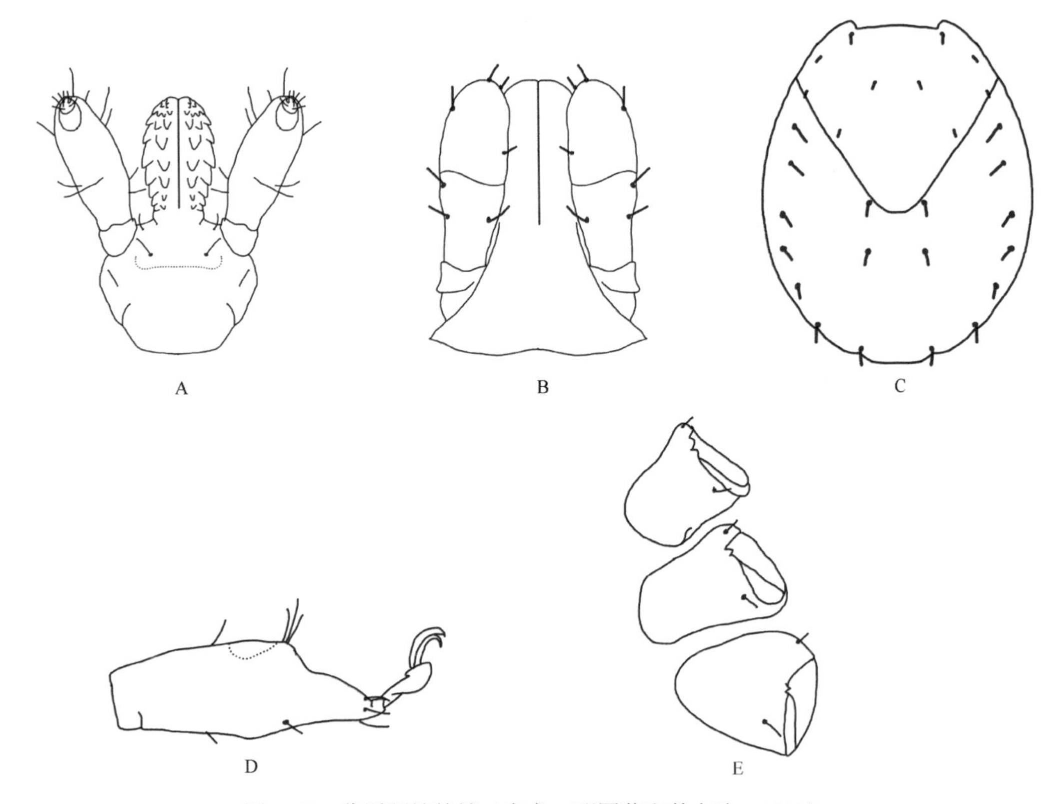

图 7-67　草原硬蜱幼蜱（参考：邓国藩和姜在阶，1991）

A. 假头腹面观；B. 假头背面观；C. 躯体背面观；D. 跗节Ⅰ；E. 基节

生物学特性　分布于草原、半荒漠草原，为洞穴型，多在宿主巢窝内活动。在 5～8 月达到活动高峰。宿主上以雌蜱最多，也有幼蜱和若蜱，但雄蜱很少。

蜱媒病　传播鼠疫并能经卵传播。

（5）粒形硬蜱 *I. granulatus* Supino, 1897

定名依据　*granulatus* 意为小颗粒“granules”，故为粒形硬蜱。

宿主 主要寄生于小型哺乳动物，包括仓鼠 *Cricetulus* sp.、社鼠 *Niviventer confucianus*、大家鼠 *Rattus norvegicus*、黑线姬鼠 *Apodemus agrarius*、针毛鼠 *Rattus fulvescens*、黄胸鼠 *R. flavipectus*、长吻松鼠 *Dremomys rufigenis*、黑腹绒鼠 *Eothenomys melanogaster*、树鼩 *Tupaia glis*、獴 *Herpestes* sp.等。

分布 国内：福建、甘肃、广东、广西、贵州、海南、湖北、四川、台湾、西藏、云南、浙江；国外：朝鲜、菲律宾、柬埔寨、老挝、马来西亚、缅甸、尼泊尔、日本、泰国、印度、印度尼西亚、越南。

鉴定要点

雌蜱须肢窄长，两端明显细窄，且第Ⅱ节长于第Ⅲ节。假头基后侧角不向外突出；基突付缺；耳状突呈脊状。盾板卵圆形，刻点大，分布均匀。足长适中；基节Ⅰ内距长，尖形，外距略短；基节Ⅱ～Ⅳ均无内距，各有粗短外距，但基节Ⅳ外距很短；基节Ⅰ、Ⅱ靠后缘有半透明附膜。爪垫将近达到爪端。

雄蜱须肢第Ⅱ、Ⅲ节约等长。假头基基突粗短；盾板刻点粗，分布均匀。腹面中板两侧缘向后外斜，后缘弯曲形成钝角；肛板呈椭圆形，中部最宽。足长适中，与雌蜱相似，但基节Ⅰ内距较短，大小与外距约等。

具体描述

雌蜱（图 7-68，图 7-69）

体呈长卵形，长（包括假头）宽为（1.68～2.08）mm ×（0.90～1.17）mm。缘沟深而明显；缘褶较大，后端稍窄。

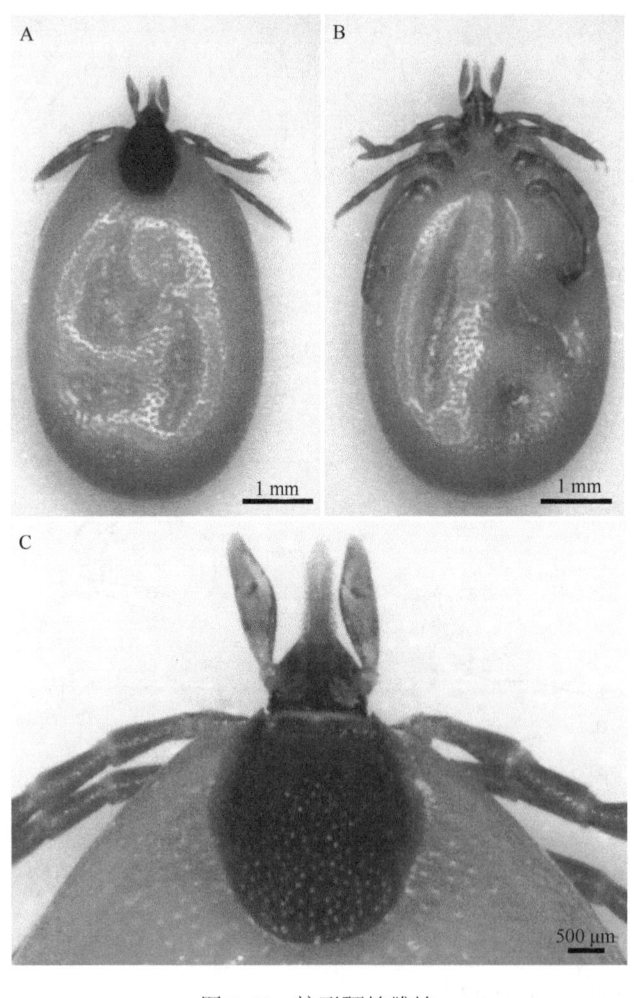

图 7-68 粒形硬蜱雌蜱

A. 背面观；B. 腹面观；C. 假头及盾板

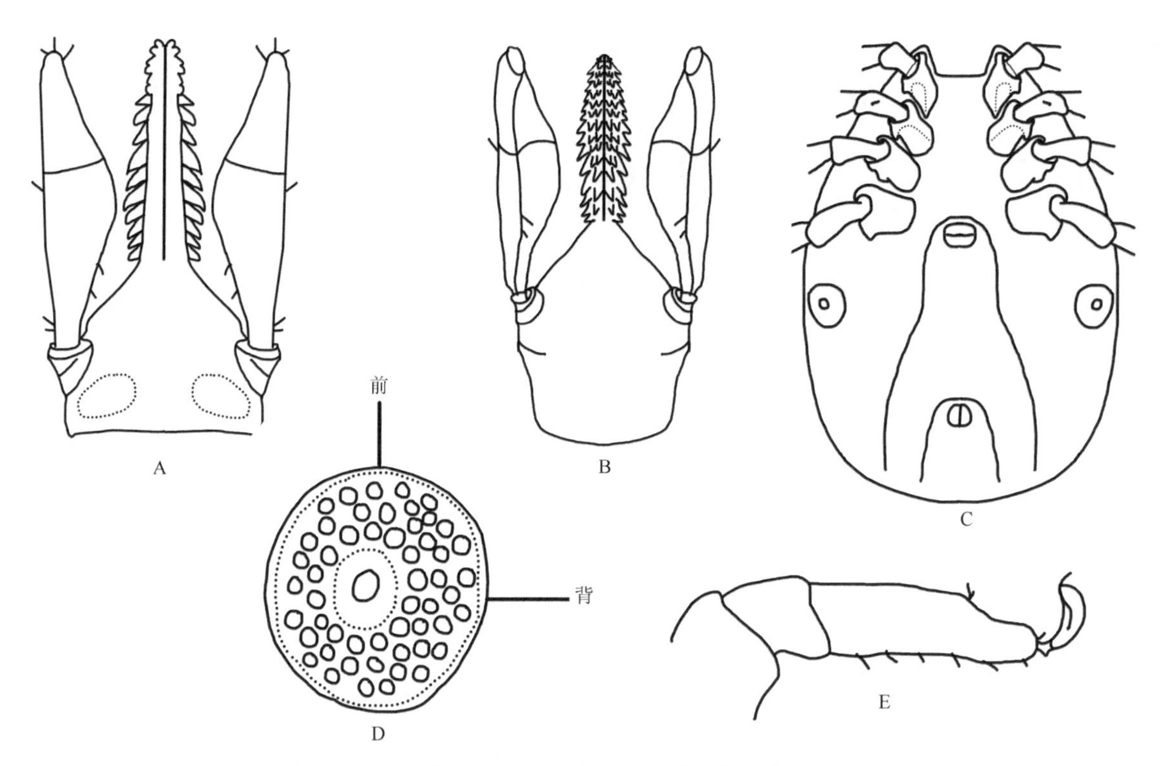

图 7-69　粒形硬蜱雌蜱（参考：邓国藩和姜在阶，1991）
A. 假头背面观；B. 假头腹面观；C. 躯体腹面观；D. 气门板；E. 跗节Ⅳ

须肢窄长，外缘略直，内缘弧形凸出，两端显著细窄；第Ⅱ与Ⅲ节的长度比约为 4∶3。假头基近三角形，后缘平直；孔区大，呈卵圆形，略内斜，间距约等于其短径；基突付缺。假头基腹面宽阔，后缘略外弯；耳状突呈脊状。口下板窄长，末端尖细；齿式 3|3，侧缘的齿列较发达，每纵列具齿 10～11 枚。

盾板呈卵圆形，中部最宽，长宽约 0.98 mm×0.76 mm。大刻点较多，分布均匀。肩突尖细。颈沟很浅，前段向后内斜，后段浅弯，向后外斜，达不到盾板后侧缘。侧脊可见，亦达不到盾板后侧缘。颈沟与侧脊之间形成浅陷，前部稍宽于后部。

足较长。基节Ⅰ内距长，末端尖，外距短；基节Ⅱ～Ⅳ外距粗短，无内距，基节Ⅳ外距最短；基节Ⅰ、Ⅱ靠后缘有半透明附膜，约占基节的 1/3。各跗节亚端部明显收窄，向端部逐渐细窄。足Ⅰ爪垫长，达到爪端；其余爪垫略短，将近达到爪端。生殖孔位于基节Ⅳ水平线。生殖沟向后分离，末端达不到躯体后缘。肛沟前端圆钝，两侧缘近似平行。气门板近似圆形，气门斑位置靠前。

雄蜱（图 7-70）

体呈卵圆形，前端稍窄，后部圆弧形；长（包括假头）宽为（1.39～1.90）mm×（0.79～0.88）mm。缘褶较窄。

须肢长约为宽的 2 倍，前端圆钝，外缘直，内缘浅弧形凸出，中间部位最宽；第Ⅱ的长度与第Ⅲ节约等。假头基两侧缘平行，后缘直；基突粗短；表面有小刻点。假头基腹面宽短，两侧向后略收窄，后缘略内凹；耳状突呈脊状。口下板短，两侧缘几乎平行，前端平钝，中部有浅凹且有隆脊分隔；齿式 3|3，每纵列具齿 7～9 枚，最后一对齿强大。

盾板呈窄卵形，两侧缘近于平行；粗刻点较多，分布均匀。肩突粗短。缘凹窄小。颈沟浅，但明显，前段内斜，后段显著外斜。

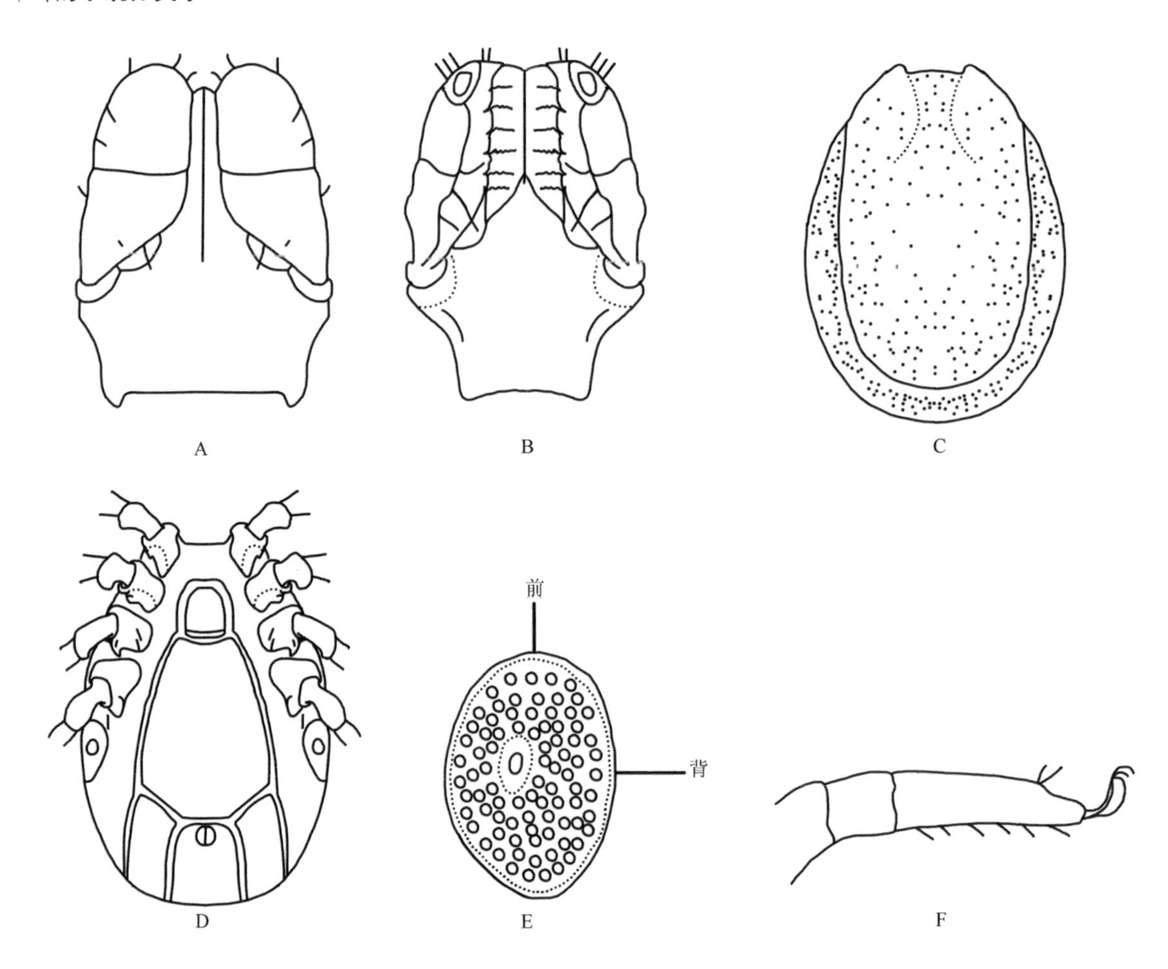

图 7-70 粒形硬蜱雄蜱（参考：邓国藩和姜在阶，1991）
A. 假头背面观；B. 假头腹面观；C. 躯体背面观；D. 躯体腹面观；E. 气门板；F. 跗节Ⅳ

生殖孔位于基节Ⅲ之间。中板两侧缘向后外斜，后缘弯曲形成钝角。肛板近椭圆形，中部最宽，两端稍窄。肛侧板长，前部宽度约为后部的 1.5 倍。气门板卵圆形，气门斑位置靠前。

足较长。基节Ⅰ内、外距短钝，约等长；基节Ⅱ～Ⅳ外距粗短，无内距，基节Ⅳ外距最短；基节Ⅰ、Ⅱ靠后缘有半透明附膜，约占基节的 1/3。各跗节亚端部明显收窄，向端部逐渐细窄。足Ⅰ爪垫长，达到爪端；其余爪垫略短，将近达到爪端。

若蜱（图 7-71）

身体呈卵圆形，前端稍窄，后部圆弧形。

须肢窄长，前端圆钝，在第Ⅱ节与第Ⅲ节交界处最宽，外缘略直，内缘浅弧形凸出；第Ⅰ节明显，背、腹面均可见；第Ⅱ节长于第Ⅲ节。假头基亚三角形，后缘平直；基突中等大小，末端尖细。假头基腹面宽阔，后缘浅弧形；耳状突粗短，圆钝。口下板前端尖细；齿式端部 3|3，中、后部 2|2。口下板后毛 2 对。

盾板呈椭圆形，中部前 1/3 处最宽，后缘宽弧形；刻点稀疏，分布不均匀。肩突短小。缘凹浅平。颈沟窄，浅弧形，前段向后内斜，以后转向外斜，末端将近达到后侧缘。侧脊可见，未达到盾板后侧缘。

足长中等。基节Ⅰ内距中等大小，锥形，外距粗短，钝齿形；基节Ⅱ～Ⅳ内距付缺，外距短钝，短于基节Ⅰ外距。各跗节亚端部斜窄。爪垫长，达到爪端。肛沟马蹄形，前端圆钝，两侧几乎平行。气门板近似圆形。

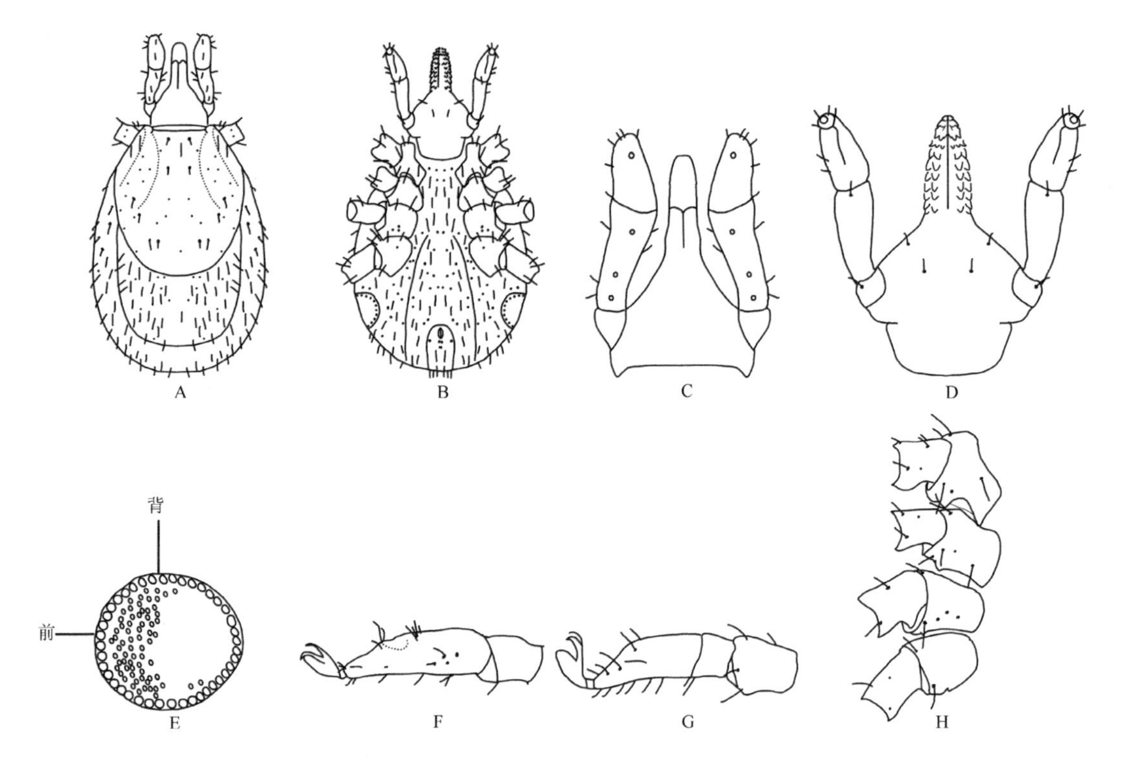

图 7-71　粒形硬蜱若蜱（参考：邓国藩和姜在阶，1991）
A. 背面观；B. 腹面观；C. 假头背面观；D. 假头腹面观；E. 气门板；F. 跗节Ⅰ；G. 跗节Ⅳ；H. 基节

幼蜱（图 7-72）

身体呈椭圆形，前、后端收窄，中部最宽。

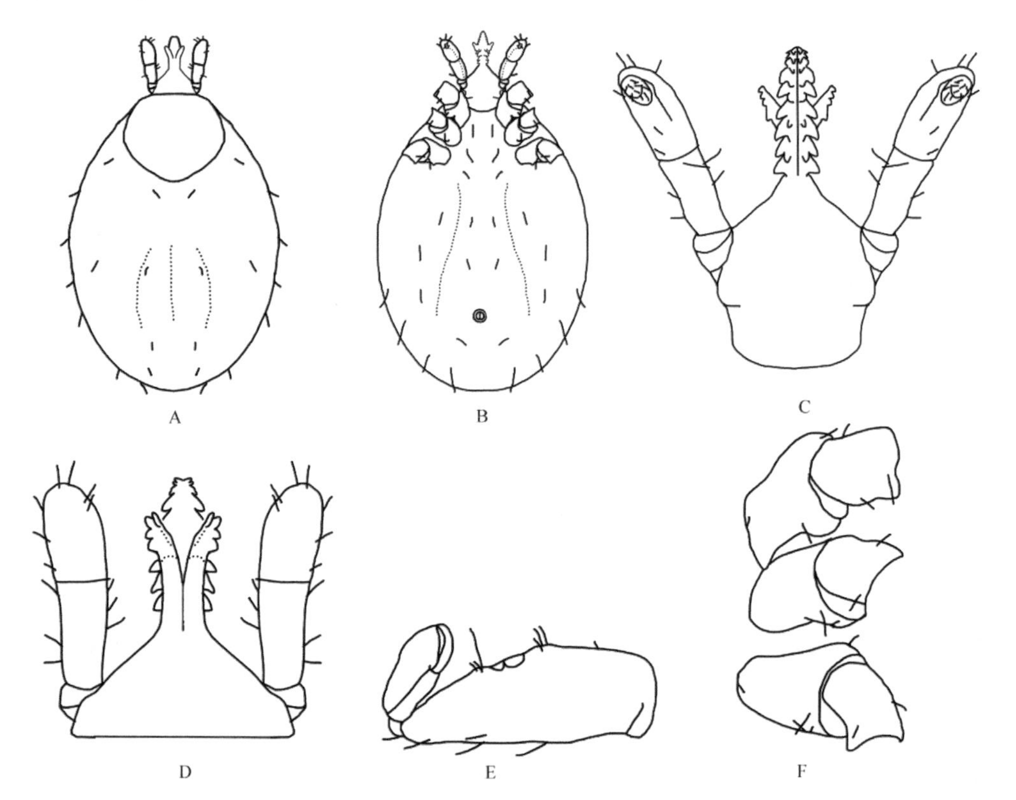

图 7-72　粒形硬蜱幼蜱（参考：邓国藩和姜在阶，1991）
A. 背面观；B. 腹面观；C. 假头腹面观；D. 假头背面观；E. 跗节Ⅰ；F. 基节

须肢窄长，棒状，前端圆钝，两侧近似平行；第Ⅰ节明显，背、腹面均可见；第Ⅱ节约等于第Ⅲ节。假头基亚三角形，后缘平直；基突付缺。假头基腹面宽阔，后缘浅弧形；耳状突短，呈钝齿状。口下板前端尖窄；齿式2|2。

盾板呈亚圆形，宽略大于长；刻点少且分布不均匀。肩突不明显。缘凹平。颈沟细浅，前端内斜，向后转为外斜，末端将近达到后侧缘。侧脊不明显。

足长中等。基节Ⅰ内距短，呈锥形；外距短钝；基节Ⅱ、Ⅲ内距付缺，外距短于基节Ⅰ。爪垫长，达到爪端。

生物学特性 生活于山地林区、平原草地及田野等地。春夏季有成蜱活动，在我国南方是常见种。

（6）哈氏硬蜱 *I. hyatti* Clifford, Hoogstraal & Kohls, 1971

定名依据 以人名命名，故为哈氏硬蜱。

宿主 幼蜱和若蜱寄生于黄喉姬鼠 *Apodemus flavicollis*、安氏白腹鼠 *Niviventer andersoni*、藏鼠兔 *Ochotona thibetana*。各期均可寄生于灰鼠兔和藏鼠兔。

分布 国内：湖北、青海、四川、新疆；国外：巴基斯坦、尼泊尔。

鉴定要点

雌蜱体型小。须肢窄长，两端明显细窄，且第Ⅱ节略长于第Ⅲ节，第Ⅱ节与第Ⅲ节之间分界明显。假头基后侧角不向外突出；基突短钝；耳状突尖齿状。盾板卵圆形，刻点中等大小，分布不均匀。足长适中；基节Ⅰ内距细长，末端明显超过基节Ⅱ前缘，基节Ⅱ～Ⅳ均无内距，所有基节均有粗短外距。爪垫将近达到爪端。

雄蜱体型小。须肢宽短；第Ⅱ、Ⅲ节约等长。假头基基突短小；盾板刻点细小，分布稀疏。气门板小，近于圆形。腹面中板向后渐宽，后缘圆弧形；肛板呈两侧略微外斜。足长适中，与雌蜱相似。

具体描述

雌蜱（图 7-73）

体型小。身体近似卵圆形，前端稍窄，后部圆弧形。

须肢窄长，前端圆钝，外缘略直，内缘弧形凸出，第Ⅱ节端部稍后最宽；第Ⅱ节长约为宽的 2 倍，第Ⅲ节长稍大于宽，第Ⅱ节与第Ⅲ节的长度比约为 4∶3。假头基近似五边形，两侧缘向后略内斜，后缘平直；孔区中等大小，呈卵圆形，略内斜，间距稍大于其短径；基突短钝，长略小于基部之宽。假头基腹面宽阔，后缘略外弯；横缝细，很不明显；耳状突尖齿状。口下板窄长，末端尖细；齿式前段3|3，中、后段2|2，侧缘的齿列较发达。

盾板呈卵圆形，中部最宽，长宽为（0.89～0.96）mm ×（0.71～0.73）mm。刻点中等大小，分布不均匀，盾板前 2/3 的刻点较少而浅，盾板后 1/3 的刻点较密而深；表面分布细毛，后部较长。肩突短小，

A

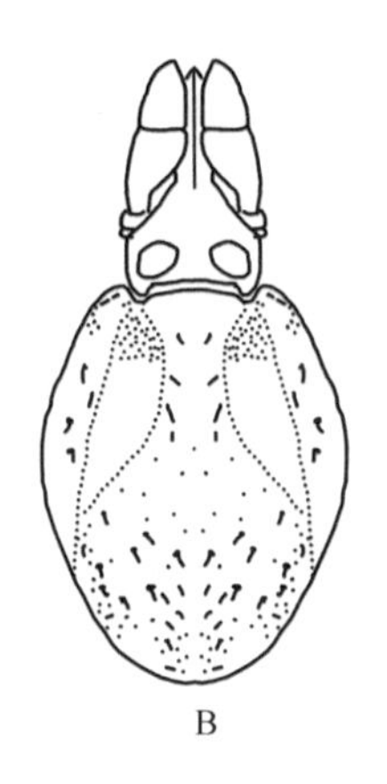

B

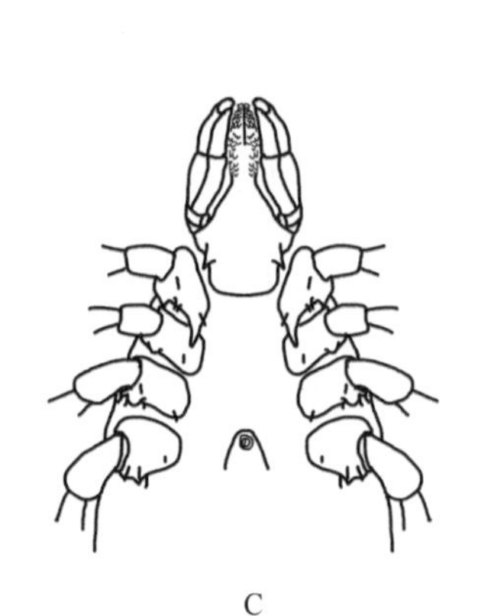

C

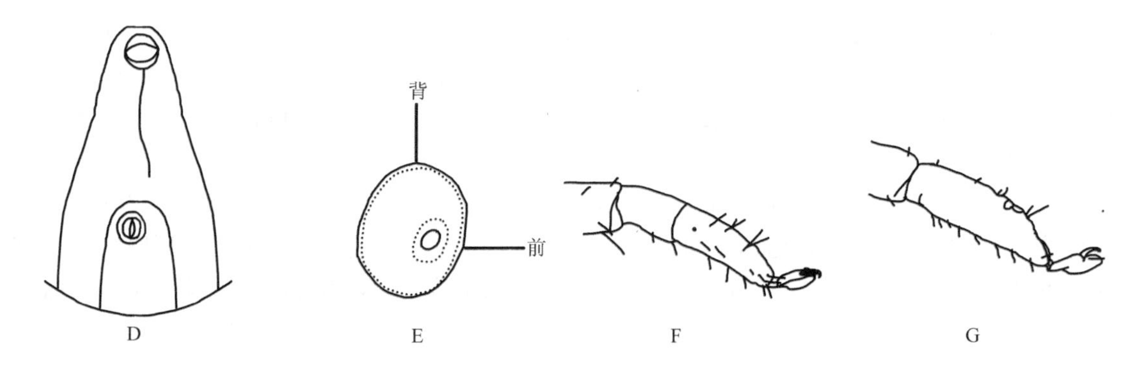

图 7-73　哈氏硬蜱雌蜱（参考：邓国藩和姜在阶，1991）
A. 饱血雌蜱；B. 背面观；C. 假头及躯体上半部腹面观；D. 生殖沟及肛沟；E. 气门板；F. 跗节Ⅳ；G. 跗节Ⅰ

呈钝齿状。缘凹向前弧形凸出。颈沟很浅，前段向后内斜，后段浅弯，向后外斜，末端达不到盾板后侧缘。侧脊明显，延伸到盾板后侧缘。颈沟与侧脊之间形成浅陷，前部稍宽于后部。

足长中等。基节Ⅰ内距细长，末端尖，明显超过基节Ⅱ前缘；外距粗短。基节Ⅱ、Ⅲ宽略大于长，基节Ⅳ长宽约等，各节外距粗短，Ⅱ～Ⅳ内距付缺。跗节Ⅰ亚端部骤然收窄。跗节Ⅳ亚端部逐渐细窄。足Ⅰ爪垫长，达到爪端；其余爪垫略短，将近达到爪端。生殖孔位于基节Ⅲ与Ⅳ之间的水平线；生殖沟向后分离。肛沟呈马蹄状，前端圆钝，两侧缘近似平行。气门板近似圆形，气门斑位置靠前。

雄蜱（图 7-74）

体型小，身体呈卵圆形，前端稍窄，后部圆弧形。长（包括假头）宽为（1.30～1.41）mm ×（0.71～0.80）mm。缘褶较窄，宽度均匀。

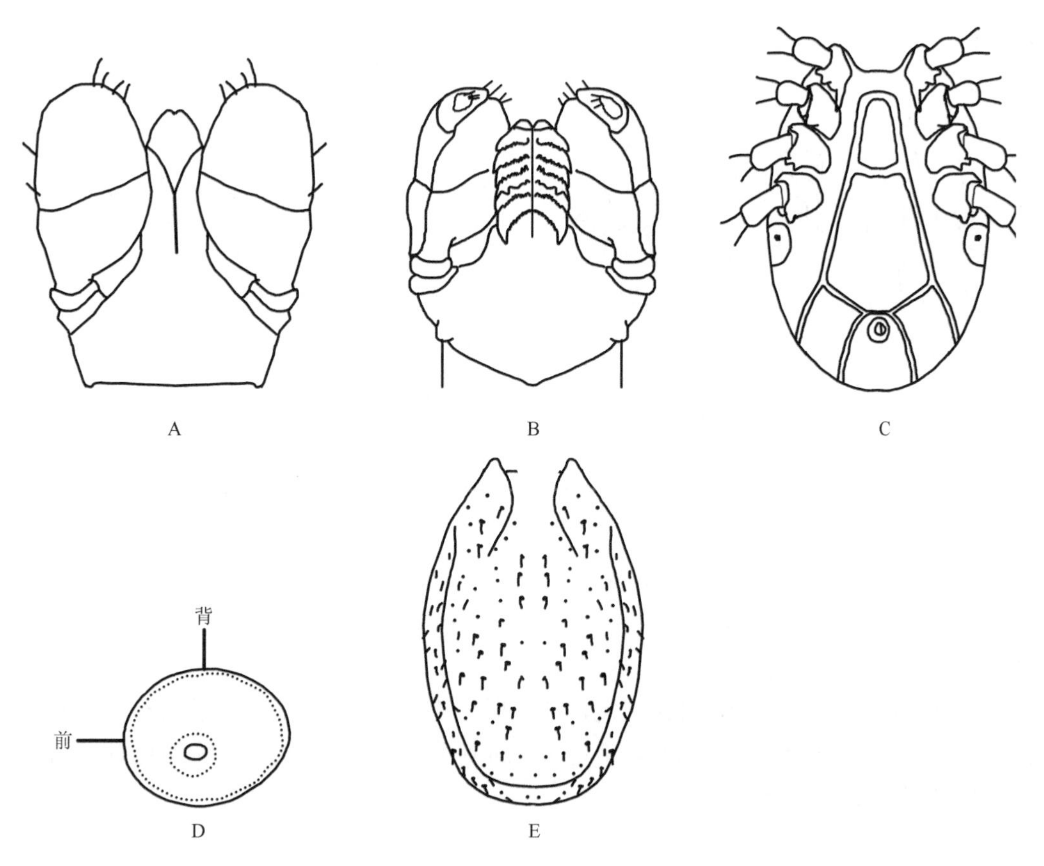

图 7-74　哈氏硬蜱雄蜱（参考：邓国藩和姜在阶，1991）
A. 假头背面观；B. 假头腹面观；C. 躯体腹面观；D. 气门板；E. 躯体背面观

须肢宽短，中部稍后处最宽，外缘略直，内缘浅弧形凸出；第Ⅱ节宽大于长，第Ⅲ节长宽约等。假头基近似五边形，两侧缘向后略内斜，后缘较直；基突粗短，不明显；表面有小刻点。假头基腹面宽短，具横脊。耳状突短钝，不甚明显。口下板前端中部有浅凹且有隆脊分隔，两侧缘几乎平行；齿小且不明显，每纵列具齿5～6枚，最后一对齿强大，指向后方。

盾板呈窄卵形，中部最宽略隆起，向两端逐渐收窄；后部下斜；表面被细短毛；刻点细小，分布稀疏。肩突粗短。缘凹窄小，稍向前弧形凸出。颈沟短而浅，但明显，前段向后内斜，后段向后外斜。

生殖孔位于基节Ⅲ之间水平线。生殖前板长大于宽，近似梯形；中板两侧缘向后外斜，后缘弯曲成弧形。肛板两侧略微外斜，末端最宽。肛侧板前部稍宽，长稍大于宽。气门板小，近似圆形，气门斑位置靠前。

足较长。基节Ⅰ内距细长，略超过基节Ⅱ前缘；外距短小；基节Ⅱ、Ⅲ长宽约等，基节Ⅳ长稍大于宽。基节Ⅱ～Ⅳ外距粗短，稍大于基节Ⅰ；无内距。基节Ⅰ、Ⅱ靠后缘无半透明附膜。各跗节亚端部逐渐收窄。足Ⅰ爪垫长，达到爪端；其余爪垫略短，将近达到爪端。

若蜱（图7-75）

身体呈卵圆形，前端稍窄，后部圆弧形。

须肢窄长，长宽约0.31 mm×0.90 mm，中部最宽，两端较窄，在第Ⅱ节与第Ⅲ节交界处最宽。第Ⅰ节明显，背、腹面均可见；第Ⅱ节稍长于第Ⅲ节。假头基亚三角形，后缘平直；基突尖齿状。假头基腹面宽阔，中部收窄，后缘浅弧形，略微后弯；耳状突粗短，宽三角形。口下板剑形，前端圆钝；齿式端部3|3，中、后部2|2，最外一列具齿13枚，最内一列具齿5枚。口下板后毛2对。

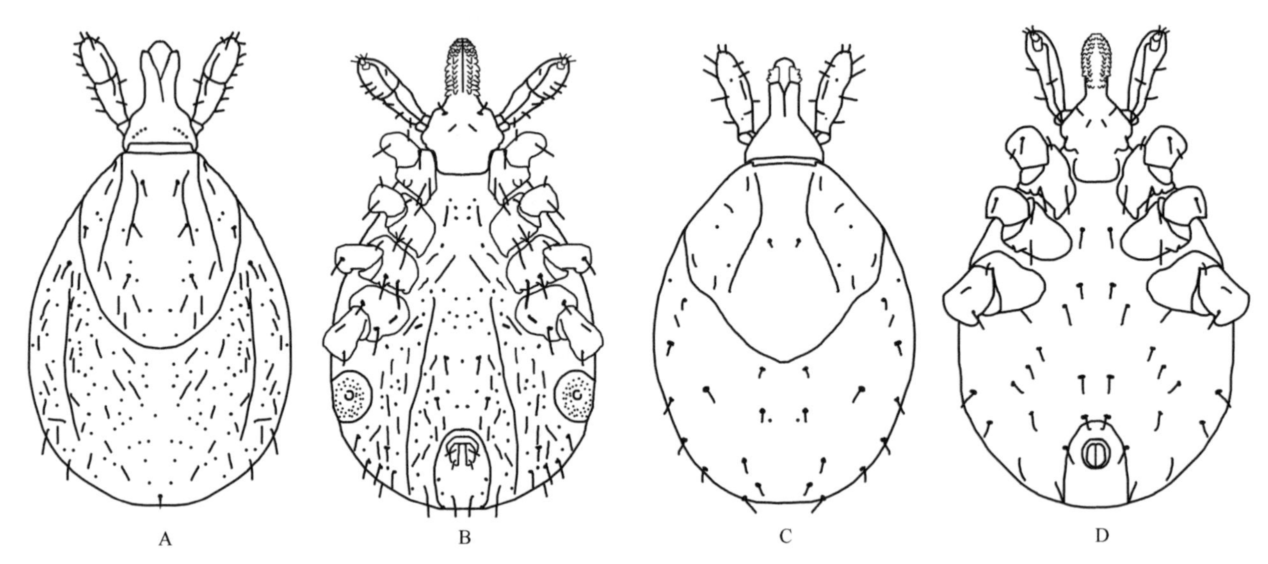

图7-75　哈氏硬蜱若蜱、幼蜱（参考：邓国藩和姜在阶，1991）

A. 若蜱背面观；B. 若蜱腹面观；C. 幼蜱背面观；D. 幼蜱腹面观

盾板呈卵圆形，前1/3处最宽，后缘宽弧形，长宽为（0.54～0.61）mm×（0.45～0.49）mm；刻点稀疏，分布不均匀；刚毛数量达18～20根。肩突短小。缘凹浅平。颈沟窄，浅弧形，不明显，末端略超过盾板的1/2。侧脊很浅，几乎达到盾板后侧缘。

基节Ⅰ内距中等大小，三角形，外距粗短，钝齿形；基节Ⅱ～Ⅳ内距呈脊状甚至无（基节Ⅳ），外距短钝，近似于基节Ⅰ。各跗节亚端部细窄。爪垫长，达到爪端。肛沟马蹄形，前端圆钝，两侧几乎平行。肛瓣刚毛3对。气门板近似圆形。

幼蜱（图 7-75）

身体呈卵圆形，前端稍窄，后端圆弧形。

须肢纺锤形，中部较宽，两端最窄；第Ⅰ节明显，背、腹面均可见；第Ⅱ、Ⅲ节无分界线。假头基三角形，后缘平直；基突短小。假头基腹面宽阔，中部收窄，后缘浅弧形；耳状突粗短，圆钝，呈钝齿状。口下板呈压舌板形，前端圆钝，两侧缘几乎平行；齿式端部为3|3，其余为2|2。口下板后毛2对。

盾板呈心形，长宽约等，为0.37 mm×0.38 mm；刻点少且分布不均匀；刚毛5对。肩突短小，不明显。缘凹浅平。颈沟细浅，前端内斜，向后转为外斜，末端将近达到后侧缘。

足长中等。基节Ⅰ内距短，呈锥形；外距短钝；基节Ⅱ、Ⅲ内距呈脊状，外距短于基节Ⅰ。各跗节亚端部逐渐细窄。爪垫长，达到爪端。

生物学特性　主要生活在海拔2700～4000 m的高原林区。5月可在宿主上发现成蜱。5～8月可发现幼蜱，5～7月可发现若蜱。

（7）克什米尔硬蜱 *I. kashmiricus* Pomerantzev, 1948

定名依据　以发现地克什米尔命名，故为克什米尔硬蜱。

宿主　幼蜱寄生于小型食肉动物。成蜱寄生于蝙牛。

分布　国内：西藏（波密）；国外：克什米尔地区、吉尔吉斯斯坦、印度。

鉴定要点

雌蜱中等大小，须肢窄长，两端不明显细窄，且第Ⅱ节长于第Ⅲ节。假头基后侧角不向外突出；基突不明显；耳状突很短。盾板卵圆形，刻点中等大小，后部较多。生殖孔裂口弧形。足长适中；基节Ⅰ内距窄长，末端略超过基节Ⅱ前缘；基节Ⅱ～Ⅳ均无内距，所有基节均有粗短外距；足跗节亚端部背缘收窄处后方具有隆突。基节无半透明附膜，爪垫将近达到爪端。

雄蜱须肢粗扁；第Ⅱ、Ⅲ节约等长。假头基基突付缺。假头基腹面后缘向后呈浅弧形弯曲；口下板侧缘齿大而尖，向外侧突出；耳状突很短，呈脊状。盾板刻点细浅，分布不均匀。躯体腹面中板长形，向后渐宽，后中部弧度较深；肛板前端圆钝，两侧向后渐宽。气门板大，卵圆形。足长适中，与雌蜱相似，但基节Ⅰ有半透明附膜，其他基节均无。

具体描述

雌蜱（图 7-76）

体型中等。身体近似卵圆形，中部最宽。体表具稀疏细毛。缘沟及缘褶明显。

须肢窄长，前端圆钝，外缘略直，内缘弧形凸出。假头基近五边形，两侧缘中部有轻微内陷，后缘浅弧形内凹；孔区大，近似圆角四边形，间距约等于其短径；基突细小，不明显。假头基腹面宽阔，中部略微收窄，后缘略外弯；横缝很不明显；耳状突很短。口下板窄长，剑形；齿式前段3|3，后段2|2，侧缘的齿较发达。

盾板椭圆形，长略大于宽，中部最宽，后部宽圆。刻点中等大小，分布不均匀，后部较为明显。肩突为窄三角形。颈沟浅，前段向后内斜，后段浅弯，向后外斜，末端略超过盾板中部。侧脊不明显。

足长中等。基节Ⅰ内距细长，末端尖，略超过基节Ⅱ前缘；外距粗短。基节Ⅱ、Ⅲ宽略大于长，基节Ⅳ长宽约等；各节外距粗短，大小约等；内距付缺。足Ⅰ爪垫长，将近达到爪端；其余爪垫略短。生殖孔位于基节Ⅳ之间水平线；裂孔弧形。生殖沟向后分离。肛沟前端圆钝，两侧缘近似平行。气门板略似卵圆形，气门斑位置靠前。

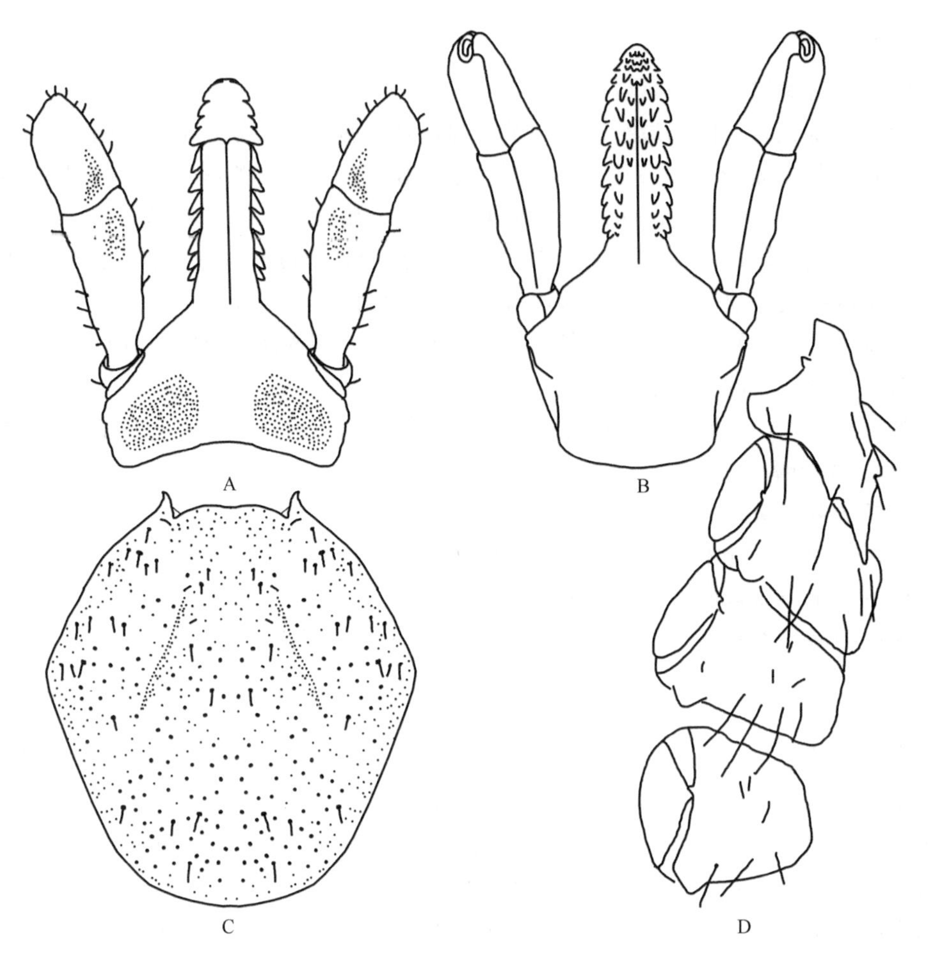

图 7-76 克什米尔硬蜱雌蜱（参考：邓国藩和姜在阶，1991）
A. 假头背面观；B. 假头腹面观；C. 盾板；D. 基节

雄蜱（图 7-77）

体型中等，卵圆形，前端稍窄，后部圆弧形。缘褶明显。

假头基宽短，呈矩形，两侧缘向内微凹，后缘略向后弯；基突付缺。假头基腹面宽短，后缘脊状，向后呈弧形弯曲；耳状突很短，呈脊状。须肢粗扁，前端圆钝，外缘略直，内缘中段弧形凸出；第Ⅱ、Ⅲ节长度约等。口下板粗短；具齿约 8 排，中部的齿很小，侧缘的齿发达，最后一对齿特别强大，指向后侧方。

盾板长卵形，后部较前部稍宽。肩突等边三角形。缘凹较窄。颈沟浅，较短。刻点细浅，在前部混杂一些较粗刻点。

生殖孔位于基节Ⅲ之间。中板长形，向后渐宽，后缘中部弧度较深；肛板短，前端圆钝，两侧向后渐宽；肛侧板四边形，前宽后窄；各板刻点稠密。气门板卵圆形。

基节Ⅰ内距细长，末端尖，略超过基节Ⅱ前缘；基节Ⅱ、Ⅲ长稍大于宽，基节Ⅳ长宽约等。基节Ⅱ～Ⅳ内距付缺，外距粗短，稍大于基节Ⅰ；基节Ⅰ靠后缘具半透明附膜。

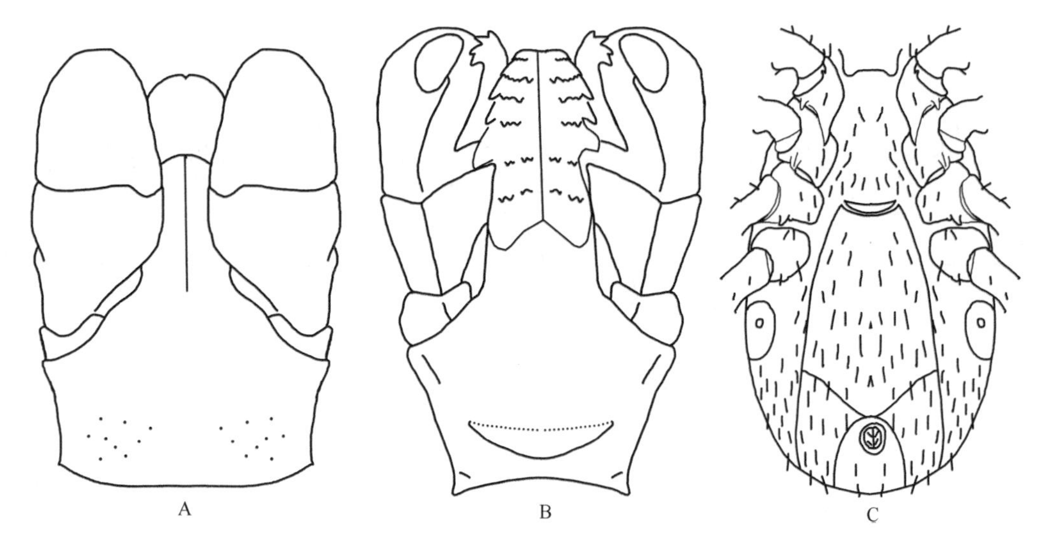

图 7-77　克什米尔硬蜱雄蜱（参考：邓国藩和姜在阶，1991）

A. 假头背面观；B. 假头腹面观；C. 躯体腹面观

若蜱（图 7-78）

身体呈卵圆形，前端稍窄，后部圆弧形。

须肢窄长，前端圆钝，外缘直，内缘浅弧形凸出，中部最宽。第Ⅰ节明显，背、腹面均可见；第Ⅱ节与第Ⅲ节约等。假头基亚三角形，后缘平直；基突尖齿状。假头基腹面宽阔，向后收窄，后缘略直；耳状突发达，粗齿状，指向后方。口下板剑形，前端圆钝；齿式端部 3|3，中、后部 2|2，外侧齿发达。口下板后毛 2 对，细小。

盾板呈亚圆形，长宽约等；刻点稀疏，分布不均。肩突短小。缘凹浅平。颈沟窄，浅弧形，不明显。侧脊亦不明显。

基节Ⅰ内距细长；基节Ⅱ～Ⅳ内距付缺。各节外距三角形，大小约等。爪垫长，几乎达到爪端。

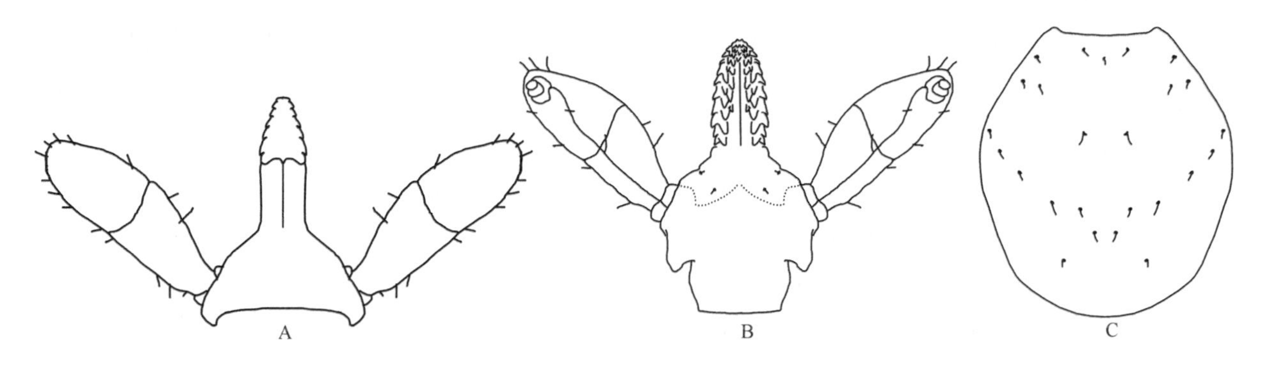

图 7-78　克什米尔硬蜱若蜱（参考：邓国藩和姜在阶，1991）

A. 假头背面观；B. 假头腹面观；C. 盾板

幼蜱（图 7-79）

身体呈卵圆形，前端稍窄，后端圆弧形。

须肢棒状，外缘直，内缘浅弧形凸出；第Ⅰ节明显，背、腹面均可见；第Ⅱ、Ⅲ节长度约等。假头基近似三角形，后缘平直；基突短小，不明显。假头基腹面宽阔，中部收窄，后缘浅弧形，向内弯曲；耳状突粗短，圆钝，呈钝齿状。口下板剑形，齿式 2|2。

盾板呈亚圆形，宽大于长，中部最宽，后缘圆钝；刻点少且分布不均匀；刚毛 5 对。肩突短小，不明显。缘凹浅平。颈沟细浅，不明显。

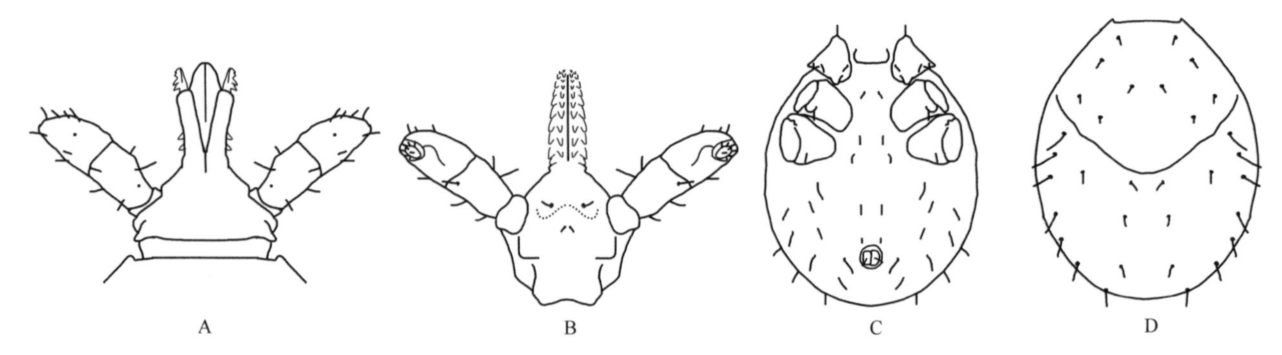

图 7-79 克什米尔硬蜱幼蜱（参考：邓国藩和姜在阶，1991）
A. 假头背面观；B. 假头腹面观；C. 躯体腹面观；D. 躯体背面观

基节Ⅰ内距呈锥形；外距短钝；基节Ⅱ内距呈脊状，外距短于基节Ⅰ；基节Ⅲ内、外距付缺。各跗节亚端部逐渐细窄。爪垫达不到爪端。

生物学特性 主要生活在高原林带。10 月在宿主上可发现成蜱。

（8）哈萨克硬蜱 *I. kazakstani* Olenev & Sorokoumov, 1934

定名依据 以地名哈萨克斯坦命名，故为哈萨克硬蜱。

宿主 未成熟蜱和成蜱均寄生于灰仓鼠 *Cricetulus migratorius*、五趾跳鼠 *Allactaga sibirica*、大沙鼠 *Rhombomys opimus* 等啮齿动物。

分布 国内：新疆；国外：哈萨克斯坦、吉尔吉斯斯坦、苏联。

鉴定要点

雌蜱体型小，须肢窄长，两端细窄，且第Ⅱ节明显长于第Ⅲ节。假头基后侧角不向外突出；基突明显；耳状突钝齿状，明显。盾板宽卵形，刻点稀少。足长适中；基节Ⅰ内距细长，末端略超过基节Ⅱ前缘；所有基节均具短小外距；基节无半透明附膜，爪垫将近达到爪端。

雄蜱须肢宽短；第Ⅱ节略短于Ⅲ节。假头基基突不明显。假头基腹面后缘向后弯曲；口下板侧缘齿粗长，向外侧突出；耳状突不明显。气门板近似卵圆形。足长适中，与雌蜱相似，基节无半透明附膜。

具体描述

雌蜱（图 7-80）

体型小。身体近似椭圆形，中部最宽。长（包括假头）宽约为 2.2 mm×1.2 mm。

须肢窄长，前端圆钝，外缘略直，内缘弧形凸出；第Ⅱ节明显长于第Ⅲ节。假头基两侧缘向后内斜，后缘浅弧形内凹；孔区近似卵形，间距约等于或稍大于其短径；基突细小，明显。假头基腹面宽阔，中部略微收窄，后缘近于平直；耳状突明显，钝齿状。口下板窄长，剑形；齿式前段 3|3，后段 2|2，侧缘的齿较发达。

盾板近似椭圆形，长略大于宽，中部最宽。刻点和细毛数量少，分布不均匀，后部较为明显。肩突为窄三角形。颈沟浅，前段向后内斜，后段浅弯，向后外斜，末端达不到盾板后侧缘。侧脊较明显，末端将近达到后侧缘。

足长中等。基节Ⅰ内距细长，末端尖，略超过基节Ⅱ前缘；外距粗短。基节Ⅱ、Ⅲ宽略大于长，基节Ⅳ长宽约等；各节外距粗短，大小约等；内距付缺。足Ⅰ爪垫长，将近达到爪端；其余爪垫略短。生殖孔位于基节Ⅳ之间水平线。生殖沟向后分离。肛沟前端平钝，两侧缘近似平行。气门板椭圆形，气门斑位置靠前。

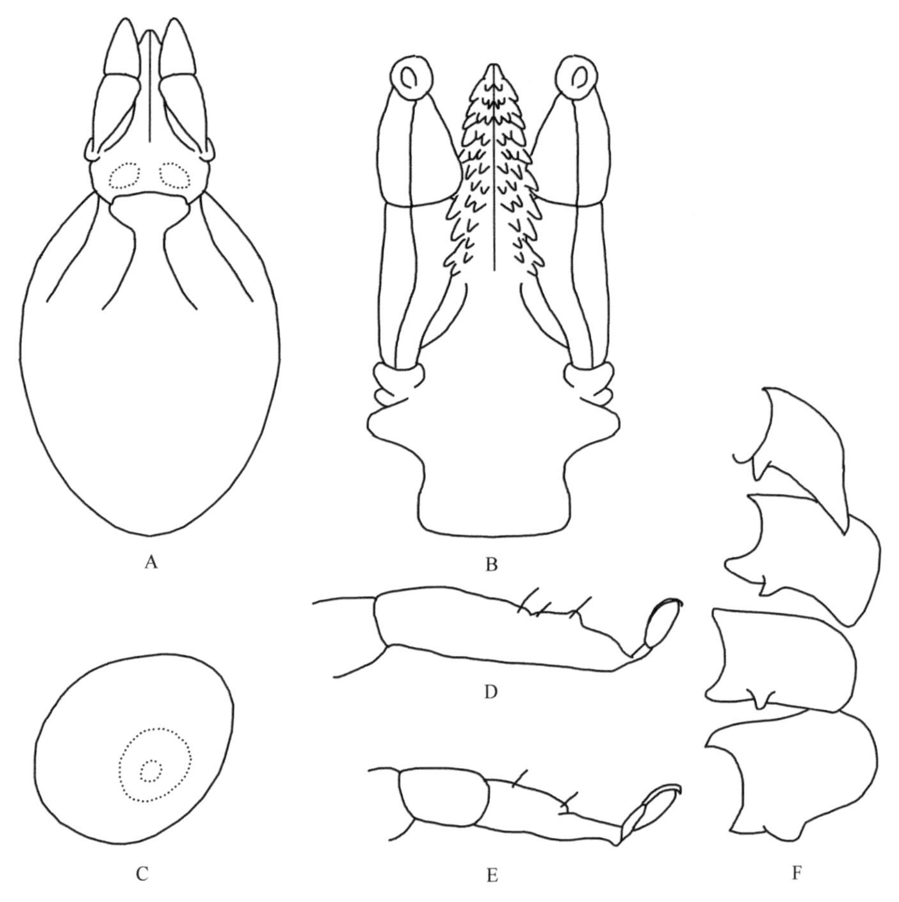

图 7-80　哈萨克硬蜱雌蜱（参考：于心等，1997）
A. 背面观；B. 假头腹面观；C. 气门板；D. 跗节Ⅰ；E. 跗节Ⅳ；F. 基节

雄蜱（图 7-81）

体型小，身体呈长卵形，长（包括假头）宽约 2.0 mm×1.0 mm；缘沟及缘褶明显。

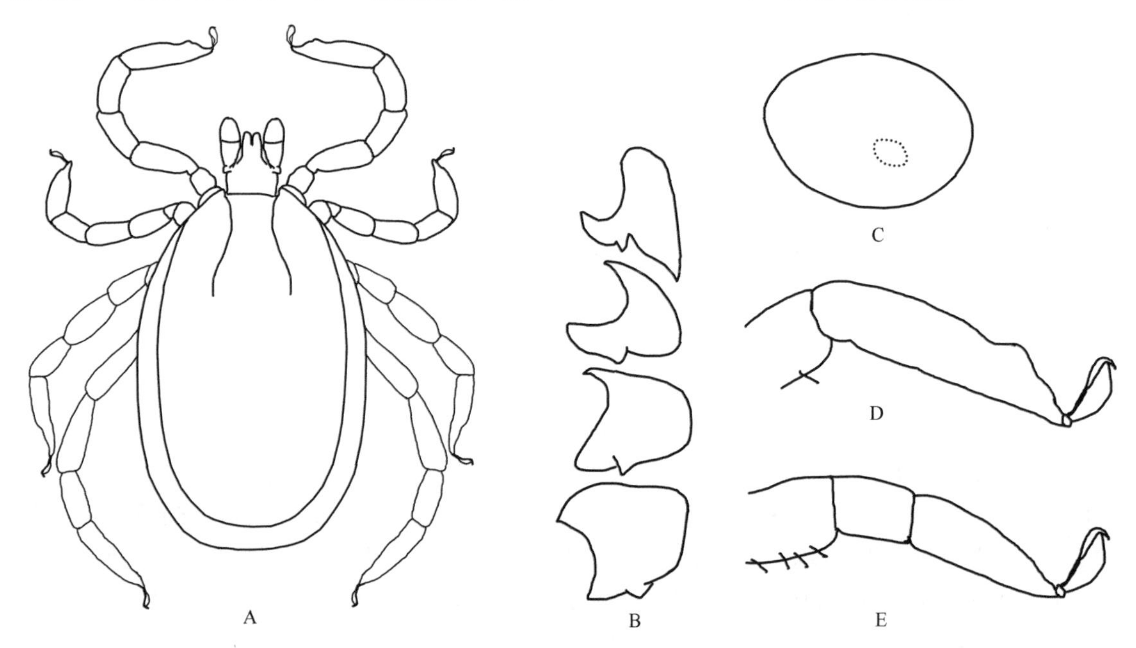

图 7-81　哈萨克硬蜱雄蜱（参考：于心等，1997）
A. 背面观；B. 基节；C. 气门板；D. 跗节Ⅰ；E. 跗节Ⅳ

须肢比较宽短，前端圆钝，外缘略直，内缘中段弧形凸出，中部稍后最宽；第Ⅱ节略短于第Ⅲ节。假头基近似矩形，两侧缘向后略微内斜，后缘较平直；基突小，不明显；表面有小刻点。假头基腹面宽短，略呈倒三角形，后缘扁平呈脊状，向后弧形弯曲。耳状突不明显。口下板剑形；齿式前段 3|3，后段 2|2，侧缘的齿较发达，最后一对齿最强大。

盾板呈长椭圆形，中部略微隆起；刻点及细毛分布稀疏，两侧较为稠密。肩突粗短。缘凹窄小。颈沟短而浅，但明显，前段内斜，后段外斜。

生殖孔位于基节Ⅲ之间水平线。肛板前端圆钝，两侧略微外斜，末端最宽。肛侧板长，前部稍宽，后部较窄。腹板上着生细长毛。气门板卵圆形，气门斑位置靠前。

足长适中。基节Ⅰ内距较长，未达到基节Ⅱ前缘；基节Ⅰ～Ⅳ外距短小；基节Ⅱ、Ⅲ内距脊状，基节Ⅳ无内距。基节Ⅰ、Ⅱ靠后缘无半透明附膜。跗节较长，亚端部逐渐收窄。足Ⅰ爪垫长，达到爪端；其余爪垫略短，将近达到爪端。

（9）鼯鼠硬蜱 *I. kuntzi* Hoogstraal & Kohls, 1965

定名依据　以人名命名，应为孔氏硬蜱。然而，早期翻译的鼯鼠硬蜱已被广泛使用。

宿主　幼蜱寄生于鼯鼠 *Petaurista* spp.、姬鼠 *Apodemus semotus*、屋顶鼠 *Rattus rattus*、红腹松鼠 *Callosciurus erythraeus centralis*、豹鼠 *Tamiops swinhoei formosanus* 等啮齿动物，也包括鸟类如普通䴓 *Sitta europaea* 等。成蜱和若蜱主要寄生于鼯鼠等啮齿动物。

分布　国内：台湾（模式产地）；国外：尼泊尔。

鉴定要点

雌蜱须肢窄长，两端细窄，且第Ⅱ节长于第Ⅲ节。假头基后侧角不向外突出；基突付缺或不明显；耳状突呈脊状。盾板卵圆形，刻点小，分布不均匀。生殖孔裂口弧形。足长适中；基节Ⅰ内距窄长，外距宽短；基节Ⅱ～Ⅳ均无内距，外距均为三角形；基节无半透明附膜；足跗节亚端部逐渐细窄。爪垫将近达到爪端。

雄蜱须肢短棒状，前端圆钝；第Ⅱ、Ⅲ节约等长。假头基基突付缺。假头基腹面后缘向后略呈角状；口下板侧缘齿与内部齿大小约等；耳状突很短，呈脊状。盾板刻点中等大小，分布大致均匀。气门板卵圆形。足长适中，与雌蜱相似。

具体描述

雌蜱（图 7-82）

体呈卵圆形，前端稍窄，后部圆弧形。

须肢窄长，长约为宽的 3 倍；前端圆钝，外缘直，内缘弧形凸出；在第Ⅱ节中部最宽。须肢第Ⅱ节与第Ⅲ节的长度比为 3∶2。假头基宽约为长的 3.25 倍；两侧缘靠近中部有凹陷，后缘平直。孔区小，深陷，近似卵形，间距稍大于其长径；基突不明显甚至付缺。假头基腹面宽阔，两侧缘向前略外斜，后缘浅弧形凸出；耳状突呈脊状。口下板窄长，长约为宽的 3 倍，剑形；齿式前段 4|4、中段 3|3、后段 2|2，侧缘的齿最发达，具齿 10 枚。

盾板近卵圆形，长大于宽，为宽的 1.25 倍，在前 1/3 处最宽。盾板呈赤褐色，假头及足的颜色较盾板略浅。刻点数量少，分布不均匀，后部较为明显。肩突为窄三角形。缘凹宽而深。颈沟宽而浅，前段向后内斜，后段浅弯，向后外斜，末端达到盾板的 1/2 处。侧脊较明显，末端将近达到盾板后侧缘。

足基节Ⅰ内距细长，末端尖，略超过基节Ⅱ前缘；外距粗短。基节Ⅱ、Ⅲ外距为三角形，并按节序渐短；内距付缺。各转节无腹距。跗节窄长，亚端部逐渐细窄。爪垫长，将近达到爪端。生殖孔位于基节Ⅳ之间水平线。生殖沟向后分离。肛沟呈马蹄形，两侧缘近似平行。气门板亚圆形，气门斑位置靠前。

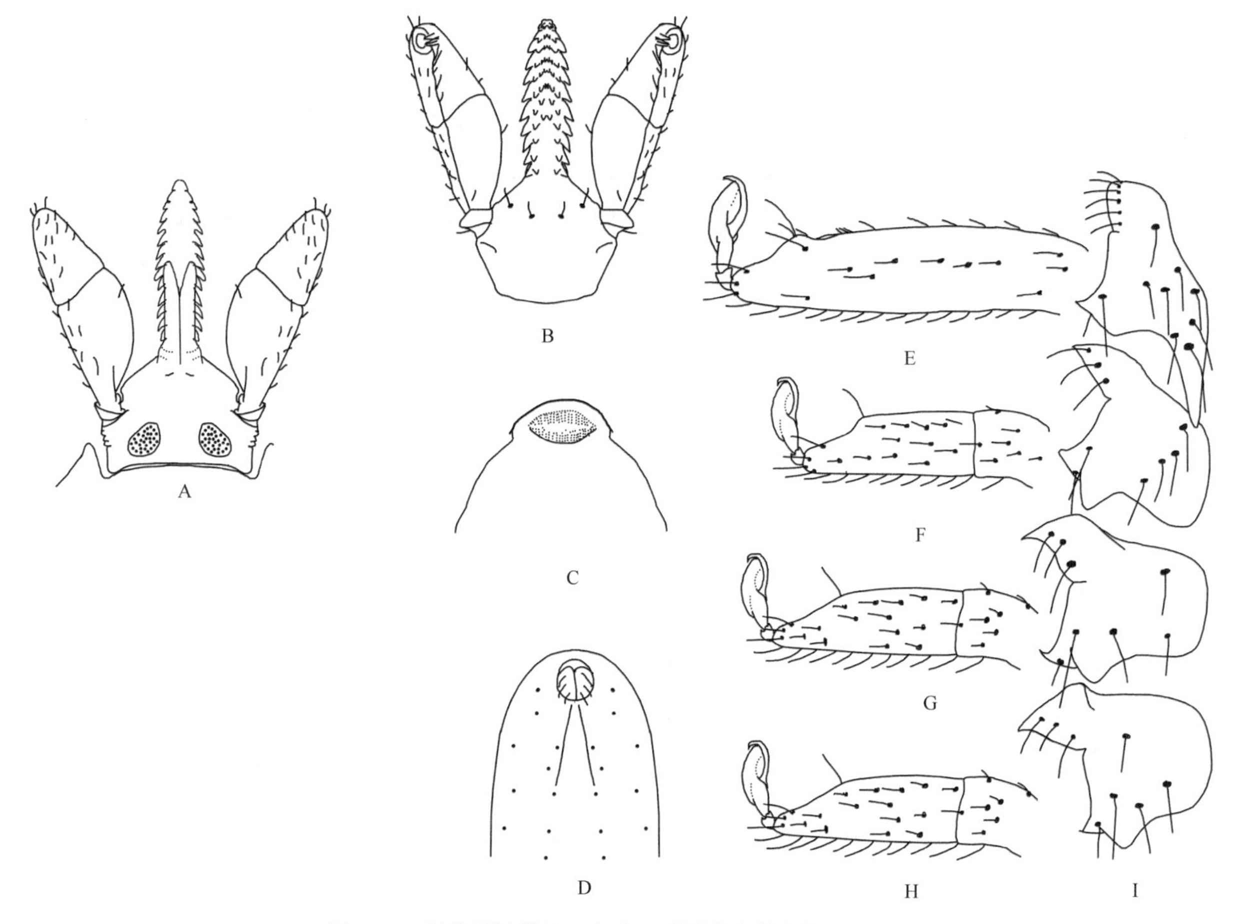

图 7-82　鼯鼠硬蜱雌蜱（参考：邓国藩和姜在阶，1991）

A. 假头背面观；B. 假头腹面观；C. 生殖孔；D. 肛门及肛沟；E～H. 足Ⅰ～Ⅳ；I. 基节

雄蜱（图 7-83）

身体呈卵圆形，前端稍窄，后部圆弧形。长（包括假头）宽约 2.68 mm×1.06 mm。缘沟明显，但缘褶较窄。

假头长宽约 0.60 mm×0.41 mm。须肢呈短棒状，长约为宽的 1.78 倍；前端圆钝。须肢第Ⅱ节与第Ⅲ节约等长，第Ⅱ节背面略为凹陷。假头基两侧缘直，向后内斜，后缘平直；基突付缺；表面有小刻点。假头基腹面宽短，横脊明显，向后凸出略呈角状，后缘浅凹。耳状突呈脊状。口下板粗短，长约 0.31 mm；齿式 4|4，每纵列具齿 8 枚，外列齿与内列齿大小约等。

盾板呈卵圆形，气门板水平最宽；刻点较多，分布大致均匀，中部的刻点较大。肩突粗短。颈沟短而浅，但明显，前段向后内斜，后段向后外斜。

基节Ⅰ内距细长，末端超过基节Ⅱ前缘；基节Ⅱ～Ⅳ内距付缺；基节Ⅰ～Ⅳ外距粗短，呈三角形；各基节靠后缘无半透明附膜。跗节较长，亚端部逐渐斜窄。爪垫长，达到爪端。生殖孔位于基节Ⅲ之间水平线。中板两侧缘向后外斜；肛板前端圆钝，两侧略微外斜。肛侧板长，前部稍宽，后部较窄。腹板上着生细毛。气门板卵圆形，气门斑位置靠前。

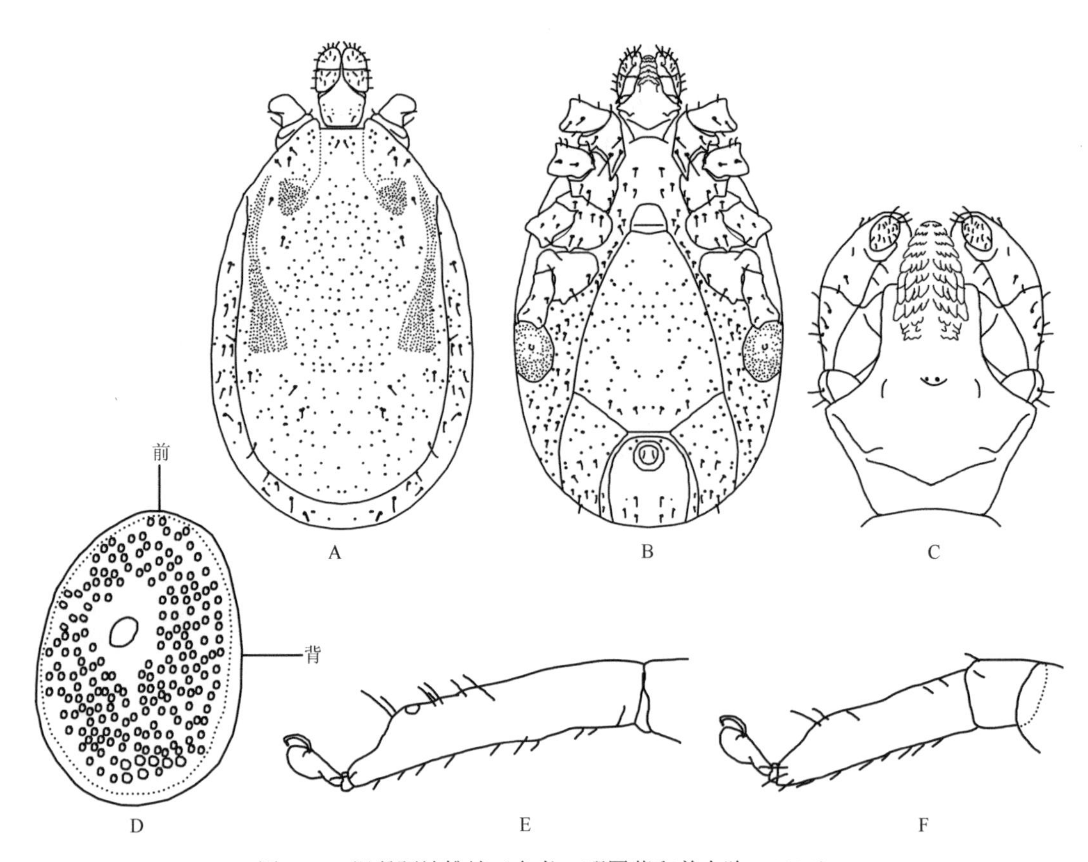

图 7-83　鼯鼠硬蜱雄蜱（参考：邓国藩和姜在阶，1991）

A. 背面观；B. 腹面观；C. 假头腹面观；D. 气门板；E. 跗节Ⅰ；F. 跗节Ⅳ

若蜱（图 7-84）

身体呈卵圆形，前端稍窄，后部圆弧形；长宽约 1.7 mm×0.95 mm。

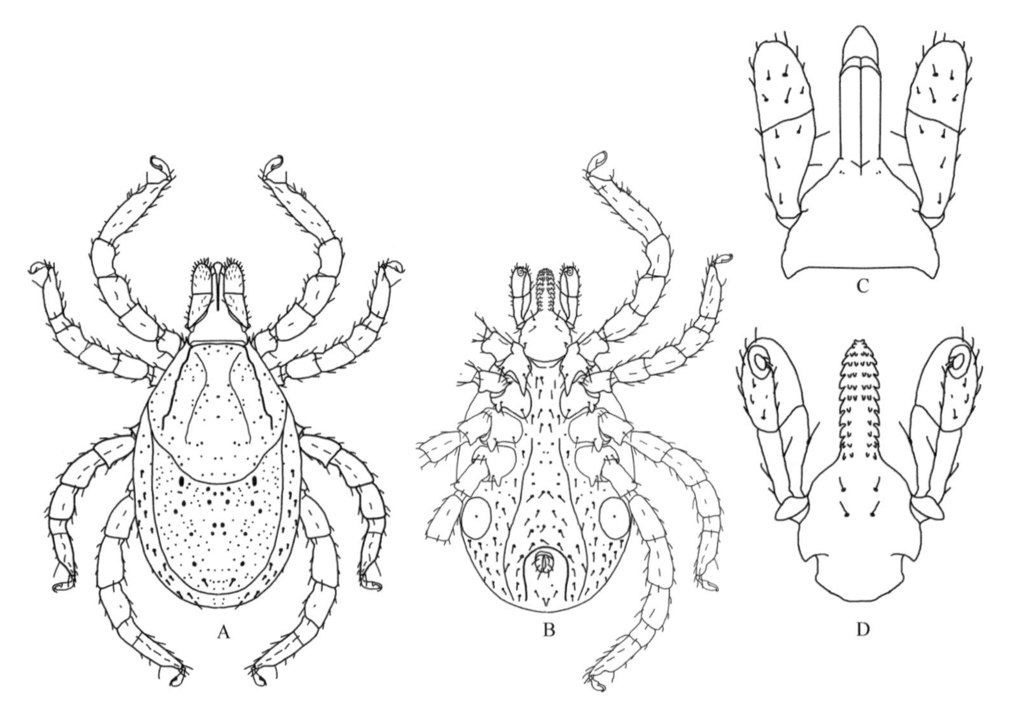

图 7-84　鼯鼠硬蜱若蜱（参考：邓国藩和姜在阶，1991）

A. 背面观；B. 腹面观；C. 假头背面观；D. 假头腹面观

须肢窄长，前端圆钝，外缘直，内缘浅弧形凸出，中部最宽。第Ⅰ节明显，背、腹面均可见；第Ⅱ节与第Ⅲ节约等。假头基近似三角形，宽约为长的2.5倍，后缘平直；基突短，呈等边三角形。假头基腹面宽阔，中部略微收窄，后缘弧形凸出；耳状突较发达，粗齿状，指向后方。口下板剑形，长约为宽的3倍；齿式前部3|3，后部2|2，具齿5～10枚。口下板后毛2对，细小。

盾板呈亚圆形，长宽约等，中部最宽；刻点细小而稀疏，分布不均。肩突尖窄。缘凹宽。颈沟窄，浅弧形，末端约达盾板后侧缘。侧脊明显，自肩突弧形向后延伸至盾板后侧缘附近。

基节Ⅰ内距细长，呈锥形；基节Ⅱ～Ⅳ内距付缺。各节外距粗短，呈三角形，基节Ⅰ的外距稍短，其余各节外距大小约等。各跗节亚端部明显收窄。爪垫长，几乎达到爪端。肛沟马蹄形，两侧缘近似平行。气门板亚圆形，气门斑位置靠前。

幼蜱（图7-85）

身体呈卵圆形，前端稍窄，后端圆弧形。

须肢呈棒状，前端圆钝，外缘直，内缘弧形凸出不明显；第Ⅰ节明显，背、腹面均可见；第Ⅱ略长于第Ⅲ节。假头基近似三角形，后缘平直；基突细小，指向后外侧。假头基腹面宽阔，中部略收窄，后缘浅弧形，向外弯曲；耳状突呈三角形。口下板剑形；齿式前段3|3，后段2|2，各列具齿3～9枚。

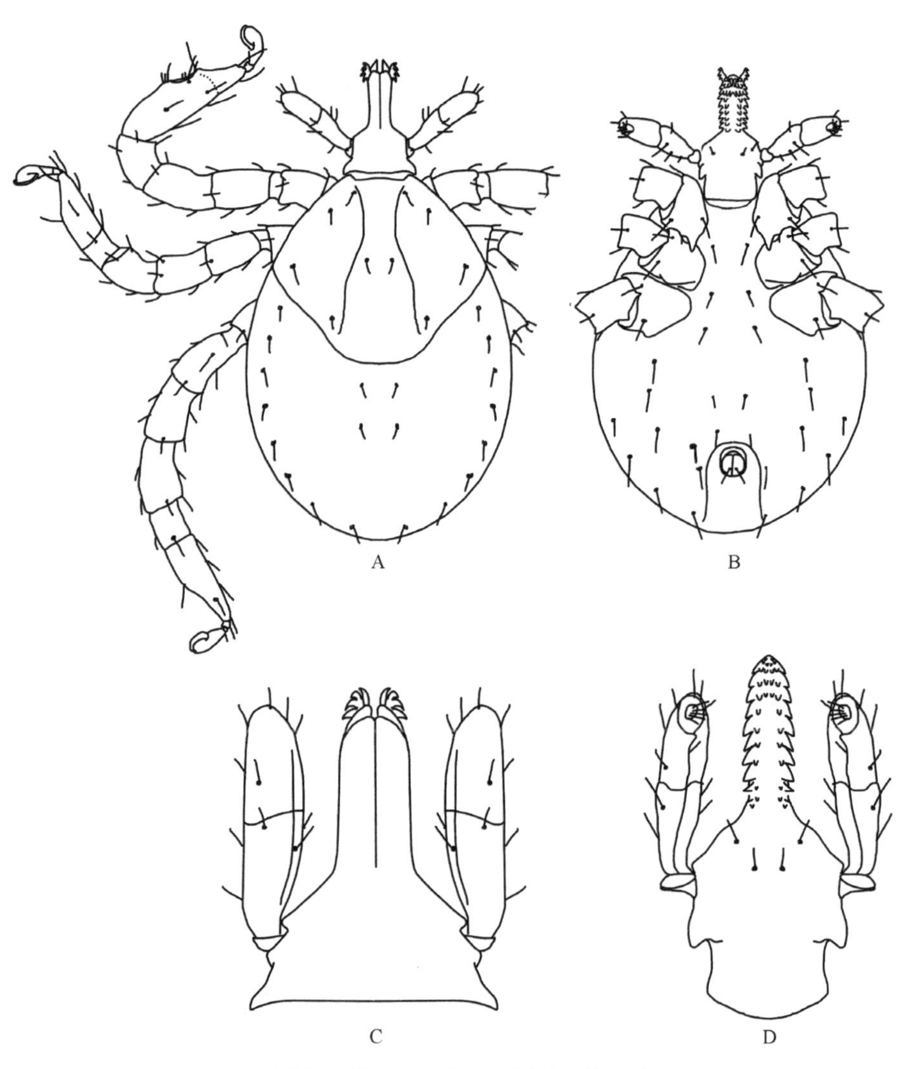

图7-85　鼯鼠硬蜱幼蜱（参考：邓国藩和姜在阶，1991）

A. 背面观；B. 腹面观；C. 假头背面观；D. 假头腹面观

盾板中部最宽，后缘圆钝；刻点少且分布不均匀。肩突短小，不明显。缘凹浅平。颈沟细浅，前 1/3 向后内斜，以后转为外斜，末端约达盾板后缘。

基节Ⅰ内距呈锥形；外距付缺；基节Ⅱ、Ⅲ内距付缺，外距位于后缘中部，呈脊状。各跗节亚端部逐渐细窄。爪垫达到爪端。肛沟马蹄形，两侧缘近似平行。

生物学特性 生活于海拔 210～2400 m 的山地林区。晚秋、冬、春等季节均可在宿主上发现雌蜱、若蜱和幼蜱。

（10）嗜麝硬蜱 *I. moscharius* Teng, 1982

定名依据 *mosch* 麝+*arius* 有关，应为麝硬蜱，但鉴于邓国藩和姜在阶（1991）译为嗜麝硬蜱，意思相通，为减少改动，故保持原来译名：嗜麝硬蜱。

宿主 林麝 *Moschus berezovskii*。

分布 国内：西藏（模式产地：樟木）。

鉴定要点

雌蜱须肢较长，前端圆钝，且第Ⅱ节长于第Ⅲ节。假头基后侧角不向外突出；基突不明显；无耳状突。盾板近似圆形，刻点小而稀少，分布不均匀。足稍粗壮；基节Ⅰ内距中等长，末端尖细，基节Ⅱ、Ⅲ内距粗短，且依次变短；基节Ⅳ无内距；基节Ⅰ、Ⅱ均无外距，基节Ⅲ、Ⅳ外距粗短；足跗节Ⅰ亚端部背缘骤然收窄。基节Ⅰ、Ⅱ具半透明附膜；足Ⅰ爪垫将近达到爪端，足Ⅱ～Ⅳ较短。

雄蜱须肢粗短；第Ⅱ节略长于第Ⅲ节。假头基基突付缺。假头基腹面后缘向后呈角状弯曲；口下板侧缘齿不大于中部齿；无耳状突。盾板刻点粗细不均匀，分布也不均匀。躯体腹面中板窄长；肛板前端圆钝，两侧向后渐宽。气门板大，卵圆形。足长适中，与雌蜱相似。

具体描述

雌蜱（图 7-86）

身体呈卵圆形，前端稍窄，后部圆弧形。

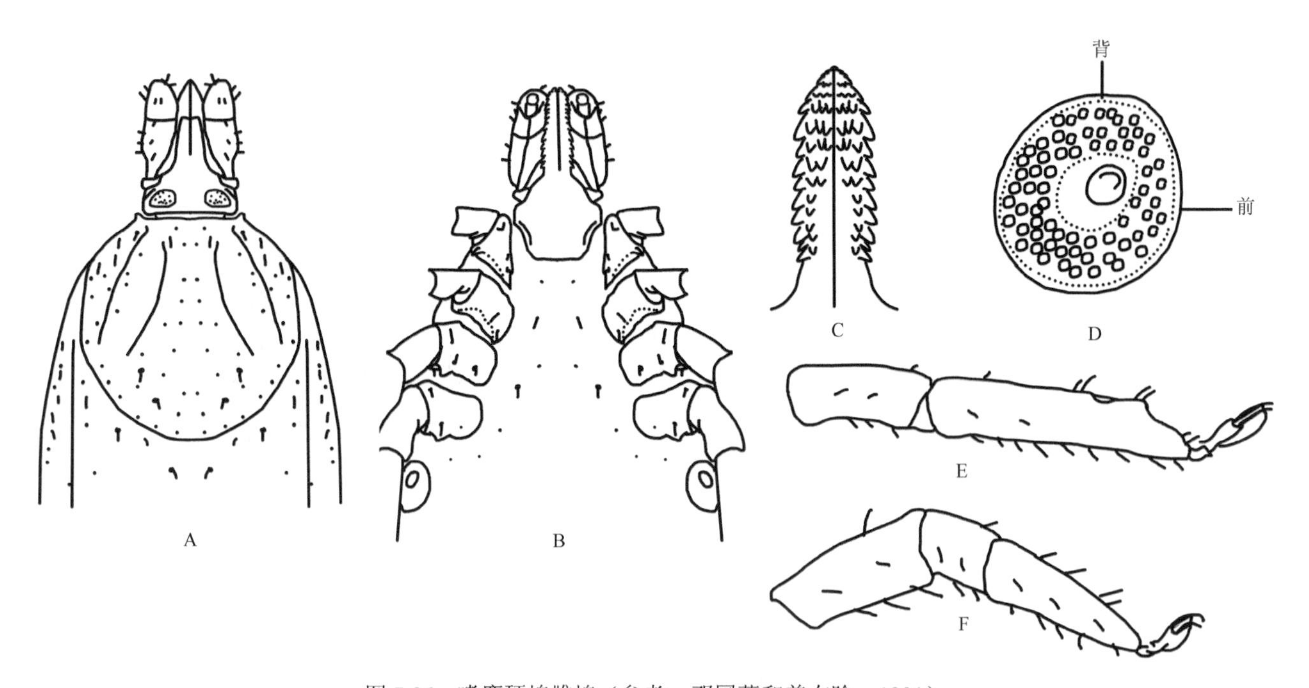

图 7-86 嗜麝硬蜱雌蜱（参考：邓国藩和姜在阶，1991）

A. 背面观；B. 腹面观；C. 口下板；D. 气门板；E. 跗节Ⅰ；F. 跗节Ⅳ

须肢窄长，长约为宽的 3.5 倍，第Ⅱ节端部稍后最宽；前端圆钝，外缘直，内缘弧形凸出。须肢第Ⅰ节短小，背、腹面均可见；第Ⅱ节与第Ⅲ节的长度比为 3∶2。假头基近似五边形，两侧缘近于平行，后缘略呈弧形凹入。孔区大，深陷，近似卵形，间距略小于其短径；基突短钝甚至不明显。假头基腹面宽阔，两侧缘向后略微收窄，后缘浅弧形；耳状突很不明显，呈脊状，无横缝。口下板窄长，前端尖，两侧缘近于平行；齿式端部 4|4、中部 3|3、后部 2|2。

盾板近似圆形，长略大于宽，为（1.19～1.31）mm×（1.11～1.26）mm。刻点数量少，分布不均匀，后部及侧缘较为明显。肩突短，呈三角形。缘凹宽而浅，向前弧形凸出。颈沟宽浅，前段向后内斜，后段浅弯，向后外斜，末端未达到盾板边缘。侧脊明显，与颈沟约等长。

足中等长度，基节Ⅰ内距细，末端尖，未达到基节Ⅱ前缘；基节Ⅱ内距粗短，基节Ⅲ内距呈脊状，基节Ⅳ无内距；基节Ⅰ、Ⅱ外距付缺，基节Ⅲ、Ⅳ外距粗短。基节Ⅰ、Ⅱ靠后缘具窄的半透明附膜。各转节无腹距。跗节Ⅰ亚端部骤然收窄；跗节Ⅳ亚端部逐渐细窄。足Ⅰ爪垫长，将近达到爪端；其余各足爪垫略短。生殖孔位于基节Ⅲ与基节Ⅳ之间水平线。生殖沟向后分离。肛沟呈马蹄形，两侧缘近似平行，长宽约等。气门板呈亚圆形，气门斑位置靠前。

雄蜱（图 7-87）

身体呈长卵形，中部最宽，向两侧收窄。体长（包括假头）宽为（2.17～2.58）mm×（1.13～1.30）mm。缘沟明显，但缘褶较窄。

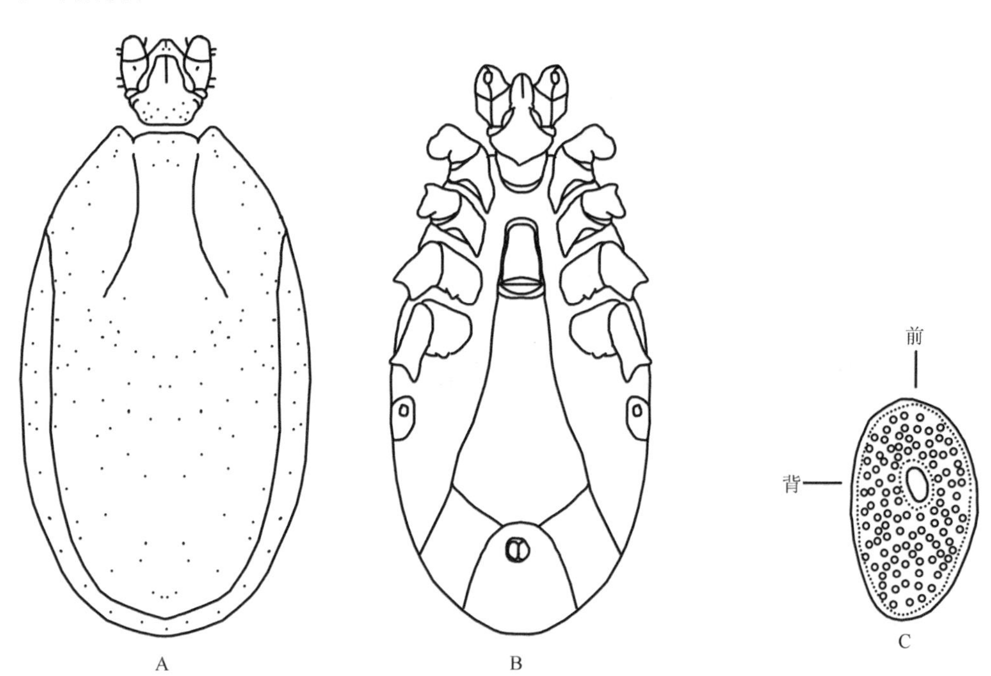

图 7-87　嗜麝硬蜱雄蜱（参考：邓国藩和姜在阶，1991）

A. 背面观；B. 腹面观；C. 气门板

须肢粗短，呈短棒状，长约为宽的 2 倍；前端圆钝，外缘直，内缘浅弧形凸出；须肢第Ⅰ节短小，背、腹面均可见；第Ⅱ节长度约为第Ⅲ节的 1.3 倍，两节分界明显；第Ⅱ节长宽约等。假头基背面近似五边形，两侧缘直，向后内斜，后缘平直；基突付缺；表面有小刻点。假头基腹面宽短，呈亚三角形，横脊明显，向后凸出略呈角状，后缘浅凹。无耳状突。口下板粗短；齿小，主部具齿 5 枚，外列齿大于内列齿，最后一对侧齿最强大，指向后侧方。

盾板呈长卵形，中部最宽。刻点少，且大小不一，分布不均匀。肩突较大。缘凹深，向前略呈弧形弯曲。颈沟短而浅，但明显，向后外斜。

足基节Ⅰ内距中等长度，末端尖，未达到基节Ⅱ前缘；基节Ⅱ内距粗短，基节Ⅲ内距呈脊状，基节Ⅳ无内距；基节Ⅰ、Ⅱ外距付缺，基节Ⅲ、Ⅳ外距粗短。基节Ⅰ、Ⅱ靠后缘具半透明附膜。各转节无腹距。跗节Ⅰ亚端部骤然收窄；跗节Ⅳ亚端部逐渐细窄。足Ⅰ爪垫长，将近达到爪端；其余各足爪垫略短。生殖孔位于基节Ⅲ靠前水平线。生殖前板近似矩形；中板窄长，两侧缘向后外斜；肛板前端圆钝，两侧略微外斜；肛侧板长，前部稍宽，后部较窄，长宽约等；各腹板上着生细毛和粗刻点。气门板呈卵圆形，前后轴长于背腹轴，气门斑位置靠前。

若蜱（图 7-88）

身体呈卵圆形，前端稍窄，中部最宽，后部圆弧形。

须肢呈棒状，前端圆钝，外缘直，内缘浅弧形凸出，中部最宽。第Ⅰ节明显，背、腹面均可见；第Ⅱ节与第Ⅲ节约等长。假头基近似三角形，后缘平直；基突付缺。假头基腹面宽阔，中部略微收窄，后缘弧形凸出；耳状突呈脊状。口下板前部最宽，向后渐窄；齿式前部 3|3、后部 2|2。口下板后毛 2 对，细小。

盾板呈亚圆形，中部最宽，长宽约等；刻点细小而稀疏，分布不均匀。肩突短钝。缘凹宽浅。颈沟宽，浅弧形，末端未达到盾板后侧缘。侧脊明显，自肩突向后延伸至盾板后侧缘附近。

足较粗壮，基节Ⅰ内距细长，呈锥形，外距粗短，呈三角形；基节Ⅱ～Ⅳ外距与基节Ⅰ相似；基节Ⅱ、Ⅲ内距粗短，呈三角形，基节Ⅳ内距付缺。跗节Ⅰ亚端部明显收窄；爪垫长，几乎达到爪端。跗节Ⅳ亚端部逐渐收窄；爪垫比跗节Ⅰ略短。肛沟前端圆钝，两侧缘略微外斜。气门板亚圆形，气门斑位置靠前。

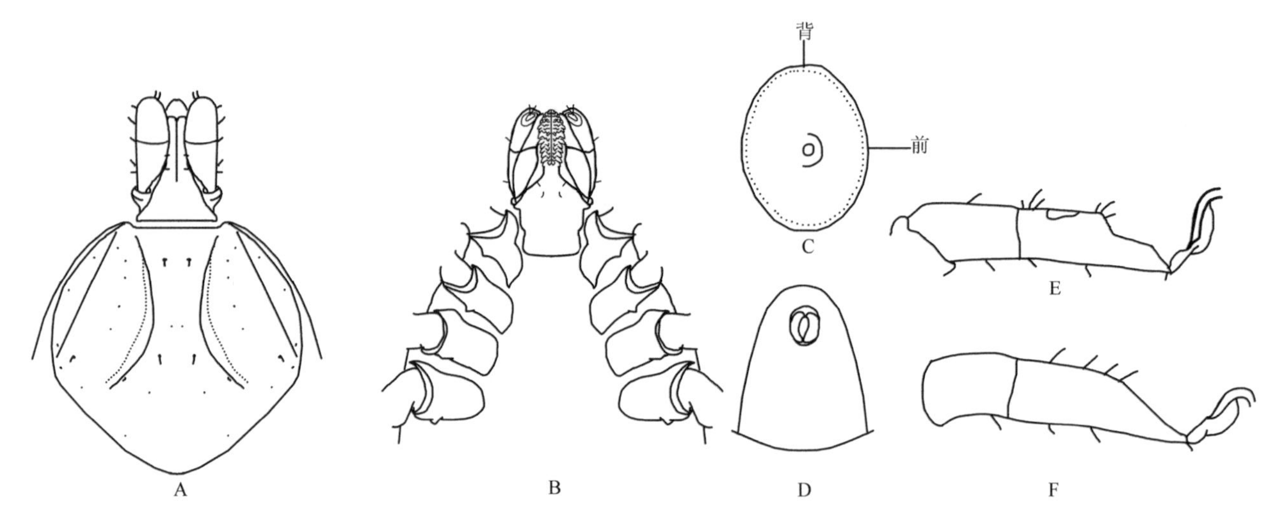

图 7-88 嗜麝硬蜱若蜱（参考：邓国藩和姜在阶，1991）

A. 背面观；B. 腹面观；C. 气门板；D. 肛门及肛沟；E. 跗节Ⅰ；F. 跗节Ⅳ

幼蜱（图 7-89）

体呈卵圆形，前端稍窄，后端宽弧形。

须肢呈棒状，前端圆钝，外缘直，内缘弧形凸出不太明显；第Ⅰ节明显，背、腹面均可见；第Ⅱ节与第Ⅲ节约等长，两节分界不明显。假头基近似三角形，后缘平直；基突付缺。假头基腹面宽阔，中部略收窄，后缘浅弧形向外弯曲；耳状突呈脊状。口下板棒状，前 1/3 处最宽，向后渐窄；齿式前段 3|3、后段 2|2。

盾板中部最宽，后缘圆钝，宽约为长的 1.3 倍；刻点稀少且分布不均匀。肩突短小，不甚明显。缘凹浅平。颈沟宽浅，前 1/3 向后内斜，以后转为外斜，末端约达盾板后侧缘。侧脊不明显。

足较粗短，基节Ⅰ内距呈锥形；外距粗短；基节Ⅱ内距呈脊状，不明显，基节Ⅲ内距付缺；基节Ⅱ、Ⅲ外距付缺。各跗节亚端部逐渐细窄。足Ⅰ爪垫达到爪端，其余足的爪垫较短，约达爪长的 2/3。肛沟马蹄形，两侧缘近似平行。

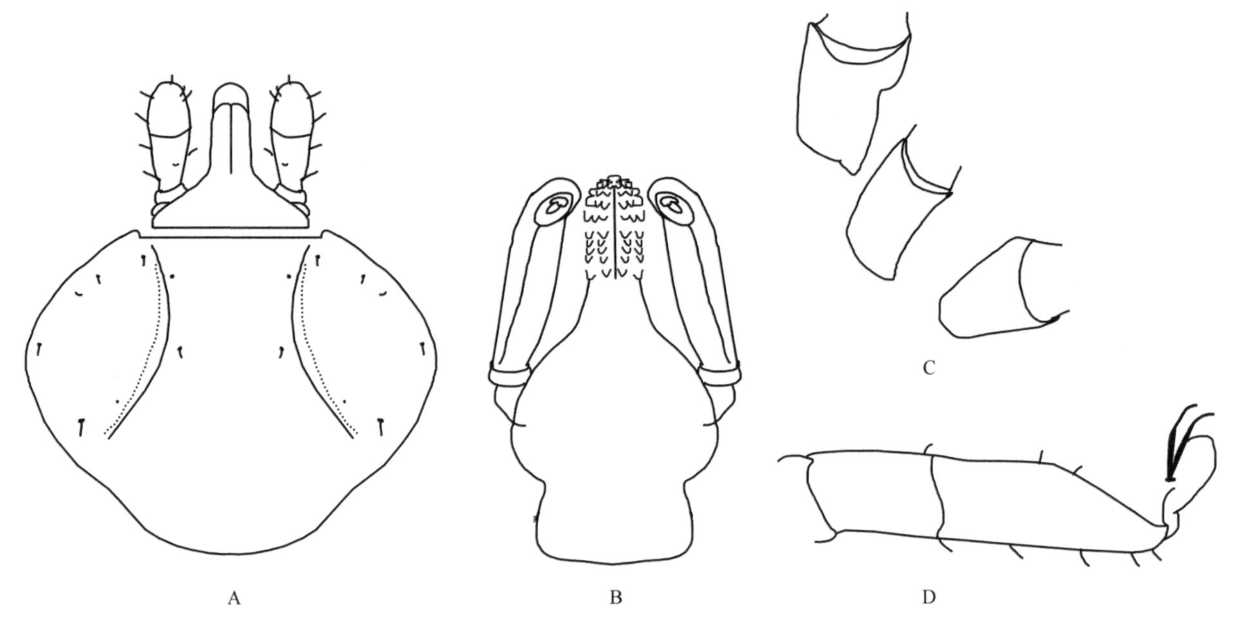

图 7-89 嗜麝硬蜱幼蜱（参考：邓国藩和姜在阶，1991）
A. 背面观；B. 假头腹面观；C. 基节；D. 跗节III

生物学特性 主要生活于海拔 2200～3200 m 的高山林带。春季 4 月间，在宿主上成蜱、若蜱和幼蜱同时有寄生。

（11）寄麝硬蜱 *I. moschiferi* Nemenz, 1968

定名依据 依据其宿主 *Moschus moschiferus* 而定名，但拉丁语 *moschiferi* 中无“寄”的含义。尽管邓国藩和姜在阶（1991）译为寄麝硬蜱，与词源有些出入，但鉴于已长期使用，为减少改动，故保持原译名。

宿主 麝 *M. moschiferus*、林麝 *M. berezovskii* 和马麝 *M. sifanicus*。

分布 国内：青海（尖扎）、四川（壤塘、黑水）、西藏（聂拉木）；国外：尼泊尔。

鉴定要点

雌蜱体型大，须肢相当窄长，前端圆钝，且第Ⅱ节长于第Ⅲ节，两节分界明显。假头基后侧角不向外突出；无基突；腹面中部收窄，横缝极不明显，无耳状突。盾板心形，刻点小，分布不均匀。足长适中；基节Ⅰ内距长，末端未达到基节Ⅱ前缘，外距较短但其末端明显超出基节Ⅱ前缘；基节Ⅱ～Ⅳ均具粗短外距，无内距；足跗节亚端部背缘逐渐收窄。基节无半透明附膜，爪垫将近达到爪端。

雄蜱须肢粗短；第Ⅱ节长于Ⅲ节。假头基无基突。假头基腹面后缘略向后弯；口下板侧缘齿大于中间齿；无耳状突。盾板刻点小，遍布整个表面，分布均匀；缘褶较窄。躯体腹面中板窄长，长度显著大于宽度；肛板前端圆钝，两侧近似平行。气门板卵形。足长适中，与雌蜱相似，但基节Ⅰ有半透明附膜，其他基节均无。

具体描述

雌蜱（图 7-90）

身体呈长卵形，靠近中部最宽，两端收窄。长（包括假头）宽为（3.31～4.0）mm ×（1.86～2.16）mm。

须肢十分窄长，在第Ⅱ节中部最宽；前端圆钝，外缘直，内缘浅弧形凸出。须肢第Ⅰ节短小，背、腹面均可见；第Ⅱ节与第Ⅲ节的长度比为 2∶1，两节分界明显；第Ⅲ节长约为宽的 1.5 倍。假头基背面

近似五边形，两侧缘向后渐窄，后缘平直。孔区大，深陷，近似卵形，间距略小于其短径的1/2；无基突。假头基腹面宽阔，中部略微收窄，后缘浅弧形；耳状突付缺，横缝不明显。口下板窄长，末端尖；齿式2|2，每纵列具齿约11枚。中部有较宽的隆脊分隔，靠侧缘的齿较发达。

盾板近似心形，长略大于宽，长宽为（1.43～1.58）mm ×（1.38～1.46）mm，中部稍前最宽。刻点小而浅，分布不均匀，后部及侧缘较为明显。肩突短钝。缘凹宽而浅，稍向前弧形凸出。颈沟宽浅，前段向后内斜，后段浅弯，向后外斜，末端达到盾板后侧缘；侧脊浅，向后延伸至盾板侧缘。

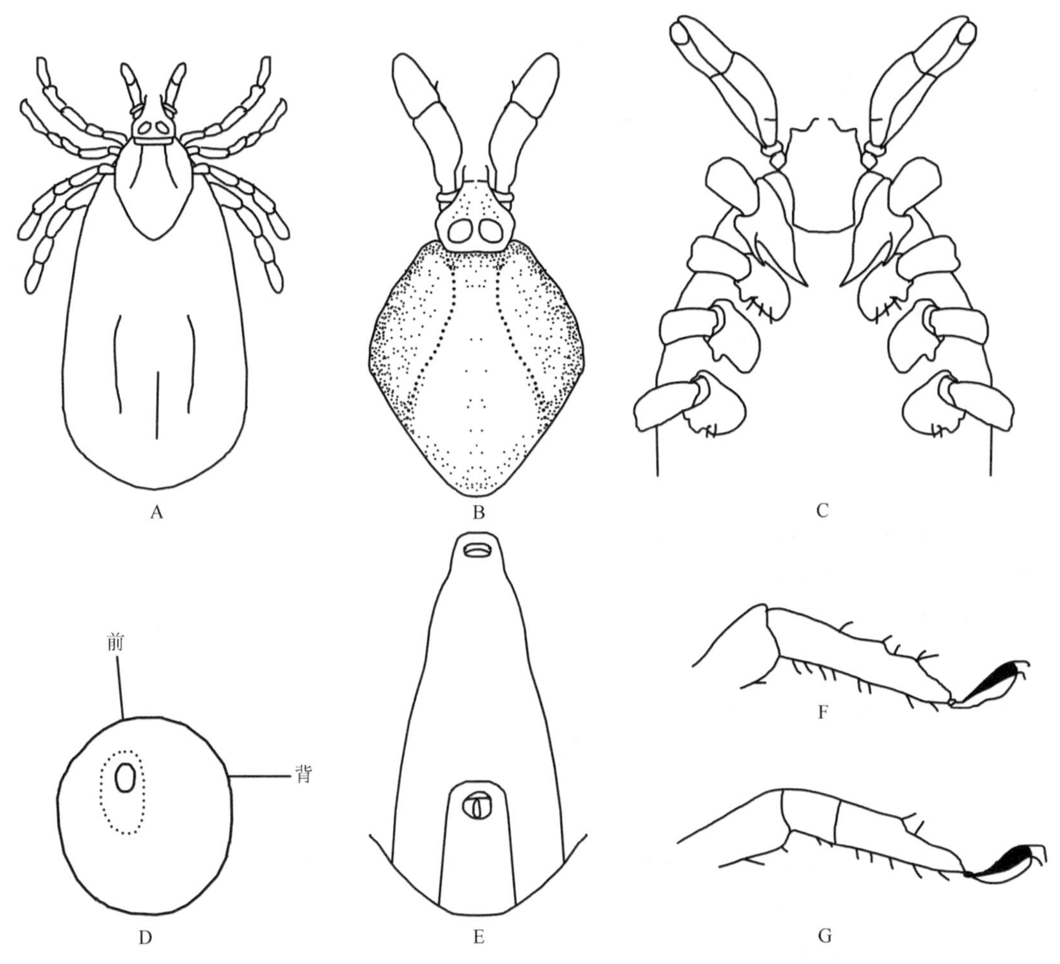

图7-90　寄麝硬蜱雌蜱（参考：邓国藩和姜在阶，1991）

A. 背面观；B. 假头及盾板；C. 腹面观；D. 气门板；E. 肛门及肛沟；F. 跗节Ⅰ；G. 跗节Ⅳ

足基节Ⅰ内距长，末端尖细，与基节Ⅱ前缘近似平行；外距窄长，较直，末端明显超过基节Ⅱ前缘。基节Ⅱ～Ⅳ内距付缺，外距粗短，大小约等；基节Ⅳ长宽约等。各基节靠后缘无半透明附膜。各转节无腹距。跗节Ⅰ和跗节Ⅳ亚端部逐渐收窄。各足爪垫将近达到爪端。生殖孔位于基节Ⅲ与基节Ⅳ之间水平线。生殖沟向后分离。肛沟前端圆钝，两侧略微外斜。气门板呈圆形，气门斑位置靠前。

雄蜱（图7-91）

体呈长卵形，后缘圆弧形，侧缘近于平行，向前逐渐收窄。长（包括假头）宽为（2.87～3.70）mm ×（1.63～1.98）mm。缘沟明显，缘褶较窄，前后均匀。

须肢粗短，呈棒状，前端圆钝，侧缘较直；须肢第Ⅰ节短小，背、腹面均可见；第Ⅱ节长度约为第Ⅲ节的1.8倍，两节分界明显。假头基背面两侧缘直，向后内斜，后缘较直，呈倒梯形；基突付缺；表面有小刻点。假头基腹面宽短，前部隆起，后部下陷，横脊明显，略向后凸出。无耳状突。口下板粗短；

端部齿细小，齿式 3|3；主部齿较大，齿式 2|2，每纵列具齿 7 或 8 枚；外列齿大于内列齿。

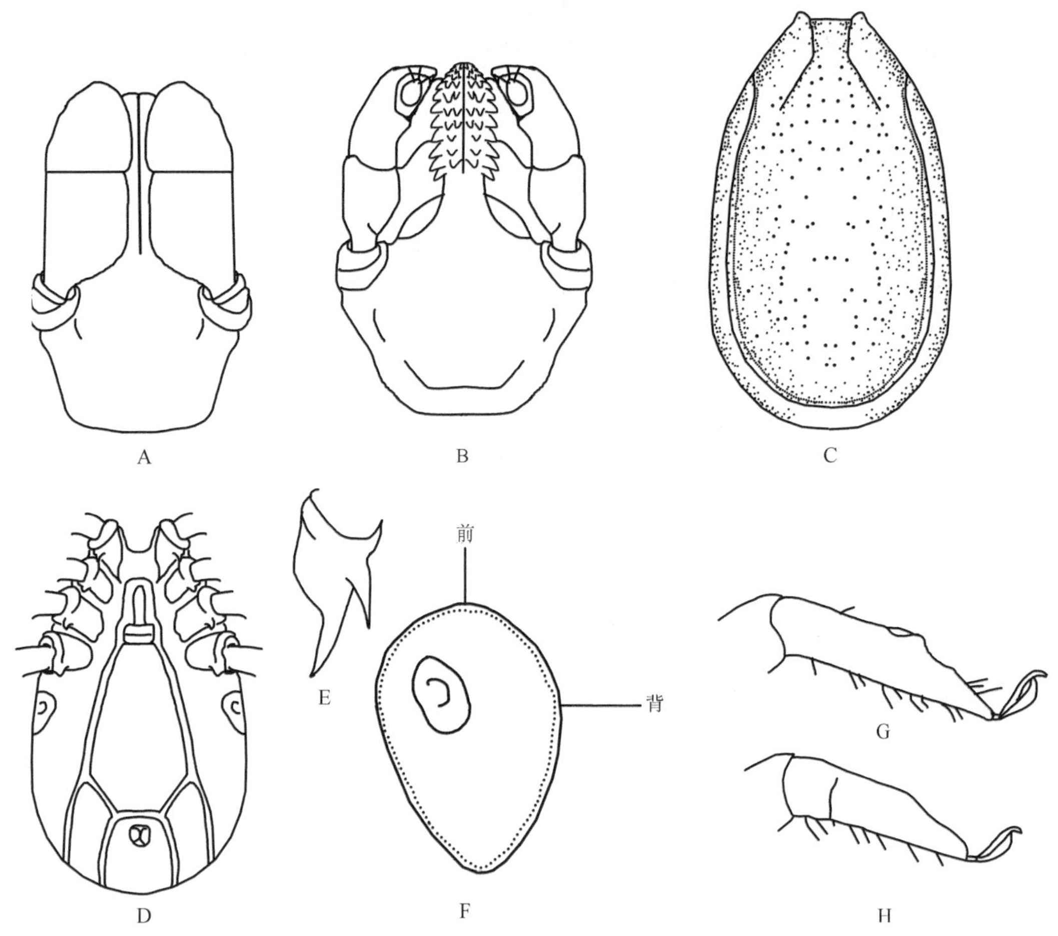

图 7-91　寄麝硬蜱雄蜱（参考：邓国藩和姜在阶，1991）

A. 假头背面观；B. 假头腹面观；C. 盾板；D. 躯体腹面观；E. 第Ⅳ基节；F. 气门板；G. 跗节Ⅰ；H. 跗节Ⅳ

盾板呈长卵形，中部最宽，两侧近似平行，中部略微隆起。刻点小，分布大致均匀，遍布整个盾板。肩突短钝。缘凹浅，明显向前弧形凸出。颈沟宽而浅，但明显，前段向后内斜，后段向后外斜。

足较强壮，基节Ⅰ内距长而内弯，末端尖细，与基节Ⅱ前缘近似平行；外距窄长，末端约达到基节Ⅱ中部。基节Ⅱ～Ⅳ内距短小；外距粗短，大小约等。各基节靠后缘无半透明附膜。各转节无腹距。跗节Ⅰ和跗节Ⅳ亚端部显著收窄。各足爪垫将近达到爪端。生殖孔位于基节Ⅲ之间水平线。生殖前板长显著大于宽，形状不规则；中板窄长，前侧缘向后外斜，后侧缘与后缘连接成钝角；肛板前端圆钝，两侧略微外斜；肛侧板长，前部稍宽，后部较窄；腹板上着生细毛。气门板呈卵圆形，前后轴长于背腹轴，气门斑位置靠前。

生物学特性　生活于海拔 2000～4000 m 的高原林区。4～7 月出现成蜱，5 月、6 月达到活动高峰。

（12）鼢鼠硬蜱 *I. myospalacis* Teng, 1986

定名依据　以宿主中华鼢鼠 *Myospalax fontanieri* 命名，故为鼢鼠硬蜱。

宿主　中华鼢鼠 *Myospalax fontanieri*。

分布　国内：甘肃（模式产地：平凉）、宁夏、陕西。

鉴定要点

雌蜱须肢长，前端圆钝，且第Ⅱ节长于第Ⅲ节。假头基后侧角不向外突出；基突粗短，不明显；腹面横缝可见，但不明显，耳状突明显，弧形凸出。盾板近似心形，刻点粗而深，分布较均匀。生殖孔裂口弧形。足长适中；基节Ⅰ内距粗短，末端达不到基节Ⅱ前缘，外距很不明显；基节Ⅱ～Ⅳ均无内距，外距亦不明显；足跗节亚端部背缘具有隆突，向前骤然收窄。基节无半透明附膜，爪垫约为爪长的1/2。

具体描述

雌蜱（图7-92）

身体呈椭圆形，后缘弧形。

须肢窄长，在第Ⅱ、Ⅲ节交界处最宽；前端圆钝，外缘直，内缘浅弧形凸出。须肢第Ⅰ节短小，背、腹面均可见；第Ⅱ节与第Ⅲ节的长度比为2∶1，两节分界明显。假头基两侧缘近于平行，后缘平直。孔区大，深陷，近似三角形，间距略小于其短径；基突粗短，不明显。假头基腹面宽阔，侧缘与后缘相交

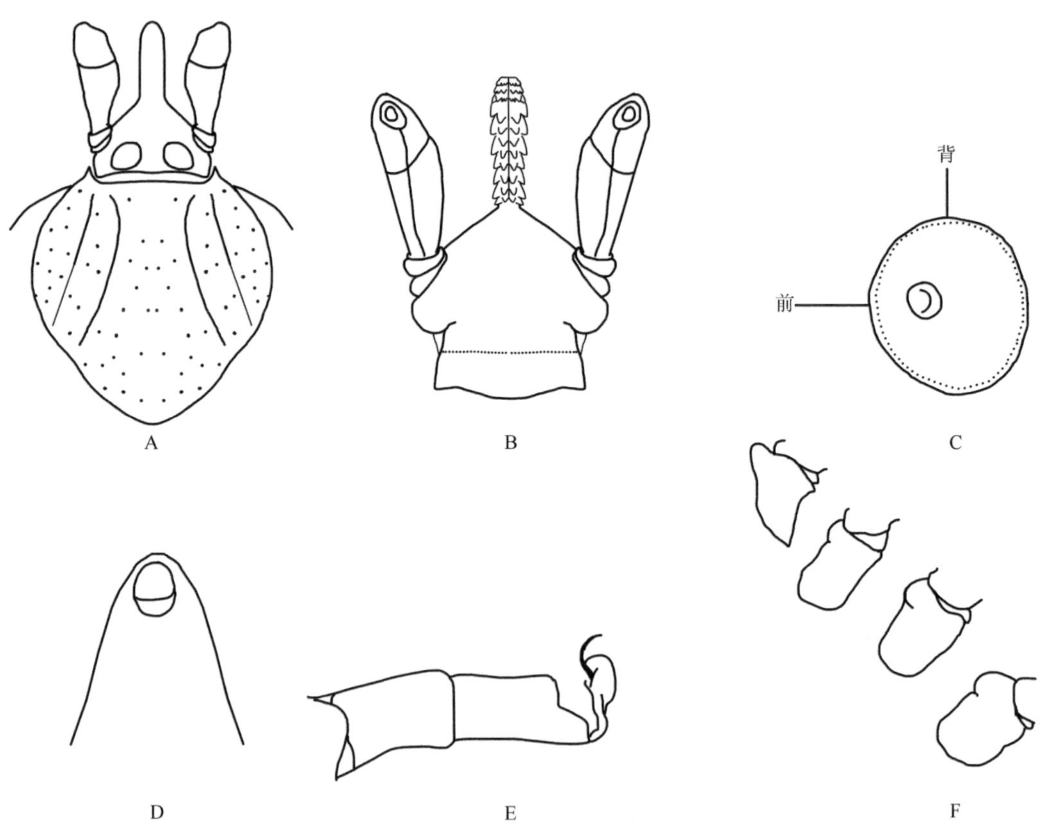

图7-92 鼢鼠硬蜱雌蜱（参考：邓国藩和姜在阶，1991）
A. 背面观；B. 假头腹面观；C. 气门板；D. 肛门及肛沟；E. 跗节Ⅳ；F. 基节

成角状，后缘浅弧形向后弯曲；耳状突明显，弧形凸出；横缝不明显。口下板窄长，剑形；齿式前部4|4和3|3，中、后部为2|2。

盾板近似心形，长略大于宽，前1/3处最宽，长宽约1.24 mm×0.95 mm。刻点粗而深，分布大致均匀。肩突尖细，三角形。缘凹宽而深。颈沟明显，前段向后内斜，后段浅弯，向后外斜，末端达到盾板后侧缘；侧脊浅，向后延伸至盾板后侧缘。

足比较粗壮。基节Ⅰ内距粗短，末端钝，未达到基节Ⅱ前缘；外距不明显。基节Ⅱ～Ⅳ内距付缺，外距不明显，呈脊状。各基节靠后缘无半透明附膜。各转节无腹距。跗节Ⅰ和跗节Ⅳ亚端部骤然收窄。各足爪垫短小，约达爪长之半。生殖孔位于基节Ⅲ水平线，浅弧形。生殖沟前端圆弧形，两侧向后侧方外斜。肛沟较窄长，前缘圆弧形，两侧向后略外斜。气门板亚圆形，气门斑位于中部靠前。

若蜱（图 7-93）

身体呈卵圆形，前端稍窄，中部最宽，后部圆弧形。长（不包括假头）宽约 1.15 mm×0.82 mm。

须肢呈棒状，长宽约 0.237 mm×0.092 mm；前端圆钝，外缘直，内缘浅弧形凸出，中部靠下最宽。第Ⅰ节明显，背、腹面均可见；第Ⅱ节略长于第Ⅲ节。假头基背面侧缘向后内斜，后缘平直；基突三角形。假头基腹面宽阔，中部略微收窄，后缘弧形凸出；耳状突呈钝齿状。口下板剑形，前端圆钝，两侧缘平行；齿式端部 4|4，中、后部 3|3。口下板后毛 2 对。

盾板近似心形，中部最宽，长略大于宽，约 0.541 mm×0.501 mm；刻点细小而稀疏，分布不均匀。肩突尖细。缘凹宽而深。颈沟和侧脊深，明显，末端均达到盾板后侧缘。

足基节Ⅰ内距短钝；基节Ⅱ～Ⅳ内距付缺；基节Ⅰ～Ⅳ外距呈脊状。跗节亚端部背缘具隆突，随后明显收窄。爪垫短，约及爪长之半。

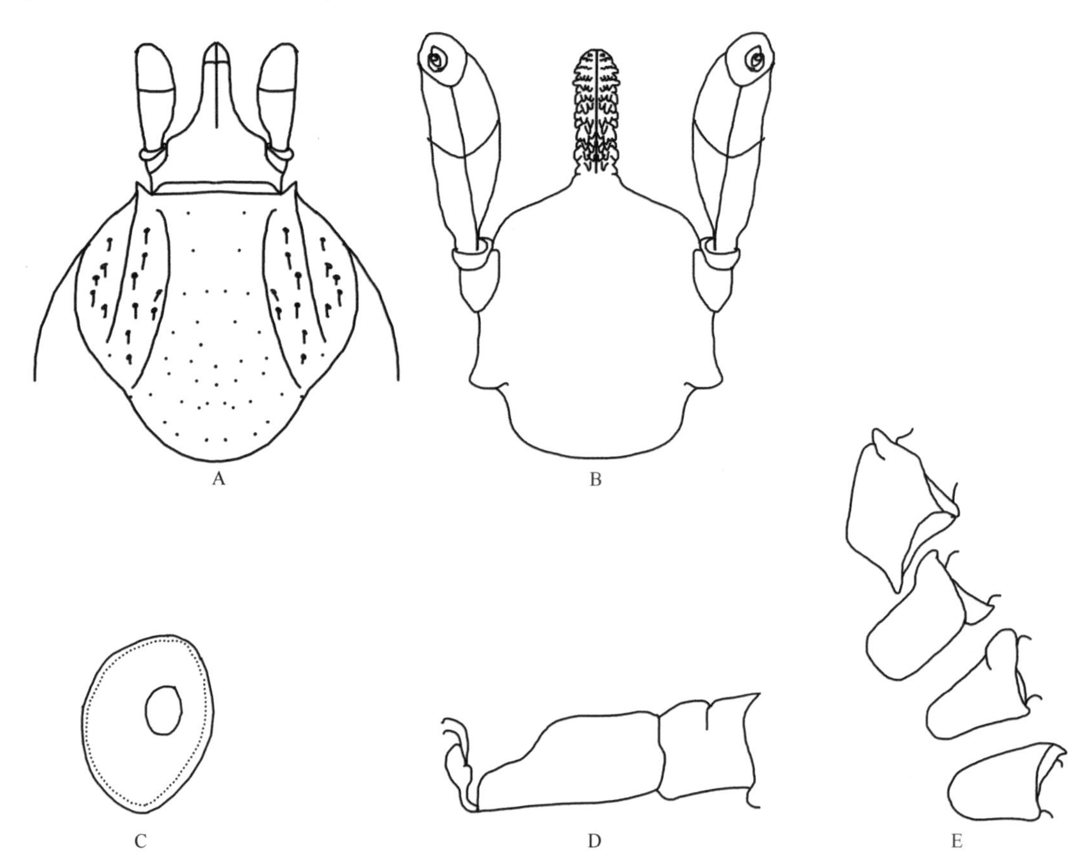

图 7-93　鼬鼠硬蜱若蜱（参考：邓国藩和姜在阶，1991）

A. 背面观；B. 假头腹面观；C. 气门板；D. 跗节Ⅳ；E. 基节

生物学特性　洞穴型种类。7 月可在宿主上发现雌蜱和若蜱。

（13）日本硬蜱 *I. nipponensis* Kitaoka & Saito, 1967

定名依据　*nippon* 即日本；*ensis* 意为“来源于”，故为日本硬蜱。

宿主　日本貂 *Martes melampus*、短尾兔 *Lepus brachyurus*、黑山羊等哺乳动物，也侵袭人。

分布　国内：湖南、台湾；国外：韩国、日本。

日本硬蜱与全沟硬蜱很相似，但其基节Ⅰ的内距比全沟硬蜱短，且末端未达到基节Ⅱ前部的 1/3。

鉴定要点

雌蜱盾板圆形或卵圆形，刻点分布均匀。须肢第Ⅱ节明显长于第Ⅲ节，两节分界明显。生殖孔裂口平直。足长适中；基节Ⅰ内距细长，末端达到或接近基节Ⅱ前缘，外距短钝，不甚明显；基节Ⅱ～Ⅳ外距粗短，内距付缺。

具体描述

雌蜱（图 7-94）

体呈卵圆形，前端稍窄，后部圆弧形。

须肢窄长，前端圆钝，外缘直，内缘浅弧形凸出。须肢第Ⅰ节短小，背、腹面均可见；第Ⅱ节明显长于第Ⅲ节，两节分界明显。假头基腹面宽阔，中部略微收窄，后缘浅弧形向后弯曲；耳状突粗短；口下板上的齿发达，向侧缘突出。

盾板圆形或卵圆形，肩突较发达。体表尤其是靠近边缘处刻点分布均匀，并有稀少细毛。

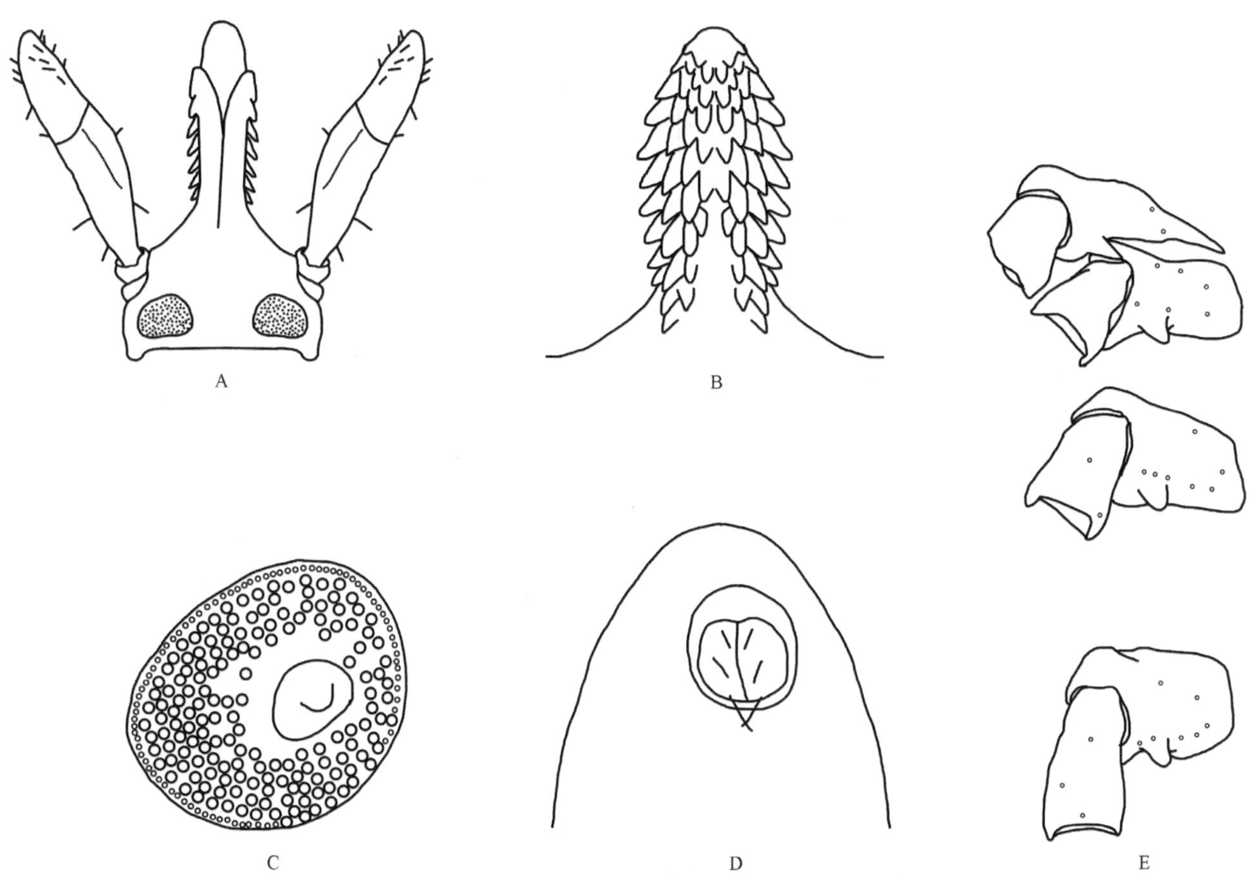

图 7-94 日本硬蜱雌蜱（部分参考：Cho *et al.*，1995）

A. 假头背面观；B. 口下板；C. 气门板；D. 肛门及肛沟；E. 基节

基节Ⅰ内距相当细长，末端达到基节Ⅱ前部边缘或非常接近没有重叠；外距短钝。基节Ⅱ～Ⅳ外距粗短，内距付缺。气门板卵圆形。肛沟围绕在肛门之前。生殖孔位于基节Ⅳ水平线，裂孔平直。后背板边缘的刚毛多且多数分叉。这些是该种的典型特征。

幼蜱（图 7-95）

假头基背面亚三角形，后缘平直或略微弯曲，后侧角尖锐。腹面在耳状突之后略微收窄，后缘平直但在后侧缘略突出。耳状突近似三角形，末端圆钝。口下板 96～113 μm，最宽处为 48～49 μm，向顶端渐细；口下板前部约 1/3 处齿式为 3|3，后部 2|2，最外侧具齿 10～12 枚，次外侧 10～11 枚，中间为 4～5 枚。须肢长 146～154 μm，最宽处为 38～41 μm。棒状，中部稍前处最宽，外侧缘呈波状，在须肢第Ⅱ

节刚毛处具突起，随后在基部突然收窄。须肢第Ⅱ节具 6 根刚毛，第Ⅲ节具 7 根刚毛。

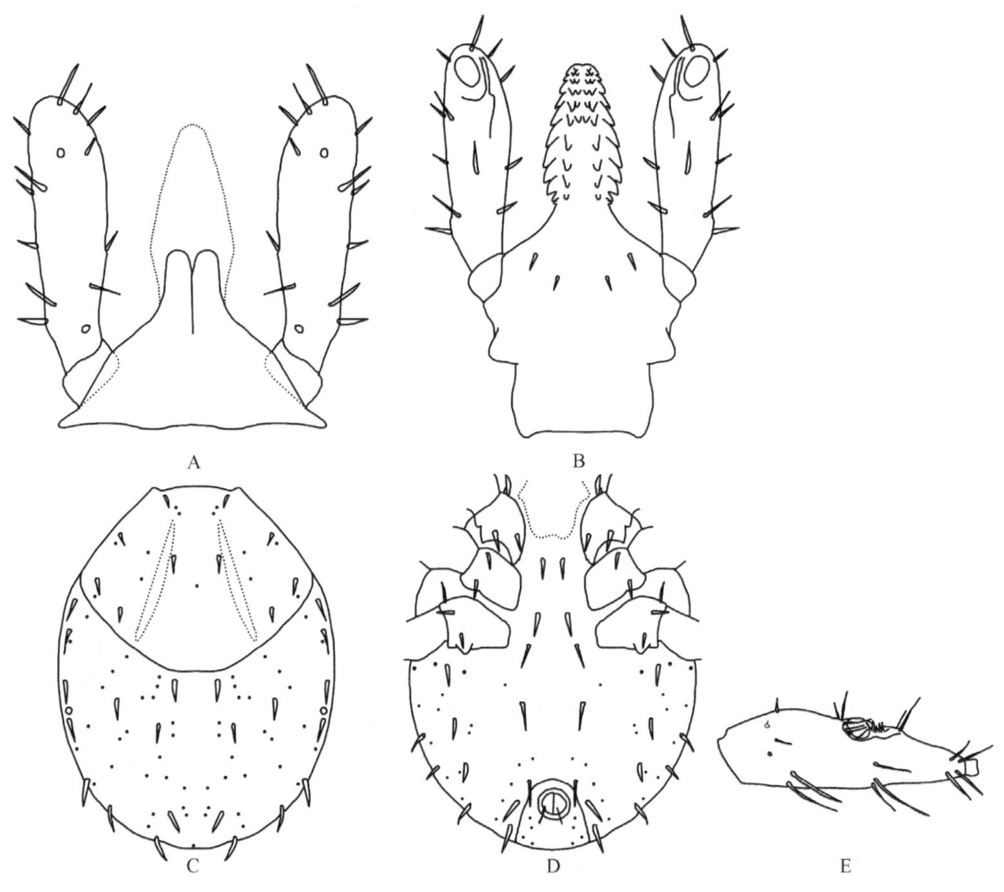

图 7-95　日本硬蜱幼蜱（参考：Snow & Arthur，1970）

A. 假头背面观；B. 假头腹面观；C. 躯体背面观；D. 躯体腹面观；E. 跗节Ⅰ

盾板呈宽卵圆形，中部最宽，长宽为（0.3～0.34）mm ×（0.36～0.39）mm。肩突短钝，缘凹浅。颈沟浅，不明显。两端颈沟首先收缩，其次分别向后侧缘延伸。刻点小，分布均匀。

基节Ⅰ具明显外距及较大的三角形内距；基节Ⅱ外距较小，近似三角形；基节Ⅲ外距小而圆钝。肛瓣刚毛一对。

生物学特性　该蜱主要发生在 4～10 月，7 月达到活动高峰。

（14）拟蓖硬蜱 *I. nuttallianus* Schulze, 1930

定名依据　该种起初命名为拟蓖硬蜱 *Ixodes ricinoides* Nutlall, 1913，该名称当时已被优先使用，Schulze 对其进行了修订，并以 Nutlall 命名，按词源应译为拟纳硬蜱。然而，拟蓖硬蜱已广泛使用。

宿主　黄牛、犏牛、山羊、鬣羚、犬、鹿、麝、赤麂。

分布　国内：甘肃、四川（模式产地：汶川）、西藏、新疆、云南；国外：尼泊尔、缅甸。

鉴定要点

雌蜱须肢长，且第Ⅱ节长于第Ⅲ节。假头基后侧角不向外突出；基突短钝而明显；腹面中部收窄，耳状突很短。盾板近似于心形，刻点粗细不均，分布也不均。生殖孔裂口平直。足长适中；基节Ⅰ内距长而尖，末端略超过基节Ⅱ前缘，无外距；基节Ⅱ～Ⅳ有粗短外距；足跗节亚端部背缘向端部逐渐收窄。基节Ⅰ～Ⅱ有半透明附膜，爪垫将近达到爪端。

雄蜱须肢粗短，前端圆钝；第Ⅱ、Ⅲ节约等长。假头基基突付缺。假头基腹面后缘向后呈角状弯曲；口下板侧缘齿与中部齿约等；耳状突不明显。盾板刻点粗，遍布整个表面，分布不匀；躯体腹面中板窄长，长度显著大于宽度；肛板马蹄形，前端圆钝。气门板卵圆形。足长适中，与雌蜱相似，但基节Ⅱ无距。

具体描述

雌蜱（图 7-96）

身体呈卵圆形，前端稍窄，后部圆弧形。

须肢窄长，在第Ⅱ节稍后最宽；前端圆钝，外缘直，内缘浅弧形凸出。须肢第Ⅰ节短小，背、腹面均可见；第Ⅱ节与第Ⅲ节的长度比为 2∶1，两节分界明显。假头基呈五边形，两侧略微凸出，后缘微凹。孔区近似圆角三角形或四边形，深陷，间距略小于其短径；基突粗短，明显。假头基腹面宽阔，中部略微收窄，后缘浅弧形向后弯曲；耳状突隆突状。口下板窄长，末端尖；齿式前部 4|4、中部 3|3、后部 2|2。

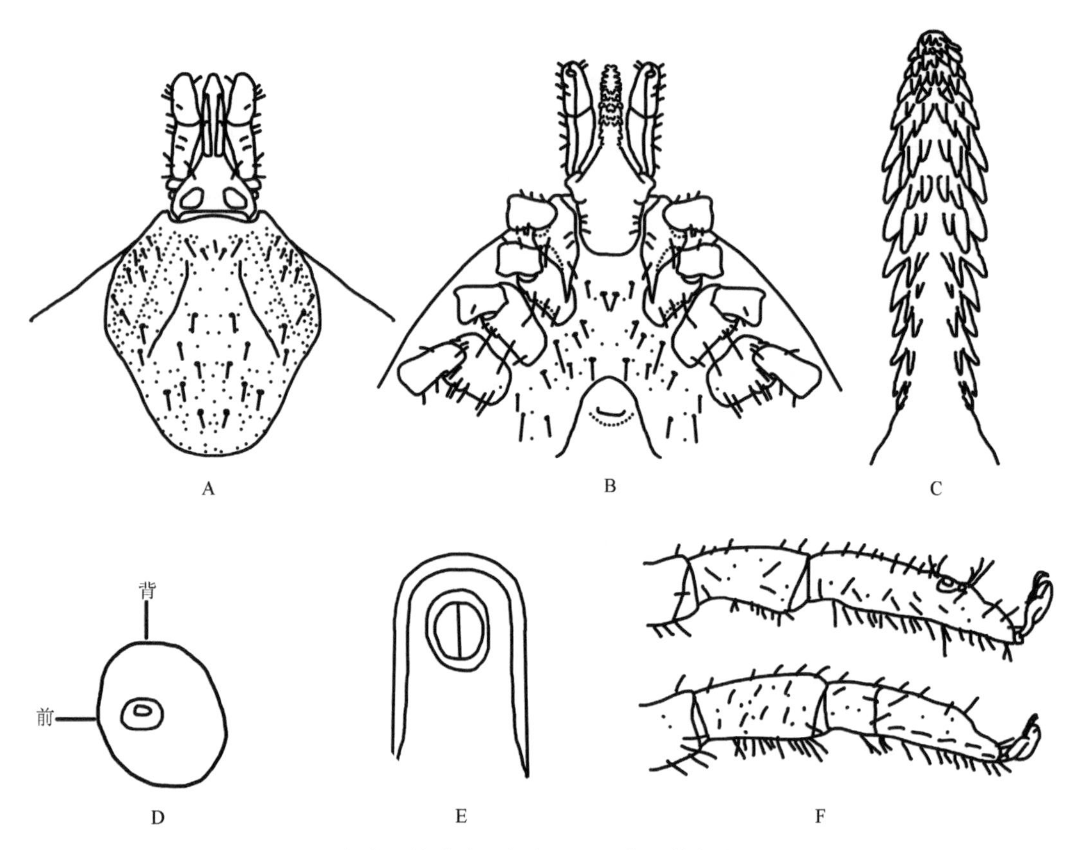

图 7-96　拟蓖硬蜱雌蜱（参考：邓国藩和姜在阶，1991）

A. 背面观；B. 腹面观；C. 口下板；D. 气门板；E. 肛门；F. 跗节Ⅰ、Ⅳ

盾板近似心形，长大于宽，前 1/3 处最宽，长宽为（1.38～1.62）mm ×（1.20～1.22）mm。刻点大小不均，中后部的刻点大而密，靠侧缘的刻点小，表面着生少数细毛，前侧区明显较多。肩突三角形。缘凹宽而深。颈沟浅，前段向后内斜，后段浅弯，向后外斜，末端达到盾板后侧缘；侧脊浅，向后亦延伸至盾板后侧缘；颈沟与侧脊之间形成凹陷。

足中等大小。基节Ⅰ内距细长，末端尖，超过基节Ⅱ前缘；外距不明显。基节Ⅱ～Ⅳ内距付缺，外距粗短，按节序渐短。基节Ⅰ～Ⅱ靠后缘具窄的半透明附膜。各转节腹距不明显。跗节亚端部逐渐收窄，向端部渐细。足Ⅰ爪垫达到爪端，其余各足爪垫略短，几乎达到爪端。生殖孔位于基节Ⅳ水平线。生殖沟前端圆弧形，两侧向后侧方外斜，延伸至肛门附近。气门板呈卵圆形，气门斑位于中部靠前。

雄蜱（图 7-97）

身体呈长卵形，中部最宽，后缘弧形。长（包括假头）宽约 2.6 mm×1.6 mm。缘沟明显，缘褶较窄，前后均匀。

须肢粗短，前端圆钝，侧缘较直；须肢第Ⅰ节短小，背、腹面均可见；第Ⅱ节与第Ⅲ节约等长。假头基两侧向后内斜，后缘近似平直，呈倒梯形；基突付缺；表面有小刻点。假头基腹面宽短，横脊明显，向后凸出呈角状。无耳状突。口下板粗短，顶端圆钝；每纵列具齿 8 枚；外列齿与内列齿大小约等。

盾板呈卵形，中部最宽。刻点较大，遍布整个盾板，在假盾区以后较为稠密。肩突短钝。缘凹浅且窄小。颈沟明显，前段近似平行，后段向后外斜。无侧脊。

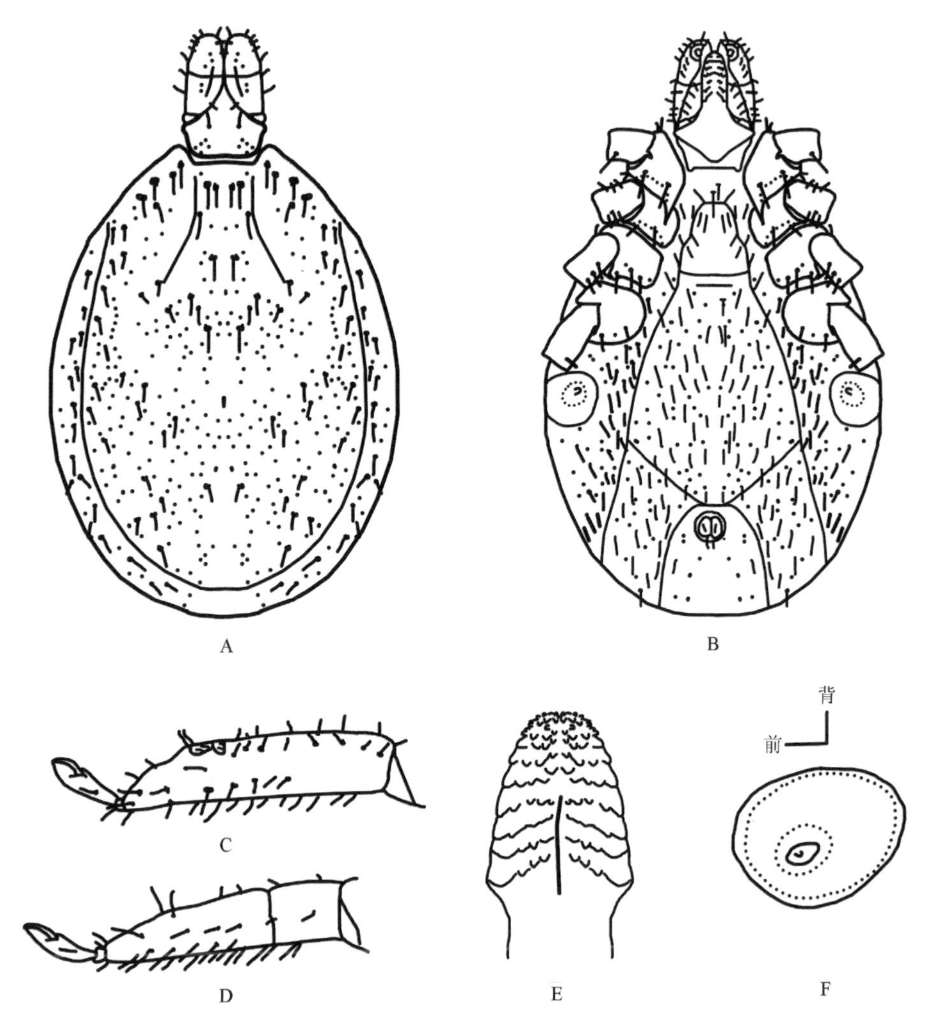

图 7-97　拟蓖硬蜱雄蜱（参考：邓国藩和姜在阶，1991）

A. 背面观；B. 腹面观；C. 跗节Ⅰ；D. 跗节Ⅳ；E. 口下板；F. 气门板

足中等长度。基节Ⅰ内距长，末端尖细，约达基节Ⅱ前缘 1/2 位置；外距付缺；基节Ⅱ无距；基节Ⅲ、Ⅳ内距付缺，外距粗短，呈三角形。基节Ⅰ、Ⅱ靠后缘具半透明附膜。各转节无腹距。跗节Ⅰ和跗节Ⅳ亚端部逐渐收窄。各足爪垫将近达到爪端。生殖孔位于基节Ⅲ之间水平线。生殖前板几丁质弱；中板窄长，前侧缘向后外斜，后侧缘与后缘连接成钝角，后缘弧度较深；肛板马蹄形，前端圆钝，两侧缘近似平行；肛侧板长，前部稍宽，后部较窄；腹板上着生细毛和细刻点，但生殖前板细刻点极少，肛板上细毛较少。气门板卵圆形，气门斑位置靠前。

生物学特性 生活在海拔2600～3600 m的高山林带或灌丛。4月、5月可在宿主上发现成蜱。

（15）卵形硬蜱 *I. ovatus* Neumann, 1899

定名依据 *ovatus* 即卵形、卵圆形，故为卵形硬蜱。

Neumann（1899）依据从日本采到的2只雌蜱建立了该种，1904年该学者又根据从日本采到的一只雌蜱建立了 *I. japonensis*。此后，在中国、日本、缅甸、印度都有过 *I. japonensis* 的记录，而卵形硬蜱则未见报道。直至1963年Morel通过查对这两个种的模式标本，确认二者同为一种，*I. japonensis* 应为 *I. ovatus* 的同物异名。Колонин（1981）认为台湾硬蜱 *I. taiwanensis* Sugimoto 和新竹硬蜱 *I. shinchikuensis* Sugimoto 亦是 *I. ovatus* 的同物异名。

宿主 黄牛、犏牛、马、驴、绵羊、猪、毛冠鹿 *Elaphodus cephalophus*、斑羚 *Naemorhedus goral*、林麝 *Moschus berezovskii*、马麝 *M. sifanicus*、黄鼬 *Mustela sibirica*、大熊猫，也侵袭人。

分布 国内：甘肃、贵州、湖北、青海、陕西、四川、台湾、西藏、云南；国外：老挝、缅甸、尼泊尔、日本、泰国、印度、越南。

鉴定要点

雌蜱须肢较长，前端圆钝，且第Ⅱ节长于第Ⅲ节。假头基后侧角不向外突出；基突短小；耳状突短小。盾板亚圆形，刻点小，分布不均匀。足长适中；基节Ⅰ内距短小，无外距；基节Ⅱ～Ⅳ均无内距，基节Ⅲ、Ⅳ外距粗短；足跗节亚端部背缘逐渐收窄。基节Ⅰ、Ⅱ具半透明附膜，爪垫将近达到爪端。

雄蜱须肢粗短；第Ⅱ、Ⅲ节约等长。假头基无基突。假头基腹面后缘的脊向后凸出；口下板侧缘齿与中间齿约等；无耳状突。盾板刻点较粗，分布不均匀。躯体腹面中板近似五边形，长大于宽；肛板前窄后宽，两侧显著外斜。气门板卵形。足长适中，与雌蜱相似，但基节Ⅰ～Ⅲ有半透明附膜。

具体描述

雌蜱（图7-98）

身体呈卵圆形，中部最宽，后部圆弧形。长（包括假头）宽为（2.10～2.49）mm×（1.30～1.63）mm。缘沟在身体两侧明显，后部无。

须肢窄长，在第Ⅱ、Ⅲ节交界处最宽；前端圆钝，外缘有些许小凹陷，内缘浅弧形凸出。须肢第Ⅰ节短小，背、腹面均可见；第Ⅱ节与第Ⅲ节的长度比为4∶3，两节分界明显。假头基近五边形，后缘微凹。孔区大，近似卵圆形，深陷，间距略小于其短径；基突短小，不明显。假头基腹面宽阔，中部隆起，后缘浅弧形向后弯曲；耳状突呈脊状。口下板窄长，剑形；端部齿式4|4，主部齿式2|2，每纵列多数具齿8枚。

盾板呈亚圆形，中部最宽，长宽为（0.79～1.08）mm×（0.76～1.03）mm。刻点小，分布不均，靠后部稍密。肩突很短，不甚明显。缘凹宽而浅。颈沟浅，前段向后内斜，后段浅弯，向后外斜，末端达到盾板后1/3处；侧脊明显，自肩突向后延伸至盾板后侧缘。

足中等大小。基节Ⅰ内、外距均不明显；基节Ⅱ～Ⅳ内距亦不明显；基节Ⅱ、Ⅲ无明显外距；基节Ⅳ具粗短外距。基节Ⅰ、Ⅱ靠后缘具半透明附膜，基节Ⅰ的小，仅占后缘小部分；基节Ⅱ的大，沿对角线角度，约占基节的1/2。跗节亚端部逐渐收窄，向端部渐细。各足爪垫几乎达到爪端。生殖孔位于基节Ⅲ与基节Ⅳ之间水平线。生殖沟前端圆弧形，两侧向后侧方外斜。气门板卵圆形，气门斑位于中部靠前。

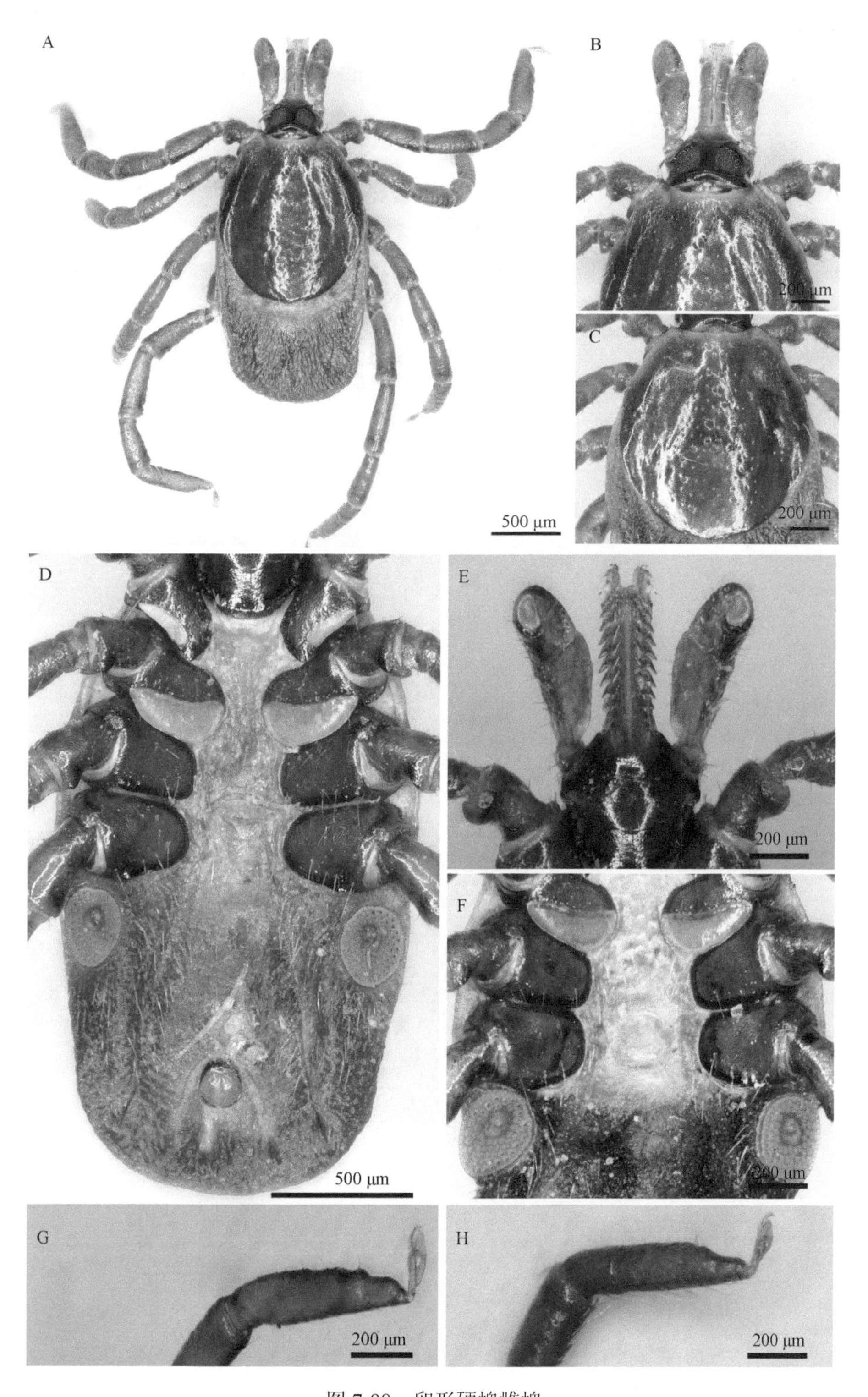

图 7-98　卵形硬蜱雌蜱

A. 背面观；B. 假头背面观；C. 盾板；D. 躯体腹面观；E. 假头腹面观；F. 生殖孔及气门板；G. 跗节Ⅰ；H. 跗节Ⅳ

雄蜱（图 7-99）

身体呈长卵形，长（包括假头）宽为（1.78～2.13）mm×（1.05～1.27）mm。缘沟明显，缘褶较窄，前后较均匀。

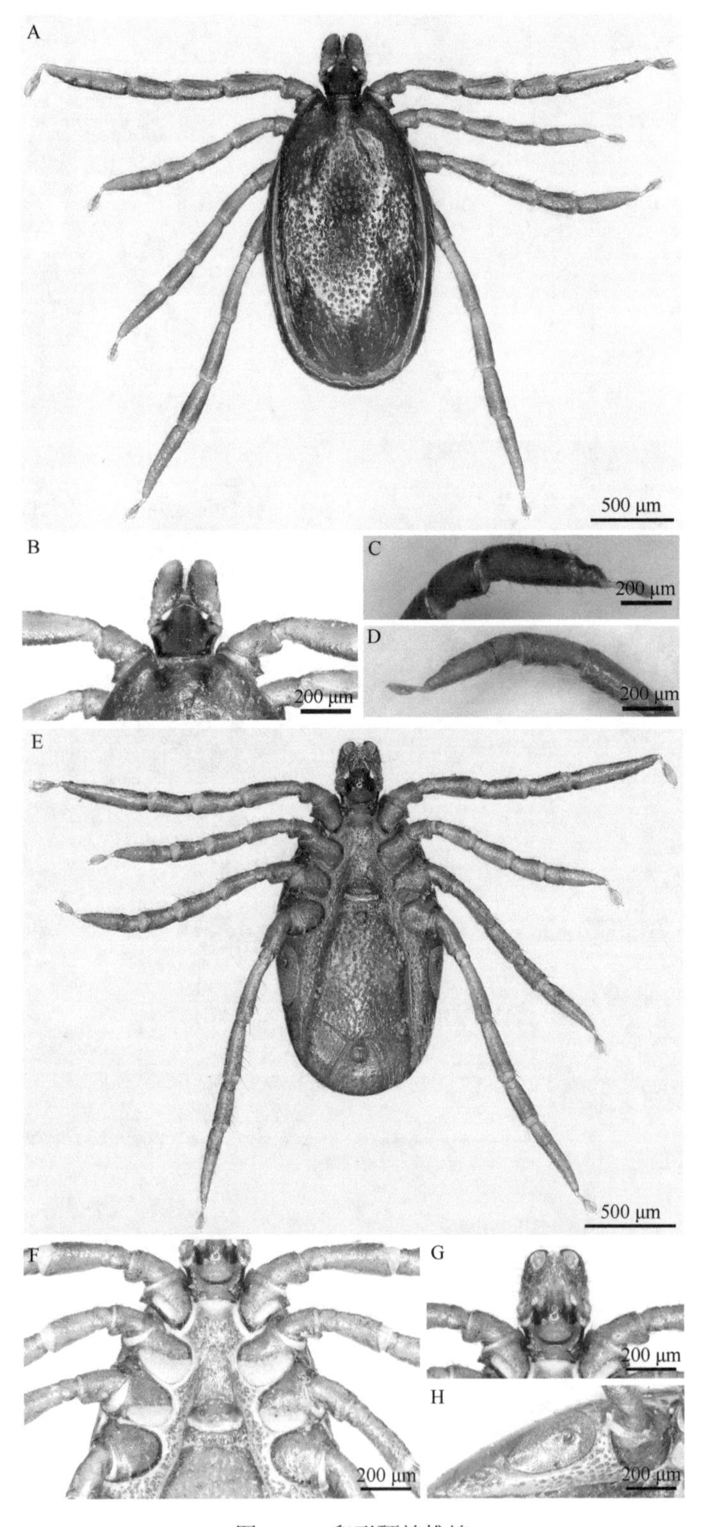

图 7-99　卵形硬蜱雄蜱

A. 背面观；B. 假头背面观；C. 跗节Ⅰ；D. 跗节Ⅳ；E. 腹面观；F. 基节及生殖孔；G. 假头腹面观；H. 气门板

须肢粗短，前端圆钝，外侧缘较直，内侧缘弧形凸出，中部最宽。须肢第Ⅰ节短小，背、腹面均可见；第Ⅱ节与第Ⅲ节约等长。假头基两侧向后内斜，后缘近似平直，呈倒梯形；基突付缺；表面有小刻点。假头基腹面宽短，中部隆起，横脊明显，向后凸出呈角状。无耳状突。口下板粗短，顶端圆钝；端部齿式3|3，中、后部为2|2；最后一对齿最强大。

盾板呈长卵形，中部最宽，两侧缘近于平行。刻点较大，遍布整个盾板，分布不均匀。细长毛散布盾板表面。肩突短钝。缘凹窄小。颈沟宽而浅，前段短，近似平行，后段长，向后外斜。无侧脊。

足中等长度。基节Ⅰ内距短钝，与后缘连接，后外角窄长，从背面可见。基节Ⅱ、Ⅲ无距；基节Ⅳ仅有粗短外距。基节Ⅰ～Ⅲ后部具半透明附膜，基节Ⅰ的小，靠近后缘，基节Ⅱ、Ⅲ的大，沿对角线延伸，占基节的1/2。转节Ⅰ～Ⅲ有短小腹距。跗节Ⅳ亚端部逐渐细窄。各足爪垫将近达到爪端。生殖孔位于基节Ⅲ之间水平线。中板窄长，近似五边形，前侧缘向后外斜，后侧缘与后缘连接成钝角，后缘弧度较深；肛板前窄后宽，两侧显著外斜；肛侧板较短，前部宽度约为后部的 2 倍；腹板上着生细毛和细刻点。气门板卵圆形，气门斑位置靠前。

若蜱（图 7-100）

身体呈卵圆形，前端稍窄，后部圆弧形，躯体后 1/3 处最宽。

须肢呈棒状，前端圆钝，基部收窄，外缘直，内缘浅弧形凸出，前 1/3 处最宽。第Ⅰ节特别发达，向螯肢方向延伸，部分与假头基愈合，在腹面则呈菱形；第Ⅱ节与第Ⅲ节无分界线。假头基宽短，近似五边形，后缘平直；基突明显，呈三角形。假头基腹面宽阔，后缘弧形凸出；耳状突呈钝齿状。口下板棒状，前端圆钝，基部收窄；齿式 2|2。口下板后毛 2 对。

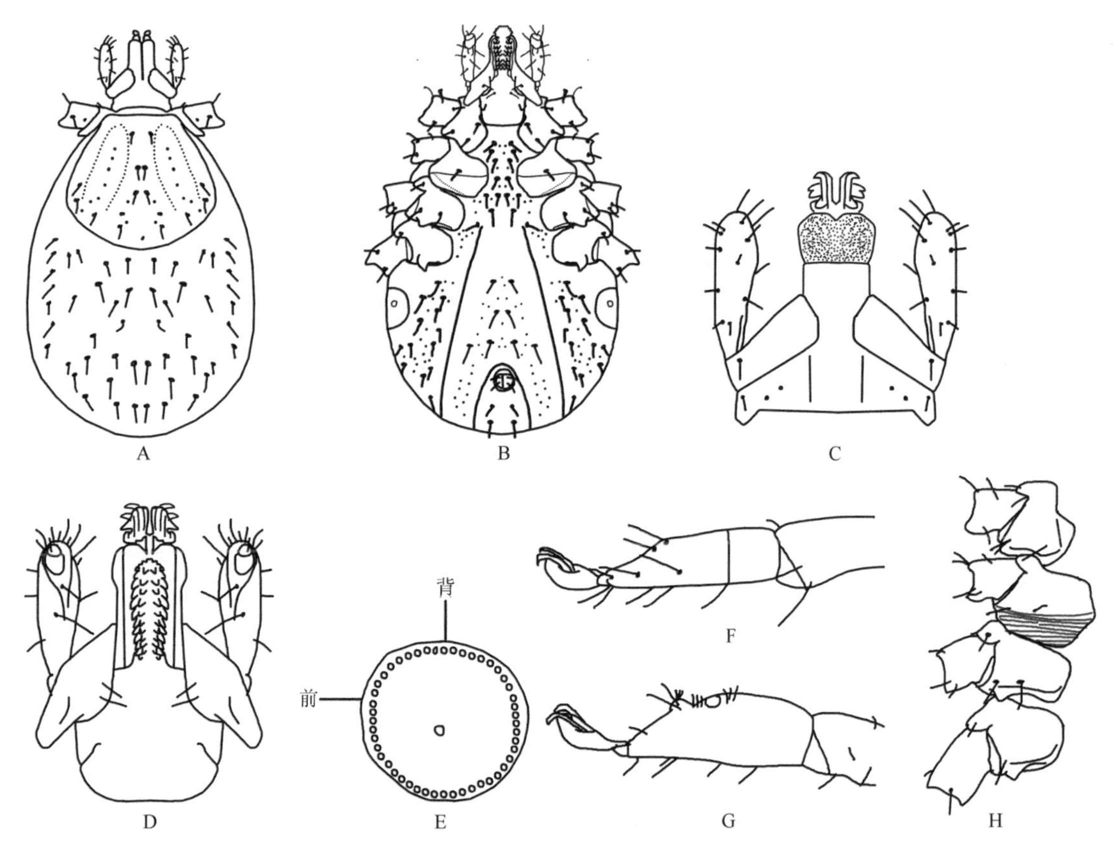

图 7-100　卵形硬蜱若蜱（参考：邓国藩和姜在阶，1991）

A. 背面观；B. 腹面观；C. 假头背面观；D. 假头腹面观；E. 气门板；F. 跗节Ⅳ；G. 跗节Ⅰ；H. 基节

盾板前窄后宽，宽大于长，后缘弧形；刻点细小，分布不均。肩突很短。缘凹浅平。颈沟和侧脊浅，弧形，末端均未达到盾板后侧缘。

足中等长度，基节Ⅰ～Ⅳ无内距；基节Ⅲ、Ⅳ外距短钝，呈三角形。基节Ⅱ具有半透明附膜。跗节亚端部逐渐细窄。爪垫长，约达爪端。肛沟前端圆钝，两侧向后外斜。肛瓣刚毛 3 对。气门板圆形，气门斑位置靠前。

幼蜱（图 7-101）

身体呈卵圆形，前端稍窄，后端圆弧形。

须肢呈纺锤形，中部最宽，两端收窄；第Ⅰ节特别发达，向螯肢方向延伸，部分与假头基愈合，在腹面则呈菱形；第Ⅱ节与第Ⅲ节无分界线。假头基近似三角形，后缘平直；基突明显，呈三角形。假头基腹面前宽后窄，后缘浅弧形向外弯曲；耳状突三角形，指向后外侧。口下板棒状，前端圆钝，基部收窄；齿式 2|2。口下板后毛 2 对。

盾板中部稍后最宽，后缘圆钝，宽约为长的 1.3 倍；刻点小，数量稀少且分布不均匀。肩突短小，不甚明显。缘凹浅平。颈沟浅，前 1/3 处向后内斜，以后转为外斜，末端约达盾板后侧缘。侧脊不明显。

足中等长度，基节Ⅰ内距短小；外距付缺；基节Ⅱ、Ⅲ无距或呈脊状，不明显。各跗节亚端部逐渐细窄。各足爪垫长，将近达到爪端。肛沟拱形，前端圆钝，两侧向后外斜。

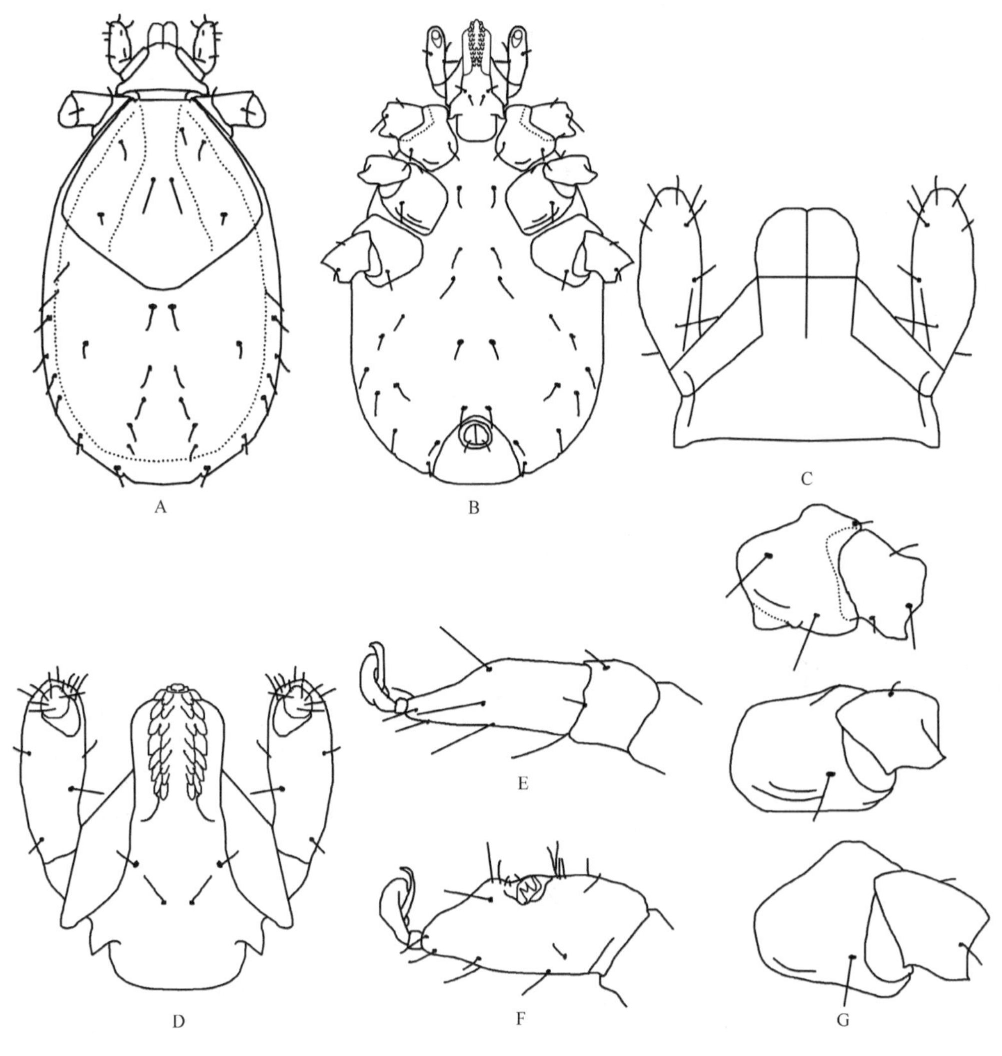

图 7-101　卵形硬蜱幼蜱（参考：邓国藩和姜在阶，1991）

A. 背面观；B. 腹面观；C. 假头背面观；D. 假头腹面观；E. 跗节Ⅳ；F. 跗节Ⅰ；G. 基节

生物学特性　生活于山地灌丛、林带，也出现在海拔 3000～4000 m 的高原地区。3～8 月可发现成蜱活动，多出现在林带小径两旁。白天有两次活动高峰：上午 10～11 时呈现小高峰；下午 6～7 时呈现大高峰。

（16）全沟硬蜱 *I. persulcatus* Schulze, 1930

定名依据　*persulcatus* 意为具有深沟“with deep groove”，故为全沟硬蜱。

宿主　幼蜱及若蜱寄生于小型哺乳动物和鸟类；成蜱寄生于黄牛、牦牛、羊、马等各种家畜及野兔、黑熊、狍子等很多野生动物上，也常危害人。

分布　国内：甘肃、河北、黑龙江、吉林、辽宁、宁夏、山西、陕西、西藏、新疆；国外：波兰、朝鲜、韩国、苏联、日本。

鉴定要点

雌蜱体型中等，须肢长，内缘不明显凸出；前端比较圆钝，且第Ⅱ节长于第Ⅲ节。假头基后侧角不向外突出；基突不明显，孔区较大，间距小于其短径；腹面中部略微收窄，耳状突粗短。盾板椭圆形，刻点中等大小，分布不均匀。生殖孔裂口平直。足长适中；基节Ⅰ内距相当长，末端达基节Ⅱ前缘 1/3 处，基节Ⅱ～Ⅳ无内距；各基节均具粗短外距；足跗节亚端部背缘无隆突，向前逐渐收窄。基节无半透明附膜，爪垫将近达到爪端。

雄蜱须肢粗扁；第Ⅱ、Ⅲ节约等长。假头基无基突。假头基腹面横脊向后缘呈圆角状凸出；口下板侧缘齿大于中间齿；耳状突明显。盾板刻点小，分布均匀。躯体腹面中板向后渐宽，长胜于宽；肛板前端圆钝，两侧向后渐宽。气门板卵圆形。足长适中，与雌蜱相似，但基节Ⅰ内距较短。

具体描述

雌蜱（图 7-102，图 7-103）

身体呈卵圆形，中部靠后最宽，前端稍窄，后部圆弧形。长（包括假头）宽为（2.61～3.22）mm ×（1.63～1.92）mm。体表覆盖细长毛。缘沟明显，身体末端的缘褶较窄。

图 7-102　全沟硬蜱雌蜱

A. 背面观；B. 假头背面观；C. 盾板

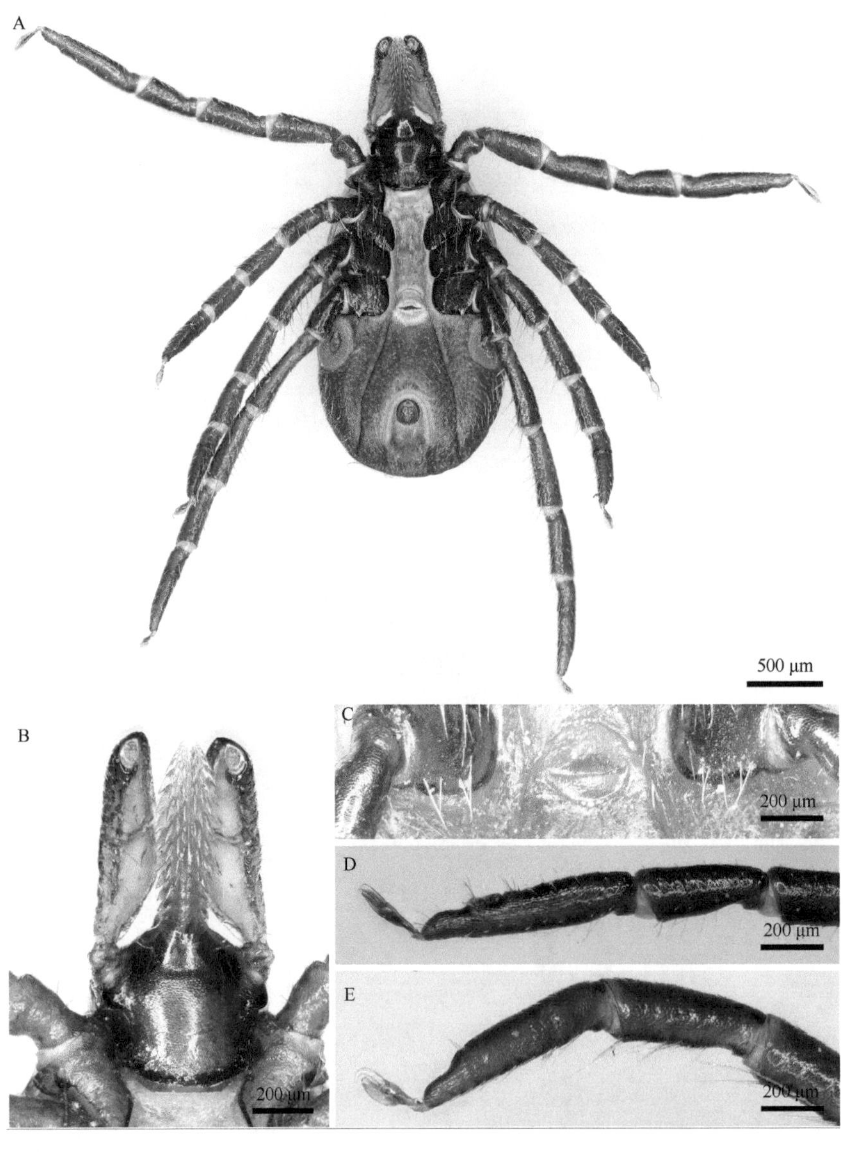

图 7-103　全沟硬蜱雌蜱

A. 腹面观；B. 假头腹面观；C. 生殖孔；D. 跗节Ⅰ；E. 跗节Ⅳ

须肢窄长，第Ⅱ节端部稍后最宽；前端圆钝，外缘直，内缘浅弧形凸出。须肢第Ⅰ节短小，背、腹面均可见；第Ⅱ节与第Ⅲ节分界明显。假头基近五边形，两侧缘向后略内斜，后缘微凹。孔区大，近似圆角矩形或圆角三角形，深陷，间距略小于其短径；基突短小，不明显。假头基腹面宽阔，中部略微收窄，后缘浅弧形向后弯曲；耳状突短粗，钝齿状。口下板窄长，末端尖，长度与须肢约等；端部齿式4|4，中部为3|3，基部为2|2；每纵列具齿5～9枚。

盾板呈椭圆形，中部最宽，长宽为（1.38～1.60）mm ×（1.22～1.39）mm；表面着生少数细毛，明显少于异盾区。刻点中等大小，分布不均，靠后部稍密。肩突粗短。缘凹宽而浅。颈沟窄，前浅后深，前段向后内斜，后段浅弯，向后外斜，末端达不到盾板后侧缘；侧脊不明显。

足中等大小。基节Ⅰ内距相当细长，末端达到基节Ⅱ前部的1/3处；基节Ⅱ～Ⅳ无内距；基节Ⅰ～Ⅳ外距粗短，大小约等。各基节靠后缘均无半透明附膜。跗节Ⅰ亚端部骤然收窄；跗节Ⅳ亚端部逐渐收窄。足Ⅰ爪垫达到爪端；足Ⅱ～Ⅳ爪垫略短，将近达到爪端。生殖孔位于基节Ⅳ中部靠后水平线，裂孔平直。生殖沟前端圆弧形，两侧向后侧方外斜。肛沟呈马蹄形，前端圆钝，两侧缘几乎平行。气门板呈亚圆形，气门斑位于中部靠前。

雄蜱（图7-104，图7-105）

身体呈长卵形，中部靠后最宽，向前逐渐收窄，后缘圆弧形。长（包括假头）宽为（2.13～2.51）mm ×（1.28～1.42）mm。缘沟明显，缘褶窄小，中后部宽度均匀。

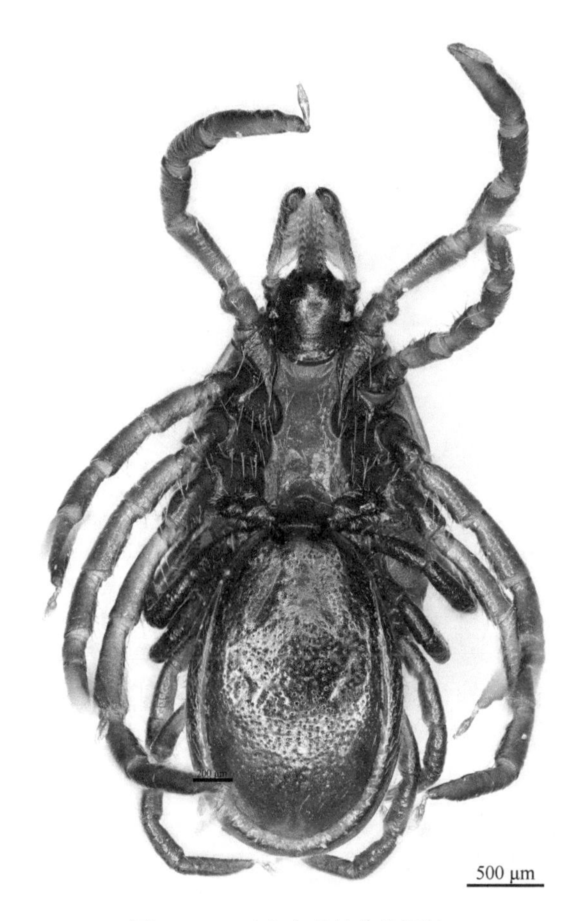

图7-104　正在交配的全沟硬蜱

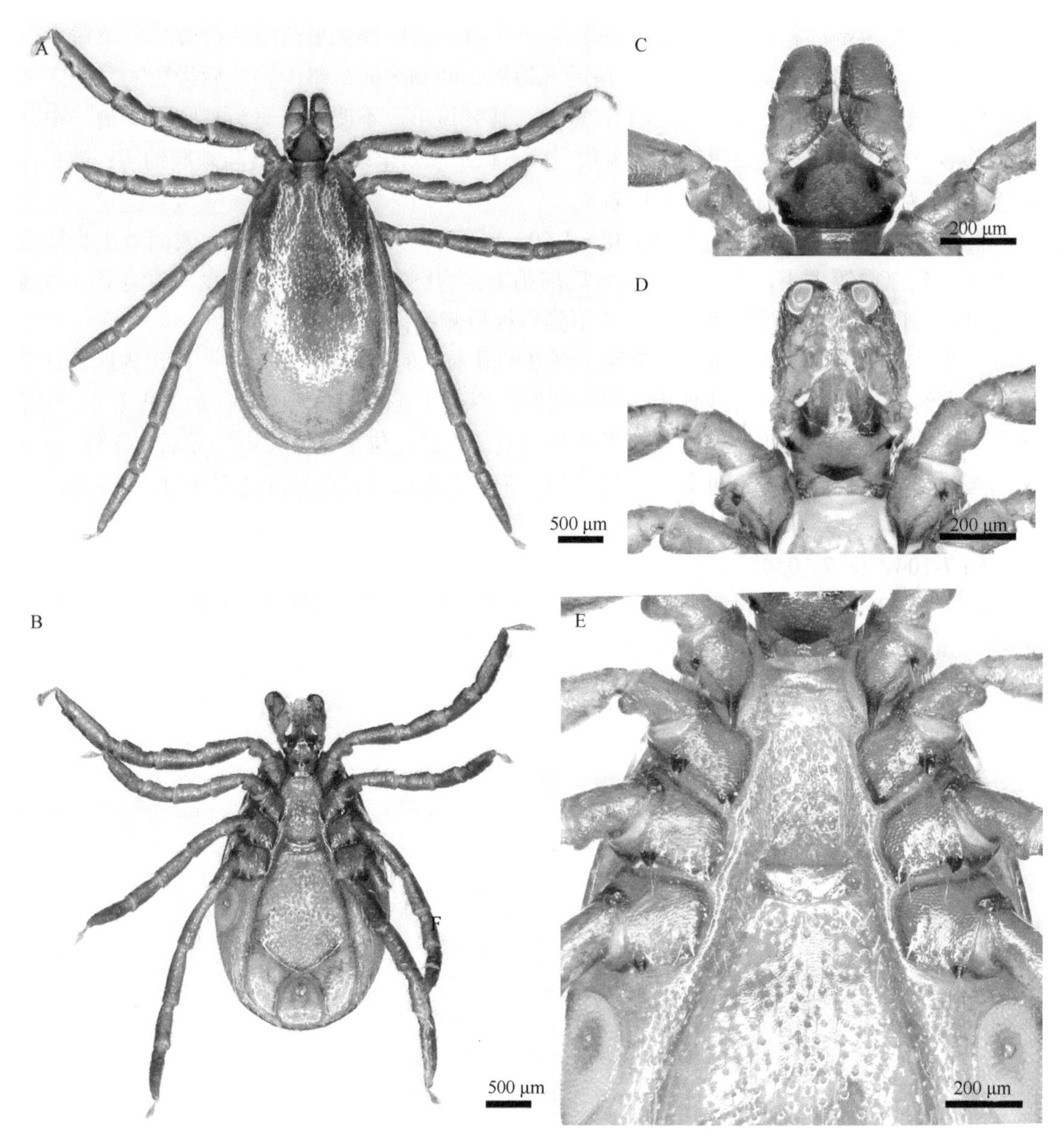

图 7-105　全沟硬蜱雄蜱

A. 背面观；B. 腹面观；C. 假头背面观；D. 假头腹面观；E. 基节及生殖孔

须肢粗短，前端圆钝，外侧缘较直，内侧缘弧形凸出，中部最宽。须肢第Ⅰ节短小，背、腹面均可见；第Ⅱ节与第Ⅲ节约等长。假头基呈五边形，两侧向后内斜，后缘略呈弧形凸出；基突付缺，后半部表面分布细小刻点。假头基腹面宽短，横脊明显，向后凸出呈圆角状。耳状突明显，呈钝齿状。口下板粗短，顶端中部稍凹，长度略短于须肢；齿小不明显，呈波纹状排列，每纵列具齿 6～7 枚。外列齿大于内列齿，最后一对外列齿最强大，向后侧方延伸。

盾板呈长卵形，中部最宽且在中央部位略微隆起；表面着生稀少细毛。刻点浅，遍布整个盾板，分布均匀。肩突短钝，呈钝齿状。缘凹窄小，向前浅弧形凸出。颈沟浅，前段短且不甚明显，后段长，向后外斜。侧脊不明显。

足中等长度。基节Ⅰ内距略短于雌蜱，末端略超出基节Ⅱ前缘；基节Ⅱ～Ⅳ内距短小甚至不明显；基节Ⅰ～Ⅳ外距粗短，大小约等。各基节靠后缘均无半透明附膜。跗节Ⅰ亚端部骤然收窄；跗节Ⅳ亚端部逐渐收窄。足Ⅰ爪垫达到爪端；足Ⅱ～Ⅳ爪垫略短，将近达到爪端。生殖孔位于基节Ⅲ后缘水平线。生殖前板长形；中板窄长，前侧缘向后外斜，后侧缘与后缘连接成钝角，后缘弧度较深；肛板短，前端圆钝，两侧向后渐宽；肛侧板向后弧形收窄；各腹板刻点稠密，表面着生密集细毛。气门板卵圆形，气门斑位置靠前。

若蜱（图 7-106）

身体呈卵圆形，前端稍窄，后部圆弧形，躯体后 1/3 处最宽。长（包括假头）宽约 1.39 mm×0.68 mm。

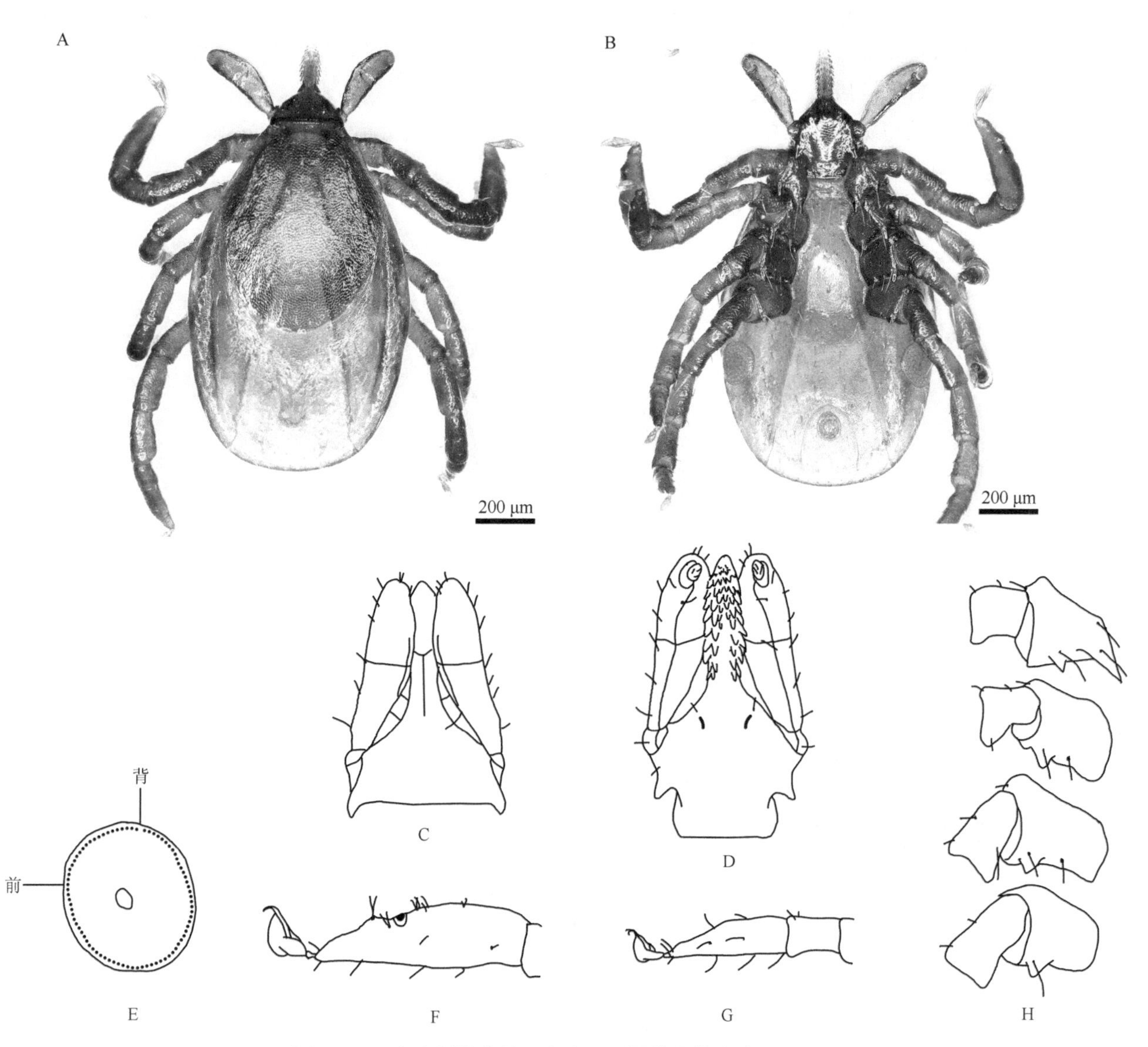

图 7-106　全沟硬蜱若蜱（参考：邓国藩和姜在阶，1991）

A. 背面观；B. 腹面观；C. 假头背面观；D. 假头腹面观；E. 气门板；F. 跗节Ⅰ；G. 跗节Ⅳ；H. 基节

假头长（包括基突）宽约 0.33 mm×0.24 mm。须肢窄长，前端圆钝，基部收窄，外缘直，内缘浅弧形凸出，前 1/3 处最宽。第Ⅰ节短小，背腹面均可见；第Ⅱ节略长于第Ⅲ节，两节分界明显。假头基宽短，近似五边形，后缘平直；基突明显，呈三角形。假头基腹面宽阔，中部收窄，后缘直或微弯；耳状突呈尖齿状，指向后侧方。口下板剑形，长约为宽的 3 倍，前端尖窄；前段齿式 3|3、后段 2|2，每纵列具齿 6～12 枚。口下板后毛 2 对。

盾板椭圆形，长大于宽，约为宽的 1.2 倍；中部最宽，后缘弧形；刻点细小，分布不均。肩突细短。缘凹浅平。颈沟浅弧形，末端将近达到盾板后侧缘。侧脊明显，自肩突向后延伸几乎达到盾板后侧缘。

基节Ⅰ内距窄长，锥形，外距粗短，三角形；基节Ⅱ～Ⅳ内距付缺，外距三角形，约等长。跗节亚端部逐渐细窄。爪垫长，约达爪端。肛沟前端圆钝，两侧近似平行，似马蹄形。肛瓣刚毛 2 对。气门板亚圆形，气门斑位置靠前。

幼蜱（图 7-107）

身体呈卵圆形，前端稍窄，后端圆弧形；长（包括假头）宽约 0.74 mm×0.41 mm。

须肢棒状，前 1/3 处最宽，前端圆钝，外缘较直，内缘略呈浅弧形凸出；第Ⅱ节与第Ⅲ节分界不明显。假头基近似三角形，后缘近似平直；基突粗短，末端钝，指向后外方。假头基腹面中部收窄，后缘比较平直；耳状突粗齿状，末端稍尖，指向后侧方。口下板剑形，前端圆钝；端部齿式 3|3，主部齿式 2|2，最内列的齿细小。口下板后毛 2 对。

盾板亚圆形，长与宽约等，中部最宽，后缘圆钝；刻点小，数量稀少且分布不均匀。肩突短小。缘凹浅平。颈沟和侧脊浅，不明显。

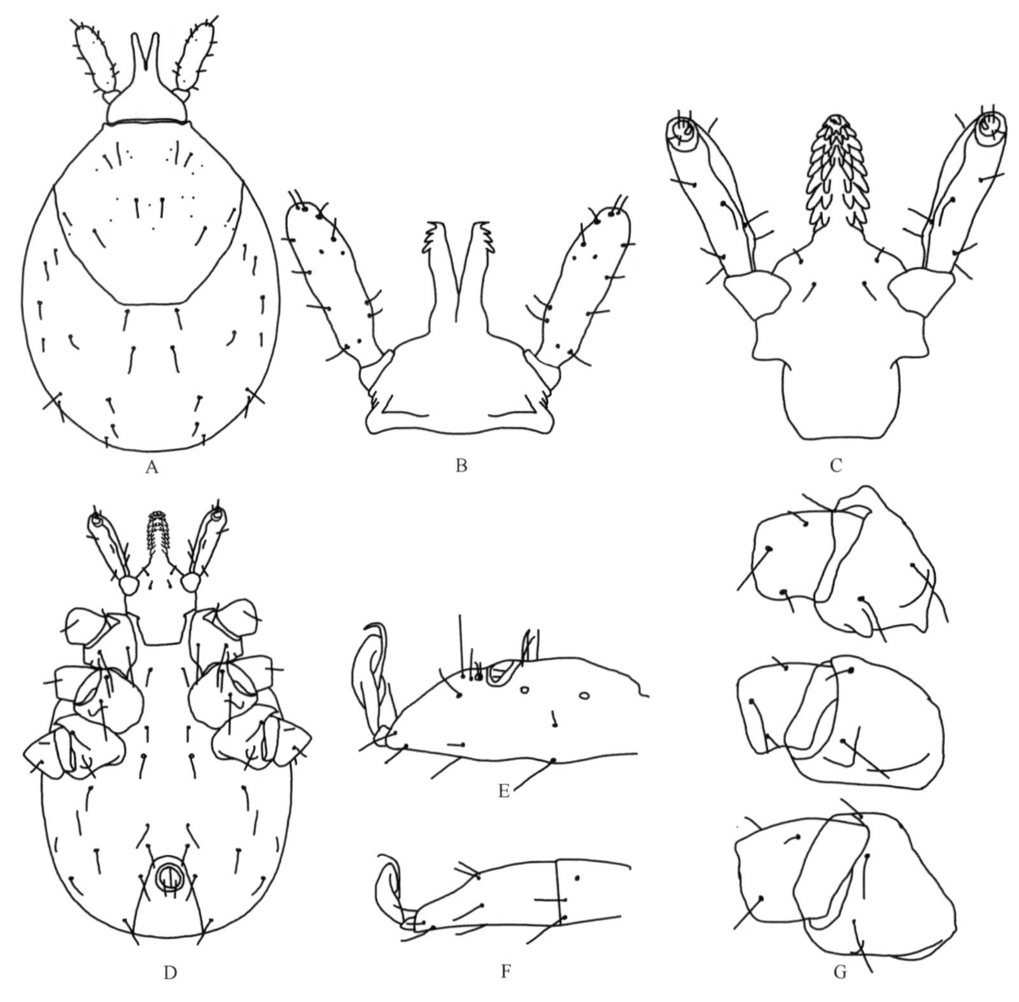

图 7-107 全沟硬蜱幼蜱（参考：邓国藩和姜在阶，1991）

A. 背面观；B. 假头背面观；C. 假头腹面观；D. 腹面观；E. 跗节Ⅰ；F. 跗节Ⅳ；G. 基节

足中等长度，基节Ⅰ内距短小，末端尖细；外距粗短。基节Ⅱ、Ⅲ内距呈脊状，不明显；外距粗短，近似三角形，基节Ⅱ的略大于基节Ⅲ。各跗节亚端部逐渐细窄。各足爪垫长，将近达到爪端。肛沟拱形，前端圆钝，两侧向后外斜。肛瓣刚毛一对。

生物学特性 生活于温带原始林区，是针阔混交林（海拔 700～1000 m）的优势种。春、夏季出现成蜱。东北地区 4 月上、中旬开始出现成蜱，5 月数量达到高峰，7 月中旬以后很少出现。幼蜱和若蜱在 4～10 月活动，6 月和 9 月分别出现两次高峰，且第 1 峰显著大于第 2 峰。一般 3 年完成一代，有时延长至 4 年或 5 年完成一代。在自然界以饥饿的幼蜱、若蜱和成蜱过冬。

蜱媒病 可传播森林脑炎、莱姆病、巴贝虫病、土拉杆菌病等。

（17）钝跗硬蜱 *I. pomerantzevi* Serdjukova, 1941

定名依据 以人名 Pomerantzev 而命名，应为波氏硬蜱。然而，钝跗硬蜱已被广泛使用。

宿主 草狐 *Vulpes vulpes*、花鼠 *Eutamias sibiricus* 等。

分布 国内：甘肃、湖北、辽宁、山东、山西；国外：苏联（远东地区）、朝鲜。

鉴定要点

雌蜱须肢长，内缘明显凸出；前端细窄，第Ⅱ节长于第Ⅲ节。假头基后侧角不向外突出；基突较明显，孔区亚三角形，间距略小于其短径；腹面中部不收窄，无耳状突。盾板橄榄形，刻点较粗。生殖孔裂口平直。足较细长；基节Ⅰ内距长，末端达不到基节Ⅱ前缘，基节Ⅱ～Ⅳ无内距或内距不明显；各基节均具粗短外距；足跗节亚端部向前骤然收窄。基节无半透明附膜，爪垫超过爪长的 2/3。

雌蜱（图 7-108）

体呈卵圆形，中部靠前最宽，前部稍窄，后部圆弧形。体表覆盖稀疏细短毛。

须肢窄长，第Ⅱ节端部稍后最宽；前端圆钝，外缘直，内缘浅弧形凸出。须肢第Ⅰ节短小，背、腹面均可见；第Ⅱ节与第Ⅲ节的长度比为 3∶2，两节分界明显。假头基背面呈五边形，两侧缘近似平行，后缘向前微凹。孔区浅，近似三角形，间距略小于其短径；基突短小，末端尖。假头基腹面宽阔，侧缘较长，后缘浅弧形向后弯曲；耳状突付缺。口下板窄长，前端尖细；齿式 3|3。

盾板长大于宽，前 2/5 处最宽，向两端弧形收窄呈橄榄形，长宽（1.21～1.40）mm×（0.83～1.96）mm；刻点较粗，分布不均，靠后部稍密。肩突尖细，明显。缘凹窄而深。颈沟前深后浅，末端几乎达到盾板后侧缘；侧脊明显，与盾板侧缘近似平行，向后延伸至盾板后侧缘。

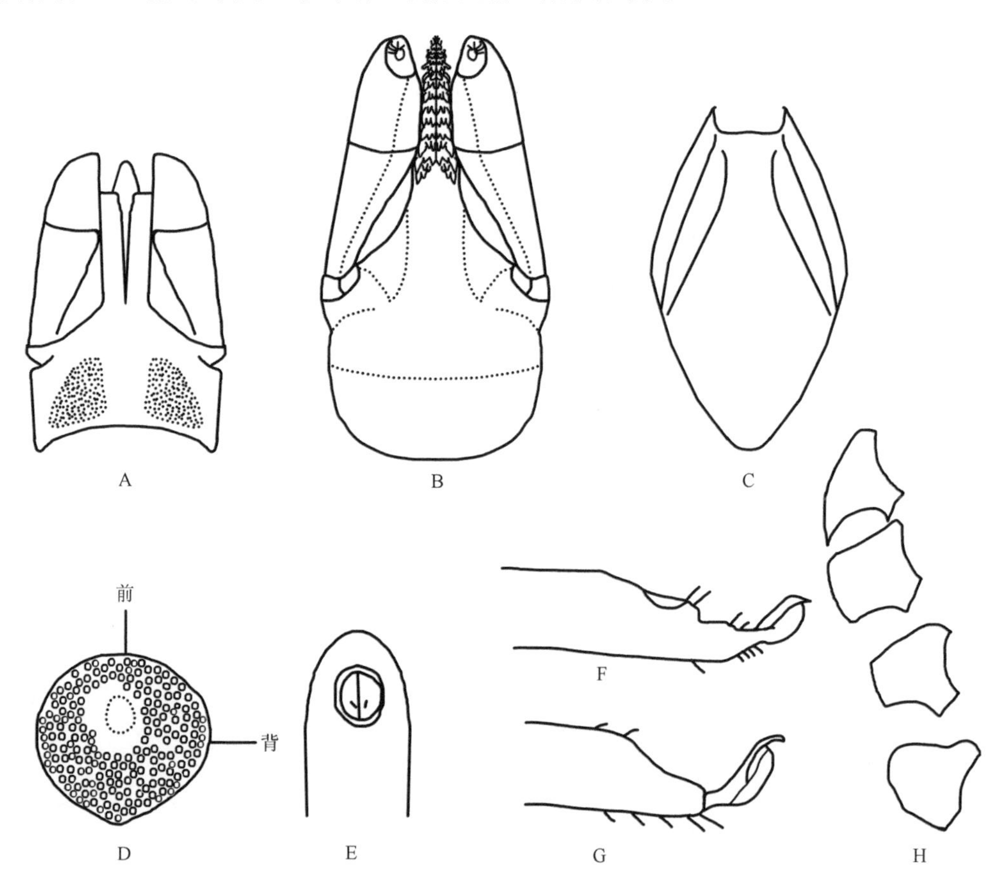

图 7-108 钝跗硬蜱雌蜱（参考：邓国藩和姜在阶，1991）

A. 假头背面观；B. 假头腹面观；C. 盾板；D. 气门板；E. 肛门及肛沟；F. 跗节Ⅰ；G. 跗节Ⅳ；H. 基节

足细长。基节Ⅰ内距长，末端细，未达到基节Ⅱ前缘；基节Ⅱ内距不明显，基节Ⅲ、Ⅳ无内距；基节Ⅰ～Ⅳ外距粗短，大小约等。各基节靠后缘均无半透明附膜。跗节Ⅰ亚端部骤然收窄；跗节Ⅳ亚端部逐渐收窄。各足爪垫将近达到爪端。生殖孔位于基节Ⅲ中部水平线，裂孔平直。生殖沟前端圆弧形，向后近似平行。肛沟马蹄形，两侧缘几乎平行。气门板呈亚圆形，背腹轴稍长于前后轴，气门斑位于中部偏前。

若蜱（图 7-109）

体呈卵圆形，前端稍窄，后部圆弧形。

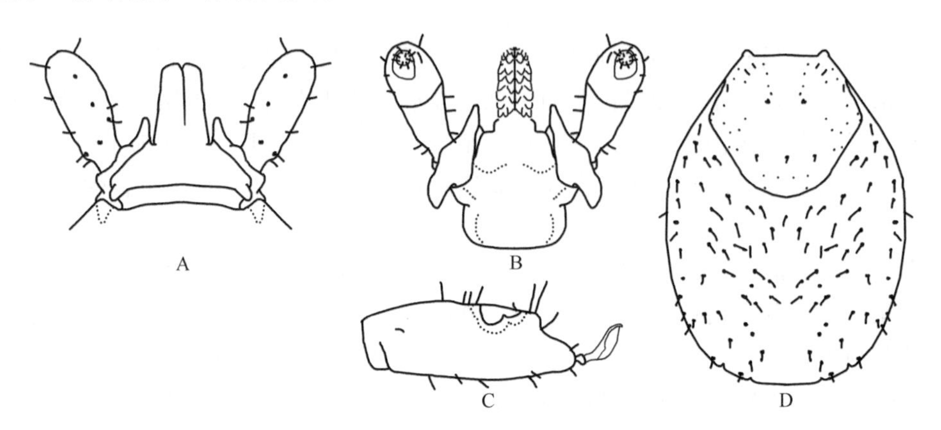

图 7-109 钝跗硬蜱若蜱（参考：邓国藩和姜在阶，1991）

A. 假头背面观；B. 假头腹面观；C. 跗节Ⅰ；D. 躯体背面观

须肢棒状，前端圆钝，基部略微收窄，外缘直，内缘浅弧形凸出，前 1/3 处最宽。第Ⅰ节比较发达，明显向螯肢方向延伸，腹面呈菱形，分别向前内侧和后外侧凸出；第Ⅱ、Ⅲ节分界不明显。假头基近似三角形，后缘向前微凹；基突粗钝。假头基腹面宽阔，向后略微收窄，后缘弧形微弯；耳状突短钝，指向后侧方。口下板棒状，前端圆钝，两侧近似平行；端部齿式 3|3 或 4|4，中、后部 2|2。口下板后毛 2 对。

盾板近似心形，长大于宽，中部靠前最宽；刻点细小，数量少且分布不均。肩突细短。缘凹浅平。颈沟和侧脊不明显。

跗节Ⅰ亚端部骤然收窄。爪垫长，约达爪端。

幼蜱（图 7-110）

身体呈卵圆形，前端稍窄，后部圆弧形。

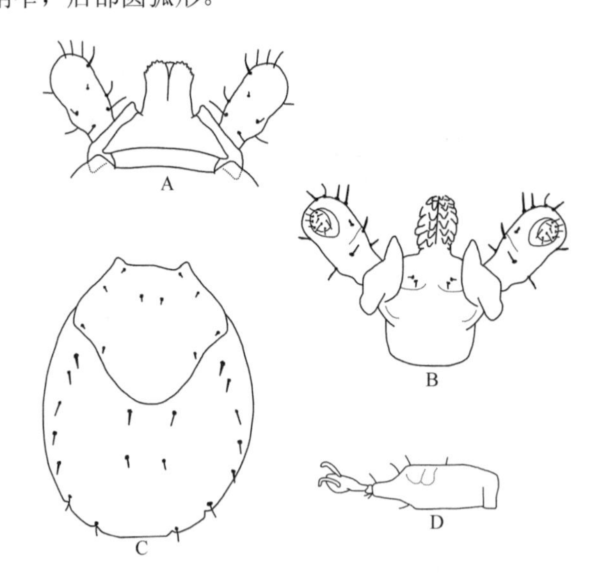

图 7-110 钝跗硬蜱幼蜱（参考：邓国藩和姜在阶，1991）

A. 假头背面观；B. 假头腹面观；C. 躯体背面观；D. 跗节Ⅰ

须肢棒状，前端圆钝，两侧近于平行；第Ⅰ节背面短小，腹面呈不规则菱形；第Ⅱ节与第Ⅲ节分界不明显。假头基近似三角形，后缘向前弧形弯曲；基突粗短，末端钝，指向后外方。假头基腹面向后略微收窄，后缘宽弧形；耳状突粗短，浅弧形。口下板呈短棒状，前端圆钝；齿式2|2。口下板后毛2对，细小。

盾板近似心形，前1/3处最宽，后缘弧形收窄；着生5对细短毛；刻点小，数量稀少且分布不均匀。肩突短小。缘凹浅平。颈沟和侧脊浅，不明显。异盾区着生9对细长毛。

跗节Ⅰ亚端部明显收窄。爪垫长，约达爪端。

生物学特性　林区种类。5～7月在宿主上发现雌蜱，数量很少。该蜱能自然感染土拉杆菌病原体。

（18）雷氏硬蜱 *I. redikorzevi* Olenev, 1927

定名依据　以人名命名，故为雷氏硬蜱。

宿主　灰仓鼠 *Cricetulus migratorius*、艾鼬 *Mustela eversmanni*、小鼩鼱 *Sorex minutissimus*、虎鼬 *Vormela peregusna* 等小型哺乳动物，也包括鸟。

分布　国内：新疆；国外：巴勒斯坦、克里米亚、塔吉克斯坦、外高加索、以色列等。

鉴定要点

雌蜱体型小，须肢长，且第Ⅱ节长于第Ⅲ节。假头基后侧角不向外突出；基突明显，孔区圆形，间距约等于其半径；耳状突明显。盾板近椭圆形，刻点分布均匀。生殖孔呈半月形。足长适中；基节Ⅰ内距长，末端约达基节Ⅱ前缘，基节Ⅱ～Ⅳ内距不明显；各基节外距均短小；足跗节亚端部背缘向前逐渐收窄。基节无半透明附膜，爪垫将近达到爪端。

具体描述

雌蜱（图7-111）

体型小，身体呈长卵形，长（包括假头）宽约3.0 mm×0.9 mm。

须肢窄长，第Ⅱ节端部最宽，向两端收窄；外缘直，内缘浅弧形凸出。须肢第Ⅰ节短小，背、腹面均可见；第Ⅱ节长度是第Ⅲ节的2倍，两节分界明显。假头基两侧缘向后略微收窄，后缘近似平直。孔区浅，近似圆形，间距约等于其直径；基突明显，三角形。假头基腹面宽阔，向后略收窄，后缘浅弧形向后弯曲；耳状突明显，钝齿状。口下板窄长，前端尖细；齿式3|3，最后两排为2|2。

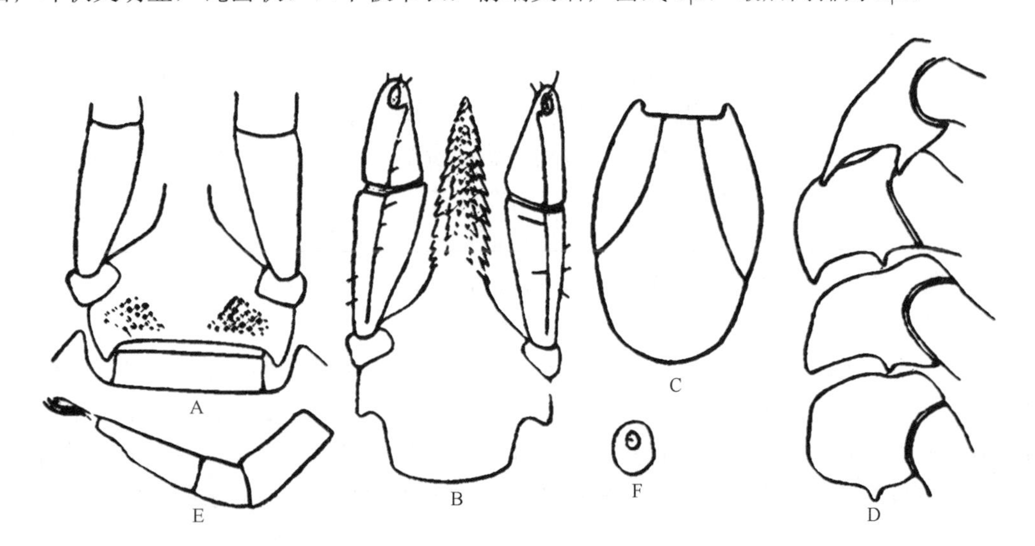

图7-111　雷氏硬蜱雌蜱（参考：Olenev, 1931）

A. 假头背面观；B. 假头腹面观；C. 盾板；D. 基节；E. 跗节Ⅰ；F. 气门板

盾板长大于宽，近似椭圆形，中部最宽，向两端弧形收窄；刻点和细毛分布均匀。肩突细窄，明显。缘凹窄而深。颈沟和侧脊浅，约达盾板后侧缘。

基节Ⅰ内距长，末端细，超过基节Ⅱ前缘；基节Ⅱ内距短钝，基节Ⅲ内距不明显，基节Ⅳ无内距。基节Ⅰ～Ⅳ均具外距，基节Ⅰ外距最长，呈锥形；基节Ⅱ～Ⅳ短钝，大小约等。各基节靠后缘均无半透明附膜。跗节Ⅰ爪垫将近达到爪端。生殖孔位于基节Ⅲ、Ⅳ之间水平线，裂孔半月形。生殖沟前端圆弧形。肛沟马蹄形，两侧缘几乎平行。气门板圆形，气门斑位置靠前。

雄蜱

体型小，身体呈长卵形。缘沟明显。

须肢两端收窄，外侧缘较直，内侧缘弧形凸出。须肢第Ⅰ节短小，背、腹面均可见。假头基两侧缘向后略微收窄，后缘近似平直。基突明显，三角形。耳状突不明显。口下板每纵列具齿 7～8 枚。

盾板呈长卵形，表面着生稀少细长毛和刻点，分布均匀。

基节Ⅰ内距长，末端细；基节Ⅱ内距短钝，基节Ⅲ内距不明显，基节Ⅳ无内距。基节Ⅰ～Ⅳ均具外距。各基节靠后缘均无半透明附膜。跗节Ⅰ爪垫将近达到爪端。气门板椭圆形，气门斑位置靠前。

生物学特性 4～5 月、10～12 月在宿主上可见成蜱，4～8 月在宿主上可见若蜱和幼蜱。

（19）西氏硬蜱 *I. semenovi* Olenev, 1929

定名依据 以人名命名，故为西氏硬蜱。

宿主 寄生于领岩鹨 *Prunella collaris*、红嘴山鸦 *Pyrrhocorax pyrrhocorax* 及鹰（学名未详）等鸟类。

分布 国内：西藏（萨嘎县）；国外：吉尔吉斯斯坦。

鉴定要点

雌蜱须肢粗短，前端圆钝，第Ⅱ、Ⅲ节不分界。假头基后侧角不向外突出；无基突；孔区很大，间距小，几乎连接；腹面中部不收窄，横缝极不明显，耳状突宽短。盾板长卵形，刻点小而多，分布均匀。生殖孔裂口平直或微弯。足略细长；基节Ⅰ内距宽短，基节Ⅱ～Ⅳ均无内距；所有基节外距明显，呈尖齿状；足跗节亚端部背缘无隆突，向前骤然收窄。基节无半透明附膜，爪垫很小。

具体描述

雌蜱（图 7-112）

须肢呈棒状，前端圆钝，前端稍后最宽；第Ⅰ节短小，背、腹面均可见；第Ⅱ节与第Ⅲ节分界不明显。假头基宽短，宽约 0.49 mm，两侧缘向后略内斜，后缘微凹。孔区很大，近似椭圆形，末端接近假头基后部边缘，两个孔区间距很小；基突付缺。假头基腹面宽阔，后缘近似平直；横缝不明显；耳状突宽短，浅弧形。口下板窄长，剑形，两侧近于平行；端部齿式 3|3，中、后部 2|2。

盾板近似卵圆形，长大于宽，中部最宽；刻点小而密，分布均匀。盾板的后部及颈沟外侧区常有纵行皱纹。肩突粗短。缘凹宽而浅。颈沟前浅后深，前段向后内斜，后段浅弯，向后外斜，末端约达盾板后侧缘；侧脊不明显。

足较细长。基节Ⅰ内距宽大，末端钝；基节Ⅱ～Ⅳ无内距；各基节外距粗短，呈三角形，其中基节Ⅱ、Ⅲ的外距较基节Ⅰ、Ⅳ略大。各基节靠后缘均无半透明附膜。转节Ⅰ、Ⅱ具短小腹距，不甚明显。跗节Ⅰ和跗节Ⅳ亚端部骤然收窄。爪垫很小。生殖孔位于基节Ⅱ稍后水平线，裂孔平直或略弯。生殖沟前端圆弧形。肛沟马蹄形，前端圆钝，两侧缘几乎平行。气门板椭圆形，气门斑位于中部靠前。

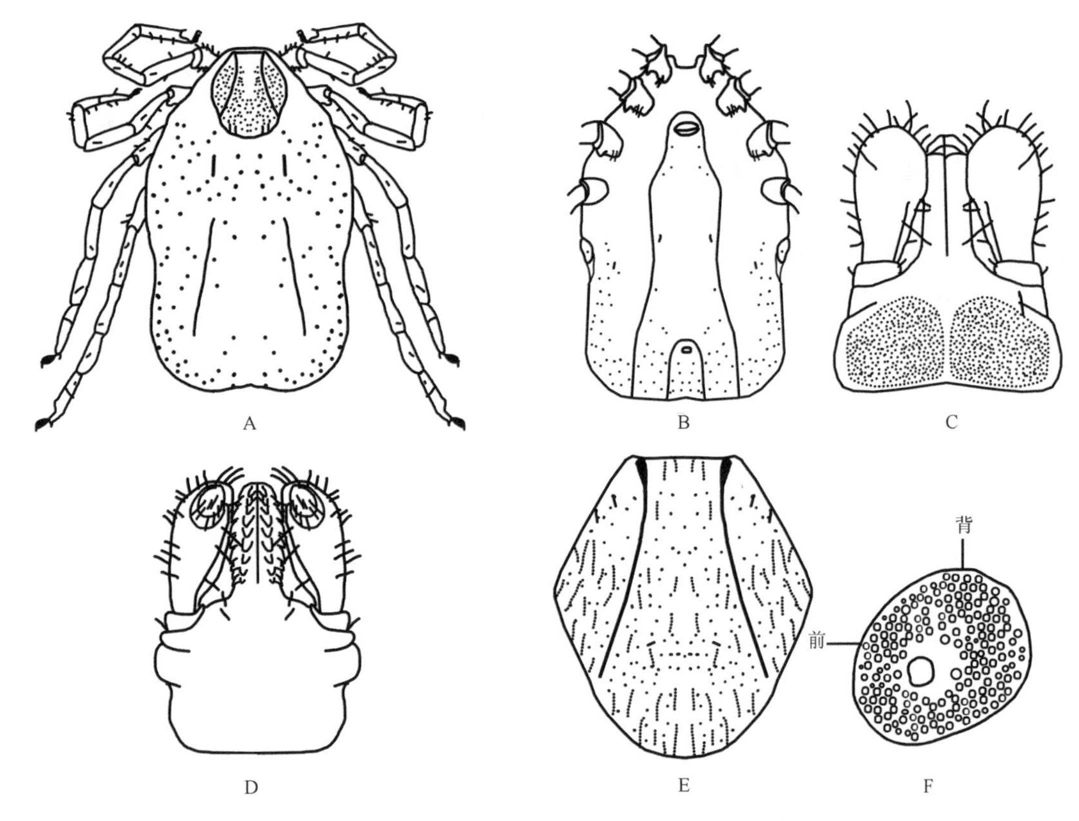

图 7-112 西氏硬蜱雌蜱（参考：邓国藩和姜在阶，1991）

A. 躯体背面观；B. 躯体腹面观；C. 假头背面观；D. 假头腹面观；E. 盾板；F. 气门板

若蜱（图 7-113）

身体呈卵圆形，前端稍窄，后部圆弧形。

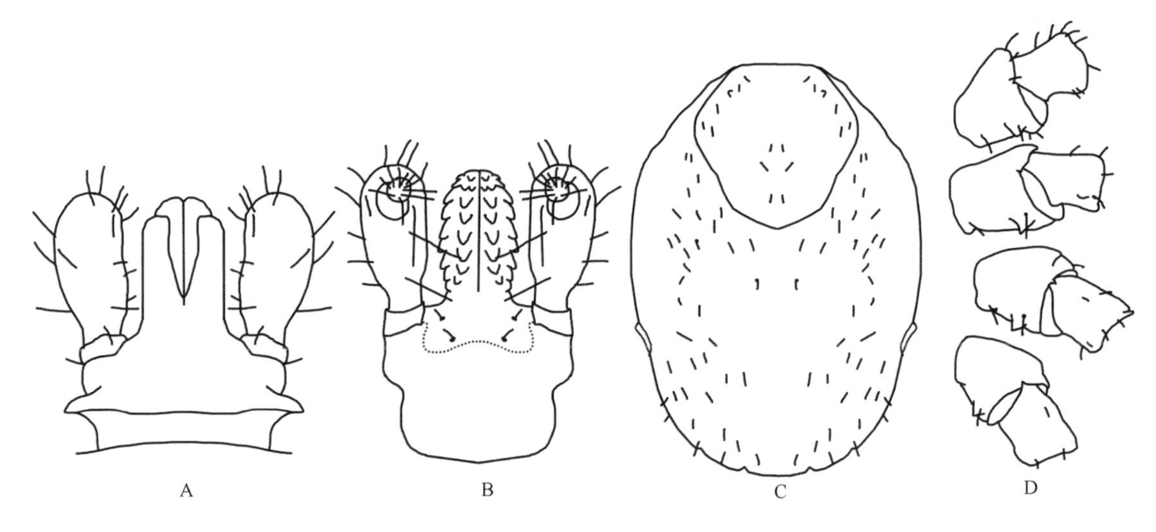

图 7-113 西氏硬蜱若蜱（参考：邓国藩和姜在阶，1991）

A. 假头背面观；B. 假头腹面观；C. 躯体背面观；D. 基节

须肢棒状，前端圆钝，外缘浅弧形凸出，内缘略直，长约为宽的 2.4 倍。第Ⅰ节短小，背腹面均可见；第Ⅱ、Ⅲ节分界不明显。假头基宽短，近似三角形，后缘略微后弯；基突明显。假头基腹面宽阔，后侧缘圆角状，后缘直或微弯；耳状突粗短，末端圆钝。口下板棒状，前端圆钝，齿式 2|2，每纵列具齿 6～7 枚。口下板后毛 2 对。

盾板宽略大于长，中部最宽；两侧缘中部略外凸，随后向内浅凹，后缘宽弧形；肩突不明显。缘凹浅平。颈沟及侧脊不明显。异盾上刚毛长度为盾板上刚毛长度的 2 倍以上。

基节Ⅰ内距短小；基节Ⅱ、Ⅲ内距比基节Ⅰ略短；基节Ⅳ内距不明显。基节Ⅰ～Ⅳ外距短钝，呈三角形，约等长。转节Ⅰ、Ⅱ具短小的腹距。

生物学特性 生活于高海拔的山岩地带。在宿主巢窝附近活动。

（20）简蝠硬蜱 *I. simplex* Neumann, 1906

定名依据 *simplex* 即简单、简洁。Neumann 于 1906 年发表的 *I. simplex* 原文中没有对这一种本名的解释。但其之前也用同一种本名发表了 *Haemaphysalis simplex* Neumann, 1897，原文中的解释是由于足上光洁，无棘和距，所以 *simplex* 是指光滑的足，简洁是按拉丁文原意。后来 Neumann 于 1910 年对 *Ixodes* 中发现的种也是足上光洁，所以两种是同名，也是同义，是先有前一个 *simplex*，才有后一个，发表后一个种名没有解释。但该种的宿主为蝙蝠，有一种菊头蝠的拉丁名为 *Rhinolophus simplex*，也可能依据此而定名。但目前其中文译名简蝠硬蜱已被广泛使用。

宿主 专性寄生于蝙蝠，包括菊头蝠属 *Rhinolophus*、鼠蝠属 *Myotis*、长翼蝠属 *Miniopterus* 等属的一些种。

分布 国内：福建、江苏、上海、台湾；国外：阿富汗、澳大利亚、巴布亚新几内亚、巴勒斯坦、波兰、法国、捷克、斯洛伐克、克什米尔地区、罗马尼亚、马来西亚、苏联、日本、瑞士、土耳其、希腊、匈牙利、印度及非洲一些国家。

鉴定要点

雌蜱须肢粗短，前宽后窄，前端圆钝，第Ⅱ、Ⅲ节分界不明显。假头基后侧角不向外突出；无基突；孔区大，略呈圆形，间距约为其半径；腹面中部收窄，无耳状突。盾板宽卵形，刻点小，散布整个表面。足长适中；各足基节均无距。足跗节亚端部背缘无隆突，向前逐渐收窄。基节无半透明附膜，爪垫约为爪长的 1/2。

雄蜱须肢棒状；第Ⅱ、Ⅲ节分界不明显。假头基基突付缺。假头基腹面无耳状突。盾板刻点小而密，分布不均匀，无缘褶。气门板较大，近似圆形。足长适中，与雌蜱相似，基节Ⅳ后缘着生稠密的小刺。

具体描述

雌蜱（图 7-114）

身体前部向前收窄，两侧缘平行，后缘宽阔。体表的侧面及背面着生很多细毛。

须肢呈棒状，前端圆钝，向后收窄，外缘较直；第Ⅰ节短小，背、腹面均可见；第Ⅱ节长大于宽，第Ⅲ节短于第Ⅱ节，该节长宽约相等；第Ⅲ节中部最宽，第Ⅱ、Ⅲ节之间的分界不明显。假头基背面宽短，近似五边形，两侧缘近似平行，后缘较直。孔区大，近似圆形，末端接近假头基后部边缘，两个孔区间距约等于其长径的 1/2；基突付缺。假头基腹面宽阔，中部收窄，后缘近似平直；侧缘具一尖角，指向外侧，侧缘与后缘弧形相连，后缘弧形向外凸出；横缝不明显。口下板短，呈棒状，长稍大于宽，前端圆钝；端部齿式 3|3，中、后部 2|2，最后一排为 1|1。

盾板呈卵形，长宽约 1.04 mm×0.88 mm；着生少数细毛，刻点稀疏、粗细不均，前侧部的稍大。肩突细短。缘凹宽而浅。颈沟前浅，前段向后内斜，后段浅弯，向后外斜，末端约达盾板后侧缘；无侧脊。盾板后部具有较浅的褶皱。

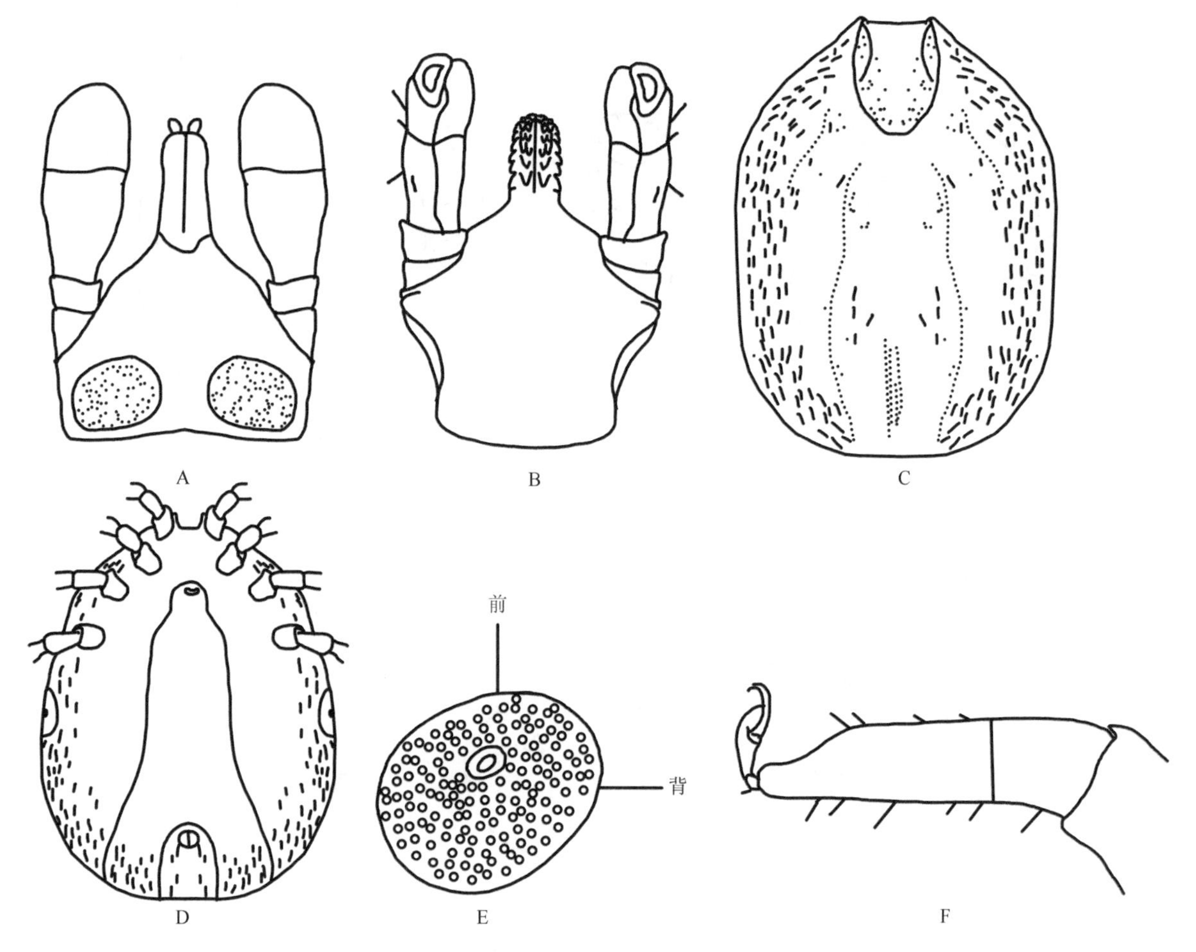

图 7-114　简蝠硬蜱雌蜱（参考：邓国藩和姜在阶，1991）
A. 假头背面观；B. 假头腹面观；C. 躯体背面观；D. 躯体腹面观；E. 气门板；F. 跗节Ⅳ

足中等大小。各基节均无内、外距。各基节靠后缘亦均无半透明附膜。转节无腹距。跗节Ⅳ亚端部斜窄。爪垫很小，约达爪长的 1/2。生殖孔位于基节Ⅲ中部稍前水平线，裂孔平直。生殖沟前端圆弧形。肛沟拱形，前端圆钝，两侧缘向后外斜。气门板近似圆形，背腹轴略长于前后轴，气门斑位于中部靠前。

雄蜱（图 7-115）

身体呈长卵形，中部稍后最宽，长（包括假头）宽为（2.5～3.1）mm×（1.4～1.8）mm。

须肢短棒状，前端圆钝。须肢第Ⅰ节宽短，背、腹面均可见；第Ⅱ节与第Ⅲ节分界不明显，其上着生粗壮的长刚毛。假头基两侧向后内斜，后缘近似平直；基突付缺；表面密布小刻点。假头基腹面向后收窄，耳状突付缺。口下板粗短，顶端圆钝；端部齿式 2|2，中、后部为 3|3。每纵列具齿 6 枚。

盾板呈长卵形，中部稍后最宽；表面着生细毛。刻点小，除颈沟之间外，密布整个盾板。肩突短钝。缘凹短小。颈沟明显，前段向后内斜，后段向后外斜。无缘褶。

足中等长度。基节Ⅰ～Ⅳ依次渐大，无内、外距。基节Ⅳ从中部向后逐渐隆起，呈丘状，靠近后缘着生稠密的小刺。足Ⅳ的股节、胫节、后跗节腹面有成对的小刺；跗节Ⅳ亚端部斜窄；爪垫短，仅占爪长的 1/2。生殖孔位于基节Ⅱ之间水平线。生殖后板窄长，在基节Ⅳ稍后与中板连接，分界不甚明显。中板在肛门前缘水平与肛侧板连接，分界亦不清晰。肛沟呈拱形，两侧向外呈浅弧形。气门板较大，近圆形。

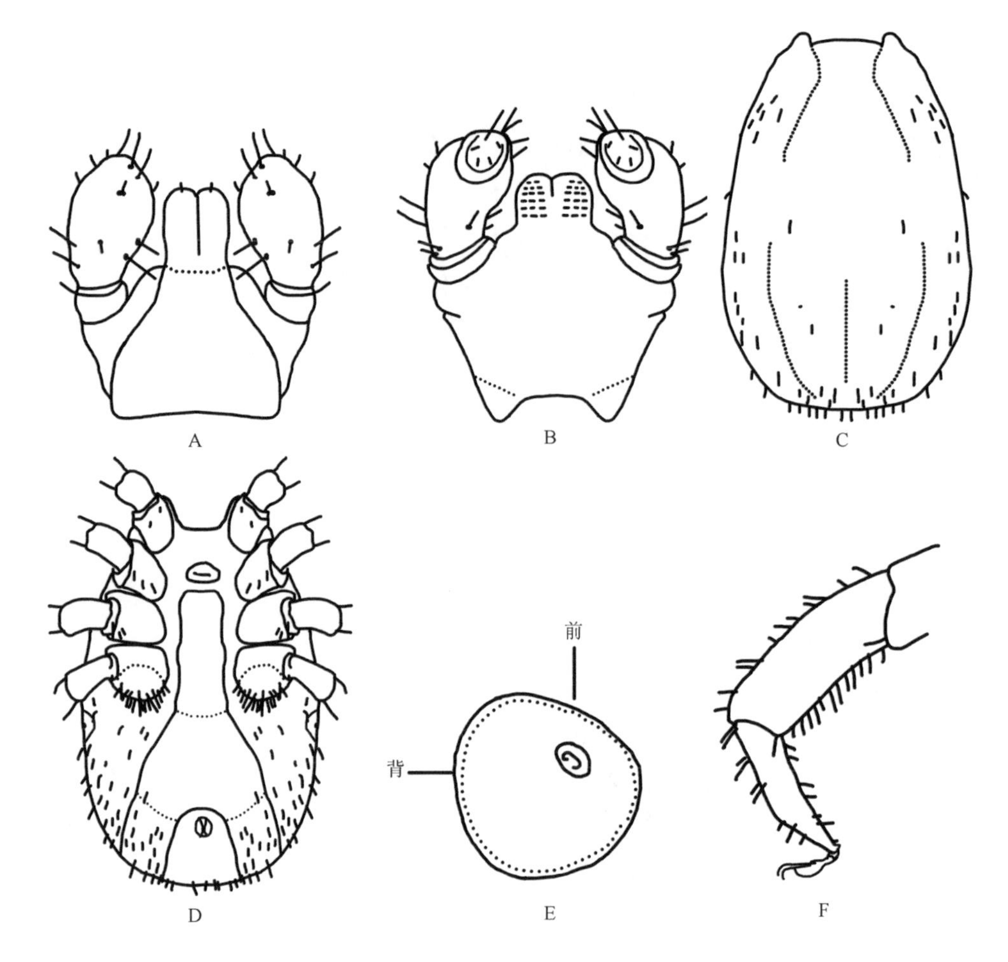

图 7-115　简蝠硬蜱雄蜱（参考：邓国藩和姜在阶，1991）
A. 假头背面观；B. 假头腹面观；C. 躯体背面观；D. 躯体腹面观；E. 气门板；F. 跗节Ⅳ

若蜱（图 7-116）

身体呈卵圆形，前端稍窄，中部最宽，后部圆弧形。

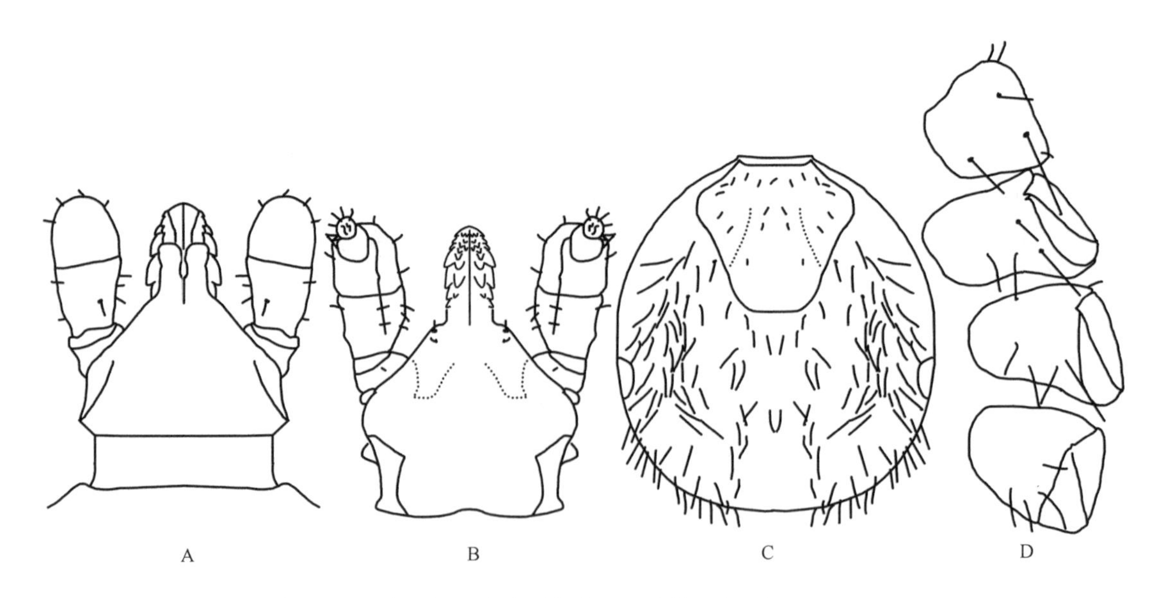

图 7-116　简蝠硬蜱若蜱（参考：邓国藩和姜在阶，1991）
A. 假头背面观；B. 假头腹面观；C. 躯体背面观；D. 基节

须肢短棒状，前端圆钝，外缘略直，内缘浅弧形凸出。第Ⅰ节短小，背腹面均可见；第Ⅱ、Ⅲ节约等长，两者分界不明显。假头基宽短，后缘平直；基突付缺。假头基腹面宽阔，后缘略直，耳状突付缺。口下板短，前端细窄；齿式前部3|3，后部2|2。口下板后毛2对。

盾板略似心形，前1/3处最宽；向后逐渐收窄，后缘窄弧形；肩突短小。刻点稀少。缘凹浅平。颈沟浅，略呈弧形，向后延伸至盾板后侧缘。异盾上刚毛长而密，盾板上刚毛短小而稀疏。

足中等大小。各基节内、外距付缺。各跗节亚端部逐渐斜窄。爪垫短，未达到爪端。肛沟前端圆钝，两侧近似平行，似马蹄形。肛瓣刚毛1对。气门板亚圆形，气门斑位置靠前。

幼蜱（图7-117）

身体呈卵圆形，前端稍窄，后部圆弧形。

须肢呈棒状，前端圆钝，向后略窄；第Ⅱ、Ⅲ节分界不明显。假头基近似三角形，后缘略微平直；基突付缺。假头基腹面宽阔，向后收窄，后缘比较平直；耳状突宽短，不明显。口下板短，前端细窄；端部齿式3|3，主部齿式2|2。口下板后毛2对。

盾板近似心形，长与宽约等，前2/5处最宽，后缘圆钝。肩突短小，不明显。缘凹浅平。颈沟和侧脊浅，不明显。盾板刚毛细而短，数量少，异盾区刚毛长而密。

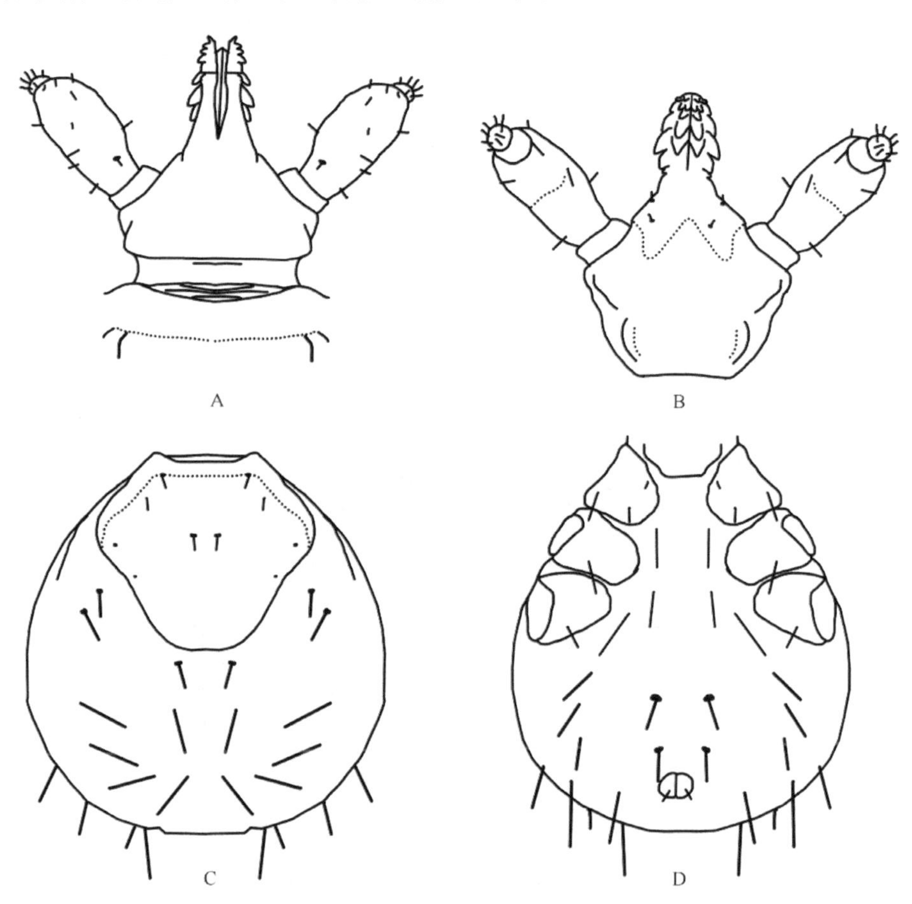

图7-117　简蝠硬蜱幼蜱（参考：邓国藩和姜在阶，1991）

A. 假头背面观；B. 假头腹面观；C. 躯体背面观；D. 躯体腹面观

足中等长度，各基节无距。肛瓣刚毛一对。

生物学特性　幼蜱、若蜱和雌蜱在宿主上吸血。雄蜱是否吸血，长期以来未能确定。曾在蝙蝠的耳部和肩部采到雄蜱，所以它可能吸血，但吸血时间的长短需进一步证实。

（21）中华硬蜱 *I. sinensis* Teng, 1977

定名依据 *sinensis* 来源于中国，故为中华硬蜱。

宿主 黄牛、山羊、豹，也侵袭人。

分布 国内：安徽、福建（模式产地：邵武）、甘肃、湖北、湖南、江西、陕西、四川、云南、浙江。

本种为东洋界种类。以往文献报道我国南方（包括台湾）的所谓“全沟硬蜱”或“蓖子硬蜱”，从动物区系来看，均为本种之误。

鉴定要点

雌蜱须肢长，内缘不明显凸出；前端圆钝，且第Ⅱ节长于第Ⅲ节。假头基后侧角不向外突出；基突粗短；孔区大，亚三角形，间距约等于其短径；腹面横缝不明显，耳状突很短。盾板椭圆形，刻点中等大小。生殖孔裂口平直。足长适中；基节Ⅰ内距细长，末端略超过基节Ⅱ前缘，基节Ⅱ～Ⅳ均无内距；所有基节均有粗短外距；足跗节Ⅰ亚端部背缘无隆突，向前骤然收窄，其他跗节逐渐收窄。基节无半透明附膜，爪垫将近达到爪端。

雄蜱须肢宽短；第Ⅱ、Ⅲ节约等长。假头基基突付缺。假头基腹面后缘向后呈浅弧形弯曲；口下板侧缘齿大而尖，向外侧突出；耳状突短小，圆钝。盾板刻点稠密。躯体腹面中板长，向后渐宽，长度显著大于宽度；肛板前端圆钝，两侧向后稍宽。气门板卵圆形。足长适中，与雌蜱相似。

具体描述

雌蜱（图 7-118）

体呈卵圆形，中部稍后最宽，向前收窄，后缘圆弧形；长（包括假头）宽为（2.52～2.69）mm ×（1.51～1.73）mm。体表具细毛，缘沟和缘褶明显。

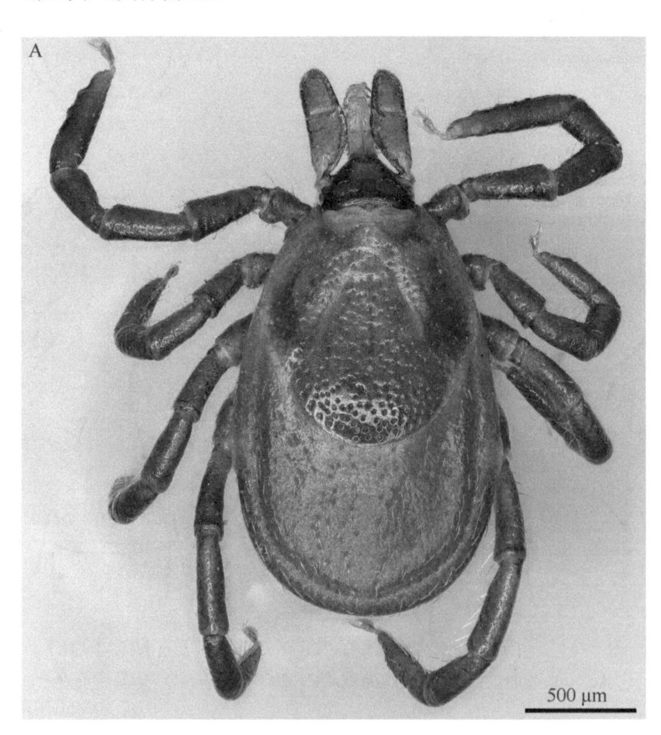

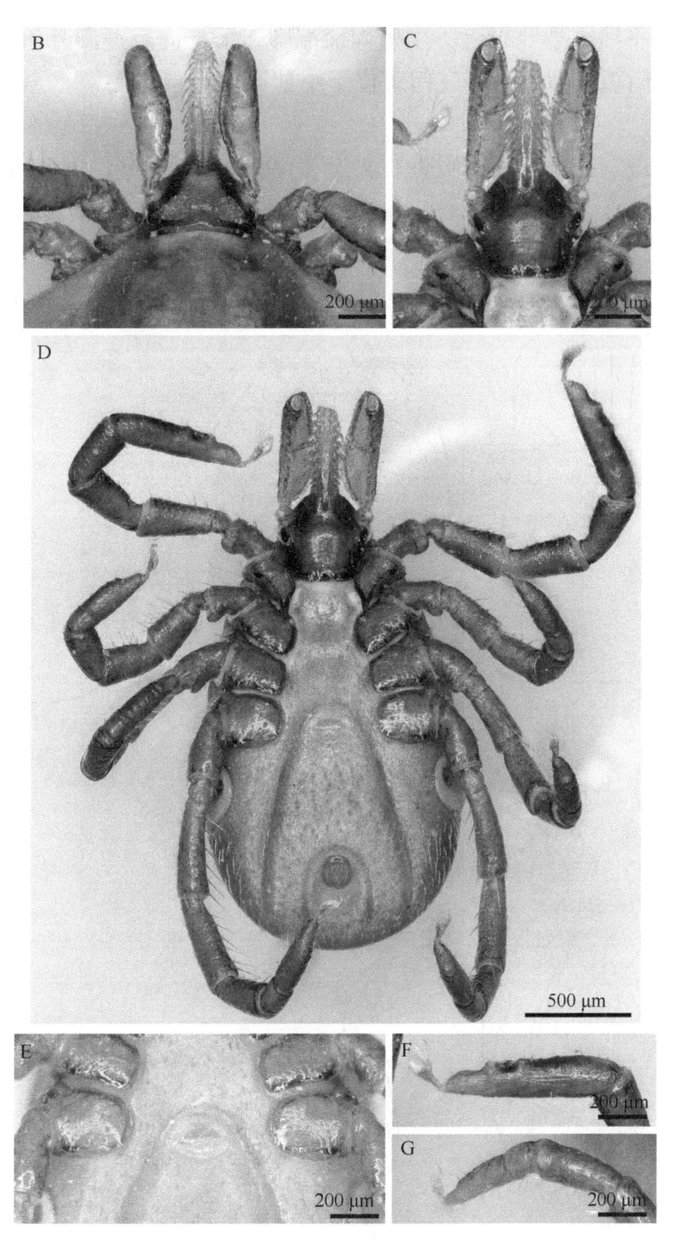

图 7-118　中华硬蜱雌蜱

A. 背面观；B. 假头背面观；C. 假头腹面观；D. 腹面观；E. 生殖孔；F. 跗节Ⅰ；G. 跗节Ⅳ

须肢窄长，第Ⅱ节端部之后最宽；前端圆钝，外缘较直，内缘浅弧形凸出；第Ⅰ节短小，背、腹面均可见；第Ⅱ、Ⅲ节长大于宽，两节长度之比为 3∶2；第Ⅱ、Ⅲ节之间分界明显。假头基宽短，近似五边形，两侧缘近似平行，后缘略弯。孔区大，近似三角形，两孔区间距约等于其短径，两孔区间存在一圆形凹陷；基突短钝，比较明显，长度远小于基部之宽。假头基腹面宽阔，向后收窄，后缘略微向外弧形突出；横缝不明显；耳状突圆钝，很短。口下板长，末端尖；端部齿式 4|4，中部 3|3，基部 2|2。外侧齿大于内侧齿。

盾板呈椭圆形，中部最宽，长宽（1.30～1.41）mm ×（1.19～1.28）mm；着生少数细毛，刻点中等大小，前部少而前，后部较密而深。肩突粗短。缘凹宽而浅。颈沟前浅后深，前 1/3 向后内斜，后段向后外斜，末端未达到盾板后侧缘；侧脊浅，自肩区延伸至盾板后侧缘。

足中等大小。基节Ⅰ内距细长，其末端略超过基节Ⅱ前缘，外距相当粗短。基节Ⅱ～Ⅳ内距付缺，外距粗短，与基节Ⅰ外距约等。各基节靠后缘均无半透明附膜。转节无腹距。跗节Ⅰ亚端部骤然收窄；跗节Ⅳ亚端部逐渐收窄。足Ⅰ爪垫长，将近达到爪端，足Ⅱ～Ⅳ爪垫略短，约达到爪长的 1/2。

生殖孔位于基节Ⅳ水平线，裂孔平直。生殖沟前端圆弧形，向后逐渐外斜。肛沟拱形，前端圆钝，两侧缘向后略微外斜。气门板近似圆形，气门斑位于中部靠前。

雄蜱（图 7-119）

身体呈长卵形，中部最宽，长（包括假头）宽为（1.95～2.26）mm ×（1.08～1.40）mm。缘褶较窄，宽度均匀。

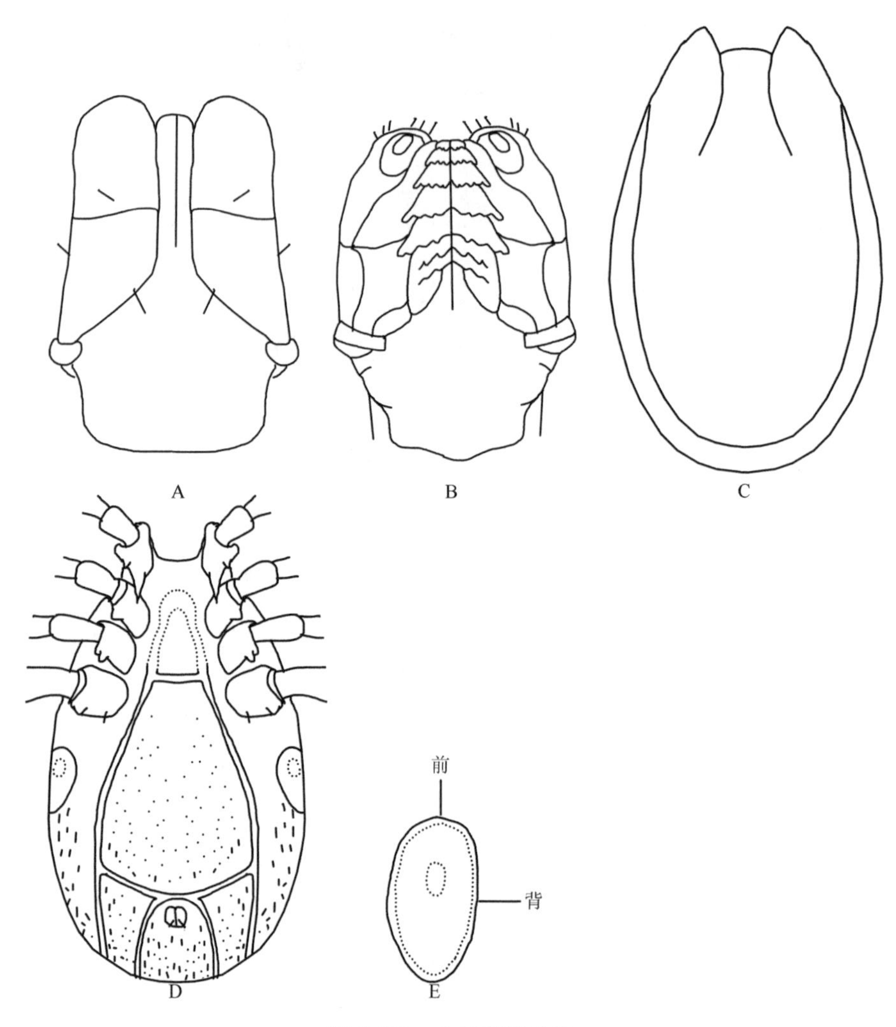

图 7-119　中华硬蜱雄蜱

A. 假头背面观；B. 假头腹面观；C. 盾板；D. 腹面观；E. 气门板

须肢较扁短，第Ⅱ、Ⅲ节交界处最宽，前端圆钝，内缘于第Ⅱ节端部之后弧形凸出，外缘略直。须肢第Ⅰ节宽短，背、腹面均可见；第Ⅱ节与第Ⅲ节长度约等。假头基呈五边形，两侧向后略内斜，后缘略微弧形凸出；基突付缺；表面密布小刻点。假头基腹面向后收窄，耳状突短小，圆钝。口下板顶端圆钝；每纵列具齿 7～8 枚；外侧齿发达，最后一对齿最强大，向后侧方延伸。

盾板呈长卵形，中部略微隆起；表面着生稀疏细毛。刻点深而稠密，中部明显。肩突短钝。缘凹窄小，略呈弧形。颈沟宽而浅，前段向后内斜，后段向后外斜，未延伸到盾板后侧缘。

足中等大小。各基节较雌蜱的窄，其他特征与雌蜱相似。基节Ⅰ内距细长，其末端略超过基节Ⅱ前缘，外距相当粗短。基节Ⅱ～Ⅳ内距付缺，外距粗短，与基节Ⅰ外距约等。各基节靠后缘均无半透明附膜。转节无腹距。跗节Ⅰ亚端部骤然收窄；跗节Ⅳ亚端部逐渐收窄。生殖孔位于基节Ⅲ之间水平线。生殖前板窄长，在基节Ⅲ稍后与中板连接。中板向后渐宽，后缘圆弧形，其中部弧度较浅。肛沟呈拱形，两侧向后浅弧形渐宽；肛侧板前宽后窄。各腹板均有稠密刻点，表面具细毛。气门板呈卵圆形；前后轴长于背腹轴，气门斑位置靠前。

幼蜱（图 7-120）

身体呈卵圆形，前端稍窄，后端圆弧形。长（包括假头）宽为（0.76～0.79）mm ×（0.44～0.47）mm。

须肢长，呈棒状，前端圆钝，向后略窄，外缘直，内缘略呈浅弧形凸出；第 I 节短小，背腹面均可见；第 II 、III节分界不明显。假头基近似三角形，后缘略微平直；基突付缺。假头基腹面宽阔，后侧缘呈圆角状，后缘比较平直；耳状突粗短，钝齿状。口下板剑形，前端细窄，向后渐宽；端部齿式 3|3，主部齿式 2|2。外列齿较大，每纵列 8 枚，内列齿较小，每纵列 7 枚。口下板后毛 2 对。

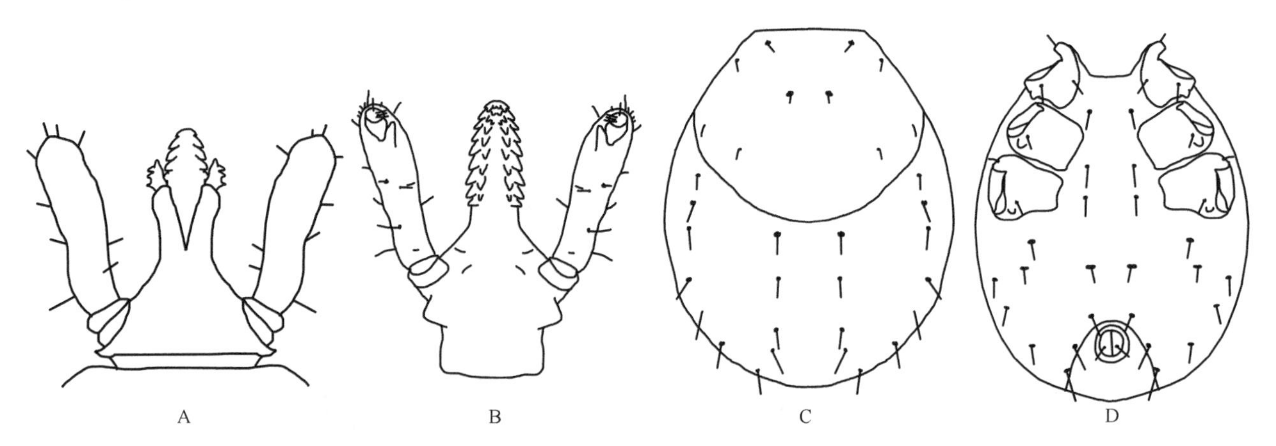

图 7-120　中华硬蜱幼蜱（参考：邓国藩和姜在阶，1991）
A. 假头背面观；B. 假头腹面观；C. 躯体背面观；D. 躯体腹面观

盾板近似椭圆形，中部最宽，后缘圆钝，长宽为（0.30～0.32）mm ×（0.37～0.44）mm；刻点稀少。肩突短小，不明显。缘凹浅平。颈沟和侧脊浅，不明显。盾板刚毛细而短，5 对，异盾区刚毛长而密，12 对，此外，侧缘最后 2 对背缘毛（Md_8、Md_9）为棒形，上具细刺。

足中等大小。基节 I 内距粗短，末端钝；基节 II 、III内距呈脊状；各基节外距短小，大小约相等。各跗节亚端部向末端收窄。各足爪垫达到爪端。肛沟浅，拱形，前端圆钝，两侧向后外斜。肛瓣刚毛一对。

生物学特性　主要生活于山地灌丛。成蜱 6～11 月活动，4～5 月数量达到高峰。

（22）基刺硬蜱 *I. spinicoxalis* Neumann, 1899

定名依据　*spini*-刺或棘 + *coxalis* 基节，故译为基刺硬蜱。

宿主　黄鼬 *Mustela sibirica*、鼠等小型野生动物。

分布　国内：福建；国外：老挝、泰国、印度尼西亚。

鉴定要点

雌蜱须肢较长，内缘弧形凸出；第 II 节略长于第III节。假头基后侧角不向外突出；基突粗短，圆钝；孔区中等大小，亚圆形，间距约等于其短径；腹面中部收窄，横缝不明显，耳状突大。盾板卵圆形，刻点大，四周多而中部少。生殖孔裂口平直。足较细长；基节 I 内距细长，末端略超过基节 II 前缘 1/3；基节 II ～IV均无内距，所有基节均有粗短外距；足跗节亚端部背缘无隆突，向前骤然收窄。基节无半透明附膜，爪垫将近达到爪端。

雄蜱须肢棒状；第 II 、III节约等长。假头基基突付缺。假头基腹面后部收窄；耳状突粗齿状。盾板刻点分布不均；缘褶较窄。躯体腹面中板窄长，长度大于宽度；肛板前端圆钝，两侧浅弧形弯曲。气门板卵圆形。足长适中，与雌蜱相似。

具体描述

雌蜱（图 7-121）

体呈卵圆形，中部稍后最宽，后缘圆弧形；长（包括假头）宽为（2.71～2.89）mm×（1.78～1.93）mm。缘沟和缘褶明显，缘褶在身体末端较窄。

须肢窄长，第Ⅱ、Ⅲ节分界处最宽；前端圆钝，外缘较直，内缘浅弧形凸出；第Ⅰ节短小，背、腹面均可见；第Ⅱ、Ⅲ节长大于宽，第Ⅱ节是第Ⅲ节的 1.2 倍；第Ⅱ、Ⅲ节之间分界明显。假头基宽短，近似五边形，两侧缘向后收窄，后缘平直。孔区圆形，两孔区间距约等于其短径；基突短钝，比较明显。假头基腹面宽阔，中部收窄，后缘略微向外弧形突出；横缝不明显；耳状突大、弧形，向外侧明显突出。口下板长，剑形；端部齿式 4|4，中、后部 3|3。外侧齿大于内侧齿。

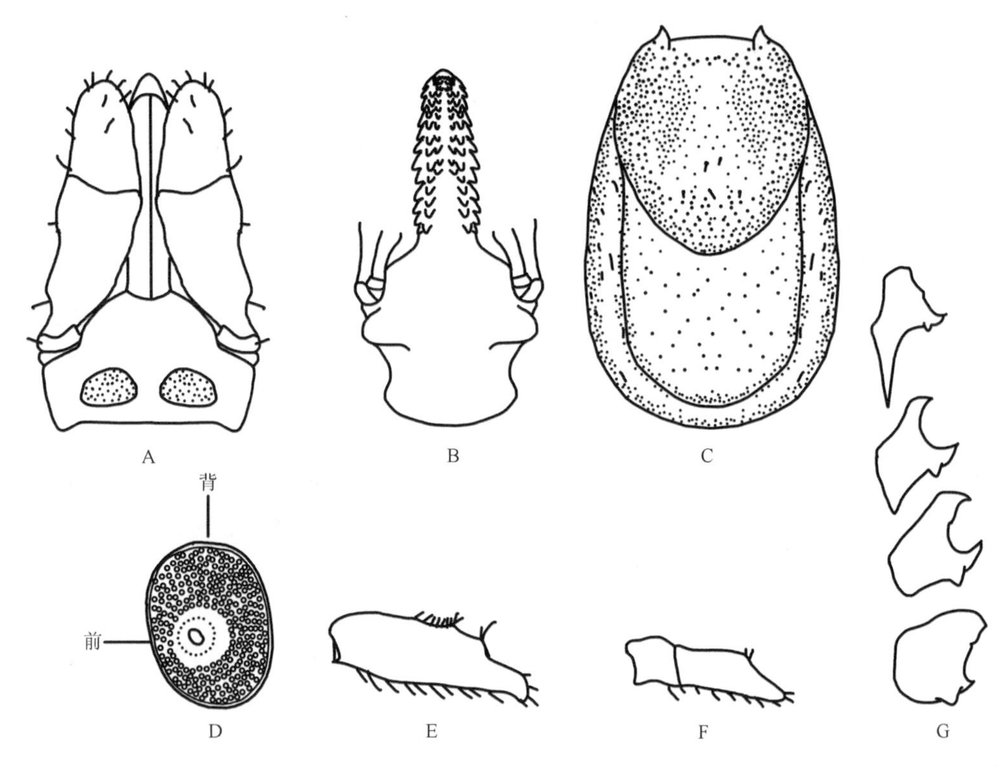

图 7-121　基刺硬蜱雌蜱（参考：邓国藩和姜在阶，1991）

A. 假头背面观；B. 假头腹面观；C. 躯体背面观；D. 气门板；E. 跗节Ⅰ；F. 跗节Ⅳ；G. 基节

盾板呈卵形，中部靠前最宽；着生少数细毛；刻点大小不等，中部的小而少，周围的大而密。肩突短，末端尖。缘凹宽而浅。颈沟浅，前段向后内斜，后段向后外斜，末端未达到盾板后侧缘；侧脊极不明显。

足较细长。基节Ⅰ内距窄长，末端尖，超过基节Ⅱ前 1/3，外距短钝。基节Ⅱ～Ⅳ内距呈脊状甚至付缺，外距稍大于基节Ⅰ。各基节靠后缘均无半透明附膜。转节无腹距。各跗节亚端部骤然收窄。爪垫长，将近达到爪端。生殖孔位于基节Ⅳ前部水平线，裂孔平直。生殖沟前端圆弧形。肛沟马蹄形，前端圆钝，两侧缘向后延伸近似平行。气门板椭圆形，气门斑位于中部靠前。

雄蜱（图 7-122）

身体呈卵圆形，中部稍后最宽，后缘圆弧形。缘褶较窄，宽度均匀。

须肢呈棒状，第Ⅱ、Ⅲ节交界处最宽，前端圆钝。须肢第Ⅰ节宽短，背、腹面均可见；第Ⅱ节与第Ⅲ节长度约等。假头基两侧近似平行，后缘较直；基突付缺。假头基腹面向后收窄，耳状突短小，粗齿状。口下板顶端圆钝，端部的齿小而密。

盾板卵圆形，中部稍后最宽；表面着生稀疏细毛。刻点分布不均。肩突短钝。缘凹窄而浅。颈沟浅，前段向后内斜，后段向后外斜，延伸到盾板后 2/3 处。

足较细长。基节Ⅰ内距窄长，末端尖，超过基节Ⅱ前 1/3，外距短钝。基节Ⅱ～Ⅳ内距呈脊状甚至付缺，外距稍大于基节Ⅰ。各基节靠后缘均无半透明附膜。转节无腹距。各跗节亚端部骤然收窄。爪垫长，将近达到爪端。生殖孔位于基节Ⅲ之间水平线。生殖前板窄长，在基节Ⅲ稍后与中板连接。中板向后渐宽，后缘圆弧形，其中部弧度较浅，长约为宽的 1.3 倍。肛沟呈拱形，前端圆钝，两侧向外呈浅弧形；肛侧板前宽后窄。各腹板均有稠密刻点和细毛。气门板卵圆形，气门斑位于中部偏前。

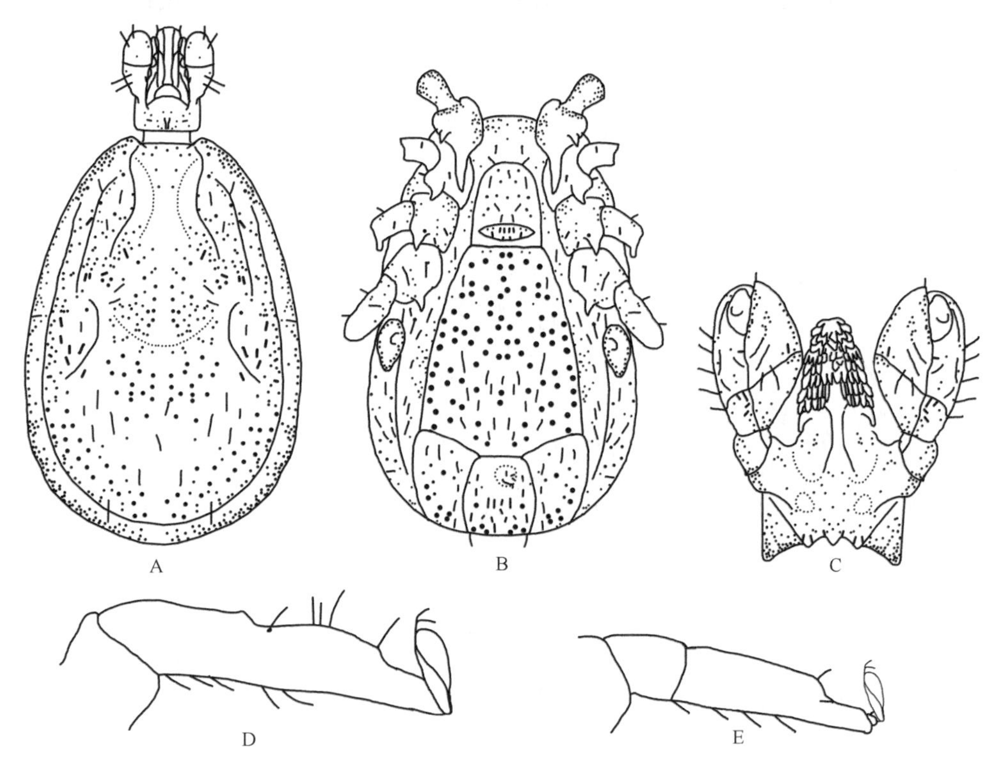

图 7-122　基刺硬蜱雄蜱（参考：邓国藩和姜在阶，1991）
A. 背面观；B. 腹面观；C. 假头腹面观；D. 跗节Ⅰ；E. 跗节Ⅳ

生物学特性　东洋界种类。常见于山地林野。5 月可在宿主上发现成蜱。

（23）嗜貉硬蜱 *I. tanuki* Saito, 1964

定名依据　物种名“*tanuki*”来自日本人对其宿主貉的俗称。同寄麝硬蜱一样，该种名也无寄生或嗜之意，但为减少改动，保持其原译名。

宿主　狗獾、灰腹鼠、貉 *Nyctereutes procyonoides*、青鼬、香鼬 *Mustela altaica*、黄鼬 *M. sibirica*、黄喉貂 *Martes flavigula*。

分布　国内：甘肃、西藏；国外：尼泊尔、日本。

鉴定要点

雌蜱须肢较扁长，内缘弧形凸出；前端比较圆钝，且第Ⅱ节略长于第Ⅲ节。假头基后侧角不向外突出；基突短钝；孔区大而深，间距小于其短径；腹面中部收窄，横缝不甚明显，耳状突短。盾板亚圆形，刻点中等大小，分布不均匀。足长较短；基节Ⅰ内距细长，末端约达基节Ⅱ前缘 1/2，基节Ⅱ～Ⅳ均无内距；基节Ⅰ、Ⅱ无外距，Ⅲ、Ⅳ外距短钝；足跗节Ⅳ亚端部背缘无隆突，向前骤然收窄。基节Ⅰ、Ⅱ有半透明附膜，爪垫将近达到爪端。

雄蜱须肢粗短；第Ⅱ、Ⅲ节约等长。假头基基突付缺。假头基腹面后缘向后呈角状弯曲；口下板侧缘齿大而尖，向外侧突出；耳状突很短。盾板刻点粗，分布不均匀。躯体腹面中板窄长，向后渐宽，长度显著大于宽度；肛板前端圆钝，两侧向后渐宽。气门板卵圆形。足与雌蜱相似，但基节Ⅱ有短钝内距。

具体描述

雌蜱（图 7-123）

体呈卵圆形，中部稍后最宽，后缘圆弧形。缘沟和缘褶在前部明显，后部不明显。

须肢窄长，第Ⅱ、Ⅲ节分界处最宽；前端圆钝，外缘较直，内缘浅弧形凸出；第Ⅰ节短小，背、腹面均可见；第Ⅱ节略长于第Ⅲ节；第Ⅱ、Ⅲ节之间分界明显。假头基背面宽短，近似五边形，两侧缘近似平行，后缘较直。孔区卵圆形，大而深，两孔区间距小于其短径；基突短钝，比较明显。假头基腹面宽阔，中部略微收窄，后缘略微向外弧形突出；横缝不明显；耳状突短钝。口下板长，呈剑形，两侧缘约平行；端部齿小，齿式 4|4，中部 3|3，后部 2|2。外侧齿大于内侧齿。

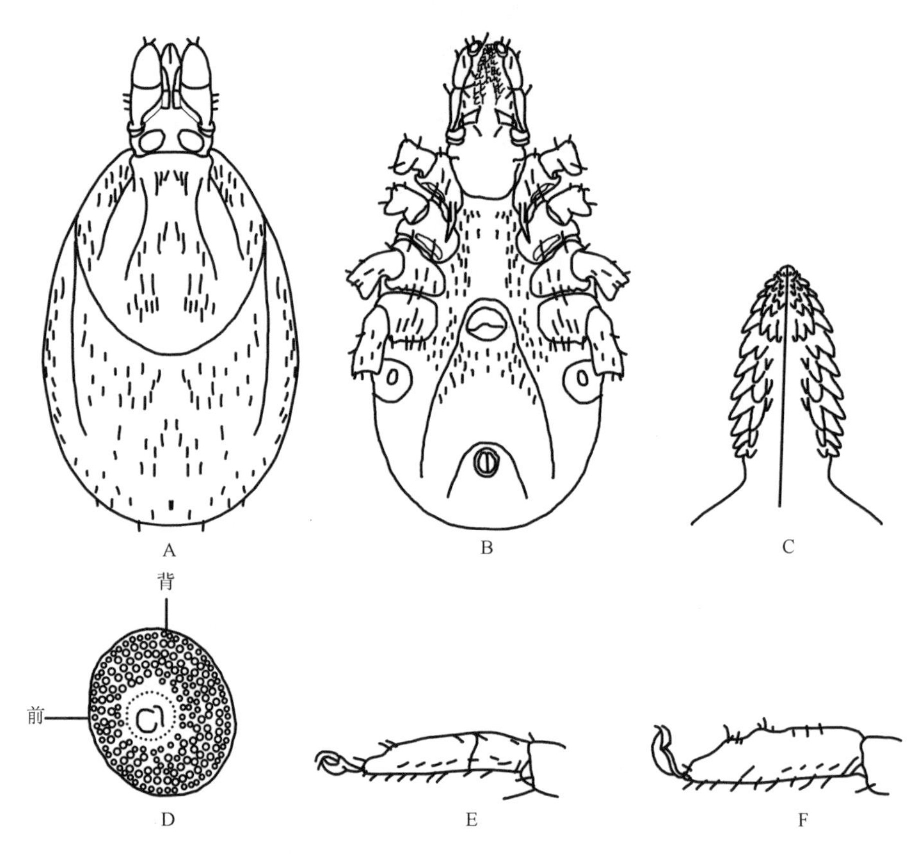

图 7-123　嗜貉硬蜱雌蜱（参考：邓国藩和姜在阶，1991）

A. 背面观；B. 腹面观；C. 口下板；D. 气门板；E. 跗节Ⅳ；F. 跗节Ⅰ

盾板近似圆形，中部靠前最宽，长宽约 1.1 mm×1.0 mm；着生少数细毛；刻点中等大小，前中区和颈沟区较少，后中区和两侧区较密。肩突短，末端尖。缘凹宽而浅。颈沟浅，前段向后内斜，后段向后外斜，末端约达到盾板后 1/3 处；侧脊明显，未达到盾板后侧缘。

足较短。基节Ⅰ内距窄长，末端尖，约达基节Ⅱ的 1/2，外距付缺。基节Ⅱ～Ⅳ内距付缺；基节Ⅱ亦无外距；基节Ⅲ、Ⅳ外距短钝。基节Ⅰ、Ⅱ靠后缘具窄的半透明附膜。转节无腹距。各跗节亚端部骤然收窄。爪垫长，将近达到爪端。生殖孔位于基节Ⅳ前部水平线，裂孔平直。生殖沟前端圆弧形。肛沟呈拱形，前端圆钝，两侧缘向后外斜。气门板亚圆形，气门斑位于中部靠前。

雄蜱（图 7-124）

身体呈卵圆形，中部稍后最宽，前端稍窄，后部圆弧形。体长（包括假头）宽（1.61～1.82）mm ×

（0.95～1.02）mm。缘褶较窄，宽度均匀。

须肢呈棒状，第Ⅱ、Ⅲ节交界处最宽，前端圆钝，外缘略直，内缘浅弧形凸出。须肢第Ⅰ节宽短，背、腹面均可见；第Ⅱ节与第Ⅲ节长度约等。假头基两侧向后内斜，后缘较直；表面刻点稀少；基突不明显。假头基腹面横脊明显，向后弯曲呈角状；耳状突短钝。口下板粗短，顶端圆钝，中央略浅凹；外侧齿大于内侧齿，最后一对最强大。

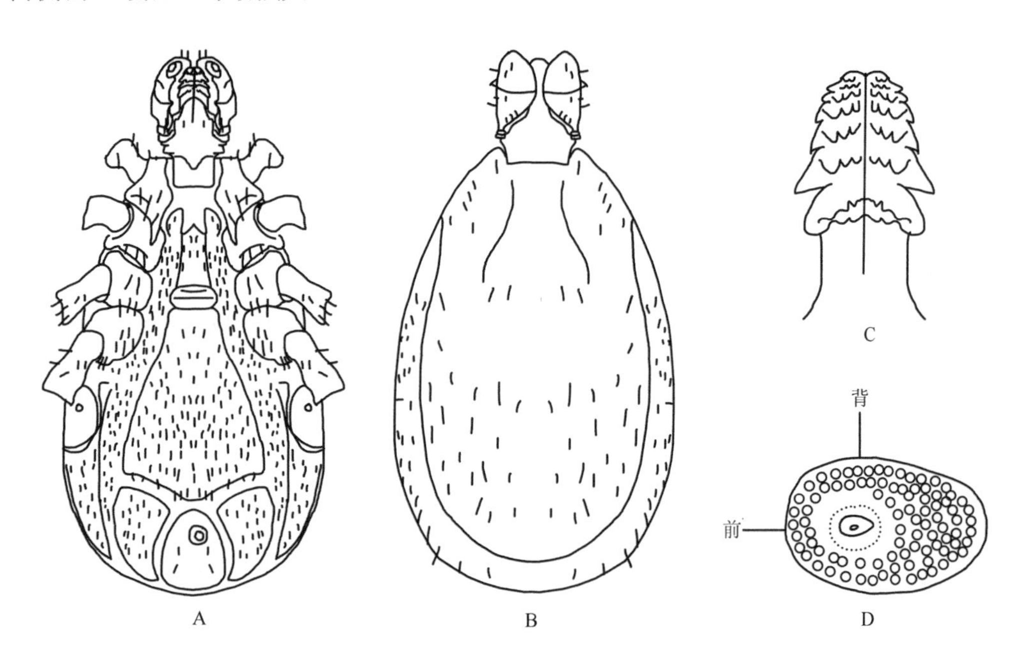

图 7-124　嗜貉硬蜱雄蜱（参考：邓国藩和姜在阶，1991）
A. 腹面观；B. 背面观；C. 口下板；D. 气门板

盾板卵圆形，中部略微隆起；表面着生稀疏细长毛。刻点粗，分布不均，假盾区较密。肩突尖窄。缘凹窄而深。颈沟明显，前段向后内斜，后段向后外斜。

足基节Ⅰ内距窄长，末端尖细，约达基节Ⅱ的 1/2，外距付缺。基节Ⅱ～Ⅳ内距呈脊状甚至付缺，基节Ⅱ无外距，基节Ⅲ、Ⅳ外距短钝。基节Ⅰ、Ⅱ靠后缘具半透明附膜。转节无腹距。各跗节亚端部骤然收窄。爪垫长，将近达到爪端。生殖孔位于基节Ⅲ之间水平线。生殖前板窄长，在基节Ⅲ稍后与中板连接。中板向后渐宽，后缘圆弧形。肛沟呈拱形，前端圆钝，两侧向后浅弧形外斜；肛侧板前宽后窄。各腹板均有稠密刻点和细毛。气门板卵圆形，气门斑位于中部偏前。

生物学特性　适于生活在山地，4～5 月及 12 月可在宿主上发现成蜱。

（24）长蝠硬蜱 *I. vespertilionis* Koch, 1844

定名依据　根据其宿主而命名。

宿主　专性寄生于蝙蝠，包括菊头蝠属 *Rhinolophus*、鼠蝠属 *Myotis*、长翼蝠属 *Miniopterus*、大耳蝠属 *Plecotus*、伏翼属 *Pipistrellus*、蹄蝠属 *Hipposideros* 等属的一些种。

分布　国内：福建、湖北、江苏、辽宁、内蒙古、山西、四川、台湾、云南；国外：阿富汗、巴勒斯坦、朝鲜、哈萨克斯坦、吉尔吉斯斯坦、苏联、日本、塔吉克斯坦、土耳其、伊朗及其他欧洲和非洲的一些国家。

鉴定要点

雌蜱须肢窄长，内缘不明显凸出；前端窄而圆钝，且第Ⅱ节长于第Ⅲ节，两节分界明显。假头基后侧角向外侧突出；无基突；孔区大，略似三角形，间距窄；腹面后部收窄，无耳状突。盾板长卵圆形，刻点小而密。足特别细长；基节Ⅰ～Ⅳ均无距；足跗节亚端部背缘无隆突，向前逐渐收窄。基节无半透明附膜，爪垫短，仅为爪长的 1/2。

雄蜱须肢宽短，棒状；第Ⅱ、Ⅲ节约等长。假头基基突付缺。假头基腹面宽，无耳状突。盾板刻点小，遍布整个表面；躯体腹面中板五边形，靠近后缘最宽，之后又变窄；肛板窄长，且后部略微收窄。气门板大，椭圆形。足与雌蜱相似。

具体描述

雌蜱（图 7-125）

身体呈卵圆形，前部较窄，后缘圆弧形；体表被有细毛。

须肢窄长，第Ⅱ、Ⅲ节分界处最宽；前端圆钝，第Ⅱ节基部最窄；第Ⅰ节短小，背、腹面均可见；第Ⅱ、Ⅲ节被有细毛，外缘细毛较长，两节分界明显；第Ⅱ节长度约为第Ⅲ节的 1.5 倍。假头基背面宽短，近似三角形，后缘微弯。孔区大而深，近似三角形，两孔区间距小于其短径，之间有脊状隆起；基突付缺。假头基腹面宽阔，向后收窄，后缘较直；横缝不明显；耳状突付缺。口下板锥形；端部齿式 4|4，中、后部 3|3。每纵列具齿 15 枚。

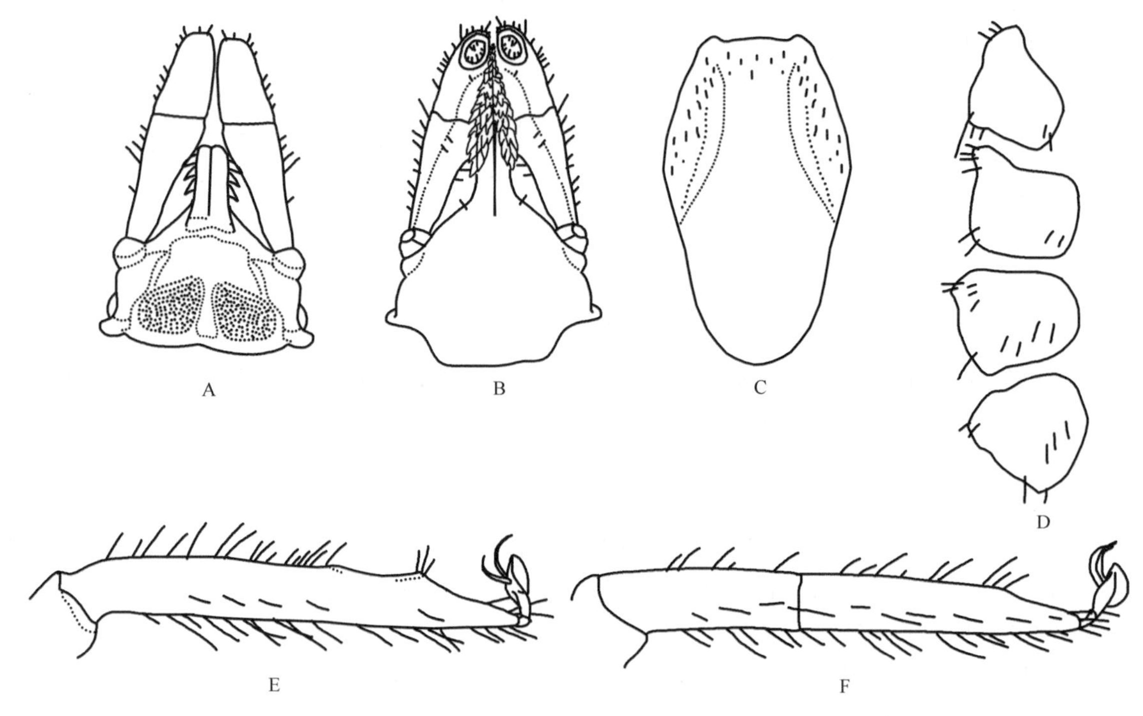

图 7-125 长蝠硬蜱雌蜱（参考：邓国藩和姜在阶，1991）

A. 假头背面观；B. 假头腹面观；C. 盾板；D. 基节；E. 跗节Ⅰ；F. 跗节Ⅳ

盾板近似长卵形，盾板前 1/3 处最宽；着生少数细毛，前侧较多；刻点小而浅，数量较多。肩突短钝。缘凹宽而浅。颈沟前浅后深，前段向后内斜，后段向后外斜，末端约达到盾板后 1/3 处；侧脊付缺。

足特别细长。各基节无距，靠后缘亦无半透明附膜，其表面略微隆起。转节无腹距。跗节Ⅳ亚端部斜窄。爪垫短，不及爪长的 1/2。生殖孔位于基节Ⅲ水平线。肛沟马蹄形，前端圆钝，两侧平行。气门板呈卵圆形，气门斑位于中部靠前。

雄蜱（图 7-126）

体呈长卵形，中部稍后最宽，向两端收窄。缘沟明显，缘褶中等宽度，后半部上翘。

须肢呈棒状，第Ⅱ、Ⅲ节交界处最宽，前端圆钝，第Ⅱ节基部最窄；被有细长毛，靠近侧缘及端部较密。须肢第Ⅰ节宽短，背、腹面均可见；第Ⅱ节略长于第Ⅲ节。假头基背面两侧向后内斜，后缘较直；

表面略微隆起，小刻点居多；基突付缺。假头基腹面宽阔，向后部收窄；耳状突付缺。口下板短小，前端细窄；齿式不明显，仅在端部具数个小齿。

盾板十分窄长，中部略微隆起；刻点小，密布整个盾板。肩突短钝。缘凹窄而浅，向前稍微弯出。颈沟浅，不明显。盾板具三条细纵沟，一条在中后部，两条在中部两侧，均由粗刻点组成。

足十分细长，布满较直的细短毛。各基节无距，亦无半透明附膜，其表面略微隆起。转节无腹距。跗节Ⅳ亚端部逐渐细窄；爪垫短，仅达爪长的1/3。生殖孔位于基节Ⅱ、Ⅲ之间水平线，向上突起。中板呈五边形，向后渐宽。肛板窄长，基部略收窄，长约为宽的 2 倍；肛侧板前宽后窄。各腹板均有小刻点和细毛。气门板呈椭圆形，前后轴长于背腹轴，气门斑位于中部偏前。

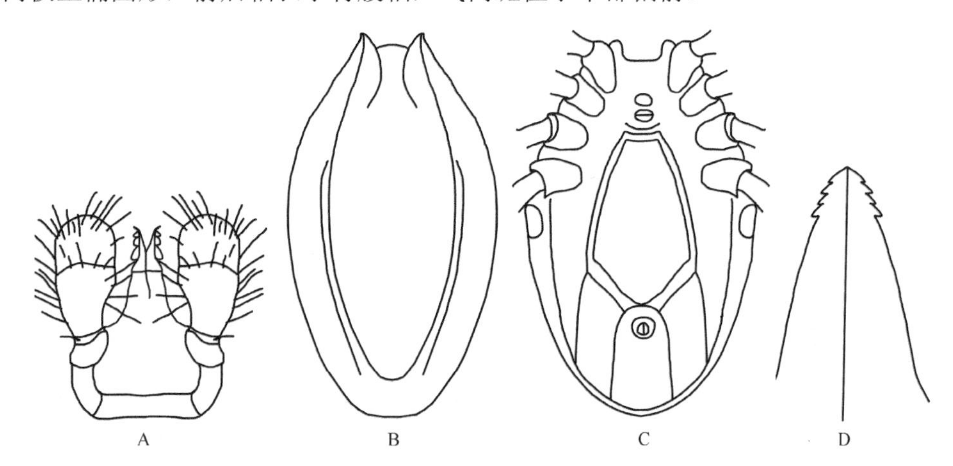

图 7-126　长蝠硬蜱雄蜱（参考：邓国藩和姜在阶，1991）

A. 假头背面观；B. 躯体背面观；C. 躯体腹面观；D. 口下板

若蜱（图 7-127）

身体呈卵圆形，前端稍窄，后部圆弧形。

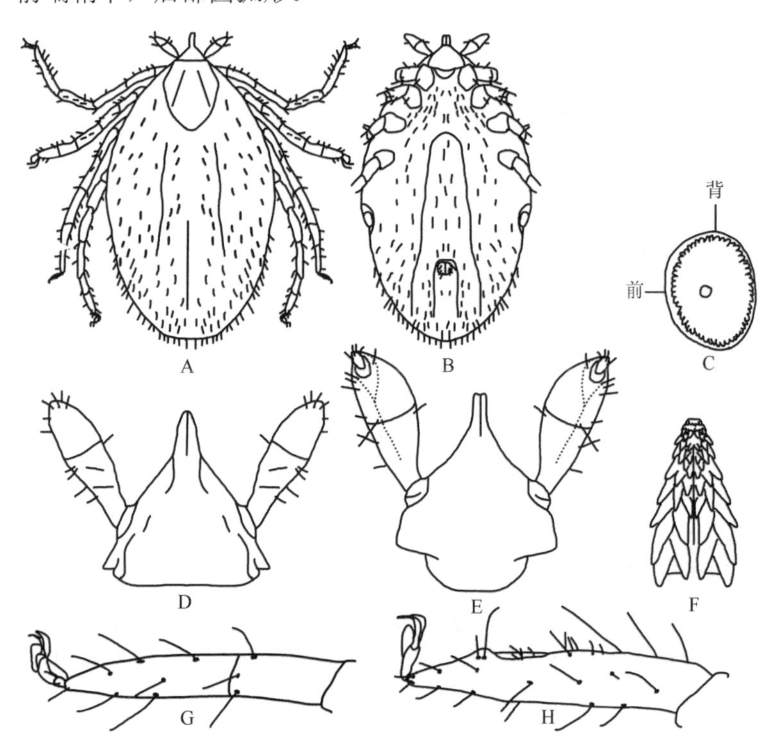

图 7-127　长蝠硬蜱若蜱（参考：邓国藩和姜在阶，1991）

A. 背面观；B. 腹面观；C. 气门板；D. 假头背面观；E. 假头腹面观；F. 口下板；G. 跗节Ⅳ；H. 跗节Ⅰ

须肢棒状，第Ⅱ、Ⅲ节交界处最宽，前端窄钝，外缘略直，内缘浅弧形凸出。第Ⅰ节短小，背、腹面均可见；第Ⅱ节略长于第Ⅲ节。假头基近似三角形，后缘较直；基突付缺。假头基腹面宽阔，后缘弧形，耳状突粗大，呈钝齿状，指向后侧方。口下板短，前端细窄；齿式前部3|3，后部2|2。

盾板呈长卵形，长宽约0.95 mm×0.72 mm；刻点小，两侧区较多，后部稀少。肩突浅，不明显。缘凹浅平。颈沟浅且细窄，向后延伸，未达到盾板后侧缘。

足细长，其上着生的刚毛亦较长。各基节内、外距付缺。各跗节亚端部逐渐斜窄。爪垫短，未达到爪长的1/2。肛沟窄长，前端圆钝，两侧近似平行。气门板亚圆形，气门斑位置靠前。

幼蜱（图7-128）

身体呈卵圆形，前端稍窄，后部圆弧形。

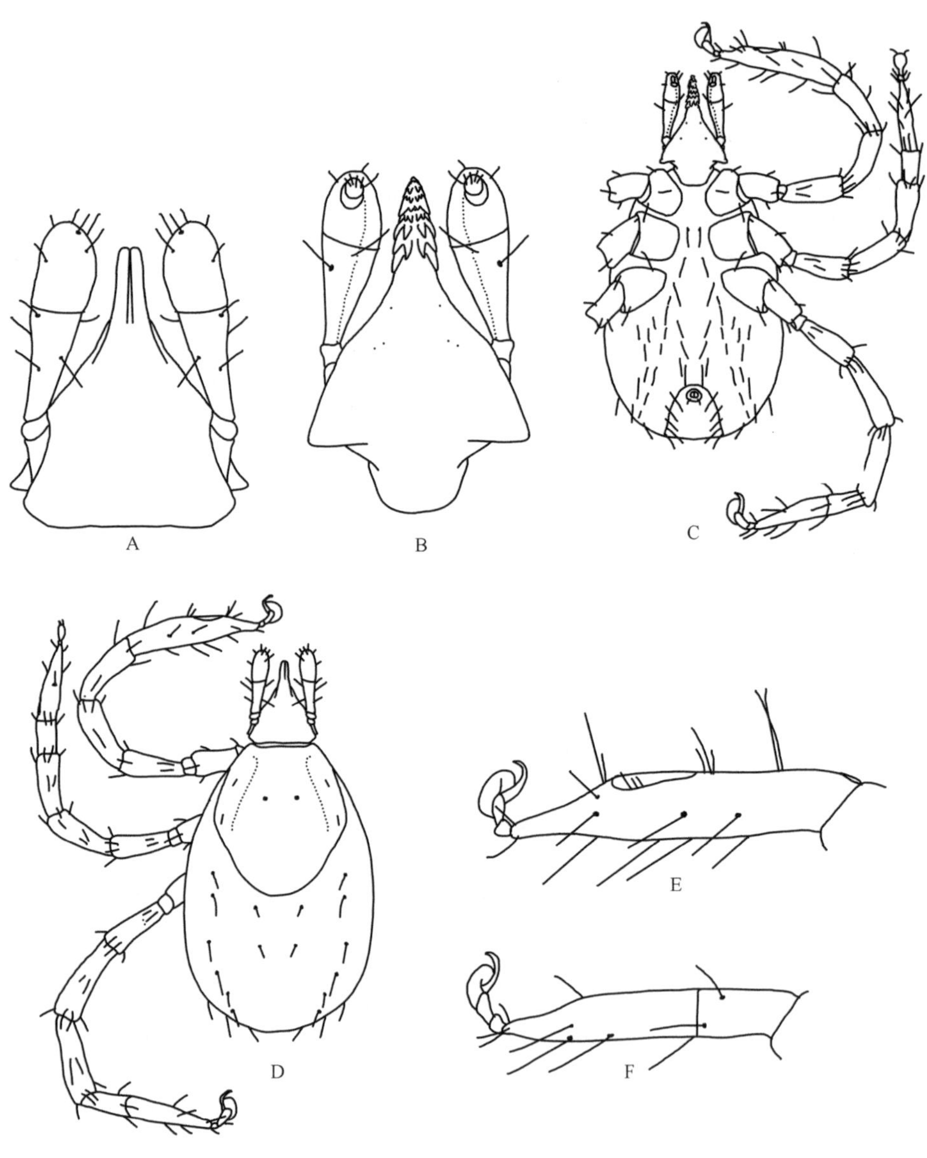

图7-128　长蝠硬蜱幼蜱（参考：邓国藩和姜在阶，1991）

A. 假头背面观；B. 假头腹面观；C. 腹面观；D. 背面观；E. 跗节Ⅰ；F. 跗节Ⅳ

须肢长，呈棒状，前端圆钝，向后收窄，外缘直，内缘前部略呈浅弧形凸出，之后较直；第Ⅰ节短小，背、腹面均可见；第Ⅱ节长于第Ⅲ节。假头基近似三角形，后缘略微平直；基突付缺。假头基腹面宽阔，向后收窄，后缘弧形凸出；耳状突粗大，钝齿状，指向后侧方。口下板短，前端尖细，向后渐宽；端部齿式3|3，主部齿式2|2。

盾板近似心形，中部最宽，后缘窄弧形；刻点小，分布稀疏。肩突不明显。缘凹浅平。颈沟浅，末端将近达到盾板后侧缘。异盾区刚毛长而较密。

足细长，并被有细长毛。各基节无距。各跗节亚端部向末端逐渐收窄。各足爪垫短，未达到爪长的1/2。肛沟马蹄形，前端圆钝，两侧向后近似平行。

生物学特性　生活在蝙蝠的洞穴内。幼蜱、若蜱和雌蜱都吸血。在宿主上从未发现雄蜱，因此，雄蜱很可能不吸血。5月在南京曾同时采到幼蜱、若蜱和雄蜱。

二、花蜱属 *Amblyomma*

肛沟围绕在肛门之后，属后沟型，多数为大型种。须肢窄长，第Ⅱ节尤其明显，不向外侧突出。假头基多数呈矩形。躯体较宽，呈宽卵形或亚圆形。眼有或无。多数种类盾板具鲜明的色斑，少数无。缘垛明显，共11个。雄蜱无肛侧板，但有些种类在缘垛附近具小腹板（ventral plaque）。气门板近似三角形或逗点形。

花蜱属已记录140种。多数为热带或亚热带种类，主要分布在劳亚古大陆和冈瓦纳大陆及其形成的当代大陆上，包括非洲、东南亚和南亚等地区。仅少数为温带种类，生活于美国南部，古北界尚未发现。有些非洲种的若蜱可能会通过候鸟迁飞被携带到欧洲或亚洲南部。几乎所有花蜱均为三宿主蜱，且宿主类型复杂。幼蜱和若蜱寄生于鸟类或啮齿类等小型哺乳动物上；成蜱主要寄生于大型哺乳动物上。其中原属于盲花蜱属的花蜱宿主多为大型蜥蜴和蛇。

模式种　卡宴花蜱 *Am. cajennense*（Fabricius, 1787）

中国花蜱属的种检索表

雌蜱

1. 具眼……2
   不具眼……6
2. 盾板无珐琅斑；齿式3|3或4|4……3
   盾板有珐琅斑；齿式4|4……5
3. 齿式4|4……心形花蜱 *Am. cordiferum* Neumann
   齿式3|3……4
4. 基节Ⅰ内外距约等长，均粗短；基节Ⅱ～Ⅳ均具1粗短外距；盾板刻点较深且分布稠密……爪哇花蜱 *Am. javanense*（Supino）
   基节Ⅰ内距短，明显短于其外距；基节Ⅱ～Ⅳ均具1三角形外距；盾板刻点较浅且分布相对稀疏……灰黄花蜱 *Am. helvolum* Koch
5. 眼小且不甚明显；基节Ⅱ～Ⅳ的外距约等长……嗜龟花蜱 *Am. geoemydae*（Cantor）
   眼大、明亮而突出；基节Ⅳ外距比基节Ⅱ、Ⅲ略长……龟形花蜱 *Am. testudinarium* Koch
6. 盾板褐色且后侧缘略呈微波状……派氏花蜱 *Am. pattoni*（Neumann）
   盾板呈赤褐色或暗褐色，后侧缘较直……7
7. 假头基孔区较小且其间距较宽；跗节Ⅳ背缘亚端部隆突明显……巨蜥花蜱 *Am. varanense*（Supino）
   假头基孔区较大且其间距窄；跗节Ⅳ背缘亚端部隆突不明显……厚体花蜱 *Am. crassipes*（Neumann）

雄蜱

无心形花蜱。

1. 具眼……2

不具眼……………………………………………………………………………………………………5
2. 齿式 3|3……………………………………………………………………………………………3
齿式 4|4………………………………………………………………………………………………4
3. 盾板不具珐琅斑；基节Ⅰ内、外距均粗短，长度约等……………………爪哇花蜱 *Am. javanense*（Supino）
盾板具珐琅斑；基节Ⅰ内距粗短，外距明显长于内距……………………灰黄花蜱 *Am. helvolum* Koch
4. 口下板各纵列齿大小约等；基节Ⅱ～Ⅳ外距几乎等长……………………嗜龟花蜱 *Am. geoemydae*（Cantor）
口下板最内一纵列齿小于其他列；基节Ⅳ外距显著长于基节Ⅱ、Ⅲ……………龟形花蜱 *Am. testudinarium* Koch
5. 盾板刻点分布不均，基节Ⅰ外距比内距长……………………………………………………6
盾板刻点分布均匀，基节Ⅰ内距比外距略长……………………………厚体花蜱 *Am. crassipes*（Neumann）
6. 盾板无珐琅斑………………………………………………………………派氏花蜱 *Am. pattoni*（Neumann）
盾板具珐琅斑………………………………………………………………巨蜥花蜱 *Am. varanense*（Supino）

（1）心形花蜱 *Am. cordiferum* Neumann, 1899

定名依据 盾板为心形。

宿主 蛇等爬行动物。

分布 国内：云南；国外：老挝、马来西亚、泰国、越南。

鉴定要点

雌蜱体型大。须肢细长，第Ⅱ节约为第Ⅲ节长度的 2 倍；齿式 4|4。盾板心形，无珐琅斑。眼位于身体前 1/3，刻点粗细适中（仅限于盾板前半部）。孔区椭圆形，中等大小且两个孔区相距较远。气门板三角形，有一个大的近圆形的背部延伸区。基节Ⅰ具两个相隔很远的距，且外距长于内距；基节Ⅱ、Ⅲ具内、外距，但内距退化成结节状；基节Ⅳ仅具外距。

具体描述

雌蜱（图 7-129）

黄褐色；背面光滑，无缘沟，其他沟和缘垜正常。

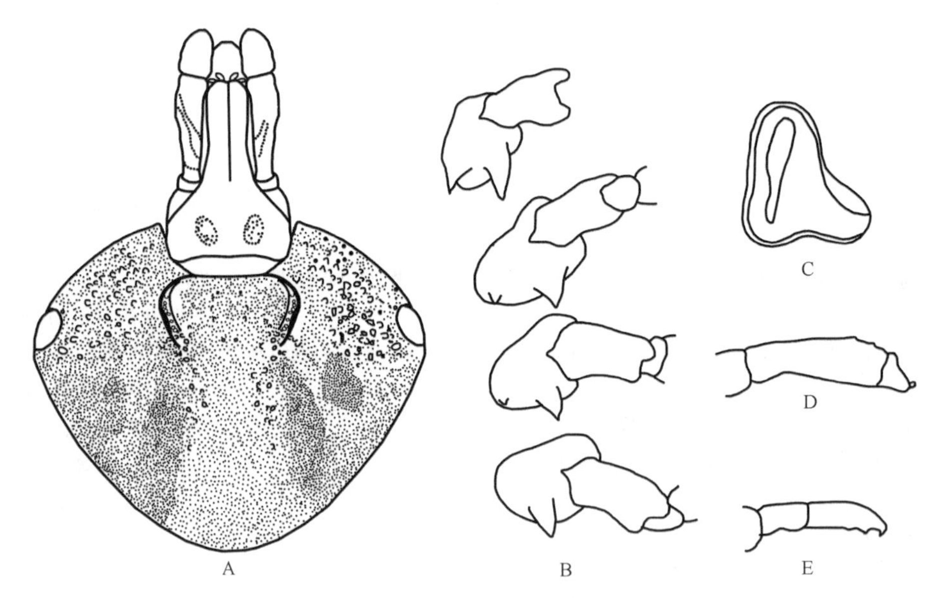

图 7-129 心形花蜱雌蜱（Robinson *et al.*，1926）

A. 假头及盾板；B. 基节；C. 气门板；D. 跗节Ⅰ；E. 跗节Ⅳ

假头长 2.0 mm。须肢细长，第Ⅱ节约为第Ⅲ节长度的 2 倍，腹面扁平。假头基矩形，后缘近似平直，后侧角几乎不突出；孔区中等大小，椭圆形；两孔区前端分隔大，间距约为孔区直径的 2 倍。口下板长，齿式 4|4。

盾板长小于宽（2.8 mm×3.4 mm），心形，后角宽阔；土褐色，在颈沟处、眼周围、前部斑点及眼到后角附近区域颜色更深；从眼到假头形成的区域呈白色；颈沟窄、深且弯曲向后延伸到一系列刻点形成的凹陷处；眼大而平坦，灰白色，近椭圆形，位于盾板前 1/3 处；刻点中等大小、浅，在盾板两侧前缘分布稠密，颈沟处及附近稀少，盾板后缘无刻点分布。腹面颜色等特点与背面相似。

足中等长度，呈栗褐色，仅在足末端为灰白色；基节Ⅰ具两个相隔很远的距，尖锐，且外距约为内距的 2 倍；基节Ⅱ～Ⅳ内距随节序退化，第Ⅲ节呈结节状，基节Ⅳ内距完全退化。气门板三角形，有一个大的近似圆形的背部延伸区。

雄蜱、若蜱、幼蜱未明。

生物学特性　春、夏季可在宿主上发现成蜱。

（2）厚体花蜱 *Am. crassipes*（Neumann, 1901）

=厚体盲花蜱 *Aponomma crassipes*，*Ap.*（*Ap.*）*crassipes*，*Am.*（*Ap.*）*crassipes*

定名依据　“*crassipes*”来源于拉丁语“*crassus*”，意为“厚的”。

宿主　穿山甲 *Manis pentadactyla*、巨蜥 *Varanus salvator*、黄牛。

分布　国内：云南；国外：老挝、泰国、越南。

鉴定要点

雌蜱须肢窄长，第Ⅱ节约为第Ⅲ节的 2 倍；齿式 3|3。盾板心形，后侧缘较直；赤褐色，具几块浅色色斑。无眼，刻点粗细不等，遍布整个盾板。孔区较大，椭圆形，间距较窄。气门板逗点形，背突明显，较为窄长。基节Ⅰ具两个相隔很远的距，且内距长于外距；基节Ⅱ～Ⅳ均具有粗短外距；足跗节亚端部背缘略微隆起，向端部逐渐收窄；爪垫短，不及爪长的 1/2。

雄蜱须肢窄长，第Ⅱ节约为第Ⅲ节的 2 倍；齿式 3|3。盾板短椭圆形，长约等于宽，向前渐窄；具浅色色斑。无眼，刻点明显，较为稠密，分布均匀。气门板长逗点形，背突明显。足与雌蜱相似。

具体描述

雌蜱（图 7-130）

须肢窄长，第Ⅱ节最长，是第Ⅲ节的 2 倍多。假头基宽短，近似于倒梯形，两侧缘向后略微收窄，后缘浅弧形内凹；孔区椭圆形，间距较宽；基突短钝，不太明显。口下板棒状，齿冠短小；齿式 3|3，每纵列具齿 10 枚。

盾板近似心形，长宽约 1.1 mm×1.7 mm；前部宽阔，向后逐渐收窄，后缘圆钝；赤褐色，表面具几块浅色色斑，形状和颜色常有变异。颈沟短，深陷，内弧形。刻点大小不一，分布不均匀。

足中等大小。基节Ⅰ内距稍大于外距，两距末端钝。基节Ⅱ～Ⅳ各具一粗短的三角形距，大小约等。跗节Ⅳ亚端部逐渐收窄，端齿发达。爪垫短，不及爪长的 1/2。生殖孔位于基节Ⅱ之间水平线。肛门位于气门板后部水平线。气门板逗点形，背突明显，较窄长，气门斑位置靠前。

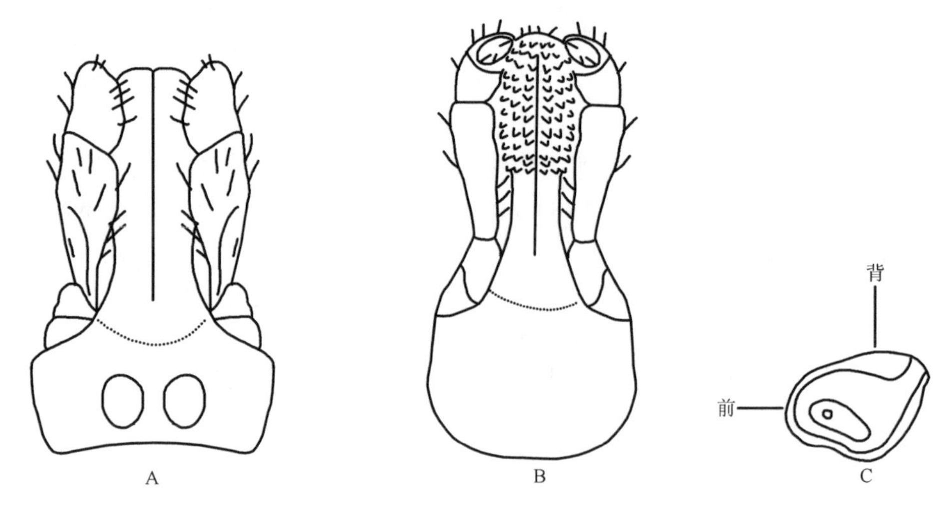

图 7-130 厚体花蜱雌蜱（参考：邓国藩和姜在阶，1991）

A. 假头背面观；B. 假头腹面观；C. 气门板

雄蜱（图 7-131）

长（包括假头）宽约 4 mm×3.5 mm。

须肢窄长，顶端窄钝，第Ⅱ节约为第Ⅲ节长的 2 倍。假头基宽短，两侧缘直，后缘向内浅凹；基突粗短而钝。口下板棒状；齿式 3|3，每纵列具齿 6～8 枚。

盾板呈短椭圆形，长宽约等，前半部向前渐窄，后半部宽圆；刻点较为稠密，分布均匀。盾板赤褐色，表面具 4 块浅色色斑，一对靠近两侧，窄长，自颈沟后端的水平线延伸至气门板水平线；一对靠近缘垛，窄短；其色斑的大小与形状常有变异。颈沟短，深陷，内弧形。侧沟付缺。缘垛宽短，共 11 个，分界明显。

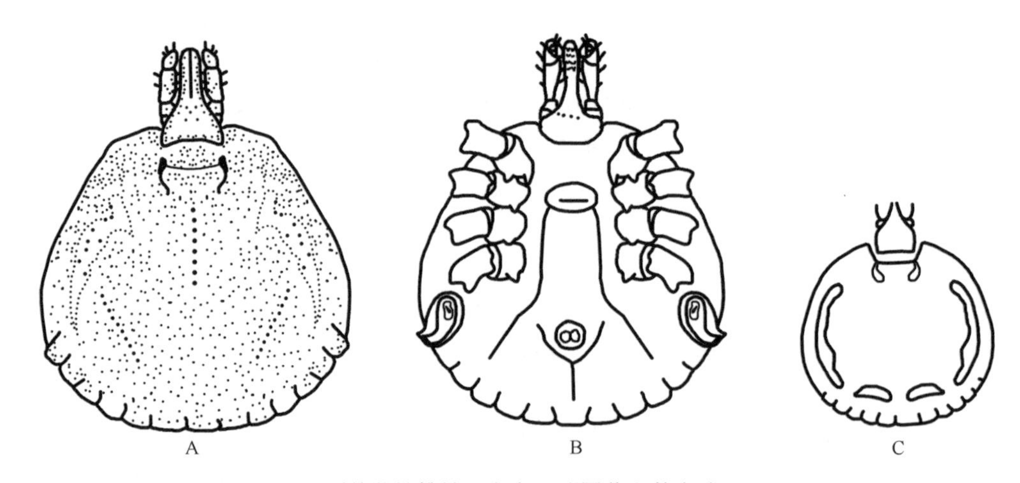

图 7-131 厚体花蜱雄蜱（参考：邓国藩和姜在阶，1991）

A. 背面观；B. 腹面观；C. 盾板上色斑

足大小中等。基节Ⅰ内距稍大于外距，两距末端钝。基节Ⅱ～Ⅳ各具一个三角形距，略超过其下一节前缘。跗节Ⅳ亚端部逐渐收窄，端齿发达。爪垫短，不及爪长的 1/2。

生物学特性 春、夏季可在宿主上发现成蜱。

（3）嗜龟花蜱 *Am. geoemydae*（Cantor, 1847）

定名依据 *emydae* 水龟。该种名无嗜好或寄生之意，准确的种名应译为“水龟花蜱”，但为减少改动，保持原译名。

宿主 黄缘闭壳龟 *Cuora flavomarginata*。

分布　国内：湖南、台湾；国外：菲律宾、马来西亚、日本、泰国、新加坡、印度尼西亚。

鉴定要点

雌蜱体型中等。须肢窄长，第Ⅱ节约为第Ⅲ节的 1.5 倍；齿式 4|4。盾板近似三角形；具色斑。具眼，刻点粗细不等，分布不均匀。孔区大，卵圆形，间距约等于其长径。气门板大，逗点形。足基节Ⅰ具两个粗短的距，且外距长于内距；基节Ⅱ～Ⅳ均具有粗短外距；足跗节Ⅰ亚端部背缘略微隆起，向端部骤然收窄；足Ⅱ～Ⅳ跗节亚端部背缘无隆起，向端部逐渐收窄。

雄蜱体型中等。须肢短棒状；齿式 4|4。盾板宽卵形；具色斑。眼小，不明显；刻点粗而密，分布不均匀。气门板长逗点形。足与雌蜱相似。

具体描述

雌蜱（图 7-132）

须肢窄长；第Ⅱ节最长，约为第Ⅲ节的 2 倍。假头基矩形，两侧缘近似平行，后缘直或略呈微波状；孔区椭圆形，大而深，间距较宽，等于或小于其长径；基突付缺。口下板窄长，前端中央有浅的缺刻；齿式 4|4，外侧齿与内侧齿大小约等。

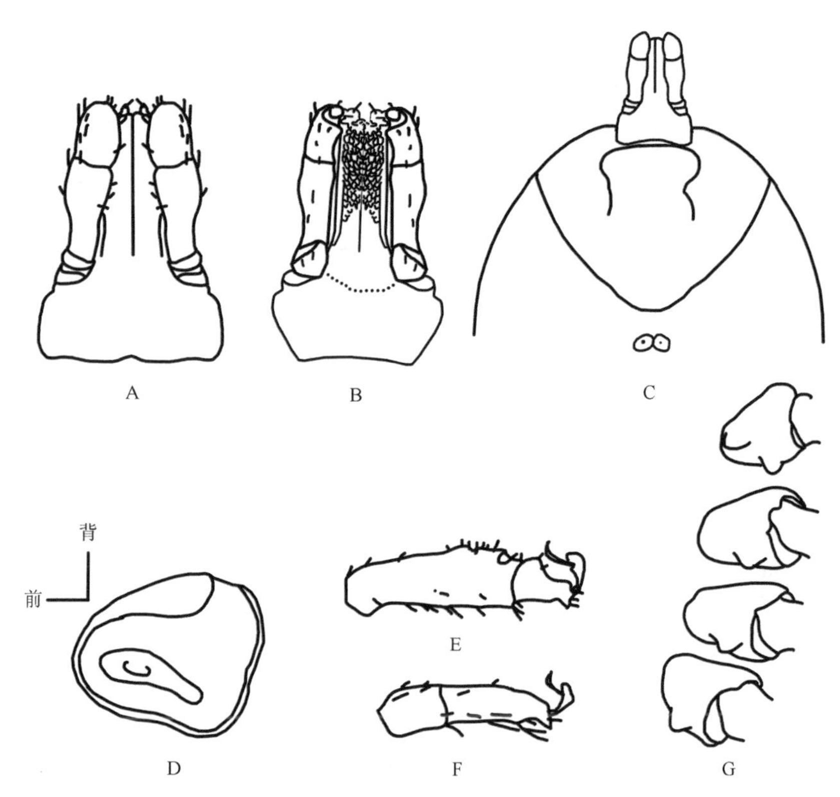

图 7-132　嗜龟花蜱雌蜱（参考：邓国藩和姜在阶，1991）

A. 假头背面观；B. 假头腹面观；C. 假头及盾板；D. 气门板；E. 跗节Ⅰ；F. 跗节Ⅳ；G. 基节

盾板近似圆角三角形，宽大于长，前 1/3 处最宽，向后逐渐弧形收窄，末端窄钝；盾板上色斑明显；被有短毛；刻点较多，大小不一，分布不均匀；颈沟前深后浅，未达到盾板后侧缘。眼小而平钝，不明显。盾窝大，宽卵形，互相靠近。

足较细长。基节Ⅰ内、外距粗短，末端圆钝。基节Ⅱ～Ⅳ无内距，外距粗短，与基节Ⅰ外距相似。跗节Ⅰ亚端部到端部骤然收窄，跗节Ⅱ～Ⅳ较跗节Ⅰ短，亚端部斜削收窄，端齿和亚端齿发达。爪垫短，仅达爪长的 1/3。气门板大，逗点形，气门斑位置靠前。

雄蜱（图 7-133）

须肢呈棒状，顶端窄钝；第Ⅱ节约为第Ⅲ节长的 2 倍。假头基宽短，两侧缘略凸出，后缘向内浅凹；基突粗短而钝。口下板舌板形；齿式 4|4，内、外侧齿大小约等。

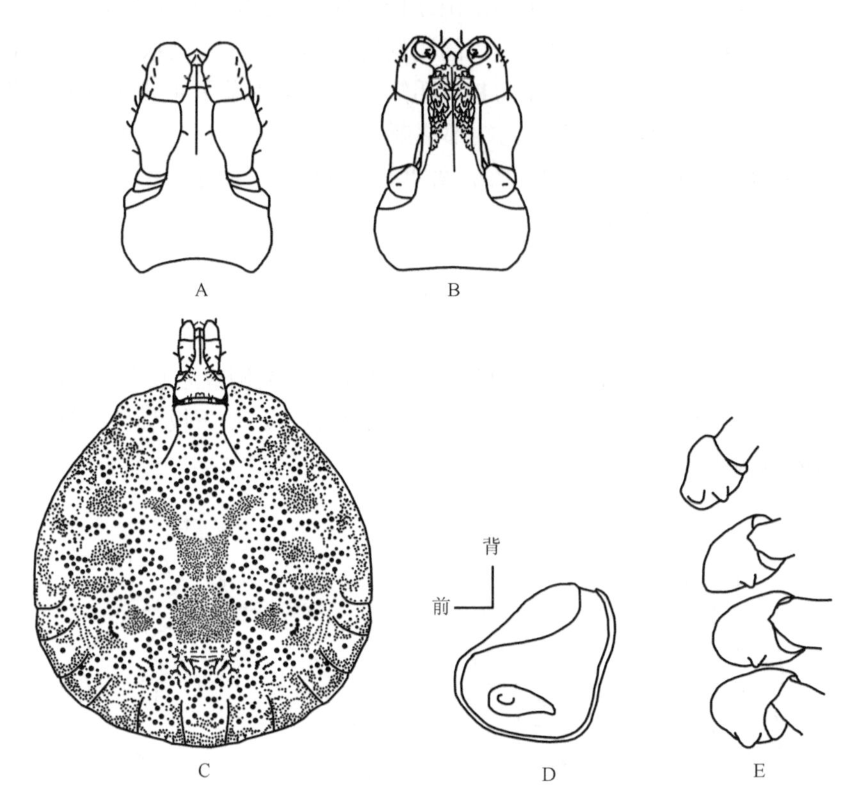

图 7-133 嗜龟花蜱雄蜱（参考：邓国藩和姜在阶，1991）

A. 假头背面观；B. 假头腹面观；C. 背面观；D. 气门板；E. 基节

盾板呈宽圆形，长宽约等，前半部向前渐窄，后半部宽圆；刻点较大且稠密，分布不均匀。颈沟短，前深后浅。缘垛 11 个，分界明显。

足较细长。基节Ⅰ内、外距粗短，末端圆钝。基节Ⅱ～Ⅳ无内距，外距粗短，与基节Ⅰ外距相似。跗节Ⅰ亚端部到端部骤然收窄，跗节Ⅱ～Ⅳ较跗节Ⅰ短，亚端部斜削收窄，端齿和亚端齿发达。爪垫短，仅达爪长的 1/3。气门板大，长逗点形，气门斑位置靠前。

若蜱（图 7-134）

身体呈椭圆形，在气门板前缘处最宽，后缘宽圆。

须肢窄长，端部较宽，圆钝；第Ⅱ节明显窄长，基部最窄，约为第Ⅲ节的 2 倍。假头基宽大于长，两侧缘向后收窄，后缘平直，近似倒梯形；表面有少数刻点；基突不明显。口下板长棒状，端部圆钝，中部收窄，基部渐宽；齿式 3|3，齿区位于口下板前半部。口下板后毛细小。

盾板略似心形，宽显著大于长，中部略靠前最宽，后侧缘浅凹，后端窄钝。盾板上有珐琅斑。颈沟前深后浅，末端未达到盾板后侧缘。刻点少，分布不均。眼小而平钝，位于盾板最宽处侧缘，不甚明显。

足基节Ⅰ内、外距粗短，圆钝；基节Ⅱ～Ⅳ内距付缺，外距粗短，大小约等，略小于基节Ⅰ外距。各跗节亚端部斜窄。爪垫短小。气门板大，长逗点形，气门斑位置靠前。

幼蜱（图 7-135）

假头基宽大于长，两侧缘向后弧形收窄，后侧缘弧形弯曲，后缘较直；无基突。须肢窄长，基部收窄；第Ⅰ节短小，背、腹面均可见；第Ⅱ节较第Ⅲ节略长。口下板棒状；齿式 2|2。口下板后毛细小。

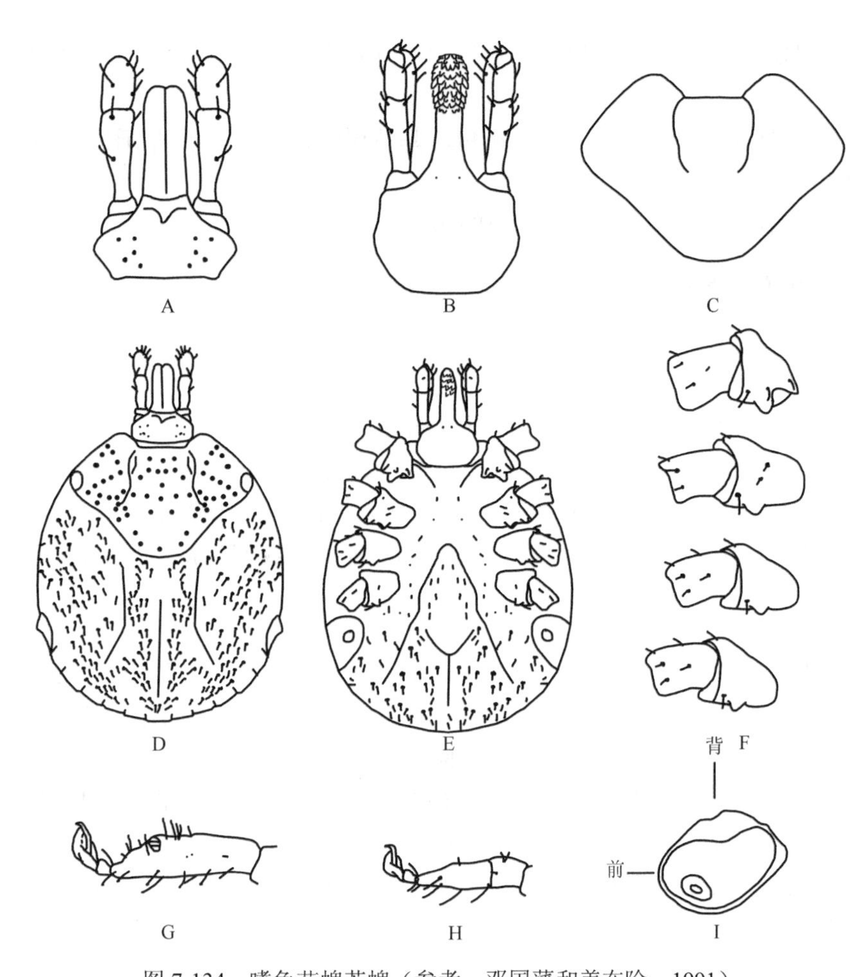

图 7-134　嗜龟花蜱若蜱（参考：邓国藩和姜在阶，1991）

A. 假头背面观；B. 假头腹面观；C. 盾板；D. 背面观；E. 腹面观；F. 基节；G. 跗节Ⅰ；H. 跗节Ⅳ；I. 气门板

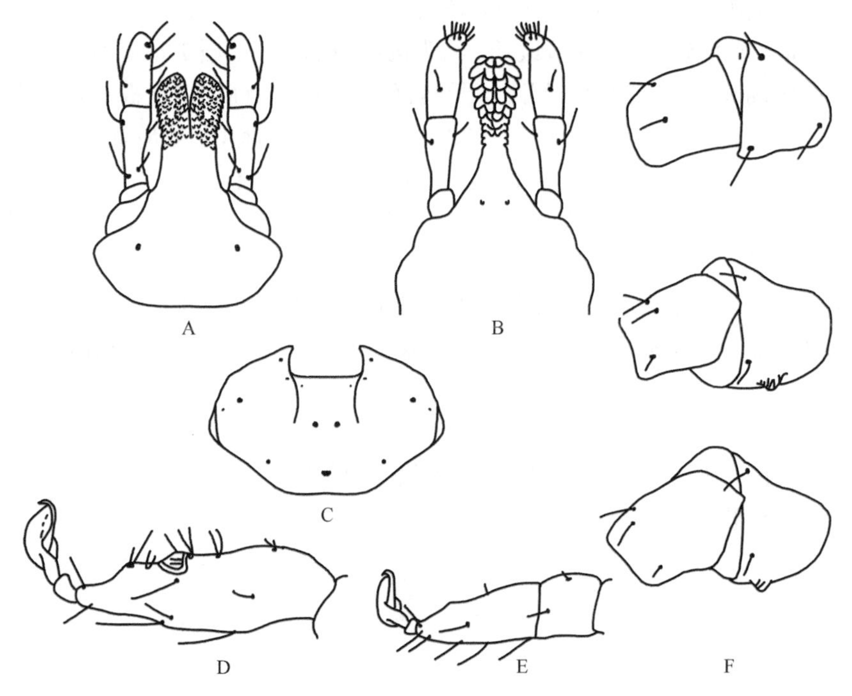

图 7-135　嗜龟花蜱幼蜱（参考：邓国藩和姜在阶，1991）

A. 假头背面观；B. 假头腹面观；C. 盾板；D. 跗节Ⅰ；E. 跗节Ⅳ；F. 基节

盾板椭圆形，中部最宽，后缘宽弧形；刻点稀少，分布不均。颈沟短，不明显。眼小，位于盾板最宽两侧，不甚明显。

足基节Ⅰ无距；基节Ⅱ、Ⅲ无内距，外距粗短，基节Ⅳ的外距略大于基节Ⅲ。各跗节亚端部斜窄。爪垫较长，将近达到爪端。

生物学特性 具有宿主特异性，常寄生于龟的颈部。

（4）灰黄花蜱 *Am. helvolum* Koch，1844

定名依据 身体灰黄色。

宿主 蛇、巨蜥等有鳞类。

分布 国内：海南、台湾；国外：菲律宾、马来西亚、泰国、新加坡、新西兰、印度、印度尼西亚。

邓国藩（1981）描述的新种海南花蜱 *Am. hainanense* Teng, 1981 采自海南某种蛇身上并定名为海南花蜱，仅有雌蜱的形态特征描述。Kolonin 后来在海南的蛇身上采到的花蜱均为灰黄花蜱 *Am. helvolum*，鉴于此，Kolonin（2009）认为两者为同物异名。因缺乏翔实证据，我们先将其暂定为有效种。

鉴定要点

雌蜱体型小。孔区小，卵圆形，间距约等于其直径。口下板齿式 3|3。盾板在肩突和后中部具有灰白色珐琅斑，有时在颈沟内侧边缘附近有小的珐琅斑。眼灰白色，平钝，不明显。基节Ⅰ具 2 个粗短的距，外距略长；基节Ⅱ～Ⅳ仅具短的三角形外距；跗节向端部渐窄。

雄蜱体型小。须肢窄长，第Ⅱ节约为第Ⅲ节的 2 倍；齿式 3|3。盾板宽卵形，具白色珐琅斑。无缘沟；眼不明显；刻点多，分布不均匀。气门板长卵形，背突不明显。足中等长度；第Ⅰ基节具 2 个短距，外距稍长；基节Ⅱ～Ⅳ均具一粗短外距；跗节中等长度，末端渐窄；爪垫约达爪长的 1/2。

具体描述

雌蜱（图 7-136）

身体呈宽卵形，前端渐窄；长宽为（3.8～4.8）mm ×（3.0～3.8）mm。

假头长 1～1.2 mm。须肢窄长，第Ⅱ节最长，约为第Ⅲ节的 2 倍。假头基近似矩形，后侧缘弧形弯曲，后缘略呈微波状；孔区椭圆形，小而深，间距等于其直径；基突短钝。口下板窄长；齿式 3|3。

盾板近似心形，长宽为（1.7～2.0）mm ×（2.0～2.35）mm；前 1/3 处最宽，向后逐渐弧形收窄，末端窄钝。灰白色珐琅斑明显，在肩突和后中部具有灰白色珐琅斑，有时在颈沟内侧边缘附近有小的珐琅斑。盾板刻点浅而相对稀疏，中、小型刻点居多，分布均匀；颈沟前深后浅，末端约达到盾板后侧缘。眼小而平钝，有时不明显。

足较细长。基节Ⅰ具 2 个粗短的距，外距略长；基节Ⅱ～Ⅳ仅具短的三角形外距；跗节向端部渐窄。跗节长，从亚端部到端部逐渐收窄。爪垫短，仅达爪长的 1/2。生殖孔位于基节Ⅱ水平线；气门板宽逗点形，气门斑位置靠前。

雄蜱（图 7-137）

假头长 1.2～1.5 mm。须肢窄长，第Ⅱ节长约为第Ⅲ节的 2 倍。假头基矩形，宽稍大于长，后侧角不明显。口下板长，压舌板状；齿式 3|3。

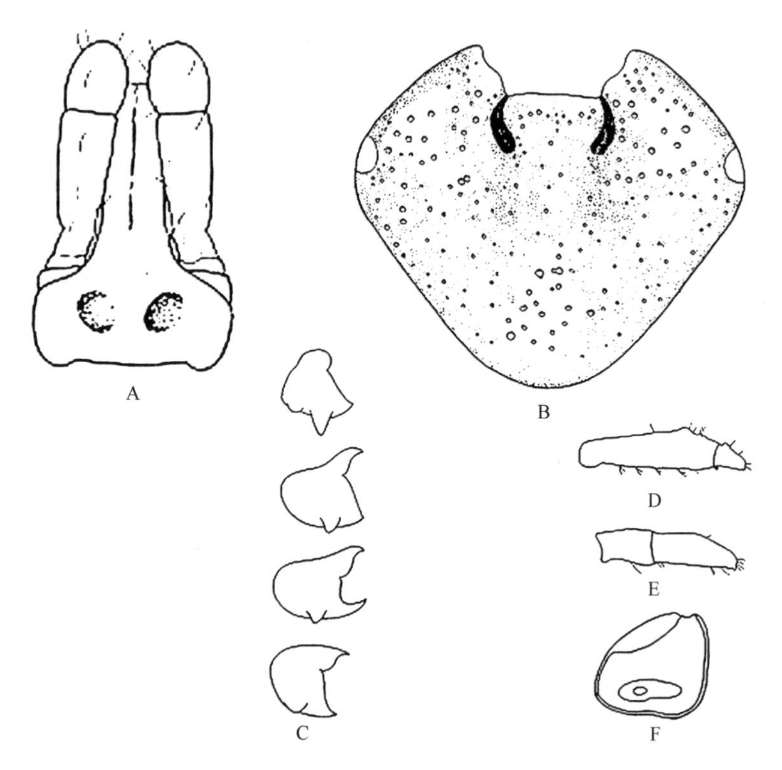

图 7-136　灰黄花蜱雌蜱（参考：Anastos，1950）
A. 假头背面观；B. 盾板；C. 基节；D. 跗节Ⅰ；E. 跗节Ⅳ；F. 气门板

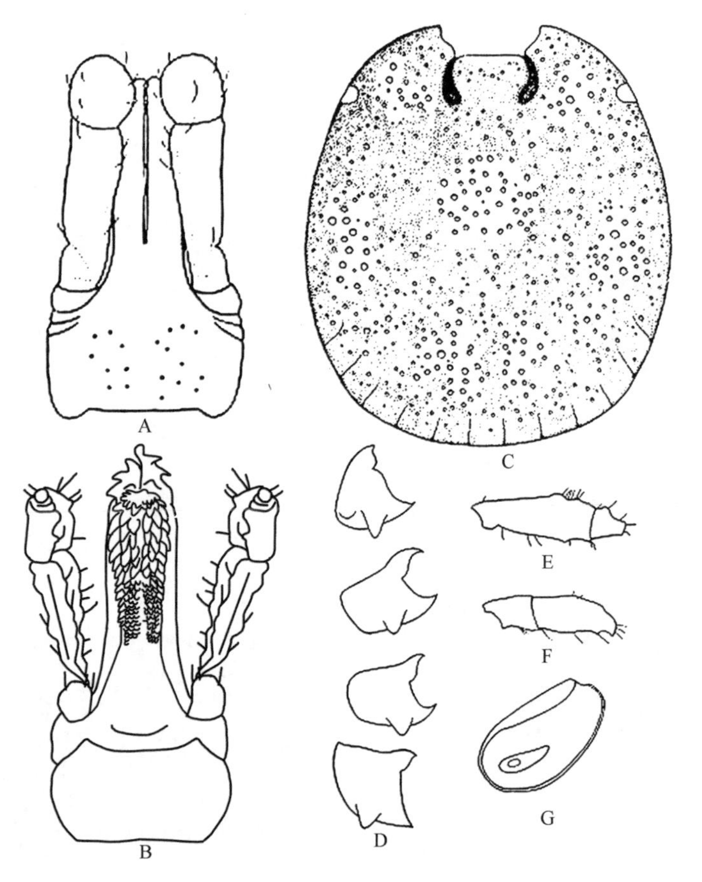

图 7-137　灰黄花蜱雄蜱（参考：Robinson *et al.*，1926；Anastos，1950）
A. 假头背面观；B. 假头腹面观；C. 盾板；D. 基节；E. 跗节Ⅰ；F. 跗节Ⅳ；G. 气门板

躯体长宽为（2.5～3.0）mm ×（2.3～2.9）mm；呈宽卵形。盾板暗褐色，凸起；具白色珐琅斑；在肩突附近具小的亚三角形白色斑点；在身体侧缘具大的、延长的不规则白色斑点，其前端距离眼较远，后端接近第Ⅰ缘垛；盾板后缘第Ⅳ到第Ⅴ缘垛之间具一对近似对称的白色斑点；有时在相当于雌蜱盾板后角的部位也会有一个中等大小的白色斑点；颈沟短、深、弯曲，并在后部凸起；无缘沟；刻点多，不均匀，但外围粗糙且分布规则；眼白色、平坦、不明显（通常浸入乙醇中才能看到）；缘垛明显，较窄。腹面土黄色，表面光滑。

足中等长度；第Ⅰ基节具 2 个短距，外距稍长；基节Ⅱ～Ⅳ均具一短小三角形距；跗节中等长度，在末端渐细；爪垫约达爪长的 1/2。生殖孔位于第Ⅱ基节水平线；气门板长卵形，背突不明显。

（5）海南花蜱 *Am. hainanense* Teng, 1981

定名依据 以采集地海南命名。

宿主 蛇。

分布 海南（模式产地）。

鉴定要点

雌蜱体型小。孔区中等大小，卵圆形，间距约等于其长径。口下板齿式 3|3。盾板单一褐色，无珐琅斑。眼扁平，较为明显。基节Ⅰ内外距粗短，等长；基节Ⅱ～Ⅳ仅具短的三角形外距；跗节向端部渐窄。

具体描述

雌蜱（图 7-138，图 7-139）

体型较小。体色为单一深褐色，无珐琅斑。

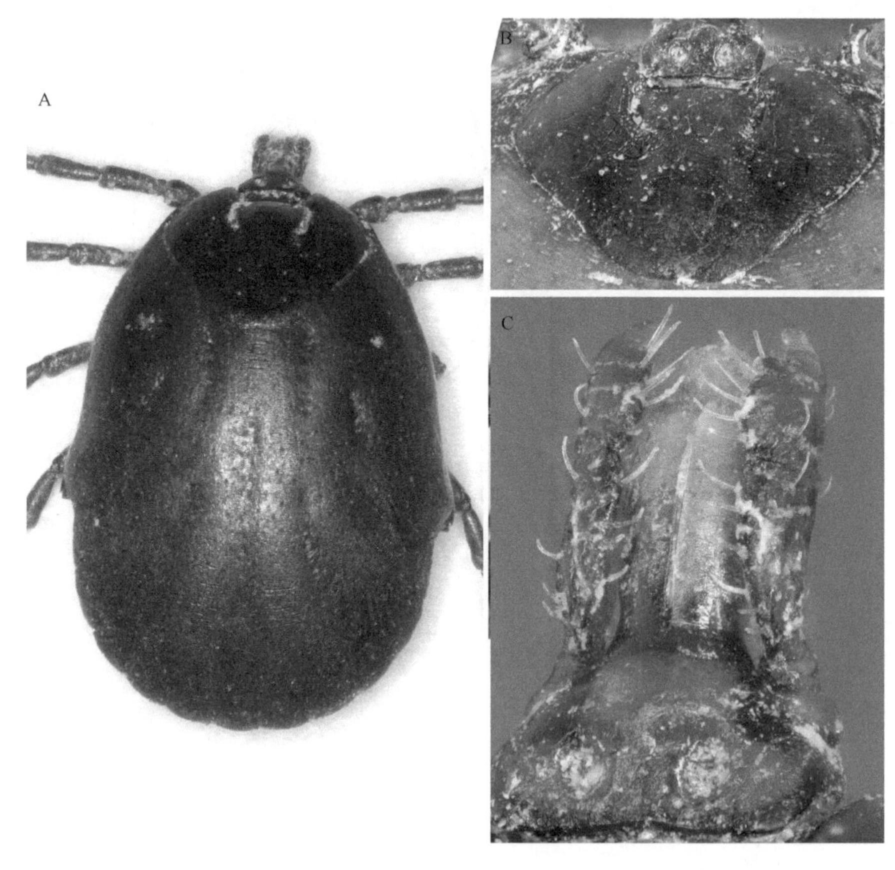

图 7-138 海南花蜱雌蜱

A. 背面观；B. 盾板；C. 假头背面观

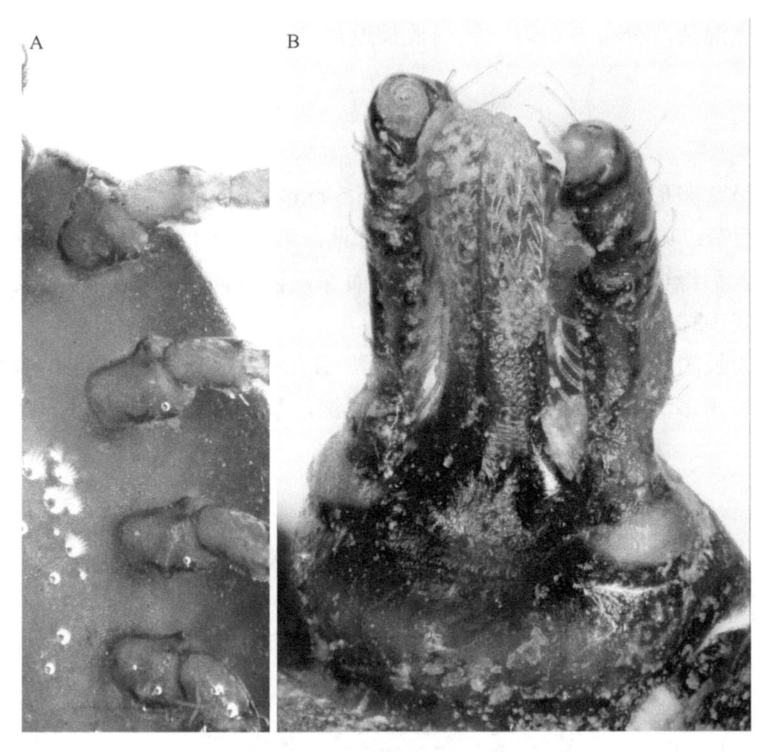

图 7-139　海南花蜱雌蜱腹面
A. 基节；B. 假头腹面观

须肢窄长；第Ⅰ节短小，背、腹面均可见；第Ⅱ、Ⅲ节总长为 0.59 mm，第Ⅱ节约为第Ⅲ节的 2.1 倍。假头基宽大于长；两侧缘弧形凸出，后缘弧形凹入；孔区中等大小，卵圆形，前部略外斜，间距约等于其长径；基突付缺。口下板压舌板状；齿式 3/3，每纵列具大齿 6 枚。

盾板宽短，近似心形，后侧缘中段微凹，向后收窄，后缘宽圆；长宽为（1.26～1.5）mm×（1.9～2.06）mm；单一褐色，无珐琅斑。盾板刻点小而浅，数量稀疏，分布不均并混杂少数大刻点。肩突短钝。颈沟前深后浅，末端约达盾板后 1/3 处。眼扁平，位于盾板最宽处两侧，不明显。

足长中等。基节Ⅰ具 2 个粗短的距，外距明显长于内距；基节Ⅱ～Ⅳ仅具短的三角形外距；跗节向端部渐窄。爪垫短，仅达爪长的 1/3。生殖孔位于基节Ⅰ、Ⅱ之间水平线；气门板逗点形，背突窄长，气门斑位置靠前。

（6）爪哇花蜱 *Am. javanense*（Supino, 1897）

定名依据　来源于爪哇。

宿主　主要为穿山甲 *Manis pentadactyla*，也寄生于蟒蛇 *Python molurus*、巨蜥 *Varanus salvator*、龟 *Geoemyda tricarinata* 等爬行动物。

分布　国内：福建、广东、海南、云南；国外：菲律宾、柬埔寨、马来西亚、缅甸、斯里兰卡、泰国、印度、印度尼西亚、越南。

鉴定要点

雌蜱体型中等。须肢棒状，第Ⅱ节约为第Ⅲ节的 1.7 倍；齿式 3|3。盾板心形，后侧缘有时微凹；暗赤褐色，无色斑。眼小而扁平，不明显。刻点粗细不等，分布均匀。孔区小而深，卵圆形，间距大于其短径。气门板大，长逗点形。足较粗壮，基节Ⅰ具两个粗短的距，相距甚远；基节Ⅱ～Ⅳ均具有粗短外距，按节序渐长；足跗节亚端部背缘骤然收窄。爪垫很短，不及爪长的 1/3。

雄蜱体型中等。须肢棒状，第Ⅱ节约为第Ⅲ节的 1.6 倍；齿式 3|3。盾板宽卵形，无珐琅斑。眼不明

显；刻点多，粗细刻点混杂，分布不均匀。气门板长逗点形。足与雌蜱相似。

具体描述

雌蜱（图 7-140）

身体中等大小，呈宽卵形，长（包括假头）宽约 5.5 mm×3.9 mm。

须肢棒状，前宽后窄；第Ⅰ节短小，背、腹面均可见；第Ⅱ节约为第Ⅲ节的 1.7 倍。假头基宽短，略呈矩形，两侧缘微凸，后缘微波状；孔区卵圆形，小而深，前端向外斜置，间距大于其短径；基突不明显。口下板窄长；齿式 3|3，每纵列具齿 8～10 枚。

盾板心形，宽约为长的 1.2 倍，前 1/3 处最宽，其后弧形收窄，后缘宽圆；暗褐色，表面无珐琅斑；中、小型刻点混杂，数量多且分布大致均匀。颈沟短而深，呈窄卵形。眼小而平钝，位于盾板两侧最宽处，一般不明显。

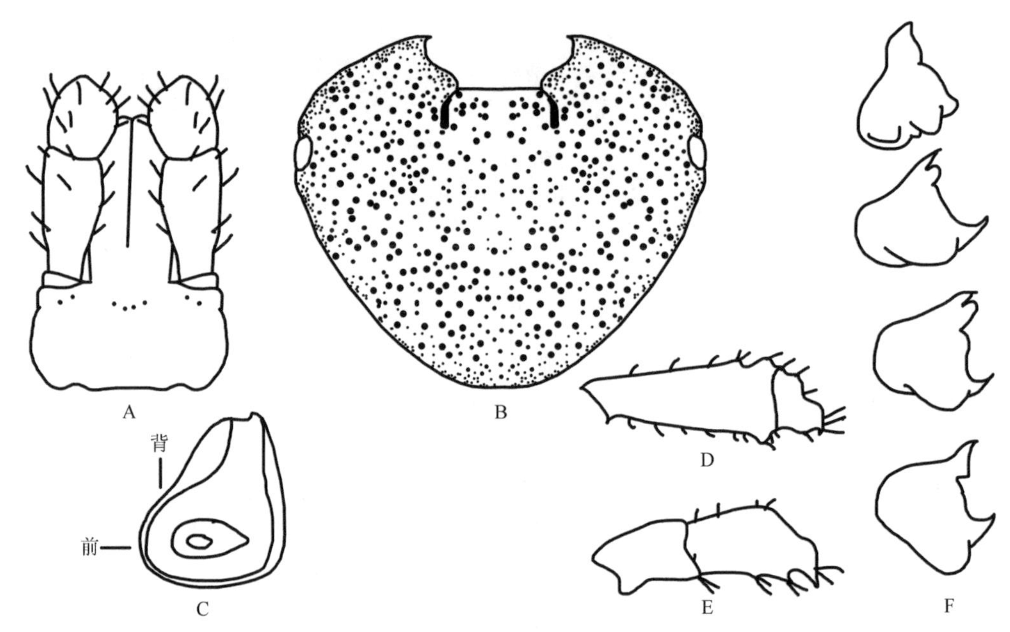

图 7-140 爪哇花蜱雌蜱（参考：邓国藩和姜在阶，1991）

A. 假头背面观；B. 盾板；C. 气门板；D. 跗节Ⅰ；E. 跗节Ⅳ；F. 基节

足稍粗。基节Ⅰ内、外距粗短，约等长。基节Ⅱ～Ⅳ无内距，外距粗短，末端圆钝，按节序略渐窄长。各足跗节亚端部骤然收窄，亚末端及末端各具一个明显的齿突。爪垫很短，不及爪长的 1/3。生殖孔位于基节Ⅱ、Ⅲ之间的水平线。肛门与气门板后缘在同一水平线。气门板大，长逗点形，气门斑位置靠前。

雄蜱（图 7-141）

身体中等大小，呈宽卵形，长（包括假头）宽为（3.8～5.2）mm×（3.53～4.18）mm。

须肢长棒状，前宽后窄；第Ⅰ节背、腹面均可见；第Ⅱ节长约为第Ⅲ节的 1.6 倍。假头基近似矩形，两侧缘近似平行，后缘较直；表面散布小刻点；基突不明显。口下板齿式 3|3，每纵列具齿 6～8 枚。

盾板呈宽卵形，长宽约 4.2 mm×3.8 mm；周缘暗赤褐色，中部稍浅，黄褐色，无珐琅斑。刻点小，混杂少数较大刻点，分布不均匀。颈沟很短而深，半月形。侧沟不明显或付缺。眼小而扁平，一般不明显。缘垛大，共 11 个，缘垛间分界窄而明显。

腹面表皮密布小刻点和细毛。足呈暗赤褐色，粗短。基节Ⅰ具 2 个短距，末端圆钝，外距稍大于内距。基节Ⅱ～Ⅳ无内距，各具粗短外距，按节序略渐窄长。跗节短，亚端部骤然收窄，亚末端及末端各具一明显齿突。爪垫很短，不及爪长的 1/3。生殖孔位于基节Ⅱ水平线。肛门与气门板后缘在同一水平线。肛沟明显，围绕在肛门之后。气门板长逗点形，向背方斜伸，背突末端从背面可见，气门斑位置靠前。

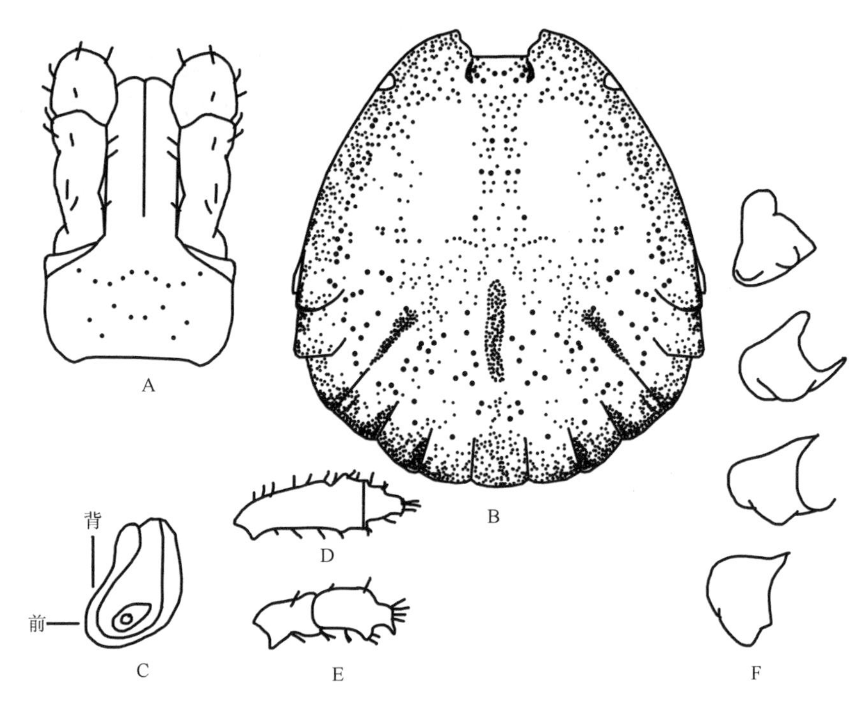

图 7-141　爪哇花蜱雄蜱（参考：邓国藩和姜在阶，1991）
A. 假头背面观；B. 躯体背面观；C. 气门板；D. 跗节Ⅰ；E. 跗节Ⅳ；F. 基节

若蜱（图 7-142）

体呈褐黄色，宽卵形，长（包括假头）宽约 2.24 mm×1.61 mm。

须肢窄长，前端圆钝，向后收窄；第Ⅰ节短小，背、腹面均可见；第Ⅱ节约为第Ⅲ节的 2 倍。假头基宽短，两侧缘向后略收窄，后缘较直；无基突。口下板窄长，基部最宽；齿式 2|2，每列具齿约 6 枚。

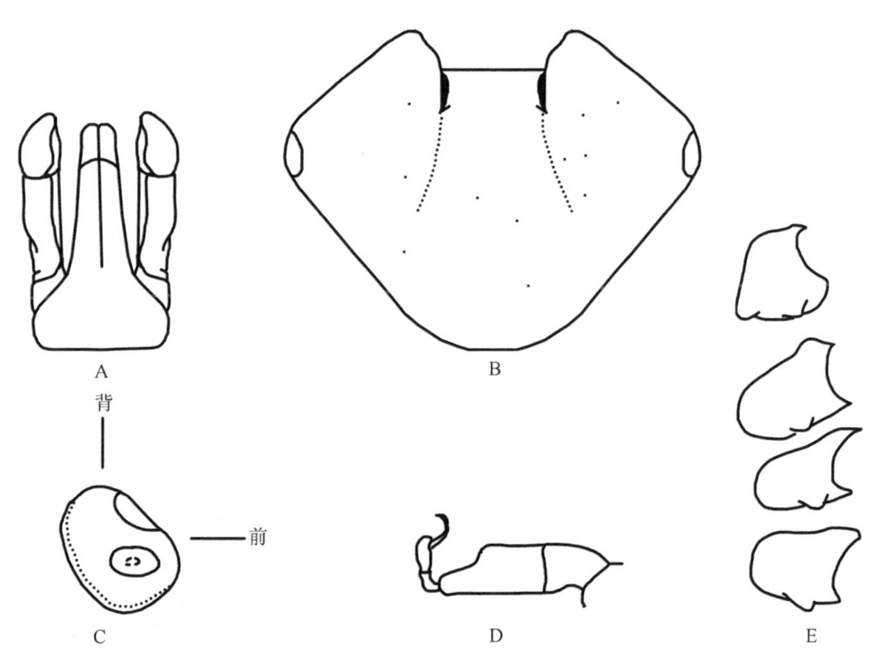

图 7-142　爪哇花蜱若蜱（参考：邓国藩和姜在阶，1991）
A. 假头背面观；B. 盾板；C. 气门板；D. 跗节Ⅳ；E. 基节

盾板褐黄色，无珐琅斑；近似心形，宽约长的 1.2 倍；前 1/3 处最宽，向后弧形收窄，后缘圆钝。刻点小而浅，分布不均匀。颈沟宽浅，前端深陷，向后略呈弧形外弯，末端约达盾板的 2/3 处。眼小而平钝，位于盾板两侧最宽处，不明显。

足中等长度。基节Ⅰ内、外距粗短，圆钝；基节Ⅱ～Ⅳ无内距，外距粗短，与基节Ⅰ的外距约等。足跗节亚端部骤然收窄；爪垫很短，不及爪长的 1/2。气门板大，长逗点形，气门斑位置靠前。

幼蜱（图 7-143）

淡黄色，体呈宽卵形。

须肢棒状，前端圆钝，向后收窄；第Ⅰ节短小，背、腹面均可见；第Ⅱ节最长，约为第Ⅲ节的 1.5 倍，两节分界线明显。假头基宽短，两侧浅弧形凸出，与后缘弧形连接，后缘较直；无基突。口下板窄长；齿式 2|2，每纵列具齿 6～7 枚。

盾板近似心形，宽约为长的 1.4 倍，前 1/3 的水平线最宽，随后弧形收窄，后缘圆钝。体色褐黄到浅黄，无珐琅斑；刻点稀少，不明显。眼小，位于盾板两侧最宽处，不明显。颈沟浅，约达盾板 1/2 处。

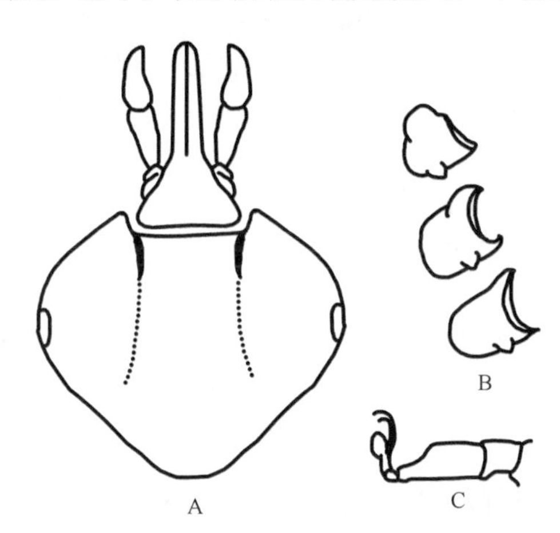

图 7-143　爪哇花蜱幼蜱（参考：邓国藩和姜在阶，1991）

A. 假头及盾板；B. 基节；C. 跗节Ⅲ

足中等长度。基节Ⅰ～Ⅲ无内距，外距粗短，末端圆钝，大小约等。跗节亚端部明显收窄；爪垫很短，不及爪长的 1/2。

生物学特性　东洋界广布种。4～6 月可在宿主上发现成蜱和若蜱，4 月数量达到高峰。

（7）派氏花蜱 *Am. pattoni*（Neumann, 1910）

=伪盾花蜱 *Am. pseudolaeve*，*Aponomma laeve paradoxum*，派氏盲花蜱 *Ap. pattoni*，伪盾盲花蜱 *Ap. pseudolaeve*，*Ap.*（*Ap.*）*pseudolaeve*，*Ap.*（*Ap.*）*pattoni*，*Am.*（*Ap.*）*pattoni*

定名依据　以人名命名。

宿主　主要为爬行动物，包括穿山甲 *Manis pentadactyla*、*Coluber helena*、黄颔蛇 *C. phyllophis*、眼镜蛇 *Naja tripudians*、扁颈眼镜蛇 *N. hannah*、乌蛇 *Zemenis mucosus*、*Zamenis mucosus*、金环蛇 *Bungarus fasciatus*、王锦蛇 *Elaphe carinata*、蟒蛇、蜥蜴、巨蜥、龟 *Geoemyda tricarinata* 等，此外还包括猫鼬、红颊獴、奶牛等。

分布　广泛分布于印度和东南亚。国内：广东、浙江；国外：老挝、斯里兰卡、泰国、印度、越南。

鉴定要点

雌蜱体型小。盾板心形，宽稍大于长，后侧略呈微波状。无眼，刻点遍布表面。孔区卵圆形。基节Ⅰ具 2 个粗短的距，外距明显长于内距；基节Ⅱ～Ⅳ均具有粗短外距，无内距。

雄蜱体型小。须肢窄长，第Ⅱ节约为第Ⅲ节的 2 倍；齿式 3|3。盾板亚圆形，长、宽约等；颈沟短，深陷，无侧沟。无眼；刻点粗细不均，在盾板周缘较多。足与雌蜱相似。

具体描述

雌蜱（图 7-144）

身体褐色，近似卵圆形，长（包括假头）宽为（2.3～3.15）mm（平均 2.49 mm）×（2.0～2.7）mm（平均 2.33 mm）。刻点大小不一，稀疏，分布不均，主要集中在肩突区。颈沟短。

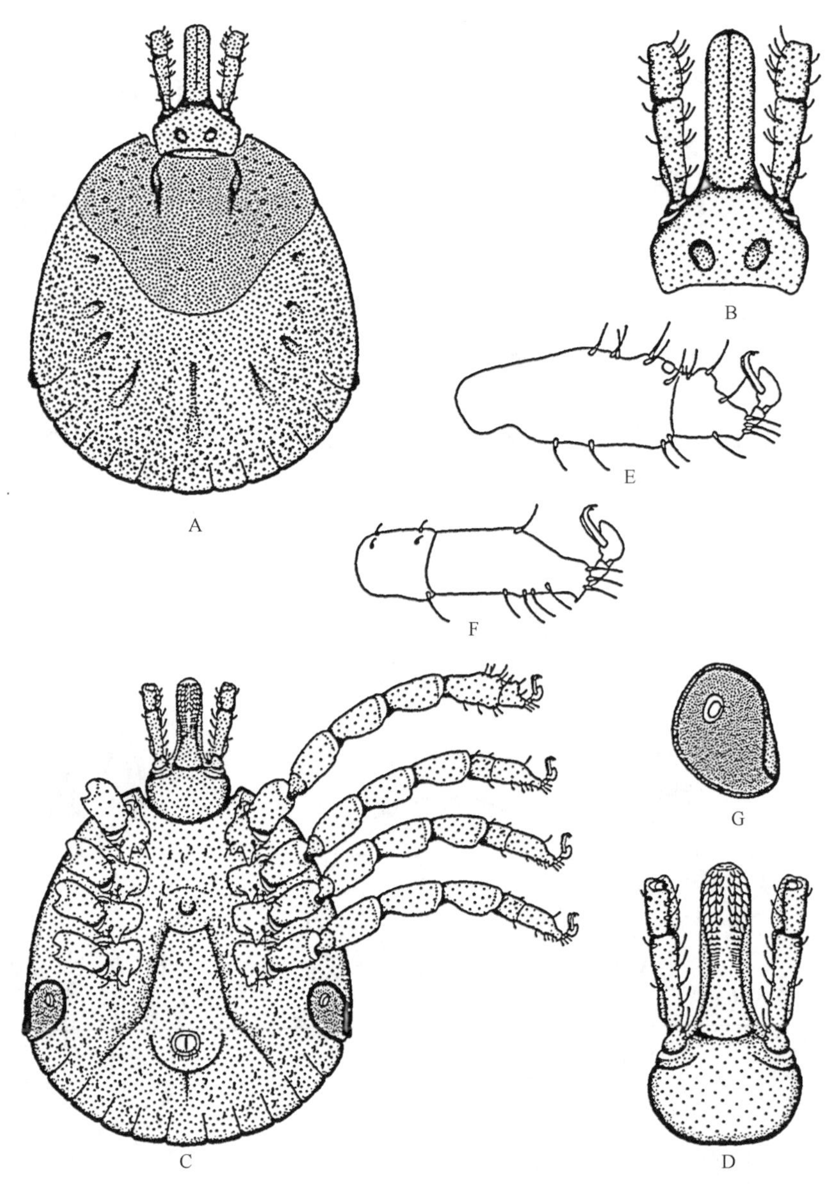

图 7-144　派氏花蜱雌蜱（引自：Kaufman，1972）

A. 背面观；B. 假头背面观；C. 腹面观；D. 假头腹面观；E. 跗节Ⅰ；F. 跗节Ⅳ；G. 气门板

须肢窄长，第Ⅰ节短小，背、腹面可见；第Ⅱ节长度约为第Ⅲ节的 2 倍。假头基宽约为长的 2 倍；孔区近似卵圆形，间距约等于其直径；基突明显，近似三角形。口下板齿式 3|3，每纵列具齿 5～8 枚。

盾板近似心形，宽略大于长，后侧缘向内明显凹入；长宽为（1.2～1.5）mm ×（1.65～2.10）mm。无缘沟，缘垛明显，共 11 个，宽略大于长。腹面刚毛长于背面异盾区刚毛。

足中等大小。基节Ⅰ内距近似三角形，末端钝，外距稍长，末端稍窄；基节Ⅱ～Ⅳ无内距，外距与基节Ⅰ约等。跗节Ⅰ向端部渐窄，跗节Ⅰ无端齿和亚端齿；跗节Ⅱ～Ⅳ无亚端齿，具端齿。生殖孔位于基节Ⅱ、Ⅲ之间水平线。肛门位于第Ⅰ缘垛水平线。气门板短逗点形，背突短，末端尖，有几丁质增厚区。

雄蜱（图 7-145）

身体褐色。颈沟很短，深陷。

须肢窄长，第Ⅰ节短小，背、腹面可见；第Ⅱ节长度约为第Ⅲ节的 2 倍。假头基近似五边形，宽稍大于长；基突圆钝。口下板齿式 3|3，每纵列具齿 5～8 枚。

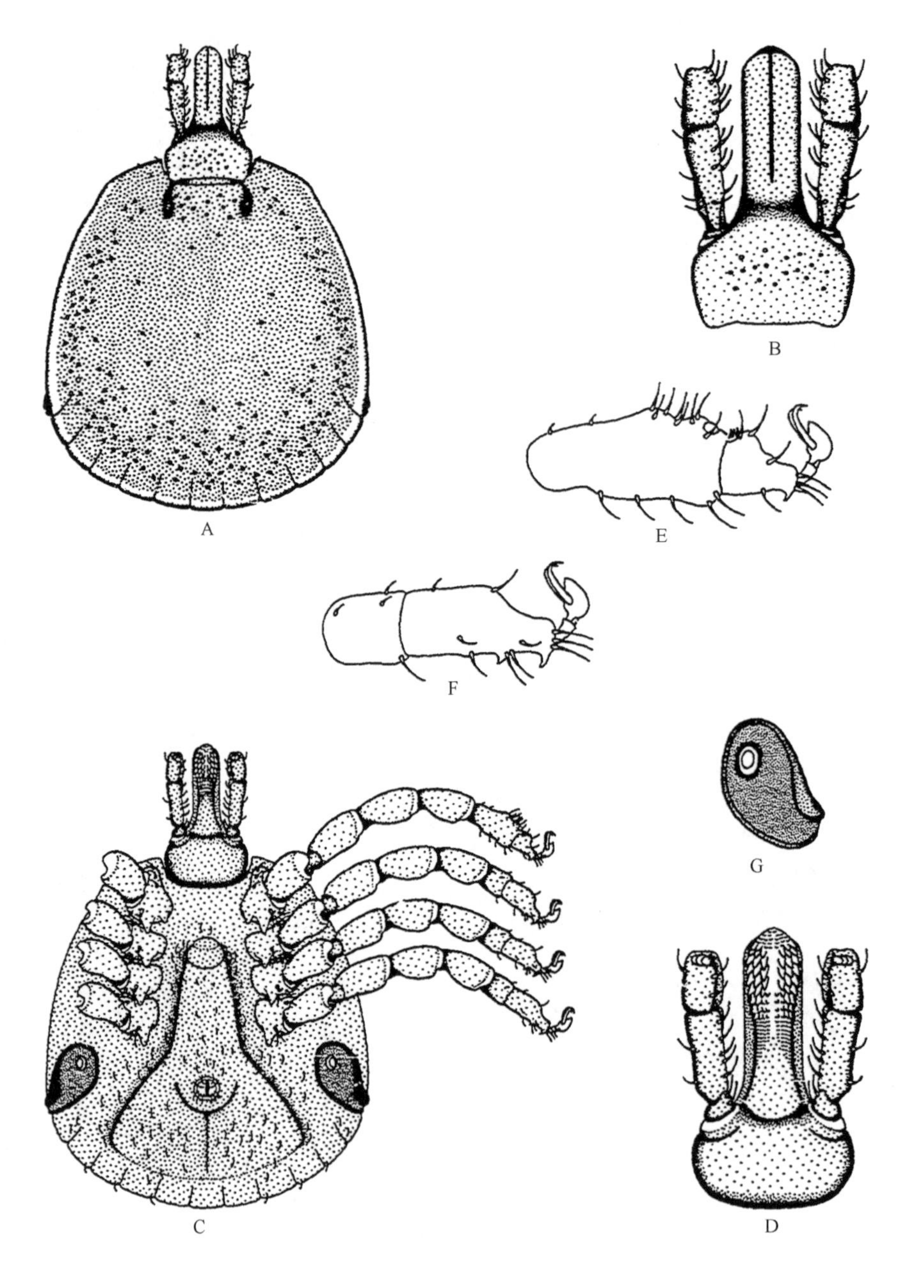

图 7-145　派氏花蜱雄蜱（引自：Kaufman，1972）

A. 背面观；B. 假头背面观；C. 腹面观；D. 假头腹面观；E. 跗节Ⅰ；F. 跗节Ⅳ；G. 气门板

盾板亚圆形，黄褐色，长宽为（2.05～2.7）mm（平均 2.24 mm）×（1.95～2.8）mm（平均 2.26 mm）。刻点大小不一，分布不均，主要集中在盾板周缘。颈沟很短，深陷。无侧沟。缘垛明显，共 11 个，宽略大于长。腹面淡黄色，着生细长毛。

足中等大小。基节Ⅰ内距近似三角形，末端钝，外距稍长，末端稍窄；基节Ⅱ～Ⅳ无内距，外距与基节Ⅰ约等。跗节Ⅰ向端部渐窄，端齿发达，无亚端齿；跗节Ⅱ～Ⅳ背部无隆突，具有发达的亚端齿和端齿，端齿更长。生殖孔位于基节Ⅱ水平线。肛门位于气门板水平线。气门板逗点形，背突明显，向背部弯曲，长约为宽的1.5倍，有几丁质增厚区。

（8）龟形花蜱 *Am. testudinarium* Koch, 1844

= *Am. compactum*，*Am. fallax*，*Am. infestum*，*Am. infestum borneense*，*Am. infestum infestum*，*Am. infestum taivanicum*，*Am. infestum testudinarium*，*Am. testudinarium taivanicum*，*Am. yajimai*，*Haemalastor infestum*，*Hm. infestum testudinarium*，*Hm. testudinarium*，*Ixodes auriscutellatus*，*Am. testadinarium*，*Am. testidinarium*，*Am. testudinalum*，*Am. testudinarum*，*Am. borneense infestum*，*Am. campactum*，*Am. yajimae*，*Am. yijimai*，*Am.*（*Anastosiella*）*infestum*，*Am.*（*Xiphiastor*）*testudinarium*

定名依据　盾板像龟甲。

宿主　宿主范围广，包括黄牛、水牛、驴、马、山羊、家猪、野猪、犬、虎、水鹿等，也侵袭人。若蜱和幼蜱寄生于哺乳动物，也包括鸟和爬行动物。

分布　国内：广东、海南、台湾、云南、浙江；国外：菲律宾、柬埔寨、老挝、马来西亚、缅甸、日本、斯里兰卡、印度、印度尼西亚、越南。

附注　我国以往在云南、江苏报道的铜色花蜱 *Am. cyprium*（李长江，1962；张本华，1958）系本种误订；台湾报道的龟拟花蜱 *Amblyomma yajimai* Kishid 系本种的同物异名（Maa & Kuo，1966；邓国藩，1978）。

鉴定要点

雌蜱体型大。须肢窄长，第Ⅱ节略大于第Ⅲ节的2倍；齿式4|4。盾板近似三角形；具大量珐琅斑。眼大而明显，刻点粗细不等，较为稠密，分布不均匀。孔区较大，卵圆形，间距等于其短径。气门板大，近似三角形。足中等粗细，基节Ⅰ具两个相互分离粗短的距，且外距长于内距；基节Ⅱ～Ⅳ均具有粗短外距；足跗节亚端部背缘骤然收窄。爪垫很短，不及爪长的1/2。

雄蜱体型大。须肢长，第Ⅱ节约为第Ⅲ节的2倍；齿式4|4。盾板宽卵形，具白色珐琅斑。眼大而明显；刻点粗而多，分布较为均匀。气门板长逗点形。足与雌蜱相似，但基节Ⅳ外距较长。

具体描述

雌蜱（图7-146，图7-147）

黄褐色，体型大。长（包括假头）宽为（7.5～9.0）mm ×（4.93～6.01）mm。

须肢长，前端稍宽；第Ⅰ节短，背、腹面均可见；第Ⅱ节长略超过第Ⅲ节的2倍。假头基侧缘向前微凸，后缘浅凹；孔区稍大而深，卵圆形，间距约等于其短径；无基突或不明显。口下板窄长；齿式为4|4，最内列齿较细小，每纵列具齿6～7枚。

盾板呈圆三角形，宽胜于长，前1/3处最宽，向后逐渐收窄，末端窄钝。珐琅斑覆盖盾板大部，只在颈沟后方、眼周缘及沿后侧缘留下不规则的褐色底斑。刻点粗细不一，较为稠密，尤其在盾板后部。颈沟前深后浅，内弧形，末端约达到盾板后侧缘。眼大而明亮，明显可见。

足粗细中等。基节Ⅰ内、外距相互分离，内距短钝，外距窄长。基节Ⅱ～Ⅳ无内距，外距短钝，基节Ⅳ的稍长。跗节Ⅰ较长，无亚端齿，端齿不明显；跗节Ⅱ～Ⅳ较短，亚端部骤然收窄，端齿和亚端齿发达，端齿更细长。爪垫短，不及爪长之半。生殖孔位于基节Ⅱ水平线。气门板大而宽，包括几丁质增厚区时为圆角三角形，背突明显向背方弯曲。

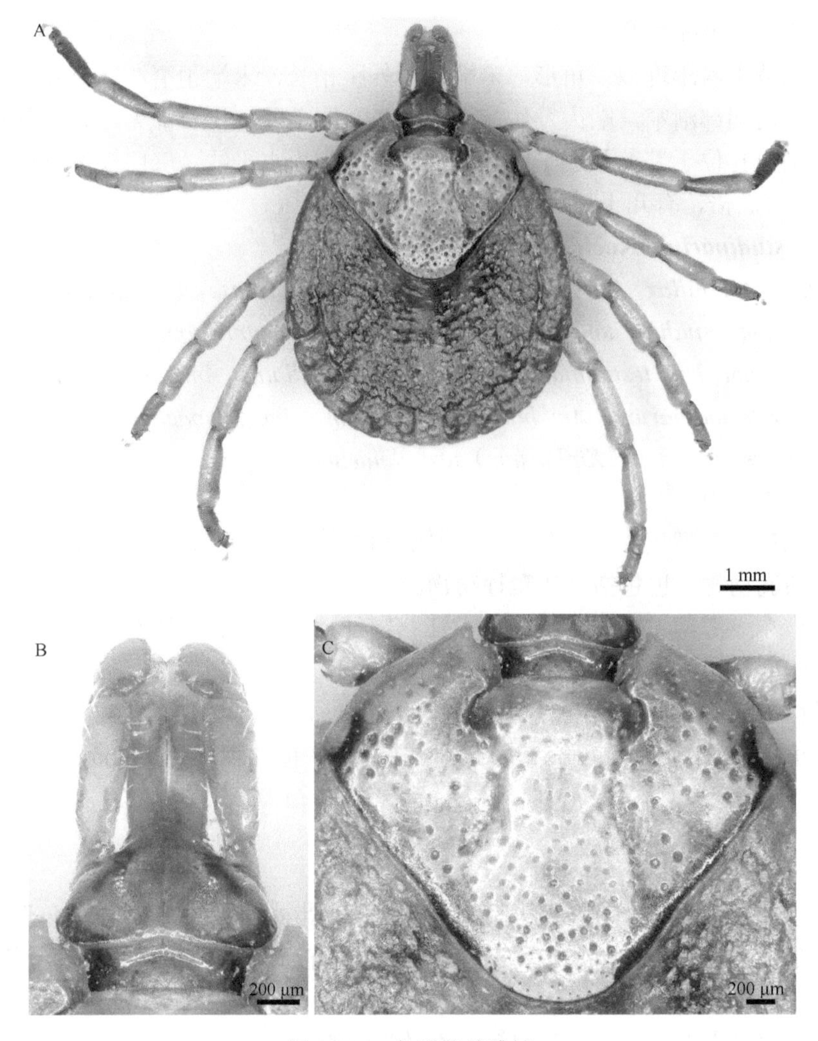

图 7-146 龟形花蜱雌蜱
A. 背面观；B. 假头背面观；C. 盾板

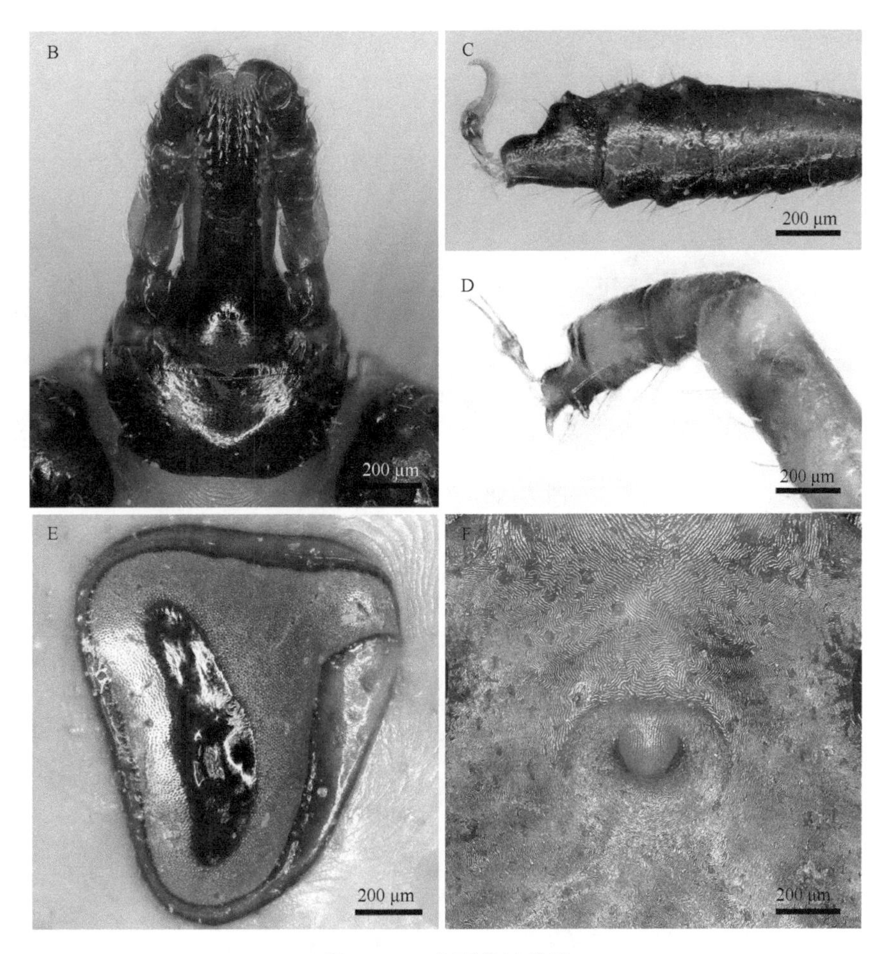

图 7-147　龟形花蜱雌蜱

A. 腹面观；B. 假头腹面观；C. 跗节Ⅰ；D. 跗节Ⅳ；E. 气门板；F. 生殖孔

雄蜱（图 7-148，图 7-149）

体型大。长（包括假头）宽为（5.10～7.07）mm ×（4.62～5.35）mm。

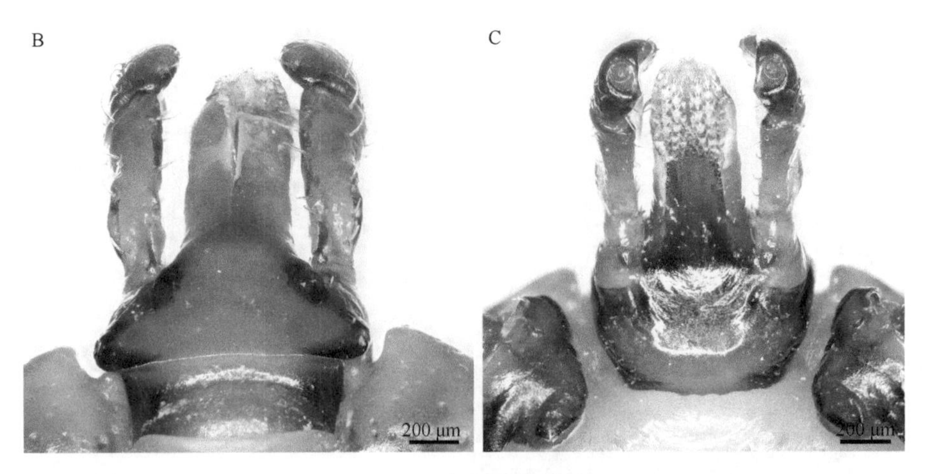

图 7-148　龟形花蜱雄蜱
A. 背面观；B. 假头背面观；C. 假头腹面观

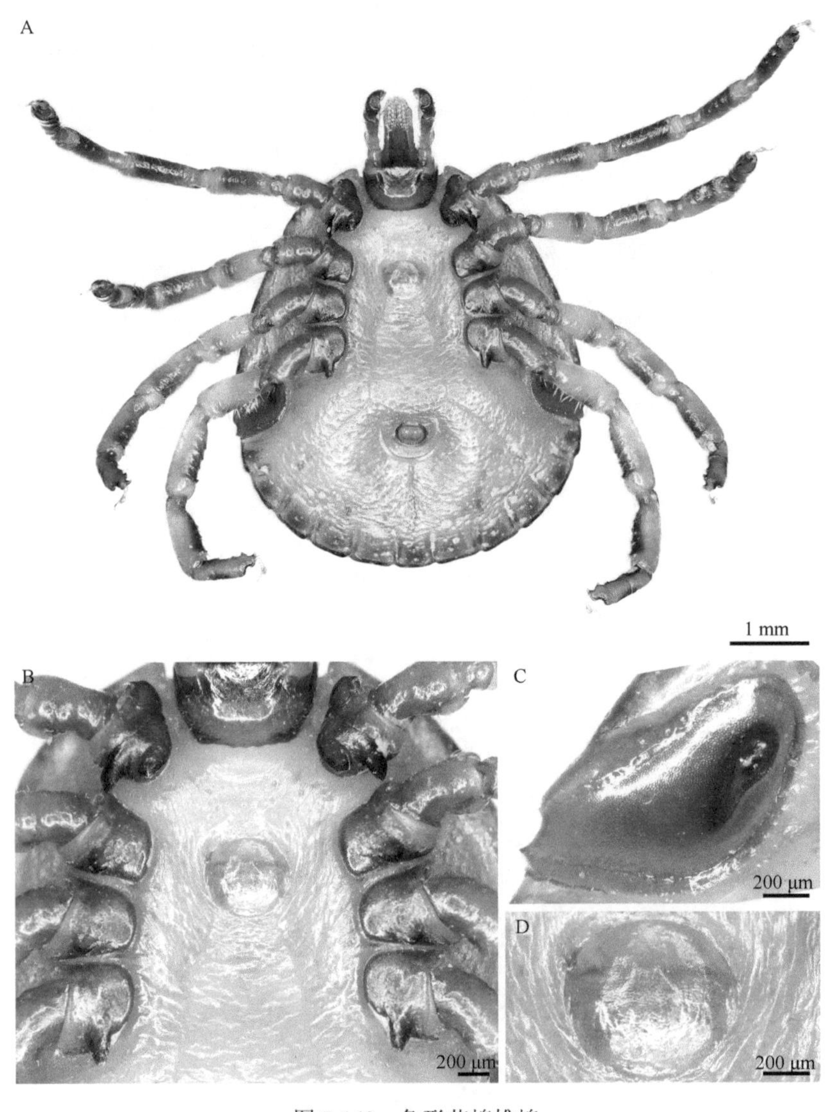

图 7-149　龟形花蜱雄蜱
A. 腹面观；B. 基节；C. 气门板；D. 生殖孔

须肢长，前端稍宽；第Ⅰ节短，背、腹面可见；第Ⅱ节长为第Ⅲ节的 2 倍多。假头基近似五边形，侧缘略凸，后缘微凹；无基突或不明显。口下板窄长，呈棒状；齿式 4|4，最内列齿较小，外列齿较大；每纵列具齿 8～9 枚。

盾板宽卵形，前部渐窄，后部圆弧形。珐琅斑几乎覆盖整个盾板，只留下 4 条略微隆起的褐色底斑；假盾区后缘具一条粗大、弧形的褐斑，与后中斑连接，其后的一对后侧斑短小，向后外斜。刻点粗而稠密，分布大致均匀，盾板后部靠近缘垛附近最为稠密；在隆起的亮褐色斑上无刻点。眼大而明亮，明显可见。颈沟短而深，内弧形。无侧沟。缘垛长大于宽，分界明显，不愈合，共 11 个。

足长而粗壮。基节Ⅰ内、外距彼此分离，内距短钝，外距比较窄长。基节Ⅱ、Ⅲ无内距，外距粗短，末端钝。基节Ⅳ外距较长，亦无内距。跗节Ⅰ较长，无亚端齿，端齿不明显；跗节Ⅱ～Ⅳ较短，亚端部骤然收窄，端齿和亚端齿发达，端齿更为细长。爪垫短，不及爪长之半。气门板大，长逗点形，向背方斜伸。

若蜱（图 7-150，图 7-151）

黄褐色，身体呈卵圆形，前端稍窄，后缘圆弧形。长（包括假头）宽约 2.3 mm×1.7 mm。

须肢窄长，表面着生细长毛，前端圆钝，第Ⅱ节基部最窄；第Ⅰ节短，背、腹面均可见；第Ⅱ节长约为第Ⅲ节的 1.25 倍。假头基两侧缘大致平行，后缘直；无基突。口下板压舌板状；齿式 2|2，每列具齿约 7 枚。

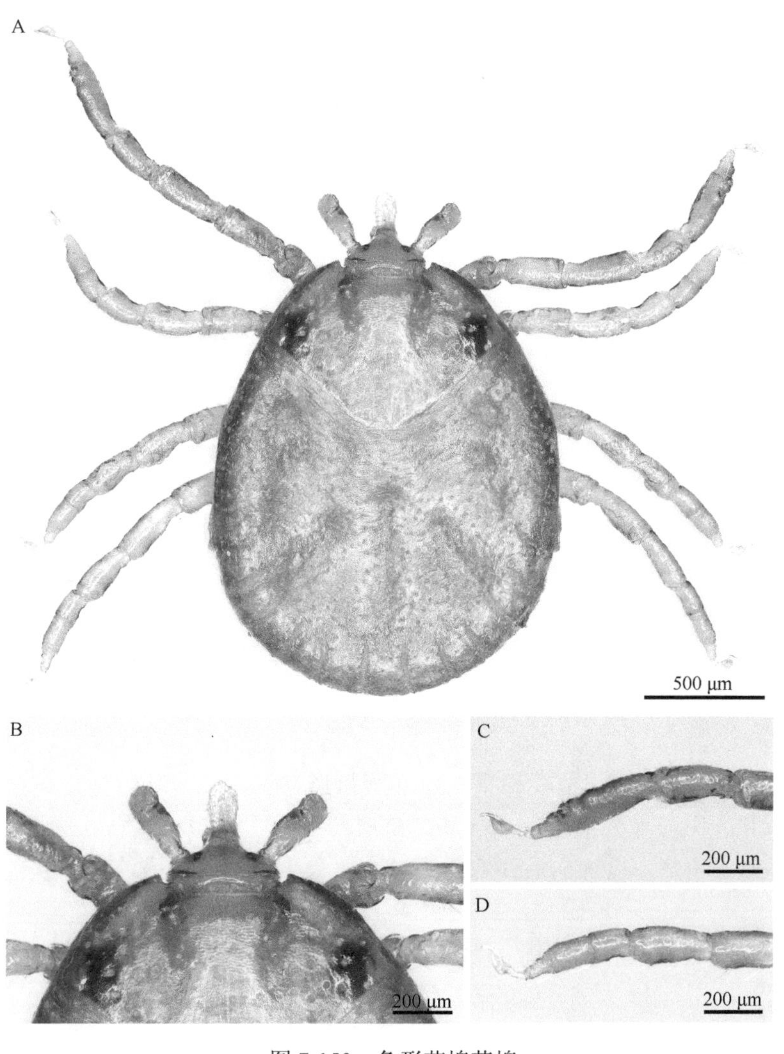

图 7-150　龟形花蜱若蜱

A. 背面观；B. 假头背面观；C. 跗节Ⅰ；D. 跗节Ⅳ

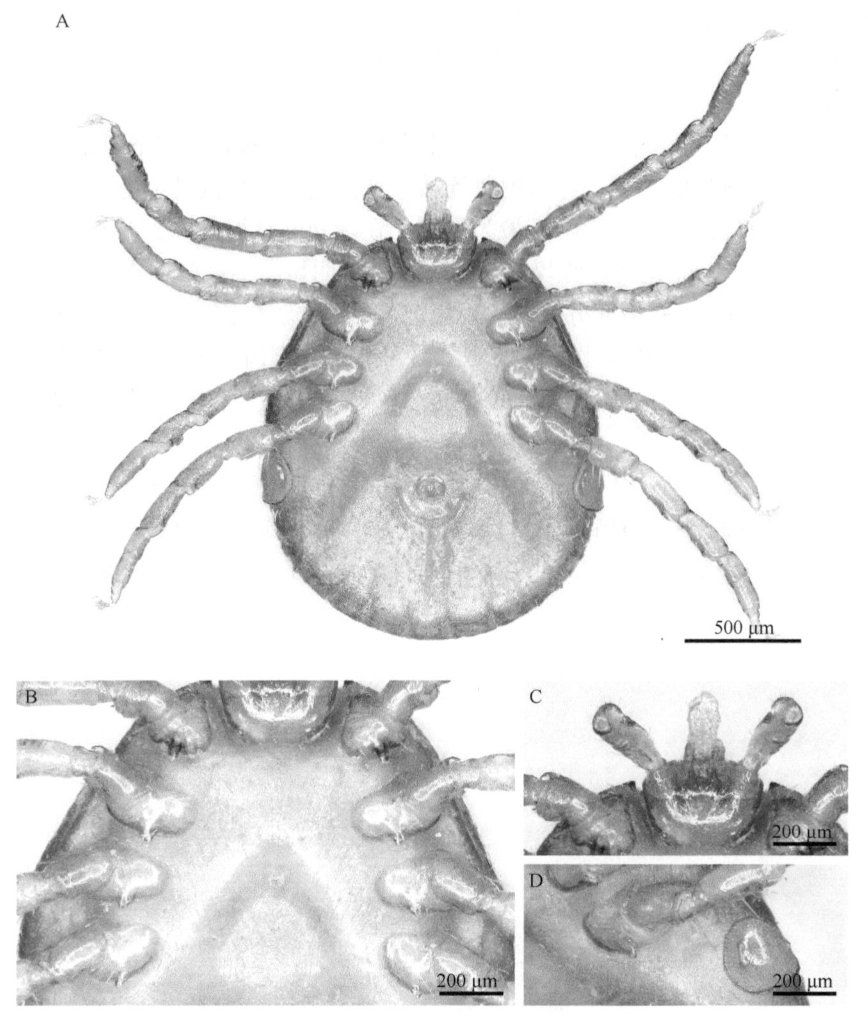

图 7-151　龟形花蜱若蜱
A. 腹面观；B. 基节；C. 假头腹面观；D. 气门板

盾板略似心形，宽大于长，中部最宽，后角窄钝。眼大，扁平不甚明显。无珐琅斑。刻点大小不一，分布不均。颈沟前深后浅，弧形外弯，末端超过盾板中部。

足中等大小。基节Ⅰ内外距相互分离，内距钝短，外距较长，明显大于内距；基节Ⅱ～Ⅳ无内距，外距粗短，基节Ⅱ、Ⅲ的外距约等，基节Ⅳ的略窄长。跗节无亚端齿和端齿，跗节Ⅰ较长，跗节Ⅱ～Ⅳ较短，亚端部逐渐收窄。爪垫约为爪长的1/2。生殖孔原基位于基节Ⅲ前缘水平线。气门板近似圆形，气门斑位置靠前。

幼蜱（图 7-152）

身体呈卵圆形，后 1/3 处最宽，前端稍窄，后部圆弧形。

须肢窄长，基节Ⅱ、Ⅲ交界处最宽，端部和基部收窄；第Ⅰ节短小，背、腹面均可见；第Ⅱ节略长于第Ⅲ节。假头基近似三角形，后缘向后浅弯；无基突。口下板短于须肢，球棒状；齿式 2|2，每列具齿 5～6 枚。

盾板宽大于长，中部最宽，后端圆钝。无珐琅斑。颈沟窄浅，略超过盾板中部。眼扁平而明显，位于盾板两侧最宽处。

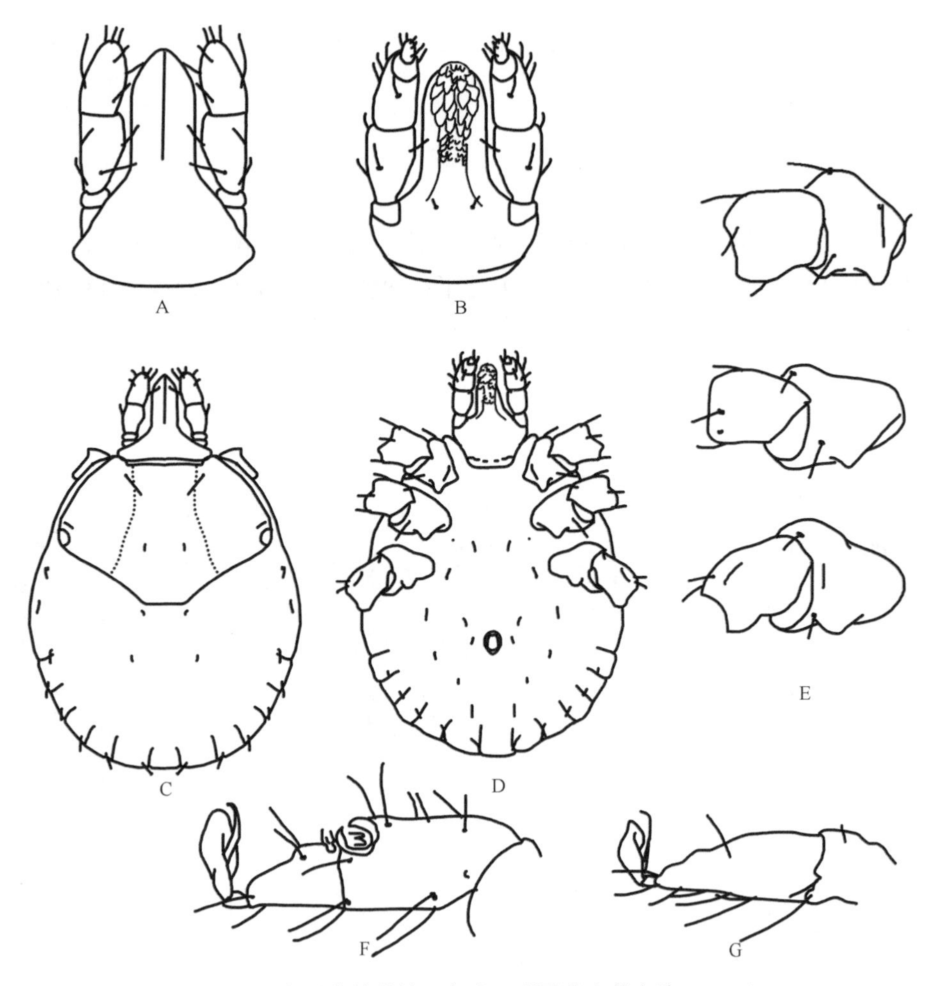

图 7-152　龟形花蜱幼蜱（参考：邓国藩和姜在阶，1991）
A. 假头背面观；B. 假头腹面观；C. 背面观；D. 腹面观；E. 基节；F. 跗节Ⅰ；G. 跗节Ⅳ

足中等长度，基节Ⅰ～Ⅲ无内距，外距粗短，基节Ⅰ的略窄长，基节Ⅲ的最宽短。跗节无端齿和亚端齿，亚端部向端部逐渐收窄。爪垫较长，超过爪长的1/2。

生物学特性　东洋界广布种。生活于山地、田野，3～10月可在宿主上发现。

（9）巨蜥花蜱 *Am. varanense*（Supino, 1897）

=巴氏盲花蜱 *Aponomma barbouri*，*Ap. fraudigerum*，*Ap. gervaisi lucasi*，*Ap. lucasi*，*Ap. varanense*，*Ap. varanensis*，*Ixodes varanensis*，*Ap. quadratum*，*Ap.*（*Ap.*）*varanense*，*Am.*（*Ap.*）*varanense*

定名依据　来源于宿主名泽巨蜥 *Varanus salvator*。

宿主　主要寄生于泽巨蜥 *Varanus salvator*，有时也寄生于其他爬行动物，如眼镜蛇、蟒蛇等。

分布　国内：海南、台湾、云南；国外：柬埔寨、老挝、缅甸、斯里兰卡、新加坡、印度、印度尼西亚、越南。

鉴定要点

雌蜱体型小。须肢窄长，第Ⅱ节约为第Ⅲ节的2倍；齿式3|3。盾板心形，后侧缘较直；表面具有色斑。无眼，刻点粗细不等，分布不均匀。孔区椭圆形，中等大小。气门板逗点形。基节Ⅰ具两个相隔很远的钝距，且外距长于内距；基节Ⅱ～Ⅳ均具有粗短外距；足跗节Ⅰ亚端部背缘骤然收窄。爪垫很短，约及爪长的1/3。

雄蜱体型小。须肢窄长，第Ⅱ节约为第Ⅲ节的2倍；齿式3|3。盾板短圆形，宽略大于长，具珐琅斑。

无眼；刻点粗细不均，分布不均。气门板长逗点形。足与雌蜱相似，但基节Ⅳ的外距稍长。

具体描述

雌蜱（图 7-153）

体型小。

须肢窄长；前端圆钝，第Ⅱ节基部最窄，表面着生淡色细长毛；第Ⅰ节短小，背、腹面均可见；第Ⅱ节长约为第Ⅲ节的 2 倍，但较窄。假头基近似五边形；两侧缘向后略微收窄，后缘微凹；基突不明显；孔区卵圆形，中等大小，前端向外斜置。口下板长；齿式 3|3，每纵列具齿 8～9 枚。

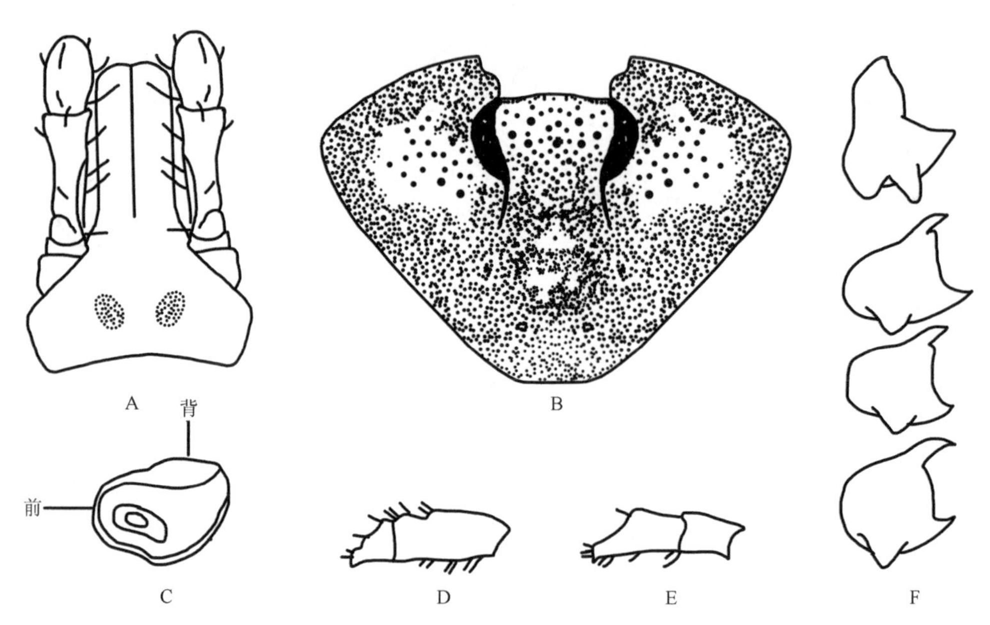

图 7-153　巨蜥花蜱雌蜱（参考：邓国藩和姜在阶，1991）

A. 假头背面观；B. 盾板；C. 气门板；D. 跗节Ⅰ；E. 跗节Ⅳ；F. 基节

盾板近似心形，长宽为（1.5～1.8）mm ×（1.9～2.1）mm，后侧缘较直，后缘圆钝；赤褐色，表面具 3 块浅绿色带金属光泽的色斑，其大小、形状和颜色深浅均有变异，在两侧的一对较大，中部的一块较小，有时不明显；刻点大小不一，小刻点居多，分布不均匀。颈沟短，前深后浅，前端为内弧形，向后略有延伸，很浅且呈外弧形。

足较为粗壮。基节Ⅰ内、外距末端钝，相互分离，内距短钝，外距较窄长。基节Ⅱ～Ⅳ无内距，外距短钝，基节Ⅳ的稍长。跗节Ⅰ亚端部急剧收窄，末端具一齿突。跗节Ⅱ～Ⅳ亚端部逐渐变窄，末端及亚末端各具一齿突。爪垫短，约及爪长的 1/3。生殖孔位于基节Ⅱ水平线。肛门位置位于气门板水平线。气门板大而宽，逗点形，背突明显向背方弯曲；具有几丁质增厚区。

雄蜱（图 7-154）

体型小，长（包括假头）宽为（2.33～2.73）mm ×（2.20～2.72）mm。

须肢窄长，表面着生淡色细长毛；顶端圆钝；第Ⅱ节最长，约为第Ⅲ节的 2 倍。假头基大，近似五边形；基突粗短而钝。口下板长，棒状；齿式 3|3，每纵列具齿 8～9 枚。

盾板呈短圆形，宽略胜于长，前部稍窄，后缘浅弯或近似平直；刻点大小不一，较为稠密，分布不均匀。盾板呈赤褐色或暗褐色，周缘色较浅，呈亮褐色，表面具 5 块绿色带金属光泽的色斑，接近两侧缘的一对为长形，其前端达不到颈沟，中部靠前的一块较大，后部靠近缘垛的一对略呈三角形，但色斑的大小、形状与深浅常有变异，有时甚至不明显。颈沟短，前深后浅，前段内弧形，后段浅，呈外弧形。无侧沟。缘垛明显，分界清晰，宽胜于长，共计 11 个。腹面着生淡色短毛。

足粗壮，呈黄褐色。基节Ⅰ内、外距相互分离，内距短钝，外距稍窄长。基节Ⅱ～Ⅳ无内距，外距短钝，基节Ⅳ的稍长。跗节Ⅰ背缘具3个隆突，腹缘有1个隆突；亚端部骤然收窄，端齿明显。跗节Ⅱ～Ⅳ较短，背缘中部具1个隆突；亚端部逐渐收窄，具端齿和亚端齿，且端齿长于亚端齿。爪垫短，仅占爪长的1/3。生殖孔大，位于基节Ⅱ之间水平线；生殖沟向后显著分离。肛门位于气门板水平线；肛沟比较明显。气门板大，长逗点形，具几丁质增厚区，气门斑位置靠前。

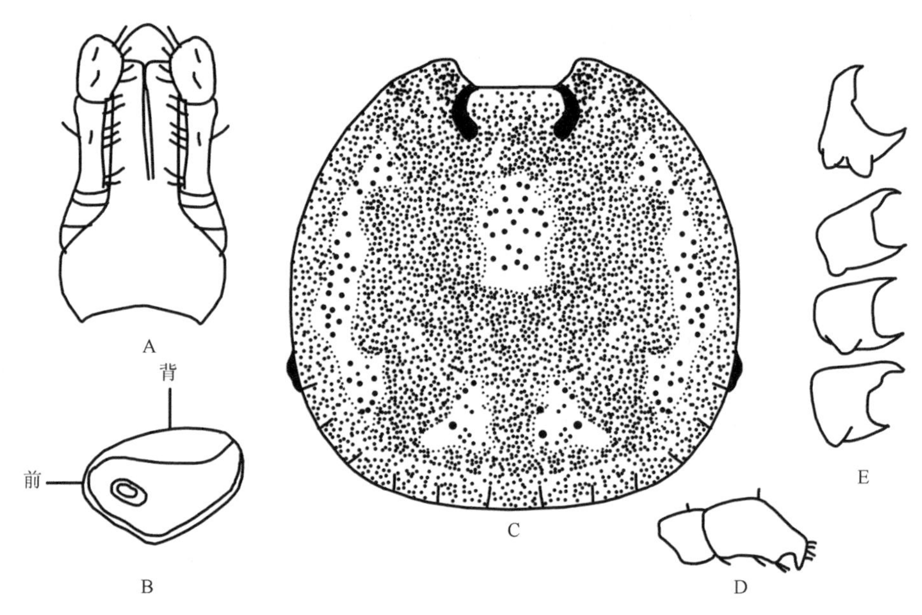

图 7-154　巨蜥花蜱雄蜱（参考：邓国藩和姜在阶，1991）
A. 假头背面观；B. 气门板；C. 盾板；D. 跗节Ⅳ；E. 基节

若蜱（图 7-155）

气门板前缘水平线处最宽。

须肢窄长，前部略粗，基部收窄；第Ⅰ节短小，背、腹面均可见；第Ⅱ节长约为第Ⅲ节的1.5倍。假头基宽短，近似矩形；侧缘直或微弯，后缘较直；无基突。口下板窄长，棒状；齿式2|2，每纵列具齿6枚。

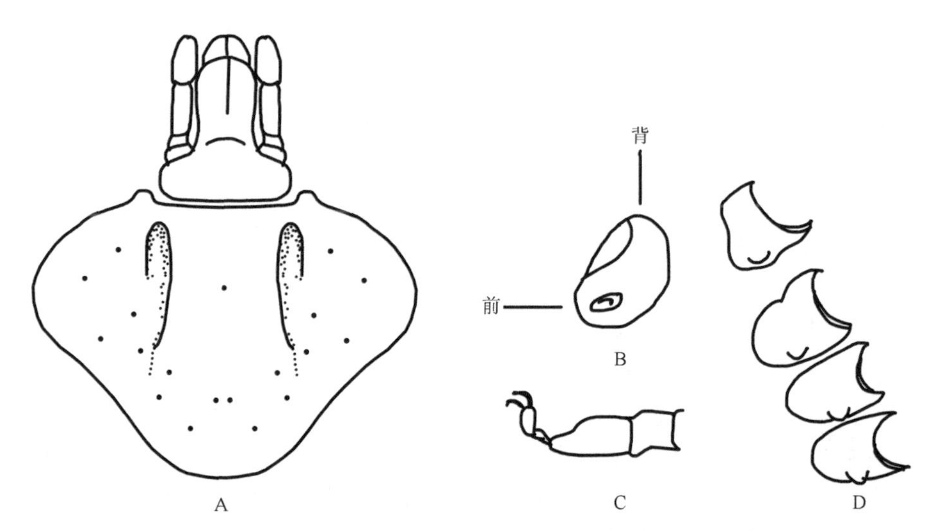

图 7-155　巨蜥花蜱若蜱（参考：邓国藩和姜在阶，1991）
A. 假头及盾板背面观；B. 气门板；C. 跗节Ⅳ；D. 基节

盾板黄褐色，无珐琅斑；长宽约 0.58 mm×0.89 mm，前 1/3 处最宽，后侧缘向内略微凹陷，逐渐收窄，后端圆钝，近似心形；刻点少，分布不均。无眼。肩突短钝。缘凹宽浅。颈沟前深后浅，末端约达盾板长的 2/3。缘垛分界明显，共 11 个。

足略粗壮。各基节无内距，外距粗短，基节Ⅳ的略长，其余大小约等。跗节亚端部明显收窄，腹面不具端齿和亚端齿。跗节Ⅰ略长于跗节Ⅱ～Ⅳ；爪垫短小，仅达爪长的 1/3。气门板长逗点形，背突向背部弯曲，具几丁质增厚区，气门斑位置靠前。

幼蜱（图 7-156）

须肢窄长，两侧缘近似平行；第Ⅱ节略长于第Ⅲ节，但两节间的分界线不明显。假头基宽短，近似矩形，侧缘和后缘均直；无基突。口下板窄长；齿式 2|2。

盾板浅黄褐色，无珐琅斑；宽约为长的 1.6 倍，前 1/3 处最宽，向后弧形收窄，后侧缘中部向内略凹，后缘宽圆，呈心形。刻点稀少，不明显。肩突短钝。缘凹浅平。颈沟前深后浅，末端略超出盾板的 1/2。缘垛分界明显，共 11 个。

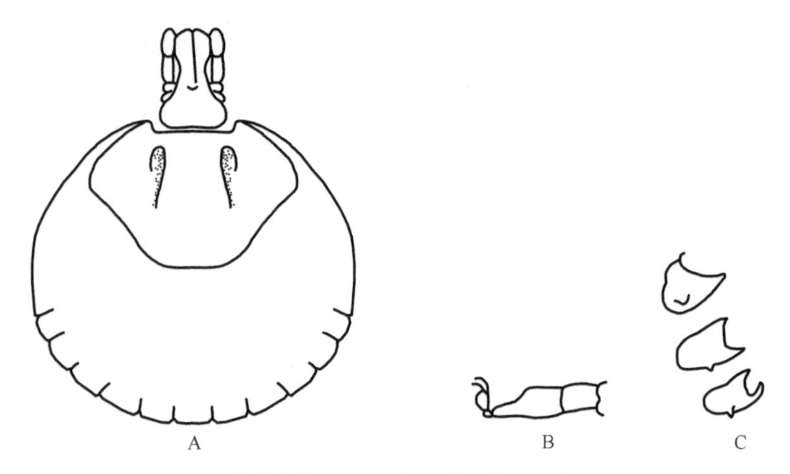

图 7-156　巨蜥花蜱幼蜱（参考：邓国藩和姜在阶，1991）
A. 背面观；B. 跗节Ⅲ；C. 基节

基节Ⅰ～Ⅲ无内距，外距粗短，末端钝，大小约等。跗节亚端部明显收窄，无端齿和亚端齿。爪垫短小，仅达爪长的 1/3。

生物学特性　东洋界广布种。3～4 月可在宿主上发现若蜱和成蜱。

三、异扇蜱属 *Anomalohimalaya*

后沟型蜱。体型小，盾板无珐琅斑。须肢长；第Ⅰ节背、腹面均可见，在背面或背腹面内侧呈趾状突出。假头基近似六角形，侧角尖细，明显凸出。口下板齿式 3|3。无眼。缘垛明显。雄性腹面无几丁质板，具肛后沟和肛后中沟。各足基节大小约等；基节Ⅰ具内、外两距，基节Ⅱ～Ⅳ内距短钝甚至不明显，外距明显。雌蜱的气门板呈亚圆形或椭圆形，雄性的呈匙形，无几丁质增厚区。

模式种　喇嘛异扇蜱 *Ah. lamai* Hoogstraal, Kaiser & Mitchell, 1970

异扇蜱属建立于 1970 年，模式种产地在尼泊尔。以后在塔吉克斯坦又发现一个种洛氏异扇蜱 *Ah. lotozkyi* Filippova & Panova, 1978，邓国藩和黄重安（1981）在我国新疆喀什发现了另一种仓鼠异扇蜱 *Ah. cricetuli* Teng & Huang, 1981。目前异扇蜱属的种类仅在古北界发现 3 种，形态上接近扇头蜱属的种类，宿主为啮齿动物。该类群基于分子数据的系统分类分析还未开展。

中国异扇蜱属的种检索表

雌蜱

1. 盾板后缘明显尖窄，生殖孔宽 U 形……仓鼠异扇蜱 *Ah. cricetuli* Teng & Huang
   盾板后缘略微变窄或弧形，生殖孔 V 形……2
2. 爪垫较长，近爪端；盾板在前 1/3 水平线处最宽……喇嘛异扇蜱 *Ah. lamai* Hoogstraal, Kaiser & Mitchell
   爪垫短小，约及爪长的 1/3；盾板在中部稍后最宽……洛氏异扇蜱 *Ah. lotozkyi* Filippova & Panova

雄蜱

无洛氏异扇蜱。

1. 气门板呈长匙形，背突细长；爪垫约达爪长的 2/3……喇嘛异扇蜱 *Ah. lamai* Hoogstraal, Kaiser & Mitchell
   气门板呈椭圆形，无背突；爪垫仅达爪长的 1/3……仓鼠异扇蜱 *Ah. cricetuli* Teng & Huang

（1）喇嘛异扇蜱 *Ah. lamai* Hoogstraal, Kaiser & Mitchell, 1970

定名依据 为表示对 Mani Kumar Lama 的感谢而命名。

原来的拉丁名为“*Anomalohimalya lama*”，Guglielmone 和 Nava（2014）对其进行了修订。

宿主 藏仓鼠 *Cricetulus kamensis*。

分布 国内：西藏；国外：尼泊尔。

鉴定要点

雌蜱须肢长棒形，第Ⅱ节长于第Ⅲ节；齿式 3|3。盾板卵形，在前 1/3 处最宽；无眼，刻点粗细中等、数目少，分布不均。孔区长卵形，间距较宽。气门板亚圆形，背突短而圆钝。足细长，基节Ⅰ内距窄而短，三角形，外距稍宽；基节Ⅱ～Ⅳ内距不明显，外距宽三角形，按节序渐短；足跗节亚端部背缘向端部逐渐收窄。爪垫将近达到爪端。生殖孔呈 V 形。

雄蜱须肢粗短，棒状；第Ⅱ节与第Ⅲ节约等长；齿式 3|3。盾板宽梨形；无眼；刻点大，遍布盾板表面。气门板长匙形，背突细长。足与雌蜱相似，但各基节距均长于雌蜱。

具体描述

雌蜱（图 7-157，图 7-158）

身体呈窄卵形，前端窄，后端圆钝；长（包括假头）宽约 2.41 mm×1.29 mm。

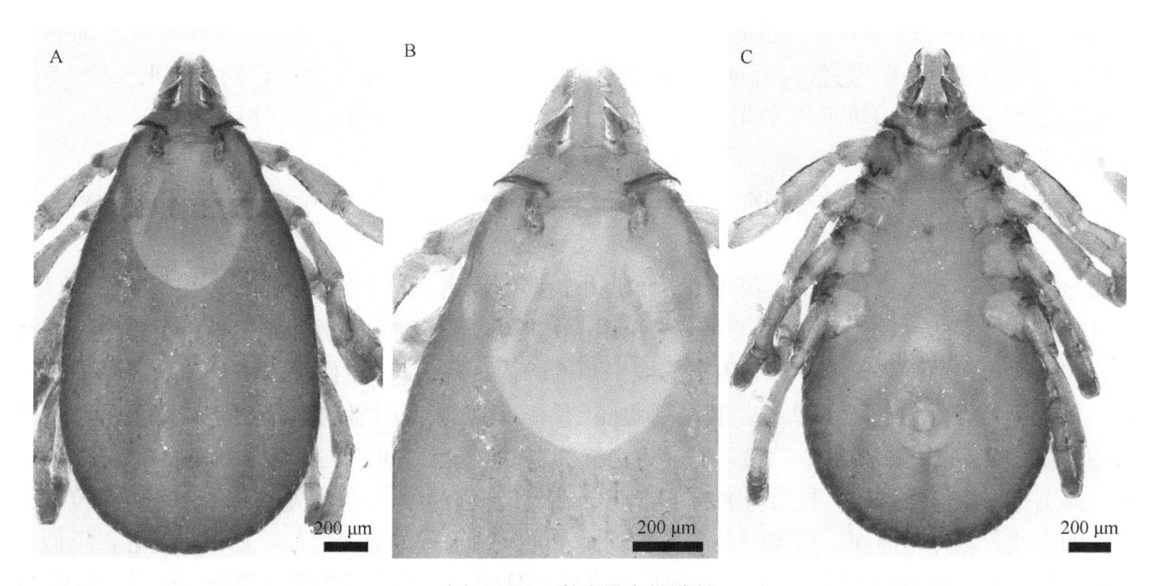

图 7-157 喇嘛异扇蜱雌蜱

A. 背面观；B. 盾板；C. 腹面观

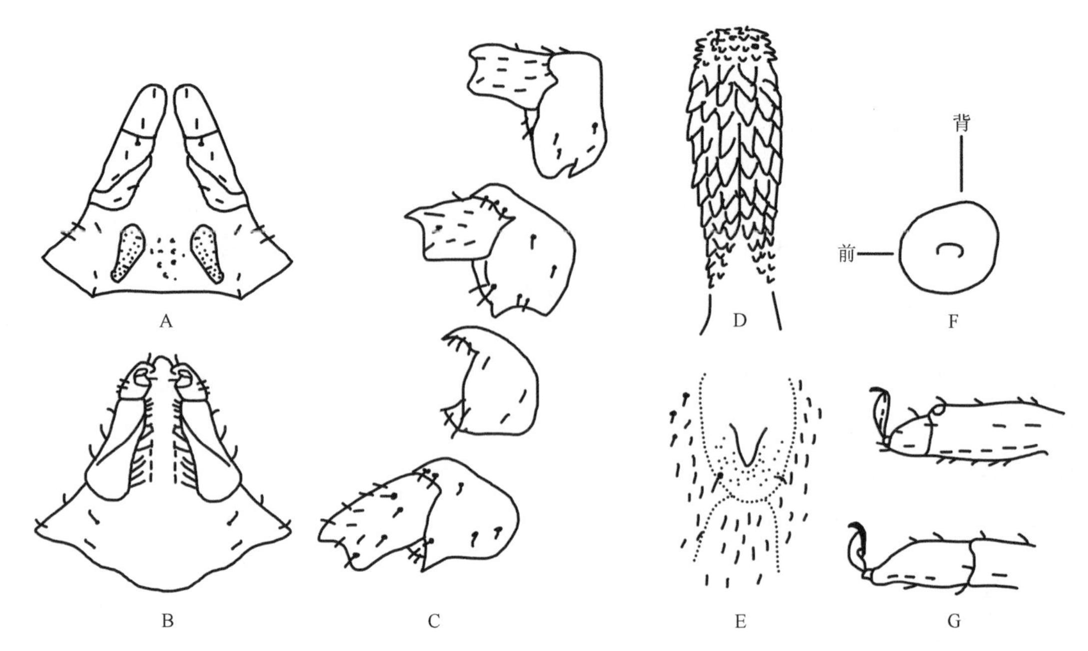

图 7-158　喇嘛异扇蜱雌蜱（参考：邓国藩和姜在阶，1991）

A. 假头背面观；B. 假头腹面观；C. 基节Ⅰ～Ⅳ；D. 口下板；E. 生殖孔；F. 气门板；G. 跗节Ⅰ、跗节Ⅳ

须肢棒状，长约为宽的 4 倍；第Ⅰ节背、腹面向内侧延伸，在第Ⅱ节内侧形成长三角形结构，其顶端几乎达到第Ⅱ节前端，内缘具刚毛 6 根；第Ⅱ节长约为第Ⅲ节的 1.2 倍，腹面内缘端部刚毛 3 根；第Ⅲ节腹面内缘刚毛 2 根；第Ⅳ节位于第Ⅲ节腹面中部的腔内。假头基背面近似六角形，宽约为长的 3 倍，中部最宽，外缘呈尖角状凸出，后缘浅凹；无基突。孔区长卵形，末端略延伸，两孔区间距较宽，约等于其长径。假头基腹面前侧缘与背面相似，后侧缘成角状凹入，后缘宽弧形向外凸出。口下板棒状，与须肢约等长，其长约为宽的 3.3 倍，末端宽圆或略截平；主部齿式 3|3，3～4 排小齿形成齿冠，主齿部由内向外每纵列具齿 9 枚、10 枚、11 枚。

盾板卵形，长约为宽的 1.3 倍，在前 1/3 水平线处最宽，向后逐渐收窄。刻点中等大小，分布较疏，靠近盾板边缘处稍多。颈沟短，前段深而窄，向后内斜，后段浅而宽，向后外斜。侧沟由大刻点连接而成，自前部 1/4 延至中部稍后。无眼。缘垛 11 个，分界明显。

足细长。基节Ⅰ内距较窄短，三角形，末端稍尖，外距稍宽，呈亚三角形，末端圆钝；基节Ⅱ～Ⅳ内距不明显，呈脊状，外距宽短，三角形。各足转节背、腹面无距。爪垫较长，约达到爪长的 2/3。生殖孔位于基节Ⅱ水平线；生殖帷近似 V 形。肛瓣刚毛 5 对。气门板亚圆形，背突短而圆钝。

雄蜱（图 7-159）

体色棕黄；体呈卵圆形，前端稍窄，后部圆弧形；长（包括假头）宽为（2.19～2.40）mm ×（1.30～1.43）mm。

须肢呈棒状，长约为宽的 2 倍；第Ⅰ节背面短小，腹面向内侧扩大，在第Ⅱ节内侧形成三角形结构，约达第Ⅱ节前缘，其内缘刚毛 3 根；第Ⅱ节与第Ⅲ节长度约等，腹面内缘刚毛 2 根；第Ⅲ节顶端背面圆钝，侧面和腹面观较窄；第Ⅳ节位于第Ⅲ节腹面中部的腔内。假头基背面观近似六角形，长宽比为 3∶1，两侧缘向后内斜，后缘较直；无基突。假头基腹面侧角发达，形成明显的角状凸起。口下板与须肢约等长，长约为宽的 2.5 倍，顶端细窄；齿冠明显；齿式 3|3，由内向外每纵列具齿 5 枚、6 枚、6 枚。

盾板卵圆形，中部略隆起，长约为宽的 1.42 倍，在气门板背突水平处最宽，位于中部靠后位置。肩突短钝。缘凹宽浅。刻点粗而深，相当明显，遍布盾板表面。颈沟短，前深后浅，后段不明显，近似平行，末端约达盾板中部。侧沟很不明显，自肩突向后方沿侧缘延伸，约达盾板中部水平线。无眼。缘垛 11 个，分界明显。腹面表皮褶皱。体缘在足基节外侧有一窄沟，沿体缘先后延伸，形成类似“缘褶”的结构。

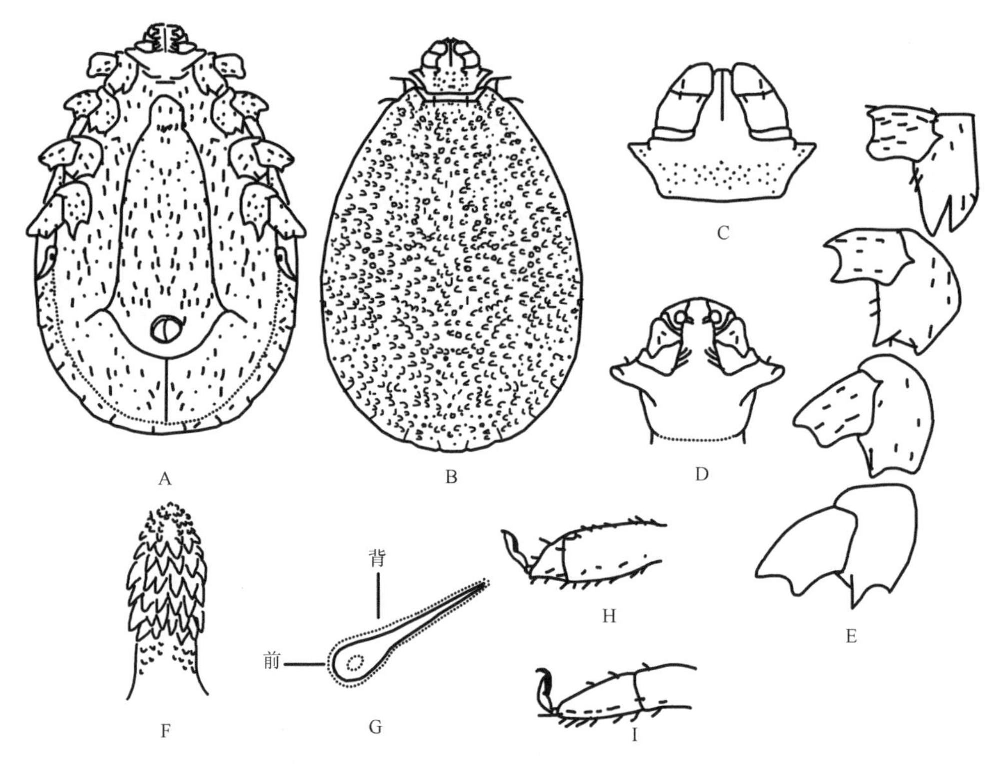

图 7-159　喇嘛异扇蜱雄蜱（参考：邓国藩和姜在阶，1991）
A. 腹面观；B. 背面观；C. 假头背面观；D. 假头腹面观；E. 基节；F. 口下板；G. 气门板；H. 跗节Ⅰ；I. 跗节Ⅳ

足细长。基节Ⅰ内距较窄短，三角形，末端稍尖，外距稍宽，呈亚三角形，末端圆钝，略长于内距；基节Ⅱ～Ⅳ内距不明显，呈宽三角形，外距宽短，三角形，略长于内距。转节Ⅰ背突扁圆，末端弧形；各转节无腹距。爪垫较长，约达到爪长的2/3。生殖帷亚圆形。肛瓣刚毛5对。气门板长匙形，长约为宽的4倍，背突细长，末端逐渐细窄，气门斑位置靠前。

若蜱（图 7-160，图 7-161）

身体呈卵圆形，前端略窄，后缘圆弧形；长（包括假头）宽约 1.15 mm×0.66 mm。

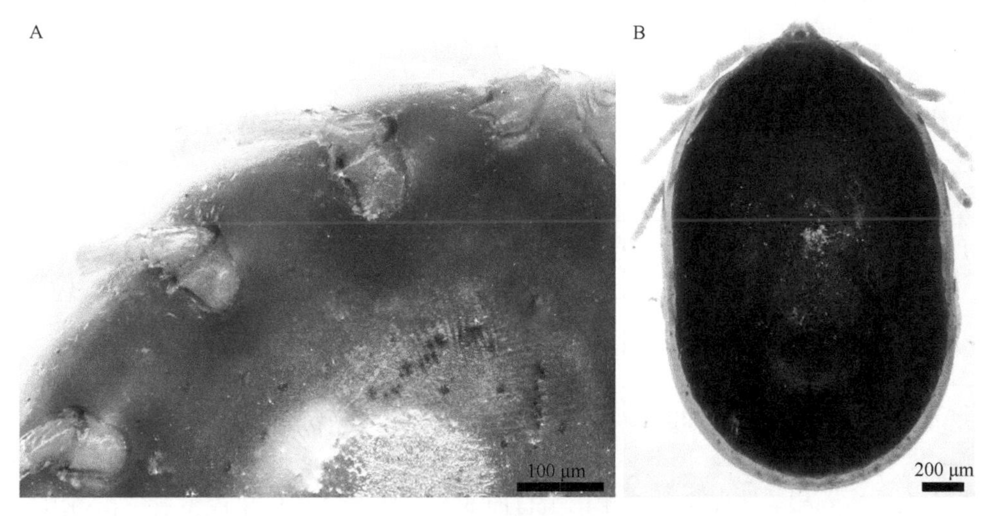

图 7-160　喇嘛异扇蜱若蜱
A. 基节；B. 背面观

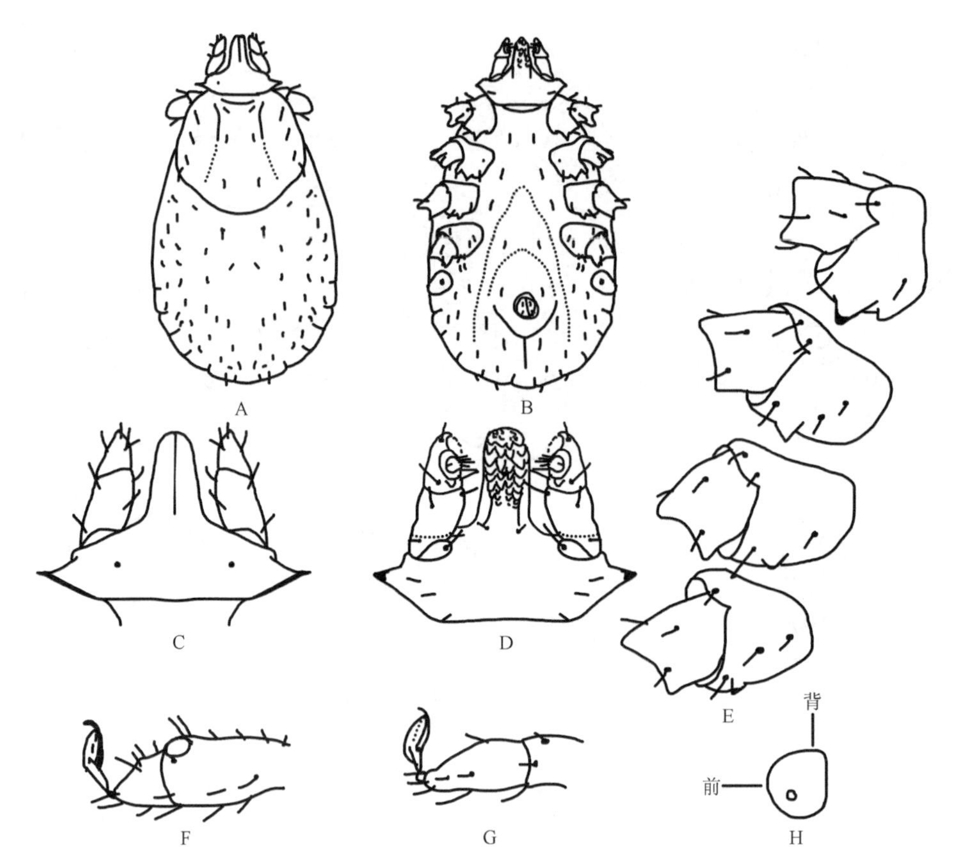

图 7-161 喇嘛异扇蜱若蜱（参考：邓国藩和姜在阶，1991）
A. 背面观；B. 腹面观；C. 假头背面观；D. 假头腹面观；E. 基节；F. 跗节Ⅰ；G. 跗节Ⅳ；H. 气门板

须肢窄长，长约为宽的 3 倍，顶端尖窄，外缘较直，内缘弧形凸出；第Ⅰ节长约为第Ⅱ节的 1/5，紧靠第Ⅱ节内侧略微延伸，腹面内侧具 1 根刚毛；第Ⅱ节约为第Ⅲ节的 1.25 倍，背面刚毛 3 根，腹面 2 根，腹面内侧 1 根；第Ⅲ节排列与第Ⅱ节相同；第Ⅳ节位于第Ⅲ节腹面中部的腔内，短小，端部具刚毛 7 根。假头基背面宽短，宽约为长的 3.5 倍，中部最宽；两侧突出呈锐角；后缘两侧弧形凸出；无基突。假头基腹面宽约为长的 3 倍；两侧具刚毛 3 对；口下板后毛 1 对，短小。口下板棒状，长为宽的 2.6 倍；前端圆钝，齿冠短小；齿式 2|2，每纵列具齿 7 枚。

盾板长宽约等，两侧缘弧形凸出，后 2/5 处最宽，后缘宽圆。两侧区各着生约 6 根细毛，中区约 10 根。缘凹宽浅。肩突圆钝。颈沟窄浅，浅弧形向后外斜，末端约达盾板中部。无眼。

足略粗短。基节Ⅰ内距较窄小，末端钝，外距宽三角形；长度约为内距的 2 倍；基节Ⅱ～Ⅳ无内距，外距三角形，按节序渐小。各转节背、腹面无距。跗节Ⅱ～Ⅳ长度中等，亚端部背腹缘略隆起，向末端渐窄。爪垫较长，约达到爪长的 2/3。肛瓣刚毛 3 对。气门板亚圆形，背突短钝，气门斑位置靠前。

幼蜱（图 7-162）

身体呈卵圆形，前端略窄，后缘圆弧形；长宽约 0.64 mm×0.42 mm。

须肢窄长，长约为宽的 2 倍，顶端尖窄，外缘较直，内缘弧形凸出；第Ⅱ、Ⅲ节约等长；第Ⅰ节无刚毛，第Ⅱ节刚毛背面 4 根、腹面 2 根，第Ⅲ节背面 3 根、腹面 2 根；第Ⅳ节着生在第Ⅲ节腹面腔内。假头基背面宽约为长的 3.5 倍，后缘与后侧缘相交成角突。口下板棒状，长约为宽的 2.5 倍；齿式 2|2，每纵列具齿 5～6 枚。口下板后毛一对，细小。

盾板宽约为长的 1.7 倍，中部最宽，向两端逐渐收窄，后缘宽弧形。颈沟窄而深，弧形弯曲，末端超过盾板中部。两侧区各着生 2 根细毛，中区 2 根。肩突圆钝。缘凹宽浅。眼大，略微凸出，位于盾板中部两侧。

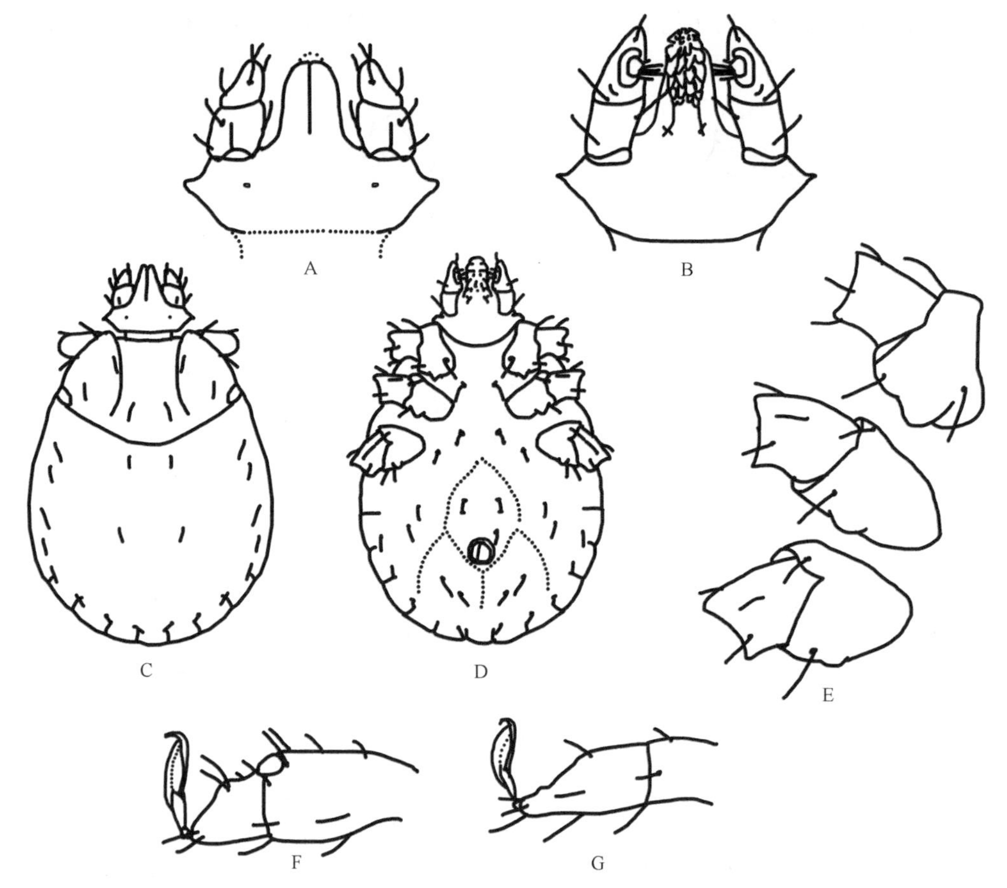

图 7-162　喇嘛异扇蜱幼蜱（参考：邓国藩和姜在阶，1991）

A. 假头背面观；B. 假头腹面观；C. 背面观；D. 腹面观；E. 基节；F. 跗节Ⅰ；G. 跗节Ⅳ

足略长，中等粗细。基节Ⅰ～Ⅲ均无内距；基节Ⅰ外距粗短，末端圆钝，略超出该节后缘。基节Ⅱ外距短小，隆突状，基节Ⅲ的更小。各足跗节长形，亚端部背缘略隆起，向末端逐渐收窄。Ⅰ爪垫几乎达到爪端，足Ⅱ、Ⅲ爪垫略短，明显未达到爪端；肛瓣刚毛 1 对。

生物学特性　生活于高原地区。8 月可在宿主上发现若蜱和成蜱。

（2）仓鼠异扇蜱 *Ah. cricetuli* Teng & Huang, 1981

定名依据　根据宿主名命名。

宿主　灰仓鼠 *Cricetulus migratorius*。

分布　国内：新疆。

鉴定要点

雌蜱须肢长棒形，第Ⅱ节略长于第Ⅲ节；齿式 3|3。盾板近似盾形，在中部稍后最宽；无眼，刻点粗细中等、数目少，分布不均。孔区椭圆形，间距约等于其短径。气门板小，椭圆形。足细长，基节Ⅰ内距较小，三角形，外距粗大，超过第Ⅱ基节前缘；基节Ⅱ～Ⅳ内距不明显，外距宽短，按节序渐短；足跗节亚端部向端部逐渐收窄。爪垫约达爪长的 1/3。生殖孔呈 U 形。

雄蜱须肢粗短，棒状；第Ⅱ节略长于第Ⅲ节；齿式 3|3。盾板长卵形；无眼；刻点大，遍布盾板表面。气门板椭圆形。足与雌蜱相似，但各基节距均长于雌蜱。

具体描述

雌蜱（图 7-163）

体色褐黄；身体呈长卵形；长（包括假头）宽为（2.53～2.72）mm ×（1.10～1.15）mm。

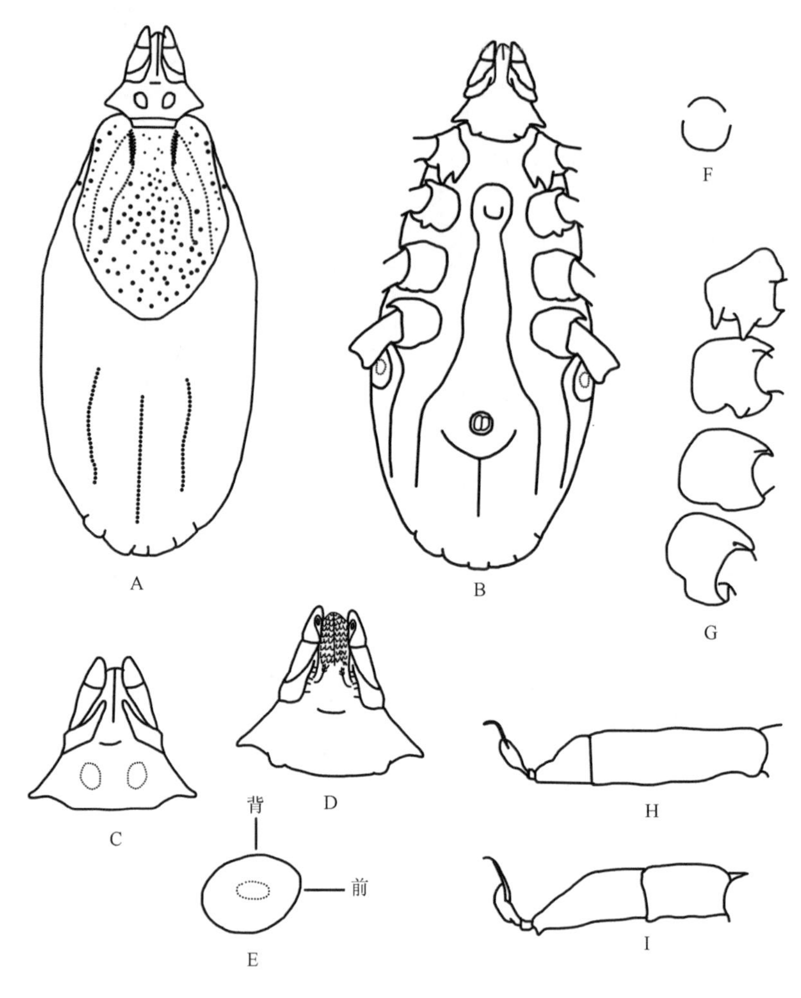

图 7-163　仓鼠异扇蜱雌蜱（参考：邓国藩和姜在阶，1991）

A. 背面观；B. 腹面观；C. 假头及盾板背面观；D. 假头腹面观；E. 气门板；F. 生殖孔；G. 基节；H. 跗节 I；I. 跗节Ⅳ

须肢长棒形，长约为宽的 4 倍；外缘直；内缘浅弧形凸出。第 I 节发达，其内侧向前内方延伸，如趾状突，末端略钝，略短于第Ⅱ节前缘，腹面内缘细毛 5 根；第Ⅱ节前宽后窄，长约为宽的 2 倍，背面内缘细毛 1 根，腹面内缘细毛 3 根；第Ⅲ节呈亚三角形，是第Ⅱ节长度的 3/4，背、腹面均无刺。假头基近似六角形，宽约为长的 3 倍，前侧缘直，有 2 个细缺刻；后侧缘浅弧形；后缘较直；侧角明显，位于假头基后 1/3 水平线；无基突。孔区中等大小，椭圆形，前部向外略斜，间距约等于其短径。假头基腹面六角形；前侧缘直，有 2～3 个细缺刻；后侧缘浅凹，后半段有一短脊状突；后缘略直。口下板棒状，较须肢稍短，顶端圆钝；齿式 3|3，由内向外每纵列具齿 9 枚、10 枚、11 枚。

盾板近似盾形，中部稍后最宽，长约为宽的 1.25 倍；前侧缘浅弧形，后侧缘在中段稍后呈弧形凸出，后缘略呈角状。刻点中等大小，分布稀疏而浅，在两颈沟间数目稍多。缘凹宽浅。肩突粗短而钝。颈沟浅弧形，前段较深，末端约达盾板中部稍后。侧沟浅，延伸至盾板后侧缘。无眼。异盾区后中沟和后侧沟窄长；缘垛 5 个，中垛最窄。

足细长，褐黄色。基节 I 内距较小，三角形，外距粗大，末端超过基节Ⅱ前缘。基节Ⅱ～Ⅳ内距不发达，呈脊状甚至无；外距宽短，按节序渐短。转节无背距和腹距。跗节Ⅰ亚端部急转收窄，不具端齿和亚端齿；跗节Ⅳ假关节位于近端 1/3，亚端部背缘略隆起，端部斜削，端齿细小。爪垫短，仅达爪长的 1/3。生殖孔位于基节Ⅱ水平线；生殖帷宽 U 形。生殖沟沿前端圆钝，向后延伸至肛沟后方。肛沟位于肛门之后，后端圆弧形；肛后中沟较短而浅。气门板椭圆形，无几丁质增厚区，气门斑位于中部。

雄蜱（图 7-164）

体色褐黄；身体呈长卵形，前端稍窄，后端宽圆；长（包括假头）宽为（2.04～2.35）mm×（1.03～1.35）mm。

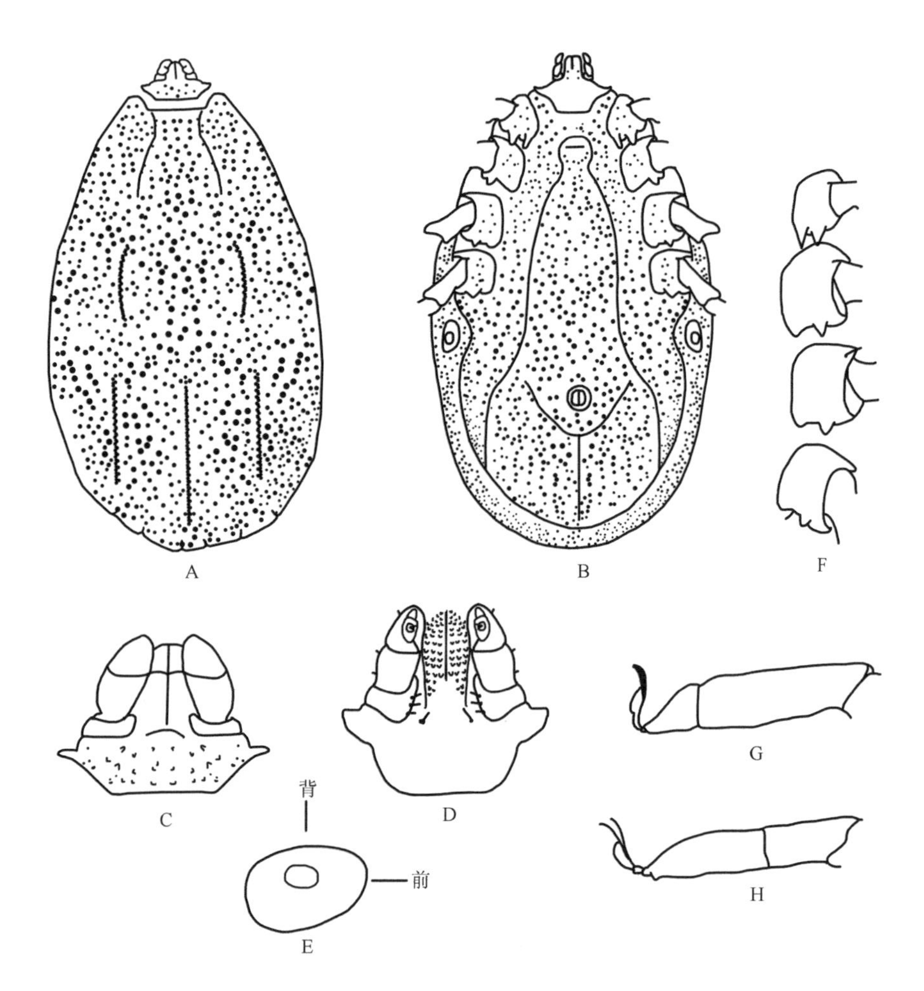

图 7-164　仓鼠异扇蜱雄蜱（参考：邓国藩和姜在阶，1991）

A. 背面观；B. 腹面观；C. 假头背面观；D. 假头腹面观；E. 气门板；F. 基节；G. 跗节Ⅰ；H. 跗节Ⅳ

假头中等大小。须肢棒状，长为宽的 2 倍；第Ⅰ节发达，内侧向前内方伸出，如趾状突，在背面不甚明显，但在腹面相当突出，顶端约达第Ⅱ节长的 1/2，腹面内缘具细毛 3 根；第Ⅱ节前宽后窄，长稍大于宽，腹面内缘具细毛 2 根；第Ⅲ节较第Ⅱ节略短，亚三角形，长约等于宽，顶端窄钝，背、腹面无刺。假头基六角形，宽约为长的 3 倍，两侧缘短，凹入呈角状，后侧缘浅弧形，后缘平直；侧角显著突出，约位于假头基前 1/3 的水平线；无基突。假头基腹面宽阔，侧角发达，形成明显的凸缘。口下板棒状，前端窄钝，将近达到须肢顶端；齿式 3|3，由内向外每纵列具齿 5 枚、6 枚、7 枚。

盾板褐黄色，边缘色较深；长卵形，长约为宽的 1.72 倍，在气门板背突水平处最宽。缘凹略深。肩突较钝。盾板表面粗糙，带有不规则的褶皱。刻点较粗，遍布表面。颈沟窄短由前向后外斜，末端将近达到盾板前 1/4 处。侧沟不明显，仅在盾板前 1/4 处隐约可见。后中沟和后侧沟窄长，极不明显，缘朵 5 个，中朵最窄。腹面无几丁质板。体缘略扁，在足基节外侧有一窄沟，沿体缘后伸，形成“缘褶”状结构。

足褐黄色，略微细长。各足基节长大于宽。基节Ⅰ内距窄短，末端稍尖；外距较粗壮，长于内距，末端稍钝，略微超过基节Ⅱ前缘。基节Ⅱ～Ⅳ内距脊状；外距细短，三角形。转节无背距和腹距。跗节Ⅰ亚端部背面斜削，腹面末端齿突细小。各足爪垫短，仅达爪长的 1/3。生殖帷较大，亚圆形，位于基节Ⅰ、Ⅱ之间水平线。生殖沟向后延至“缘褶”。肛沟后端圆钝；肛后中沟伸至“缘褶”。气门板小，椭圆形，无几丁质增厚区，气门斑位置靠前。

若蜱（图 7-165）

长（包括假头）宽约 1.3 mm×0.6 mm。

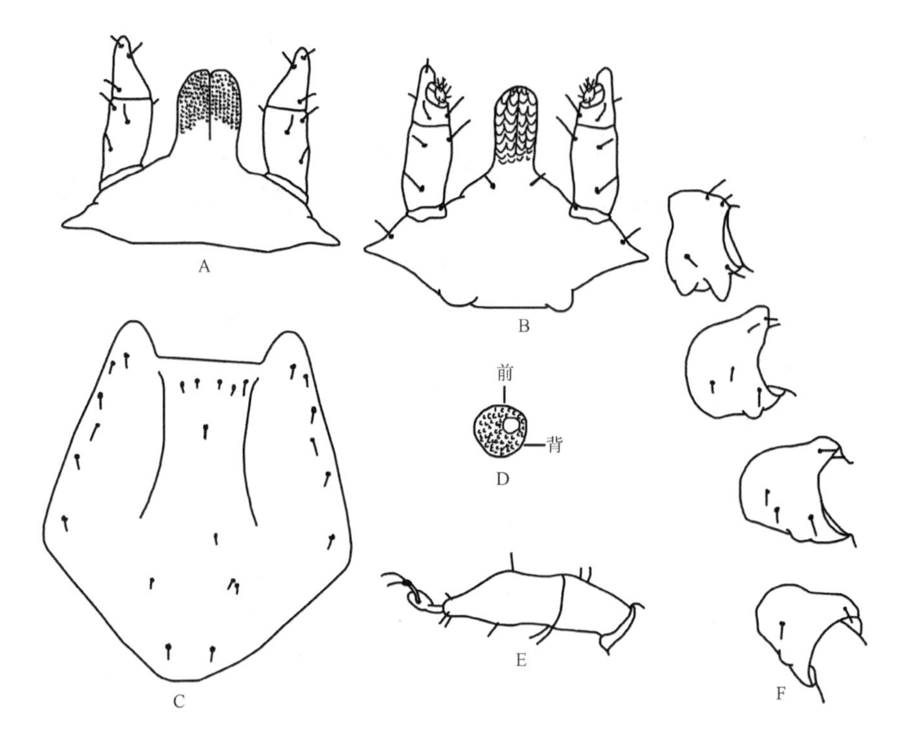

图 7-165　仓鼠异扇蜱若蜱（参考：邓国藩和姜在阶，1991）

A. 假头背面观；B. 假头腹面观；C. 盾板；D. 气门板；E. 跗节Ⅳ；F. 基节

假头（包括基突）平均长宽为 0.23 mm×0.31 mm。须肢长棒状，长约为宽的 3.6 倍，外缘直，内缘浅弧形凸出，顶端细窄；须肢第Ⅰ节短，背腹面均可见，腹面内侧刚毛 1 根；第Ⅱ节约为第Ⅲ节的 1.5 倍，腹面内侧刚毛 1 根；第Ⅲ节长三角形，长约为宽的 1.5 倍，腹面内侧刚毛 1 根；第Ⅳ节位于第Ⅲ节腹面凹陷内，端部具刚毛 10 根。假头基呈六边形，宽约为长的 3.1 倍；两侧向外明显凸出呈锐角，后缘较直；无基突；假头基腹面宽约为长的 2.2 倍，后缘较直，与后侧缘相交成圆角突。口下板棒状，长约为宽的 2.1 倍，前端圆钝；齿式 2|2，每纵列具齿约 8 枚。口下板后毛 1 对，细小。

盾板长宽约 0.49 mm×0.41 mm。两侧略向后外斜，后 1/3 水平线处最宽，后缘深弧形。刻点和刚毛稀少。无眼。缘凹较窄而深。肩突圆钝。颈沟浅，弧形，约达盾板中部稍后。

足中等。基节Ⅰ内、外距粗短，外距略长于内距，呈长三角形；基节Ⅱ～Ⅳ无内距，各具粗短外距，按节序渐小。转节无背距和腹距。跗节Ⅱ～Ⅳ长度中等，亚端部背、腹缘隆起，向末端逐渐变窄。爪短小，不及爪长之半。肛瓣刚毛 4 对。气门板亚圆形，背突不明显，气门斑位置靠前。

幼蜱（图 7-166）

身体呈卵圆形，前端稍窄，后缘圆弧形；长（包括假头）宽约 0.76 mm×0.48 mm。

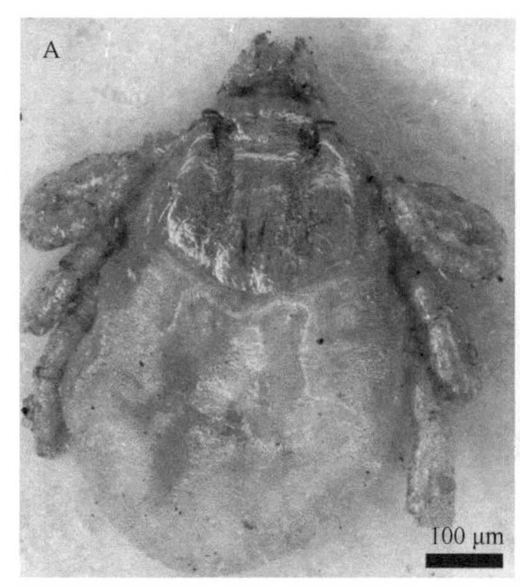

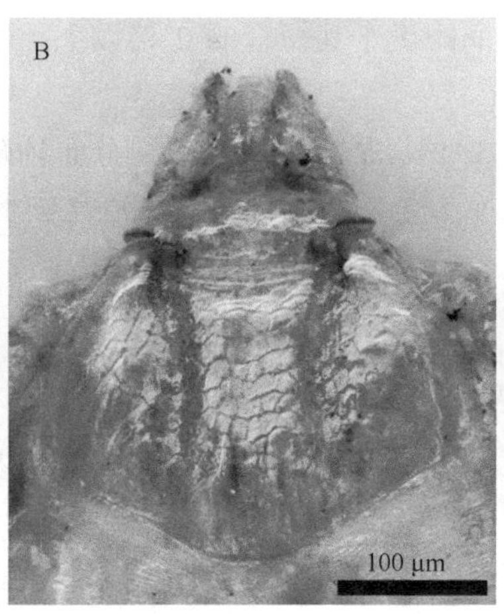

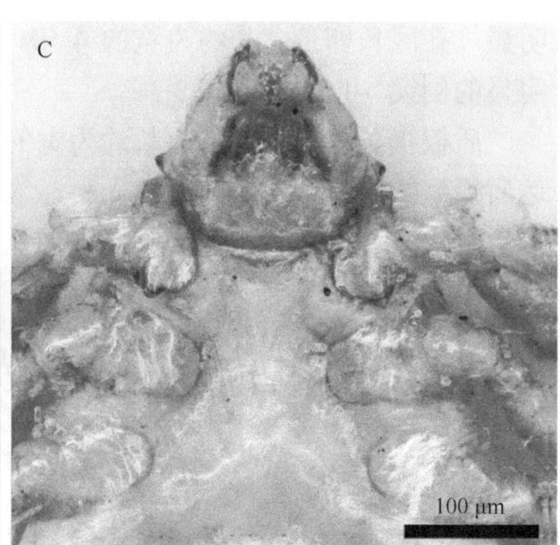

图 7-166　仓鼠异扇蜱幼蜱

A. 背面观；B. 假头及盾板；C. 假头腹面观及基节

假头长（包括基突）宽约 0.12 mm×0.18 mm。须肢棒状，顶端细窄，外缘直，内缘浅弧形凸出；长约为宽的 2.4 倍，第Ⅰ节明显，在背面和腹面可见；第Ⅱ节圆柱形，长约为宽的 1.3 倍，腹面内缘具刚毛 1 根；第Ⅲ节长三角形，前端尖窄；第Ⅳ节位于第Ⅲ节腹面中部。假头基呈六边形，宽约为长的 2.7 倍；两侧向外明显凸出呈锐角，后缘较直；无基突；假头基腹面宽约为长的 2.2 倍，后缘较直，与后侧缘相交成圆角突。口下板后毛 1 对，细小。口下板短棒形，长约为宽的 2 倍，前端圆钝，齿冠短小；齿式 2/2，每纵列具齿 6～7 枚。

盾板宽短，长宽约 0.24 mm×0.27 mm；盾板中区刚毛 2 根，两侧区刚毛各 2 根。盾板两侧缘弧形外展，后缘宽弧形。颈沟细窄，浅弧形，末端约达盾板中部。

足略长，粗细中等。基节Ⅰ～Ⅲ无内距；基节Ⅰ外距粗短，三角形，末端圆钝；基节Ⅱ外距短小，隆突状，基节Ⅲ的更小，不甚明显。各足跗节较长，爪垫很短小，仅达爪长的 1/4。肛瓣刚毛 1 对。

生物学特性　一般生活于荒漠草原，在农田地区也曾发现。7 月初及 9～10 月在宿主上采到成蜱；8～11 月在宿主上发现幼蜱和若蜱。

（3）洛氏异扇蜱 *Ah. lotozkyi* Filippova & Panova, 1978

定名依据　根据人名命名。

宿主　灰仓鼠 *Cricetulus migratorius*、银色山䶄*Alticola argentatus*。

分布　国内：新疆；国外：塔吉克斯坦。

鉴定要点

雌蜱须肢窄长，第Ⅱ节略长于第Ⅲ节；齿式 3|3。盾板长卵形，中部稍后最宽；无眼，刻点较大，分布稀疏。孔区长卵形，间距大于其短径的 2 倍以上。气门板小，椭圆形。足较细长，基节Ⅰ内距较小，末端尖，外距粗大，末端达到第Ⅱ基节前缘；基节Ⅱ～Ⅳ内距不明显，外距宽短，按节序渐小；足跗节亚端部向端部逐渐收窄。爪垫约达爪长的 1/3。生殖孔呈 V 形。

具体描述

雌蜱（图 7-167）

褐黄色，身体呈长卵圆形，中部稍后最宽。

须肢窄长，长约为宽的 4 倍，顶端窄钝，外缘较直，内缘浅弧形凸出。第Ⅰ节发达，其内侧向前内方延伸，如趾状突，末端略钝，背、腹面均明显可见；第Ⅱ节前宽后窄，长约为宽的 2 倍；第Ⅲ节较短，顶端圆钝，亚三角形。假头基六角形，宽约为长的 3 倍，后侧缘浅弧形；后缘较直，基突不明显；侧角

明显。孔区长卵形，长约为宽的 4 倍，间距大于其短径的 2 倍以上。假头基腹面宽阔，侧角发达，形成明显的侧突。口下板齿式 3|3。

盾板褐黄色，长卵形，长约为宽的 2 倍。盾板刻点较大，分布稀疏。颈沟弧形，前深后浅，末端约达盾板后侧缘；侧沟不明显，无眼。缘垛 5 个，中垛最窄。生殖孔位于基节Ⅱ水平线，生殖帷 V 形。肛沟后端尖窄。气门板小，椭圆形，无几丁质增厚区，气门斑位于中部。

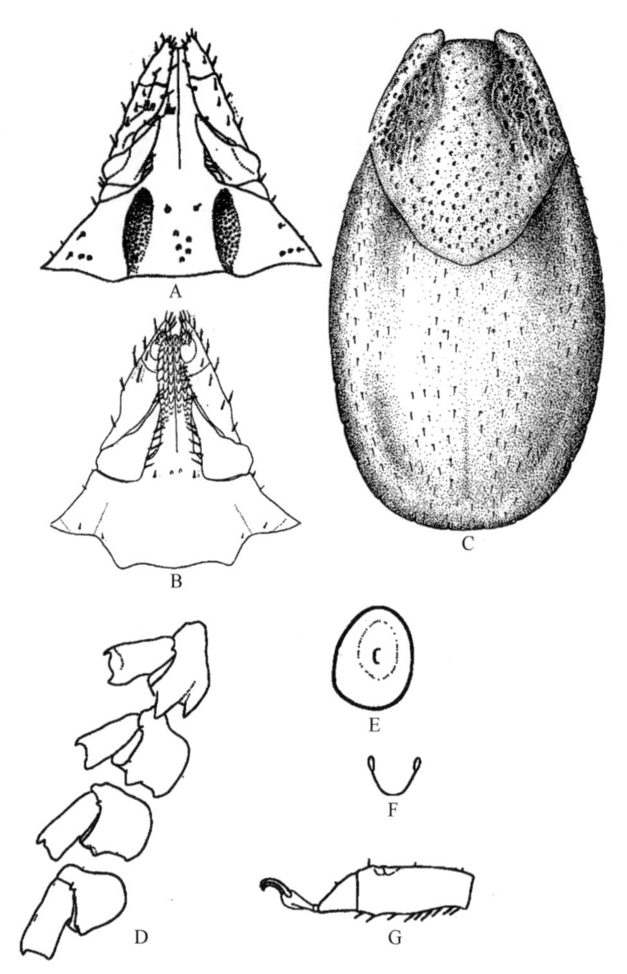

图 7-167　洛氏异扇蜱雌蜱（引自：Filippova，1997）

A. 假头背面观；B. 假头腹面观；C. 躯体；D. 基节；E. 气门板；F. 生殖孔；G. 跗节Ⅰ

足褐黄色，较细长；基节Ⅰ后缘分叉，形成 2 距：内距较外距窄短，末端尖，外距粗大，末端达第Ⅱ基节前缘。基节Ⅱ～Ⅳ外距按节序渐小，内距不明显。各足爪垫较短，约达爪长的 1/3。

若蜱（图 7-168）

须肢长形，约为宽的 3.5 倍，外缘较直，内缘浅弧形凸出，顶端细窄；须肢第Ⅰ节短，背、腹面均可见；第Ⅱ节约为第Ⅲ节的 1.5 倍；第Ⅲ节长三角形，长约为宽的 1.5 倍；第Ⅳ节位于第Ⅲ节腹面凹陷内，端部具刚毛 10 根。假头基背面宽短，六边形，宽约为长的 3 倍以上，两侧向外明显突出，呈锐角，后缘平直。假头基腹面宽约为长的 2.5 倍，后缘较平直，与后侧缘相交成圆角突。口下板长约为宽的 2.5 倍，前端圆钝；齿冠短小，齿式 2|2。

盾板长约大于宽的 2 倍，两侧缘于中下部最宽，后缘圆钝。颈沟浅弧形，约达盾板后侧缘。刻点少，无眼。气门板亚圆形，背突不明显。

足细长，基节Ⅰ外距较内距发达，基节Ⅱ～Ⅳ无内距，外距粗短并按节序渐小。

幼蜱（图 7-169）

须肢第Ⅰ节很短，背腹面隐约可见；第Ⅱ节圆柱形，长约为宽的 1.3 倍；第Ⅲ节长三角形，第Ⅳ节位于第Ⅲ节腹面凹陷内。假头基背面宽短，六边形，宽约为长的 2.7 倍，两侧向外明显突出，呈锐角，后缘平直。假头基腹面后缘较平直，与后侧缘相交成圆角突。口下板短棒形，长约为宽的 2 倍；齿式 2|2。

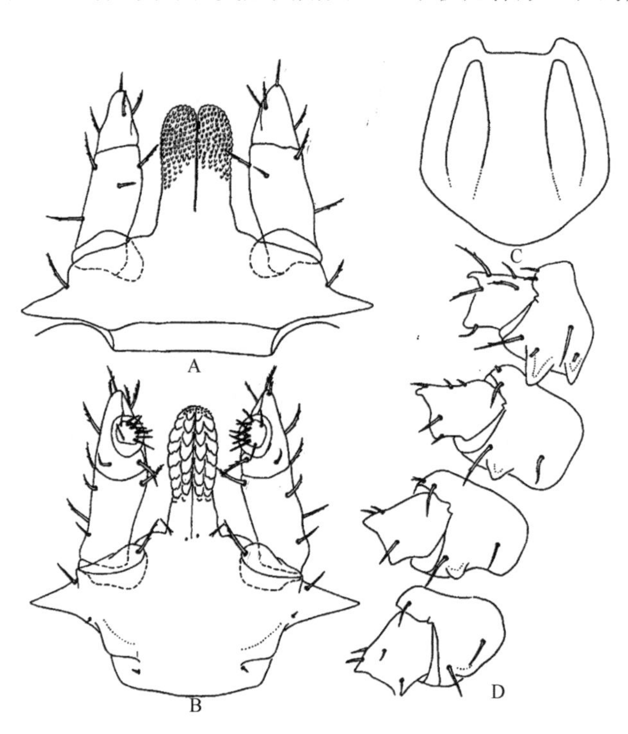

图 7-168 洛氏异扇蜱若蜱（引自：Filippova，1997）

A. 假头背面观；B. 假头腹面观；C. 盾板；D. 基节

图 7-169 洛氏异扇蜱幼蜱（引自：Filippova，1997）

A. 躯体；B. 假头背面观；C. 假头腹面观；D. 基节

盾板宽短，宽约为长的 1.3 倍，后缘圆弧形，颈沟明显，浅弧形，末端超过盾板中部，无眼。

足长中等，基节Ⅰ～Ⅲ无内距；基节Ⅰ外距粗短，三角形，末端圆钝；基节Ⅱ、Ⅲ外距不明显。第Ⅰ跗节明显较粗。爪垫短，仅达爪长的 1/3。

四、革蜱属 *Dermacentor*

后沟型蜱。须肢粗短，第Ⅱ、Ⅲ节宽度约等，或第Ⅱ明显宽于第Ⅲ节；口下板呈压舌板状或两侧缘近于平行，齿式通常 3|3；假头基矩形。躯体为卵圆形；盾板具白色珐琅斑；具眼且明显；缘垛 11 个。基节Ⅰ～Ⅳ随节序变粗，雄性最为明显；基节Ⅰ具内距和外距，均较长；基节Ⅱ、Ⅲ内距短而扁平或付缺；基节Ⅳ内距短小或付缺；基节Ⅱ～Ⅳ一般外距明显。转节Ⅰ背距粗短或尖细。气门板呈卵圆形或逗点形，背突或长或短，有些具几丁质增厚区，甚至附有珐琅斑。雄蜱无几丁质腹板。有些雌蜱的生殖孔具翼状突。

多数革蜱为三宿主型，少数为一宿主型或二宿主型（如光亮革蜱 *D. nitens* 和白纹革蜱 *D. albipictus*）。Murrell 等（2000，2001）认为革蜱属（含暗眼蜱）在非洲热带森林演化并通过始新世（50 mya）的哺乳动物散布到欧亚大陆，并在渐新世（35 mya）分别通过白令海峡大陆桥和格陵兰从欧亚大陆或欧洲散布到新北界，此后（约 2.5 mya）革蜱属通过巴拿马海峡从新北界扩散到新热带界。

模式种　网纹革蜱 *D. reticulatus*（Fabricius, 1794）

革蜱属现已记录约 42 种，其中以古北界和新北界种类最多，东洋界、非洲界、新热带界和澳大利亚界种类较少。我国分布的革蜱有 16 种，存疑 1 种。一般认为该属可分 4 亚属，其中矇蜱亚属 *Amblyocentor* Schulze, 1932 分布于非洲。梵蜱亚属 *Indocentor* Schulze, 1933 均为东洋界种，模式种为金泽革蜱 *D. auratus* Supino, 1897，宿主为野猪。有两种革蜱分布区较窄，仅见于我国新疆及中亚地区，属于亚蜱亚属 *Asiacentor* Filippova & Panova, 1974，即高山革蜱和胫距革蜱，它们的形态特征为第Ⅱ～Ⅳ足的胫节及后跗节远端各有一强大的腹距。其他绝大多数种类属于革蜱属指名亚属 *Dermacentor*（*s. str.*）Koch, 1844，其模式种为网纹革蜱 *D. reticulatus*（Fabricius, 1794），该亚属均为古北界种类。革蜱属绝大多数种类为三宿主型，少数为一宿主型或二宿主型。

中国革蜱属的种检索表

雌蜱

1. 盾板宽约等于或大于长，多数在眼后沿盾板边缘具半环形褐斑；足基节Ⅳ内距明显，呈锥形 ………… 2
   盾板长大于宽，眼后沿盾板边缘无半环形褐斑；足基节Ⅳ无内距 ………… 7
2. 足基节Ⅰ内、外距相离甚远；生殖孔异常小，呈窄 U 形 ………… 坚实革蜱 *D. compactus* Neumann
   足基节Ⅰ内、外距端部相离较小；生殖孔呈其他形状 ………… 3
3. 盾板中间的褐色纵带明显、多数连续（偶有中断） ………… 4
   盾板中间的褐色纵带很弱、不明显、不连续 ………… 6
4. 基节Ⅰ内、外距基部分离；异盾区刚毛长而密；生殖孔宽 U 形 ………… 金泽革蜱 *D. auratus* Supino
   基节Ⅰ内、外距基部相连；异盾区刚毛短、数量少；生殖孔窄 U 形或宽 V 形 ………… 5
5. 盾板中间的褐色纵带连续；异盾区刚毛稀少甚至无；生殖孔宽 V 形，末端钝 ………… 寺氏革蜱 *D. Steini*（Schulze）
   盾板中间的褐色纵带偶有中断；异盾区刚毛数量较少；生殖孔窄 U 形，周围的骨化板不明显 ………… 太莫革蜱 *D. tamokensis* Apanaskevich & Apanaskevich
6. 盾板较窄长；生殖孔窄 U 形，前部高度膨胀，侧缘具明显的骨化板 ………… 美盾革蜱 *D. bellulus*（Schulze）
   盾板较宽短；生殖孔宽 V 形，前缘略膨胀，侧缘无骨化板 ………… 台湾革蜱 *D. taiwanensis* Sugimoto
7. 须肢第Ⅱ节明显宽于第Ⅲ节；第Ⅱ节背部后缘具明显的三角形刺；须肢外缘呈角状凸出 ………… 网纹革蜱 *D. reticulatus*（Fabricius）
   须肢第Ⅱ、Ⅲ节宽度约等；第Ⅱ节背部后缘无刺或刺不发达；须肢外缘不呈角状凸出 ………… 8
8. 足Ⅱ～Ⅳ胫节和后跗节远端均具一强大腹距；生殖孔不具翼状突 ………… 9

足Ⅱ～Ⅳ胫节和后跗节远端不具强大腹距；生殖孔具有翼状突……10

9. 须肢第Ⅲ节背面略呈三角形；气门板近逗点形，背突尖细、明显……胫距革蜱 *D. pavlovskyi* Olenev

须肢第Ⅲ节背面略呈梯形；气门板近椭圆形，无背突……高山革蜱 *D. montanus* Filippova & Panova

10. 气门板背突前缘具明显的几丁质增厚区……11

气门板背突前缘无明显的几丁质增厚区……13

11. 各足基节均具明显珐琅斑……西藏革蜱 *D. everestianus* Hirst

各足基节无珐琅斑或珐琅斑很淡，几乎不可见……12

12. 盾板珐琅斑浅且不紧密，半透明状且留下很多褐色大斑块，包括中间褐斑；气门板纵向向后发散，周围边缘由侧面过渡到背突时会形成低凹弧线甚至近似直线；跗节Ⅰ短，长为宽的2.5倍……边缘革蜱 *D. marginatus*（Sulzer）

盾板珐琅斑紧密，多数无中间褐斑；气门板有纵向平行的趋势，这种趋势由侧面过渡到背突时会形成较锐利的弯折或凹弧；跗节Ⅰ长，长为宽的3倍……银盾革蜱 *D. niveus* Neumann

13. 盾板珐琅斑很淡且不紧密，半透明状且留下很多浅褐色斑块；生殖孔无生殖帷……中华革蜱 *D. sinicus* Schulze

盾板珐琅斑浓且紧密，褐斑很少；生殖孔具生殖帷……14

14. 足转节Ⅰ背距粗短，末端钝；基节Ⅳ外距短且末端多数不超出该节后缘，如超出则气门板背突较长……15

足转节Ⅰ背距长，末端细；基节Ⅳ外距明显超出该节后缘……森林革蜱 *D. silvarum* Olenev

15. 基节Ⅳ外距短钝且末端不超出该节后缘；气门板背突很短甚至不明显……草原革蜱 *D. nuttalli* Olenev

基节Ⅳ外距尖细且末端略超出该节后缘；气门板背突较长……阿坝革蜱 *D. abaensis* Teng

雄蜱

1. 足基节Ⅳ不向后方显著延伸，且该节具内、外两距……2

足基节Ⅳ向后方显著延伸，但该节仅具外距……7

2. 足基节Ⅰ内、外距端部相离甚远；基节Ⅳ具2个距……坚实革蜱 *D. compactus* Neumann

足基节Ⅰ内、外距端部相离较小；基节Ⅳ具3～6个距……3

3. 伪盾区中间的褐色纵带明显，偶尔不连续……4

伪盾区中间的褐色纵带很弱、不明显、不连续……6

4. 基节Ⅰ内、外距基部分离；盾板中部的褐色纵带自前端连续延伸到中垛……金泽革蜱 *D. auratus* Supino

基节Ⅰ内、外距基部相连；盾板中部的褐色纵带在假盾区后方中断……5

5. 伪盾区界限清晰；第Ⅲ、Ⅸ缘垛无珐琅斑……寺氏革蜱 *D. steini* Schulze

伪盾区界限不清晰；第Ⅲ、Ⅸ缘垛具珐琅斑……太莫革蜱 *D. tamokensis* Apanaskevich & Apanaskevich

6. 盾板宽且两侧缘弧度较大，长宽比1.22～1.37；盾板两侧边缘各具1条狭窄的褐色条带，且自眼后延续到第Ⅰ缘垛……台湾革蜱 *D. taiwanensis* Sugimoto

盾板相对较窄长且两侧缘弧度较小，长宽比1.31～1.51；盾板两侧边缘的褐色条带通常不连续，自眼后延续到盾板中部稍后，达不到第Ⅰ缘垛，且常被分成两部分，前面的大而宽，后面的小且有时与前面的愈合……美盾革蜱 *D. bellulus*（Schulze）

7. 须肢第Ⅱ节明显宽于第Ⅲ节；第Ⅱ节背部后缘具明显的三角形刺；须肢外缘呈角状凸出……网纹革蜱 *D. reticulatus*（Fabricius）

须肢第Ⅱ、Ⅲ节宽度约等；第Ⅱ节背部后缘无刺或刺不发达；须肢外缘不呈角状凸出……8

8. 足Ⅱ～Ⅳ胫节和后跗节远端均具一强大腹距；假头基基突发达，其长不小于基部之宽……9

足Ⅱ～Ⅳ胫节和后跗节远端不具强大腹距；假头基基突多数较粗短，否则气门板背突较窄长且弯向背方……10

9. 侧沟不明显，尤其是前部；气门板呈长逗点形，背突窄长……胫距革蜱 *D. pavlovskyi* Olenev

侧沟明显；气门板呈长卵形，背突极短，不显著……高山革蜱 *D. montanus* Filippova & Panova

10. 气门板背突前缘具明显的几丁质增厚区……11

气门板背突前缘无明显的几丁质增厚区……13

11. 各足基节均具珐琅斑，第Ⅰ、Ⅱ节最多最为显著……西藏革蜱 *D. everestianus* Hirst

各足基节无珐琅斑或珐琅斑很淡，几乎不可见……12

12. 盾板珐琅斑浅且不紧密，半透明状且留下很多褐色大斑块，包括中间褐斑；气门板纵向内侧向后发散，中部周围边缘明显弧形凸出，致使中部不纵向平行……边缘革蜱 *D. marginatus*（Sulzer）

盾板珐琅斑紧密，多数无中间褐斑；气门板中部纵向平行……银盾革蜱 *D. niveus* Neumann

13. 盾板侧沟短，不甚明显；盾板珐琅斑少且浅淡，仅分布在前侧部及中部……中华革蜱 *D. sinicus* Schulze

盾板侧沟较长而明显；盾板珐琅斑较多且浓 ………… 14
14. 足转节 I 背距粗短，末端钝；基节Ⅳ外距短且末端多数不超出该节后缘，如超出则气门板背突较长 ………… 15
足转节 I 背距长，末端细；基节Ⅳ外距明显超出该节后缘 ………… 森林革蜱 *D. silvarum* Olenev
15. 眼后体缘的珐琅斑未达到第 I 缘垛附近；基节Ⅳ外距短钝且末端不超出该节后缘；气门板背突较短且直，末端未达到盾板边缘 ………… 草原革蜱 *D. nuttalli* Olenev
眼后体缘的珐琅斑延至第 I 缘垛附近；基节Ⅳ外距尖细且末端超出该节后缘；气门板背突窄斜伸向后背方，末端约达到盾板边缘 ………… 阿坝革蜱 *D. abaensis* Teng

（1）阿坝革蜱 *D. abaensis* Teng, 1963

定名依据 来源于采集地四川阿坝。

阿坝革蜱曾被认为是西藏革蜱 *D. everestianus* Hirst, 1926（Robbins & Robbins, 2003）或俾氏革蜱 *D. birulai* Olenev, 1927 的同物异名（Kolonin，2009）。在 Guglielmone 等（2009，2010，2014）、Guglielmone 和 Nava（2014）等的世界蜱类名录中阿坝革蜱被列为有效种。Apanaskevich 等（2014）认为该种和俾氏革蜱均为西藏革蜱的同物异名，他们认为西藏革蜱存在很明显的地区形态差异，但不足以达到种的区别。西藏革蜱与阿坝革蜱形态上存在的差异如下：①阿坝革蜱基节上无珐琅斑或很淡，几乎不可见；而西藏革蜱珐琅斑浓厚。②阿坝革蜱盾板的褐色底斑尤其是位于刻点处的底斑大于西藏革蜱，致使阿坝革蜱盾板的刻点密度看起来高于西藏革蜱；侧沟亦如此。③阿坝革蜱的若蜱口下板中部纵列具大齿 3～5 枚，幼蜱 4 枚；而西藏革蜱若蜱 5～6 枚，幼蜱 5 枚。④阿坝革蜱幼蜱的须肢和口下板相对粗短（须肢的长为宽的 2.02～2.3 倍；口下板的长为宽的 3.27 倍）；而西藏革蜱须肢的长为宽的 2.55 倍，口下板的长为宽的 3.51 倍。⑤阿坝革蜱气门板背突的几丁质增厚区很不明显甚至无；而西藏革蜱的相对明显，且常有珐琅斑。此外，在作者近期的分子分析中，发现阿坝革蜱与西藏革蜱确实存在一些稳定差异，但由于样本量小、分子标记代表性不高等，还不能完全肯定两者的分类关系，需进一步验证。为此，在获得充足证据之前，本书暂时将两者作为两个种来描述。

宿主 幼蜱和若蜱寄生于大耳姬鼠 *Apodemus latronum*、藏鼠兔 *Ochotona thibetana*、猪獾、高山姬鼠等小型哺乳动物；成蜱寄生于绵羊、犏牛、黑熊 *Selenarctos thibetanus*、马麝 *Moschus sifanicus* 等大型哺乳动物。

分布 国内：甘肃、青海、四川（模式产地：阿坝）。

鉴定要点

盾板珐琅斑浓厚。须肢粗短，雌蜱前端略微尖出，雄蜱圆钝；第 II 节背面后缘的刺不明显；须肢外缘圆弧形凸出，不呈角状；假头基基突短而圆钝。雌蜱生殖孔有翼状突。足转节 I 背距短，末端粗钝；基节 I 距裂浅，两距约等长或外距较内距稍短；基节Ⅳ外距短，末端略超出该节后缘。足 II～Ⅳ胫节和后跗节无强大腹距；各足基节无珐琅斑或非常淡，几乎不可见。雌蜱气门板为短逗点形，雄蜱长逗点形；背突前缘无几丁质增厚区。

具体描述

雌蜱（图 7-170）

假头短，珐琅斑浅，几乎覆盖整个表面。须肢粗短，前端略微尖出；刻点小而稀疏；第 II 节后缘背刺不甚明显。假头基呈矩形，宽 0.3～0.67 mm（平均 0.56 mm）；宽约为长（包括基突）的 1.77～2.4 倍；几乎无刻点；基突短而圆钝。孔区卵圆形，大而深凹，向外斜置，间距小于其短径。口下板齿式前段 4|4，后段 3|3。

盾板长宽约 1.76 mm×1.61 mm；略呈椭圆形，长稍大于宽；后侧缘微波状弯曲，后端略微突出；珐琅斑较浓，但在中部靠后色彩稍浅；眼的周缘、颈沟、颈沟末端外侧及颈沟的后部区域具有褐色底斑。颈沟深、较短。盾板小刻点居多，夹杂中型刻点，靠近后侧缘相当稀少。眼位于盾板两侧，呈椭圆形，略微凸出。

各足粗细相似，除跗节外各节背面有浅的珐琅斑。足转节 I 背距短粗，末端圆钝，珐琅斑浓，几乎覆盖整个背距；基节 I 距裂相当浅，外距基部粗大，末端尖细；内距短粗，末端圆钝；内外距约等长。基节Ⅱ～Ⅳ的外距明显，基节Ⅳ的外距最短，其末端略微超过该节后缘。各足基节无珐琅斑或非常淡，几乎不可见。足 I 跗节末端有一个小的端齿，腹面有 5 个微小突起。足Ⅳ跗节末端有一个小的端齿，其后方还有 2 个不甚明显的小齿。生殖孔有翼状突。气门板逗点形，后缘微弯；背突相当明显，末端稍钝。

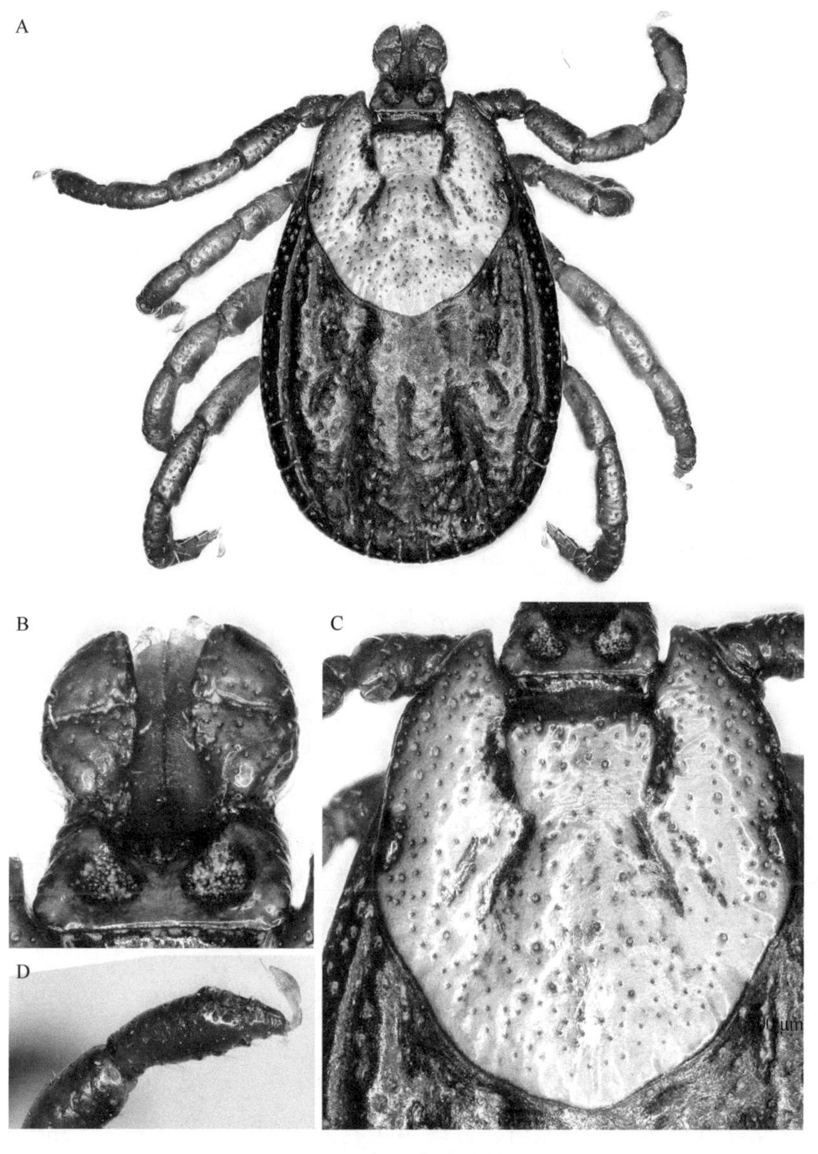

图 7-170　阿坝革蜱雌蜱

A. 背面观；B. 假头背面观；C. 盾板；D. 跗节 I

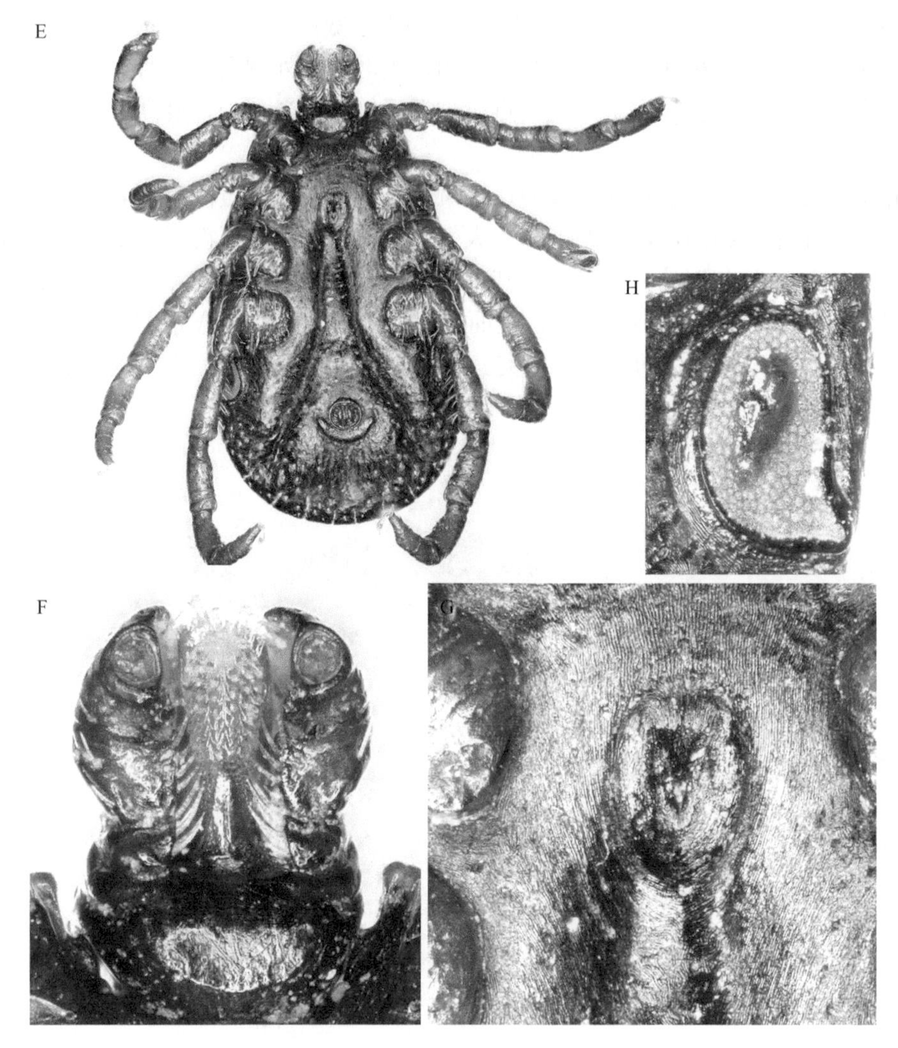

图 7-170　阿坝革蜱雌蜱（续）
E. 腹面观；F. 假头腹面观；G. 生殖孔；H. 气门板

雄蜱（图 7-171）

假头短，珐琅斑比较浓厚，几乎覆盖整个表面。须肢外缘圆弧形，无角状凸出；第Ⅱ节宽略胜于长，后缘背刺极短；第Ⅲ节前缘圆钝。假头基呈矩形，长宽约 0.28 mm×0.41 mm；宽约为长（包括基突）的 1.4～1.5 倍；刻点小，前端稍密；基突短粗，末端钝。口下板齿式 3|3。

盾板长宽约 3.26 mm×2.09 mm；珐琅斑浓厚，眼周缘、缘垛周缘、颈沟、颈沟末端外侧、两颈沟间及向后区域具有大小不等的褐色底斑；两侧缘珐琅斑延至第Ⅰ缘垛前缘。褐色底斑具体排列如下：1 对眼周褐斑；6 对缘垛褐斑；5 对侧斑（1 对颈沟褐斑、1 对颈沟后褐斑、1 对颈沟后外侧斑、1 对中后侧斑、1 对近副中垛侧斑）；1 对盾窝褐斑；1 对后中部褐斑。此外，颈沟外侧常有 1 对颈沟外侧斑。刻点粗细不一，靠近侧缘的小刻点居多，中部多为大刻点。颈沟短小，深凹。侧沟窄长而明显，后端伸至第Ⅰ缘垛前角。缘垛大小不等，由外向内逐渐细窄，表面均有大小不等的珐琅斑。眼圆形，略微凸出。

足粗壮，除跗节外各节背面有浅珐琅斑。足转节Ⅰ背距短粗，末端圆钝，珐琅斑浓，几乎覆盖整个背距；基节Ⅰ内外距的距裂较浅；外距基部粗大，末端较细；内距短粗，末端圆钝；内距略长于外距。基节Ⅱ～Ⅳ外距明显。基节Ⅳ显著向后伸长，外距较窄长，其末端略微超过该节后缘。各足基节无珐琅斑或非常淡，几乎不可见。足Ⅰ跗节末端有一个小的端齿，腹面有 5 个微小突起；足Ⅳ跗节亚端部逐渐细窄，末端及亚末端各有一个小齿。气门板长逗点形；背突逐渐细窄，向后背方斜伸接近盾板边缘；背突周缘无明显的几丁质增厚区。

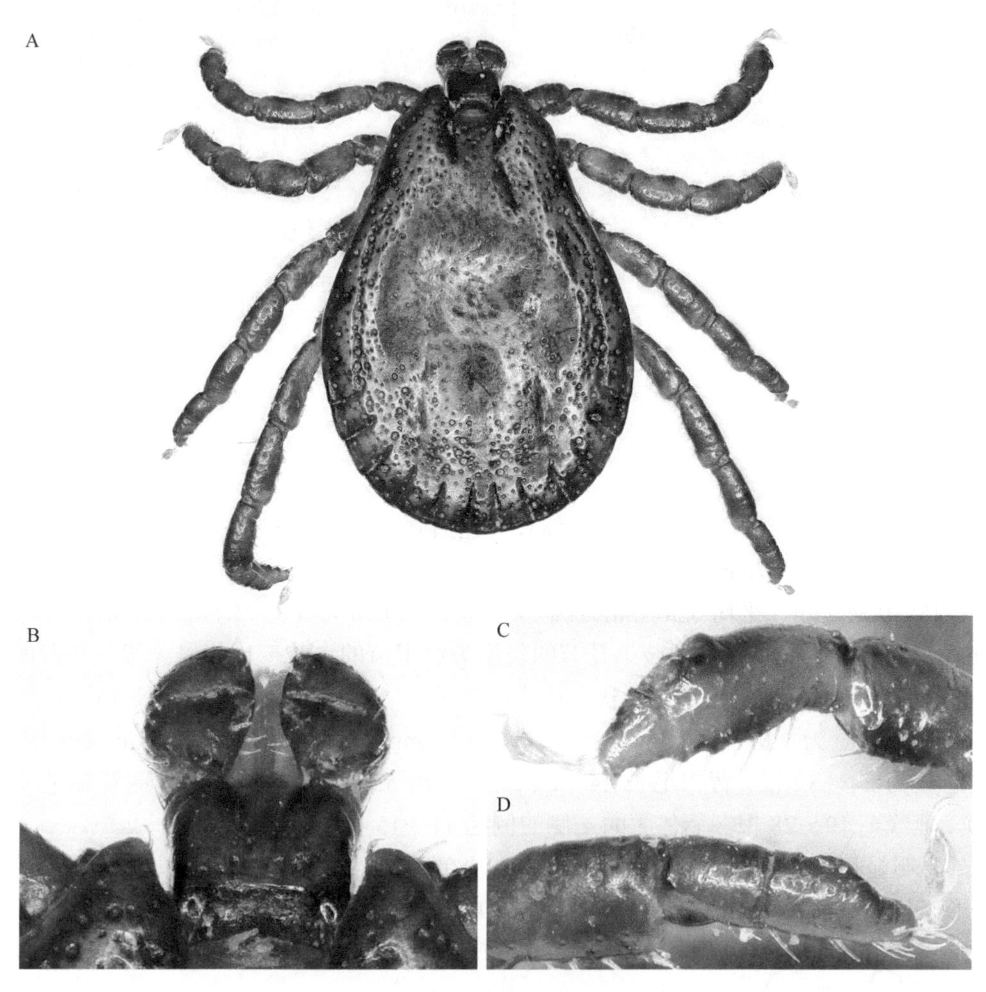

图 7-171 阿坝革蜱雄蜱

A. 背面观；B. 假头背面观；C. 跗节Ⅰ；D. 跗节Ⅳ

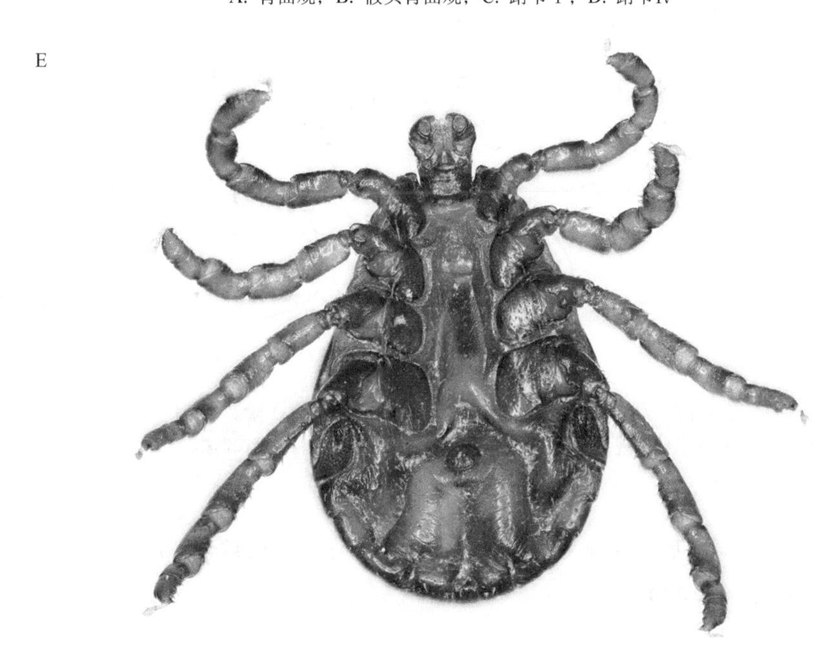

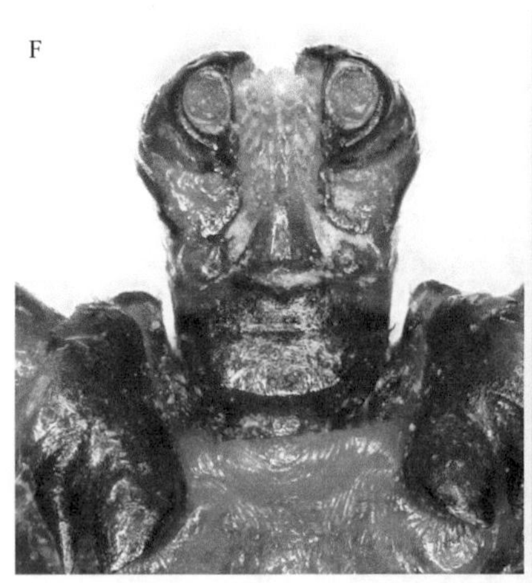

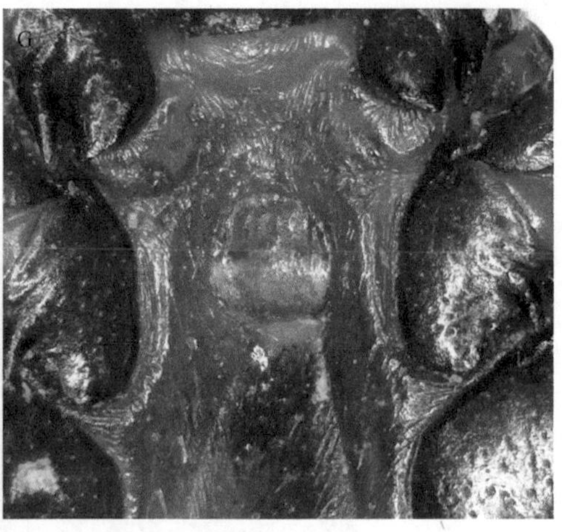

图 7-171 阿坝革蜱雄蜱（续）
E. 腹面观；F. 假头腹面观；G. 生殖孔

若蜱（图 7-172）

身体呈卵圆形，前端稍窄，后部圆弧形。体长（包括假头）为 1.29～1.42 mm（平均 1.38 mm），体宽为 0.66～0.86 mm（平均 0.78 mm）。

假头长 0.25～0.34 mm（平均 0.30 mm）；假头宽 0.28～0.30 mm（平均 0.29 mm）。须肢较粗短，长 0.19～0.21 mm，长约为宽的 3 倍。须肢第Ⅱ节的长度为第Ⅲ节的 1.07～1.33 倍。假头基背面呈六角形。耳状突明显，呈角状。口下板粗短，呈棒状；齿式前部 3|3，后部 2|2，中部纵列具大齿 3～5 枚。

盾板呈心形，长宽为（0.50～0.56）mm（平均 0.53 mm）×（0.54～0.62）mm（平均 0.58 mm）。盾板上刚毛总数为 24～32 根；背中毛长 44～62 μm（平均 57.7 μm）。异盾上一侧背中毛 9～14 根（长 38～51 μm），亚缘毛 19～28 根。躯体腹面一侧的侧毛 11～15 根。

基节Ⅰ外距明显长于内距。跗节Ⅰ较短，长 0.24～0.28 mm；在哈氏器前窝与囊之间具有一个环沟。气门板椭圆形，长 0.15～0.17 mm，外缘杯状体 36～44 个。

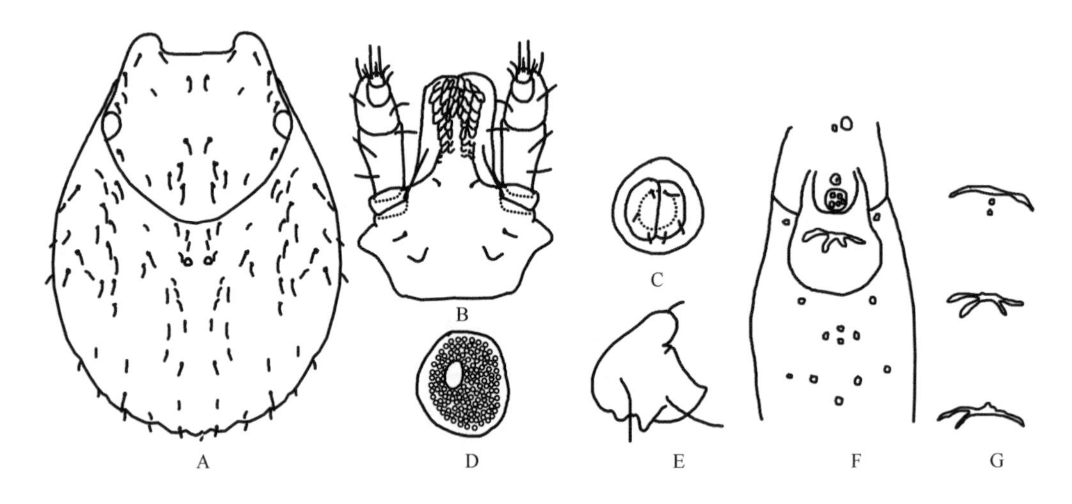

图 7-172 阿坝革蜱若蜱（参考：邓国藩和姜在阶，1991）
A. 躯体背面观；B. 假头腹面观；C. 肛门；D. 气门板；E. 基节Ⅰ；F. 哈氏器模式图；G. 囊孔的变异

幼蜱（图 7-173）

身体呈卵圆形，前端稍窄，后部圆弧形。体长（包括假头）为 0.47～0.81 mm（平均 0.71 mm）；体宽为 0.35～0.49 mm（平均 0.42 mm）。

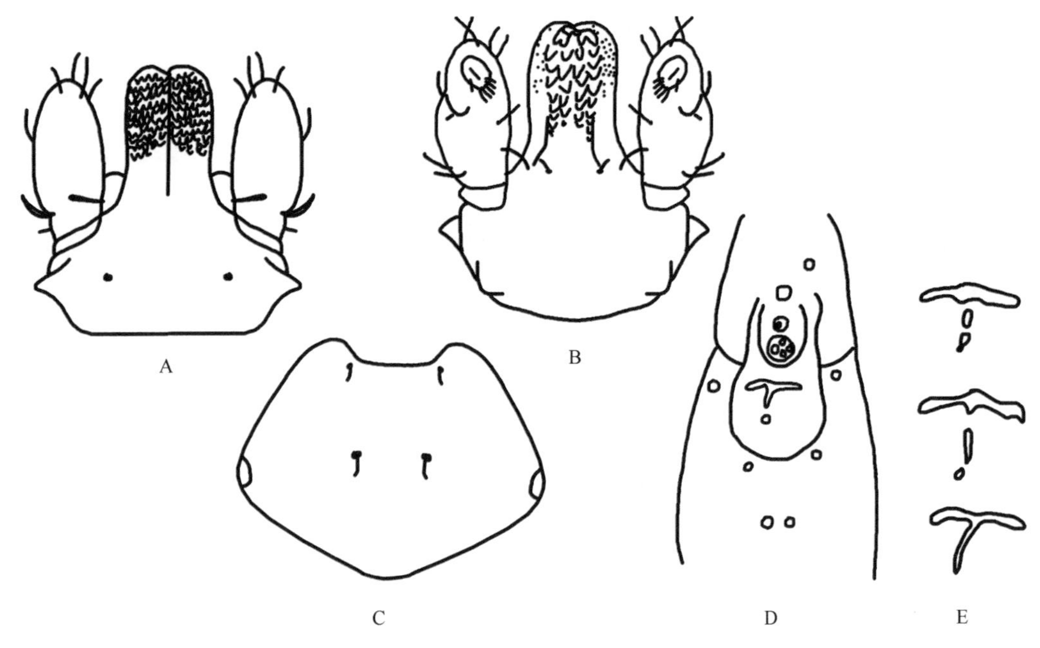

图 7-173　阿坝革蜱幼蜱（参考：邓国藩和姜在阶，1991）
A. 假头背面观；B. 假头腹面观；C. 盾板；D. 哈氏器模式图；E. 囊孔的变异

假头长（包括假头基基突）宽为（0.11～0.20）mm（平均 0.15 mm）×（0.15～0.19）mm（平均 0.18 mm）。须肢较粗短，长 0.09～0.13 mm（平均 0.11 mm）；背面无圆锥形感毛。须肢第Ⅲ节腹面有一钝齿。假头基背面呈六角形。耳状突不明显，呈弧形。口下板棒状；齿式 2|2，中部纵列具大齿 4 枚。

盾板近似菱形，长宽为（0.23～0.35）mm（平均 0.30 mm）×（0.32～0.44）mm。盾板上肩毛长 14.8～34.5 μm。第Ⅰ背中毛长 29.6～49.3 μm（平均 37.0 μm）。异盾上第Ⅱ、Ⅲ背中毛多数小于 21 μm；前 3 对背缘毛多数大于 21 μm；胸毛 3 对，均大于 33 μm；肛前毛 2 对，多数大于 30 μm；侧毛 2 对，均大于 39 μm。

足Ⅰ哈氏器前窝与囊之间具有一个环沟。前窝感毛中孔毛直；囊孔呈丁字形。多数无近端缝孔，如有则位于中毛内侧。气门板逗点形，背突明显。

生物学特性　生活于高原林区、灌丛、草地。成蜱在 4～6 月活动，4 月、5 月为活动高峰，8 月数量减少；幼蜱和若蜱多在 7 月、8 月活动。

（2）金泽革蜱 *D. auratus* Supino, 1897

定名依据　*auratus* 意为金色的“gold or golden”，故译为金泽革蜱。

宿主　幼蜱和若蜱主要寄生于中小型哺乳动物，包括灵长类、啮齿类、食虫类、食肉类，也侵袭人；有时还寄生于林鸡、家鸡等禽类。成蜱主要寄生于野猪，此外还寄生于水牛、犬、家猪、猪獾 *Arctonyx collaris*、黑熊 *Selenarctos thibetanus* 等哺乳动物，也侵袭人。

分布　国内：福建、甘肃、广东、海南、江西、台湾、云南、浙江；国外：巴布亚新几内亚、菲律宾、老挝、马来西亚、孟加拉国、缅甸、尼泊尔、斯里兰卡、泰国、印度、印度尼西亚、越南等。

鉴定要点

盾板珐琅斑浓厚；雌蜱的盾板近似圆形，宽略大于长。盾板中间的褐色纵带明显，自前缘稍后伸至盾板后缘。须肢粗短，前端略微圆钝；第Ⅱ节背面后缘刺比较发达；须肢外缘略微凸出；假头基基突粗短而钝。颈沟短；雄蜱的侧沟由大刻点组成，自假盾区之后伸至第Ⅰ缘垛之前。雌蜱的生殖孔呈宽 U 形，无翼状突。足转节Ⅰ背距宽三角形；基节Ⅰ～Ⅳ各有两个短距，相互分离；基节Ⅰ的距最大，且内、外两距的端部相离较小，基部分离；基节Ⅳ的距最小而尖，末端超出该节后缘；雄蜱基节Ⅳ不向后方显著伸长且在内、外距之间还有 2～3 个齿突。足Ⅱ～Ⅳ胫节和后跗节无强大腹距；各足基节无珐琅斑。气门板大，雌蜱呈圆钝的三角形，背突短，前缘具几丁质增厚区；雄蜱呈逗点形，背突短钝，前缘无几丁质增厚区。

具体描述

雌蜱（图 7-174）

呈宽卵形。饥饿个体长 5.24～5.98 mm（平均 5.71 mm），体宽 3.42～4.0 mm（平均 3.8 mm）。

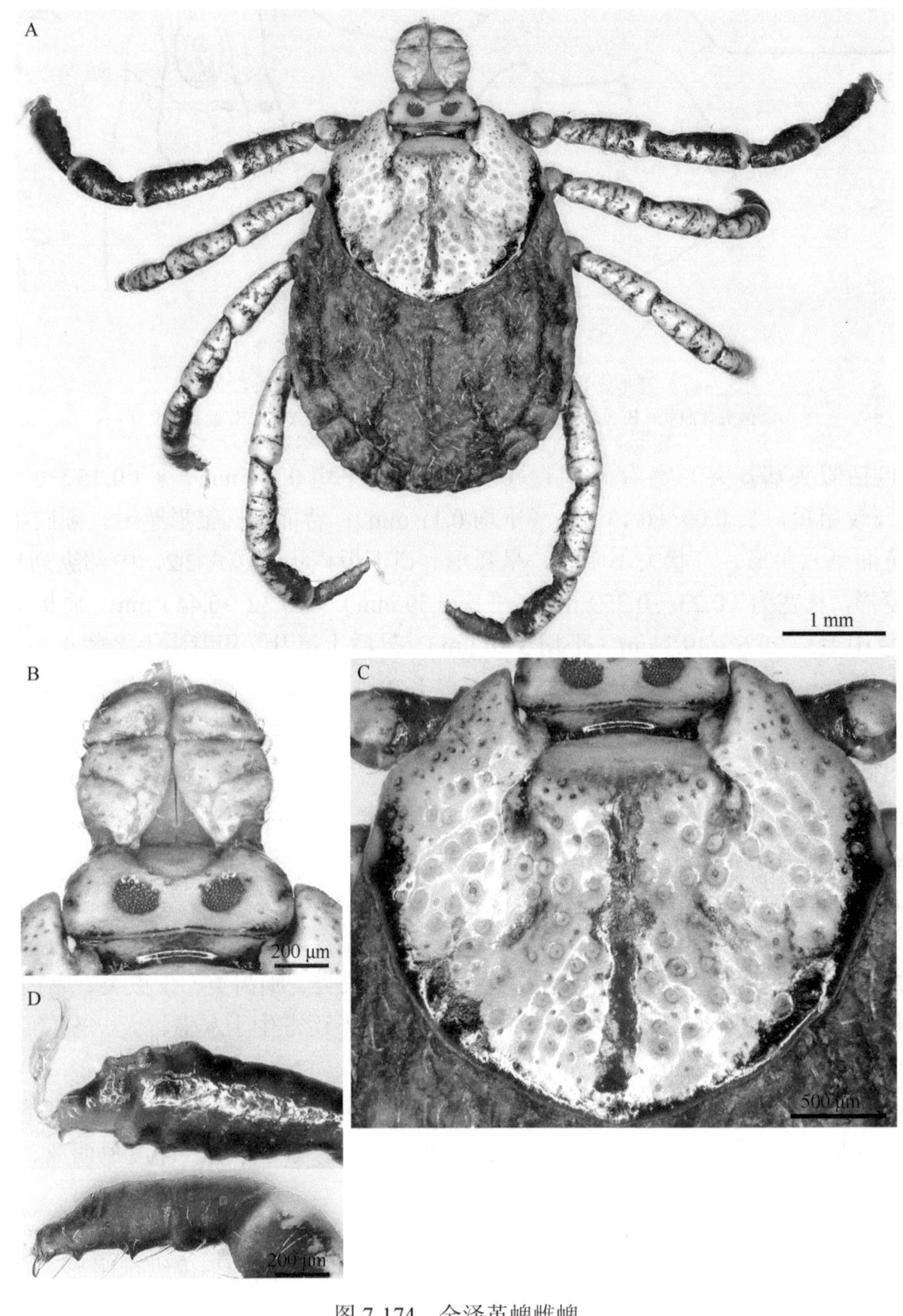

图 7-174　金泽革蜱雌蜱

A. 背面观；B. 假头背面观；C. 盾板；D. 跗节Ⅰ、跗节Ⅳ

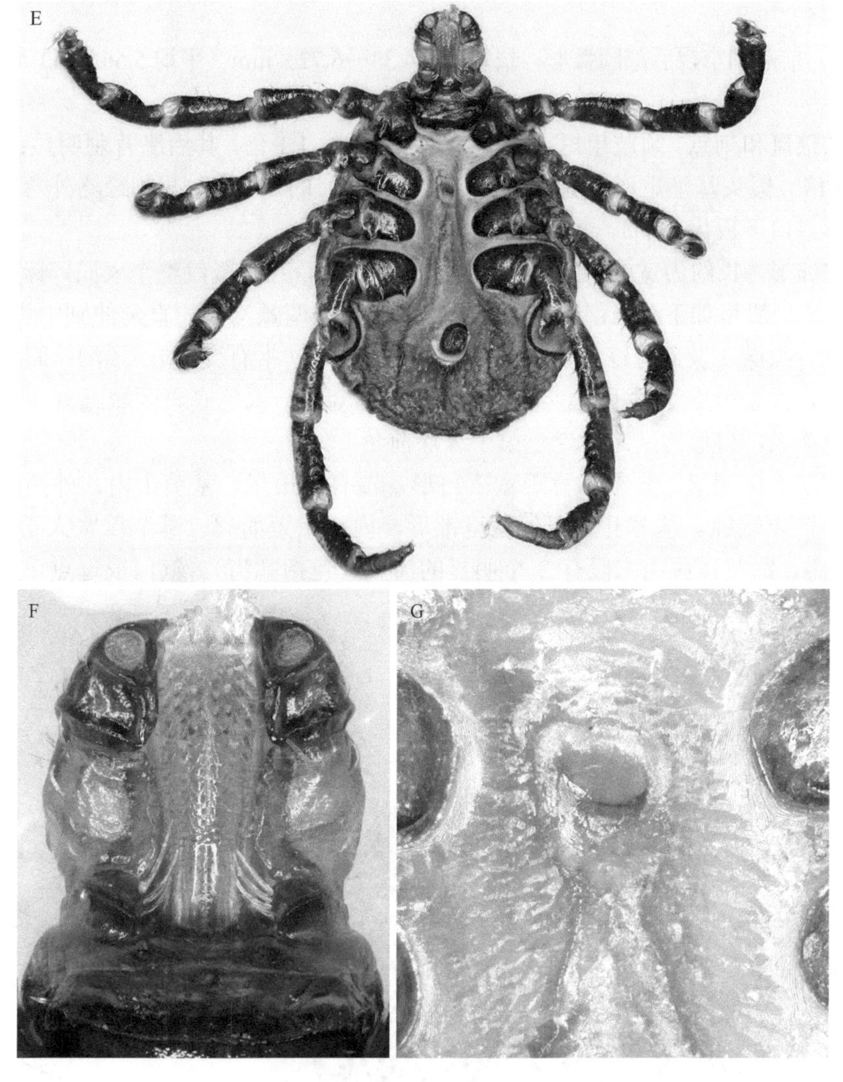

图 7-174　金泽革蜱雌蜱（续）
E. 腹面观；F. 假头腹面观；G. 生殖孔

须肢长约为宽的 1.69 倍，外缘略微凸出，表面有珐琅斑和小刻点；第Ⅱ节长约为第Ⅲ节的 1.7 倍，后缘背刺比较发达；第Ⅲ节外缘和内缘弧形，前端圆钝。假头基呈矩形，宽约为长（包括基突）的 2.19 倍。珐琅斑几乎覆盖全部表面，分布少量小刻点；基突短，呈宽三角形，其长小于基部之宽；孔区深陷，近似圆形，间距略小于其直径。口下板齿式 3|3，每纵列 13～15 枚齿；齿冠约占齿区的 1/7。

盾板通常近似圆形，宽略大于长，约为长的 1.1 倍；周缘略带微波状，在中部稍前最宽。盾板长宽为（1.99～2.57）mm（平均 2.19 mm）×（2.22～2.68）mm（平均 2.42 mm）。盾板表面珐琅斑浓厚，通常在盾板中部具有窄的 1 条褐色纵带，自前缘稍后伸至盾板后缘；沿颈沟向后具有 1 对弧形斑，其末端达不到盾板后侧缘；自眼稍前向后沿盾板边缘为半环形斑。颈沟前端深陷，后端较浅而外斜。刻点粗细不均，大刻点多分布在珐琅斑上；小刻点多集中于肩区、缘凹后方及盾板后缘。眼大而扁平，位于盾板两侧的前中部。异盾区刚毛长而密。

足背面具有明显的珐琅斑。转节Ⅰ背距具珐琅斑，呈宽三角形。基节Ⅰ、Ⅳ各具 2 个相离的短距；基节Ⅰ的距最大，且内、外两距的端部相离较小，但基部分离；基节Ⅳ的距最小而尖，末端超出该节后缘。跗节Ⅱ～Ⅳ腹面末段各有 3 个明显的齿突（包括端齿）。生殖孔大，短而宽，呈宽 U 形，无翼状突。气门板大，呈圆钝的三角形，背突短（从背部可见），具几丁质增厚区。

雄蜱（图 7-175）

身体呈卵圆形，前端稍窄，后部圆弧形。长宽为（4.33～6.72）mm（平均 5.66 mm）×（3.42～4.85）mm（平均 3.9 mm）。

假头背面具珐琅斑和刻点。须肢粗短；第Ⅱ节宽约为长的 1.1 倍，其后缘背刺明显；第Ⅲ节前端圆钝，约为第Ⅱ节的 0.9 倍。假头基呈矩形，宽约为长（包括基突）的 1.8 倍；两侧缘略外弯，后缘平直；基突粗短，呈宽三角形。口下板齿式 3|3，每纵列具齿 8～10 枚。

盾板一般为宽卵形，长约为宽的 1.3 倍。表面珐琅斑较浓，几乎覆盖整个表面，标本浸湿后珐琅斑显得更明亮。褐色底斑一般呈如下分布：盾板中间的褐色纵带从两颈沟间一直延伸到中垛；2 条副中线；伪盾的边缘线；中垛、缘垛 3 及部分缘垛 4；颈沟间的狭窄区域（常有变异）；颈沟；眼和缘垛间的体缘部位。刻点大小不等，混杂分布于盾板上，肩区几乎全为小刻点，褐色底斑区域无刻点。颈沟短，前端深陷。侧沟由大刻点连成，自假盾区之后延至第Ⅰ缘垛前角。

足粗大，背部珐琅斑明显。转节Ⅰ背距宽三角形，覆有珐琅斑。基节Ⅰ内、外两距的距裂较宽，基部分离；两距粗大，末端钝。基节Ⅱ、Ⅲ外距呈锥形，内距粗短而扁。基节Ⅳ宽大于长，约为长的 1.5 倍；具有 3～6 个距。跗节Ⅳ腹面末段有 3 个明显的齿突（包括端齿）。气门板逗点形，背突短钝（从背部可见），背缘无几丁质增厚区。

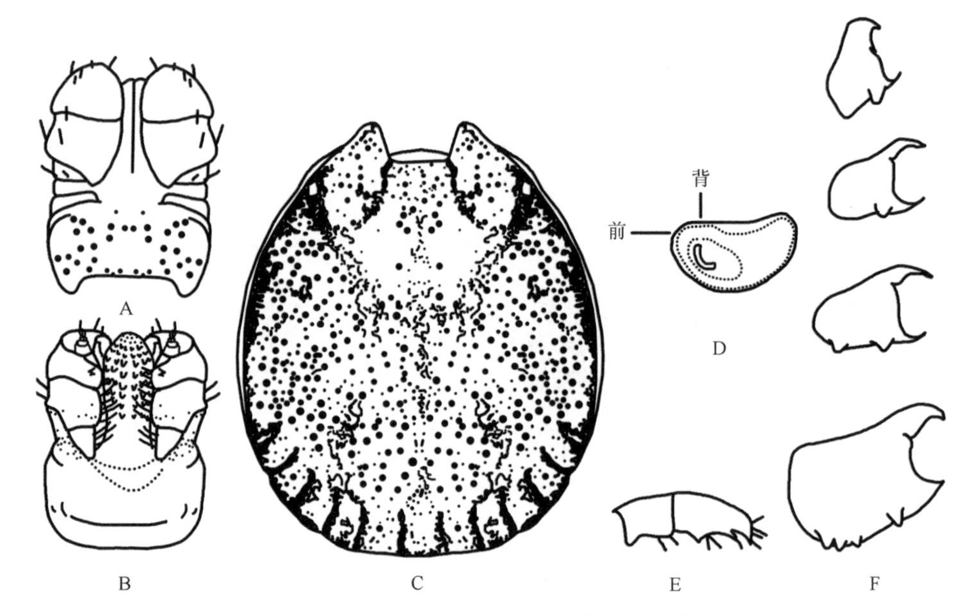

图 7-175　金泽革蜱雄蜱（参考：邓国藩和姜在阶，1991）
A. 假头背面观；B. 假头腹面观；C. 盾板；D. 气门板；E. 跗节Ⅳ；F. 基节

若蜱（图 7-176）

身体呈卵圆形，前端稍窄，后部圆弧形。长（包括假头）宽为（1.31～1.74）mm（平均 1.57 mm）×（0.75～1.02）mm（平均 0.87 mm）。

假头长（包括假头基基突）宽为（0.30～0.38）mm（平均 0.35 mm）×（0.31～0.41）mm（平均 0.37 mm）。须肢长 0.21～0.30 mm（平均 0.27 mm）；长约为宽的 3.8 倍；须肢第Ⅱ节的长度是第Ⅲ节的 1.17～1.71 倍（平均 1.48 倍）。假头基背面呈六角形。耳状突明显，呈角状。口下板棒状；齿式前半部为 3|3，后半部为 2|2。

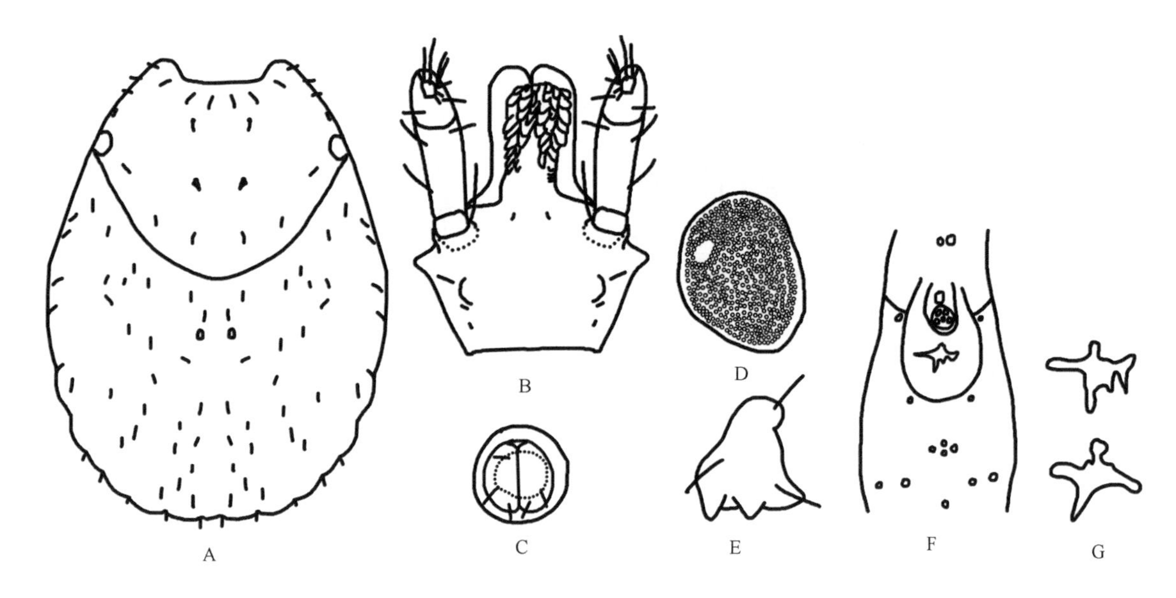

图 7-176　金泽革蜱若蜱（参考：邓国藩和姜在阶，1991）
A. 躯体背面观；B. 假头腹面观；C. 肛门；D. 气门板；E. 基节Ⅰ；F. 哈氏器模式图；G. 囊孔的变异

盾板呈心形，长宽为（0.52～0.69）mm（平均 0.62 mm）×（0.56～0.74）mm（平均 0.67 mm）。盾板上刚毛总数 25～32 根；背中毛长 19.2～33.2 μm。异盾上一侧背中毛 8～14 根，一侧亚缘毛 6～12 根；异盾上背中毛长 20.2～31.8 μm。躯体腹面一侧的侧毛 8～15 根。

基节Ⅰ外距与内距约等长。足Ⅰ哈氏器前窝与囊之间具有环沟。前窝感毛中孔毛向内侧弯曲；囊孔为十字形或大字形，远端分支顶部常膨大成小球状。气门板椭圆形，长 0.17～0.24 mm（平均 0.21 mm），外缘杯状体 56～86 个。

幼蜱（图 7-177）

身体呈卵圆形，前端稍窄，后部圆弧形。体长（包括假头）0.72～0.79 mm（平均 0.75 mm），体宽 0.47～0.53 mm（平均 0.50 mm）。

假头长（包括假头基基突）0.14～0.19 mm（平均 0.16 mm），假头宽 0.17～0.18 mm。须肢较短，长 0.11～0.12 mm，长约为宽的 2.2 倍。须肢背面有圆锥形感毛；第Ⅲ节腹面具 1 钝齿。假头基背面呈六角形。耳状突不明显，位于假头基近侧缘。口下板棒状；齿式 2|2。

盾板近似菱形，长宽为（0.28～0.31）mm（平均 0.29 mm）×（0.38～0.44）mm（平均 0.41 mm）。盾板上肩毛长 2.5～32.0 μm（平均 14.5 μm）。第Ⅰ背中毛长 12.3～36.9 μm（平均 17.1 μm）。异盾上第Ⅱ、Ⅲ背中毛均小于 21 μm，前 3 对背缘毛均小于 21 μm。胸毛 3 对，均小于 33 μm。肛前毛 2 对，均小于 30 μm。侧毛 2 对，均小于 39 μm。跗节Ⅰ长 0.19～0.23 μm（平均 0.21 μm）；哈氏器前窝与囊之间具有环沟。前窝感毛均着生于同一基盘，孔毛向内侧弯曲，囊孔为大字形；近端缝孔位于中毛外侧。

生物学特性　三宿主型，实验室条件下也有二宿主型报道。多见于山地、林区和农区。成蜱活跃于夏季到晚秋，夏季数量稍多于秋季。适宜条件下，金泽革蜱完成一个生活史至少需要 158 d，如产生滞育则需要 581 d 以上，大约需要两年才能完成其生活史（姜在阶，1987）。实验室条件下，各发育期的最长寿命分别为：幼蜱 141 d、若蜱 168 d、成蜱 475 d。

蜱媒病　在金泽革蜱的若蜱中曾分离出凯萨努森林病病毒（Kyasanur forest disease virus）和兰坚病毒（Lanjan virus）。人被该蜱叮咬后有血小板减少的病例报道。

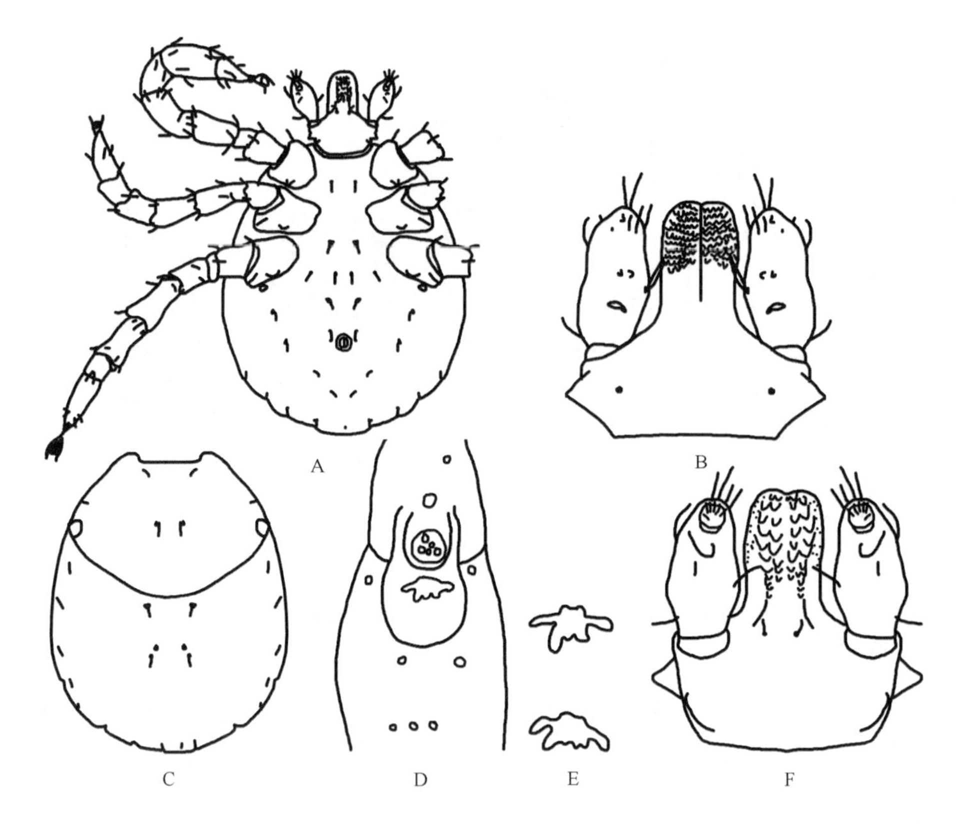

图 7-177 金泽革蜱幼蜱（参考：邓国藩和姜在阶，1991）
A. 腹面观；B. 假头背面观；C. 躯体背面观；D. 哈氏器模式图；E. 囊孔的变异；F. 假头腹面观

（3）美盾革蜱 *D. bellulus* (Schulze, 1935)

定名依据 “*bellulus*”意为美丽“beautiful”，可能暗指雄蜱具有明亮珐琅斑的盾板，故译为美盾革蜱。

美盾革蜱 *D. bellulus*（Schulze, 1935）曾被不同学者认为是妖脸革蜱 *D. atrosignatus*、金泽革蜱 *D. auratus* 或台湾革蜱 *D. taiwanensis* 的同物异名，长期作为无效种名。Apanaskevich 和 Apanaskevich（2015b）肯定了其分类地位，并重新进行了描述。该蜱与台湾革蜱相似，但两者存在明显区别，具体如下，雌蜱：①美盾革蜱生殖孔为窄 U 形，前部高度膨胀，侧缘具有明显的骨化板，而台湾革蜱为宽 V 形，前缘略膨胀，骨化板不明显；②美盾革蜱盾板窄，长宽比为 0.94，而台湾革蜱盾板宽，长宽比为 0.84；③美盾革蜱假头基的基突长，假头基的长度是基突长的 8.53 倍，而台湾革蜱的为 9.07 倍；④美盾革蜱的须肢宽短，长宽比为 1.86，而台湾革蜱的须肢窄长，长宽比为 2.02。雄蜱：①美盾革蜱的盾板窄，侧缘凸出少，而台湾革蜱的盾板宽，侧缘凸出多；②美盾革蜱的盾板侧缘具两个褐斑，前面的宽，后面的小（通常不明显），而台湾革蜱整个侧缘具有 1 个窄的褐色条带；③美盾革蜱的基突长，假头基的长度是基突长的 5.01 倍，而台湾革蜱的为 6.62 倍；④美盾革蜱的须肢宽短，长宽比为 1.6，而台湾革蜱窄长，长宽比为 1.8；⑤美盾革蜱的基节 I 距长，而台湾革蜱的距短。

宿主 幼蜱和若蜱寄生于华南兔 *Lepus sinensis*、板齿鼠 *Bandicota indica*、黄毛鼠 *Rattus losea*、褐家鼠 *Rattus norvegicus* 及其他家鼠 *Rattus* 成员。幼蜱还寄生于小板齿鼠 *Bandicota bengalensis*、卡氏小鼠 *Mus caroli*、台湾鼬獾 *Melogale moschata*、灰胸竹鸡 *Bambusicola thoracicus* 等。若蜱还寄生于大林姬鼠 *Apodemus speciosus*、社鼠 *Niviventer* spp.、亚洲家鼠 *Rattus tanezumi*、普通树鼩 *Tupaia glis* 等。成蜱多寄生于野猪 *Sus scrofa*。此外，成蜱还寄生于熊猫 *Ailuropoda melanoleuca*、亚洲黑熊 *Ursus thibetanus*、棕熊 *Ursus* sp.，也包括人。模式标本采自家犬。

分布　国内：福建、四川、台湾、西藏；国外：尼泊尔、日本、越南。

鉴定要点

盾板珐琅斑浓厚，几乎覆盖整个盾板；雌蜱的盾板呈卵圆形，宽略大于长。盾板中间的褐色纵带宽但不甚明显，自前缘延伸至盾板后缘。须肢粗短，前端略微圆钝；第Ⅱ节背面后缘无刺；须肢外缘略微凸出；假头基基突粗短而钝，呈宽三角形。颈沟短；雄蜱的侧沟由大刻点组成，自假盾区之后伸至第Ⅰ缘垛之前。雌蜱的生殖孔呈U形，前部高度膨胀，侧缘具明显骨化板。足转节Ⅰ背距宽三角形，顶端尖细，覆有珐琅斑；基节Ⅰ～Ⅳ各有两个短距，相互分离；基节Ⅰ的距最大，且内、外两距的端部相离较小，基部相连；基节Ⅳ的距最小而尖，末端超出该节后缘；雄蜱的基节Ⅳ不向后方显著伸长且在内、外距之间还有2～3个齿突。足Ⅱ～Ⅳ胫节和后跗节无强大腹距；各足基节无珐琅斑。气门板大，雌蜱呈圆钝的三角形，背突明显，前缘具几丁质增厚区；雄蜱呈逗点形，背突较长并向背部延伸，前缘具几丁质增厚区。

具体描述

雌蜱（图7-178，图7-179）

躯体呈宽卵形，中部靠前最宽。

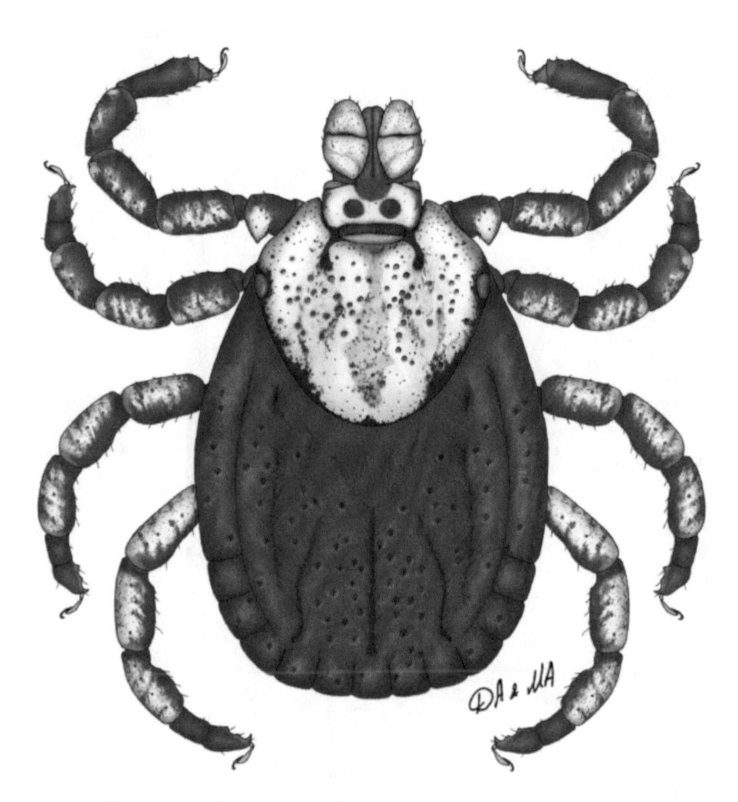

图7-178　美盾革蜱雌蜱背面观（引自：Apanaskevich & Apanaskevich，2015b）

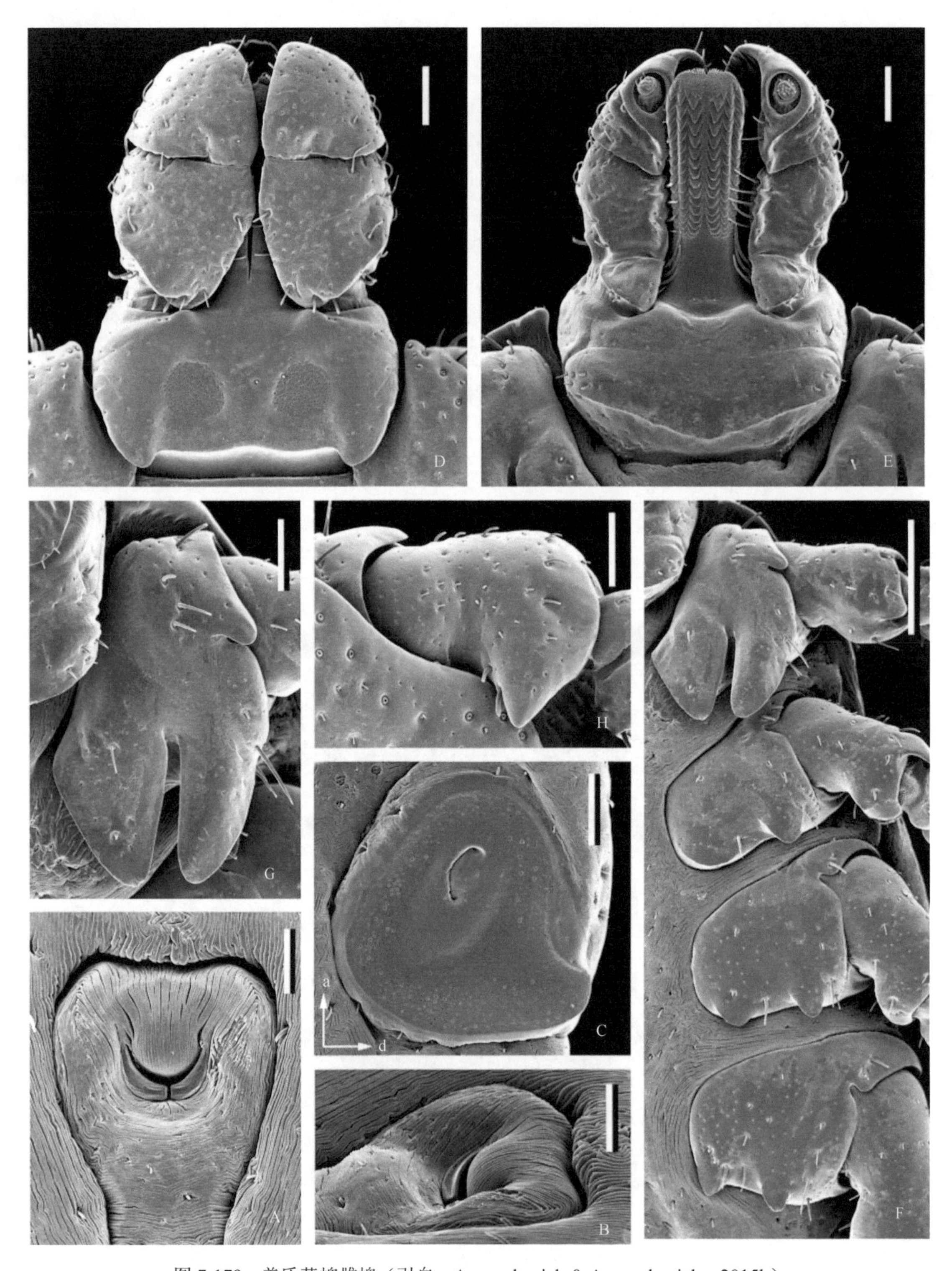

图 7-179 美盾革蜱雌蜱（引自：Apanaskevich & Apanaskevich，2015b）

A. 生殖孔腹面正面观，标尺 0.1 mm；B. 生殖孔腹面侧面观，标尺 0.1 mm；C. 气门板，标尺 0.2 mm；D. 假头背面观，标尺 0.2 mm；E. 假头腹面观，标尺 0.2 mm；F. 基节，标尺 0.5 mm；G. 基节Ⅰ，标尺 0.2 mm；H. 转节Ⅰ，标尺 0.2 mm；a. 前面；d. 背面

假头长 1.12～1.52 mm（平均 1.34 mm），宽 0.86～1.17 mm（平均 1.03 mm）；长约为宽的 1.3 倍，表面有珐琅斑和小刻点。须肢粗短，外缘略微凸出。须肢第Ⅱ节最长，其次为第Ⅲ节，第Ⅳ节最短。第Ⅱ节后缘无明显背刺；第Ⅲ节外缘和内缘弧形，前端圆钝。假头基矩形，后缘直或浅弧形；长 0.42～0.59 mm，宽约为长（包括基突）的 2.08 倍。珐琅斑几乎覆盖全部表面，分布少量小刻点。基突短，呈宽三角形。

孔区深陷，近似圆形，间距约等于其直径。口下板棒状，齿式 3|3。

盾板呈卵圆形，长宽为（1.87～2.69）mm（平均 2.37 mm）×（2.16～2.85）mm（平均 2.51 mm）；长宽比 0.85～1.01（平均 0.94）。盾板表面珐琅斑浓厚，几乎覆盖盾板大部分；通常盾板的褐斑排列如下：2 对小褐斑分布在颈沟；1 对狭窄褐斑分布在两个颈沟之间；1 个宽的纵向褐色条带分布在盾板中间，不太明显，隐约自前缘延伸至盾板后缘；1 个自眼向后沿盾板边缘的窄长半环形褐斑，分别在颈沟后缘处和盾板后缘顶点变宽。颈沟明显，深度中等。盾板小刻点稠密，均匀分布在盾板上；大刻点疏密不均，多分布在颈区和盾板中央的前部。眼大而扁平，位于盾板两侧的前中部。

足背面具有明显的珐琅斑。转节 I 背距具珐琅斑，宽三角形，顶端尖细。基节 I 内距宽三角形，顶端圆钝，外距窄三角形，顶端或宽或窄，两距约等长且相互靠近；基节 II～IV 各具内、外两距，依次渐窄，基节 II 内距呈脊状，基节 IV 的距最窄，末端超出该节后缘。跗节 II～IV 腹面末段各有 3 个明显的齿突（包括端齿）；跗节 IV 长宽为（0.81～1.16）mm ×（0.37～0.56）mm，长宽比为 2.06～2.43。生殖孔位于基节 II 水平线，呈 U 形，前部高度膨胀，侧缘具明显骨化板。气门板呈圆钝的三角形，背突明显，前缘具几丁质增厚区。

雄蜱（图 7-180，图 7-181）

假头背面具珐琅斑和刻点，长 0.92～1.46 mm（平均 1.15 mm），假头基宽 0.60～0.97 mm（平均 0.79 mm）；长为宽的 1.32～1.57 倍。须肢粗短，长宽为（0.54～0.87）mm（平均 0.67 mm）×（0.32～0.51）mm（平均 0.42 mm）；长为宽的 1.41～1.96 倍；第 II 节后缘无背刺；第 III 节前端圆钝，短于第 II 节，第 I 节次之，第 IV 节最短。假头基呈矩形，长 0.38～0.60 mm（平均 0.49 mm）；宽约为长的 1.61 倍（包括基突）；两侧缘略外弯，后缘平直或略凹；基突粗短，呈宽三角形。口下板棒状，齿式 3|3。

盾板呈宽卵圆形，侧缘凹入，盾板后 1/3 处最宽。长宽为（3.69～6.12）mm（平均 4.99 mm）×（2.69～4.50）mm（平均 3.59 mm）；长为宽的 1.31～1.51 倍。表面珐琅斑较浓，几乎覆盖整个表面。褐色底斑深浅不一，界限不明显，一般呈如下分布：1 对窄的颈沟褐斑从颈沟向后延伸至伪盾区边缘；1 对小的褐色底斑位于颈沟褐斑的外侧；伪盾中间具有一条宽的、比较模糊的褐色纵带；伪盾

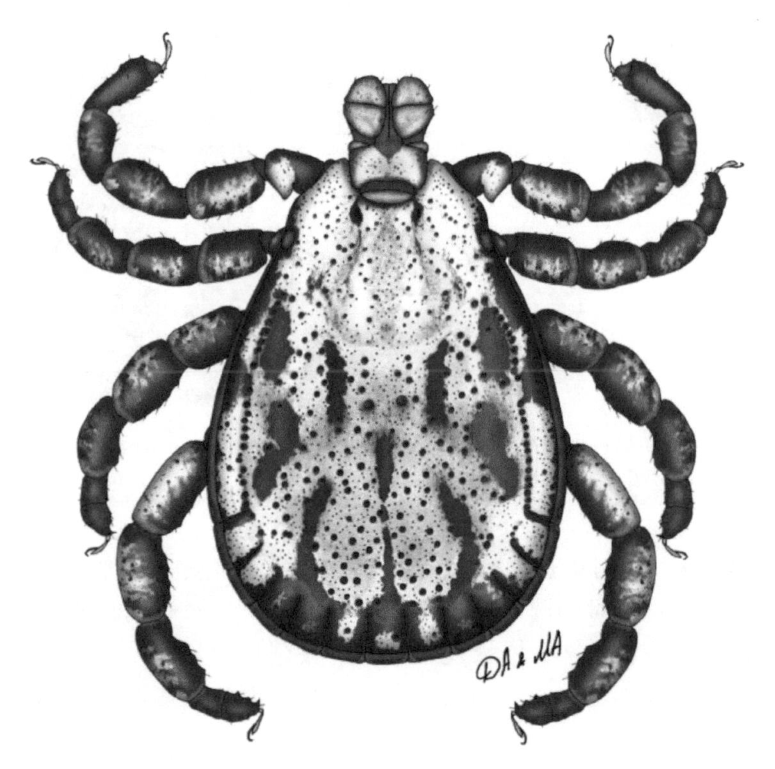

图 7-180　美盾革蜱雄蜱背面观（引自：Apanaskevich & Apanaskevich，2015b）

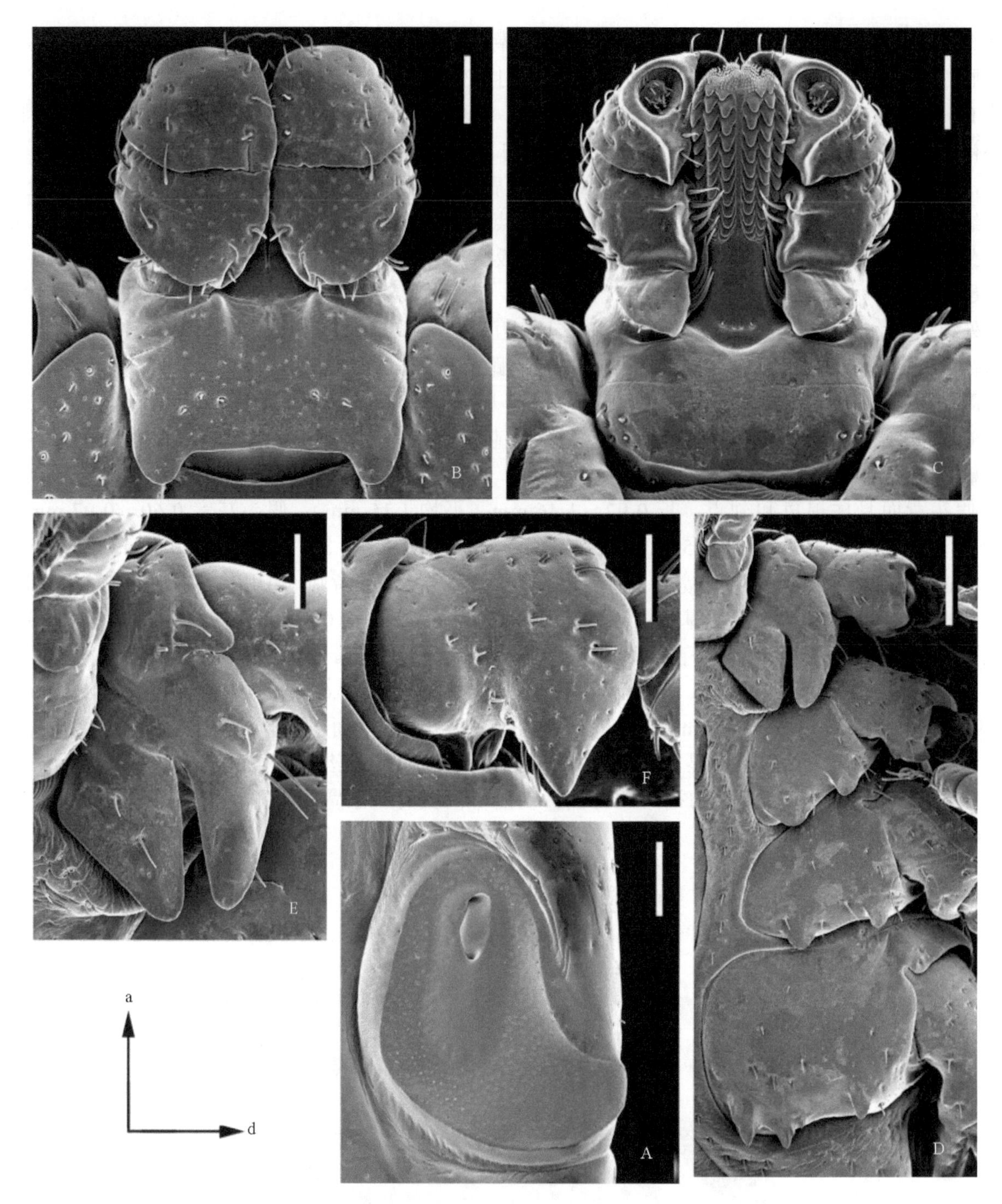

图 7-181　美盾革蜱雄蜱（引自：Apanaskevich & Apanaskevich，2015b）

A. 气门板，标尺 0.2 mm；B. 假头背面观，标尺 0.2 mm；C. 假头腹面观，标尺 0.2 mm；D. 基节，标尺 0.5 mm；E. 基节 I，标尺 0.2 mm；F. 转节 I，标尺 0.2 mm；a. 前面；d. 背面

的后中部边界通常比较模糊；2 对褐斑位于盾板侧缘，前面 1 对从眼延伸至身体中部，后面 1 对褐斑沿盾板的大部分侧缘延伸；2 对卵圆形褐斑位于侧沟内侧；1 对中间褐斑；一条狭窄的褐斑位于后中区及其附近；第Ⅲ、Ⅳ缘垛和部分中垛及副中垛。大刻点中等密度，分布在整个盾板，但在侧缘及后部较密，伪盾区稀少；小刻点密，均匀分布。颈沟短而浅。侧沟由大刻点连成，自眼后延至第 I 缘垛前角。

足粗大，背部珐琅斑明显。足转节 I 背距宽三角形，顶端尖细，覆有珐琅斑。基节 I 内距宽三角形，顶端圆钝，外距窄三角形，顶端或宽或窄，两距相对较长，长度约等且相互靠近；基节Ⅱ～Ⅳ的距依次渐窄，基节Ⅱ内距呈脊状，基节Ⅳ的距最窄，基节Ⅱ、Ⅲ均具两距，基节Ⅳ具3～6个距。跗节Ⅱ～Ⅳ腹面末段各有3个明显的齿突（包括端齿）；跗节Ⅳ长宽为（0.75～1.29）mm ×（0.37～0.66）mm，长宽比为1.85～2.25。气门板逗点形，背突宽，向背方弯曲，前缘具几丁质增厚区。

（4）坚实革蜱 *D. compactus* Neumann, 1901

定名依据　“*compactus*”意为粗壮的“strongly built”，可能是指雄蜱的足很粗壮，故译为坚实革蜱。

宿主　未成熟期主要寄生于啮齿动物；成蜱主要寄生于野猪，有时也寄生于水牛、狗、老虎、豪猪、穿山甲、蟒蛇、灵猫等，还包括人。

分布　国内：海南；国外：马来西亚、越南、印度尼西亚。

鉴定要点

中等大小。假头基基突短钝；雌蜱孔区小、圆形，孔区间距小。雄蜱盾板宽卵形，长约为宽的1.5倍；侧沟由大、中型刻点构成，延伸到盾板中部或略超过中部，中间有间断；白色珐琅斑几乎覆盖整个盾板，褐色底斑主要分布在盾板中线、副中线、伪盾区侧缘、中垛（部分）和第Ⅲ、Ⅳ缘垛（部分）及颈沟间前端的小部分。雌蜱盾板宽为长的1.4倍；白色珐琅斑几乎覆盖整个盾板，眼周围和后面连续区具有宽的褐斑，中部通常为褐色；中垛黄色，其他缘垛部分黄色。基节Ⅰ距（雌、雄）相距很远，与宽三角形的内距相比，外距较为细长。基节Ⅱ～Ⅳ各有2距，小（不及基节Ⅰ距的1/2），约等长，三角形。雄蜱的基节Ⅳ变大，宽约为长（不包括2距）的1.4倍。雌蜱的生殖孔异常小，呈窄U形。

具体描述

雌蜱（图7-182，图7-183）

躯体呈卵圆形，中部最宽，前端稍窄，后部圆弧形。长宽为（5.07～7.24）mm（平均6.45 mm）×（3.48～4.28）mm（平均3.98 mm）。

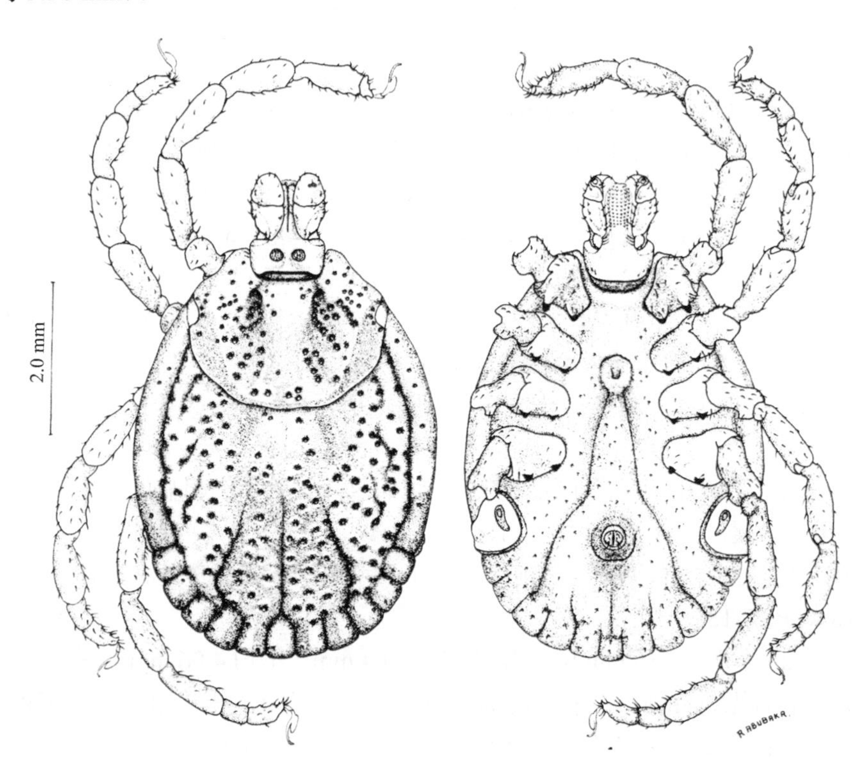

图7-182　坚实革蜱雌蜱背面观和腹面观（引自：Wassef & Hoogstraal，1983）

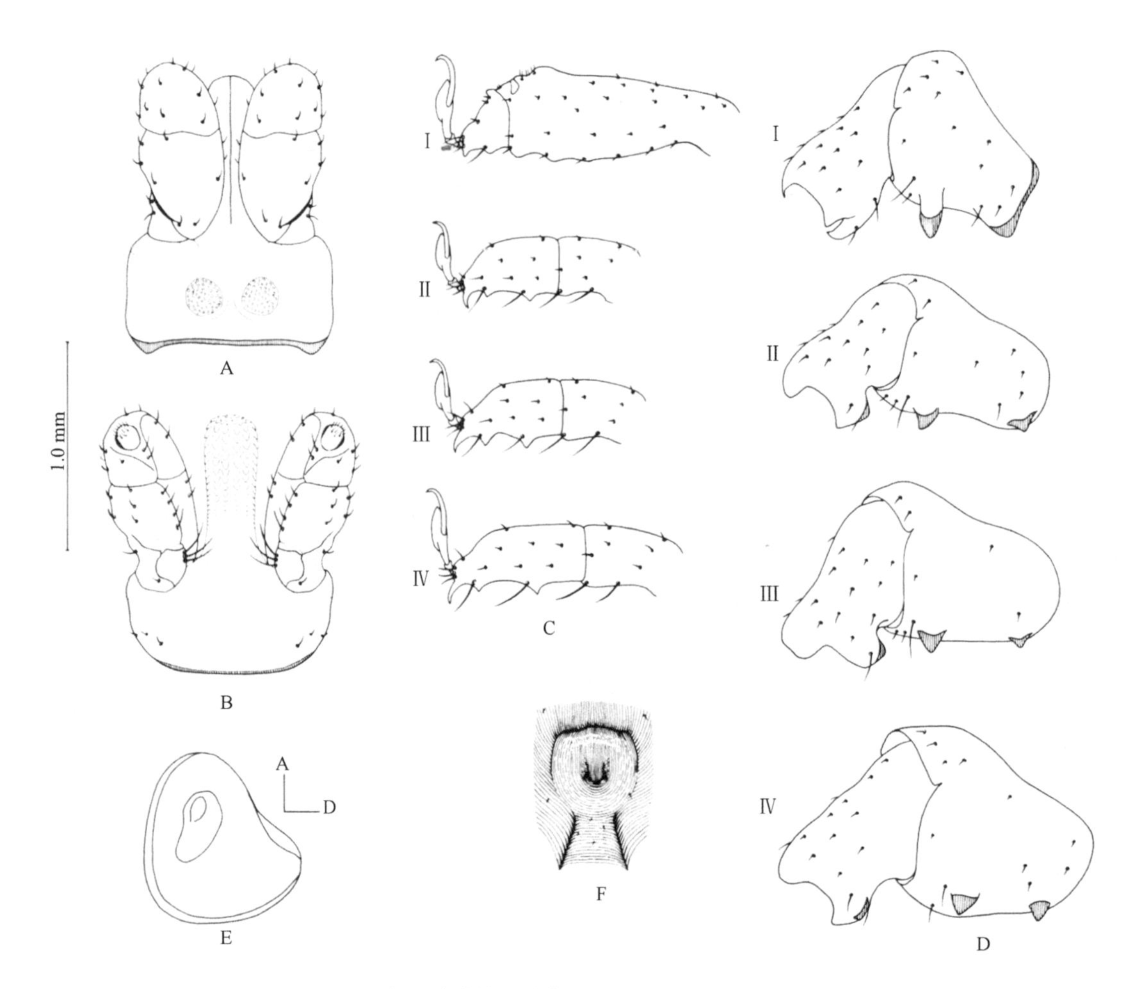

图 7-183 坚实革蜱雌蜱（引自：Wassef & Hoogstraal，1983）

A. 假头背面观；B. 假头腹面观；C. 跗节 I～IV；D. 基节 I～IV；E. 气门板；F. 生殖孔

须肢粗短。须肢第II节最长，其次为第III节，第IV节最短。第II节后缘无明显背刺；第III节前端圆钝。假头基呈矩形，宽约为长（包括基突）的 1.7 倍。基突短，末端圆钝。孔区小、深陷，呈圆形，间距短。口下板棒状，顶端圆钝；长为宽的 2 倍；齿式 3|3，每列具齿 8～10 枚。

盾板长宽为（1.99～2.39）mm（平均 2.26 mm）×（2.57～3.08）mm（平均 2.8 mm）；长宽比 0.83。盾板表面珐琅斑几乎覆盖盾板大部分；自眼向后沿盾板边缘的半环形褐斑宽；盾板中部的褐色纵带宽且不连续。颈沟浅甚至不明显，分布着一些大刻点。盾板刻点少，多为大中型刻点，分布不均匀。眼平钝，卵圆形，周围有 4～5 个刻点，位于盾板两侧的前中部。

足转节 I 背距具珐琅斑，宽三角形。转节II～IV腹距小，呈三角形或不明显。基节 I 两个距短，相离甚远，长度约等；内距宽三角形，顶端圆钝，外距窄三角形。基节II～IV各具内、外两个短距，呈三角形，略超出基节边缘。跗节II～IV背面骤然变细，腹面末段各有 3 个明显的齿突（包括端齿）。爪大，且第 I 足的爪大于II～IV足；爪垫短，仅达爪长的 1/2。生殖孔位于基节II水平线，生殖孔异常小，呈窄 U 形。气门板呈圆钝的三角形，背突圆钝，前缘具几丁质增厚区，气门斑的杯状体小而密。

雄蜱（图 7-184，图 7-185）

体长 5.42～6.95 mm（平均 6.15 mm），体宽 3.31～5.64 mm（平均 4.06 mm）。假头背面具珐琅斑和刻点。须肢粗短；第II节后缘无背刺；第III节前端圆钝，短于第II节，第 I 节次之，第IV节最短。假头基呈矩形，宽约为长（包括基突）的 1.7 倍；两侧缘直，后缘平直或略凹；基突粗短，呈宽三角形。口下板棒状，顶端圆钝，长为宽的 2 倍；齿式 3|3，每列具齿 8～10 枚。

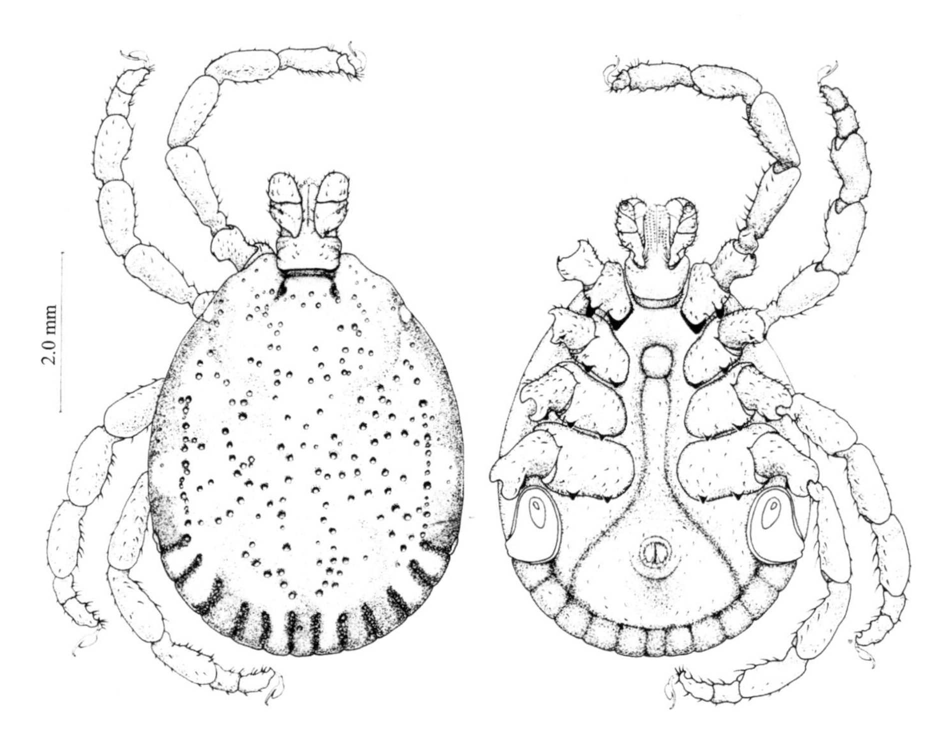

图 7-184　坚实革蜱雄蜱背面观和腹面观（引自：Wassef & Hoogstraal，1983）

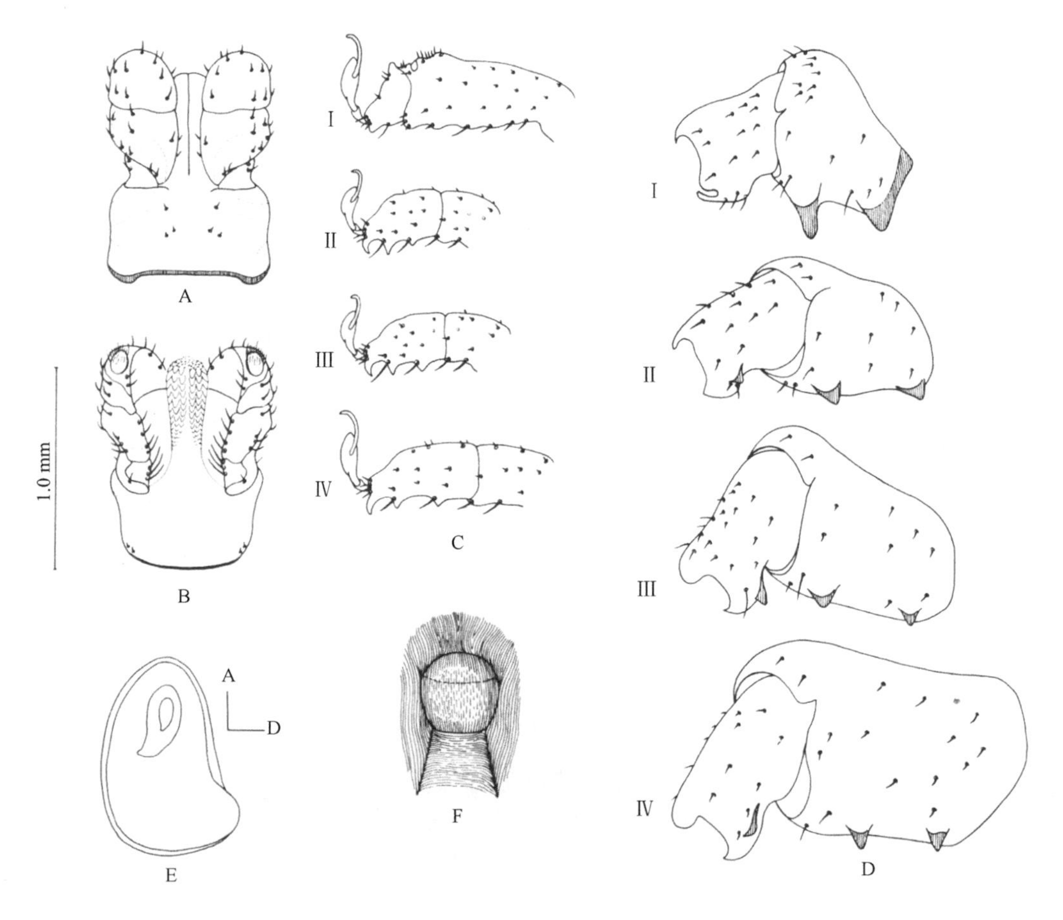

图 7-185　坚实革蜱雄蜱（引自：Wassef & Hoogstraal，1983）

A. 假头背面观；B. 假头腹面观；C. 跗节 I ～Ⅳ；D. 基节 I ～Ⅳ；E. 气门板；F. 生殖孔

盾板呈宽卵圆形。长约为宽的 1.51 倍。表面珐琅斑几乎覆盖整个盾板。褐色底斑一般呈如下分布：连接缘垛的中线及副中线；伪盾的后缘边界线；从眼延伸至缘垛的 2 个边缘区；部分中垛；缘垛Ⅲ、缘垛Ⅳ；颈沟之间的小部分区域。刻点少，大而深，分布不均匀，通常盾板后部的刻点大于前部，凸起的褐色区域无刻点。颈沟不明显。侧沟由大而深的刻点组成，有中断，延续至盾板中部附近。

足粗大，背部珐琅斑明显。足转节Ⅰ背距宽三角形，覆有珐琅斑。转节Ⅱ～Ⅳ腹距小，呈三角形或不明显。基节Ⅰ两个距短，相离甚远，长度约等；内距宽三角形，顶端圆钝，外距窄三角形。基节Ⅱ～Ⅳ各具内、外两个短距，呈三角形，略超出基节边缘。基节Ⅳ明显很大，宽约为长的 1.4 倍。跗节Ⅱ～Ⅳ背面骤然变细，腹面末段各有 3 个明显的齿突（包括端齿）。爪大，且第Ⅰ足的爪大于Ⅱ～Ⅳ足；爪垫短，仅达爪长的 1/2。气门板近似于椭圆形，背突圆钝，前缘具几丁质增厚区，气门斑的杯状体小而密。

（5）西藏革蜱 *D. everestianus* Hirst, 1926

定名依据 该蜱以珠穆朗玛峰命名。然而，早期中文译名西藏革蜱已广泛使用。

阿坝革蜱 *D. abaensis* Teng 和俾氏革蜱 *D. birulai* Olenev 被认为是西藏革蜱的同物异名。详见阿坝革蜱的相关描述。

宿主 幼蜱和若蜱寄生于 *Lepus*、小林姬鼠 *Apodemus sylvaticus* 等啮齿动物；成蜱寄生于绵羊、岩羊、犏牛、黄牛、马、鼠兔 *Ochotona*、野兔等哺乳动物。

分布 国内：西藏（模式产地）；国外：尼泊尔。

鉴定要点

盾板珐琅斑浓厚。须肢粗短，雌蜱前端略微尖出，雄蜱圆钝；第Ⅱ节背面后缘的刺不明显；须肢外缘圆弧形凸出，不呈角状；假头基基突短而圆钝。雌蜱生殖孔有翼状突。足转节Ⅰ背距短，末端粗钝；基节Ⅰ距裂浅，两距约等长或外距较内距稍短；基节Ⅳ外距短，末端略超出该节后缘。足Ⅱ～Ⅳ胫节和后跗节无强大腹距；各足基节具珐琅斑。雌蜱气门板为短逗点形，雄蜱长逗点形；背突前缘多数具几丁质增厚区。

具体描述

雌蜱（图 7-186）

假头短，珐琅斑较浓，几乎覆盖整个表面。须肢粗短，前端略微尖出；刻点小而稀疏；第Ⅱ节后缘背刺不甚发达。假头基呈矩形，宽 0.48～0.67 mm（平均 0.59 mm）；宽为长（包括基突）的 1.73～2.38 倍；几乎无刻点；基突粗短，不甚明显。孔区卵圆形，大而深陷，向外斜置，间距小于其短径。口下板齿式前段 4|4，后段 3|3。

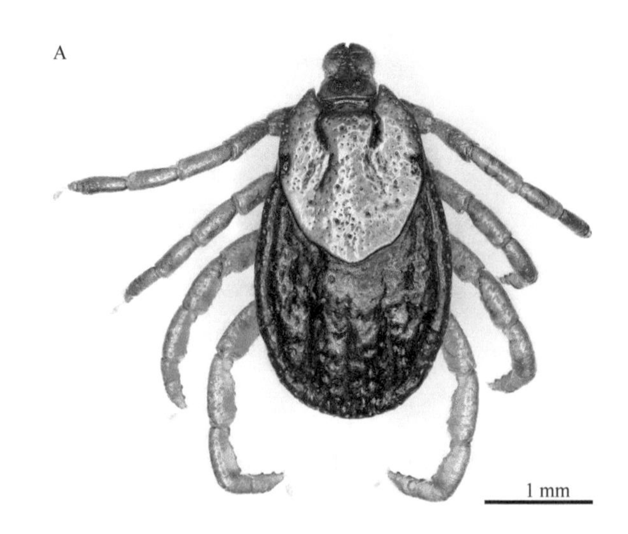

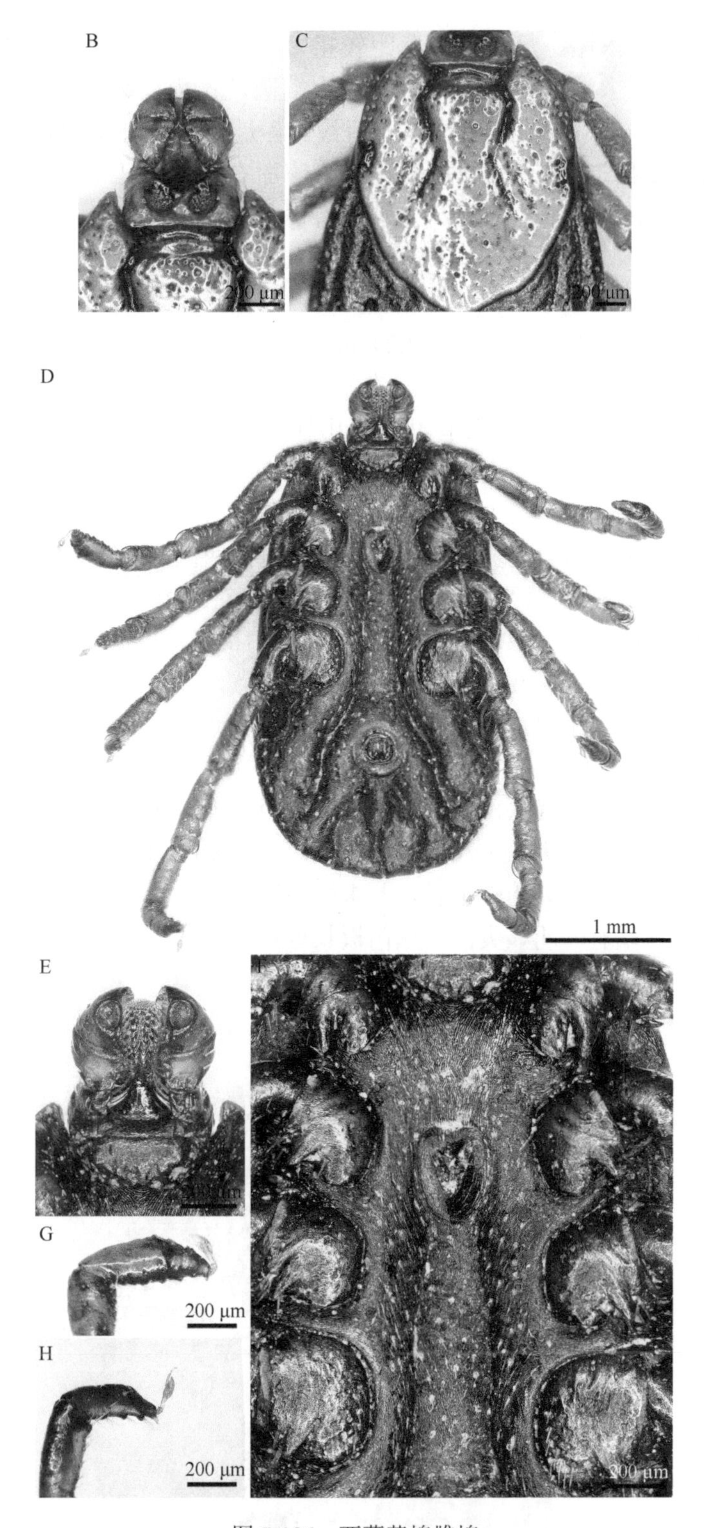

图 7-186　西藏革蜱雌蜱

A. 背面观；B. 假头背面观；C. 盾板；D. 腹面观；E. 假头腹面观；F. 基节及生殖孔；G. 跗节Ⅰ；H. 跗节Ⅳ

盾板长宽约 1.75 mm×1.51 mm；近似心形，前侧缘不明显凸出，后侧缘向后渐窄，略呈微波状，后缘窄呈圆角状凸出。盾板珐琅斑浓厚，几乎覆盖整个表面，仅在盾板前缘、颈沟区及眼周围留下很少的褐色底斑；表面遍布小刻点，仅在肩区及前缘后方夹杂少量大刻点。颈沟前深后浅，并向外斜伸。眼位于盾板两侧，呈椭圆形，略微凸出。

各足粗细相似，珐琅斑浓厚。足转节Ⅰ背距较粗短，珐琅斑浓，几乎覆盖整个背距；基节Ⅰ距裂相当浅，外距基部粗大，末端尖细；内距短粗，末端圆钝；内、外距约等长或外距略长于内距。基节Ⅱ～Ⅳ的外距明显，基节Ⅳ末端略超过该节后缘。各足基节均具珐琅斑，在基节Ⅰ、Ⅱ相当多，在基节Ⅲ、Ⅳ则少。足Ⅰ跗节末端有一个小的端齿，腹面有5个微小突起。足Ⅳ跗节末端有一个小的端齿，其后方还有2个不甚明显的小齿。生殖孔有翼状突。气门板大，逗点形，背突窄短，几丁质增厚区明显。

雄蜱（图7-187，图7-188）

体呈长卵形，长（包括假头）宽为（3.6～4.2）mm×（2.1～2.3）mm。

假头短，珐琅斑浓厚，几乎覆盖整个表面；散布少数小刻点。须肢外缘圆弧形，无角状凸出；第Ⅱ节宽略胜于长，后缘背刺极不发达；第Ⅲ节短于第Ⅱ节，前缘圆钝。假头基呈矩形，长宽为（0.46～0.51）mm×（0.25～0.32）mm；宽约为长（包括基突）的1.6倍；基突粗大而钝。口下板齿式3|3。

盾板长宽约3.5 mm×2.1 mm；其上珐琅斑浓厚，覆盖极大部分表面；眼周缘、缘垛周缘、颈沟、颈沟末端外侧、两颈沟间及向后区域具有大小不等的褐色底斑；两侧缘珐琅斑延至第Ⅰ缘垛前缘。褐色底斑具体排列如下：1对眼周褐斑；6对缘垛褐斑；5对侧斑（1对颈沟褐斑、1对颈沟后内侧褐斑、1对颈沟后外侧褐斑、1对中后侧斑、1对近副中垛侧斑）；1对盾窝褐斑；1个后中部褐斑。盾板表面刻点大小不一，小刻点很多，分布整个表面，在后方中部有少数大刻点。颈沟短小，深凹。侧沟窄长而明显，后端伸至第Ⅰ缘垛前角。缘垛大小不等，由外向内逐渐细窄，表面均有大小不等的珐琅斑。眼圆形，略微凸出。

足粗壮，除跗节外各节背面有浅珐琅斑。足转节Ⅰ背距短钝，珐琅斑浓，几乎覆盖整个背距；基节Ⅰ内外距的距裂较浅；外距基部粗大，末端尖细；内距短粗，末端圆钝；内距略长于外距。基节Ⅱ～Ⅳ外距明显。基节Ⅳ显著向后伸长，外距较窄长，其末端略微超过该节后缘。各足基节具珐琅斑。足跗节Ⅳ腹面亚端部有一齿突，末端有一明显尖齿。气门板长逗点形；背突逐渐细窄，向后背方斜伸接近盾板边缘；背突周缘多数有几丁质增厚区。

图7-187　西藏革蜱雄蜱背面观

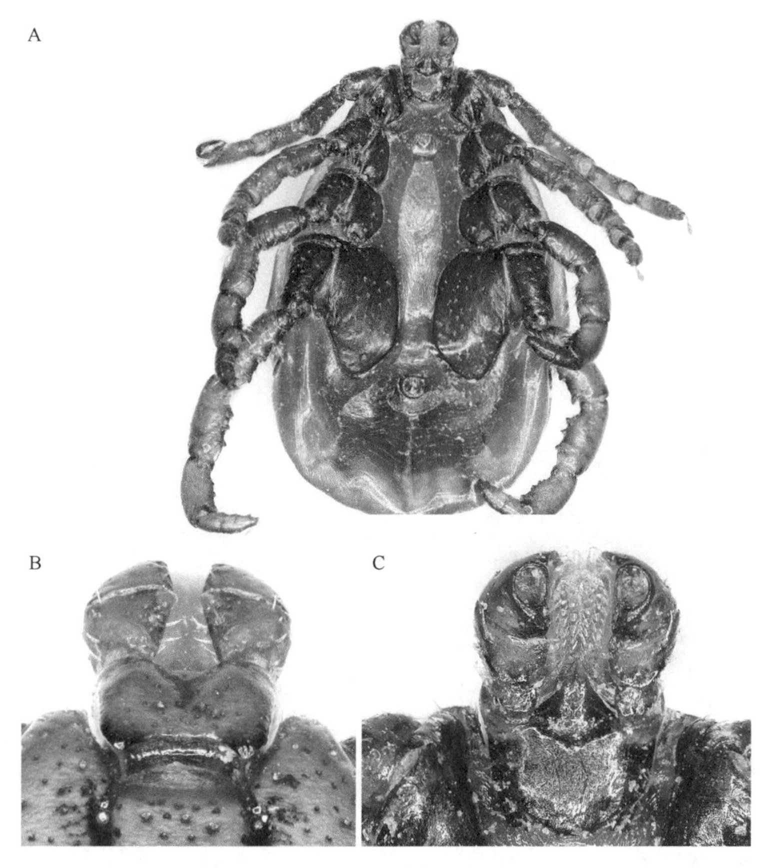

图 7-188　西藏革蜱雄蜱

A. 腹面观；B. 假头背面观；C. 假头腹面观

若蜱（图 7-189）

身体呈卵圆形，前端稍窄，后部圆弧形。体长（包括假头）为 1.095 mm，体宽 0.623 mm。

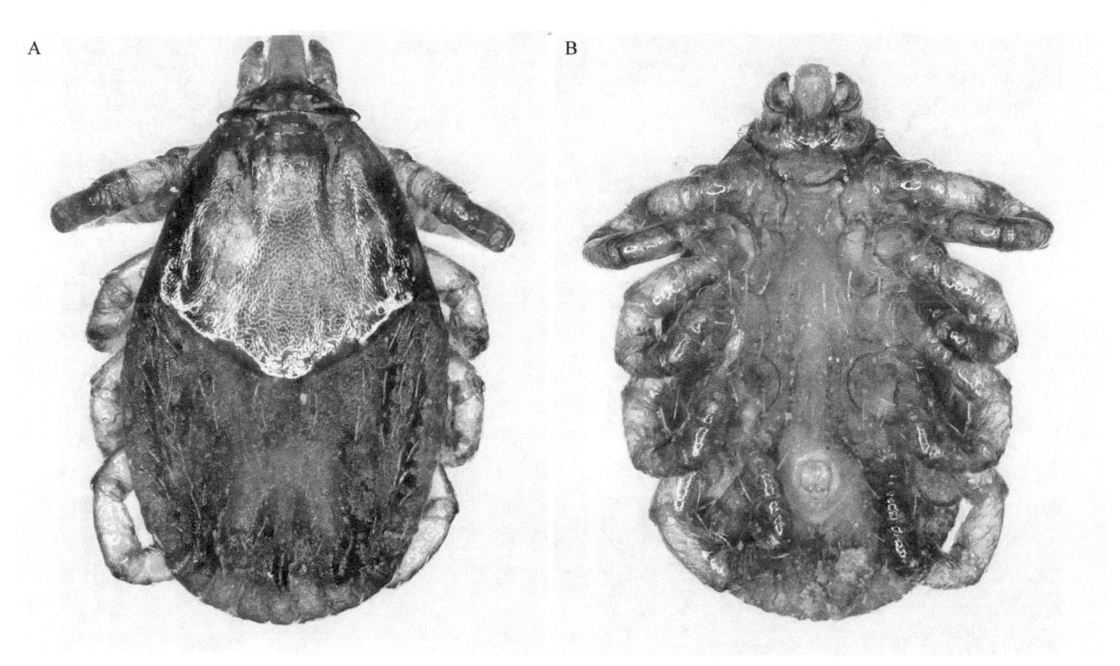

图 7-189　西藏革蜱若蜱

A. 背面观；B. 腹面观

假头长（包括假头基基突）0.166 mm，假头宽 0.274 mm。须肢较粗短，长 0.121 mm，长约为宽的 2.27 倍。假头基背面呈六角形。耳状突明显，呈角状。口下板粗短，呈棒状；齿式前部 3|3，后部 2|2；中部纵列具大齿 5～6 枚。

盾板呈心形，长宽约 0.485 mm×0.525 mm。基节 I 外距明显长于内距。跗节 I 较短，在哈氏器前窝与囊之间具有一个环沟。

幼蜱（图 7-190）

身体呈卵圆形，前端稍窄，后部圆弧形。体长（包括假头）0.660～0.902 mm（平均 0.739 mm）；体宽 0.401～0.530 mm（平均 0.445 mm）。

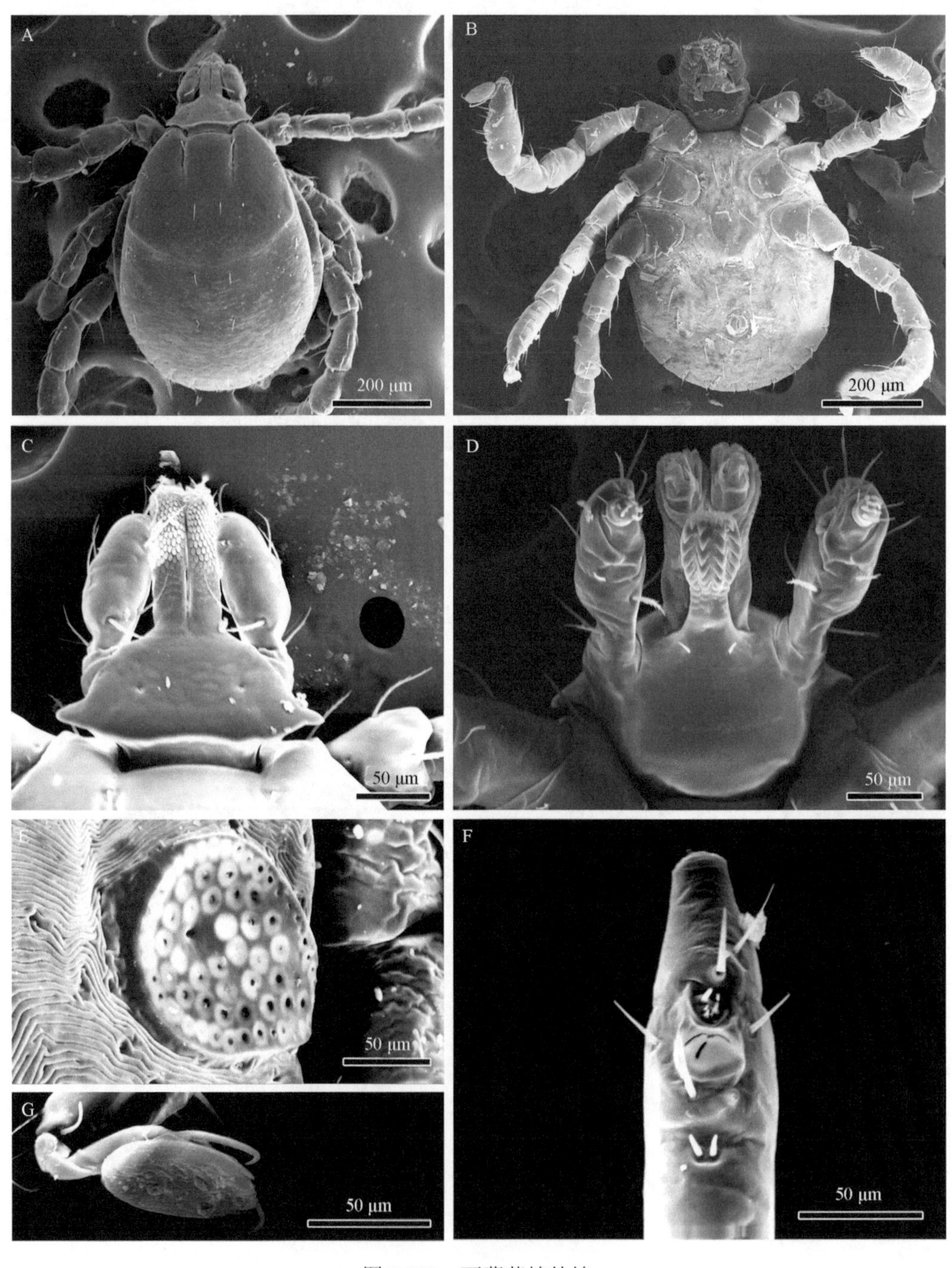

图 7-190　西藏革蜱幼蜱

A. 背面观；B. 腹面观；C. 假头背面观；D. 假头腹面观；E. 气门板；F. 哈氏器；G. 爪

假头长宽为（0.140～0.196）mm（平均 0.167 mm）×（0.177～0.236）mm（平均 0.189 mm）。须肢较长，长 0.101～0.126 mm（平均 0.114 mm），长为宽的 2.57～2.88 倍；口下板长约为宽的 3.51 倍。须肢第Ⅲ节腹面有一钝齿。假头基背面呈六角形。耳状突不明显。口下板棒状；齿式 2|2，中部纵列具大齿 5 枚。

盾板略呈菱形，长宽为（0.286～0.380）mm（平均 0.312 mm）×（0.347～0.440）mm（平均 0.376 mm）。跗节Ⅰ长 0.162 mm，哈氏器前窝与囊之间具有一个环沟。前窝感毛中孔毛直；囊孔为丁字形。多数无近端缝孔，如有则位于中毛内侧。气门板逗点形，背突明显。

生物学特性　分布在高山荒漠，海拔 3000～5000 m 仍有发现。在自然界中，一年发生一代。成蜱 2 月、3 月最多，到 8 月仍可采集到，第二代成蜱最早出现在 9 月。成蜱从 7 月到次年 3 月会发生滞育。在野外条件下观察，发现西藏革蜱完成一个生活史需要 105～150 d（平均 124.4 d）；其中雌蜱平均吸血时间、产卵期前期及产卵期分别为 6.1 d、17.9 d 和 21.2 d；卵的孵化期为 26 d。

蜱媒病　在成蜱体内检测出 *Rickettsia raoultii*-like 细菌。

（6）边缘革蜱 *D. marginatus* (Sulzer, 1776)

定名依据　*marginatus*，边缘之意。

宿主　幼蜱和若蜱主要寄生于兔及其他小型哺乳动物，也包括鸟类。成蜱常寄生于骆驼、牛、马、绵羊等大中型哺乳动物，也侵袭人。

分布　国内：内蒙古、新疆；国外：阿富汗、苏联、土耳其、叙利亚、伊朗、其他欧洲和北非的一些国家。

鉴定要点

盾板珐琅斑淡。须肢粗短，前端圆钝；第Ⅱ节背面后缘的刺不明显；须肢外缘圆弧形凸出，不呈角状；假头基基突短而圆钝。雌蜱生殖孔有翼状突。足转节Ⅰ背距短，末端稍尖；基节Ⅰ两距约等长或外距较内距稍短；基节Ⅳ外距短，末端略超出该节后缘。足Ⅱ～Ⅳ胫节和后跗节无强大腹距；各足基节具珐琅斑。雌蜱气门板为短逗点形，雄蜱长逗点形；背突前缘多数具几丁质增厚区。

具体描述

雌蜱（图 7-191）

体型中等，长宽为（3.6～5.5）mm ×（2.8～3.9）mm。

假头短，珐琅斑淡而少。须肢粗短，前端圆钝；刻点小而稀疏；第Ⅱ节后缘背刺不甚发达。假头基呈矩形，宽约为长（包括基突）的 2 倍；基突粗短，长小于基部之宽。孔区呈卵圆形，大而深陷，向外斜置，间距约等于其短径。口下板齿式前段 4|4，后段 3|3。

盾板近似圆形，在盾板前 1/3 处最宽；前侧缘弧形凸出，后侧缘向后明显收窄，后缘窄呈圆角状凸出。盾板珐琅斑淡，在眼周围及其向后沿盾板边缘、盾板中后部、颈沟区留下很多不规则的褐色底斑；表面刻点大小及分布不均匀。颈沟前深后浅，并向外斜伸。眼位于盾板两侧，呈椭圆形，略微凸出。

各足粗细相似，珐琅斑很淡。足转节Ⅰ背距较粗短，末端尖；基节Ⅰ两距约等长或外距较内距稍短。基节Ⅱ～Ⅳ的外距约等，基节Ⅳ外距末端略超过该节后缘。各足基节多数无珐琅斑。足跗节末端有一个小的端齿。跗节Ⅰ短，长为宽的 2.5 倍。生殖孔有翼状突。气门板逗点形，背突短钝，纵向向后发散，周围边缘由侧面过渡到背突时会形成低凹弧线甚至近似直线。多数气门板具几丁质增厚区。

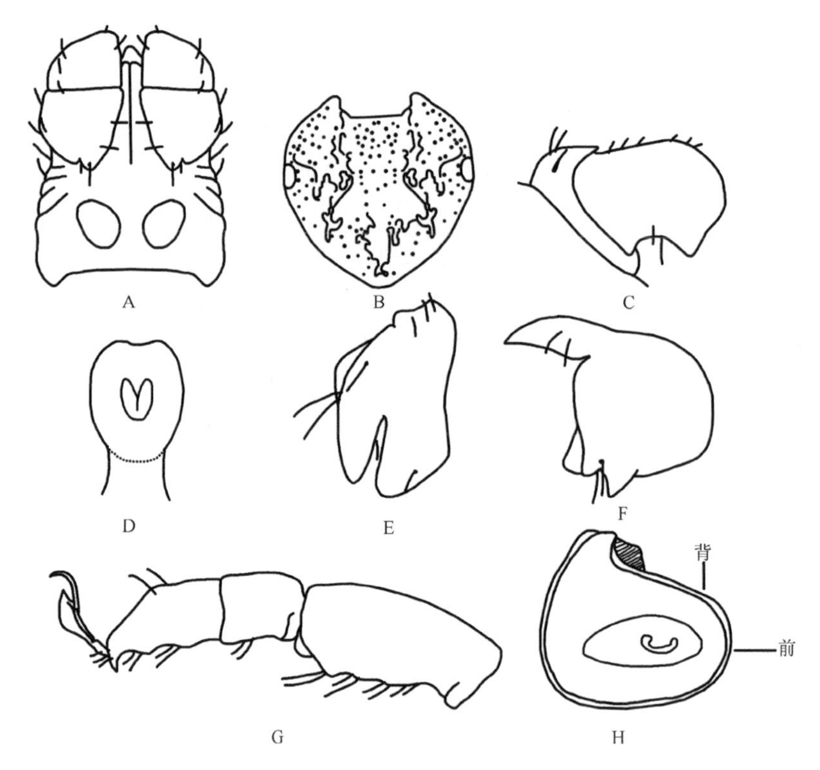

图 7-191　边缘革蜱雌蜱（参考：邓国藩和姜在阶，1991）

A. 假头背面观；B. 盾板；C. 转节Ⅰ；D. 生殖孔；E. 基节Ⅰ；F. 基节Ⅳ；G. 足Ⅳ末二节；H. 气门板

雄蜱（图 7-192）

体呈长卵形，长（包括假头）宽为（3.6～5.0）mm×（2.1～3.4）mm。

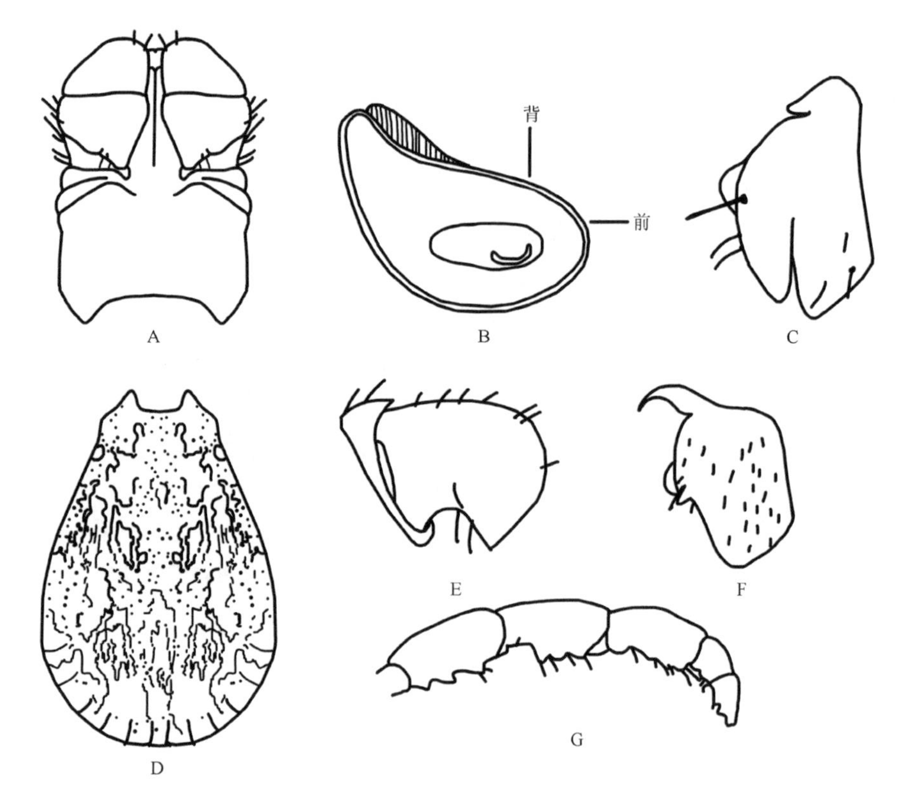

图 7-192　边缘革蜱雄蜱（参考：邓国藩和姜在阶，1991）

A. 假头背面观；B. 气门板；C. 基节Ⅰ；D. 盾板；E. 转节Ⅰ；F. 基节Ⅳ；G. 足Ⅳ

假头短，珐琅斑淡而少；散布少数小刻点。须肢外缘圆弧形，无角状凸出；第Ⅱ节宽略胜于长，后缘背刺不发达；第Ⅲ节短于第Ⅱ节，前缘圆钝。假头基呈矩形，宽约为长（包括基突）的 1.3 倍；基突粗短。口下板齿式 3|3。

盾板珐琅斑淡，表面留下大量褐色底斑；两侧缘珐琅斑未达到第Ⅰ缘垛前缘，之间被 2～3 褐斑断开。其他褐色底斑具体排列如下：1 对眼周褐斑；6 对缘垛褐斑；6 对侧斑（1 对颈沟褐斑、1 对颈沟外侧斑、1 对颈沟后内侧褐斑、1 对颈沟后外侧褐斑、1 对中后侧斑、1 对近副中垛侧斑）；1 个伪盾后中部褐斑，1 对盾窝褐斑；1 个后中部褐斑。盾板表面刻点大小不一，小刻点很多，散布整个表面。颈沟前深后浅。侧沟窄长而明显，后端伸至第Ⅰ缘垛前角。中垛最小，其他缘垛大小约等，表面均有大小不等的珐琅斑。眼圆形，略微凸出。

足粗壮。足转节Ⅰ背距较短，末端尖；基节Ⅰ两距约等长或外距较内距稍短。基节Ⅱ～Ⅳ的外距粗短、约等长，基节Ⅳ向后方显著延伸，外距较窄长，其末端略微超过该节后缘。各足跗节末端有一明显尖齿。气门板长逗点形；纵向内侧向后发散，中部周围边缘明显弧形凸出，致使中部不纵向平行，背突逐渐细窄，向后背方斜伸接近盾板边缘；背突周缘多数有几丁质增厚区。

若蜱（图 7-193）

身体呈卵圆形，前端稍窄。长（包括假头）宽为（1.19～1.63）mm（平均 1.47 mm）×（0.60～1.06）mm（平均 0.83 mm）。

假头长（包括基突）宽为（0.29～0.34）mm（平均 0.32 mm）×（0.29～0.37）mm（平均 0.33 mm）。须肢较粗短，背面长 0.20～0.25 mm（平均 0.23 mm）；长约为宽的 3.3 倍。须肢第Ⅱ节长度是第Ⅲ节的 1.25～1.64 倍。假头基背面呈六角形，无基突。耳状突明显，呈角状。口下板粗短，呈棒状；齿式前部 3|3，后部 2|2；中部纵列具大齿 4～7 枚，最外列具大齿 7～9 枚。

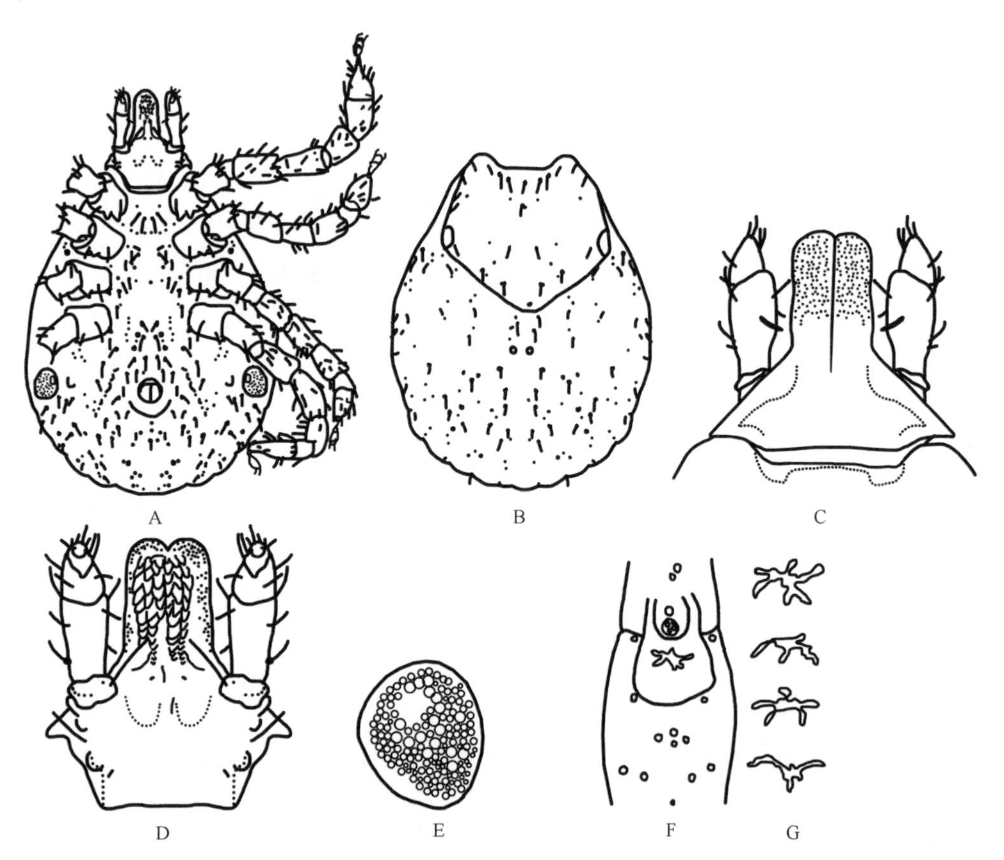

图 7-193　边缘革蜱若蜱（参考：邓国藩和姜在阶，1991）

A. 腹面观；B. 躯体背面观；C. 假头背面观；D. 假头腹面观；E. 气门板；F. 哈氏器；G. 变异的囊孔

盾板呈心形，长宽为（0.49～0.61）mm（平均 0.55 mm）×（0.52～0.64）mm（平均 0.57 mm）。基节Ⅰ外距明显长于内距。跗节Ⅰ长 0.22～0.29 mm（平均 0.26 mm）；在过渡到顶锥处，哈氏器前窝与囊之间具 1 环沟。前窝感毛中孔毛直；囊孔形成十字形或大字形，横孔弯曲，纵孔有时有分支。气门板长 0.11～0.17 mm。外缘杯状体 29～54 个。

幼蜱（图 7-194）

身体呈卵圆形，前端稍窄，后部圆弧形。体长（包括假头）宽为（0.67～0.78）mm（平均 0.72 mm）×（0.41～0.56）mm（平均 0.47 mm）。

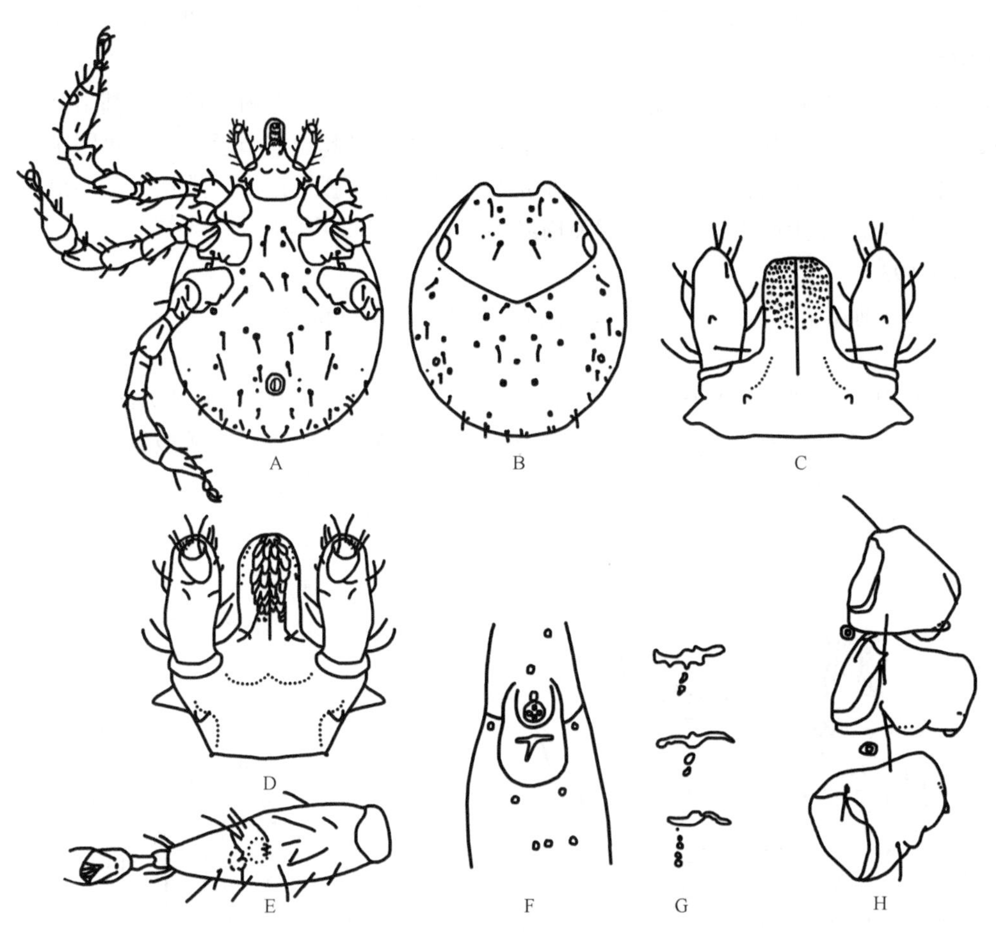

图 7-194　边缘革蜱幼蜱（参考：邓国藩和姜在阶，1991）

A. 背面观；B. 躯体腹面观；C. 假头背面观；D. 假头腹面观；E. 跗节Ⅰ；F. 哈氏器；G. 变异的囊孔；H. 基节

假头长宽为（0.14～0.17）mm（平均 0.16 mm）×（0.17～0.20）mm（平均 0.18 mm）。须肢较长，背面长 0.11～0.13 mm；第Ⅲ节腹面具 1 短刺。假头基背面呈六角形。耳状突不明显。口下板棒状，长约为宽的 3.51 倍；齿式 2|2；每列具倒齿 5～6 枚。

盾板略呈菱形，长宽为（0.24～0.27）mm（平均 0.26 mm）×（0.35～0.41）mm（平均 0.38 mm）。盾板上肩毛长 32～48 μm；第Ⅰ背中毛长 32.0～51.2 μm。异盾上第Ⅱ背中毛长 9.6～25.6 μm。胸毛 3 对，通常大于 33 μm。第Ⅱ肛后毛长 22.4～35.2 μm。

跗节Ⅰ长 0.18～0.21 mm（平均 0.20 mm）；在过渡到顶锥处，哈氏器前窝与囊之间具 1 环沟。前窝感毛中孔毛直，具有独立的基盘；囊孔为丁字形，横孔弯曲，纵孔不连续；近端缝孔位于中毛内侧。

生物学特性　主要生活于森林草原和平地草原。幼蜱和若蜱通常夏季活动；成蜱多春季活动，3 月开始出现，4 月数量达到高峰，5 月以后逐渐减少，秋季也有少数活动。部分成蜱在宿主体上越冬。自然界中由雌蜱吸血到第二代成蜱出现经过 122～165 d 完成。通常一年发生一代，有些也延至两年完成一代。实验室条件下，边缘革蜱完成整个生活史需 85～150 d。夏季饱血雌蜱会产生滞育现象，表现为延迟产卵，经常延至第二年 3 月才开始产卵。

蜱媒病　北亚蜱媒斑疹热的传播媒介，并能经卵、经期传播病原体，可依次传递 4 代，病原体在蜱体内可存活 5 年之久。边缘革蜱也是多种家畜血液原虫病的传播媒介，此外，还能传播布鲁氏菌病、Q 热、土拉菌病、非洲猪瘟、鼠疫、克里米亚-刚果出血热、森林脑炎等。

（7）高山革蜱 *D. montanus* Filippova & Panova, 1974

定名依据　*montanus*，高山之意。

宿主　幼蜱和若蜱寄生于林姬鼠 *Apodemus sylvaticus*、高山鼠䶄*Alticola argentatus* 等啮齿动物，成蜱寄生于山羊、绵羊等家畜。

分布　国内：新疆；国外：苏联（中亚地区）。

鉴定要点

须肢粗短，前端圆钝；第Ⅱ节背面后缘的背刺粗短；须肢外缘圆弧形凸出，不呈角状；假头基基突雌蜱短而圆钝，雄蜱粗大。雌蜱盾板近似圆形，长略大于宽，珐琅斑浓厚。雄蜱珐琅斑在假盾区明显，后部较浅。颈沟明显，前端深陷，后部浅，小刻点遍布整个盾板，夹杂少量大刻点。雄蜱侧沟由假盾区之后伸至第Ⅰ缘垛之前。雌蜱生殖孔无翼状突。足转节Ⅰ背距发达，末端尖细；基节Ⅰ两距约等长或外距较内距稍长；基节Ⅳ无内距，外距末端超出该节后缘。足Ⅱ～Ⅳ胫节和后跗节有强大腹距；各足基节无珐琅斑。气门板雌蜱椭圆形，无明显背突；雄蜱长卵形，背突不明显；雌、雄蜱气门板前缘均无几丁质增厚区。

具体描述

雌蜱（图 7-195）

体型中等，呈卵圆形，前端稍窄，后部圆弧形，长宽为（3.6～5.0）mm ×（2.5～3.0）mm。

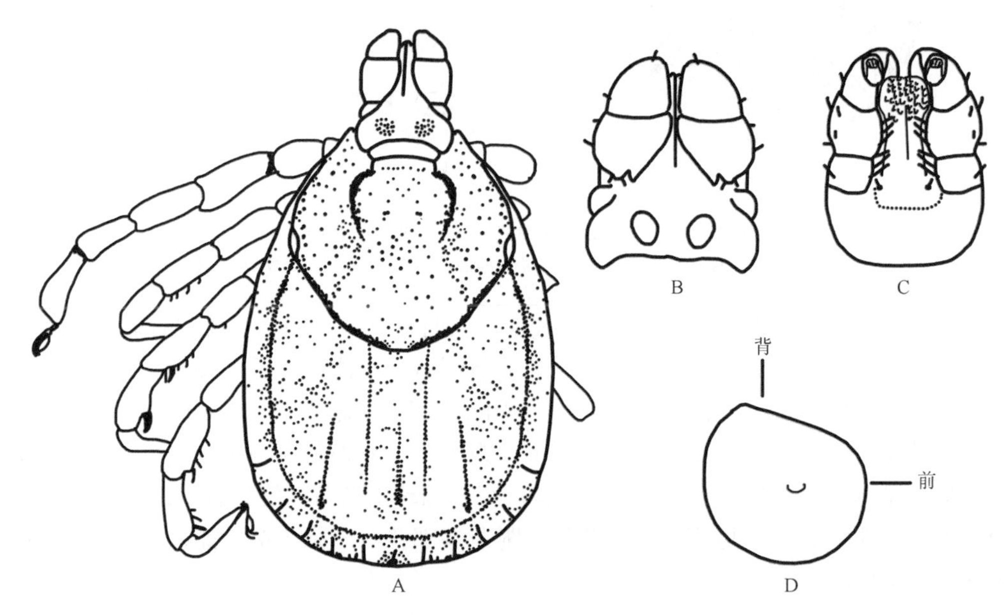

图 7-195　高山革蜱雌蜱（参考：邓国藩和姜在阶，1991）

A. 背面观；B. 假头背面观；C. 假头腹面观；D. 气门板

须肢粗短，前端圆钝，外缘圆弧形；第Ⅱ节长于第Ⅲ节，其后缘有粗短背刺；第Ⅲ节宽大于长，内缘较直，外缘弧形，略呈梯形。假头基矩形，长宽比（包括基突）小于 1/2；基突粗短，长小于基部之宽，末端钝。孔区卵圆形，大而深陷，略向外斜置，间距短于其长径。口下板齿式 3|3。

盾板近似圆形，在盾板中间处最宽。珐琅斑浓厚，几乎覆盖全部表面，仅在颈沟处留下成对的窄长褐斑。表面刻点大小及分布不均匀，小刻点多，混杂少量大刻点。颈沟明显，前深后浅，并向外斜伸。眼位于盾板两侧，呈椭圆形，略微凸出。

各足粗细相似。足转节Ⅰ背距发达，末端尖细。基节Ⅰ两距约等长或外距较内距稍长，末端尖。基节Ⅱ、Ⅲ有内、外两距，基节Ⅳ无内距，外距末端超过该节后缘。各足基节无珐琅斑。足Ⅱ～Ⅳ胫节和后跗节端部各具一强大的腹距。各足跗节末端有一个小的端齿。生殖孔无翼状突。气门板椭圆形，无明显的背突。

雄蜱（图 7-196）

长（包括假头）宽为（3.4～4.9）mm ×（2.2～3.0）mm。

须肢宽短，外缘圆弧形，无角状凸出；第Ⅱ节宽略胜于长，后缘背刺粗短；第Ⅲ节短于第Ⅱ节，宽大于长，前缘圆钝，外缘几乎与内缘平行。假头基矩形，基突粗大。口下板齿式 3|3。

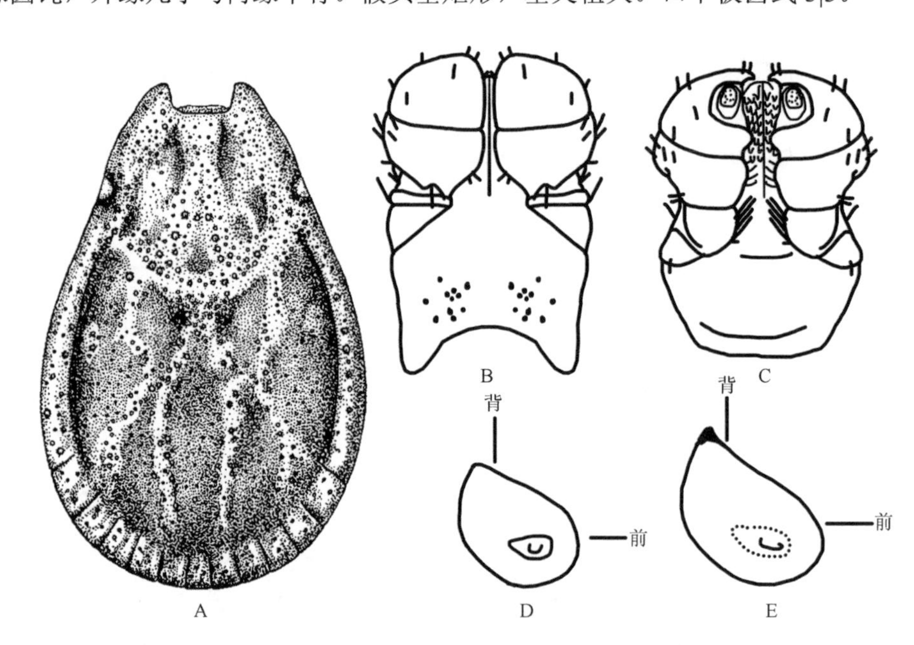

图 7-196　高山革蜱雄蜱（参考：邓国藩和姜在阶，1991）

A. 背面观；B. 假头背面观；C. 假头腹面观；D. 气门板；E. 变异的气门板

盾板卵圆形，珐琅斑在假盾区较浓厚，后部较淡，表面留下大量褐色底斑。盾板表面刻点大小不一，小刻点较多，散布整个表面，夹杂少数大刻点。颈沟前深后浅。侧沟窄长而明显，由假盾区延至第Ⅰ缘垛前角。缘垛由外向内依次渐窄，表面均有大小不等的珐琅斑。眼圆形，略微凸出。

足粗壮。转节Ⅰ背距发达，末端尖细。基节Ⅰ两距约等长或外距较内距稍长。基节Ⅱ、Ⅲ外距较细长，末端尖，基节Ⅳ向后方显著延伸，外距较窄长，其末端超出该节后缘。各足跗节末端有一明显尖齿。转节Ⅱ、Ⅲ腹面具有明显腹距。足Ⅱ～Ⅳ胫节和后跗节端部各有一强大的腹距。气门板长卵圆形，背突不明显，无几丁质增厚区。

若蜱（图 7-197）

身体呈卵圆形，前端稍窄，后部圆弧形。

假头长宽为（0.30～0.35）mm（平均 0.32 mm）×（0.30～0.35）mm（平均 0.31 mm）。须肢长约为宽

的 2.8 倍；第Ⅱ节长度是第Ⅲ节的 1.31 倍。假头基背面呈六角形，无基突。耳状突明显，呈角状。口下板粗短，呈棒状；齿式前部 3|3，后部 2|2；最外列具齿 7 枚。

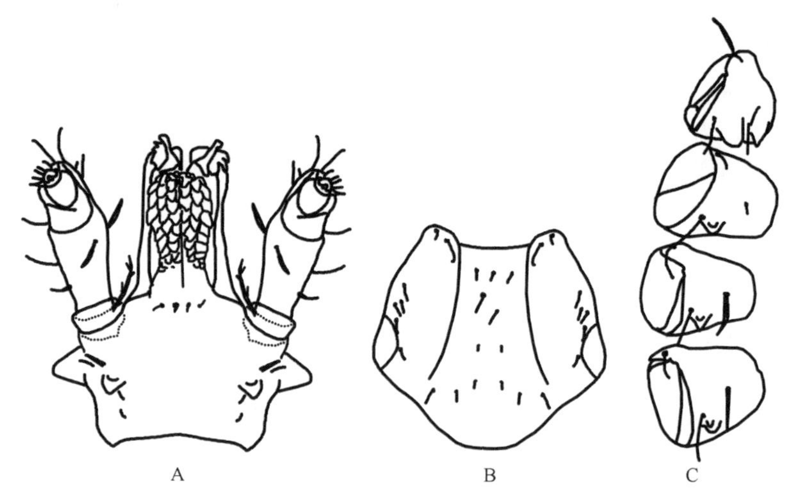

图 7-197 高山革蜱若蜱（参考：邓国藩和姜在阶，1991）

A. 假头腹面观；B. 盾板；C. 基节

盾板心形，长 0.46～0.55 mm（平均 0.51 mm）；宽略大于长。盾板上刚毛约 31 根；背中毛长 4.67～6.05 μm（平均 5.5 μm）。基节Ⅰ外距长于内距。跗节Ⅰ长 0.27～0.30 mm（平均 0.28 mm）；在过渡到顶锥处，哈氏器前窝与囊之间具 1 环沟。基节Ⅱ～Ⅳ无内距，外距向后依次减小；基节Ⅳ外距通常达不到该节后缘。气门板近似圆形。

幼蜱（图 7-198）

身体呈卵圆形，前端稍窄，后部圆弧形。

假头长宽为（0.17～0.19）mm ×（0.17～0.19）mm。须肢较长，第Ⅲ节腹面无短刺。假头基背面呈六角形。耳状突不明显，位置接近假头基后侧缘。口下板棒状；齿式 2|2，每列具倒齿 5～6 枚。

盾板略呈菱形，长 0.25～0.28 mm（平均 0.26 mm）。第Ⅰ背中毛长 27～38 μm（平均 34.5 μm）。异盾上第Ⅱ背中毛长 25～33 μm（平均 29.5 μm）。第Ⅰ胸毛长 44～56 μm（平均 51 μm）。跗节Ⅰ在过渡到顶锥处，哈氏器前窝与囊之间具 1 环沟。

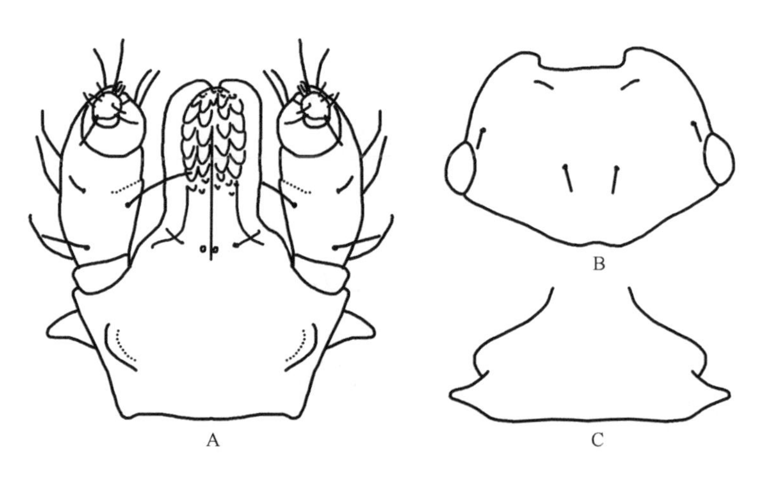

图 7-198 高山革蜱幼蜱（参考：邓国藩和姜在阶，1991）

A. 假头腹面观；B. 盾板；C. 假头基背面观

生物学特性 为高山种类，分布于海拔2000 m以上。成蜱春季活动，4月达到高峰。

（8）银盾革蜱 *D. niveus* Neumann, 1897

定名依据 “*niveus*”意为雪白的“snow”“snowy”。该种盾板珐琅斑为银白色，故为银盾革蜱。

宿主 幼蜱和若蜱寄生于啮齿类、兔等小型哺乳动物。成蜱寄生于牛、绵羊、山羊、马、驴、骆驼、鹿、獾等大中型哺乳动物，也侵袭人。

分布 国内：甘肃、内蒙古、西藏、新疆；国外：阿富汗、蒙古国、苏联、土耳其、伊朗和欧洲的其他一些国家。

鉴定要点

须肢粗短，雌蜱第Ⅱ节后缘的背刺短小，雄蜱的更为明显；须肢外缘圆弧形凸出，不呈角状；假头基基突雌蜱短而圆钝，雄蜱强大，末端尖窄。盾板珐琅斑浓厚；雌蜱盾板近似圆形，长大于宽。颈沟明显，前端深陷，小刻点遍布整个盾板，夹杂少量大刻点。雄蜱侧沟由假盾区之后伸至第Ⅰ缘垛之前。雌蜱生殖孔有翼状突。足转节Ⅰ背距发达，末端尖细；基节Ⅰ外距较内距稍短；基节Ⅳ无内距，外距末端超出该节后缘。足Ⅱ～Ⅳ胫节和后跗节无强大腹距；各足基节有些隐约具珐琅斑。跗节Ⅰ长，长为宽的3倍。气门板雌蜱逗点形，有纵向平行的趋势，这种趋势由侧面过渡到背突时会形成较锐利的弯折或凹弧；背突短，有几丁质增厚区且其上有珐琅斑；雄蜱长逗点形，背突向背方弯曲，有几丁质增厚区且其上有珐琅斑。

具体描述

雌蜱（图7-199，图7-200）

体型中等，卵圆形。

须肢粗短，前端圆钝，外缘圆弧形；第Ⅱ节长度约为第Ⅲ节的2倍，其后缘具短小的背刺；第Ⅲ节宽大于长，内缘较直，外缘弧形。假头基矩形，长宽比（包括基突）约为1/2；基突粗短，长小于基部之宽，末端钝。孔区卵圆形，大而深陷，向外斜置，间距短于其长径。口下板齿式前段为4|4，后段为3|3。

盾板近似长圆形，在盾板中部稍前处最宽，后缘圆钝或略尖窄。珐琅斑浓厚，几乎覆盖全部表面，仅在缘凹后缘、颈沟附近及眼周围留下成对的窄长褐斑。表面刻点大小及分布不均匀，小刻点多，分布整个表面，在前侧区及颈沟间混杂少量大刻点。颈沟明显，前端深陷。眼位于盾板两侧，呈椭圆形，略微凸出。

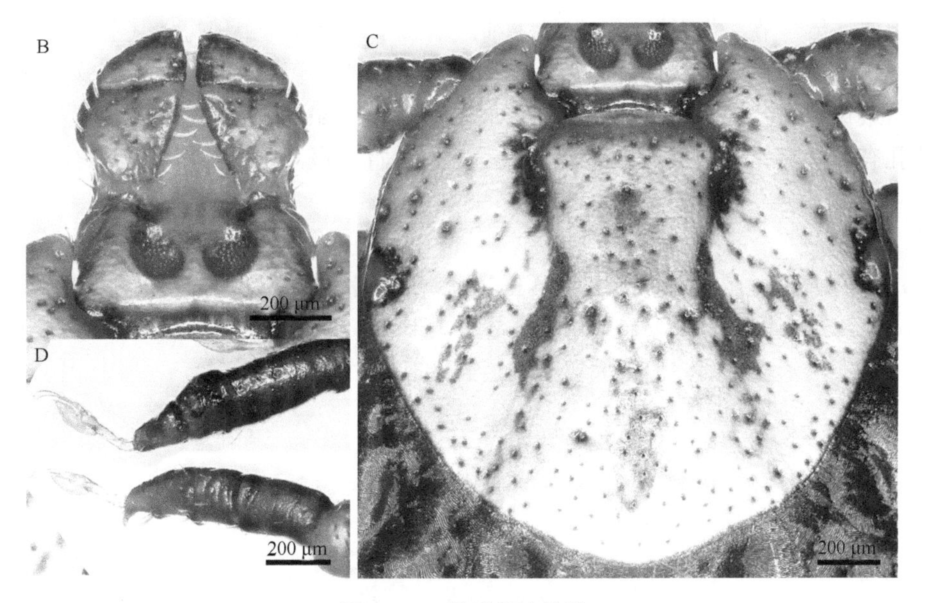

图 7-199 银盾革蜱雌蜱

A. 背面观；B. 假头背面观；C. 盾板；D. 跗节Ⅰ、跗节Ⅳ

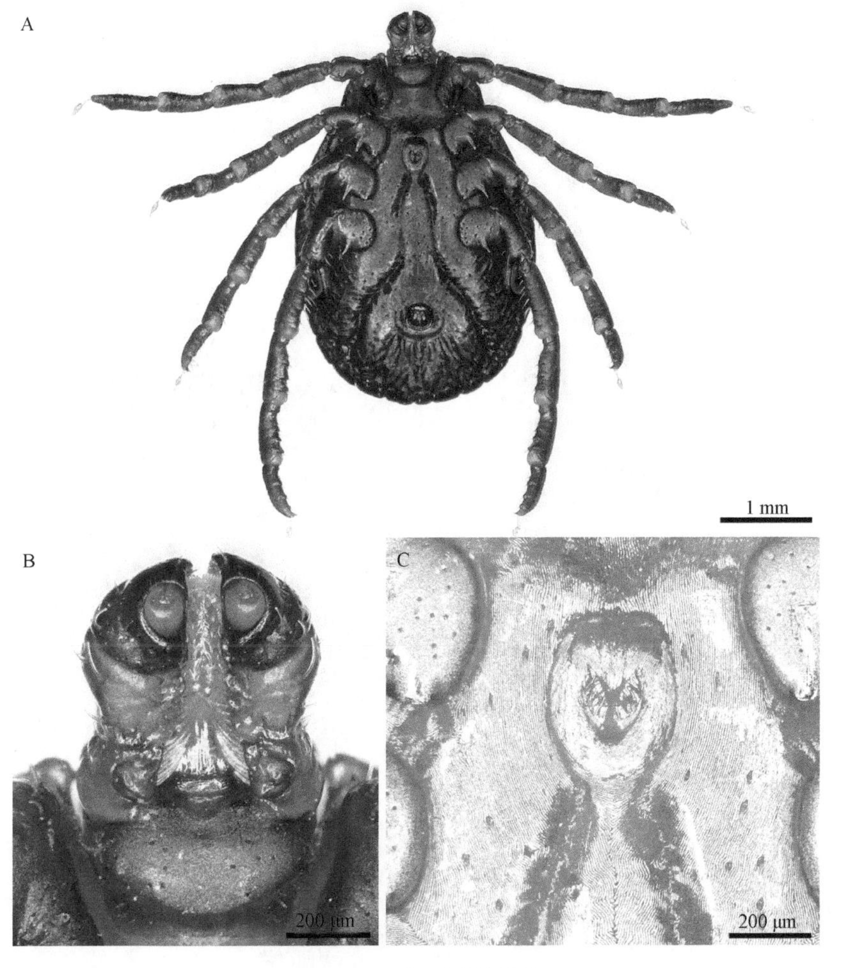

图 7-200 银盾革蜱雌蜱

A. 腹面观；B. 假头腹面观；C. 生殖孔

各足粗细相似。足转节Ⅰ背距发达，末端尖细。基节Ⅰ外距较内距稍短。基节Ⅱ、Ⅲ有内、外两距，内距不太明显，稍凸出，略呈角状；外距粗大，末端尖细。基节Ⅳ无内距，外距末端超过该节后缘。各足基节多数无珐琅斑，有些隐约可见。足Ⅱ～Ⅳ胫节和后跗节端部无强大腹距。各足跗节末端有一个小的端齿。生殖孔有翼状突。气门板逗点形，后缘近于直，背突短，末端细窄，背缘有几丁质增厚区，其上带珐琅斑。

雄蜱（图 7-201）

须肢宽短，外缘圆弧形，无角状凸出；第Ⅱ节宽略胜于长，后缘背刺较长；第Ⅲ节短于第Ⅱ节，宽大于长，前缘圆钝，外缘几乎与内缘平行。假头基呈矩形，宽约为长（包括基突）的 1.3 倍，表面具珐琅斑和刻点；基突粗大，末端尖细。口下板棒状；齿式 3|3。

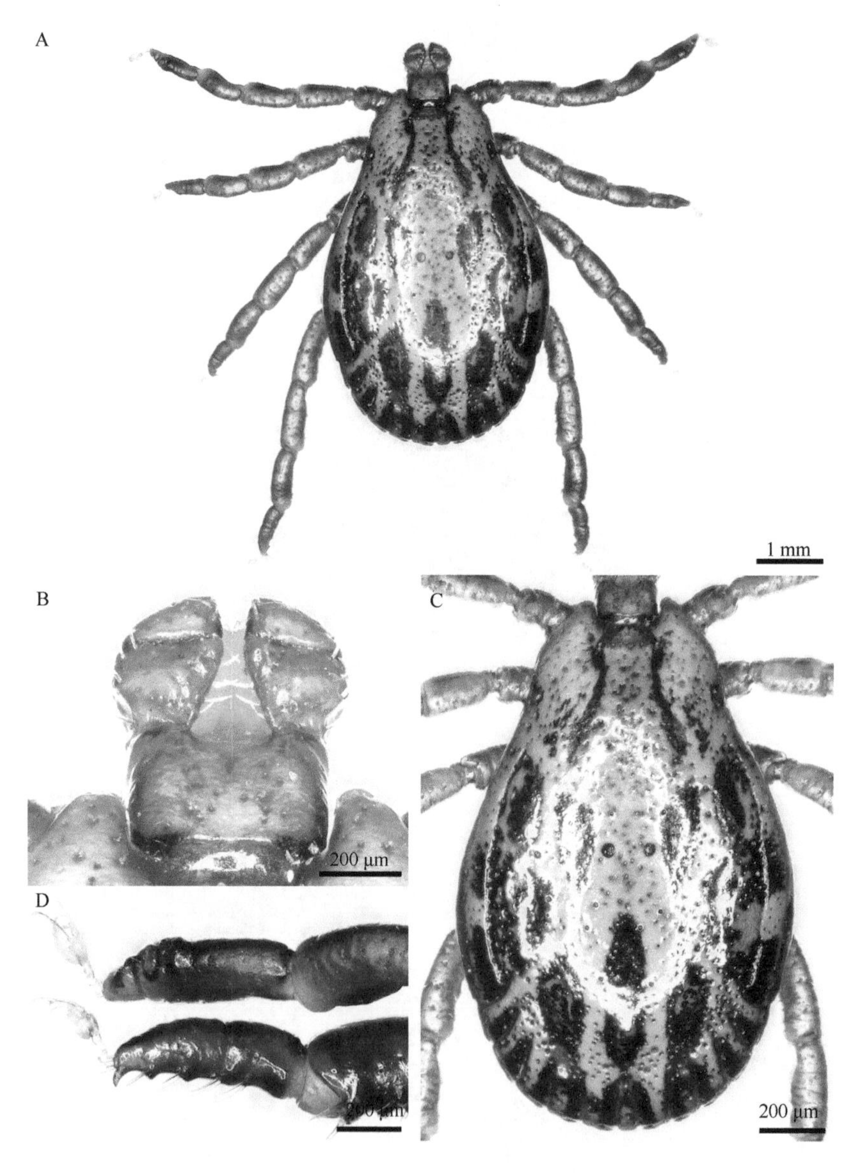

图 7-201 银盾革蜱雄蜱

A. 背面观；B. 假头背面观；C. 盾板；D. 跗节Ⅰ、跗节Ⅳ

盾板卵圆形；珐琅斑浓厚且后面 2 对彩斑与缘垛连接；表面刻点大小不一，小刻点最多，散布整个表面，夹杂少数大刻点。颈沟明显，前端深陷。侧沟窄长而明显，混杂大刻点，由假盾区延至第Ⅰ缘垛前角。缘垛表面有大小不等的珐琅斑。眼圆形，略微凸出。

足粗壮。转节Ⅰ背距发达，末端尖细。基节Ⅰ外距短于内距，其基部粗大，末端钝。基节Ⅱ、Ⅲ外距较细长，末端尖，内距略呈角状；基节Ⅳ向后方显著延伸，外距较窄长，其末端超出该节后缘。各足跗节末端有一明显尖齿。足Ⅱ～Ⅳ胫节和后跗节端部无强大腹距。气门板近似长卵形，中部纵向平行；背突短钝且向背方弯曲，背缘具几丁质增厚区，其上具珐琅斑。

若蜱（图 7-202）

身体呈卵圆形，前端稍窄，后部圆弧形。长（包括假头）宽为（1.19～1.51）mm（平均 1.37 mm）×（0.66～1.06）mm（平均 0.87 mm）。

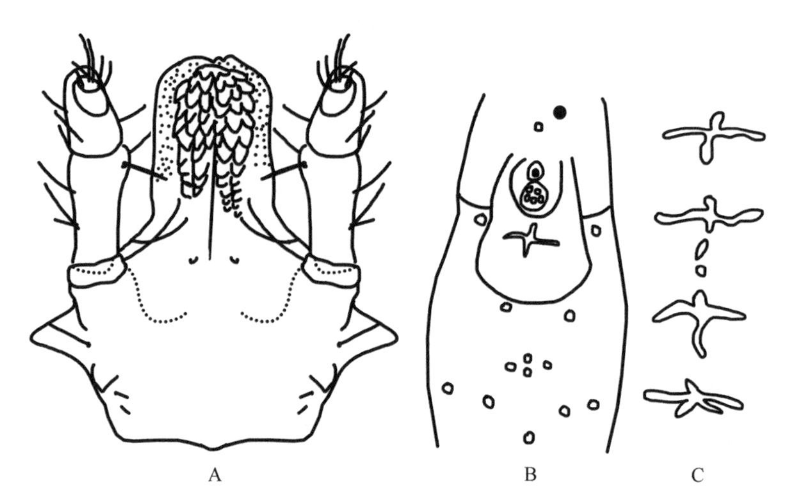

图 7-202 银盾革蜱若蜱（参考：邓国藩和姜在阶，1991）

A. 假头腹面观；B. 哈氏器；C. 变异的囊孔

假头背面长宽为（0.27～0.32）mm（平均 0.29 mm）×（0.27～0.35）mm（平均 0.31 mm）。须肢长 0.18～0.24 mm（平均 0.21 mm）；须肢第Ⅱ节长度是第Ⅲ节的 1.08～1.56 倍（平均 1.25 倍）。假头基背面呈六角形，无基突。耳状突明显，呈角状。口下板粗短，呈棒状；齿式前部 3|3，后部 2|2。

盾板呈心形，宽略大于长。盾板长宽为（0.46～0.57）mm（平均 0.51 mm）×（0.45～0.62）mm（平均 0.56 mm）。盾板上刚毛总数为 20～36 根；背中毛长 28.8～61.4 μm。异盾区一侧背中毛 4～9 根，一侧亚缘毛 2～8 根。躯体腹面一侧的侧毛 5～15 根。

基节Ⅰ外距明显长于内距。跗节Ⅰ长 0.24～0.29 mm（平均 0.26 mm）；在过渡到顶锥处，哈氏器前窝与囊之间有 1 环沟。基节Ⅱ～Ⅳ无内距，外距向后依次减小；基节Ⅳ外距通常达不到该节后缘。气门板椭圆形，长 0.09～0.13 mm（平均 0.12 mm）；外缘杯状体 24～44 个。

幼蜱（图 7-203）

身体呈卵圆形，前端稍窄，后部圆弧形。长（包括假头）宽为（0.61～0.74）mm（平均 0.68 mm）×（0.40～0.48）mm（平均 0.43 mm）。

假头背面长宽为（0.14～0.17）mm（平均 0.16 mm）×（0.15～0.19）mm（平均 0.16 mm）。须肢较短，长 0.11～0.12 mm（平均 0.11 mm）；长约为宽的 2.4 倍。须肢第Ⅲ节腹面有一短刺，背面常具锥形感毛。假头基背面呈六角形。耳状突不明显，位置接近假头基后侧缘。口下板棒状；齿式 2|2。

盾板略呈菱形，长宽为（0.23～0.63）mm（平均 0.25 mm）×（0.35～0.39）mm（平均 0.36 mm）。肩毛通常大于 32 μm。异盾上第Ⅱ背中毛长 12.8～25.6 μm。胸毛 3 对，长于 23 μm。第Ⅱ肛后毛长 3.2～32.0 μm。跗节Ⅰ长 0.18～0.24 mm，在过渡到顶锥处，哈氏器前窝与囊之间具 1 环沟。哈氏器囊孔为丁字形，横孔弯曲，纵孔有些断开；前窝感毛中孔毛直，具有独立基盘；近端缝孔位于中毛内侧。

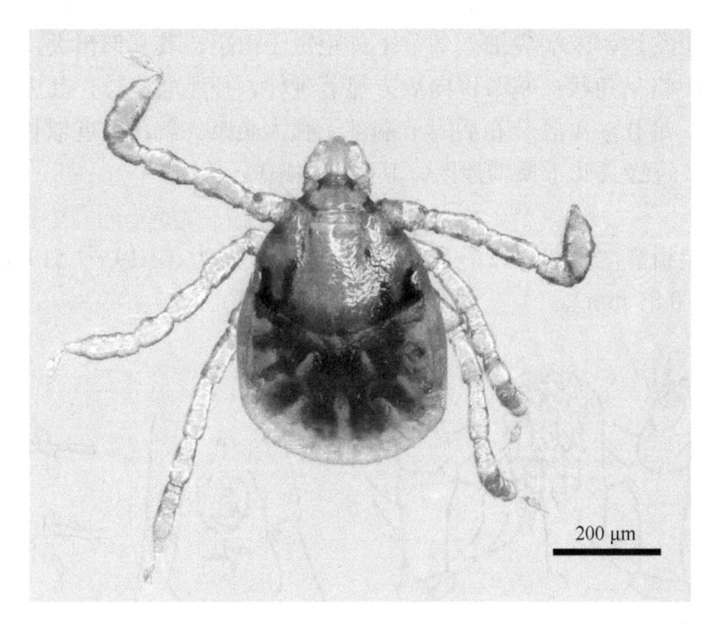

图 7-203 银盾革蜱幼蜱背面观

生物学特性 三宿主型。多见于半荒漠草原、灌丛、山地及河岸草地。一年发生一代。成蜱自 3 月开始活动，4 月达到高峰，以后逐渐减少，6 月以后消失。幼蜱 6 月出现，若蜱 7 月出现。秋季仍有少数成蜱活动，有些成蜱在宿主上越冬。实验室条件下，雌蜱吸血到下一代成蜱出现需 70～195 d（平均 125.1 d）。银盾革蜱不同月份的发育历期不同，如在夏季（8 月）饱血雌蜱会产生滞育现象，延至第二年 1～2 月才开始产卵。饥饿雄、雌蜱的寿命分别可达 246 d 和 272 d。

蜱媒病 马巴贝虫和驽巴贝虫的传播媒介。此外，从银盾革蜱中曾分离出北亚蜱媒斑疹热立克次体，并能经卵传播。

（9）草原革蜱 *D. nuttalli* Olenev, 1929

定名依据 该种名是以人名 Nuttall 命名，然而中文译名草原革蜱已广泛使用。

宿主 幼蜱和若蜱常寄生于黑线仓鼠 *Cricetulus barabensis*、草原黄鼠 *Citellus dauricus*、蒙古兔 *Lepus tolai*、艾鼬 *Mustela eversmanni* 等，有时也寄生于猫。成蜱主要寄生于骆驼、马、牛、犬、绵羊、山羊等，也侵袭人。

分布 国内：北京、甘肃、河北、黑龙江、吉林、辽宁、内蒙古、宁夏、青海、陕西、新疆；国外：朝鲜、蒙古国、苏联（西伯利亚）。

鉴定要点

须肢粗短，第Ⅱ节背面后缘雌蜱无刺，雄蜱具小刺；须肢外缘圆弧形凸出，不呈角状；假头基基突短小甚至不明显。盾板珐琅斑浓厚（雌蜱）或较浅（雄蜱）；雌蜱盾板近似盾形，长明显大于宽。颈沟明显，前端深陷，小刻点遍布整个盾板，夹杂少量大刻点，雌蜱刻点分布均匀，雄蜱分布不均匀。雄蜱侧沟由假盾区之后伸至第Ⅰ缘垛之前。雌蜱生殖孔有翼状突。足转节Ⅰ背距短钝；基节Ⅰ外距约等于或略长于内距；基节Ⅳ无内距，外距末端不超出该节后缘。足Ⅱ～Ⅳ胫节和后跗节无强大腹距；各足基节不具珐琅斑。雌蜱的气门板近似椭圆形，背突极短而钝，背突前缘无几丁质增厚区；雄蜱短逗点形，背突直而短，前缘亦无几丁质增厚区。

具体描述

雌蜱（图 7-204）

体型略大，呈卵圆形，前端稍窄，后部圆弧形。长（包括假头）宽为（4.9～6.4）mm ×（3.0～4.3）mm。

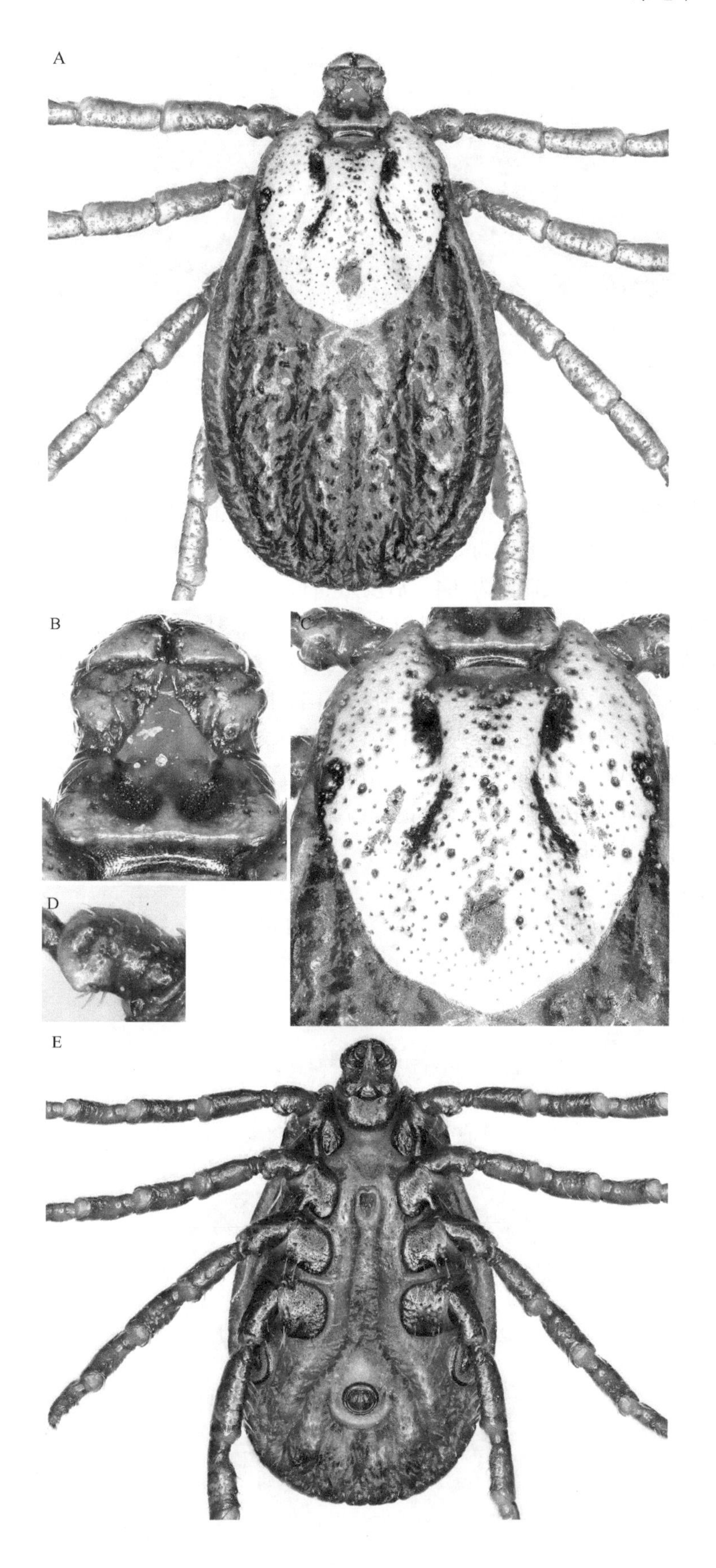
A
B
C
D
E

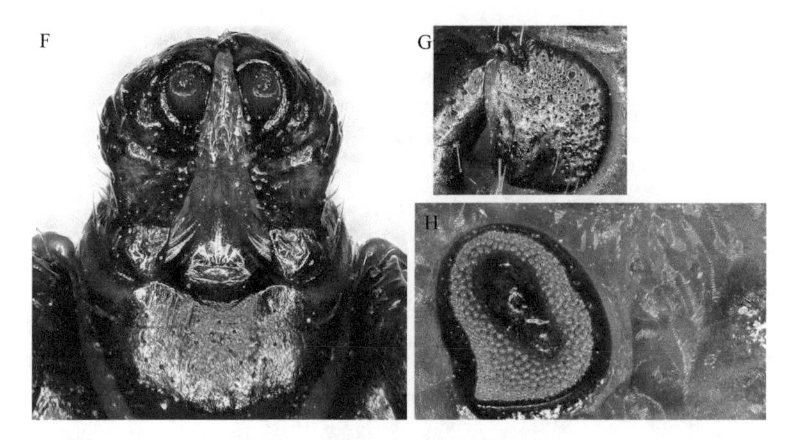

图 7-204 草原革蜱雌蜱

A. 背面观；B. 假头背面观；C. 盾板；D. 转节Ⅰ；E. 腹面观；F. 假头腹面观；G. 基节Ⅳ；H. 气门板

须肢粗短，前端圆钝，外缘圆弧形；第Ⅱ节背面后缘无刺；第Ⅲ节宽大于长，内缘较直，外缘弧形。假头基呈矩形，长宽比（包括基突）约为 1∶2；基突粗短甚至不明显。孔区卵圆形，大而深陷，向外斜置，间距小于其短径。口下板齿式前段为 4|4，后段为 3|3。

盾板大，近似盾形，长（2.43 mm）大于宽（1.95 mm）。珐琅斑浓厚，几乎覆盖全部表面，仅在缘凹后缘、颈沟附近及眼周围留下成对的窄长褐斑；盾板后 1/3 中央处有时还留下不规则的褐斑。表面刻点小，分布较均匀，其间混杂少量大刻点。颈沟明显，前端深陷。眼位于盾板两侧，多数为圆形，较为凸出。

各足粗细相似。足转节Ⅰ背距短钝。基节Ⅰ小，外距末端粗钝，其长度约等于或略小于内距。基节Ⅱ～Ⅳ外距约等长，基节Ⅳ无内距，外距末端不超出该节后缘。各足基节无珐琅斑。足Ⅱ～Ⅳ胫节和后跗节端部无强大腹距。各足跗节末端有一个小的端齿。生殖孔有翼状突。气门板近似椭圆形，背突极短而钝，背突前缘无几丁质增厚区。

雄蜱（图 7-205）

体呈卵圆形，在盾板 2/3 水平处最宽，前端稍窄，后部圆弧形。长（包括假头）宽为（4.6～6.0）mm ×（3.0～4.2）mm。

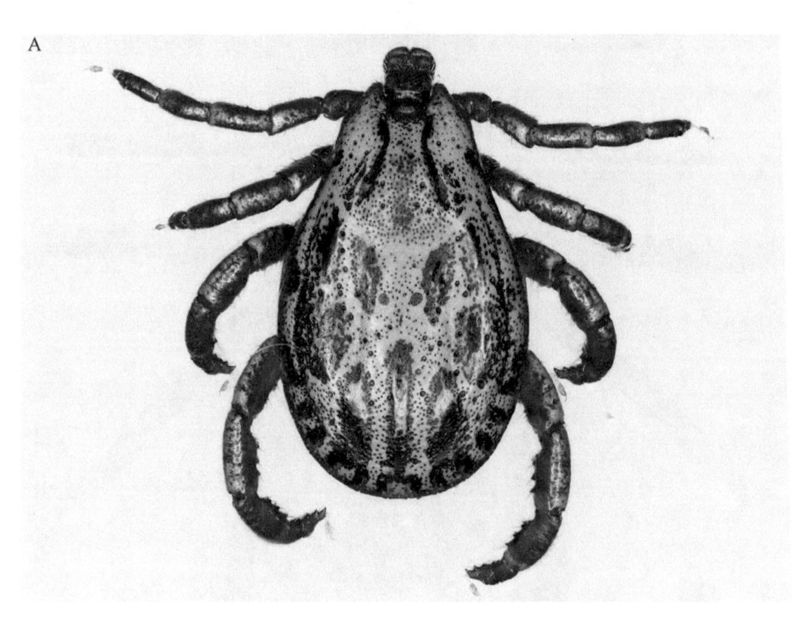

图 7-205　草原革蜱雄蜱

A. 背面观；B. 假头背面观；C. 转节Ⅰ；D. 气门板；E. 腹面观；F. 假头腹面观

须肢宽短，外缘圆弧形，无角状凸出；第Ⅱ节宽略胜于长，后缘背刺细小；第Ⅲ节短于第Ⅱ节，宽大于长，前缘圆钝，外缘几乎与内缘平行。假头基呈矩形，宽约为长（包括基突）的 1.5 倍，表面具珐琅斑和刻点；基突短小。口下板棒状，齿式 3|3。

盾板卵圆形，珐琅斑一般较浅，在前侧部及中部较浓，盾板侧缘靠近缘垛处无珐琅斑。表面刻点大小不一，分布不均匀。颈沟明显，前端深陷。侧沟窄长而明显，混杂有刻点，由假盾区延至第Ⅰ缘垛前角。缘垛表面有大小不等的珐琅斑。眼圆形，略微凸出。

足粗壮，除基节、跗节外各节背面均有珐琅斑。转节Ⅰ背距短而圆钝。基节Ⅰ外距约等于或短于内距，其基部粗大，末端钝。基节Ⅱ～Ⅳ外距短；基节Ⅳ向后方显著延伸，外距末端不超出该节后缘。各足跗节末端有一明显尖齿。足Ⅱ～Ⅳ胫节和后跗节端部无强大腹距。气门板短逗点形，背突直而短，前缘亦无几丁质增厚区。

若蜱（图 7-206～图 7-208）

身体呈卵圆形，前端稍窄，后部圆弧形。长（包括假头）宽为（1.22～1.75）mm（平均 1.52 mm）×（0.69～1.03）mm（平均 0.83 mm）。

假头背面长宽为（0.33～0.45）mm（平均 0.40 mm）×（0.32～0.39）mm（平均 0.35 mm）。须肢窄长，长 0.20～0.27 mm（平均 0.24 mm）；长约为宽的 3.5 倍。假头基背面呈六角形，无基突，侧突较尖，后缘直。耳状突明显，呈角状。口下板粗短，呈棒状，顶端圆钝；齿式前部 3|3，后部 2|2，最外一纵列具齿 7～15 枚（平均 8.3 枚）。

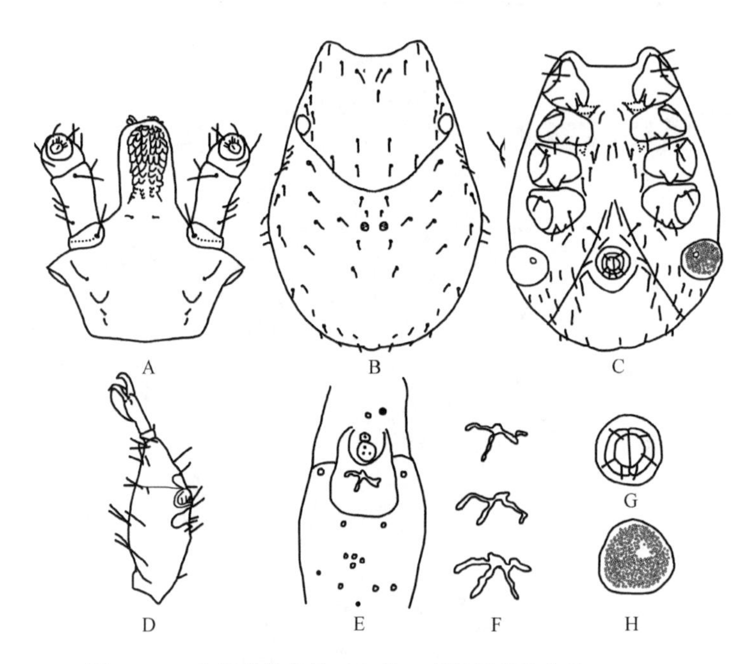

图 7-206　草原革蜱若蜱（参考：邓国藩和姜在阶，1991）

A. 假头腹面观；B. 躯体背面观；C. 躯体腹面观；D. 跗节Ⅰ；E. 哈氏器；F. 哈氏器的变异；G. 肛门；H. 气门板

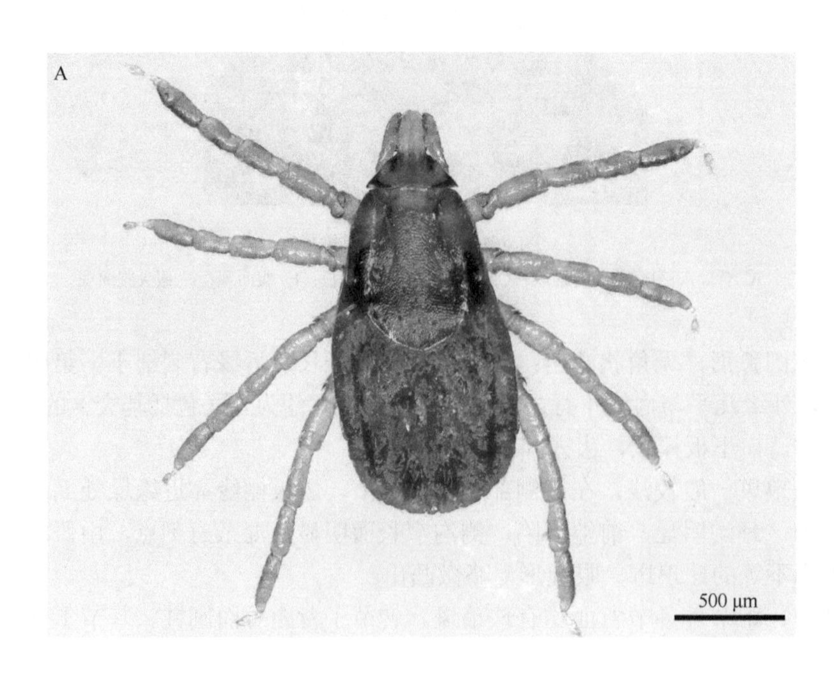

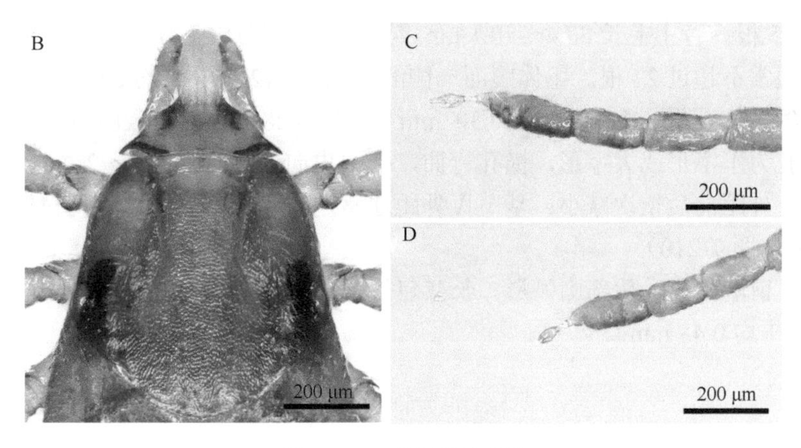

图 7-207　草原革蜱若蜱

A. 背面观；B. 假头背面观及盾板；C. 跗节Ⅰ；D. 跗节Ⅳ

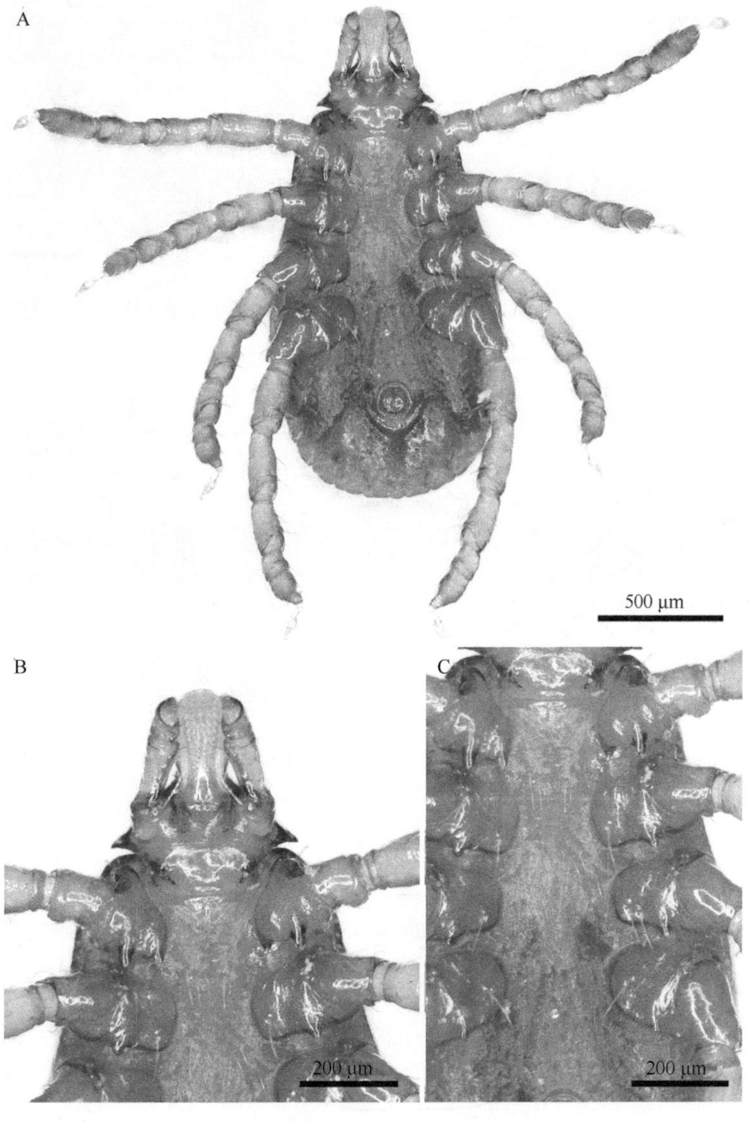

图 7-208　草原革蜱若蜱

A. 腹面观；B. 假头腹面观；C. 基节

盾板呈心形，长宽为（0.49～0.65）mm（平均 0.59 mm）×（0.50～0.67）mm（平均 0.59 mm）。盾板

上刚毛总数为21～35根；背中毛长33.4～70.1 μm。异盾区一侧背中毛3～9根；异盾上两侧背中毛、间毛及亚缘毛的总和通常不超过27根。躯体腹面一侧的侧毛6～12根（平均8.9根）。

基节Ⅰ内外距约等长。跗节Ⅰ长0.25～0.30 mm（平均0.28 mm）；在过渡到顶锥处，哈氏器前窝与囊之间有环沟。囊孔为丁字形或大字形，横孔弯曲，孔中央向远端有突起1～2个；前窝感毛中孔毛直。基节Ⅱ～Ⅳ无内距，外距向后依次减小；基节Ⅳ外距通常达不到该节后缘。气门板椭圆形。

幼蜱（图7-209，图7-210）

身体呈卵圆形，前端稍窄，后部圆弧形。长（包括假头）宽为（0.68～0.79）mm（平均0.73 mm）×（0.43～0.57）mm（平均0.48 mm）。

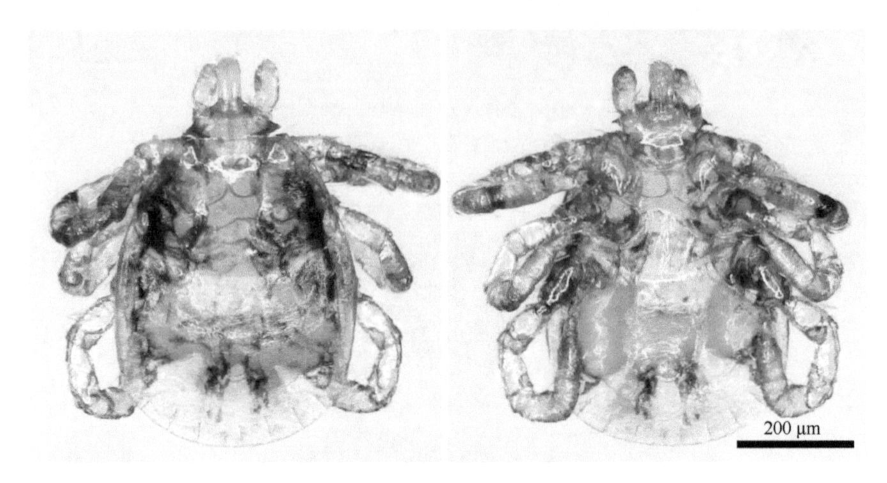

图7-209　草原革蜱幼蜱背面观（左）和腹面观（右）

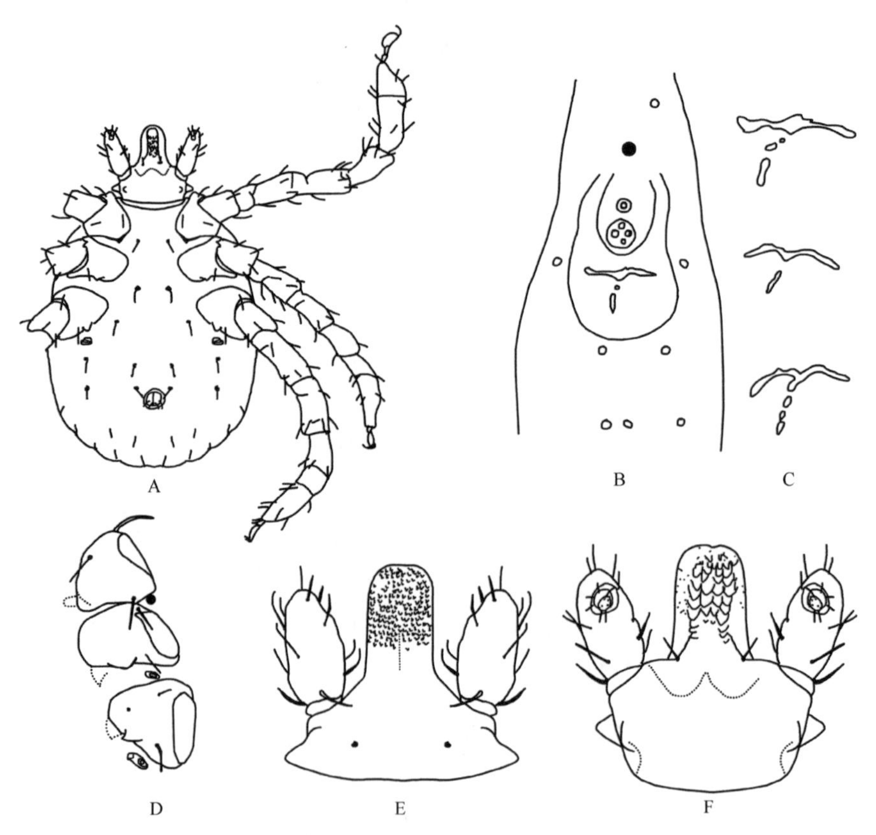

图7-210　草原革蜱幼蜱（参考：邓国藩和姜在阶，1991）

A. 腹面观；B. 哈氏器；C. 变异的囊孔；D. 基节；E. 假头背面观；F. 假头腹面观

假头背面长宽为（0.12～0.18）mm（平均 0.15 mm）×（0.16～0.19）mm（平均 0.17 mm）。须肢较短，长 0.10～0.13 mm（平均 0.11 mm），长约为宽的 2.5 倍；第Ⅱ、Ⅲ节分界不明显，第Ⅲ节腹面具一短刺，背面无锥形感毛。假头基背面呈六角形，后缘较直，侧突较尖。耳状突不明显，位置接近假头基后侧缘。口下板棒状；齿式 2|2，每纵列具齿 6～7 枚。

盾板略呈菱形，前窄后宽，后缘凸出。盾板长宽为（0.23～0.28）mm（平均 0.26 mm）×（0.35～0.40）mm（平均 0.38 mm）。盾板上 3 对刚毛均较短，肩毛长 11.7～39.4 μm；第Ⅰ背中毛小于 27 μm，异盾上第Ⅱ、Ⅲ对背中毛通常小于 21 μm。3 对胸毛通常大于 33 μm。跗节Ⅰ长 0.17～0.22 mm（平均 0.19 mm），在过渡到顶锥处，哈氏器前窝与囊之间具 1 环沟。哈氏器囊孔为丁字形，横孔弯曲，纵孔有些断开；前窝感毛中孔毛直，具有独立基盘；近端缝孔位于中毛内侧。肛门环近圆形，具刚毛 1 对。

生物学特性　三宿主型。为典型的草原种类。成蜱主要在春季活动，3 月开始侵袭宿主，3 月下旬至 4 月下旬达到高峰，5 月以后数量逐渐减少，6 月基本消失。秋季在宿主上会出现少数成蜱，但它们不吸血，只停留在宿主上越冬，多数饥饿成蜱在草原越冬。幼蜱 6 月上旬到 8 月上旬可在宿主上发现，但 6 月下旬及 7 月上旬为活动高峰。若蜱从 6 月下旬到 8 月中旬在宿主上寄生，7 月中、下旬达到高峰。自然界中，成蜱一般在 6 月之后开始出现滞育，多数不吸血，少数雌蜱即便饱血后也不产卵，直到次年 3 月上旬开始活动，8 月下旬下一代开始出现，完成一个生活史大约经历 150 d，一年完成一代。实验室条件下，草原革蜱完成一个生活周期共需 62～121 d。幼蜱和若蜱的寿命一般为 3～4 个月。饥饿成蜱寿命约 1 年。饱血雌蜱产卵后经 4～13 d 死亡，吸血后的雄蜱仍可生存 2～3 个月。

蜱媒病　驽巴贝虫和马巴贝虫 *B. equi* 的传播媒介。据报道，它能感染及传播布鲁氏菌，并能经期和经卵传递。此外，从草原革蜱体内分离出北亚蜱媒斑疹热立克次体 *Dermacentroxenus sibiricus*，并能经卵传递，还能感染鼠疫杆菌等。

（10）胫距革蜱 *D. pavlovskyi* Olenev, 1927

定名依据　该种是以人名 Pavlovsky 而命名。然而，中文译名胫距革蜱已广泛使用。

宿主　幼蜱和若蜱寄生于野兔及啮齿动物。成蜱寄生于牛、绵羊、山羊、马、骆驼等。

分布　国内：新疆；国外：苏联（中部和北部地区）。

鉴定要点

须肢粗短，第Ⅱ节背面后缘雌蜱圆钝，雄蜱具小刺；须肢外缘圆弧形凸出，不呈角状；假头基基突雌蜱短小，雄蜱强大，末端略钝。盾板珐琅斑浓厚；雌蜱盾板近似圆形，长稍大于宽。颈沟明显，前端深陷，小刻点遍布整个盾板，夹杂少量大刻点。雄蜱侧沟不明显，隐约由假盾区之后伸至第Ⅰ缘垛之前。雌蜱生殖孔无翼状突。足转节Ⅰ背距发达，末端尖细；基节Ⅰ外距约等于内距；基节Ⅳ无内距，外距末端超出该节后缘。足Ⅱ～Ⅳ胫节和后跗节端部各具一强大腹距；各足基节不具珐琅斑。雌蜱的气门板短逗点形，背突窄小，背缘无几丁质增厚区；雄蜱长逗点形，背突直而短，背缘亦无几丁质增厚区。

具体描述

雌蜱（图 7-211，图 7-212）

呈卵圆形，前端稍窄，后部圆弧形。体型中等。长（包括假头）宽为（3.6～6.1）mm×（2.2～3.5）mm。

须肢粗短，前端圆钝，外缘圆弧形；第Ⅱ节背面后缘圆钝；第Ⅲ节短于第Ⅱ节，宽大于长，内缘较直，外缘弧形，略似三角形。假头基矩形，长宽比（包括基突）约为 1∶2；基突粗短，后缘平直。孔区小，亚圆形，大而深陷，间距约等于其长径；表面珐琅斑浅淡。口下板齿式 3|3。

盾板近似圆形，长稍大于宽，前侧缘弧形凸出，中部稍前最宽。珐琅斑浓厚，几乎覆盖全部表面，仅在颈沟附近及其后侧方留下成对的窄长褐斑；盾板后 1/3 的中央处有时还留下一块不规则的褐斑。表面遍布小刻点，其间混杂少量大刻点。颈沟前深后浅。眼位于盾板两侧中部稍前水平线。

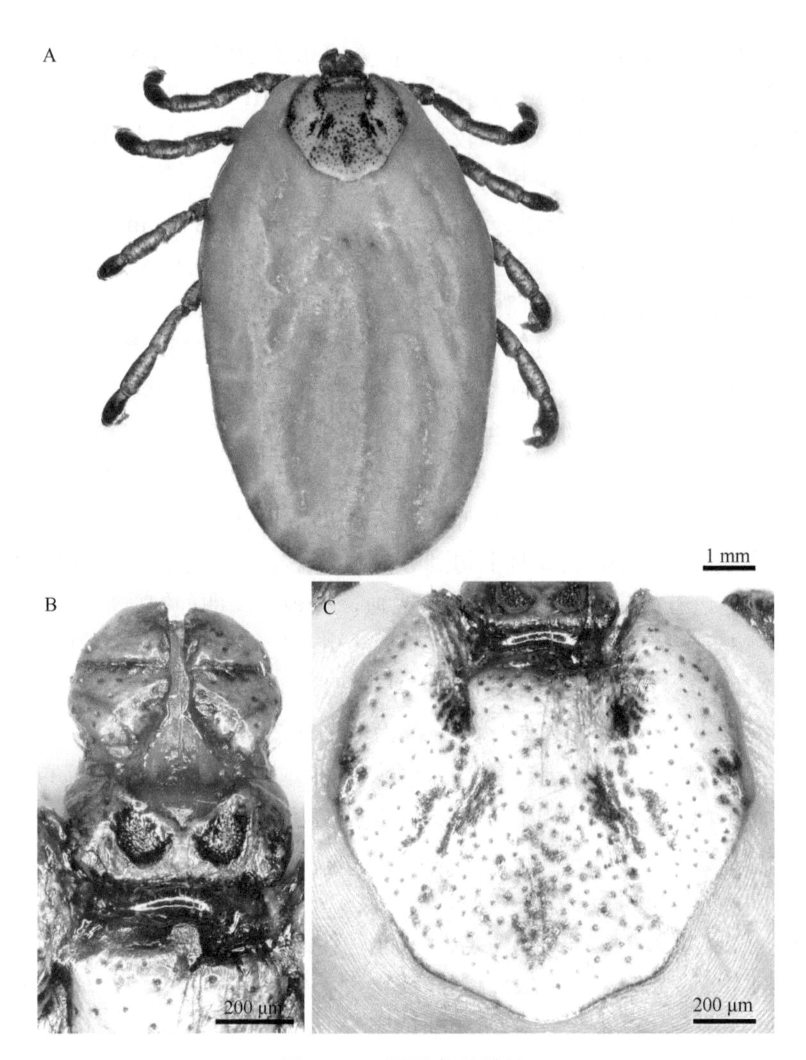

图 7-211　胫距革蜱雌蜱
A. 背面观；B. 假头背面观；C. 盾板

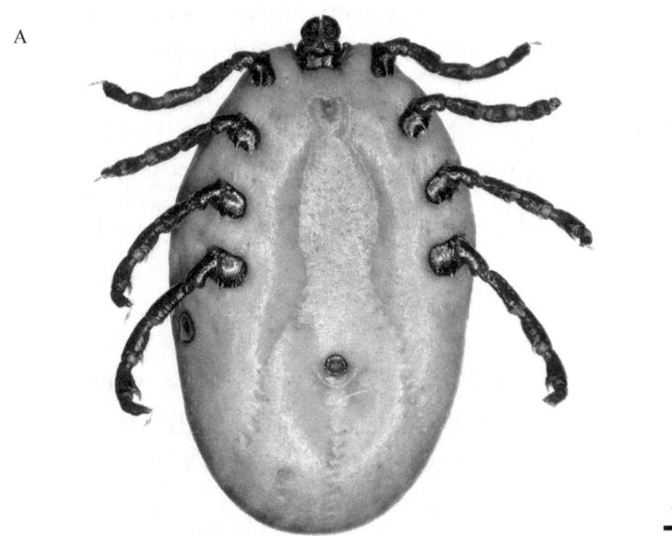

图 7-212　胫距革蜱雌蜱

A. 腹面观；B. 足Ⅰ；C. 足Ⅳ；D. 生殖孔；E. 气门板

各足粗细相似。足转节Ⅰ背距发达，末端尖细。基节Ⅰ外距基部粗壮，末端尖窄，长度略长于内距。基节Ⅱ、Ⅲ有内、外两距，但内距短小；基节Ⅳ无内距，外距末端超出该节后缘。足Ⅱ～Ⅳ胫节和后跗节端部有一强大腹距。各足跗节末端各有一个小的端齿。生殖孔无翼状突。气门板短逗点形，背突窄小，背缘无几丁质增厚区。

雄蜱（图 7-213，图 7-214）

体呈卵圆形，在盾板中部稍后的水平处最宽，前端稍窄，后部圆弧形。长（包括假头）宽为（3.0～5.5）mm ×（2.2～3.0）mm。

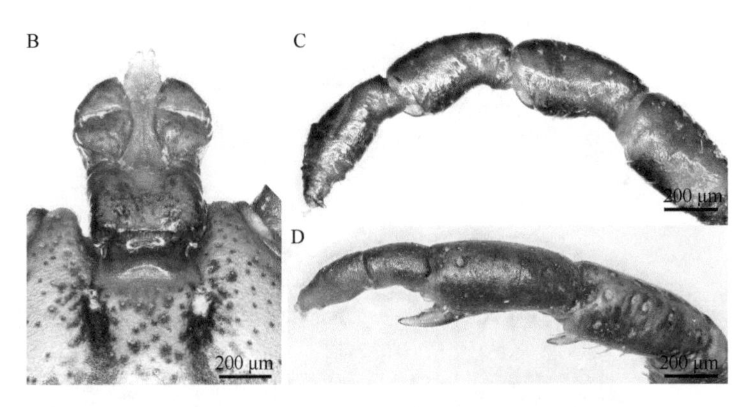

图 7-213 胫距革蜱雄蜱

A. 背面观；B. 假头背面观；C. 足Ⅰ末4节；D. 足Ⅳ末3节

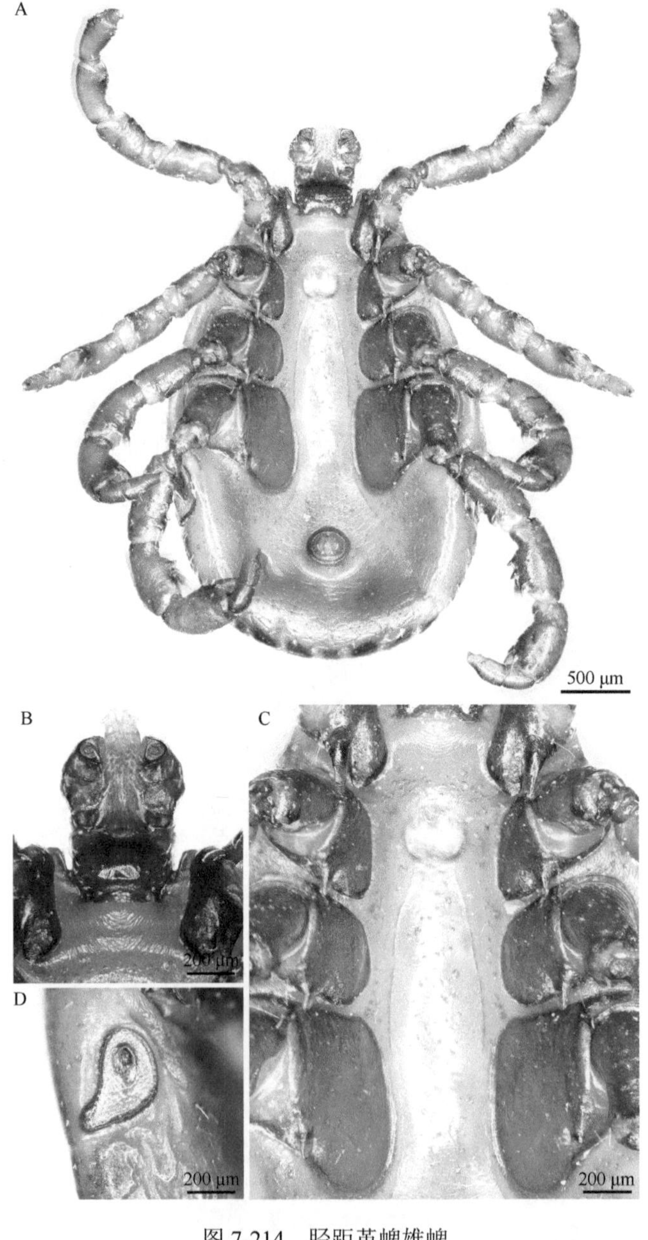

图 7-214 胫距革蜱雄蜱

A. 腹面观；B. 假头腹面观；C. 基节及生殖孔；D. 气门板

须肢宽短，外缘圆弧形，无角状凸出；第Ⅱ节宽略胜于长，后缘背刺短小；第Ⅲ节略短于第Ⅱ节，近三角形，前缘圆钝。假头基呈矩形，宽约为长（包括基突）的 1.4 倍，后缘微凹；表面具珐琅斑和刻点；基突强大，末端略钝。口下板棒状，齿式 3|3。

盾板卵圆形，珐琅斑浓厚，两侧缘珐琅斑达到第Ⅰ缘垛前缘，中间无褐斑。其他褐色底斑具体排列如下：1 对眼周褐斑；5 对缘垛褐斑；5 对侧斑（1 对颈沟及其周围褐斑、1 对颈沟后内侧褐斑、1 对颈沟后外侧褐斑、1 对中后侧斑、1 对近副中垛侧斑）；1 对盾窝褐斑。此外，伪盾后中部及盾板后中部也常有浅色褐斑分布。盾板表面刻点大小不一，小刻点很多，散布整个表面，之间混杂大刻点。颈沟前深后浅。侧沟不明显，自假盾区向后延伸至第Ⅰ缘垛前角，部分由刻点组成。中垛最小，缘垛表面均有大小不等的珐琅斑。眼近似圆形，略微凸出。

足粗壮，背面覆盖珐琅斑。转节Ⅰ背距发达，末端尖细。基节Ⅰ外距约等于或短于内距，其基部粗大，末端钝。基节Ⅱ～Ⅳ外距窄长，末端尖，内距不明显，呈脊状甚至无；基节Ⅳ向后方显著延伸，外距末端不超出该节后缘。各足跗节末端有一明显尖齿。足Ⅱ～Ⅳ胫节和后跗节端部各具一强大腹距。气门板长逗点形，背突直而短，背缘无几丁质增厚区。

若蜱（图 7-215）

身体呈卵圆形，前端稍窄，后部圆弧形。体长 1.32～1.44 mm（平均 1.35 mm），体宽 0.65～0.77 mm（平均 0.69 mm）。

假头背面长宽为（0.25～0.26）mm（平均 0.26 mm）×（0.30～0.32）mm（平均 0.31 mm）。须肢窄长，长 0.19～0.21 mm，长约为宽的 2.9 倍。假头基背面呈六角形，无基突，侧突尖，后缘直。耳状突明显，呈角状。口下板粗短，呈棒状，顶端圆钝；齿式前部 3|3，后部 2|2，最外一纵列具齿 8 枚。

盾板呈心形，长 0.48～0.57 mm，宽略大于长。盾板的刚毛总数为 30～33 根；背中毛长 52.2～63.2 μm（平均 56.6 μm）。异盾上单侧背中毛 8～12 根，亚缘毛 6～8 根。躯体腹面单侧侧毛 6～11 根。

基节Ⅰ外距约为内距的 1.5 倍。跗节Ⅰ长 0.25～0.28 mm（平均 0.27 mm）；哈氏器前窝与囊之间具一环沟。囊孔为丁字形或大字形，横孔弯曲，有时有分支；前窝感毛中孔毛直。基节Ⅱ～Ⅳ无内距，外距向后依次减小；基节Ⅳ外距通常达不到该节后缘。气门板椭圆形，长 0.11～0.13 mm（平均 0.12 mm），外缘杯状体 29～40 个。

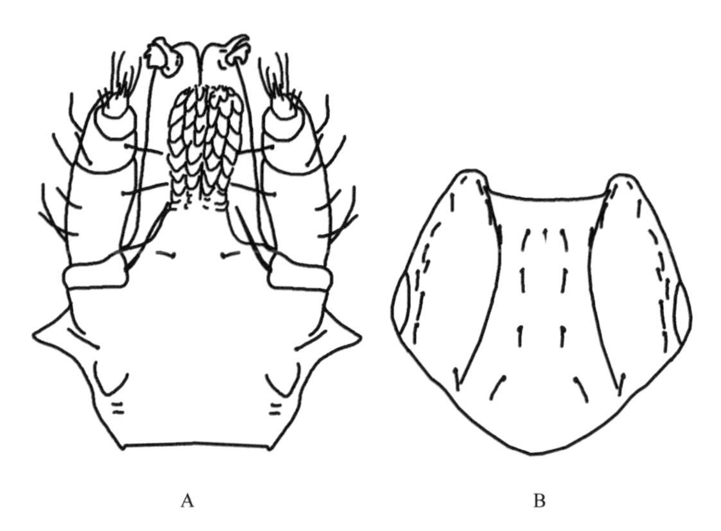

图 7-215　胫距革蜱若蜱（参考：邓国藩和姜在阶，1991）

A. 假头腹面观；B. 盾板

幼蜱（图 7-216）

身体呈卵圆形，前端稍窄，后部圆弧形。长（包括假头）宽为（0.66～0.71）mm（平均 0.70 mm）×

（0.55～0.60）mm（平均 0.57 mm）。

假头背面长宽为（0.13～0.15）mm（平均 0.14 mm）×（0.18～0.19）mm（平均 0.18 mm）。须肢较短，长 0.11～0.12 mm（平均 0.12 mm），长约为宽的 2.4 倍；第Ⅱ、Ⅲ节分界不明显，第Ⅲ节腹面无刺。须肢背面有锥形感毛。假头基背面呈六角形，后缘较直，侧突较尖。耳状突不明显，位置接近假头基后侧缘。口下板棒状，齿式 2|2；每纵列具齿 5～6 枚。

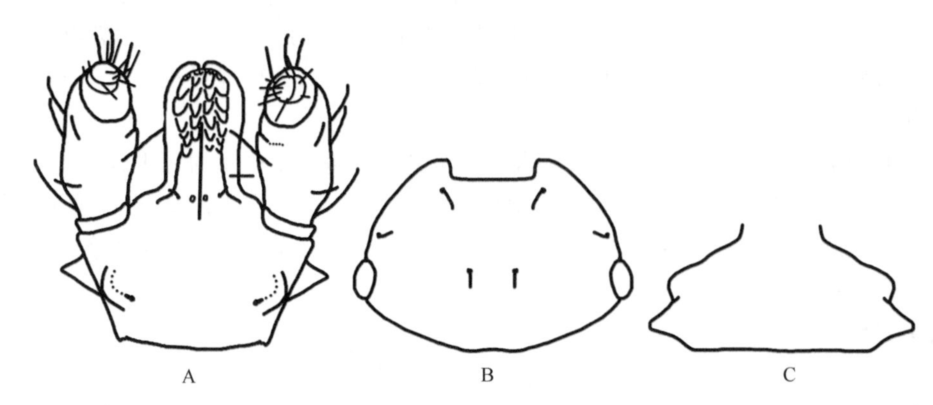

图 7-216 胫距革蜱幼蜱（参考：邓国藩和姜在阶，1991）

A. 假头腹面观；B. 盾板；C. 假头基背面观

盾板略呈菱形，前窄后宽，后缘凸出。盾板长 0.25～0.27 mm（平均 0.26 mm）。盾板上肩毛长 7.38～27.06 μm；第Ⅰ背中毛长 24.6～43.0 μm（平均 37.5 μm）。异盾第Ⅲ背中毛通常大于 21 μm。胸毛 3 对，通常大于 33 μm。跗节Ⅰ长 0.19～0.21 mm（平均 0.20 mm）；在过渡到顶锥处，哈氏器前窝与囊之间具 1 环沟；哈氏器囊孔为丁字形，横孔弯曲，中央部分有些向远端分支，纵孔有些断开；前窝感毛中孔毛直，具有独立基盘。

生物学特性 主要生活在山地草原及山麓荒漠草原。成蜱多在春季活动，3 月开始出现，4 月、5 月是活动高峰，6 月数量很少。9 月、10 月在宿主上发现少数成蜱但不吸血。7～10 月可见幼蜱和若蜱，7 月为幼蜱活动高峰，8 月为若蜱活动高峰。在自然界一年发生一代。胫距革蜱完成整个生活史需 108～156 d。

蜱媒病 Q 热病原体及布鲁氏菌的传播媒介，可感染鼠疫杆菌，并能经期传播鼠疫杆菌和布鲁氏菌。

（11）网纹革蜱 *D. reticulatus*（Fabricius, 1794）

定名依据 *reticulatus* 源自拉丁语“*reticulum*”，意为小网“small net”。

宿主 幼蜱和若蜱寄生于啮齿动物、食虫动物、兔。成蜱主要寄生于牛、马、绵羊、犬等家畜及野猪、鹿、狐、野兔、刺猬等野生动物。

分布 国内：新疆；国外：比利时、波兰、德国、法国、捷克、斯洛伐克、罗马尼亚、南斯拉夫、苏联、瑞士、西班牙、匈牙利、英国。

鉴定要点

须肢粗短，第Ⅱ节背面后缘有明显的三角形刺，雄蜱更加明显；须肢外缘凸出成角状；假头基基突雌蜱短小，雄蜱强大，末端略钝。盾板珐琅斑少；雌蜱盾板卵圆形，长稍大于宽。颈沟明显，前端深陷；小刻点遍布整个盾板，夹杂少量大刻点。雄蜱侧沟浅、细窄且不明显，未延伸至第Ⅰ缘垛之前。雌蜱生殖孔无翼状突。足转节Ⅰ背距发达，末端尖细；基节Ⅰ外距约等于或略短于内距；基节Ⅳ无内距，外距末端超出该节后缘。足Ⅱ～Ⅳ胫节和后跗节端部无强大腹距；各足基节不具珐琅斑。雌蜱的气门板近似卵形，背突宽短，末端钝，前缘无几丁质增厚区；雄蜱为长卵圆形，背突宽短，末端钝，前缘亦无几丁质增厚区。

具体描述

雌蜱（图 7-217）

体呈卵圆形，前端稍窄，后部圆弧形。长（包括假头）宽为（3.0～3.9）mm ×（1.9～2.5）mm。

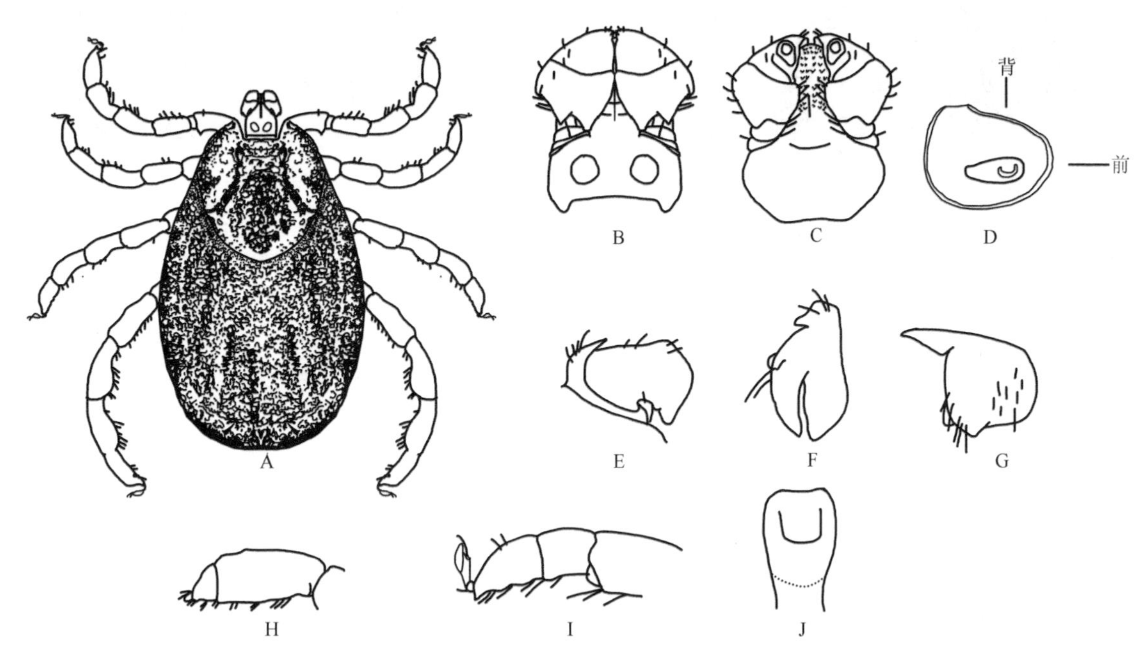

图 7-217　网纹革蜱雌蜱（参考：邓国藩和姜在阶，1991）

A. 背面观；B. 假头背面观；C. 假头腹面观；D. 气门板；E. 转节Ⅰ；F. 基节Ⅰ；G. 基节Ⅳ；H. 跗节Ⅰ；I. 跗节Ⅳ；J. 生殖孔

须肢粗短，前端圆钝；第Ⅱ节背面后缘有明显的三角形刺，外缘明显凸出成角状；第Ⅲ节宽大于长，内缘较直，外缘弧形，呈三角形；须肢第Ⅱ节明显宽于第Ⅲ节。假头基矩形，基突粗短。孔区近似圆形，大而深陷，间距小于其长径。口下板齿式前段为 4|4，后段为 3|3。

盾板卵圆形，长略大于宽，中部之前处最宽；珐琅斑少，在颈沟附近、眼周围、后中区及其附近留下褐斑。表面刻点小而浅，散布整个盾板，其间混杂少量大刻点。颈沟明显，前端深陷。眼位于盾板两侧。

各足粗细相似。足转节Ⅰ背距发达，末端尖细。基节Ⅰ外距末端细窄，其长度约等于或略短于内距。基节Ⅱ～Ⅲ外距三角形，末端稍尖；基节Ⅳ无内距，外距粗短，末端超出该节后缘。各足基节无珐琅斑。足Ⅱ～Ⅳ胫节和后跗节端部无强大腹距。各足跗节末端有一个小的端齿。生殖孔无翼状突。气门板长卵圆形，背突短钝，背突前缘无几丁质增厚区。

雄蜱（图 7-218）

体呈卵圆形，在盾板中部稍后的水平处最宽，前端稍窄，后部圆弧形。长（包括假头）宽为（2.9～3.5）mm ×（1.8～2.3）mm。

须肢粗短；第Ⅱ节宽略胜于长，外缘明显突出成角状，后缘有发达的尖刺，伸向后方；第Ⅲ节略短于第Ⅱ节，近三角形，内缘直，外缘略弯，前端细窄，腹面具 1 个短刺。假头基矩形，表面具珐琅斑和刻点；基突强大，末端略钝。口下板棒状，齿式 3|3。

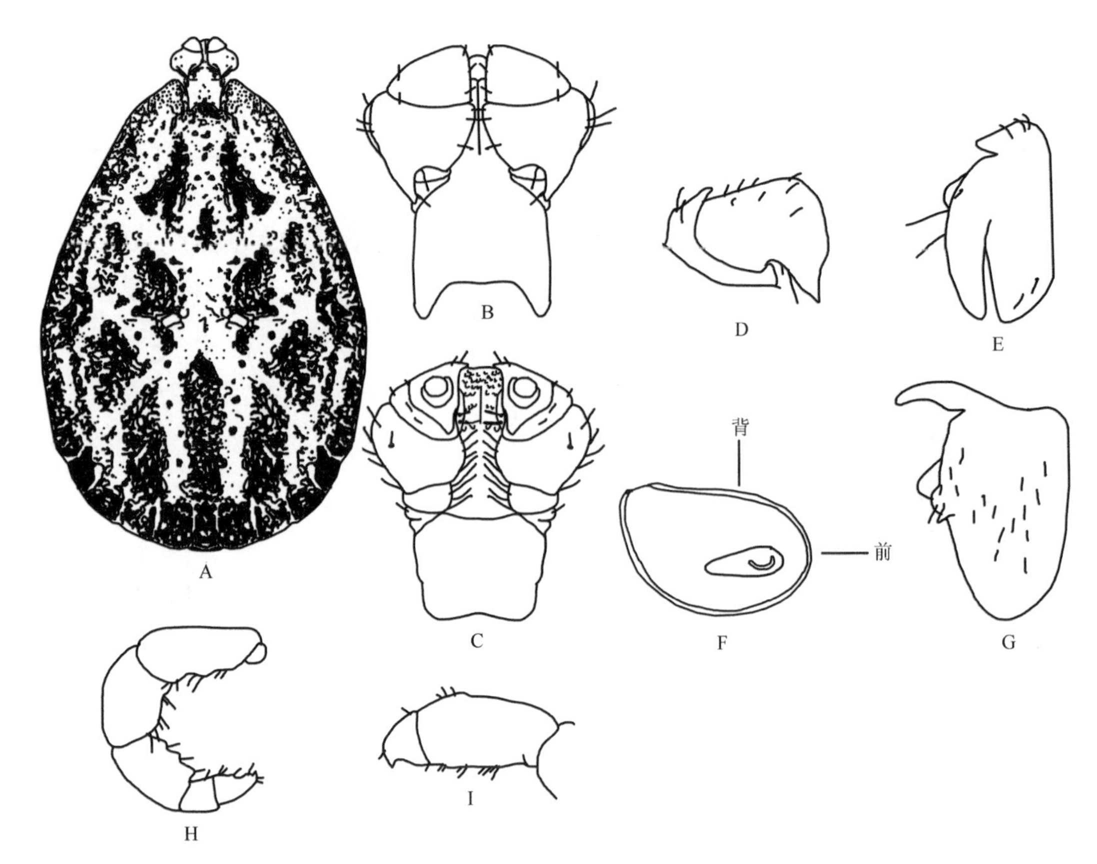

图 7-218 网纹革蜱雄蜱（参考：邓国藩和姜在阶，1991）

A. 背面观；B. 假头背面观；C. 假头腹面观；D. 转节 I；E. 基节 I；F. 气门板；G. 基节Ⅳ；H. 足Ⅳ；I. 跗节 I

盾板卵圆形，珐琅斑较浓厚，两侧缘珐琅斑未达到第 I 缘垛前缘，中间有 2 对褐斑。其他褐色底斑具体排列如下：1 对眼周褐斑；11 个缘垛均有褐斑分布；6 对侧斑（1 对颈沟褐斑、1 对颈沟外侧斑、1 对颈沟后内侧褐斑、1 对颈沟后外侧褐斑、1 对中后侧斑、1 对近副中垛侧斑）；1 对盾窝褐斑；1 个伪盾后中部褐斑；1 个后中部褐斑。盾板表面刻点大小不一，小刻点浅而密，散布整个表面，之间混杂大刻点。颈沟前深后浅。侧沟深，自假盾区向后延伸至第 I 缘垛前角。中垛最小，缘垛表面分布少量珐琅斑甚至无珐琅斑。眼近似圆形，略微凸出。

足粗壮，背面覆盖珐琅斑。转节 I 背距发达，末端尖细。基节 I 外距约等于或短于内距，其基部粗大，末端钝。基节Ⅱ～Ⅳ外距三角形，末端尖；基节Ⅳ向后方显著延伸，外距末端超出该节后缘。各足跗节末端有一明显尖齿。足Ⅱ～Ⅳ胫节和后跗节端部无强大腹距。气门板长卵形，背突短而宽，背缘无几丁质增厚区，杯状体细小。

若蜱（图 7-219）

身体呈卵圆形，前端稍窄，后部圆弧形。体长（包括假头）1.18～1.47 mm（平均 1.36 mm），体宽 0.66～1.02 mm（平均 0.79 mm）。

假头腹面长宽为（0.27～0.36）mm（平均 0.32 mm）×（0.27～0.35）mm（平均 0.31 mm）。须肢窄长，长约为宽的 3.1 倍，第Ⅱ节长度是第Ⅲ节的 1.0～1.44 倍。假头基背面呈六角形，有基突，侧突尖，后缘直。耳状突明显，呈角状，其宽度与须肢第Ⅱ节基部的宽度约等。口下板粗短，呈棒状，顶端圆钝；齿式前部 3|3，后部 2|2，最外一纵列具齿 7～9 枚，内列具齿 3～5 枚。

盾板呈心形，长宽约等。盾板的刚毛总数为 23～56 根；背中毛长 47.5～75.5 μm。异盾上单侧背中毛 8～13 根，亚缘毛 8～17 根。躯体腹面单侧侧毛 16～24 根。气门板长 0.13～0.20 mm（平均 0.15 mm），外缘的杯状体数目为 38～84 个。

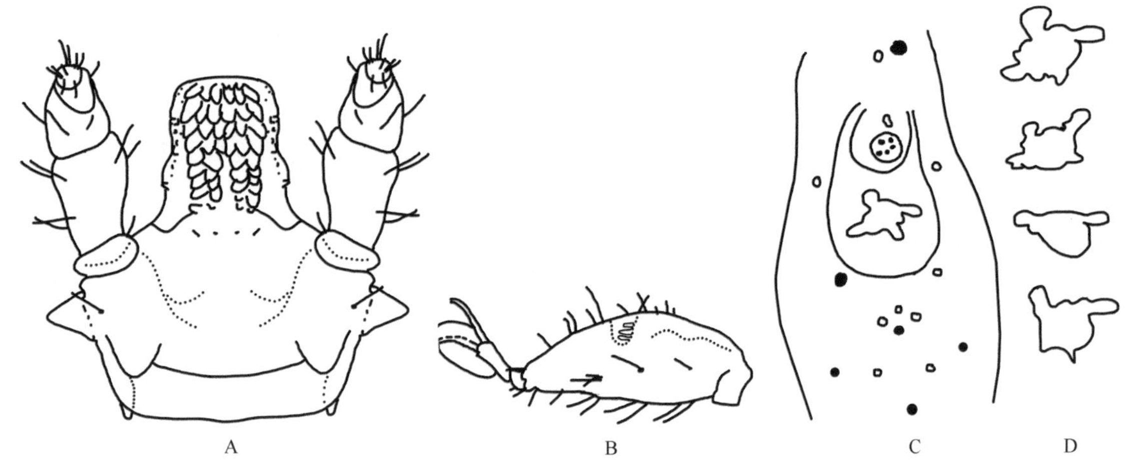

图 7-219　网纹革蜱若蜱（参考：邓国藩和姜在阶，1991）
A. 假头腹面观；B. 跗节 I；C. 哈氏器；D. 变异的囊孔

基节Ⅰ外距与内距的长度大致相等。基节Ⅱ仅具短小外距，基节Ⅲ、Ⅳ无距。跗节Ⅰ长 0.21～0.27 mm（平均 0.25 mm）；哈氏器前窝与囊之间无环沟。囊孔为大字形，孔中央近圆形，远端有两个短的侧突；前窝感毛中孔毛直。气门板小，近似椭圆形。

幼蜱（图 7-220）

身体呈卵圆形，前端稍窄，后部圆弧形。长（包括假头）宽为（0.60～0.73）mm（平均 0.69 mm）×（0.36～0.51）mm（平均 0.44 mm）。

假头背面长宽为（0.13～0.16）mm（平均 0.14 mm）×（0.15～0.19）mm（平均 0.17 mm）。须肢较短，长 0.09～0.12 mm；第Ⅱ、Ⅲ节分界不明显，第Ⅲ节腹面具有一个短刺。须肢背面无锥形感毛。假头基背面呈六角形，后缘较直，侧突尖。耳状突明显，位于假头基腹面 1/2 水平线。口下板棒状；齿式 2|2，每纵列具齿 5～6 枚。

盾板略呈菱形，前窄后宽，后缘凸出。盾板长 0.23～0.27 mm（平均 0.26 mm）。盾板上肩毛长 16～48 μm；第Ⅰ背中毛通常大于 27 μm。异盾第Ⅱ背中毛长 16～35.2 μm。胸毛 3 对，通常大于 33 μm。跗节Ⅰ长 0.17～0.19 mm；在过渡到顶锥处，哈氏器前窝与囊之间无环沟；哈氏器囊孔为丁字形，横孔弯曲，中央孔极大，近端缝孔位于中毛与近端毛之间的内侧。前窝感毛中孔毛直，具有独立基盘。

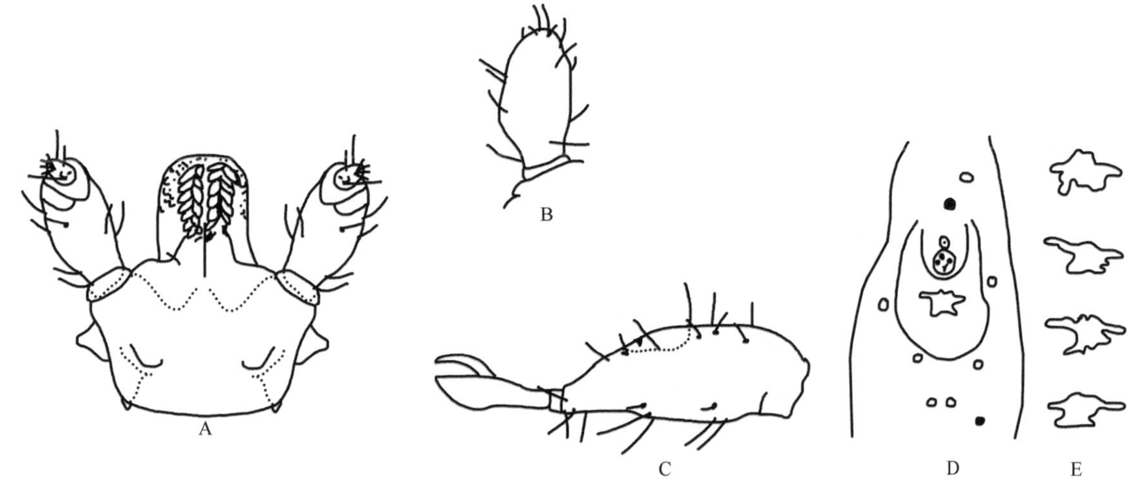

图 7-220　网纹革蜱幼蜱（参考：邓国藩和姜在阶，1991）
A. 假头腹面观；B. 须肢背面观；C. 跗节Ⅰ；D. 哈氏器；E. 变异的囊孔

生物学特性 分布在草原、灌丛及丘陵林带。成蜱主要在春季活动，秋季在宿主上可见少数成蜱。幼蜱和若蜱夏季活动。以未吸血成蜱在自然界或宿主体上过冬。一年发生一代。实验室条件下，网纹革蜱完成一个生活周期需要 60～97 d；30℃条件下，卵孵化为幼蜱需要 12～19 d。

蜱媒病 马巴贝虫、驽巴贝虫和犬巴贝虫的传播媒介。可感染鄂木斯克出血热及森林脑炎，并可经卵传播。

（12）森林革蜱 *D. silvarum* Olenev, 1931

=朝鲜革蜱 *D. coreus*

定名依据 *silvarum* 源自拉丁文“*silva*”（森林）。

宿主 幼蜱和若蜱寄生于松鼠、花鼠、黑线姬鼠、野兔、刺猬等小型哺乳动物，偶尔寄生于鸟类如花尾榛鸡 *Bonasia bonasia* 和灰头鹀 *Emberiza spodocephala* 等。成蜱寄生于牛、马、山羊、绵羊、猪等家畜和野生动物，也侵袭人。

分布 国内：北京、甘肃、河北、黑龙江、吉林、辽宁、内蒙古、宁夏、山西、陕西、新疆；国外：蒙古国、苏联（西伯利亚）。

鉴定要点

须肢粗短，第Ⅱ节背面后缘三角形刺不明显，雄蜱的刺很短；须肢外缘弧形凸出；假头基基突雌蜱短钝，雄蜱发达，末端略钝。盾板珐琅斑较淡；雌蜱盾板近似圆形，长稍大于宽。颈沟明显，前端深陷；刻点稠密，大小不均，遍布整个盾板。雄蜱侧沟不明显，浅、细窄并夹杂刻点，向后延伸至第Ⅰ缘垛之前。雌蜱生殖孔有翼状突。足转节Ⅰ背距发达，末端尖细；基节Ⅰ外距约等于或略长于内距；基节Ⅳ无内距，外距末端超出该节后缘。足Ⅱ～Ⅳ胫节和后跗节端部无强大腹距；各足基节多数不具珐琅斑。雌蜱的气门板为逗点形，背突粗短，末端钝，前缘无几丁质增厚区；雄蜱为长逗点形，背突末端达到盾板边缘，前缘无几丁质增厚区。

具体描述

雌蜱（图 7-221，图 7-222）

体呈卵圆形，前端稍窄，后部圆弧形。长（包括假头）宽为（4.2～6.8）mm×（2.7～4.3）mm。

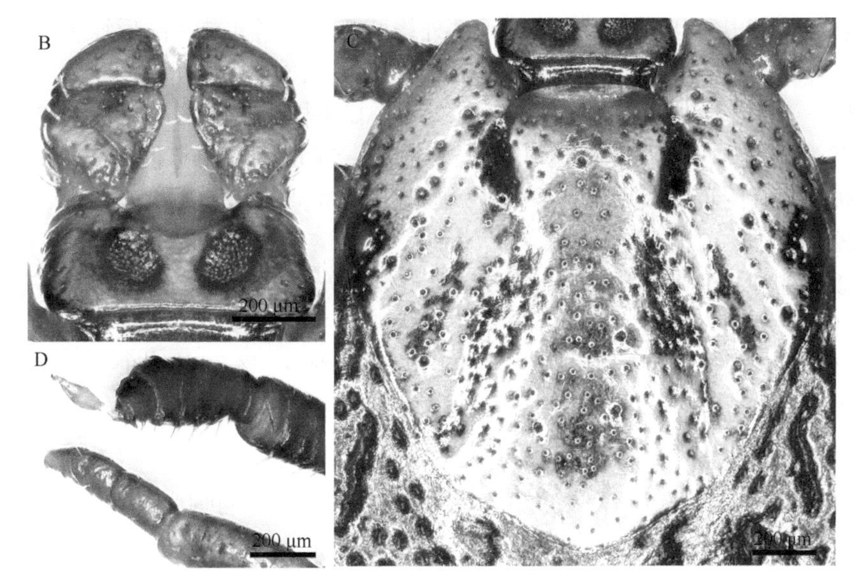

图 7-221　森林革蜱雌蜱

A. 背面观；B. 假头背面观；C. 盾板；D. 跗节Ⅰ、跗节Ⅳ

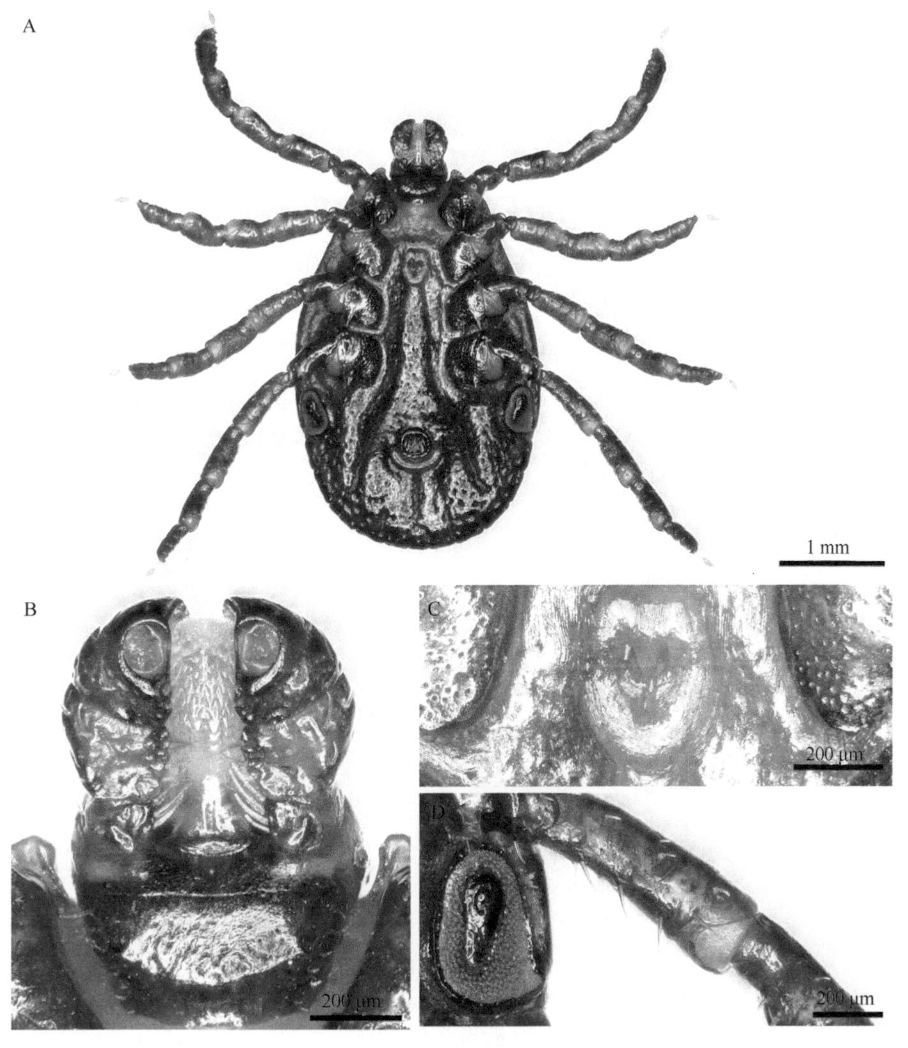

图 7-222　森林革蜱雌蜱

A. 腹面观；B. 假头腹面观；C. 生殖孔；D. 气门板

须肢粗短，表面具珐琅斑和刻点；前端圆钝，外缘圆弧形；第Ⅱ节背面后缘刺不明显；第Ⅲ节宽大于长，内缘较直，外缘弧形，呈三角形。假头基矩形，宽约为长（包括基突）的 2 倍；基突粗短，末端钝。孔区呈卵圆形，深陷，向外斜置，间距小于其短径。口下板齿式前段 4|4，后段 3|3。

盾板近似圆形，长等于或略大于宽（长 1.61 mm、宽 1.51 mm），中部稍前最宽；珐琅斑淡，几乎覆盖整个盾板，在颈沟及其附近、眼周围、后中区及盾板侧缘留下褐斑。盾板表面大、小刻点混杂，分布较为稠密。颈沟较为明显，前端深陷。

各足粗细相似。足转节Ⅰ背距发达，末端尖细。基节Ⅰ外距末端细窄，其长度约等于或略长于内距；内距很宽。基节Ⅱ～Ⅳ外距发达，末端尖；基节Ⅳ无内距，外距末端超出该节后缘。各足基节多数无珐琅斑。足Ⅱ～Ⅳ胫节和后跗节端部无强大腹距。各足跗节末端有一个小的端齿。生殖孔有翼状突。气门板逗点形；背突粗短，末端钝；背突前缘无几丁质增厚区。

雄蜱（图 7-223，图 7-224）

体呈卵圆形，在盾板中部稍后的水平处最宽，前端稍窄，后部圆弧形。长（包括假头）宽约 4.5 mm×2.9 mm。

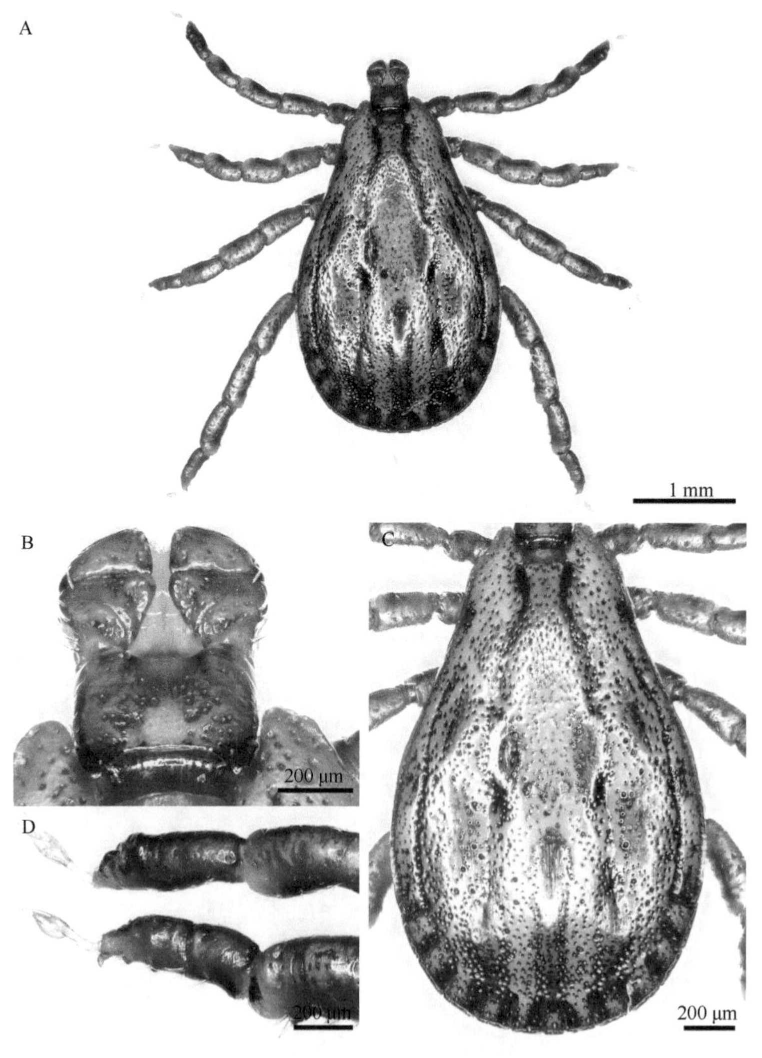

图 7-223　森林革蜱雄蜱

A. 背面观；B. 假头背面观；C. 盾板；D. 跗节Ⅰ、跗节Ⅳ

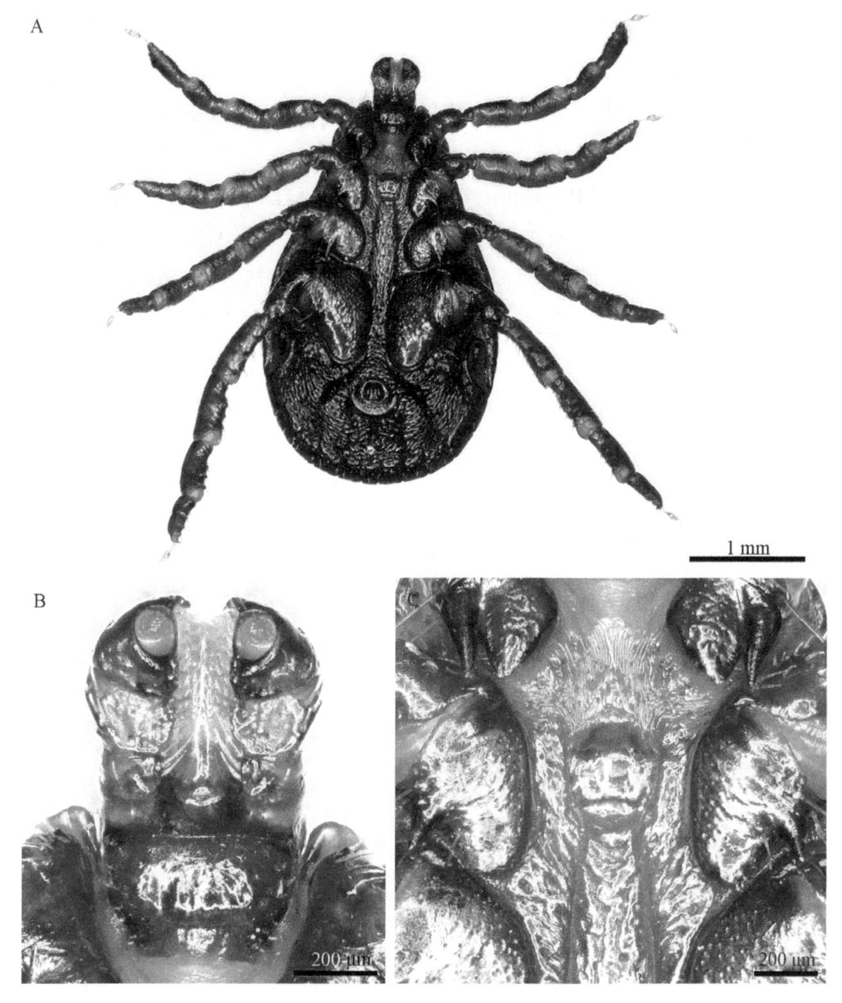

图 7-224　森林革蜱雄蜱
A. 腹面观；B. 假头腹面观；C. 生殖孔

须肢粗短；第Ⅱ节宽略胜于长，后缘背刺很短；第Ⅲ节略短于第Ⅱ节，近三角形，内缘直，外缘略弯，前端较窄，腹面短刺不明显。假头基矩形，表面具珐琅斑和刻点；两侧缘近似平行，后缘平直或微凹；基突强大，末端略钝。口下板棒状，齿式 3|3。

盾板卵圆形，珐琅斑较淡，两侧缘珐琅斑达到第Ⅰ缘垛前缘，中间有很小的褐色斑点或几乎无褐斑。其他褐色底斑具体排列如下：1 对眼周褐斑；11 个缘垛均有褐斑分布；6 对侧斑（1 对颈沟褐斑、1 对颈沟外侧斑但有时不明显、1 对颈沟后内侧褐斑、1 对颈沟后外侧褐斑、1 对中后侧斑、1 对近副中垛侧斑）；1 对盾窝褐斑；1 个伪盾后中部褐斑；1 个后中部褐斑。褐斑的边界不明显。盾板刻点稠密，小刻点稠密，大刻点混杂其中。颈沟短，前深后浅。侧沟浅，自假盾区向后延伸至第Ⅰ缘垛前角，夹杂大、小刻点。中垛最窄。眼近似圆形，略微凸出。

足粗壮，背面覆盖珐琅斑。转节Ⅰ背距发达，末端尖细。基节Ⅰ外距约等于或略长于内距，其基部粗大，末端钝。基节Ⅱ～Ⅳ外距较长，末端尖；无内距或不明显。基节Ⅳ向后方显著延伸，外距末端超出该节后缘。各足跗节末端有一明显尖齿。足Ⅱ～Ⅳ胫节和后跗节端部无强大腹距。气门板长逗点形，背突较长，并向背方弯曲，末端约达盾板边缘；背缘无几丁质增厚区。

若蜱（图 7-225～图 7-227）

身体呈卵圆形，前端稍窄，后部圆弧形。长（包括假头）宽为（1.25～1.56）mm（平均 1.41 mm）×（0.98～1.26）mm（平均 1.10 mm）。

假头背面长宽为（0.33～0.42）mm（平均 0.38 mm）×（0.31～0.37）mm（平均 0.34 mm）。须肢窄长，长 0.21～0.25 mm（平均 0.23 mm）；长约为宽的 3.5 倍。假头基背面呈六角形，侧突尖，后缘直。耳状突明显，窄小，其宽度小于须肢第Ⅱ节基部的宽度。口下板粗短，棒状，顶端圆钝；齿式前部 3|3，后部 2|2，最外一纵列具齿 7～10 枚。

盾板呈心形，长宽约等；长 0.50～0.59 mm（平均 0.56 mm）。盾板的刚毛总数为 19～36 根；背中毛长 33.4～63.5 μm。异盾上单侧背中毛 5～12 根，两侧背中毛、间毛及亚缘毛的总和多于 27 根。躯体腹面单侧侧毛 7～18 根。

基节Ⅰ外距与内距的长度大致相等。基节Ⅱ仅具短小外距，基节Ⅲ、Ⅳ无距。跗节Ⅰ长 0.26～0.31 mm；哈氏器前窝与囊之间有环沟。囊孔为十字形，横孔弯曲有分支。气门板近圆形，长 0.14～0.19 mm。气门板的外缘杯状体 37～61 个。肛门环前部宽度为其他部分宽度的 1.5 倍以上。

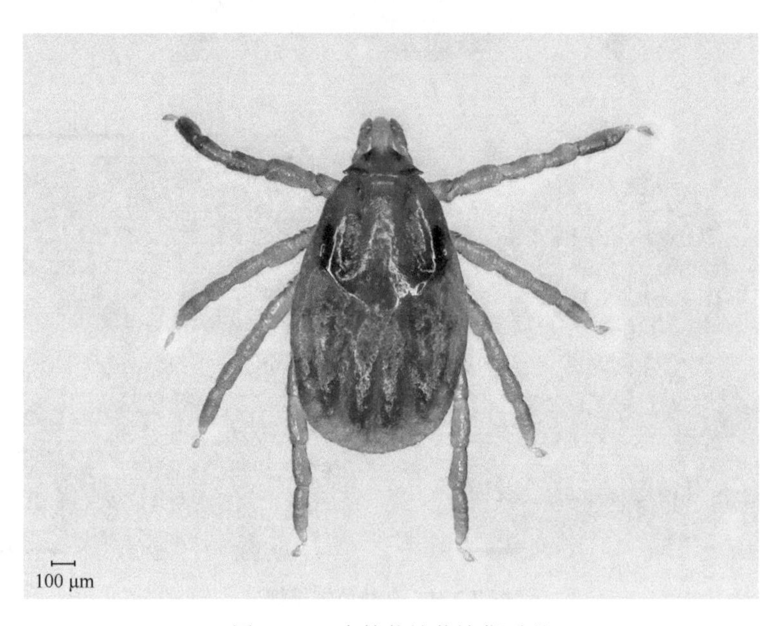

图 7-225　森林革蜱若蜱背面观

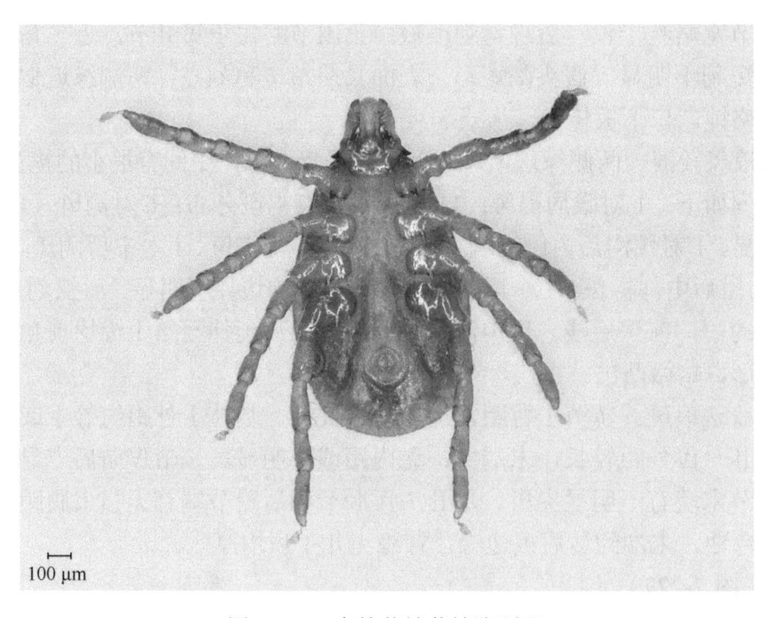

图 7-226　森林革蜱若蜱腹面观

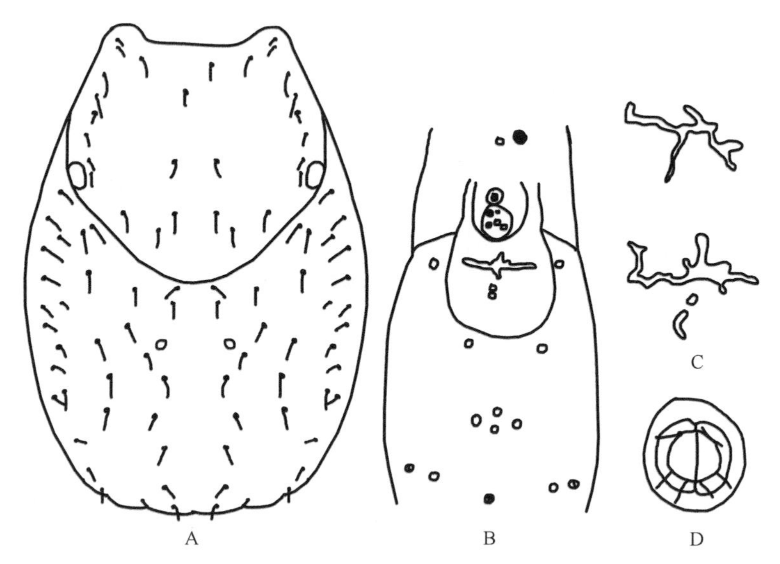

图 7-227　森林革蜱若蜱（参考：邓国藩和姜在阶，1991）
A. 躯体腹面观；B. 哈氏器；C. 变异的囊孔；D. 肛门

幼蜱（图 7-228，图 7-229）

身体呈卵圆形，前端稍窄，后部圆弧形。体长（包括假头）0.64～0.79 mm（平均 0.73 mm），体宽 0.40～0.49 mm（平均 0.45 mm）。

假头背面长宽为（0.11～0.18）mm（平均 0.15 mm）×（0.17～0.20）mm（平均 0.19 mm）。须肢较短，长 0.10～0.13 mm（平均 0.12 mm），长约为宽的 2.5 倍；第Ⅱ、Ⅲ节分界不明显，第Ⅲ节腹面具有一个短刺。须肢背面有锥形感毛。假头基背面呈六角形，后缘较直，侧突尖。耳状突不明显。口下板棒状，齿式 2|2；每纵列具齿 6～7 枚。

盾板略呈菱形，前窄后宽，后缘凸出。盾板长宽为（0.25～0.30）mm×（0.33～0.41）mm（平均 0.38 mm）。盾板上肩毛长 12.3～39.4 μm；第Ⅰ背中毛 14.8～32 μm。胸毛 3 对，通常大于 33 μm。跗节Ⅰ长 0.16～0.21 mm（平均 0.19 mm）；在过渡到顶锥处，哈氏器前窝与囊之间有环沟；哈氏器囊孔为丁字形，横孔弯曲，有些纵孔不连续；近端缝孔位于中毛内侧。前窝感毛中孔毛直，具有独立基盘。

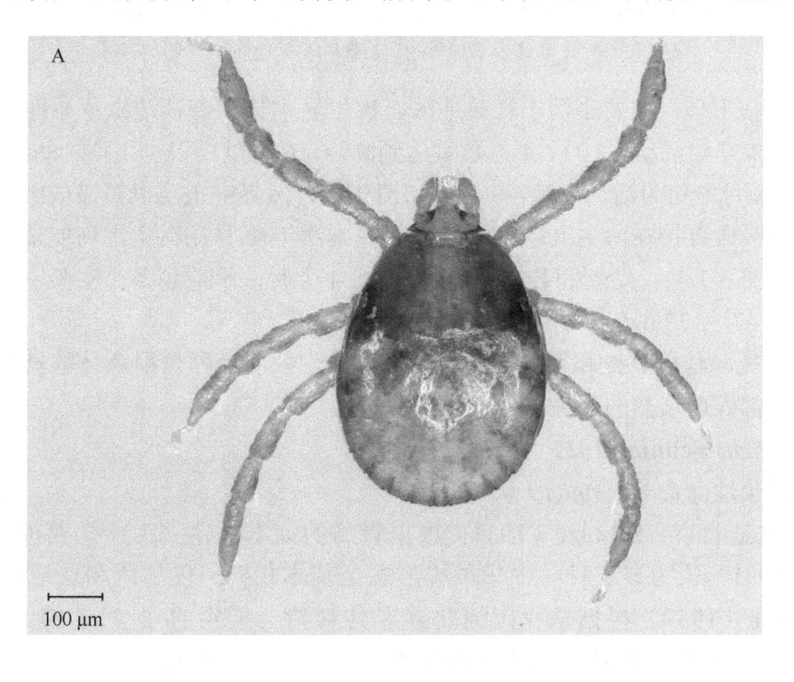

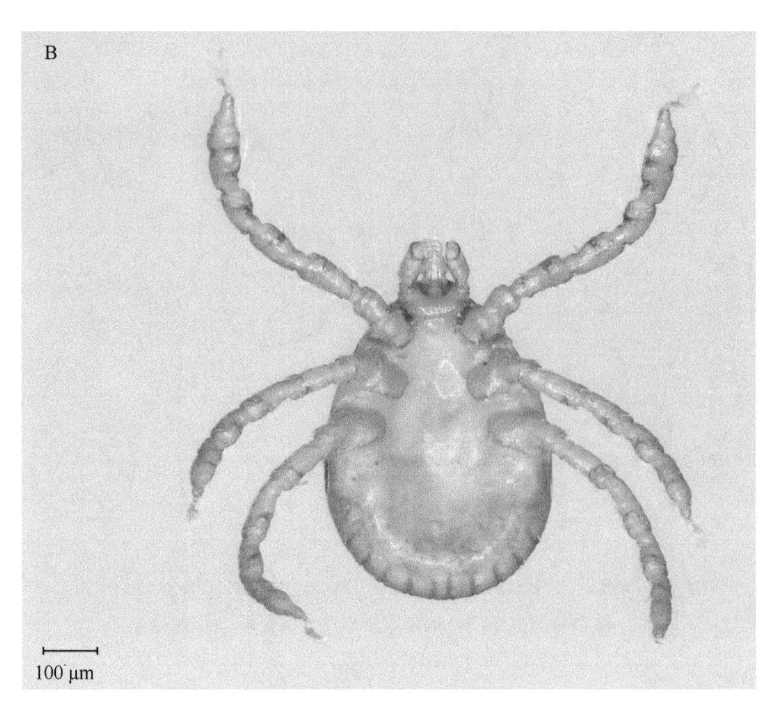

图 7-228 森林革蜱幼蜱
A. 背面观；B. 腹面观

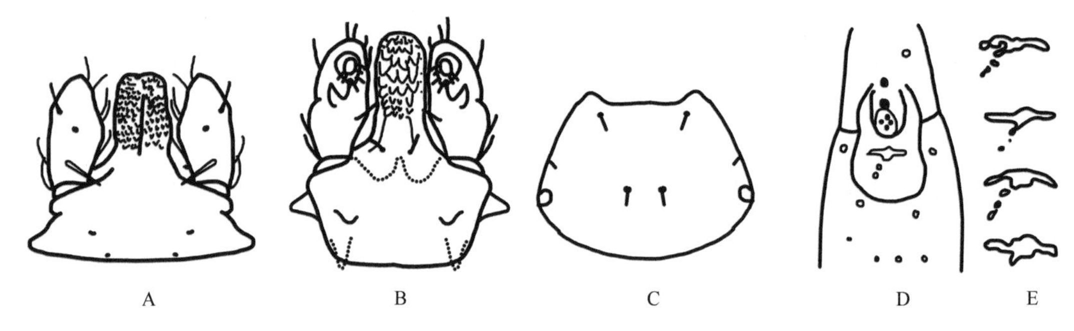

图 7-229 森林革蜱幼蜱（参考：邓国藩和姜在阶，1991）
A. 假头背面观；B. 假头腹面观；C. 盾板；D. 哈氏器；E. 变异的囊孔

生物学特性 三宿主型。主要生活于森林地区、次生灌木林和森林边缘草原地带。自然界中一年发生一代。成蜱自 2 月末开始活动，3 月、4 月数量达到高峰，6 月以后很少出现。幼蜱出现于 6～8 月，若蜱于 7 月上旬出现，8 月中旬为活动高峰，9 月下旬消失。自然界中主要以饥饿成蜱越冬。也有少量成蜱在秋季侵袭宿主，不吸血直接在宿主上越冬。当年 9 月到次年 1 月在宿主上均能采到少量雄蜱。越冬后饥饿成蜱可以活到 6 月、7 月，幼蜱和若蜱只能生活 2～4 个月，不能越冬。实验室条件下，从雌蜱吸血到下一代成蜱出现需 67～127 d（平均 103.3 d）。

蜱媒病 森林脑炎、马巴贝虫和驽巴贝虫的传播媒介，并能经卵传播森林脑炎病毒。此外，国外报道森林革蜱还是北亚蜱媒斑疹热的传播媒介并能经卵传播。

（13）中华革蜱 *D. sinicus* Schulze, 1932

定名依据 以采集地而命名，*sinicus* 意指中国。

本种的模式产地是北京，Schulze（1931）根据青岛的标本又建立了一个亚种 *D. sinicus pallidior*。邓国藩和姜在阶（1991）认为该亚种与中华革蜱形态上基本相同，仅体色和珐琅斑有些变异，认为该亚种不成立。Kishida（1939）根据从我国河北兴隆县刺猬上采到的 3 只若蜱，建立了新种 *Ixodes angulatus*。邓国藩和姜在阶（1991）通过原始描述及附图，并与从北京刺猬上采到的若蜱标本比较，

认为 *Ixodes angulatus* 实际是中华革蜱的若蜱，故应作为后者的同物异名。此外，邓国藩和姜在阶（1991）经核对保存在英国自然历史博物馆的 *D. angulatus* 模式标本，认为 *D. angulatus* 亦为中华革蜱的同物异名。

宿主　幼蜱和若蜱主要寄生于啮齿动物、刺猬等。成蜱寄生于刺猬、蒙古兔、马、骡、牛、骆驼、山羊、绵羊、犬等。

分布　国内：北京、河北、黑龙江、吉林、辽宁、内蒙古、山东、山西、新疆。

鉴定要点

须肢略长，第Ⅱ节后缘背刺明显；须肢外缘弧形凸出；假头基基突雌蜱不明显甚至无，雄蜱短钝。盾板珐琅斑淡；雌蜱盾板近似盾形，长大于宽。颈沟明显，前端深陷；刻点稠密，大小不一，分布不均。雄蜱侧沟不明显，向后延伸至第Ⅰ缘垛之前。雌蜱生殖孔无翼状突。足转节Ⅰ背距较长，末端尖细；基节Ⅰ外距长于内距；基节Ⅳ无内距，外距末端超出该节后缘。足Ⅱ～Ⅳ胫节和后跗节端部无强大腹距；各足基节不具珐琅斑。雌蜱的气门板逗点形，背突较长，末端钝，前缘无几丁质增厚区或不明显；雄蜱近似匙形，背突长，末端达到盾板边缘且略微弯曲，前缘无几丁质增厚区。

具体描述

雌蜱（图 7-230，图 7-231）

体呈卵圆形，前端稍窄，后部圆弧形。长（包括假头）宽约 3.7 mm×2.1 mm。

须肢略长，长宽比约 3∶2；前端圆钝，外缘圆弧形；第Ⅱ节后缘背刺明显；第Ⅲ节内缘较直，外缘弧形，略呈三角形。假头基呈矩形，宽约为长（包括基突）的 2 倍；侧缘平行，基突不明显甚至无。孔区卵圆形，深陷，向外斜置，间距小于其短径。口下板齿式前段 4|4，后段 3|3。

盾板近似盾形，长大于宽，约为宽的 1.2 倍（长 1.0～1.3 mm、宽 0.9～1.1 mm）；前缘宽圆，后侧缘及后缘略呈角状。盾板珐琅斑淡，在颈沟、两颈沟间及其附近、眼周围、后中区及盾板侧缘留下褐斑。盾板表面大、小刻点混杂，靠近边缘小的居多，中部的较大而密。颈沟明显，前端深陷。

各足相似，中等粗细。足转节Ⅰ背距明显，末端尖细。基节Ⅰ内、外距端部明显分离，外距末端略钝，其长度稍大于内距；内距很宽。基节Ⅱ～Ⅳ外距发达，末端尖；基节Ⅱ的最大；基节Ⅳ无内距，外距末端超出该节后缘。各足基节多数无珐琅斑。足Ⅱ～Ⅳ胫节和后跗节端部无强大腹距。各足跗节末端有一个小的端齿。生殖孔无翼状突。雌蜱的气门板逗点形，背突较长，末端钝，前缘无几丁质增厚区或不明显。

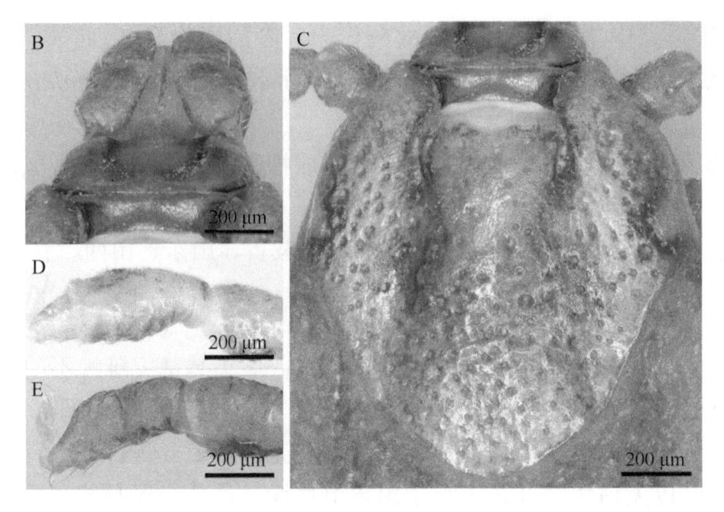

图 7-230　中华革蜱雌蜱

A. 背面观；B. 假头背面观；C. 盾板；D. 跗节Ⅰ；E. 跗节Ⅳ

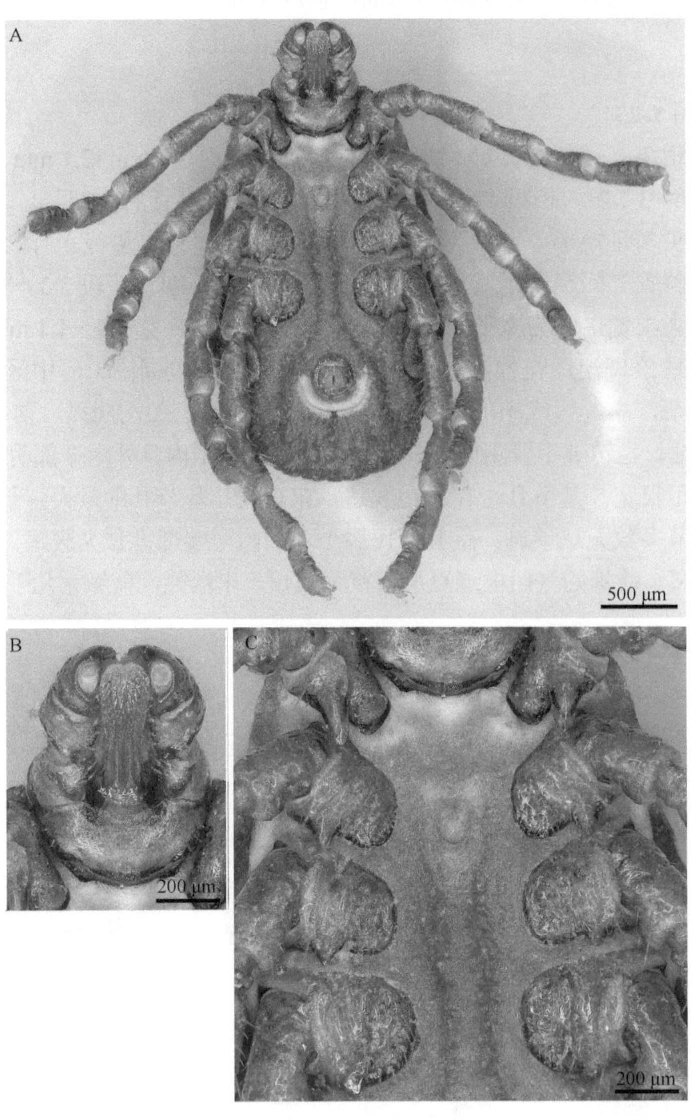

图 7-231　中华革蜱雌蜱

A. 腹面观；B. 假头腹面观；C. 基节及生殖孔

雄蜱（图 7-232）

体呈卵圆形，在盾板中部稍后的水平处最宽，前端稍窄，后部圆弧形。长（包括假头）宽约 4.5 mm×2.8 mm。

须肢比雌蜱的略短；外缘弧度浅，不明显凸出。第Ⅱ节宽略胜于长，后缘背刺明显；第Ⅲ节近三角形，内缘直，外缘略弯，前端圆钝。假头基呈矩形，宽约为长（包括基突）的 2 倍；两侧缘向后略微内斜，后缘平直；基突短，长小于其基部之宽，末端略钝。口下板棒状，齿式 3|3。

盾板呈卵圆形，珐琅斑少而淡，仅在盾板前侧及中部较为明显。盾板刻点稠密，多为小刻点，大刻点混杂其中。颈沟短，前深后浅。侧沟短，不明显，末端向后延伸至第Ⅰ缘垛前角，中垛最窄。眼近似圆形，略微凸出。

足粗壮，背面珐琅斑浅。转节Ⅰ背距明显，末端尖细。基节Ⅰ外距长于内距，两距端部明显分离。基节Ⅳ向后方显著延伸，外距末端不超出该节后缘。各足跗节末端有一明显尖齿。足Ⅱ～Ⅳ胫节和后跗节端部无强大腹距。气门板近似匙形，背突长，末端达到盾板边缘且略微弯曲，前缘无几丁质增厚区。

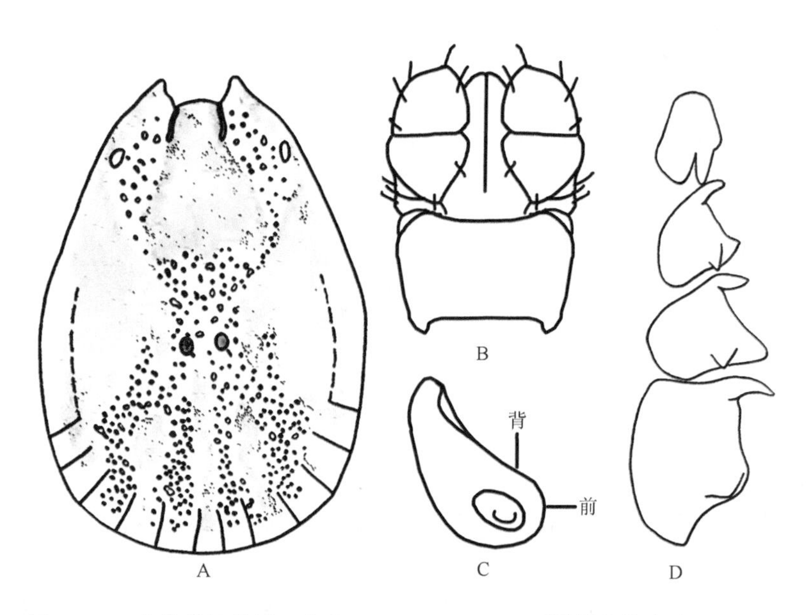

图 7-232　中华革蜱雄蜱（参考：Arthur，1960；邓国藩和姜在阶，1991）

A. 盾板；B. 假头背面观；C. 气门板；D. 基节

若蜱（图 7-233）

身体呈卵圆形，前端稍窄，后部圆弧形。长（包括假头）宽为（1.44～1.61）mm（平均 1.50 mm）×（0.70～0.91）mm（平均 0.81 mm）。

假头背面长宽为（0.31～0.37）mm（平均 0.34 mm）×（0.38～0.48）mm（平均 0.43 mm）。须肢窄长，长 0.24～0.28 mm（平均 0.26 mm）；长约为宽的 3.25 倍。假头基背面呈六角形，侧突尖，后缘直。耳状突窄小，其宽度明显小于须肢第Ⅱ节基部的宽度。口下板粗短，棒状，顶端圆钝；齿式前部 3|3，后部 2|2，最外一纵列具齿 7～8 枚。

盾板呈心形，长宽为（0.54～0.62）mm（平均 0.58 mm）×（0.61～0.74）mm。盾板的刚毛总数为 16～24 根；背中毛长 24～33 μm。异盾上单侧背中毛 3～7 根，长 15.3～23 μm；单侧亚缘毛 3～8 根；两侧背中毛、间毛及亚缘毛的总和 21～31 根。躯体腹面单侧侧毛 5～8 根。

基节Ⅰ外距明显大于内距。跗节Ⅰ长 0.26～0.32 mm；哈氏器前窝与囊之间有环沟。囊孔为丁字形，前窝感毛中孔毛直。气门板近圆形。

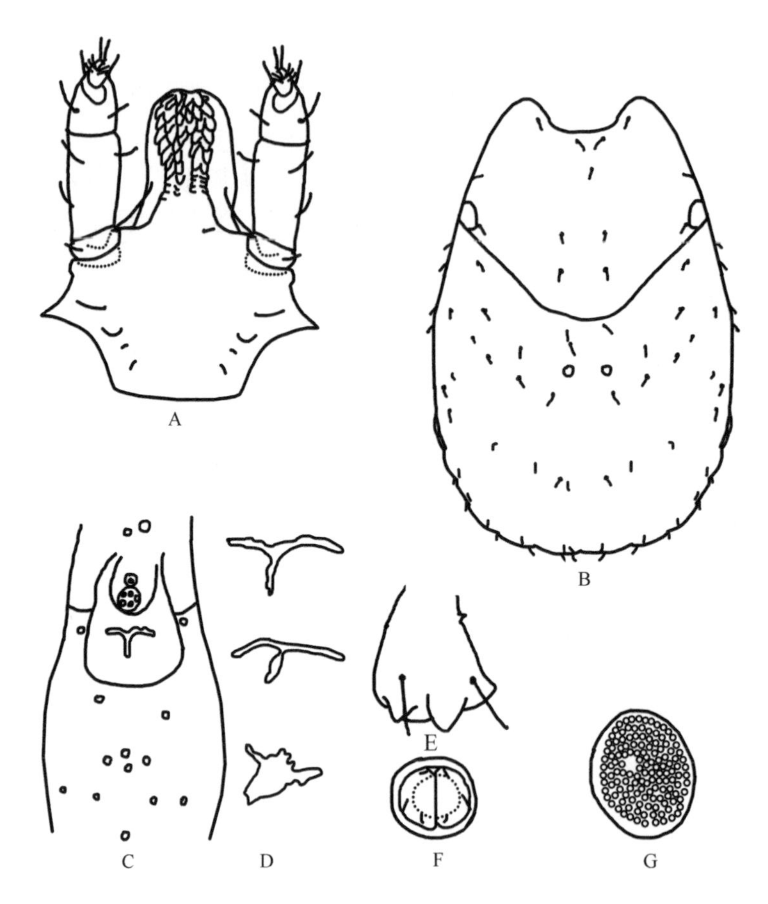

图 7-233　中华革蜱若蜱（参考：邓国藩和姜在阶，1991）

A. 假头腹面观；B. 躯体背面观；C. 哈氏器；D. 变异的囊孔；E. 基节Ⅰ；F. 肛门；G. 气门板

幼蜱（图 7-234）

身体呈卵圆形，前端稍窄，后部圆弧形。长（包括假头）宽为（0.61～0.78）mm（平均 0.73 mm）×（0.43～0.48）mm（平均 0.46 mm）。

假头背面长宽为（0.13～0.20）mm（平均 0.16 mm）×（0.18～0.20）mm（平均 0.19 mm）；长约为宽的 2.4 倍。须肢较短，第Ⅱ、Ⅲ节分界不明显，第Ⅲ节腹面具有一个短刺。须肢背面有锥形感毛。假头基背面呈六角形，后缘较直，侧突尖。耳状突明显。口下板棒状，齿式 2|2；每纵列具齿 6 枚。

盾板略呈菱形，前窄后宽，后缘凸出。盾板长宽为（0.21～0.30）mm（平均 0.27 mm）×（0.38～0.47）mm（平均 0.41 mm）。刚毛较短。盾板上肩毛长 2.5～17.2 μm；第Ⅰ背中毛 4.9～22.1 μm；第Ⅱ、Ⅲ背中毛均小于 21 μm。异盾上背缘毛 3 对，均小于 21 μm；胸毛 3 对，通常小于 33 μm。肛前毛 2 对，均小于 30 μm；2 对侧毛均小于 39 μm。跗节Ⅰ长 0.19～0.22 mm（平均 0.20 mm）。在过渡到顶锥处，哈氏器前窝与囊之间有环沟；哈氏器囊孔为丁字形，近端缝孔位于中毛内侧。前窝感毛中孔毛直，具有独立基盘。

生物学特性　三宿主型。常见于草原地区，农区也有分布。自然界中一年发生一代，饥饿成蜱在隐蔽处越冬，或在宿主上越冬但不吸血。成蜱在 3～6 月活动，4 月、5 月达到高峰。幼蜱和若蜱多在 7 月、8 月出现；8 月中旬开始出现当年繁殖的成蜱。实验室条件下，中华革蜱完成一个世代，即从雌蜱开始吸血到下一代成蜱出现需要 80～96 d。

蜱媒病　驽巴贝虫的传播媒介，并能感染和传播布鲁氏菌，可以经卵传播。

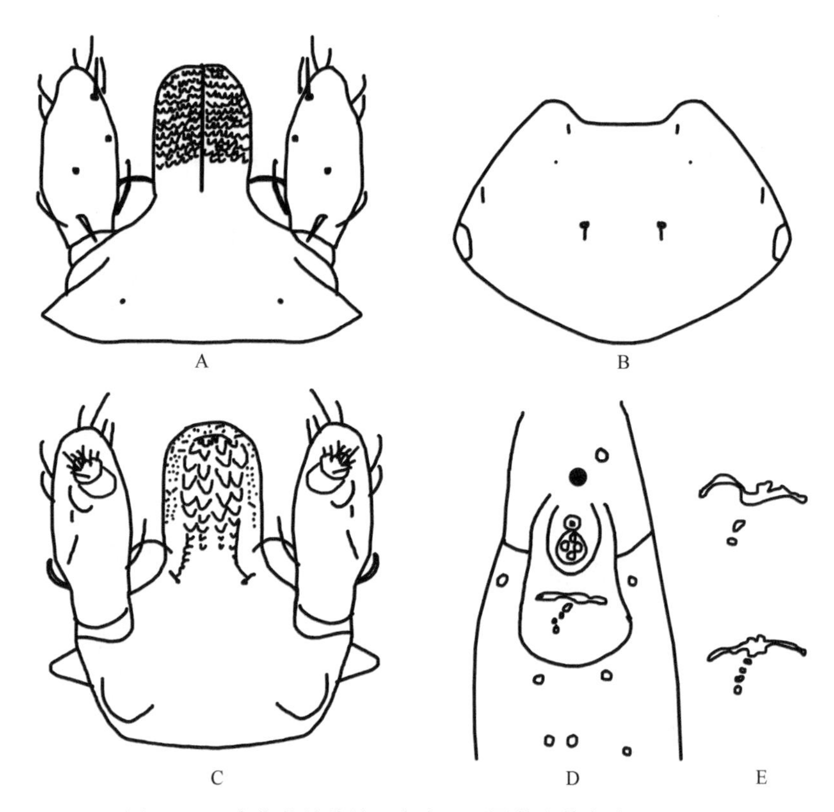

图 7-234　中华革蜱幼蜱（参考：邓国藩和姜在阶，1991）
A. 假头背面观；B. 盾板；C. 假头腹面观；D. 哈氏器；E. 变异的囊孔

（14）寺氏革蜱 *D. steini*（Schulze, 1933）

定名依据　根据人名 Stein 定名。

寺氏革蜱与金泽革蜱相似，两者的主要区别是：寺氏革蜱第Ⅰ基节距中等长度或更长且内外距基部相连，而金泽革蜱的距短且内外距基部分离；寺氏革蜱盾板珐琅斑暗灰色，而金泽革蜱珐琅斑亮；寺氏革蜱雌蜱的生殖孔为宽三角形，而金泽革蜱雌蜱的生殖孔为宽 U 形，明显比寺氏革蜱的大、宽且短；寺氏革蜱雌蜱异盾区的刚毛稀少甚至无，而金泽革蜱的多；寺氏革蜱雄蜱的假盾区后缘宽圆，而金泽革蜱后缘明显收窄；寺氏革蜱雄蜱的中部褐色纵线在假盾区后缘断开，而金泽革蜱连续。

宿主　野猪、家猪、虎、狗。

分布　国内：福建、广东、海南；国外：菲律宾、马来西亚、泰国、印度尼西亚、越南。

鉴定要点

中等大小。假头基基突短钝；雌蜱孔区小、孔区间距小。雄蜱盾板宽卵形，长约为宽的 1.3 倍；侧沟由大、中型刻点构成，延伸到盾板中部或略超过中部，中间有间断。伪盾区宽约为长的 1.3 倍。珐琅斑暗灰色，几乎覆盖整个盾板，雄蜱褐色底斑主要分布在盾板凸出区域（盾板中线、副中线、伪盾区的后缘、邻近侧沟后缘成对的狭长区域）、眼和缘垛之间的边缘区域（除了盾板中部的不规则横带及后部的不规则斑块）、中垛（部分）及第Ⅲ、Ⅳ、Ⅷ、Ⅸ缘垛。雌蜱盾板宽为长的 1.2 倍；珐琅斑几乎覆盖整个盾板，眼周围和后面连续区具有褐斑，中部的褐色纵线连续；颈沟较浅。基节Ⅰ（雌、雄）内外距中等长度或略长，两距等长且相互靠近，基部相连；内距宽三角形，外距较为细长。基节Ⅱ、Ⅲ各有 2 个短距，外距三角形，内距宽短。雄蜱的基节Ⅳ显著变大，宽约为长（不包括 2 距）的 1.5 倍，具 3～6 个距，其形状和大小有变异。雌蜱的生殖孔为宽三角形，顶端钝。

具体描述

雌蜱（图 7-235，图 7-236）

长宽为（4.96～6.73）mm（平均 5.92 mm）×（3.19～4.33）mm（平均 3.77 mm）。

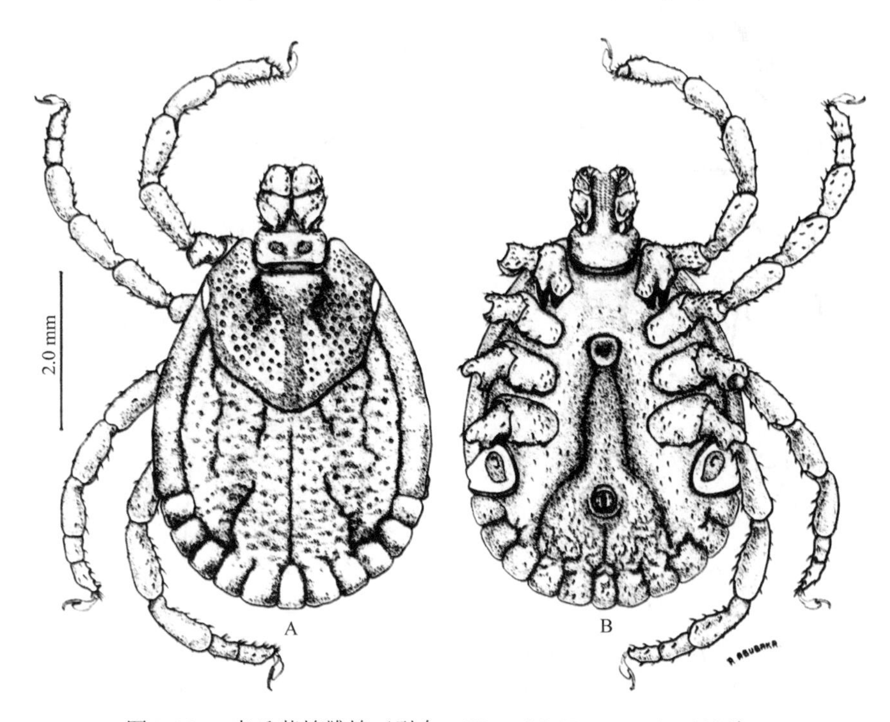

图 7-235　寺氏革蜱雌蜱（引自：Wassef & Hoogstraal，1986）

A. 背面观；B. 腹面观

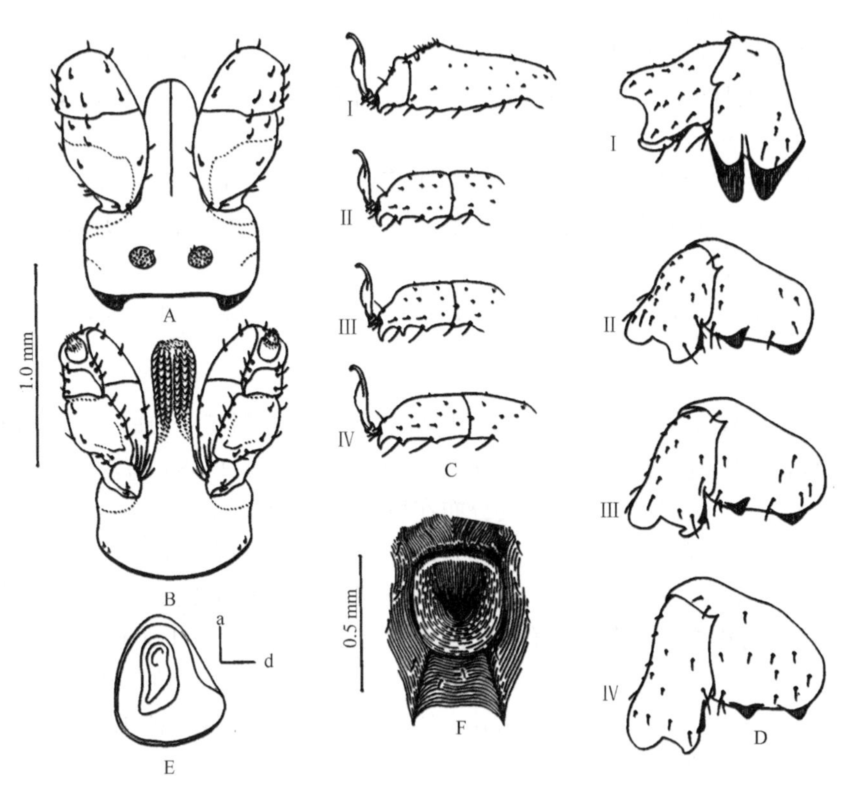

图 7-236　寺氏革蜱雌蜱（引自：Wassef & Hoogstraal，1986）

A. 假头背面观；B. 假头腹面观；C. 跗节Ⅰ～Ⅳ；D. 基节Ⅰ～Ⅳ；E. 气门板；F. 生殖孔

须肢粗短。须肢第Ⅱ节最长，其次为第Ⅲ节，第Ⅳ节最短。第Ⅱ节后缘无明显背刺；第Ⅲ节前端圆钝。假头基呈矩形，宽约为长（包括基突）的 1.7 倍。基突短，呈宽三角形，末端圆钝。孔区小、深陷，亚圆形或椭圆形，间距短。口下板棒状，顶端圆钝；长为宽的 2 倍；齿式 3|3，每列具齿 8～10 枚。

盾板长宽为（1.88～2.39）mm（平均 2.27 mm）×（2.28～2.85）mm（平均 2.63 mm）；长宽比 0.83。盾板表面珐琅斑暗灰色，几乎覆盖盾板大部分；自眼向后沿盾板边缘具半环形褐斑；盾板中部的褐色纵带较宽且连续；颈沟区域有时具有褐色条带。颈沟比较明显。盾板刻点中等密度，多为大中型刻点，在珐琅斑区分布不均匀；肩区和盾板后部区域为小刻点。眼平钝，卵圆形，周围仅 1～2 个刻点，位于盾板两侧的前 1/3 处。

足转节Ⅰ背距宽三角形，珐琅斑有或无。转节Ⅱ～Ⅳ腹距小甚至不明显。基节Ⅰ内外距中等长度或略长，两距等长且相互靠近，基部相连；内距宽三角形，外距较为细长。基节Ⅱ～Ⅳ各有 2 个短距，外距三角形，内距宽短。跗节Ⅱ～Ⅳ背面向远端骤然变细，腹面末段各有 3 个明显的齿突（包括端齿）。爪大，各足近似相等；爪垫短，仅达爪长的 1/2。生殖孔位于基节Ⅱ水平线，呈宽 V 形，末端钝。气门板呈圆钝的三角形，背突圆钝，前缘具几丁质增厚区。

雄蜱（图 7-237，图 7-238）

体长 4.39～6.38 mm（平均 5.26 mm），体宽 2.62～4.22 mm（平均 3.42 mm）。假头背面珐琅斑淡。须肢粗短，比雌蜱略小；第Ⅱ节宽为长的 1.1 倍，背面后缘无刺；第Ⅲ节前端圆钝，短于第Ⅱ节，第Ⅰ节次之，第Ⅳ节最短。假头基呈矩形，宽约为长（包括基突）的 1.7 倍。基突短，呈宽三角形，末端圆钝。口下板棒状，顶端圆钝；长为宽的 2 倍；齿式 3|3，每列具齿 8～10 枚。

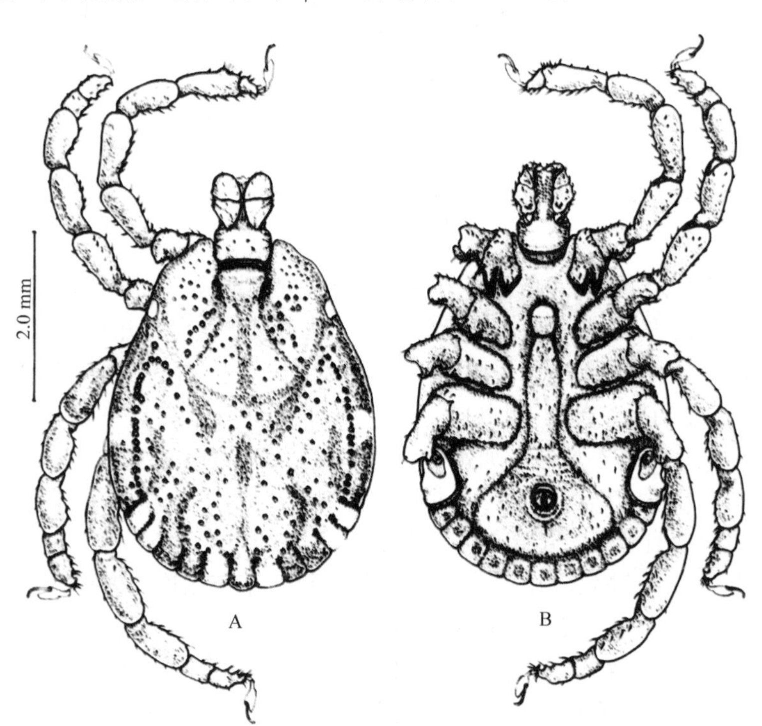

图 7-237　寺氏革蜱雄蜱（引自：Wassef & Hoogstraal，1986）
A. 背面观；B. 腹面观

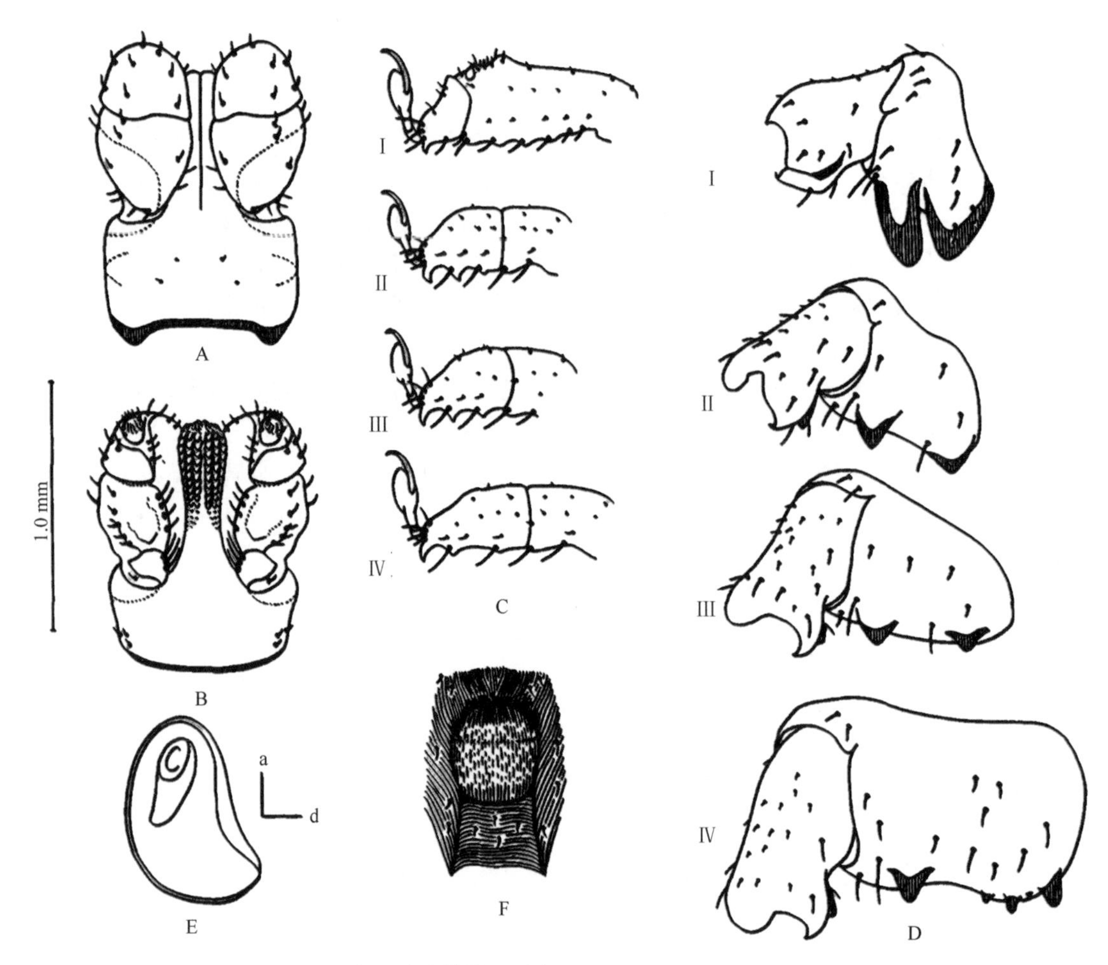

图 7-238　寺氏革蜱雄蜱（引自：Wassef & Hoogstraal，1986）

A. 假头背面观；B. 假头腹面观；C. 跗节 I ～Ⅳ；D. 基节 I ～Ⅳ；E. 气门板；F. 生殖孔；a. 前面；d. 背面

盾板呈宽卵圆形。长约为宽的 1.3 倍。侧沟由大、中型刻点构成，延伸到盾板中部或略超过中部，中间有间断。伪盾区宽约为长的 1.3 倍，假盾区后缘宽圆。珐琅斑暗灰色，几乎覆盖整个盾板，雄蜱褐色底斑主要分布在盾板凸出区域（盾板中线、副中线、伪盾区的后缘、邻近侧沟后缘成对的狭长区域）、眼和缘垛之间的边缘区域（除了盾板中部的不规则横带及后部的不规则斑块）、中垛（部分）及第Ⅲ、Ⅳ、Ⅷ、Ⅸ缘垛。颈沟不明显。刻点分布不均匀，通常盾板后部为中、大型刻点，中间的刻点稍小，不均匀地分布在珐琅斑区；褐色区域几乎无刻点。侧沟由大而深的刻点组成，有中断，延至盾板中部附近。

足粗大，背部珐琅斑或有或无。足转节 I 背距宽三角形，珐琅斑有或无。转节Ⅱ～Ⅳ腹距小甚至不明显。基节 I 内外距中等长度或略长，两距等长且相互靠近，基部相连；内距宽三角形，外距较为细长。基节Ⅱ、Ⅲ各有 2 个短距，外距三角形，内距宽短。基节Ⅳ显著变大，宽约为长（不包括 2 距）的 1.5 倍，具 3～6 个距。跗节Ⅱ～Ⅳ背面向远端骤然变细，腹面末段各有 3 个明显的齿突（包括端齿）。爪大，各足近似相等；爪垫短，仅达爪长的 1/2。气门板近似椭圆形，背突圆钝，前缘具几丁质增厚区，气门斑的杯状体小而密。

（15）台湾革蜱 *D. taiwanensis* Sugimoto, 1935

定名依据　来源于台湾。

台湾革蜱 *D. taiwanensis* 常与美盾革蜱混淆，两者的主要区别详见美盾革蜱部分。

宿主　幼蜱和若蜱主要寄生于啮齿动物及其他中小型哺乳动物，如大板齿鼠 *Bandicota indica*、黄毛鼠 *Rattus losea*、赤腹松鼠 *Callosciurus erythraeus*、华南兔 *lepus sinensis*、鼬獾 *Melogale moschata*。此外，

若蜱还寄生于明纹花松鼠 *Tamiops mcclellandii*、鼠、黄鼠狼 *Mustela sibirica* 等，幼蜱寄生于灰胸竹鸡 *Bambusicola thoracica* 等。成蜱主要寄生于野猪，在熊猫和黑熊上也有寄生。

分布　国内：福建、海南、四川、台湾（模式产地）；国外：日本、越南。

鉴定要点

中等体型；盾板珐琅斑淡，几乎覆盖整个盾板；雌蜱的盾板近似心形，宽略大于长。雌蜱盾板中间的褐色纵带不明显，仅出现在前部和后部，中间区域无。须肢粗短，前端略微圆钝；第Ⅱ节背面后缘无刺；须肢外缘略微凸出；假头基基突粗短而钝，呈宽三角形。雌蜱颈沟明显，中等深度；雄蜱颈沟浅。雄蜱的侧沟浅但明显，由大刻点组成。雌蜱的生殖孔宽 V 形，前缘略膨胀，骨化板不明显。足转节Ⅰ背距宽三角形，顶端尖细，覆有珐琅斑；基节Ⅰ内外距相对较长，约等长且相互靠近；内距宽三角形，顶端圆钝，外距窄三角形，顶端圆钝到窄钝。基节Ⅱ、Ⅲ及雌蜱基节Ⅳ内外距三角形，中等长度；雄蜱基节Ⅳ显著变大，长为宽的 0.78～1.08 倍（平均 0.9 倍）；外距三角形，中等长度，并有几个内距，内外距顶端尖细。足Ⅱ～Ⅳ胫节和后跗节无强大腹距。气门板大，雌蜱呈圆钝的三角形，背突明显，前缘具几丁质增厚区；雄蜱呈逗点形，背突较长并向背部延伸，前缘具几丁质增厚区。

具体描述

雌蜱（图 7-239，图 7-240）

躯体呈宽卵形，中部最宽。长宽为（4.90～6.56）mm ×（3.02～4.28）mm。

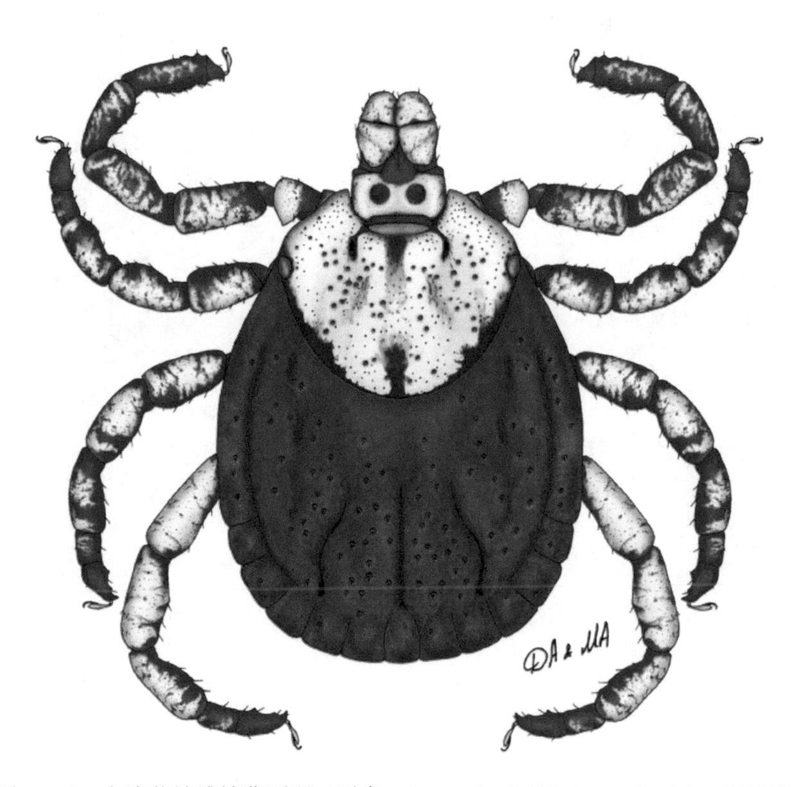

图 7-239　台湾革蜱雌蜱背面观（引自：Apanaskevich & Apanaskevich，2015b）

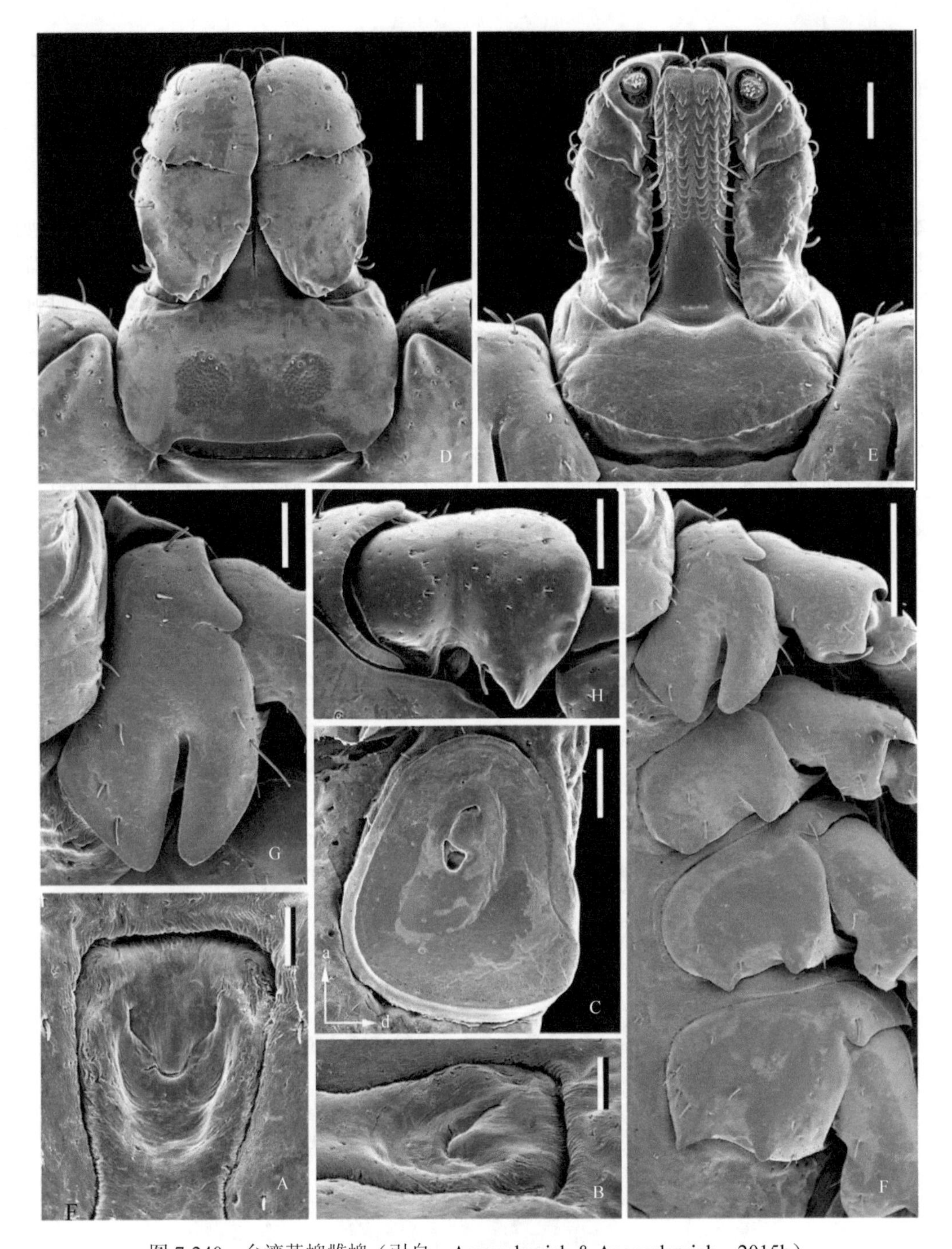

图 7-240　台湾革蜱雌蜱（引自：Apanaskevich & Apanaskevich，2015b）

A. 生殖孔正面观，标尺 0.1 mm；B. 生殖孔侧面观，标尺 0.1 mm；C. 气门板，标尺 0.2 mm；D. 假头背面观，标尺 0.2 mm；E. 假头腹面观，标尺 0.2 mm；F. 基节，标尺 0.5 mm；G. 基节Ⅰ，标尺 0.5 mm；H. 转节Ⅰ，标尺 0.2 mm；a. 前面；d. 背面

假头基长 1.22～1.58 mm（平均 1.43 mm），假头基宽 0.90～1.20 mm（平均 1.05 mm）；长约为宽的 1.36 倍，表面有珐琅斑和小刻点。须肢粗短，外缘略微凸出。须肢Ⅰ～Ⅲ长宽为（0.77～0.96）mm（平均 0.88 mm）×（0.35～0.50）mm（平均 0.44 mm）；长宽比平均为 2.02。第Ⅱ节最长，其次为第Ⅲ节，第Ⅳ节最短。第Ⅱ节后缘无明显背刺；第Ⅲ节外缘和内缘弧形，前端圆钝。假头基背面矩形，后缘直或浅弧形；长 0.46～0.62 mm，宽约为长（包括基突）的 1.98 倍。珐琅斑几乎覆盖全部表面，分布少量小刻点。基突短，呈宽三角形。孔区深陷，圆形，间距约等于其直径。口下板棒状，齿式 3|3。

盾板近似心形，长宽为（1.95～2.75）mm（平均 2.41 mm）×（2.30～3.25）mm（平均 2.88 mm）；长宽比 0.76～0.90（平均 0.84）。盾板表面珐琅斑浓厚，几乎覆盖盾板大部分；通常盾板的褐斑排列如下：2 对小褐斑分布在颈沟；1 对狭窄褐斑分布在两个颈沟之间；1 个窄的中间褐色纵带不明显，仅出现在前部和后部，中间区域无；1 个自眼向后沿盾板边缘的窄长半环形褐斑，分别在颈沟后缘处和盾板后缘顶点变宽。颈沟明显，深度中等。盾板小刻点稠密，均匀分布在盾板上；大刻点稀少，多分布在颈沟和颈区前部。眼卵圆形，位于盾板两侧的前 1/3 处。

足背面具有明显的珐琅斑。转节Ⅰ背距具珐琅斑，呈宽三角形，顶端尖细。基节Ⅰ内距宽三角形，顶端圆钝，外距窄三角形，顶端或宽或窄，两距约等长且相互靠近；基节Ⅱ～Ⅳ各具内、外两距，依次渐窄，基节Ⅱ内距呈脊状，基节Ⅳ的距最窄，末端超出该节后缘。跗节Ⅱ～Ⅳ腹面末段各有 3 个明显的齿突（包括端齿）；跗节Ⅳ长宽为（0.96～1.30）mm ×（0.42～0.57）mm，长宽比为 2.22～2.45。生殖孔位于基节Ⅱ水平线，宽 V 形，前缘略膨胀，骨化板不明显。气门板呈圆钝的三角形，背突明显，前缘具几丁质增厚区。

雄蜱（图 7-241，图 7-242）

假头背面具珐琅斑和刻点，长 0.70～1.41 mm（平均 1.21 mm），假头基宽 0.49～1 mm（平均 0.85 mm）；长为宽的 1.27～1.53 倍。须肢粗短，背部长宽为（0.41～0.83）mm（平均 0.70 mm）×（0.22～0.48）mm（平均 0.39 mm）；长为宽的 1.58～2.16 倍；第Ⅱ节后缘无背刺；第Ⅲ节前端圆钝，短于第Ⅱ节，第Ⅰ节次之，第Ⅳ节最短。假头基呈矩形，长 0.30～0.60 mm（平均 0.52 mm）；宽约为长的 1.65 倍（包括基突）；两侧缘略外弯，后缘平直或浅弧形；基突粗短，呈宽三角形。口下板棒状，齿式 3|3。

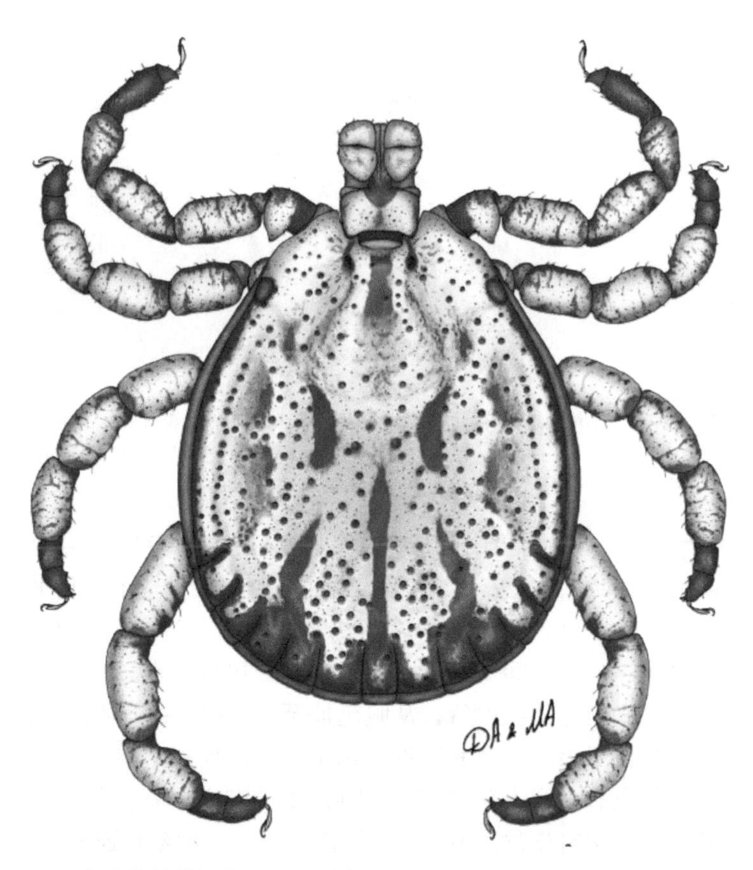

图 7-241　台湾革蜱雄蜱背面观（引自：Apanaskevich & Apanaskevich，2015b）

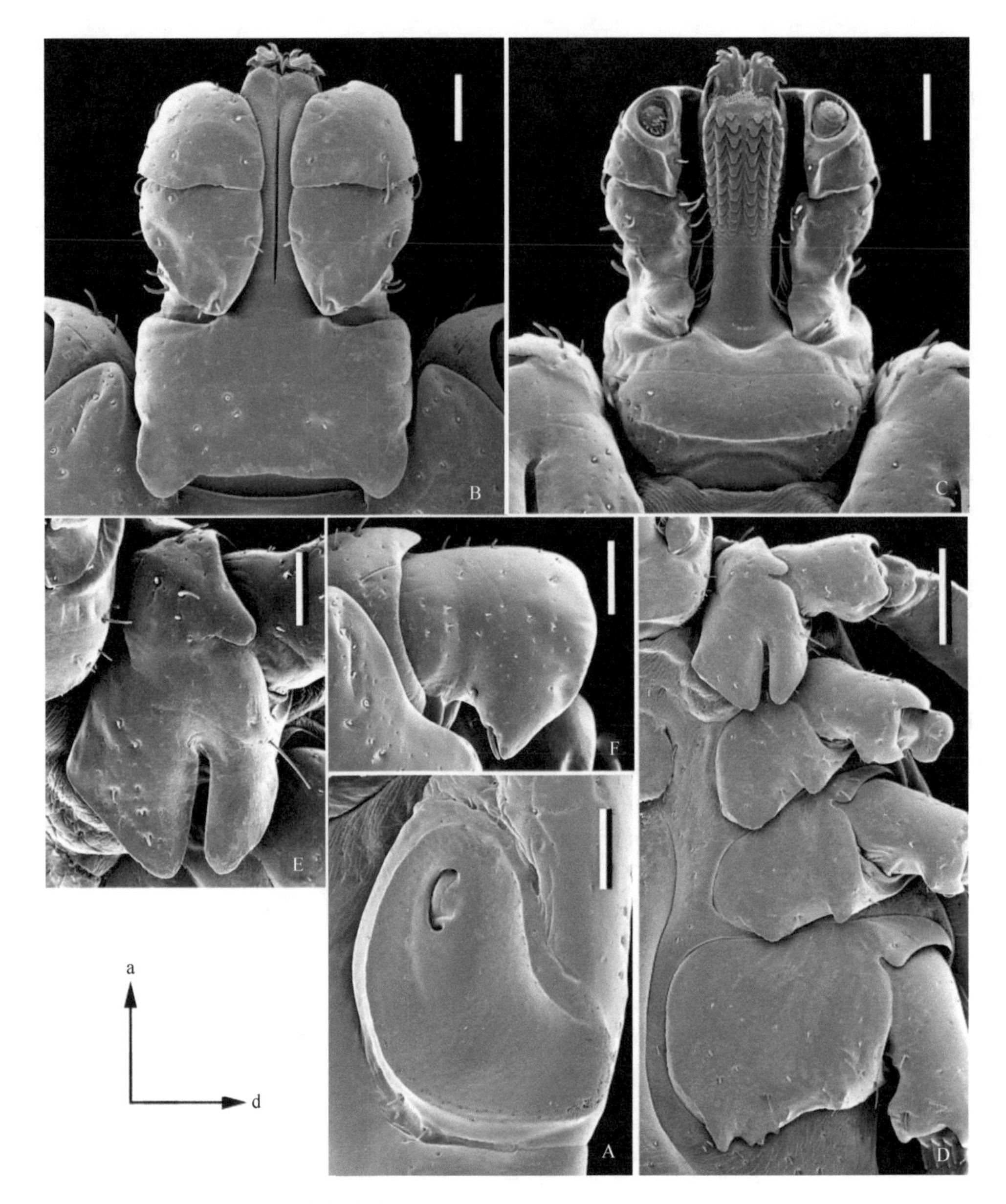

图 7-242　台湾革蜱雄蜱（引自：Apanaskevich & Apanaskevich，2015b）
A. 气门板，标尺 0.2 mm；B. 假头背面观，标尺 0.2 mm；C. 假头腹面观，标尺 0.2 mm；D. 基节，标尺 0.5 mm；E. 基节 I，标尺 0.2 mm；F. 转节 I，标尺 0.2 mm；a. 前面；d. 背面

盾板呈宽卵圆形，侧缘显著凸出，盾板中部最宽。长宽为（2.87～5.94）mm（平均 4.99 mm）×（2.31～4.81）mm（平均 3.89 mm）；长为宽的 1.22～1.37 倍。表面灰色珐琅斑较浓，几乎覆盖整个表面。褐色底斑深浅不一，界限不明显，一般呈如下分布：1 对窄的颈沟褐斑从颈沟向后延伸至伪盾区边缘；1 对小的褐色底斑位于颈沟褐斑的外侧；伪盾中间具有一条比较模糊的褐色纵带，仅在前端明显；伪盾的后中部边界（通常比较模糊）；1 对褐斑位于盾板侧缘，从眼延伸至第 I 缘垛；2 对卵圆形褐斑位于侧沟内侧；1 对中间褐斑；一条狭窄的褐斑位于后中区及其附近；第 I 、II 缘垛和副中垛大部分覆盖珐琅斑，第III、IV缘垛仅有少量珐琅斑，中垛具有一个大珐琅斑。大刻点中等密度，分布在整个盾板，但在侧缘及后部较密，伪盾区稀少；小刻点密，均匀分布。颈沟浅。侧沟明显，由大刻点连成。

足中等粗细，背部珐琅斑明显。转节 I 背距具珐琅斑，呈宽三角形，顶端尖细。基节 I 内距宽三角形，顶端圆钝，外距窄三角形，顶端或宽或窄，两距约等长且相互靠近；基节 II 、III各有 2 个短距，外距三角形，内距宽短。基节IV显著变大，宽约为长（不包括 2 距）的 1.05 倍，具 3～6 个距。跗节 II～IV

腹面末段各有 3 个明显的齿突（包括端齿）；跗节Ⅳ长宽为（0.57～1.38）mm ×（0.25～0.70）mm，长宽比为 1.86～2.35。气门板逗点形，背突宽，向背方弯曲，前缘具几丁质增厚区。

若蜱（图 7-243）

躯体近似卵圆形，前端稍窄，在基节Ⅳ稍后水平最宽。长（包括假头）宽为（1.67～1.83）mm ×（0.93～0.98）mm。

假头背面近三角形，长宽为（0.335～0.340）mm（平均 0.337 mm）×（0.382～0.385）mm（平均 0.384 mm），长宽比平均为 0.88。须肢细长，外侧近直形，内侧稍凸；第Ⅱ、Ⅲ节长宽约 0.24 mm×0.06 mm，长约为宽的 3.92 倍。须肢第Ⅰ节短，腹面具刚毛 1 根；第Ⅱ节最长，约为第Ⅲ节的 2 倍，背面刚毛 4 根，腹面刚毛 3 根；第Ⅲ节顶端圆钝，背面刚毛 5 根，腹面 2 根；第Ⅳ节位于第Ⅲ节腹面内侧的腔中。假头基侧突细长，呈锐角；背面后缘近平直，两侧稍弯。假头基腹面观后缘呈弧形，两侧凹陷，无耳状突。口下板棒状，长约为宽的 2.5 倍；齿式顶部为 3|3，后部为 2|2，每纵列具齿 8～9 枚。

盾板长宽约等，长宽约 0.64 mm×0.65 mm。前缘凹宽深，肩突顶部宽圆；外侧缘与后缘相连近圆形；颈沟浅但明显，约达盾板中部之后。背中毛长 14～20 μm。眼略呈椭圆形、略微凸出，位于盾板中部稍后的侧缘。

足基节Ⅰ内外距较长，呈三角形，顶端圆钝，外距稍长于内距。基节Ⅱ～Ⅳ各具三角形外距，顶端圆钝且依次渐小，基节Ⅱ内距很短，基节Ⅲ、Ⅳ无内距。跗节Ⅱ～Ⅳ背面近端稍隆起，远端渐尖。跗节Ⅳ长 0.245～0.255 mm，宽 0.1 mm。气门板呈亚圆形。

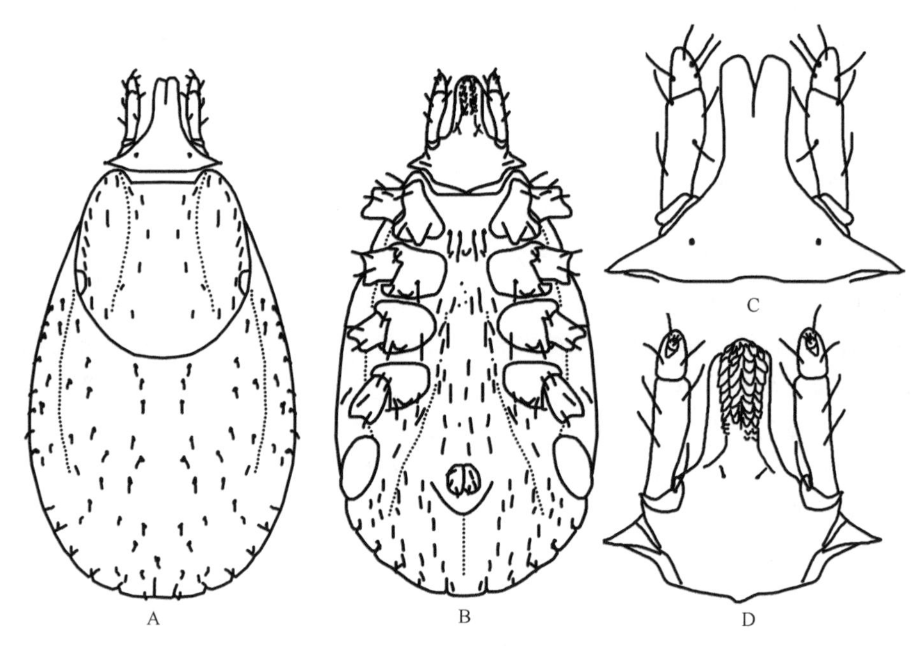

图 7-243　台湾革蜱若蜱（参考：邓国藩和姜在阶，1991）

A. 背面观；B. 腹面观；C. 假头背面观；D. 假头腹面观

幼蜱（图 7-244）

躯体近似卵圆形，在基节Ⅲ水平最宽。长（包括假头）宽约 0.83 mm×0.68 mm。

假头长（假头基）0.19 mm，宽 0.18～0.20 mm，长宽比平均为 0.94。须肢粗短；第Ⅱ、Ⅲ节长宽约 0.12 mm×0.05 mm。须肢第Ⅰ节短，无刚毛；第Ⅱ节略长于第Ⅲ节，背面刚毛 4 根，腹面刚毛 2 根；第Ⅲ节顶端圆钝，腹刺短，背面刚毛 5 根，腹面 1 根；第Ⅳ节位于第Ⅲ节腹面内侧的腔中。假头基背面近似六角形，侧突细长，呈锐角。假头基腹面近似矩形，两侧凹陷，无耳状突。口下板棒状；齿式 2|2，每纵列具齿 5～6 枚。

图 7-244 台湾革蜱幼蜱（参考：邓国藩和姜在阶，1991）
A. 背面观；B. 腹面观；C. 假头背面观；D. 假头腹面观

盾板略呈菱形，长宽约 0.33 mm×0.45 mm。前缘凹宽而浅，肩突顶部宽圆。颈沟浅但明显，约达盾板中部之后。眼略呈椭圆形、略微凸出，位于盾板后部 1/3 的侧缘。

足基节Ⅰ具大的三角形距，端部渐尖。基节Ⅱ、Ⅲ各具小的三角形距。跗节Ⅰ长 0.165～0.177 mm，宽 0.08 mm。

生物学特性 生活于山区次生林、农区。成蜱 2～12 月均能发现。

（16）太莫革蜱 *D. tamokensis* Apanaskevich & Apanaskevich, 2016

定名依据 正模标本来源于马来西亚柔佛州的太莫森林保护区。

该蜱与妖脸革蜱和台湾革蜱近似。太莫革蜱雄蜱的伪盾后边缘由一条模糊的近似卵形的褐色条带区分，而妖脸革蜱则由三角形或梯形的褐色条带区分。太莫革蜱的雄蜱褐色条带自眼向后中部延伸到盾板中部，中间很少间断，而台湾革蜱该条带常被中断呈 2 块变短的褐斑；太莫革蜱雄蜱伪盾上的褐色纵带窄、明显且从盾板前缘连续延伸至伪盾后缘，而台湾革蜱宽，仅前部明显，后部模糊甚至缺失；太莫革蜱雄蜱第Ⅲ缘垛大部分覆盖珐琅斑，而台湾革蜱无；太莫革蜱的大刻点在颈沟及伪盾的中部区域密，而台湾革蜱该区域刻点少；太莫革蜱雄蜱的刻点大，而台湾革蜱的小。太莫革蜱的雌蜱生殖孔窄 U 形，而妖脸革蜱的生殖孔宽 U 形，台湾革蜱为宽 V 形。

宿主 成蜱寄生于野猪。

分布 国内：福建；国外：马来西亚、印度、越南。

鉴定要点

盾板珐琅斑浓厚；雌蜱的盾板近似圆形，宽略大于长。盾板中间的褐色纵带明显。须肢粗短，前端略微圆钝；第Ⅱ节背面后缘无刺；须肢外缘略微凸出；假头基基突粗短而钝。颈沟明显，但较浅；雄蜱的侧沟由大刻点组成，自假盾区之后伸至第Ⅰ缘垛之前。雌蜱的生殖孔呈窄 U 形，周围骨化板不明显。足转节Ⅰ背距宽三角形；基节Ⅰ（雌、雄）内外距相对较长，两距等长或外距略长，两距相互靠近，基部相连；内距宽三角形，外距较为细长。基节Ⅱ、Ⅲ各有 2 个三角形短距，外距顶端圆钝，内距略窄。雄蜱的基节Ⅳ显著变大但不向后方显著伸长，具 3～6 个距，其形状和大小有变异。足Ⅱ～Ⅳ胫节和后跗节无强大腹距。气门板大，雌蜱呈圆钝的三角形，背突短，前缘具几丁质增厚区；雄蜱呈逗点形，背突短钝，前缘无几丁质增厚区。

雌蜱（图 7-245，图 7-246）

躯体呈宽卵形，中部最宽。

假头（包括假头基）长宽为（1.16～1.42）mm（平均 1.31 mm）×（0.80～1.04）mm（平均 0.93 mm）；长约为宽的 1.41 倍，表面有珐琅斑和小刻点。须肢粗短，外缘略微凸出。须肢Ⅰ～Ⅲ背面长宽为（0.70～0.92）mm（平均 0.83 mm）×（0.30～0.44）mm（平均 0.38 mm）；长宽比平均 2.22。第Ⅱ节最长，其次为第Ⅲ节，第Ⅳ节最短。第Ⅱ节后缘无明显背刺；第Ⅲ节外缘和内缘弧形，前端圆钝。假头基背面矩形，后缘直；长 0.42～0.52 mm，宽约为长（包括基突）的 1.94 倍。珐琅斑几乎覆盖全部表面。基突短，呈宽三角形。孔区深陷，呈圆形，间距约等于或略小于其直径。口下板棒状，齿式 3|3。

盾板长宽为（1.78～2.41）mm（平均 2.11 mm）×（2.12～2.84）mm（平均 2.54 mm）；长宽比 0.77～0.88（平均 0.83）。盾板表面珐琅斑浓厚，几乎覆盖盾板大部分。通常盾板的褐斑排列如下：2 对小褐斑分布在颈沟；1 对狭窄褐斑（比较模糊）分布在两个颈沟之间；1 个窄的中间褐色纵带明显，从盾板前缘一直延续到后缘；1 个自眼前向后沿盾板边缘的窄长半环形褐斑，分别在颈沟后缘处和盾板后缘顶点变宽。颈沟明显但较浅。大刻点深而密，多分布在颈沟和中间区域；小刻点密，平均分布在整个盾板。眼卵圆形，略微凸起，位于盾板两侧的前 1/3 处。

足背面具有明显的珐琅斑。转节Ⅰ背距具珐琅斑，呈宽三角形，顶端尖细。基节Ⅰ内距宽三角形，顶端圆钝，外距窄三角形，顶端或宽或窄，两距约等长或外距略长，两距相互靠近，基部相连；基节Ⅱ～Ⅳ各具内、外两距，依次渐窄，基节Ⅱ内距呈脊状，基节Ⅳ的距最窄，末端超出该节后缘。跗节Ⅱ～Ⅳ腹面末段各有 3 个明显的齿突（包括端齿）；跗节Ⅳ长宽为（0.90～1.22）mm×（0.35～0.48）mm，长宽比为 2.50～2.83。生殖孔位于基节Ⅱ水平线，窄 U 形，前缘膨胀，骨化板不明显。气门板呈圆钝的三角形，背突明显，前缘具几丁质增厚区。

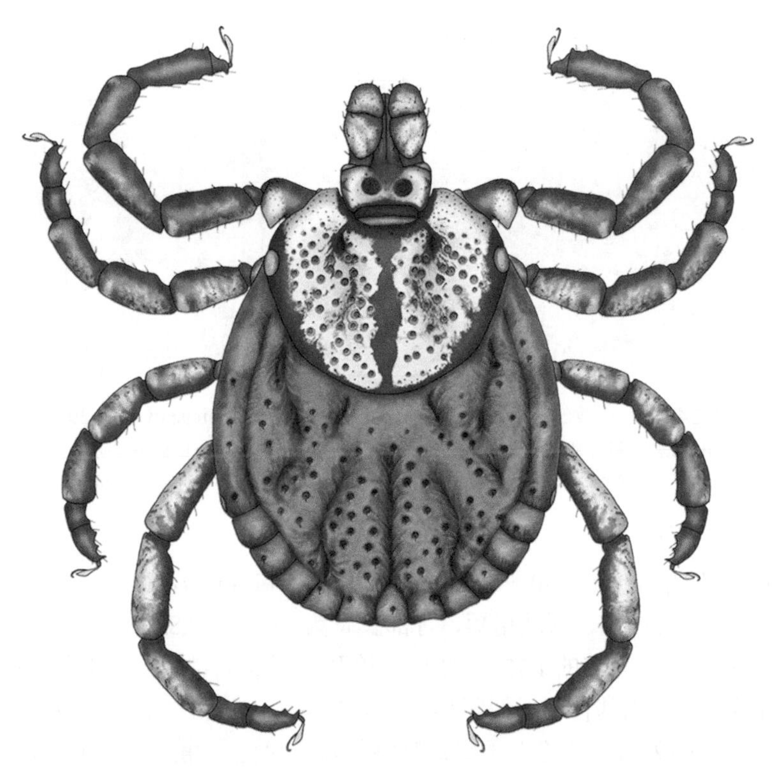

图 7-245　太莫革蜱雌蜱背面观（引自：Apanaskevich & Apanaskevich，2016）

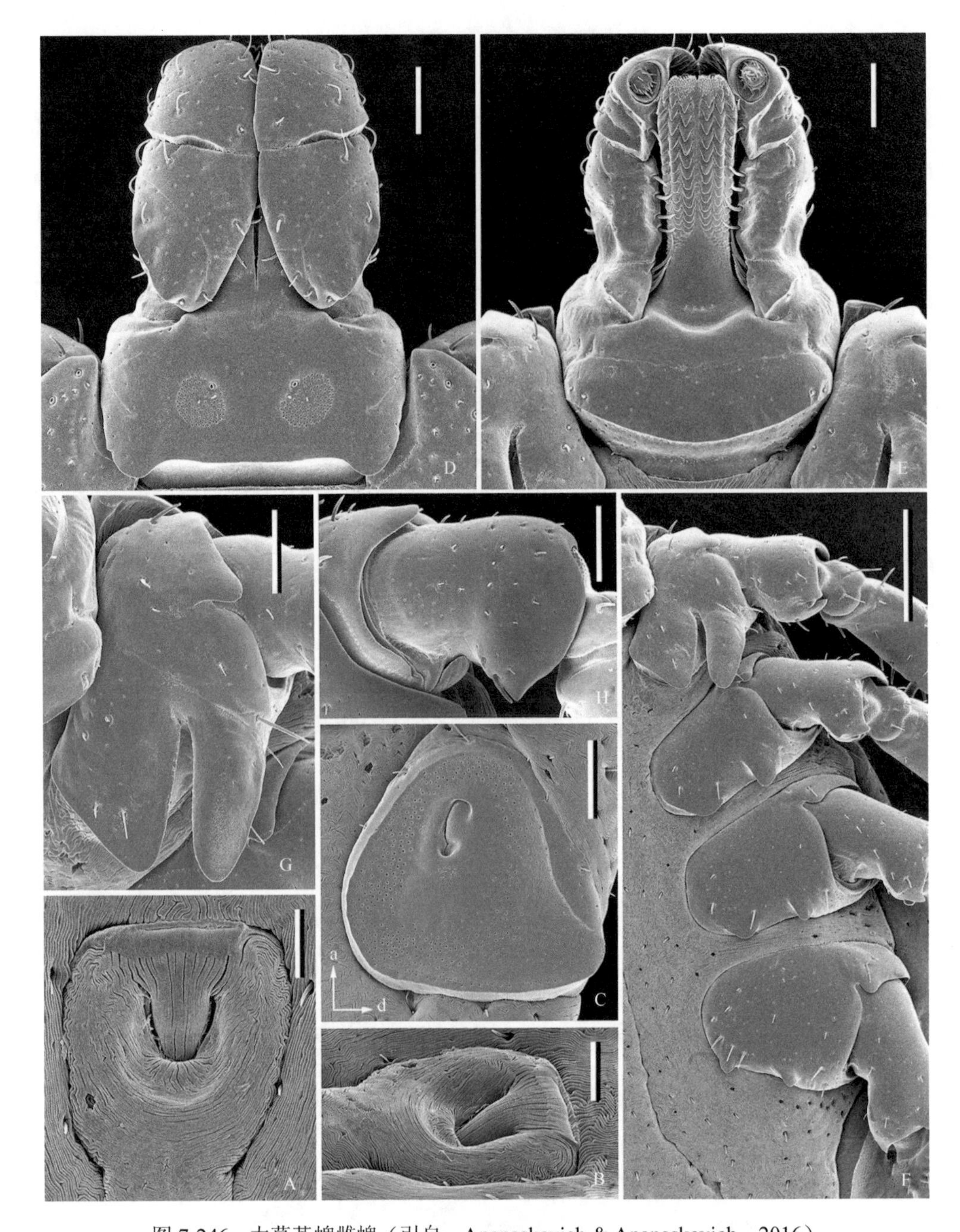

图 7-246 太莫革蜱雌蜱（引自：Apanaskevich & Apanaskevich，2016）

A. 生殖孔正面观，标尺 0.1 mm；B. 生殖孔侧面观，标尺 0.1 mm；C. 气门板，标尺 0.2 mm；D. 假头背面观，标尺 0.2 mm；E. 假头腹面观，标尺 0.2 mm；F. 基节，标尺 0.5 mm；G. 基节 I，标尺 0.2 mm；H. 转节 I，标尺 0.2 mm；a. 前面；d. 背面

雄蜱（图 7-247，图 7-248）

假头背面具珐琅斑和刻点，长 0.90～1.36 mm（平均 1.17 mm），假头基宽 0.62～0.94 mm（平均 0.79 mm）；长为宽的 1.36～1.57 倍。须肢粗短，背部长宽为（0.54～0.82）mm（平均 0.70 mm）×（0.27～0.41）mm（平均 0.35 mm）；长为宽的 1.72～2.2 倍；第Ⅱ节后缘无背刺；第Ⅲ节前端圆钝，短于第Ⅱ节，第Ⅰ节次之，第Ⅳ节最短。假头基背部近似矩形，长 0.36～0.56 mm（平均 0.47 mm）；宽约为长（包括基突）的 1.68 倍；两侧缘略外弯，后缘近于直；基突粗短，呈宽三角形。口下板棒状，齿式 3|3。

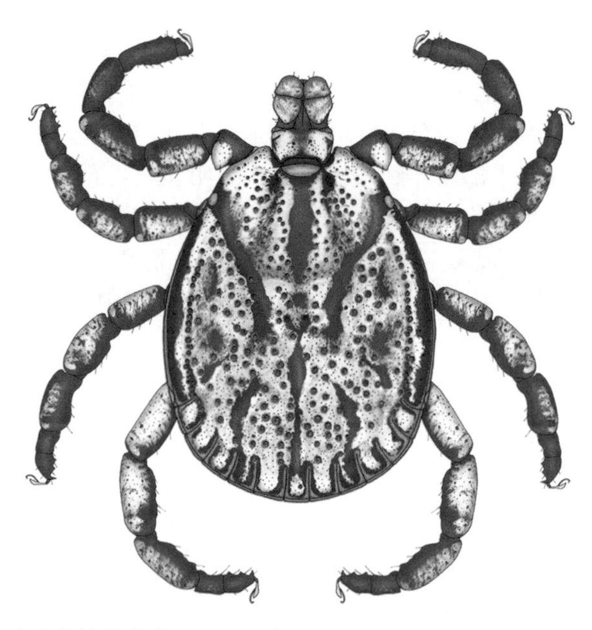

图 7-247　太莫革蜱雄蜱背面观（引自：Apanaskevich & Apanaskevich，2016）

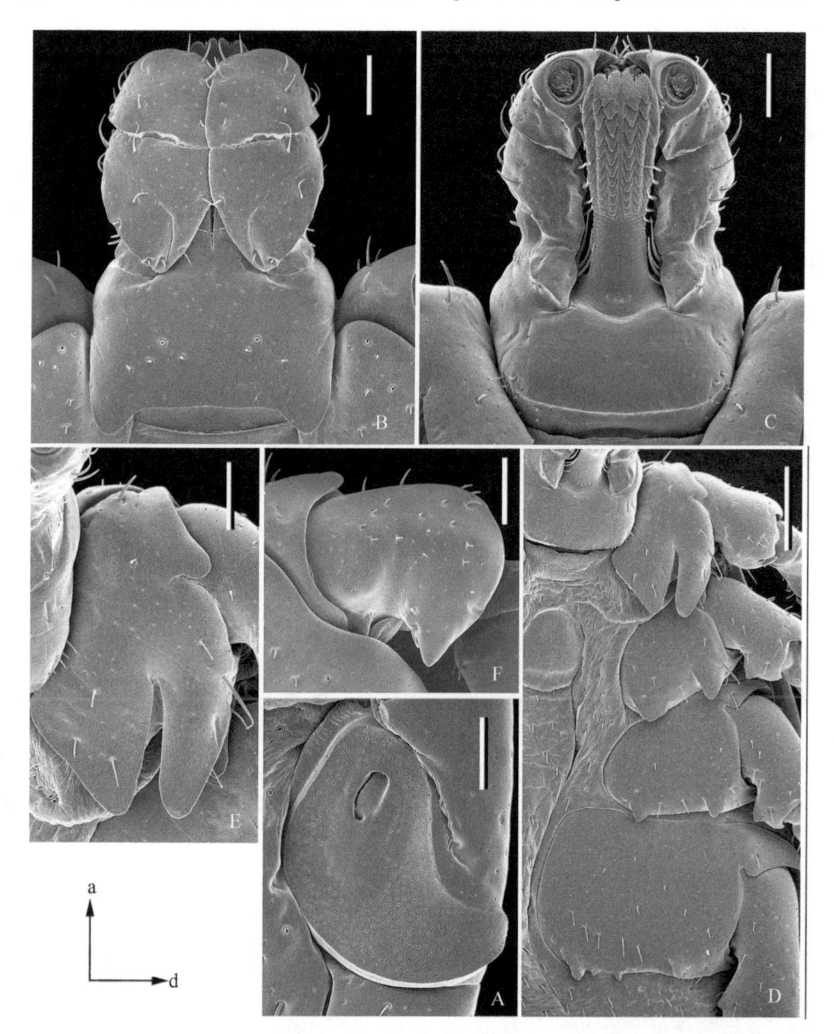

图 7-248　太莫革蜱雄蜱（引自：Apanaskevich & Apanaskevich，2016）

A. 气门板，标尺 0.2 mm；B. 假头背面观，标尺 0.2 mm；C. 假头腹面观，标尺 0.2 mm；D. 基节，标尺 0.5 mm；E. 基节 I，标尺 0.2 mm；F. 转节 I，标尺 0.2 mm；a. 前面；d. 背面

盾板呈宽卵形，侧缘中度凸出，盾板中部最宽。长宽为（3.25～5.44）mm（平均 4.53 mm）×（2.59～4.29）mm（平均 3.54 mm）；长为宽的 1.21～1.37 倍。表面灰色珐琅斑浓厚，几乎覆盖整个表面。褐色底斑深浅不一，界限不明显，一般呈如下分布：1 对窄的颈沟褐斑（比较模糊）从颈沟向后延伸至伪盾区边缘；1 对狭窄的褐色条带自眼向后中部延伸到盾板中部（很明显，鲜有中断）；伪盾中间具有一条明显的褐色纵带延伸至伪盾后缘；伪盾的后中部边界具有比较模糊的褐色条带；1 对狭长的褐斑位于盾板侧缘，从眼延伸至第Ⅰ缘垛；2 或 3 对卵圆形褐斑位于侧沟内侧；一条狭窄的褐斑位于后中区及其附近；后中区褐斑与伪盾的纵向褐色纵带之间常被中断；第Ⅰ、Ⅱ、Ⅲ缘垛和副中垛大部分覆盖珐琅斑，第Ⅳ缘垛珐琅斑或多或少，中垛具有一个大珐琅斑。大刻点中等密度，分布在整个盾板，但在侧缘及后部较密，伪盾区密；小刻点密，均匀分布。颈沟浅。侧沟明显，由大刻点连成。

足中等粗细，背部珐琅斑明显。转节Ⅰ背距具珐琅斑，呈宽三角形，顶端尖细。基节Ⅰ内距宽三角形，顶端圆钝，外距窄三角形，顶端或宽或窄，两距约等长且相互靠近；基节Ⅱ、Ⅲ各有 2 个短距，外距三角形，内距宽短。基节Ⅳ显著变大，宽约为长（不包括 2 距）的 1.21 倍，具 3～6 个距。跗节Ⅱ～Ⅳ腹面末段各有 3 个明显的齿突（包括端齿）；跗节Ⅳ长宽为（0.79～1.28）mm×（0.31～0.60）mm，长宽比为 2.03～2.69。气门板逗点形，背突宽，向背方弯曲，前缘具几丁质增厚区。

五、血蜱属 *Haemaphysalis*

后沟型蜱。体型一般较小；体色单一，无珐琅斑；须肢一般宽短，近楔形（少数窄长，呈棒状，如丹氏血蜱、川原血蜱），外侧超出假头基侧缘，背部常具刺或角突；假头基多数呈矩形；雌蜱不具侧沟；无眼；缘垛明显，一般 11 个；雄蜱腹面无几丁质板覆盖，但少数具有不规则腹板；足转节Ⅰ背面常具一扁形后距，基节Ⅰ后缘不分叉；雌蜱气门板常为卵形或圆形，而雄蜱常呈卵形或逗点形。

血蜱属的多数种类保留了最初三宿主的生活史，新生代哺乳动物可能是它们的原始宿主。血蜱属和革蜱属均是在泛古陆分开后形成的。它们最先在东南亚的潮湿热带雨林气候中演化，然后在劳亚古大陆大草原和山地景观的温带演化，已知种类在东洋界分布最多。血蜱属为硬蜱科中的第二个大属，现已记录 175 种，分属于 13 亚属。

模式种　嗜群血蜱 *H. concinna* Koch, 1844

我国血蜱属的种类变化较小，仅增加啄木鸟血蜱 *H. megalaimae* Rajagopalan, 1963 和台岛血蜱 *H. taiwana* Sugimoto, 1936，分别分布在海南和台湾。

中国血蜱属的种检索表

雌蜱

1. 须肢呈棒状，顶端圆钝，两侧近于平行，两侧外缘未超出或略超出假头基外侧；第Ⅱ节明显长于第Ⅲ节……2
   须肢前窄后宽，外缘弧度大于内缘弧度，两侧外缘明显超出假头基外侧；第Ⅱ节略长于第Ⅲ节……9
2. 盾板近似心形，长明显小于宽；口下板齿式 3|3……3
   盾板近似盾形，长等于或略大于宽；口下板齿式 4|4 或 5|5……6
3. 气门板显著大，椭圆形；各足基节内距发达，锥形……川原血蜱 *H. primitiva* Teng
   气门板中等大小，逗点形或卵圆形；各足基节内距较短，三角形或弧形……4
4. 孔区窄卵形，与假头基后缘几乎连接；假头基宽为长的 3 倍以上……括氏血蜱 *H. colasbelcouri*（Santos Dias）
   孔区较宽短，明显离开假头基后缘；假头基宽为长的 3 倍以下……5
5. 假头基侧缘全段向外弧形凸出；须肢第Ⅱ节腹面内缘刚毛 2 根……长须血蜱 *H. aponommoides* Warburton
   假头基侧缘前半段直，后半段向外凸出；须肢第Ⅱ节腹面内缘刚毛 1 根……北岗血蜱 *H. kitaokai* Hoogstraal
6. 口下板齿式主部为 5|5（接近基部可能为 4|4）；基节Ⅳ内距较长，锥形，末端略向外弯曲……7
   口下板齿式 4|4；基节Ⅳ内距较短，三角形或略呈脊状……8
7. 假头基基突明显，三角形；基节Ⅰ、Ⅱ内距较粗，末端钝……汶川血蜱 *H. warburtoni* Nuttall
   假头基基突粗短，不甚明显；基节Ⅰ、Ⅱ内距较窄长，末端较尖而向外弯……丹氏血蜱 *H. danieli* Černý & Hoogstraal

8. 假头基基突付缺；基节Ⅳ内距短小，略呈脊状 ……………………………… 西藏血蜱 *H. tibetensis* Hoogstraal
   假头基基突短小，末端钝；基节Ⅳ内距较明显，三角形 ………………… 加瓦尔血蜱 *H. garhwalensis* Dhanda & Bhat
9. 须肢第Ⅱ节后外角强度突出，显著超出假头基侧缘，两侧须肢外缘相交呈锐楔形或铃形 ……………………………… 10
   须肢第Ⅱ节后外角轻度或中度突出，两侧须肢外缘相交呈钝楔形或亚梯形 ……………………………… 23
10. 口下板齿式 7|7 或 8|8；须肢第Ⅱ节背面后缘靠外侧有 2 齿状角突，一长一短 ……………… 亚洲血蜱 *H. asiatica*（Supino）
    口下板齿式 5|5、4|4 或 3|3；须肢第Ⅱ节背面后缘不具明显的角突或靠外侧只有一三角形角突 ……………… 11
11. 须肢第Ⅲ节腹面的刺发达，其末端约达第Ⅱ节中部；须肢第Ⅱ节背面后缘呈波状或具角突 ……………… 12
    须肢第Ⅲ节腹面的刺较短，其末端约达到或略超过第Ⅱ节前缘；须肢第Ⅱ节背面后缘平直或浅弧形 ……………… 15
12. 须肢第Ⅱ节腹面后缘不具明显的角突；该节背面外缘弧形内凹 ……………………………… 13
    须肢第Ⅱ节腹面后缘具明显的三角形角突；该节背面外缘直，向前内斜 ……………………………… 14
13. 口下板齿式 4|4；须肢第Ⅲ节宽大于长 ……………………………… 具角血蜱 *H. cornigera* Neumann
    口下板齿式 5|5；须肢第Ⅲ节长大于宽 ……………………………… 嗜鸟血蜱 *H. ornithophila* Hoogstraal & Kohls
14. 盾板亚圆形，宽稍大于长；须肢第Ⅲ节背面后缘中部有一三角形的刺 ……………… 距刺血蜱 *H. spinigera* Neumann
    盾板卵圆形，长明显大于宽；须肢第Ⅲ节背面后缘平直 ……………………………… 坎氏血蜱 *H. canestrinii*（Supino）
15. 盾板亚圆形或椭圆形，中部最宽；须肢第Ⅲ节腹面的刺略向内斜，否则基节Ⅰ内距窄长，锥状 ……………… 16
    盾板心形或近似心形，前部最宽，或前部与中部等宽；须肢第Ⅲ节腹面的刺指向后方 ……………… 19
16. 须肢第Ⅲ节背面后缘内侧具一三角形粗刺；两孔区之间有一亚圆形小浅陷 ……………………………………………………
    ……………………………………………………………… 微形血蜱 *H. wellingtoni*（Nuttall & Warburton）
    须肢第Ⅲ节背面后缘无刺；两孔区之间无浅陷 ……………………………… 17
17. 须肢第Ⅱ节后外角显著突出，外缘角状凹入，其长明显大于第Ⅲ节外缘 ……………………………… 18
    须肢第Ⅱ节后外角突出较少，外缘弧形凹入，其长略大于第Ⅲ节外缘 ……………… 中华血蜱 *H. sinensis* Zhang
18. 口下板齿式 4|4；基节Ⅳ内距三角形，指向后方 ……………………………… 钝刺血蜱 *H. doenitzi* Warburton & Nuttall
    口下板齿式 5|5；基节Ⅳ内距较窄长，指向后内侧 ……………… 雉鸡血蜱 *H. phasiana* Saito, Hoogstraal & Wassef
19. 颈沟浅，近于直；盾板前部与中部等宽，呈弧形凸出，向后渐窄 ……………… 板齿鼠血蜱 *H. bandicota* Hoogstraal & Kohls
    颈沟较深，弧形外弯；盾板前部最宽，向后渐窄 ……………………………… 20
20. 齿式 3|3；爪垫约达爪长的 2/3 ……………………………… 草原血蜱 *H. verticalis* Itagaki, Noda & Yamaguchi
    齿式 4|4；爪垫短，不及爪长的 1/2 或爪垫长，将近达到爪端 ……………………………… 21
21. 须肢第Ⅱ节腹面后缘稍弯，呈浅弧形；须肢第Ⅲ节背面前端尖窄或圆钝 ……………………………… 22
    须肢第Ⅱ节腹面后缘强度后弯，呈深弧形；须肢第Ⅲ节背面前端圆钝 ……………… 铃头血蜱 *H. campanulata* Warburton
22. 须肢第Ⅲ节背面前端圆钝，爪垫长，将近达到爪端 ……………………………… 啄木鸟血蜱 *H. megalaimae* Rajagopalan
    须肢第Ⅲ节背面前端尖窄，爪垫短小，不及爪长的 1/2 ……………………………… 短垫血蜱 *H. erinacei* Pavesi
23. 须肢第Ⅲ节背面后缘有一三角形的刺 ……………………………… 24
    须肢第Ⅲ节背面后缘不具刺 ……………………………… 31
24. 盾板近似盾形或心形，前部 1/3 的水平处最宽；孔区直立或略内斜 ……………………………… 25
    盾板圆形或亚圆形，中部最宽；孔区明显内斜 ……………………………… 26
25. 足转节腹距发达，长三角形；基节Ⅱ内距窄长，锥形 ……………… 勐腊血蜱 *H. menglaensis* Pang, Chen & Xiang
    各足转节腹距短小，呈脊状；基节Ⅱ内距较短，三角形 ……………………………… 越原血蜱 *H. yeni* Toumanoff
26. 口下板齿式 5|5，或至少主部 5|5；颈沟较短，末端约达盾板中部，或较长，末端达盾板后 1/3 处 ……………… 27
    口下板齿式 4|4；颈沟末端略超过盾板中部或达到盾板后 1/3 处 ……………………………… 28
27. 颈沟末端约达盾板中部；基节Ⅱ、Ⅲ内距宽短，似三角形，基节Ⅳ内距粗短，圆钝 ……………………………………………
    ……………………………………………………… 日岛血蜱 *H. mageshimaensis* Saito & Hoogstraal
    颈沟末端明显超过盾板中部；基节Ⅱ～Ⅳ内距三角形，形状近似 ……………… 长角血蜱 *H. longicornis* Neumann
28. 假头基基突粗短，长显著小于其基部之宽，末端较钝；基节Ⅰ内距中等长，末端钝 ……………………………… 29
    假头基基突三角形，长略小于其基部之宽，末端尖；基节Ⅰ内距窄长，末端尖细 ……………………………… 30
29. 须肢第Ⅱ节背面外缘与第Ⅲ节背面外缘相连，第Ⅱ节腹面后缘呈角状凸出 ……………… 豪猪血蜱 *H. hystricis* Supino
    须肢第Ⅱ节背面外缘与第Ⅲ节背面外缘不相连，第Ⅱ节腹面后缘不呈明显的角状凸出 … 台岛血蜱 *H. taiwana* Sugimoto
30. 须肢第Ⅲ节腹面的刺较长，末端约达第Ⅱ节后 1/3；颈沟较直，几乎平行 ……………… 拉氏血蜱 *H. lagrangei* Larrousse
    须肢第Ⅲ节腹面的刺较短，末端约达第Ⅱ节前 1/4；颈沟中段向内弯，呈浅弧形 ……… 二棘血蜱 *H. bispinosa* Neumann
31. 假头基不具基突，或基突很粗短，圆钝，极不明显；须肢第Ⅱ节腹面内缘刚毛粗大，窄叶状，排列紧密 ……………… 32

假头基具明显的基突，末端较尖；须肢第Ⅱ节腹面内缘刚毛较细，毛状，排列不紧密……33

32. 基节Ⅳ内距粗大，斜向外侧；假头基不具基突……刻点血蜱 *H. punctata* Canestrini & Fanzago

基节Ⅳ内距短钝，略为超出该节后缘；假头基基突很粗短，圆钝……具沟血蜱 *H. sulcata* Canestrini & Fanzago

33. 盾板长大于宽，似盾形；孔区小……34

盾板长约等于或略大于宽，圆形或亚圆形；孔区较大，如略小，盾板宽大于长……35

34. 颈沟短，向后略内斜，不达到盾板中部；须肢第Ⅲ节腹面的刺较粗短，约达第Ⅱ节前 1/4……青羊血蜱 *H. goral* Hoogstraal

颈沟浅弧形，向后外弯，约达盾板中部；须肢第Ⅲ节腹面的刺窄长而尖，超过第Ⅱ节中部……猛突血蜱 *H. montgomeryi* Nuttall

35. 基节Ⅰ内距很粗短，圆钝，不明显；须肢第Ⅲ节腹面的刺短小，末端达不到该节后缘……尼泊尔血蜱 *H. nepalensis* Hoogstraal

基节Ⅰ内距长或短，但明显；须肢第Ⅲ节腹面的刺较长，末端约达到或超过第Ⅱ节前缘……36

36. 盾板宽明显大于长，约为长的 1.2 倍；须肢第Ⅱ节腹面后缘明显凸出，呈钝刺状，否则假头基孔区较小……37

盾板宽约等于或略小于长；须肢第Ⅱ节腹面后缘不呈钝刺状凸出……38

37. 假头基基突粗大，齿状突出；盾板中部最宽……台湾血蜱 *H. formosensis* Neumann

假头基基突宽短，三角形；盾板前部最宽……阿波尔血蜱 *H. aborensis* Warburton

38. 须肢粗大，第Ⅱ节后外角圆钝，或外缘轮廓圆钝；足Ⅱ～Ⅳ爪垫短小，约为爪长的 1/2，否则基节Ⅰ内距粗短，宽三角形……39

须肢长宽适中，第Ⅱ节后外角呈角状；足Ⅱ～Ⅳ爪垫较大，达到或将近达到爪端……40

39. 气门板椭圆形，背腹轴明显大于前后轴；基节Ⅱ～Ⅳ内距较粗，末端钝……青海血蜱 *H. qinghaiensis* Teng

气门板亚圆形，背腹轴约等于前后轴；基节Ⅱ～Ⅳ内距窄三角形，末端尖细……大刺血蜱 *H. megaspinosa* Saito

40. 基节Ⅱ～Ⅳ内距粗短而钝，不超出或稍超出各节后缘；颈沟长度中等，约达盾板后 1/3 处……41

基节Ⅱ～Ⅳ内距稍长而尖，三角形，明显超出各节后缘；颈沟长或较短，几乎达到盾板后侧缘或仅达盾板中部……42

41. 须肢第Ⅱ节与第Ⅲ节的外缘几乎等长；基节Ⅱ～Ⅳ内距较基节Ⅰ内距显著短……嗜群血蜱 *H. concinna* Koch

须肢第Ⅱ节外缘明显短于第Ⅲ节外缘；基节Ⅱ～Ⅳ内距较基节Ⅰ内距稍短……日本血蜱 *H. japonica* Warburton

42. 颈沟长，将近达到盾板后侧缘；气门板亚圆形，背腹轴约等于前后轴……43

颈沟短，约达盾板中部；气门板卵圆形，背腹轴长于前后轴……缅甸血蜱 *H. birmaniae* Supino

43. 须肢第Ⅱ节外缘向内浅弯；口下板齿冠短，约占齿部长的 1/5……褐黄血蜱 *H. flava* Neumann

须肢第Ⅱ节外缘直，不内弯；口下板齿冠较长，约占齿部长的 1/4……嗜麝血蜱 *H. moschisuga* Teng

雄蜱

1. 须肢短棒形，外缘与内缘的弧度约等或近乎平行，第Ⅱ节不具后外角……2

须肢前窄后宽，外缘弧度大于内缘弧度，第Ⅱ节后外角突出……9

2. 假头基无基突；侧沟付缺……3

假头基有明显基突；具侧沟……6

3. 气门板显著大，长椭圆形；各足基节内距发达，呈锥形……川原血蜱 *H. primitiva* Teng

气门板较小，长逗点形；各足基节内距较短，三角形或弧形……4

4. 假头基侧缘全段向外弧形凸出；须肢第Ⅱ节腹面内缘具刚毛 2 根……5

假头基侧缘前半段直，后半段向外凸出；须肢第Ⅱ节腹面内缘具刚毛 1 根……北岗血蜱 *H. kitaokai* Hoogstraal

5. 假头基宽约为长的 3.3 倍；基节Ⅰ内距锥形，末端稍尖，略超过基节Ⅱ前缘……括氏血蜱 *H. colasbelcouri*（Santos Dias）

假头基宽约为长的 2.4 倍；基节Ⅰ内距宽短，三角形，略超过该节后缘……长须血蜱 *H. aponommoides* Warburton

6. 侧沟后端达第Ⅰ缘垛后缘；假头基基突发达，锥形，长约等于其基部之宽……汶川血蜱 *H. warburtoni* Nuttall

侧沟后端达第Ⅱ缘垛后缘；假头基基突较短，长小于其基部之宽……7

7. 口下板齿式 5|5；假头基基突三角形，长略小于其基部之宽……西藏血蜱 *H. tibetensis* Hoogstraal

口下板齿式 4|4；假头基基突粗短，长明显小于其基部之宽……8

8. 各基节内距较短，三角形，直向；体型较小，长 3.02 mm（包括假头）……加瓦尔血蜱 *H. garhwalensis* Dhanda & Bhat

各基节内距较窄长，后端向外侧斜弯；体型较大，长 3.2～3.5 mm（包括假头）……丹氏血蜱 *H. danieli* Černý & Hoogstraal

9. 须肢第Ⅱ节后外角强度突出，显著超出假头基侧缘，两侧须肢外缘相交呈锐楔形或铃形……10

须肢第Ⅱ节后外角轻度或中度突出，两侧须肢外缘相交呈钝楔形或亚梯形……23

10. 口下板齿式 6|6 或 7|7；须肢第Ⅱ节背面后缘靠外具 2 个齿状角突，一长一短……亚洲血蜱 *H. asiatica*（Supino）

　　口下板齿式 4|4 或 5|5 或 3|3；须肢第Ⅱ节背面后缘靠外不具明显角突或靠外侧只具一三角形粗大角突……11

11. 须肢第Ⅲ节背面后缘与外缘相交呈锐角突出，后缘靠内侧约 1/3 处有一三角形刺突；须肢第Ⅱ节背面后缘微波状起伏，呈现 3 个浅弯……异角血蜱 *H. anomaloceraea* Teng

　　须肢第Ⅲ节及第Ⅱ节的后缘不如上述……12

12. 基节Ⅳ具 1 或 2 个较特殊的细长内距，呈针状，其长明显超过该节长度的 1/2（按躯体方向）……13

　　基节Ⅳ具一较短的内距，呈三角形或锥形，其长不超过该节长度的 1/2（按躯体方向）……14

13. 基节Ⅳ具 2 个细长内距（二者约等长）；须肢第Ⅲ节背面后外侧具一粗大的锐刺，显著超出第Ⅱ节的外缘……具角血蜱 *H. cornigera* Neumann

　　基节Ⅳ具 1 个细长内距；须肢第Ⅲ节背面后外侧无刺……距刺血蜱 *H. spinigera* Neumann

14. 口下板齿式 3|3；盾板上刻点不太明显，细小而较稀疏……草原血蜱 *H. verticalis* Itagaki, Noda & Yamaguchi

　　口下板齿式 4|4 或 5|5；盾板上刻点较为明显，分布较密或不均……15

15. 侧沟较短，后端只达气门板后缘；跗节Ⅳ相当粗短，亚端部急转收窄，斜度大……铃头血蜱 *H. campanulata* Warburton

　　侧沟较长，后端延至第Ⅰ或第Ⅱ缘垛；跗节Ⅳ长形或稍粗短，亚端部逐渐收窄，斜度适中……16

16. 须肢第Ⅲ节背面后缘靠内侧有一三角形粗刺；盾板后部 2/3 刻点细而多，前部 1/3 则较粗而略少……微形血蜱 *H. wellingtoni*（Nuttall & Warburton）

　　须肢第Ⅲ节背面后缘无刺；盾板上刻点分布不如上述……17

17. 须肢第Ⅱ节背面后缘有一粗大的三角形刺突；气门板似长方形，长约为宽的 1.9 倍，背、腹缘几乎平行，背突不明显……坎氏血蜱 *H. canestrinii*（Supino）

　　须肢第Ⅱ节背面后缘不具刺突；气门板其他形或亚矩形，长达不到宽的 1.5 倍……18

18. 须肢第Ⅲ节腹面的刺较长，末端达第Ⅱ节中部；侧沟较短，前端达基节Ⅲ中部的水平线……嗜鸟血蜱 *H. ornithophila* Hoogstraal & Kohls

　　须肢第Ⅲ节腹面的刺较短，末端约达或略超过第Ⅱ节前缘；侧沟较长，前端明显超过基节Ⅲ中部的水平线……19

19. 须肢第Ⅲ节腹面的刺明显指向后内侧；基节Ⅳ内距三角形，指向后内侧……雉鸡血蜱 *H. phasiana* Saito, Hoogstraal & Wassef

　　须肢第Ⅲ节腹面的刺指向后方或略向内斜；基节Ⅳ内距亦指向后方……20

20. 口下板齿式 5|5；须肢第Ⅱ节外缘很短，不及第Ⅲ节外缘之长……中华血蜱 *H. sinensis* Zhang

　　口下板齿式 4|4；须肢第Ⅱ节外缘较长，明显超过第Ⅲ节外缘之长……21

21. 爪垫短小，不及爪长的 1/2；基节Ⅰ内距较窄，长稍大于其基部之宽……短垫血蜱 *H. erinacei* Pavesi

　　爪垫较大，明显超过爪长的 1/2；基节Ⅰ内距粗短，长小于其基部之宽……22

22. 基节Ⅳ内距较基节Ⅱ、Ⅲ的内距稍长、稍尖；须肢第Ⅲ节腹面的刺粗短而钝，略向内斜，约达第Ⅱ节前缘……23

　　基节Ⅳ内距较基节Ⅱ、Ⅲ的内距更小；须肢第Ⅲ节腹面的刺稍窄而尖，指向后方，稍超出第Ⅱ节前缘……板齿鼠血蜱 *H. bandicota* Hoogstraal & Kohls

23. 第Ⅱ节后外角显著凸出，后缘向须肢方向凹陷……啄木鸟血蜱 *H. megalaimae* Rajagopalan

　　第Ⅱ节后外角显著凸出，后缘较直……钝刺血蜱 *H. doenitzi* Warburton & Nuttall

24. 须肢第Ⅲ节背面后缘有一发达的三角形尖刺……25

　　须肢第Ⅲ节背面后缘无刺……30

25. 基节Ⅳ具 2 个窄长内距，相互靠近，末端尖细……台岛血蜱 *H. taiwana* Sugimoto

　　基节Ⅳ仅具 1 个内距……26

26. 盾板无侧沟……27

　　盾板具侧沟……29

27. 口下板齿式 4|4；假头基基突长略小于其基部之宽，末端钝……豪猪血蜱 *H. hystricis* Supino

　　口下板齿式 5|5；假头基基突强大，长等于或略超过其基部之宽，末端尖……28

28. 各转节腹距发达，似锥形；基节Ⅱ、Ⅲ内距窄长，呈锥形……勐腊血蜱 *H. menglaensis* Pang, Chen & Xiang

　　各转节腹距短小，圆钝；基节Ⅱ、Ⅲ内距较短，三角形……越原血蜱 *H. yeni* Toumanoff

29. 盾板侧沟很短，前端不超过盾板中部，后端达气门板后缘；基节Ⅱ～Ⅳ内距较大，末端尖……30

　　盾板侧沟长，前端超过盾板中部，后端达第Ⅰ缘垛；基节Ⅱ～Ⅳ内距较短，末端钝……31

30. 气门板亚圆形；各转节腹距明显，三角形，末端尖……拉氏血蜱 *H. lagrangei* Larrousse

气门板圆角长方形；各转节腹距短小，较钝……………………日岛血蜱 *H. mageshimaensis* Saito & Hoogstraal

31. 口下板齿式 4|4；盾板刻点细而浅，分布不密，也不均匀……………………二棘血蜱 *H. bispinosa* Neumann

口下板齿式 5|5；盾板刻点中等粗细，分布稠密而均匀……………………长角血蜱 *H. longicornis* Neumann

32. 口下板齿式 4|4；盾板侧沟退化或很短，前端达不到盾板中部……………………33

口下板齿式 5|5 或 6|6；盾板侧沟较长，前端至少达盾板中部……………………34

33. 须肢第III节腹面的刺较长，末端超过第II节前缘；跗节IV腹缘无角状突……………………缅甸血蜱 *H. birmaniae* Supino

须肢第III节腹面的刺较短，末端达不到第II节前缘；跗节IV腹缘在假关节远侧有明显的角状突……………………尼泊尔血蜱 *H. nepalensis* Hoogstraal

34. 须肢第II节腹面内缘刚毛粗大，窄叶状，排列紧密；基节IV内距特别窄长，至少超过该节长度（按躯体方向）的 1/2……………………35

须肢第II节腹面内缘刚毛较细，毛状，排列不紧密；基节IV内距粗短或较窄长，如特别窄长，超过该节长度的 1/2，则须肢第II节后侧角几乎呈直角而非呈圆角……………………36

35. 假头基基突粗短，长明显小于其基部之宽；盾板侧沟后端延至第III缘垛……………………刻点血蜱 *H. punctata* Canestrini & Fanzago

假头基基突发达，长大于其基部之宽；盾板侧沟后端延至第II缘垛……………………具沟血蜱 *H. sulcata* Canestrini & Fanzago

36. 盾板侧沟末端达气门板后缘；基节IV内距显著长，其长明显超过该节长度（按躯体方向）的 1/2，否则盾板窄长，长约为宽的 1.75 倍……………………37

盾板侧沟末端达第I缘垛；基节IV内距较短，如长达到该节长度的 1/2，则盾板较宽短，其长达不到宽的 1.7 倍……38

37. 基节IV内距显著窄长，针状；跗节IV腹缘在假关节远侧有一明显的角突……………………褐黄血蜱 *H. flava* Neumann

基节IV内距短小，三角形；跗节IV腹缘无角突……………………嗜麝血蜱 *H. moschisuga* Teng

38. 须肢第III节腹面的刺窄长，末端超过第II节中部；须肢第II节腹面后缘具一细窄长刺，末端尖，几乎达到第I节后缘……………………猛突血蜱 *H. montgomeryi* Nuttall

须肢第III节腹面的刺较短，末端约达到或略超过第II节前缘；须肢第II节腹面后缘无刺或后缘向后延伸，形成粗大角突，末端钝……………………39

39. 基节I内距宽短，末端圆钝；基节IV内距发达，刺状，几乎达到该节长度（按躯体方向）的 1/2……………………大刺血蜱 *H. megaspinosa* Saito

基节I内距窄长，末端较尖；基节IV内距较短，三角形……………………40

40. 跗节粗短，跗节II～IV亚端部背、腹缘均略隆出……………………青海血蜱 *H. qinghaiensis* Teng

跗节长度适中，跗节II～IV亚端部背、腹缘不隆出……………………41

41. 基节II～IV内距较长，末端尖细，明显超出各节后缘；须肢第III节顶端圆钝或平钝……………………42

基节II～IV内距较粗短，末端钝，略超出各节后缘；须肢第III节顶端较尖窄……………………43

42. 须肢第II节腹面后缘向后延伸，形成粗大的角突；口下板齿式 6|6（少数情况或 5|5）……………………台湾血蜱 *H. formosensis* Neumann

须肢第II节腹面后缘较直，无角突；口下板齿式 5|5……………………阿波尔血蜱 *H. aborensis* Warburton

43. 须肢第III节顶端向内侧弯曲，两侧须肢合拢时相互交叠；口下板齿式 6|6……………………嗜群血蜱 *H. concinna* Koch

须肢第III节顶端不向内侧弯曲；口下板齿式 5|5……………………日本血蜱 *H. japonica* Warburton

（1）阿波尔血蜱 *H. aborensis* Warburton, 1913

定名依据 依据采集地阿波尔命名。

宿主 未成熟期寄生于原鸡 *Gallus gallus*、山雀 *Parus major* 等鸟类及普通树鼩 *Tupaia glis*、猪獾等小型兽类。成蜱寄生于犏牛、豪猪、野猪、虎、赤麂 *Muntiacus muntjak*、水鹿 *Cervus unicolor* 等大型哺乳动物。

分布 国内：云南；国外：老挝、缅甸、尼泊尔、泰国、印度、越南。

鉴定要点

雌蜱盾板亚圆形，长小于宽；中小刻点混杂，分布不均。须肢前窄后宽，第II节略长于第III节；第II节后外角轻度凸出，腹面内缘刚毛少而细，排列不紧密；两侧须肢外缘相交呈亚梯形；第III节背部后缘不具刺，腹面具一短刺，末端达到第II节前缘。假头基基突三角形；孔区略小，间距宽阔。口下板齿式 4|4。生殖帷 U 形或 V 形。气门板宽卵形，背突不明显。足窄长，基节I内距短锥形。基节II～IV内

距约等长，明显超出各节后缘。跗节亚端部不具隆突，向端部逐渐细窄。爪垫长，几乎达到爪端。

雄蜱须肢前窄后宽，外缘弧度大于内缘弧度；第Ⅱ节后外角轻度凸出，腹面内缘刚毛少而细，排列不紧密，两侧须肢外缘相交呈亚梯形。须肢第Ⅲ节前端圆钝；背面后缘无刺；腹面刺粗短，末端略超过第Ⅱ节前缘。假头基基突粗短，三角形。口下板齿式 5|5。无颈沟，侧沟由基节Ⅲ水平向后封闭第Ⅰ缘垛。气门板卵形，背突短小。足与雌蜱相似。

具体描述

雌蜱（图 7-249）

体呈卵圆形，前端稍窄，后部圆弧形。长（包括假头）宽为（2.63～3.61）mm×（1.55～2.19）mm。

须肢粗短，长为宽的 1.5～1.8 倍；第Ⅰ节背、腹面可见；第Ⅱ节长宽约等，后缘斜向前侧方，外侧角略微突出，外缘短，向前内斜，内缘略凹入，其上刚毛 3 根，腹面内缘刚毛 3 或 4 根；第Ⅲ节约为第Ⅱ节长度的 3/5，前端圆钝，后缘宽于第Ⅱ节前缘，腹刺粗短，末端约达第Ⅱ节前缘。假头基近似矩形，宽约为长（包括基突）的 2.7 倍，两侧缘向前略内斜，后缘较直；基突三角形；孔区卵圆形，前端向内斜置，间距宽阔，大于其长径。假头基腹面后缘宽圆；无耳状突。口下板与须肢等长，前端圆钝，中间略有凹陷；齿式 4|4，每纵列具齿 10 或 11 枚。

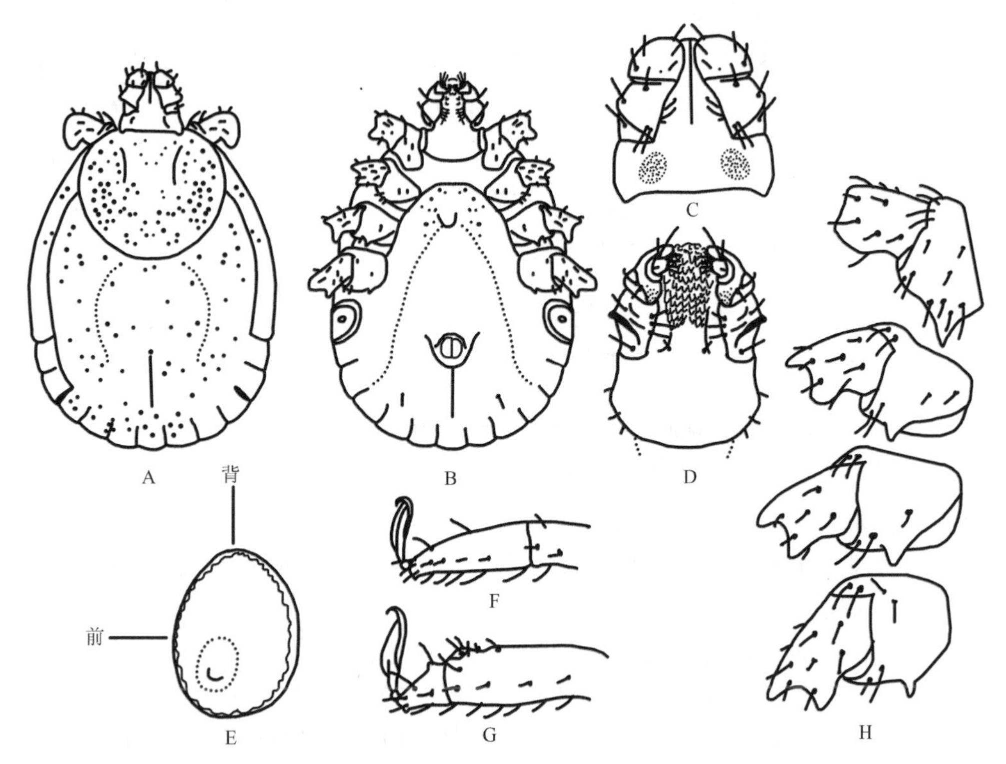

图 7-249　阿波尔血蜱雌蜱（参考：邓国藩和姜在阶，1991）

A. 背面观；B. 腹面观；C. 假头背面观；D. 假头腹面观；E. 气门板；F. 跗节Ⅳ；G. 跗节Ⅰ；H. 基节

盾板呈亚圆形，宽为长的 1.1～1.3 倍，中部靠上最宽，随后略微弧形收窄。中、小型刻点分布不均匀。无眼。肩突短，呈角状。缘凹宽浅。颈沟浅，后段有时不明显。缘垛分界明显，共 11 个。

足窄长。各基节无外距，基节Ⅰ内距短锥形，末端钝；基节Ⅱ～Ⅳ内距明显超出各节后缘，约等长，呈三角形，末端钝。转节腹距不明显，转节Ⅰ具背距。各跗节窄长，亚端部背缘斜向末端，腹面端齿短小。爪垫长，将近达到爪端。生殖帷"U"或"V"形，后部略微收窄。气门板宽卵形，背突宽短，不明显，无几丁质增厚区，气门斑位置靠前。

雄蜱（图 7-250）

躯体近似卵圆形，前端略窄，后部圆弧形；长（包括假头）宽为（2.21～3.11）mm×（1.08～2.04）mm。

须肢粗短，长约为宽的 1.4 倍；第Ⅰ节短小，背、腹面均可见；第Ⅱ节长宽约等，后缘向外斜伸，后外缘呈圆角状，有时近似直角，外缘短，向前内斜，内缘长，其上具刚毛 3 或 4 根；第Ⅲ节约为第Ⅱ节长度的 3/4，前端宽圆，侧缘浅弧形凸出，后缘宽于第Ⅱ节前缘，腹刺粗短，末端略超过第Ⅱ节前缘。假头基近似矩形，宽约为长（包括基突）的 1.9 倍，两侧缘近似平行，后缘微凹；基突粗短，三角形。假头基腹面宽短，后缘浅弧形凸出，无耳状突。口下板略短于须肢，顶端圆钝，向后收窄；齿式 5|5，每纵列具齿 6～9 枚。

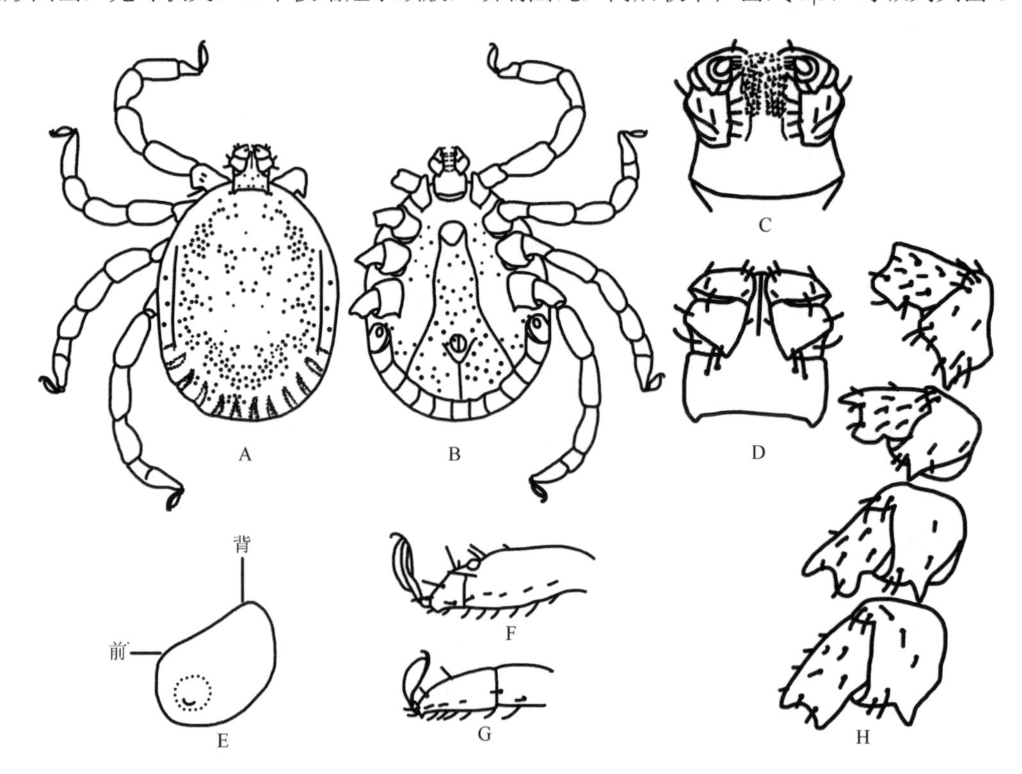

图 7-250　阿波尔血蜱雄蜱（参考：邓国藩和姜在阶，1991）

A. 背面观；B. 腹面观；C. 假头腹面观；D. 假头背面观；E. 气门板；F. 跗节Ⅰ；G. 跗节Ⅳ；H. 基节

盾板卵圆形，长为宽的 1.26～1.31 倍，两侧缘中段近平行。小型和中型刻点浅，分布不均，前侧部和后部较密。肩突圆钝。缘凹窄浅。颈沟退化，仅呈现一对小陷窝。侧沟窄，前端达基节Ⅲ的水平线，后端封闭第Ⅰ缘垛。缘垛分界明显，11 个。

生殖孔位于基节Ⅱ之间。气门板卵形，长约为宽的 1.65 倍，背突短小，圆钝。

足窄长。各基节内距约等长；基节Ⅰ内距锥形，末端几乎达基节Ⅱ前缘；基节Ⅱ～Ⅳ内距窄三角形，末端尖窄。转节Ⅰ背距三角形；转节Ⅰ、Ⅱ腹距短钝；转节Ⅲ、Ⅳ腹距不明显。各跗节中等粗细，亚端部背缘斜向末端，腹缘靠末端具一齿突。爪垫长，几乎达到爪端。

若蜱（图 7-251）

体呈卵圆形，前端稍窄，后部圆弧形。

须肢后侧角显著凸出，长为宽的 1.2～1.4 倍；第Ⅰ节背面很小；第Ⅱ节宽约为长的 1.45 倍，内缘略直，外缘弧形凹入，后缘浅弧形向上弯曲，背、腹面内缘各具刚毛一根；第Ⅲ节三角形，约为第Ⅱ节长的 2/3，腹刺长三角形，末端略超过第Ⅱ节前缘。假头基近似矩形，为长（包括基突）的 1.6～1.8 倍；外缘及后缘均直；基突长三角形，约为假头基主部长的 2/3，末端尖。假头基腹面宽阔，后缘宽弧形向外凸出。口下板与须肢约等长，前端圆钝，向后略微收窄；齿式 2|2，每纵列具齿 7 或 8 枚。

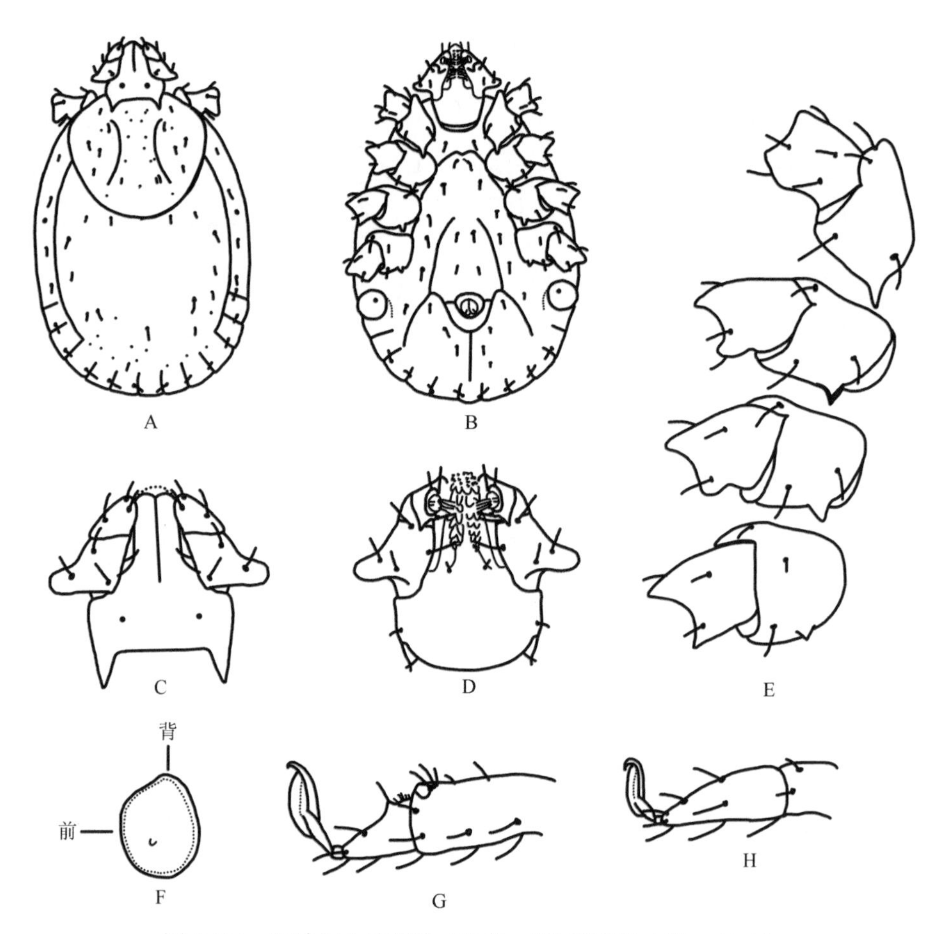

图 7-251　阿波尔血蜱若蜱（参考：邓国藩和姜在阶，1991）
A. 背面观；B. 腹面观；C. 假头背面观；D. 假头腹面观；E. 基节；F. 气门板；G. 跗节Ⅰ；H. 跗节Ⅳ

躯体呈卵圆形，前端略窄，后部圆弧形。盾板略呈心形；宽约为长的 1.2 倍，前 1/3 水平处最宽，随后弧形收窄。刻点少，浅且分布不均。肩突短钝。缘凹较宽。颈沟浅弧形向后弯曲，末端略超过盾板的 1/2。

足中等长度。各基节无外距，基节Ⅰ内距长三角形，末端略超过基节Ⅱ前缘；基节Ⅱ、Ⅲ内距三角形，大小约等；基节Ⅳ内距细小。各转节无腹距。跗节亚端部逐渐收窄。爪垫大，将近达到爪端。气门板亚圆形，背突短钝，不明显，无几丁质增厚区，气门斑位置靠前。

幼蜱（图 7-252）

体呈卵圆形，前端稍窄，后部圆弧形。长（包括假头）宽约 0.8 mm×0.5 mm。

须肢呈楔形，后侧角明显突出，长约为宽的 1.2 倍；第Ⅰ节短小，背、腹面均可见；第Ⅱ节长宽比为 2∶3，后缘弧形后弯，外缘弧形浅凹，背面和腹面内缘刚毛各一根；第Ⅲ节三角形，与第Ⅱ节长度约等，腹刺长三角形，末端略超过第Ⅱ节前缘。假头基矩形，宽约为长（包括基突）的 2 倍，侧缘及后缘均直；基突粗短，三角形，长度小于其基部之宽。口下板棒状，前端圆钝，略长于须肢；齿式为 2|2，每纵列具齿 5～7 枚。

盾板呈心形，宽约为长的 1.3 倍，前部 1/3 处最宽，向后逐渐收窄，后端窄钝；刻点少，分布浅且不均匀。肩突呈钝角三角形。缘凹宽浅。颈沟浅弧形，末端约达盾板中部。

各足基节无外距，基节Ⅰ内距宽短，三角形，末端较细；基节Ⅱ内距呈脊状；基节Ⅲ无距。各转节无腹距。跗节Ⅱ、Ⅲ亚端部逐渐收窄。爪垫大，将近达到爪端。

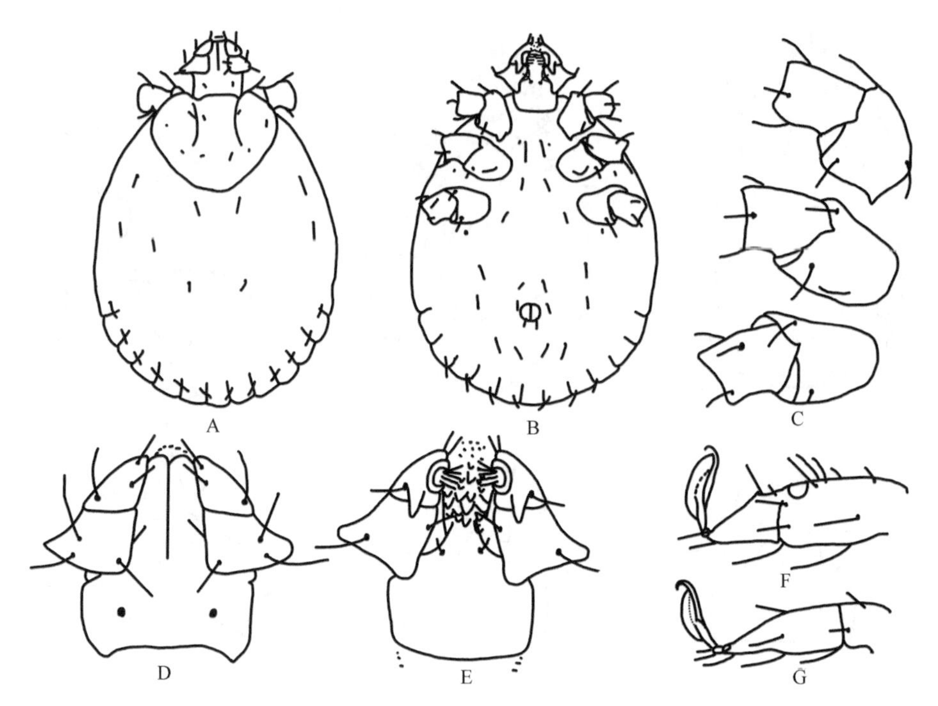

图 7-252　阿波尔血蜱幼蜱（参考：邓国藩和姜在阶，1991）

A. 背面观；B. 腹面观；C. 基节；D. 假头背面观；E. 假头腹面观；F. 跗节Ⅰ；G. 跗节Ⅲ

生物学特性　主要生活在林区，多出现在海拔 500 m 以下，海拔 1500 m 也有分布。全年均见活动，其中 1 月、3 月、4 月在林区野地可采到成蜱和若蜱。

（2）异角血蜱 *H. anomaloceraea* Teng, 1984

定名依据　依据该种基节Ⅳ后内角具有 2 个距而命名。

分布　国内：云南（模式产地：泸水）。

鉴定要点

雄蜱须肢前窄后宽，外缘弧度大于内缘弧度；第Ⅱ节后外角强度凸出，显著超出假头基侧缘，背面后缘微波状起伏，呈现 3 个浅弯；腹面内缘刚毛少而细，排列不紧密。须肢第Ⅲ节前端圆钝，背面后缘具三角形的尖刺；腹面刺粗壮，末端尖细，超过第Ⅱ节前缘。假头基基突三角形，末端尖窄。口下板齿式 5|5。颈沟明显，末端将达盾板长的 1/3。侧沟由基节Ⅱ水平向后封闭第Ⅰ缘垛。气门板近似卵形，背突斜向背后方，末端钝。足壮实，基节Ⅰ内距窄长，锥形。基节Ⅱ内距三角形，末端尖细，超出该节后缘；基节Ⅲ内距较短，略超出该节后缘；基节Ⅳ具 2 个长距，外距细长，末端尖细，内距较短，约为外距长度的 1/2。跗节亚端部不具隆突，向端部逐渐细窄。爪垫大，几乎达到爪端。

具体描述

雄蜱（图 7-253）

褐黄色。体呈长卵形，两端收窄，中部最宽。

须肢宽短，后缘向外显著凸出，长宽约等；第Ⅰ节背面不明显；第Ⅱ节宽约为长的 1.6 倍，后缘微波状起伏，呈现 3 个浅弯，外缘中部凹陷，随后明显凸起并向外侧延伸，与后缘相交呈角状，末端圆钝，内缘前半段浅弧形凸出；腹面后缘呈现 2 个弧形突起，外侧的较大，与外缘连接呈圆弧形，内侧的略微凸起；第Ⅱ节背面内缘刚毛 2 根，腹面内缘刚毛 5 根；第Ⅲ节宽短，三角形，略短于第Ⅱ节，前端圆钝，外侧缘与后侧相交形成锐角，后缘靠内侧约 1/3 处有一三角形背刺，末端尖细，略超出第Ⅱ节前缘，腹刺粗短，末端尖细，略超出第Ⅱ节前缘；第 V 节位于第Ⅲ节腹面端部。假头基宽短，近似矩形，背面宽约

为长（包括基突）的 1.8 倍，两侧缘近于直，后缘较直；基突呈等边三角形，末端尖窄；假头基腹面亦宽短，后缘向外浅弧形凸出。口下板与须肢等长，前端圆钝，两侧缘近似平行；齿冠短，约占齿部的 1/6，齿式 5|5，每列具齿 8～11 枚。

盾板长卵形，长约为宽的 1.5 倍，中部略隆起。刻点多，中等大小，分布相对均匀，但颈沟间的刻点较为稀疏。肩突尖窄。缘凹深。颈沟明显，弧形向后弯曲，末端将近达到盾板的前 1/3 处。盾板中部有一对小的长卵形浅窝。侧沟前浅后深，自基节Ⅱ水平向后延伸，末端封闭第Ⅰ缘垛。缘垛明显且分界清晰，共 11 个。

足粗壮。基节Ⅰ内距窄长，锥形，末端超过基节Ⅱ前缘；基节Ⅱ内距三角形，长约等于其基部之宽，末端尖细，明显超出该节后缘；基节Ⅲ内距较短，略超出该节后缘，末端尖窄；基节Ⅳ后内角具 2 长距，外侧的距细长，与基节之长（按足的方向）约等，末端尖细，斜向内侧，内侧的距较短，长度约为外侧距的 1/2。转节Ⅰ背距三角形，末端尖细；转节Ⅰ、Ⅳ腹距短小，不明显，转节Ⅱ、Ⅲ无腹距。各跗节窄长，亚端部背缘斜窄，腹面亚端齿明显，跗节Ⅱ～Ⅳ腹面中部亦具一齿突。爪垫大，几乎达到爪端。气门板近似长卵形，背突斜向背后方，末端钝，无几丁质增厚区，气门斑位置靠前。

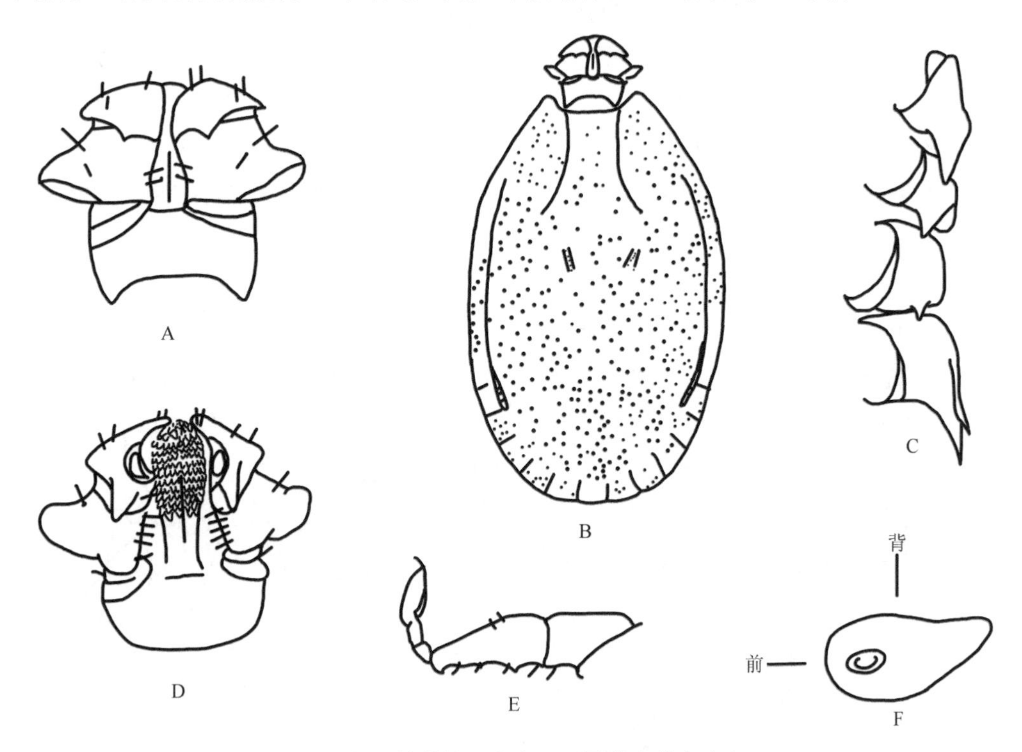

图 7-253　异角血蜱雄蜱（参考：邓国藩和姜在阶，1991）

A. 假头背面观；B. 假头及盾板；C. 基节；D. 假头腹面观；E. 跗节Ⅳ；F. 气门板

生物学特性　主要生活于山地或灌丛，曾在海拔 1700 m 发现该种。

（3）长须血蜱 *H. aponommoides* Warburton, 1913

定名依据　类似 *Aponomma* 属的种。然而，中文译名长须血蜱已广泛使用。

宿主　幼蜱和若蜱寄生于小型哺乳动物，在野鸡上也有发现；成蜱寄生于羊、鹿、牦牛 *Bos grunniens*、犏牛（牦牛杂交种）、黑熊 *Selenarctos thibetanus*、狗，也侵袭人。

分布　国内：西藏；国外：尼泊尔、日本、印度。

鉴定要点

雌蜱盾板长小于宽；少量中小刻点混杂。须肢棒状，内缘与外缘近于平行；第Ⅱ节长于第Ⅲ节；第

Ⅱ节背腹面内缘各具刚毛 2 根；第Ⅲ节背腹面均无刺。假头基基突宽短，不明显；孔区大，圆形，与假头基后缘相隔较远。口下板齿式 3|3。生殖帷宽三角形。气门板逗点形，背突粗短。足粗细适中，基节Ⅰ内距粗短。基节Ⅱ～Ⅳ内距宽三角形，略超出各节后缘。跗节亚端部逐渐收窄，无端齿。爪垫大，几乎达到爪长的 2/3。

雄蜱须肢棒状，内缘与外缘近于平行；第Ⅱ节略长于第Ⅲ节；第Ⅱ节背腹面内缘各具刚毛 2 根。须肢第Ⅲ节前端平钝；背腹面后缘无刺。假头基基突付缺。口下板齿式 2|2。盾板颈沟短，平行；无侧沟。气门板长逗点形，背突粗钝。足与雌蜱相似，爪垫略短。

该种以往在福建、云南的记录（邓国藩，1978），是越南血蜱 *H. vietnamensis*（即括氏血蜱 *H. colasbelcouri*）的误订；Hoogstraal（1969）认为其在台湾的记录很可能是北岗血蜱 *H. kitaokai* 的误订。

具体描述

雌蜱（图 7-254）

体呈卵圆形，前端稍窄，后部圆弧形；长（包括假头）宽为 2.6 mm×1.7 mm。

须肢长，呈棒状，长约为宽的 3.2 倍，前端圆钝，两侧缘近似平行；第Ⅰ节短，背、腹面均可见；第Ⅱ节长约为宽的 1.3 倍，背面和腹面内缘各具刚毛 2 根；第Ⅲ节明显短于第Ⅱ节，两节长度比为 2∶3，无背刺和腹刺；第Ⅴ节位于第Ⅲ节腹面端部。假头基倒梯形，宽约为长的 2.2 倍，侧缘向外弧形凸出，后缘平直；长宽为 0.21 mm×0.47 mm；孔区大，圆形，间距约等于其直径；基突不明显。假头基腹面宽阔，侧缘及后缘弧形凸出。口下板与须肢约等长，前端圆钝，后半部收窄；齿式 3|3，每列具大齿约 8 枚。

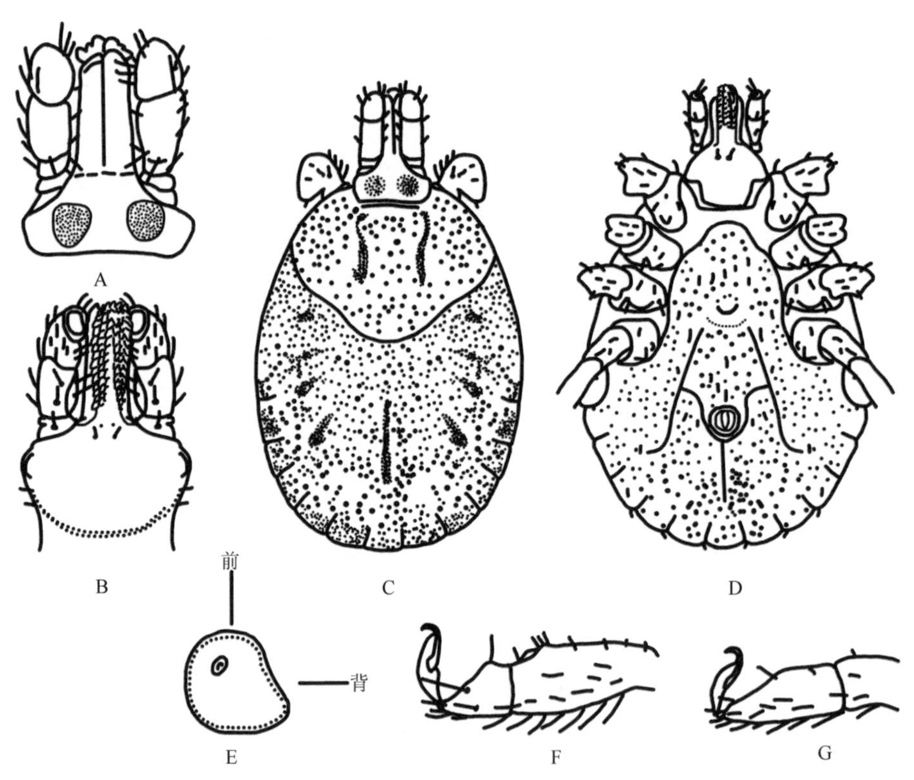

图 7-254　长须血蜱雌蜱（参考：邓国藩和姜在阶，1991）

A. 假头背面观；B. 假头腹面观；C. 背面观；D. 腹面观；E. 气门板；F. 跗节Ⅰ；G. 跗节Ⅳ

盾板宽约为长的 1.36 倍，中部最宽，前侧缘浅弧形，后侧缘略凹入，并向后收窄，后缘圆弧形凸出；长宽为 1.8 mm×2.5 mm。刻点大小不一，稀疏且分布不均。肩突短钝。缘凹宽浅，颈沟宽浅近似平行，末端约达盾板中部。

足中等大小。基节Ⅰ无外距，内距粗短，末端稍钝，基节Ⅱ、Ⅲ内距宽三角形，末端略超出该节后缘，基节Ⅳ内距略窄长。转节Ⅰ背距粗大，末端稍钝；各转节无腹距，仅在转节Ⅰ、Ⅱ的腹面呈现脊状突。跗节亚端部逐渐收窄，无端齿。爪垫约达爪长的2/3。生殖孔位于基节Ⅲ水平线，生殖帷宽三角形，后端钝。气门板逗点形，背突粗短，末端钝，无几丁质增厚区，气门斑位置靠前。

雄蜱（图 7-255）

淡褐色。体呈卵圆形，前端稍窄，后部圆弧形。长（包括假头）宽为（2.13～2.39）mm ×（1.41～1.58）mm。

假头小，长约 0.35 mm。须肢粗短，顶端圆钝，长约为宽的 2 倍；第Ⅰ节短小，背、腹面可见；第Ⅱ、Ⅲ节侧缘直，不超出假头基侧缘；第Ⅱ节背、腹面内缘刚毛各 2 根；第Ⅲ节前端平钝，稍短于Ⅱ节，无背刺和腹刺；第Ⅴ节位于第Ⅲ节腹面腔内。假头基宽约为长的 1.7 倍，长宽为 0.14 mm×0.23 mm；两侧缘弧形向外凸出，与后缘连接成圆角，后缘平直；无基突。假头基腹面似矩形，侧缘与后缘均直，后侧缘呈圆角；无耳状突。口下板棒状，前端膨大且圆钝，向后收窄；齿冠明显；齿式 2|2，每纵列具大齿约 4 枚。

盾板卵圆形，长约为宽的 1.45 倍，在气门板背突水平最宽。刻点大小不一，分布较为稠密，但中线附近极稀少。肩突短钝。缘凹窄浅。颈沟短，近于平行。无侧沟。缘垛 11 个，较短，不甚明显。在腹面后部，肛沟与生殖沟后段之间，具一对大的几丁质板，其上密布大刻点，且每一刻点具一短毛。

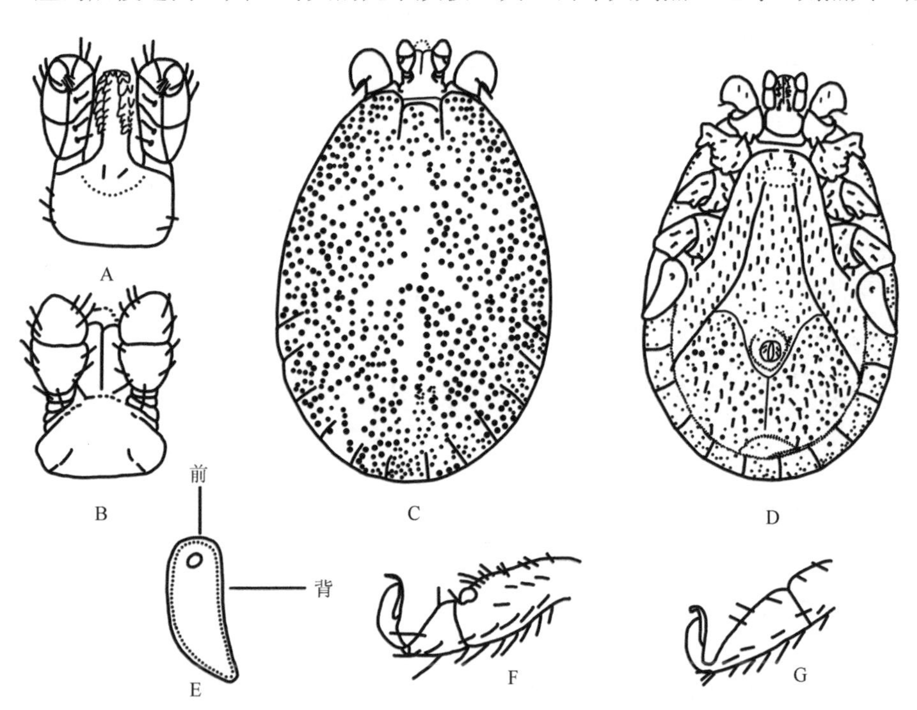

图 7-255　长须血蜱雄蜱（参考：邓国藩和姜在阶，1991）

A. 假头腹面观；B. 假头背面观；C. 背面观；D. 腹面观；E. 气门板；F. 跗节Ⅰ；G. 跗节Ⅳ

足大小中等。各基节无外距，基节Ⅰ～Ⅲ内距宽短，三角形，略超出该节后缘；基节Ⅳ内距较窄长。各转节无腹距。跗节亚端部逐渐收窄，腹面无端齿和亚端齿。爪垫短，略超过爪长的 1/2。生殖帷椭圆形，位于基节Ⅱ水平线。肛瓣刚毛至少 3 对。

若蜱（图 7-256）

体呈卵圆形，前端稍窄，后部圆弧形。长（包括假头）宽约 1.46 mm×1.07 mm。

假头较长。须肢棒状，长约为宽的 2.1 倍；第Ⅰ节短小，背、腹面可见；第Ⅱ节长方形，前宽后窄，背、腹面内缘刚毛各 1 根；第Ⅲ节稍短于第Ⅱ节，前端圆钝，无背刺及腹刺；第Ⅳ节位于第Ⅲ节腹面顶

端的腔内。假头基宽约为长的 4 倍，两侧缘向后外斜，后侧缘呈角状凸出，后缘直或略呈浅弧形后弯；无基突。假头基腹面较长，前部向外侧呈角状突出，后部横脊向后弧形凸出。口下板与须肢约等长，前端平钝；齿式 2|2，每纵列具齿 6 或 7 枚。

盾板宽约为长的 1.4 倍；前 1/3 处最宽，向后逐渐收窄，后缘窄钝。肩突弧形，末端钝。缘凹宽浅。颈沟深，向后外弧形弯曲，末端达到盾板后侧缘。盾板刻点很少，异盾区遍布大刻点。缘垛 11 个，分界明显。腹面散布大刻点，分布不均，在肛门水平之后分布稠密。

足较粗短。各基节均无外距，内距短小，三角形。基节Ⅰ、Ⅱ内距较短，末端未超出该节后缘；基节Ⅲ、Ⅳ内距较长，略超出该节后缘。转节Ⅰ背距短，末端略钝；各转节无腹距。跗节亚端部背面向末端渐窄。爪垫长，约达爪端。气门板亚卵形，背突短，末端尖窄，无几丁质增厚区，气门斑位置靠前。

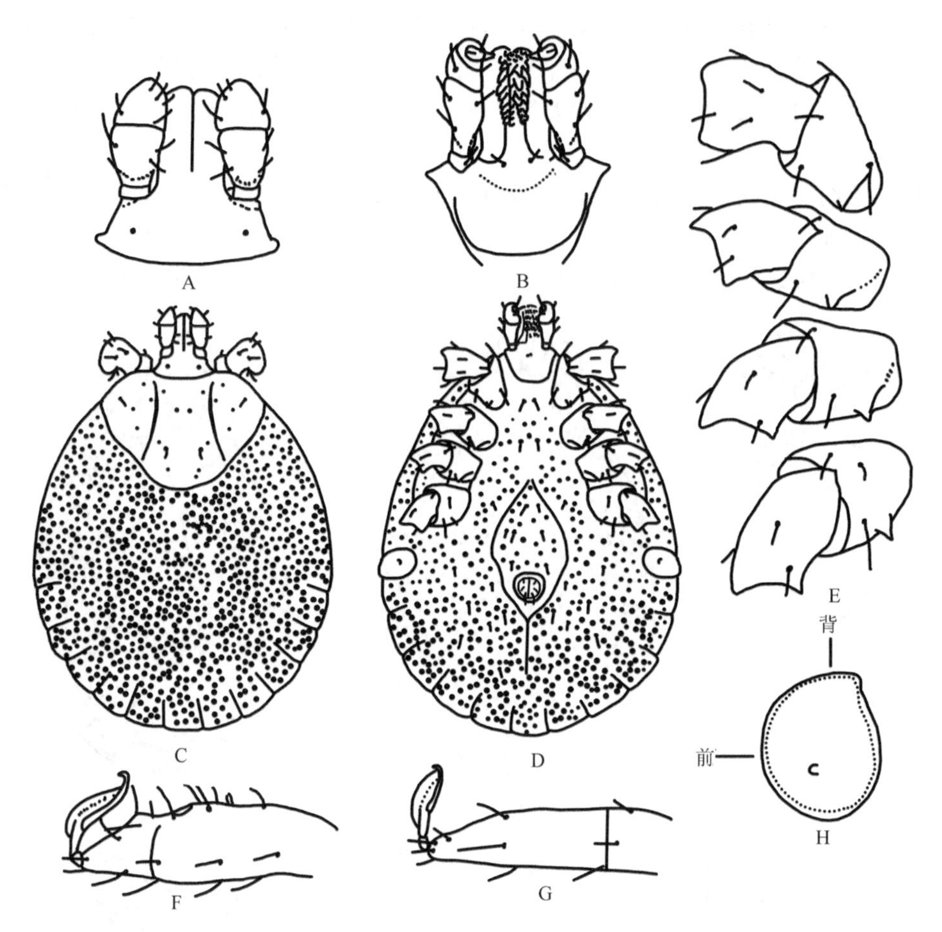

图 7-256　长须血蜱若蜱（参考：邓国藩和姜在阶，1991）

A. 假头背面观；B. 假头腹面观；C. 背面观；D. 腹面观；E. 基节；F. 跗节Ⅰ；G. 跗节Ⅳ；H. 气门板

幼蜱（图 7-257）

体呈卵圆形，前端稍窄，后部圆弧形；长（包括假头）宽约为 0.82 mm×0.64 mm。

须肢粗短，呈棒状，长约为宽的 1.5 倍；第Ⅰ节很短，背面不明显；第Ⅱ节长略大于宽，背、腹面内缘刚毛各 1 根；第Ⅲ节宽短，前端圆钝，无背刺和腹刺；第Ⅳ节位于第Ⅲ节腹面端部的腔内。假头基宽约为长的 3 倍，侧缘前段直，后段向外凸出，呈隆突状，后缘较直或微凹；无基突。假头基腹面宽阔，后缘横脊较平直，两端转向前弯；无耳状突。口下板与须肢约等长，前端平钝；齿式 2|2，每纵列具齿 5 或 6 枚。

盾板宽约为长的 1.5 倍，前 1/3 处最宽，向后逐渐收窄，末端窄钝；肩突短钝；刻点稀少。缘凹宽浅，不明显。颈沟前段几乎平行，后段向后弧形外斜，末端几乎达盾板后侧缘。异盾区和腹面表皮无刻点。

图 7-257　长须血蜱幼蜱（参考：邓国藩和姜在阶，1991）

A. 假头背面观；B. 假头腹面观；C. 背面观；D. 腹面观；E. 基节；F. 跗节Ⅰ；G. 跗节Ⅲ

足较粗短。各基节无外距，内距短小，三角形，末端尖细。基节Ⅰ、Ⅱ内距未超出该节后缘，基节Ⅲ内距略超出该节后缘。转节Ⅰ背距短钝；各转节无腹距。跗节中等大小，亚端部背面向端部逐渐收窄。爪垫大，约达到爪端。

生物学特性　生活于高原山区或野地，常出现在海拔 2000～3400 m 的地区。4～6 月在宿主上可见。

（4）亚洲血蜱 *H. asiatica*（Supino, 1897）

定名依据　依据发现地亚洲而命名。

宿主　大灵猫 *Viverra zibetha*、豹猫 *Felis bengalensis* 等中小型食肉动物。

分布　国内：台湾、云南；国外：马来西亚、缅甸、泰国、越南。

鉴定要点

雌蜱盾板近似盾形；刻点粗，分布大致均匀。须肢前窄后宽，第Ⅱ节长于第Ⅲ节；第Ⅱ节后外角强度凸出，后缘有 2 个角突，一长一短；腹面内缘刚毛 4 或 5 根；两侧须肢外缘相交呈尖楔形；第Ⅲ节背部后缘不具刺，腹面具一尖刺，末端超过第Ⅱ节前缘。假头基基突短小；孔区中等大小，长圆形。口下板齿式 7|7 或 8|8。气门板亚圆形，背突短小。足较长，各基节内距很短，近似脊状。跗节亚端部向端部逐渐细窄，端齿付缺。爪垫大，几乎达到爪端。

雄蜱须肢前窄后宽，外缘弧度大于内缘弧度；第Ⅱ节后外角强度凸出，后缘有 2 个角突，一长一短；腹面内缘刚毛 5 根，两侧须肢外缘相交呈尖楔形。须肢第Ⅲ节背面后缘无刺；腹面刺锥形，末端超过第Ⅱ节前缘。假头基基突发达，末端尖。口下板齿式 6|6 或 7|7。盾板颈沟前深后浅，约达假盾区后缘；侧沟中等长，由盾板中部向后延伸至第Ⅱ缘垛。气门板短逗点形，背突短小。足与雌蜱相似。

具体描述

雌蜱（图 7-258）

体色黄褐。体呈长卵形，两端稍窄。

须肢两侧相连，呈尖楔形，长约为宽的 1.5 倍；第Ⅰ节背面不可见；第Ⅱ节外侧显著凸出，后缘有 2 个相邻的角突，外侧的大而粗钝，内侧的小而尖窄，腹面后缘呈片状凸出，其中部有时浅凹，背面内缘刚毛 2 根，腹面内缘刚毛 4 或 5 根；第Ⅲ节短小，长约为第Ⅱ节的 1/2，背面无刺，腹面的刺锥形，末端超过第Ⅱ节前缘。假头基矩形，侧缘向前略外斜，后缘略直或微凹；孔区长圆形，中等大小，间距大于其短径；基突短小，末端圆钝。口下板窄长；齿式 7|7 或 8|8，齿小，每纵列具齿 16～21 枚。

盾板中部最宽，长约为宽的 1.25 倍。刻点大而深，中等密度，分布大致均匀。肩突短钝。颈沟明显，浅弧形向后弯曲，后端将近达到盾板边缘。

足较长，中等粗细。各基节无外距，内距很短，圆钝，近似脊状。各转节无腹距。跗节中等长，背面亚端部向端部明显收窄，腹面无端齿和亚端齿。爪垫发达，将近达到爪端。气门板亚圆形，背突短小而钝，无几丁质增厚区，气门斑位置靠前。

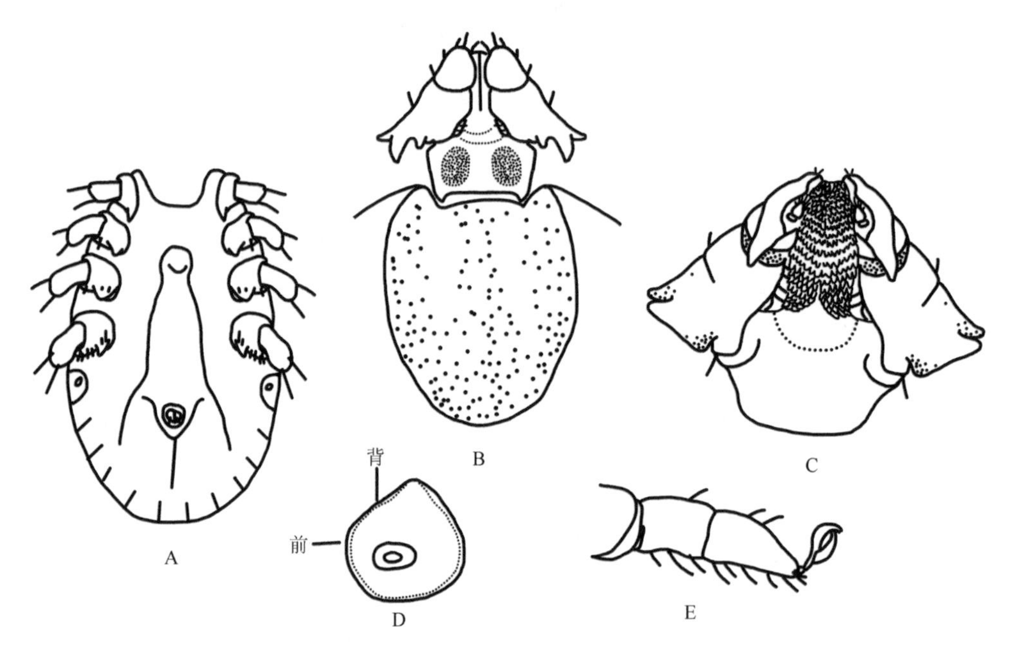

图 7-258　亚洲血蜱雌蜱（参考：邓国藩和姜在阶，1991）

A. 躯体腹面观；B. 假头及盾板背面观；C. 假头腹面观；D. 气门板；E. 跗节Ⅳ

雄蜱（图 7-259）

体型大，呈黄褐色到浅褐色，在第Ⅰ缘垛处最宽。

须肢两侧相连，呈尖楔形。第Ⅰ节背面不可见。第Ⅱ节向外侧显著凸出，背面后缘有 2 个相邻的角突，外侧的较长而末端稍钝，内侧的较小而末端稍尖；腹面后缘亦具 2 个角突，较短而钝；背面内缘刚毛 2 根，腹面内缘刚毛 5 根。第Ⅲ节短小，约为第Ⅱ节的 1/3，背面无刺，腹刺呈锥形，末端尖。超过第Ⅱ节前缘。假头基略呈矩形；侧缘向前略外斜，后缘略凹；基突发达，长约为宽的 1.4 倍，末端尖细。口下板稍短于须肢，顶端圆钝，两侧缘近平行；齿式 6|6 或 7|7，每纵列具齿 7～11 枚。

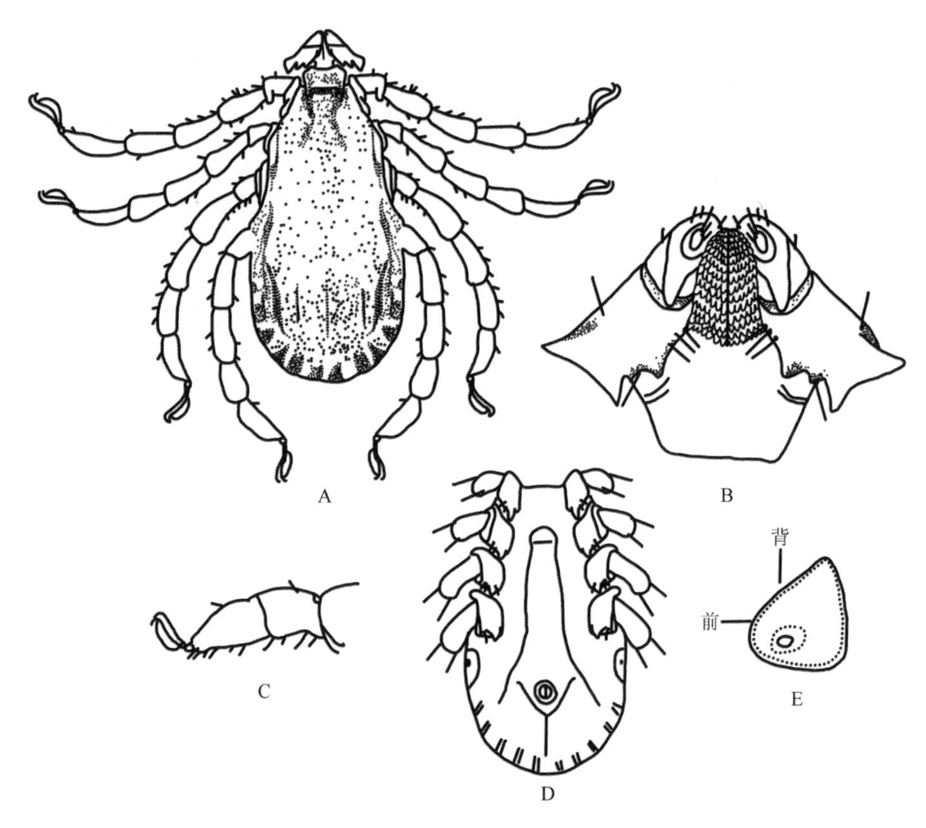

图 7-259　亚洲血蜱雄蜱（参考：邓国藩和姜在阶，1991）
A. 背面观；B. 假头腹面观；C. 跗节Ⅳ；D. 躯体腹面观；E. 气门板

盾板窄长，表面隆起。刻点分布不均，假盾区较深而稠密，其余部位较浅而稀疏。颈沟前深后浅，前端向后内斜，后端向后外斜，末端将近达到假盾区后侧缘。侧沟自盾板中部稍前起始，向后延伸至第Ⅱ缘垛。缘垛 11 个，长略大于宽，各缘垛分界明显。

足较长，粗细中等。各基节无外距，内距短钝，大致等长。各转节无腹距。跗节中等长，亚端部到端部明显收窄，腹面无端齿和亚端齿。爪垫长，几乎达到爪端。气门板短逗点形，背突短小，末端窄钝，无几丁质增厚区，气门斑位置靠前。

若蜱（图 7-260）

体呈长卵形，前端稍窄，后部圆弧形。长（包括假头）宽约 1.5 mm×0.7 mm。

假头锐楔形。须肢后外角显著凸出，明显超出假头基侧缘；第Ⅰ节退化；第Ⅱ节宽约为长的 2 倍，背面内缘凹形，腹面内缘末端弧形弯曲，该节背腹面内缘具刚毛 2 根；背面外缘几乎直，向前内斜，中部略微内凹，腹面外缘弧形外弯；后缘内半段直，外半段向后突出呈刺状，其末端约达假头基侧缘中点的水平线，腹面后缘内侧部分较窄，略微凸出，外侧部分为较宽的刺状突；第Ⅲ节与第Ⅱ节约等长，三角形，顶端尖细，无背刺，腹刺粗短，末端约达该节后缘。假头基近似倒梯形，宽约为长（包括基突）的 2.9 倍，两侧缘向前外斜；基突短小，末端尖窄。假头基腹面宽阔，后缘圆弧形凸出。口下板须肢约等长，前端圆钝；齿式 2|2 或 3|3，每纵列具齿 8 或 9 枚。

盾板近似卵圆形，长约为宽的 1.2 倍，中部最宽，向后明显收窄，末端窄钝。刻点稀少，分布不均。肩突尖窄。缘凹略宽。颈沟前段较深，向后内斜，后段浅平，向后外斜。

足长度适中。各基节无外距；基节Ⅰ内距粗短，三角形，末端稍尖；基节Ⅱ～Ⅳ内距按节序渐小，呈脊状甚至不明显。跗节粗短，亚端部向端部逐渐收窄。爪垫长，约达爪端。气门板近似卵形，背突短小，末端尖窄，气门斑位置靠前。

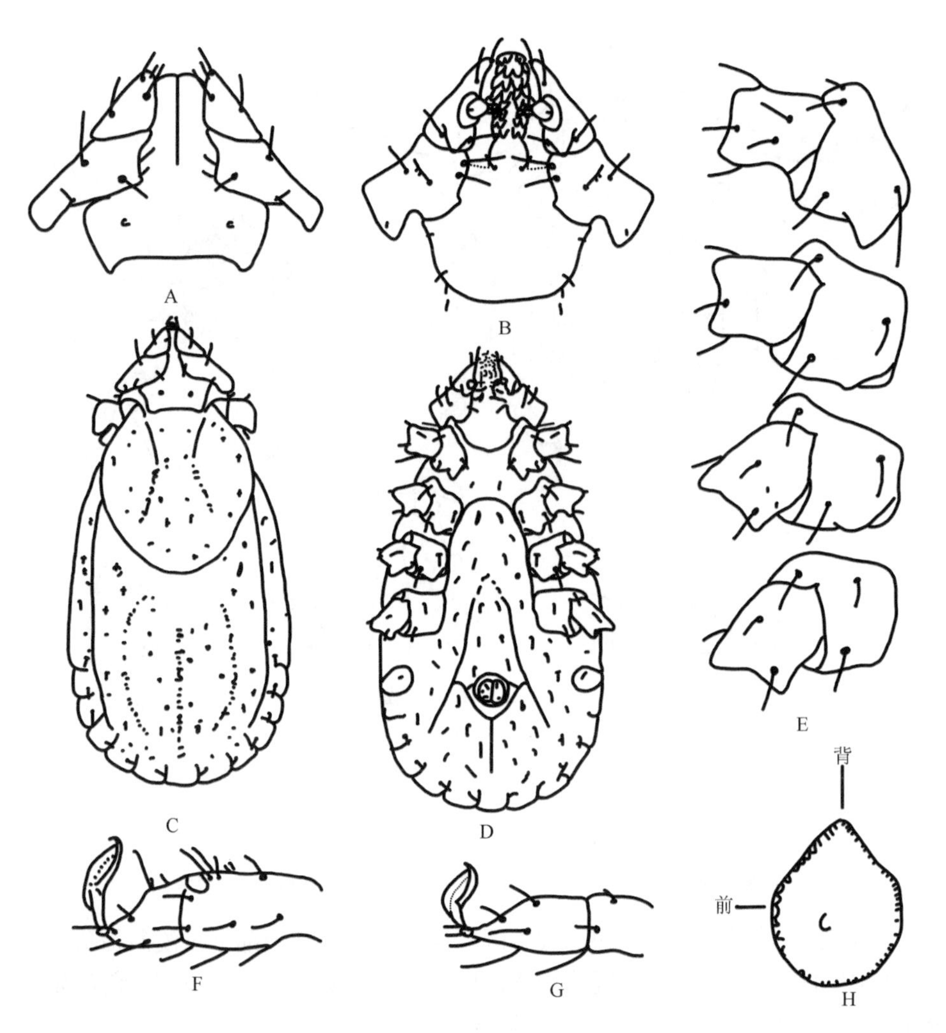

图 7-260 亚洲血蜱若蜱（参考：邓国藩和姜在阶，1991）

A. 假头背面观；B. 假头腹面观；C. 背面观；D. 腹面观；E. 基节；F. 跗节Ⅰ；G. 跗节Ⅳ；H. 气门板

幼蜱（图 7-261）

体呈卵圆形，前端稍窄，后部圆弧形。

假头尖楔形。须肢后外角显著凸出；第Ⅰ节短小，背、腹面均可见；第Ⅱ节背面后缘内半段平直，外半段向前侧弧形弯曲，与外缘相交成锐角，腹面后缘内侧凹入，外侧显著向后突出，呈刺状，背、腹面内缘各具刚毛 1 根；第Ⅲ节三角形，顶端尖窄，背面无刺，腹面的刺短小，末端约达该节后缘。假头基近似矩形，宽约为长的 0.7 倍，侧缘略凸出，后缘略直；基突粗短，末端尖。假头基腹面宽短，后缘宽弧形，无横脊及耳状突。口下板略长于须肢，前端圆钝；齿式 2|2，每纵列具齿约 7 枚。

盾板宽阔，宽约为长的 1.2 倍，前端略窄，中部最宽，向后急剧收窄，后端宽圆。刻点稀少。肩突尖窄。缘凹宽，较深。颈沟窄浅，后端弧形外弯，末端几乎达到盾板后侧缘。

足中等长短。各基节无外距，基节Ⅰ内距粗短，三角形，末端稍尖；基节Ⅱ、Ⅲ无内距或呈脊状。跗节粗短，亚末端向末端逐渐收窄。爪垫长，约达爪端。

生物学特性 生活于热带、亚热带林区或野地，也出现在海拔 2100 m 的山地。活动季节较长，春、夏季最为活跃。

图 7-261　亚洲血蜱幼蜱（参考：邓国藩和姜在阶，1991）

A. 假头背面观；B. 假头腹面观；C. 背面观；D. 腹面观；E. 跗节Ⅰ；F. 跗节Ⅳ；G. 基节

（5）板齿鼠血蜱 *H. bandicota* Hoogstraal & Kohls, 1965

定名依据　依据其宿主命名。

宿主　板齿鼠 *Bandicota* sp.。

分布　国内：台湾；国外：缅甸、泰国。

鉴定要点

雌蜱盾板近似心形，长略大于宽；刻点较粗，分布不均；颈沟浅，近于直。须肢前窄后宽，第Ⅱ节长于第Ⅲ节；第Ⅱ节后外角强度凸出，腹面内缘刚毛粗大，共 6 根；两侧须肢外缘相交呈三角形；第Ⅲ节前端尖窄，背部后缘不具刺，腹面具一尖刺，指向后方，末端略超出第Ⅱ节前缘。假头基基突宽短；孔区浅而小，间距宽阔。口下板齿式 4|4。气门板近似圆形，背突不明显。足长适中，各基节内距粗短，略呈三角形；基节Ⅳ较基节Ⅰ～Ⅲ小，且末端尖窄。跗节亚端部逐渐细窄，腹面的端齿很小。爪垫明显超过爪长的 1/2，但未达到爪端。

雄蜱须肢前窄后宽，外缘弧度大于内缘弧度，第Ⅱ节外缘明显长于第Ⅲ节外缘；第Ⅱ节后外角强度凸出，腹面内缘刚毛粗大，共 4 根；两侧须肢外缘相交呈三角形。须肢第Ⅲ节前端尖窄；背面后缘无刺；腹面刺尖窄，指向后方，末端略超过第Ⅱ节前缘。假头基基突宽三角形。口下板齿式 4|4。盾板颈沟窄，末端约达基节Ⅱ水平线；侧沟深而明显，由基节Ⅱ水平向后延伸至第Ⅰ缘垛（少数为第Ⅱ缘垛）。气门板亚矩形，无背突。足与雌蜱相似。

具体描述

雌蜱（图 7-262）

体呈卵圆形，前端稍窄，后部圆弧形。

须肢两侧连接近似三角形，外缘向内凹入，基部向外侧显著凸出；第Ⅰ节背面不明显；第Ⅱ节内缘浅凹，外缘与后缘相交呈三角形凸起，随后外缘向前骤然内斜，交界处形成明显的凹陷，后缘靠外侧形成小的角突，背面内缘刚毛 3 或 4 根，腹面内缘刚毛粗大，共 6 根；第Ⅲ节前端尖窄，后缘平直，背面无刺，腹面的刺稍窄而尖，指向后方，略超过第Ⅱ节前缘。假头基宽短，两侧缘中部浅凹，后缘略直；基突短小，末端尖细；孔区小而浅，亚圆形或卵圆形，间距宽，大于其长径。口下板略超出须肢前端，前端圆钝，侧缘略外弯；齿式 4|4，齿大，内列具齿约 9 枚，外列具齿约 11 枚。

盾板长宽为（0.87～1.05）mm ×（0.81～1.00）mm，侧缘在前部 2/3 处略凸出，随后逐渐收窄，末端窄钝。刻点大，在两侧区较密。肩突较粗钝；缘凹较深；颈沟浅，弧形弯曲，末端约达盾板后 1/3 处。

足长度适中，稍粗壮。各基节无外距，内距粗短，略呈三角形；基节Ⅰ内距位于基节后内角端部，基节Ⅱ～Ⅳ内距位于基节后缘偏中部；基节Ⅳ内距稍微尖窄。各转节无腹距。跗节短，亚端部向端部逐渐收窄，腹面端齿很小。爪垫中等长，约达到爪长的 1/2。气门板背缘较宽而直，前、后缘向腹方收窄，腹缘宽圆，气门斑位置靠前，无几丁质增厚区。

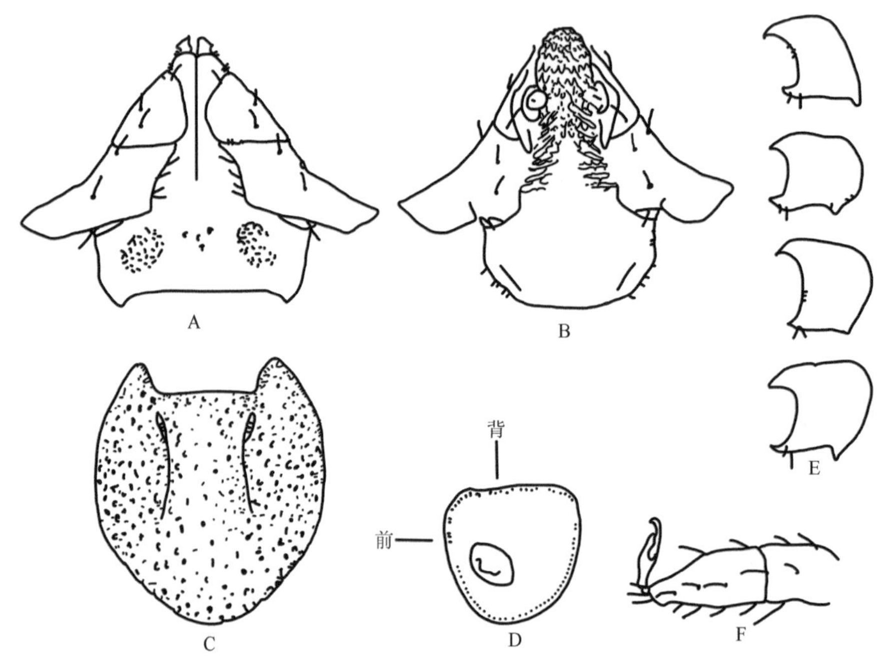

图 7-262　板齿鼠血蜱雌蜱（参考：邓国藩和姜在阶，1991）

A. 假头背面观；B. 假头腹面观；C. 盾板；D. 气门板；E. 基节；F. 跗节Ⅳ

雄蜱（图 7-263）

体淡黄色。体呈卵圆形，前端稍窄，后部圆弧形。

须肢两侧连接近似三角形，外缘向内凹入，基部向外侧显著凸出；第Ⅰ节背面不明显；第Ⅱ节内缘浅凹，外缘与后缘相交呈三角形凸起，随后外缘向前骤然内斜，交界处形成明显的凹陷，后缘靠外侧形成小的角突，背面内缘刚毛 2 根，腹面内缘刚毛粗大，共 4 根；第Ⅲ节前端尖窄，长约为第Ⅱ节的 3/5，后缘平直，背面无刺，腹面的刺稍窄而尖，略超过第Ⅱ节前缘。假头基矩形，宽为长（包括基突）的 2.0～2.5 倍；两侧近似平行，有时中部浅凹，后缘平直；表面浅刻点稀少；基突宽三角形，末端尖细，其长约为假头基主部的 1/3。口下板棒状，略超出须肢端部；齿式 4|4，齿大，内列具齿约 8 枚，外列具

齿约 10 枚。

盾板卵圆形，长 1.39～1.87 mm，在气门板背突水平处最宽。刻点浅，散布整个表面，大小不一，分布均匀，其中肩区的刻点较大。颈沟窄而稍深，较直或浅弧形，末端约达基节Ⅱ水平线。侧沟深而明显，自基节Ⅱ水平向后延伸至第Ⅰ缘垛（有时达第Ⅱ缘垛）。缘垛明显，共 11 个。

足中等长度。各基节无外距，内距小而粗短，末端钝，但基节Ⅳ最小，末端稍尖。各转节无腹距。跗节短，亚端部向端部逐渐收窄，腹面端齿很小。爪垫约达爪长的 1/2。气门板近似矩形，无背突，气门斑位置靠前，无几丁质增厚区。

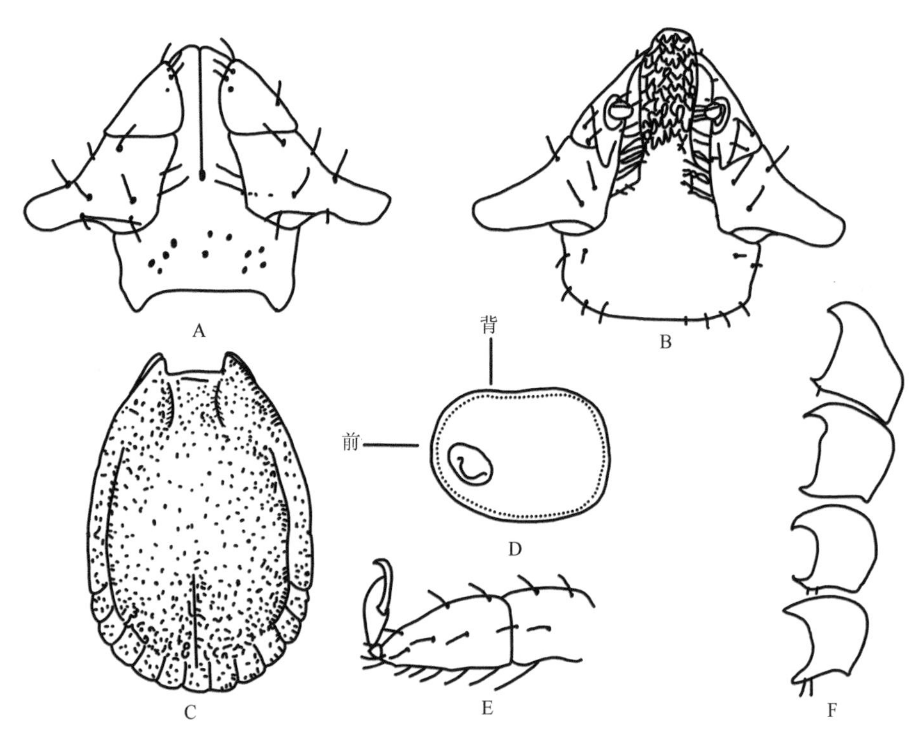

图 7-263　板齿鼠血蜱雄蜱（参考：邓国藩和姜在阶，1991）

A. 假头背面观；B. 假头腹面观；C. 盾板；D. 气门板；E. 跗节Ⅳ；F. 基节

若蜱（图 7-264）

体呈卵圆形，前端稍窄，后部圆弧形。

假头近似铃形。须肢前窄后宽，后外角明显凸出；第Ⅰ节背面不明显；第Ⅱ节内缘略直，外缘伸向外侧，与后缘相交形成明显的角突，后缘略微后弯，背、腹面内缘各具刚毛 1 根；第Ⅲ节亚三角形，与第Ⅱ节的长度约等，两侧缘浅弧形弯曲，前端尖窄，背面无刺，腹面的刺粗短，末端钝，超出该节后缘。假头基宽矩形，约为长（包括基突）的 2 倍，侧缘直，中部附近有一小缺刻，后缘直；基突粗短，三角形，末端钝。假头基腹面宽阔，向后收窄，后缘弧形凸出。口下板略长于须肢，前端窄钝；齿式 2|2，每纵列具齿 7～9 枚。

盾板长宽约等，中部最宽，前 2/3 宽圆，后 1/3 收窄，末端圆钝。刻点稀少，很浅。肩突短钝。缘凹浅。颈沟浅，呈弧形外弯，末端约达盾板的 2/3。

足长中等。各基节无外距；基节Ⅰ内距三角形，末端窄钝；基节Ⅱ～Ⅳ内距较宽短，末端钝，略超出各节后缘。转节Ⅰ背距三角形；各转节无腹距。跗节粗短，亚端部向端部逐渐收窄。爪垫约达爪长的 2/3。气门板亚卵形，背突短小，圆钝，无几丁质增厚区，气门斑位置靠前。

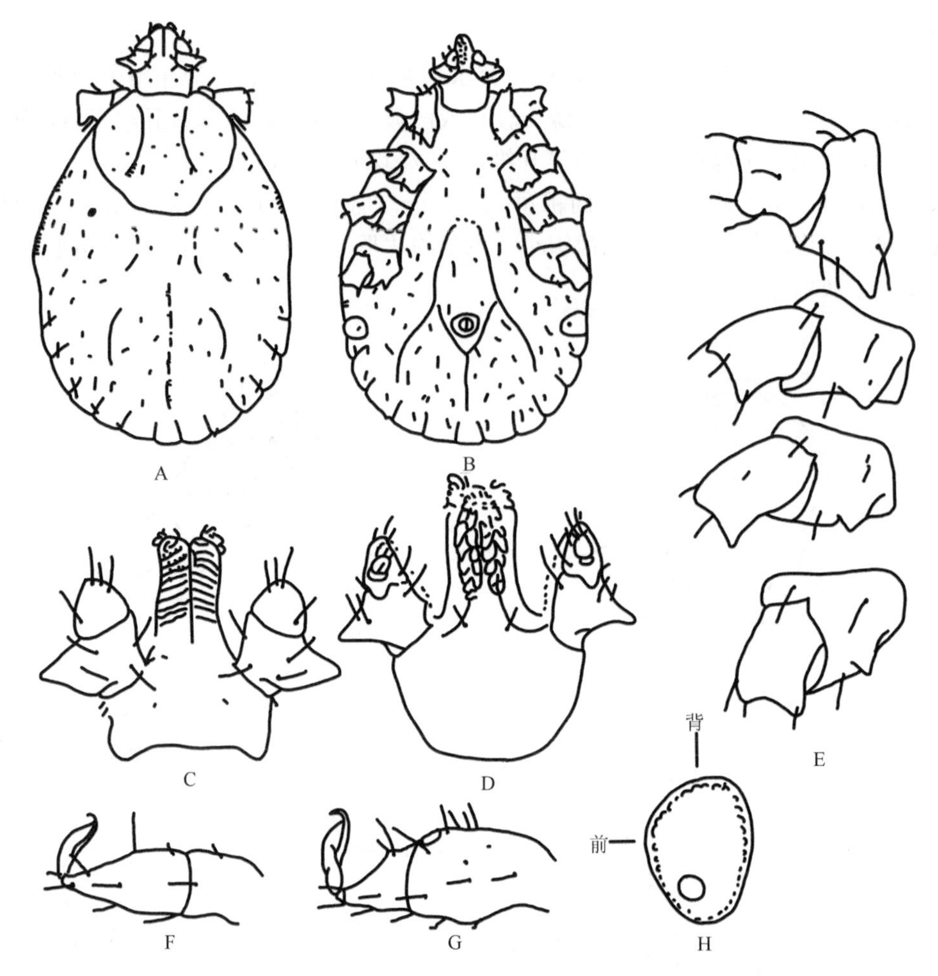

图 7-264 板齿鼠血蜱若蜱（参考：邓国藩和姜在阶，1991）

A. 背面观；B. 腹面观；C. 假头背面观；D. 假头腹面观；E. 基节；F. 跗节Ⅰ；G. 跗节Ⅳ；H. 气门板

幼蜱（图 7-265）

体呈卵圆形，前端稍窄，后部圆弧形。

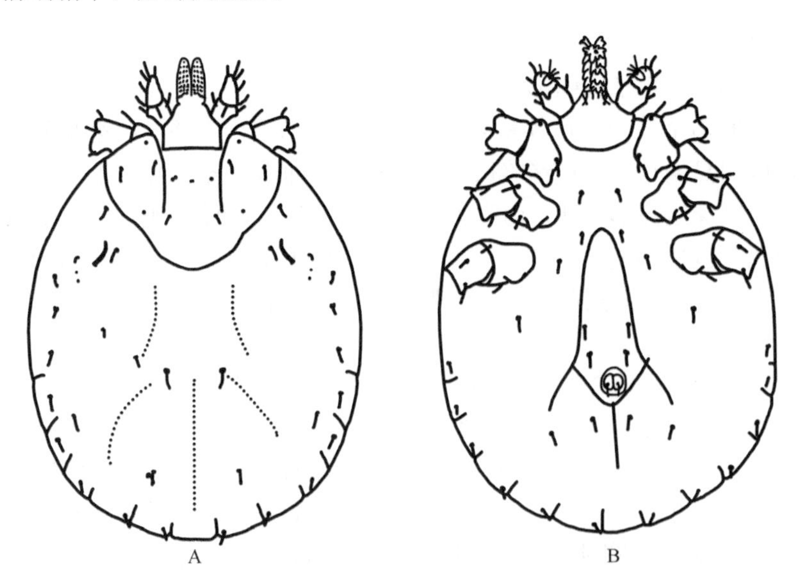

图 7-265 板齿鼠血蜱幼蜱（参考：邓国藩和姜在阶，1991）

A. 背面观；B. 腹面观

须肢略似锥形，后外角突出不甚明显；第Ⅰ节背面不明显；第Ⅱ节内缘较直，腹面内缘刚毛 1 根，呈羽状，外缘直，向前内斜，与后缘相交成钝角，后缘斜向外侧；第Ⅲ节呈亚三角形，前端窄钝，背面无刺，腹面的刺很短，宽三角形。假头基宽约为长的 1.8 倍，两侧缘近似平行，后缘较直；基突短小，宽三角形，末端钝。假头基腹面宽短，后缘弧形凸出，无耳状突和横脊。口下板略长于须肢，前端窄钝；齿式 2|2，每纵列具齿约 6 枚。

盾板心形。前部最宽，向后渐窄，后端圆钝。刻点稀少。肩突圆钝。缘凹较深。颈沟直或稍向内弯，末端约达盾板中部。

足中等长度。基节Ⅰ无外距，内距中等大小，呈三角形，末端窄钝；基节Ⅱ、Ⅲ内距宽短，末端钝，略超出各节后缘。转节Ⅰ背距短钝。各转节无腹距。跗节粗短，亚端部向末端逐渐收窄。爪垫约超过爪长的 1/2。

生物学特性　活动季节较长，7～12 月在宿主上均可见成蜱。

（6）缅甸血蜱 *H. birmaniae* Supino, 1897

定名依据　依据其采集地而命名。

宿主　幼蜱和若蜱寄生于鸟；成蜱寄生于赤麂 *Muntiacus muntjak*、扫尾豪猪 *Atherurus macrourus*、苏门羚 *Capricornis sumatraensis*、牦牛 *Bos grunniens* 等偶蹄动物。

分布　国内：台湾、云南；国外：巴基斯坦、缅甸、马来西亚、尼泊尔、泰国、斯里兰卡、印度。

鉴定要点

雌蜱盾板近似圆形，宽略大于长；刻点粗细不均，分布均匀；颈沟前深后浅，约达盾板中部。须肢前窄后宽；第Ⅱ节后外角向外略微凸出呈角状，腹面内缘刚毛 3 根；第Ⅲ节前端圆钝，背部后缘不具刺，腹面的刺粗壮，末端超出第Ⅱ节前缘。假头基基突粗短，末端钝；孔区大而深，间距宽。口下板齿式 4|4。气门板卵圆形，背腹轴长于前后轴，背突不明显。足长适中，基节Ⅰ内距锥形，末端钝；基节Ⅱ～Ⅳ内距较粗，呈三角形，明显超出各节后缘；跗节亚端部逐渐细窄，腹面的端齿很小；跗节Ⅳ腹缘无角状突。爪垫大，将近达到爪端。

雄蜱须肢相当粗短，前窄后宽，外缘弧度大于内缘弧度；第Ⅱ节后外角略微凸出，腹面内缘刚毛 3 根。须肢第Ⅲ节前端较平钝；背面后缘无刺；腹面刺粗壮，末端超过第Ⅱ节前缘。假头基基突粗壮，宽三角形。口下板齿式 4|4。盾板颈沟很短，深陷；侧沟无或呈现很短的浅陷。气门板小，短逗点形，背突短小。足与雌蜱相似。

具体描述

雌蜱（图 7-266）

体浅褐黄色。体呈卵圆形，前端稍窄，后部圆弧形。长（包括假头）宽为（1.93～2.25）mm ×（1.26～1.63）mm。

须肢长约为宽的 1.6 倍，后外角向外略微凸出；第Ⅰ节短小，背、腹面可见；第Ⅱ节长宽约等，内缘直，背、腹面内缘刚毛分别为 2 根和 3 根，外缘短，微凹，后缘向外弧形斜弯；第Ⅲ节宽胜于长，前端圆钝，两侧向前逐渐收窄，背面无刺，腹面的刺粗壮，末端稍尖，超过第Ⅱ节前缘。假头基矩形，宽约为长（包括基突）的 2.3 倍，两侧缘平行，后缘直；孔区大而深，卵圆形，前端向内斜置，间距宽，约为短径的 1.5 倍；基突相当粗短，末端钝。假头基腹面宽阔，侧缘及后缘浅弧形凸出。口下板稍短于须肢，前端圆钝；齿式 4|4，每纵列具齿 9～11 枚。

盾板呈亚圆形，宽稍大于长，中部最宽，前侧缘圆弧形，后侧缘向后收窄，后缘窄钝。刻点浅，大小不一，分布大致均匀。颈沟短，前深后浅，弧形外弯，末端约达盾板中部。

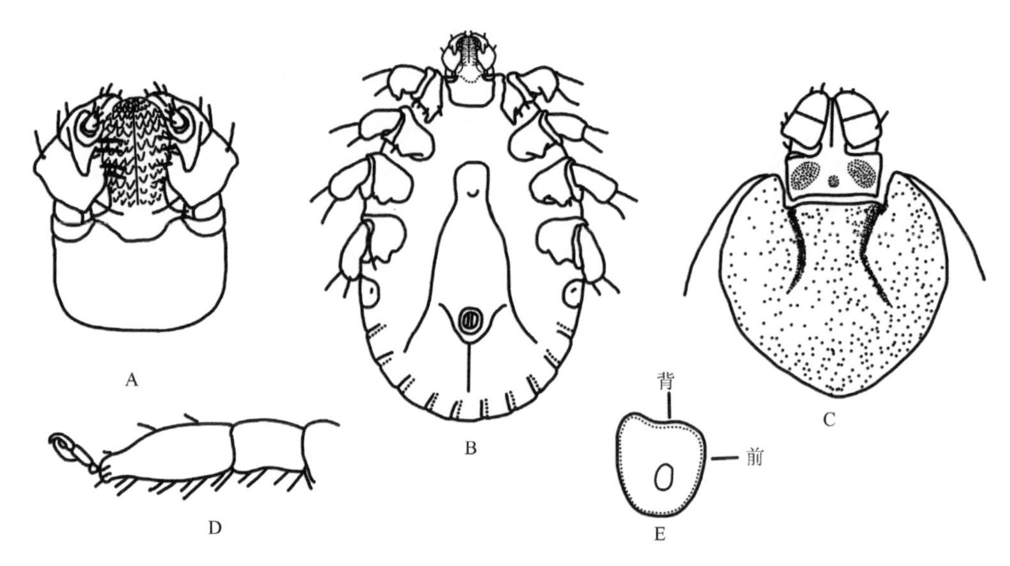

图 7-266 缅甸血蜱雌蜱（参考：邓国藩和姜在阶，1991）
A. 假头腹面观；B. 假头及躯体腹面观；C. 假头及盾板背面观；D. 跗节Ⅳ；E. 气门板

足中等长度。基节Ⅰ无外距，内距短锥形，末端钝；基节Ⅱ～Ⅳ内距较粗，三角形，大小约等。转节Ⅰ背距三角形，末端较尖。各转节腹距明显，按节序渐小。跗节长度适中，亚端部向端部逐渐收窄，腹面端齿很小。爪垫长，将近达到爪端。气门板卵圆形，长轴为背腹方向，背突粗短，不甚明显，无几丁质增厚区，气门斑位置靠前。

雄蜱（图 7-267）

浅褐黄色。体呈卵圆形，前端稍窄，后部圆弧形。长（包括假头）宽为（1.82～2.19）mm ×（1.20～1.36）mm。

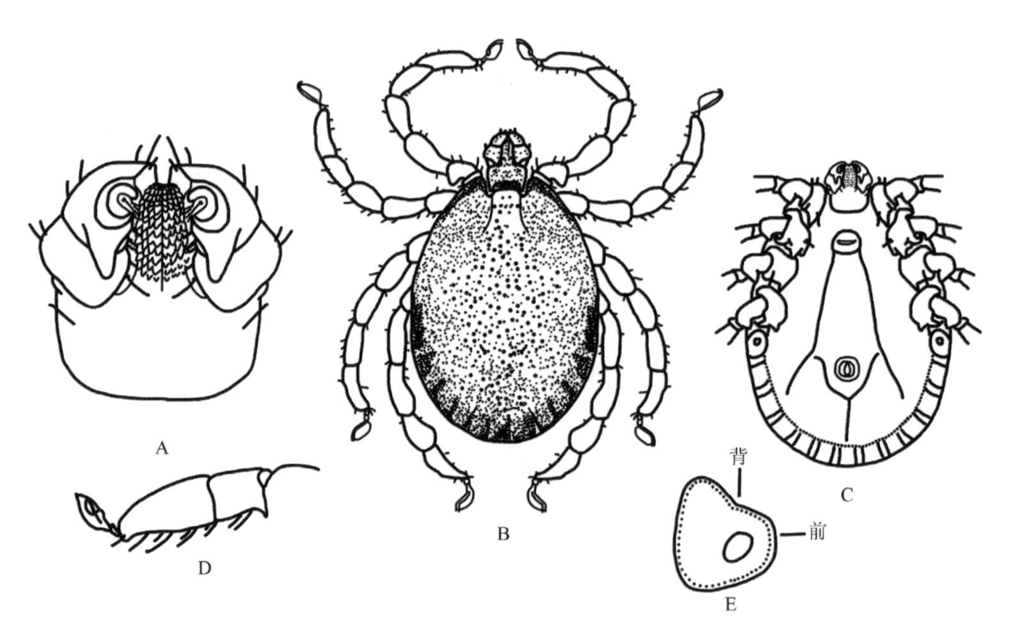

图 7-267 缅甸血蜱雄蜱（参考：邓国藩和姜在阶，1991）
A. 假头腹面观；B. 背面观；C. 腹面观；D. 跗节Ⅳ；E. 气门板

须肢相当粗短，长约为宽的 1.4 倍，后外角向外略微凸出；第Ⅰ节短小，背、腹面可见；第Ⅱ节宽稍大于长，内缘略直，背、腹面内缘刚毛分别为 2 根和 3 根，外缘短，微凹，后缘向外弧形斜弯；第Ⅲ节

宽显著大于长，前端较平钝，基部较第Ⅱ节端部稍宽，无背刺，腹刺粗壮，末端超过第Ⅱ节前缘。假头基矩形，长（包括基突）宽比为 1∶2，两侧缘大致平行，中段稍前有时浅凹，后缘平直；基突宽三角形，末端钝。假头基腹面宽短，后缘略呈弧形外弯，无耳状突和横脊。口下板短于须肢，前端圆钝；齿式 4|4，每纵列具齿 7～9 枚。

盾板卵圆形，有光泽，气门板背突处最宽，长为宽的 1.3～1.5 倍。小刻点，夹杂一些稍大的刻点，分布大致均匀。颈沟很短，深陷，呈窄卵形。无侧沟或为极短的浅陷。缘垛窄长而明显。

足中等大小。各基节无外距；基节Ⅰ内距短锥形，末端钝；基节Ⅱ、Ⅲ内距短钝，呈三角形，大小约等；基节Ⅳ内距与基节Ⅱ、Ⅲ的相似，但略微短小。各转节腹距明显，按节序渐短小。跗节较粗短，亚端部向端部渐窄，腹面端齿很小。爪垫长，将近达到爪端。气门板小，短逗点形，背突短小，末端窄钝，无几丁质增厚区，气门斑位置靠前。

若蜱（图 7-268）

体呈卵圆形，前端稍窄，后部圆弧形。长（包括假头）宽约 1.5 mm×1.1 mm。

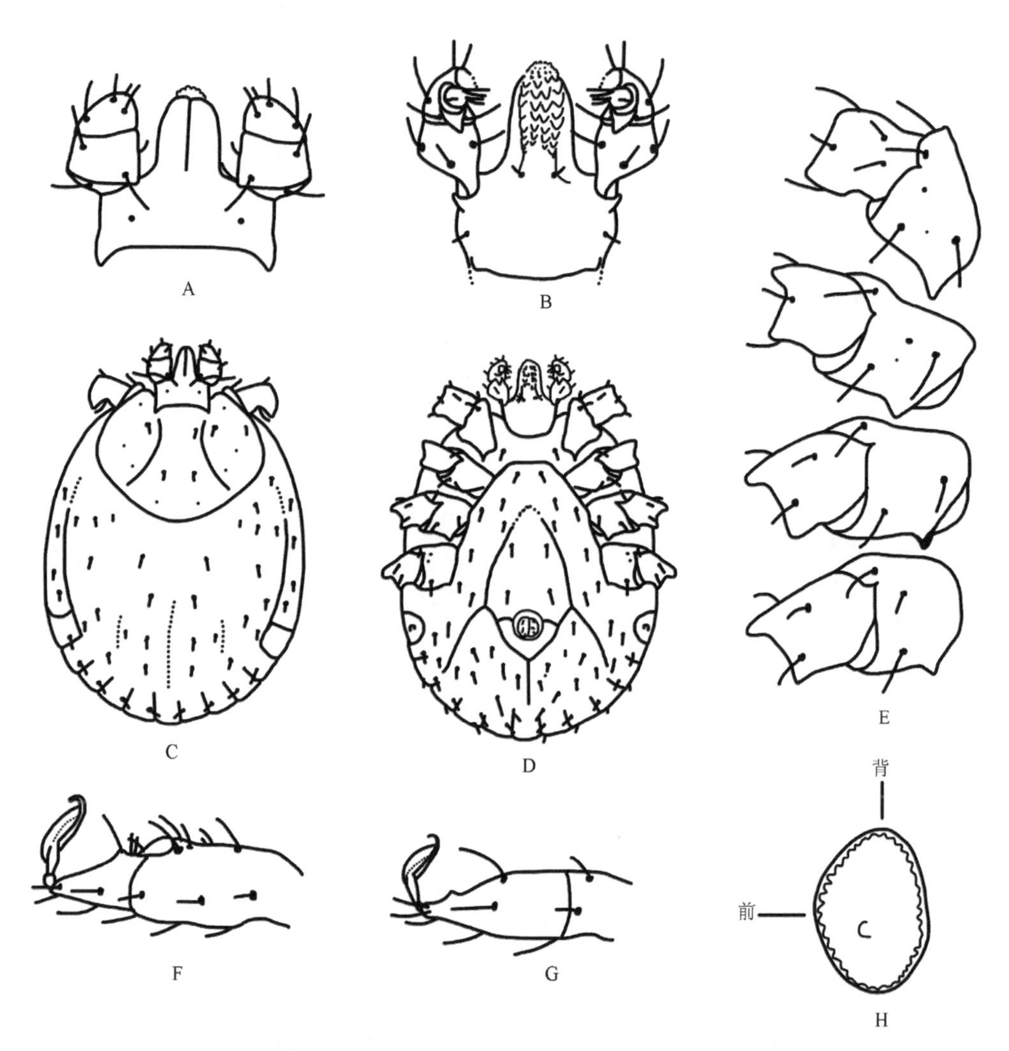

图 7-268　缅甸血蜱若蜱（参考：邓国藩和姜在阶，1991）

A. 假头背面观；B. 假头腹面观；C. 背面观；D. 腹面观；E. 基节；F. 跗节Ⅰ；G. 跗节Ⅳ；H. 气门板

假头宽短。须肢近似铃形；各侧长约为宽的 1.3 倍；第Ⅰ节短小，背面不甚明显；第Ⅱ节宽略大于长，内缘直，中段或稍凸，背、腹面内缘刚毛各 1 根，外缘向前内斜，与后缘相交成短小的角突，后缘

直或弧形略弯；第Ⅲ节与第Ⅱ节约等长，前端圆钝，两侧向前渐窄，背面无刺，腹面的刺粗短，三角形，末端窄钝，略超出该节后缘；第Ⅳ节位于第Ⅲ节腹面的腔内。假头基矩形，宽约为长（包括基突）的 2.2 倍；两侧近似平行，后缘直；基突宽三角形，末端尖窄。假头基腹面向后逐渐收窄，后缘浅弧形，与侧缘相交形成很小的角突。口下板棒状，前端圆钝，向后渐窄，与须肢约等长；齿式 2|2，每纵列具齿 7～9 枚。

盾板宽圆形，宽约为长的 1.3 倍，中部最宽，向后渐窄，末端圆钝。刻点稀少，不明显。肩突窄钝。缘凹宽。颈沟窄，前段向后内斜，约至盾板长 1/2 处转向外斜，末端略超出盾板中部。

足中等大小。各基节无外距；基节Ⅰ内距窄三角形，末端稍尖；基节Ⅱ～Ⅳ内距较短，三角形，按节序渐小。转节Ⅰ背距三角形，末端尖窄；各转节无腹距。跗节粗短，亚端部向末端逐渐收窄。爪垫长，约达爪端。气门板窄卵形，背突不明显，无几丁质增厚区，气门斑位置靠前。

幼蜱（图 7-269）

体呈卵圆形，前端稍窄，后部圆弧形。长（包括假头）宽约 1.0 mm×0.7 mm。

须肢近似铃形；长约为宽的 1.2 倍；第Ⅰ节短小，背、腹面可见；第Ⅱ节宽略大于长，内缘略直，背、腹面内缘刚毛各 1 根，外缘向前内斜与后缘相交呈角状，后缘略直；第Ⅲ节与第Ⅱ节约等长，前端窄钝，向前渐宽，背面无刺，腹面的刺粗短，三角形，末端窄钝，约达第Ⅱ节前部；第Ⅳ节位于第Ⅲ节腹面的腔内。假头基矩形，宽约为长（包括基突）的 2.3 倍，两侧几乎平行，后缘较直；基突很短，略呈角状。假头基腹面宽短，后缘弧形，两端向后突出，呈角状。口下板长与须肢约等，前端圆钝；齿冠中等大小；齿式 2|2，每纵列具齿 7 或 8 枚。

图 7-269 缅甸血蜱幼蜱（参考：邓国藩和姜在阶，1991）

A. 假头背面观；B. 假头腹面观；C. 背面观；D. 腹面观；E. 基节；F. 跗节Ⅰ；G. 跗节Ⅲ

盾板心形，宽约为长的 1.3 倍，前 1/3 水平最宽，后缘圆钝。刻点少。肩突圆钝。缘凹宽浅。颈沟短，浅弧形外弯，末端略超过盾板中部。

足中等大小。各足基节无外距；基节Ⅰ内距短，三角形，末端钝；基节Ⅱ、Ⅲ内距呈脊状。转节Ⅰ背距短钝；各转节无腹距。各跗节亚端部向端部逐渐收窄。爪垫长，达到爪端。

生物学特性　常生活于山林野地，也出现在海拔 2400 m 山地。2 月、3 月在宿主上采获。

（7）铃头血蜱 *H. campanulata* Warburton, 1908

定名依据　*campanulata* 意为钟、铃铛。该种须肢的形状像铃铛。

宿主　常寄生于犬，也寄生于牛、马、鹿、猫、家鼠等。

分布　国内：北京、河北、黑龙江、湖北、江苏、内蒙古、山东、山西、四川；国外：朝鲜、日本、印度、越南。

鉴定要点

雌蜱盾板心形，长略大于宽；刻点细，分布不均；颈沟明显，末端达盾板后 1/3 处。须肢前窄后宽，第Ⅱ节长于第Ⅲ节；第Ⅱ节后外角强度凸出，显著超出假头基侧缘；腹面内缘刚毛 3 根；腹面后缘强度后弯，呈深弧形；第Ⅲ节前端圆钝，背部后缘不具刺，腹面具一钝刺，指向后方，末端约达第Ⅱ节前缘。假头基基突粗短；孔区大，卵圆形。口下板齿式 4|4。气门板亚圆形，背突短小。足粗壮，各基节内距粗短，略呈三角形。跗节Ⅳ亚端部背缘略微隆起，向前倾斜收窄，腹面的端齿不明显。爪垫较小，不及爪长的 1/2。

雄蜱须肢前窄后宽，外缘弧度大于内缘弧度；第Ⅱ节后外角强度凸出，显著超出假头基侧缘；腹面内缘刚毛 5 根。须肢第Ⅲ节前端圆钝；背面后缘无刺；腹刺粗大，末端略超过第Ⅱ节前缘。假头基基突粗短，宽三角形。口下板齿式 4|4。盾板颈沟外弧形；侧沟明显，由基节Ⅲ水平向后延伸至气门板后缘；刻点细而稍密，分布大致均匀。气门板短逗点形，背突窄短。足基节Ⅰ内距稍长，呈锥形；基节Ⅱ～Ⅳ内距略粗短；跗节Ⅳ相当粗短，亚端部明显倾斜收窄。

具体描述

雌蜱（图 7-270）

体呈褐黄色，卵圆形，前端稍窄，后部圆弧形。长（包括假头）宽为（2.35～2.55）mm×（1.33～1.43）mm。

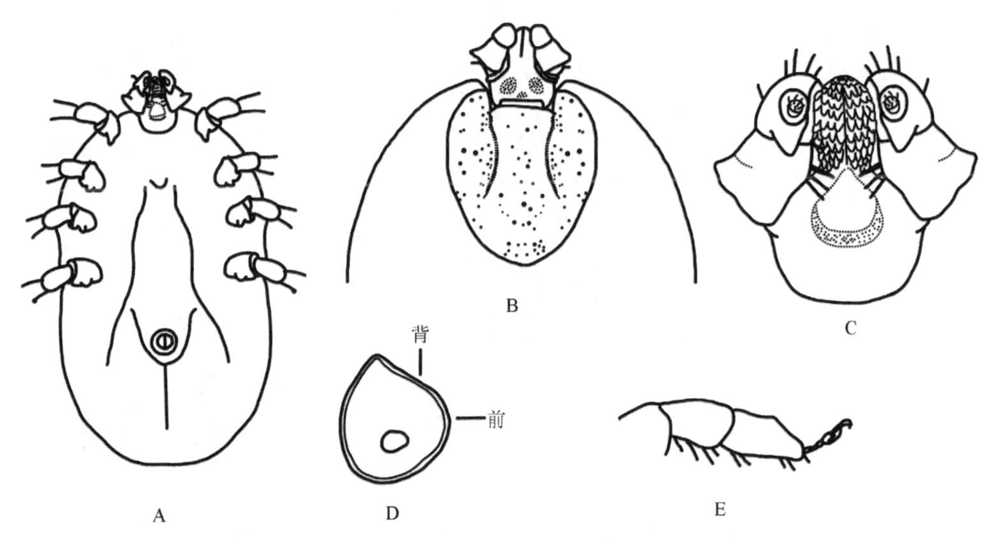

图 7-270　铃头血蜱雌蜱（参考：邓国藩和姜在阶，1991）

A. 假头及躯体腹面观；B. 假头及盾板；C. 假头腹面观；D. 气门板；E. 跗节Ⅳ

须肢第Ⅰ节短小，背、腹面可见；第Ⅱ节外侧显著凸出，向前弧形收窄，腹面后缘深弧形向后弯曲；第Ⅲ节宽稍大于长，前端圆钝，后缘略直，无背刺，腹刺粗短而钝，指向后方，约达第Ⅱ节前缘。假头基矩形，长（包括基突）宽比为 1∶2；孔区大，卵圆形，前部内斜，间距约等于其短径，两孔区间具一长形浅陷；基突粗短而钝。假头基腹面宽短，侧缘向后弧形收窄，后缘较直。口下板略短于须肢；齿式 4|4，每纵列具齿约 9 枚，外侧齿较内侧齿发达。

盾板亮褐色或黄色；近似心形。刻点小而浅，分布稀疏且不均匀。颈沟明显，外弧形弯曲，末端约达盾板后 1/3 处。

足粗壮。各基节无外距；内距粗短，三角形，各内距均略向外斜，基节Ⅰ内距位于后内角端部，基节Ⅱ～Ⅳ内距位于后缘中部。各转节腹距不明显。跗节Ⅳ亚端部向端部显著斜窄，背缘在收窄之前略隆起；假关节位于近端 2/5；腹面端齿不明显，无亚端齿。爪垫短小，未达到爪长之半。生殖孔大，位于基节Ⅱ之间。气门板亚圆形，背突短小而不显著，无几丁质增厚区，气门斑位置靠前。

雄蜱（图 7-271）

体呈卵圆形，前端稍窄，后部圆弧形。褐黄色，腹面色泽较浅。长（包括假头）宽为（2.16～2.43）mm ×（1.30～1.56）mm。

须肢粗短；第Ⅰ节短小，不明显；第Ⅱ节外侧显著凸出，向前弯曲收窄，腹面后缘向后突出，呈圆角；第Ⅲ节宽大于长，前端圆钝，后缘较直，无背刺，腹刺粗大，指向后方，略超过第Ⅱ节前缘。假头基矩形，宽约为长（包括基突）的 1.6 倍，表面散布小刻点；基突粗短，宽三角形。假头基腹面宽短，侧缘向后弧形收窄，后缘略直。口下板与须肢长度约等；齿式 4|4，每纵列具齿约 8 枚，最外列的齿最粗。

盾板呈卵圆形，前端稍窄，中部略隆起，后部圆弧形。长宽为（1.89～1.96）mm ×（1.33～1.44）mm；刻点细而稍密，分布大致均匀。颈沟深，浅外弧形。侧沟明显，自气门板背突水平向后延伸到基节Ⅱ水平线。缘垛窄长而明显，共 11 个。

足粗壮。各基节无外距，基节Ⅰ内距呈短锥形，末端稍尖；基节Ⅱ～Ⅳ内距略粗短，位于后缘中部。各转节腹距略呈脊状。跗节Ⅳ相当粗短，亚端部向端部骤然收窄，斜度大；假关节位于该节中部；腹面端齿不明显。爪垫略超过爪长之半。气门板短逗点形，背突短，末端窄钝，气门斑位置靠前。

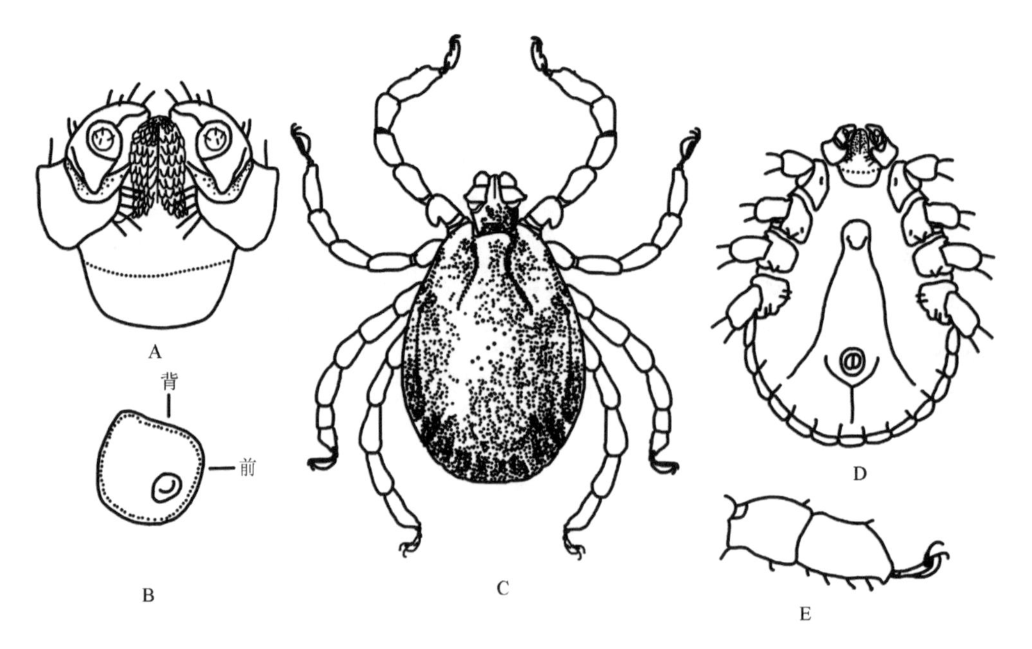

图 7-271 铃头血蜱雄蜱（参考：邓国藩和姜在阶，1991）

A. 假头腹面观；B. 气门板；C. 背面观；D. 腹面观；E. 跗节Ⅳ

若蜱（图 7-272）

体呈卵圆形，前端稍窄，后部圆弧形。

须肢粗短，后外角略微凸出；第Ⅰ节短小，背、腹面均可见；第Ⅱ节长大于宽，内缘浅弧形凸出，背、腹面内缘刚毛分别为 1 根和 2 根，外缘浅凹，与后缘相交呈小角状，后缘浅弧形凸出；第Ⅲ节亚三角形，前端圆钝，背面无刺，腹面的刺短小，末端未达到该节后缘。假头基矩形，两侧缘及后缘均直，宽约为长的 2 倍；基突不明显。假头基腹面宽阔，向后渐窄，后缘弧形收窄，无耳状突和横脊。口下板与须肢约等长；齿式 3|3，每纵列具齿 8～10 枚。

盾板呈心形，长宽约等；前 1/3 处最宽，向后收窄，末端窄钝；长宽为 0.48 mm×0.45 mm。刻点少，散布于后中区和两侧区。肩突短钝。缘凹宽浅。颈沟明显，前段平行，较深，后段渐浅，向外略弯，末端将近达到盾板后侧缘。

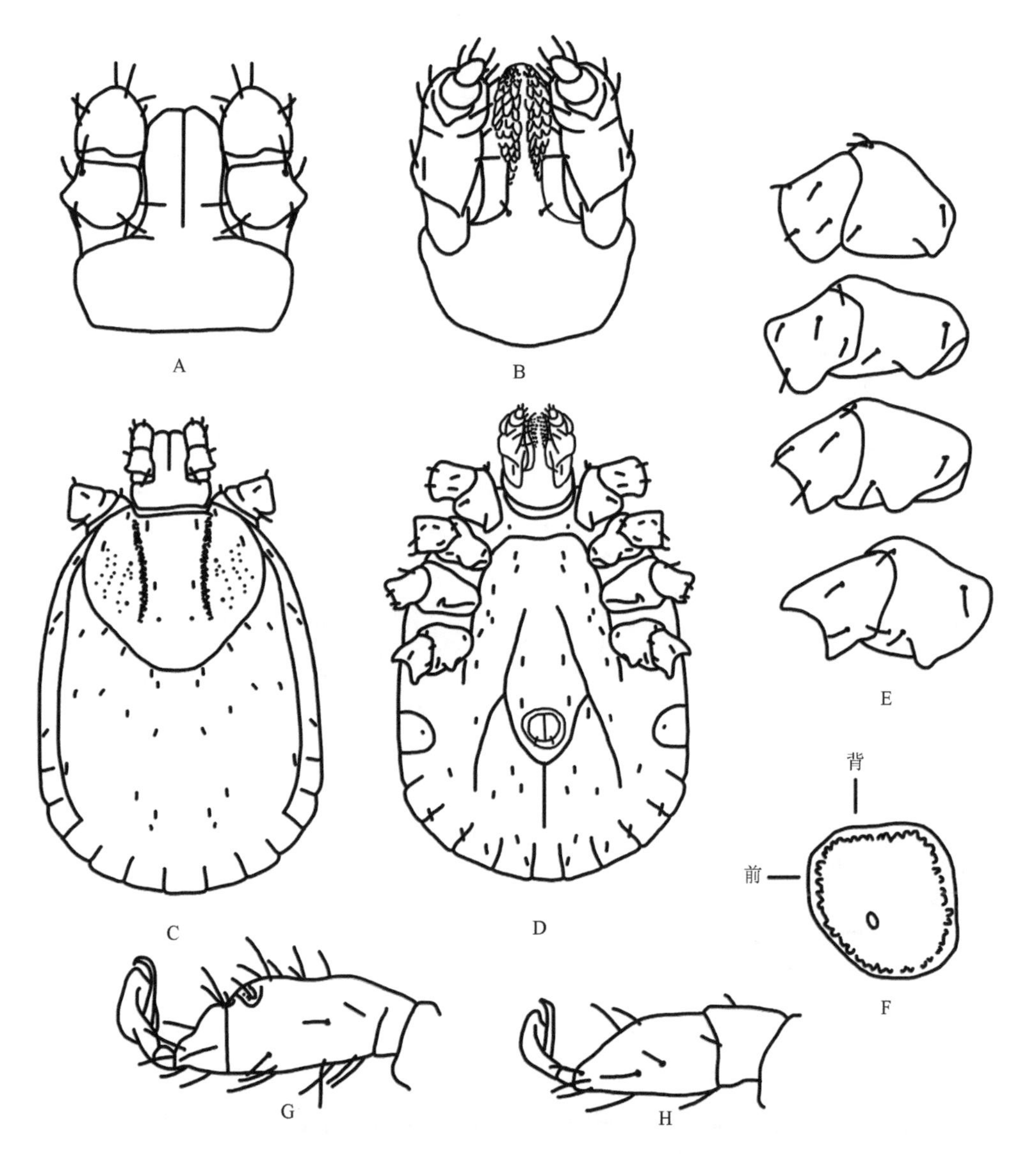

图 7-272　铃头血蜱若蜱（参考：邓国藩和姜在阶，1991）

A. 假头背面观；B. 假头腹面观；C. 背面观；D. 腹面观；E. 基节；F. 气门板；G. 跗节Ⅰ；H. 跗节Ⅳ

足较粗壮。各基节无外距，基节Ⅰ内距短三角形，末端钝；基节Ⅱ～Ⅳ内距较粗，宽三角形，末端钝，略超出各节后缘。转节Ⅰ背距三角形，末端稍尖；各转节无腹距。跗节Ⅰ较粗大；跗节Ⅱ～Ⅳ较短，亚端部背、腹面略隆起，向端部逐渐收窄。爪垫超过爪长 2/3。气门板圆角三角形，背突宽短，末端圆钝，气门斑位置靠前。

幼蜱（图 7-273）

体呈卵圆形，前端稍窄，后部圆弧形。长（包括假头）约 0.65 mm。

须肢长棒状，后外角不明显；第 I 节短小，背、腹面可见；第 II 节长大于宽，内缘直，外缘向前略内斜，后外缘呈角状，后缘向前斜伸；第 III 节亚三角形，前端圆钝，背面无刺，腹面的刺相当短小，未超出该节后缘。假头基宽短，呈矩形；侧缘前段直，后段略向外凸出，隆突状，后缘平直；无基突。假头基腹面向后收窄，后缘弧形凸出，无横脊。口下板略长于须肢；齿式 2|2，每纵列具齿约 6 枚。

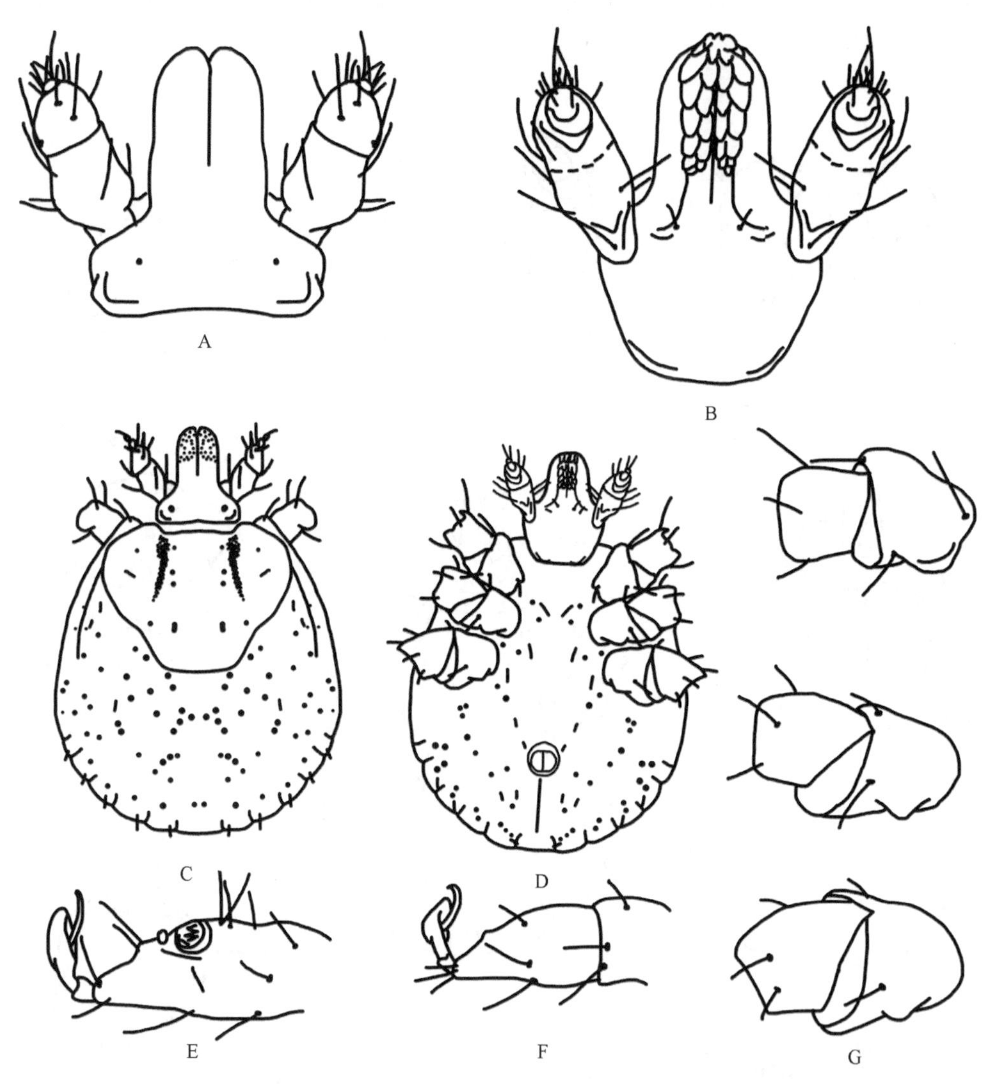

图 7-273 铃头血蜱幼蜱（参考：邓国藩和姜在阶，1991）

A. 假头背面观；B. 假头腹面观；C. 背面观；D. 腹面观；E. 跗节 I；F. 跗节III；G. 基节

盾板心形，宽大于长，前部最宽，后端圆钝；长宽约为 0.25 mm×0.3 mm。缘凹宽浅。肩突圆钝。颈沟可辨，向后略外斜，末端将近达到盾板后侧缘。刻点少，不明显。

足中等大小。各基节无外距；内距粗短，宽三角形，末端钝，按节序渐小。转节 I 背距短钝；各转节无腹距。各跗节粗短，跗节 I 比跗节 II、III略大；跗节III亚端部背、腹面略隆起，向端部逐渐收窄。爪垫约达爪长的 2/3。

生物学特性　主要生活在农区及草原地带。在华北地区，5～9 月均可见；以饥饿幼蜱和成蜱在自然界越冬。

蜱媒病　能自然感染 Q 热、立克次体。

（8）坎氏血蜱 *H. canestrinii*（Supino, 1897）

定名依据　以人名命名。

宿主　若蜱寄生于普通树鼩 *Tupaia glis*、小灵猫 *Viverricula indica*、棕榈松鼠 *Funambulus pennenti*、小家鼠 *Mus musculus* 及其他一些鼠类 *Rattus* spp.。成蜱主要寄生于食肉动物，包括大灵猫 *Viverra zibetha*、小灵猫 *Viverricula indica*、丛林猫 *Felis chaus*、渔猫 *F. viverrinus*、红颊獴 *Herpestes auropunctatus*、猪獾 *Arctonyx collaris*、缅甸鼬獾 *Melogale personata*、亚洲胡狼 *Canis aureus*、孟加拉狐 *Vulpes bengalensis*、虎 *Panthera tigris*、豹 *P. pardus* 等，此外，在缅甸兔 *Lepus peguensis* 和原鸡 *Gallus gallus* 上也有发现。

分布　国内：台湾、云南；国外：巴基斯坦、缅甸、尼泊尔、泰国、印度、越南。

鉴定要点

雌蜱盾板卵圆形，长明显大于宽；刻点粗细不均，分布亦不均；颈沟前深后浅，末端超过盾板中部。须肢前窄后宽，第Ⅱ节长于第Ⅲ节。第Ⅱ节后外角强度凸出，腹面内缘刚毛约 7 根；背部后缘内半段较直，外半段向后呈三角形凸出呈粗刺，腹面后缘与背面相似；外缘直，向前显著内斜。第Ⅲ节前端尖窄，背部后缘不具刺，腹面刺发达，呈锥形，末端约达第Ⅱ节中部。假头基基突粗短，三角形；孔区长卵形，间距较宽。口下板齿式 4|4。气门板近似长方形，背突不明显。足长适中，各基节内距三角形，末端略尖；基节Ⅳ的略小。跗节亚端部逐渐细窄；腹面亚末端略呈角状突出；腹面无端齿。爪垫大，约达爪端。

雄蜱须肢前窄后宽，外缘弧度大于内缘弧度。第Ⅱ节后外角强度凸出，显著超出假头基侧缘；腹面内缘刚毛 6 或 7 根；背部后缘内半段浅弯，外半段向后呈三角形凸出呈粗刺，腹面后缘与背面相似；外缘直，向前显著内斜。须肢第Ⅲ节背面后缘无刺；腹刺粗大，末端略超过第Ⅱ节的 1/2。假头基基突长三角形，末端尖细。口下板齿式 4|4。盾板颈沟前段内斜，后段外斜；侧沟深，由盾板前 1/4 水平向后封闭第Ⅰ缘垛；刻点中等大小，分布不均匀。气门板近似长方形，背突不明显。足与雌蜱相似。

具体描述

雌蜱（图 7-274）

假头锐楔形。须肢宽短，后外角极度突出；第Ⅰ节短小，背腹面可见；第Ⅱ节基部显著向外侧延伸形成尖突，内缘前段弧形凸出，后段较直，背、腹面各具刚毛 2 根和 7 根，外缘向前显著内斜，后缘内半段较直或略窄，外半段向后呈三角形凸出，形成粗刺，腹面后缘与背面相似；第Ⅲ节宽短三角形，前端窄钝，后缘直，背面无刺，腹面的刺发达，呈锥形，末端约达第Ⅱ节中部。假头基倒梯形，宽约为长（包括基突）的 1.9 倍，两侧向后内斜，后缘在基突之间平直；基突粗短，三角形，长小于其基部之宽。孔区长卵形，中等大小，前端略向内斜置，间距较宽。假头基腹面宽短，后缘浅弧形凸出，无横缝和耳状突。口下板与须肢约等长，前端圆钝；齿式 4|4，每纵列具齿 8～10 枚。

盾板卵圆形，长约为宽的 1.2 倍，前 1/3 处最宽，向后弧形渐窄，末端圆钝。颈沟弧形，前深后浅，末端超出盾板中部。大刻点粗细居多，夹杂小刻点，分布不均。

足中等大小，各基节无外距，内距中等大小，呈三角形，末端略尖，基节Ⅳ的最小。转节Ⅰ背距发达，呈三角形，末端尖窄。各转节无腹距。跗节Ⅱ～Ⅳ较跗节Ⅰ短，亚端部向端部逐渐收窄，具亚端齿但无端齿。爪垫大，将近达到爪端。气门板近似长方形，背突小，短钝，无几丁质增厚区，气门斑位置靠前。

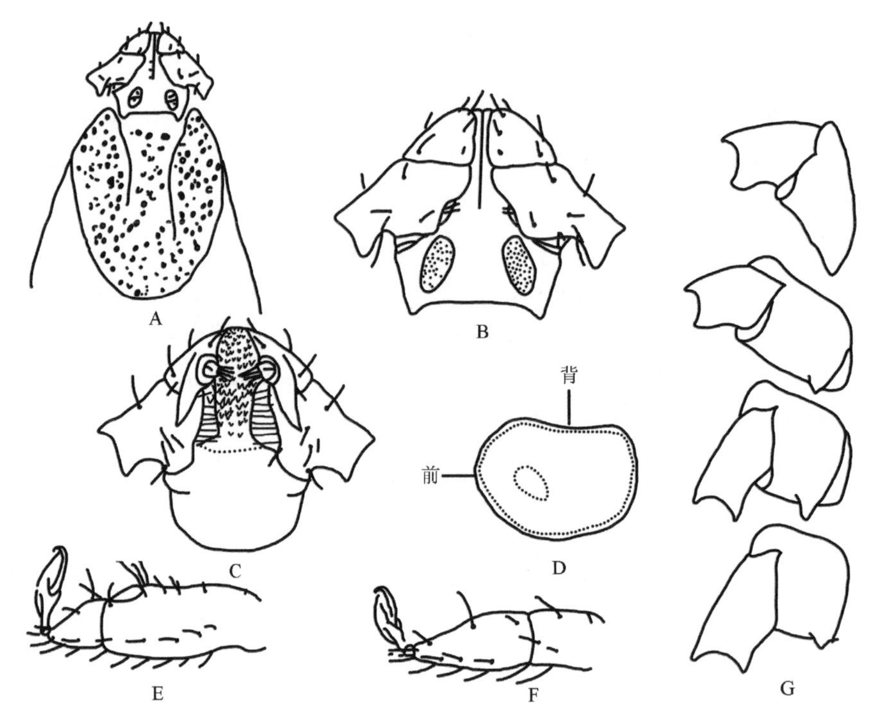

图 7-274　坎氏血蜱雌蜱（参考：邓国藩和姜在阶，1991）

A. 假头及盾板；B. 假头背面观；C. 假头腹面观；D. 气门板；E. 跗节Ⅰ；F. 跗节Ⅳ；G. 基节

雄蜱（图 7-275）

体呈长卵形，两端稍窄。长（包括假头）宽为（1.90～2.60）mm ×（0.95～1.15）mm。

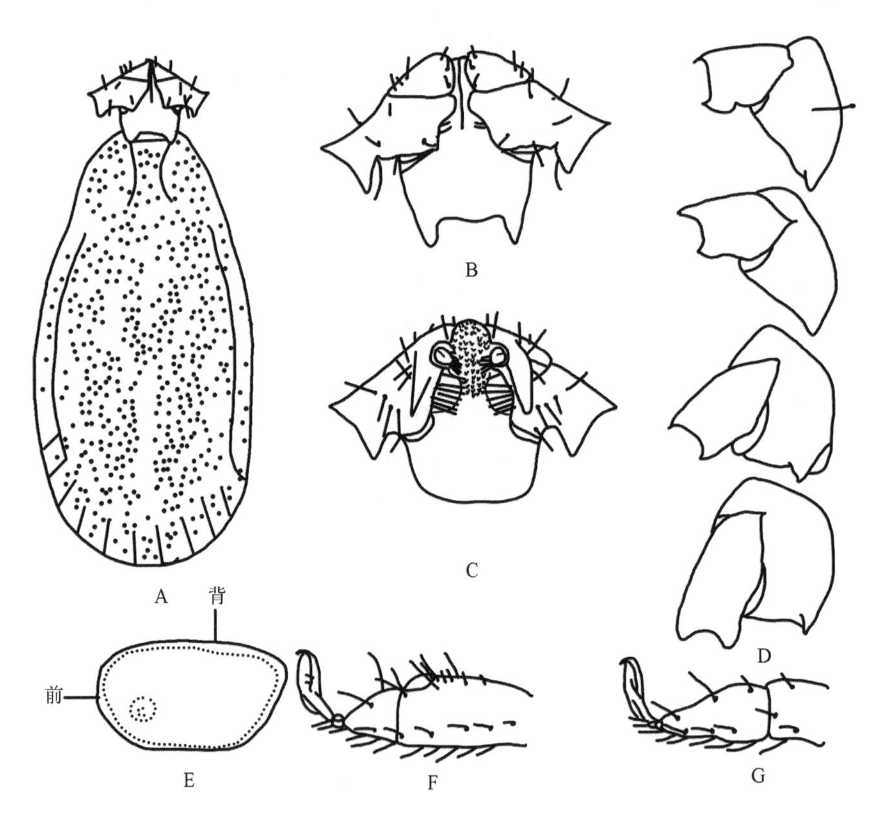

图 7-275　坎氏血蜱雄蜱（参考：邓国藩和姜在阶，1991）

A. 假头及盾板；B. 假头背面观；C. 假头腹面观；D. 基节；E. 气门板；F. 跗节Ⅰ；G. 跗节Ⅳ

假头锐楔形。须肢宽短，后外角极度突出，宽（后缘）约为长（内缘）的 1.3 倍；第 I 节短小，背、腹面可见；第 II 节宽约为长的 2.2 倍，第 II 节基部显著向外侧延伸形成尖突，内缘前段弧形凸出，后段较直，背、腹面分别具刚毛 2 根和 6～7 根，外缘向前显著内斜，后缘内半段较直或略窄，外半段向后呈三角形凸出，形成粗刺，腹面后缘与背面相似；第III节明显短于第 II 节，呈三角形，宽略大于长，前端窄钝，后缘直，背面无刺，腹面的刺发达，呈锥形，末端略超过第 II 节中部。假头基最宽处约为长（包括基突）的 1.4 倍，两侧缘向后内斜；基突发达，呈长三角形，末端尖细。假头基腹面宽短，后缘浅弧形略微凸出，无耳状突和横脊。口下板与须肢约等长，前端圆钝；齿式 4|4，每纵列具齿 8～10 枚。

盾板长卵形，长约为宽的 2.1 倍。肩突尖窄，明显。缘凹略深。刻点中等大小，间杂小刻点，疏密适中，但在后中线附近和侧沟外侧相当稀少。侧沟深，自盾板前 1/4 处向后延伸封闭第 I 缘垛。颈沟窄，前段深并向后内斜，后段浅转向后外斜。缘垛窄长，分界明显，共 11 个。

各基节无外距，内距中等大小，呈三角形，末端略尖；转节 I 背距三角形，末端尖窄；各转节无腹距。跗节 II～IV 较跗节 I 短，亚末端向端部逐渐收窄，端齿小，亚端齿较大。爪垫长，几乎达到爪端。气门板略似长方形，长约为宽的 1.9 倍，背、腹缘近似平行，背突短钝，不明显，无几丁质增厚区，气门斑位置靠前。

若蜱（图 7-276）

体呈卵圆形，前端稍窄，后部圆弧形。

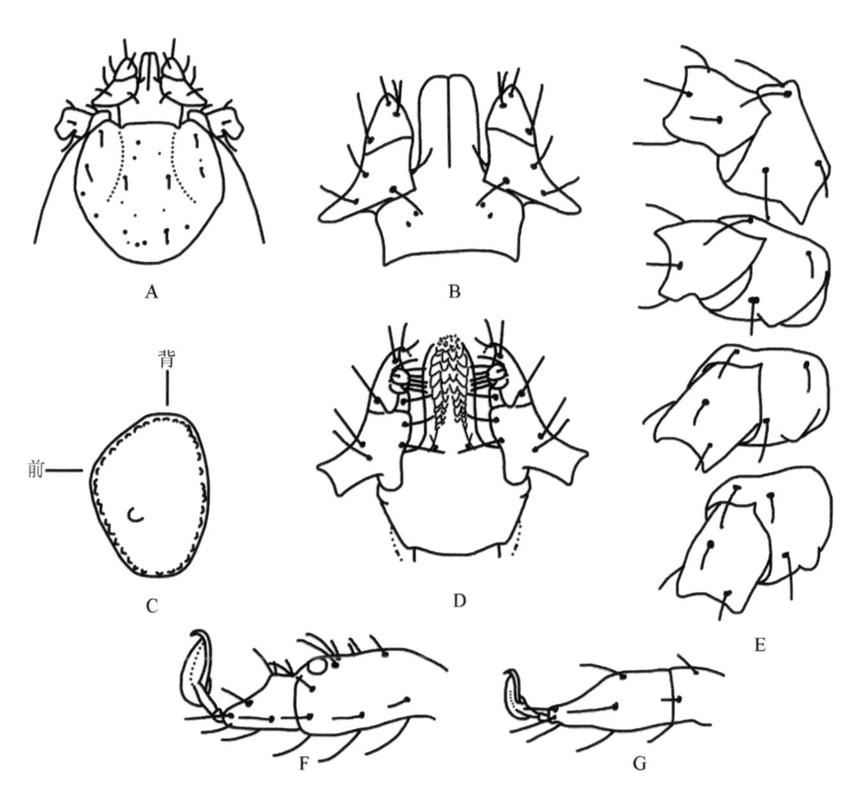

图 7-276　坎氏血蜱若蜱（参考：邓国藩和姜在阶，1991）

A. 假头及盾板；B. 假头背面观；C. 气门板；D. 假头腹面观；E. 基节；F. 跗节 I；G. 跗节IV

假头铃形。须肢后侧角显著凸出，宽略大于长；第 I 节极短，背面不明显；第 II 节宽约为长的 1.7 倍，内缘前段略弧形凸出，后段略直，背、腹面内缘分别具刚毛 1 根和 2 根，外缘弧形深凹，背面后缘自内向外浅弧形向后凸出，腹面后缘靠外侧呈角状突出；第III节与第 II 节约等，略呈三角形，前端尖窄，后缘斜向后外侧斜伸，背面无刺，腹面刺短钝，末端约达该节后缘。假头基矩形，宽约为长（包括基突）的 2.8 倍，侧缘微凹，后缘在基突之间直；基突短三角形，长小于其基部之宽。假头基腹面宽短，向后收窄，后

缘向后浅弧形微弯，与侧缘交接处形成角突。口下板略长于须肢，前端圆钝；齿式 2|2，每纵列具齿约 9 枚。

盾板呈亚圆形，中部最宽，长宽约等。刻点小而稀少。肩突短钝，缘凹宽浅。颈沟窄，浅弧形外弯，末端超过盾板中部。

足粗壮。各基节无外距，基节Ⅰ内距宽三角形，末端尖细；基节Ⅱ～Ⅳ内距呈脊状，按节序渐小。各转节无腹距。跗节Ⅱ～Ⅳ短，亚端部向端部逐渐收窄。爪垫长，约达爪端。气门板亚卵形，背突很短，气门斑位置靠前。

生物学特性 主要生活在山地丛林。在我国台湾，11 月、12 月在宿主上可发现成蜱和若蜱。

（9）括氏血蜱 *H. colasbelcouri*（Santos Dias, 1958）

=越南血蜱 *H. vietnamensis* Hoogstraal & Wilson, 1966

定名依据 根据人名 Colas-Belcour 而命名。

宿主 若蜱和幼蜱寄生于绵羊、啮齿类、鸟类，成蜱寄生于水牛、黄牛、绵羊、牦牛、鬣羚、山羚等。

分布 国内：福建、海南、四川、西藏、云南；国外：尼泊尔、越南。

鉴定要点

雌蜱盾板宽阔，宽明显大于长；刻点较粗，分布不均；颈沟浅弧形，末端略超过盾板中部。须肢棒状，外缘与内缘几乎平行；第Ⅱ节长于第Ⅲ节；第Ⅱ节腹面内缘刚毛 2 根；第Ⅲ节背腹部后缘不具刺。假头基基突付缺；孔区大，窄卵形，接近假头基后缘。口下板齿式 3|3。气门板近似卵形，背突短钝。足较细长，基节Ⅰ内距三角形，末端略尖；基节Ⅱ～Ⅳ内距宽短，圆钝，按节序渐小。跗节亚端部逐渐细窄，腹面无端齿。爪垫将近达到爪端。

雄蜱须肢棒状，外缘与内缘略微弧形凸出，第Ⅱ节外缘略长于第Ⅲ节外缘；第Ⅱ节腹面内缘刚毛 2 根。须肢第Ⅲ节前端圆钝；背、腹面后缘均无刺。假头基侧缘向外弧形凸出，基突付缺。口下板齿式 2|2。盾板颈沟短，向后略内斜；侧沟无。气门板长逗点形，背突逐渐收窄，末端钝。足与雌蜱相似，但爪垫约达爪长的 1/2。

具体描述

雌蜱（图 7-277，图 7-278）

体色褐黄。体呈卵圆形，前端稍窄，后部圆弧形。

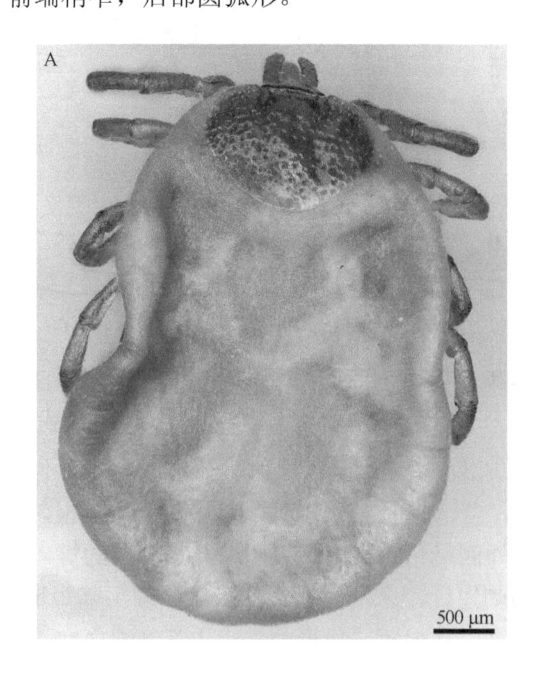

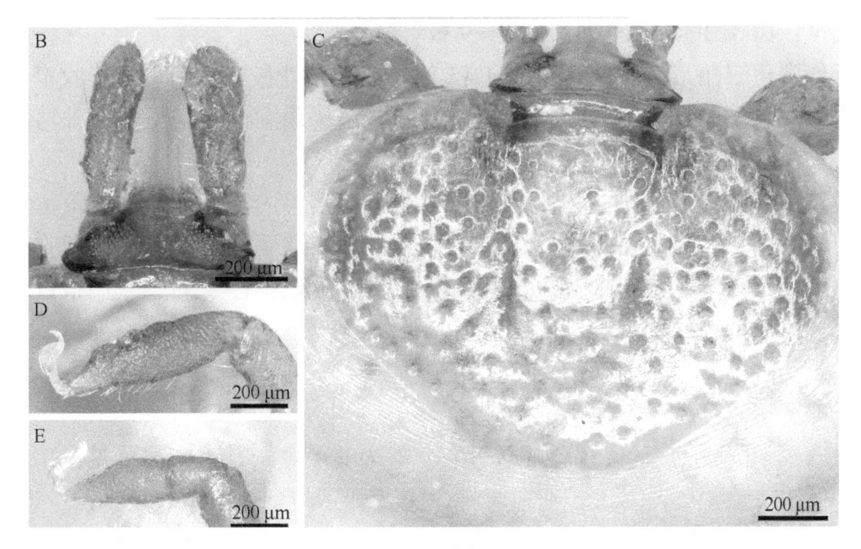

图 7-277　括氏血蜱雌蜱

A. 背面观；B. 假头背面观；C. 盾板；D. 跗节Ⅰ；E. 跗节Ⅳ

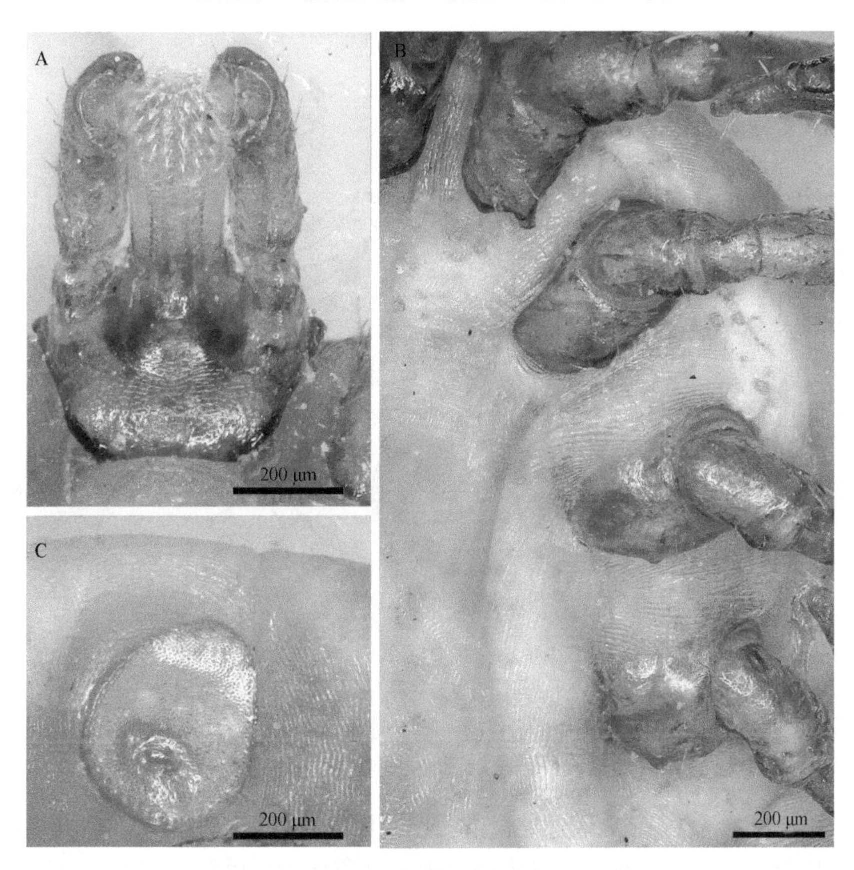

图 7-278　括氏血蜱雌蜱

A. 假头腹面观；B. 基节；C. 气门板

须肢窄长，棒状，长约为宽的 3.5 倍，前端圆钝，两侧约平行；第Ⅰ节短，背、腹面可见；第Ⅱ节长约为宽的 2.4 倍，背、腹面的内缘均具刚毛 2 根；第Ⅲ节略短于第Ⅱ节，两节长度之比 4∶5，无背刺，腹刺极不明显；第Ⅳ节位于第Ⅲ节腹面端部。假头基宽短，宽约为长的 3.1 倍，侧缘圆弧形，后缘平直或中部弧形略凹；孔区大，窄卵形，前部向内斜置，末端接近假头基后缘，间距约等于其短径。无基突。假头基腹面宽阔，表面略隆起，后侧缘呈弧形，无耳状突和横脊。口下板略长于须肢，长约为宽的 3 倍，

顶端圆钝，向后收窄；齿式 3|3，每纵列具齿 7～9 枚。

盾板宽阔，近似圆角三角形，宽约为长的 1.45 倍，前 1/3 处最宽，向后弧形收窄，后缘宽圆。刻点较大，盾板两侧密，中部和后部稀疏。肩突粗短。缘凹宽浅。颈沟浅，略呈弧形外弯，末端略超过盾板中部。

足较细长。各基节无外距；基节Ⅰ内距呈三角形，末端略尖；基节Ⅱ～Ⅳ内距宽短，末端圆钝，按节序渐小。转节Ⅰ背距粗大；各转节无腹距。跗节Ⅳ较细长，从亚末端向末端逐渐收窄，无端齿和亚端齿。爪垫较长，将近达到爪端。生殖帷宽短，后缘呈弧形。肛瓣刚毛 5 对。气门板近似卵圆形，背突宽短，末端圆钝，无几丁质增厚区，气门斑位置靠前。

雄蜱（图 7-279）

褐黄色。体呈卵圆形，前端稍窄，后部圆弧形。

须肢棒状，长约为宽的 2 倍，两侧略弧形凸出；第Ⅰ节很短，背、腹面可见；第Ⅱ节前宽后窄，腹面内缘刚毛 2 根，第Ⅲ节略短于第Ⅱ节，前端平钝，无背刺和腹刺；第Ⅳ节短小，位于第Ⅲ节腹面端部。假头基宽短，宽约为长的 3.3 倍，两侧缘弧形弯曲，后缘平直；无基突。假头基腹面宽阔，两侧缘向后稍内斜，后缘较直，无耳状突和横脊。口下板短于须肢，棒状；顶端圆钝，向后收窄，齿式 2|2，每纵列具齿约 6 枚。

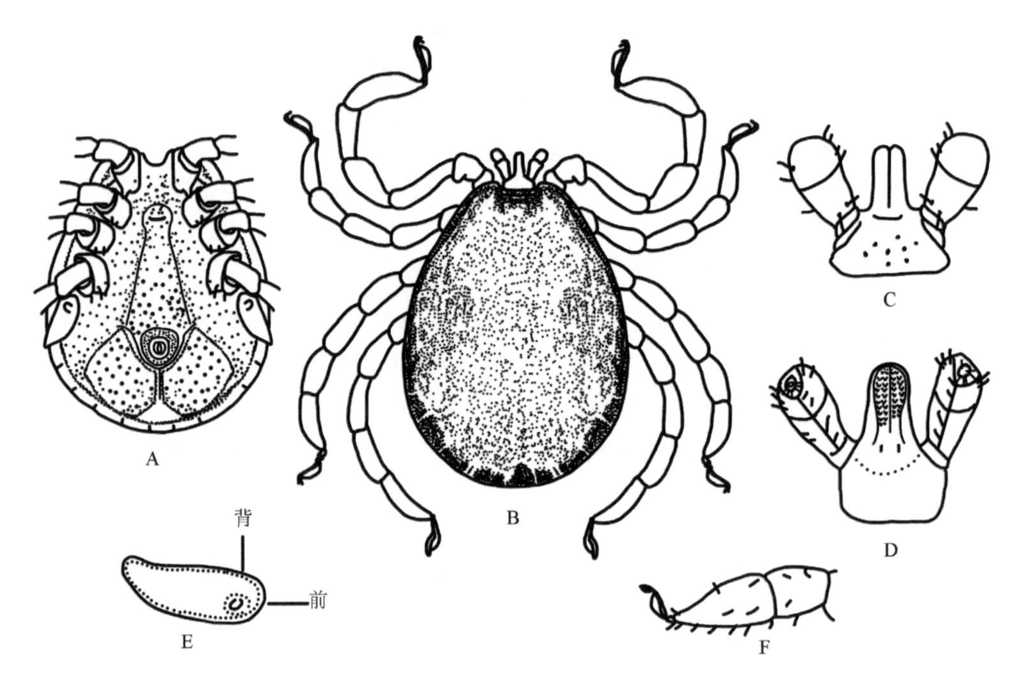

图 7-279 括氏血蜱雄蜱（参考：邓国藩和姜在阶，1991）

A. 躯体腹面观；B. 背面观；C. 假头背面观；D. 假头腹面观；E. 气门板；F. 跗节Ⅳ

盾板卵圆形，长约为宽的 1.4 倍，表面略隆起，在气门板背突水平处最宽。肩突短钝。缘凹浅。颈沟短而深陷，向后略内斜。无侧沟，刻点中等大小，中部分布稀疏，后部分布大致均匀。缘垛较短，分界明显，共 11 个。肛门外周有一亚圆形几丁质板。肛沟与生殖沟后段之间有一对大的几丁质板，其上有大刻点分布。

足中等大小。各基节无外距，基节Ⅰ内距锥形，末端稍尖，略超过基节Ⅱ前缘；基节Ⅱ、Ⅲ内距宽三角形，末端稍尖，超出该节后缘；基节Ⅳ内距稍窄长，末端尖。各转节无腹距。跗节亚端部向端部逐渐收窄，无端齿和亚端齿。爪垫仅达爪长的 1/2。生殖孔位于基节Ⅱ水平。气门板大，窄长形，背突长，向端部逐渐收窄，末端稍钝，无几丁质增厚区，气门斑位置靠前。

生物学特性 东洋界种类。主要生活在山地、农区，12 月也可在宿主上发现。

（10）嗜群血蜱 *H. concinna* Koch, 1844

定名依据　*concinna* 指盾板上刻点密，分布均匀。然而，中文译名嗜群血蜱已广泛使用。

宿主　幼蜱和若蜱寄生于小型哺乳动物及鸟。成蜱常寄生于马、牛、黑熊、狍子等大型哺乳动物（包括有蹄动物和食肉动物），也侵袭人。

分布　国内：甘肃、黑龙江、吉林、辽宁、内蒙古、新疆；国外：保加利亚、波兰、朝鲜、德国、法国、捷克、斯洛伐克、罗马尼亚、南斯拉夫、苏联、日本、土耳其、匈牙利、伊朗。

鉴定要点

雌蜱盾板近似圆形，长宽约等；刻点细而密，分布均匀；颈沟浅，间距宽，外弧形，末端约达盾板的 2/3。须肢前窄后宽，第Ⅱ节外缘与第Ⅲ节外缘几乎等长。第Ⅱ节后外角显著凸出呈角状，腹面内缘刚毛 4 或 5 根。第Ⅲ节前端尖窄，背部后缘不具刺，腹面刺粗短，末端约达第Ⅱ节前缘。假头基基突粗短，明显；孔区大，亚圆形，间距较宽。口下板齿式多为 5|5。气门板近似圆形，背突粗短，很不明显。足长适中，基节Ⅰ内距较长而尖；基节Ⅱ～Ⅳ内距粗短而钝。跗节亚端部逐渐细窄；腹面具端齿。爪垫较大，约达爪长的 2/3。

雄蜱须肢前窄后宽，外缘弧度大于内缘弧度。第Ⅱ节后外角中度凸出；腹面内缘刚毛 3 根。须肢第Ⅲ节顶端延长并向内侧弯曲，须肢合拢时相互交叠；背面后缘无刺；腹刺短锥形，末端略超过第Ⅱ节前缘。假头基基突强大，末端尖细。口下板齿式 6|6。盾板颈沟短而浅；侧沟明显，由基节Ⅱ水平向后封闭第Ⅰ缘垛；刻点小而密，分布均匀。气门板大，近似椭圆形，背突不明显。足比雌蜱略粗壮，其余与雌蜱相似。

具体描述

雌蜱（图 7-280，图 7-281）

黄褐色。体呈卵圆形，前端稍窄，后部圆弧形。长（包括假头）宽为（2.69～2.93）mm ×（1.59～1.87）mm。

须肢粗短，前窄后宽；第Ⅱ节宽稍大于长，内侧浅弧形微凸，外侧向外略凸出，与后缘形成锐角，背、腹面内缘刚毛分别为 2 根和 4～5 根；第Ⅲ节宽三角形，前端尖细，两侧向前逐渐收窄，后缘较直，背面无刺，腹面的刺粗短，末端约达第Ⅱ节前缘。假头基矩形，宽约为长（包括基突）的 2.5 倍，侧缘及后缘基突之间近似平直。孔区亚圆形，大而浅，间距稍宽。基突粗短，末端钝。假头基腹面宽短，侧缘及后缘近似平直，后侧角宽圆。口下板粗短，呈棒状；齿式多为 5|5，有时为 6|6 或 4|4。

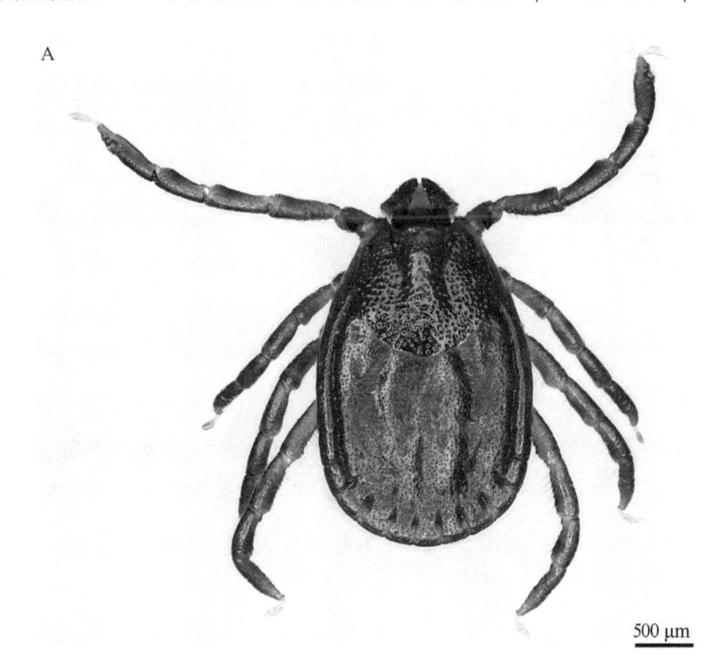

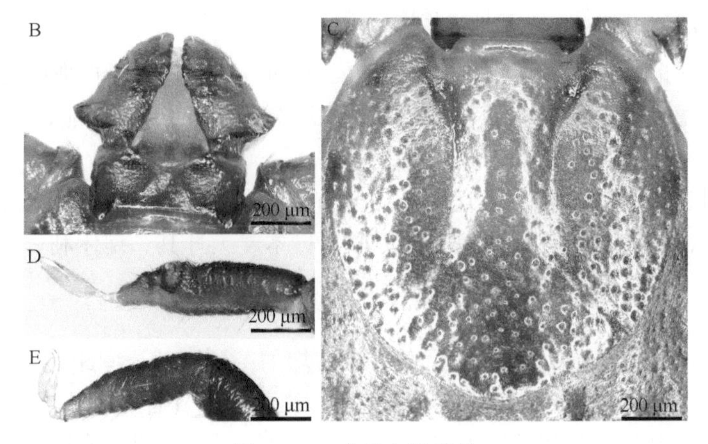

图 7-280　嗜群血蜱雌蜱

A. 背面观；B. 假头背面观；C. 盾板；D. 跗节Ⅰ；E. 跗节Ⅳ

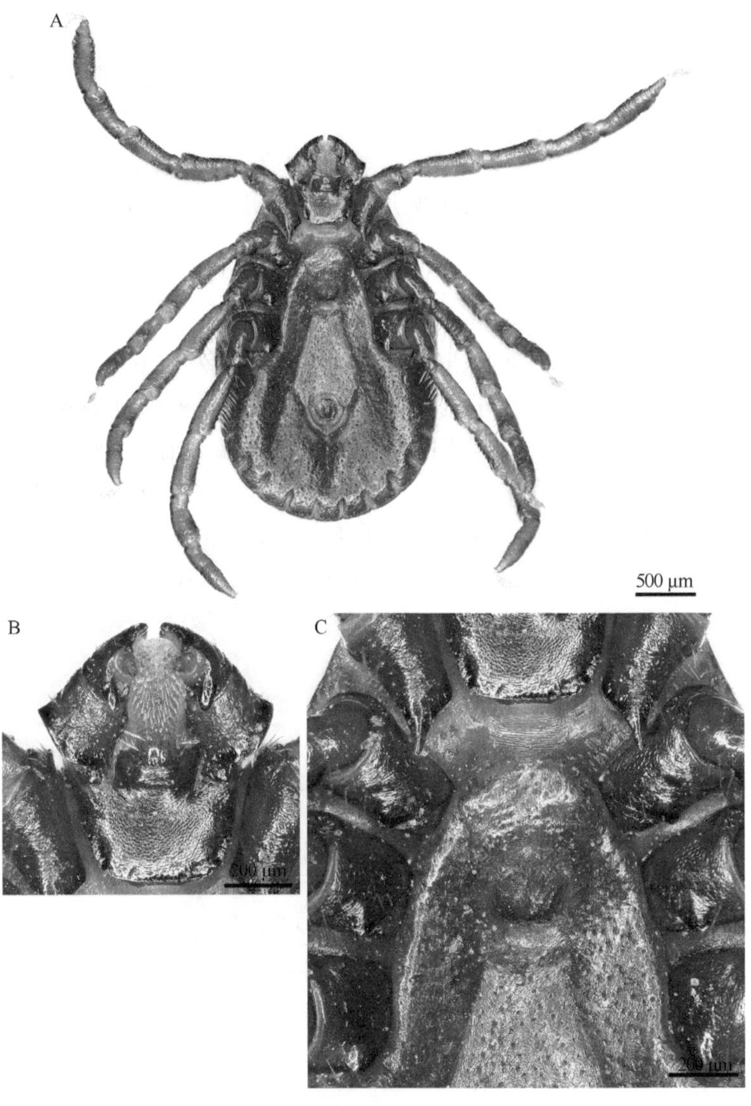

图 7-281　嗜群血蜱雌蜱

A. 腹面观；B. 假头腹面观；C. 基节及生殖孔

盾板近似圆形，长宽为（0.92～1.23）mm ×（0.90～1.22）mm；表面有光泽；刻点小而密，分布较为均匀。颈沟浅，间距较宽，弧形外弯，末端约达盾板长的2/3。

足中等大小。各基节无外距；基节Ⅰ内距较长，呈锥形，末端尖细；基节Ⅱ～Ⅳ内距粗短而钝。各转节腹距呈脊状。跗节Ⅳ亚端部向前逐渐收窄，具端齿，无亚端齿。爪垫约达爪长的2/3。气门板大，亚圆形，背突相当粗短，无几丁质增厚区，气门斑位置靠前。

雄蜱（图7-282，图7-283）

体色黄褐。体呈卵圆形，前端稍窄，后部圆弧形。长（包括假头）宽为（2.09～2.65）mm×（1.51～1.75）mm。

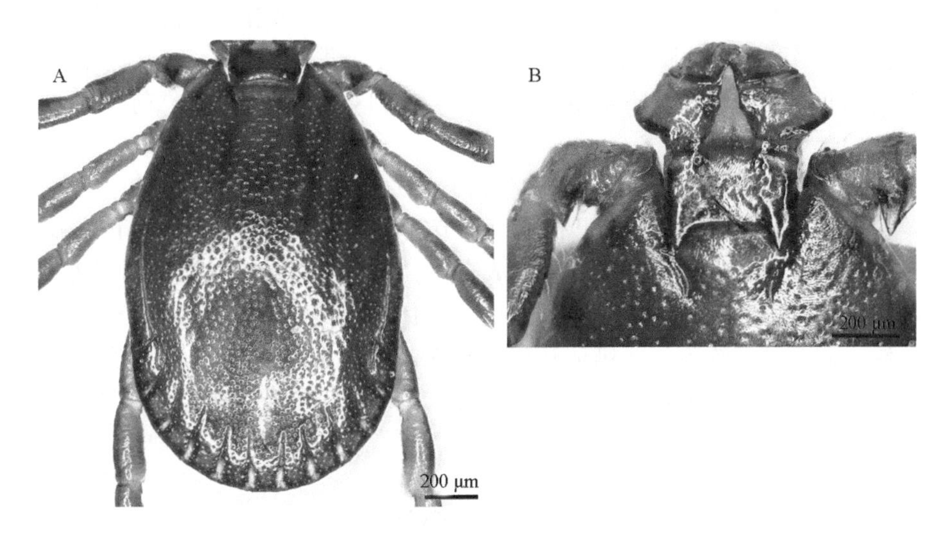

图7-282　嗜群血蜱雄蜱
A. 盾板；B. 假头背面观

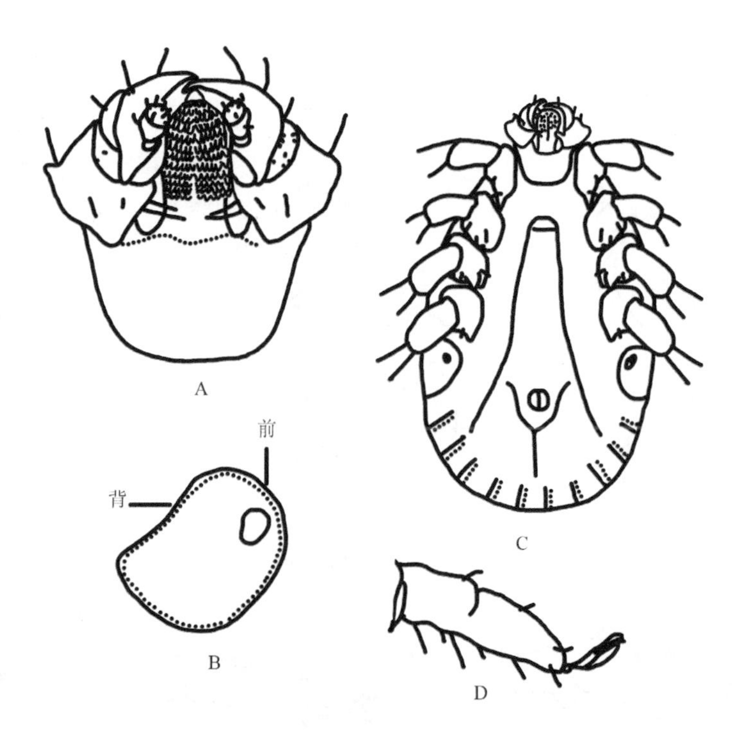

图7-283　嗜群血蜱雄蜱（参考：邓国藩和姜在阶，1991）
A. 假头腹面观；B. 气门板；C. 腹面观；D. 跗节Ⅳ

须肢粗短；第Ⅰ节短小，背、腹面可见；第Ⅱ节宽大于长，内侧浅弧形微凸，外侧向外略凸出，与

后缘形成锐角，背、腹面内缘各具刚毛 3 根；第Ⅲ节宽显著大于长，顶端延长向内侧弯曲，须肢合拢时交叠呈钳状，背面无刺，腹面的刺短锥形，末端略超出第Ⅱ节前缘；第Ⅳ节位于第Ⅲ节腹面的凹陷内。假头基矩形，宽约为长（包括基突）的 1.5 倍，两侧缘平行，后缘几乎平直；基突强大，长约等于其基部之宽，末端尖细。假头基腹面宽短，后缘弧形微弯，与侧缘相交成圆角，无耳状突和横脊。口下板明显短于须肢；齿式 6|6，内侧齿与外侧齿大小约等。

盾板呈卵圆形，长宽约 2.21 mm×1.58 mm，表面有光泽，刻点小而稠密，分布均匀。颈沟短浅。侧沟明显，自基节Ⅱ水平向后延伸并封闭第Ⅰ缘垛。缘垛窄长，分界明显，共 11 个。

足较粗且长。各基节无外距；基节Ⅰ内距窄长，末端尖细；基节Ⅱ～Ⅳ内距粗短，大小约等。转节Ⅰ的腹距略微窄长，转节Ⅱ～Ⅳ的腹距圆钝。跗节Ⅳ亚端部向端部逐渐收窄，端齿小。爪垫约达爪长的 2/3。气门板近似椭圆形，背突宽短，不明显，无几丁质增厚区，气门斑位置靠前。

若蜱（图 7-284）

体呈卵圆形，前端稍窄，后部圆弧形。长（包括假头）宽约 1.4 mm×0.8 mm。

假头宽短，尖楔形。须肢后外角显著凸出；第Ⅰ节短小，背、腹面可见；第Ⅱ节前窄后宽，内缘浅弧形略微凸出，外缘向前内斜，与第Ⅲ节外缘连成直线，与后缘相交成钝角，后缘外侧向后弧形弯曲，腹面后缘向后弯曲的弧度大，呈宽角状，外缘浅凹；第Ⅲ节窄三角形，前端尖窄，背面无刺，腹刺短小，末端约达该节后缘。假头基宽约为长（包括基突）的 2.25 倍；两侧平行，后缘较直；基突粗短，末端略尖。假头基腹面宽阔，向后渐窄，后缘略弧形后弯。口下板与须肢约等长；齿式 2|2，每纵列具齿 6 或 7 枚。

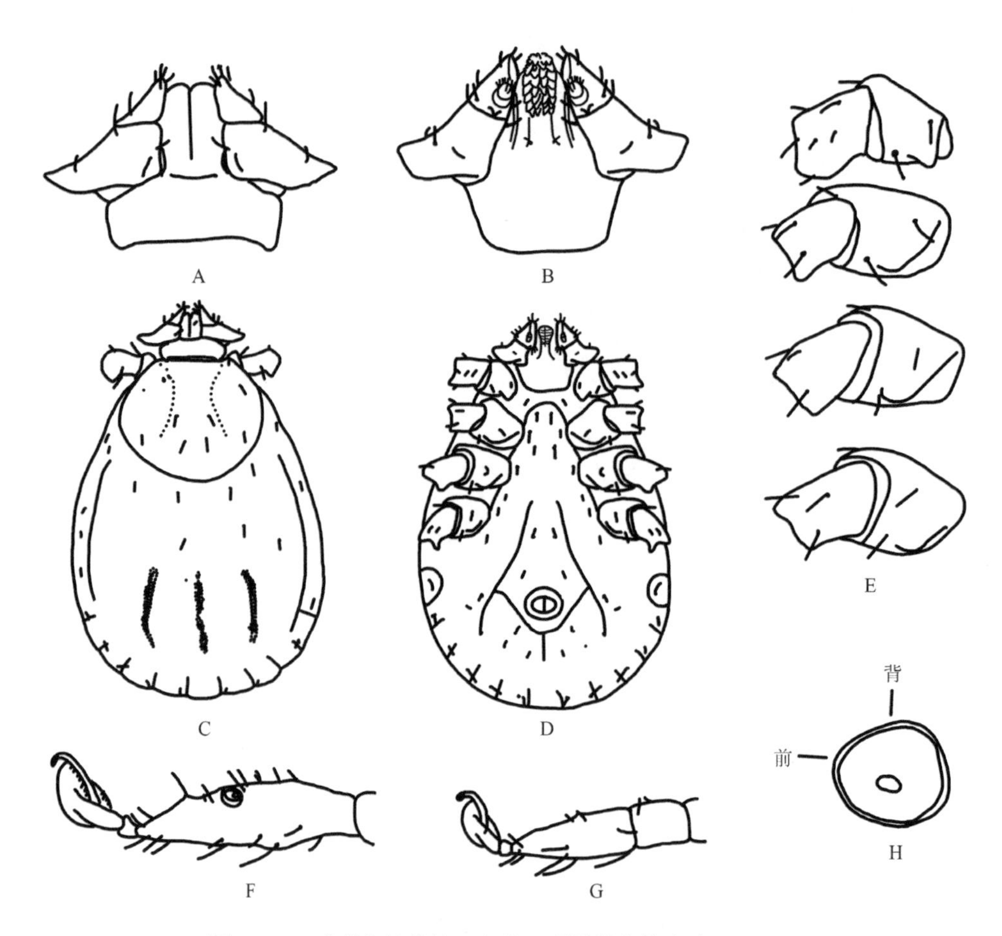

图 7-284　嗜群血蜱若蜱（参考：邓国藩和姜在阶，1991）

A. 假头背面观；B. 假头腹面观；C. 背面观；D. 腹面观；E. 基节；F. 跗节Ⅰ；G. 跗节Ⅳ；H. 气门板

盾板呈亚圆形，长宽约等，中部最宽，向后逐渐收窄，末端圆钝。刻点稀少。颈沟浅弧形，末端约达盾板后1/3处。

足中等长度。各基节无外距；基节Ⅰ内距粗短，末端圆钝，略超出该节后缘；基节Ⅱ～Ⅳ内距宽短，呈脊状，按节序渐小。转节Ⅰ背距三角形，末端尖；各转节无腹距或不明显。跗节Ⅰ较粗大；跗节Ⅱ～Ⅳ亚端部向端部逐渐收窄。爪垫将近达到爪端。气门板亚圆形，背突圆钝，不明显，无几丁质增厚区，气门斑位置靠前。

幼蜱（图7-285）

体呈卵圆形，前端稍窄，后部圆弧形。长（包括假头）宽约0.68 mm×0.48 mm。

须肢前端尖窄，后外角明显超出假头基侧缘；第Ⅰ节短小，背、腹面均可见；第Ⅱ节内缘浅弧形略微凸出，外缘浅凹，与后缘相交成锐角，后缘向后弧形弯曲；第Ⅲ节与第Ⅱ节分界不明显，前端尖窄，无背刺，腹面的刺短小。假头基矩形，宽约为长的2倍，侧缘后段略凸出，后缘基突之间平直；基突宽短，末端钝。假头基腹面宽阔，无耳状突和横脊。口下板略长于须肢，前端圆钝；齿式2|2，每纵列具齿6枚。

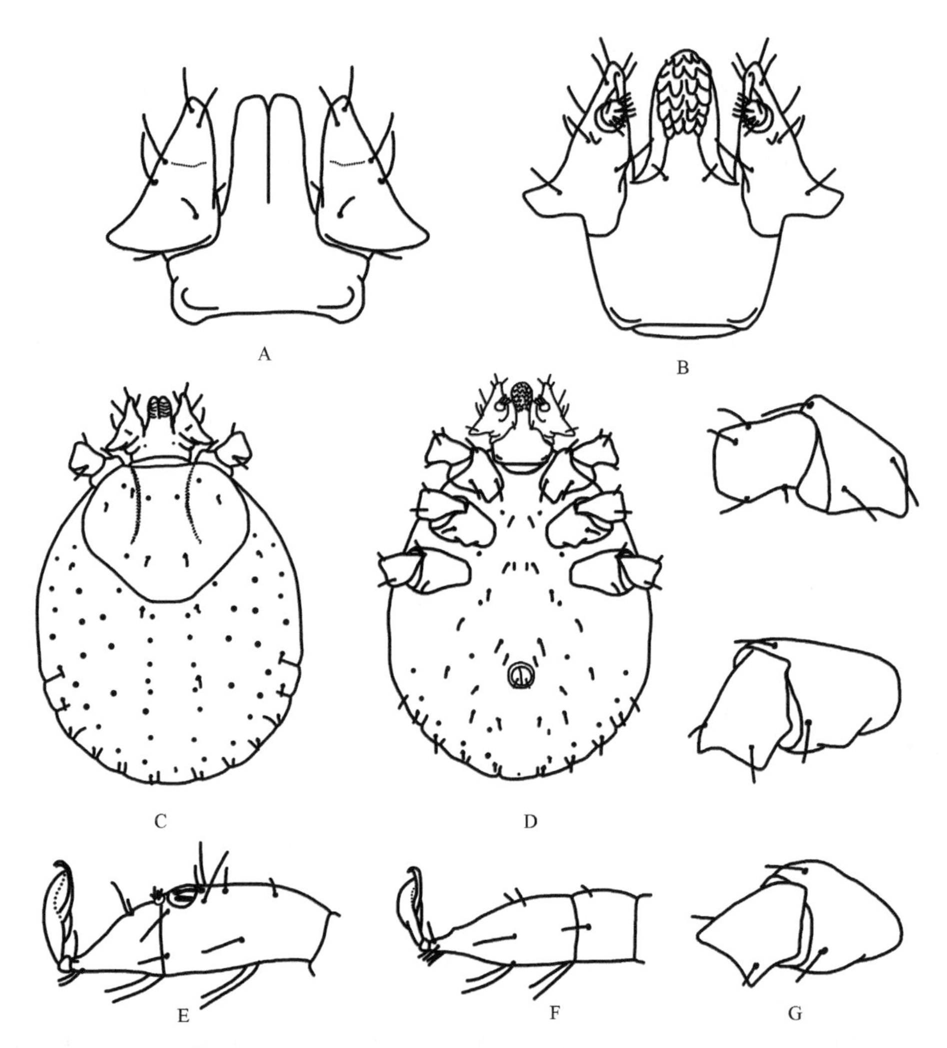

图7-285　嗜群血蜱幼蜱（参考：邓国藩和姜在阶，1991）

A. 假头背面观；B. 假头腹面观；C. 背面观；D. 腹面观；E. 跗节Ⅰ；F. 跗节Ⅲ；G. 基节

盾板近似心形，宽约为长的1.2倍，前1/3处最宽，向后渐窄，末端窄钝；刻点稀少。颈沟浅弧形外弯，末端略超过盾板的1/2。

足略长。各基节无外距；基节Ⅰ、Ⅱ内距粗短，末端圆钝，按节序渐短，但均超出各节后缘；基节Ⅲ内距极不明显。转节Ⅰ背距短小，末端圆钝；各转节腹距不明显。跗节Ⅰ较跗节Ⅱ、Ⅲ粗大；各跗节亚端部向端部逐渐收窄。爪垫将近达到爪端。

生物学特性　林区种类，常见于针阔混交林和沿河林。成蜱自春季至秋季活动，5月、6月为活动高峰。在自然界完成一个生活史约需2年。

蜱媒病　传播森林脑炎、Q热、北亚蜱媒斑疹热等的病原体。

（11）具角血蜱 *H. cornigera* Neumann, 1897

定名依据　*cornigera* 来源于拉丁语 *corniger*，意为“corn”（角）。

宿主　幼蜱和若蜱寄生于啮齿动物；成蜱寄生于水牛、黄牛。

分布　国内：福建、广西、海南、江西、台湾、云南；国外：菲律宾、柬埔寨、老挝、缅甸、印度尼西亚、越南。

鉴定要点

雌蜱盾板近似圆形，长宽约等；刻点粗细适中，分布较密；颈沟前深后浅，末端约达盾板的2/3。须肢前窄后宽。第Ⅱ节后外角强度凸出，后缘微波状弯曲，外缘弧形浅凹。第Ⅲ节前端尖窄，宽大于长；背部后缘不具刺，腹面刺发达，呈长锥形，末端约达第Ⅱ节中部。假头基基突三角形，末端稍尖；孔区大，卵圆形，间距宽。口下板齿式4|4。气门板亚圆形，背突短钝。足较长，基节Ⅰ内距粗大呈锥形；基节Ⅱ、Ⅳ内距粗短，约等长；基节Ⅲ内距更为粗短。跗节亚端部逐渐细窄；腹面端齿不明显。爪垫大，约达爪端。

雄蜱须肢前窄后宽，外缘弧度大于内缘弧度。第Ⅱ节后外角强度凸出，显著超出假头基侧缘；腹面后缘凹入，两侧形成粗短的角突。须肢第Ⅲ节宽短，背部外侧具1个粗大刺，显著超出第Ⅱ节外缘，后缘靠内侧有1小刺；腹刺锥形，末端超过第Ⅱ节前缘。假头基基突粗壮，末端尖细。口下板齿式5|5。盾板颈沟前深后浅；侧沟浅，由基节Ⅲ水平向后封闭第Ⅰ缘垛；刻点稠密，粗细不均。气门板大，短逗点形，背突短钝。足基节Ⅰ～Ⅲ与雌蜱相似，基节Ⅳ具2个细长内距，末端尖细。

具体描述

雌蜱（图7-286，图7-287）

体色黄褐。体呈长卵形，前端稍窄，前1/3处最宽，后部圆弧形。长（包括假头）宽为（2.83～2.98）mm×（1.63～1.96）mm。

须肢宽短；第Ⅰ节短小；第Ⅱ节外缘弧形浅凹，与后缘相交成锐角并向外侧显著凸出，后缘微波状弯曲，腹面后缘略弧形凹入，但两侧并不形成明显的角突；第Ⅲ节宽短，其外缘不与第Ⅱ节外缘连接，后缘中部略凸出，腹刺长锥形，末端约达第Ⅱ节中部。假头基矩形，宽约为长（包括基突）的2倍；两侧缘向后略内斜，后缘基突之间平直；孔区大，卵圆形，前端向内斜置，间距约等于其长径；基突短三角形，长小于其基部之宽，末端稍尖。假头基腹面宽阔，后缘弧形凸出，口下板与须肢约等长，两侧略外弯；齿式4|4，每纵列具齿10～12枚。

盾板近似圆形，长与宽约等，中部最宽，后侧缘略呈微波状，后缘圆弧形。刻点中等大小，分布较为稠密。颈沟前深后浅，浅弧形外弯，末端约达盾板后1/3处。

足较长，粗细适中。各基节无外距；基节Ⅰ内距粗大，呈长锥形；基节Ⅱ～Ⅳ内距粗短，基节Ⅲ的最短；基节Ⅱ、Ⅳ内距约等长。各转节腹距略呈脊状，末端圆钝。跗节亚端部向端部逐渐收窄，腹面端齿很不明显。爪垫将近达到爪端。气门板大，亚圆形，背突短钝，无几丁质增厚区，气门斑位置靠前。

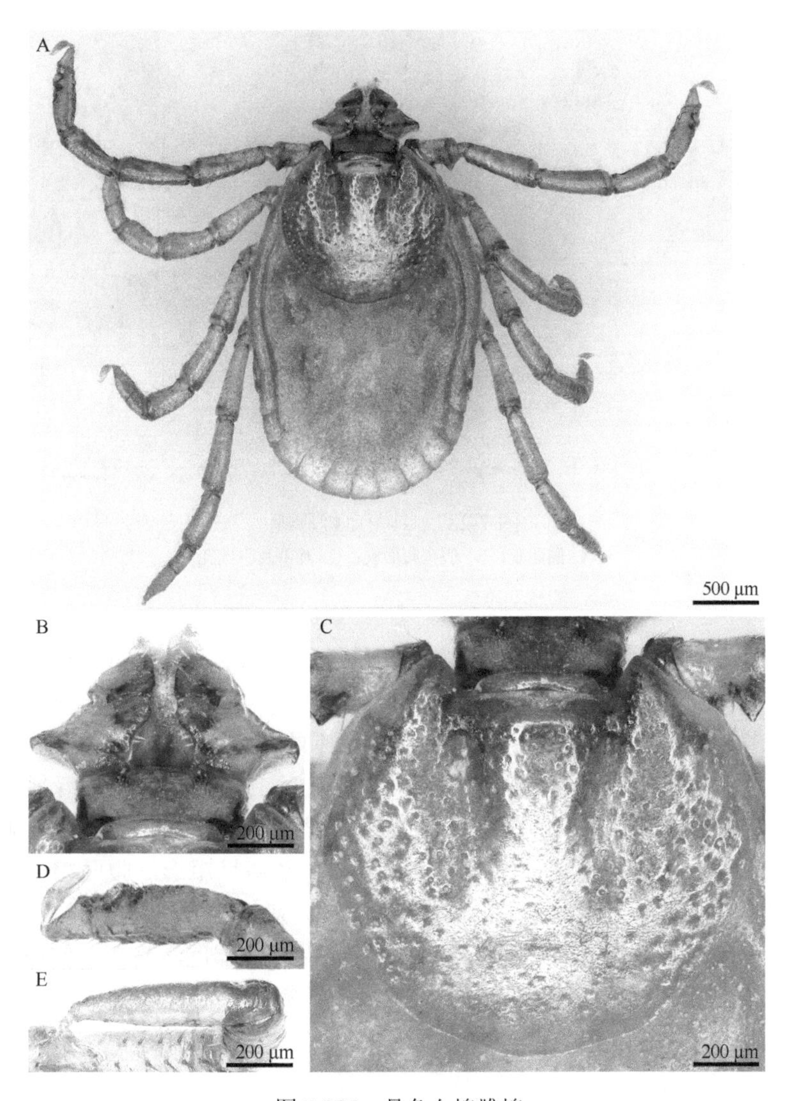

图 7-286　具角血蜱雌蜱
A. 背面观；B. 假头背面观；C. 盾板；D. 跗节Ⅰ；E. 跗节Ⅳ

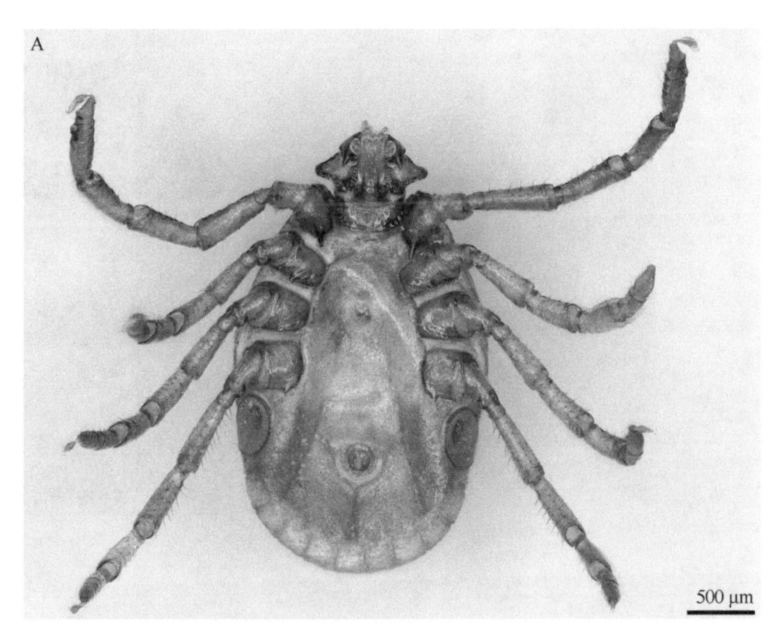

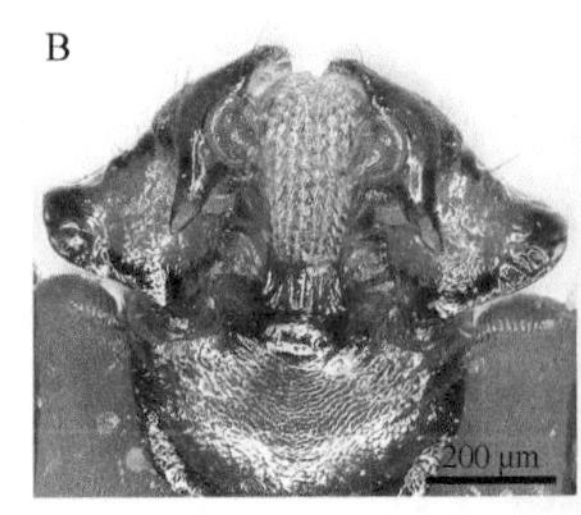

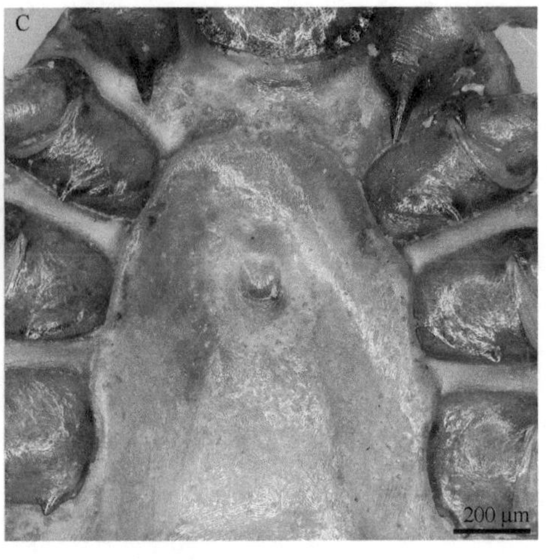

图 7-287　具角血蜱雌蜱

A. 腹面观；B. 假头腹面观；C. 基节及生殖孔

雄蜱（图 7-288）

黄褐色。体呈卵圆形，前端稍窄，后部圆弧形。长（包括假头）宽为（2.52～2.80）mm ×（1.67～1.90）mm。

须肢粗短；第Ⅰ节短小，背面不明显；第Ⅱ节后外角向外侧显著凸出，腹面后缘凹入，两侧形成粗短的角突；第Ⅲ节很宽短，外侧具一粗大的锐刺，显著超出第Ⅱ节外侧缘，后缘靠内具一细小的背刺，腹刺锥形，末端超过第Ⅱ节前缘。假头基矩形，宽约为长（包括基突）的 1.6 倍；两侧隆起，后缘中部弧形浅凹；基突粗壮，长约等于其基部之宽，末端尖细。假头基略呈矩形，腹面相当宽短，无耳状突和横脊。口下板略短于须肢，侧缘略为弧形凸出；齿式 5|5，每纵列具齿 10 枚。

盾板卵形，中部最宽，长约为宽的 1.45 倍；表面有光泽，前部色泽略深。假盾区的刻点较大，后半部的刻点较小，分布稠密。颈沟短，前深后浅。侧沟窄浅，靠近气门板的部分较宽，自基节Ⅲ水平向后延伸到达第Ⅰ缘垛后缘附近。缘垛窄长，分界明显，共 11 个。

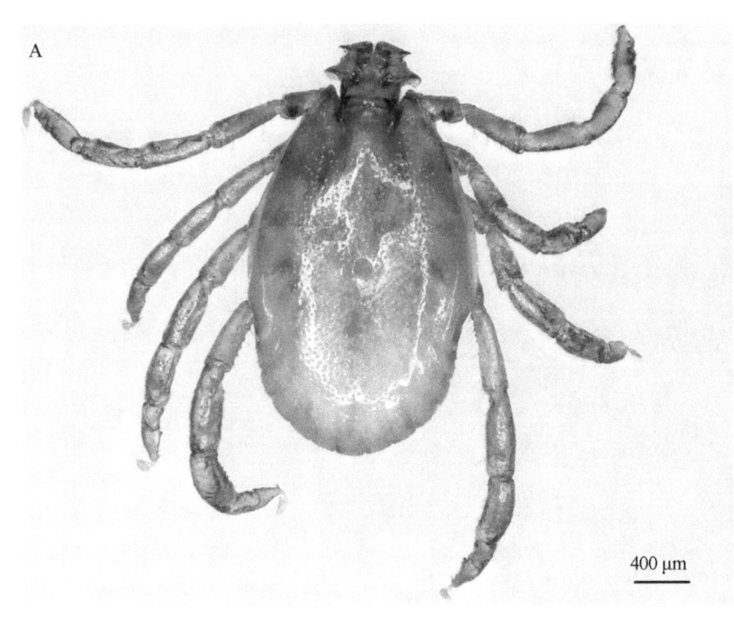

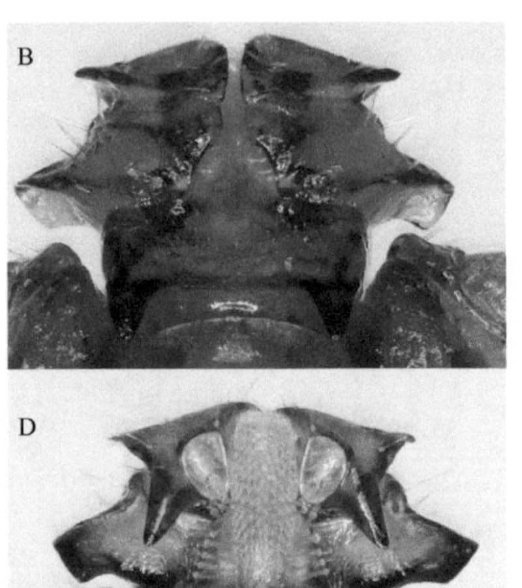

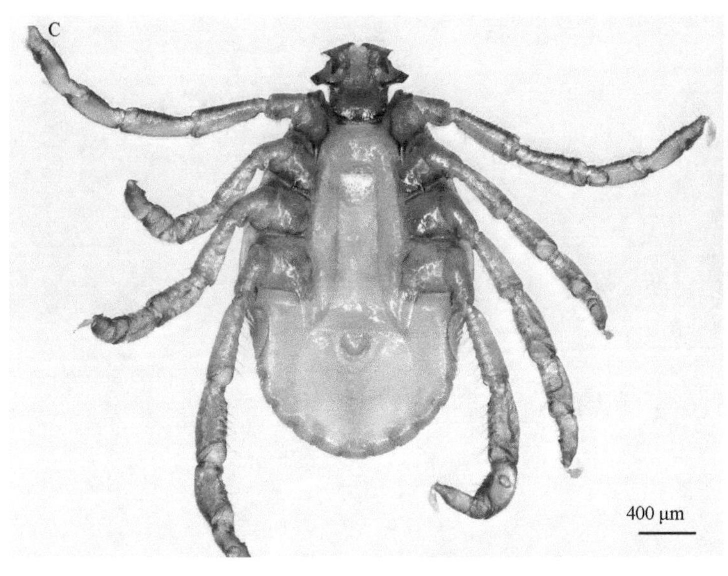

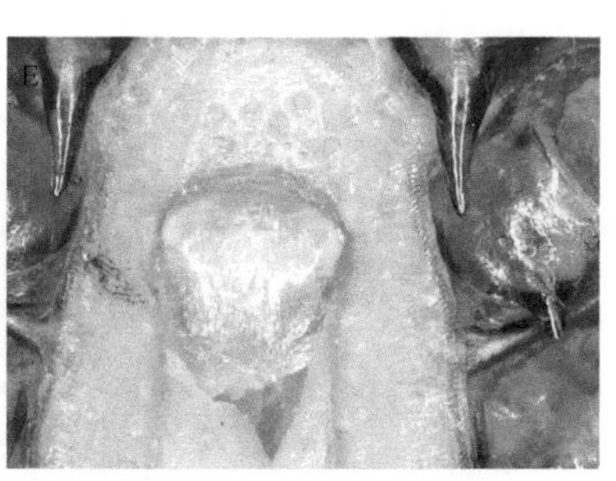

图 7-288　具角血蜱雄蜱
A. 背面观；B. 假头背面观；C. 腹面观；D. 假头腹面观；E. 生殖孔

足粗壮，尤以足Ⅲ、Ⅳ为甚。基节Ⅰ～Ⅳ无外距。基节Ⅰ内距窄长，末端尖细；基节Ⅱ、Ⅲ内距呈三角形，末端尖，基节Ⅲ的略短；基节Ⅳ具 2 个细长内距，其长约为基节Ⅰ的 1.5 倍。各转节腹距三角形，末端尖，转节Ⅳ的最长，转节Ⅱ、Ⅲ的腹距约等长，转节Ⅰ的稍短。各跗节亚端部向端部逐渐收窄，腹面端齿明显，但跗节Ⅰ的很小。爪垫几乎达到爪端。气门板大，短逗点形，背突粗短，末端圆钝，无几丁质增厚区，气门斑位置靠前。

生物学特性　生活于山区、野地。全年活动季节较长，春、秋季为活动高峰。

（12）丹氏血蜱 *H. danieli* Černý & Hoogstraal, 1977

定名依据　以人名命名。

宿主　幼蜱寄生于啮齿动物，成蜱和若蜱寄生于野羊、山羊。

分布　国内：青海、新疆；国外：阿富汗、巴基斯坦。

鉴定要点

雌蜱盾板近似盾形，长大于宽；刻点稠密，粗细不均，分布亦不均；颈沟前深后浅。须肢棒状，第Ⅱ节长于第Ⅲ节。第Ⅱ节腹面内缘刚毛 5 根。第Ⅲ节前端圆钝，背部后缘不具刺，腹刺粗短，指向内侧。假头基基突短钝，不太明显；孔区大，卵圆形。口下板齿式 5|5。气门板短逗点形，背突短钝。足长适中，各基节内距发达，末端略尖。跗节亚端部背缘略微隆起，逐渐细窄；腹面具端齿。爪垫较小，约达爪长的 1/2。

雄蜱须肢短棒状，第Ⅱ节长于第Ⅲ节；第Ⅱ节腹面内缘刚毛 4 根；须肢第Ⅲ节背面后缘无刺，腹刺粗短，指向内侧。假头基基突粗短，末端钝。口下板齿式 4|4。盾板颈沟短而深；侧沟长，由基节Ⅲ后缘水平向后封闭第Ⅱ缘垛；刻点细而密，少数中等大小，分布不均匀。气门板逗点形，背突明显，末端钝。足与雌蜱相似。

具体描述

雌蜱（图 7-289）

体呈卵圆形，前端稍窄，后部圆弧形。

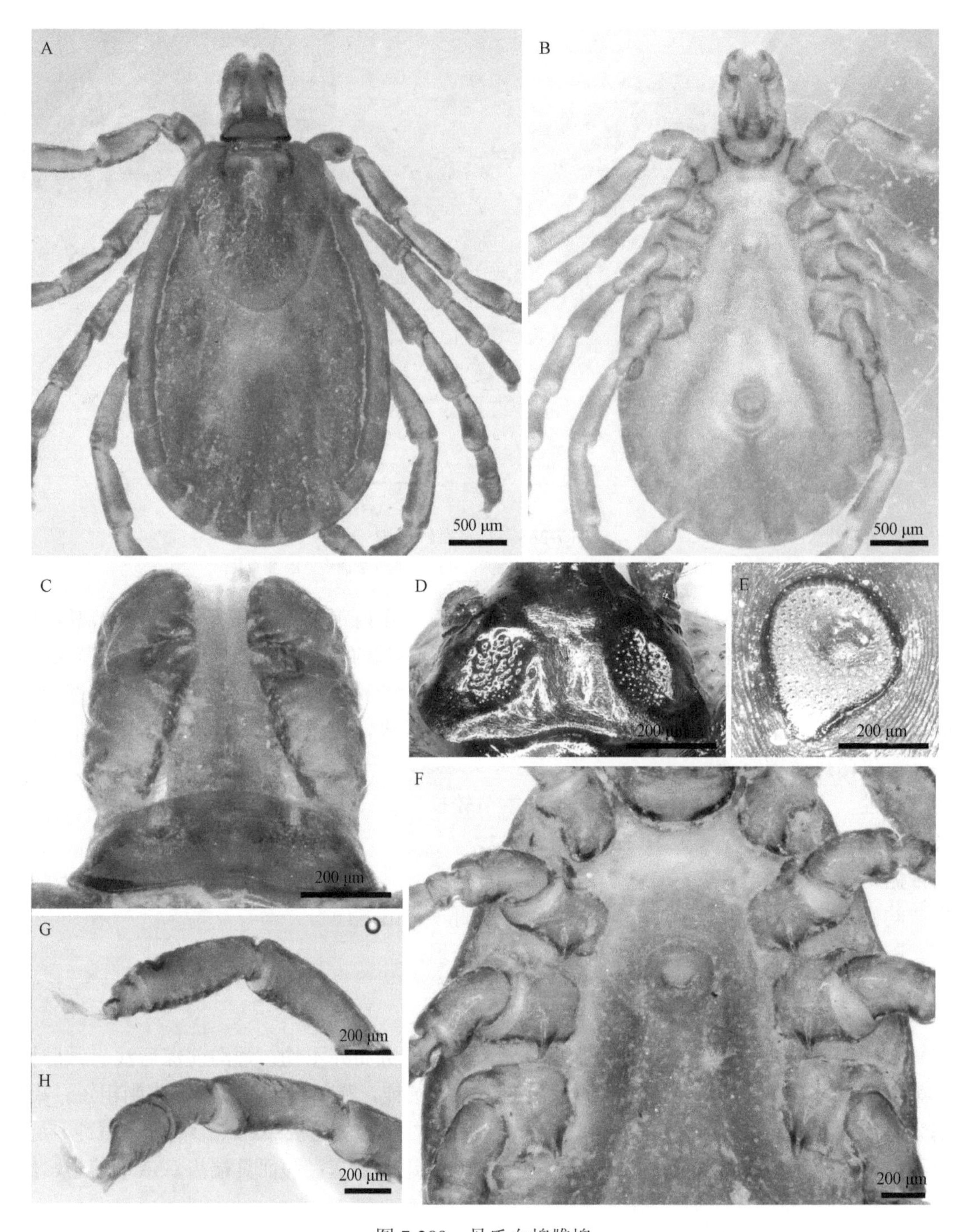

图 7-289　丹氏血蜱雌蜱

A. 背面观；B. 腹面观；C. 假头背面观；D. 孔区；E. 气门板；F. 基节及生殖孔；G. 跗节Ⅰ；H. 跗节Ⅳ

须肢棒状，长约为宽的 3 倍；顶端圆钝，外缘略直，内缘浅弧形凸出；第Ⅰ节短小，背、腹面可见；第Ⅱ节长约为宽的 1.5 倍，由前向后渐窄，腹面内缘刚毛 5 根；第Ⅲ节长约为第Ⅱ节的 0.84 倍，后缘直，无背刺，腹面刺粗短而钝，指向内侧。假头基宽约为长（包括基突）的 2.4 倍；两侧缘后段呈角状凸出，后缘中部略弧形凹入。孔区大，卵圆形，前端向内斜置，间距约等于其短径；两孔区之间有一浅的陷窝。基突极宽短，末端钝。假头基腹面宽短，后缘浅弧形凸出。口下板略短于须肢，前端圆钝；齿式 5|5，每纵列具齿 9～11 枚。

盾板长宽约 1.6 mm×1.4 mm，前 1/4 处最宽，向后逐渐收窄，末端窄钝。刻点较大而深，混杂小刻点，分布稠密但不均匀。肩突相当宽短，末端钝。缘凹宽浅。颈沟明显，前深后浅，弧形外弯，约达盾板后 1/3 处。

足中等大小。各基节均无外距，内距发达。基节Ⅰ的内距略大，基节Ⅱ的明显外弯，基节Ⅲ、Ⅳ的大小约等。转节Ⅰ背距宽短，末端钝。各转节无腹距。跗节Ⅱ～Ⅳ背缘较为隆起，然后向末端逐渐收窄，腹部端齿明显。爪垫约达爪长的 1/2。生殖孔位于基节Ⅱ、Ⅲ之间水平线，呈“U”形，无生殖帷。气门板短逗点形，背突相当粗短，末端钝，无几丁质增厚区，气门斑位置靠前。

雄蜱（图 7-290，图 7-291）

长（包括假头）宽（3.2～3.5）mm ×（2.0～2.2）mm。

须肢粗短，短棒状，长约为宽的 1.9 倍，在第Ⅱ、Ⅲ节交界处最宽；第Ⅰ节宽短，背、腹面可见；第Ⅱ节宽略大于长，向后弧形收窄，内缘弧度略大于外缘弧度，腹面内缘刚毛 4 根；第Ⅲ节与第Ⅱ节长度比为 4∶5，前端圆钝，后缘较直，无背刺，腹刺粗短而钝，指向内侧，未超出该节后缘。假头基宽约为长（包括基突）的 1.8 倍；两侧缘前段近似平行，后侧缘呈角状凸出，后缘平直。基突粗短，末端钝。假头基腹面宽短，后缘浅弧形凸出。口下板略短于须肢，前端圆钝；齿式 4|4，最内列具齿约 7 枚，最外列具齿约 11 枚。

盾板梨形，长约为宽的 1.4 倍，第Ⅰ缘垛水平处最宽。刻点浅，小刻点居多，中刻点较少，分布稠密但不均匀。肩突短钝。缘凹窄浅。侧沟窄长，自基节Ⅲ后缘水平向后延伸至第Ⅱ缘垛后缘附近。颈沟短而深，向后内斜。缘垛分界明显，共 11 个。

各足基节无外距，均具发达的内距，长略大于其基部之宽，末端窄钝或稍尖，略向外弯。各转节无腹距。跗节Ⅱ～Ⅳ背缘略隆起，向末端逐渐收窄，腹面端齿尖细。跗节Ⅰ无端齿。爪垫约达爪长的 1/2。生殖孔位于基节Ⅱ水平线。气门板逗点形，背突明显，末端圆钝，无几丁质增厚区，气门斑位置靠前。

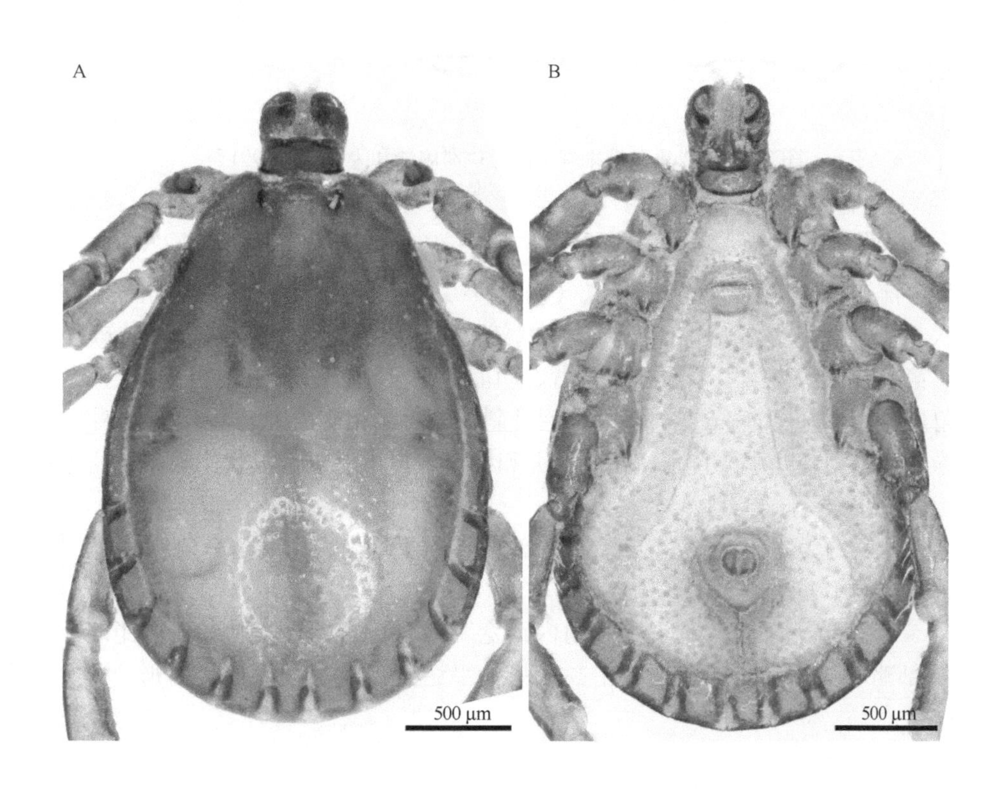

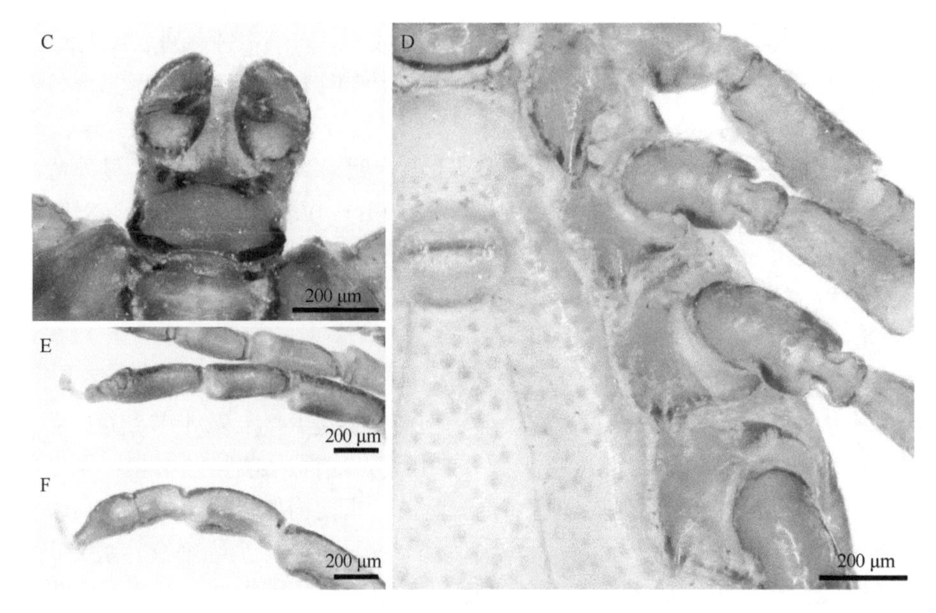

图 7-290　丹氏血蜱雄蜱

A. 背面观；B. 腹面观；C. 假头背面观；D. 基节及生殖孔；E. 跗节Ⅰ；F. 跗节Ⅳ

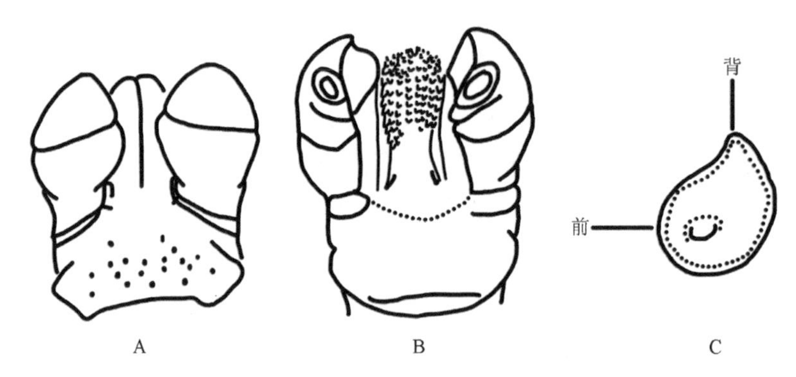

图 7-291　丹氏血蜱雄蜱（参考：邓国藩和姜在阶，1991）

A. 假头背面观；B. 假头腹面观；C. 气门板

若蜱（图 7-292）

体呈卵圆形，前端稍窄，后部圆弧形。长（包括假头）宽为（1.58～1.68）mm ×（0.83～0.92）mm。

须肢呈棒状，长约为宽的 3 倍，前端圆钝，基部收窄，内缘浅弧形凸出，外缘较直；第Ⅰ节短小，背、腹面可见；第Ⅱ节长约为第Ⅲ节的 2 倍，背、腹面内缘分别具刚毛 2 根和 1 根；第Ⅲ节无背刺和腹刺。假头基三角形，宽约为长的4.5 倍，两侧向后外斜，与后缘相交成锐角，后缘平直；无基突。假头基腹面较宽，侧缘与后缘相交几乎成直角，无耳状突和横脊。口下板压舌板状，与须肢约等长；齿式 2|2，每纵列具齿 10～12 枚。

盾板略似盾形，长约为宽的 1.1 倍。刻点少而浅，分布不均匀。肩突略呈角状。颈沟窄，前深后浅，弧形外弯，约达盾板的 1/2。

足中等大小。各基节无外距，基节Ⅰ～Ⅲ内距宽三角形，末端钝；基节Ⅳ内距略小。各转节无腹距。各跗节亚端部略粗大，向末端逐渐收窄。爪垫几乎达到爪端。气门板宽卵形，背突短小，气门斑位置靠前。

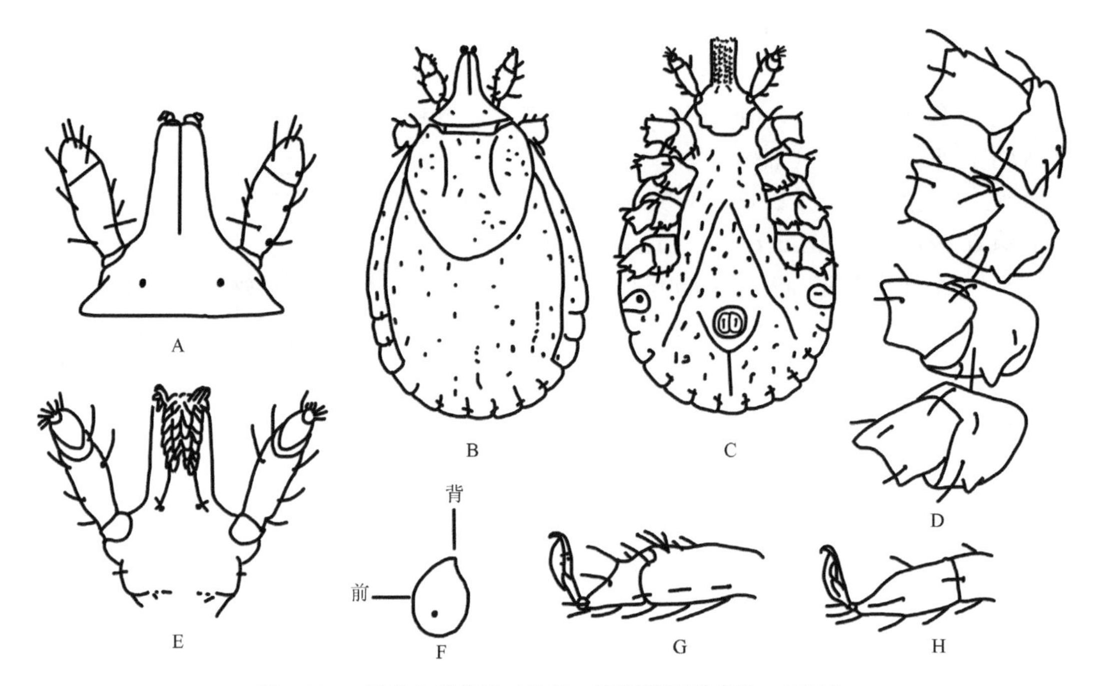

图 7-292　丹氏血蜱若蜱（参考：邓国藩和姜在阶，1991）

A. 假头背面观；B. 背面观；C. 腹面观；D. 基节；E. 假头腹面观；F. 气门板；G. 跗节Ⅰ；H. 跗节Ⅳ

幼蜱（图 7-293）

体呈卵圆形，前端稍窄，后部圆弧形。长（包括假头）宽为（0.85～0.93）mm ×（0.56～0.60 mm）。

须肢呈棒状，长约为宽的 2.1 倍，前端圆钝，两侧浅弧形凸出；第Ⅰ节短小，背、腹面可见；第Ⅱ节基部收窄，背、腹面内缘各具刚毛 1 根；第Ⅲ节无背刺和腹刺。假头基三角形，宽约为长的 5 倍，后侧缘呈尖角状，后缘中部略浅凹。假头基腹面宽阔，后侧缘为圆角状，后缘浅弧形凸出，无耳状突和横脊。口下板匙状，与须肢约等长；齿式 2|2，每纵列具齿约 7 枚。

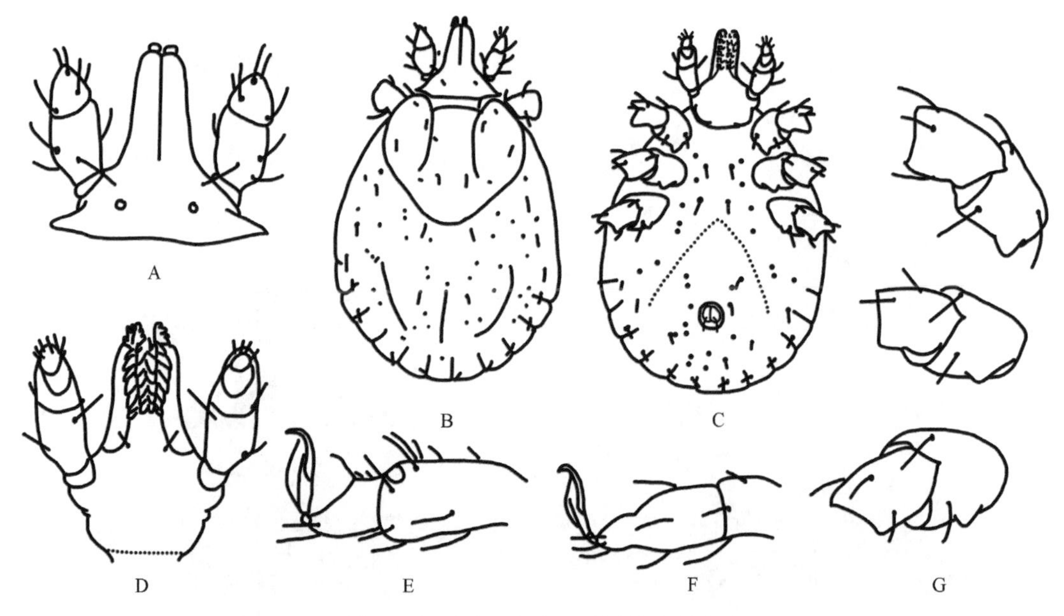

图 7-293　丹氏血蜱幼蜱（参考：邓国藩和姜在阶，1991）

A. 假头背面观；B. 背面观；C. 腹面观；D. 假头腹面观；E. 跗节Ⅰ；F. 跗节Ⅳ；G. 基节

盾板呈心形，宽约为长的 1.1 倍。刻点浅，稀少。肩突略呈角状。颈沟较窄，近似平行，末端约达盾板前 2/3 处。

足中等大小。各基节无外距，内部粗短，宽三角形，末端钝。各转节无腹距。各跗节亚端部略膨大，向末端逐渐收窄。爪垫几乎达到爪端。

生物学特性 常出现在海拔 2300～4000 m 的高山草地和灌丛。

（13）钝刺血蜱 *H. doenitzi* Warburton & Nuttall, 1909

定名依据 为纪念 Geheimrath W. Dönitz 而命名。然而，中文译名钝刺血蜱已广泛使用。

宿主 主要寄生于鹧鸪 *Francolinus pintadeanus*、雅鹃 *Centropus* spp.、白头鹎 *Pycnonotus sinensis*、竹鸡 *Bambusicola thoracica* 等鸟类，在华南兔 *Lepus sinensis* 上也有寄生。

分布 国内：福建、海南、台湾、云南；国外：澳大利亚、巴布亚新几内亚、菲律宾、老挝、马来西亚、缅甸、尼泊尔、日本、斯里兰卡、泰国、新加坡、印度、印度尼西亚。

鉴定要点

雌蜱盾板长圆形，长大于宽；刻点粗，分布均匀；颈沟末端达盾板 2/3。须肢前窄后宽，第Ⅱ节外缘明显大于第Ⅲ节。第Ⅱ节后外角强度凸出；背部后缘直，外缘呈角状浅凹。第Ⅲ节前端窄钝，背部后缘不具刺，腹面刺粗短，斜向后内方，末端约达第Ⅱ节前缘。假头基基突短小，稍钝；孔区长卵形。口下板齿式 4|4。气门板亚圆形，背突短钝。足稍粗壮，基节Ⅰ内距粗短，基节Ⅱ、Ⅲ更为粗短，基节Ⅳ内距三角形，略大于基节Ⅰ，末端稍尖。跗节亚端部逐渐细窄；腹面无端齿。爪垫大，约达爪端。

雄蜱须肢前窄后宽，外缘弧度大于内缘弧度，第Ⅱ节外缘明显长于第Ⅲ节外缘。第Ⅱ节后外角强度凸出，显著超出假头基侧缘；背部后缘略平，外缘呈角状浅凹。须肢第Ⅲ节前端尖窄，背面后缘无刺；腹刺粗短，略向内斜，末端约达第Ⅱ节前缘。假头基基突发达，末端尖细。口下板齿式 4|4。盾板颈沟深陷，约达基节Ⅱ水平线；侧沟长而深，由基节Ⅲ前缘水平向后延至第Ⅱ缘垛；刻点细，分布较为均匀。气门板近似卵圆形，背突短钝。足与雌蜱相似。

具体描述

雌蜱（图 7-294，图 7-295）

褐色，体型小。体呈卵圆形，前端稍窄，后部圆弧形；长宽为（2.88～3.00）mm ×（1.68～1.74）mm。

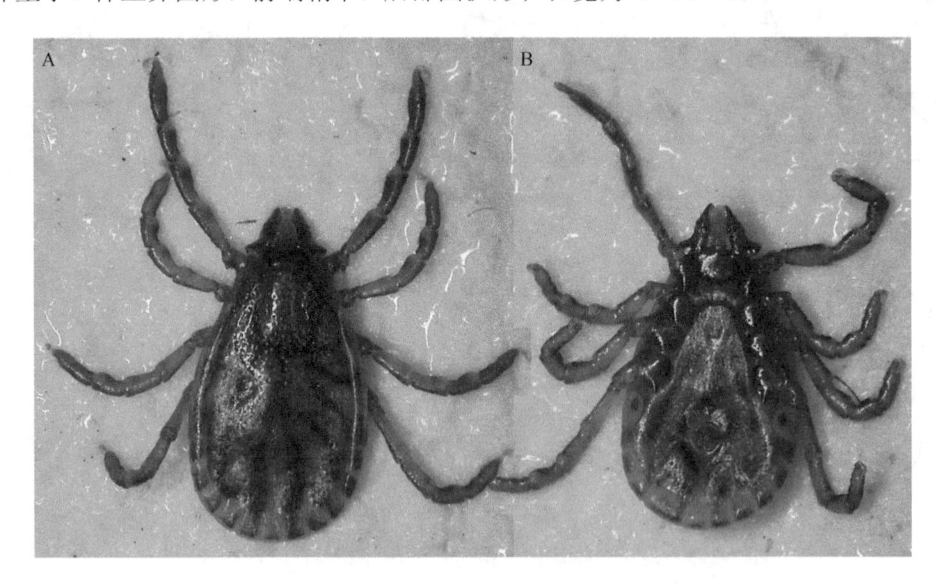

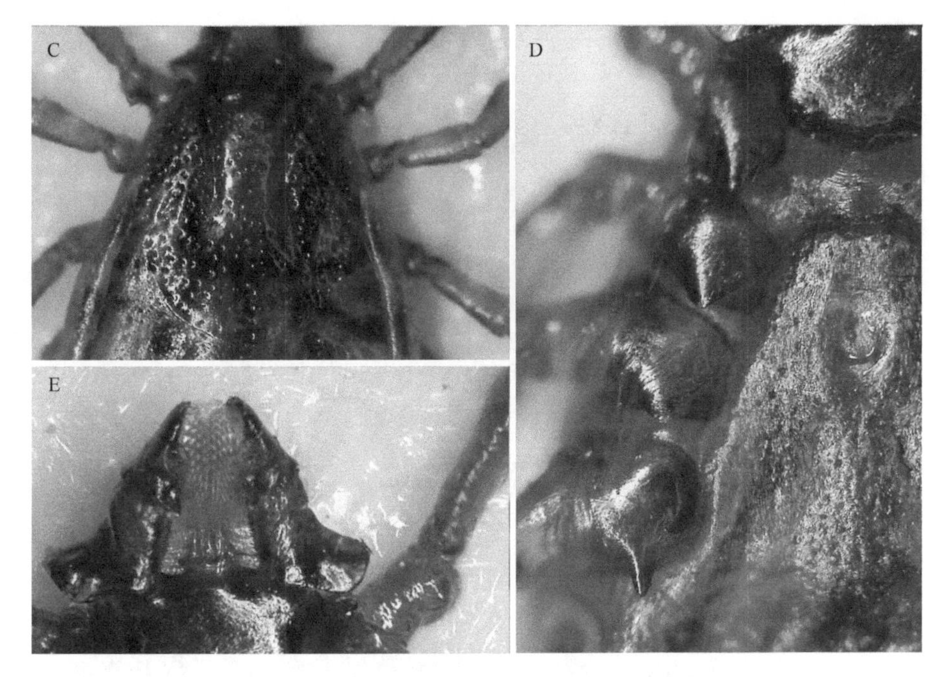

图 7-294 钝刺血蜱雌蜱

A. 背面观；B. 腹面观；C. 盾板；D. 基节及生殖孔；E. 假头腹面观

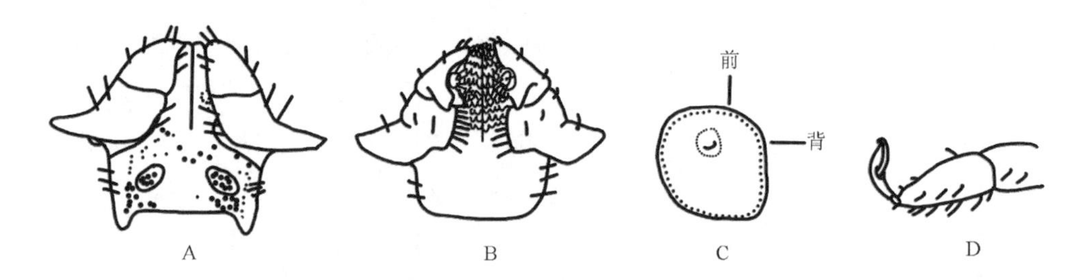

图 7-295 钝刺血蜱雌蜱（参考：邓国藩和姜在阶，1991）

A. 假头背面观；B. 假头腹面观；C. 气门板；D. 跗节Ⅳ

假头（包括假头基）长 0.54～0.63 mm。须肢长胜于宽；第Ⅰ节背面不明显；第Ⅱ节内缘浅弧形凸出，外缘中部角状浅凹，后外角显著凸出，呈锐角，后缘平直，腹面后缘圆弧形凸出；第Ⅲ节长约等于宽，三角形，前端窄钝，后缘平直，无背刺，腹面的刺粗短，斜向后内方，末端约达第Ⅱ节前缘。假头基近似倒梯形，宽约为长（包括基突）的 2 倍，两侧缘向后略内斜，后缘微凹；长宽为（0.18～0.24）mm ×（0.45～0.54）mm；孔区长卵形，前部内斜，间距约等于其短径；基突短小，末端稍钝。假头基腹面略呈矩形，后侧角圆钝，无耳状突和横脊。口下板窄长，与须肢约等长；齿式 4|4，每纵列约具 9 枚。

盾板椭圆形，长约为宽的 1.2 倍，中部最宽。刻点大而深，分布均匀。颈沟前深后浅，弧形外弯，末端约达盾板后 1/3 处。

足稍粗壮。各基节无外距，基节Ⅰ内距粗短，末端稍钝；基节Ⅱ、Ⅲ内距更为粗钝，大小约等；基节Ⅳ内距较窄，其长略大于基节Ⅰ内距，末端稍尖。转节Ⅰ～Ⅲ腹距短而钝，转节Ⅳ腹距稍长而尖。跗节亚端部向端部逐渐收窄，腹面无端齿和亚端齿。爪垫约达爪端。气门板亚圆形，背突短，末端圆钝，无几丁质增厚区，气门斑位置靠前。

雄蜱（图 7-296，图 7-297）

黄褐色或褐色，体型小。体呈卵圆形，前端稍窄，后部圆弧形。长（包括假头）宽为（2.62～2.82）mm ×（1.35～1.68）mm。

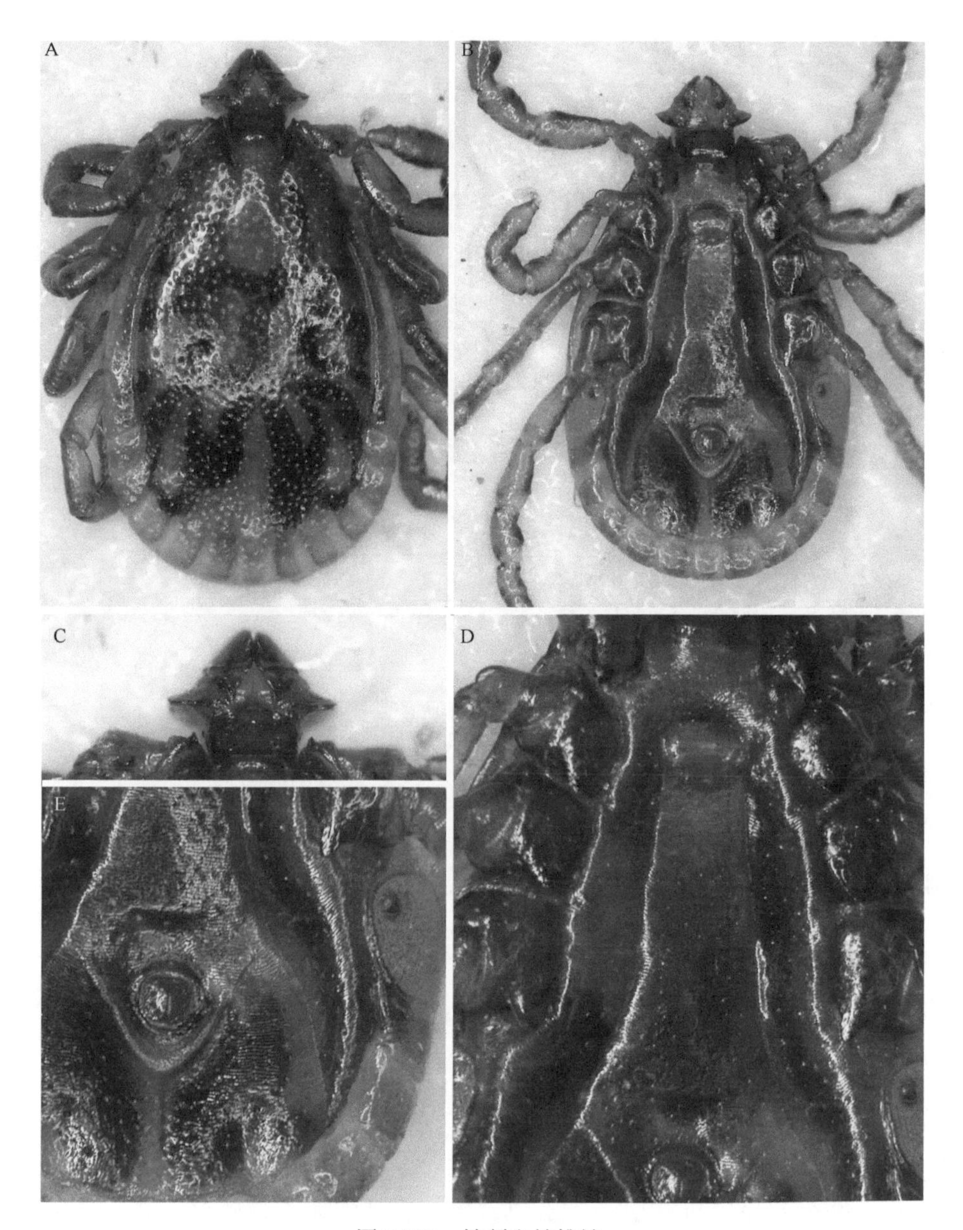

图 7-296　钝刺血蜱雄蜱

A. 背面观；B. 腹面观；C. 假头背面观；D. 基节；E. 肛门及气门板

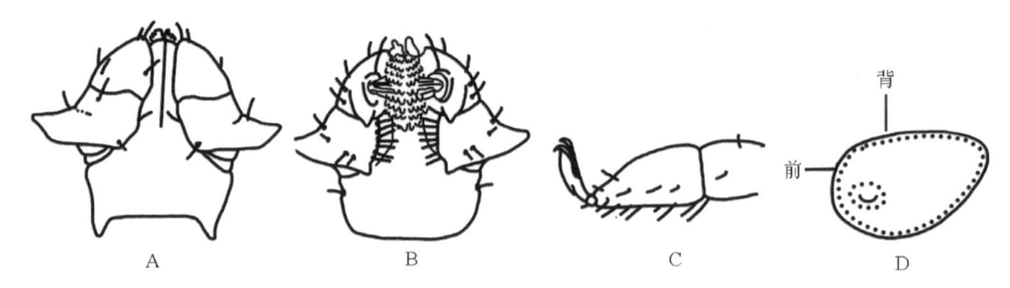

图 7-297　钝刺血蜱雄蜱（参考：邓国藩和姜在阶，1991）

A. 假头背面观；B. 假头腹面观；C. 跗节Ⅳ；D. 气门板

假头（包括假头基）长 0.54 mm。须肢长大于宽；第Ⅰ节短小，背面不明显；第Ⅱ节内缘浅弧形凸出，外缘中部浅凹，后外角显著凸出，呈锐角，后缘略平，腹面后缘圆弧形凸出；第Ⅲ节较第Ⅱ节短，三角形，前端尖窄，后缘较直，无背刺，腹刺粗短，略向内斜，约达第Ⅱ节前缘；第Ⅳ节着生在第Ⅲ节腹面

的凹陷内。假头基近似倒梯形，前部稍宽，向后略微收窄，宽约为长（包括基突）的 1.7 倍；长宽为 0.21 mm×0.36 mm；表面有细刻点；基突发达，三角形，末端尖细。假头基腹面呈矩形，无耳状突和横脊。口下板较须肢短，两侧缘略弯；齿式 4|4，每纵列具齿 6 或 7 枚。

盾板卵圆形，长约为宽的 1.4 倍，中部最宽；表面有光泽；刻点小，后半部稍密，其余部分分布较为均匀。颈沟深陷，向后略弯，约达基节Ⅱ水平线。侧沟长而深，自基节Ⅲ前缘水平向后延伸至第Ⅱ缘垛。缘垛窄长，分界明显，共 11 个。

足稍粗壮。各基节无外距，基节Ⅰ内距粗短，末端稍钝；基节Ⅱ、Ⅲ内距大小约等，较基节Ⅰ的略短而钝；基节Ⅳ内距较基节Ⅲ的稍长，末端稍尖。各转节腹距短小，末端钝。跗节稍粗短，亚端部向端部逐渐细窄，腹面无端齿和亚端齿。爪垫将近达到爪端。气门板略似卵圆形，向背方渐窄，背突短，末端钝，无几丁质增厚区，气门斑位置靠前。

若蜱（图 7-298，图 7-299）

体呈卵圆形，前端稍窄，后部圆弧形。长（包括假头）宽约 1.2 mm×0.7 mm。

须肢后外角显著凸出，长约为宽的 1.2 倍；第Ⅰ节短小，背面不明显；第Ⅱ节宽约为长的 1.6 倍，内缘弧形浅凹，背、腹面分别具刚毛 1 根和 2 根，外缘中部凹陷，后外角呈角突状，后缘几乎平直；第Ⅲ节斜三角形，第Ⅱ节约等长，外侧斜向后方，无背刺，腹刺短三角形，末端略超过该节后缘。假头基矩形，宽约为长（包括基突）的 2.3 倍，侧缘略直，近似平行，后缘基突之间较直；基突粗短，三角形，末端尖细。假头基腹面宽短，后侧缘略呈角状，无耳状突，具横脊。口下板略长于须肢，前端圆钝；齿式 2|2，每纵列具齿 5 或 6 枚。

图 7-298　钝刺血蜱若蜱

A. 背面观；B. 腹面观；C. 盾板；D. 基节

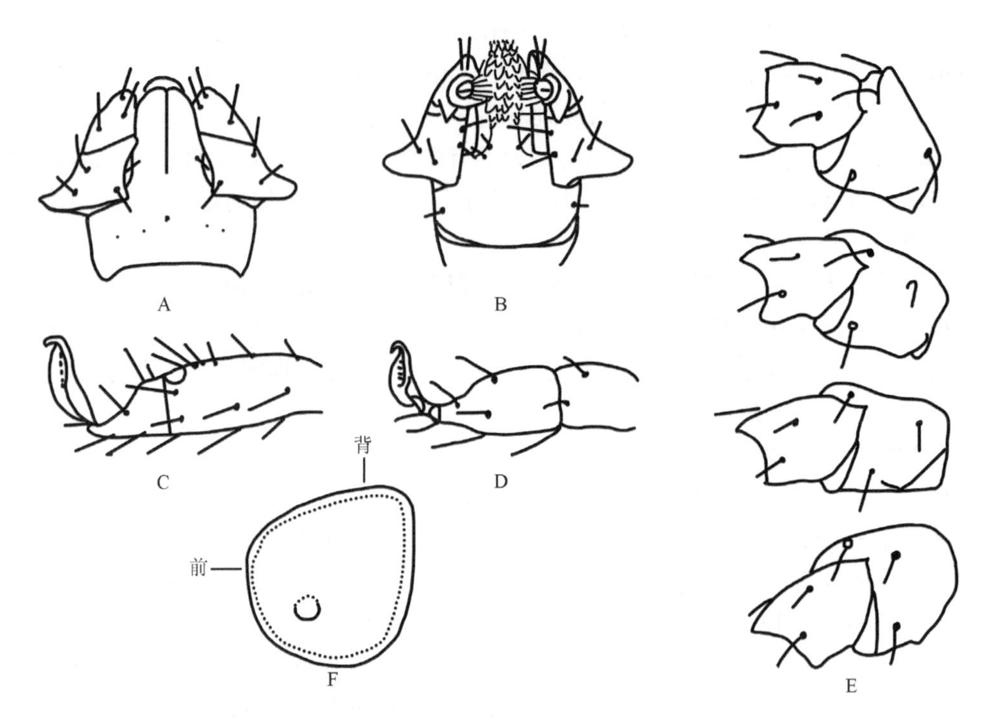

图 7-299 钝刺血蜱若蜱（参考：邓国藩和姜在阶，1991）
A. 假头背面观；B. 假头腹面观；C. 跗节Ⅰ；D. 跗节Ⅳ；E. 基节；F. 气门板

盾板圆形，宽约为长的 1.1 倍，中部最宽，后端圆钝。刻点少，分布不均匀。肩突呈宽三角形，缘凹宽而较深。颈沟前深后浅，弧形外弯，末端将近达到盾板后侧缘。

足中等大小。各基节无外距；基节Ⅰ内距宽短，呈三角形；基节Ⅱ、Ⅲ内距脊状；基节Ⅳ内距呈三角形，末端细小。转节Ⅰ背距三角形；各转节无腹距。跗节亚端部略隆起，转向端部逐渐收窄。爪垫几乎达到爪端。气门板亚圆形，背突宽短，末端圆钝，无几丁质增厚区，气门斑位置靠前。

幼蜱（图 7-300，图 7-301）

体呈卵圆形，前端稍窄，后部圆弧形。长（包括假头）宽约 0.62 mm×0.45 mm。

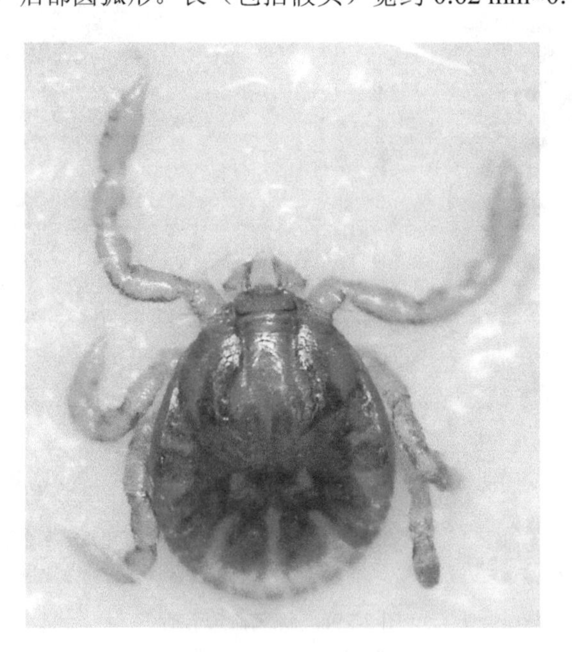

图 7-300 钝刺血蜱幼蜱背面观

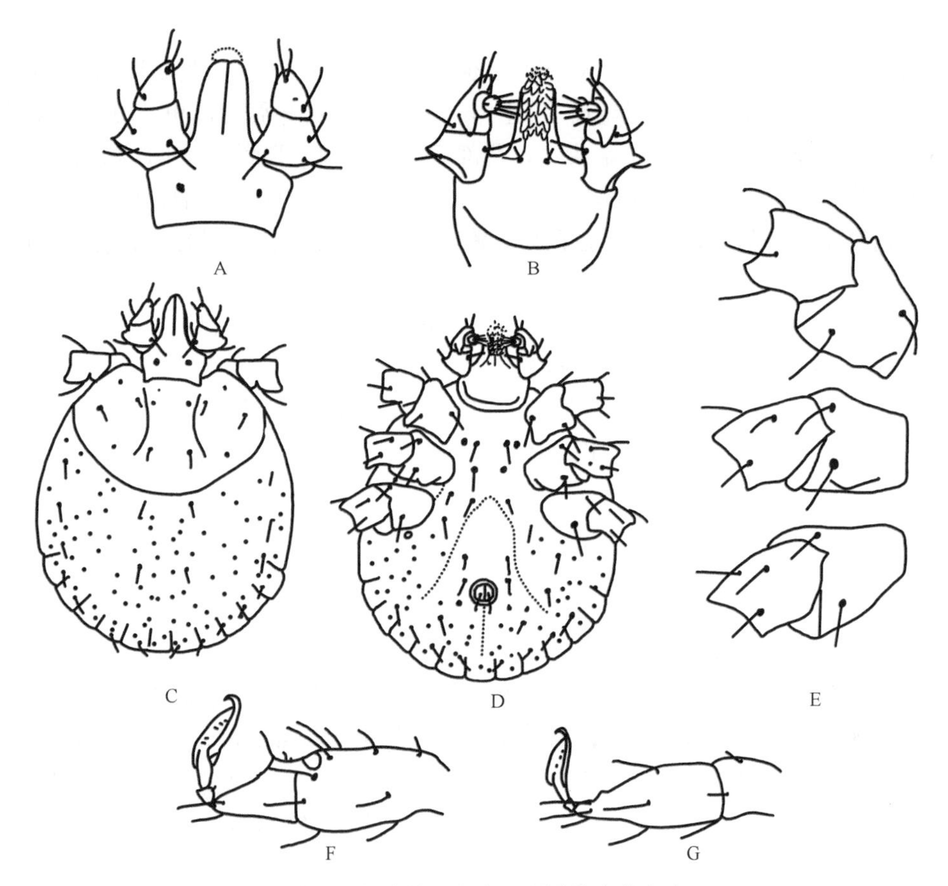

图 7-301　钝刺血蜱幼蜱（参考：邓国藩和姜在阶，1991）
A. 假头背面观；B. 假头腹面观；C. 背面观；D. 腹面观；E. 基节；F. 跗节Ⅰ；G. 跗节Ⅲ

须肢铃形，长约为宽的 1.3 倍；第Ⅰ节短小，背、腹面可见；第Ⅱ节内缘微凹，背、腹面内缘各具刚毛 1 根，外缘向前内斜，与后缘相交呈尖角状，后缘向后浅弯；第Ⅲ节斜三角形，外侧斜向后方，腹刺短，三角形，末端略超出该节后缘。假头基矩形，宽约为长（包括基突）的 2.5 倍，侧缘较直，后缘弧形略凹；基突短，宽三角形。假头基腹面宽短，后脊宽弧形，无耳状突。口下板与须肢约等长；齿式 2|2，每纵列具齿 6 或 7 枚。

盾板宽约为长的 1.5 倍；中部最宽，向后急剧收窄，后缘宽弧形。刻点稀少，或具细毛。肩突宽三角形。缘凹宽浅。颈沟弧形外弯，末端超过盾板中部。

各足基节无外距，基节Ⅰ内距宽短，三角形；基节Ⅱ内距呈脊状；基节Ⅲ无内距。转节Ⅰ背距圆钝；各转节无腹距。跗节亚端部略隆起，转向端部逐渐收窄。爪垫几乎达到爪端。

生物学特性　生活于林区、灌丛或野地。全年活动季节较长，春、夏、秋三季均可见其活动。

（14）短垫血蜱 *H. erinacei* Pavesi, 1884

定名依据　在刺猬 *Erinaceus algirus* 上发现，*erinacei* 来源于宿主名。然而，中文译名短垫血蜱已广泛使用。

宿主　大沙鼠 *Rhombomys opimus*、达乌尔黄鼠 *Citellus dauricus*、花鼠 *Eutamias sibiricus*、艾鼬 *Mustela eversmanni*。

分布　国内：宁夏、山西、新疆；国外：阿富汗、苏联、伊朗。

鉴定要点

雌蜱盾板似心形，前部最宽，长显著大于宽；刻点稍粗，分布均匀；颈沟明显，外弧形，末端约达盾板 2/3。须肢前窄后宽，第Ⅱ节外缘明显长于第Ⅲ节。第Ⅱ节后外角强度凸出，腹面后缘稍弯，浅弧形，内缘刚毛约 10 根，排列紧密。第Ⅲ节前端尖窄，背部后缘不具刺，腹面刺锥形，指向后方，末端超过第Ⅱ节前缘。假头基基突粗短；孔区卵圆形，前部内斜。口下板齿式 4|4。气门板亚圆形，背突不明显。足长适中，基节Ⅰ稍窄而钝；基节Ⅱ～Ⅳ内距粗短。跗节亚端部背缘略微隆起，向端部逐渐细窄；腹面端齿很短。爪垫不及爪长的 1/2。

雄蜱须肢前窄后宽，第Ⅱ节外缘明显长于第Ⅲ节，外缘弧度大于内缘弧度。第Ⅱ节后外角强度凸出，显著超出假头基侧缘；腹面内缘刚毛 10 根，排列紧密。须肢第Ⅲ节前端尖窄，背面后缘无刺；腹刺锥形，末端超过第Ⅱ节前缘。假头基基突明显，末端钝。口下板齿式 4|4。盾板颈沟深而短；侧沟长，由基节Ⅱ后缘水平向后延伸至第Ⅱ缘垛；刻点密，粗细不均，分布亦不均匀。气门板略似卵圆形，背突短钝。足与雌蜱相似。

具体描述

雌蜱（图 7-302）

体褐黄色。

假头宽短，尖楔形。须肢前窄后宽；第Ⅱ节背面内缘刚毛 2 或 3 根，腹面内缘刚毛约 10 根，排列紧密，背面外缘弧形浅凹，后外角显著凸出，呈锐角，明显超出假头基外缘，后缘向外略斜弯，腹面后缘稍弯，呈浅弧形；第Ⅲ节长宽约等，三角形，前端尖窄，后缘平直，无背刺，腹距锥形，末端超过第Ⅱ节前缘。假头基腹面较短小，后缘微弯，无耳状突和横脊。假头基宽约为长（包括基突）的 2.5 倍，两侧

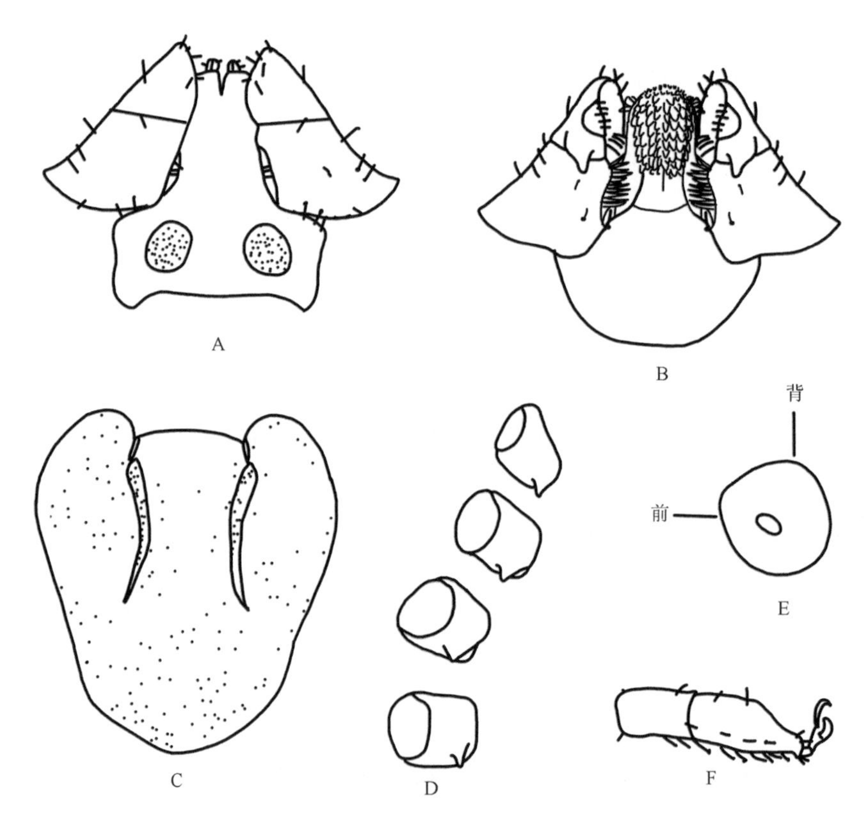

图 7-302　短垫血蜱雌蜱（参考：邓国藩和姜在阶，1991）

A. 假头背面观；B. 假头腹面观；C. 盾板；D. 基节；E. 气门板；F. 跗节Ⅳ

缘向后略内斜，后缘稍直；孔区中等大小，卵圆形，前部内斜，间距约等于其短径；基突粗短，末端钝；口下板略短于须肢；齿式 4|4，每纵列具齿约 8 枚。

盾板略似心形，长为宽的 1.1～1.2 倍，前部较宽，后侧缘微波状凸出，后缘较窄钝。刻点稍大，中等密度，分布较为均匀。颈沟明显，弧形外弯，末端约达盾板后 1/3 处。

足中等大小。各基节无外距；基节Ⅰ内距稍窄而钝；基节Ⅱ～Ⅳ内距粗短，略超出各节后缘。各转节无腹距。跗节稍窄长，背缘亚端部略微隆起，向端部逐渐收窄，腹面端齿很短。爪垫达不到爪长的 1/2。气门板亚圆形，背突很短，不明显，无几丁质增厚区，气门斑位置靠前。

雄蜱（图 7-303）

体淡褐黄色。长（包括假头）宽为（2.30～2.60）mm ×（1.33～1.43）mm。

假头相当宽短，尖楔形。须肢前窄后宽；第Ⅰ节短小，背面不明显；第Ⅱ节背、腹面内缘刚毛分别为 2～3 根和 10 根，外缘较第Ⅲ节外缘长，呈弧形浅凹，后外角显著凸出，呈锐角，后缘向外斜弯；第Ⅲ节宽大于长，三角形，前端尖窄，后缘较直，无背刺，腹刺呈锥形，末端超出第Ⅱ节前缘。假头基近似矩形，宽约为长（包括基突）的 2.2 倍，两侧缘向后略内斜，后缘基突之间平直；表面小刻点稀疏；基突明显，呈三角形，长略短于其基部之宽，末端钝。假头基腹面宽短，侧缘浅弧形凸出，后缘稍直。口下板与须肢约等长；齿式 4|4，每纵列具齿 7 或 8 枚。

盾板长卵形，长约为宽的 1.7 倍，气门板处最宽，向前逐渐收窄，后部圆钝。刻点大小不一，分布均匀。颈沟深而短，向后略外斜。侧沟窄长，自基节Ⅱ后缘水平向后延伸到第Ⅱ缘垛。缘垛分界明显，共 11 个，中垛窄长。

足较粗壮，长度适中。各基节无外距，基节Ⅰ内距短锥形，末端钝；基节Ⅱ～Ⅳ内距较粗短，末端稍尖，似三角形。各转节无腹距。跗节亚端部背缘略隆起，向末端逐渐收窄，腹面端齿很小，无亚端齿。爪垫不及爪长的 1/2。气门板略似卵圆形，背突短而圆钝，无几丁质增厚区，气门斑位置靠前。

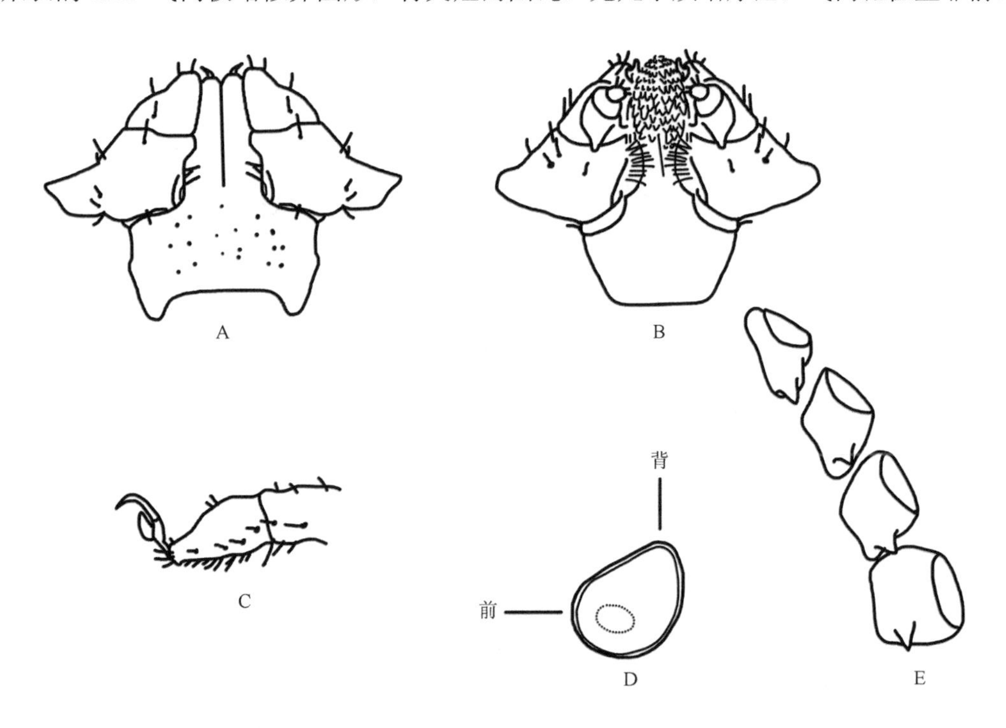

图 7-303　短垫血蜱雄蜱（参考：邓国藩和姜在阶，1991）

A. 假头背面观；B. 假头腹面观；C. 跗节Ⅳ；D. 气门板；E. 基节

生物学特性　生活于荒漠、半荒漠草原。常栖息于宿主（主要是野鼠）的洞口。6 月、7 月可在宿主上发现。

(15) 褐黄血蜱 *H. flava* Neumann, 1897

定名依据 *flava* 源自“*flavus*”(黄色的)。

宿主 常寄生于猪、猪獾、犬、黄牛、马、绵羊、野兔等,也寄生于锦鸡。

分布 国内:甘肃、湖北、江苏、四川、台湾;国外:朝鲜、苏联(远东沿海地区)、日本、斯里兰卡、印度、越南。

鉴定要点

雌蜱盾板呈亚圆形,长宽约等;刻点粗细中等,分布均匀;颈沟长,前深后浅,末端几乎达到盾板后侧缘。须肢前窄后宽。第Ⅱ节后外角中度凸出,呈角状;外缘向内浅凹;腹面内缘刚毛约 4 根。第Ⅲ节前端窄钝,背部后缘不具刺,腹面刺粗短,末端约达第Ⅱ节前缘。假头基基突粗短而钝,明显;孔区大,卵圆形。口下板齿冠占齿部的 1/5,齿式 4|4 或 5|5。气门板亚圆形,背突短钝。足粗壮,基节Ⅰ内距短钝;基节Ⅱ~Ⅳ短,三角形,末端尖细。跗节亚端部逐渐细窄;腹面具小的端齿。爪垫略超过爪长的 2/3。

雄蜱须肢前窄后宽,外缘弧度大于内缘弧度。第Ⅱ节后外角中度凸出,超出假头基侧缘;腹面内缘刚毛 4 根。须肢第Ⅲ节背面后缘无刺;腹刺粗短,末端约达第Ⅱ节前缘。假头基基突强大,末端稍尖。口下板齿式 5|5。盾板颈沟短而浅,浅弧形;侧沟由盾板中部向后达气门板后缘;刻点细而浅,分布均匀。气门板卵圆形,背突短钝。足很粗壮,足Ⅳ最为明显。足Ⅰ~Ⅲ与雌蜱相似,但足Ⅳ内距显著长,针状;跗节亚端部逐渐收窄,腹面远端 1/3 处具粗短齿突,端齿粗壮。

具体描述

雌蜱(图 7-304)

褐黄色。体呈卵圆形,前端稍窄,后部圆弧形。

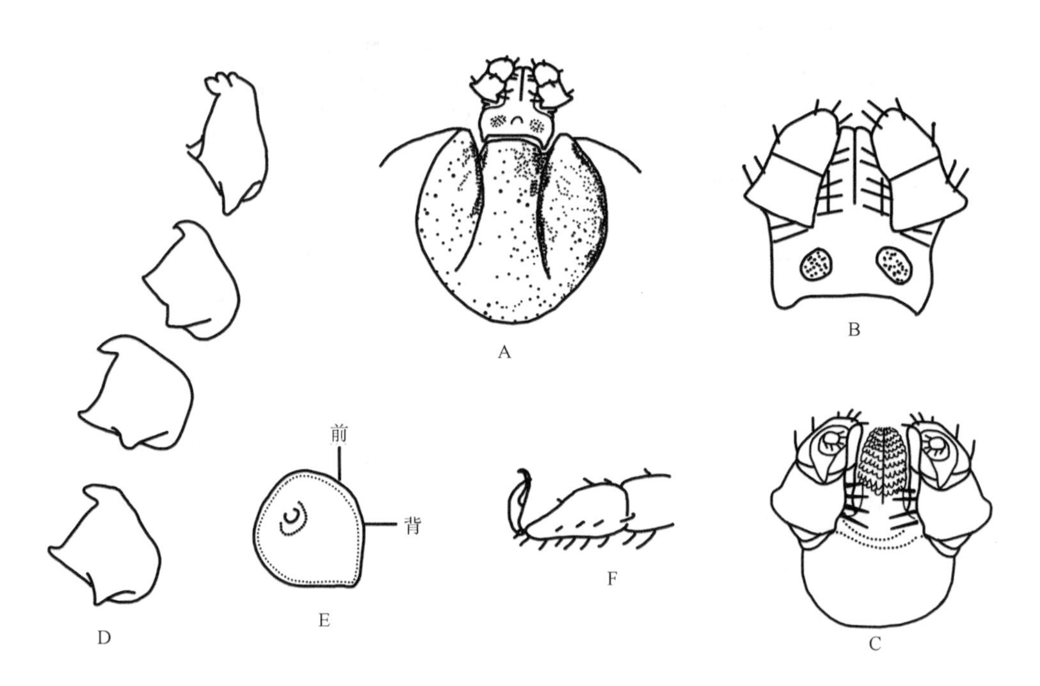

图 7-304 褐黄血蜱雌蜱(参考:邓国藩和姜在阶,1991)

A. 假头及盾板背面观;B. 假头背面观;C. 假头腹面观;D. 基节;E. 气门板;F. 跗节Ⅳ

须肢长约为宽的 1.5 倍;第Ⅰ节短小,背、腹面可见;第Ⅱ节外缘浅凹,后外侧显著凸出,明显超出假头基外侧水平,后缘向外斜弯,腹面后缘向外弧形凸出;第Ⅲ节三角形,前端窄钝,后缘直,无背刺,

腹面刺粗短，末端约达第Ⅱ节前缘。假头基矩形，宽约为长（包括基突）的 2.1 倍，两侧缘平行，后缘基突间平直；表面两侧略隆起，中部有圆形浅陷；孔区大，卵圆形，前部内斜，间距约等于其长径；基突粗短而钝。假头基腹面宽短，后缘微弯，无耳状突和横脊。口下板略短于须肢，顶端圆钝，两侧前部弧形凸出，向后弧形收窄；齿式 4|4 或 5|5，每纵列具齿 8 或 9 枚。

盾板呈亚圆形，长宽约等。刻点中等大小，分布大致均匀。颈沟长，前深后浅，弧形外弯，末端约达到盾板后侧缘。

足粗壮。基节Ⅰ内距短钝；基节Ⅱ～Ⅳ内距短三角形，末端尖细。各转节腹距短小，末端圆钝。跗节稍粗，亚端部向端部逐渐收窄。爪垫略超过爪长的 2/3。气门板亚圆形，背突短，末端圆钝，无几丁质增厚区，气门斑位置靠前。

雄蜱（图 7-305）

暗褐黄色。体呈卵圆形，前端稍窄，后部圆弧形。长（包括假头）宽为（2.83～3.17）mm ×（1.8～2.08）mm。

须肢粗短，近似三角形，第Ⅰ节短小，背、腹面可见；第Ⅱ节背面宽约为长的 1.5 倍，外侧显著凸出，超出假头基外侧缘，腹面内缘刚毛细而稀疏，约 4 根，后缘具向后的角突，末端较钝；第Ⅲ节短三角形，其外缘与第Ⅱ节外缘连接，呈弧形，后缘较直，背面无刺，腹面刺粗短，末端约达第Ⅱ节前缘。假头基矩形，宽约为长（包括基突）的 1.5 倍，两侧缘平行，后缘两基突间直；基突强大，长略小于基部之宽，末端稍尖。假头基腹面宽短，后缘弧形微弯，无耳状突，无横脊。口下板棒状，前部稍宽，向后渐窄；齿式 5|5，每纵列具齿 8 或 9 枚，最内列齿较小。

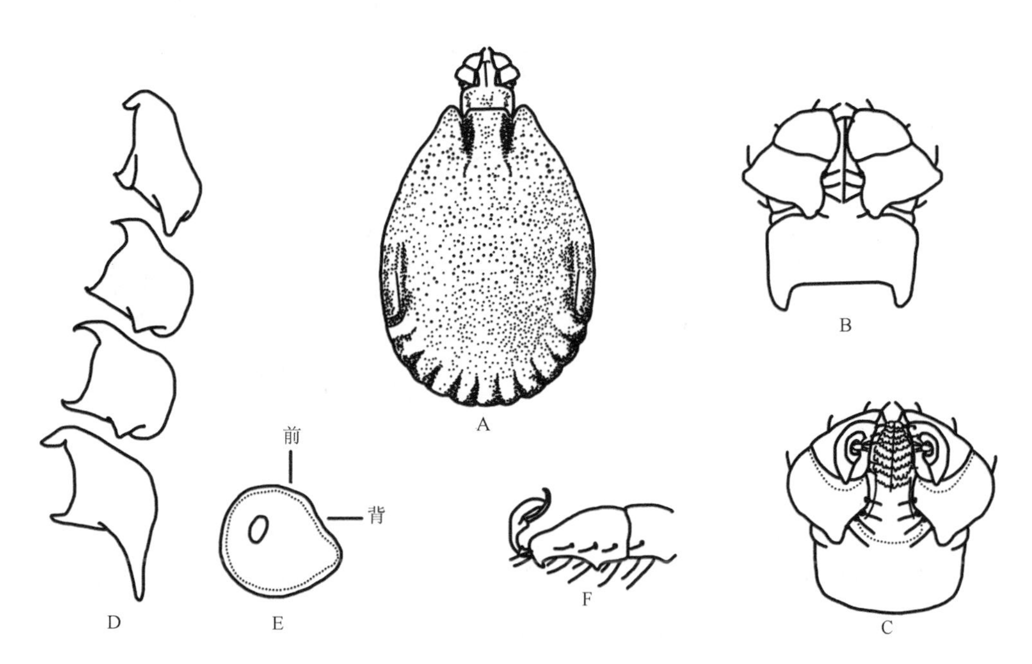

图 7-305 褐黄血蜱雄蜱（参考：邓国藩和姜在阶，1991）

A. 背面观；B. 假头背面观；C. 假头腹面观；D. 基节；E. 气门板；F. 跗节Ⅳ

盾板卵圆形，长约为宽的 1.5 倍，气门板背突水平处最宽。刻点小而浅，分布均匀。颈沟短而浅，浅弧形外弯。侧沟短，自盾板中部向后延伸至气门板后缘。缘垛窄长，分界明显，共 11 个。

足相当粗壮，足Ⅳ尤为明显。各基节无外距；基节Ⅰ内距较粗短，末端钝；基节Ⅱ、Ⅲ内距三角形，末端稍尖；基节Ⅳ内距最长，其长约为该节长（按躯体方向）的 2/3，末端尖细。各转节腹距短小，转节Ⅰ的略尖，其余的更短钝。跗节较后跗节显著窄，亚端部向端部逐渐收窄，腹面末端端齿粗壮，亚端齿略粗短。爪垫约达长的 2/3。气门板卵圆形，背突短而圆钝，无几丁质增厚区，气门斑位置靠前。

若蜱（图 7-306）

体呈卵圆形，前端稍窄，后部圆弧形。

假头粗短。须肢后外角明显凸出，超出假头基侧缘；第Ⅰ节不明显；第Ⅱ节背面后缘弧形，与外缘相交成角突，外缘向前内斜，与第Ⅲ节外缘连接，内缘浅凹，背、腹面分别具刚毛 1 根和 2 根；第Ⅲ节较第Ⅱ节短，呈三角形，前端圆钝，背面无刺，腹面刺粗短，末端窄钝，约达该节后缘。

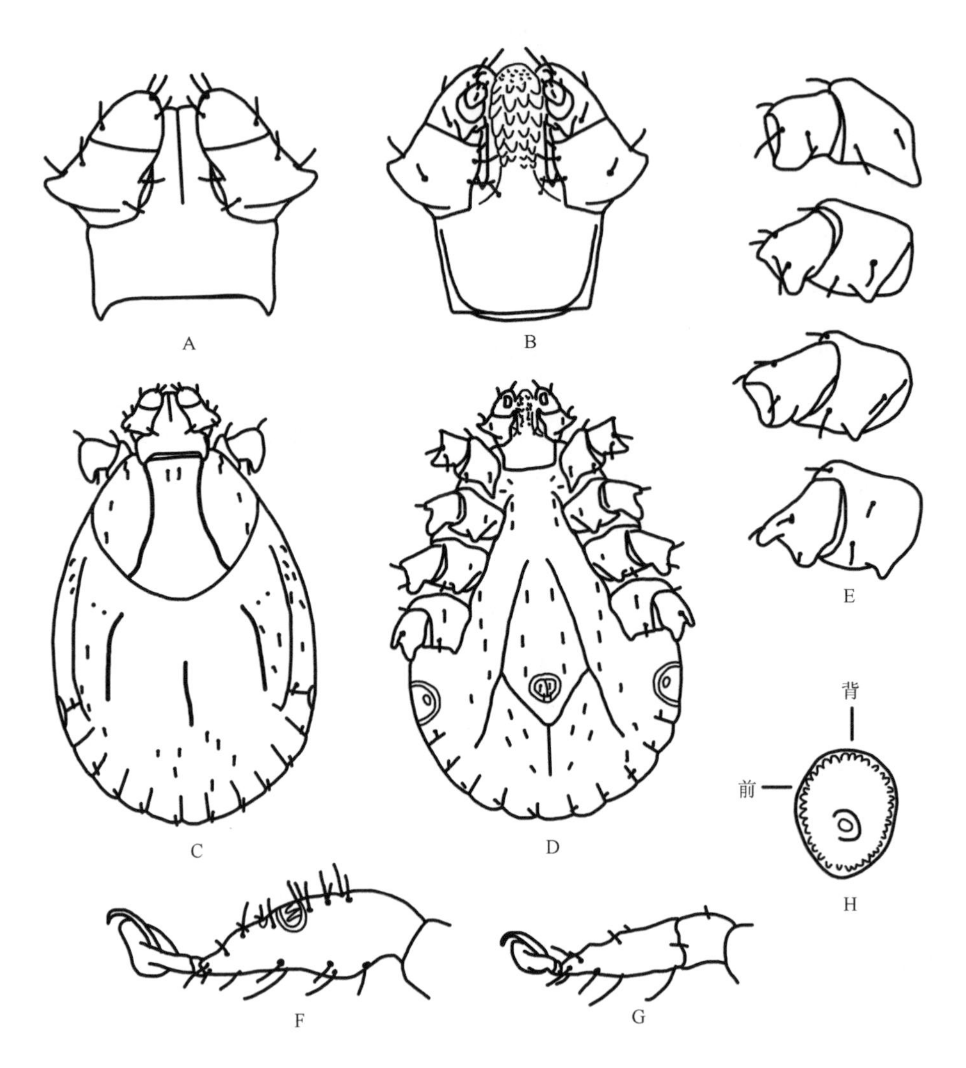

图 7-306　褐黄血蜱若蜱（参考：邓国藩和姜在阶，1991）

A. 假头背面观；B. 假头腹面观；C. 背面观；D. 腹面观；E. 基节；F. 跗节Ⅰ；G. 跗节Ⅳ；H. 气门板

假头基矩形，两侧缘平行，后缘两基突间直；基突中等大小，三角形，末端尖窄。假头基腹面后缘浅弧形凸出，向后逐渐收窄，无耳状突和横脊。口下板与须肢约等长，前端圆钝，两侧向后收窄；齿式 2|2，每纵列具齿 6 或 7 枚。

盾板亚圆形，宽略大于长，前 1/3 处最宽，后缘圆钝。刻点稀少，不甚明显。肩突圆钝。缘凹较宽。颈沟前深后浅，呈弧形外弯，末端达盾板后侧缘。

足中等大小。各基节无外距，基节Ⅰ内距窄三角形，末端钝；基节Ⅱ～Ⅳ内距短三角形，末端钝，基节Ⅳ的最小。转节Ⅰ背距三角形，末端尖细；各转节无腹距。跗节Ⅰ较粗大，其余跗节较短小，亚端部向端部逐渐收窄。爪垫将近达到爪端。气门板亚卵形，背突不明显，气门斑位置靠前。

幼蜱（图 7-307）

体呈卵圆形，前端稍窄，后部圆弧形。

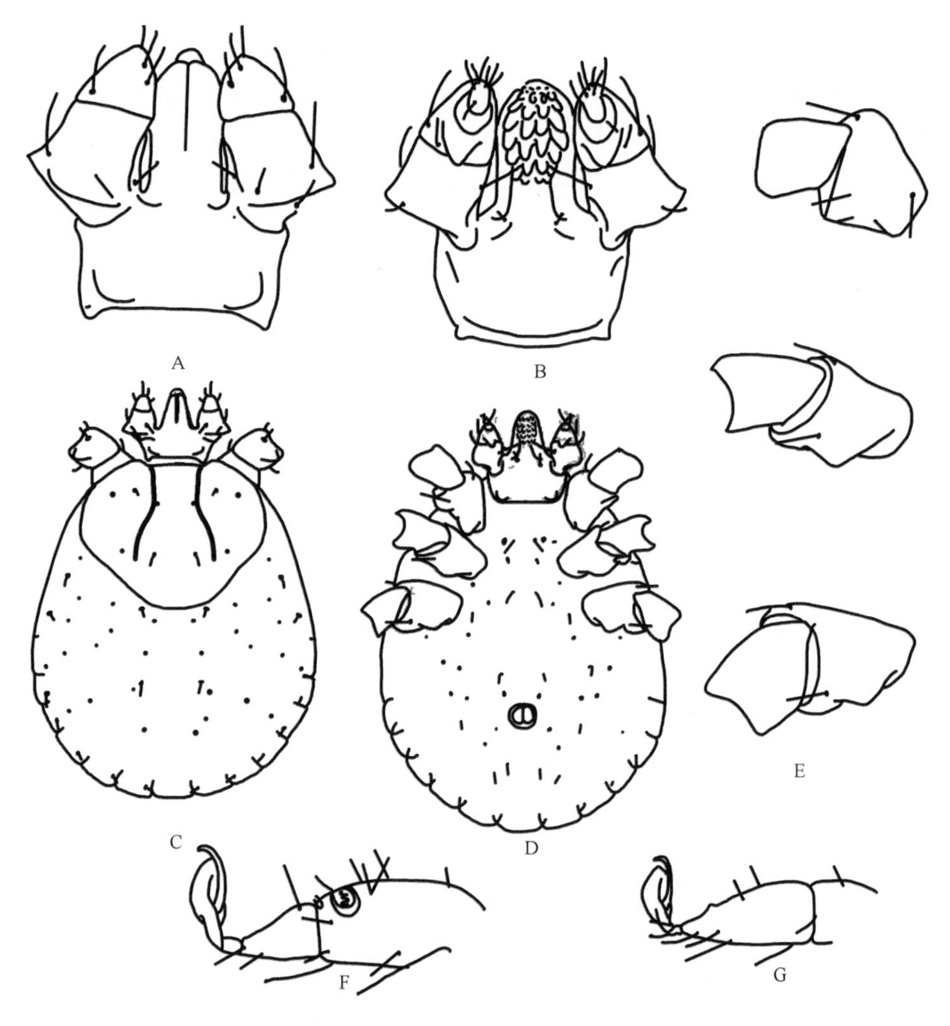

图 7-307　褐黄血蜱幼蜱（参考：邓国藩和姜在阶，1991）

A. 假头背面观；B. 假头腹面观；C. 背面观；D. 腹面观；E. 基节；F. 跗节Ⅰ；G. 跗节Ⅲ

须肢略微窄长，后外角凸出；第Ⅰ节不明显；第Ⅱ节长大于宽，背面后缘浅弧形，外缘略浅凹，向前与第Ⅲ节外缘连接，内缘略弧形凹入，背、腹面内缘刚毛各 1 根；第Ⅲ节三角形，前端尖窄，无背刺，腹刺粗短，末端钝，约达该节后缘。假头基矩形，侧缘直或微凹，后缘两基突间平直；基突粗短，三角形，末端尖窄。假头基腹面宽阔，后缘浅弧形凸出，后侧缘呈角突状。口下板与须肢约等长，前端圆钝；齿式 2|2，每纵列具齿 6 或 7 枚。

盾板近似心形，宽略大于长，前部较宽，向后渐窄，末端窄钝。刻点稀少。肩突短钝。缘凹宽浅。颈沟前深后浅，弧形外弯，末端约达盾板后 1/3 处。

足中等大小。各基节无外距，基节Ⅰ内距短三角形，末端窄钝；基节Ⅱ、Ⅲ内距宽短，末端圆钝，基节Ⅲ的略较小。转节Ⅰ背距短钝；各转节无腹距。跗节亚端部向末端逐渐收窄。爪垫将近达到爪端。

生物学特性　常生活于混交林及野地。春、夏季出现。

（16）台湾血蜱 *H. formosensis* Neumann, 1913

定名依据　来源于台湾。

宿主　野猪 *Sus scrofa*、鹿、犬。

分布 国内：福建、海南、台湾（模式产地）；国外：菲律宾、缅甸、日本、越南。

鉴定要点

雌蜱盾板亚圆形，宽大于长，中部最宽；刻点细而浅，分布均匀；颈沟前深后浅，末端达到盾板后侧缘。须肢前窄后宽。第Ⅱ节后外角轻度凸出，背部后缘向外斜弯，外缘浅凹，腹面后缘向后凸出，呈钝齿状。第Ⅲ节前端窄钝，背部后缘不具刺，腹面刺较短，末端略超过第Ⅱ节前缘。假头基基突粗大，末端稍钝；孔区大，宽卵形。口下板齿式4|4。气门板近似梨形，背突短钝。足长适中，基节Ⅰ内距窄长，基节Ⅱ～Ⅳ内距较基节Ⅰ稍短，三角形。跗节亚端部逐渐细窄；腹面有端齿。爪垫约达爪长的2/3。

雄蜱须肢前窄后宽，外缘弧度大于内缘弧度。第Ⅱ节后外角轻度凸出，略超出假头基侧缘；腹面后缘向后延伸，形成粗大的角突。须肢第Ⅲ节前端圆钝，背面后缘无刺；腹刺粗短，末端略超过第Ⅱ节前缘。假头基基突强大，末端稍尖。口下板齿式 6|6 或 5|5。盾板颈沟很短；侧沟宽浅而短，由盾板前 2/5 水平向后延至第Ⅰ缘垛；刻点细而密，不甚明显。气门板略似梨形，背突短钝。足与雌蜱相似。

具体描述

雌蜱（图 7-308～图 7-310）

黄褐色，呈卵圆形，前端收窄，后缘宽圆。

须肢长约为宽的 2 倍，后外角略凸出，略超出假头基侧缘；第Ⅰ节短小，背、腹面均可见；第Ⅱ节长大于宽，背面外缘浅凹，后缘向外斜弯，腹面后缘向后凸出，呈钝刺状；第Ⅲ节宽大于长，背面前端窄钝，后缘中部略外弯，无背刺，腹刺较短，略超过第Ⅱ节前缘。假头基宽短，宽约为长（包括基突）的2.3倍，两侧缘平行，后缘两基突间直；孔区大，宽卵形，前部内斜，间距约等于其短径；基突粗大，长小于其基部之宽，末端稍钝。假头基腹面宽阔，后缘向后弧形微弯，无耳状突和横脊。口下板与须肢约等长，前端圆钝，向后弧形收窄；齿式 4|4，每纵列具齿约 10 枚。

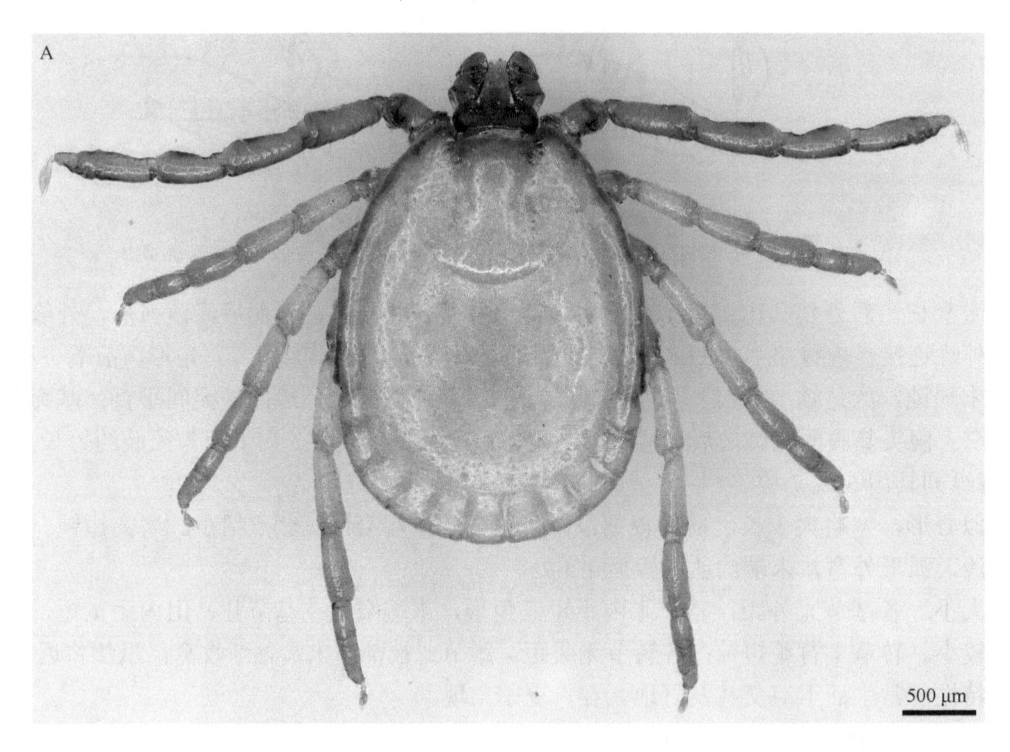

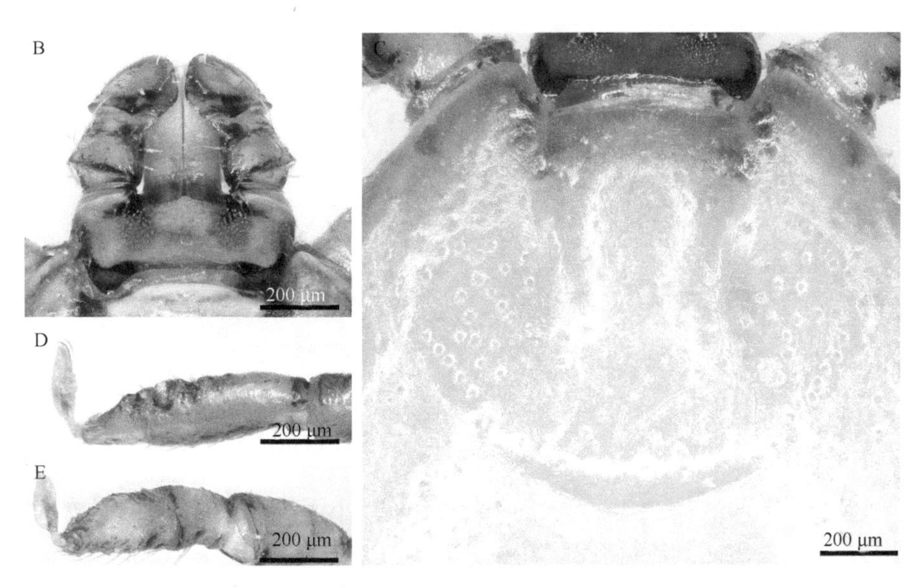

图 7-308　台湾血蜱雌蜱

A. 背面观；B. 假头背面观；C. 盾板；D. 跗节Ⅰ；E. 跗节Ⅳ

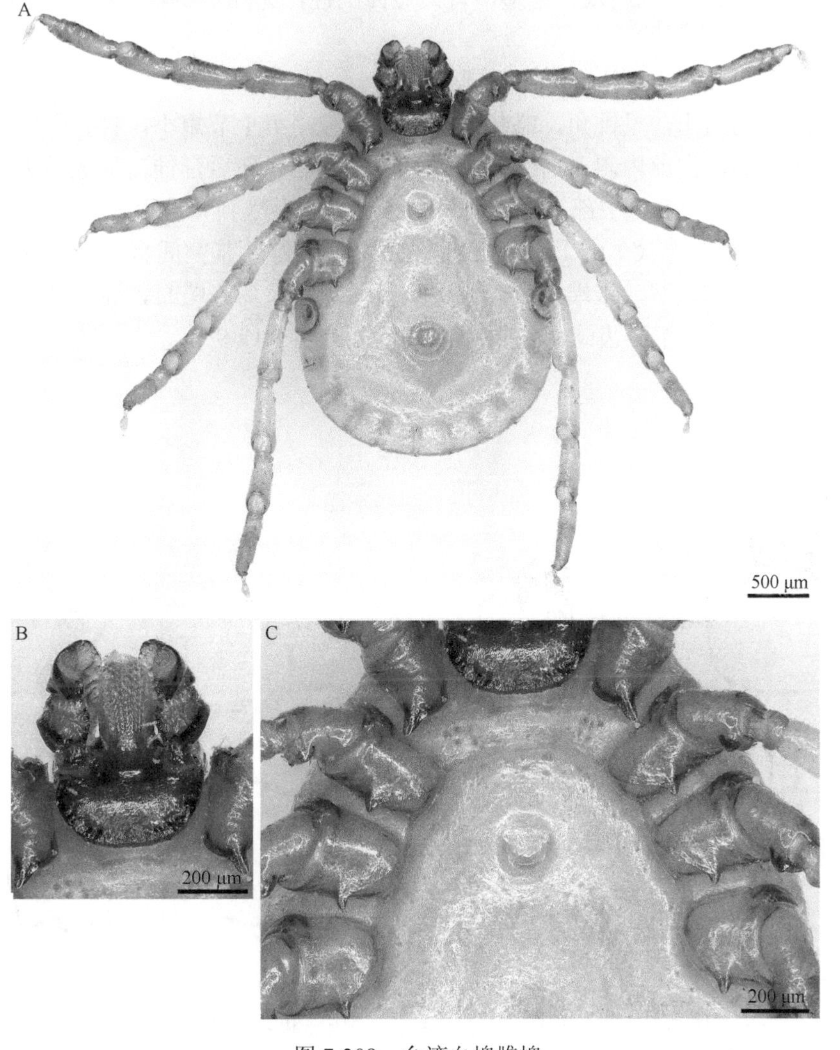

图 7-309　台湾血蜱雌蜱

A. 腹面观；B. 假头腹面观；C. 基节及生殖孔

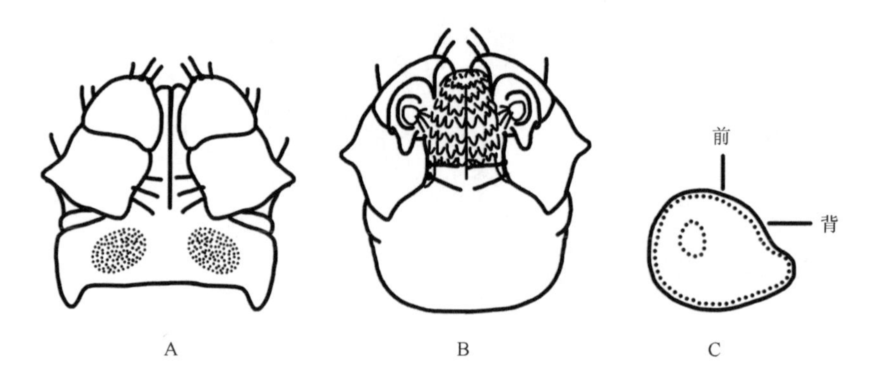

图 7-310 台湾血蜱雌蜱（参考：邓国藩和姜在阶，1991）
A. 假头背面观；B. 假头腹面观；C. 气门板

盾板宽短，亚圆形，中部最宽，宽约为长的 1.2 倍。刻点小而浅，中等密度，分布大致均匀。颈沟前深后浅，弧形外弯，末端将近达到盾板后侧缘。

足长度和粗细适中。各基节无外距，基节Ⅰ内距窄长，末端钝；基节Ⅱ～Ⅳ内距稍短，三角形，大小约等。各转节腹距短，转节Ⅰ的腹距三角形，其余的按节序渐短。跗节亚端部到端部逐渐收窄，腹面具端齿。爪垫约达爪长的 2/3。气门板呈梨形，背突短而圆钝，无几丁质增厚区，气门斑位置靠前。

雄蜱（图 7-311）

暗黄褐色。体呈卵圆形，前端稍窄，后部圆弧形。

须肢粗短，后外角略凸出，呈钝角，略超出假头基侧缘；第Ⅰ节短小，背、腹面均可见；第Ⅱ节宽稍大于长，背面外缘很短，向前内斜，后缘向外斜弯，腹面后缘向后延伸，形成粗大的角突；第Ⅲ节宽短，近似三角形，前端圆钝，后缘中部靠内侧向后略凸出，但不呈刺突，腹刺粗短，略超过第Ⅱ节前缘。假头基矩形，宽约为长（包括基突）的 1.8 倍，两侧缘平行，后缘两基突间直；表面两侧隆起，中部略低；基突强大，长略小于其基部之宽，末端稍尖。假头基腹面宽短，后缘略直，无耳状突和横脊。口下板略短于须肢，前端圆钝，向后渐窄；齿式 6|6 或 5|5，每纵列具齿 8 或 9 枚。

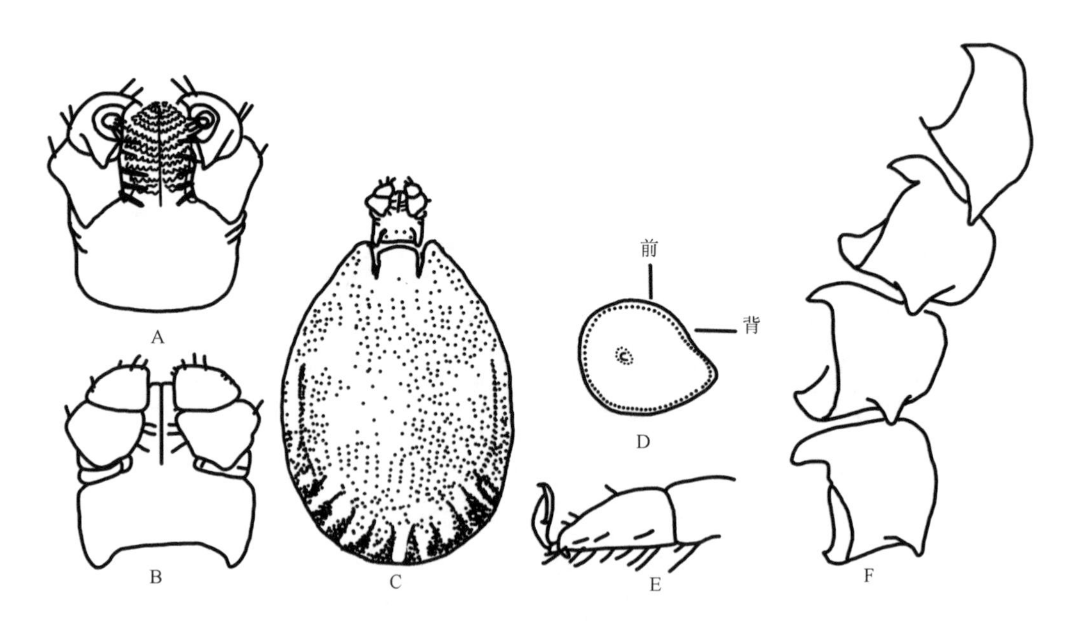

图 7-311 台湾血蜱雄蜱（参考：邓国藩和姜在阶，1991）
A. 假头腹面观；B. 假头背面观；C. 假头及盾板；D. 气门板；E. 跗节Ⅳ；F. 基节

盾板呈卵形，长约为宽的 1.35 倍，中部最宽。刻点小而多，不甚明显。颈沟很短，略似卵形，向前分离。侧沟宽浅而短，自盾板前 2/5 处向后延伸至第 I 缘垛。缘垛窄长而明显，共 11 个。

足长度和粗细适中。各基节无外距，基节 I 内距窄长，末端稍尖；基节 II～IV 内距约等长，略呈三角形，较基节 I 的短。各转节腹距短钝，转节 I 的稍长，其余按节序渐短。跗节 II～IV 较短，亚端部背缘略隆起，然后向末端逐渐收窄，腹面端齿小而尖。爪垫约达爪长的 2/3。气门板略似梨形，背突短钝，无几丁质增厚区，气门斑位置靠前。

若蜱（图 7-312）

体呈卵圆形，前端稍窄，后部圆弧形。

假头铃形。须肢前窄后宽，后外角显著凸出，明显超出假头基侧缘；第 I 节隐缩；第 II 节内缘较直，背、腹面内缘刚毛各 1 根，背面外缘浅凹，向前内斜，与第 III 节外缘连接，与后缘相交成锐角，后缘向后弧形弯曲；第 III 节窄三角形，前端尖窄，外侧向后斜，无背刺，腹刺粗短，末端钝，约达该节后缘。假头基两侧缘平行，后缘两个基突间较直；基突强大，锥形，长大于其基节之宽。假头基腹面宽阔，后缘近于平直，无耳状突和横脊。口下板略长于须肢，前端窄钝；齿式 2|2，每纵列具齿约 9 枚。

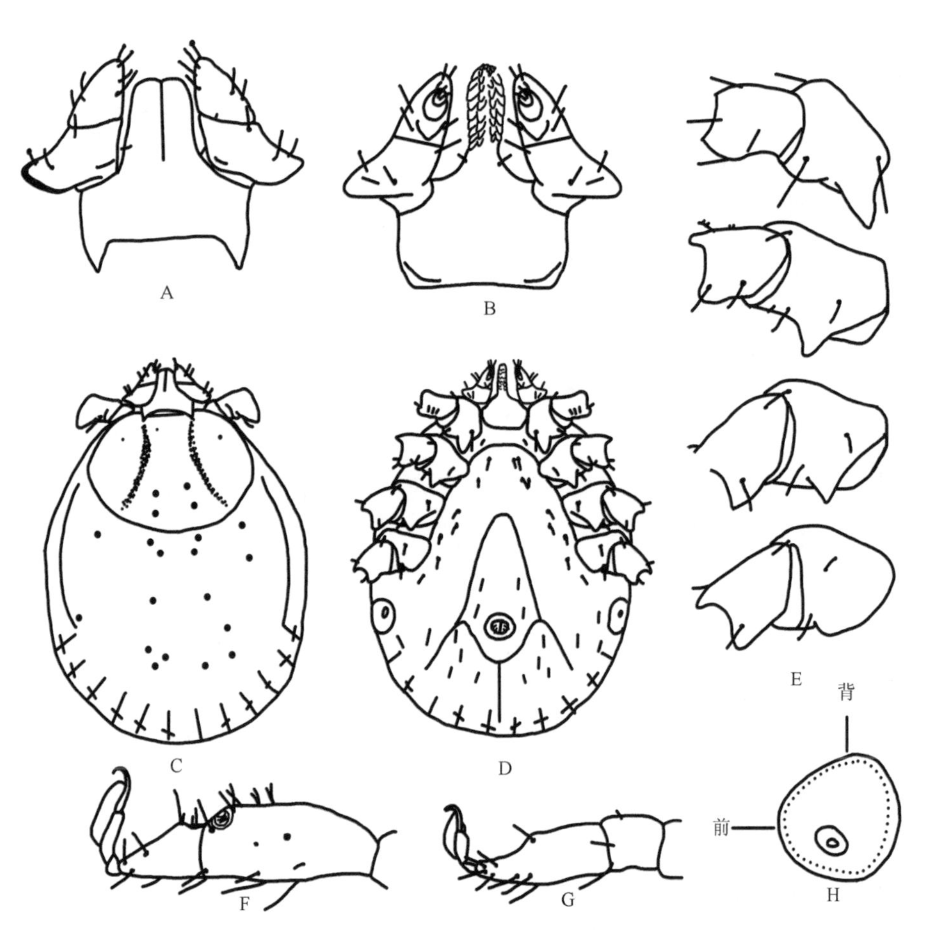

图 7-312 台湾血蜱若蜱（参考：邓国藩和姜在阶，1991）

A. 假头背面观；B. 假头腹面观；C. 背面观；D. 腹面观；E. 基节；F. 跗节 I；G. 跗节 IV；H. 气门板

盾板近似圆形，中部最宽，后缘宽弧形。刻点稀少，不甚明显。肩突短钝。缘凹宽浅。颈沟前段两侧平行，向后逐渐外斜，呈弧形，末端达到盾板后侧缘。

足略窄长。各基节无外距；基节 I 内距发达，呈锥形，末端尖窄；基节 II、III 内距窄三角形，末端尖；基节 IV 内距粗短，末端钝，略超出该节后缘。转节 I 背距盾形，末端尖窄，转节无腹距或腹距不明显。跗节Ⅰ较大，跗节Ⅱ～Ⅳ较窄小，亚端部向末端逐渐收窄。爪垫将近达到爪端。气门板亚卵形，背突短钝，气门斑位置靠前。

幼蜱（图 7-313）

体呈卵圆形，前端稍窄，后部圆弧形。

假头铃形。须肢前窄后宽，第Ⅰ节背面不明显；第Ⅱ节内缘浅凹，背、腹面内缘刚毛各 1 根，外缘浅凹，与后缘相交成锐角，后侧角明显超出假头基侧缘，后缘向后弯，中段略呈角突；第Ⅲ节窄三角形，前端尖窄，背面无刺，腹面刺粗短，末端圆钝，未达到该节后缘。假头基宽短，两侧缘近似平行，后缘两基突之间直；基突粗短，三角形，末端尖细。口下板与须肢约等长，前端平钝；齿式 2|2，每纵列具齿约 7 枚。

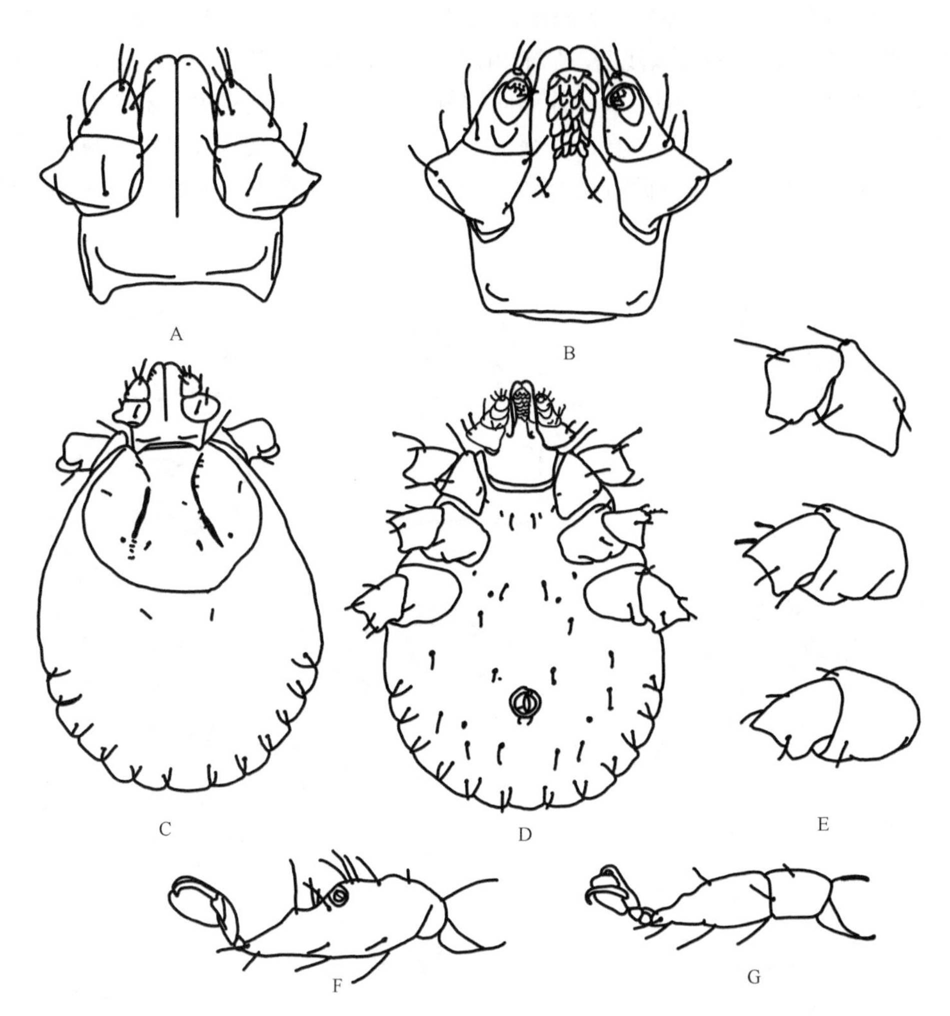

图 7-313　台湾血蜱幼蜱（参考：邓国藩和姜在阶，1991）

A. 假头背面观；B. 假头腹面观；C. 背面观；D. 腹面观；E. 基节；F. 跗节Ⅰ；G. 跗节Ⅲ

盾板宽短，近似心形，中部稍前处最宽，后缘宽弧形。刻点稀少，不明显。肩突圆钝。缘凹宽浅。颈沟前深后浅，弧形外弯，末端将近达到盾板后侧缘。

各足基节无外距；基节Ⅰ内距三角形，末端圆钝；基节Ⅱ内距呈脊状；基节Ⅲ内距更为宽短，不明显。转节Ⅰ背距短钝；各转节无腹距。跗节Ⅰ较大，跗节Ⅱ、Ⅲ较窄，亚端部向末端逐渐收窄。爪垫达到爪端。

生物学特性　常出现在林区和灌丛，6 月曾在宿主上采获。

（17）加瓦尔血蜱 *H. garhwalensis* Dhanda & Bhat, 1968

定名依据　来源于加瓦尔。

宿主　绵羊。

分布　国内：西藏（洛扎）；国外：尼泊尔、印度。

鉴定要点

雌蜱盾板前宽后窄，长略大于或等于宽；刻点粗细中等，分布均匀；颈沟前深后浅，末端达不到盾板后侧缘。须肢棒状，第Ⅱ节长于第Ⅲ节。第Ⅱ节腹面内缘刚毛 4 根。第Ⅲ节前端圆钝，背部后缘不具刺，腹面刺粗短，呈三角形。假头基基突很短，末端钝；孔区大，卵形。口下板齿式 4|4。气门板略似逗点形，背突明显。足长适中，各基节内距粗短，三角形。跗节亚端部逐渐细窄；腹面具端齿。爪垫约达爪长的 1/2。

雄蜱须肢短棒状，第Ⅱ节略长于第Ⅲ节。第Ⅱ节腹面内缘刚毛 4 根。须肢第Ⅲ节前端圆钝，背面后缘无刺；腹刺很短，宽三角形，末端未达到第Ⅱ节前缘。假头基基突粗短，宽三角形。口下板齿式 4|4。盾板颈沟粗短，深陷，向后内斜；侧沟由基节Ⅲ前缘水平向后延至第Ⅱ缘垛；刻点小而浅，分布均匀。气门板短逗点形，背突短小。足与雌蜱相似。

具体描述

雌蜱（图 7-314）

盾板和足赤黄色，其余部分赤褐色。体呈卵圆形，前端稍窄，后部圆弧形。

须肢窄长，呈棒状，长约为宽的 2.8 倍，后侧缘不超出假头基侧缘；第Ⅰ节窄短，背、腹面可见；第Ⅱ节长约为宽的 1.4 倍，前端之宽约 2 倍于基部，背面内缘每侧具刚毛 3 或 4 根，腹面内缘每侧具刚毛 4 根；第Ⅲ节与第Ⅱ节之比为 3∶4，前端圆钝，无背刺，腹面刺很粗短，呈三角形，末端钝。假头基宽短，宽约为长（包括基突）的 2.5 倍；侧缘呈角状凸出，后缘略呈波状弯曲；孔区大，卵形，间距较大，约等于其长径；基突很短，末端圆钝；假头基腹面宽短，两侧缘弧形凸出，后缘浅弧形向后凸出，无耳状突。口下板与须肢等长，前端圆钝，向后渐窄；齿式 4|4，最内列具齿 8～10 枚，最外列具齿 13 或 14 枚。

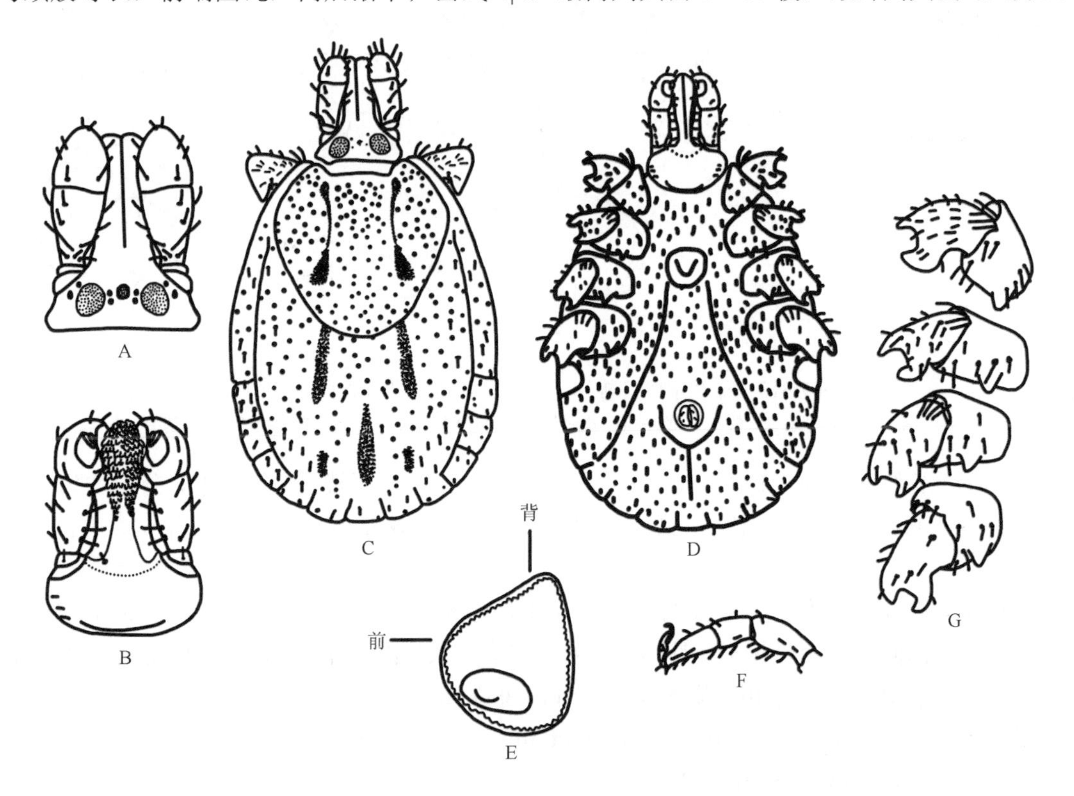

图 7-314　加瓦尔血蜱雌蜱（参考：邓国藩和姜在阶，1991）

A. 假头背面观；B. 假头腹面观；C. 背面观；D. 腹面观；E. 气门板；F. 跗节Ⅳ；G. 基节

盾板近似圆角三角形，长约等于或略大于宽，在前 1/3 处最宽，向后逐渐收窄，后缘窄钝。刻点中等大小，分布大致均匀。肩突短钝。缘凹宽浅。颈沟前深后浅，弧形外弯，末端达不到盾板后侧缘。

足粗细适中。各基节无外距；内距粗短，呈三角形，大小约等。转节Ⅰ背距三角形，末端尖；转节Ⅰ～Ⅳ无腹距。跗节粗短，亚端部向末端明显收窄，腹面具端齿。爪垫约达爪的中部。生殖帷宽“U”形。气门板略似逗点形，背突明显，末端较钝，无几丁质增厚区，气门斑位置靠前。

雄蜱（图 7-315）

赤黄色，体型较小，长（包括假头）3.02 mm。体呈卵圆形，前端稍窄，后部圆弧形。

须肢呈球棒状，长约为宽的 1.85 倍，其外缘与假头基外缘几乎在同一水平；第Ⅰ节窄短，背、腹面可见；第Ⅱ节背面宽略胜于长，前宽后窄，两侧均略弧形凸出，背面内缘每侧具刚毛 3 或 4 根，腹面内缘每侧具刚毛 4 根；第Ⅲ节略短于第Ⅱ节，前端圆钝，腹刺粗短，宽三角形，末端钝；第Ⅳ节位于第Ⅲ节腹面凹陷内，陷窝大。假头基宽短，宽约为长（包括基突）的 1.6 倍；两侧缘中部明显凸出，然后斜向内方，后缘两基突间基本平直；基突粗短，宽三角形，末端略钝。假头基腹面较宽，后侧缘连接成圆弧形。口下板略短于须肢，棒状，前端圆钝；齿式为 4|4，最内列具齿 4 或 5 枚，最外列具齿 9 或 10 枚。

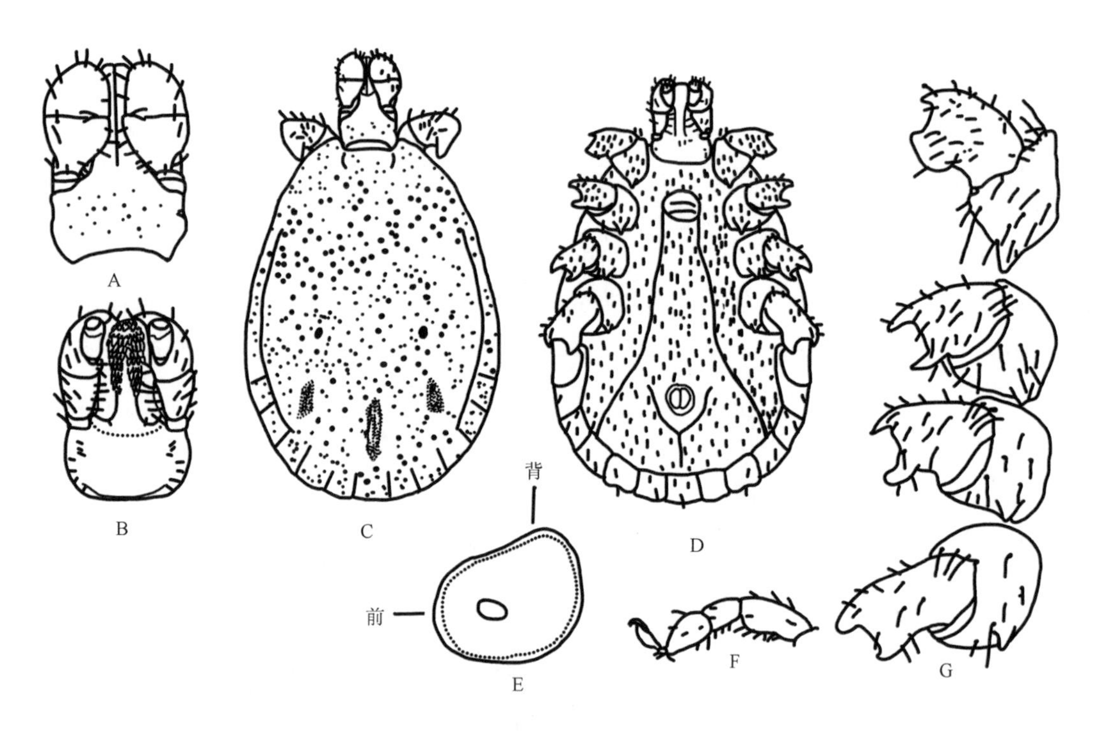

图 7-315 加瓦尔血蜱雄蜱（参考：邓国藩和姜在阶，1991）

A. 假头背面观；B. 假头腹面观；C. 背面观；D. 腹面观；E. 气门板；F. 跗节Ⅳ；G. 基节

盾板呈卵形，长约为宽的 1.5 倍，气门板水平处最宽。刻点小而浅，中等密度，分布均匀。肩突粗短。缘凹宽浅。颈沟粗短，深陷，向后略内斜。侧沟明显，自基节Ⅲ前缘水平向后与第Ⅰ、Ⅱ缘垛相切。缘垛 11 个。

足粗细适中。各基节无外距；内距短三角形，末端略钝。转节Ⅰ背距发达，三角形，末端尖；转节无腹距。跗节亚端部向末端明显收窄，具端齿，无亚端齿。爪垫约达爪的 1/2。生殖孔位于基节Ⅱ水平线。气门板短逗点形，背突短小，无几丁质增厚区，气门斑位置靠前。

生物学特性 主要生活于高原山区（海拔 3200 m），3 月在野外可见。

（18）青羊血蜱 *H. goral* Hoogstraal, 1970

定名依据 *goral* 意为青羊、斑羚。

宿主　青羊。

分布　国内：浙江（模式产地）。

鉴定要点

雌蜱盾板近似盾形，长略大于宽；刻点少，粗细适中；颈沟短。须肢粗短，前窄后宽，第Ⅱ节与第Ⅲ节等长。第Ⅱ节后外角略向外凸出，后缘与外缘相交成直角，背、腹面内缘刚毛各 4 根。第Ⅲ节前端圆钝，背部后缘不具刺，腹面刺呈锥形，末端约达第Ⅱ节前缘 1/4。假头基基突宽三角形；孔区小，亚圆形，间距较宽。口下板齿式 5|5。气门板卵圆形，背突短钝。足长适中，各基节内距三角形，明显超出各节后缘。跗节亚端部逐渐收窄；腹面无端齿。爪垫中等，达不到爪端。

具体描述

雌蜱（图 7-316）

体淡黄色。

须肢粗短，长约为宽的 1.9 倍；第Ⅰ节短小，背、腹面可见；第Ⅱ节长宽约等，背面后缘向外略弧形斜弯，与外缘相交成直角，外缘向前略内斜，与第Ⅲ节外缘不连接，内缘直，但前端凸出，背、腹面内

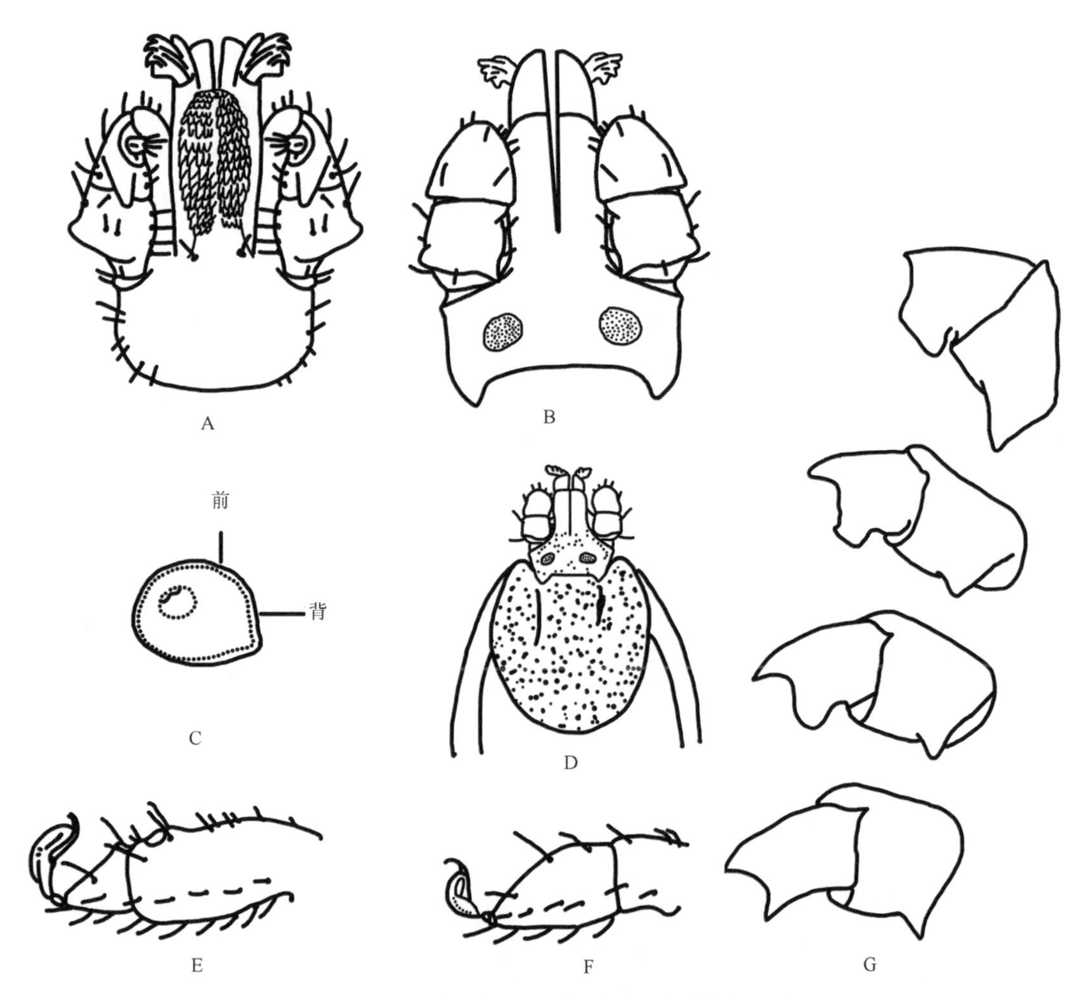

图 7-316　青羊血蜱雌蜱（参考：邓国藩和姜在阶，1991）

A. 假头腹面观；B. 假头背面观；C. 气门板；D. 假头及盾板；E. 跗节Ⅰ；F. 跗节Ⅳ；G. 基节

缘刚毛各 4 根；第Ⅲ节与第Ⅱ节约等长，背面前端圆钝，两侧向前弧形收窄，后缘较第Ⅱ节前缘稍宽，无背刺，腹刺基部宽、末端窄钝，约达第Ⅱ节前 1/4。假头基宽约为长（包括基突）的 2 倍，侧缘及后缘两基突间均较直；孔区亚圆形，前部内斜，间距宽；基突宽三角形，长约为假头基主部的 1/3；口下板稍长于须肢；齿式 5|5，每纵列具齿 8～11 枚。

盾板似盾形，长约为宽的 1.1 倍，中部稍前最宽。刻点少而分散。颈沟短，呈长形浅陷，向后略内斜。

各足基节无外距；基节Ⅰ内距较长，约为基节Ⅱ～Ⅳ内距的 2 倍，呈三角形，并明显超出各节后缘。转节Ⅰ腹距短三角形，末端钝；转节Ⅱ～Ⅳ腹距短小而钝。跗节Ⅱ粗短，亚端部向末端逐渐收窄，腹面无端齿和亚端齿。爪垫达不到爪端。气门板卵圆形，背突短而圆钝。

生物学特性 5 月在宿主上可见。

（19）豪猪血蜱 *H. hystricis* Supino, 1897

定名依据 来源于古希腊语 ὕστριξ（hústrix），意思为豪猪。

宿主 幼蜱和若蜱寄生于中小型野生动物，包括犬、水牛、野猪 *Sus scrofa*、豪猪 *Hystrix hodgsoni*、水鹿 *Cervus unicolor*、小麂 *Muntiacus reevesi*、猪獾 *Arctonyx collaris*、黄喉貂 *Martes flavigula*、虎 *Panthera tigris*，也侵袭人。

分布 国内：福建、广东、海南、台湾、云南；国外：老挝、马来西亚、缅甸、日本、泰国、印度、印度尼西亚、越南。

鉴定要点

雌蜱盾板亚圆形，宽略大于长；刻点少，粗细不均；颈沟前深后浅，外弧形，末端超过盾板中部。须肢前窄后宽，第Ⅱ节长于第Ⅲ节。第Ⅱ节后外角中度凸出，腹面后缘角状凸出。第Ⅲ节前端窄钝，背部后缘刺粗短，腹面刺较窄长，呈锥形，末端超过第Ⅱ节前缘。假头基基突粗短；孔区小，卵圆形，间距很宽。口下板齿式 4|4。气门板短逗点形，背突短。足粗壮，基节Ⅰ内距中等长，末端钝；基节Ⅱ～Ⅳ内距粗短，三角形。跗节亚端部逐渐细窄；腹面端齿很小。爪垫约达爪长的 3/4。

雄蜱须肢前窄后宽，外缘弧度大于内缘弧度，末端钝。第Ⅱ节后外角中度凸出，超出假头基侧缘；腹面后缘凸出呈角状。须肢第Ⅲ节前端圆钝，背面后缘具粗短的刺；腹刺窄长，呈锥状，末端超过第Ⅱ节前缘。假头基基突粗壮，宽三角形。口下板齿式 4|4。盾板颈沟前深后浅，向后外方斜弯；无侧沟；刻点少，粗细不均。气门板逗点形，背突明显。足与雌蜱相似。

具体描述

雌蜱（图 7-317，图 7-318）

黄色或褐黄色。体呈卵圆形，前端稍窄，后部圆弧形。

假头基宽约为长（包括基突）的 2.2 倍；两侧缘平行，后缘直；基突粗短，长显著小于基部之宽，末端较钝。孔区小，卵圆形，前部向内斜置，间距很宽，约 2 倍于其短径。须肢后外角向外侧略突出；第Ⅱ节长约等于宽，外缘浅凹，后缘微波状弯曲，腹面后缘呈角状突出；第Ⅲ节较第Ⅱ节短，前端窄钝，后缘中部具一粗短的刺，末端稍钝，腹面的刺较窄长，呈锥状。假头基腹面宽短，后缘浅弧形。口下板约达须肢前端；齿式 4|4，每列具 11～13 枚齿。

盾板亚圆形，宽约为长的 1.12 倍，后侧缘或呈微波状。颈沟呈浅外弧形，前端深陷，向后显著变浅，末端超过盾板中部。刻点较少而浅，粗细不甚均匀，散布较稀疏。

气门板短逗点形，背突短，向端部渐窄，末端钝。

足粗壮。基节Ⅰ内距中等长，末端钝；基节Ⅱ～Ⅳ内距粗短，三角形，大小约等。转节腹距短小，以转节Ⅰ、Ⅱ的较明显。跗节粗细中等，亚端部逐渐细窄，腹面端齿很小。爪垫约达爪长的 3/4。

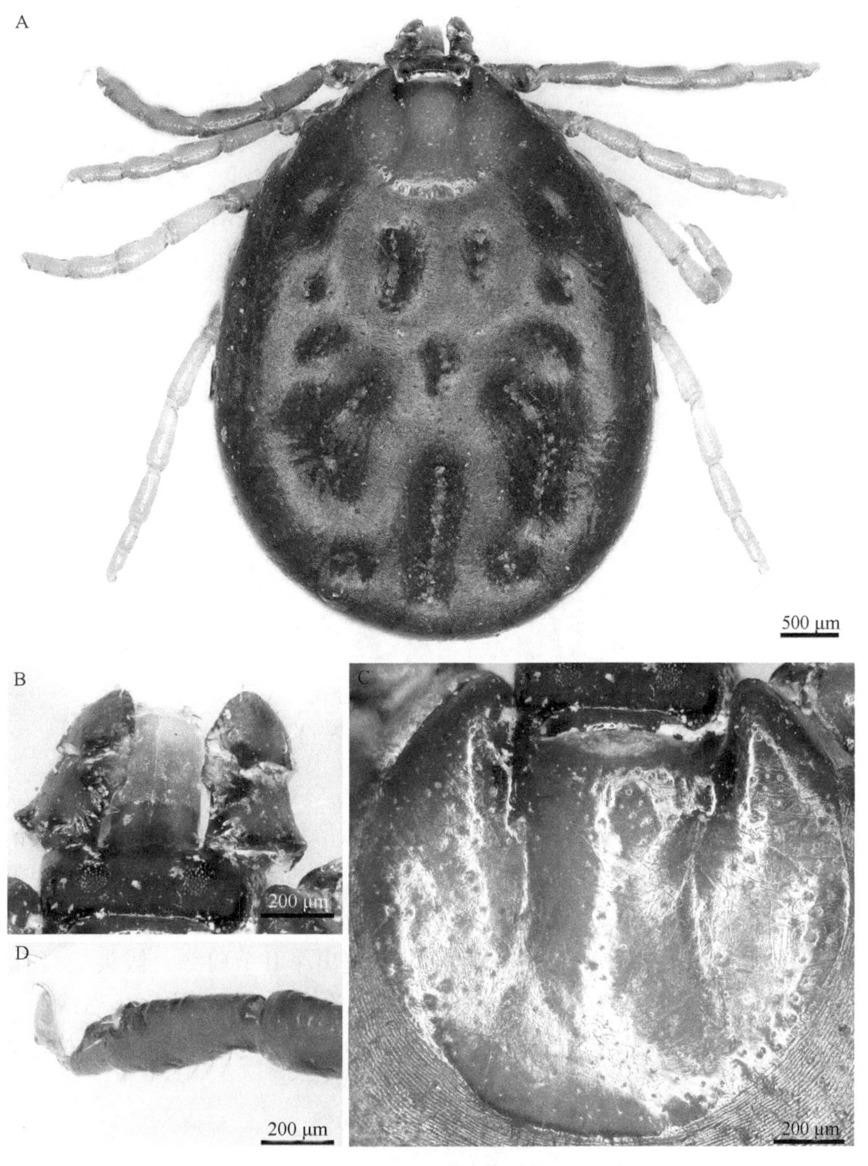

图 7-317 豪猪血蜱雌蜱

A. 背面观；B. 假头背面观；C. 盾板；D. 跗节 I

图 7-318 豪猪血蜱雌蜱

A. 腹面观；B. 假头腹面观；C. 基节及生殖孔

雄蜱（图 7-319～图 7-321）

体色浅黄或浅褐黄。体呈卵圆形，前端稍窄，后部圆弧形；长宽为 3.2 mm×2.0 mm。

须肢粗短，后外角向外侧略微凸出；第Ⅰ节短小，背、腹面均可见；第Ⅱ节宽胜于长，外缘微凹，后缘向外呈弧形斜伸，腹面后缘显著突出，呈角状，末端钝；第Ⅲ节背面宽显著大于长，前端圆钝，后缘中部具短刺，末端略钝，腹面的刺窄长，呈锥状，末端超出第Ⅱ节前缘。假头基腹面宽短，略似矩形，无耳状突及横脊。假头基矩形，宽约为长（包括基突）的 1.7 倍，两侧缘平行，后缘两个基突间略直；基突粗壮，宽三角形，末端钝。口下板与须肢约等长；齿式 4|4，每纵列具齿 8 或 9 枚。

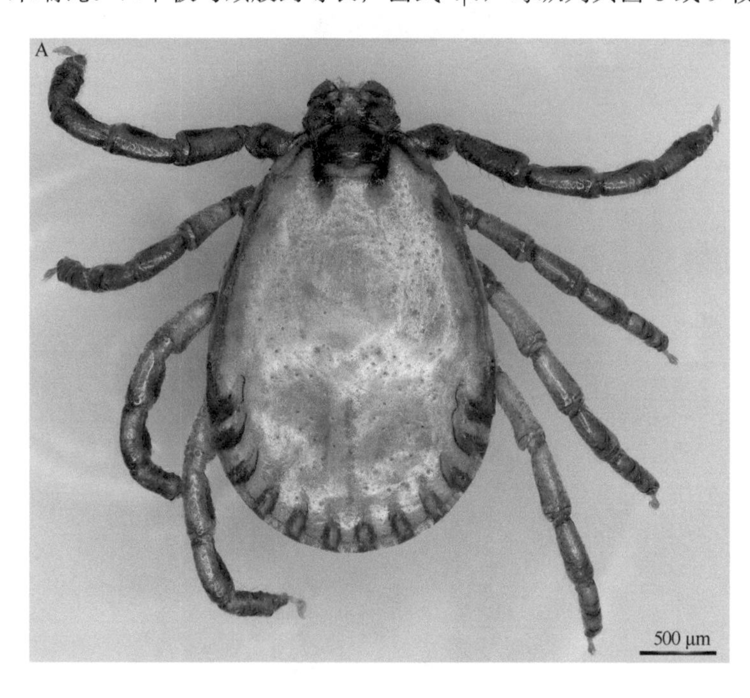

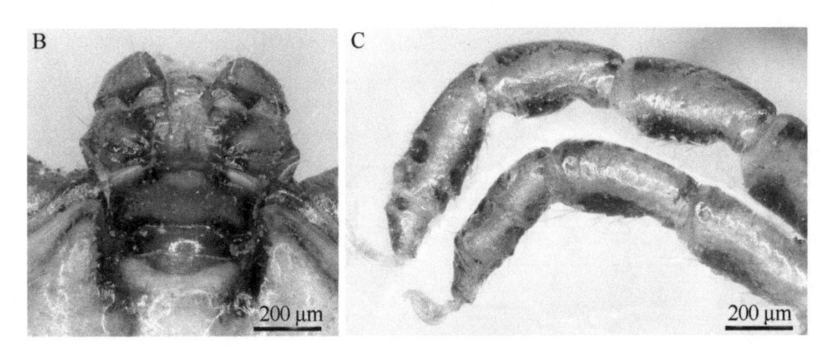

图 7-319　豪猪血蜱雄蜱

A. 背面观；B. 假头背面观；C. 跗节Ⅰ、跗节Ⅳ

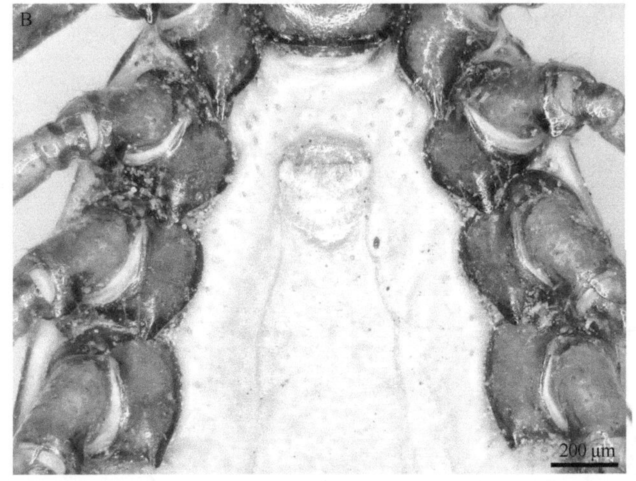

图 7-320　豪猪血蜱雄蜱

A. 腹面观；B. 基节及生殖孔

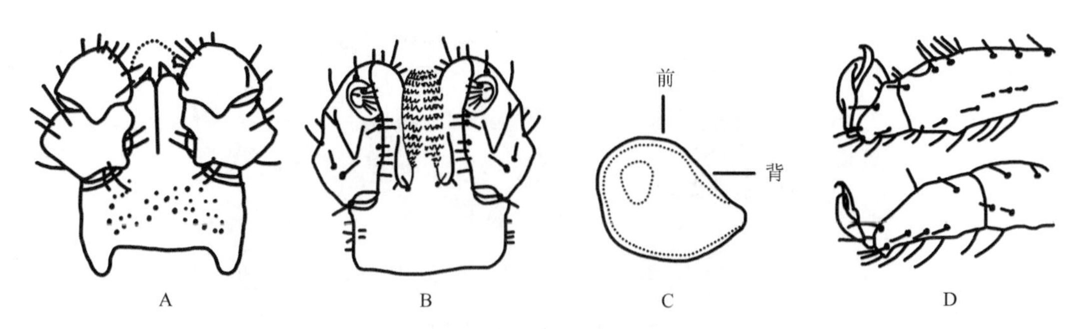

图 7-321　豪猪血蜱雄蜱（参考：邓国藩和姜在阶，1991）
A. 假头背面观；B. 假头腹面观；C. 气门板；D. 跗节Ⅰ、Ⅳ

盾板宽卵形，长约为宽的 1.32 倍；气门板处略收窄，其前方则膨大略微凸出。刻点较少而浅，大小不一。颈沟短，前深后浅。无侧沟。缘垛窄长，分界明显，共 11 个。

足粗壮。各基节无外距；基节Ⅰ内距中等长，锥形，末端窄钝；基节Ⅱ～Ⅳ内距粗短，末端钝，大小约等。转节Ⅰ背距短钝。转节腹距短小，转节Ⅰ、Ⅱ的稍大而明显。跗节亚端部向末端逐渐收窄，腹面端齿很小，爪垫约达爪长的 3/4。气门板逗点形，背突明显，向端部渐窄，末端钝，无几丁质增厚区，气门斑位置靠前。

若蜱（图 7-322）

体呈卵圆形，前端稍窄，后部圆弧形。

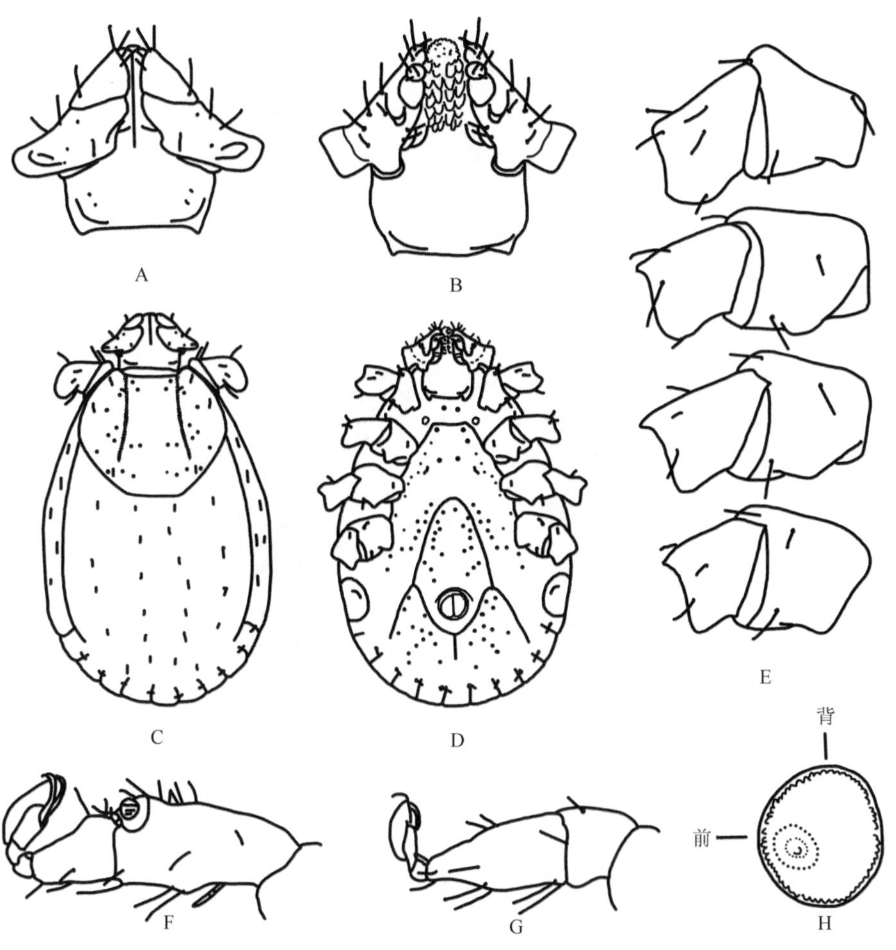

图 7-322　豪猪血蜱若蜱（参考：邓国藩和姜在阶，1991）
A. 假头背面观；B. 假头腹面观；C. 背面观；D. 腹面观；E. 基节；F. 跗节Ⅰ；G. 跗节Ⅳ；H. 气门板

假头与成蜱明显不同，呈尖楔形。须肢后外角显著凸出；第Ⅰ节隐缩，背面不可见；第Ⅱ节背面外缘浅凹，向前内斜，内缘略凹入，背、腹面内缘分别具刚毛 1 根和 2 根，后缘向后弯曲，其腹面形成角突；第Ⅲ节短于第Ⅱ节，三角形，顶端尖窄，无背刺，腹刺粗短，末端圆钝，略超出该节后缘。假头基宽短，两侧缘向后略内斜，后缘两个基突间平直；基突很短，宽三角形，末端钝。口下板与须肢约等长，前端圆钝，两侧平行；齿式 2|2，每纵列具齿 7 或 8 枚。

盾板近似圆形，长宽约等，中部靠前最宽，向后渐窄，末端圆钝。刻点稀少。颈沟前深后浅，弧形略微外弯，末端约达盾板的 2/3。

足长中等。各基节无外距，基节Ⅰ内距宽三角形，末端钝；基节Ⅱ～Ⅳ内距宽短，圆钝，似脊状，基节Ⅳ的最小。转节Ⅰ背距三角形；各转节无腹距。跗节亚端部向末端逐渐收窄。爪垫略超过爪长的 2/3。气门板亚卵形，背突短钝，无几丁质增厚区，气门斑位置靠前。

幼蜱（图 7-323）

体呈卵圆形，前端稍窄，后部圆弧形。

假头近似铃形。须肢后外角凸出，明显超出假头基侧缘；第Ⅰ节隐缩；第Ⅱ节背面宽约为长的 1.2 倍，后缘弧形向上斜弯，与外缘相交成锐角，外缘凹入，内缘直，背、腹面各具刚毛 1 根；第Ⅲ节三角形，前端尖窄，无背刺，腹刺三角形，末端细窄，约达第Ⅱ节前缘。假头基矩形，两侧缘平行，后缘两个基突间直；基突很短，略呈角突。口下板棒状，较须肢稍长；齿式 2|2，每纵列具齿 6 或 7 枚。

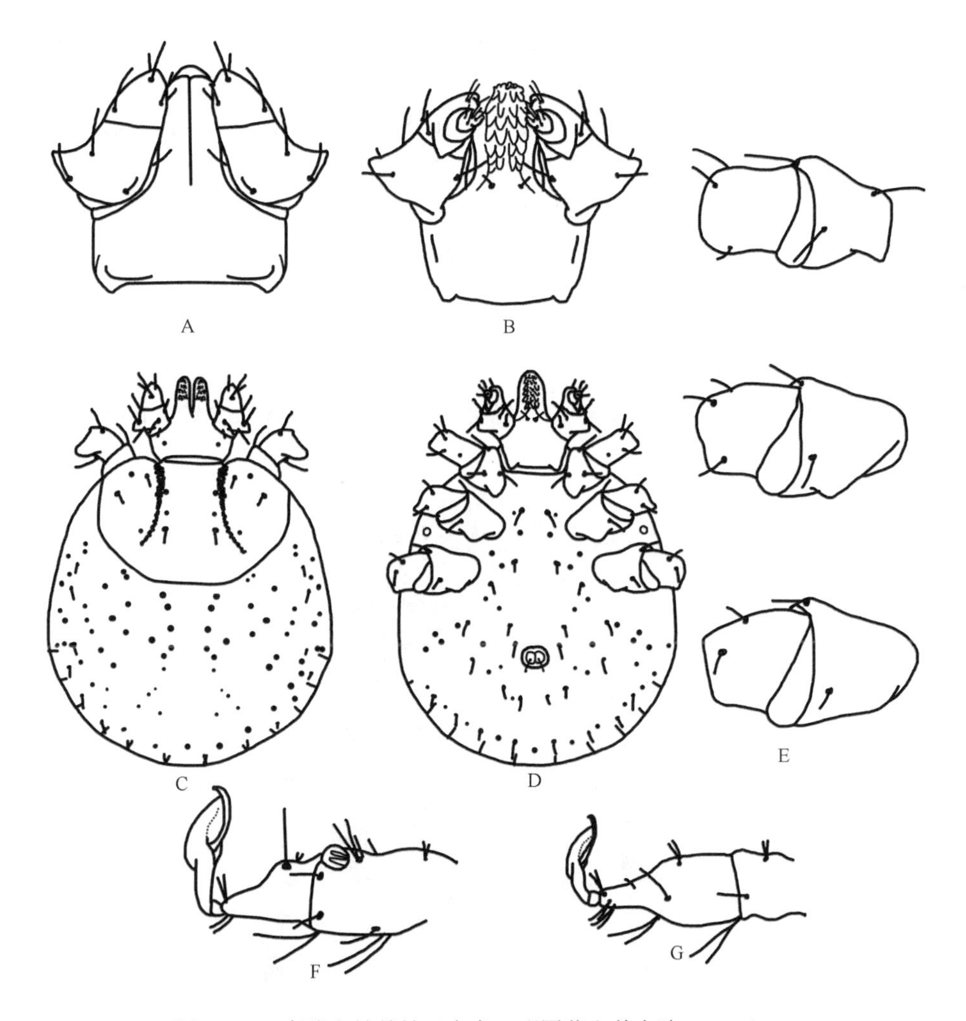

图 7-323　豪猪血蜱幼蜱（参考：邓国藩和姜在阶，1991）

A. 假头背面观；B. 假头腹面观；C. 背面观；D. 腹面观；E. 基节；F. 跗节Ⅰ；G. 跗节Ⅲ

盾板椭圆形，宽约为长的 1.3 倍，前部较宽，向后弧形收窄，末端宽圆。刻点稀少。颈沟浅弧形，约达盾板长的 2/3。

足中等大小。各基节无外距；基节Ⅰ内距短，宽三角形，末端钝；基节Ⅱ、Ⅲ内距宽短，呈脊状，基节Ⅲ最短。转节Ⅰ背距短钝，各转节无腹距。跗节亚端部向末端逐渐收窄。爪垫约达爪长的 2/3。

生物学特性 分布于亚热带及部分温带地区的山地森林地带。活动季节较长，3～12 月均可在宿主上发现。

（20）日本血蜱 *H. japonica* Warburton, 1908

定名依据 *japonica* 即日本。

宿主 幼蜱、若蜱寄生于鸟和啮齿动物。成蜱寄生于马、山羊、牦牛 *Bos grunniens*、黑熊、虎、狍子、野猪 *Sus scrofa* 等大中型哺乳动物，也侵袭人。

分布 国内：甘肃、河北、黑龙江、吉林、辽宁、宁夏、青海、山西、陕西；国外：朝鲜、苏联（远东地区）、日本。

鉴定要点

雌蜱盾板呈亚圆形，长宽约等；刻点细，分布均匀；颈沟浅外弧形，末端约达盾板的 2/3。须肢前窄后宽，第Ⅱ节外缘明显短于第Ⅲ节外缘；第Ⅱ节后外角中度凸出。第Ⅲ节前端尖窄，背部后缘不具刺，腹面刺粗短，末端约达第Ⅱ节前缘。假头基基突粗短而钝；孔区大，椭圆形。口下板齿式 4|4。气门板短逗点形，背突圆钝。足长适中，基节Ⅰ内距呈锥形；基节Ⅱ～Ⅳ内距粗短，三角形。跗节亚端部逐渐细窄；腹面具端齿。爪垫约达爪长的 2/3。

雄蜱须肢前窄后宽，外缘弧度大于内缘弧度。第Ⅱ节后外角中度凸出，超出假头基侧缘。须肢第Ⅲ节末端不向内侧弯曲，左右两侧不相互交叠；背面后缘无刺；腹刺粗短，末端约达第Ⅱ节前缘。假头基基突发达，三角形。口下板齿式 5|5。盾板颈沟短，深陷；侧沟由基节Ⅲ水平向后延伸至第Ⅰ缘垛；刻点小而浅，分布不均匀。气门板短逗点形，背突短小。足与雌蜱相似。

具体描述

雌蜱（图 7-324，图 7-325）

体呈卵圆形，前端稍窄，后部圆弧形。长（包括假头）宽为（2.59～2.97）mm ×（1.59～1.90）mm。

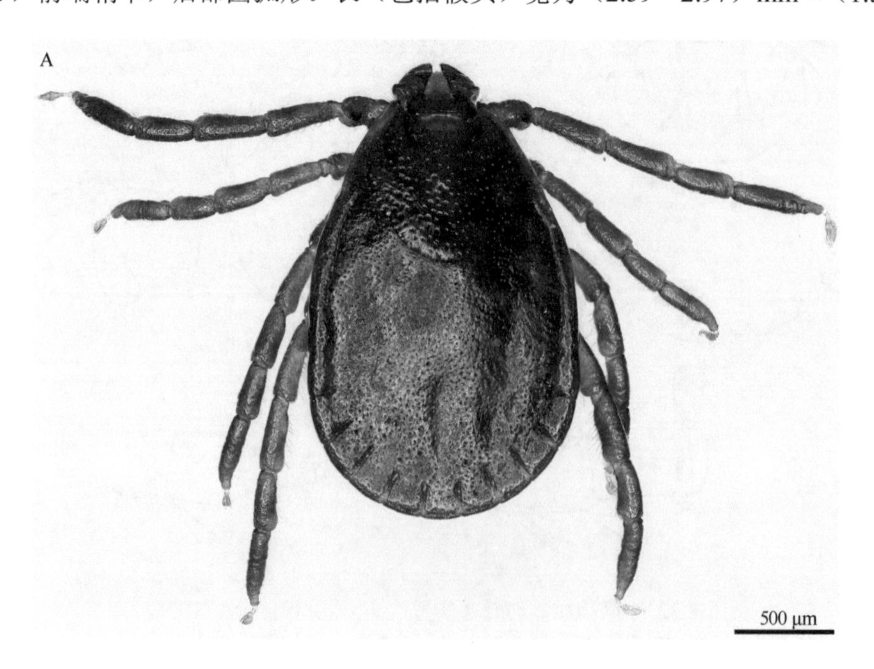

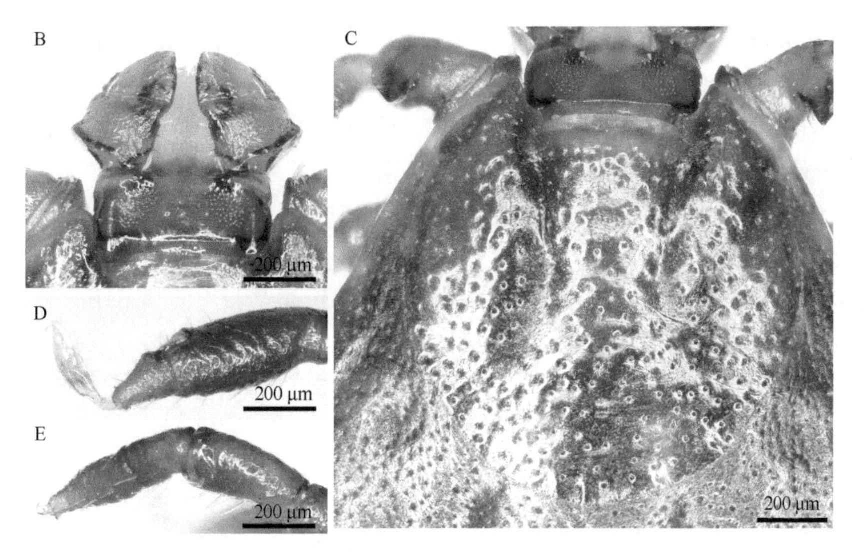

图 7-324　日本血蜱雌蜱

A. 背面观；B. 假头背面观；C. 盾板；D. 跗节Ⅰ；E. 跗节Ⅳ

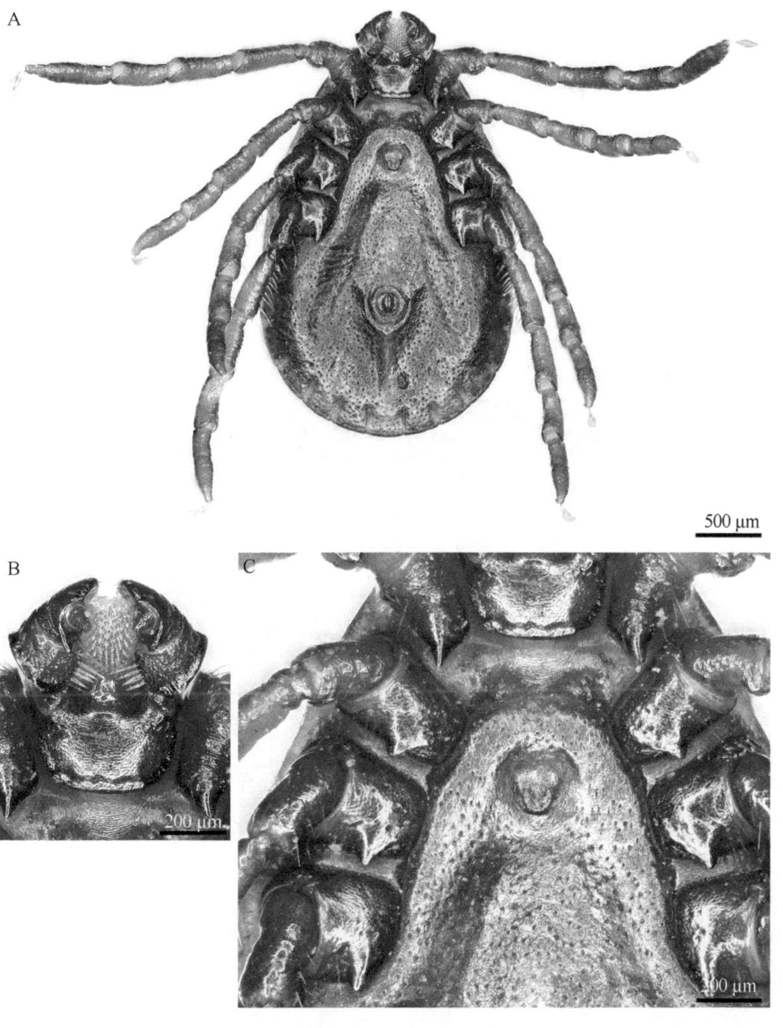

图 7-325　日本血蜱雌蜱

A. 腹面观；B. 假头腹面观；C. 基节及生殖孔

须肢粗短；第Ⅱ节背面后外角明显凸出，超出假头基侧缘，外缘浅凹，与第Ⅲ节外缘连接；第Ⅲ节短三角形，前端尖窄，后缘平直，无背刺，腹刺粗短，约达第Ⅱ节前缘。假头基宽短，宽约为长（包括基突）的 2 倍，侧缘及后缘两个基突间直；孔区大，椭圆形，前部内斜。基突粗短而钝。假头基腹面宽阔，后缘弧形向后略弯，无耳状突和横脊。口下板略短于须肢；齿式 4|4。

盾板黄褐色，有光泽；呈亚圆形，长宽约 1.20 mm×1.15 mm。刻点小而明显，分布均匀。颈沟宽浅，弧形外弯，末端约达盾板长的 2/3。

足粗细中等。各基节无外距；基节Ⅰ内距呈锥形；基节Ⅱ宽大于长，基节Ⅲ长宽约等，基节Ⅳ长大于宽；基节Ⅱ～Ⅳ的内距较基节Ⅰ的略粗短，位置偏向各节后缘中部。各转节腹距呈脊状。跗节Ⅳ较后跗节Ⅳ窄长，亚端部向末端逐渐收窄，腹面端齿尖细。爪垫约达爪长的 2/3。气门板大，短逗点形，背突圆钝，无几丁质增厚区，气门斑位置靠前。

雄蜱（图 7-326，图 7-327）

褐色。体呈卵圆形，前端稍窄，后部圆弧形。长（包括假头）宽为（2.31～2.69）mm ×（1.40～1.69）mm。

须肢粗短；第Ⅱ节背面后外角明显凸出，超出假头基侧缘，外缘很短，与第Ⅲ节外缘连接成弧形，腹面后缘向后呈圆角凸出；第Ⅲ节相当宽短，三角形，无背刺，腹刺粗短，约达第Ⅱ节前缘。假头基矩形，宽为长（包括基突）的 1.6 倍，表面具小刻点；基突发达，三角形，末端尖细。假头基腹面宽短，侧缘及后缘两个基突间近于直。口下板短小；齿式 5|5。

盾板呈卵圆形，长宽为（2.21～2.43）mm ×（1.39～1.50）mm；向前逐渐收窄，后端圆钝；表面有光泽；刻点小而浅，分布不均匀。颈沟短，深陷。侧沟细窄，自基节Ⅲ水平向后延伸至第Ⅰ缘垛。缘垛分界明显，长稍大于宽，共 11 个。

足粗壮。基节窄长（按躯体方向），基节Ⅳ最显著。各基节无外距；基节Ⅰ内距稍窄长，末端尖细；基节Ⅱ～Ⅳ内距粗短，三角形。各转节腹距呈脊状。跗节Ⅳ较后跗节Ⅳ窄长，亚端部向末端逐渐细窄，腹面端齿尖细。爪垫将近达到爪端。气门板短逗点形，背突窄小，无几丁质增厚区，气门斑位置靠前。

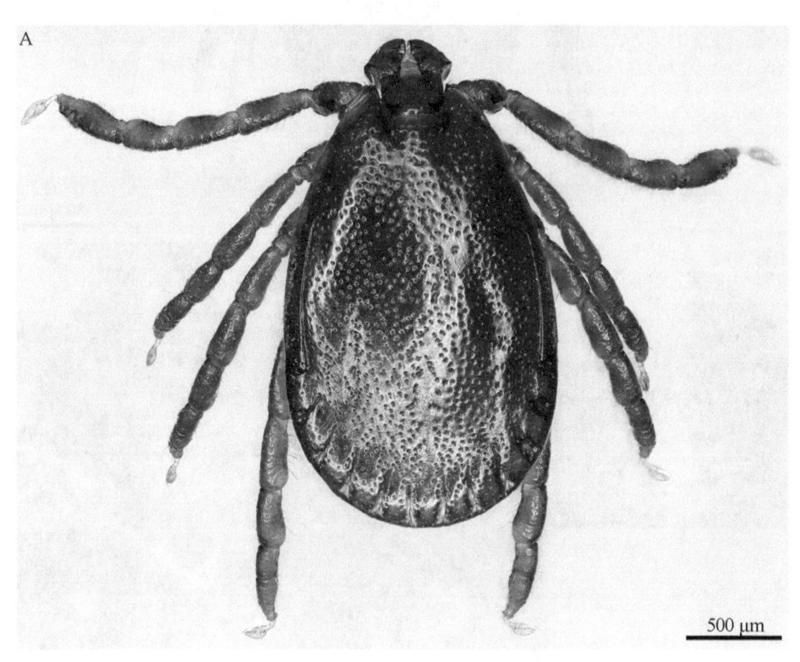

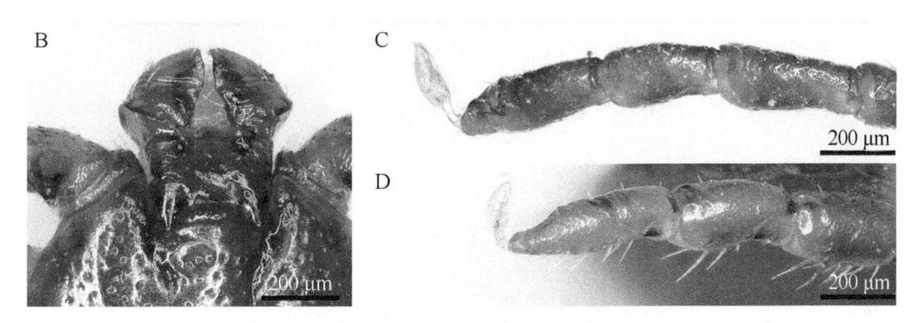

图 7-326　日本血蜱雄蜱

A. 背面观；B. 假头背面观；C. 跗节Ⅰ；D. 跗节Ⅳ

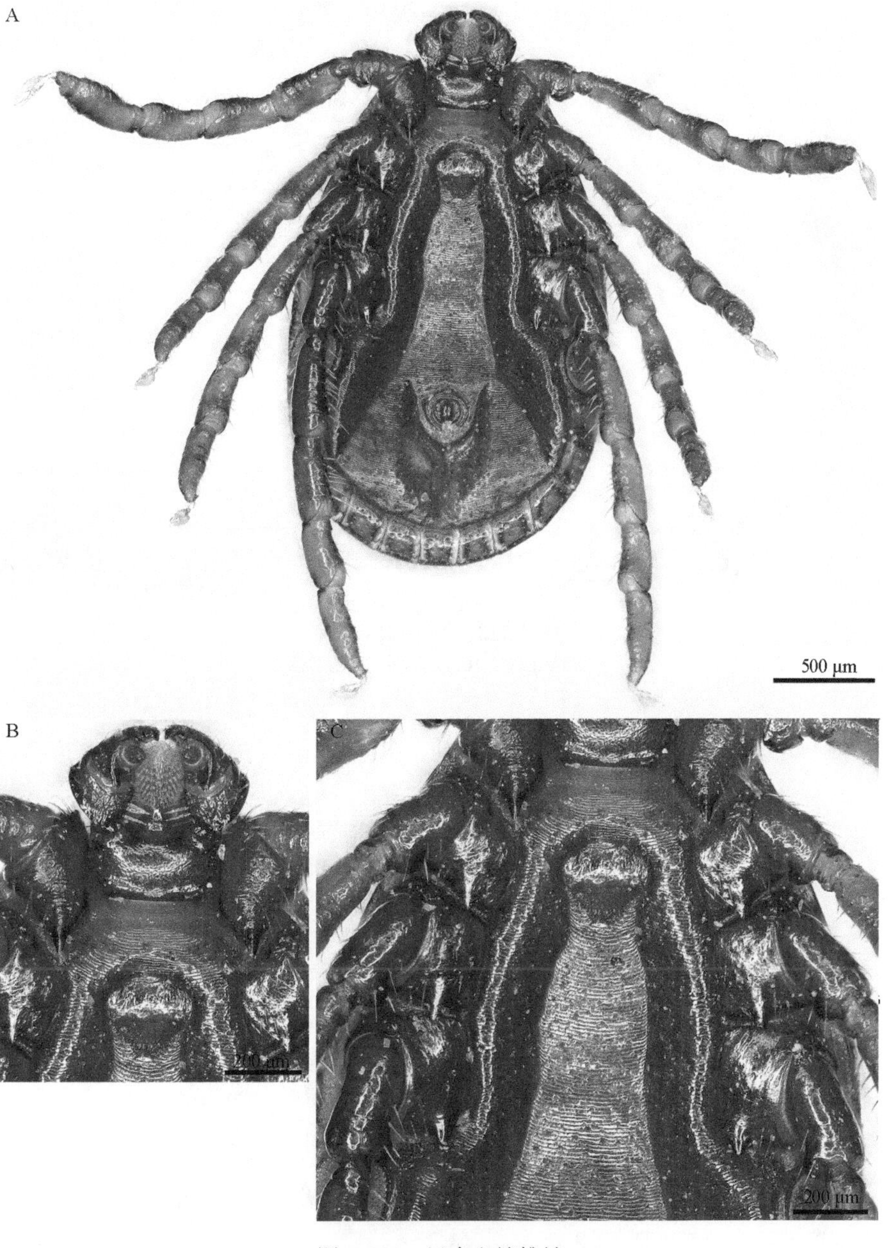

图 7-327　日本血蜱雄蜱

A. 腹面观；B. 假头腹面观；C. 基节及生殖孔

若蜱（图 7-328～图 7-330）

体呈卵圆形，前端稍窄，后部圆弧形。

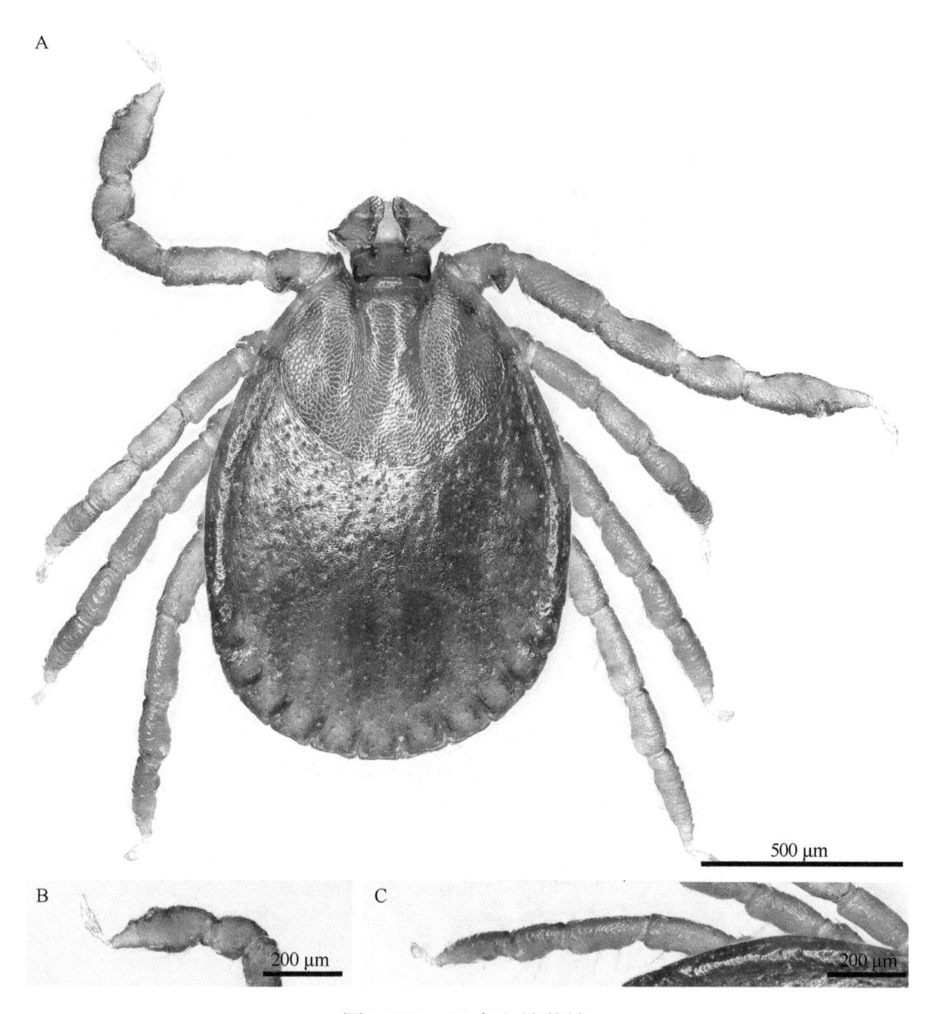

图 7-328　日本血蜱若蜱
A. 背面观；B. 跗节Ⅰ；C. 跗节Ⅳ

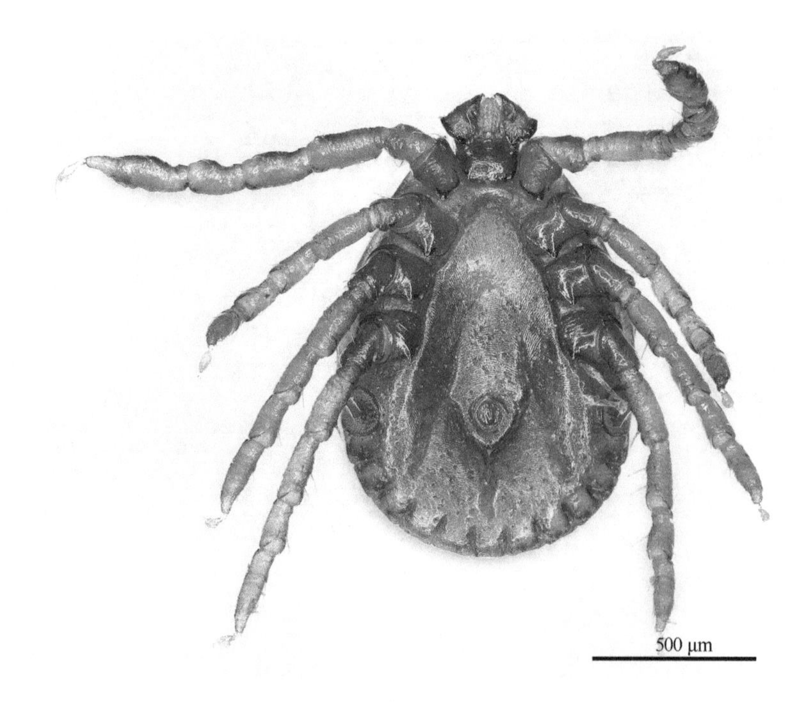

图 7-329　日本血蜱若蜱腹面观

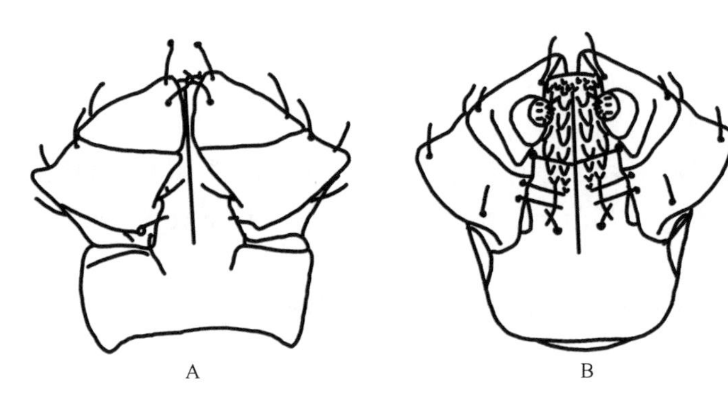

图 7-330　日本血蜱若蜱（参考：邓国藩和姜在阶，1991）
A. 假头背面观；B. 假头腹面观

须肢宽短，钝楔形；第Ⅰ节短小，背面不明显；第Ⅱ节背面宽短，后缘略弯，向前侧方斜伸，与外缘相交形成角突，外缘短，斜向内侧，与第Ⅲ节外缘相连，腹面后缘浅弧形，斜向前侧方；第Ⅲ节三角形，前端尖窄，无背刺，腹刺短小，末端未达到该节后缘。假头宽短。假头基矩形，宽约为长（包括基突）的 2 倍；两侧缘近似平行，后缘两个基突间平直；基突粗短，末端稍钝。假头基腹面宽阔，两侧向后逐渐收窄，后缘微弯，无耳状突和横脊。口下板较须肢短；齿式 2|2，每纵列具齿约 7 枚。

盾板宽圆形，中部最宽，向后最窄，末端圆钝。刻点稀少。肩突圆钝。缘凹略深。颈沟浅弧形外弯，末端略超过盾板中部。

足中等大小，足Ⅰ较粗。各基节无外距；基节Ⅰ内距窄三角形，中等大小，末端稍尖；基节Ⅱ、Ⅲ内距较粗短，末端钝；基节Ⅳ的内距略窄小。各转节腹距不明显。跗节Ⅰ粗大，跗节Ⅱ～Ⅳ较小，亚端部向末端逐渐收窄。跗节Ⅰ爪垫几乎达到爪端，其余各跗节爪垫约达爪长的 2/3。气门板亚圆形，背突极短，不明显，气门斑位置靠前。

幼蜱（图 7-331）

体呈卵圆形，前端稍窄，后部圆弧形。长（包括假头）宽约为 0.753 mm×0.580 mm。

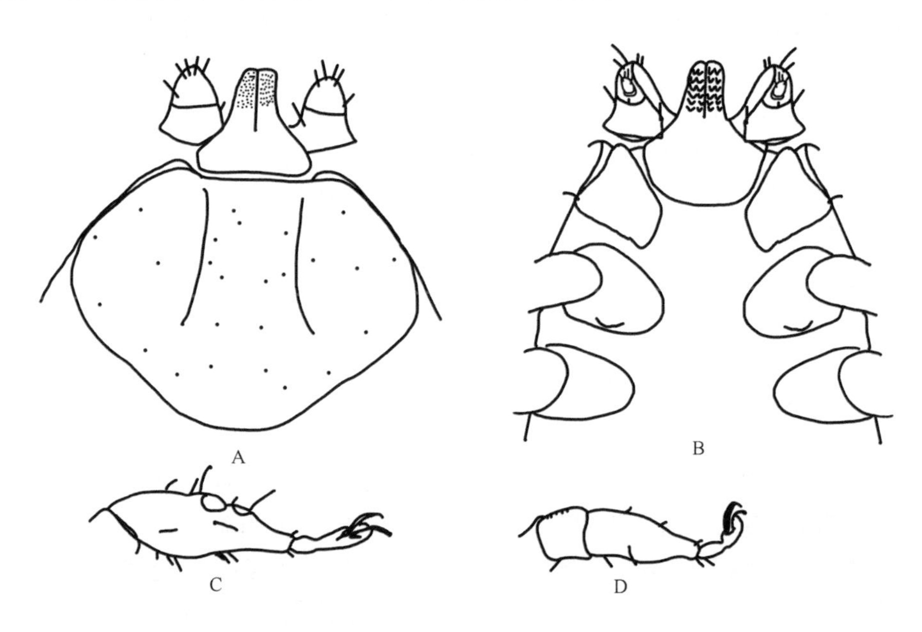

图 7-331　日本血蜱幼蜱（参考：邓国藩和姜在阶，1991）
A. 假头及盾板；B. 假头腹面观及基节；C. 跗节Ⅰ；D. 跗节Ⅲ

须肢楔形；第Ⅰ节短小，背面不明显；第Ⅱ节背面宽明显大于长（约 1.8∶1），外缘短，浅凹，与第Ⅲ节外缘连接，与后缘相交成锐角，后缘平直，背、腹面内缘各具刚毛 1 根；第Ⅲ节宽略胜于长，前端宽钝，后缘较为平直，无背刺，腹刺短小，末端钝。假头宽短。假头基矩形，宽约为长（包括基突）的 2.6 倍；两侧缘浅弧形，后缘两个基突间平直或微弯，与侧缘连接成圆角；无基突。假头基腹面宽阔，近似半圆形，后缘浅弧形凸出，无耳状突和横脊。口下板与须肢约等长，齿式 2|2，每纵列具齿 6 或 7 枚。

盾板宽短，宽约为长的 1.36 倍，中部最宽，向后弧形渐窄，后缘宽圆。刻点明显。肩突很短，平钝。缘凹宽浅。颈沟短，窄而浅，末端略超过盾板中部。

足中等大小。各基节无外距；基节Ⅰ内距粗短，隆突状；基节Ⅱ内距脊状；基节Ⅲ无内距。转节Ⅰ背距短小，不明显；各转节无腹距。各足跗节粗壮，亚端部向末端逐渐收窄。爪垫约达爪长的 2/3。

生物学特性 生活于林区或山地，多出现在柞阔林。成蜱在春、夏季活动。在山西，4 月上旬出现，4 月、5 月数量最多，4 月中旬为活动高峰，6 月上旬开始减少，6 月下旬消失；在黑龙江，4 月下旬至 5 月中旬为活动高峰。

蜱媒病 森林脑炎的传播媒介。

（21）北岗血蜱 *H. kitaokai* Hoogstraal, 1969

定名依据 日本姓，*Kita* 北，*-oka* 冈；如为*-ko* 的话则为岗，故应译为北冈血蜱，然而中文译名北岗血蜱已广泛使用。

宿主 马、黄牛、鹿、台湾鬣羚。

分布 国内：甘肃、湖南、四川、台湾；国外：日本。

鉴定要点

雌蜱盾板宽大于长；刻点粗细不均，分布大致均匀；颈沟浅弧形，末端略超过盾板中部。须肢棒状，第Ⅱ节显著长于第Ⅲ节，两节分界不清晰。第Ⅱ节腹面内缘刚毛 1 根；第Ⅲ节前端圆钝，背部后缘不具刺，腹面不明显。假头基侧缘前半段直，后半段弧形凸出呈圆角；基突付缺；孔区大，亚圆形，间距宽，明显离开假头基后缘。口下板齿式 3|3。气门板逗点形，背突短钝。足较粗壮，基节Ⅰ内距锥形；基节Ⅱ内距宽短，呈脊状；基节Ⅲ、Ⅳ内距宽三角形，略超出该节后缘。跗节亚端部逐渐细窄；腹面无端齿。爪垫将近达到爪端。

雄蜱须肢棒状，第Ⅱ节长于第Ⅲ节。第Ⅱ节腹面内缘刚毛 1 根；须肢第Ⅲ节背、腹面后缘均无刺。假头基侧缘前半段直，后半段弧形凸出呈圆角；基突付缺。口下板齿式 2|2。盾板颈沟短浅，向后外斜；无侧沟；刻点细，间有中等粗细的刻点，分布不均匀。气门板略呈窄卵形，背突粗短。足基节距比雌蜱较长，其他与雌蜱相似。

具体描述

雌蜱（图 7-332）

褐黄色。体呈卵圆形，前端稍窄，后部圆弧形。

假头长。须肢窄长，呈棒状，长约为宽的 3.4 倍，两侧近似平行，前端略平钝；第Ⅰ节短小，背、腹面均可见；第Ⅱ节长约为第Ⅲ节的 2 倍，两节分界不甚明显，背、腹面内缘分别具刚毛 2 根和 1 根；第Ⅲ节无背刺，腹刺不明显；第Ⅳ节位于第Ⅲ节腹面的凹陷内。假头基宽约为长的 2.5 倍，侧缘后部弧形凸出，与后缘连接成圆角，后缘平直或弧形浅凹；孔区大，亚圆形，间距宽；无基突。假头基腹面宽阔，侧缘直，向后收窄，后缘后弯，无耳状突和横脊。口下板与须肢等长，前端圆钝，基部收窄；齿式 3|3，每纵列具大齿 7 或 8 枚。

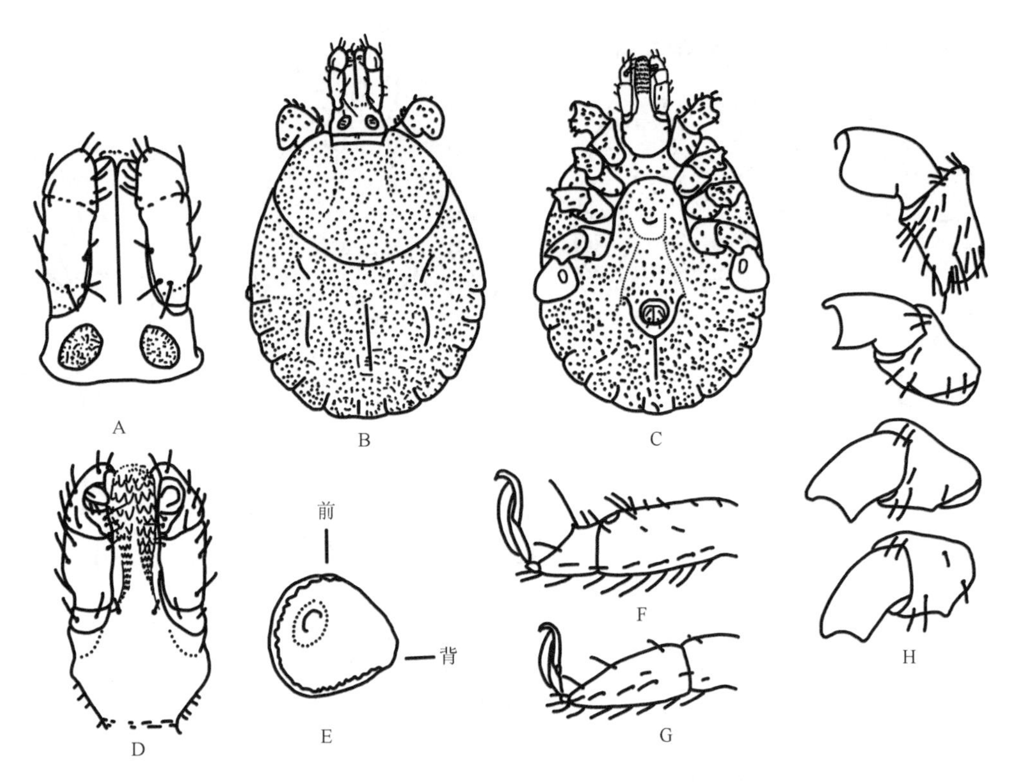

图 7-332　北岗血蜱雌蜱（参考：邓国藩和姜在阶，1991）

A. 假头背面观；B. 背面观；C. 腹面观；D. 假头腹面观；E. 气门板；F. 跗节Ⅰ；G. 跗节Ⅳ；H. 基节

盾板宽约为长的 1.3 倍，在中部稍前处最宽，后缘圆弧形。刻点大小不一，大刻点多，中等密度，分布大致均匀。肩突短钝。缘凹宽浅。颈沟较浅，弧形外弯，末端略超过盾板的 1/2。

足较粗壮。各基节无外距，基节Ⅰ内距锥形，末端稍钝；基节Ⅱ内距脊状，不超出该节后缘；基节Ⅲ、Ⅳ内距宽三角形，略超出该节后缘。各转节无腹距，但转节Ⅰ有刺状隆突，指向内侧。跗节亚端部向末端收窄，腹面无端齿和亚端齿，爪垫将近达到爪端。生殖帷宽短，侧缘向后内斜，后缘略直。肛瓣刚毛 5 对。气门板逗点形，背突宽短，末端钝，无几丁质增厚区，气门斑位置靠前。

雄蜱（图 7-333）

赤黄或赤褐色。体呈卵圆形，前端稍窄，后部圆弧形。

假头小。须肢粗短，长约为宽的 2 倍，前端平钝，两侧几乎平行；第Ⅰ节短小，背、腹面可见；第Ⅱ节背面基部收窄，背、腹面内缘分别具刚毛 3 根和 1 根；第Ⅲ节约为第Ⅱ节长的 2/3，无背刺和腹刺；第Ⅳ节位于第Ⅲ节腹面的凹陷内。假头基近似矩形，宽约为长的 1.8 倍，侧缘前半段直，后半段凸出，与后缘连接成圆角，后缘略直；无基突。假头基腹面侧缘直，后缘向后弯曲，无耳状突和横脊。口下板短于须肢，约达须肢第Ⅲ节中部，前缘平钝，侧缘浅弧形；齿式 2|2，每纵列具大齿 5 或 6 枚。

盾板呈卵圆形，长约为宽的 1.35 倍，在气门板背突水平处最宽。小刻点居多，混杂中等刻点，除前中区较为稀疏外，其余部分分布大致均匀。肩突短钝。缘凹窄而深。颈沟短而浅，向后略外斜。无侧沟。缘垛短，不甚明显，11 个。腹面在肛沟之后有一对大的几丁质板，其上散布大刻点。

足粗壮。各基节无外距，基节Ⅰ内距粗短，锥形，末端较钝；基节Ⅱ、Ⅲ内距三角形，末端较尖；基节Ⅳ内距较窄长，末端尖。各转节无腹距。跗节亚端部向末端逐渐收窄。爪垫将近达到爪端。生殖帷位于基节Ⅱ水平线。肛瓣刚毛 5 对。气门板略呈窄卵形，背突粗短，末端钝，无几丁质增厚区，气门斑位置靠前。

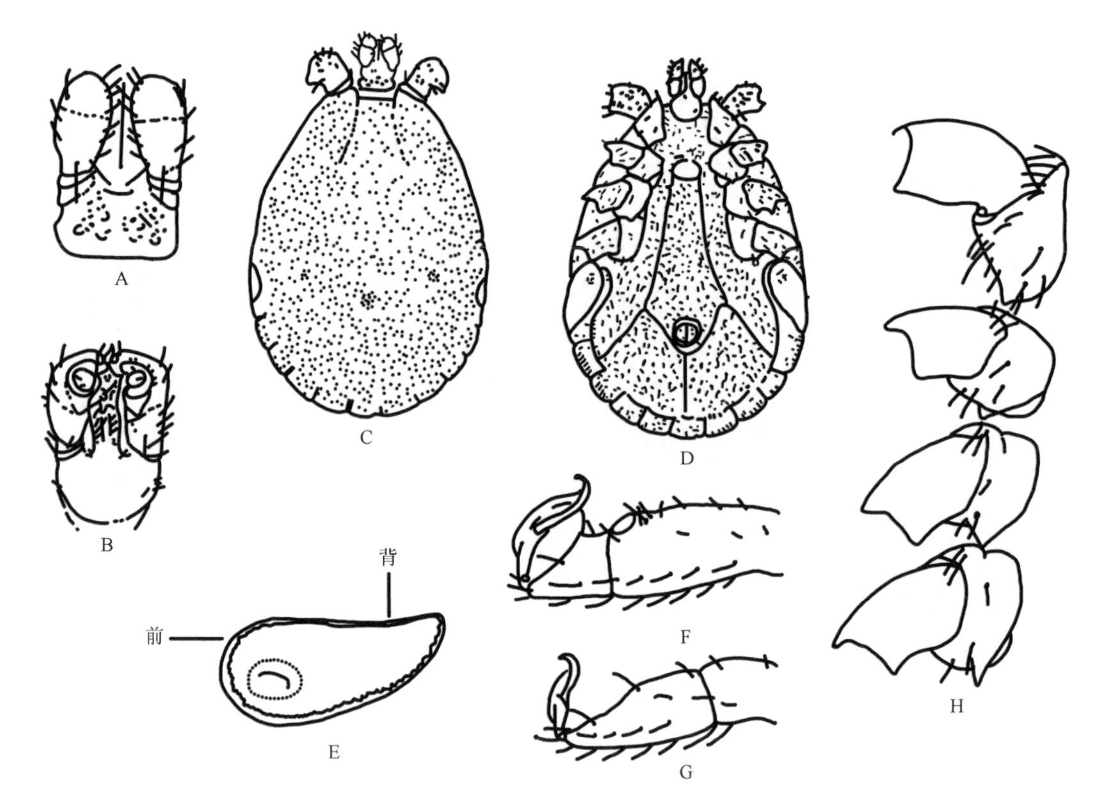

图 7-333 北岗血蜱雄蜱（参考：邓国藩和姜在阶，1991）

A. 假头背面观；B. 假头腹面观；C. 背面观；D. 腹面观；E. 气门板；F. 跗节Ⅰ；G. 跗节Ⅳ；H. 基节

若蜱（图 7-334）

体呈亚圆形，长（包括假头）宽约 1.8 mm×1.1 mm。

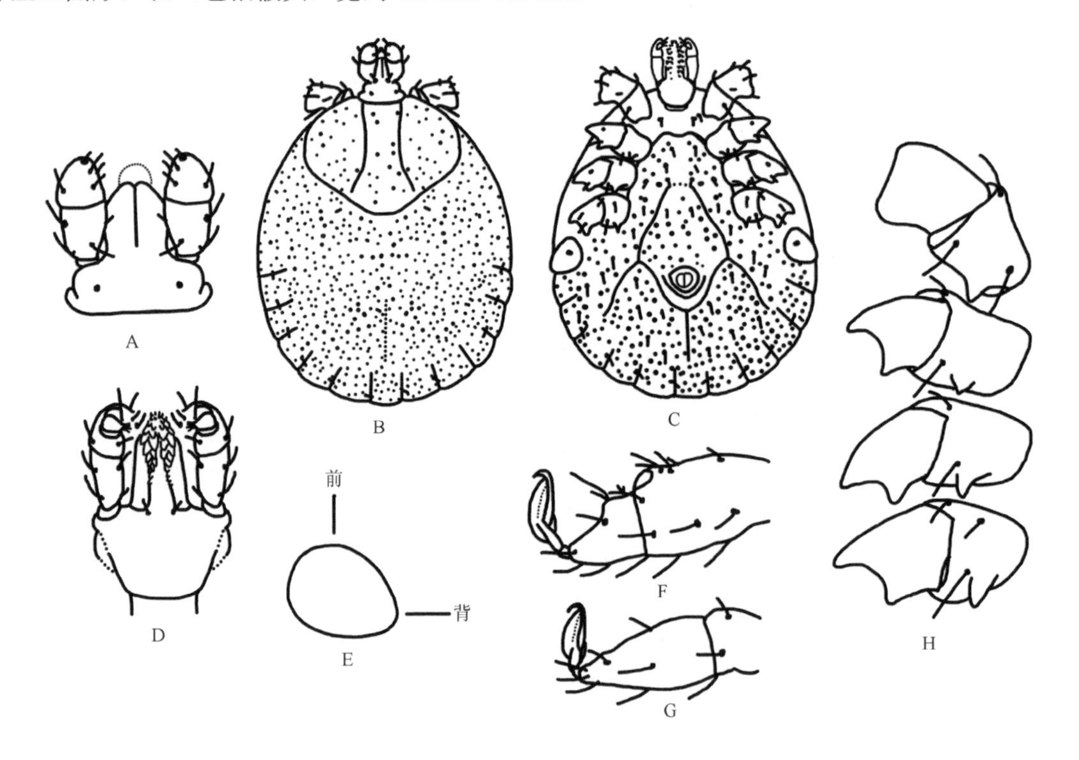

图 7-334 北岗血蜱若蜱（参考：邓国藩和姜在阶，1991）

A. 假头背面观；B. 背面观；C. 腹面观；D. 假头腹面观；E. 气门板；F. 跗节Ⅰ；G. 跗节Ⅳ；H. 基节

须肢长约为宽的 2.3 倍；第Ⅰ节很短，背、腹面可见；第Ⅱ节背面两侧缘浅弧形凸出，背、腹面内缘各具刚毛 1 根；第Ⅲ节较第Ⅱ节稍短，无背刺和腹刺；第Ⅳ节位于第Ⅲ节腹面的凹陷内。假头基宽约为长的 2.9 倍，背面和腹面形状与雌蜱相似。口下板较须肢稍短；齿冠短小；齿式 2|2，每列具齿 4 或 5 枚，其后还有 4 枚细齿。

盾板近似圆角三角形，前 1/3 处最宽，宽为长的 1.25 倍；刻点稀少，中等刻点多，夹杂小刻点，分布不均。肩突粗短。缘凹浅平。颈沟窄长，浅弧形外弯，末端达到盾板后侧缘。

足粗壮。各基节无外距，基节Ⅰ～Ⅳ内距三角形，末端尖，超出各节后缘，基节Ⅳ的略粗大，其余的约等。各转节无腹距。跗节亚端部向末端逐渐收窄。爪垫几乎达到爪端。肛瓣刚毛 3 对。气门板宽卵形，背突宽短，末端圆钝，气门斑位置靠前。

幼蜱（图 7-335）

体呈梨形，长（包括假头）宽约 1.0 mm×0.65 mm。

须肢长约为宽的 2 倍；第Ⅰ节短小，背、腹面可见；第Ⅱ节背、腹面内缘各具刚毛 1 根；第Ⅲ节与第Ⅱ节的长度比为 4∶5，无背刺和腹刺；第Ⅳ节位于第Ⅲ节腹面的凹陷内。假头基宽约为长的 2.6 倍；无基突。假头基腹面宽阔，侧缘弧形凸出，后缘较宽而略直，其两端呈角状突；无耳状突和横脊。口下板略长于须肢；齿式 2|2，每纵列具大齿 5～7 枚。

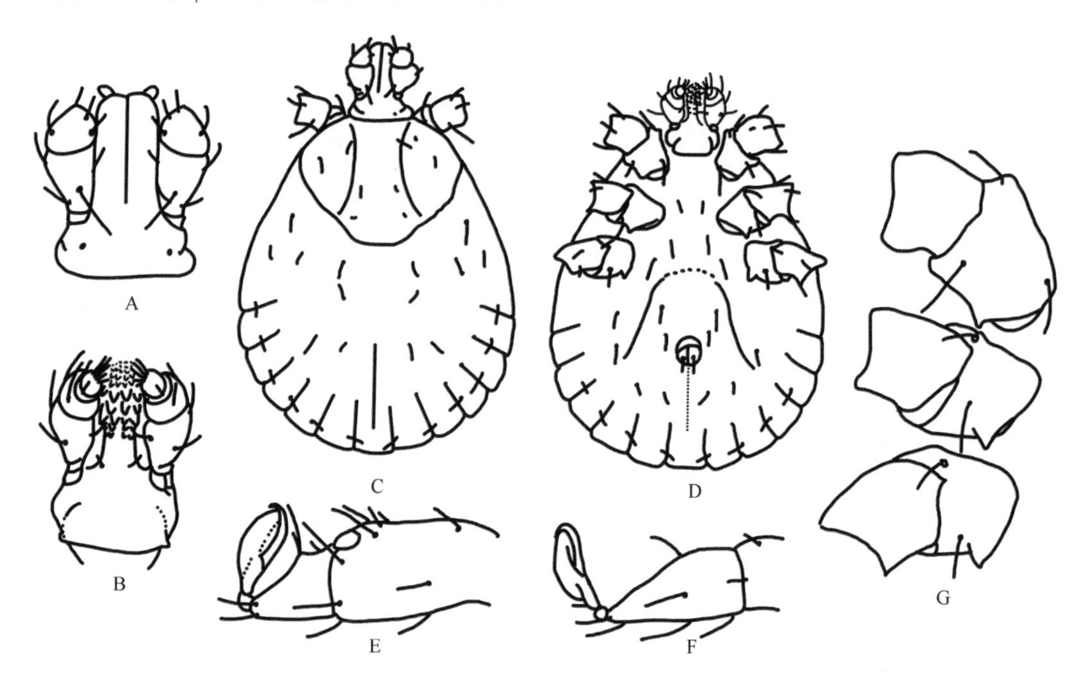

图 7-335　北岗血蜱幼蜱（参考：邓国藩和姜在阶，1991）

A. 假头背面观；B. 假头腹面观；C. 背面观；D. 腹面观；E. 跗节Ⅰ；F. 跗节Ⅲ；G. 基节

盾板近似心形，宽约为长的 1.35 倍，中部最宽，随后弧形浅凹，后缘宽圆。盾板上刚毛 3 对。缘凹浅平。肩突很短。颈沟深，浅弧形外弯，末端达到盾板后侧缘。

足粗壮。各基节无外距；内距三角形，大小约等，末端尖。各转节无腹距。跗节亚端部向末端渐窄。爪垫达到爪端。肛瓣刚毛一对。

生物学特性　主要在山地林区或野地。成蜱 5～7 月出现。

（22）拉氏血蜱 *H. lagrangei* Larrousse, 1925

定名依据　以人名命名。

宿主　赤麂 *Muntiacus muntjak*、麂 *Muntiacus* sp.。

分布　国内：海南；国外：越南。

鉴定要点

雌蜱盾板呈亚圆形，长宽约等；刻点中等粗细，散布整个表面；颈沟窄短，几乎呈直线延伸，末端略超出盾板中部。须肢前窄后宽。第Ⅱ节后外角中度凸出，腹面内缘刚毛 6 根；背腹部后缘弧形凸出。第Ⅲ节前端圆钝，背部后缘的刺发达，末端尖窄，约达第Ⅱ节中部；腹面刺发达，呈锥形，末端约达第Ⅱ节后 1/3。假头基基突宽三角形，末端尖细；孔区小，亚圆形，间距宽。口下板齿式 4|4。气门板亚圆形，背突短小。足略粗壮，基节Ⅰ内距窄长，末端尖细；基节Ⅱ～Ⅳ内距粗短，按节序渐小，末端尖。各转节均具三角形腹距；跗节亚端部逐渐细窄；腹面端齿细小。爪垫大，约达爪端。

雄蜱须肢前窄后宽，外缘弧度大于内缘弧度。第Ⅱ节后外角不明显凸出；腹面内缘刚毛 4～7 根。须肢第Ⅲ节前端圆钝，背刺钝角三角形，末端约达第Ⅱ节中部；腹刺发达，锥形，末端约达第Ⅱ节的 2/3。假头基基突三角形，末端尖细。口下板齿式 5|5。盾板颈沟深而短小；侧沟短而浅，前端不超过盾板中部；刻点中等大小。气门板亚圆形，背突粗短。足与雌蜱相似。

具体描述

雌蜱（图 7-336）

体呈卵圆形，前端稍窄，后部圆弧形。

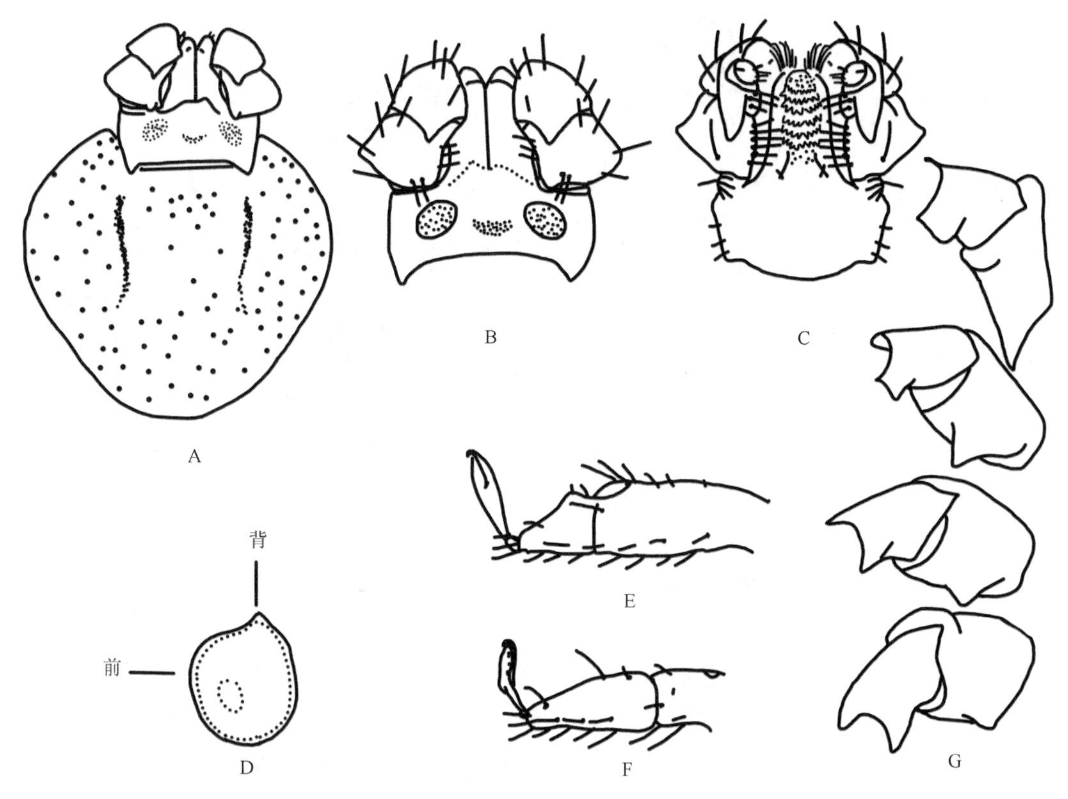

图 7-336　拉氏血蜱雌蜱（参考：邓国藩和姜在阶，1991）

A. 假头及盾板；B. 假头背面观；C. 假头腹面观；D. 气门板；E. 跗节Ⅰ；F. 跗节Ⅳ；G. 基节

须肢粗短，后侧部中度凸出，超出假头基侧缘；第Ⅱ节背面长宽约等，后侧角较为明显，外缘近于直，与第Ⅲ节外缘不连接，背、腹面后缘弧形凸出，背面内缘刚毛 3 根，腹面内缘 6 根；第Ⅲ节前端圆钝，后缘略宽于第Ⅱ节前缘，背刺大，末端呈锐角，约达第Ⅱ节中部，腹刺发达，锥形，指向后方，末端约达第Ⅱ节后 1/3。假头基近似矩形，宽约为长（包括基突）的 2.3 倍，侧缘直。孔区小，亚圆形，前端内斜，间距宽阔。基突宽三角形，末端尖细。口下板短于须肢；齿式 4|4，每纵列具齿约 8 枚。

盾板呈亚圆形，长宽约等。刻点浅，中等大小，密度适中，分布整个表面。颈沟窄短，几乎呈直线，末端略超过盾板长的 1/2。

足略粗壮。各基节无外距；基节Ⅰ内距窄长，末端尖细；基节Ⅱ～Ⅳ内距较粗短，按节序渐小，末端尖窄。转节Ⅰ背距发达，末端尖；各转节腹距三角形，按节序渐小。各跗节亚端部向末端逐渐收窄，腹面端齿细小。爪垫几乎达到爪端。气门板亚圆形，背突短小，末端尖细，无几丁质增厚区，气门斑位置靠前。

雄蜱（图 7-337）

体呈卵圆形，前端稍窄，后部圆弧形。长（包括假头）宽约 2.5 mm×1.5 mm。

须肢粗短，长约为宽的 1.5 倍，后侧部不明显突出，超出假头基侧缘；第Ⅱ节背面长宽约等，外缘短而直，与第Ⅲ节外缘不连接，背、腹面后缘向后弯曲，后外角不明显凸出，背面内缘刚毛 3 根，腹面内缘 4～7 根；第Ⅲ节前端圆钝，后缘较第Ⅱ节前缘略宽，背刺钝三角形，末端约达第Ⅱ节的 1/2，腹刺发达，锥形，末端约达第Ⅱ节后 1/3。假头基近似矩形，宽约为长（包括基突）的 2 倍，侧缘直。基突呈三角形，长宽约等，末端尖细。假头基腹面宽短，两侧缘弧形凸出，后缘弧形浅弯，无耳状突和横脊。口下板粗短，前端平钝；齿式 5|5 或 4|4，每纵列具齿约 8 枚。

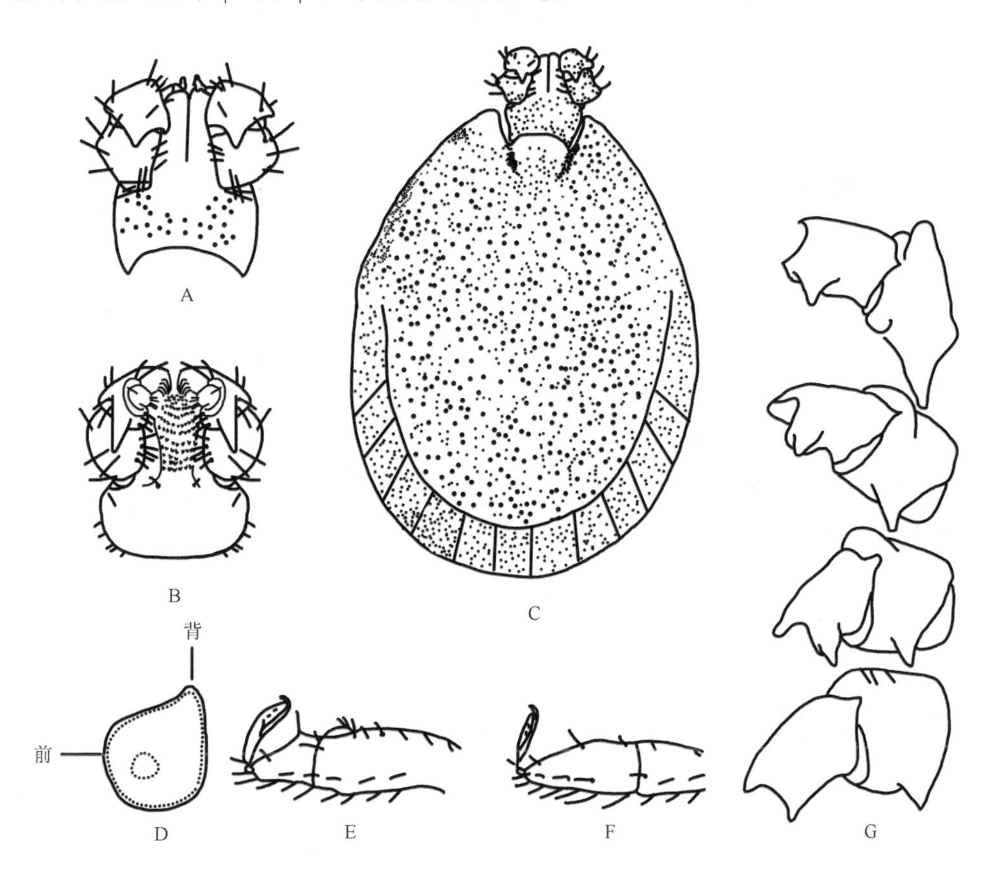

图 7-337　拉氏血蜱雄蜱（参考：邓国藩和姜在阶，1991）

A. 假头背面观；B. 假头腹面观；C. 假头及盾板；D. 气门板；E. 跗节Ⅰ；F. 跗节Ⅳ；G. 基节

盾板呈宽卵形，长为宽的 1.3～1.5 倍，气门板背突之前最宽。刻点浅，中等大小，密度适中。颈沟深而短小，呈陷窝状。侧沟很短而浅，不明显。缘垛分界明显，共 11 个。

足略粗壮。各基节无外距，基节Ⅰ内距长锥形，末端尖细；基节Ⅱ～Ⅳ内距三角形，按节序渐短，末端尖窄。转节Ⅰ背距发达，末端长而尖；各转节腹距明显，呈三角形，末端尖。各跗节亚末端向末端逐渐收窄，腹面端齿细小。爪垫几乎达到爪端。气门板亚圆形，背突粗短，无几丁质增厚区，气门斑位置靠前。

若蜱（图 7-338）

长（包括假头）宽约 1.1 mm×0.6 mm。

须肢两侧合拢呈铃形，长约为宽的 1.4 倍；第Ⅰ节短小，背、腹面可见；第Ⅱ节背面宽约为长的 1.2 倍，背面外缘短，略凹，与第Ⅲ节外缘相接，后缘浅弧形斜弯，后外角短，内缘浅凹，背、腹面内缘分别具刚毛 1 根和 2 根；第Ⅲ节前端圆钝，无背刺，腹刺粗大，末端尖细，约达第Ⅱ节的 1/2。假头基矩形，宽约为长（包括基突）的 2 倍，侧缘和后缘两个基突间均直；基突大，宽三角形，末端尖窄。假头基腹面宽阔，后侧缘形成小的角突，无耳状突和横脊。口下板与须肢约等长；齿式 2|2，每纵列具齿 7～9 枚。

盾板近似圆形，宽约为长的 1.3 倍；中部最宽，向后显著收窄，末端圆钝。刻点很少，不明显。肩突尖细。缘凹宽。颈沟前深后浅，前段几乎平行，至盾板中部斜向外弯。

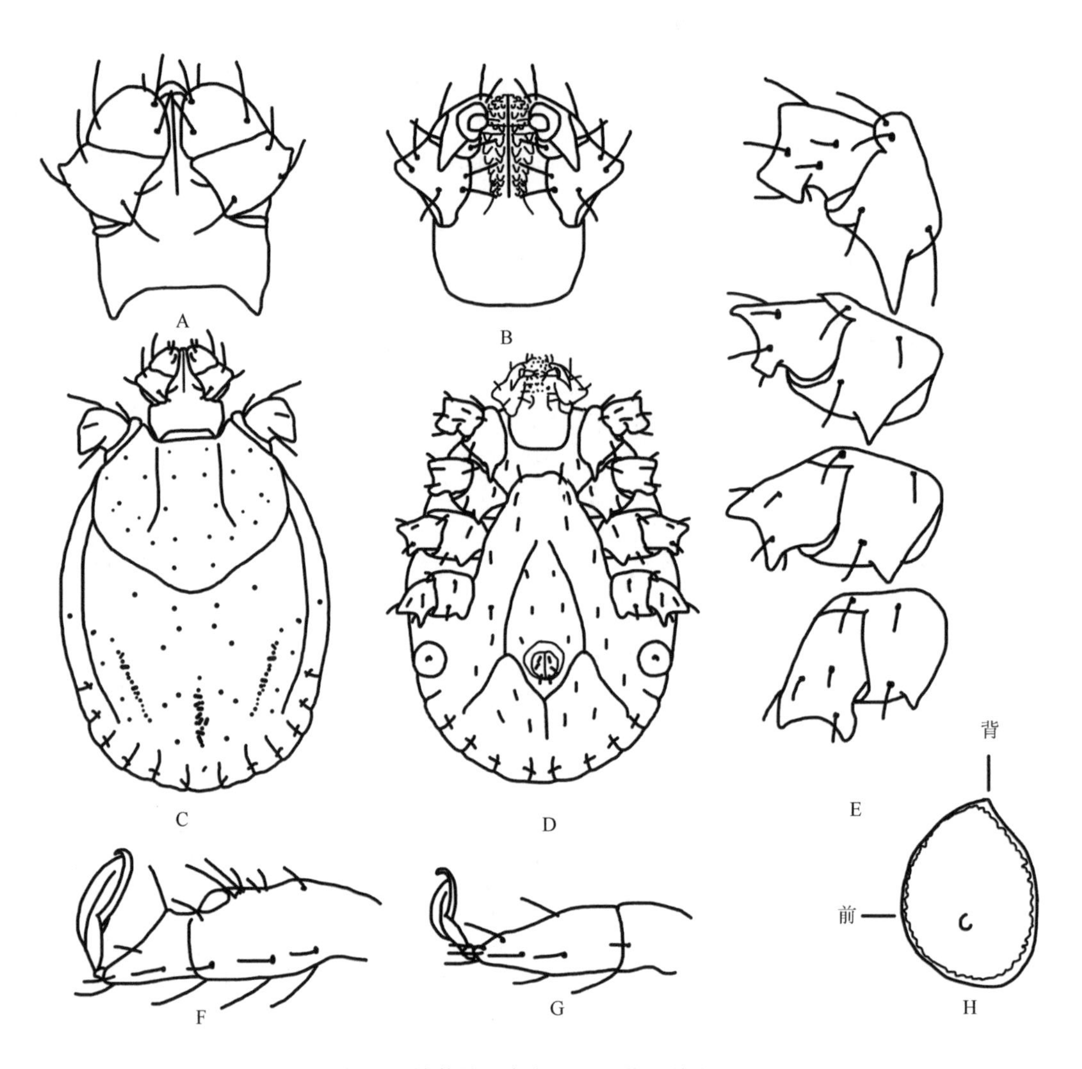

图 7-338　拉氏血蜱若蜱（参考：邓国藩和姜在阶，1991）

A. 假头背面观；B. 假头腹面观；C. 背面观；D. 腹面观；E. 基节；F. 跗节Ⅰ；G. 跗节Ⅳ；H. 气门板

足长而较粗。各基节均无外距；基节Ⅰ内距窄长，末端尖细；基节Ⅱ～Ⅳ内距三角形，基节Ⅳ的略小。转节Ⅰ背距大，末端尖；转节Ⅰ腹距粗短，呈三角形，转节Ⅱ、Ⅲ腹距短小，转节Ⅳ腹距极不明显。跗节Ⅱ～Ⅳ亚端部向末端逐渐收窄。爪垫将近达到爪端。气门板卵圆形，背突短小，无几丁质增厚区，气门斑位置靠前。

幼蜱（图 7-339）

长（包括假头）宽约 0.8 mm×0.5 mm。

须肢长约为宽的 1.2 倍；第Ⅱ节外缘略凹，与后缘相交呈小角突，背面后缘浅弯，内缘直，背、腹面内侧各具刚毛 1 根；第Ⅲ节顶端圆钝，无背刺，腹面的刺短小，略超过该节后缘。假头基近似矩形，宽约为长的 2 倍，侧缘和后缘两个基突间均直；基突宽短，三角形。假头基腹面宽短，后侧缘略呈角突状，无耳状突和横脊。口下板稍长于须肢；齿式 2|2，每纵列具齿 5 或 6 枚。

盾板近似心形，宽约为长的 1.4 倍，中部之前最宽，向后明显收窄，末端圆钝。刻点稀少，不明显。颈沟直，近似平行，末端约达盾板的 1/2。

足Ⅰ相对较粗。各基节无外距；基节Ⅰ内距三角形，末端尖细；基节Ⅱ内距呈脊状；基节Ⅲ内距更短。转节Ⅰ背距短小，末端圆钝，各转节无腹距。跗节亚末端向末端逐渐变窄；爪垫几乎达到爪端。

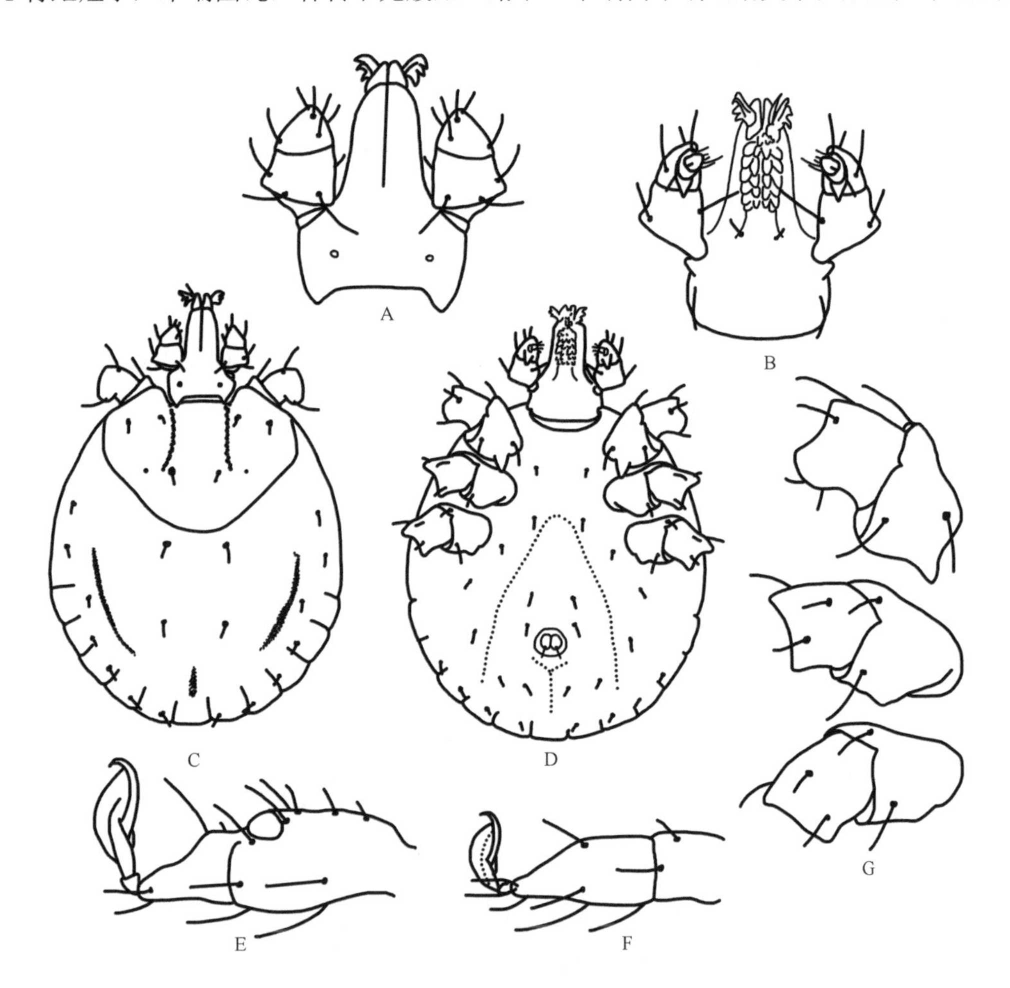

图 7-339　拉氏血蜱幼蜱（参考：邓国藩和姜在阶，1991）

A. 假头背面观；B. 假头腹面观；C. 背面观；D. 腹面观；E. 跗节Ⅰ；F. 跗节Ⅳ；G. 基节

生物学特性　生活于山地林区。5 月、6 月在宿主上出现。

（23）长角血蜱 *H. longicornis* Neumann, 1901

定名依据　*longicornis* 源自拉丁语“*longus*”，意为“long”（长）+*cornus*“horn”（角）。

宿主　牛、马、绵羊、山羊、犬、猪、鹿、熊、獾 *Meles meles*、獐 *Hydropotes inermis*、狐 *Vulpes vulpes*、野兔 *Lepus* spp.、刺猬 *Erinaceus europaeus*、黄鼠 *Spermophilus dauricus* 等，也侵袭人；幼蜱主要寄生于花鼠 *Eutamias sibiricus* 等小型野生动物及环颈雉等鸟类。

分布 国内：安徽、北京、甘肃、广东、贵州、河北、河南、黑龙江、湖北、湖南、吉林、江苏、江西、辽宁、青海、山东、山西、陕西、上海、四川、台湾、西藏、新疆、云南、浙江；国外：澳大利亚、朝鲜、斐济、苏联、日本、汤加、新喀里多尼亚、新赫布里底群岛、新西兰及南太平洋一些岛。

该种是Neumann(1901)根据澳大利亚采到的2只雄蜱建立。此后，该学者将它先后作为*Haemaphysalis concinna*的变种和亚种。但Nuttall等（1915）认为本种的模式标本已制成封片，而且缺少雄蜱，种征不易鉴别，故将它作为可疑种。直到1968年，Hoogstraal等检查了有关模式标本和一些地区的标本，认为*H. longicornis*是一独立种，其形态、生物学和地理分布与*H. bispinosa*均不同；以往澳大利亚、新西兰、日本、朝鲜、苏联及我国北方所报道的*H. bispinosa*或*H. neumanni*均应属于长角血蜱，而*H. neumanni*则是它的同物异名。近两年，在美国多个地区也发现了长角血蜱。

鉴定要点

雌蜱盾板呈亚圆形，长宽约等；刻点稠密，粗细中等，分布均匀；颈沟长，外弧形，末端达到盾板的2/3。须肢前窄后宽，第Ⅱ节后外角中度凸出，腹面内缘刚毛4或5根。第Ⅲ节背部后缘具一粗短的刺，三角形；腹面的刺发达，呈锥形，末端约达第Ⅱ节中部。假头基基突短而稍尖；孔区卵圆形，前部内斜。口下板齿式5|5。气门板近圆形，背突短钝。足长适中，基节Ⅰ内距发达，锥形，末端尖；基节Ⅱ～Ⅳ内距粗短。各转节腹距短小，脊状。跗节亚端部逐渐细窄。爪垫约达爪长的2/3。

雄蜱须肢前窄后宽，外缘弧度大于内缘弧度。第Ⅱ节后外角中度凸出，超出假头基侧缘；腹面内缘刚毛4根。须肢第Ⅲ节背刺粗短；腹刺长，末端约达第Ⅱ节的1/3。假头基基突强大，三角形，末端尖。口下板齿式5|5。盾板短小，呈弧形；侧沟明显，由盾板前1/3水平向后延伸至第Ⅰ缘垛；刻点稠密，中等大小，分布均匀。气门板近似椭圆形，背突短钝，不明显。足与雌蜱相似，但转节Ⅰ腹距明显，呈三角形。

具体描述

雌蜱（图7-340～图7-342）

褐黄色。体呈卵圆形，前端稍窄，后部圆弧形。长（包括假头）宽为（2.16～3.99）mm ×（1.16～2.58）mm。

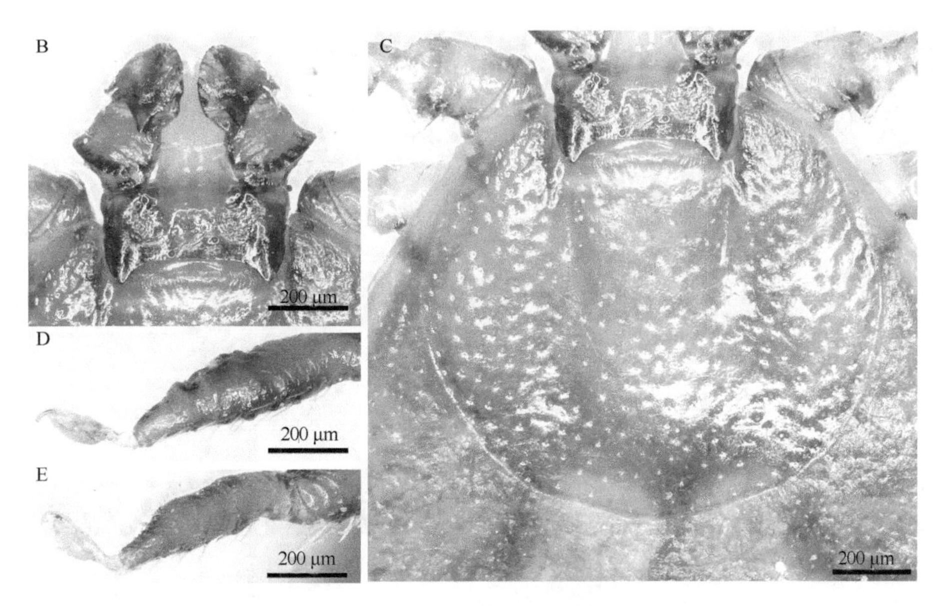

图 7-340 长角血蜱雌蜱

A. 背面观；B. 假头背面观；C. 盾板；D. 跗节Ⅰ；E. 跗节Ⅳ

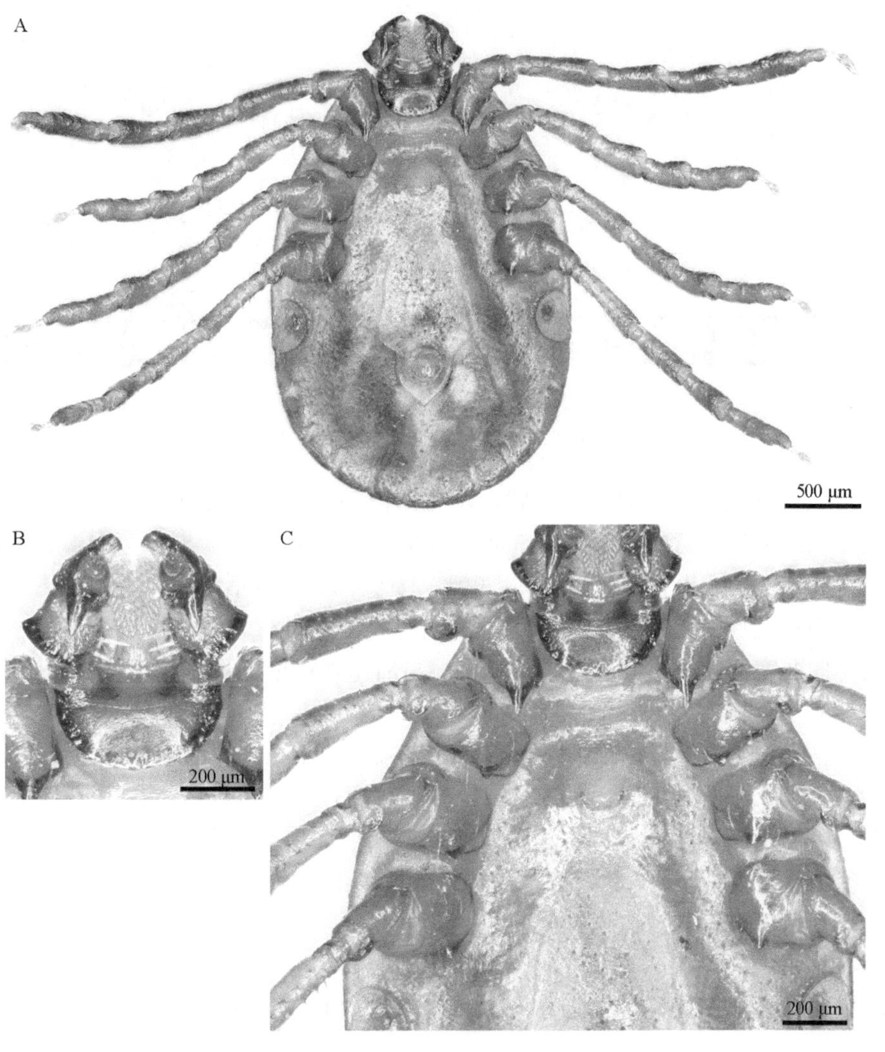

图 7-341 长角血蜱雌蜱

A. 腹面观；B. 假头腹面观；C. 基节及生殖孔

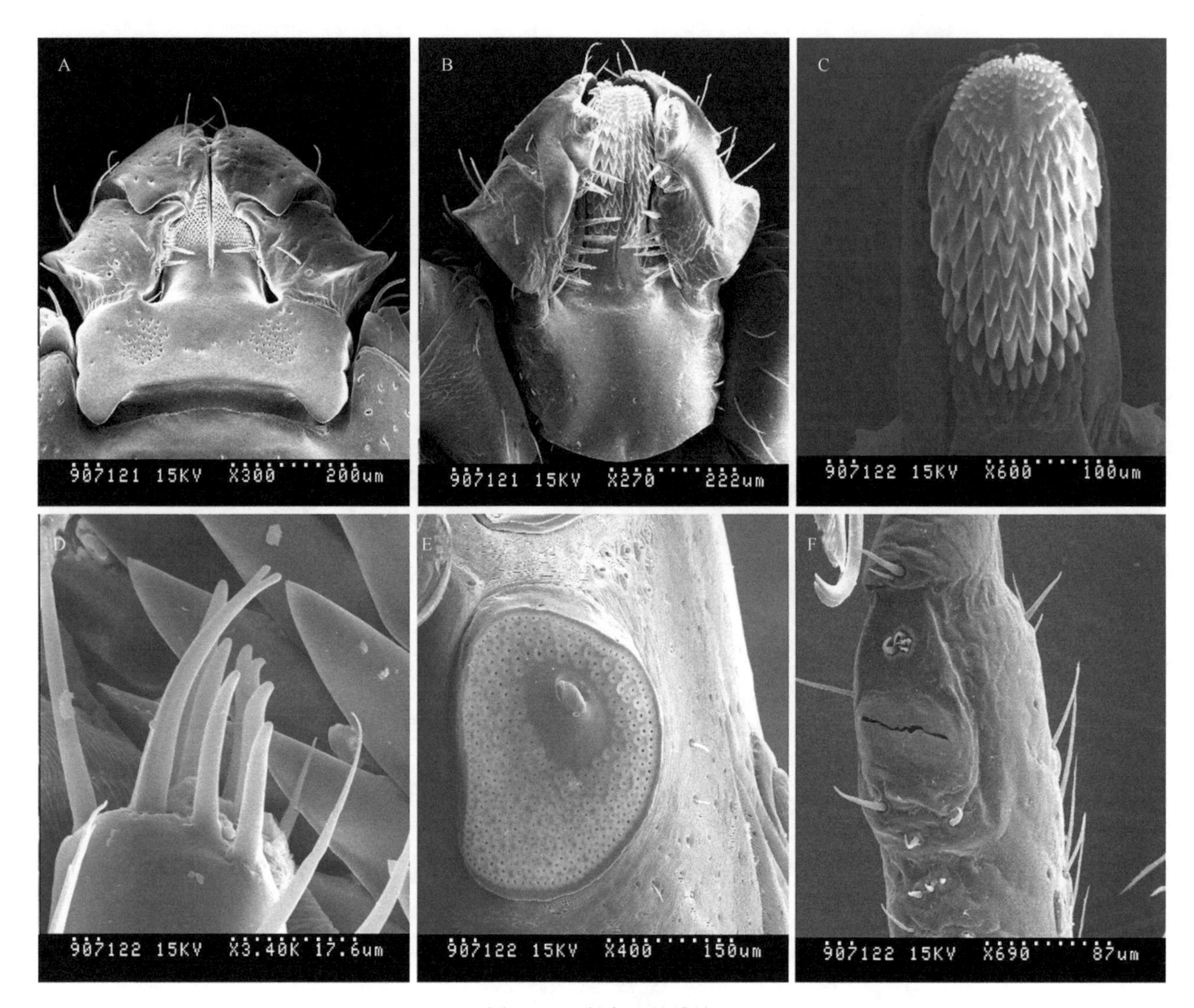

图 7-342 长角血蜱雌蜱

A. 假头背面观；B. 假头腹面观；C. 口下板；D. 须肢第Ⅳ节；E. 气门板；F. 哈氏器

假头宽短。须肢向外侧中度凸出，呈角状，略超出假头基侧缘；第Ⅱ节背面外缘短，与第Ⅲ节外缘不相连，背、腹面后缘弧形，背面内缘刚毛 3 根，腹面内缘刚毛 4 或 5 根；第Ⅲ节背刺粗短，三角形，腹刺长，锥形，其末端约达第Ⅱ节中部。假头基矩形，宽约为长（包括基突）的 2.2 倍；两侧缘几乎平行，后缘两个基突间平直；孔区中等大小，卵圆形，前端内斜，间距约等于其长径；基突短而稍尖，长小于其基部宽。假头基腹面宽短，侧缘向后浅弧形收窄，与后缘连接成弧形，无耳状突和横脊。口下板棒状，顶端圆钝；齿式 5|5，每纵列具齿 8～11 枚。

盾板呈亚圆形，长宽为（0.89～1.23）mm ×（0.73～1.22）mm，中部最宽，边缘均匀呈弧形微波状。刻点中等大小，较为稠密，分布均匀。颈沟明显，弧形外弯，末端达到盾板后 1/3 处。

足粗细中等。各基节无外距；基节Ⅰ内距发达，呈锥形，末端稍尖。基节Ⅱ～Ⅳ内距较粗短，明显超出各节后缘。各转节腹距呈脊状。跗节亚端部向末端逐渐细窄。爪垫约及爪长的 2/3。气门板近似圆形，背突短钝，无几丁质增厚区，气门斑位置靠前。

雄蜱（图 7-343，图 7-344）

黄褐色。体呈长卵形，前端稍窄，后部圆弧形。长（包括假头）宽为（1.98～2.75）mm ×（1.28～1.60）mm。

假头短小。须肢向外侧中度凸出，呈钝角，略超出假头基外侧；第Ⅱ节外缘短，与第Ⅲ节外缘不相

连，背、腹面后缘弧形，背面内缘刚毛 2 根，腹面内缘刚毛 4 根；第Ⅲ节背刺宽三角形，腹刺长，其末端约达第Ⅱ节前 1/3。假头基矩形，宽约为长（包括基突）的 1.7 倍；侧缘几乎平行，后缘两个基突间直；基突强大，三角形，末端尖。假头基腹面宽短，后缘宽圆，无耳状突和横脊。口下板棒状，顶端圆钝；齿式 5|5。

盾板呈长卵形，中部最宽，长宽为（1.79～2.31）mm ×（1.28～1.60）mm。刻点中等大小，稠密而均匀。颈沟短小，略呈弧形。侧沟窄而明显，自盾板前 1/3 处向后延伸至第Ⅰ缘垛。缘垛窄长，分界明显，共 11 个。

足中等粗细。各基节无外距；基节Ⅰ内距长，呈锥形，末端略尖；基节Ⅱ～Ⅳ内距较粗短，末端稍钝，除基节Ⅳ的略粗短外，其余的大小约等。转节Ⅰ腹距三角形；转节Ⅱ～Ⅳ腹距呈脊状。跗节亚端部向末端逐渐收窄。爪垫略超过爪长的 2/3。气门板略呈卵圆形，背突短钝，不明显，无几丁质增厚区，气门斑位置靠前。

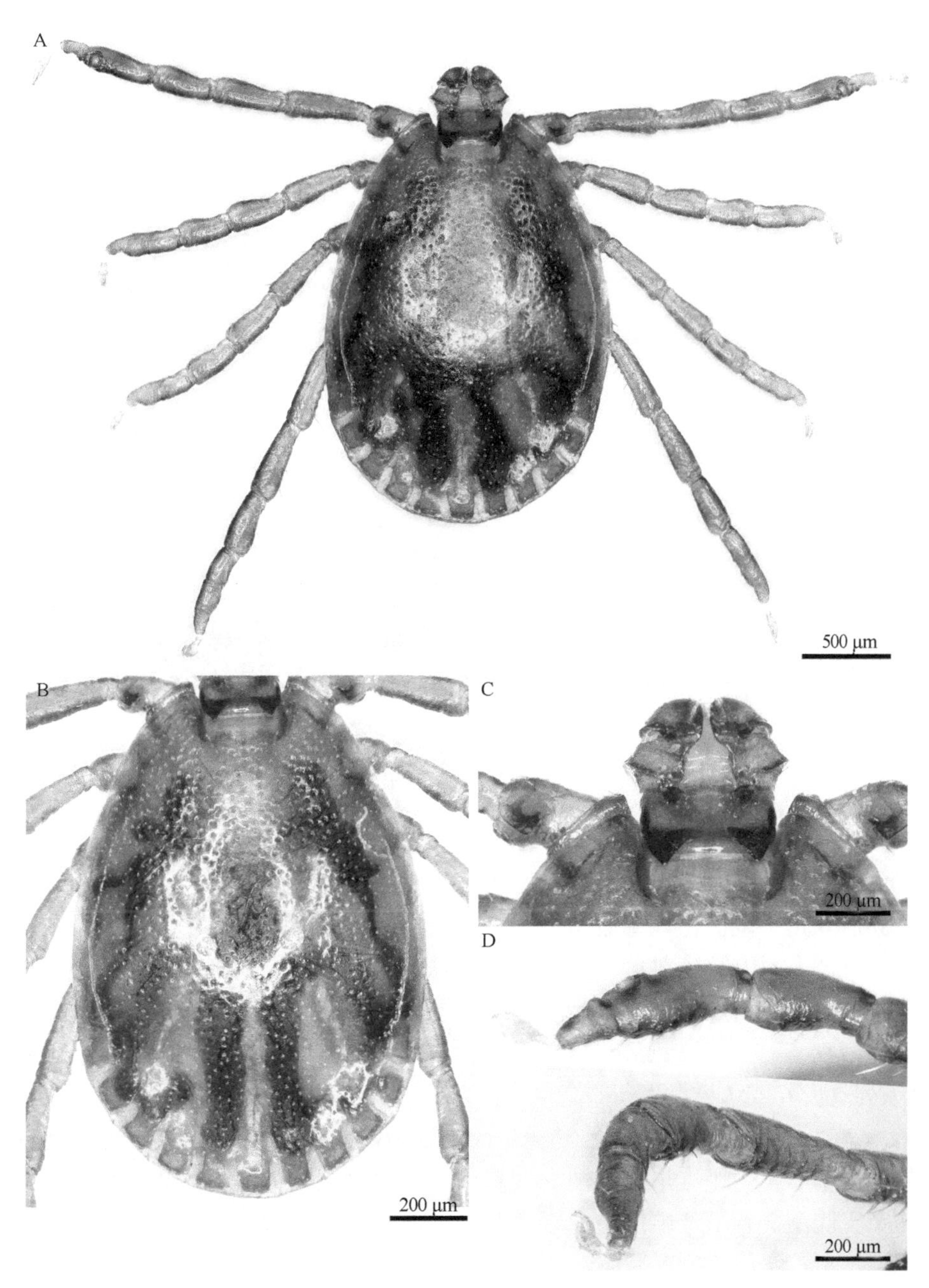

图 7-343　长角血蜱雄蜱

A. 背面观；B. 盾板；C. 假头背面观；D. 跗节Ⅰ、跗节Ⅳ

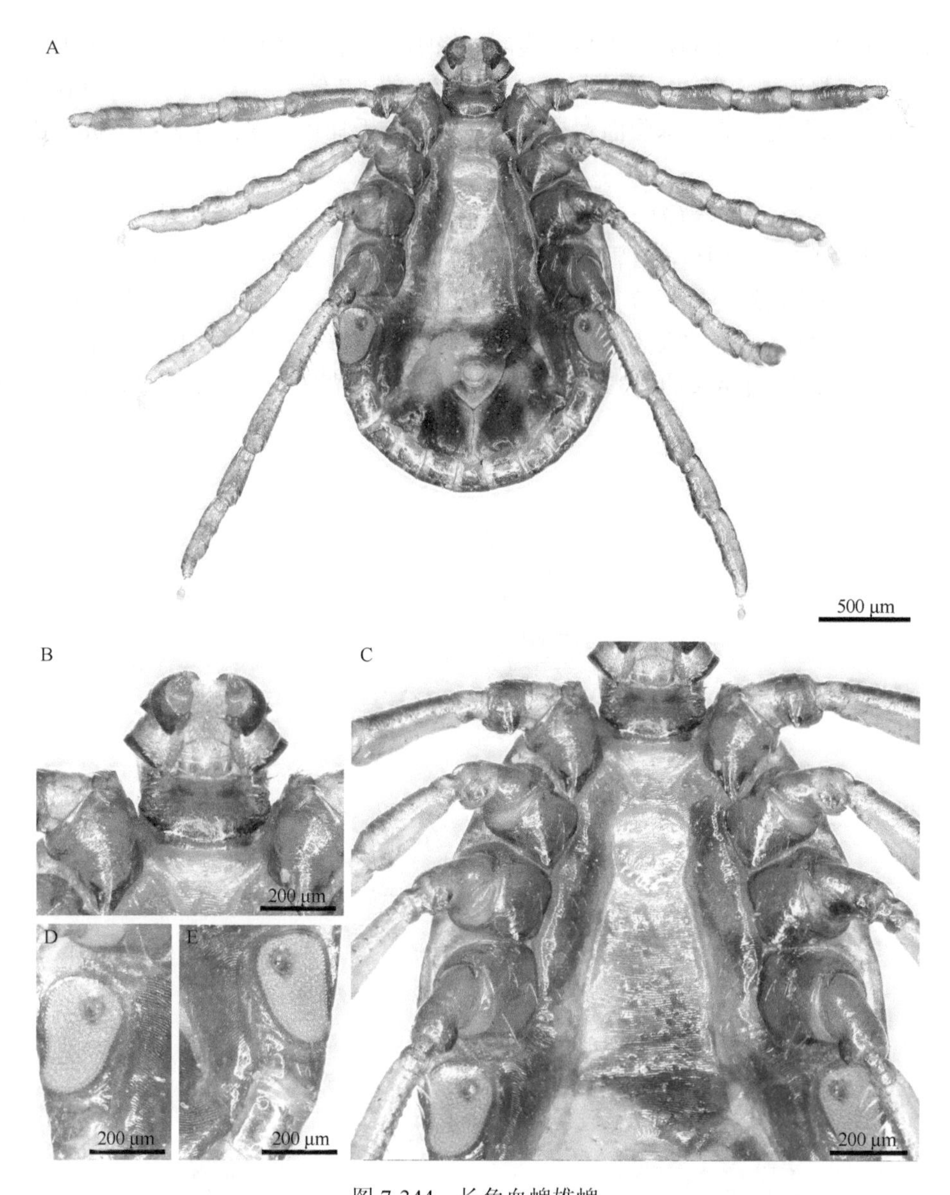

图 7-344　长角血蜱雄蜱

A. 腹面观；B. 假头腹面观；C. 基节及生殖孔；D. 左侧生殖孔；E. 右侧生殖孔

若蜱（图 7-345，图 7-346）

长（包括假头）宽为（1.36～1.79）mm×（0.84～1.08）mm。

须肢粗短，其后外角中度凸出，明显超出假头基侧缘；第Ⅱ节背面宽大于长，外缘短，浅凹，后缘略凸，内缘略直，背、腹面内缘分别具刚毛 1 根和 2 根；第Ⅲ节亚三角形，前端窄钝，无背刺，腹刺锥形，末端达到第Ⅱ节的 1/2。假头基矩形，宽约 2 倍于长（包括基突）；外缘较直；基突三角形。假头基腹面宽阔，向后逐渐收窄，后缘浅弧形凸出，无耳状突和横脊。口下板棒状，略短于须肢，前端圆钝；齿式为 3|3，每纵列具齿 6 或 7 枚。

盾板宽圆形，宽约为长的 1.2 倍。刻点稀少。颈沟窄短，两侧近似平行，末端约达盾板的 1/2。

各基节无外距；基节Ⅰ内距锥形，末端尖；基节Ⅱ～Ⅳ内距三角形，按节序渐小，末端尖。转节Ⅰ背距盾形；各转节无腹距。跗节亚端部向末端逐渐收窄，腹面无端齿和亚端齿。爪垫几乎达到爪端。气门板亚圆形，背突短小，气门斑位置靠前。

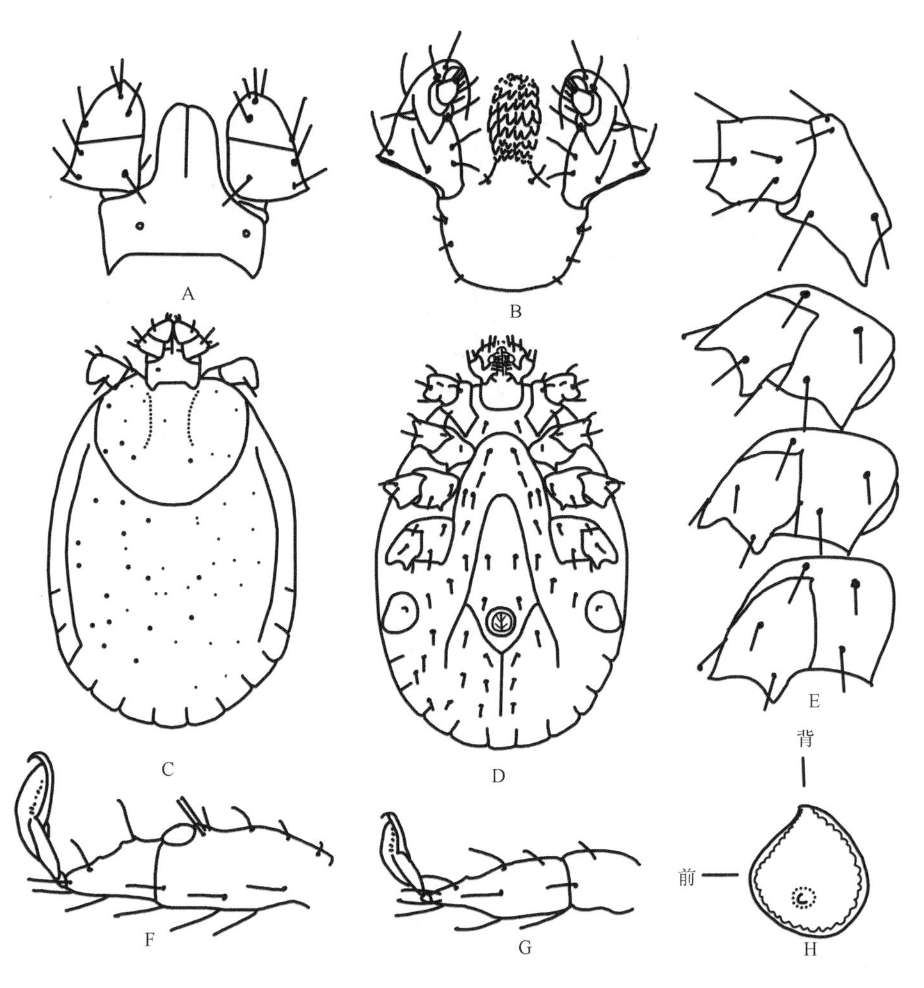

图 7-345　长角血蜱若蜱

A. 假头背面观；B. 假头腹面观；C. 背面观；D. 腹面观；E. 基节；F. 跗节Ⅰ；G. 跗节Ⅳ；H. 气门板

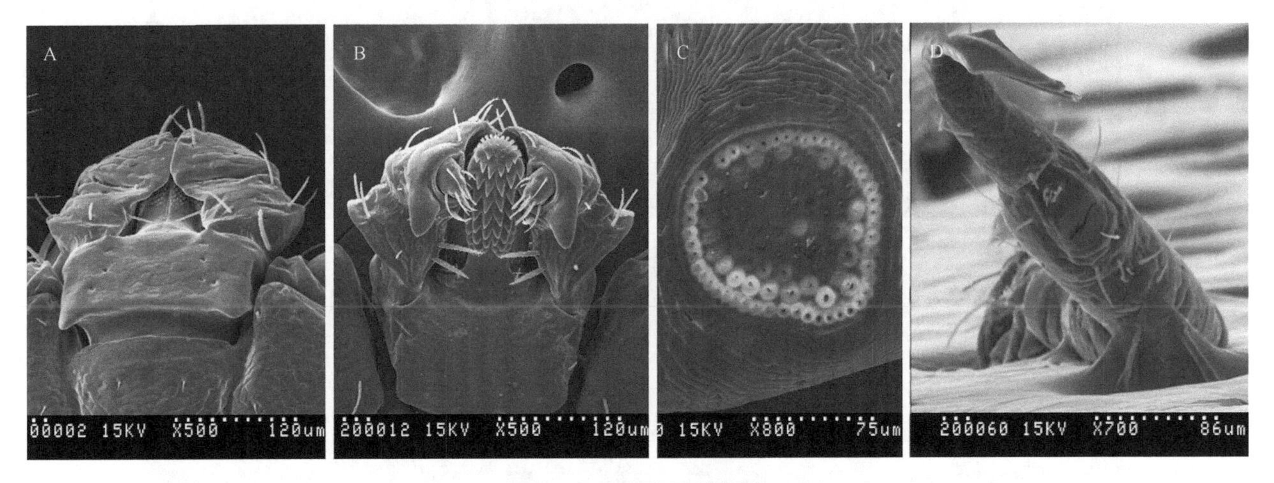

图 7-346　长角血蜱若蜱

A. 假头背面观；B. 假头腹面观；C. 气门板；D. 跗节Ⅰ及哈氏器

幼蜱（图 7-347，图 7-348）

长（包括假头）宽为（0.60～0.70）mm ×（0.41～0.52）mm。

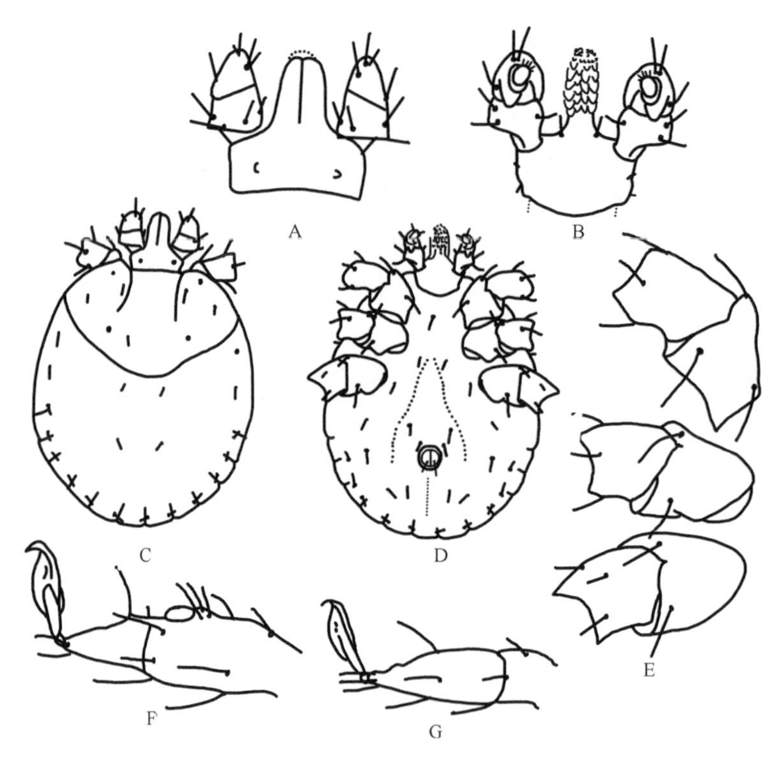

图 7-347　长角血蜱幼蜱

A. 假头背面观；B. 假头腹面观；C. 背面观；D. 腹面观；E. 基节；F. 跗节Ⅰ；G. 跗节Ⅲ

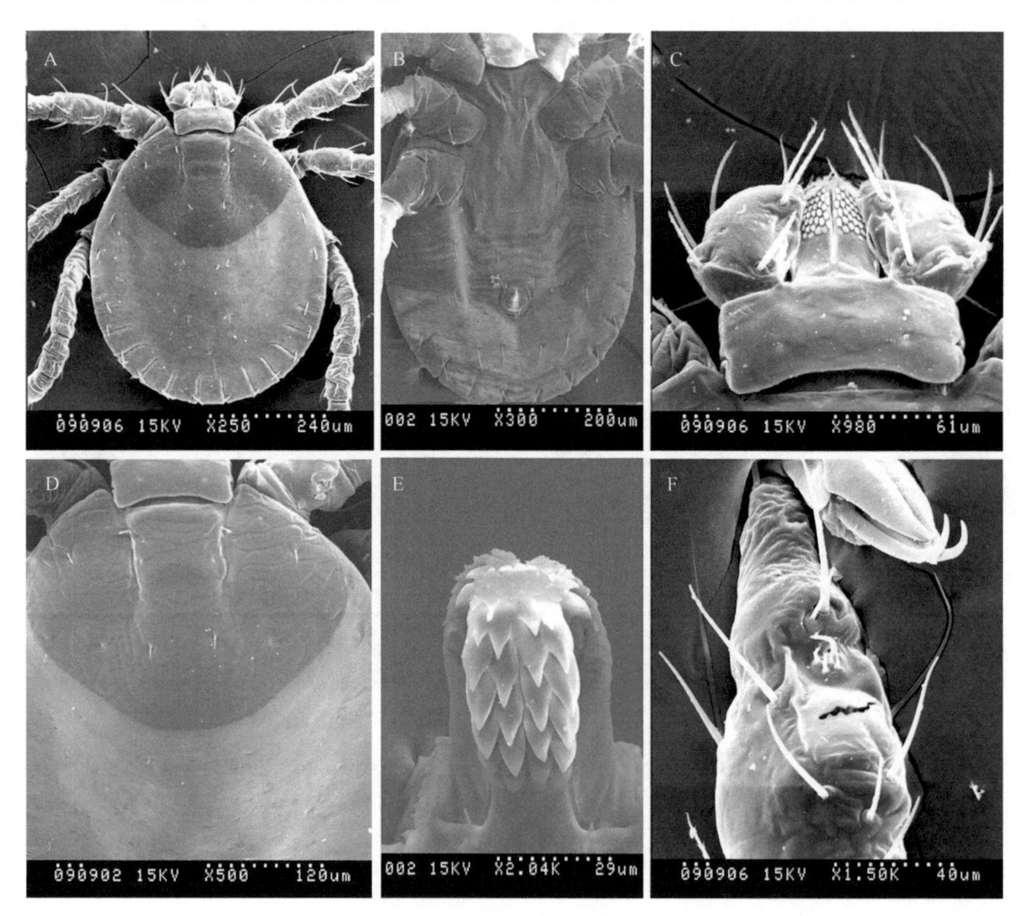

图 7-348　长角血蜱幼蜱

A. 背面观；B. 躯体腹面观；C. 假头背面观；D. 盾板；E. 口下板；F. 哈氏器

须肢第Ⅱ节背、腹面内缘各具刚毛 1 根，第Ⅱ节外缘与第Ⅲ节外缘相连，两节分界不明显；第Ⅲ节无背刺，腹刺粗短，略超过第Ⅱ节前缘。假头基矩形，宽约为长（包括基突）的 2.6 倍，侧缘及后缘两个基突间较直。基突短小，向后外缘略凸出。假头基腹面短，后缘宽圆，无耳状突和横脊。口下板与须肢约等长，顶端圆钝；齿式 2|2，每纵列具齿 5～7 枚。

盾板宽短，宽约为长的 1.6 倍，中部最宽。刻点相当稀少。颈沟短小，两侧几乎平行，末端约达盾板的 1/2。

各基节无外距，基节Ⅰ内距粗短，三角形，末端尖；基节Ⅱ、Ⅲ内距略呈脊状，基节Ⅲ内距不明显。转节Ⅰ背距短钝；各转节无腹距。跗节长度适中，亚端部向末端逐渐收窄，腹面无端齿和亚端齿。爪垫几乎达到爪端。

生物学特性　三宿主型，主要生活于次生林、山地或丘陵边缘地带。成蜱 4～8 月出现，6 月下旬到 7 月上旬为活动高峰。若蜱 4～9 月活动，5 月上、中旬出现高峰。幼蜱 8～9 月活动，9 月上、中旬为活动高峰。饥饿若蜱和成蜱在自然界过冬，在华北地区为一年一代，为两性生殖。在南方一些地区如四川、上海，为孤雌生殖。

已知长角血蜱存在两种生殖种群——两性生殖种群和孤雌生殖种群，这种现象早期就引起了人们的注意，但多数孤雌生殖种群是以二棘血蜱或其同物异名纽氏血蜱 *H. neumanni* 的形式发表的。随后 Hoogstraal 等（1968）对长角血蜱的两个种群进行了比较并综述了它们的分布状况，同时纠正了以往将长角血蜱鉴定为二棘血蜱的错误。据报道，长角血蜱孤雌生殖种群广泛分布在澳大利亚、新西兰、新喀里多尼亚、斐济、新赫布里底群岛、汤加、苏联东北部、日本北海道和本州岛及我国东北等。最近调查发现我国的四川和上海也分布有孤雌生殖种群，广西及湖北可能也有分布。

在光学显微镜下，长角血蜱的两个生殖种群在形态上很难区分，只是孤雌生殖种群的平均体型及生活周期要略大于两性生殖种群（表 7-1，表 7-2）。超微结构观察发现两者在生殖孔等特征上有稳定差异：两性生殖种群生殖帷末端直接变窄而孤雌生殖种群在末端明显膨大（图 7-349）。

表 7-1　长角血蜱两个生殖种群的大小比较（长×宽；单位：mm）

	饥饿幼蜱	饥饿若蜱	饥饿雌蜱
孤雌生殖种群	0.67×0.50	1.68×1.03	3.11×1.71
两性生殖种群	0.63×0.45	1.55×0.92	2.68×1.47

表 7-2　长角血蜱两个生殖种群各发育期的生物学特性

生殖种群	时期（d）（平均值±标准误）		
	吸血前期	吸血期	蜕皮期/产卵前期
孤雌幼蜱	3～6（4±0.3）[a]	3～4（3.1±0.4）[a]	11～14（12±0.9）[a]
两性幼蜱	3～7（4±1.7）[a]	3～5（4.1±0.6）[a]	12～15（13±1.0）[a]
孤雌若蜱	5～8（7±0.6）[a]	4～7（5±0.2）[a]	15～23（17±0.3）[A]
两性若蜱	6～8（7±0.1）[a]	4～7（5±0.3）[a]	13～17（15±0.1）[B]
孤雌雌蜱	6～10（7±1.3）[a]	4～5（4.6±0.1）[A]	5～8（7±0.2）[A]
两性雌蜱	8～11（8±1.0）[a]	6～9（7.2±0.1）[B]	5～6（5±0.1）[B]

注：不同的小写字母表示差异显著，不同的大写字母表示差异极显著。最后一列数据中，对于幼蜱和若蜱是蜕皮期，对于雌蜱是产卵前期

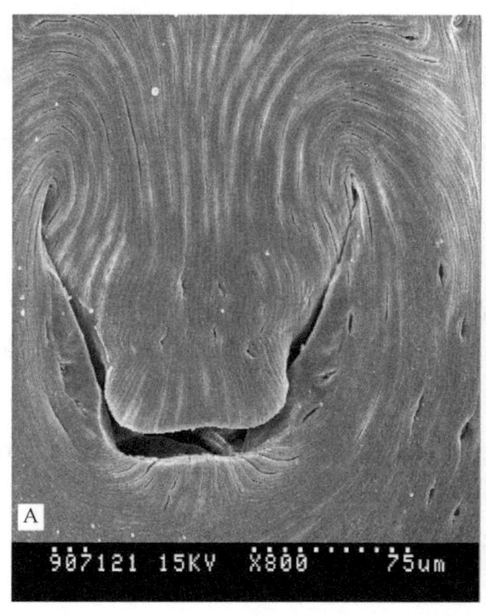

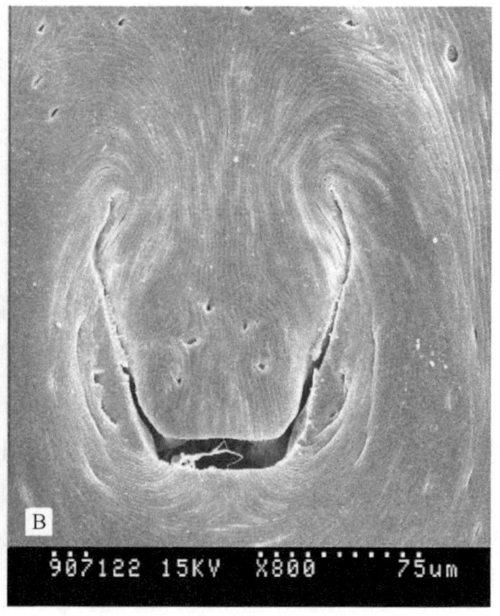

图 7-349 长角血蜱的生殖帷超微结构图

A. 孤雌生殖种群；B. 两性生殖种群

（24）日岛血蜱 *H. mageshimaensis* Saito & Hoogstraal, 1973

定名依据 来源于日本的马毛岛。然而，中文译名日岛血蜱已广泛使用。

宿主 鹿 *Muntiacus* sp.、果子狸 *Paguma larvata*、豹猫 *Felis bengalensis*、虎 *Panthera tigris*、黄牛、水牛、山羊、猪、犬、猫，也侵袭人；幼蜱还寄生于鼠 *Rattus* sp.、栗耳短脚鹎 *Hypsipetes amaurotis*、暗缘绣眼鸟兰屿亚种 *Zosterops japonica batanis*。

分布 国内：安徽、福建、台湾、香港；国外：日本。

附注 本种与二棘血蜱 *H. bispinosa* 很相似，但须肢第III节腹面的刺较长，约达第II节后 1/3，雄蜱侧沟很短，雌蜱齿式为 5|5，基节Ⅳ内距较为圆钝。日岛血蜱与拉氏血蜱 *H. lagrangei* 也相似，但后者雌蜱齿式为 4|4，雄蜱气门板亚圆形。

鉴定要点

雌蜱盾板呈亚圆形，长宽约等；刻点细而少；颈沟前段深而内斜，后段浅而外斜，末端约达盾板中部。须肢前窄后宽，第II节与第III节约等长。第II节后外角中度凸出，腹面内缘刚毛 4～7 根。第III节前端圆钝，背刺三角形，末端尖，约达第II节前缘的 1/3；腹刺亦发达，呈锥形，末端约达第II节前缘的 2/3。假头基基突三角形；孔区小，卵形或亚圆形。口下板齿式主要为 5|5。气门板近似亚圆形，背突很短。足长适中，基节Ⅰ内距发达，锥形；基节Ⅱ～Ⅳ内距粗短，按节序渐小，基节Ⅳ内距圆钝；各转节腹距短钝。跗节亚端部逐渐细窄；腹面无端齿。爪垫大，约达爪端。

雄蜱须肢前窄后宽，外缘弧度大于内缘弧度，第II节外缘与第III节外缘长度约等。第II节后外角中度凸出，超出假头基侧缘；腹面内缘刚毛 4～7 根。须肢第III节前端圆钝，背刺三角形，末端尖，指向内侧，末端约达第II节中部；腹刺粗大，锥形，末端约达第II节前缘的 2/3。假头基基突粗大，末端尖细。口下板齿式主部为 5|5。盾板颈沟短而深，向前外斜；侧沟短，前端不到盾板中部；刻点少而细，间有少量粗刻点，分布亦不均匀。气门板圆角长方形，背突短钝。足与雌蜱相似，但各足基节末端稍尖；转节Ⅰ腹距略大，呈宽三角形。

具体描述

雌蜱（图 7-350）

体呈卵圆形，前端稍窄，后部圆弧形。长（包括假头）宽为（2.1～2.6）mm ×（1.3～1.7）mm。

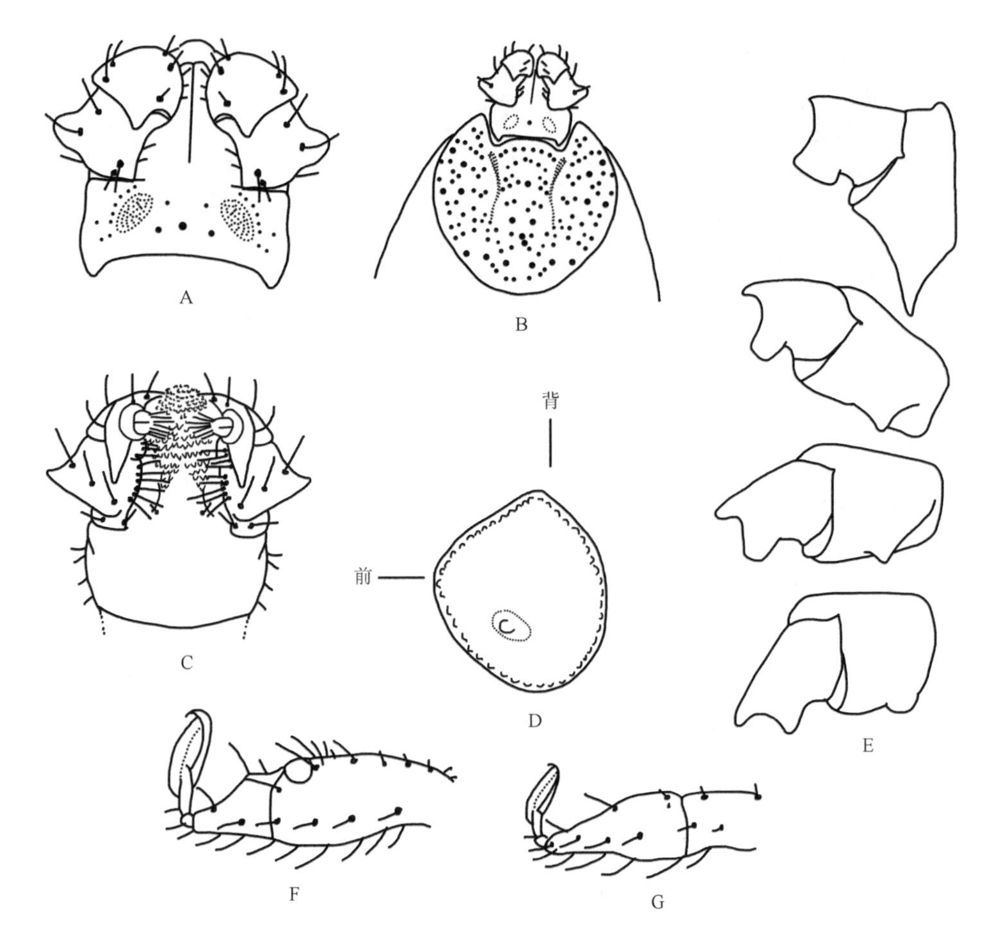

图 7-350　日岛血蜱雌蜱（参考：邓国藩和姜在阶，1991）

A. 假头背面观；B. 假头及盾板背面观；C. 假头腹面观；D. 气门板；E. 基节；F. 跗节Ⅰ；G. 跗节Ⅳ

须肢后部向外侧中度凸出，明显超出假头基侧缘；第Ⅱ节背面宽约为长的 1.1 倍，后缘向后弯，后侧缘呈角状，外缘浅凹，内缘刚毛 2～4 根，腹面后缘微弯，内缘刚毛 4～7 根；第Ⅲ节长（不包括背刺）约等于第Ⅱ节，后缘外侧较第Ⅱ节前缘宽，背刺为三角形，末端尖，约达第Ⅱ节前 1/3，腹刺长锥形，末端约达第Ⅱ节后 1/3。假头基宽约为长（包括基突）的 2 倍，两侧缘向外弧形微弯；孔区卵形或亚圆形，前部内斜，间距大于其长径；基突呈三角形，长宽约等。假头基腹面后缘宽弧形，无耳状突和横脊。口下板等于或略长于须肢，顶端圆钝；主部齿式 5|5，最前排 6|6，最后二排 4|4，每纵列具齿 7～10 枚。

盾板呈亚圆形，长宽约等。刻点小而浅，分布较为稀疏。肩突呈角状。缘凹宽而较深。颈沟前深后浅，弧形外弯，末端约达盾板中部。

足粗细适中。各基节无外距；基节Ⅰ内距发达，呈锥形，末端尖细；基节Ⅱ～Ⅳ内距粗短，按节序渐小。转节Ⅰ背距三角形；各转节腹距粗短，末端钝。各跗节亚端部向末端逐渐收窄，腹面无端齿和亚端齿。爪垫几乎达到爪端。生殖孔位于基节Ⅲ水平线。气门板近似亚圆形，背突很短，无几丁质增厚区，气门斑位置靠前。

雄蜱（图 7-351）

体呈卵圆形，前端稍窄，后部圆弧形。长（包括假头）宽为（2.1～2.3）mm×（1.2～1.5）mm。

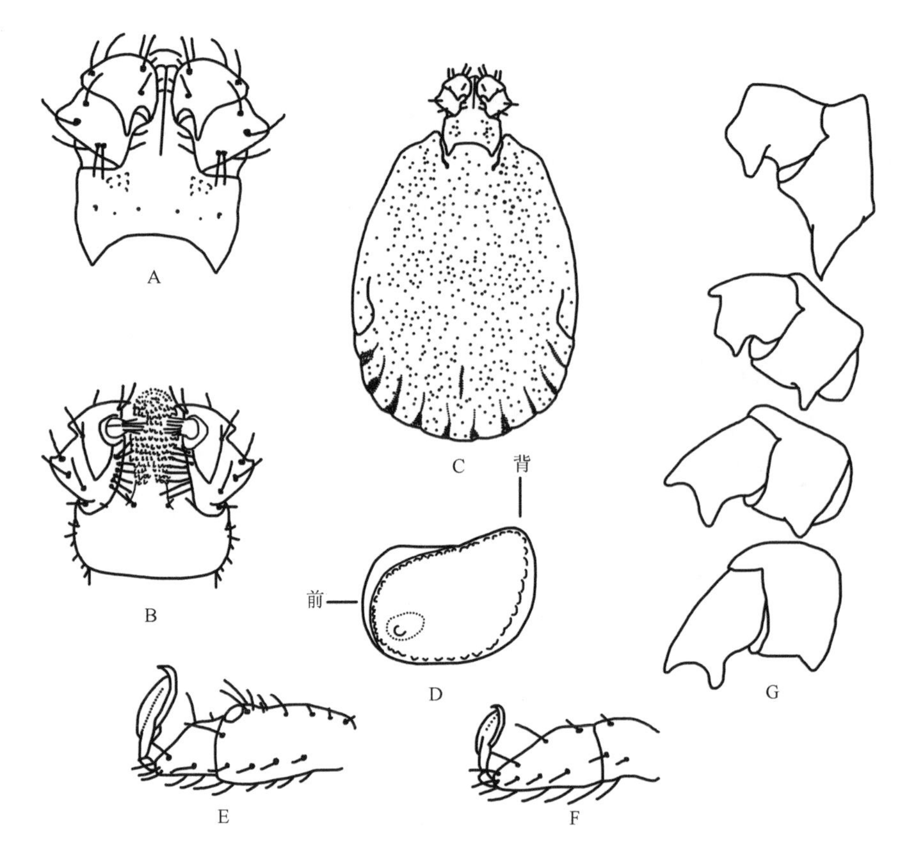

图 7-351　日岛血蜱雄蜱（参考：邓国藩和姜在阶，1991）
A. 假头背面观；B. 假头腹面观；C. 背面观；D. 气门板；E. 跗节Ⅰ；F. 跗节Ⅳ；G. 基节

须肢后部斜向外侧中度凸出，明显超出假头基外侧；第Ⅱ节背面宽约为长的 1.3 倍，外缘略凹入，后缘向后微弯，内缘刚毛 2～4 根，腹面内缘刚毛 4～7 根；第Ⅲ节长（不包括背刺）与第Ⅱ节约等，前端圆钝，后缘外侧较第Ⅱ节前缘宽，背刺尖窄，略指向内侧，末端约达第Ⅱ节中部，腹刺粗大，呈锥形，末端约达第Ⅱ节后 1/3。假头基近似矩形，宽约为长（包括基突）的 1.7 倍；两侧缘略外弯。假头基腹面宽短，无耳状突和横脊。基突粗大，长宽约等，末端尖细。口下板棒状，等于或略长于须肢；齿式主部 5|5，第一排 6|6，最后二排 4|4，每纵列具齿 7～10 枚。

盾板呈卵形，长约为宽的 1.4 倍，中部最宽。刻点较少，小刻点居多，间杂少数较大刻点，分布不均匀。肩突窄钝。缘凹宽浅。颈沟短而深，向后内斜。侧沟窄短，前端达不到盾板中部。缘垛明显，共 11 个。

足粗细中等。各足基节无外距；基节Ⅰ内距发达，呈锥形，末端尖细；基节Ⅱ～Ⅳ内距三角形，末端稍尖。转节Ⅰ背距三角形，末端较尖；转节Ⅰ腹距宽三角形，转节Ⅱ～Ⅳ腹距较短小。各跗节亚端部向末端逐渐收窄，腹面无端齿和亚端齿。爪垫几乎达到爪端。气门板圆角长方形，背突粗短，末端圆钝，无几丁质增厚区，气门斑位置靠前。

若蜱（图 7-352）

长（包括假头）宽为（1.25～1.38）mm ×（0.78～0.88）mm。

须肢呈铃形，长为宽的 1.2 倍；第Ⅱ节背面后外角中度凸出，外缘与第Ⅲ节外缘连接，背、腹面内缘刚毛分别为 1 根和 2 根；第Ⅲ节无背刺，腹刺粗壮，短锥形，末端约达第Ⅱ节之半。假头基宽约为长（包括基突）的 2 倍，侧缘和后缘两个基突间较直。基突大，三角形。假头基腹面宽“U”形，后侧缘略呈角状突，无耳状突和横脊。口下板棒状，略短于须肢，长约为宽的 2 倍；齿式 3|3，每纵列具齿 5～9 枚。

盾板略似心形，宽约为长的 1.2 倍。刻点少，不明显。肩突尖窄。缘凹宽而较深。颈沟前深后浅，弧形外弯，末端达盾板后 1/3 处。

各基节无外距；基节Ⅰ内距三角形，末端尖窄，基节Ⅱ～Ⅳ依次渐短，基节Ⅳ的极不明显。转节Ⅰ背距短小，末端钝；各转节腹距不明显。跗节粗短，亚末端向末端逐渐收窄。爪垫达到爪端。气门板亚圆形，背突很短，末端圆钝，气门斑位置靠前。

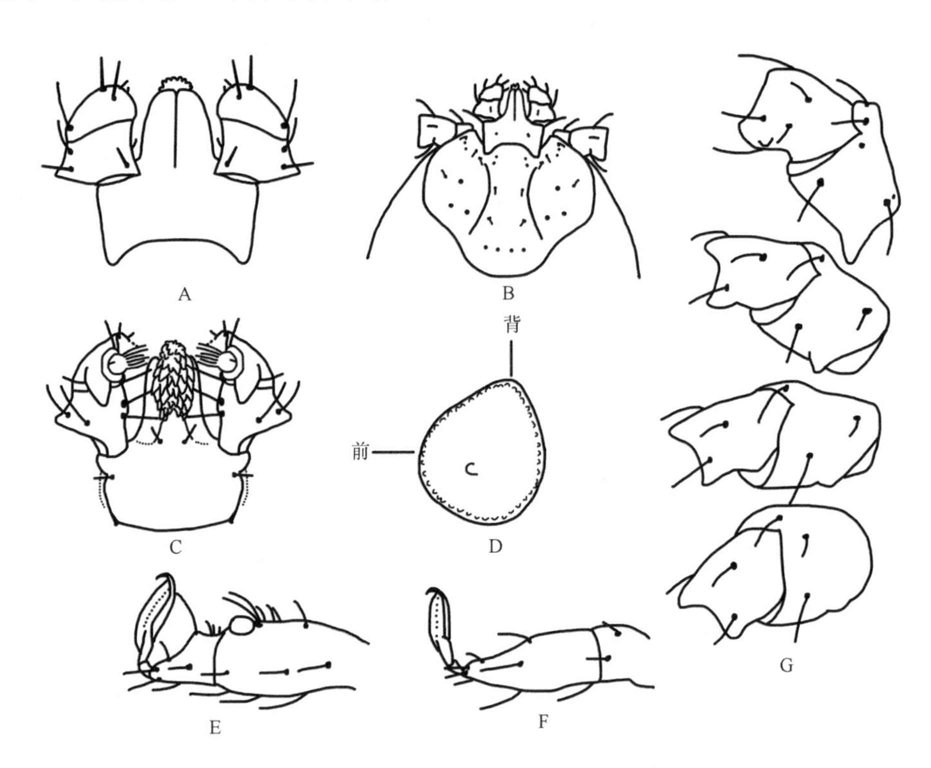

图 7-352　日岛血蜱若蜱（参考：邓国藩和姜在阶，1991）

A. 假头背面观；B. 假头及盾板背面观；C. 假头腹面观；D. 气门板；E. 跗节Ⅰ；F. 跗节Ⅳ；G. 基节

幼蜱（图 7-353）

长（包括假头）宽为（0.58～0.62）mm×（0.42～0.46）mm。

须肢粗短，长约为宽的 1.5 倍，第Ⅱ节、Ⅲ节外缘连接，第Ⅱ节后外角突出不太明显，背、腹面内缘刚毛均为 1 根；第Ⅲ节无背刺，腹刺未达到第Ⅱ节的 1/2。假头基矩形，宽约为长的 2 倍，侧缘及后缘两基突间直。基突很短，呈钝角状。假头基腹面宽阔，后侧缘略呈角状突，无耳状突和横脊。口下板棒状，长于须肢；齿式 2|2，每纵列具齿约 6 枚。

盾板宽短，近似心形，宽约为长的 1.6 倍。刻点少，10～12 个。颈沟浅弧形外弯，几乎达到盾板后侧缘。

各基节无外距，基节Ⅰ内距粗大，三角形，末端尖；基节Ⅱ、Ⅲ内距很粗短，基节Ⅲ内距不明显。转节Ⅰ背距短钝；各转节无腹距。跗节亚端部向末端逐渐收窄。爪垫几乎达到爪端。

生物学特性　东洋界种类。3 月初在福建可见成蜱和若蜱。该蜱除两性生殖外，有时也能孤雌生殖（Saito & Hoogstraal，1973）。

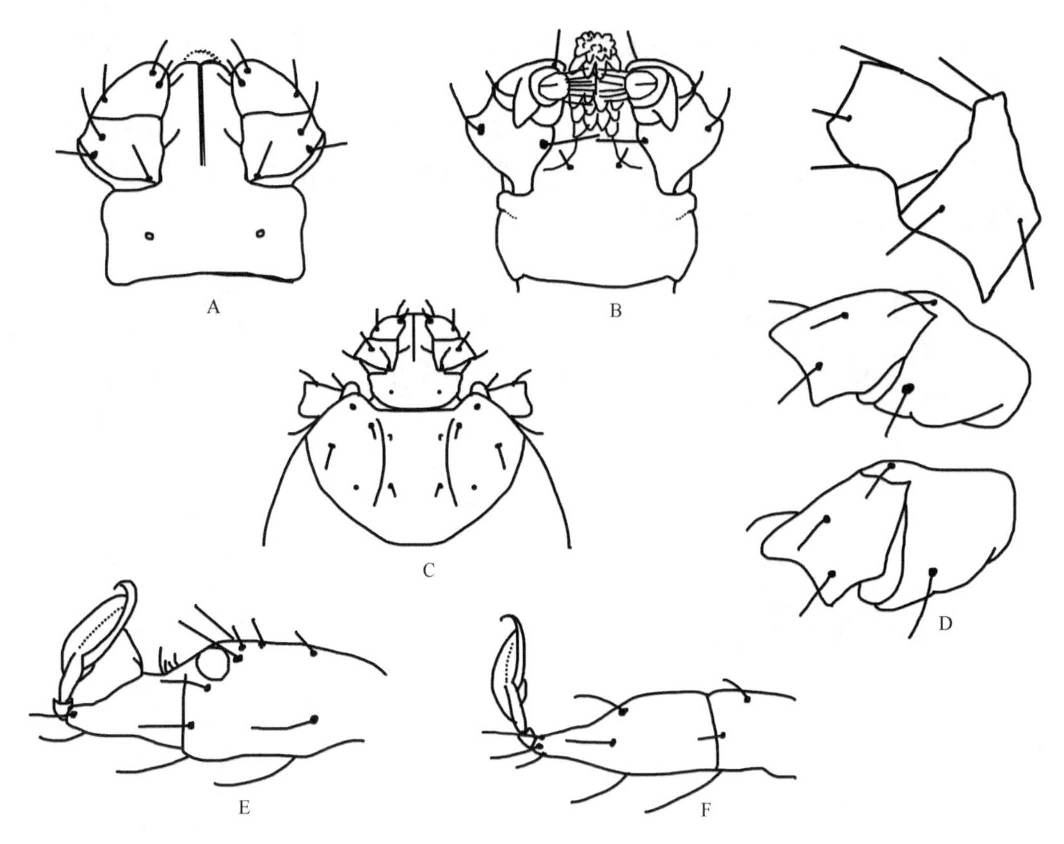

图 7-353　日岛血蜱幼蜱（参考：邓国藩和姜在阶，1991）

A. 假头背面观；B. 假头腹面观；C. 假头及盾板背面观；D. 基节；E. 跗节Ⅰ；F. 跗节Ⅳ

（25）啄木鸟血蜱 *H. megalaimae* Rajagopalan, 1963

定名依据　来源于宿主啄木鸟 *megalaima*。

宿主　啄木鸟。

分布　国内：海南；国外：日本、泰国、印度。

鉴定要点

雌蜱盾板亚圆形；颈沟深，末端达到盾板的后 1/3。须肢前窄后宽，第Ⅱ节长于第Ⅲ节。第Ⅱ节后外角显著凸出，后缘向须肢方向凹陷；腹面内缘刚毛 3 根。第Ⅲ节前端圆钝，背部后缘不具刺，腹面刺粗短，末端约达第Ⅱ节前缘。假头基基突粗大，三角形，末端略钝。口下板齿式 4|4。气门板亚圆形，背突粗短。足较粗壮，基节Ⅰ、Ⅳ内距粗短，宽三角形，末端钝；基节Ⅱ、Ⅲ内距呈脊状。转节无腹距，爪垫大，约达爪端。

雄蜱须肢前窄后宽，外缘弧度大于内缘弧度。第Ⅱ节后外角显著凸出，明显超出假头基侧缘，后缘向须肢方向凹陷；腹面后缘不向后凸出，内缘刚毛 3 根。须肢第Ⅲ节粗短，前端圆钝；背面后缘无刺；腹刺短小，末端约达第Ⅱ节前缘。假头基基突发达，三角形。口下板齿式 4|4。盾板颈沟前深后浅，弧形外斜；侧沟明显，由基节Ⅱ、Ⅲ之间水平向后封闭第Ⅱ缘垛；刻点多，中等大小，分布比较均匀。气门板逗点形，背突粗短。足与雌蜱相似，但基节内距更不明显，Ⅰ～Ⅲ呈脊状。

具体描述

雌蜱（图 7-354）

体呈卵圆形，前端稍窄，后部圆弧形。长（包括假头）宽约 2.54 mm×1.43 mm。

假头宽短，须肢前窄后宽，第Ⅱ节明显长于第Ⅲ节。第Ⅱ节后外角显著凸出，后缘中部向内凹陷；

腹面内缘刚毛 3 根。第Ⅲ节前端圆钝，无背刺，腹刺粗短，末端约达第Ⅱ节前缘。假头基近似矩形，长宽约 0.16 mm×0.43 mm；侧缘较直，后缘略内凹；孔区中等大小，卵圆形，前部略内斜，间距略大于孔区的长径；基突粗大，三角形，末端稍钝。假头基腹面宽短，无耳状突和横脊。口下板棒状，长 0.24 mm，顶端圆钝，基部收窄；齿式 4|4，每纵列具齿 10 枚。

盾板近似心形，长宽约 0.96 mm×0.87 mm。缘凹较宽，深度中等。肩突圆钝。颈沟深，末端达到盾板的后 1/3。缘垛明显，长宽约等，缘垛之间的连接处颜色深。

足较粗壮。基节Ⅰ～Ⅲ内距呈脊状，基节Ⅰ比基节Ⅱ、Ⅲ的外距更明显；基节Ⅳ内距粗短，宽三角形，末端钝。转节无腹距，爪垫大，约达爪端。生殖孔位于基节Ⅱ、Ⅲ之间的水平线。气门板亚圆形，背突粗短。

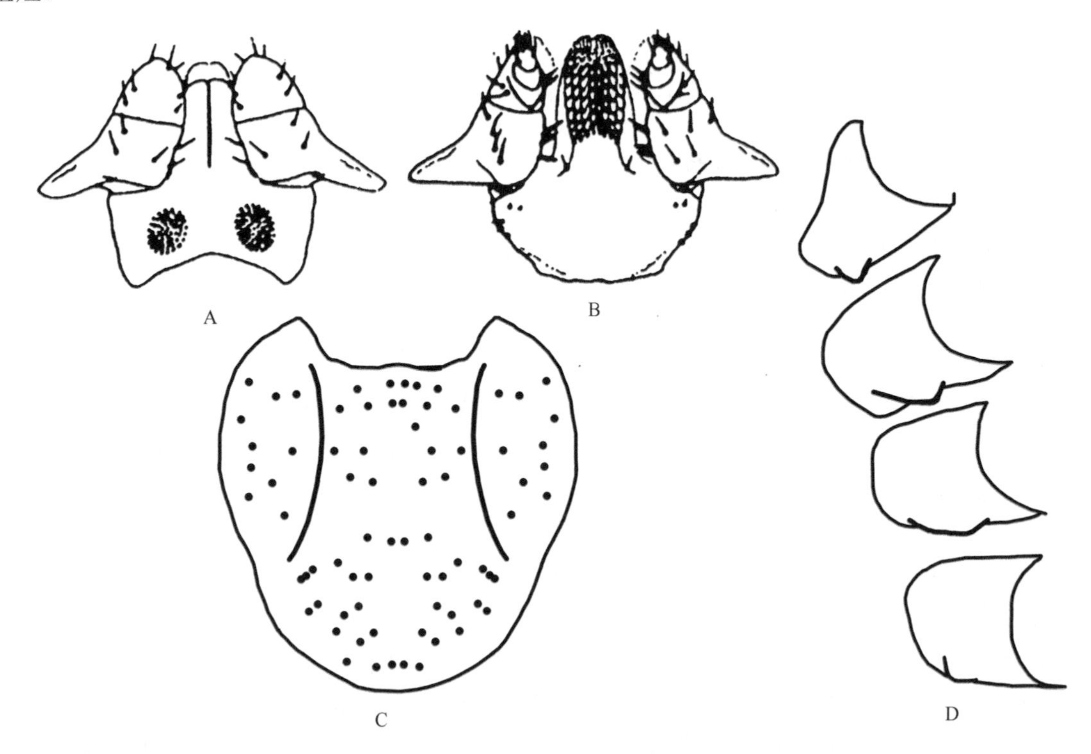

图 7-354　啄木鸟血蜱雌蜱

A. 假头背面观；B. 假头腹面观；C. 盾板；D. 基节

雄蜱（图 7-355）

体呈卵圆形，前端稍窄，后部圆弧形。长（包括假头）宽为 1.62 mm×1.11 mm。

假头宽短。须肢前窄后宽，第Ⅱ节长于第Ⅲ节。第Ⅱ节后外角显著凸出，后缘向须肢方向凹陷；腹面内缘刚毛 3 根。第Ⅲ节前端圆钝，背部后缘不具刺，腹面刺粗短，末端约达第Ⅱ节前缘。假头基呈矩形，长宽约 0.17 mm×0.31 mm；基突粗大，三角形，末端尖。口下板长 0.17 mm，前部较宽，基部收窄；齿式多为 4|4，每列具齿 10 枚。

盾板刻点多，中等大小，分布比较均匀，中部刻点少。颈沟前深后浅，弧形外斜。侧沟明显，由基节Ⅱ、Ⅲ之间水平向后封闭第Ⅱ缘垛；缘垛长，共 11 个，相互分离较远。

足较粗壮。基节Ⅰ、Ⅳ内距粗短，宽三角形，末端钝；基节Ⅱ、Ⅲ内距呈脊状。转节无腹距，爪垫大，约达爪端。生殖孔位于基节Ⅱ水平线。气门板亚圆形，背突粗短。

生物学特性　该种在鸟身上及其栖息的树洞中完成其生活史，从未在地面植被上发现。

蜱媒病　凯萨努森林病的传播媒介。

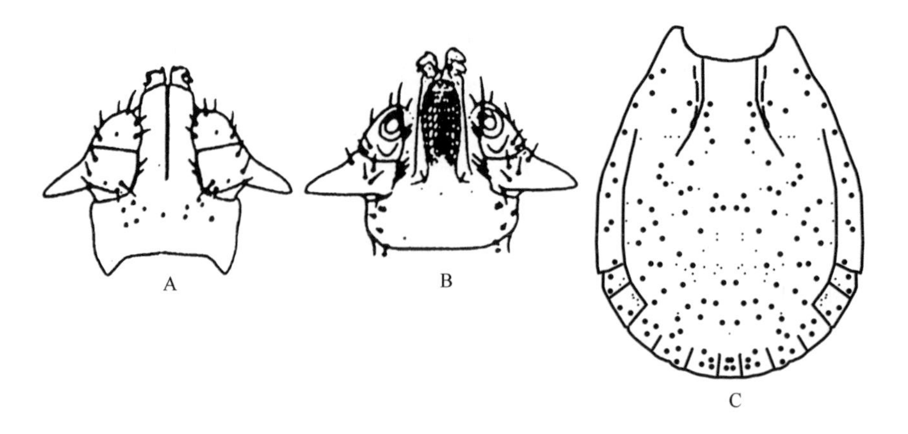

图 7-355 啄木鸟血蜱雄蜱
A. 假头背面观；B. 假头腹面观；C. 盾板

（26）大刺血蜱 *H. megaspinosa* Saito, 1969

定名依据 *mega-*大，*spinosa* 刺。

宿主 黄牛、大熊猫、熊、野猪、鹿、野山羊、兔。

分布 国内：甘肃、四川；国外：日本。

鉴定要点

雌蜱盾板圆形；刻点粗而深，分布均匀；颈沟前深后浅，末端达到盾板的后侧缘。须肢前窄后宽，第Ⅱ节长于第Ⅲ节。第Ⅱ节后外角圆钝，中度凸出；腹面内缘刚毛 3 根。第Ⅲ节前端圆钝，背部后缘不具刺，腹面刺粗短，末端约达第Ⅱ节前缘。假头基基突粗大，三角形，末端略尖；孔区亚圆形。口下板齿式 4|4。气门板亚圆形，背突粗短。足较粗壮，基节Ⅰ内距粗短，末端较钝；基节Ⅱ～Ⅳ内距约等，窄三角形。各转节腹距不明显，略凸出。跗节亚端部逐渐细窄；腹面具端齿。爪垫大，约达爪端。

雄蜱须肢前窄后宽，外缘弧度大于内缘弧度。第Ⅱ节后外角圆钝，中度凸出，超出假头基侧缘；腹面后缘向后凸出成角突，内缘刚毛 3 根。须肢第Ⅲ节粗短，前端圆钝；背面后缘无刺；腹刺短小，末端约达第Ⅱ节前缘。假头基基突发达，三角形。口下板齿式 6|6。盾板颈沟短，前深后浅，弧形外斜；侧沟明显，由基节Ⅲ前缘水平向后封闭第Ⅰ缘垛；刻点稠密，中等大小，分布均匀。气门板逗点形，背突粗短。足与雌蜱相似，但基节Ⅳ内距发达，较长，末端尖细。此外，跗节Ⅱ～Ⅳ亚端部腹面具粗齿状凸出。

具体描述

雌蜱（图 7-356）

体呈卵圆形，前端稍窄，后部圆弧形。淡褐色。长（包括假头）宽约 3.21 mm×1.93 mm。

假头宽短，钝楔形。须肢相当粗短，第Ⅰ节短小，背、腹面可见；第Ⅱ节宽大于长，背面后缘弯向前外方，外缘向前与第Ⅲ节外缘连接，后外角圆钝，背、腹面内缘各具刚毛 3 根；第Ⅲ节短于第Ⅱ节，呈三角形，前端圆钝，无背刺，腹刺粗短，末端约达第Ⅱ节前缘。假头基矩形，宽约为长（包括基突）的 2.3 倍，侧缘及后缘两个基突间均直；孔区亚圆形，间距约等于孔区的长径；基突粗大，呈三角形，长约为假头基主部的 1/3，末端略尖。口下板压舌板形，顶端圆钝，基部收窄；齿式 4|4，每纵列具齿 10 或 11 枚。

盾板圆形。刻点较大而深，多数分布均匀。肩突圆钝。缘凹较宽，深度中等。颈沟前深后浅，弧形外弯，末端达到盾板后侧缘。

足较粗壮。各基节无外距；基节Ⅰ内距粗短，宽三角形，末端较钝；基节Ⅱ～Ⅳ内距大小约等，末端尖细。各转节腹距不明显。各跗节亚端部向末端逐渐收窄，具端齿。爪垫达到爪端。生殖孔位于基节Ⅱ、Ⅲ之间的水平线，生殖帷舌状。气门板亚圆形，背突粗短，不明显，无几丁质增厚区，气门斑位置靠前。

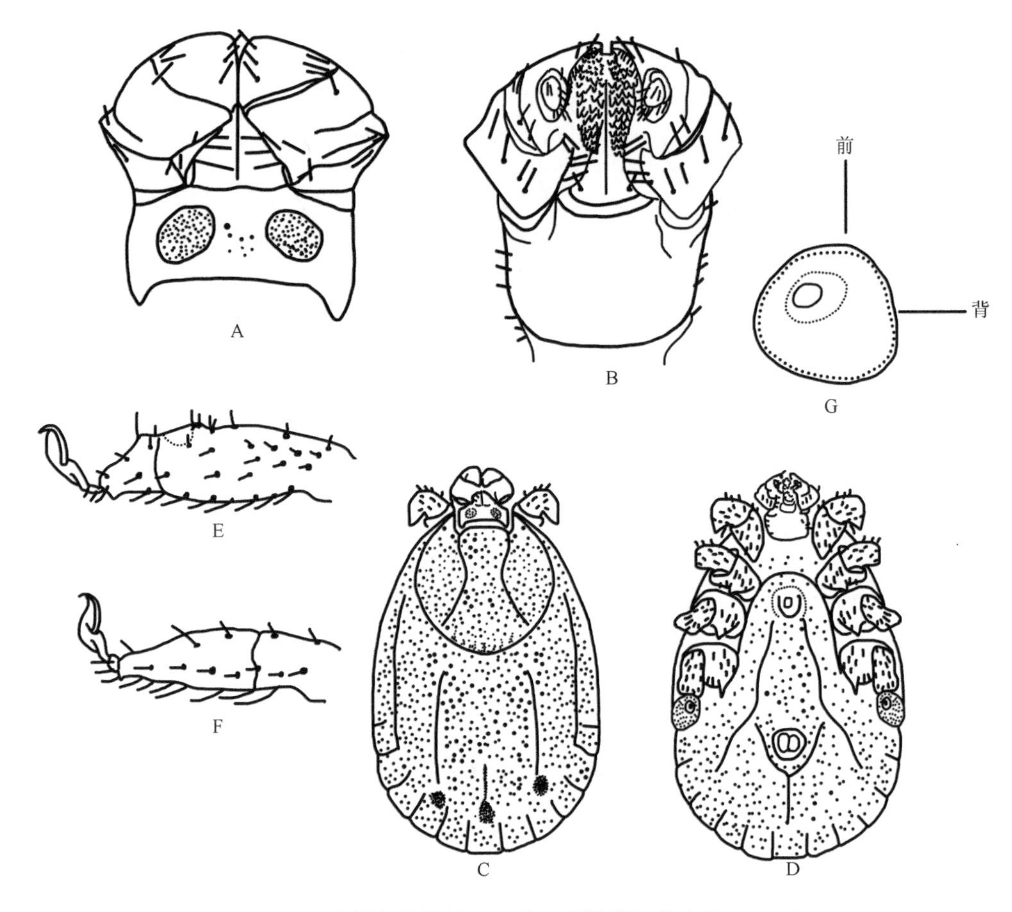

图 7-356　大刺血蜱雌蜱（参考：邓国藩和姜在阶，1991）
A. 假头背面观；B. 假头腹面观；C. 背面观；D. 腹面观；E. 跗节Ⅰ；F. 跗节Ⅳ；G. 气门板

雄蜱（图 7-357）

浅褐色。体呈卵圆形，前端稍窄，后部圆弧形。长（包括假头）宽为（2.69～3.59）mm×（1.88～2.31）mm。

假头宽短。须肢相当粗短，末端略超出假头基侧缘。第Ⅰ节短小，背、腹面可见；第Ⅱ节背面后外角呈钝角，中部之宽约为内缘长度的 1.5 倍，外缘向前与第Ⅲ节外缘连接，内缘具刚毛 2 根，腹面后缘向后凸出，形成粗大的角突，内缘具刚毛 3 根；第Ⅲ节很粗短，前端钝圆，无背刺，腹刺短小，约达第Ⅱ节前缘。假头基矩形，宽约为长（包括基突）的 1.6 倍，两侧缘平行，后缘两个基突间平直；基突发达，呈三角形，长约为宽的 1.2 倍。口下板粗短，呈短棒状，长约为宽的 2 倍；齿冠明显，主部齿式 6|6，最内列具齿约 4 枚，最外列具齿约 10 枚。

盾板呈卵圆形，基节Ⅳ水平处最宽，长约为宽的 1.6 倍。中等刻点多，分布均匀。肩突较窄，末端尖窄。缘凹较窄而深。颈沟短，前深后浅，弧形外弯。侧沟明显，自基节Ⅲ前缘水平向后延伸封闭第Ⅰ缘垛。缘垛明显，共 11 个。

足粗壮。各基节无外距，基节Ⅰ内距宽短，末端圆钝；基节Ⅱ内距三角形，末端稍尖；基节Ⅲ内距基部较粗，末端尖细，略向外弯；基节Ⅳ内距发达，长刺状，末端尖细。转节Ⅰ、Ⅱ腹距短小，三角形，转节Ⅲ、Ⅳ腹距略呈脊状。各跗节粗壮，亚端部向末端逐渐收窄，端齿明显。跗节Ⅱ～Ⅳ具有粗齿状亚端齿。各足爪垫达到爪端。生殖孔位于基节Ⅱ水平线。气门板逗点形，背突粗短，无几丁质增厚区，气门斑位置靠前。

生物学特性　主要生活在山地林带及灌丛。4～6 月在宿主上可见该蜱。

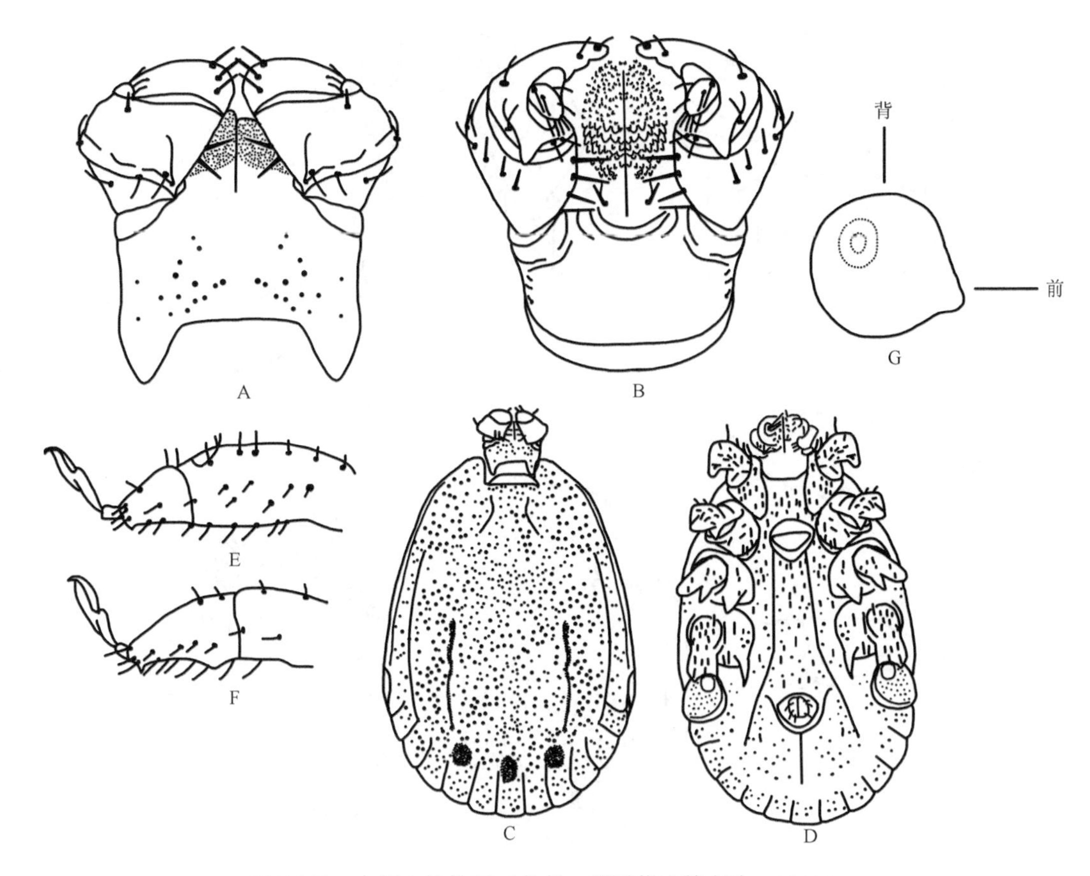

图 7-357 大刺血蜱雄蜱（参考：邓国藩和姜在阶，1991）
A. 假头背面观；B. 假头腹面观；C. 背面观；D. 腹面观；E. 跗节Ⅰ；F. 跗节Ⅳ；G. 气门板

（27）勐腊血蜱 *H. menglaensis* Pang, Chen & Xiang, 1982

定名依据 来源于云南勐腊。

宿主 鹿 *Cervus* sp.。

分布 国内：云南（模式产地：勐腊）。

鉴定要点

雌蜱盾板似圆角三角形，长宽约等；刻点细，分布均匀；颈沟前深后浅，末端略超过盾板中部。须肢前窄后宽。第Ⅱ节后外角轻度凸出，腹面内缘刚毛 5 根。第Ⅲ节前端圆钝，背部后缘具三角形粗刺，腹面刺发达，呈锥形，末端约达第Ⅱ节中部。假头基基突三角形；孔区卵圆形，间距宽。口下板齿式 5|5。气门板近似圆角长方形，背突很短。生殖孔呈 U 形。足长适中，基节Ⅰ、Ⅱ内距窄长，末端明显超出下一节前缘；基节Ⅲ、Ⅳ内距较短，三角形。各转节腹距发达，末端尖细。跗节亚端部逐渐细窄；腹面无端齿。爪垫大，约达爪端。

雄蜱须肢前窄后宽，外缘弧度大于内缘弧度。第Ⅱ节后外角轻度凸出，略微超出假头基侧缘；腹面内缘刚毛 4 根。须肢第Ⅲ节前端圆钝，背刺三角形，末端尖；腹刺窄长，末端将达第Ⅱ节后缘。假头基基突发达，三角形，末端尖细。口下板齿式 5|5。盾板颈沟前深后浅，末端达基节Ⅲ前缘水平线；无侧沟；刻点稠密，细浅，分布均匀。气门板似逗点形，背突短钝。足与雌蜱相似。

具体描述

雌蜱（图 7-358）

淡褐黄色。体呈卵圆形，前端稍窄，后部圆弧形。长（包括假头）宽为（3.14～3.48）mm ×（1.87～

2.17）mm。

须肢长约为宽的 2 倍；第Ⅱ节背面外缘较直，向前与第Ⅲ节外缘不连接，与后缘相交成钝角，向外侧凸出不明显，略超出假头基外侧，后缘向前外方斜弯，腹面内缘刚毛 5 根；第Ⅲ节前端圆钝，背刺粗短，腹刺窄长，末端约达第Ⅱ节的 1/2。假头基近似矩形，宽约为长（包括基突）的 1.7 倍，两侧缘平行，后缘两个基突间平直；孔区卵圆形，直立或前端略内斜，间距大于其长径；基突三角形，长约为假头基全长的 1/4。假头基腹面宽阔，无耳状突和横脊。口下板棒状，略短于须肢；齿式 5|5，每纵列具齿 10～12 枚。

盾板近似心形，长宽约等，前 1/3 处最宽。刻点小，中等密度。肩突短钝。缘凹浅宽。颈沟前深后浅，浅弧形外弯，末端略超出盾板 1/2。

足粗细中等。各基节无外距；基节Ⅰ、Ⅱ内距窄长，末端明显超过其下一节前缘；基节Ⅲ、Ⅳ略短，三角形，末端尖。各转节腹距长三角形。跗节粗细适中，亚端部向末端逐渐收窄，腹面无端齿和亚端齿。爪垫达到爪端。生殖孔呈宽“U”形。气门板近似圆角长方形，背突很短，圆钝，无几丁质增厚区，气门斑位置靠前。

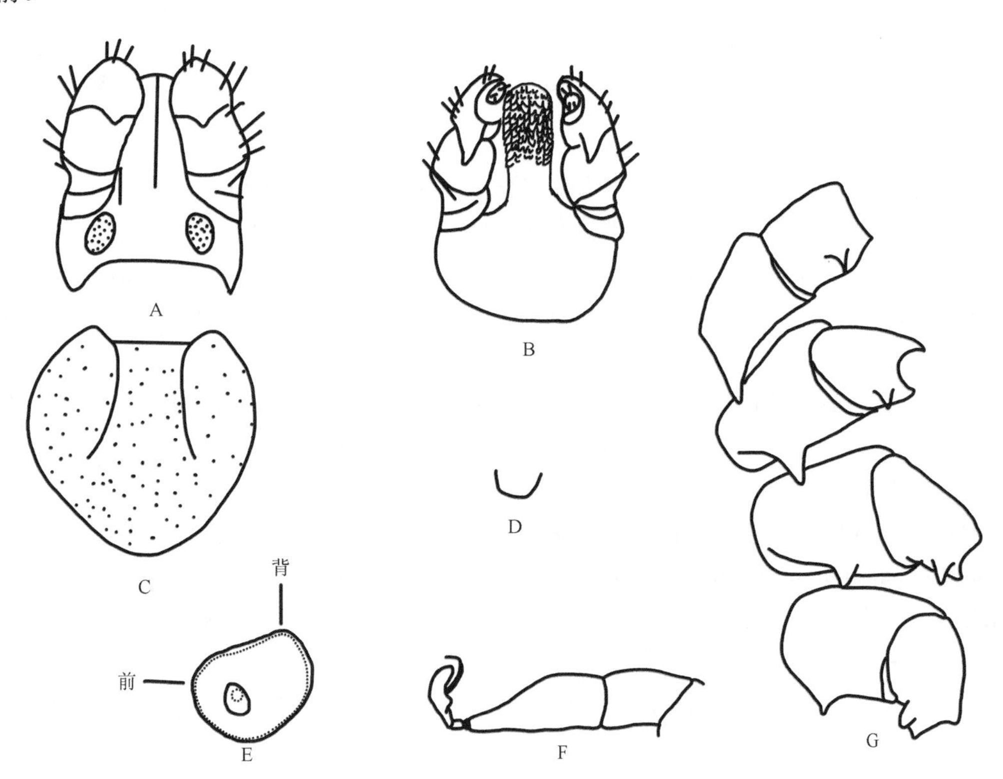

图 7-358　勐腊血蜱雌蜱（参考：邓国藩和姜在阶，1991）

A. 假头背面观；B. 假头腹面观；C. 盾板；D. 生殖帷；E. 气门板；F. 跗节Ⅳ；G. 基节

雄蜱（图 7-359）

淡褐黄色。体呈卵圆形，前端稍窄，后部圆弧形。长（包括假头）宽为（2.61～2.74）mm ×（1.69～1.82）mm。

须肢第Ⅱ节背面外缘较直，向前与第Ⅲ节外缘不连接，与后缘相交成钝角，向外侧凸出不明显，略超出假头基外侧，后缘向前外方斜弯，腹面内缘刚毛 4 根；第Ⅲ节前端圆钝，后缘略长于第Ⅱ节前缘，背刺三角形，末端尖，腹刺窄长，末端约达第Ⅱ节后缘。假头基近似矩形，宽约为长（包括基突）的 1.21 倍，两侧缘及后缘两个基突间较直；表面有细刻点；基突发达，长约为假头基全长的 1/3，呈三角形，末端尖。口下板棒状，与须肢约等长；齿式 5|5，每纵列具齿约 11 枚。

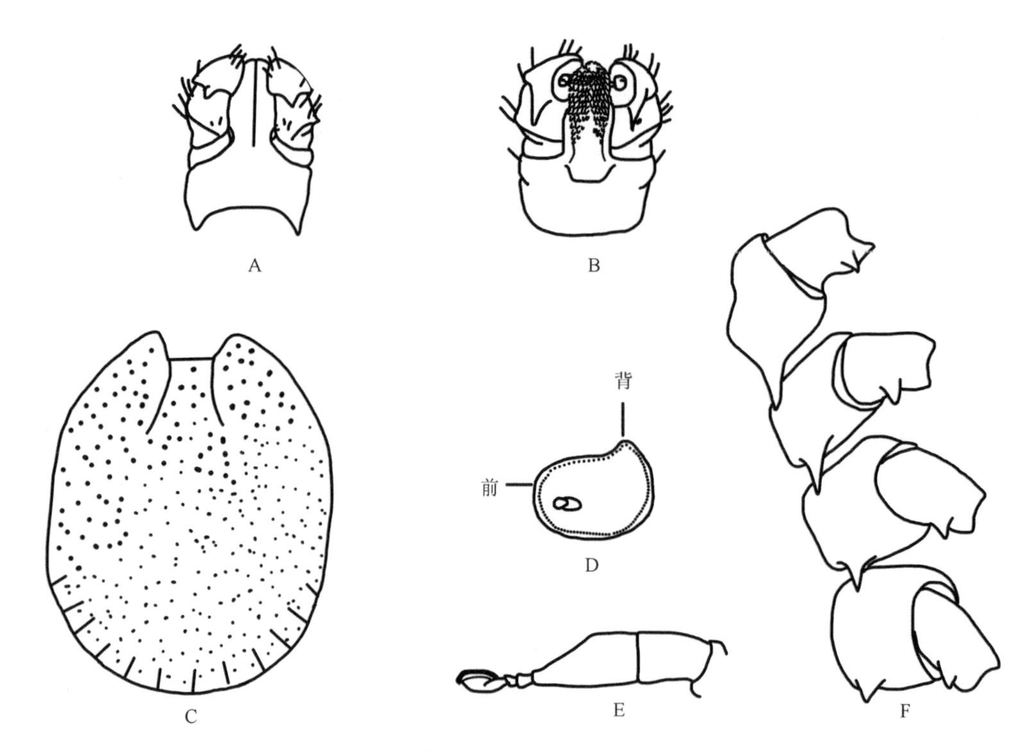

图 7-359 勐腊血蜱雄蜱（参考：邓国藩和姜在阶，1991）
A. 假头背面观；B. 假头腹面观；C. 盾板；D. 气门板；E. 跗节Ⅳ；F. 基节

盾板呈卵圆形，长约为宽的 1.2 倍，在气门板后缘水平最宽。刻点小而浅，较为稠密，分布大致均匀。肩突短钝。缘凹略窄而深。颈沟前深后浅，浅弧形外弯，末端约达基节Ⅲ水平线。无侧沟。缘垛分界明显，共 11 个。

足粗细适中。各基节无外距，内距发达，基节Ⅰ～Ⅲ内距呈锥形，按节序渐短，末端均明显超过下一节前缘，基节Ⅳ内距粗短，末端尖。各转节腹距锥形。跗节亚端部向末端逐渐收窄，腹面无端齿。爪垫达到爪端。气门板似逗点形，背突短钝，无几丁质增厚区，气门斑位置靠前。

生物学特性 主要生活于亚热带林区，4～8 月可见成蜱活动。

（28）猛突血蜱 *H. montgomeryi* Nuttall, 1912

定名依据 本种是以 Montgomery 博士的名字命名的。然而，中文译名猛突血蜱已广泛使用。

宿主 山羊、绵羊、马、黄牛、水牛、犬等，也侵袭人。

分布 国内：四川、西藏、云南；国外：巴基斯坦、柬埔寨、老挝、尼泊尔、印度、越南。

鉴定要点

雌蜱盾板似盾形，长大于宽；细刻点多，粗刻点少，分布较均匀；颈沟深，弧形，末端约达盾板中部。须肢前窄后宽，第Ⅱ节长于第Ⅲ节。第Ⅱ节后外角略微凸出，腹面后缘具三角形刺，末端尖窄；内缘刚毛 8 根，刚毛细，排列不紧密。第Ⅲ节前端圆钝，背部后缘不具刺，腹面刺呈锥形，末端超过第Ⅱ节中部。假头基基突粗短，明显；孔区小，卵圆形，间距宽。口下板齿式 6|6 或 7|7。气门板亚圆形，背突短钝。足粗壮，基节Ⅰ内距窄长，基节Ⅱ～Ⅳ内距较粗短；各转节腹距尖，略呈三角形。跗节亚端部逐渐细窄；腹面端齿很小。爪垫大，约达爪端。

雄蜱须肢前窄后宽，外缘弧度稍大于内缘弧度。第Ⅱ节后外角略微凸出，略超出假头基侧缘；腹面后缘具锥形长刺；内缘刚毛 6 根。须肢第Ⅲ节前端窄钝，背面后缘无刺；腹刺发达，末端尖，超过第Ⅱ节中部。假头基基突粗大，三角形，末端尖。口下板齿式 6|6。盾板颈沟短而深，几乎平行；侧沟短而浅，由盾板中部向后延至第Ⅰ缘垛；细刻点多，间有粗刻点，分布大致均匀。气门板较大，略呈逗点形，背

突稍尖。足与雌蜱相似，但各节距及跗节腹面的端齿略大。

具体描述

雌蜱（图 7-360）

体色浅褐黄。体呈卵圆形，前端稍窄，后部圆弧形。长（包括假头）宽为（2.31～3.32）mm ×（1.39～1.89）mm。

须肢长约为宽的 1.8 倍，后外角略向外凸出；第Ⅱ节长宽约等，背面后缘向外斜弯，外缘直，向前内斜，腹面后缘向后凸出形成三角形锐刺，背面内缘刚毛 3 根，腹面内缘刚毛约 8 根；第Ⅲ节与第Ⅱ节的长度比为 5∶6，前端圆钝，两侧向前逐渐收窄，无背刺，腹刺窄长，呈锥形，末端尖细。假头基近似倒梯形，宽约为长（包括基突）的 2 倍，侧缘向后略内斜，后缘两个基突间平直；基突粗短，末端圆钝；孔区卵圆形，前部内斜，间距宽。假头基腹面宽阔，后缘弧形，无耳状突和横脊。口下板棒状，略短于须肢，两侧缘近似平行；齿式 6|6 或 7|7，每纵列具齿约 15 枚。

盾板略似盾形，长约为宽的 1.2 倍，前部最宽，向后渐窄，后端窄钝。刻点小而浅，夹杂大刻点，分布稀疏且较为均匀。颈沟短而深，呈浅弧形，末端约达盾板的 1/2。

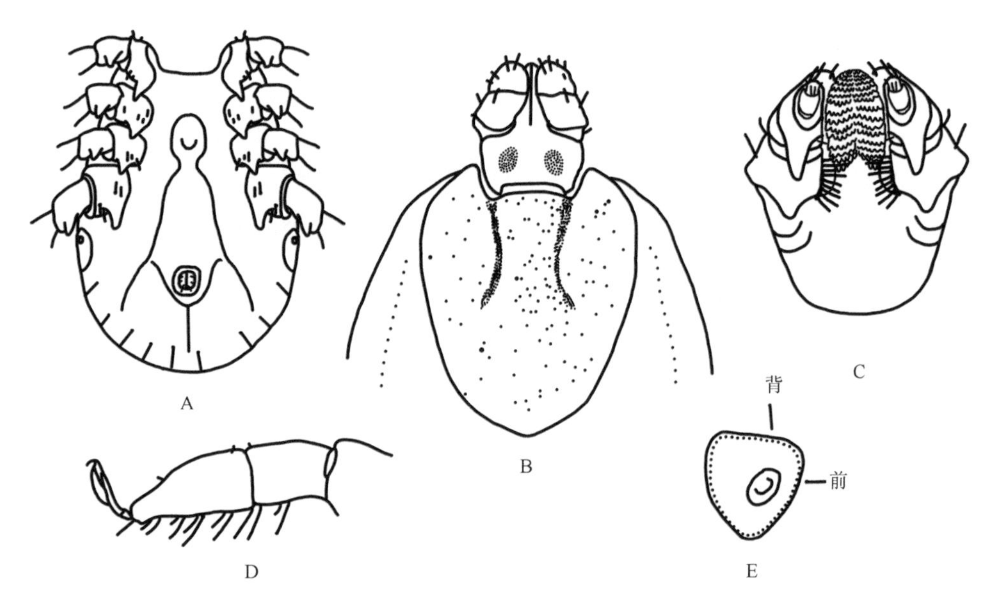

图 7-360　猛突血蜱雌蜱（参考：邓国藩和姜在阶，1991）

A. 躯体腹面观；B. 假头及盾板背面观；C. 假头腹面观；D. 跗节Ⅳ；E. 气门板

足粗壮。各基节无外距；基节Ⅰ内距窄长，呈锥形；基节Ⅱ、Ⅲ内距较粗短，基节Ⅲ的更短；基节Ⅳ内距较基节Ⅱ的稍窄长。各转节腹距略呈尖角状，大小约等。跗节亚端部逐渐向末端收窄，腹面端齿很小。爪垫几乎达到爪端。气门板亚圆形，背突短小而钝，无几丁质增厚区，气门斑位置靠前。

雄蜱（图 7-361）

浅黄或褐黄色。体呈长卵形，前端稍窄，后部圆弧形。长（包括假头）宽为（2.2～2.5）mm ×（1.3～1.6）mm。

须肢长约为宽的 1.7 倍，后外角略向外突出，略超出假头基外侧；第Ⅱ节长宽约等，后缘向外显著斜弯，外缘短而直，向前内斜，腹面后缘向后凸出呈长锥形，末端尖细，几乎达第Ⅰ节后缘，背面内缘刚毛 2 根，腹面内缘刚毛 6 根；第Ⅲ节与第Ⅱ节的长度比为 2∶3，前端窄钝，两侧向前逐渐收窄，无背刺，腹刺窄长而尖，末端超过第Ⅱ节的 1/2。假头基宽约为长（包括基突）的 1.4 倍，两侧缘近似平行，后缘两个基突间较直；基突短三角形，末端稍尖。假头基腹面宽短，略呈矩形，无耳状突和横脊。口下板棒状，与须肢约等长，两侧缘几乎平行；齿式 6|6，每纵列具齿约 15 枚。

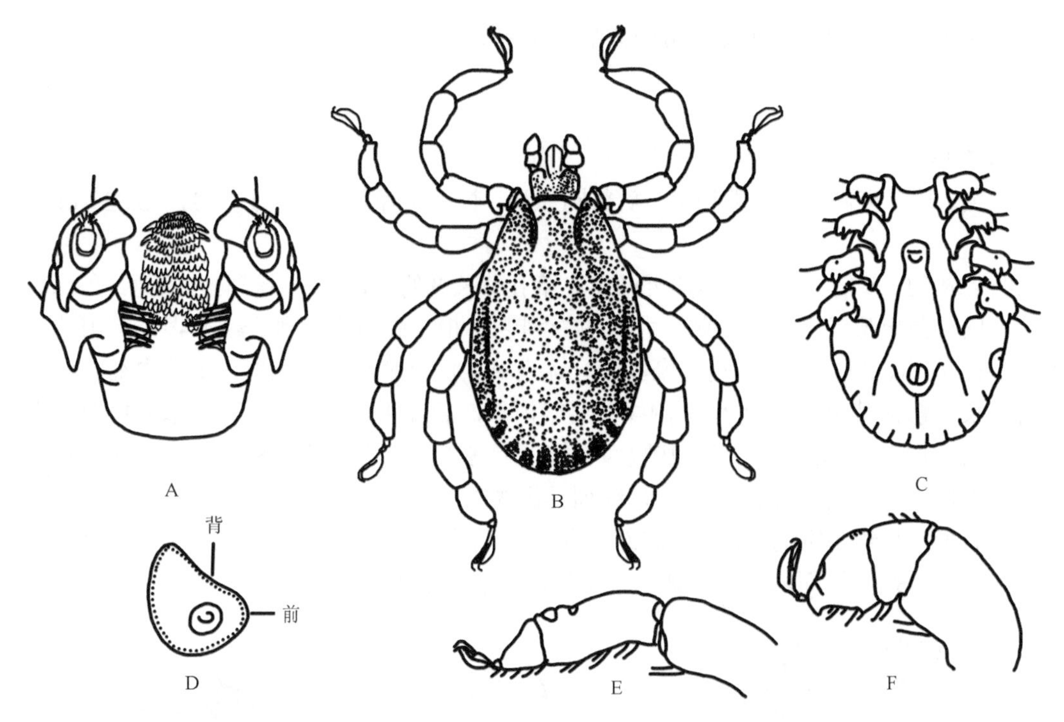

图 7-361 猛突血蜱雄蜱（参考：邓国藩和姜在阶，1991）

A. 假头腹面观；B. 背面观；C. 躯体腹面观；D. 气门板；E. 跗节Ⅰ；F. 跗节Ⅳ

盾板长卵形，在气门板前最宽，长约为宽的 1.5 倍。刻点浅而稀少，小刻点居多，夹杂少量大刻点，分布大致均匀。颈沟短而深，近似平行。侧沟浅而短，自盾板中部向后延伸至第Ⅰ缘垛。缘垛分界明显，窄长，共 11 个。

足粗壮，足Ⅳ最为强大。各基节无外距，基节Ⅰ～Ⅳ内距细长，基节Ⅳ的最长，其次为基节Ⅰ，基节Ⅱ、Ⅲ的约等长，为基节Ⅳ的 1/2。各转节腹距尖，转节Ⅰ的稍短，其余的约等长。跗节亚端部向末端逐渐收窄，腹面端齿明显，但跗节Ⅰ的很小。爪垫约达爪端。气门板大，略呈逗点形，背突末端稍尖，无几丁质增厚区，气门斑位置靠前。

若蜱（图 7-362）

体长（包括假头）宽约为 1.1 mm×0.5 mm。

假头尖楔形。须肢前窄后宽，后外角显著凸出，明显超出假头基侧面；第Ⅰ节隐缩；第Ⅱ节背面后缘向后弯曲，与外侧相交形成角突，腹面角突更宽，并向后形成宽三角形的刺突，外缘及内缘弧形微凹，背面内缘刚毛 1 根，腹面内缘刚毛 3 根；第Ⅲ节三角形，前端尖窄，无背刺，腹刺粗短，三角形，末端稍钝。假头基近似倒梯形，宽约为长（包括基突）的 2 倍，两侧缘向后内斜，后缘两个基突间平直；基突宽短，三角形，末端稍尖。假头基腹面宽短，后缘浅弧形，无耳状突和横脊。口下板棒状，与须肢约等长，前端圆钝；齿式 2|2，每列具齿约 7 枚。

盾板卵圆形，长略大于宽，中部稍前最宽，向后逐渐收窄，末端圆钝。刻点稀少，其上着生细毛。颈沟前深后浅，弧形外弯，末端略超过盾板的 1/2。

足较粗壮。各基节均无外距；基节Ⅰ内距窄三角形，末端尖窄；基节Ⅱ～Ⅳ内距宽三角形，按节序渐小，末端钝。转节Ⅰ背距三角形，末端尖；各转节无腹距。跗节粗短，亚端部向末端渐窄。爪垫超过爪长的 2/3 或将近达到爪端。气门板卵形，背突短，圆钝，气门斑位置靠前。

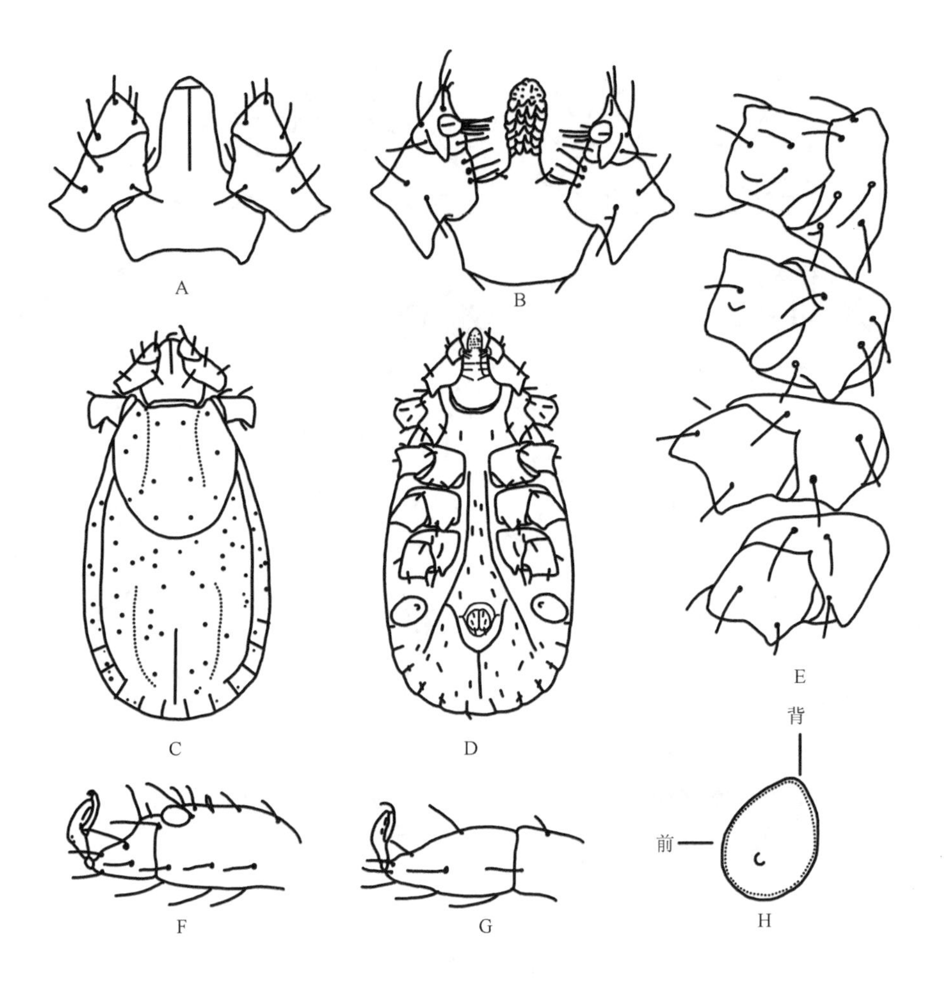

图 7-362　猛突血蜱若蜱（参考：邓国藩和姜在阶，1991）
A. 假头背面观；B. 假头腹面观；C. 背面观；D. 腹面观；E. 基节；F. 跗节Ⅰ；G. 跗节Ⅳ；H. 气门板

幼蜱（图 7-363）

体长（包括假头）宽约为 0.78 mm×0.38 mm。

假头尖楔形。须肢前窄后宽，后外角显著凸出，明显超出假头基侧缘；第Ⅰ节背面不可见；第Ⅱ节背面外侧末端略弯，后缘弧形向后弯曲，腹面后缘向后形成三角形刺突，内、外缘浅凹，背、腹面内缘各具刚毛 1 根；第Ⅲ节窄三角形，前端尖窄，无背刺，腹刺粗短，三角形，末端约达该节后缘。假头基矩形，宽为长（包括基突）的 2 倍多，两侧缘向后内斜，后缘两个基突间平直；基突粗短，末端圆钝。假头基腹面向后收窄，后缘浅弧形凹入，无耳状突和横脊。口下板棒状；齿式 2|2，每纵列具齿约 7 枚。

盾板近似圆形，中部最宽，宽约为长的 1.25 倍，后缘圆弧形；刻点稀少。肩突短钝。缘凹浅。颈沟浅弧形，末端约达盾板的 1/2。

足较粗壮。各基节无外距，内距粗短，按节序渐小，末端钝。转节Ⅰ背距短钝；各转节无腹距。跗节亚端部向末端逐渐收窄。爪垫将近达到爪端。

生物学特性　主要生活于亚热带山区，在海拔 3000 m 以上的高山也有分布。多在春、夏季活动，6～7 月可在宿主上发现。

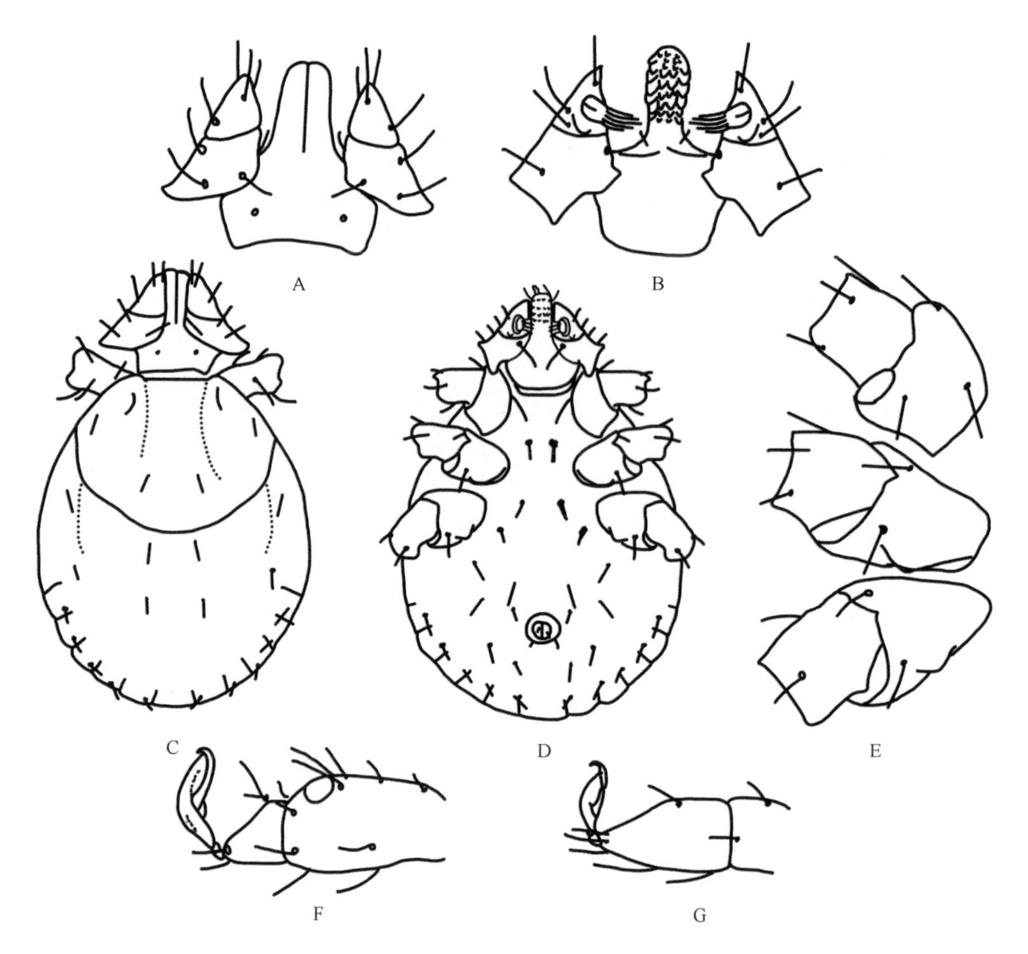

图 7-363　猛突血蜱幼蜱（参考：邓国藩和姜在阶，1991）

A. 假头背面观；B. 假头腹面观；C. 背面观；D. 腹面观；E. 基节；F. 跗节Ⅰ；G. 跗节Ⅲ

（29）嗜麝血蜱 *H. moschisuga* Teng, 1980

定名依据　以宿主名命名。

宿主　幼蜱和若蜱寄生于白马鸡；成蜱寄生于林麝 *Moschus berezovskii*、牦牛、黄牛、野兔。

分布　国内：甘肃、青海（模式产地：泽库）、四川、西藏（曲松、类乌齐、芒康）、云南（香格里拉）。

鉴定要点

雌蜱盾板呈亚圆形，长宽约等，中部最宽；刻点较粗，分布均匀；颈沟前段深且内斜，后段浅而外斜，末端超过盾板的 2/3。须肢前窄后宽，第Ⅱ节外缘与第Ⅲ节外缘约等长。第Ⅱ节后外角轻度凸出呈角状，外缘直不内凹，腹面内缘刚毛 3 或 4 根。第Ⅲ节背部后缘不具刺，腹面刺粗短，末端约达该节后缘。假头基基突三角形，末端略钝；孔区大，椭圆形，间距较宽。口下板齿冠长，约占齿部的 1/4；齿式 4|4。气门板亚圆形，背突短钝。足粗细适中，基节Ⅰ内距短锥形；基节Ⅱ～Ⅳ内距较基节Ⅰ粗大，三角形，末端尖且明显超出各节后缘；各转节腹距短钝。跗节亚端部逐渐斜窄；腹面端齿小；跗节Ⅳ腹缘无角突。爪垫大，约达爪端。

雄蜱须肢前窄后宽，外缘弧度略大于内缘弧度。第Ⅱ节后外角轻度凸出，略超出假头基侧缘；腹面内缘刚毛 3 或 4 根。须肢第Ⅲ节背面后缘无刺；腹刺短锥形，末端约达第Ⅱ节前缘。假头基基突发达，三角形，末端尖细。口下板齿式 5|5。盾板颈沟前段内斜，后段外斜，末端约达基节Ⅲ水平线；侧沟浅，由基节Ⅲ后缘水平向后延伸至气门板后缘水平；刻点密，粗细中等，分布均匀。气门板近似圆角四边形，

背突短钝。足与雌蜱相似。

具体描述

雌蜱（图 7-364）

长（包括假头）宽约 2.60 mm×1.72 mm。

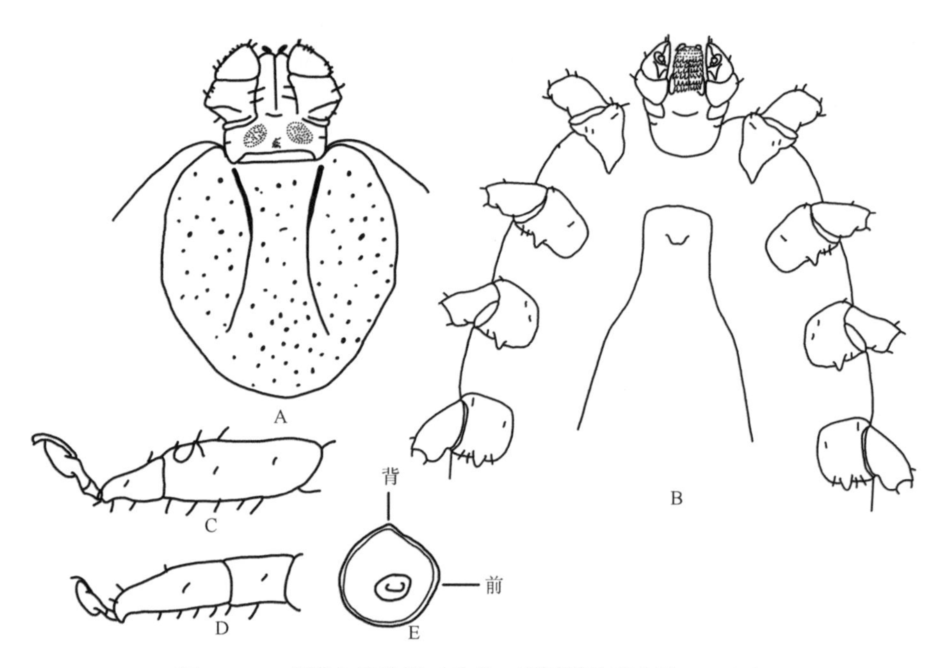

图 7-364　嗜麝血蜱雌蜱（参考：邓国藩和姜在阶，1991）

A. 假头及盾板背面观；B. 腹面观；C. 跗节Ⅰ；D. 跗节Ⅳ；E. 气门板

假头短；须肢长约为宽的 2 倍；第Ⅱ节长宽约等，后外角略凸出，略超出假头基侧缘，背面外缘较直，与第Ⅲ节外缘约等长，内缘刚毛 2 根，腹面内缘刚毛 3 或 4 根；第Ⅲ节无背刺，腹刺粗短，末端约及该节后缘，腹面内缘刚毛 2 根。假头基近似矩形，宽约为长（包括基突）的 2 倍，两侧缘近似平行，中段有一浅缺刻，后缘两个基突间平直；基突三角形，长略小于宽，末端略钝。孔区椭圆形，向前内斜，间距约等于其长径。口下板压舌板形，略短于须肢；齿式 4|4，由内向外每纵列具齿 7～9 枚。

盾板呈亚圆形，长宽约等，中部最宽。刻点较大，密度适中，分布较为均匀。肩突圆钝。缘凹宽浅。颈沟前深后浅，弧形外斜，末端超过盾板长的 2/3。

足粗细适中。各基节无外距；基节Ⅰ内距短锥形；基节Ⅱ～Ⅳ内距较基节Ⅰ的发达，末端尖。转节Ⅰ背距三角形，末端尖窄；转节Ⅰ～Ⅳ腹距短，末端钝。跗节亚端部背缘向末端倾斜收窄，腹面端齿小。爪垫将近达到爪端。生殖孔位于基节Ⅱ水平线，生殖帷宽短，呈“U”形，两侧缘向后略内斜。气门板亚圆形，背突短钝，无几丁质增厚区，气门斑位置靠前。

雄蜱（图 7-365）

长（包括假头）宽为（2.6～2.9）mm ×（1.4～1.5）mm。

假头短；须肢粗短，长约为宽的 1.6 倍；第Ⅱ节长宽约等，后外角略凸出呈角状，略超出假头基侧缘，背面外缘略直，与第Ⅲ节外缘连接，内缘刚毛 2 根，腹面内缘刚毛 3 或 4 根；第Ⅲ节宽短，无背刺，腹刺短锥形，末端约达第Ⅱ节前缘，腹面内缘刚毛 1 根。假头基矩形，宽约为长（包括基突）的 1.6 倍，两侧缘略直，中部略微凹陷，后缘两个基突间平直，表面刻点稀少；基突发达，呈三角形，长宽约等，末端尖细。口下板棒状，较须肢短，前端圆钝；齿式 5|5，由内向外每纵列具齿 7～9 枚。

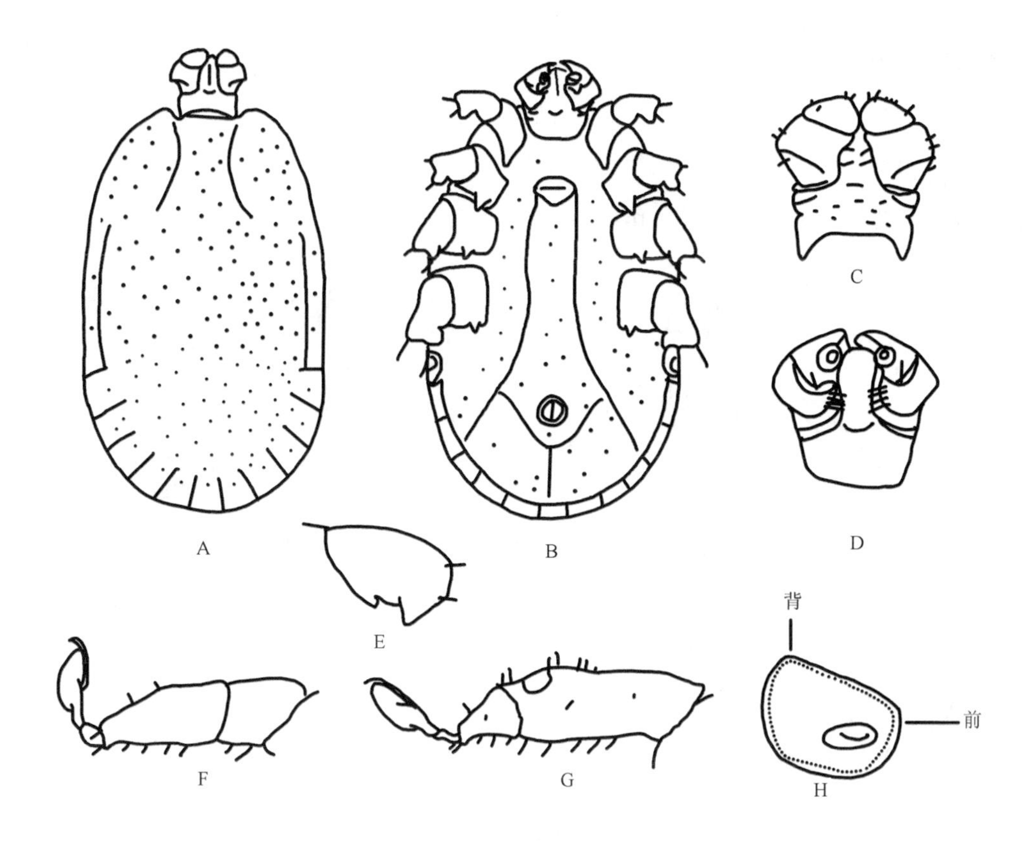

图 7-365 嗜麝血蜱雄蜱（参考：邓国藩和姜在阶，1991）

A. 假头及盾板背面观；B. 腹面观；C. 假头背面观；D. 假头腹面观；E. 转节Ⅰ；F. 跗节Ⅳ；G. 跗节Ⅰ；H. 气门板

盾板窄长，长约为宽的 1.75 倍，气门板后缘水平处最宽。中等刻点多而密，分布均匀。肩突钝。颈沟浅弧形，前深后浅，弧形外斜，末端约达基节Ⅲ水平线。侧沟细浅，自基节Ⅲ后缘水平向后延伸至气门板后缘水平。缘垛窄长，分界明显，共 11 个。

足略粗壮。各基节无外距；基节Ⅰ内距锥形，末端略尖；基节Ⅱ～Ⅳ内距三角形，末端超出各节后缘。转节Ⅰ背距长三角形，末端尖细；转节Ⅰ～Ⅳ腹距短，末端钝。跗节较粗短，亚端部背缘向末端倾斜收缩，腹面具端齿。爪垫几乎达到爪端。气门板略呈圆角四边形，背突短钝，无几丁质增厚区，气门斑位置靠前。

若蜱（图 7-366）

须肢粗短，后外角略凸出，略超出假头基侧缘；第Ⅰ节短小，不明显；第Ⅱ节宽大于长，背面外缘浅凹，向前与第Ⅲ节外缘连接，后缘略后弯，内缘略直，背、腹面内缘各具刚毛 1 根；第Ⅲ节宽短，前端圆钝，无背刺，腹刺粗短，末端钝。假头基呈矩形，宽约为长（包括基突）的 2 倍，两侧缘向后略内斜，后缘两个基突间直；基突粗短，长小于宽，末端窄钝。假头基腹面宽阔，后缘宽弧形，无耳状突和横脊。口下板棒状，略短于须肢，前端圆钝；齿式 2|2，每纵列具齿约 8 枚。

盾板宽短，宽约为长的 1.24 倍，前 1/3 处最宽，末端圆钝或收窄。刻点少，前侧区稍多。肩突圆钝。颈沟细窄，两侧几乎平行，末端约达盾板的 1/2。

足较粗壮。各基节无外距，基节Ⅰ内距三角形，末端窄钝；基节Ⅱ、Ⅲ内距较短，末端圆钝；基节Ⅳ内距较小，三角形，末端稍尖。转节Ⅰ背距三角形，末端尖细；各转节无腹距。跗节Ⅱ～Ⅳ亚端部略隆起，向末端逐渐收窄。爪垫几乎达到爪端。气门板卵圆形，背突短，圆钝，气门斑位置靠前。

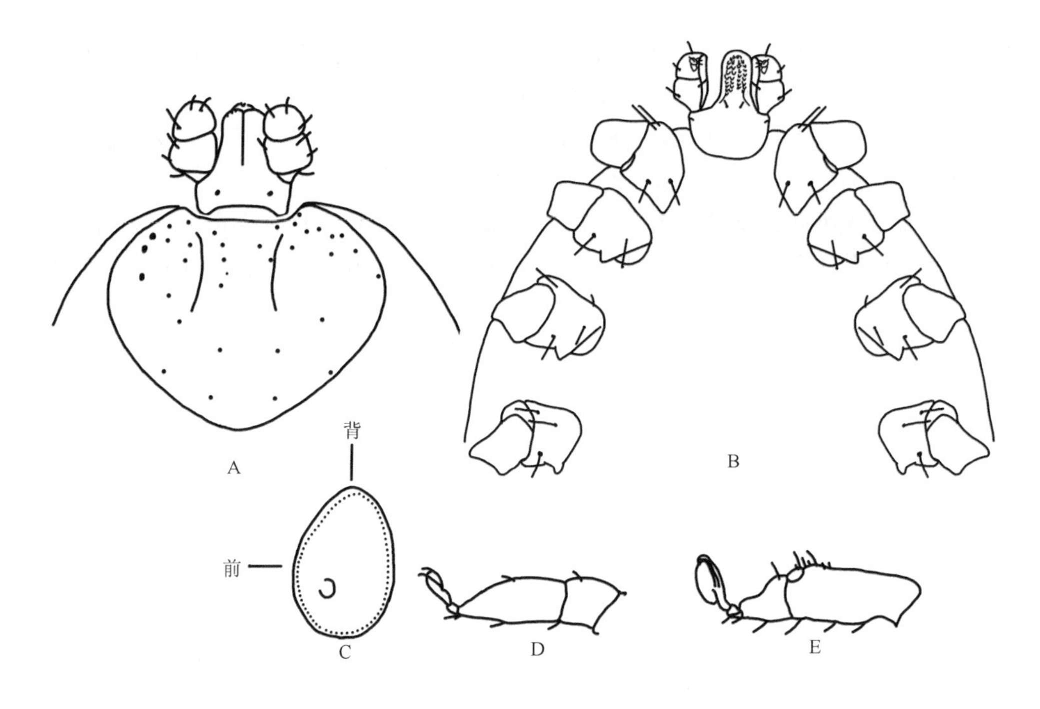

图 7-366　嗜麝血蜱若蜱（参考：邓国藩和姜在阶，1991）
A. 假头及盾板；B. 假头腹面观及基节；C. 气门板；D. 跗节Ⅳ；E. 跗节Ⅰ

幼蜱（图 7-367）
体呈卵圆形，前端稍窄，后部圆弧形。长（包括假头）宽约 0.76 mm×0.56 mm。

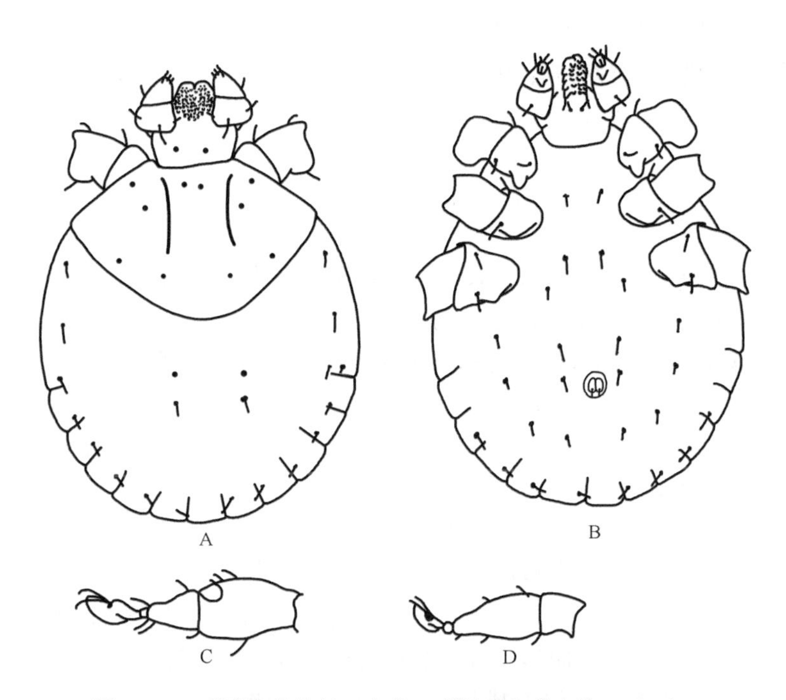

图 7-367　嗜麝血蜱幼蜱（参考：邓国藩和姜在阶，1991）
A. 背面观；B. 腹面观；C. 跗节Ⅰ；D. 跗节Ⅲ

须肢粗短，近似锥形，后外角略凸出；第Ⅰ节短小，背面不明显；第Ⅱ节宽大于长，背面后缘略向后弯，与外缘相交成钝角，外缘较直，向前内斜，与第Ⅲ节外缘连接，背、腹面内缘刚毛各一根；第Ⅲ节宽短，前端圆钝，无背刺，腹刺粗短，末端圆钝，将近达到该节后缘。假头基呈矩形；宽约为长的 2.2

倍；两侧缘近似平行，后缘较直；无基突。假头基腹面宽短，后缘浅弧形，无耳状突和横脊。口下板棒状，与须肢约等长，前端圆钝；齿式2|2，每纵列具齿5或6枚。

盾板宽短，宽约为长的1.4倍，中部稍前最宽，向后弧形收窄，后缘宽弧形。刻点稀少，不明显。肩突圆钝。缘凹宽浅。颈沟窄小，两侧近似平行，末端约达盾板的1/2。

足略粗壮。各基节无外距；基节Ⅰ内距三角形，末端窄钝；基节Ⅱ内距宽短，末端圆钝；基节Ⅲ内距很短，略呈脊状。转节Ⅰ背距短，末端钝；各转节无腹距。跗节稍粗，亚端部向末端逐渐收窄。爪垫将近达到爪端。

生物学特性　生活在高原林带（2600～4200 m）。成蜱主要出现在6～7月，6月为活动高峰期，在一头林麝颈部曾发现百余只成蜱。

（30）尼泊尔血蜱 *H. nepalensis* Hoogstraal, 1962

定名依据　来源于尼泊尔。

宿主　犏牛、人。

分布　国内：西藏；国外：尼泊尔、印度。

鉴定要点

雌蜱盾板呈亚圆形，长宽约等，中部水平线处最宽；刻点粗细不均，分布亦不均；颈沟弧形弯曲，末端约至盾板中部。须肢前窄后宽。第Ⅱ节后外角略微凸出，背、腹面内缘刚毛各2根。第Ⅲ节背部后缘不具刺，腹面刺短小，末端达不到该节后缘。假头基基突粗短，末端窄钝；孔区椭圆形，间距较宽。口下板齿式4|4。气门板逗点形，背突短钝。足粗细适中，各基节内距粗短，末端钝；各转节腹距短钝，不明显。跗节亚端部逐渐斜窄；腹面中断具角状凸出；腹面端齿明显。爪垫大，约达爪端。

雄蜱须肢前窄后宽，外缘弧度略大于内缘弧度。第Ⅱ节后外角轻微凸出，略超出假头基侧缘；背、腹面内缘刚毛各2根。须肢第Ⅲ节背面后缘无刺；腹面刺短小，末端达不到该节后缘。假头基基突粗短。口下板齿式4|4。盾板颈沟窄短，浅弧形；侧沟短，由基节Ⅳ水平向后封闭第Ⅰ缘垛；刻点浅，粗细不均，分布整个表面。气门板逗点形，背突粗短。足与雌蜱相似。

具体描述

雌蜱（图7-368）

体呈卵圆形，前端稍窄，后部圆弧形；长（包括假头）宽为3.0 mm×1.6 mm。

须肢前端圆钝，外侧略超出假头基外缘；第Ⅱ节长大于宽，背面两侧缘近似平行，背、腹面内缘刚毛各2根；第Ⅲ节与第Ⅱ节外缘相连，无背刺，腹刺短小，末端达不到该节后缘，腹面内缘刚毛2根。假头基矩形，侧缘和基突间的后缘均直，宽约为长（包括基突）的2倍；孔区深，椭圆形，间距略大于其长径；基突粗短，末端窄钝。假头基腹面向后收窄，无耳状突和横脊。口下板棒状，较须肢稍短，前端圆钝，基部收窄；齿式4|4，由内向外各纵列具齿8～11枚。

盾板呈亚圆形，长宽约等，中部最宽，向后弧形收窄，后缘圆钝。刻点浅，大小不一，分布不均。颈沟前深后浅，弧形外斜，末端约及盾板的2/3。

足中等大小。基节Ⅰ外距呈脊状，基节Ⅱ～Ⅳ无外距；基节Ⅰ内距脊状，不明显，基节Ⅱ～Ⅳ内距粗短，末端钝。各转节腹距短钝，不明显。各跗节亚端部背缘向末端斜向收窄，端齿明显，亚端齿短小。爪垫将近达到爪端。生殖孔宽弧形，位于基节Ⅱ水平线。气门板逗点形，背突短钝，无几丁质增厚区，气门斑位置靠前。

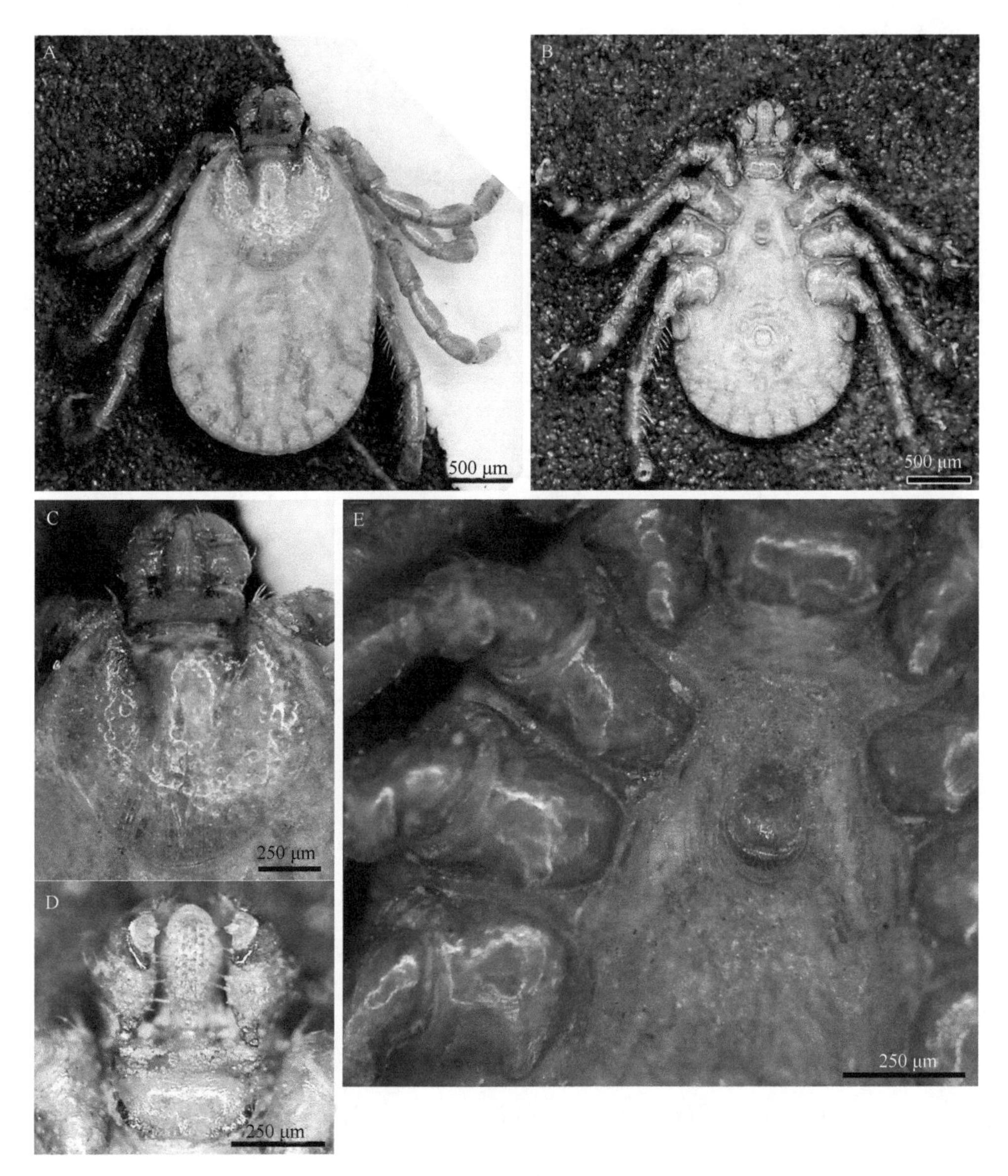

图 7-368　尼泊尔血蜱雌蜱

A. 背面观；B. 腹面观；C. 假头背面观及盾板；D. 假头腹面观；E. 基节及生殖孔

雄蜱（图 7-369）

褐黄色。体呈卵圆形，前端稍窄，后部圆弧形；长宽约为 2.6 mm×1.6 mm。

须肢外缘不明显凸出，略超出假头基侧缘；第Ⅱ、Ⅲ节两侧缘大致平行，每节长宽约等，第Ⅱ节背、腹面内缘刚毛各 2 根，第Ⅲ节无背刺，腹刺粗短，末端达不到该节后缘，内缘刚毛 2 根。假头基呈矩形，宽约为长（包括基突）的 1.5 倍；两侧缘较直，但中部有浅凹，后缘在基突之间平直；表面有大刻点分布。基突粗短，长小于宽。假头基腹面宽，后外角圆钝，无耳状突和横脊。口下板棒状，与须肢约等长，顶端圆钝，两侧缘近似平行；齿式 4|4，每纵列具齿 6～9 枚。

盾板呈卵形，长约为宽的 1.4 倍，在基节Ⅳ水平处最宽。刻点较浅，大小不一，分布不均匀。肩突窄钝。缘凹深度适中。颈沟窄短，浅弧形弯曲。侧沟很短，自基节Ⅳ水平向后延伸封闭第Ⅰ缘垛。缘垛窄长，分界明显，共 11 个。

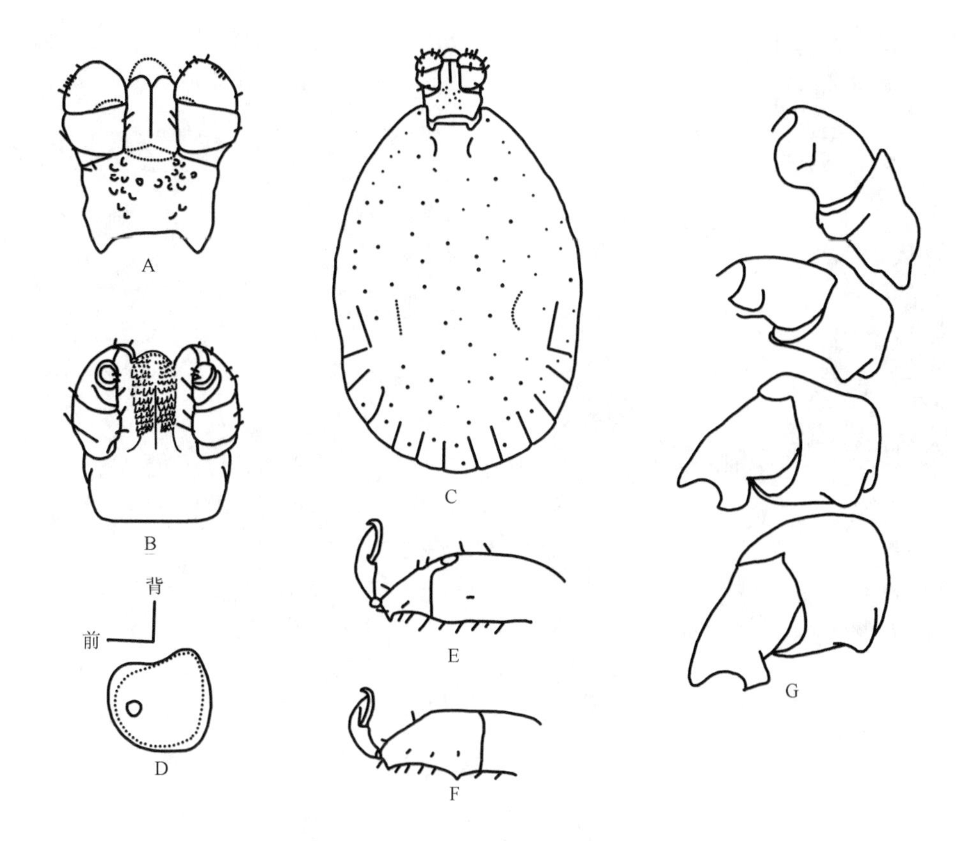

图 7-369 尼泊尔血蜱雄蜱（参考：邓国藩和姜在阶，1991）

A. 假头背面观；B. 假头腹面观；C. 假头及盾板背面观；D. 气门板；E. 跗节Ⅰ；F. 跗节Ⅳ；G. 基节

足中等大小。各基节内距粗短而钝；基节Ⅰ外距呈脊突，基节Ⅱ～Ⅳ无外距。各转节腹距不明显。跗节亚端部向末端逐渐收窄，具端齿和亚端齿。爪垫几乎达到爪端。气门板逗点形，背突短钝，无几丁质增厚区，气门斑位置靠前。

若蜱（图 7-370）

褐黄色。体呈卵圆形，前端稍窄，后部圆弧形，在基节Ⅳ水平处最宽，长（包括假头）宽约 1.56 mm×1.00 mm。

须肢第Ⅰ节短小，背、腹面可见；第Ⅱ节背面两侧缘大致平行，后外角圆钝，略超出假头基侧缘，内缘浅凹，背、腹面内缘各具刚毛 1 根；第Ⅲ节无背刺，腹刺粗短，不明显。假头基呈矩形，宽约为长（包括基突）的 2 倍，两侧缘大致平行，但中部略凹，后缘在基突间平直；基突三角形，长约为假头基主部的 1/3，末端稍尖。假头基腹面近似矩形，宽约为长的 1.5 倍，两侧向后略内斜，后缘浅弧形后弯，无耳状突和横脊。口下板棒状，与须肢约等长，前端尖窄，两侧近似平行；齿式 2|2，每纵列具齿 6 或 7 枚。

盾板呈亚圆形，宽略大于长，中部最宽。肩突粗大。缘凹较深。颈沟前深后浅，末端几乎达到盾板后侧缘。背、腹表皮着生很多细刚毛。

各足基节无外距，内距三角形，末端较钝，基节Ⅱ、Ⅲ的内距最宽，基节Ⅰ的次之，基节Ⅳ的最窄小。转节Ⅰ背距发达，亚三角形；各转节腹距呈脊状，不明显。跗节亚端部向末端渐窄，腹面无端齿和亚端齿。爪垫几乎达到爪端。气门板宽卵形，无背突，无几丁质增厚区，气门斑位置靠前。

生物学特性 生活于山地（海拔 1500～4000 m），9～11 月在宿主上可发现成蜱。

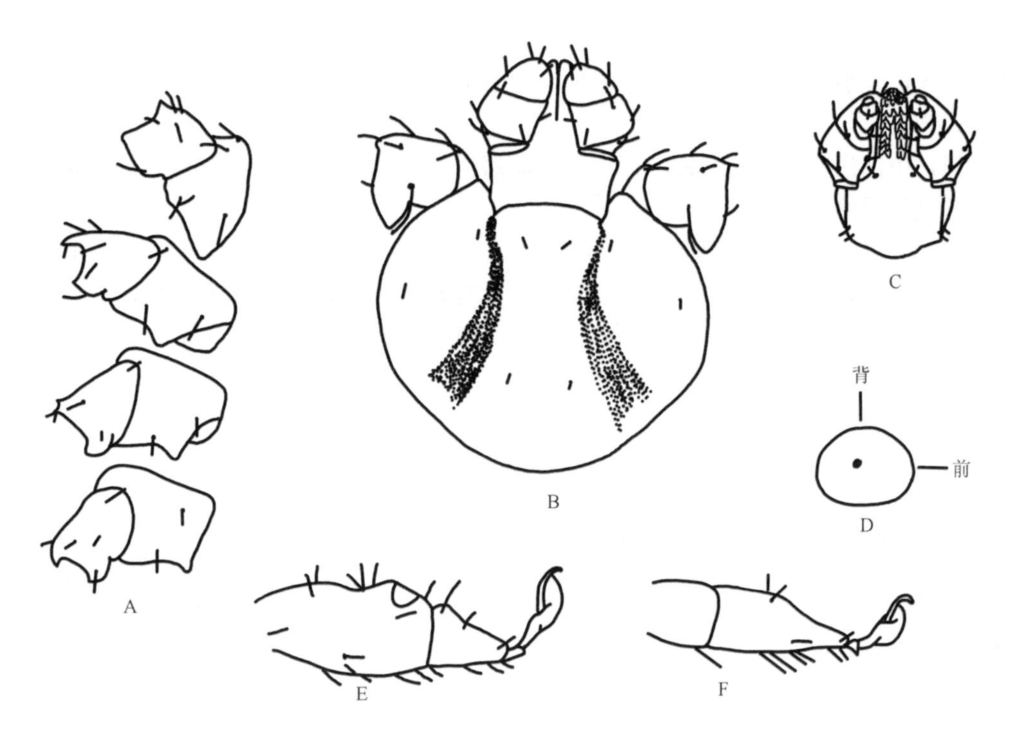

图 7-370　尼泊尔血蜱若蜱（参考：邓国藩和姜在阶，1991）
A. 基节；B. 假头及盾板背面观；C. 假头腹面观；D. 气门板；E. 跗节Ⅰ；F. 跗节Ⅳ

（31）嗜鸟血蜱 *H. ornithophila* Hoogstraal & Kohls, 1959

定名依据　*ornithophila* 意为以鸟为食“feeds on birds”，故译为嗜鸟血蜱。

宿主　主要为栗色八色鸫 *Pitta oatesi*、原鸡、红腹锦鸡、西伯利亚候鸟等鸟类，也包括黄鼬、岩羊等野生哺乳动物。

分布　国内：甘肃、台湾、云南；国外：老挝、缅甸、尼泊尔、苏联、泰国、印度、越南。

鉴定要点

雌蜱盾板呈亚圆形，长宽约等；刻点稠密，大而深，分布不均；颈沟深，两侧平行，末端超过盾板中部。须肢前窄后宽，第Ⅱ节长于第Ⅲ节。第Ⅱ节后外角强度凸出呈角状，外缘弧形内凹。第Ⅲ节长大于宽，前端窄钝，背部后缘不具刺，腹面刺发达，呈锥形，末端约达第Ⅱ节中部。假头基基突粗短，末端尖窄；孔区亚圆形。口下板齿式 5|5。气门板亚圆形，背突不明显。足长适中，基节Ⅰ内距窄长，锥形；基节Ⅱ、Ⅲ内距粗短，宽三角形；基节Ⅳ内距较窄小。转节Ⅰ腹距发达，末端尖；转节Ⅱ～Ⅳ腹距较短。跗节亚端部逐渐收窄；腹面无端齿。爪垫大，约达爪端。

雄蜱须肢前窄后宽，外缘弧度大于内缘弧度。第Ⅱ节后外角强度凸出，显著超出假头基侧缘。须肢第Ⅲ节背面后缘无刺；腹刺粗大，末端约达第Ⅱ节的 1/2。假头基基突三角形，末端尖细。口下板齿式 4|4。盾板颈沟前段平行，后段外斜；侧沟深，由基节Ⅲ中部水平向后封闭第Ⅰ缘垛；刻点较密，大而深，分布均匀。气门板圆角三角形，背突不明显。足与雌蜱相似。

具体描述

雌蜱（图 7-371）

体呈卵圆形，前端稍窄，后部圆弧形；长（包括假头）宽为 1.6 mm×1.1 mm。

假头铃形。须肢后外角显著突出，明显超出假头基侧缘；第Ⅰ节短小，背面不明显；第Ⅱ节长大于宽，背面内缘较直，外缘弧形浅凹，与后缘交接处呈角状凸出；第Ⅲ节亚三角形，顶端窄钝，无背刺，

腹刺长锥形，末端约达第Ⅱ节中部。假头基矩形，两侧缘平行，后缘在基突间直；孔区大，亚圆形，间距较宽；基突粗短，长小于宽，末端尖窄。假头基腹面宽短，后缘宽弧形，无耳状突和横脊。口下板长，顶端圆钝；齿式为5|5。

盾板亚圆形，中部最宽，末端圆钝。刻点较大而深，分布稠密，尤其在盾板后1/3。颈沟深，两侧近似平行，末端超过盾板的1/2。

足中等大小。各基节无外距；基节Ⅰ内距锥形，末端尖细；基节Ⅱ、Ⅲ内距宽三角形，末端尖窄；基节Ⅳ内距较窄小，呈短三角形。转节Ⅰ背距盾形，末端较钝；腹距发达，窄长形，末端尖；转节Ⅱ～Ⅳ腹距较短，呈三角形。跗节亚端部向末端逐渐收窄，腹面无端齿。爪垫约达爪端。气门板亚卵形，背突不明显，无几丁质增厚区，气门斑位置靠前。

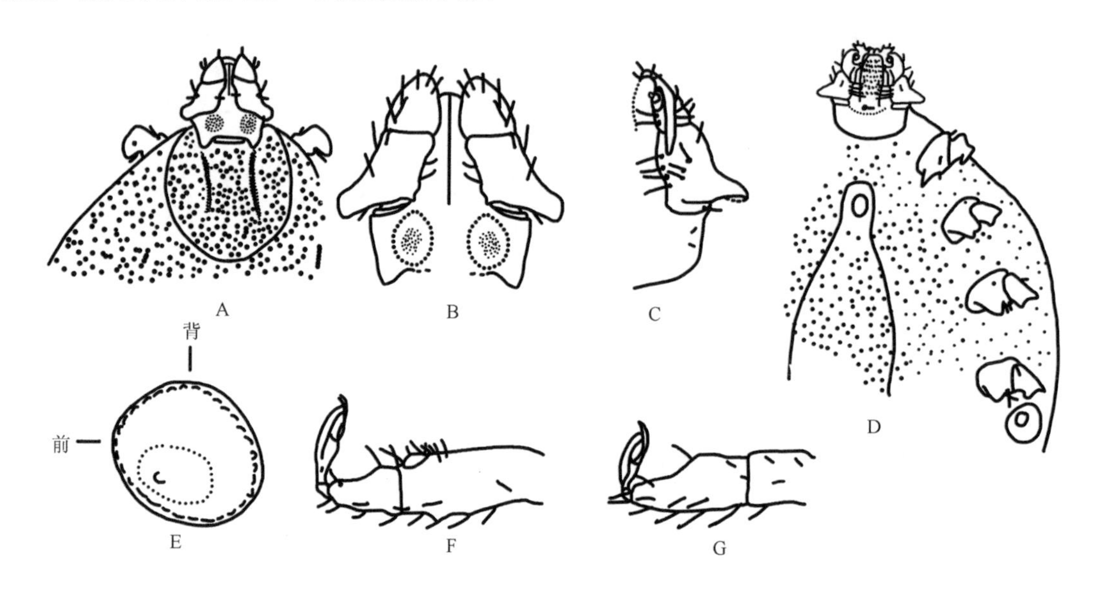

图7-371　嗜鸟血蜱雌蜱（参考：邓国藩和姜在阶，1991）

A. 假头及盾板；B. 假头背面观；C. 假头腹面观；D. 假头及躯体前部腹面观；E. 气门板；F. 跗节Ⅰ；G. 跗节Ⅳ

雄蜱（图7-372）

体呈卵圆形，前端稍窄，后部圆弧形。长（包括假头）宽为（2.0～2.3）mm×（1.3～1.4）mm。

假头呈铃形。须肢后外角显著突出，明显超出假头基外侧缘；第Ⅰ节短小；第Ⅱ节背面外缘弧形凹陷，与外缘相交成锐角，后缘和内缘较直；第Ⅲ节亚三角形，与第Ⅱ节的长度比为4∶5，无背刺，腹刺窄长，呈锥形，末端约达第Ⅱ节中部。假头基两侧缘近似平行，后缘在基突间较直；基突三角形，末端尖细。假头基腹面宽短，无耳状突和横脊。口下板棒状，较窄长，前端圆钝，侧缘略凸出；齿式4|4，每纵列具齿8或9枚。

盾板卵圆形，在气门背突之前最宽，向前明显收窄，后部宽圆。大刻点多而深，分布较为均匀，缘垛和侧沟外侧的刻点较小而稀少。颈沟前深后浅，弧形外弯，末端约达侧沟前缘水平。侧沟明显，宽且深，自基节Ⅲ中部水平线向后延伸封闭第Ⅰ缘垛。缘垛明显，长大于宽。

足中等大小。各基节无外距，基节Ⅰ内距长锥形，末端超出基节Ⅱ前缘；基节Ⅱ～Ⅳ内距宽三角形，末端较钝。转节Ⅰ背距盾形，末端较钝；腹距窄长，末端尖；转节Ⅱ～Ⅳ腹距短三角形。跗节亚端部向末端逐渐收窄，腹面无端齿。爪垫约达爪端。生殖孔大，位于基节Ⅱ中部水平线。气门板圆角三角形，背突短，末端钝，无几丁质增厚区，气门斑位置靠前。

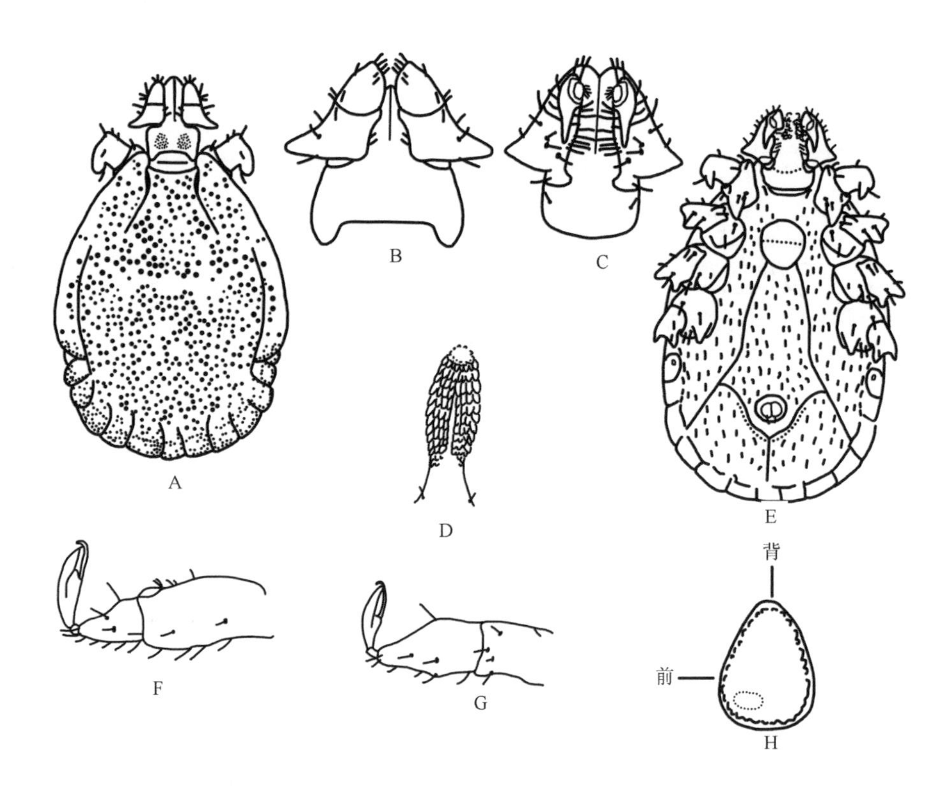

图 7-372　嗜鸟血蜱雄蜱（参考：邓国藩和姜在阶，1991）

A. 背面观；B. 假头背面观；C. 假头腹面观；D. 口下板；E. 腹面观；F. 跗节Ⅰ；G. 跗节Ⅳ；H. 气门板

生物学特性　春季（3～5 月）在宿主上可见成蜱。

（32）雉鸡血蜱 *H. phasiana* Saito, Hoogstraal & Wassef, 1974

定名依据　来源于宿主名称雉鸡 *Phasianus*，故为雉鸡血蜱。

宿主　主要为鸟，包括雉 *Phasianus versicolor*、环颈雉 *P. colchicus*、栗鹀 *Emberiza rutila*、蓝矶鸫 *Monticola solitarius pandoo*。

分布　国内：江西、云南；国外：朝鲜、苏联、日本。

附注　该种与钝刺血蜱 *H. doenitzi* 很相似，主要的区别是它的齿式为 5|5，雌蜱须肢第Ⅱ节腹面内缘刚毛多于 8 根。

鉴定要点

雌蜱盾板呈亚圆形，长宽约等；刻点粗细中等，分布均匀；颈沟前段内斜，后段外斜，末端约达盾板前 2/3 处。须肢前窄后宽，第Ⅱ节后外角强度凸出成锐角，腹面内缘刚毛 10～12 根；第Ⅲ节前端尖窄，背部后缘不具刺，腹面刺锥形，指向后内侧，末端约达第Ⅱ节前缘。假头基基突三角形；孔区较小，长卵形，间距宽。口下板齿式 5|5。气门板亚圆形，背突短小。足粗细中等，基节Ⅰ内距短三角形，末端尖窄；基节Ⅱ、Ⅲ内距较短钝；基节Ⅳ内距窄长；各转节腹距不明显。跗节亚端部逐渐细窄；腹面端齿不明显。爪垫大，约达爪端。

雄蜱须肢前窄后宽，外缘弧度大于内缘弧度。第Ⅱ节后外角强度凸出呈锐角，显著超出假头基侧缘；腹面内缘刚毛 8 根。须肢第Ⅲ节背面后缘无刺；腹刺锥形，指向后内侧，末端约达第Ⅱ节前缘。假头基基突三角形，末端尖细。口下板齿式 5|5。盾板颈沟深，向后内斜；侧沟长而明显，由基节Ⅱ水平向后延伸至第Ⅱ缘垛；刻点中等大小，间有细刻点，分布不均匀。气门板长卵形，背突宽短，末端细窄。足与雌蜱相似。

具体描述

雌蜱（图 7-373）

体型小，体呈卵圆形，前端稍窄，后部圆弧形。长（包括假头）1.8～2.7 mm。

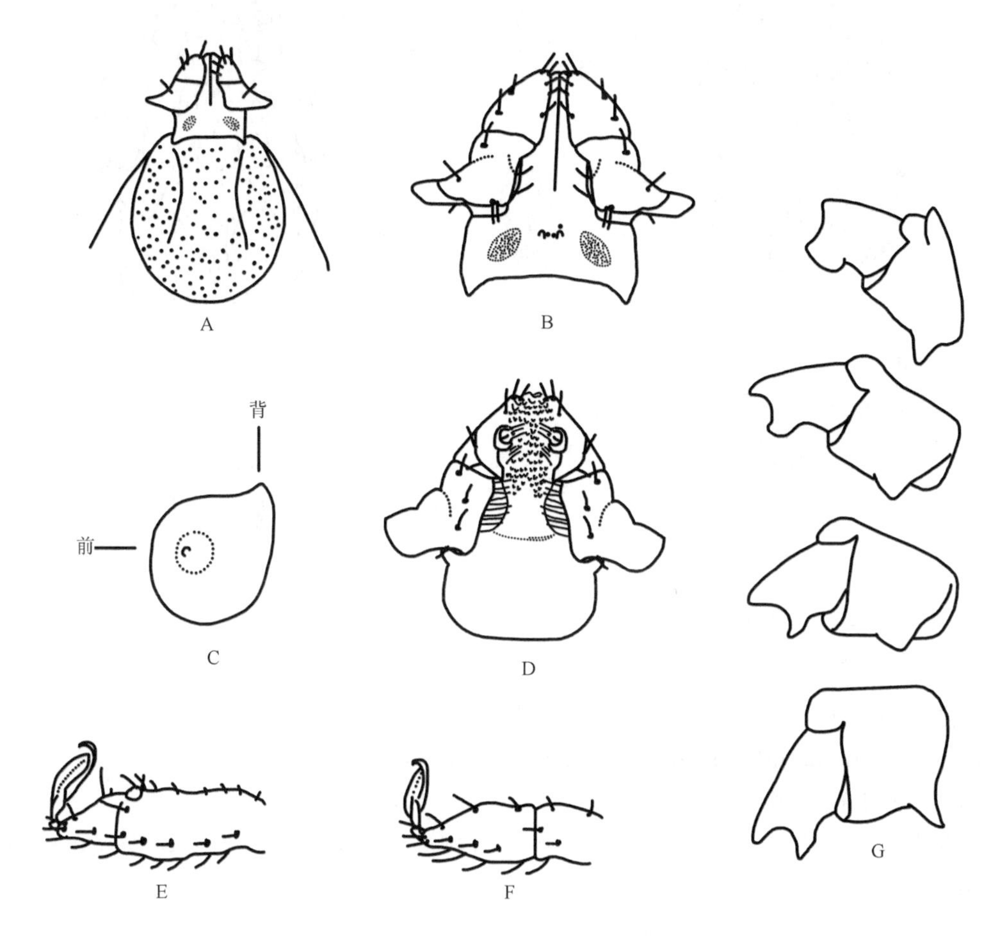

图 7-373　雉鸡血蜱雌蜱（参考：邓国藩和姜在阶，1991）

A. 假头及盾板背面观；B. 假头背面观；C. 气门板；D. 假头腹面观；E. 跗节Ⅰ；F. 跗节Ⅳ；G. 基节

须肢锐楔形；第Ⅱ节背面外缘中部呈角状浅凹，后外角显著突出呈锐角，明显超出假头基外侧缘，后缘弧形凸出，内缘具刚毛 2 或 3 根；腹面后缘明显凸出呈圆角状，腹面内缘刚毛 10～12 根；第Ⅲ节窄三角形，前端尖窄，无背刺，腹刺锥形，指向后内侧，末端约达第Ⅱ节前缘。假头基矩形，宽约为长（包括基突）的 2.1 倍；两侧缘近于直，后缘在基突间直；孔区长卵形，向前内斜，间距大；基突呈三角形，长宽约等。假头基腹面后缘宽圆，无耳状突和横脊。口下板棒状，与须肢约等长，前端圆钝；齿式 5|5，每纵列具齿 8～12 枚。

盾板呈亚圆形，长宽约等。中等刻点多，间杂小刻点，密度中等。缘凹宽浅。颈沟前深后浅，弧形外斜，末端约达盾板后 1/3 处。

足大小中等。各基节无外距；基节Ⅰ内距短三角形，末端尖窄；基节Ⅱ、Ⅲ内距较短钝，基节Ⅳ内距窄长，末端尖细，指向后内侧。各转节腹距呈脊状。跗节亚端部向末端逐渐收窄，腹面无端齿，爪垫约达爪端。气门板亚圆形，背突短钝，无几丁质增厚区，气门斑位置靠前。

雄蜱（图 7-374）

体型小，体呈卵圆形，前端稍窄，后部圆弧形。长（包括假头）宽为（1.8～2.17）mm ×（1.12～1.35）mm。

第Ⅱ节背面外缘中部呈角状浅凹，后外角显著突出呈锐角，明显超出假头基外侧缘，后缘弧形凸出，

内缘具刚毛 2 或 3 根；腹面后缘浅弧形凸出，腹面内缘刚毛 8 根；第Ⅲ节背面后部较第Ⅱ节前部稍宽，无背刺，腹刺锥形，指向后内侧，末端约达第Ⅱ节前缘。假头基呈矩形，宽约为长（包括基突）的 1.7 倍，两侧缘和后缘在基突间直或中段微凹；基突呈三角形，长宽约等，末端尖细。口下板棒状，与须肢约等长；齿式 5|5，每纵列具齿 8～12 枚。

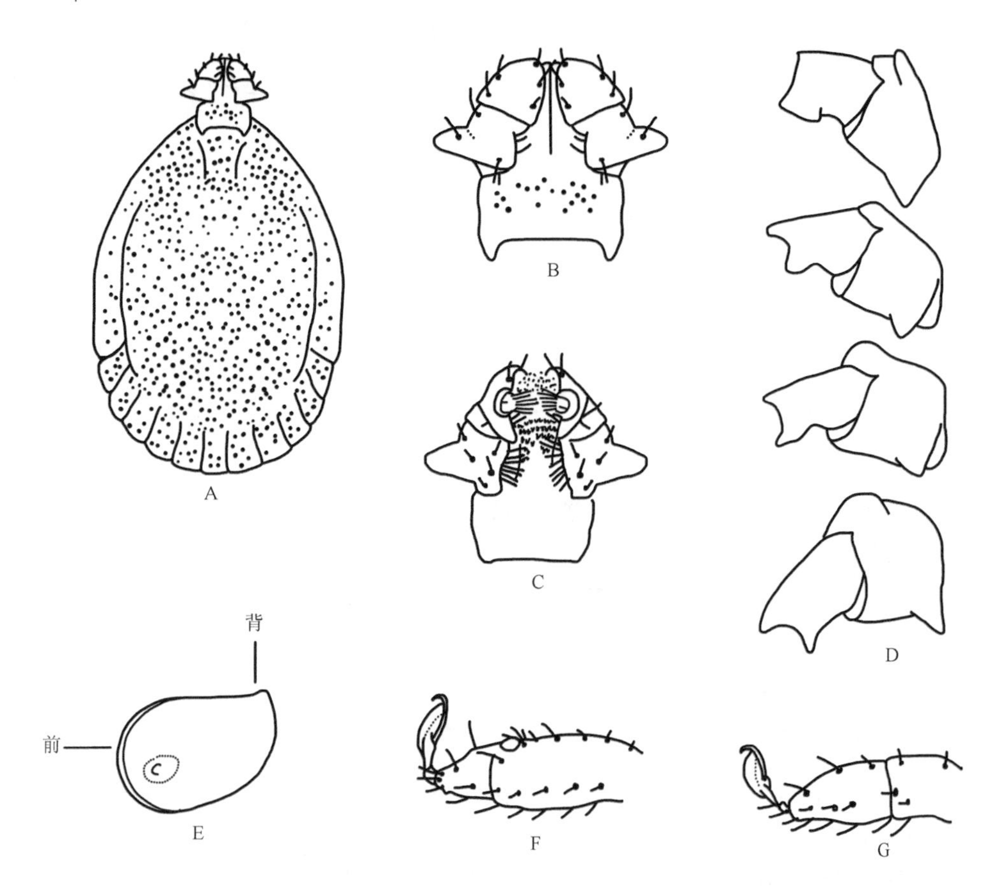

图 7-374　雉鸡血蜱雄蜱（参考：邓国藩和姜在阶，1991）

A. 背面观；B. 假头背面观；C. 假头腹面观；D. 基节；E. 气门板；F. 跗节Ⅰ；G. 跗节Ⅳ

盾板呈卵圆形，长约为宽的 1.5 倍。中等刻点多，间有较小的刻点，分布较为均匀，在中部和侧沟附近较稀少。肩突圆钝。缘凹较宽浅。颈沟深，窄而短，向后内斜。侧沟长而明显，自基节Ⅱ水平线向后延伸至第Ⅱ缘垛。缘垛窄长，分界明显，共 11 个。

足大小中等。各基节无外距；基节Ⅰ内距三角形，末端尖窄；基节Ⅱ、Ⅲ内距短钝；基节Ⅳ内距相对较大，末端尖细，指向后内侧。各转节腹距呈脊状。跗节从亚端部向末端逐渐收窄，腹面端齿不明显。爪垫约达爪端。气门板长卵形，背突宽短，末端细小，无几丁质增厚区，气门斑位置靠前。

若蜱（图 7-375）

长（包括假头）宽约 1.1 mm×0.8 mm。

须肢长与宽约等，外角显著突出，明显超出假头基侧缘；第Ⅱ节宽约为长的 2 倍，背、腹面后缘均直，后外角呈锐角凸出，外缘中部浅弯，背面内缘刚毛 1 根，腹面内缘刚毛 2 或 3 根；第Ⅲ节与第Ⅱ节约等长，三角形，后缘直，无背刺，腹刺短锥形，末端超过第Ⅱ节前缘。假头基呈矩形，宽约为长（包括基突）的 2 倍，侧缘和后缘基突间直，基突三角形，长略小于宽。假头基腹面宽短，侧缘及后缘近于直，无耳状突和横脊。口下板棒状，与须肢约等长，顶端圆钝；齿式 3|3，每纵列 6～8 枚齿。

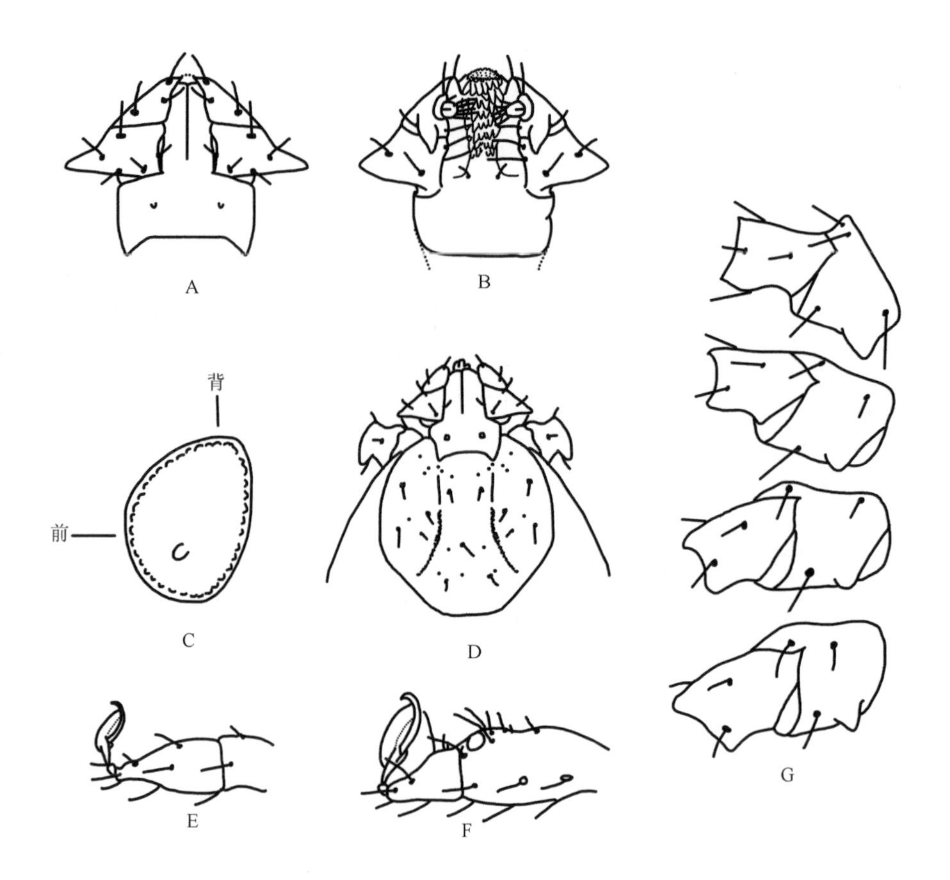

图 7-375　雏鸡血蜱若蜱（参考：邓国藩和姜在阶，1991）

A. 假头背面观；B. 假头腹面观；C. 气门板；D. 假头及盾板背面观；E. 跗节Ⅳ；F. 跗节Ⅰ；G. 基节

盾板亚圆形，长为宽的 1.1 倍，后 1/3 处最宽。刻点少。肩突宽，角状。缘凹宽而深。颈沟浅，浅弧形外斜，后段不甚明显。

各基节无外距；基节Ⅰ内距三角形，末端稍钝；基节Ⅱ～Ⅳ内距较短。转节Ⅰ背距三角形；各转节无腹距。各跗节亚端部向末端逐渐收窄。爪垫达到爪端。气门板宽卵形，背突不明显，无几丁质增厚区，气门斑位置靠前。

幼蜱（图 7-376）

长（包括假头）宽约 0.58 mm×0.44 mm。

须肢宽短，长约为宽的 1.1 倍；第Ⅱ节宽约为长的 1.4 倍，背面后缘浅弧形弯曲，后外角中度突出，略超出假头基外侧缘，外缘微凹，内缘刚毛 1 根，腹面后缘呈角状凸出，内缘刚毛 1 根；第Ⅲ节三角形，后缘直，无背刺，腹刺短锥形，末端超过第Ⅱ节前缘。假头基呈矩形，宽约长（包括基突）的 2 倍，侧缘和后缘基突间较直。基突三角形，长小于宽。假头基腹面宽短，在后缘两端形成短小的角状突。口下板与须肢约等长；齿式为 2|2，每纵列具齿 6 或 7 枚。

盾板心形，前 1/3 处最宽，宽约为长的 1.2 倍。刻点 5 对，其中 3 对着生细毛。肩突圆钝。缘凹宽浅。颈沟浅弧形，末端超过盾板的 1/2。

各基节无外距；基节Ⅰ内距粗短，三角形；基节内距Ⅱ、Ⅲ呈脊状。转节Ⅰ背距小，圆钝；各转节无腹距。各跗节亚端部向末端逐渐收窄。爪垫达到爪的末端。

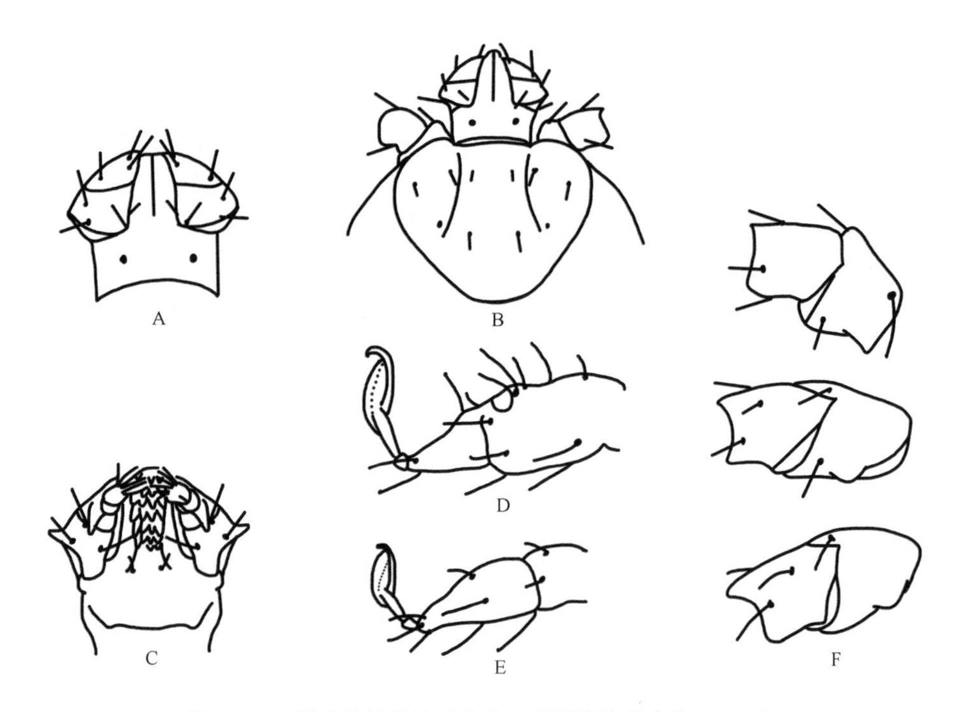

图 7-376　雏鸡血蜱幼蜱（参考：邓国藩和姜在阶，1991）
A. 假头背面观；B. 假头及盾板背面观；C. 假头腹面观；D. 跗节Ⅰ；E. 跗节Ⅲ；F. 基节

（33）川原血蜱 *H. primitiva* Teng, 1982

定名依据　*primitiva* 意为过去的“the old days”“the past”。该种属于原血蜱亚属，是形态上最原始的类群。因其发现于四川，故为川原血蜱。

宿主　未明。

分布　国内：四川（模式产地：彭州）、云南。

鉴定要点

雌蜱盾板似心形，长明显小于宽；刻点稠密中等，较粗，分布不均；颈沟浅弧形，末端达盾板的 2/3。须肢棒状，第Ⅱ节长于第Ⅲ节，第Ⅱ、Ⅲ节分界不明显。第Ⅱ节腹面内缘刚毛 1 根。第Ⅲ节前端圆钝，背、腹刺均无。假头基基突付缺；孔区亚圆形。口下板齿式 3|3。气门板显著大，椭圆形，无背突。生殖孔宽 U 形。足较粗壮，基节Ⅰ～Ⅳ内距锥形。各转节均无腹距；跗节亚端部逐渐斜窄；腹面无端齿。爪垫约达爪长的 2/3。

雄蜱须肢棒状，第Ⅱ节长于第Ⅲ节，第Ⅱ、Ⅲ节分界不明显。第Ⅱ节腹面内缘刚毛 1 根。须肢第Ⅲ节背、腹刺均无。假头基基突付缺。口下板齿式 3|3。盾板颈沟向后外斜，末端达盾板前 1/4 处；无侧沟；刻点较粗，分布均匀。气门板显著大，长椭圆形，无背突。足与雌蜱相似，但爪垫较短，约达爪长的 1/2。

具体描述

雌蜱（图 7-377）

黄褐色。长（包括假头）宽为（2.89～3.47）mm ×（1.98～2.09）mm。

须肢窄长，长约为宽的 3 倍，前端圆钝，外缘较直，内缘微弯；第Ⅰ节短小，背、腹面可见；第Ⅱ节长约为第Ⅲ节的 1.8 倍，两节分界不明显，背面内缘刚毛 2 根，腹面内缘刚毛 1 根；第Ⅲ节较第Ⅱ节稍宽，无背刺和腹刺，腹面内缘刚毛 2 根；第Ⅳ节位于第Ⅲ节腹面的凹陷内。假头基长约为宽的 2.2 倍；外缘前段向前内斜，后段弧形凸出，后缘弧形浅凹；孔区亚圆形，间距约等于其短径；无基突。假头基腹面宽阔，两侧缘略直，后缘宽圆，无耳状突和横脊。口下板压舌板形，与须肢等长，前端中部有小缺刻；

齿式 3|3，每纵列具齿 8～10 枚。

盾板近似心形，长宽（1.01～1.25）mm ×（1.29～1.46）mm；前 1/3 处最宽，之后弧形收窄，末端宽圆。刻点较大，除前中部刻点小而稀少，其余部位密度适中。肩突短钝。缘凹宽浅。颈沟宽浅，向外呈浅弧形，末端约达盾板后 1/3 处。

足较粗壮。各基节无外距；基节Ⅰ～Ⅳ各具一锥形内距，大小约等。转节Ⅰ背距粗短，末端圆钝；各转节无腹距。各足跗节亚端部向末端逐渐倾斜收窄；爪垫约达爪长的 2/3。生殖孔位于基节Ⅲ水平线；生殖帷呈宽 U 形。气门板显著大，呈椭圆形，长宽约 0.87 mm×0.53 mm，无几丁质增厚区，气门斑位置靠前。

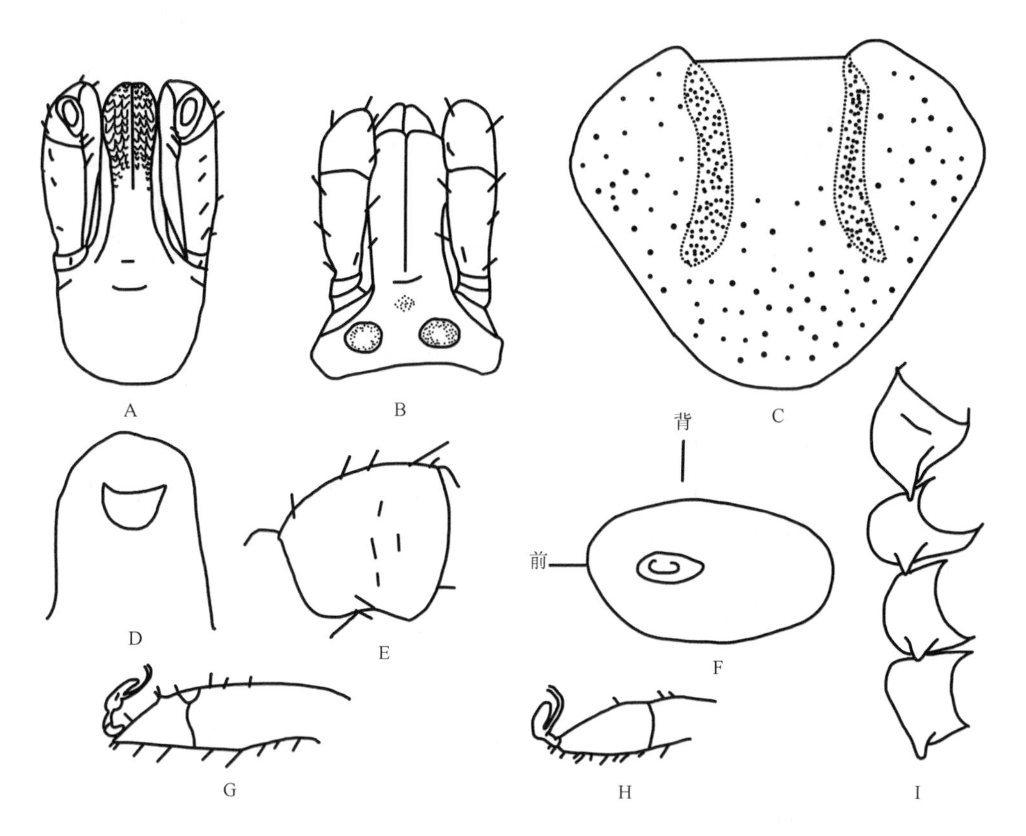

图 7-377　川原血蜱雌蜱（参考：邓国藩和姜在阶，1991）

A. 假头腹面观；B. 假头背面观；C. 盾板；D. 生殖区；E. 转节Ⅰ；F. 气门板；G. 跗节Ⅰ；H. 跗节Ⅳ；I. 基节

雄蜱（图 7-378）

黄褐色。体型大，长（包括假头）宽为（2.88～3.41）mm ×（1.98～2.16）mm。

须肢呈棒状，长约为宽的 2.5 倍；第Ⅰ节短小，背、腹面可见；第Ⅱ节长约为第Ⅲ节的 1.6 倍，两节分界不明显，背面外缘直，内缘浅弧形微弯，内缘刚毛 2 根，腹面内缘刚毛 1 根；第Ⅲ节较第Ⅱ节稍宽，无背刺和腹刺，内缘刚毛 2 根。假头基长约为宽的 1.9 倍，两侧缘前段直，后段浅弧形凸出，与后缘连接成圆角状，后缘直；无基突。假头基腹面后缘浅弧形凸出，无耳状突和横脊。口下板压舌板状，与须肢等长，前端中央略凹；齿式 3|3，每纵列具齿 7～9 枚。

盾板呈宽卵形，宽约为长的 3/4。大刻点多，遍布整个表面。肩突圆钝。缘凹宽浅。颈沟窄浅，向后浅弧形外斜，末端约达盾板前 1/4 处。无侧沟。缘垛较短，分界明显，共 9 个。腹面肛门位于一小块亚圆形的几丁质板中央。肛沟之后，分布很多大刻点和少数小刻点，刻点的周围几丁质化，呈赤褐色，并在两侧靠后密集，融合成不规则的几丁质板。

足粗壮。各基节无外距，内距锥形，大小约等，末端尖细。转节Ⅰ背距粗短，末端圆钝；各转节无腹距。跗节亚端部向末端逐渐倾斜收窄；爪垫约达爪长的 1/2。生殖孔位于基节Ⅱ后部水平线。气门板显著大，呈长椭圆形，后部最宽，长宽约 0.93 mm×0.39 mm，后部背缘达盾板边缘，无几丁质增厚区，气门斑位置靠前。

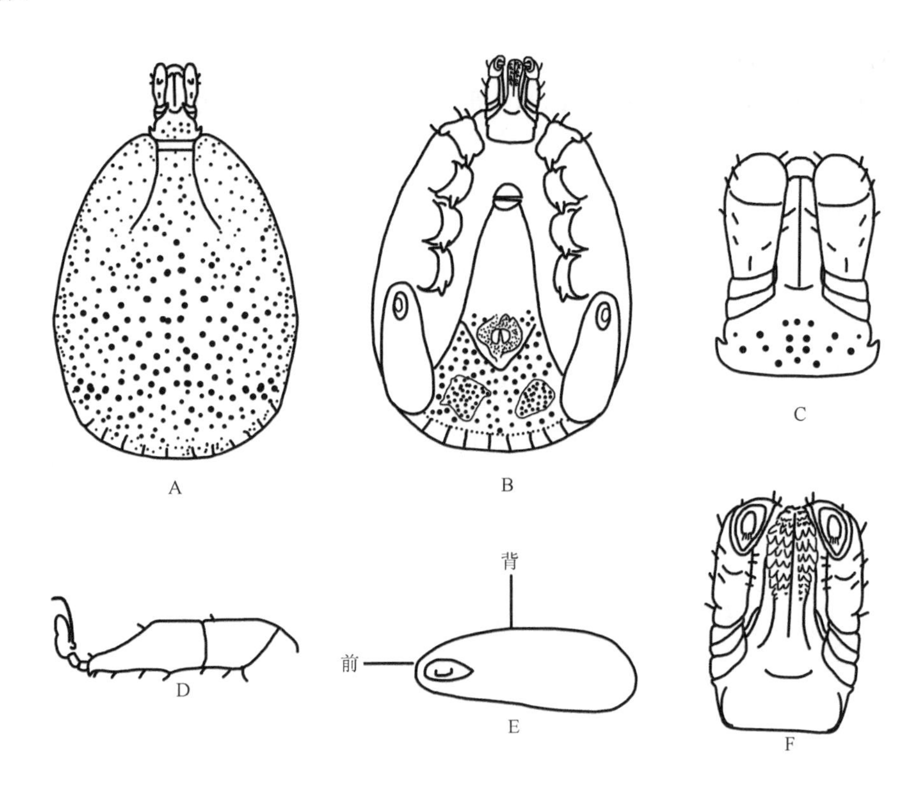

图 7-378　川原血蜱雄蜱（参考：邓国藩和姜在阶，1991）
A. 背面观；B. 腹面观；C. 假头背面观；D. 跗节Ⅳ；E. 气门板；F. 假头腹面观

生物学特性　主要生活在山地或灌丛（海拔 1700 m）。成蜱 5～6 月可见。

（34）刻点血蜱 *H. punctata* Canestrini & Fanzago, 1878

定名依据　*punctata* 意为刻点。

宿主　成蜱主要寄生于牛、马、羊等大型哺乳动物，偶而寄生于小型野生动物或鸟。未成熟期主要寄生于鸟类及小型野生动物。

分布　国内：新疆；国外：阿尔及利亚、埃及、丹麦、德国、法国、荷兰、罗马尼亚、苏联、瑞典、土耳其、西班牙、希腊、匈牙利、伊朗、意大利、英国。

鉴定要点

雌蜱盾板近似盾形，长略大于宽；刻点细，分布不均；颈沟外弧形，末端约达盾板的 2/3。须肢前窄后宽，第Ⅱ节长于第Ⅲ节。第Ⅱ节后外角凸出成圆角，腹面内缘刚毛粗大而密。第Ⅲ节前端尖窄，背部后缘不具刺，腹面刺短小，末端不超过第Ⅱ节前缘。假头基基突缺如；孔区大，近圆形，空区间有一浅凹。口下板齿式 5|5。气门板亚圆形，背突短小。足较粗壮，基节Ⅰ内距中等，末端钝；基节Ⅱ、Ⅲ内距粗短；基节Ⅳ内距粗大，斜向外侧。各转节腹距脊状；跗节亚端部逐渐细窄；腹面端齿尖细。爪垫大，约达爪端。

雄蜱须肢前窄后宽，外缘弧度大于内缘弧度。第Ⅱ节后外角显著凸出成圆角，超出假头基侧缘；腹面内缘刚毛粗大，排列紧密，约 10 根。须肢第Ⅲ节前端圆钝，背面后缘无刺；腹刺粗短，末端略超过第Ⅱ节的前缘。假头基基突粗壮，末端稍尖。口下板齿式 5|5。盾板颈沟明显，弧形外斜；侧沟长，由基节

Ⅱ水平向后延伸至第Ⅲ缘垛；刻点小，遍布整个盾板。气门板大，卵形，背突短钝。足基节Ⅰ内距短小，基节Ⅱ、Ⅲ内距显著较粗；基节Ⅳ内距特别长，略微内弯，末端尖细。足的其余特征与雌蜱相似。

具体描述

雌蜱（图 7-379，图 7-380）

体呈长卵形，前端稍窄，中部最宽，后部圆弧形。长（包括假头）宽为（3.03～3.35）mm ×（1.69～1.88）mm。

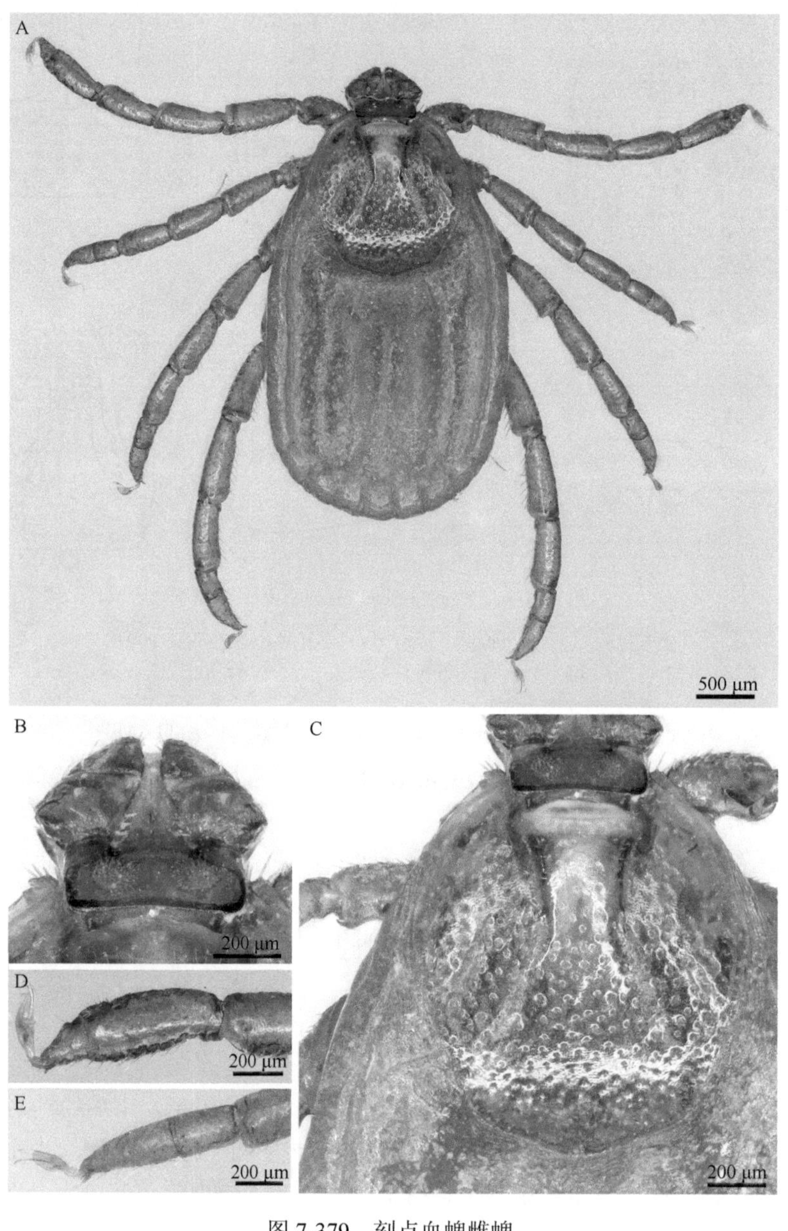

图 7-379　刻点血蜱雌蜱

A. 背面观；B. 假头背面观；C. 盾板；D. 跗节Ⅰ；E. 跗节Ⅳ

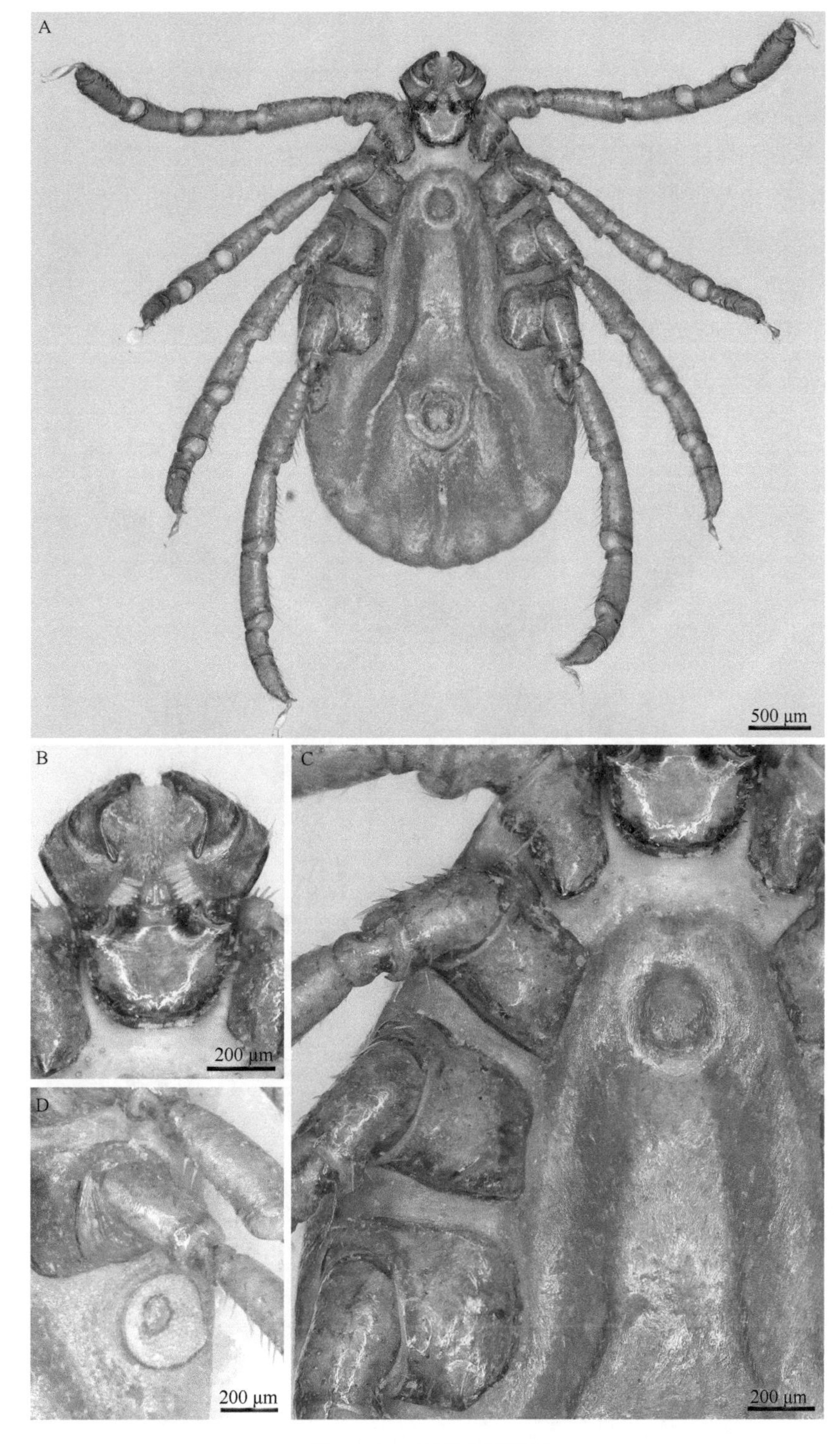

图 7-380　刻点血蜱雌蜱

A. 腹面观；B. 假头腹面观；C. 基节及生殖孔；D. 气门板

假头短。须肢长大于宽，前窄后宽；第Ⅰ节短小，背、腹面可见；第Ⅱ节宽大于长，背面外侧中部微凹，向后呈圆角突出，腹面内缘刚毛粗大而密，呈窄叶状；第Ⅲ节较第Ⅱ节短小，呈三角形，前端尖窄，两侧向后渐宽，后缘较直，无背刺，腹刺短小，末端不超过第Ⅱ节前缘；第Ⅳ节位于第Ⅲ节腹面的凹陷内。假头基呈矩形，宽约为长（包括基突）的 2 倍；侧缘及后缘几乎直；孔区近圆形，中央有一浅陷；无基突。假头基腹面宽短，后缘浅弧形，无耳状突和横脊。口下板棒状，略短于须肢；齿式 5|5，每

纵列具齿 9～11 枚。

盾板近似盾形，长宽（1.18～1.31）mm ×（1.08～1.15）mm。小刻点稠密，分布不均匀。颈沟明显，弧形外弯，末端约达盾板的 2/3。

足较粗壮。各基节无外距；基节Ⅰ内距中等长，末端钝；基节Ⅱ、Ⅲ内距粗短，末端钝；基节Ⅳ内距粗大，斜向外侧。各转节腹距呈脊状。跗节亚端部向末端逐渐收窄，腹面端齿尖细。爪垫将近达到爪端。气门板亚圆形，背突短小，无几丁质增厚区，气门斑大，位置靠前。

雄蜱（图 7-381，图 7-382）

暗褐色。体呈长卵形，前端稍窄，中部最宽，后部圆弧形。长（包括假头）宽为（3.03～3.29）mm ×（1.69～1.81）mm。

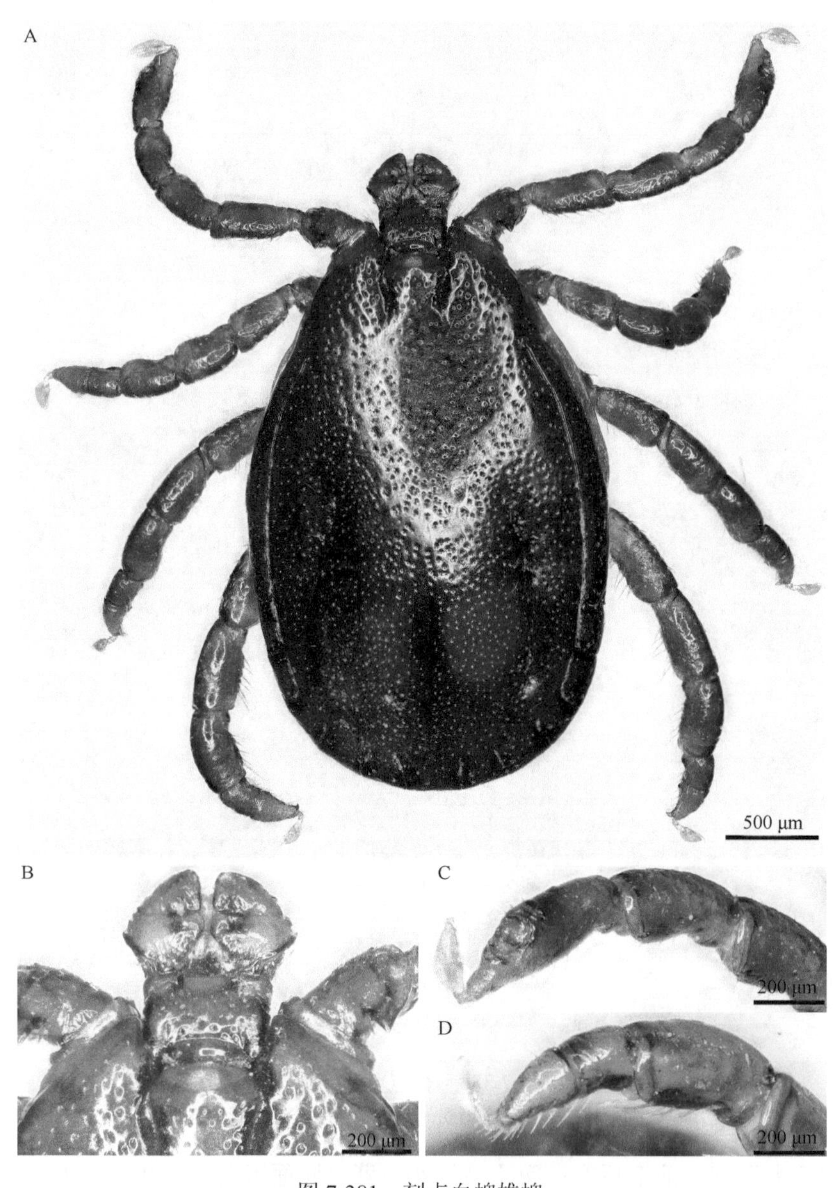

图 7-381　刻点血蜱雄蜱

A. 背面观；B. 假头背面观；C. 跗节Ⅰ；D. 跗节Ⅳ

假头宽短。须肢粗短，长稍大于宽；第Ⅰ节短小，背、腹面可见；第Ⅱ节宽显著大于长，背面外缘很短，较直，后外侧缘显著突出，呈圆角，内缘浅弧形略微凸出，腹面内缘刚毛粗大，窄叶状，排列紧密，约 10 根；第Ⅲ节较第Ⅱ节短小，近三角形，前端圆钝，向后渐宽，后缘平直，无背刺，腹刺粗短，

其末端略超过第Ⅱ节前缘。假头基矩形，宽约为长（包括基突）的1.5倍，表面分布小刻点；两侧缘和后缘基突间直；基突粗壮，末端稍尖。假头基腹面宽短，两侧缘几乎平行，后缘浅弧形向后略微凸出，无耳状突和横脊。口下板棒状，与须肢约等长；齿式5|5，每纵列具齿8或9枚。

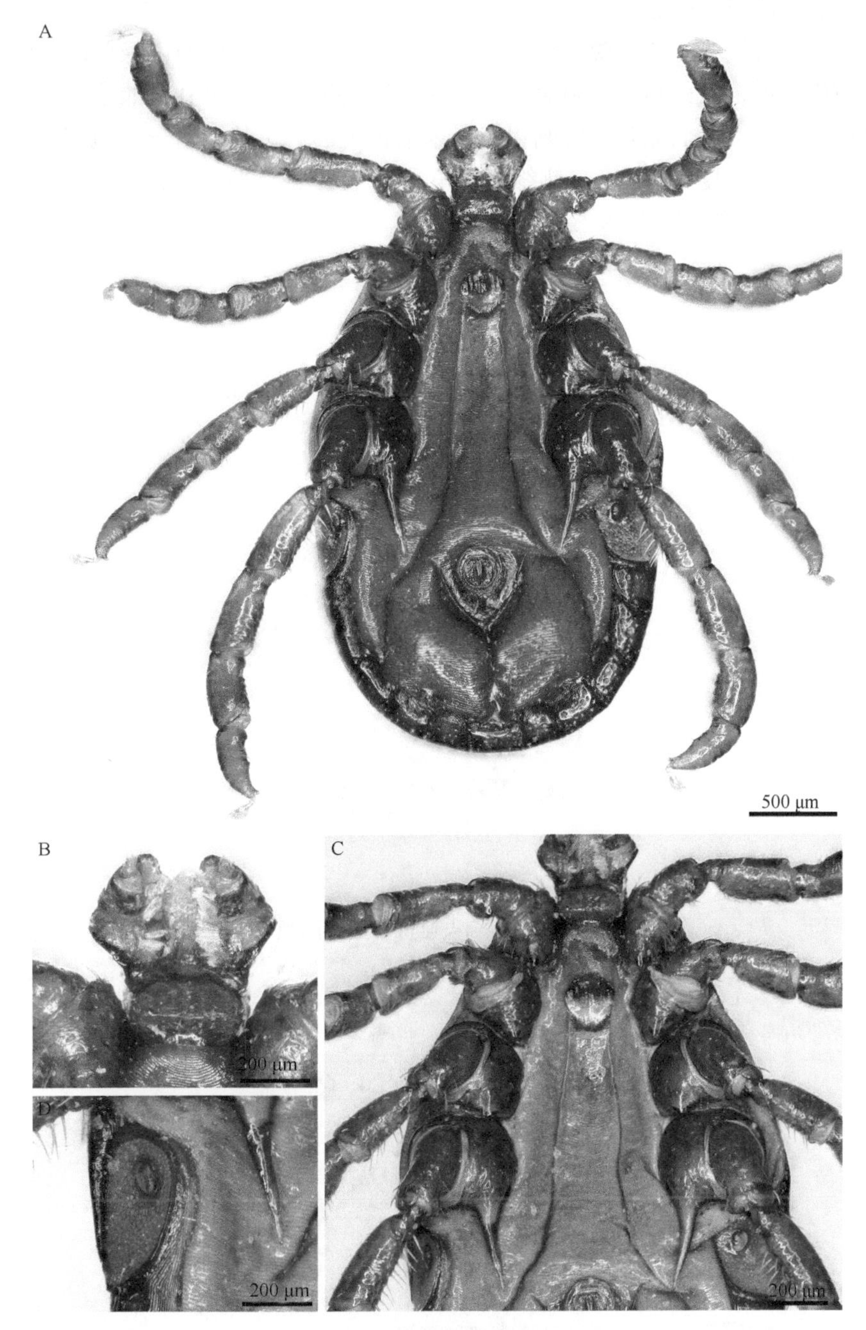

图7-382　刻点血蜱雄蜱

A. 腹面观；B. 假头腹面观；C. 基节及生殖孔；D. 气门板

盾板呈长卵形，前部收窄，后部较宽，长宽约2.90 mm×1.75 mm，最宽处在气门板附近。小刻点密布整个表面。颈沟明显，弧形外斜。侧沟长，自基节Ⅱ水平向后延伸达到第Ⅲ缘垛。缘垛宽短，不甚明显，共11个。

足较粗壮。各基节无外距；基节Ⅰ内距短小；基节Ⅱ、Ⅲ内距显著较粗；基节Ⅳ内距特别长，约等于该节的长度（按躯体方向），略向内弯曲，末端尖细。各转节腹距呈脊状。跗节亚端部向末端逐渐收窄，腹面具端齿。爪垫将近达到爪端。气门板大，卵形，背突短而圆钝，无几丁质增厚区，气门斑小，位置靠前。

若蜱（图 7-383～图 7-385）

体呈长卵形，前端稍窄，后部圆弧形。

须肢钝楔形；第Ⅰ节短小，背、腹面均可见；第Ⅱ节长大于宽，背面内缘前段浅弧形略凸出，外缘向前内斜，与基节Ⅲ相连，后外角略呈角突状，后缘略弯；第Ⅲ节与第Ⅱ节的分界不明显，呈三角形，前端尖窄，两侧向前渐窄，背面无刺，腹刺粗短，末端稍钝。假头基六角形；两侧突出呈尖角状，后缘近于平直；无基突。假头基腹面宽短，后侧缘略呈角突状，无耳状突和横脊。口下板棒状，略短于须肢，前端圆钝；齿式 2|2，每纵列具齿 7～9 枚。

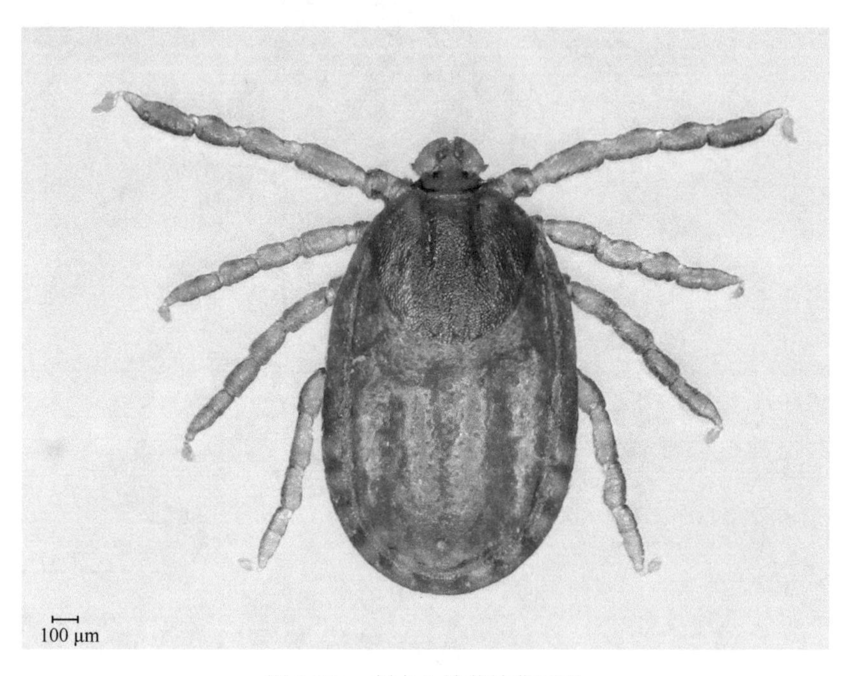

图 7-383　刻点血蜱若蜱背面观

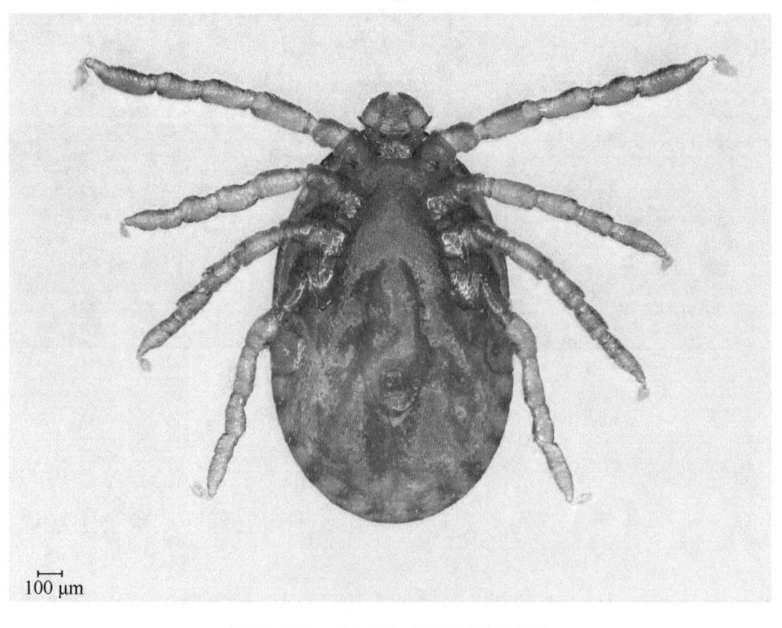

图 7-384　刻点血蜱若蜱腹面观

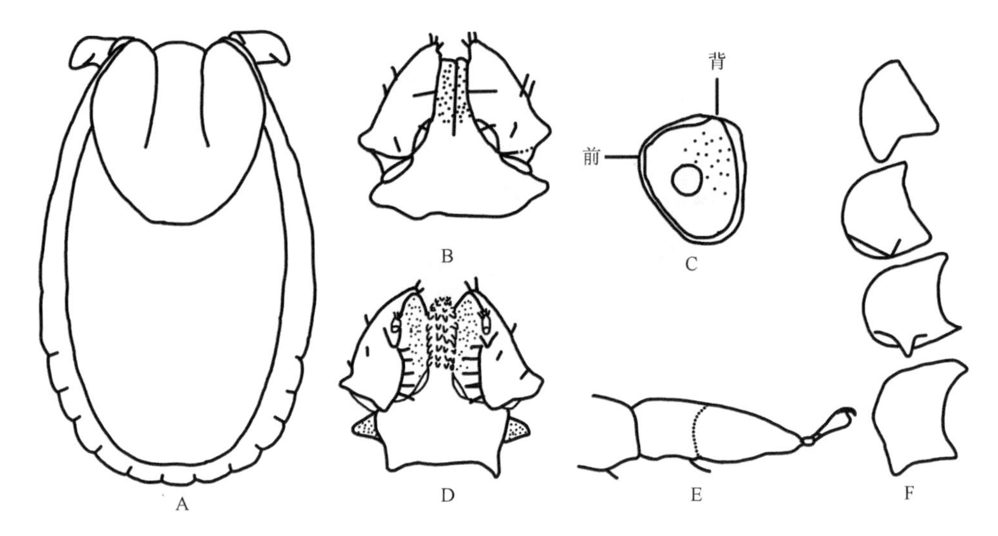

图 7-385　刻点血蜱若蜱（参考：邓国藩和姜在阶，1991）

A. 躯体背面观；B. 假头背面观；C. 气门板；D. 假头腹面观；E. 跗节Ⅳ；F. 基节

盾板近似心形，长宽约等，前 1/3 水平处最宽，向后逐渐收窄，末端圆钝；刻点很少。肩突圆钝。缘凹宽浅；颈沟近似平行，末端约达盾板的 2/3。

各基节无外距；内距较短，三角形，末端窄钝。跗节亚端部向末端逐渐收窄。爪垫将近达到爪端。气门板亚圆形，背突短，圆钝，气门斑位置靠前。

幼蜱（图 7-386，图 7-387）

体呈卵圆形，前端稍窄，后部圆弧形。长（包括假头）宽约 0.56 mm×0.45 mm。

须肢前窄后宽，似锥形；第Ⅰ节宽短，背、腹面可见；第Ⅱ节与第Ⅲ节分界不明显，背面外缘向前内斜，后外角短小，圆钝，内缘浅弧形凸出，后缘浅弧形斜伸；第Ⅲ节前端尖窄，无背刺，腹刺粗短，末端略钝。假头基似六边形，两侧向外凸出成尖角，后缘较直或呈微波状；无基突。假头基腹面宽短，侧缘中部略凹陷，后缘浅弧形后弯，无耳状突和横脊。口下板棒状，长与须肢约等；前端圆钝齿式 2|2，每纵列具齿 6 或 7 枚。

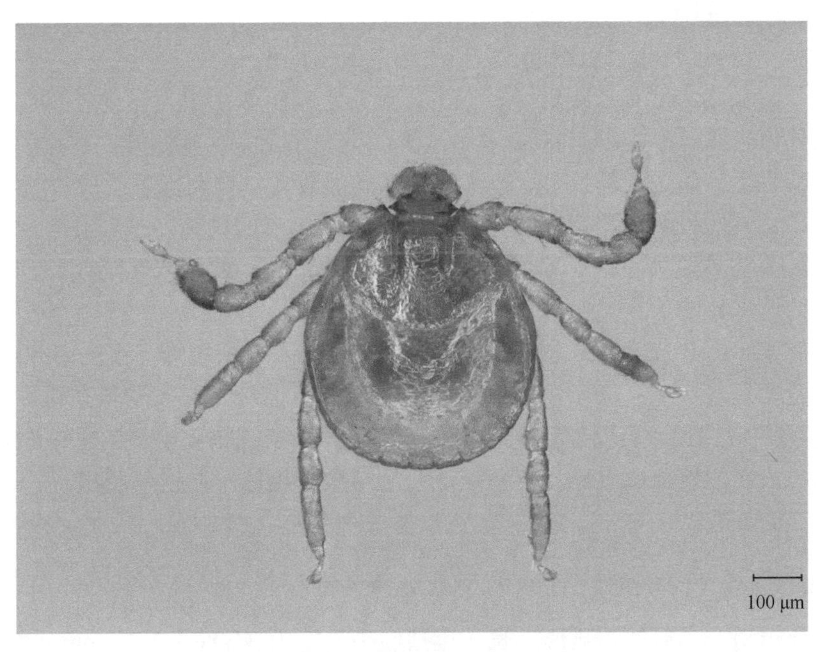

图 7-386　刻点血蜱幼蜱背面观

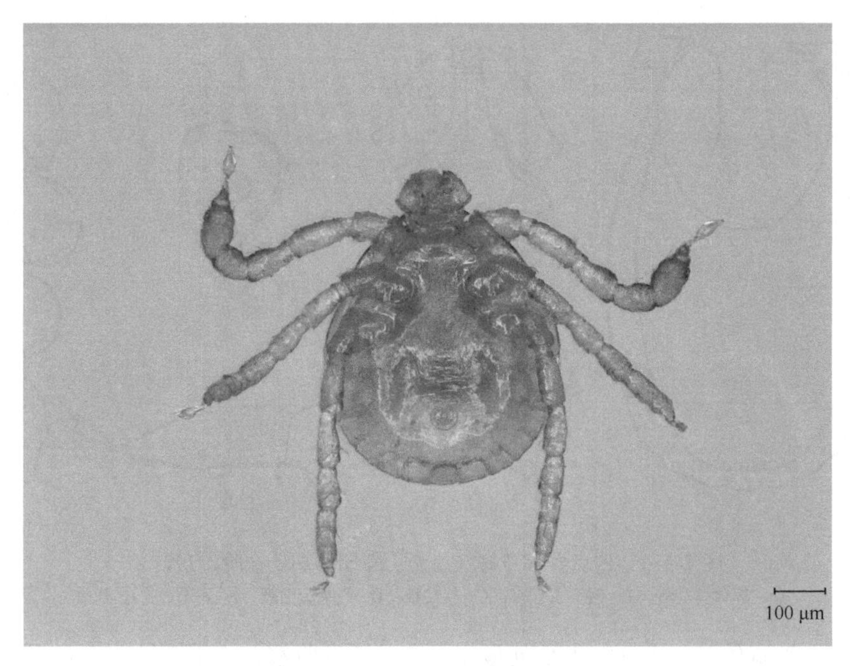

图 7-387　刻点血蜱幼蜱腹面观

盾板近似心形，宽约为长的 1.3 倍，中部稍前最宽，向后弧形收窄，后端圆钝。刻点稀少。肩突短钝。缘凹很浅。颈沟较深，前段平行，后端向外弧形略弯，末端未达到盾板后侧缘。

各基节无外距；基节Ⅰ无内距；基节Ⅱ、Ⅲ内距脊状。跗节亚端部向末端逐渐收窄。爪垫将近达到爪端。

生物学特性　三宿主型，生活于山林草原、河岸草地或半荒漠地带。3～7 月为活动期，一年发生一代。

（35）青海血蜱 *H. qinghaiensis* Teng, 1980

定名依据　来源于青海。

宿主　幼蜱常寄生于高原兔 *Lepus oiostolus*、山羊、绵羊、马、骡、驴、黄牛、犏牛。

分布　国内：甘肃、宁夏、青海（模式产地：湟源）、四川、西藏、云南。

鉴定要点

雌蜱盾板亚圆形，长略大于宽；刻点较粗而少，分布不均；颈沟窄，末端达到盾板后侧缘。须肢前窄后宽，第Ⅱ节后外角略微弧形凸出，腹面内缘刚毛 4 根。第Ⅲ节前端圆钝，背部后缘不具刺，腹面刺粗短，末端约达该节后缘。假头基基突粗短，末端钝；孔区较大，卵圆形，向前内斜。口下板齿式 4|4。气门板近似椭圆形，背突短钝。足略粗壮，基节Ⅰ内距锥形，末端稍钝；基节Ⅱ～Ⅳ内距略粗短，末端超出各节后缘。各转节均具短小腹距；各足跗节较粗，亚端部背、腹缘均略隆起，向末端逐渐斜窄；腹面端齿短小。爪垫约达爪长的 1/2。

雄蜱须肢前窄后宽。第Ⅱ节后外角略微弧形凸出，略超出假头基侧缘；腹面内缘刚毛 4～6 根。须肢第Ⅲ节前端圆钝，背面后缘无刺；腹刺短钝，末端约达第Ⅱ节前缘。假头基基突粗壮，末端略钝。口下板齿式 5|5。盾板颈沟前段内斜，后段外斜，末端达基节Ⅲ水平线；侧沟由基节Ⅲ水平向后封闭第Ⅰ缘垛；刻点密，分布较均匀。气门板长逗点形，背突窄钝。足与雌蜱相似，但跗节较粗短。

具体描述

雌蜱（图 7-388～图 7-390）

体呈卵圆形，前端稍窄，后部圆弧形。长（包括假头）宽为（2.86～3.4）mm ×（1.38～1.81）mm。

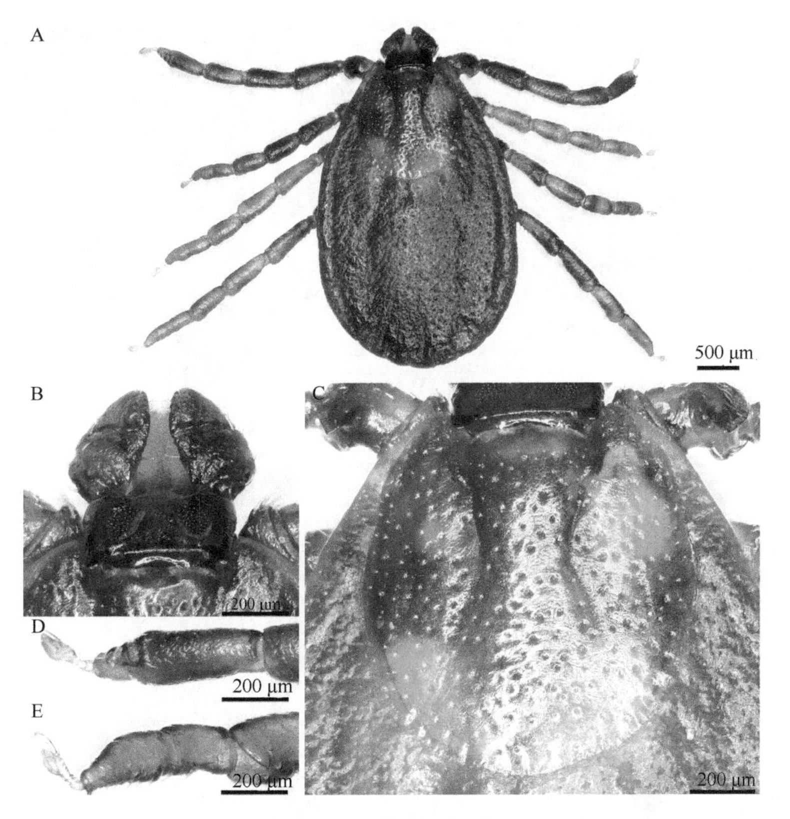

图 7-388　青海血蜱雌蜱

A. 背面观；B. 假头背面观；C. 盾板；D. 跗节Ⅰ；E. 跗节Ⅳ

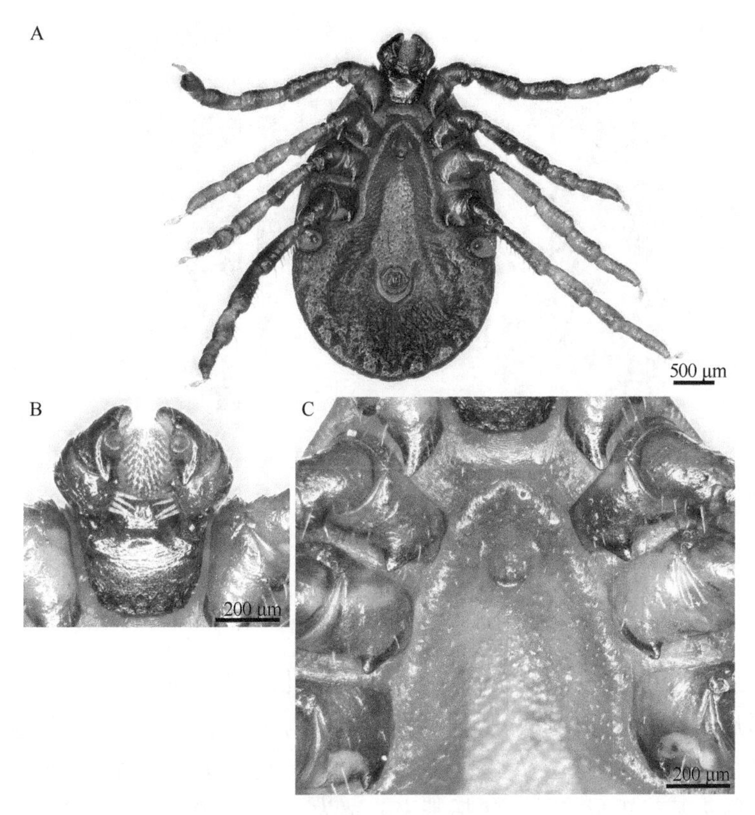

图 7-389　青海血蜱雌蜱

A. 腹面观；B. 假头腹面观；C. 基节及生殖孔

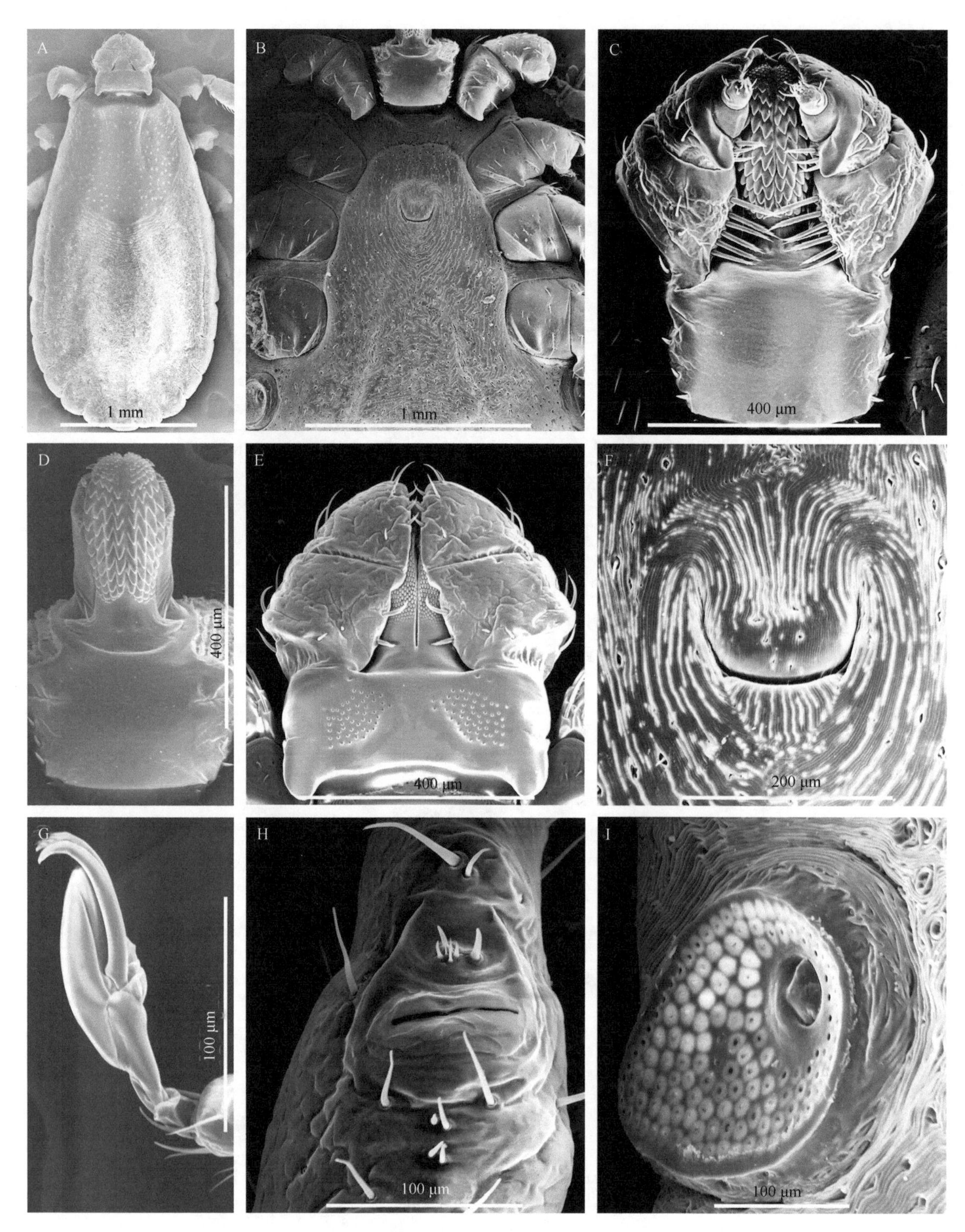

图 7-390　青海血蜱雌蜱

A. 背面观；B. 基节及生殖孔；C. 假头腹面观；D. 口下板；E. 假头背面观；F. 生殖孔；G. 爪及爪垫；H. 哈氏器；I. 气门板

假头长（包括基突）为 0.427～0.521 mm。须肢粗短，长约为宽的 1.5 倍；第Ⅱ节宽略大于长，背面外缘与后缘交接处弧形凸出，略超出假头基外侧缘，向前与第Ⅲ节外缘连接，后缘弧形外斜，内缘浅弧形，具刚毛 2 根，腹面内缘刚毛 4 根；第Ⅲ节近似三角形，前端圆钝，背部无刺，腹面的刺粗短而钝，末端约达该节后缘。假头基呈矩形，长（包括基突）宽为（0.17～0.22）mm ×（0.42～0.46）mm，两侧缘平行，后缘在基突间平直。孔区卵圆形，向前内斜，间距约等于其短径。基突粗短，长小于宽，末端钝。假头基腹面宽阔，向后弧形收窄，无耳状突和横脊。口下板棒状，与须肢约等长，前端圆钝，向后

略微收窄；齿式 4|4，每纵列具齿 8～10 枚。

盾板亚圆形，长约为宽的 1.1 倍，中部最宽；长宽为（0.99～1.08）mm×（0.84～1.01）mm。大刻点稀疏且分布不均匀。肩突短钝。缘凹较窄。颈沟窄长，浅弧形外弯，末端达到盾板后侧缘。

足略粗壮。各基节无外距；基节Ⅰ内距锥形，末端稍钝；基节Ⅱ～Ⅳ内距略粗短。转节Ⅰ～Ⅳ腹距短钝。各足跗节较粗，亚端部背缘略隆起，向末端逐渐倾斜收窄，腹面中部略隆起，具端齿。爪垫Ⅰ约达爪长的 2/3。气门板略似椭圆形，背突短小，无几丁质增厚区，气门斑位置靠前。

雄蜱（图 7-391～图 7-393）

体呈卵圆形，前端稍窄，后部圆弧形。长（包括假头）宽为（2.61～3.1）mm×（1.44～1.73）mm。

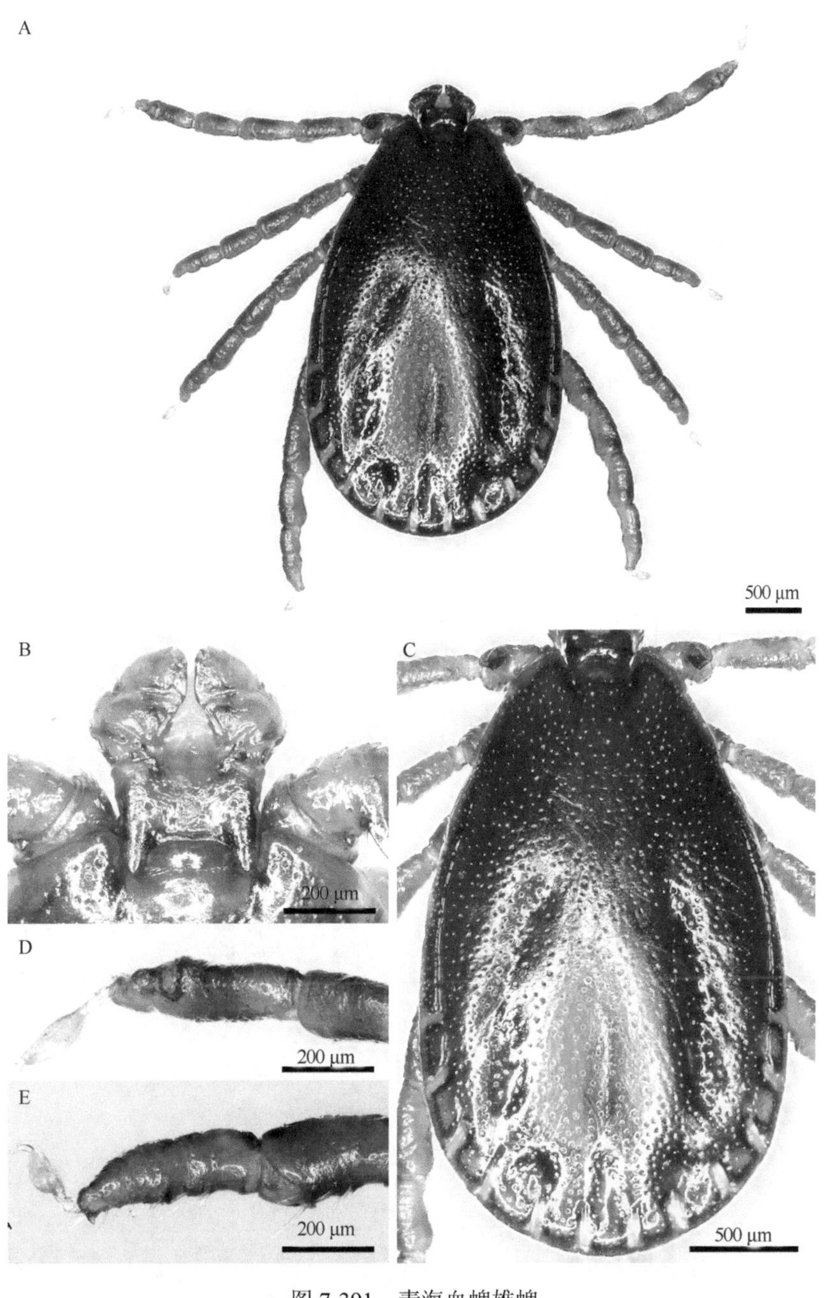

图 7-391　青海血蜱雄蜱

A. 背面观；B. 假头背面观；C. 盾板；D. 跗节Ⅰ；E. 跗节Ⅳ

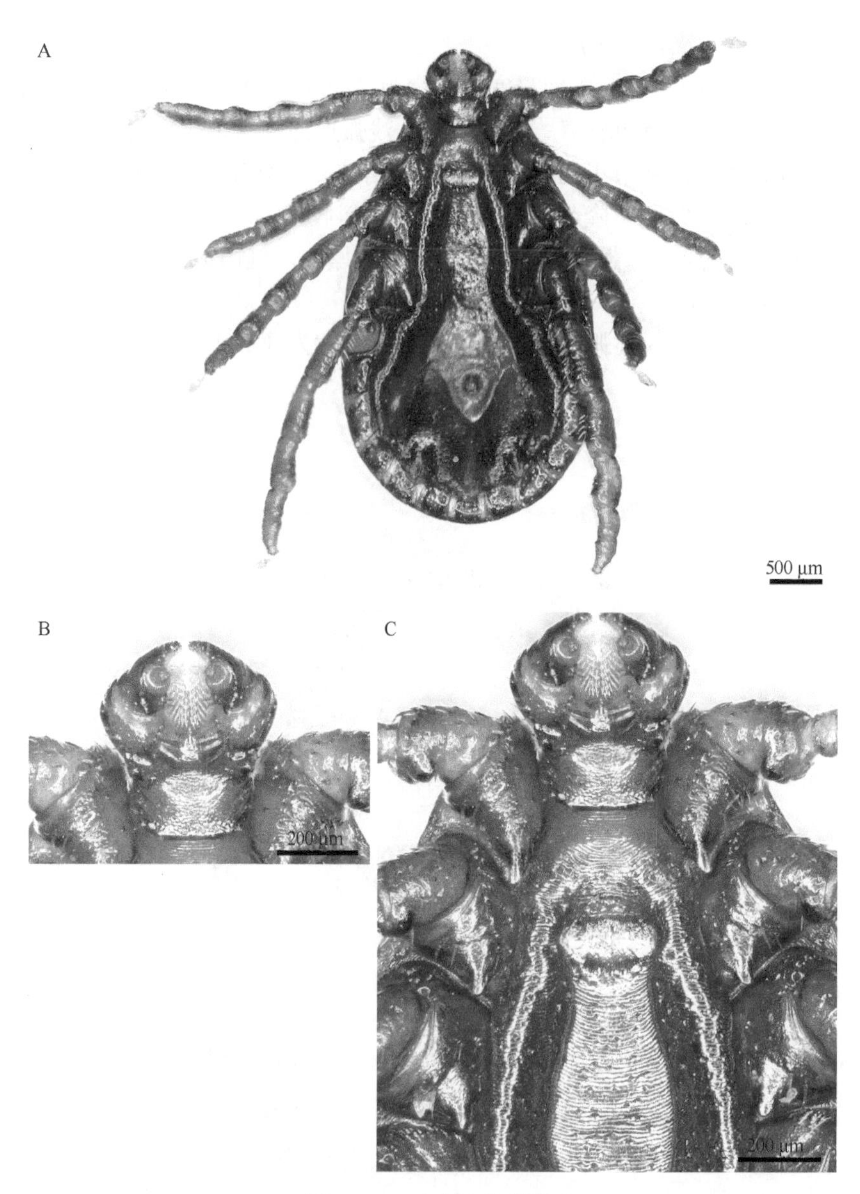

图 7-392　青海血蜱雄蜱

A. 腹面观；B. 假头腹面观；C. 基节及生殖孔

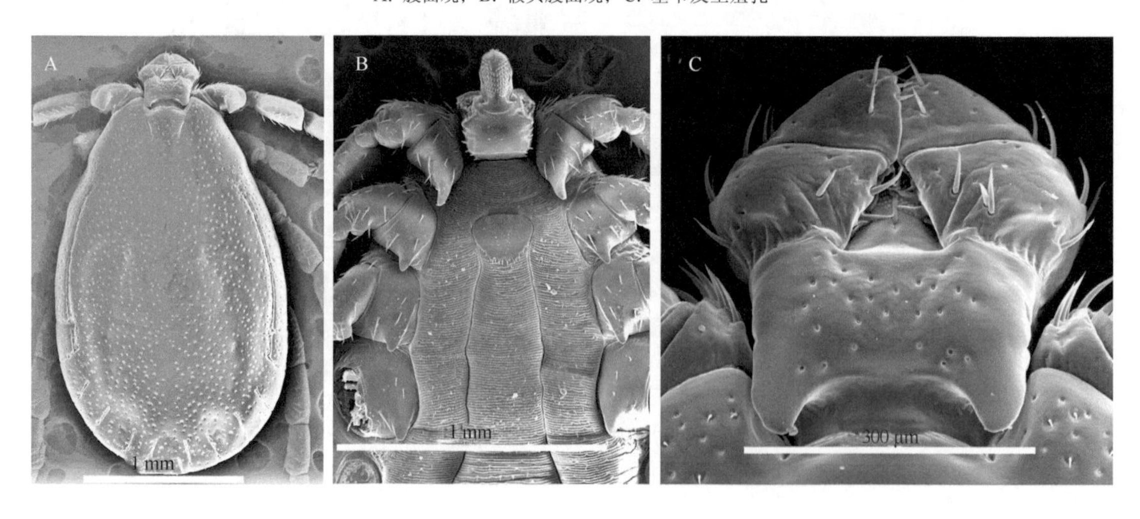

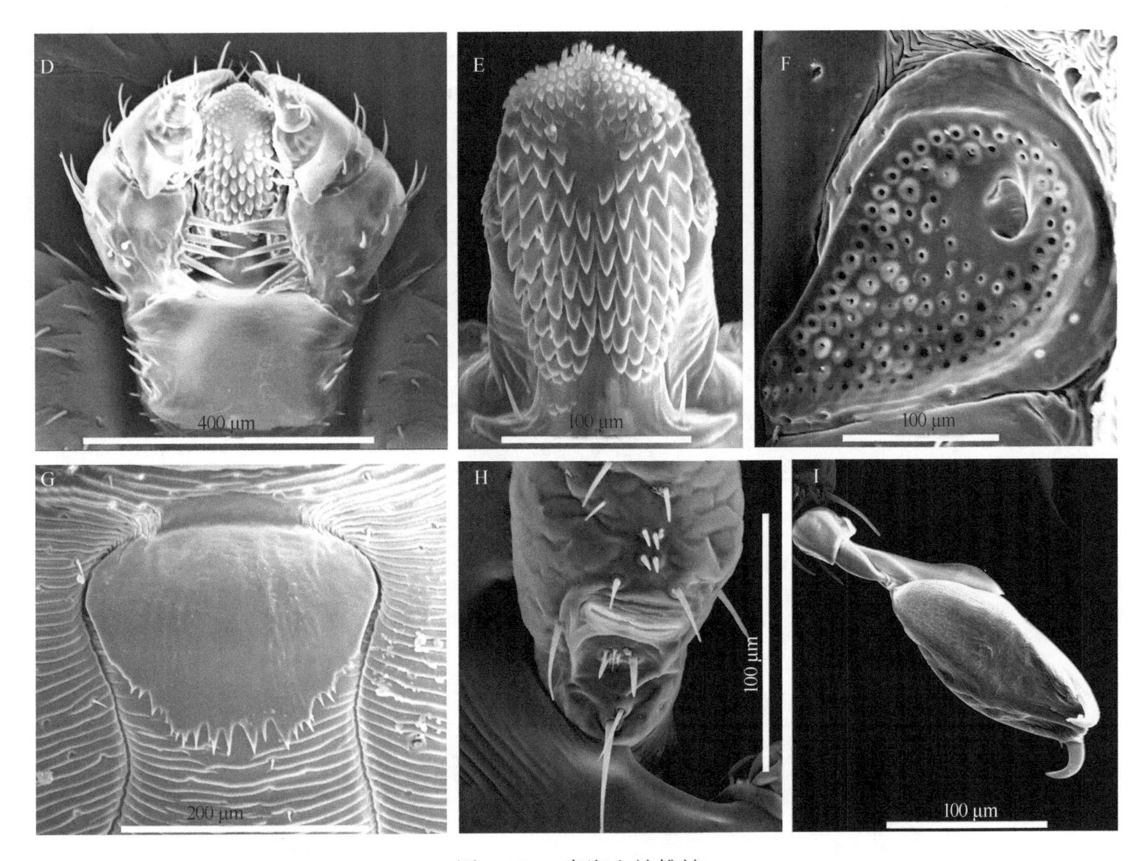

图 7-393　青海血蜱雄蜱

A. 背面观；B. 基节及生殖孔；C. 假头背面观；D. 假头腹面观；E. 口下板；F. 气门板；G. 生殖孔；H. 哈氏器；I. 爪及爪垫

假头短，呈钝楔形，长 0.30～0.42 mm。须肢粗短，长约为宽的 1.4 倍；第Ⅰ节短小，呈环状，背、腹面可见；第Ⅱ节宽略大于长，向前与第Ⅲ节外缘连接，背面外缘短，与后缘相交呈弧形凸出，略超出假头基侧缘，内缘浅凹，具刚毛 2 根，腹面内缘刚毛 4～6 根；第Ⅲ节略呈宽三角形，前端圆钝，后缘略直，无背面刺，腹刺粗短，末端约达第Ⅱ节前缘，腹面内缘刚毛 2 根。假头基呈矩形，宽约为长（包括基突）的 1.6 倍，长宽为（0.16～0.23）mm ×（0.29～0.33）mm；两侧缘及基突之间的后缘均直，表面分布少量刻点。基突粗壮，长宽约等，末端略钝。假头基腹面宽阔，中部略微隆起，无耳状突和横脊。口下板压舌板状，略短于须肢，前端圆钝，两侧向后逐渐收窄；齿式 5|5，每纵列具齿 7～9 枚。

盾板卵圆形，长约为宽的 1.6 倍，后 1/3 水平处最宽，表面略隆起。刻点稠密，分布大致均匀。肩突略钝。缘凹深度适中。颈沟前深后浅，弧形外弯，末端约达基节Ⅲ水平线。侧沟长度适中，自基节Ⅲ向后延伸封闭第Ⅰ缘垛。缘垛分界明显，共 11 个。

足略粗壮。各基节无外距；基节Ⅰ内距锥形，末端稍钝；基节Ⅱ～Ⅳ内距略粗短。转节Ⅰ～Ⅳ腹距短钝。各足跗节比雌蜱更为粗短，亚端部背缘略隆起，向末端逐渐倾斜收窄，腹面中部略隆起，具端齿。爪垫Ⅰ约达爪长的 2/3。气门板长逗点形，背突窄短，无几丁质增厚区，气门斑位置靠前。

若蜱（图 7-394～图 7-396）

体呈卵圆形，前端稍窄，后部圆弧形。长（包括假头）宽为（1.56～1.80）mm ×（0.91～1.11）mm。

须肢粗短，后外角略呈弧形突出，略超出假头基外侧缘；第Ⅰ节短，背、腹面可见；第Ⅱ节宽大于长，背面外缘短，与第Ⅲ节外缘连接，与后缘相连呈圆角凸出，后缘略呈弧形，向前外方斜伸，内缘呈波纹状浅弯，背、腹面内缘各具刚毛 1 或 2 根；第Ⅲ节宽短，略呈圆角三角形，前端圆钝，后缘直，两侧缘浅弧形，背面无刺，腹刺粗短，末端圆钝，未超出该节后缘。假头基呈矩形，宽约为长（包括基突）

的 2 倍，两侧缘近似平行，后缘在基突间直。基突粗短，长小于宽，末端钝。假头基腹面宽阔，后缘弧形浅弯，无耳状突和横脊。口下板棒状，较须肢短，前端圆钝；齿式 2|2，每纵列具齿 6 或 7 枚。

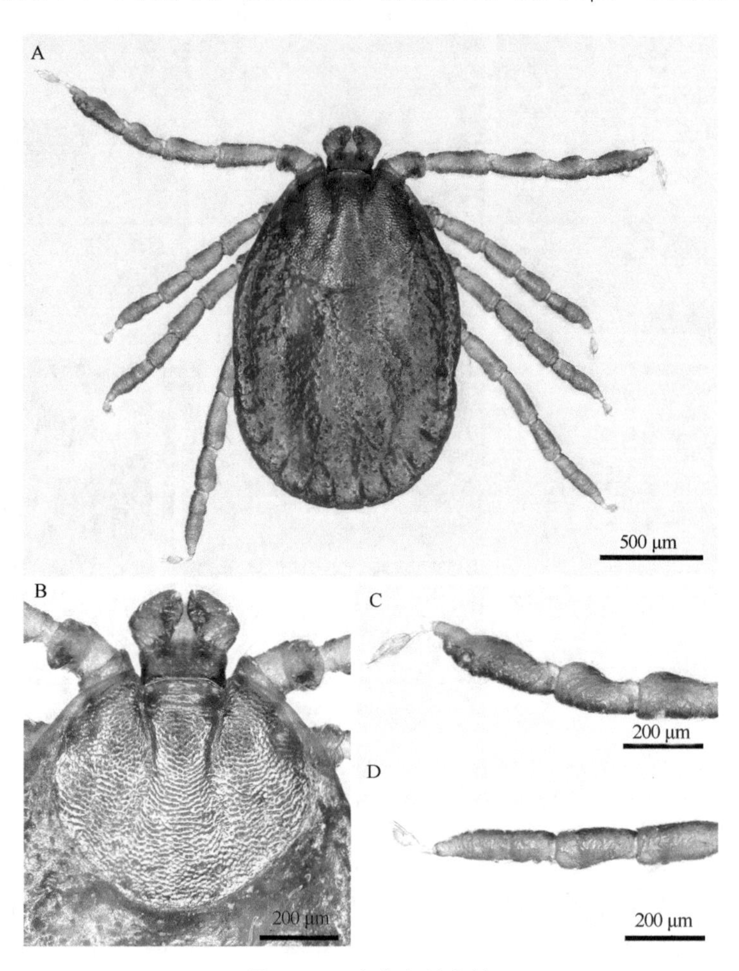

图 7-394　青海血蜱若蜱

A. 背面观；B. 假头及盾板背面观；C. 跗节Ⅰ；D. 跗节Ⅳ

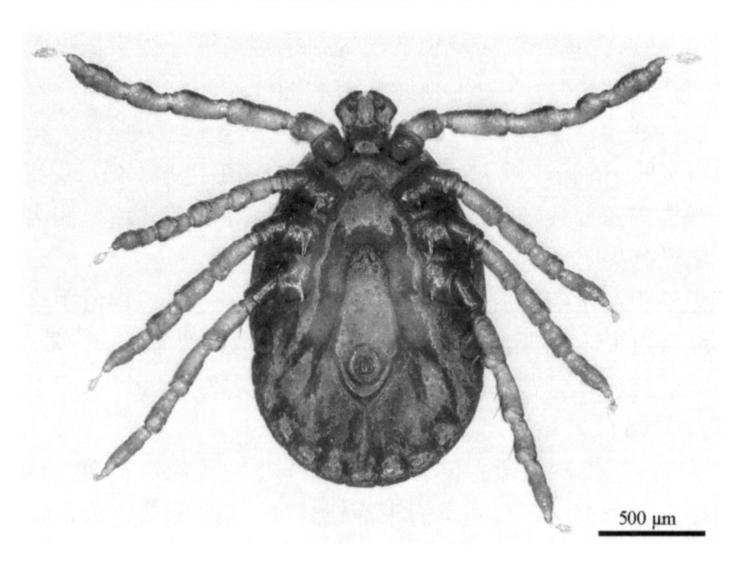

图 7-395　青海血蜱若蜱腹面观

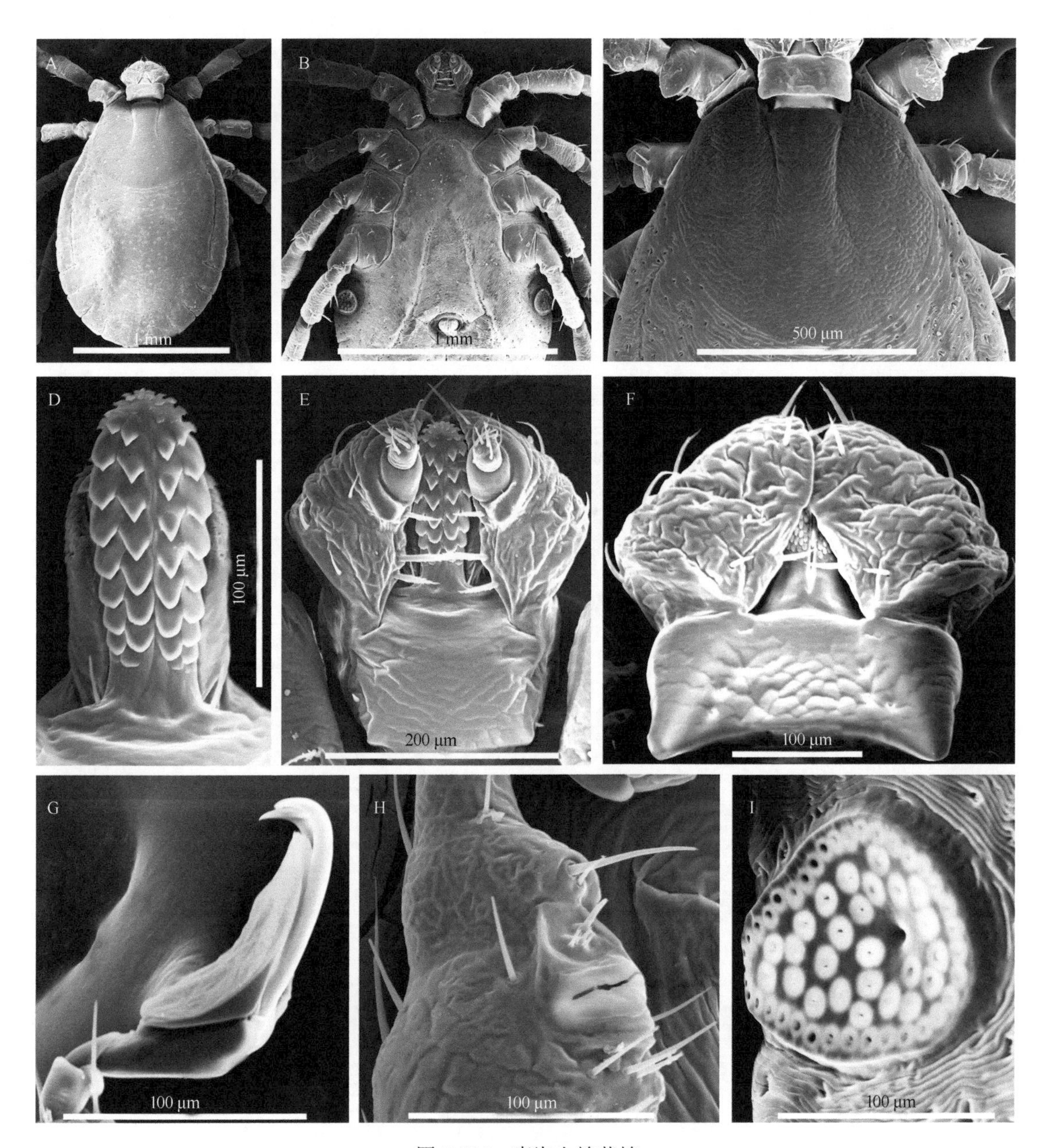

图 7-396　青海血蜱若蜱

A. 背面观；B. 腹面观；C. 盾板；D. 口下板；E. 假头腹面观；F. 假头背面观；G. 爪及爪垫；H. 哈氏器；I. 气门板

盾板近似亚圆形，中部最宽，宽约为长的 1.1 倍，向后弧形收窄，末端圆钝。刻点稀少。肩突粗短，圆钝。缘凹深度适中。颈沟浅弧形外弯，末端将近达到该板后侧缘。

足较粗壮。各基节无外距，基节Ⅰ内距粗短，末端钝；基节Ⅱ～Ⅳ内距三角形，略短于基节Ⅰ内距。转节Ⅰ背距三角形，末端尖窄；各转节无腹距。跗节Ⅰ较跗节Ⅱ～Ⅳ略大，各节中部背、腹缘略隆起，亚端部向末端逐渐收窄。爪垫约达爪端。气门板卵形，长径背腹方向，背突短而圆钝，气门斑位置靠前。

幼蜱（图 7-397，图 7-398）

体呈卵圆形，前端稍窄，后部圆弧形。长（包括假头）宽为（0.79～0.92）mm×（0.57～0.63）mm。

须肢粗短，近似锥形，后外角略呈圆弧形突出，略超出假头基侧缘；第Ⅰ节短小，背、腹面均可见；第Ⅱ节宽略大于长，背面外缘短，与第Ⅲ节外缘连接，与后缘相交呈圆角，后缘微弯，向前外方斜伸，内缘背、腹面各具刚毛 1 根；第Ⅲ节近似宽三角形，前端圆钝，后缘平直，无背刺，腹刺短小，末端钝。

假头基呈矩形，宽约为长的 2 倍；后缘平直；无基突。假头基腹面宽阔，后缘浅弧形，后侧缘呈角状，无耳状突和横脊。口下板棒状，与须肢约等长，前端圆钝；齿式 2|2，每纵列具齿 5 或 6 枚。

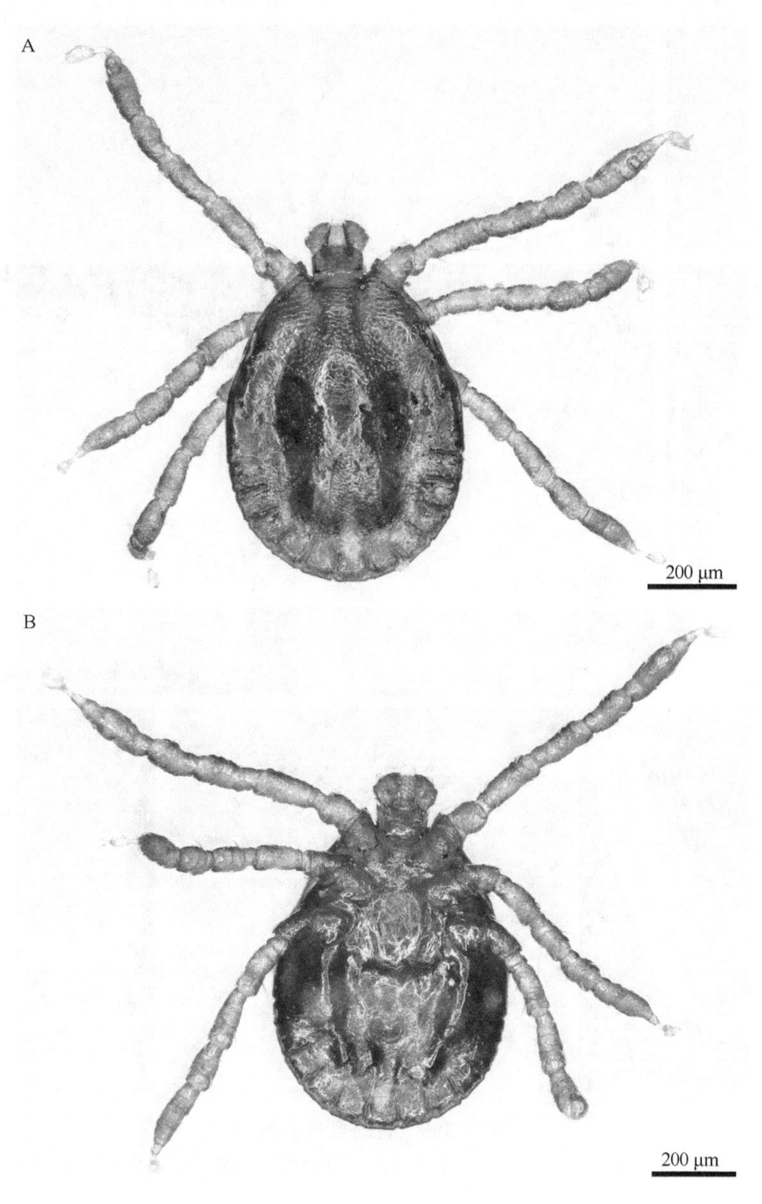

图 7-397 青海血蜱幼蜱

A. 背面观；B. 腹面观

盾板宽约为长的 1.28 倍，中部稍前最宽，向后弧形收窄，后缘窄钝。刻点稀少。肩突短，末端圆钝。缘凹宽浅。颈沟明显，浅弧形外弯，末端约达盾板后侧缘。

足较粗壮。各基节无外距；基节 I 内距呈脊状；基节 II 内距短钝，略超出该节后缘；基节 III 无内距。转节 I 背距短小，三角形；各转节无腹距。各足跗节中部背、腹缘略隆出，亚端部向末端逐渐收窄。爪垫约达爪长的 2/3。

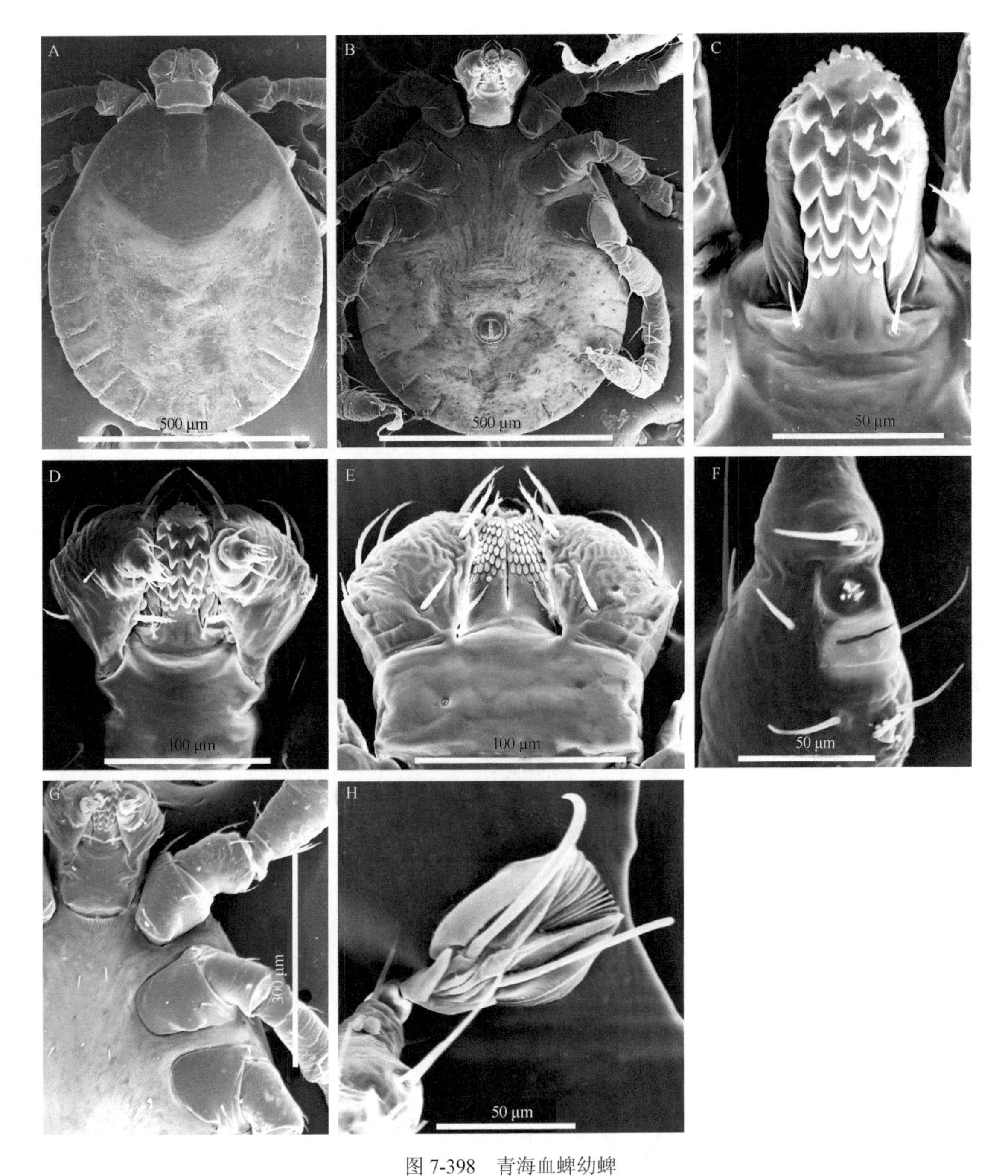

图 7-398 青海血蜱幼蜱

A. 背面观；B. 腹面观；C. 口下板；D. 假头腹面观；E. 假头背面观；F. 哈氏器；G. 基节；H. 爪及爪垫

生物学特性 我国西部高原地区的常见种，生活于山区草地和灌丛。成蜱、若蜱和幼蜱在 4～7 月活动，5 月为高峰期，9～11 月为第二次活动期。该蜱在自然界可能以饥饿的成蜱、若蜱和幼蜱越冬，越冬后 3 月、4 月同时开始活动。青海血蜱存在滞育现象，在自然界中完成一代一般需要经历 2～3 年。

蜱媒病 在我国西北该蜱是绵羊泰勒虫和山羊泰勒虫的传播媒介，在青海可能是牦牛泰勒虫病的传播媒介。

（36）中华血蜱 *H. sinensis* Zhang, 1981

定名依据 来源于中国。

宿主 黄牛、山羊。

分布 国内：湖北（模式产地：房县）、陕西。

鉴定要点

雌蜱盾板圆形，长略小于宽；刻点较粗，分布均匀；颈沟浅弧形，末端约达盾板的2/3。须肢前窄后宽，第Ⅱ节外缘略大于第Ⅲ节外缘。第Ⅱ节后外角强度凸出形成锐角，外缘弧形凹入，腹面后缘向后显著凸出形成角突，内缘刚毛4～6根。第Ⅲ节三角形，前端钝，背部后缘不具刺，腹面刺粗壮，末端约达第Ⅱ节前缘。假头基基突粗短，三角形；孔区大，亚圆形，间距较宽。口下板齿式4|4。气门板逗点形，背突短钝，气门斑位置靠前。足粗细适中，各基节内距发达，呈锥形；基节Ⅳ内距指向后方。各转节腹距短钝，不明显。跗节亚端部逐渐细窄；腹面无端齿。爪垫大，约达爪端。

雄蜱须肢粗短，前窄后宽，外缘弧度大于内缘弧度，须肢第Ⅱ节外缘略小于第Ⅲ节外缘。第Ⅱ节后外角强度凸出，显著超出假头基侧缘；腹面后缘具发达的角突，末端较尖，内缘刚毛5根。须肢第Ⅲ节前端圆钝，背面后缘无刺；腹刺呈锥形，指向后方，末端约达第Ⅱ节前缘。假头基基突粗壮，末端尖细。口下板齿式5|5。盾板颈沟弧形，前深后浅；侧沟较长，由基节Ⅱ、Ⅲ之间的水平向后封闭第Ⅰ缘垛；刻点中等大小，分布均匀。气门板逗点形，背突短钝。足与雌蜱相似，但雄蜱的足更粗壮，各转节的腹距非常发达，末端尖细。

具体描述

雌蜱（图7-399）

赤褐色。体呈卵圆形，前端稍窄，后部圆弧形。

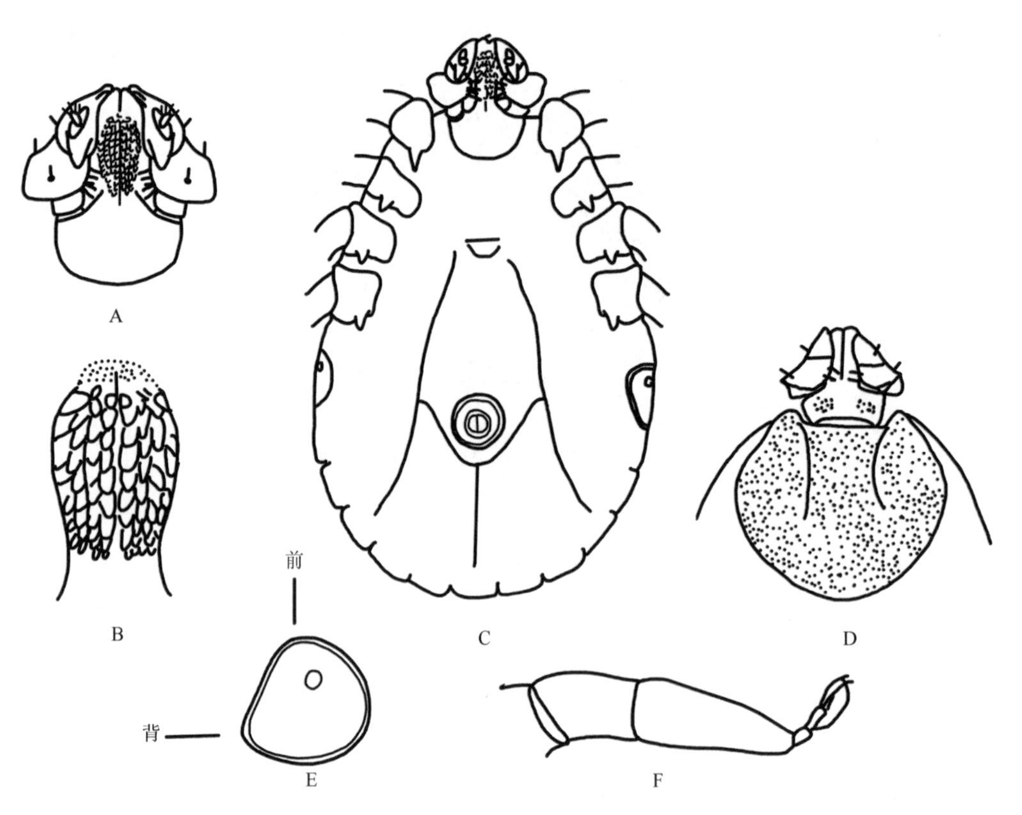

图7-399 中华血蜱雌蜱（参考：邓国藩和姜在阶，1991）

A. 假头腹面观；B. 口下板；C. 腹面观；D. 假头及盾板；E. 气门板；F. 跗节Ⅳ

假头宽短，似铃形。须肢粗短，前窄后宽；第Ⅱ节长宽约等，背面外缘弧形，向前内斜，外侧角突

出成锐角，后缘浅弧形向外斜伸，内缘浅弧形凸出，具刚毛 2 根，腹面后缘向后显著突出成角突状，末端圆钝，内缘具刚毛 4～6 根；第Ⅲ节宽三角形，前端圆钝，后缘平直，无背刺，腹刺粗壮，末端达第Ⅱ节前缘。假头基呈矩形，宽约为长（包括基突）的 2.4 倍，后缘在基突间平直；孔区亚圆形，间距约等于其长径；基突短三角形，末端钝。假头基腹面宽短，两侧缘平行，后缘弧形凸出，后侧角钝圆，无耳状突和横脊。口下板压舌板状，前端圆钝，基部略微收窄；齿式 4|4，每纵列具齿 9～11 枚。

盾板呈圆形，长宽约 1.20 mm×1.32 mm，中部最宽。刻点较大，分布均匀。肩突钝。缘凹较深。颈沟深而宽，浅弧形外弯，末端约达盾板后 1/3 处。

足中等大小。各基节无外距；内距发达，呈锥形，基节Ⅰ的略长，末端稍尖，基节Ⅱ～Ⅳ的略短，大小约等，末端尖。各转节腹距短钝，不甚明显。各跗节较细窄，向末端逐渐收窄，无端齿和亚端齿。爪垫达到爪端。生殖孔位于基节Ⅲ水平线，生殖帷呈宽 U 形。气门板逗点形，背突短而钝，无几丁质增厚区，气门斑位置靠前。

雄蜱（图 7-400）

褐黄色。体呈卵圆形，前端稍窄，后部圆弧形。长（包括假头）宽约 2.63 mm×1.64 mm。

假头宽短，铃形。须肢短粗；第Ⅱ节宽大于长，背面外缘很短，后外角近似直角，略超出假头基外侧缘，后缘向前外方斜弯，内缘具刚毛 3 根，腹面内缘刚毛 5 根，后缘具发达的长三角形角突，末端较尖；第Ⅲ节三角形，前端圆钝，无背刺，腹刺锥形，末端达第Ⅱ节前缘。假头基呈矩形，宽约为长（包括基突）的 1.8 倍，两侧缘近似平行，后缘在基突间直；基突粗壮，三角形，末端尖窄。假头基腹面侧缘几乎平行，后缘浅弧形，与侧缘弧形相连，无耳状突和横脊。口下板棒状，短于须肢；齿式 5|5，每纵列具齿 9～11 枚。

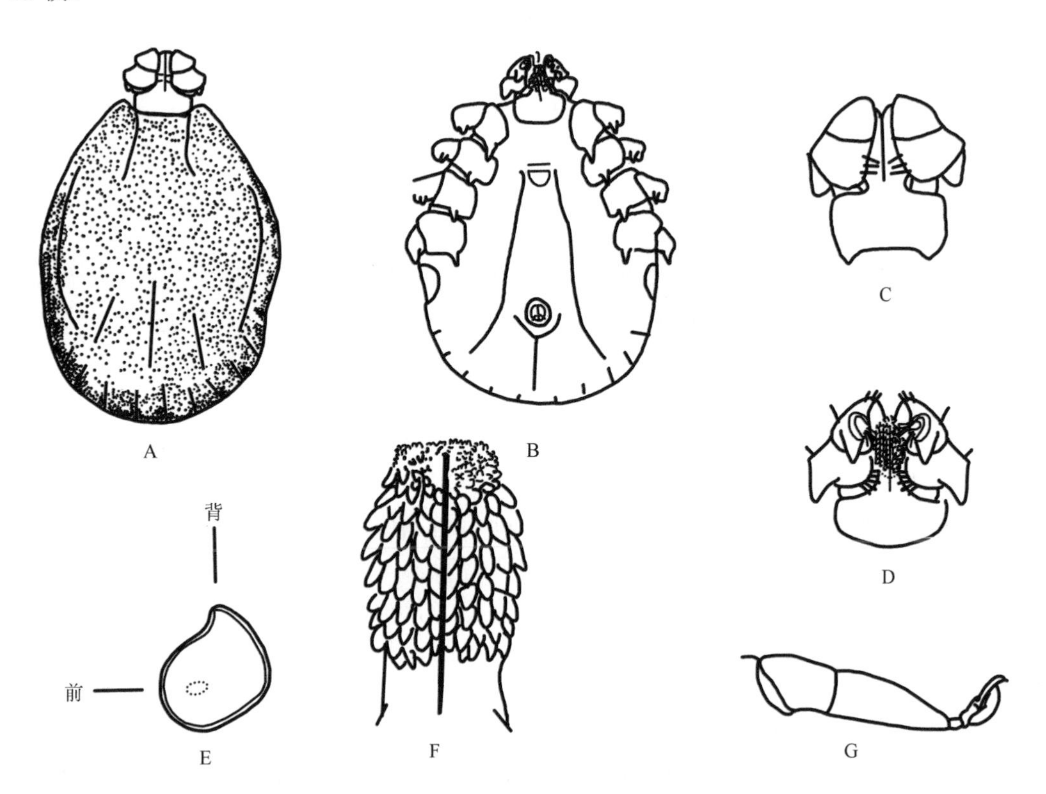

图 7-400　中华血蜱雄蜱（参考：邓国藩和姜在阶，1991）

A. 假头及盾板背面观；B. 腹面观；C. 假头背面观；D. 假头腹面观；E. 气门板；F. 口下板；G. 跗节Ⅳ

盾板呈卵圆形，长宽约 2.39 mm×1.81 mm，前部收窄，后部宽圆。刻点中等，分布均匀。肩突短而钝。缘凹较宽浅。颈沟前深后浅，浅弧形外弯。侧沟较长，自基节Ⅱ、Ⅲ之间的水平线向后延伸达到第Ⅰ、Ⅱ缘垛的交界线。缘垛长大于宽，分界明显，共 11 个。

足粗壮。各基节无外距；内距发达，锥形，末端尖细，基节Ⅰ的最强大，其余 3 节内距大小约等，均超过下一节的前缘。各转节腹距很发达，末端尖细。跗节亚端部向末端逐渐变窄，腹面不具端齿。爪垫达到爪端。生殖孔在基节Ⅱ水平线。气门板逗点形，背突短钝，无几丁质增厚区，气门斑位置靠前。

生物学特性 主要生活在山野和灌丛，4 月、5 月出现在宿主上。

(37) 距刺血蜱 *H. spinigera* Neumann, 1897

定名依据 *spinigera* 来源于拉丁语 *spina*，意为“thorn”（棘、刺、角），*-ger* 意为“bearing”（具有）。基节Ⅳ具有一刺状长距。

宿主 幼蜱和若蜱寄生于中小型哺乳动物上；成蜱寄生于黄牛、水牛、水鹿 *Cervus unicolor*、虎、熊、豹等大型哺乳动物，也侵袭人。

分布 国内：云南；国外：柬埔寨、老挝、尼泊尔、斯里兰卡、印度、越南。

鉴定要点

雌蜱盾板呈亚圆形，宽大于长；刻点细，分布不均；颈沟浅，近乎平行，末端约达盾板的 2/3。须肢前窄后宽。第Ⅱ节后外角强度凸出，后缘波状弯曲，腹面后外角向后凸出，形成粗大的角突。第Ⅲ节前端窄钝，背部后缘具窄三角形的刺，腹刺发达，呈锥形，末端约达第Ⅱ节中部。假头基基突发达，三角形；孔区中等大小，卵圆形，间距宽。口下板齿式 4|4。气门板长圆形，背突短钝。足稍细长，基节Ⅰ内距窄长，末端尖细；基节Ⅱ～Ⅳ内距较短；各转节腹距短小。跗节亚端部逐渐细窄；腹面端齿短小。爪垫大，约达爪端。

雄蜱须肢前窄后宽，外缘弧度显著大于内缘弧度。第Ⅱ节后外角强度凸出，显著超出假头基侧缘；后缘波纹状，腹面后外角向后显著凸出形成长的锥状刺。须肢第Ⅲ节略似三角形，前端圆钝；背面后缘具窄的三角形刺；腹刺强大，末端显著超出第Ⅱ节外缘。假头基基突强大，末端尖细。口下板齿式 5|5。盾板短，近似平行；侧沟短，前端不到基节Ⅲ水平，后端仅达气门板后缘；刻点细，稠密，遍布整个盾板。气门板长圆形，背突短钝。足略粗壮，基节Ⅰ内距窄长；基节Ⅱ、Ⅲ为长三角形；基节Ⅳ内距细长，明显长于基节Ⅰ内距，末端尖细。各转节腹距明显，略呈三角形；跗节亚端部逐渐细窄；腹面端齿明显。爪垫同雌蜱。

具体描述

雌蜱（图 7-401）

体呈黄褐色；卵圆形，前端稍窄，后部圆弧形。体长（包括假头）2.15～3.00 mm；宽 1.35～1.80 mm。

须肢宽短，明显超出假头基外侧缘；第Ⅱ节背面外缘直，向前内斜，不与第Ⅲ节外缘连接，后外角显著突出，后缘波状弯曲，有时略呈 2 个角突，末端粗钝，腹面后外角向后突出，形成粗大的锐角突；第Ⅲ节三角形，前端窄钝，两侧向前收窄，背刺为窄三角形，腹刺锥形，末端约达第Ⅱ节中部。假头基略呈矩形，宽约为长（包括基突）的 2 倍，两侧缘向后略内斜，后缘在基突间平直；表面两侧略隆起，中部有长圆形浅陷。孔区卵圆形，前部内斜，间距约等于其长径。基突发达，三角形，末端稍尖。假头基腹面宽阔，后缘弧形弯曲，无耳状突和横脊。口下板棒状，略短于须肢，前端圆钝，两侧向后略微收缩；齿式 4|4，每纵列具齿 10 或 11 枚。

盾板呈亚圆形，宽稍大于长，中部最宽。刻点小，分布不均匀，侧区的较为稠密。颈沟浅，近似平行，末端约达盾板后 1/3 处。

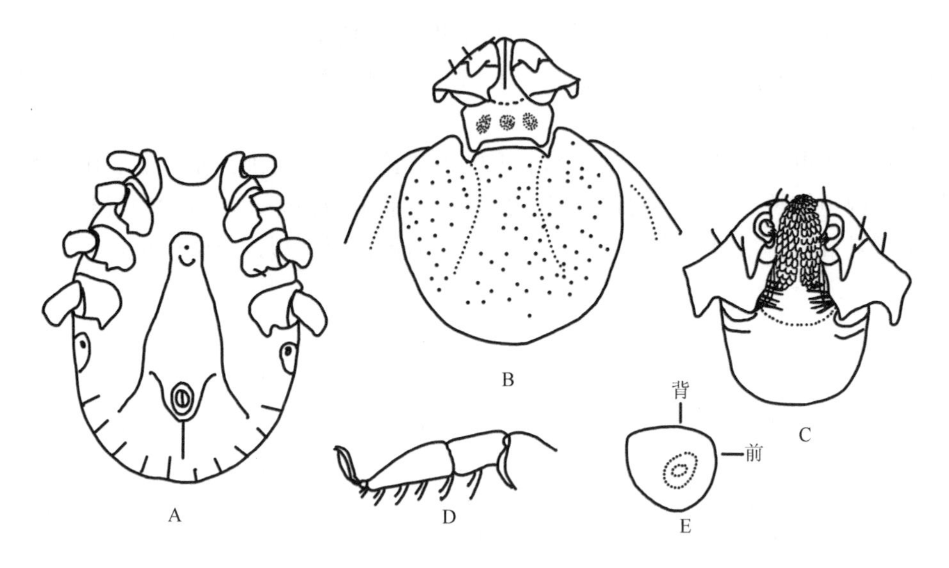

图 7-401　距刺血蜱雌蜱（参考：邓国藩和姜在阶，1991）
A. 躯体腹面观；B. 假头及盾板背面观；C. 假头腹面观；D. 跗节Ⅳ；E. 气门板

足稍细长。各基节无外距；基节Ⅰ内距窄长，末端尖细；基节Ⅱ、Ⅲ内距较短，基节Ⅲ的最短。各转节腹距短小，末端钝。跗节亚端部向末端逐渐细窄，腹面端齿短小。爪垫将近达到爪端。气门板长圆形，背突很短而圆钝，无几丁质增厚区，气门斑位置靠前。

雄蜱（图 7-402）

黄褐色。体呈卵圆形，前端稍窄，后部圆弧形。长（包括假头）宽为（2.02～2.70）mm×（1.16～1.65）mm。

须肢宽短；第Ⅱ节背面后外角强度突出，后缘波纹状，明显超出假头基外侧缘，腹面后外角形成强大的锥状刺；第Ⅲ节略似三角形，宽显著大于长，前端圆钝，背刺为窄三角形，腹刺强大，末端显著超过第Ⅱ节前缘，背面后外侧无刺；第Ⅳ节位于第Ⅲ节腹面的凹陷内。假头基呈矩形，宽约为长（包括基突）的 1.6 倍，两侧缘平行，后缘在基突间直。基突强大，长约等于其基部之宽，末端尖细。假头基腹面短，后侧角圆钝，后缘较直，无耳状突和横脊。口下板略短于须肢，侧缘略外弯；齿式 5|5，每纵列具齿 9 或 10 枚。

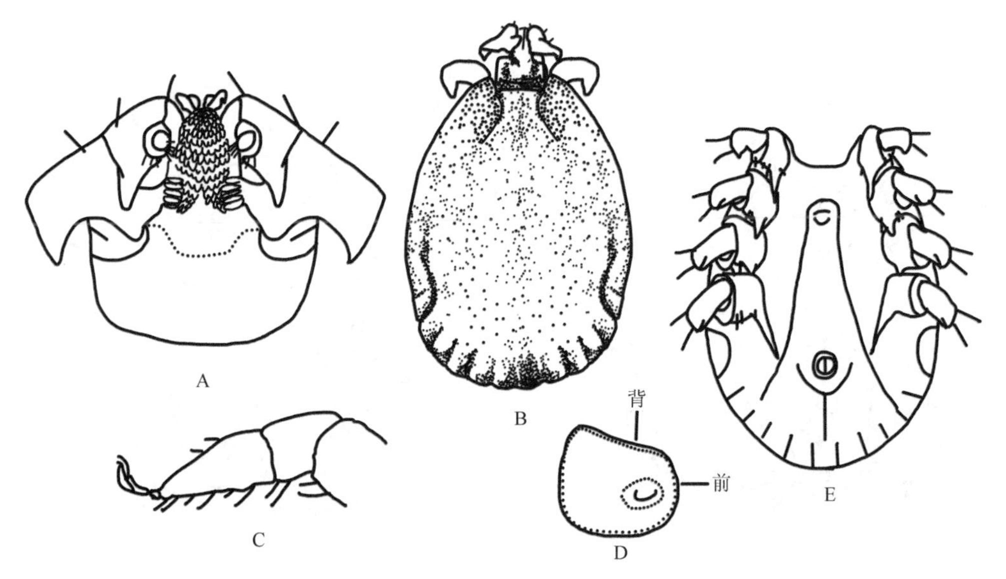

图 7-402　距刺血蜱雄蜱（参考：邓国藩和姜在阶，1991）
A. 假头腹面观；B. 假头及盾板背面观；C. 跗节Ⅳ；D. 气门板；E. 躯体腹面观

盾板卵圆形，长约为宽的 1.5 倍，前部收窄，中部最宽，向后收窄，末端圆钝。小刻点遍布整个表面，较为稠密。颈沟短，近似平行。侧沟短，自基节Ⅲ之前水平线向后延伸至气门板后缘水平线。缘垛窄长，分界明显，共 11 个。

足略粗壮，长度适中。各基节无外距；基节Ⅰ内距窄长，末端尖细；基节Ⅱ、Ⅲ内距长三角形，按节序渐短；基节Ⅳ内距细长。各转节腹距略呈三角形，转节Ⅰ的稍短，其余的约等长。跗节亚端部向末端逐渐收窄，腹面具端齿。爪垫约达到爪端。气门板长圆形，背突短，末端圆钝，无几丁质增厚区，气门斑位置靠前。

若蜱（图 7-403）

体呈卵圆形，前端稍窄，后部圆弧形。长（包括假头）宽约 1.13 mm×0.65 mm。

假头铃形。须肢前窄后宽，第Ⅰ节短小，背、腹面均可见；第Ⅱ节宽约为长的 1.5 倍，背面外缘弧形浅凹，后外缘显著突出呈角状，末端平钝，后缘直或弧形略弯，内缘微凹，具刚毛 1 根，腹面内缘刚毛 2 根，腹面后缘凸出成三角形刺突；第Ⅲ节三角形，长略小于第Ⅱ节，前端尖窄，两侧向前收窄，无背刺，腹刺为短三角形，末端稍钝，略超出该节后缘。假头基宽约为长（包括基突）的 2 倍，两侧缘向后内斜，后缘在基突间平直。基突较大，三角形，末端尖窄。假头基腹面短，后缘略直，无耳状突和横脊。口下板略长于须肢，前端圆钝；齿式 2|2，每纵列具齿 8～10 枚。

盾板呈亚圆形，宽略大于长，中部最宽。刻点稀少。颈沟前深后浅，弧形外弯，末端约达盾板的 2/3。

足长适中，稍粗。各基节无外距；基节Ⅰ内距三角形，末端尖窄；基节Ⅱ、Ⅲ内距似脊状；基节Ⅳ内距很小。转节Ⅰ背距三角形，末端尖细；各转节无腹距。跗节亚端部向末端收窄。爪垫大，约达到爪端。气门板卵形，背突粗短，末端尖，无几丁质增厚区，气门斑位置靠前。

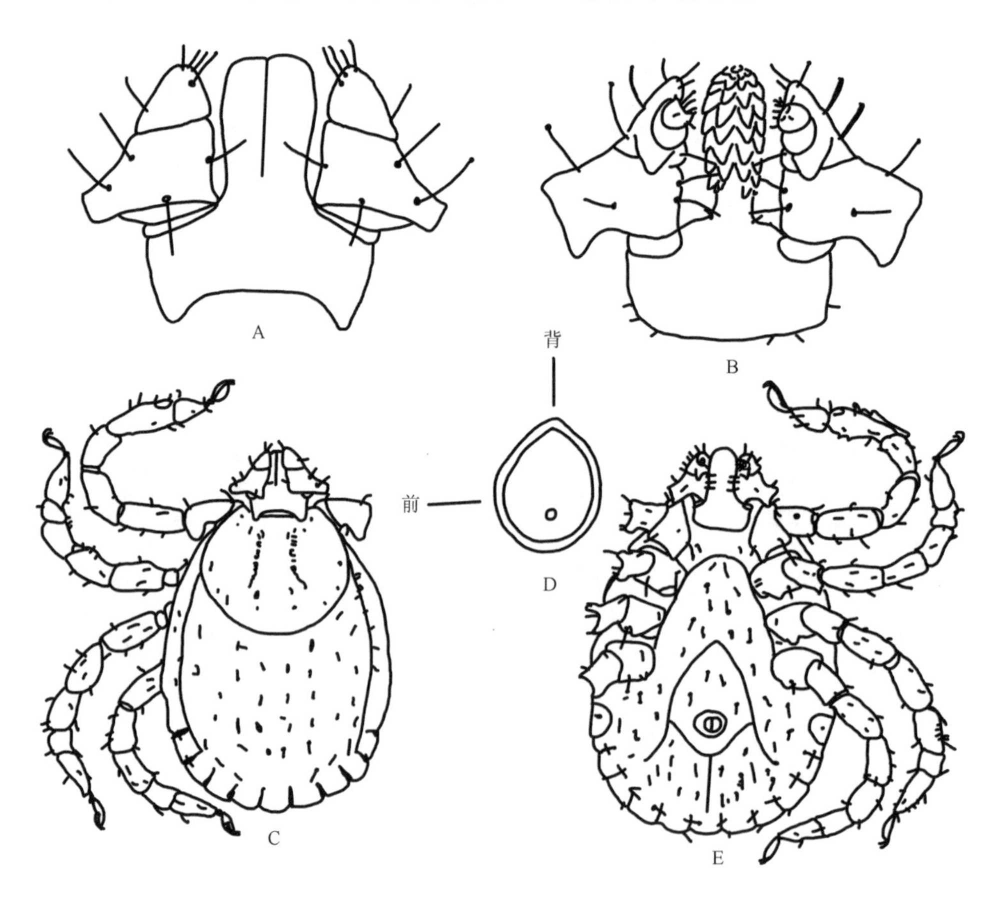

图 7-403　距刺血蜱若蜱（参考：邓国藩和姜在阶，1991）

A. 假头背面观；B. 假头腹面观；C. 背面观；D. 气门板；E. 腹面观

幼蜱（图 7-404）

体呈卵圆形，前端稍窄，后部圆弧形。长（包括假头）宽约 0.60 mm×0.43 mm。

假头铃形。须肢前窄后宽，长约为宽的 1.3 倍；第Ⅰ节短小，背、腹面可见；第Ⅱ节宽大于长，背面外缘弧形浅凹，与后缘相交成角突状，后缘略向外侧斜弯，内缘略直，背、腹面内缘刚毛各 1 根；第Ⅲ节三角形，第Ⅱ节约等长，无背刺，腹刺三角形，末端尖窄，略超出该节后缘。假头基宽约为长（包括基突）的 2 倍，两侧缘几乎平行，后缘在基突间直。基突短三角形，末端略尖。假头基腹面宽阔，后缘略弯，无耳状突和横脊。口下板略长于须肢；齿式 2|2，每纵列具齿 7 或 8 枚。

盾板近似心形，宽大于长，中部最宽，向后骤然收窄，末端窄钝。刻点小，不甚明显。颈沟较短，几乎平行向后延伸，末端约达盾板的 1/2。

足中等大小。各基节无外距；基节Ⅰ内距短三角形，末端稍尖；基节Ⅱ、Ⅲ内距呈脊状。转节Ⅰ背距粗短；各转节无腹距。跗节亚端部向末端逐渐收窄。爪垫约达爪端。

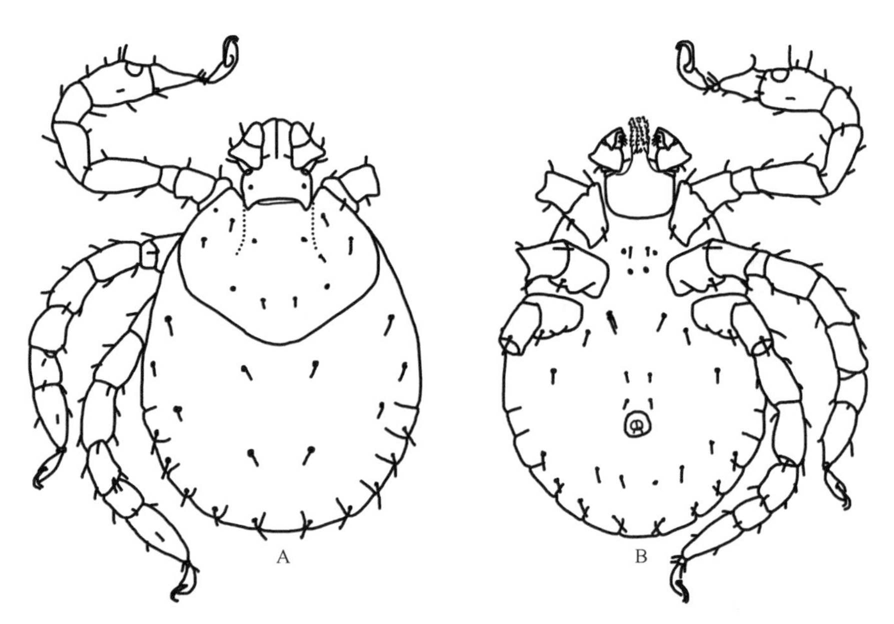

图 7-404　距刺血蜱幼蜱（参考：邓国藩和姜在阶，1991）
A. 背面观；B. 腹面观

生物学特性　生活于丛林和野地，2～5 月出现在宿主上。

（38）具沟血蜱 *H. sulcata* Canestrini & Fanzago, 1878

定名依据　*sulcata* 意为沟。

宿主　幼蜱和若蜱寄生于蜥蜴、蛇等爬行动物；成蜱主要寄生于山羊、绵羊、牛、骆驼等。

分布　国内：新疆；国外：阿尔巴尼亚、阿尔及利亚、阿富汗、也门、埃及、巴基斯坦、巴勒斯坦、保加利亚、法国、捷克、斯洛伐克、黎巴嫩、罗马尼亚、摩洛哥、苏联、突尼斯、土耳其、西班牙、希腊、叙利亚、伊拉克、伊朗、意大利、印度。

鉴定要点

雌蜱盾板亚圆形，长大于宽；刻点稠密且粗，分布均匀；颈沟前深后浅，末端超过盾板的 2/3。须肢前窄后宽。第Ⅱ节后外角凸出成钝角，腹面内缘刚毛窄叶状，排列紧密。第Ⅲ节前端圆钝，背部后缘不具刺，腹面刺粗短，末端约达该节后缘。假头基基突粗短，极不明显；孔区大，卵形，间距较宽。口下板齿式 4|4。气门板大，亚圆形，背突短钝。足长适中，基节Ⅰ内距窄短；基节Ⅱ、Ⅲ内距不明显；基节Ⅳ内距短三角形，末端钝。各转节无腹距；跗节亚端部逐渐斜窄；腹面端齿小，但明显。爪垫约达爪长

的 2/3。

雄蜱须肢前窄后宽，外缘弧度大于内缘弧度。第Ⅱ节后外角中度凸出，超出假头基侧缘；背部后缘中段有脊状凸起，似刺突；腹面内缘刚毛窄叶状，排列紧密。须肢第Ⅲ节前端圆钝；背面后缘无刺；腹刺较短，末端约达第Ⅱ节前缘。假头基基突发达，锥形，末端稍尖。口下板齿式 5|5。盾板颈沟窄而深，向后斜弯；侧沟窄长，由基节Ⅲ前缘水平向后封闭第Ⅱ缘垛；刻点细而密，分布不均匀。气门板逗点形，背突细窄。足较粗壮，基节Ⅰ内距窄，向外侧略弯；基节Ⅱ、Ⅲ内距宽短，不明显；基节Ⅳ内距窄长，弯向外侧，末端尖细；其余特征与雌蜱相似。

具体描述

雌蜱（图 7-405，图 7-406）

体型大，呈卵圆形，前端稍窄，后部圆弧形。

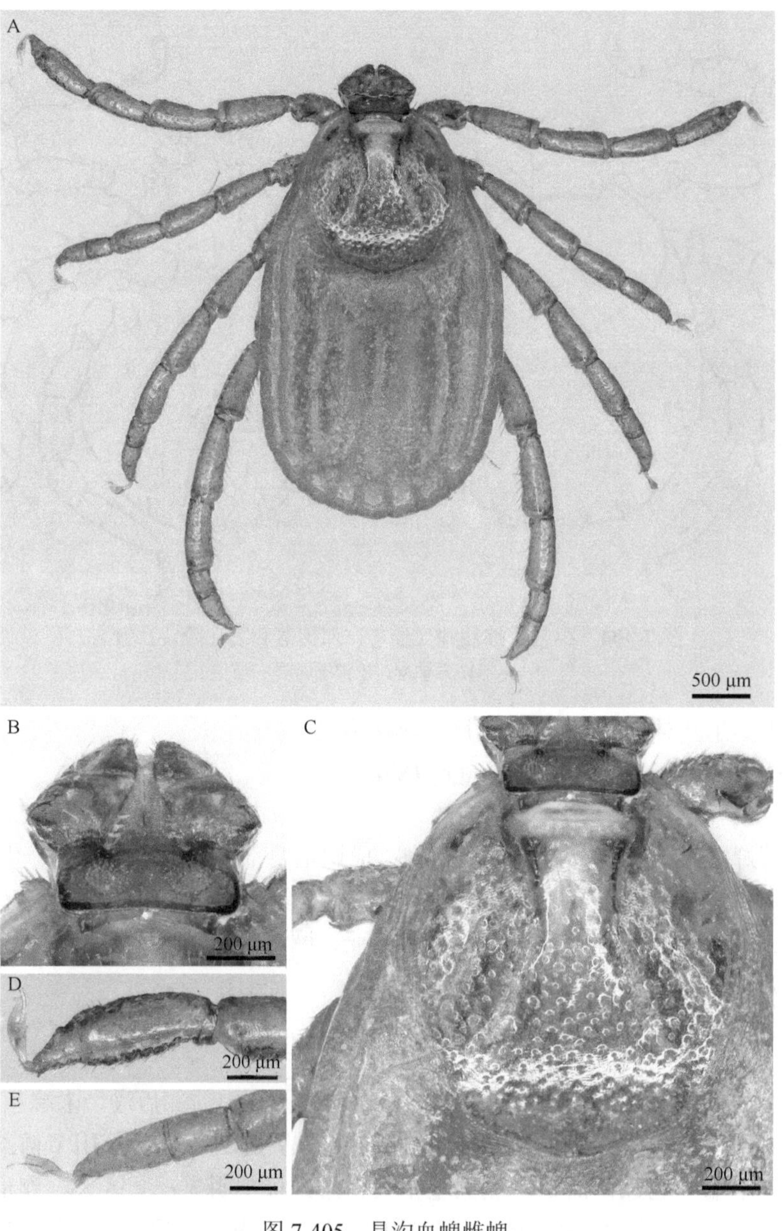

图 7-405 具沟血蜱雌蜱

A. 背面观；B. 假头背面观；C. 盾板；D. 跗节Ⅰ；E. 跗节Ⅳ

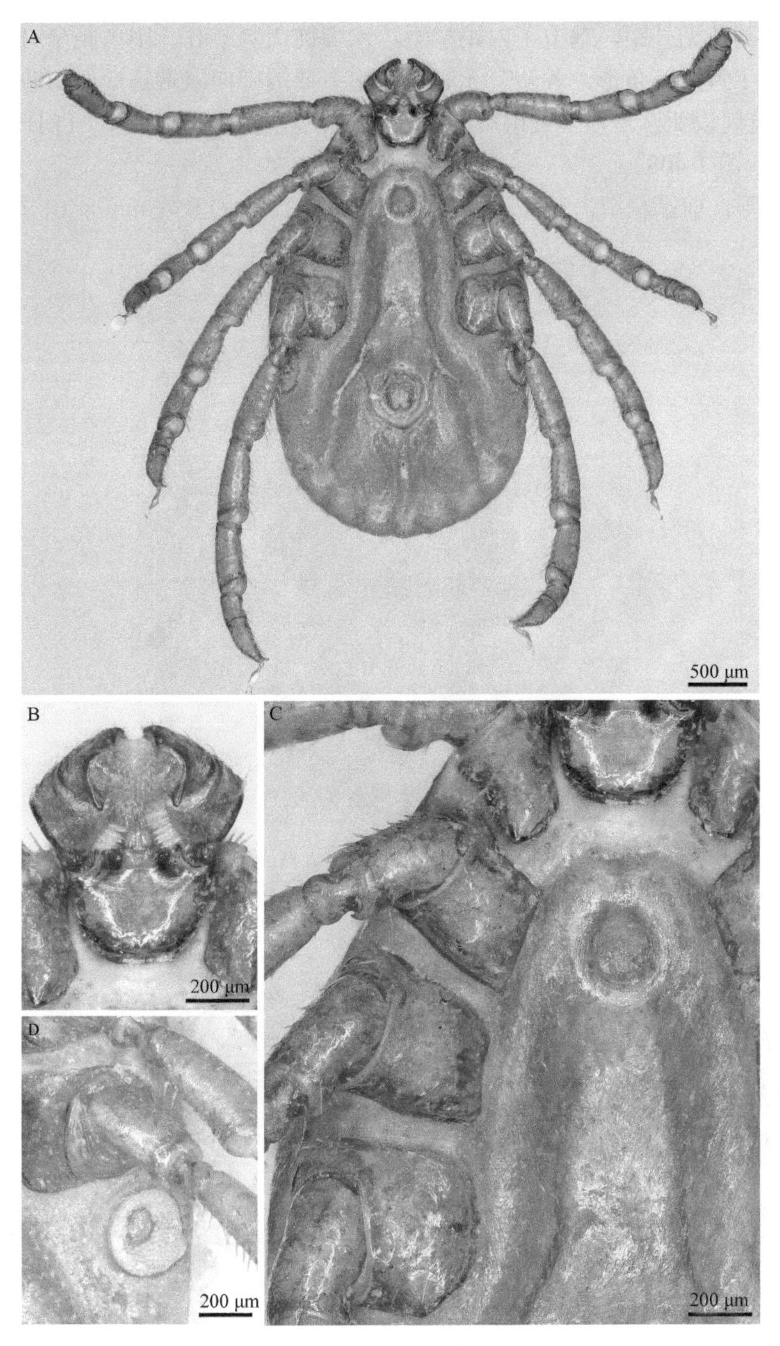

图 7-406　具沟血蜱雌蜱

A. 腹面观；B. 假头腹面观；C. 基节及生殖孔；D. 气门板

须肢粗短，后外角略突出，略超出假头基外侧缘；第 I 节短小，背、腹面可见；第 II 节长约为宽的 1.3 倍，外缘向前内斜，与第III节外缘连成直线，与后缘相交呈钝角，后缘向前侧斜伸，内缘略直，腹面内缘刚毛粗大，窄叶状，排列紧密；第III节三角形，宽大于长，前端圆钝，无背刺，腹刺粗短，前端约达该节后缘。假头基矩形，两侧缘平行，后缘直。孔区大，卵形，间距较宽。基突粗短，圆钝，极不明显。假头基腹面阔大，后缘宽圆，无耳状突和横脊。口下板棒状，略短于须肢，前端圆钝；齿式 4|4 或 5|5，每纵列具齿 9～11 枚。

盾板宽阔，亚圆形，中部靠前最宽，长约为宽的 1.17 倍，后缘宽弧形。粗刻点多，分布均匀。肩突圆钝。缘凹宽，深度中等。颈沟前深后浅，浅弧形弯曲，末端超过盾板的 2/3。

足中等大小。各基节无外距，基节Ⅰ内距窄短，末端钝；基节Ⅱ、Ⅲ内距呈脊状；基节Ⅳ内距短三角形，末端钝。转节Ⅰ背距三角形。各转节无腹距。跗节亚端部向末端逐渐倾斜收窄，腹面具端齿。爪垫约达爪长的2/3。气门板亚圆形，背突粗短，末端圆钝，无几丁质增厚区，气门斑位置靠前。

雄蜱（图 7-407，图 7-408）

体型大，呈长卵形，前端稍窄，后部圆弧形。长宽为（3.65～3.85）mm×（1.73～2.01）mm。

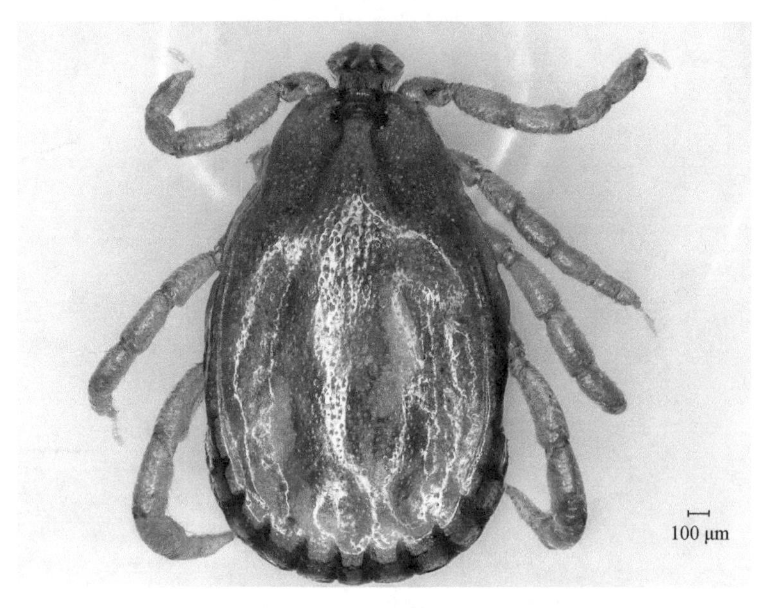

图 7-407　具沟血蜱雄蜱背面观

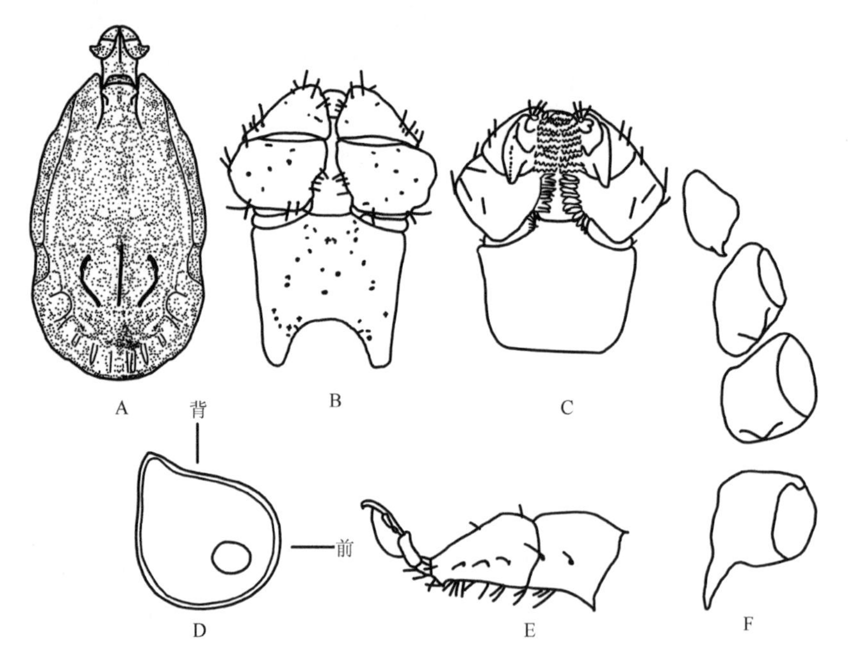

图 7-408　具沟血蜱雄蜱（参考：邓国藩和姜在阶，1991）

A. 假头及盾板背面观；B. 假头背面观；C. 假头腹面观；D. 气门板；E. 跗节Ⅳ；F. 基节

须肢粗短，后外角中度突出，略超出假头基外侧缘；第Ⅰ节短小，背、腹面可见；第Ⅱ节背面隆起，外缘短，与第Ⅲ节外缘连接，与后缘连接处圆钝，后缘弧形，腹面内缘刚毛窄叶状，排列紧密；第Ⅲ节短三角形，前端圆钝，无背距，腹刺较短，末端约达第Ⅱ节前缘。假头基近似矩形，两侧平行，后缘弧

形浅凹；基突发达，锥形，长大于宽。假头基腹面宽阔，后缘近于平直，无耳状突和横脊。口下板略短于须肢前端圆钝；齿式为5|5。

盾板长卵形，第Ⅰ缘垛之前最宽，长约为宽的1.8倍。小刻点多，但前部的刻点较大且稍疏。颈沟窄而深，向后略弧形斜弯。侧沟窄长，自基节Ⅲ前缘向后延伸封闭前2缘垛。缘垛宽短，分界明显，共11个。

足较粗壮。各基节无外距；基节Ⅰ内距窄，向外侧略弯，末端尖；基节Ⅱ、Ⅲ内距脊状，基节Ⅳ内距窄长，弯向外侧，末端尖细。转节Ⅰ背距盾形；各转节无腹距。跗节亚端部向末端逐渐倾斜收窄，具端齿。爪垫约达爪长的2/3。气门板逗点形，背突明显，末端细窄，无几丁质增厚区，气门斑位置靠前。

生物学特性 常出现在山麓荒漠草原。成蜱在春季和秋季活动。一年发生一代。在自然界以饥饿成蜱越冬。

蜱媒病 绵羊泰勒虫病和羊无浆体病的传播媒介。

（39）台岛血蜱 *H. taiwana* Sugimoto, 1936

定名依据 来源于台湾，因台湾血蜱之前已被用于 *H. formosensis*，故译为台岛血蜱。在我国仅分布于台湾。

宿主 水牛。

分布 国内：台湾；国外：日本。

鉴定要点

雌蜱盾板亚圆形；颈沟前深后浅，浅弧形弯曲，末端约达盾板的2/3。须肢前窄后宽，第Ⅱ节长于第Ⅲ节。第Ⅱ节外缘向前内斜，与第Ⅲ节外缘不相连。第Ⅲ节前端圆钝，背刺短，腹刺锥形，末端约达第Ⅱ节的1/2。假头基基突粗短，末端略钝。口下板齿式4|4。气门板近似椭圆形，背突粗短。足中等大小，基节Ⅰ内距窄短，末端钝；基节Ⅱ、Ⅲ内距粗短，呈脊状；基节Ⅳ内距短三角形，末端略钝。爪垫约达爪长的2/3。

雄蜱须肢前窄后宽，后外角明显突出，超出假头基外侧缘。第Ⅱ节背面隆起，外缘弧形内凹，与第Ⅲ节外缘不连接，与后缘相交呈锐角，后缘弧形。须肢第Ⅲ节前端圆钝；背刺短小，腹刺锥形，末端超过第Ⅱ节前缘。假头基基突发达，锥形。口下板齿式4|4或5|5。盾板颈沟前深后浅，近似平行，末端约达盾板前1/3处。侧沟明显，自基节Ⅱ后缘水平向后延伸至气门板水平。气门板逗点形，背突明显，末端细窄。足较粗壮；各基节无外距；基节Ⅰ内距窄，末端细长；基节Ⅱ、Ⅲ内距三角形，末端尖，基节Ⅳ具2个窄长距，相互靠近，末端尖细。

具体描述

雌蜱

体呈卵圆形，前端稍窄，后部圆弧形。

须肢粗短，后外角明显突出，超出假头基外侧缘；第Ⅱ节外缘向前内斜，与第Ⅲ节外缘不相连，与后缘相交呈锐角，后缘向前侧斜伸，内缘略直；第Ⅲ节近似圆角三角形，宽略大于长，前端圆钝，背刺短，腹刺锥形，末端约达第Ⅱ节的1/2。假头基近似矩形，两侧缘近似平行，后缘在基突间直。孔区大，卵圆形，间距较宽，在中部有小凹陷；基突粗短，末端钝。假头基腹面宽阔，后缘宽圆，无耳状突和横脊。口下板棒状，前端圆钝；齿式4|4，每纵列具齿12枚。

盾板宽阔，呈亚圆形，长宽为（1.17～1.275）mm×（1.19～1.24）mm；中部稍前最宽，向后弧形收窄，后段窄圆。刻点中等大小，分布不均。肩突圆钝。缘凹宽，深度中等。颈沟前深后浅，浅弧形弯曲，末端约达盾板的2/3。

足中等大小。各基节无外距，基节Ⅰ内距窄短，末端钝；基节Ⅱ、Ⅲ内距粗短，呈脊状；基节Ⅳ内距短三角形，末端略钝。转节Ⅰ背距三角形。跗节亚端部向末端逐渐收窄，腹面无端齿。爪垫约达爪长的 2/3。气门板近似椭圆形，长宽约 0.289 mm×0.374 mm，背突粗短，末端钝，无几丁质增厚区，气门斑位置靠前。

雄蜱（图 7-409）

体呈长卵形，前端稍窄，后部圆弧形。

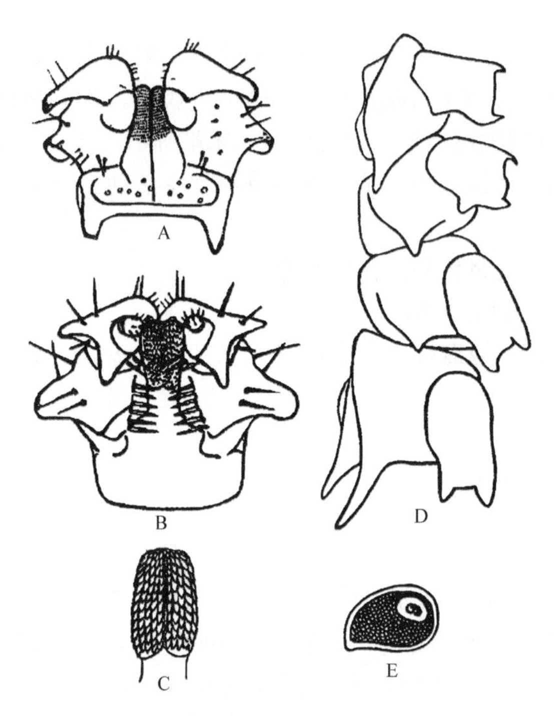

图 7-409　台岛血蜱雄蜱

A. 假头背面观；B. 假头腹面观；C. 口下板；D. 基节；E. 气门板

须肢粗短，后外角明显突出，超出假头基外侧缘；第Ⅱ节背面隆起，外缘弧形内凹，与第Ⅲ节外缘不连接，与后缘相交呈锐角，后缘弧形；第Ⅲ节短三角形，前端圆钝，背刺短小，腹刺锥形，末端超过第Ⅱ节前缘。假头基近似矩形，两侧平行，后缘在基突间直；基突发达，锥形，长明显大于宽。假头基腹面宽短，后缘近于平直，无耳状突和横脊。口下板棒状，前端圆钝；齿式为 4|4 或 5|5，每纵列具齿 10 或 11 枚。

盾板黄褐色，靠近边缘体色加深，呈长卵形，长宽约 2.98 mm×1.7 mm，中部最宽，第Ⅰ缘垛之前最宽，长约为宽的 1.8 倍。前部刻点大而深，其后刻点小而多。颈沟明显，近似平行，末端约达盾板前 1/3 处。侧沟窄长，自基节Ⅱ后缘水平向后延伸至气门板水平。缘垛宽短，分界明显，共 11 个。

足较粗壮。各基节无外距；基节Ⅰ内距窄，末端细长；基节Ⅱ、Ⅲ内距三角形，末端尖，基节Ⅳ具 2 个窄长距，相互靠近，末端尖细，外侧距略长，均明显大于基节Ⅰ内距。转节Ⅰ背距三角形。跗节亚端部向末端逐渐倾斜收窄，具端齿。爪垫约达爪长的 2/3。气门板大，长宽为（0.34～0.425）mm ×（0.238～0.34）mm，逗点形，背突明显，末端细窄，无几丁质增厚区，气门斑位置靠前。

（40）西藏血蜱 *H. tibetensis* Hoogstraal, 1965

定名依据　来源于西藏。

宿主　绵羊、牦牛 *Bos grunniens*、黄牛、犬。

分布　国内：甘肃、西藏（模式产地：亚东）。

鉴定要点

雌蜱盾板长略大于或等于宽，前 1/3 处最宽；刻点粗而稀少；颈沟前深后浅。须肢棒状，第Ⅱ节长于

第Ⅲ节。第Ⅱ节腹面内缘刚毛 5 根。第Ⅲ节前端窄钝，背部后缘不具刺，腹面刺很短，末端呈钩状。假头基基突付缺；孔区大，亚圆形。口下板齿式 4|4。气门板亚圆形，背突短钝。足粗壮，各基节内距粗短；各转节腹距付缺；跗节亚端部逐渐细窄；腹面端齿发达。爪垫达不到爪端。

雄蜱须肢短棒状，第Ⅱ节与第Ⅲ节约等长。第Ⅱ节腹面内缘刚毛 4 根。须肢第Ⅲ节前端平钝，背面后缘无刺；腹刺短钝，末端约达该节后缘。假头基基突三角形，末端尖细。口下板齿式 5|5。盾板颈沟窄短，向后略内斜；侧沟窄，由基节Ⅲ水平向后延伸至第Ⅱ缘垛；刻点少，粗细不均。气门板亚圆形，背突短钝。足与雌蜱相似，但雄蜱基节Ⅳ较长而尖细。

具体描述

雌蜱（图 7-410）

体呈卵圆形，前端稍窄，后部圆弧形。

须肢窄长，其长约为宽的 3 倍，两侧缘近似平行；第Ⅱ节长约为宽的 2 倍，背面内缘刚毛 3 根，腹面内缘刚毛 5 根；第Ⅲ节明显短于第Ⅱ节，两节分界明显，前端窄钝，外缘略直，无背刺，腹刺很短，末端略微后弯。假头基近似矩形，宽约为长的 2.3 倍，两侧缘前段平行，靠中部外凸，向后略内斜。假头基腹面宽阔，无耳状突和横脊。孔区大而深，亚圆形；无基突。口下板棒状，长与须肢约等，顶端圆钝，向后略收窄；齿式 4|4，由内列向外列分别具齿 9 枚、12 枚、14 枚、14 枚。

盾板前宽后窄，长等于或略大于宽，前 1/3 处最宽，向后弧形收窄，后缘圆钝。刻点大而稀少。颈沟前深后浅，弧形外斜。

足粗壮。各基节无外距，内距粗短；基节Ⅰ内距三角形，末端圆钝；基节Ⅱ、Ⅲ内距呈脊状；基节Ⅳ内距更短。各转节无腹距。跗节粗短，但跗节Ⅳ稍长，亚端部向末端逐渐收窄，腹面端齿发达。爪垫达不到爪端。气门板亚圆形，背突短而钝，无几丁质增厚区，气门斑位置靠前。

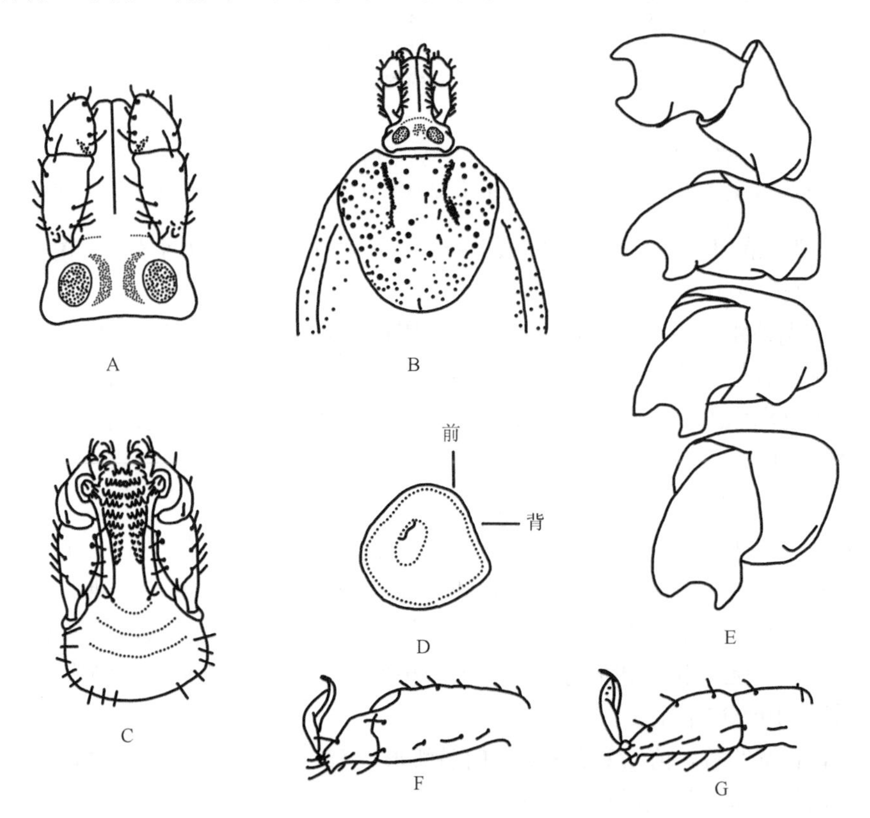

图 7-410　西藏血蜱雌蜱（参考：邓国藩和姜在阶，1991）

A. 假头背面观；B. 假头及盾板背面观；C. 假头腹面观；D. 气门板；E. 基节；F. 跗节Ⅰ；G. 跗节Ⅳ

雄蜱（图 7-411）

淡褐色。长（包括假头）宽约 3.3 mm×1.8 mm。

须肢粗短，侧缘未超出假头基外侧缘；第Ⅱ节宽约为长的 1.2 倍，背面外缘略凸，后缘向外斜弯，背、腹面内缘刚毛分别为 2 根和 4 根；第Ⅲ节与第Ⅱ节几乎等长，前端平钝，后缘微弯，无背刺，腹刺短钝，未超出该节后缘。假头基宽约为长（包括基突）的 1.45 倍，两侧缘中部向外凸出，后缘在基突间平直；表面散布少数刻点。基突长约为假头基主部的 1/4，呈三角形，末端尖细。假头基腹面略呈矩形，无耳状突和横脊。口下板棒状长度与须肢约等，前端圆钝，侧缘略外弯；齿式 5|5，内列具齿约 5 枚，外列具齿约 10 枚。

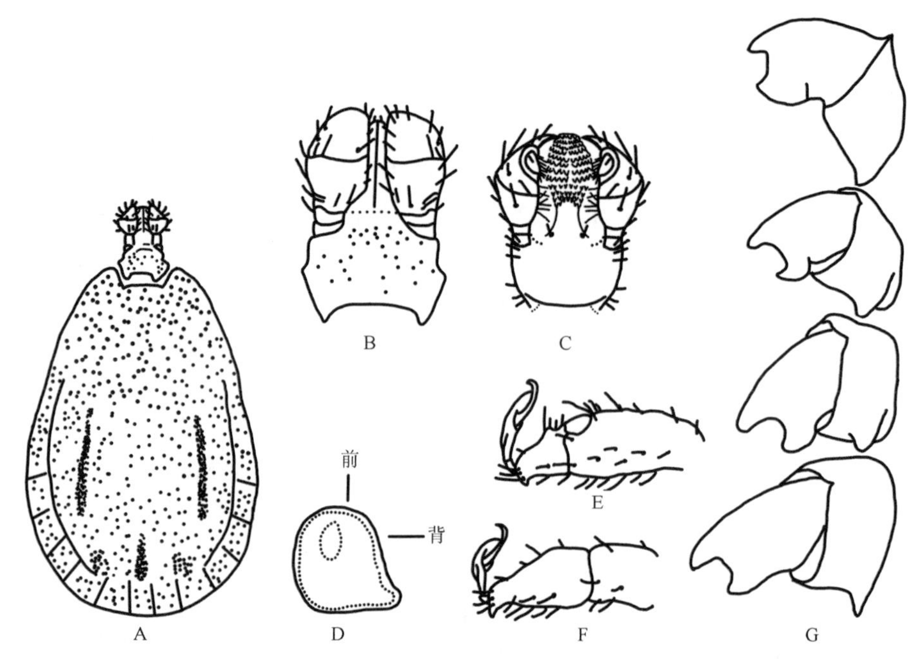

图 7-411　西藏血蜱雄蜱（参考：邓国藩和姜在阶，1991）

A. 假头及盾板背面观；B. 假头背面观；C. 假头腹面观；D. 气门板；E. 跗节Ⅰ；F. 跗节Ⅳ；G. 基节

盾板梨形，长约为宽的 1.5 倍，在气门板水平处最宽；刻点少，主要为小刻点和中等刻点。颈沟窄短，向后内斜。侧沟窄，自基节Ⅲ水平向后延伸到第Ⅱ缘垛。

足粗壮。各基节无外距；内距三角形；基节Ⅰ～Ⅲ内距较宽，末端圆钝，略超出各节后缘；基节Ⅳ内距较长，末端尖细。各转节无腹距。跗节Ⅰ～Ⅲ粗短，亚端部背缘略隆起，向末端逐渐收窄；跗节Ⅳ略长，亚端部向末端逐渐收窄；各跗节腹面均具端齿。爪垫达不到爪端。气门板亚圆形，背突宽短，末端圆钝，无几丁质增厚区，气门斑位置靠前。

若蜱（图 7-412）

假头较长。须肢长方形，外侧不突出，未超出假头基外侧缘；第Ⅰ节短小，背、腹面均可见；第Ⅱ节长，前宽后窄，背、腹面内缘刚毛分别为 1 根和 2 根；第Ⅲ节粗短，前端圆钝，无背刺，腹刺短小，末端窄钝，达不到该节后缘。假头基宽短，侧缘前段较直，后端凸出呈角状，后缘平直。无基突。假头基腹面较宽，后缘弧形，无耳状突和横脊。口下板与须肢约等长，前端平钝，侧缘略外弯；齿冠短小；齿式 2|2，每纵列具齿 10～12 枚。

盾板近似心形，长宽约等，前 1/3 处最宽，向后弧形收窄，末端圆钝。刻点少，较粗。肩突短钝。缘凹宽浅。颈沟前深后浅，末端约达盾板的 2/3。

足较粗壮。各基节无外距；基节Ⅰ内距粗壮，三角形，末端圆钝；基节Ⅱ～Ⅳ内距呈脊状，基节Ⅳ的最小。转节Ⅰ背距窄三角形，末端尖细；各转节无腹距。跗节长度适中，亚端部向末端渐窄，腹面无端齿。爪垫约达爪长的 2/3。气门板近梨形，背突短，末端细窄，无几丁质增厚区，气门斑位置靠前。

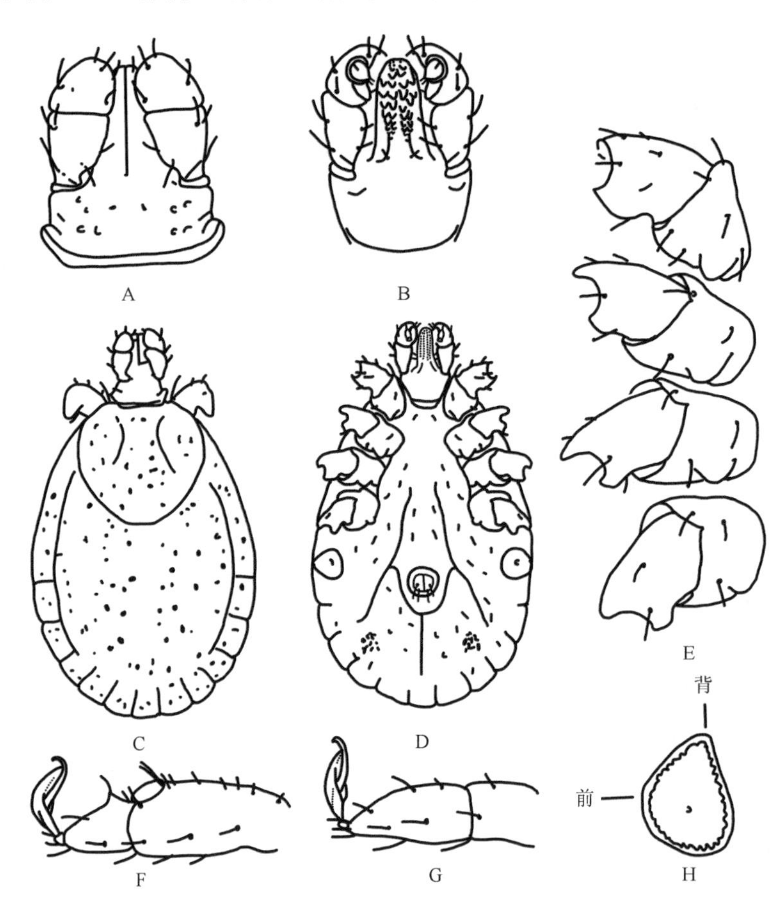

图 7-412　西藏血蜱若蜱（参考：邓国藩和姜在阶，1991）

A. 假头背面观；B. 假头腹面观；C. 背面观；D. 腹面观；E. 基节；F. 跗节 I；G. 跗节Ⅳ；H. 气门板

生物学特性　生活于高原山区，海拔 4000 m 也有分布。6 月可在草地及宿主上发现。

（41）草原血蜱 *H. verticalis* Itagaki, Noda & Yamaguchi, 1944

定名依据　*verticalis* 为垂直。然而，中文译名草原血蜱已广泛使用。

宿主　主要寄生于草原黄鼠 *Citellus dauricus*，也寄生于长爪沙鼠 *Meriones unguieulataus*、黑线仓鼠 *Cricetulus barabensis*、东方田鼠 *Microtus fortis*、大仓鼠 *C. triton*、无趾跳鼠 *Allactaga sibirica*、草原鼢鼠 *Myospalax aspalax*、香鼬 *Mustela altaica*、蒙古兔 *Lepus tolai*、艾鼬 *M. eversmanni*、刺猬 *Erinaceus europaeus*、黄羊 *Procapra gutturosa*、黄牛、犬、麻雀 *Passer montanus* 等。

分布　国内：河北、黑龙江、吉林、辽宁、内蒙古、宁夏、山西（模式产地）；国外：蒙古国。

鉴定要点

雌蜱盾板近似心形，长大于宽；刻点中等粗细，分布不均匀；颈沟深，外弧形，末端约达盾板的 2/3。须肢前窄后宽。第Ⅱ节后外角强度凸出成钝角，外缘浅凹；腹面内缘刚毛 3 或 4 根。第Ⅲ节前端细窄，背部后缘不具刺，腹面刺粗短，末端钝，约达该节后缘。假头基基突粗短而钝；孔区长卵形，间距宽。口下板齿式 3|3。气门板卵圆形，背突短钝。足长适中，基节Ⅰ内距短锥形，末端稍钝；基节Ⅱ～Ⅳ内距粗短，三角形；各转节腹距短钝。跗节亚端部逐渐细窄；腹面无端齿。爪垫约达爪长的 2/3。

雄蜱须肢前窄后宽，外缘弧度大于内缘弧度。第Ⅱ节后外角显著凸出成锐角，显著超出假头基侧缘；腹面内缘刚毛 3 根。须肢第Ⅲ节前端尖窄；背面后缘无刺；腹刺短钝，末端约达第Ⅱ节的前缘。假头基基突粗壮，三角形，末端稍尖。口下板齿式 3|3。盾板颈沟短而深，向后略内斜；侧沟明显，由基节Ⅲ水

平向后延伸至第Ⅰ缘垛；刻点小而稀疏，不太明显。气门板卵圆形，背突短钝。足与雌蜱相似。

具体描述

雌蜱（图 7-413，图 7-414）

黄褐色。体型小，呈卵圆形，前端稍窄，后部圆弧形。

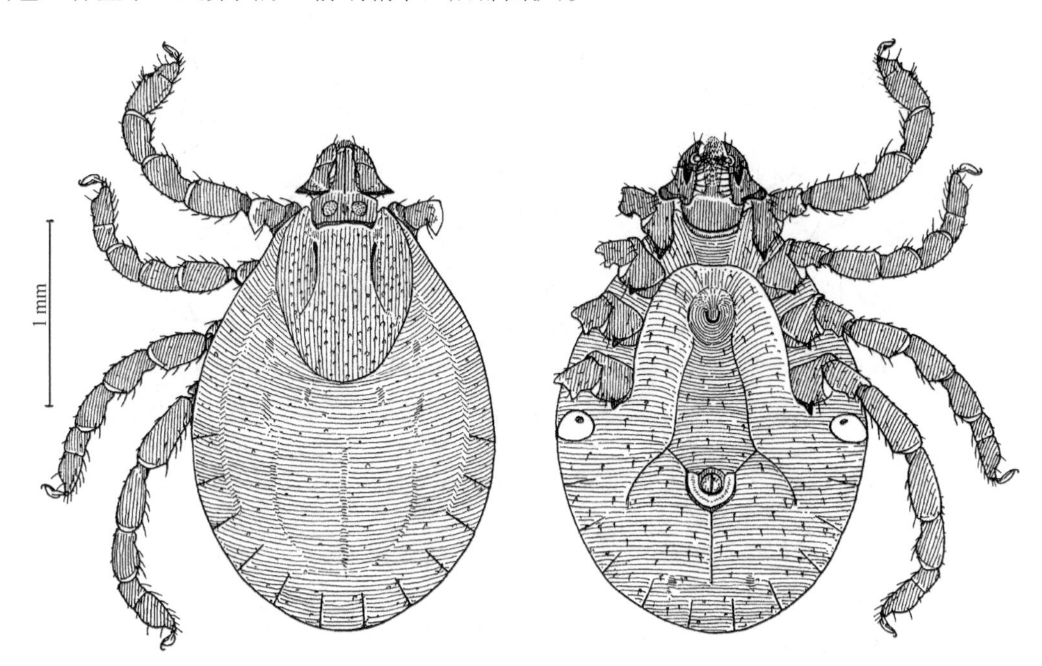

图 7-413 草原血蜱雌蜱背面观和腹面观（参考：Emel'yanova & Hoogstraal，1973）

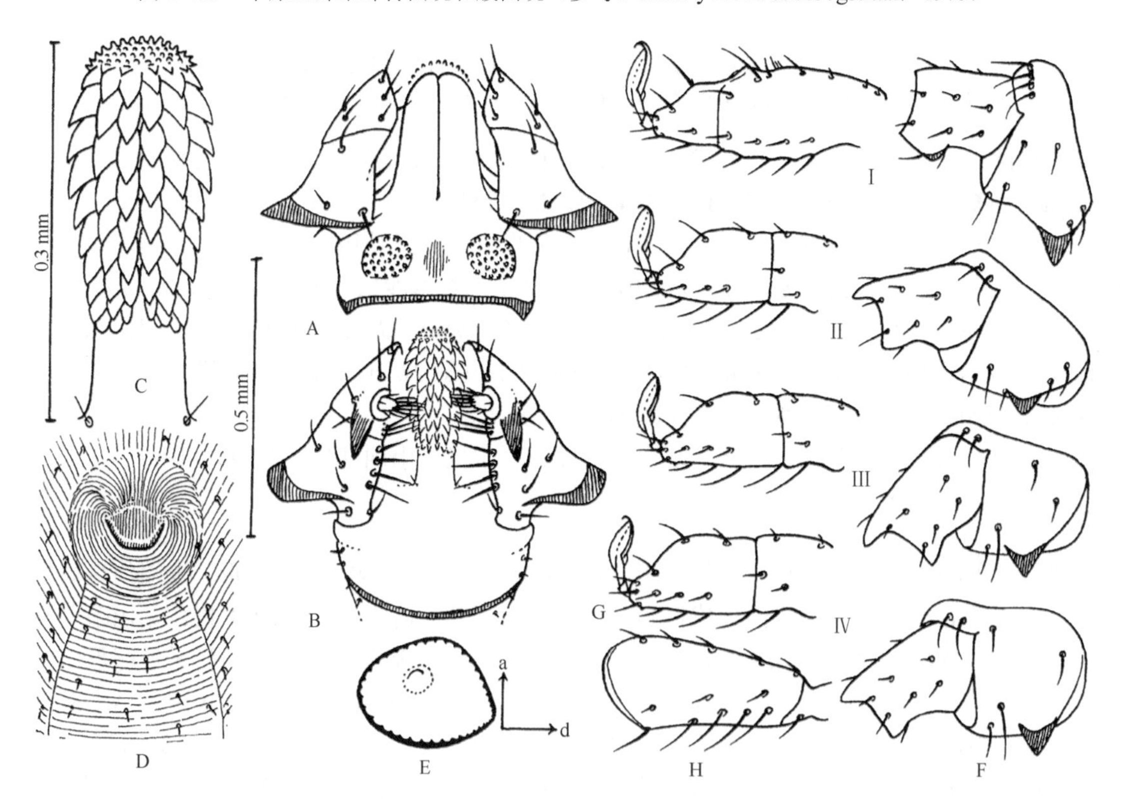

图 7-414 草原血蜱雌蜱（参考：Emel'yanova & Hoogstraal，1973）

A. 假头背面观；B. 假头腹面观；C. 口下板；D. 生殖孔；E. 气门板；F. 基节Ⅰ～Ⅳ；G. 跗节Ⅰ～Ⅳ；H. 跗节Ⅳ侧面观

须肢前窄后宽，长约为宽的 1.6 倍；第Ⅱ节长宽约等，外缘浅凹，后外角显著突出，呈钝角，后缘向外斜弯，背面内缘刚毛 2 根，腹面内缘刚毛 3 或 4 根；第Ⅲ节长宽约等，前端细窄，后缘略直，无背刺，腹刺粗短而钝，末端约达该节后缘。假头基近似倒梯形，宽约为长（包括基突）的 2 倍；两侧缘向后略内斜，后缘在基突间平直。孔区长卵形，前部内斜，间距略大于长径。基突粗短而钝。假头基腹面宽阔，后缘微弯，无耳状突和横脊。口下板齿式 3|3，齿的大小均匀，每列约具 8 枚。

盾板略似心形，长约为宽的 1.2 倍，前 1/3 处最宽，后缘窄钝。刻点中等大小，在两侧区分布较密。颈沟深，弧形外弯，末端约达盾板后 1/3 处。

足长度适中，稍粗。各基节无外距；基节Ⅰ内距短锥形，末端稍钝；基节Ⅱ～Ⅳ内距短三角形，末端钝；基节Ⅱ、Ⅲ的长度约等，基节Ⅳ的略长。各转节腹距呈脊状。跗节稍粗短，亚端部背缘略微隆起，向末端逐渐收窄，无端齿。爪垫约达爪长的 2/3。气门板卵圆形，背突短钝，不甚明显，无几丁质增厚区，气门斑位置靠前。

雄蜱（图 7-415，图 7-416）

黄褐色。体型小，呈卵圆形，前端稍窄，后部圆弧形。长（包括假头）宽为（1.3～1.8）mm ×（0.90～1.20）mm。

须肢前窄后宽；第Ⅱ节宽大于长，外缘浅凹，后外角显著突出呈锐角，后缘向外弧形斜弯，背面内缘刚毛 2 根，腹面内缘刚毛 3 根；第Ⅲ节短三角形，宽略大于长，前端尖窄，后缘直，无背刺，腹刺短钝，约达第Ⅱ节前缘。假头基矩形，宽约为长（包括基突）的 1.6 倍；两侧缘平行，后缘在基突间平直；基突粗壮，三角形，末端稍尖；表面具少数小刻点。假头基腹面宽短，后缘浅弯，无耳状突和横脊。口下板棒状，与须肢约等，两侧向后渐窄；齿式 3|3，每纵列具齿约 7 枚。

盾板呈卵圆形，长约为宽的 1.4 倍，在气门板前最宽。刻点小且分布稀疏。颈沟短而深，向后略内斜。侧沟明显，自基节Ⅲ水平向后延伸至第Ⅰ缘垛。缘垛窄长，有时分界不整齐，共 11 个。

足长度适中，稍粗。各基节无外距；基节Ⅰ内距中等长，窄而钝；基节Ⅱ、Ⅲ内距粗短，三角形；基节Ⅳ较基节Ⅲ的内距稍窄长，末端略尖。各转节腹距呈脊状。跗节亚端部背缘略隆起，向末端渐窄，腹面无端齿。爪垫约达爪长的 2/3。气门板近似卵圆形，向背方渐窄，背突短钝，无几丁质增厚区，气门斑位置靠前。

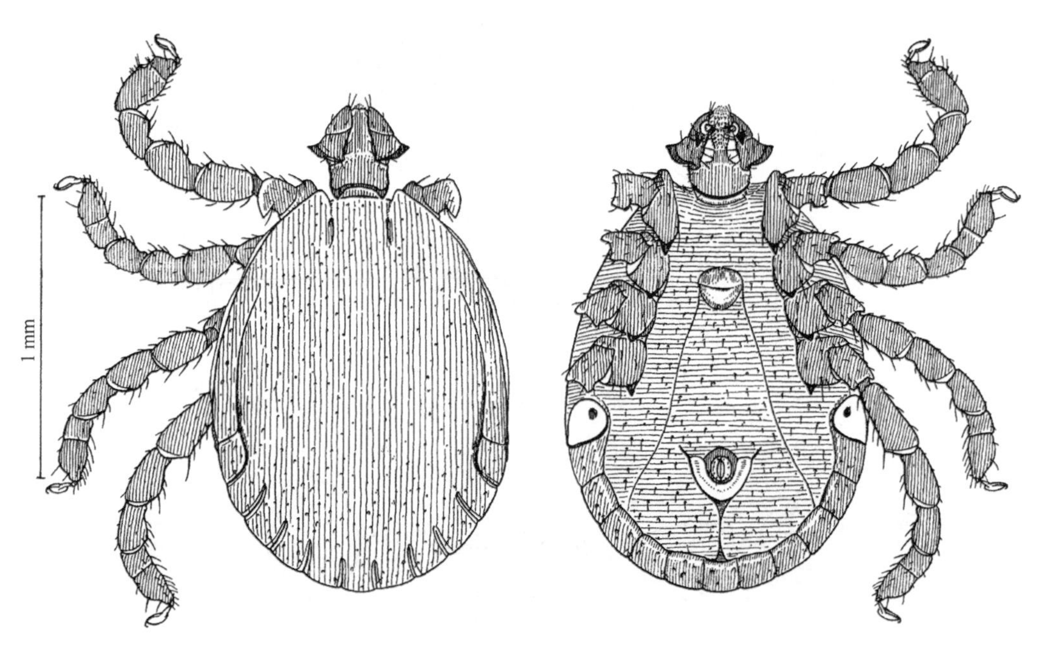

图 7-415　草原血蜱雄蜱背面观和腹面观（参考：Emel’yanova & Hoogstraal，1973）

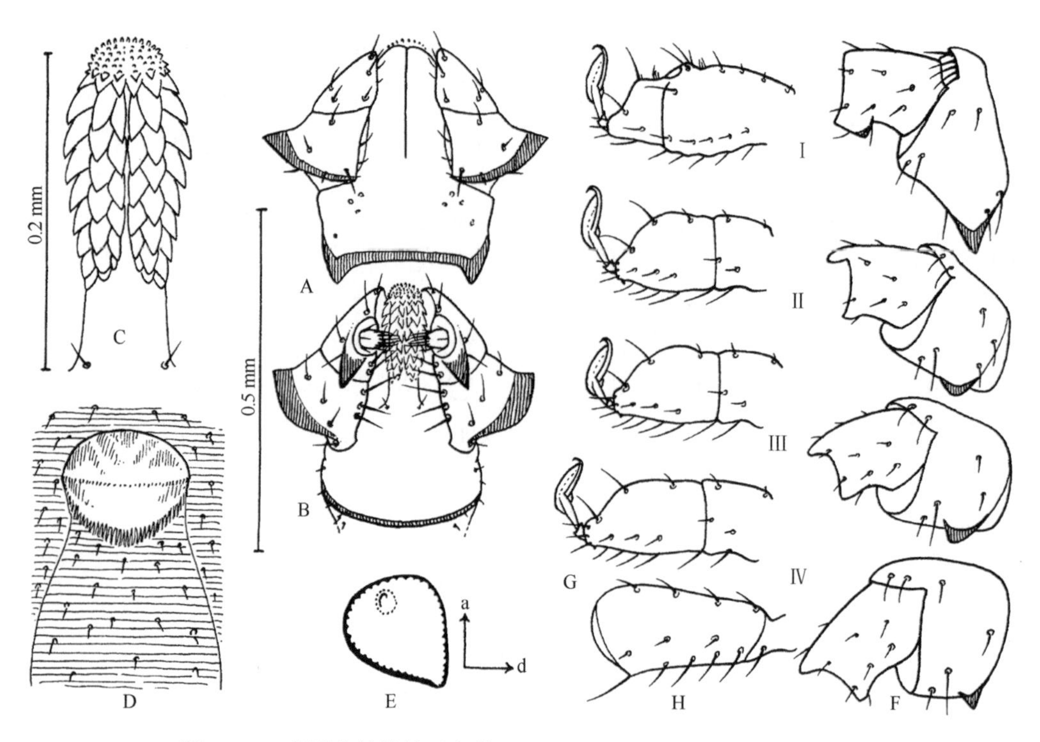

图 7-416　草原血蜱雄蜱（参考：Emel'yanova & Hoogstraal，1973）
A. 假头背面观；B. 假头腹面观；C. 口下板；D. 生殖孔；E. 气门板；F. 基节Ⅰ～Ⅳ；G. 跗节Ⅰ～Ⅳ；H. 跗节Ⅳ侧面观；a. 前面；d. 背面

若蜱（图 7-417）

体呈卵圆形，前端稍窄，后部圆弧形。

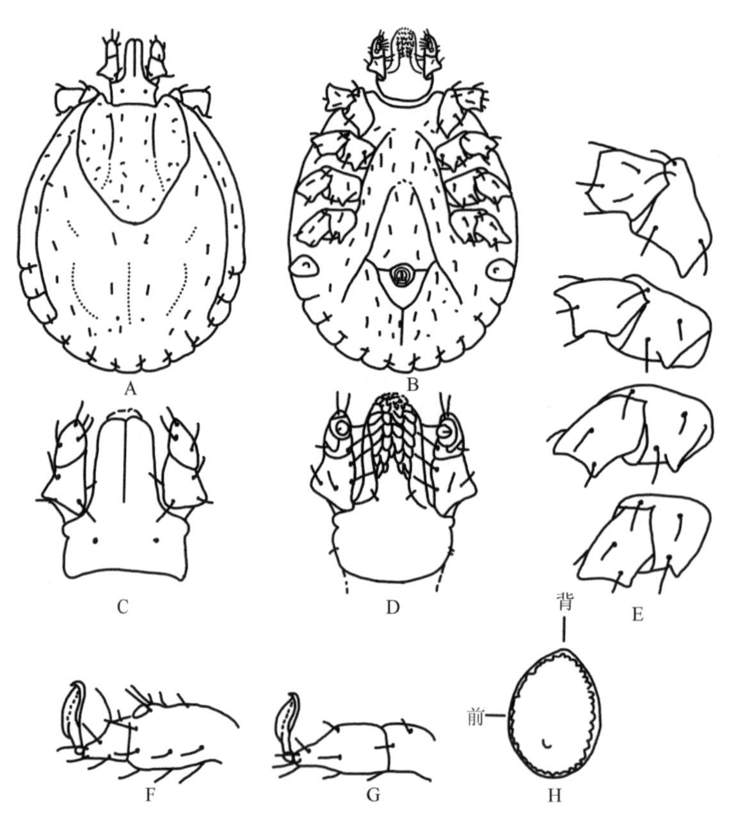

图 7-417　草原血蜱若蜱（参考：邓国藩和姜在阶，1991）
A. 背面观；B. 腹面观；C. 假头背面观；D. 假头腹面观；E. 基节；F. 跗节Ⅰ；G. 跗节Ⅳ；H. 气门板

须肢长形，后外角略突出；长约为宽的 2 倍；第Ⅱ节长约为宽的 1.2 倍，外缘短，向前内斜，与后缘相交略呈直角，后缘直，向外斜伸，背面内缘具刚毛 1 根，腹面内缘刚毛 2 根；第Ⅲ节长约为第Ⅱ节的 0.7 倍，前端略尖窄，外缘前弯后直，无背刺，腹刺宽短，末端达不到该节后缘。假头基近似矩形；宽为长（包括基突）的 2.1 倍；外缘略直，靠前有一缺刻；基突短，宽三角形，末端略钝。假头基腹面后缘宽圆，无耳状突和横脊。口下板略长于须肢；齿式为 2|2，每纵列具齿 7～9 枚。

盾板近似心形，长约为宽的 1.1 倍，中部最宽，向后显著内斜，末端圆钝。刻点稀少，不明显。肩突窄钝。缘凹较宽。颈沟窄而直，两侧近似平行，末端略超过盾板中部。

各基节无外距；内距三角形，末端尖，基节Ⅳ的略小。跗节稍粗短，亚端部背缘略隆起，向末端逐渐收窄，腹面无端齿。爪垫达到爪端。气门板亚卵形，背突不明显，无几丁质增厚区，气门斑位置靠前。

幼蜱（图 7-418）

体呈卵圆形，前端稍窄，后部圆弧形。

须肢长方形，后外角略突出；长约为宽的 2 倍；第Ⅱ节长约为宽的 1.2 倍，外缘短，向前内斜，与后缘相交略呈直角，后缘直，向外斜伸，背、腹面内缘各具刚毛 1 根；第Ⅲ节长约为第Ⅱ节的 0.7 倍，前端略尖窄，外缘前弯后直，无背刺，腹刺不明显。假头基近似矩形，宽约为长的 2.3 倍；外缘略直，靠前有一凹陷。基突不明显，向后外侧略凸出。假头基腹面后缘圆弧形，无耳状突和横脊。口下板长于须肢；齿式 2|2，每纵列具齿 6～8 枚。

盾板呈心形，长宽约等。刻点很少。肩突短钝。缘凹宽浅。盾板外缘前半段显著凸出，后半段显著内斜，后缘圆钝。颈沟窄而直，两侧平行，末端约达盾板中部。

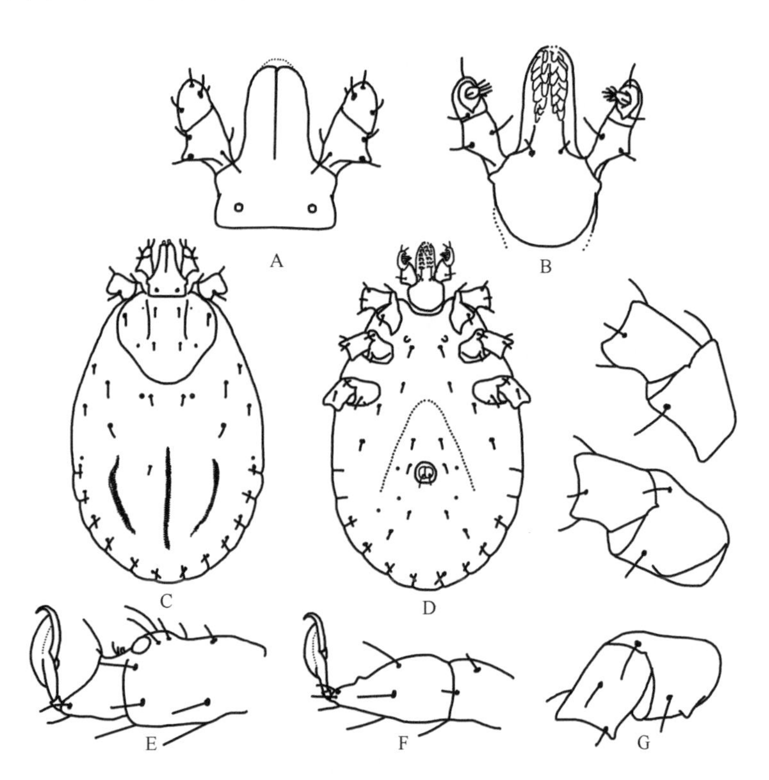

图 7-418　草原血蜱幼蜱（参考：邓国藩和姜在阶，1991）
A. 假头背面观；B. 假头腹面观；C. 背面观；D. 腹面观；E. 跗节Ⅰ；F. 跗节Ⅲ；G. 基节

各基节无外距；基节Ⅰ内距短三角形，末端尖；基节Ⅱ内距呈脊状，短钝；基节Ⅲ内距短小，三角形，末端尖。跗节稍粗短，亚端部背缘略隆起，向末端逐渐收窄，腹面无端齿。爪垫较大，将近达到爪端。

生物学特性 洞穴巢居型。多生活在半荒漠草原、干旱草原，农区山地也有出现。成蜱在4～7月活动，5月数量达到高峰。幼蜱在7月、8月出现，8月上旬数量达到高峰。若蜱见于7～9月，8月数量达到高峰。各发育期均栖息在鼠洞内。自然界中以饥饿成蜱（或少数若蜱）在鼠洞内越冬，也有部分成蜱在鼠上越冬。一年发生一代。

蜱媒病 该蜱能自然感染鼠疫杆菌。

（42）汶川血蜱 *H. warburtoni* Nuttall, 1912

定名依据 该种是以蜱螨学家Warburton命名。然而，中文译名汶川血蜱已广泛使用。

宿主 苏门羚 *Capricornis sumatraensis*、青羊 *Naemorhedus goral*、牦牛 *Bos grunniens*、羚羊 *Hemitragus jemlahicus*、绵羊。

分布 国内：四川（模式产地：汶川）、西藏；国外：尼泊尔、越南（北部）。

附注 Nuttall和Warburton（1915）报道我国台湾的 *H. warburtoni* 是 *H. formosensis* 之误（Hoogstraal，1966）。

鉴定要点

雌蜱盾板宽约等于长，前1/3处最宽；刻点少，粗细不均；颈沟深，向后内斜，末端约达盾板中部。须肢棒状，第Ⅱ节长于第Ⅲ节。第Ⅱ节腹面内缘刚毛3根。第Ⅲ节背部后缘不具刺，腹面刺粗短而钝，末端略超出该节内缘。假头基基突三角形，末端稍尖；孔区卵形，间距宽。口下板齿式主部为5|5，基部为4|4。气门板近圆形，无背突。足粗壮，长度适中，基节Ⅰ～Ⅲ内距粗短而钝；基节Ⅳ较为窄长。各转节无腹距。跗节Ⅱ～Ⅳ亚端部隆起，并向端部逐渐细窄；腹面端齿较小。爪垫约达爪长的2/3。

雄蜱须肢粗短，第Ⅱ节长于第Ⅲ节；第Ⅱ节腹面内缘刚毛3根；须肢第Ⅲ节前端圆钝，背面后缘无刺；腹刺短钝，斜向内侧，末端略超出该节内缘。假头基基突发达，三角形，末端稍尖。口下板齿式4|4。盾板颈沟窄短，后段内斜；侧沟由基节Ⅲ水平向后封闭第Ⅰ缘垛；刻点少而浅，粗细不均。气门板近似长方形，背突短钝。足与雌蜱相似，但雄蜱各基节的内距较大。

具体描述

雌蜱（图7-419）

体呈卵圆形，前端收窄，后端圆弧形。长（包括假头）宽为（3.25～3.53）mm×（1.82～2.05）mm。

须肢呈棒形，长约为宽的3倍，两侧缘近于平行，第Ⅱ、Ⅲ节交界处最宽，外侧缘未明显超出假头基外侧缘；第Ⅱ节长为宽的1.75倍，背、腹面内缘刚毛各3根；第Ⅲ节近似圆角三角形，略短于第Ⅱ节，长度之比为3∶4，后缘略直，无背刺，腹刺粗短而钝，斜向内侧，略超出该节内缘。假头基宽约为长（包括基突）的2倍；侧缘后段突出呈角状，后缘浅弧形凸出。孔区卵形，向前内斜，间距宽。基突三角形，长略小于宽，末端稍尖。假头基腹面宽短，表面隆起，无耳状突和横脊。口下板略长于须肢；主体齿式5|5，顶端为6|6，接近基部为4|4。

盾板长宽约等，前1/3处最宽，向后渐窄，后缘圆钝。刻点少，大小不一。颈沟深而窄，向后略内斜，末端约达盾板中部。

足粗壮，长度适中。各基节无外距；内距明显。基节Ⅰ、Ⅱ内距粗而钝，基节Ⅱ的略宽短；基节Ⅲ、Ⅳ内距约等长，末端稍尖，基节Ⅳ的更为窄尖。转节无腹距，仅转节Ⅰ的略明显。跗节粗短；跗节Ⅱ～Ⅳ亚端部背缘隆起，向端部逐渐收窄，腹面具端齿。爪垫约达爪长的2/3。气门板近似圆形，无背突，无几丁质增厚区，气门斑位置靠前。

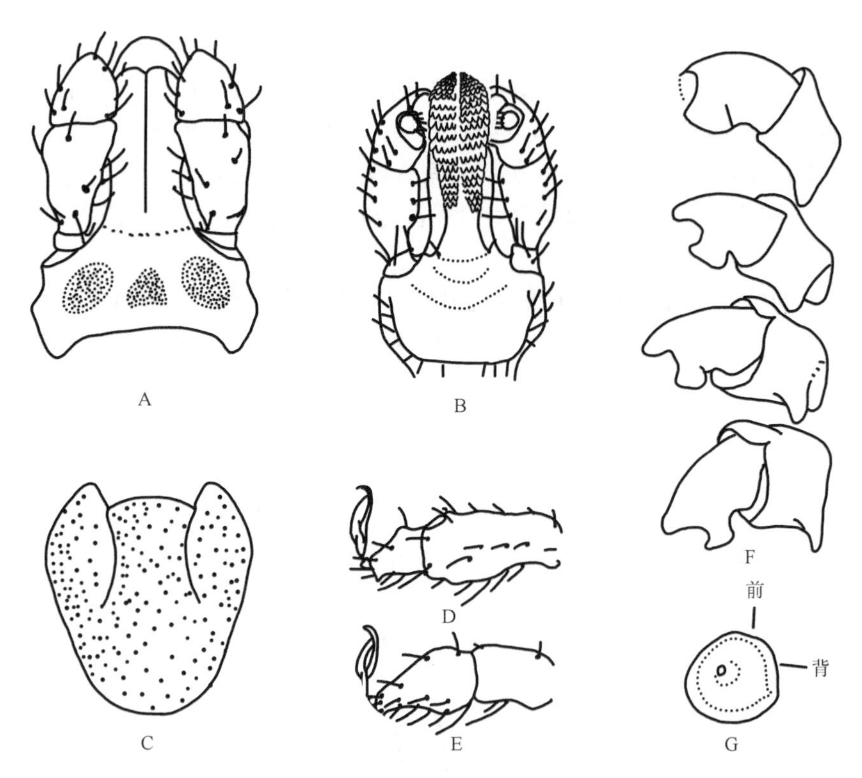

图 7-419　汶川血蜱雌蜱（参考：邓国藩和姜在阶，1991）

A. 假头背面观；B. 假头腹面观；C. 盾板；D. 跗节Ⅰ；E. 跗节Ⅳ；F. 基节；G. 气门板

雄蜱（图 7-420）

长（包括假头）宽为（2.20～2.90）mm ×（1.25～1.71）mm。

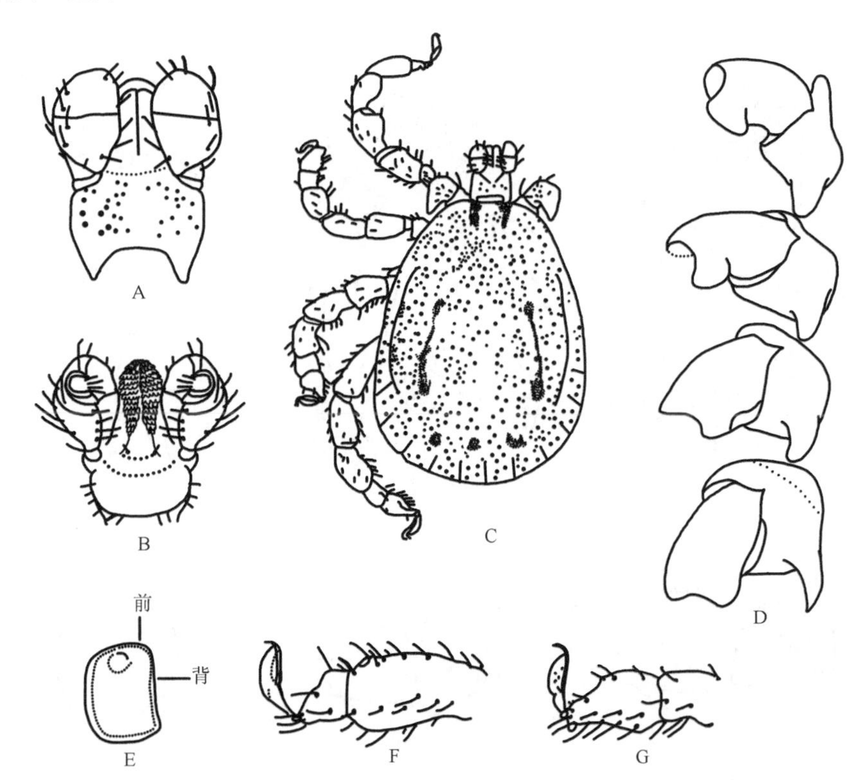

图 7-420　汶川血蜱雄蜱（参考：邓国藩和姜在阶，1991）

A. 假头背面观；B. 假头腹面观；C. 背面观；D. 基节；E. 气门板；F. 跗节Ⅰ；G. 跗节Ⅳ

须肢粗短，长约为宽的 1.75 倍，外缘弧形，略超出假头基外侧缘；第Ⅱ节长宽约等，后缘弧形外斜，与外缘相交成钝角，背、腹面内缘分别具刚毛 2 根和 3 根；第Ⅲ节长约为第Ⅱ节的 3/4，前端圆钝，无背刺，腹刺短钝，斜向内侧，略超出该节内缘。假头基近似矩形，宽约为长（包括基突）的 1.14 倍；侧缘中段微凹，后段略凸出，呈角状，后缘在基突间直或微凹。基突发达，呈三角形，长宽约等，末端稍尖。假头基腹面短而隆起，无耳状突和横脊。口下板与须肢约等长；齿式前段为 6|6，中间 2 排为 5|5，基部为 4|4。

盾板梨形，长约为宽的 1.5 倍，在第Ⅰ缘垛处最宽。刻点大小不一，分布稀疏。中部两侧有 1 对长形浅陷，后部缘垛前方有 3 个圆形小浅陷。颈沟窄短而深，而后略内斜。侧沟自基节Ⅲ水平向后延伸至第Ⅰ、Ⅱ缘垛交界。缘垛分界明显，共 11 个。

足粗壮，长度适中。各基节无外距；内距发达；基节Ⅰ～Ⅲ内距约等长，末端钝，但基节Ⅲ的略尖窄；基节Ⅳ内距较长，约为基节Ⅲ的 1.5 倍，略向外弯，末端尖细。各转节无腹距，仅转节Ⅰ的略明显。跗节Ⅱ～Ⅳ远端背缘隆起，亚端部向末端逐渐收窄，末端具端齿。爪垫约达爪长的 2/3。气门板略似长方形，长约为中部宽的 1.5 倍，背突很短，宽三角形，末端钝，无几丁质增厚区，气门斑位置靠前。

若蜱（图 7-421）

体呈卵圆形，前端稍窄，后部圆弧形。长（包括假头）宽约 1.6 mm×1.0 mm。

图 7-421　汶川血蜱若蜱（参考：邓国藩和姜在阶，1991）

A. 假头背面观；B. 假头腹面观；C. 背面观；D. 腹面观；E. 基节；F. 跗节Ⅰ；G. 跗节Ⅳ；H. 气门板

须肢呈棒状，长约为宽的 2 倍，端部最宽，向后渐窄；第Ⅰ节短小，背、腹面均可见；第Ⅱ节长约为宽的 1.2 倍，前部较宽，向后变窄，内缘背、腹面各具刚毛 1 根；第Ⅲ节略短于第Ⅱ节，无背刺，腹刺窄，向后内侧斜伸，末端略超过第Ⅱ节前缘；第Ⅳ节位于第Ⅲ节腹面的凹陷内。假头基宽约为长（包括基突）的 2 倍；外缘自中部向外弧形凸出，延至基突末端。基突粗短，长小于宽，末端钝。假头基腹面向后渐窄。靠近后缘有浅弧形横脊。口下板与须肢约等长，前端圆钝，基部收窄；齿式 2|2，每纵列具大齿 6～8 枚。

盾板呈亚圆形，宽约为长的 1.1 倍，中部最宽，向后渐窄，末端圆钝。刻点稀少。肩突圆钝。缘凹宽浅。颈沟弧形外斜，末端约达盾板后 1/3 处。

足中等大小。各基节无外距；内距中等大小，三角形，末端较钝。转节Ⅰ背距窄三角形；各转节无腹距。跗节Ⅱ～Ⅳ亚端部背面略隆起，向末端逐渐收窄。爪垫达不到爪端。气门板亚卵形，背突短小，末端圆钝，无几丁质增厚区，气门斑位置靠前。

幼蜱（图 7-422）

体呈卵圆形，前端稍窄，后部圆弧形。长（包括假头）宽约为 0.9 mm×0.6 mm。

须肢呈棒状，长约为宽的 2.1 倍；第Ⅰ节短小，背、腹面可见；第Ⅱ节长方形，前宽后窄，内缘背、腹面各具刚毛 1 根；第Ⅲ节前端圆钝，无背刺和腹刺。假头基宽约为长的 2.5 倍；外缘前段直，后段向外凸出呈角状；后缘浅弧形微凹。无基突。假头基腹面略长，后脊明显呈宽“U”形，无耳状突。口下板略长于须肢；齿式 2|2，每纵列具齿 6～8 枚。

盾板宽约为长的 1.4 倍；前 1/3 处最宽，向后弧形收窄，末端窄钝。刻点很少。肩突和缘凹不明显。颈沟浅弧形外弯，末端略超过盾板的中部。

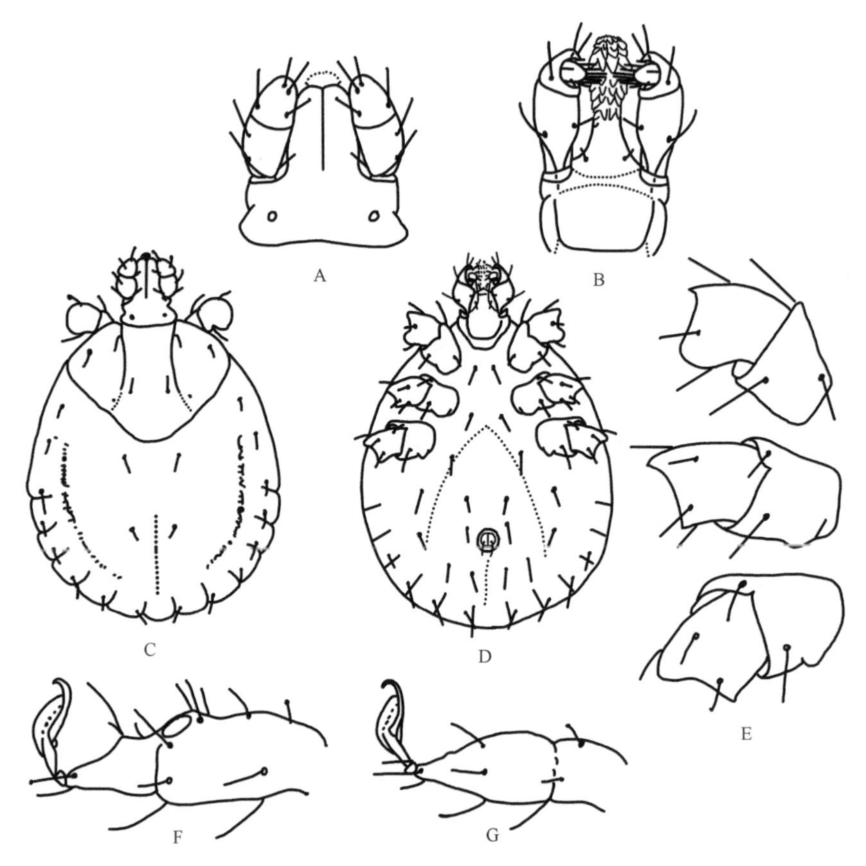

图 7-422　汶川血蜱幼蜱（参考：邓国藩和姜在阶，1991）

A. 假头背面观；B. 假头腹面观；C. 背面观；D. 腹面观；E. 基节；F. 跗节Ⅰ；G. 跗节Ⅲ

足略窄长。各基节无外距；基节Ⅰ、Ⅱ内距呈脊状；基节Ⅲ内距短小，末端圆钝。转节Ⅰ背距短，末端圆钝；各转节无腹距。跗节Ⅰ较粗壮；跗节Ⅱ、Ⅲ亚端部背面略隆起，向端部逐渐收窄。爪垫约达爪长的2/3。

生物学特性 生活于高山地区（海拔2500～3800 m）的矮小灌丛中。多出现在早春和晚秋。

（43）微形血蜱 *H. wellingtoni* Nuttall & Warburton, 1908

定名依据 本种是以人名Wellington命名。然而，中文译名微形血蜱已广泛使用。

宿主 家鸡、白鹇 *Lophura nycthemera*、犬、水牛。

分布 国内：云南；国外：巴布亚新几内亚、柬埔寨、老挝、马来西亚、缅甸、尼泊尔、日本、斯里兰卡、印度、印度尼西亚、越南。

鉴定要点

雌蜱盾板椭圆形，长略大于宽；刻点粗细不均，分布亦不均；颈沟长，末端达到盾板2/3。须肢前窄后宽，第Ⅱ节长于第Ⅲ节。第Ⅱ节后外角强度凸出；第Ⅲ节前端圆钝，背部后缘内侧具三角形粗刺，腹面刺锥形，末端略超过第Ⅱ节前缘。假头基基突不明显；孔区大，卵圆形，间距很宽，中间具一亚圆形凹陷。口下板齿式4|4。气门板亚圆形，背突不明显。足长适中，基节Ⅰ内距稍窄长，末端稍钝；基节Ⅱ、Ⅲ内距短钝，约等；基节Ⅳ比基节Ⅱ、Ⅲ稍长，比基节Ⅰ稍短。各转节腹距短小；跗节亚端部逐渐细窄；腹面亚末端略呈角状突出；腹面无端齿。爪垫大，约达爪端。

雄蜱须肢前窄后宽，外缘弧度显著大于内缘弧度。第Ⅱ节后外角显著凸出，显著超出假头基侧缘。须肢第Ⅲ节亚三角形，前端圆钝，背部后缘内侧具三角形粗刺，腹面刺锥形，末端略超过第Ⅱ节前缘。假头基基突粗短，末端稍尖。口下板齿式4|4。盾板颈沟深而短，互相平行；侧沟短，由盾板前1/3水平向后延伸至第Ⅰ缘垛；刻点粗细不均匀，分布亦不均匀。气门板近似卵圆形，背突短钝，无几丁质增厚区，气门斑位置靠前。足与雌蜱相似。

具体描述

雌蜱（图7-423）

黄褐色。体型小，呈卵圆形，前端稍窄，后部圆弧形。长（包括假头）宽约1.84 mm×1.34 mm。

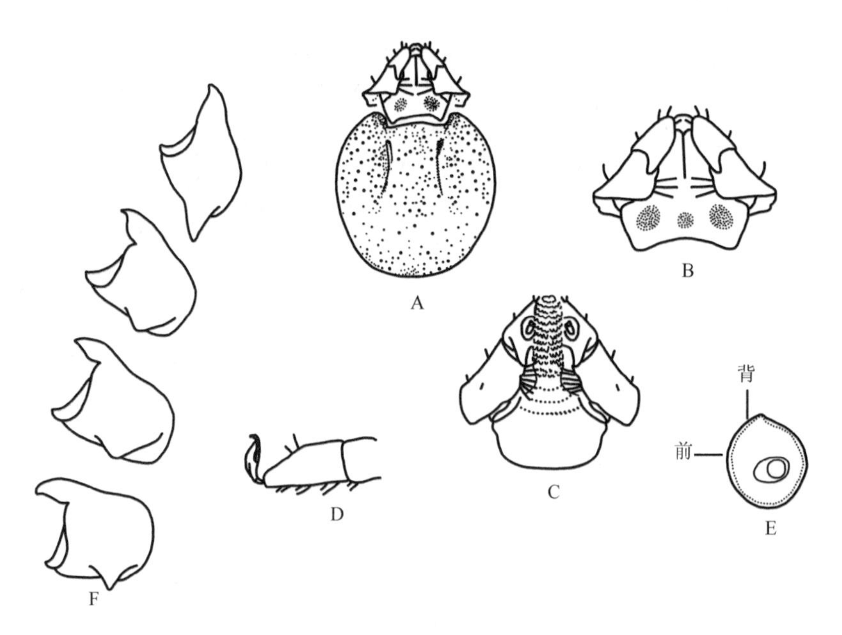

图7-423 微形血蜱雌蜱（参考：邓国藩和姜在阶，1991）

A. 假头及盾板背面观；B. 假头背面观；C. 假头腹面观；D. 跗节Ⅳ；E. 气门板；F. 基节

须肢第Ⅱ节后外角显著突出，明显超出假头基外侧缘，后缘浅弯，外缘长，与第Ⅲ节外缘连接，腹面后缘凸出，略呈圆角；第Ⅲ节短于第Ⅱ节，前端圆钝，后缘内侧具一三角形背刺，腹刺锥形，略向内斜，末端略超出第Ⅱ节前缘。假头基宽短，宽约为长的 2.5 倍；两侧缘向后略外斜，后缘弧形浅凹。孔区卵圆形，前部内斜，间距相当宽，中部有一亚圆形浅陷。基突不明显。假头基腹面前部稍宽，后缘略直，无耳状突和横脊。口下板约与须肢等长，中部稍宽；齿式 4|4，每纵列具齿约 11 枚。

盾板椭圆形，长宽约等；长宽为（0.83～1.10）mm ×（0.87～1.00）mm。刻点中等大小，前半部稍稀疏，后半部较密。颈沟长而较深，略外弯，末端约达盾板后 1/3 处。

足中等大小。各基节无外距；基节Ⅰ内距呈锥形，末端稍钝；基节Ⅱ、Ⅲ内距粗短而圆钝，大小约等；基节Ⅳ内距较基节Ⅲ的稍窄长。各转节腹距短小。跗节亚端部向末端逐渐细窄，腹面无端齿。爪垫将达到爪的末端。气门板亚圆形，背突很不明显，无几丁质增厚区，气门斑位置靠前。

雄蜱（图 7-424）

褐色或黄褐色。体型小，呈卵圆形，前端稍窄，后部圆弧形。长（包括假头）宽为（1.27～1.53）mm ×（0.93～1.08）mm。

须肢第Ⅱ、Ⅲ节大致等长，其外缘相互连接；第Ⅱ节后外角显著突出，明显超出假头基外侧缘，外缘浅凹，后缘向外略斜，腹面后缘弧形凸出；第Ⅲ节亚三角形，前端圆钝，后缘内侧有一三角形粗刺，腹刺锥形，略向外斜，末端超过第Ⅱ节前缘。假头基宽约为长（包括基突）的 1.6 倍；两侧缘浅弧形凸出，后缘在基突间平直，表面分布少数小刻点。基突粗短，末端稍尖。假头基腹面宽短，后缘微弯，无耳状突和横脊。口下板与须肢约等长，外缘浅弯；齿式 4|4，每纵列具齿 7～9 枚。

盾板卵圆形，前部向前收窄，后缘宽圆；长约为宽的 1.26 倍。小刻点多分布在盾板后部 2/3，前 1/3 多为大刻点但数量较少。颈沟短而深，互相平行。侧沟明显，自盾板前 1/3 处向后延伸至第Ⅰ缘垛。缘垛长大于宽，共 11 个，其前半部有稀疏刻点。

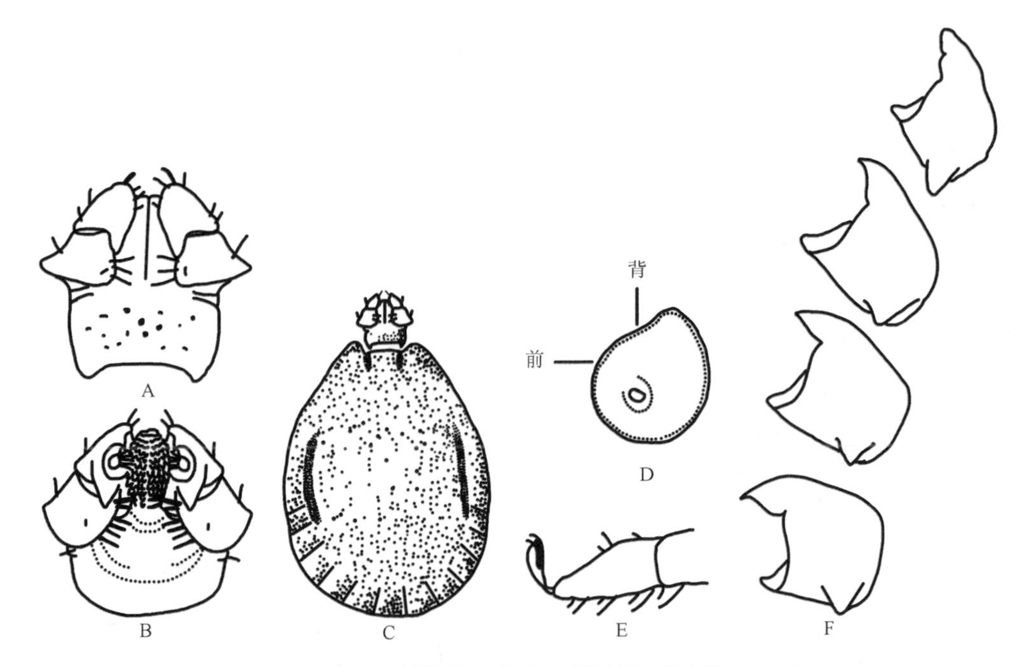

图 7-424　微形血蜱雄蜱（参考：邓国藩和姜在阶，1991）

A. 假头背面观；B. 假头腹面观；C. 假头及盾板背面观；D. 气门板；E. 跗节Ⅳ；F. 基节

足略粗壮。各基节无外距；基节Ⅰ内距长度适中，末端稍钝；基节Ⅱ～Ⅳ内距略粗短，大小约等，末端钝。各转节腹距短小。跗节亚端部向末端逐渐收窄，腹面无端齿。爪垫几乎达到爪端。气门板近似卵圆形，向背方明显收窄，背突短小而圆钝，无几丁质增厚区，气门斑位置靠前。

若蜱（图 7-425）

体呈卵圆形，前端稍窄，后部圆弧形。

须肢粗短；第Ⅱ节宽大于长，后外角略突出；第Ⅲ节三角形，前端圆钝，无背刺，腹刺窄短，略超出第Ⅱ节前缘。假头基宽短，两侧缘向后略内斜，后缘在基突间平直。基突短，三角形，长小于其基部之宽。假头基腹面宽阔，后缘浅弧形，无耳状突和横脊。口下板压舌板形，与须肢约等长；齿式 2|2，每纵列具齿约 6 枚。盾板呈亚圆形，长宽约 0.45 mm×0.44 mm。缘凹深，宽度中等。肩突较宽，前端窄钝。颈沟明显，两侧几乎平行，末端约达盾板长的 2/3。

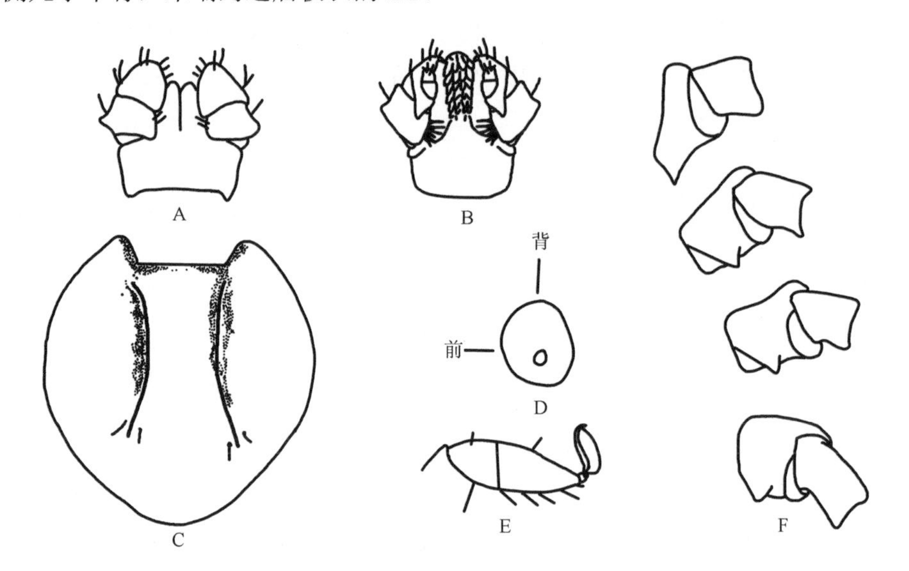

图 7-425　微形血蜱若蜱（参考：邓国藩和姜在阶，1991）

A. 假头背面观；B. 假头腹面观；C. 盾板；D. 气门板；E. 跗节Ⅳ；F. 基节

各基节无外距；基节Ⅰ内距三角形，末端尖窄；基节Ⅱ～Ⅳ内距与基节Ⅰ的相似，但较短。跗节Ⅳ粗短，亚端部向末端逐渐细窄。爪垫几乎达到爪端。气门板卵形，背突短，末端圆钝，无几丁质增厚区，气门斑位置靠前。

幼蜱（图 7-426）

体呈卵圆形，前端稍窄，后部圆弧形。

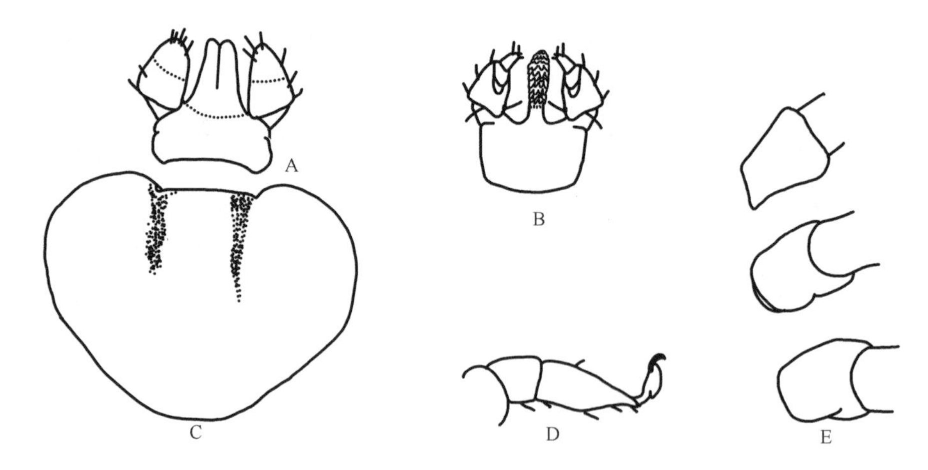

图 7-426 微形血蜱幼蜱（参考：邓国藩和姜在阶，1991）

A. 假头背面观；B. 假头腹面观；C. 盾板；D. 跗节Ⅲ；E. 基节

须肢粗短，前端圆钝，后外侧略突出，略超出假头基外侧缘。假头基两侧缘近似平行，后缘浅弧形

略凹。无基突。假头基腹面宽阔，后缘向后浅弯，无耳状突和横脊。口下板压舌板形，与须肢约等长；齿式为 2|2。

盾板宽短，近似心形，长宽约 0.65 mm×0.33 mm。肩突相当短，呈宽圆形。缘凹相当浅。颈沟短，不明显，两侧几乎平行，末端约达盾板中部。

各基节无外距；基节Ⅰ内距三角形，末端稍尖；基节Ⅱ、Ⅲ内距呈脊状，基节Ⅲ的有时不明显。跗节Ⅲ亚端部向末端逐渐细窄。爪垫约达爪长的 2/3。

生物学特性　常寄生于鸟类，3 月出现。

（44）越原血蜱 *H. yeni* Toumanoff, 1944

定名依据　以人名命名。然而，中文译名越原血蜱已广泛使用。

宿主　鹿、狼、水鹿 *Cervus unicolor*、豺 *Cuon alpinus*、犬、野猫。

分布　国内：福建、海南、湖南；国外：越南、日本（九州）。

鉴定要点

雌蜱盾板略呈盾形，长略大于宽；刻点细，分布均匀；颈沟短而明显，末端约达盾板中部。须肢前窄后宽。第Ⅱ节后外角略微凸出，腹面内缘刚毛 5 根。第Ⅲ节前端圆钝，背部后缘内侧具粗刺，末端尖；腹面刺发达，呈锥形，末端约达第Ⅱ节中部。假头基基突宽三角形，末端稍尖；孔区小，卵圆形，直立。口下板齿式 5|5。气门板亚圆形，背突短钝。足粗细适中，基节Ⅰ内距中等长，略呈锥形；基节Ⅱ～Ⅳ内距短，三角形；基节Ⅳ内距略短。各转节腹距脊状，转节Ⅰ的稍大。跗节亚端部逐渐细窄；腹面无端齿。爪垫大，约达爪端。

雄蜱须肢前窄后宽，外缘弧度大于内缘弧度。第Ⅱ节后外角略微凸出，略超出假头基侧缘；腹面内缘刚毛 4 根。须肢第Ⅲ节前端圆钝，背面后缘具三角形粗刺，末端尖，超过第Ⅱ节的 1/2；腹刺窄长，末端将达第Ⅱ节后缘。假头基基突强大，末端尖。口下板齿式 5|5。盾板颈沟短小；无侧沟；细刻点多，间有粗刻点，分布不均匀。气门板卵圆形，背突短钝。足稍粗壮，基节Ⅰ内距发达，长锥形；基节Ⅱ～Ⅳ内距短三角形，按节序渐小。各转节腹距短钝；跗节亚端部逐渐细窄；腹面端齿很小。爪垫大，约达爪端。

具体描述

雌蜱（图 7-427，图 7-428）

褐黄色。身体呈椭圆形，前端收窄，后端宽圆。

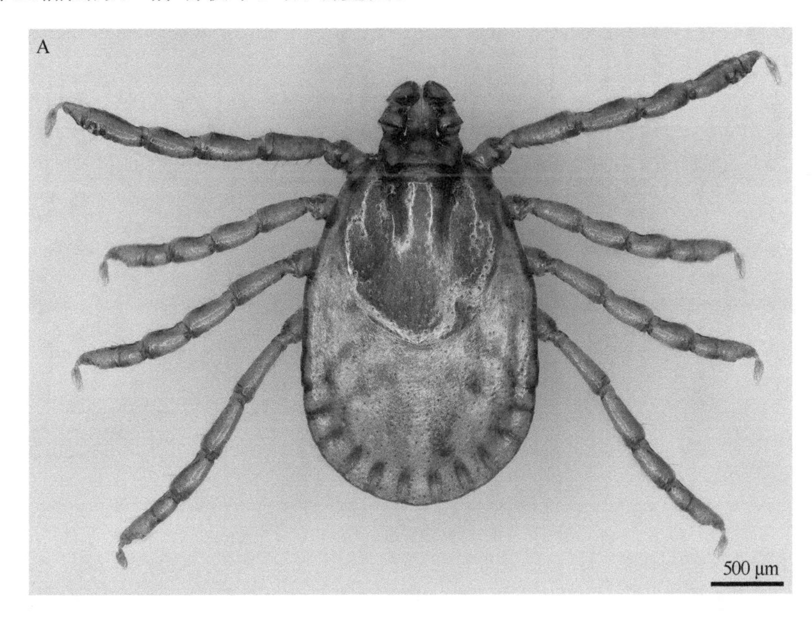

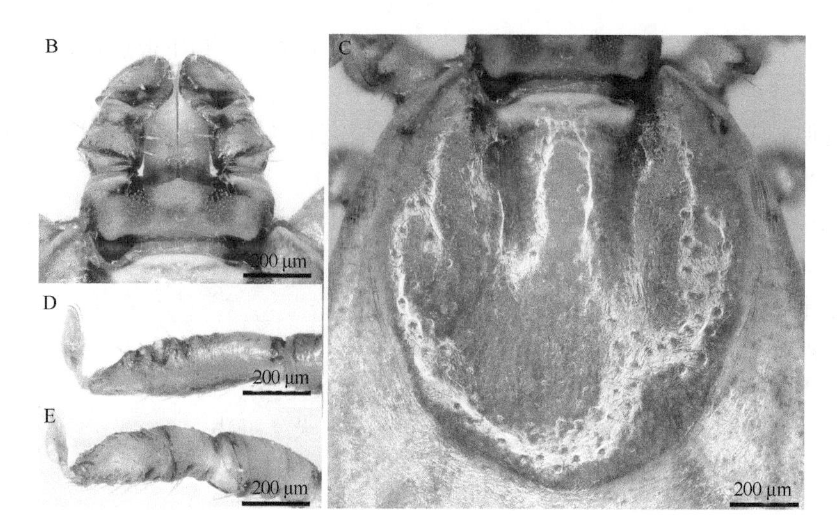

图 7-427 越原血蜱雌蜱

A. 背面观；B. 假头背面观；C. 盾板；D. 跗节Ⅰ；E. 跗节Ⅳ

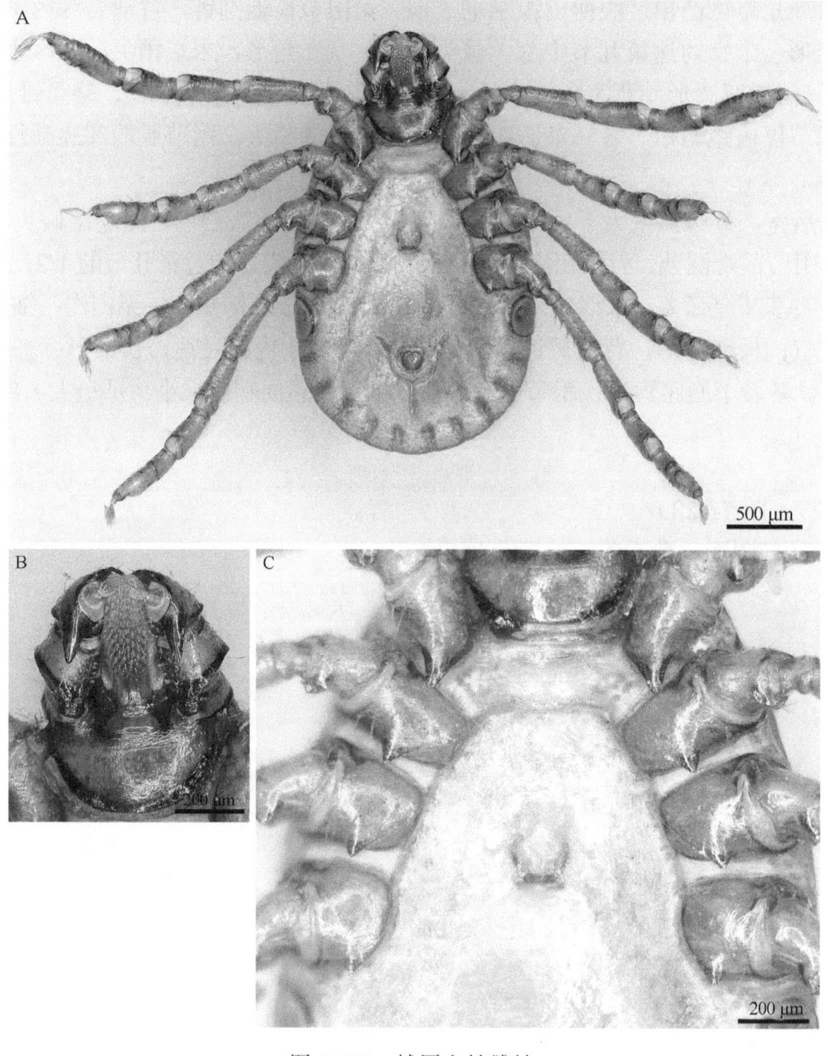

图 7-428 越原血蜱雌蜱

A. 腹面观；B. 假头腹面观；C. 基节及生殖孔

须肢长约为宽的 1.5 倍；第Ⅱ节后外角略突出，未明显超出假头基外侧缘，外缘浅凹，与第Ⅲ节外缘不连接，与后缘相交呈直角，后缘向外斜弯，背面内缘刚毛 2 或 3 根，腹面内缘刚毛约 5 根；第Ⅲ节前端圆钝，后缘偏内侧具三角形粗刺，末端尖，腹刺窄长，约达第Ⅱ节中部。假头基宽约为长（包括基突）的 2 倍，两侧缘向后略内斜，后缘在基突间平直。孔区卵圆形，直立，间距稍大于其长径。基突宽三角形，长略小于宽，末端稍尖。假头基腹面宽阔，后缘弧形凸出，无耳状突和横脊。口下板略短于须肢；齿式 5|5，每纵列具齿 11～13 枚。

盾板略呈盾形，长约为宽的 1.1 倍，前 1/3 水平处最宽，后侧缘浅弧形凸出，圆钝。刻点小，密度适中，分布均匀。肩突略呈圆角。缘凹宽。颈沟短而明显，略直或浅弧形，末端约达盾板中部。

足中等大小。各基节无外距；基节Ⅰ内距中等长，略呈锥形；基节Ⅰ～Ⅳ内距短，三角形，基节Ⅳ的略短。转节腹距呈脊状，转节Ⅰ的稍明显。跗节亚端部向末端逐渐收窄，腹面无端齿。爪垫将近达到爪端。气门板亚圆形，背突很短，末端圆钝，无几丁质增厚区，气门斑位置靠前。

雄蜱（图 7-429，图 7-430）

淡褐黄色。体呈卵圆形，前端稍窄，后部圆弧形。长（包括假头）宽为（1.60～1.89）mm ×（1.18～1.29）mm。

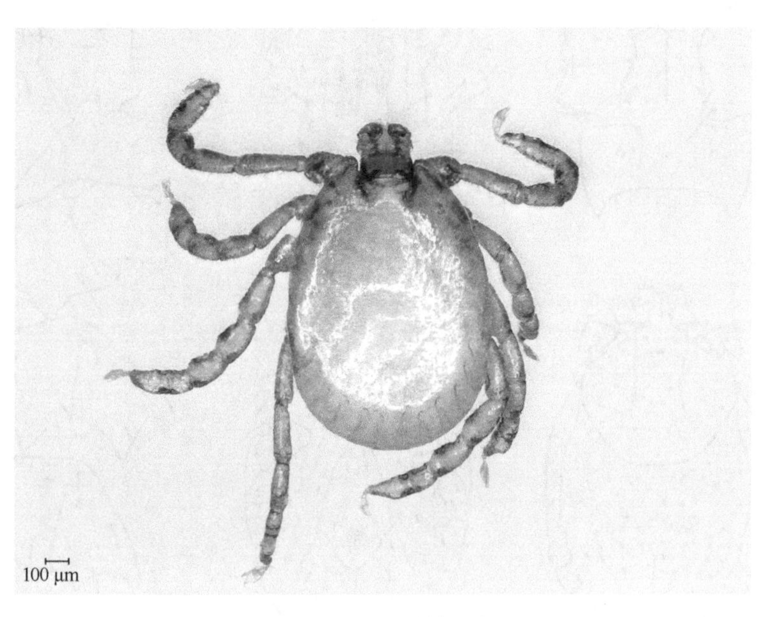

图 7-429　越原血蜱雄蜱背面观

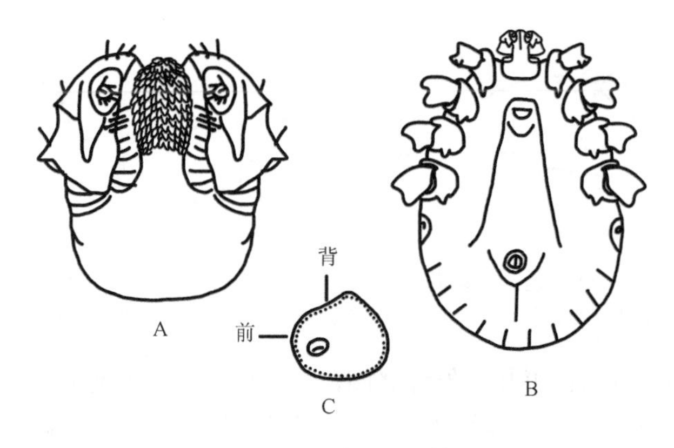

图 7-430　越原血蜱雄蜱

A. 假头腹面观；B. 腹面观；C. 气门板

须肢短小，长约为宽的 1.5 倍；第Ⅱ节后外角略突出，略超出假头基外侧缘，外缘直，与第Ⅲ节外缘在一直线上，与后缘相交成钝角，后缘向外斜伸，背面内缘刚毛 2 或 3 根，腹面内缘刚毛 4 根；第Ⅲ节前端圆钝，背刺粗大，末端尖，超过第Ⅱ节中部，腹刺窄长，将近达到第Ⅱ节后缘。假头基宽约为长（包括基突）的 1.3 倍，两侧缘几乎平行，后缘在基突间直；表面有小刻点。假头基腹面宽，两侧缘略凸，后缘浅弧形微弯，无耳状突和横脊。口下板与须肢约等长；齿式 5|5，每纵列具齿 9 或 10 枚。基突强大，长约等于宽，末端尖。

盾板卵圆形，长为宽的 1.4～1.5 倍，中部最宽。刻点大小不一，小刻点居多，密度适中，分布不均匀。颈沟短小，卵圆形，浅陷。无侧沟。缘垛窄长，分界明显，共 11 个。

足稍粗壮。各基节无外距；基节Ⅰ内距长锥形，约达或略超过基节Ⅱ前缘；基节Ⅱ～Ⅳ内距较短，三角形，按节序渐小。各转节腹距短，圆钝。跗节亚端部向末端逐渐收窄，腹面端齿很小。爪垫将近达到爪端。气门板卵圆形，背突短而圆钝，无几丁质增厚区，气门斑位置靠前。

若蜱（图 7-431）

体呈卵圆形，前端稍窄，后部圆弧形。

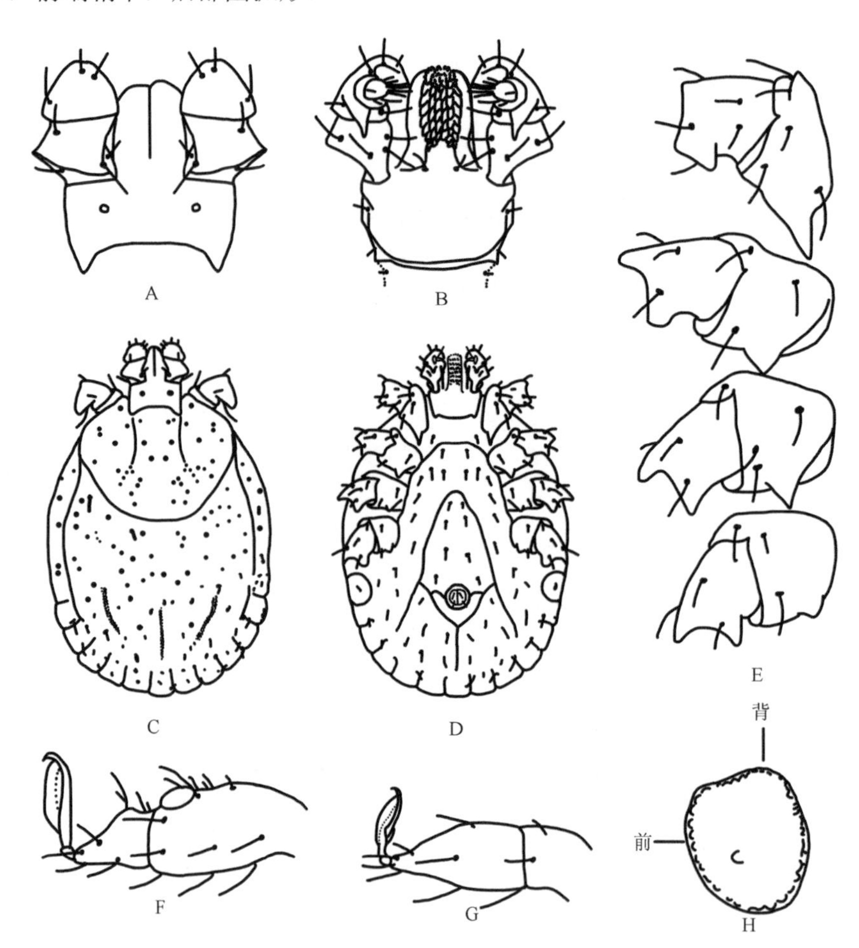

图 7-431　越原血蜱若蜱（参考：邓国藩和姜在阶，1991）

A. 假头背面观；B. 假头腹面观；C. 背面观；D. 腹面观；E. 基节；F. 跗节Ⅰ；G. 跗节Ⅳ；H. 气门板

须肢铃形；长约为宽的 1.6 倍；第Ⅱ节外缘略凹，与第Ⅲ节外缘不连接，与后缘相交成锐角，后缘浅弧形，内缘浅凹，其上刚毛 1 根，腹面内缘刚毛 2 根；第Ⅲ节三角形，前端圆钝，后缘较第Ⅱ节前缘宽，背面无刺，腹刺较大，末端尖细，约达第Ⅱ节长的 1/2。假头基近似矩形，宽约为长（包括基突）的 2 倍，两侧缘平行，后缘在基突间平直。基突大三角形，末端尖。假头基腹面宽阔，后缘弧形向后弯曲，与外

缘相交处呈角突，无耳状突和横脊。口下板短于须肢；齿式 3|3，每纵列具齿 7 或 8 枚。

盾板宽约为长的 1.3 倍，中部之前最宽，向后逐渐收窄，末端宽圆。刻点稀少。肩突尖窄。缘凹宽，较深。颈沟前段平行，至盾板中部弧形外斜，逐渐变浅。

足中等大小。各基节无外距；基节Ⅰ内距锥形，末端尖细；基节Ⅱ、Ⅲ内距三角形，中等大小；基节Ⅳ内距短小，末端钝。转节Ⅰ背距三角形，腹距亦三角形，但末端钝；转节Ⅱ～Ⅳ腹距短小，隆突状。跗节Ⅰ明显大于其他跗节；各跗节亚端部向末端逐渐收窄。爪垫几乎达到爪端。气门板亚圆形，背突很短，圆钝，无几丁质增厚区，气门斑位置靠前。

体呈卵圆形，前端稍窄，后部圆弧形。

幼蜱（图 7-432）

须肢宽短；第Ⅱ节外缘短，与第Ⅲ节外缘连接，与后缘相交处呈角状，后缘向后弯，内缘背、腹面各具刚毛 1 根；第Ⅲ节三角形，前端窄钝，后缘与第Ⅱ节前缘等宽，无背刺，腹刺小，末端略超出该节后缘。假头基宽约为长（包括基突）的 2 倍，侧缘和后缘基突间均直。基突短小，略呈角突。假头基腹面宽阔，后缘向后弧形略弯，与侧缘相交形成小角突，无耳状突和横脊。口下板长于须肢；齿式 2|2，每纵列具齿 6 或 7 枚。

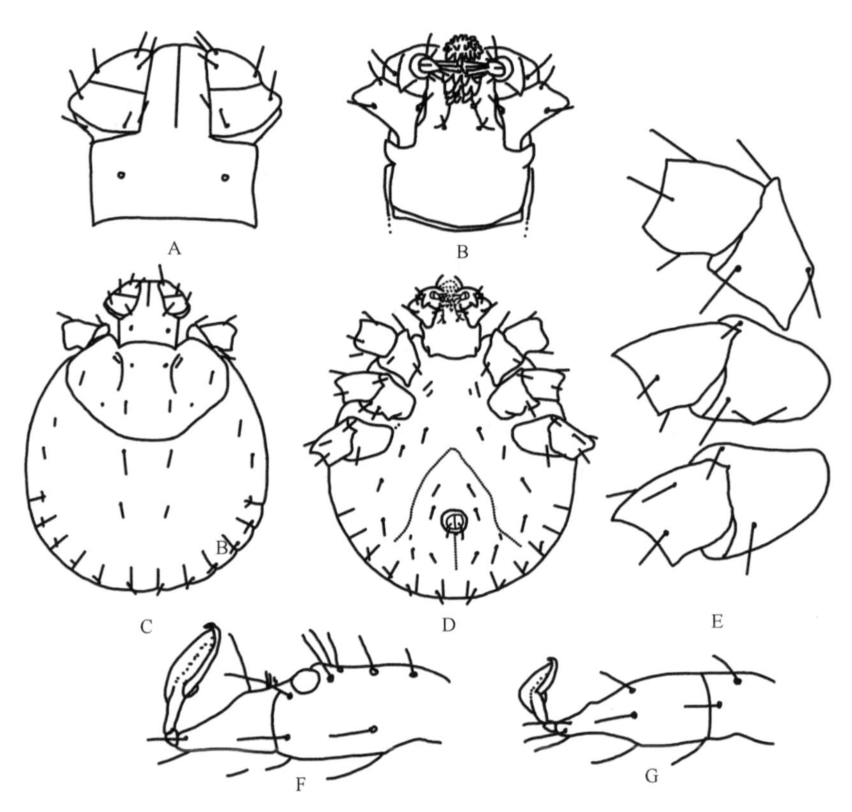

图 7-432　越原血蜱幼蜱（参考：邓国藩和姜在阶，1991）

A. 假头背面观；B. 假头腹面观；C. 背面观；D. 腹面观；E. 基节；F. 跗节Ⅰ；G. 跗节Ⅲ

盾板宽约为长的 1.6 倍，中部之前最宽，后缘宽弧形。刻点稀少。颈沟近于直，约达盾板中部。

足中等大小，足Ⅰ较粗壮。各基节无外距；基节Ⅰ内距三角形，末端尖窄；基节Ⅱ内距宽短，呈脊状；基节Ⅲ无内距。转节Ⅰ背距短，末端圆钝；各转节无腹距。各跗节亚端部向末端逐渐变窄。爪垫约达爪端。

生物学特性 主要生活于森林地区。活动季节多在春、夏季。

存疑种

（1）二棘血蜱 *H. bispinosa* Neumann, 1897

定名依据 bi-即二、双；spine 即棘、刺。

宿主 黄牛。

分布 国内：未详；国外：巴基斯坦、柬埔寨、老挝、马来西亚、缅甸、尼泊尔、斯里兰卡、印度、印度尼西亚、越南。

该种与长角血蜱 *H. longicornis* 形态相当近似，但它分布于东洋区；行两性生殖；形态上体型较小，口下板齿式为 4|4，盾板刻点细浅而较少，基节Ⅱ～Ⅳ内距较粗短。以往这两个种曾发生混淆，日本、朝鲜、澳大利亚、新西兰等地及我国之前所报道的二棘血蜱 *H. bispinosa* 均应订为长角血蜱（Hoogstraal *et al.*，1968）。

Hoogstraal 等（1969）认为二棘血蜱在东南亚是外来种类，因其在家畜上发现较在野生动物上为多。该种在我国仅文献上有记录（Toumanoff，1944；Anastos，1950），作者通过在全国范围内近十年的调查未发现二棘血蜱（Chen *et al.*，2012，2015）。

鉴定要点

雌蜱盾板近似圆形，长宽约等；刻点少，粗细不均，分布不均；颈沟前深后浅，中段内弯呈浅弧形，末端略超过盾板中部。须肢前窄后宽，第Ⅱ节长于第Ⅲ节；第Ⅱ节后外角中度凸出，腹面内缘刚毛 4 或 5 根；第Ⅲ节前端圆钝，背部后缘具三角形刺，腹刺粗大，末端约达第Ⅱ节前缘 1/4。假头基基突三角形，末端稍尖；孔区中等大小，长圆形，间距宽，明显内斜。口下板齿式 4|4。气门板亚圆形，背突短钝。足长适中，基节Ⅰ内距窄长，锥形，末端尖细；基节Ⅱ～Ⅳ内距粗短，呈宽三角形，略超出各节后缘，按节序渐短。跗节亚端部逐渐细窄，腹面的端齿退化。爪垫超出爪长的 2/3。

雄蜱须肢前窄后宽，外缘弧度大于内缘弧度，第Ⅱ节外缘明显长于第Ⅲ节外缘；第Ⅱ节后外角中度凸出，腹面内缘刚毛 5 根。须肢第Ⅲ节前端圆钝；背刺长小于基部之宽；腹刺粗大，长大于基部之宽，末端超过第Ⅱ节前缘。假头基基突发达，长约等于基部之宽。口下板齿式 4|4。盾板颈沟短而深；侧沟深而明显，由盾板前 1/3 水平向后延伸至封闭第Ⅰ缘垛。气门板长圆形，背突短钝。足与雌蜱相似。

具体描述

雌蜱（图 7-433）

黄褐色。体呈卵圆形，前端稍窄，后部圆弧形。饥饿雌蜱长（包括假头）宽约 2.25 mm×1.70 mm，饱血后长（包括假头）宽约 7.0 mm×4.0 mm。

须肢后部向外侧中度突出，长约为宽的 1.6 倍；第Ⅰ节短小，背、腹面可见；第Ⅱ节长宽约等，后缘弧形微弯，背面内缘刚毛 2 或 3 根，腹面内缘刚毛 4 或 5 根；第Ⅲ节长（不包括后刺）约为第Ⅱ节的 2/3，背刺三角形，长小于宽，末端稍尖，腹刺粗大，锥形，末端尖细，略超出第Ⅱ节前缘。假头基腹面宽阔，后缘浅弧形，无耳状突和横脊。假头基呈矩形，宽约为长（包括基突）的 1.8 倍；两侧缘向后略内斜，后缘在基突间平直。基突三角形，长略小于其基部之宽，末端稍尖。口下板齿式 4|4，各纵列具齿约 9 枚。孔区长圆形，前部内斜，间距约等于其长径。

盾板呈圆形，长宽约等。刻点较少，大小不一，分布不均。缘凹宽，中等深度。颈沟前深后浅，弧形外弯，末端略超过盾板中部。

足中等大小。各基节无外距；基节Ⅰ内距锥形，末端尖细；基节Ⅱ～Ⅳ内距粗短，呈宽三角形，略超出各节后缘，并按节序渐小。转节Ⅰ腹距短钝；转节Ⅱ～Ⅳ腹距不明显。跗节Ⅳ亚端部向末端逐渐收窄，腹面无端齿。爪垫末端超过爪长的 2/3。气门板亚圆形，背突宽短，末端圆钝，无几丁质增厚区，气门斑位置靠前。

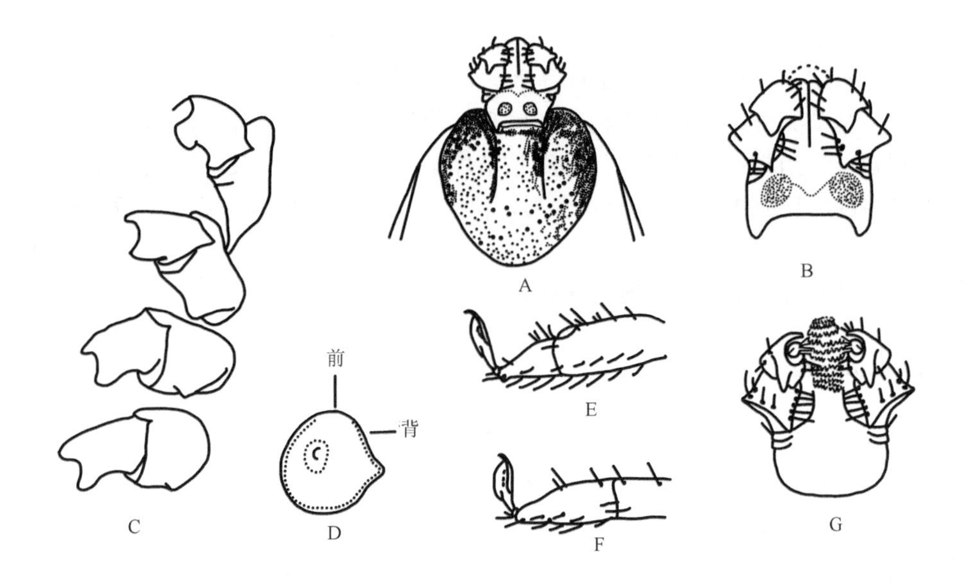

图 7-433　二棘血蜱雌蜱（参考：邓国藩和姜在阶，1991）
A. 假头及盾板；B. 假头背面观；C. 基节；D. 气门板；E. 跗节Ⅰ；F. 跗节Ⅳ；G. 假头腹面观

雄蜱（图 7-434）

黄褐色。体呈卵圆形，前端稍窄，后部圆弧形。长（包括假头）宽为（1.5～2.1）mm ×（1.1～1.46）mm。

假头（包括假头基）长 0.35～0.4 mm。须肢后部向外侧中度突出，长约为宽的 1.4 倍；第Ⅰ节短小，背、腹面可见；第Ⅱ节长宽约等，后缘弧形弯曲，背面内缘刚毛 2 根，腹面内缘刚毛 5 根；第Ⅲ节长（不包括背刺）约为第Ⅱ节的 2/3，背刺三角形，长小于宽，末端尖细，腹刺粗大，长大于宽，末端尖细，超出基节Ⅱ前缘。假头基呈矩形，宽约为长（包括基突）的 1.6 倍，侧缘及后缘基突间直，表面有小刻点。假头基腹面宽阔，后缘浅弧形，无耳状突和横脊。口下板稍短于须肢；齿式 4|4，每列约 11 枚。基突发达，长约等于宽，末端尖细。

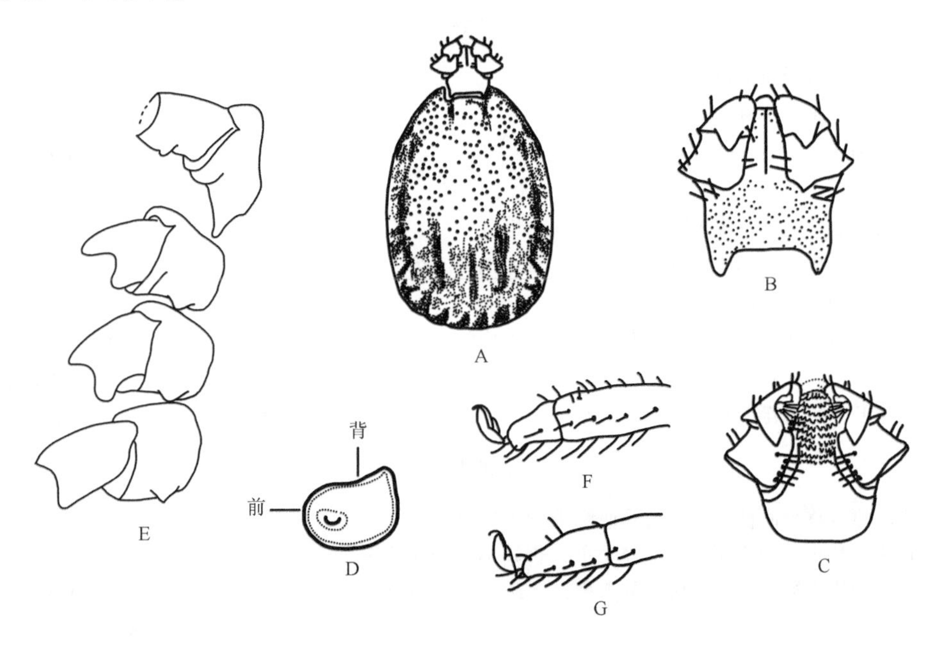

图 7-434　二棘血蜱雄蜱（参考：邓国藩和姜在阶，1991）
A. 背面观；B. 假头背面观；C. 假头腹面观；D. 气门板；E. 基节；F. 跗节Ⅰ；G. 跗节Ⅳ

盾板呈卵圆形，长宽约 1.75 mm×1.26 mm，中部最宽。刻点小，中等密度，分布不均。颈沟短而深，向前分离。侧沟窄而明显，自盾板前 1/3 处向后延伸至第 I 缘垛。缘垛分界明显，长大于宽，共 11 个。

足中等大小。各基节无外距；基节 I 内距长锥形，末端尖细；基节 II～IV 内距粗短而钝，呈宽三角形。转节 I 腹距粗短，三角形；转节 II～IV 腹距按节序渐小。跗节 IV 窄长，亚端部向末端逐渐收窄，腹面端齿细小。爪垫超过爪长的 2/3。气门板长圆形，背突短小，末端圆钝，无几丁质增厚区，气门斑位置靠前。

生物学特性 东洋界种。生活于野地或农区。

六、璃眼蜱属 *Hyalomma*

后沟型蜱类。须肢一般窄长（少数种类除外），第 II 节明显长于第 III 节，但不到第 III 节的 2 倍，第 I 节腹面常具多角形片状凸起；口下板齿式 3|3；假头基多为三角形；体色单一，无珐琅斑，有些种类的足各节背面具浅色环带；眼很明显，呈半球形凸出，周缘微陷；缘垛 11 个，多数中垛色浅，有些种类的部分缘垛并合或缺失；肛瓣刚毛 4 对，雄蜱肛门附近具副肛侧板 1 对、肛侧板 1 对、肛下板 1～2 对或退化；足基节 I 明显分叉；转节 I 背距短小；雌蜱气门板多为逗点形。

璃眼蜱属于比较年轻的种类，该类群的演化与有蹄类或大型游牧哺乳动物有关，有些物种为适应在有蹄类上寄生，由三宿主型转化为二宿主型或单宿主型。Murrell 等（2000，2001）认为此属在亚洲地区演化并在中新世（19 mya）散布，但根据 de la Fuente（2003）的化石证据，璃眼蜱亚科的扩散应在始新世（35～50 mya）。

模式种　　埃及璃眼蜱

璃眼蜱是硬蜱科中种类鉴定最难的属，也是近年来变更最大的属，涉及许多亚种和种的变更。目前，璃眼蜱属已记载 27 种，分布于非洲界、古北界及东洋界部分地区，栖息于荒漠、半荒漠草原及山地灌丛。根据最新数据，我国已记载 6 种，其中只有一种是一宿主型蜱类（盾糙璃眼蜱 *Hy. scupense*）；小亚璃眼蜱 *Hy. anatolicum*（兔子为宿主）和伊氏璃眼蜱 *Hy. isaaci* 为二宿主型。其余均为三宿主型。

中国璃眼蜱属的种检索表

雌蜱

1. 侧沟较明显；足的关节附近有淡色环带……2
   侧沟不明显；足的关节附近无淡色环带……盾糙璃眼蜱 *Hy. scupense* Schulze
2. 颈沟浅；盾板刻点细而浅……小亚璃眼蜱 *Hy. anatolicum* Koch
   颈沟或深或浅；盾板刻点粗……3
3. 盾板刻点稠密，覆盖整个表面；生殖帷较短，宽胜于长……4
   盾板刻点尤其在中部稀少；生殖帷一般窄长，否则气门板背突窄短……5
4. 颈沟较窄而深；盾板刻点粗大，分布相当稠密……麻点璃眼蜱 *Hy. rufipes* Koch
   颈沟较宽而浅；盾板刻点粗细不均，且粗刻点分布也不均匀……伊氏璃眼蜱 *Hy. isaaci* Sharif
5. 盾板宽大于或等于长，后缘较圆钝；生殖帷窄 V 形……嗜驼璃眼蜱 *Hy. dromedarii* Koch
   盾板稍窄，宽小于长，后缘渐窄；生殖帷呈舌形……亚洲璃眼蜱 *Hy. asiaticum* Schulze & Schlottke

雄蜱

1. 盾板刻点很稠密，覆盖整个盾板；中垛与其他缘垛颜色相似……2
   盾板刻点尤其在中部稀少；中垛明显，呈淡黄色，否则不窄于其他缘垛……3
2. 颈沟较短小，末端约达盾板中部；盾板粗刻点稠密，遍布整个表面，仅在后中沟与后侧沟之间有密集的小刻点……麻点璃眼蜱 *Hy. rufipes* Koch
   颈沟长，末端约达盾板前 1/3 处；盾板刻点粗细不均，粗刻点稀疏，细刻点稠密……伊氏璃眼蜱 *Hy. isaaci* Sharif
3. 足关节处具淡色环带；后中沟多数未达到中垛，否则肛下板宽于副肛侧板，多数位于副肛侧板下方……4

足关节处无淡色环带；后中沟达到中垛……盾糙璃眼蜱 *Hy. scupense* Schulze

4\. 颈沟较浅，仅前部较明显；盾板后侧沟不明显；足的关节附近淡色环带不明显，背缘无淡色纵带……小亚璃眼蜱 *Hy. anatolicum* Koch

颈沟深，非常明显；盾板后侧沟明显；足具有明显的淡色环带和淡色纵带……5

5\. 后中沟达到中垛；肛侧板严重弯曲；肛下板大，较副肛侧板宽，多位于副肛侧板下方……嗜驼璃眼蜱 *Hy. dromedarii* Koch

后中沟达不到中垛；肛侧板较直；肛下板小，较副肛侧板窄，常位于肛侧板下方……亚洲璃眼蜱 *Hy. asiaticum* Schulze & Schlottke

（1）小亚璃眼蜱 *Hy. anatolicum* Koch, 1844

定名依据　来源于安纳托利亚（Anatolia），又名小亚细亚。

宿主　主要寄生于家畜，此外在野生动物上也有寄生。

分布　国内：新疆；国外：巴基斯坦、孟加拉国、尼泊尔、苏联、印度及中亚、北非、东南欧的其他一些国家。

附注　小亚璃眼蜱 *Hy. anatolicum* Koch, 1844 和凹陷璃眼蜱 *Hy. excavatum* Koch, 1844 最初由 Koch 以两个新种来描述和命名，随后多数学者将它们作为 *Hy. anatolicum* 的两个亚种，即 *Hy. anatolicum anatolicum* 和 *Hy. anatolicum excavatum*。Apanaskevich 和 Horak（2005）通过比较大量标本认为它们应为两个独立种。因此，我国分布的应为小亚璃眼蜱 *Hy. anatolicum*。

鉴定要点

雌蜱小型，黄褐色到暗褐色。盾板近似菱形，长大于宽，后缘窄钝；刻点细，分布不均；颈沟浅，末端延伸至盾板后侧缘；侧沟较明显，约达盾板后侧缘。生殖帷结节状，略微隆起。气门板短逗点形，背突稍宽。足黄褐色，关节附近有不明显的淡色环带，背缘无淡色纵带。

雄蜱小型，黄褐色到暗褐色。盾板窄，长卵形；刻点略粗，分布不均，尤其在中部。颈沟短而浅；侧沟相当短，前端约达盾板后 1/3 处；后中沟达不到中垛，后侧沟不明显。盾板后中区凹陷，散布很多刻点。中垛明显，呈淡黄色。肛下板较副肛侧板窄，位于肛侧板下方。气门板近似匙形，背突稍宽而长，末端达到盾板边缘，前缘有几丁质增厚区。足与雌蜱相似。

具体描述

雌蜱（图 7-435）

体型小，黄褐色到暗褐色。体呈长卵形，两端收窄，中部最宽。

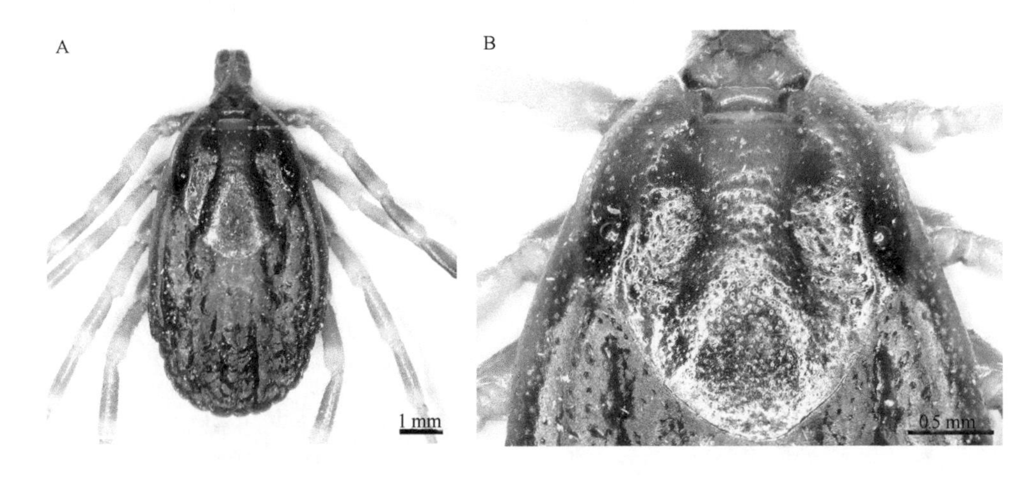

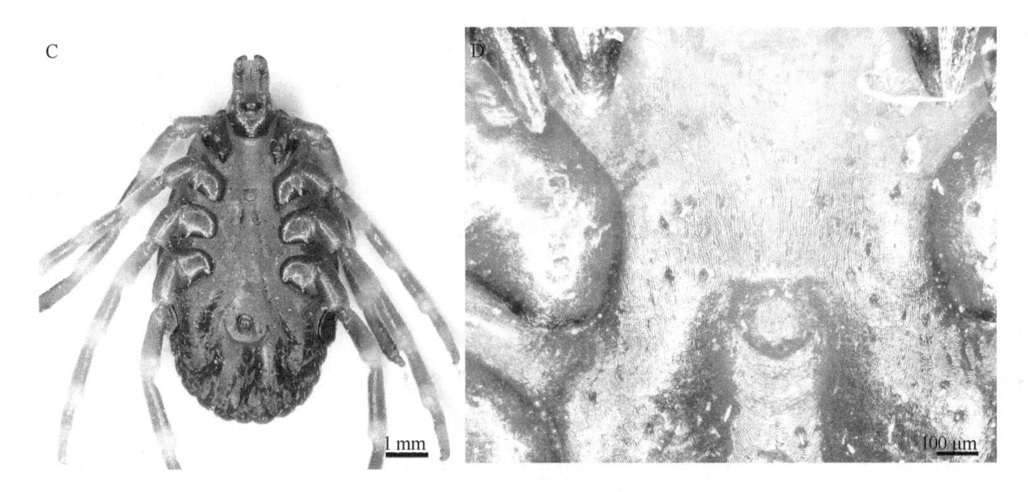

图 7-435　小亚璃眼蜱雌蜱

A. 背面观；B. 盾板；C. 腹面观；D. 生殖孔

须肢长，外缘较直，内缘浅弧形凸出，中部最宽；第Ⅱ节长约为第Ⅲ节的 1.4 倍。假头基宽短，后缘近于直；孔区卵圆形，间距小于其短颈，中央有隆脊分隔；无基突或不明显。

盾板黄褐色或赤褐色，侧缘色深；长宽为（1.28～2.29）mm ×（1.26～1.99）mm，长宽比为 1.00～1.20。盾板略似菱形，长大于宽，后侧缘略直或呈微波状，后缘窄钝；刻点小，在侧区及靠前缘混杂少数大刻点，分布不均匀。颈沟浅，弧形外斜，末端延伸至盾板后侧缘。侧脊一般明显，末端约达盾板后侧缘。颈沟和侧脊之间有不规则的凹陷或粗刻点。眼相当明显。

足细，黄褐色；在关节附近的淡色环带不明显。爪垫不及爪长的 1/2。生殖帷一般呈结节状，略隆起。气门板逗点形，背突稍宽，后缘略直或浅凹，有几丁质增厚区。

雄蜱（图 7-436）

体呈长卵形，两端收窄，中部最宽。

黄褐色到暗褐色，体型小。

须肢长，两侧缘近于平行，第Ⅱ、Ⅲ长度之比约 1.4∶1。假头基略大，两侧缘向后稍内斜，后缘略凹入；基突粗短。

盾板黄褐色或赤褐色，窄卵形，中部表面隆起且最宽，向两端收窄；长宽为（2.80～4.45）mm ×（1.60～2.50）mm。表面光滑，刻点稍大，但相当稀少。眼不大，但相当明显。颈沟短而浅，在前部较明显。侧沟相当短，前端约达盾板后 1/3 处。后中沟浅，末端达不到中垛；后侧沟不明显。后中区凹陷，表面有很多刻点。多数中垛明显，淡黄色，周围缘垛颜色较深。

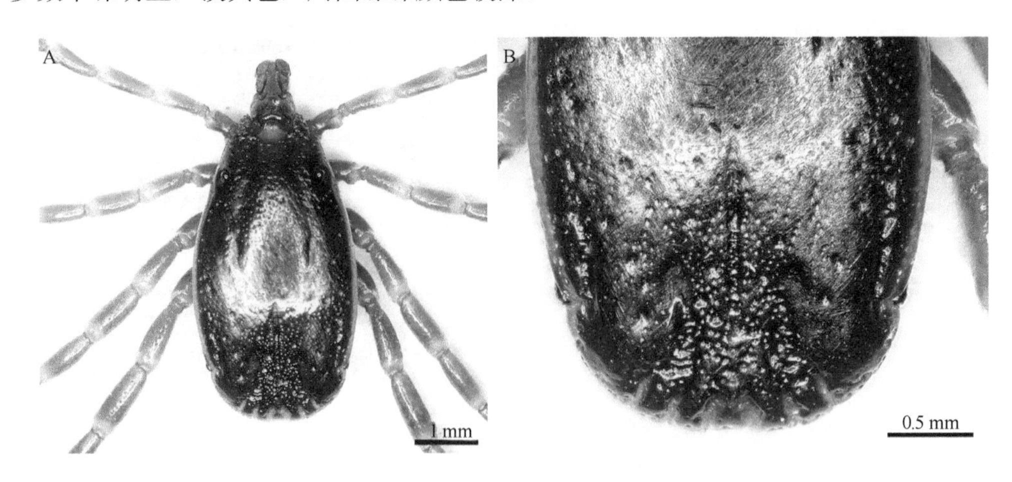

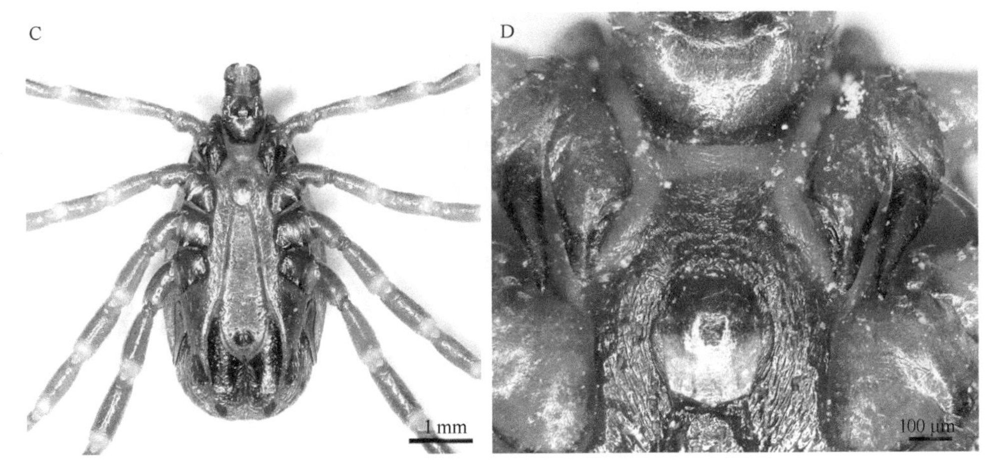

图 7-436　小亚璃眼蜱雄蜱

A. 背面观；B. 盾板尾区；C. 腹面观；D. 生殖孔

足细，黄褐色；淡色环带在关节附近不明显。爪垫短小。肛侧板宽，前端尖窄，后缘平钝，内缘凸角较短；副肛侧板正常；肛下板细小，位于肛侧板下方。气门板近似匙形，有些向背方弯曲，背突稍宽而长，末端达盾板边缘，其前缘有细小的几丁质增厚区。

若蜱（图 7-437～图 7-439）

体呈卵圆形，前端收窄，后端圆弧形。长（包括假头）宽为（1.39～1.71）mm ×（0.75～0.95）mm。

假头基长宽为（0.28～0.50）mm ×（0.30～0.39）mm。须肢狭长，基部收窄，长约为宽的 4.2 倍。假头基背面观近六角形，侧突较尖，锐角形；无基突。腹面宽阔，无耳状突。口下板棒状，齿式 2|2，每纵列具齿 7 或 8 枚。

盾板长宽为（0.49～0.70）mm ×（0.53～0.79）mm。后缘圆弧形，后侧缘略微凹入。颈沟明显，末端约达盾板后侧缘。眼大，近圆形，位于盾板侧角处。

基节Ⅰ具外距，稍大于内距。基节Ⅱ、Ⅲ外距短小，呈三角形，基节Ⅳ无距。跗节Ⅰ较其他跗节粗，各足跗节向末端逐渐收窄，无端齿和亚端齿。气门板椭圆形；长 0.11～0.13 mm，外缘环状体数 24～38 个。

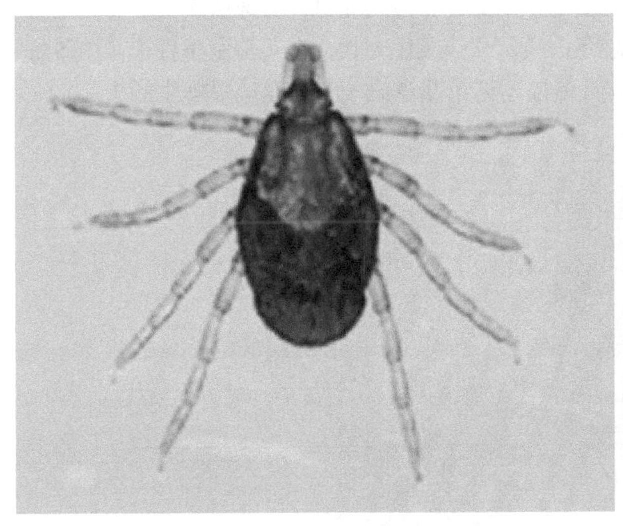

图 7-437　小亚璃眼蜱若蜱背面观

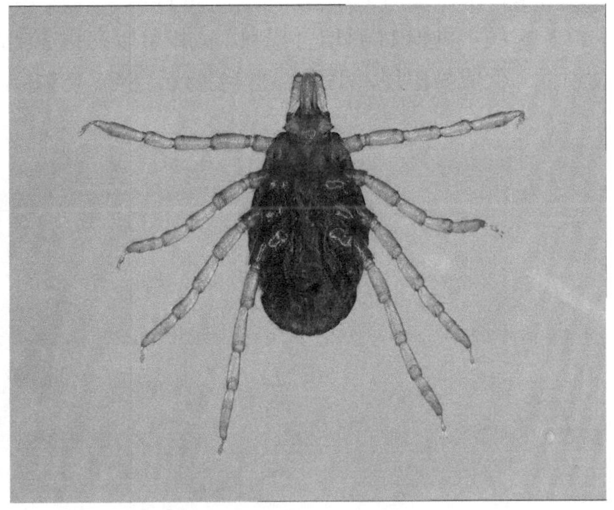

图 7-438 小亚璃眼蜱若蜱腹面观

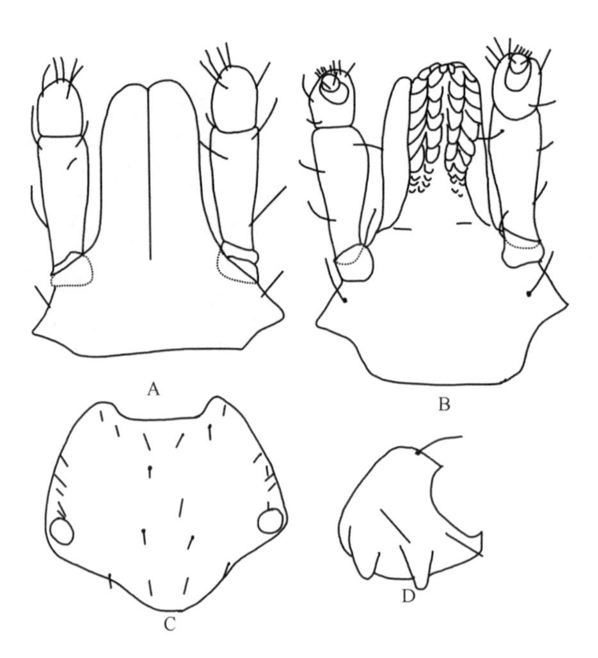

图 7-439　小亚璃眼蜱若蜱（参考：邓国藩和姜在阶，1991）

A. 假头背面观；B. 假头腹面观；C. 盾板；D. 基节 I

幼蜱（图 7-440～图 7-442）

体呈卵圆形，前端收窄，后部圆弧形。长（包括假头）宽为（0.69～0.84）mm ×（0.55～0.69）mm。

假头基长，背面长宽为（0.13～0.20）mm ×（0.15～0.17）mm。须肢长，近圆柱形，长约为宽的 2.9 倍。假头基近似六角形，侧突长，锐角形；无基突。假头基腹面宽阔，两侧向后略微收窄，无耳状突。口下板棒状，长宽为（0.09～0.12）mm ×（0.02～0.03）mm；齿式 2|2，每纵列具齿 5 或 6 枚。

盾板长宽为（0.21～0.31）mm ×（0.37～0.47）mm；中部最宽，向外侧凸出，后侧缘稍向内凹陷，后缘弧度较大。盾板上第 I 背中毛 4.90～27.2 μm。

基节 I 内距较窄钝，明显超过基节后缘。跗节 I 长宽为（0.14～0.20）mm ×（0.043～0.059）mm。

生物学特性　主要生活于草原地区或半荒漠地区，在沿河草地上也常出现。多为三宿主型，当宿主为兔或异常条件下，生活史为二宿主型。成蜱从 3 月到 10 月活动，主要在 5 月到 8 月；幼蜱从 5 月中旬到 9 月活动；若蜱从 7 月到 11 月均可找到。成蜱可以在宿主上越冬。通常一年发生一代。在实验室条件下，由雌蜱吸血到下一代成蜱出现，平均需要 121.5 d（84～159 d），具体描述见第四章第一节小亚璃眼蜱生活史。

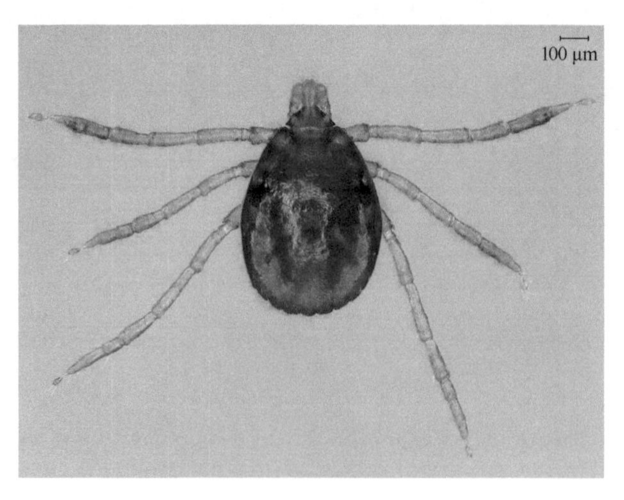

图 7-440　小亚璃眼蜱幼蜱背面观

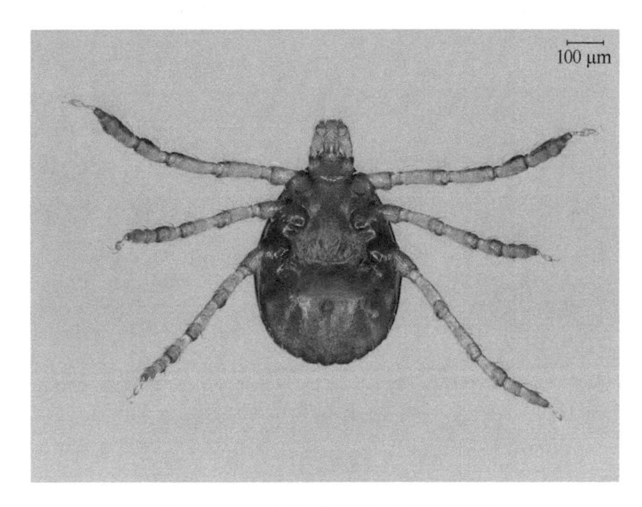

图 7-441　小亚璃眼蜱幼蜱腹面观

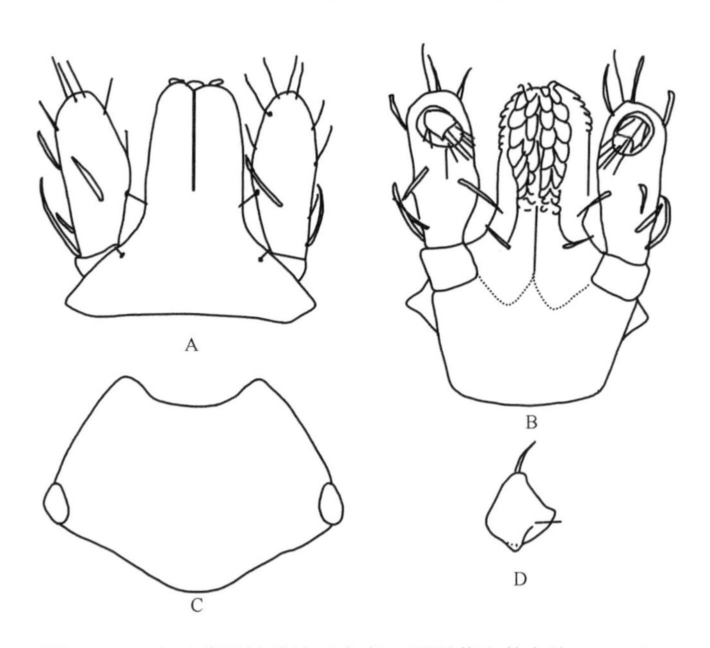

图 7-442　小亚璃眼蜱幼蜱（参考：邓国藩和姜在阶，1991）

A. 假头背面观；B. 假头腹面观；C. 盾板；D. 基节 I

蜱媒病　该蜱是牛环形泰勒虫的传播媒介，病原体在蜱体内能经期传递。此外，该蜱还能自然感染 Q 热和克里米亚-刚果出血热病原体、布鲁氏菌等。

（2）亚洲璃眼蜱 *Hy. asiaticum* Schulze & Schlottke, 1929

定名依据　*asia* 即亚洲。

宿主　非常广泛，成蜱主要寄生于骆驼、山羊、牛、猪、绵羊、马、驴等大型或中等体型的偶蹄动物，也寄生于小型哺乳动物（食肉类、啮齿类和刺猬）和鸟，甚至侵袭人。未成熟蜱的主要宿主是小型哺乳动物，包括：塔里木兔 *Lepus yarkandensis*、大耳猬 *Hemiechinus auritus*、子午沙鼠 *Meriones meridianus*、短耳沙鼠 *Brachiones przewalskii*、长耳跳鼠 *Euchoreutes naso*、三趾跳鼠 *Dipus sagitta*、五趾跳鼠 *Allactaga sibirica*、三趾心颅跳鼠 *Salpingotus kozlovi*、灰仓鼠 *Cricetulus migratorius*、小家鼠 *Mus muculus* 和印度地鼠 *Nesokia indica* 等，此外，也会寄生于食肉动物、鸟类和爬行类。

分布　古北界。国内：甘肃、吉林、内蒙古、宁夏、陕西、新疆；国外：阿富汗、亚美尼亚、阿塞拜疆、伊朗、伊拉克、哈萨克斯坦、吉尔吉斯斯坦、蒙古国、巴基斯坦、俄罗斯、叙利亚、塔吉克斯坦、土耳其、土库曼斯坦和乌兹别克斯坦。

鉴定要点

雌蜱体型中等，亮褐色到深褐色。盾板椭圆多角形，宽度小于长度，后缘较窄；大刻点相当稀少，中、小刻点数量变异较大；颈沟深而长，非常明显，末端延伸至盾板后侧缘；侧沟发达，达盾板后侧缘。生殖帷舌状。气门板短逗点形，背突细窄，向背方弯曲，背缘有几丁质增厚区。足黄褐色或赤褐色，关节附近有淡色环带，背缘有淡色纵带。

雄蜱体型中等，赤褐色到深褐色。盾板卵圆形；大刻点相当稀少，中、小刻点数量变异较大；颈沟长而深，非常明显，超过盾板中部；侧沟短而深；后中沟末端达不到中垛，后侧沟呈不规则凹陷，与缘垛相连。中垛明显，呈淡黄色。肛下板较副肛侧板窄，位于肛侧板下方。气门板曲颈瓶形，背突窄长，向背后方斜伸，末端达到盾板边缘。足上色斑与雌蜱相似。

具体描述

雌蜱（图 7-443～图 7-445）

体呈长卵形，两端收窄，中部最宽。长（包括假头）宽为（4.0～5.15）mm ×（2.53～3.10）mm。

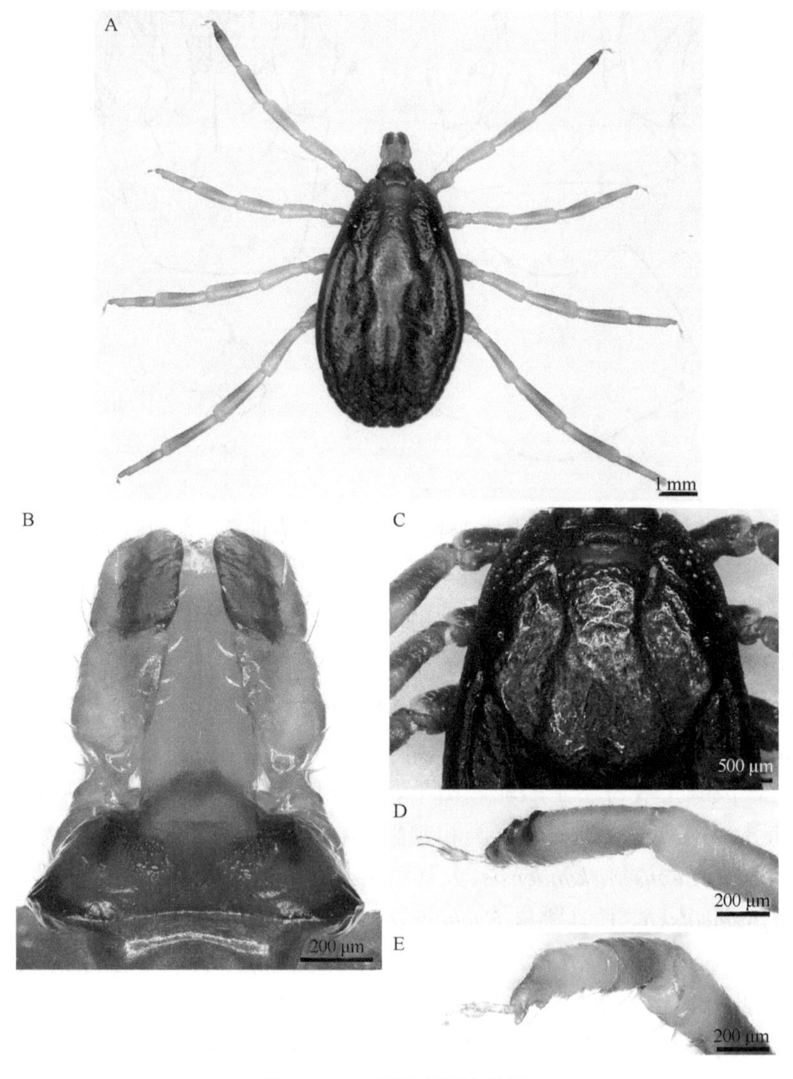

图 7-443　亚洲璃眼蜱雌蜱

A. 背面观；B. 假头背面观；C. 盾板；D. 跗节Ⅰ；E. 跗节Ⅳ

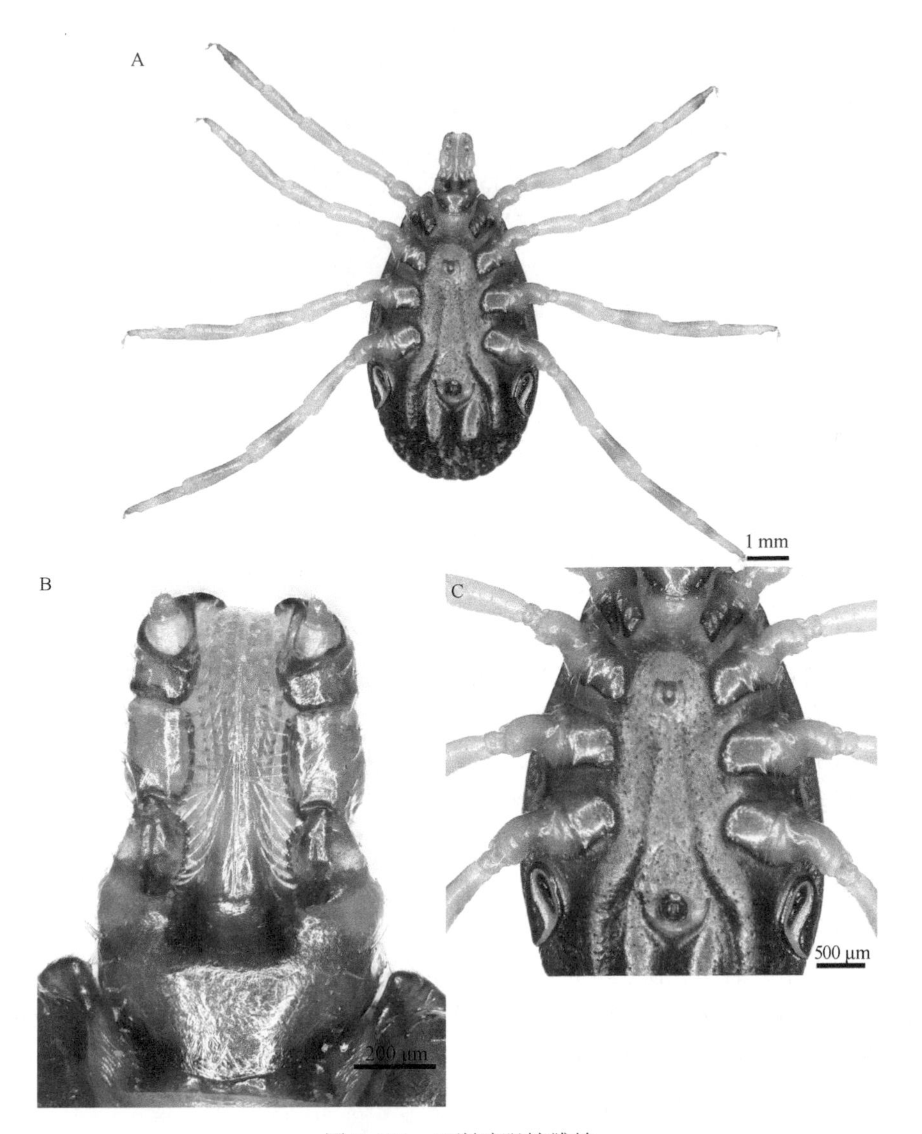

图 7-444　亚洲璃眼蜱雌蜱

A. 腹面观；B. 假头腹面观；C. 基节、生殖孔及气门板

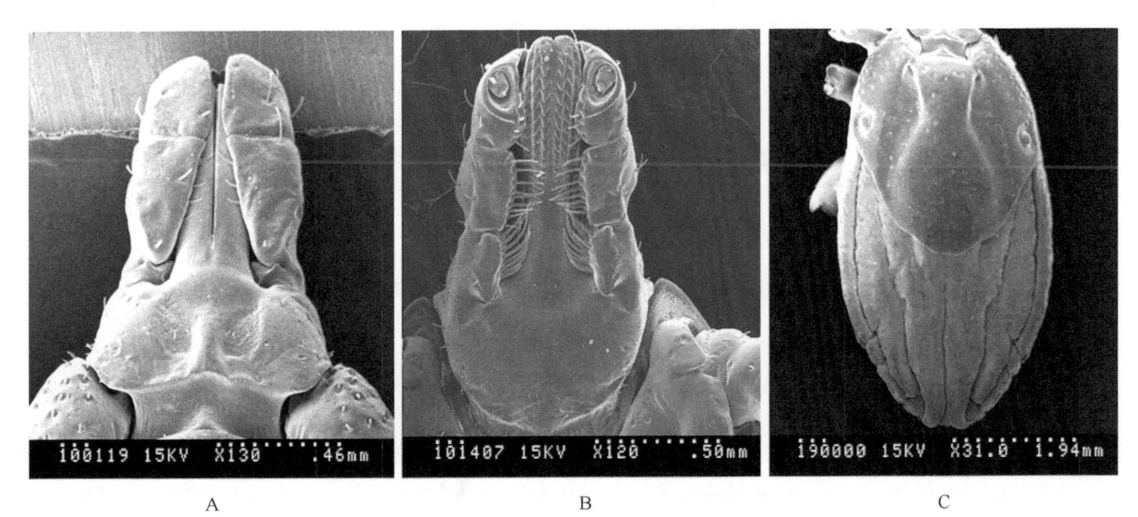

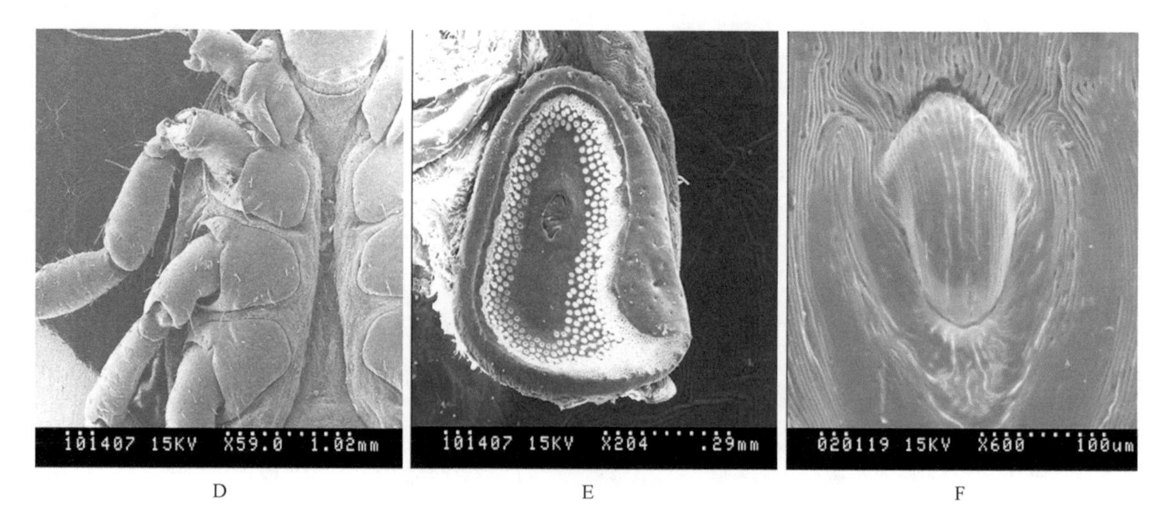

图 7-445 亚洲璃眼蜱雌蜱

A. 假头背面观；B. 假头腹面观；C. 躯体背面观；D. 躯体腹面观；E. 气门板；F. 生殖孔

须肢窄长；第Ⅰ节短，背、腹面可见，第Ⅱ、Ⅲ节内、外侧大致平行，两节分界明显，第Ⅲ节颜色深于第Ⅱ节。假头基背部向后侧缘凸出，略呈角状；后缘近于直或弧形略凹；孔区窄卵形，间距等于或略小于其短径，当中有隆脊分割。基突不明显。假头基腹面宽短，后侧缘不向外凸出，无耳状突和横脊。口下板棒状；齿式 3|3。

盾板呈黄色至红褐色，无珐琅斑。长宽为（1.92～3.17）（2.44±0.24）mm ×（1.78～2.88）（2.28±0.23）mm，长宽比为[0.97～1.18（1.07±0.04）]∶1，后侧角明显；盾板有光泽，大刻点相当稀少，中、小刻点数量变异较大，从无到中等密度，但分布均匀。颈沟很深，相当明显，末端达到盾板后侧缘。眼半球形凸出，约在盾板中部水平线。

足中等大小。各关节处有明亮淡色环带，在背缘也有同样淡色的连续纵带。基节Ⅰ内、外距均发达，长度约等，或内距长于外距，末端渐细。基节Ⅱ～Ⅳ外距粗短，按节序渐小。跗节从亚端部向末端逐渐收窄，具端齿和亚端齿。爪垫短小，不及爪长的 1/2。生殖帷舌形，前端明显隆起。气门板逗点形，背突向背部弯曲，背缘有几丁质增厚区。气门板上刚毛稀少。

雄蜱（图 7-446～图 7-448）

身体略呈长卵形，前端收窄，后部圆弧形。长（包括假头）宽为（3.50～5.69）mm ×（2.26～3.97）mm。

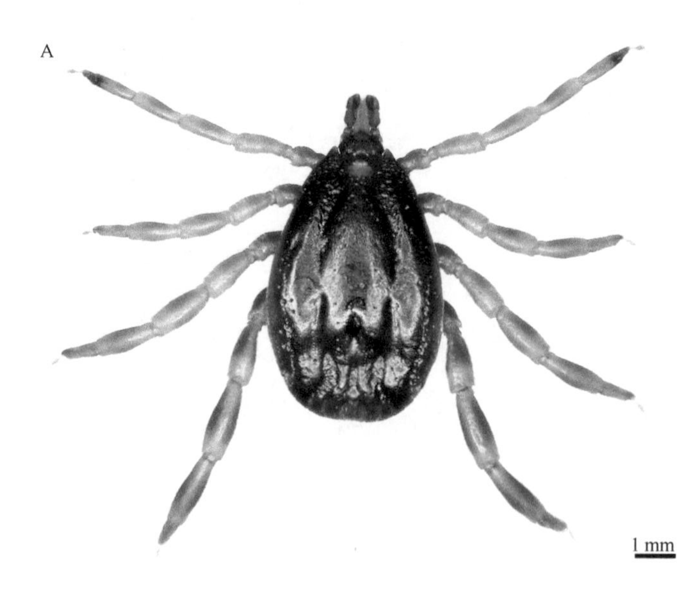

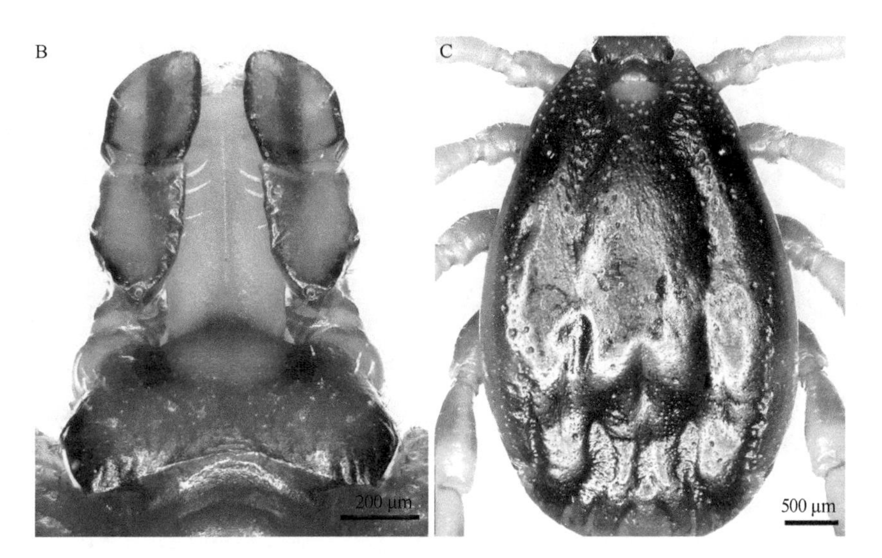

图 7-446　亚洲璃眼蜱雄蜱
A. 背面观；B. 假头背面观；C. 盾板

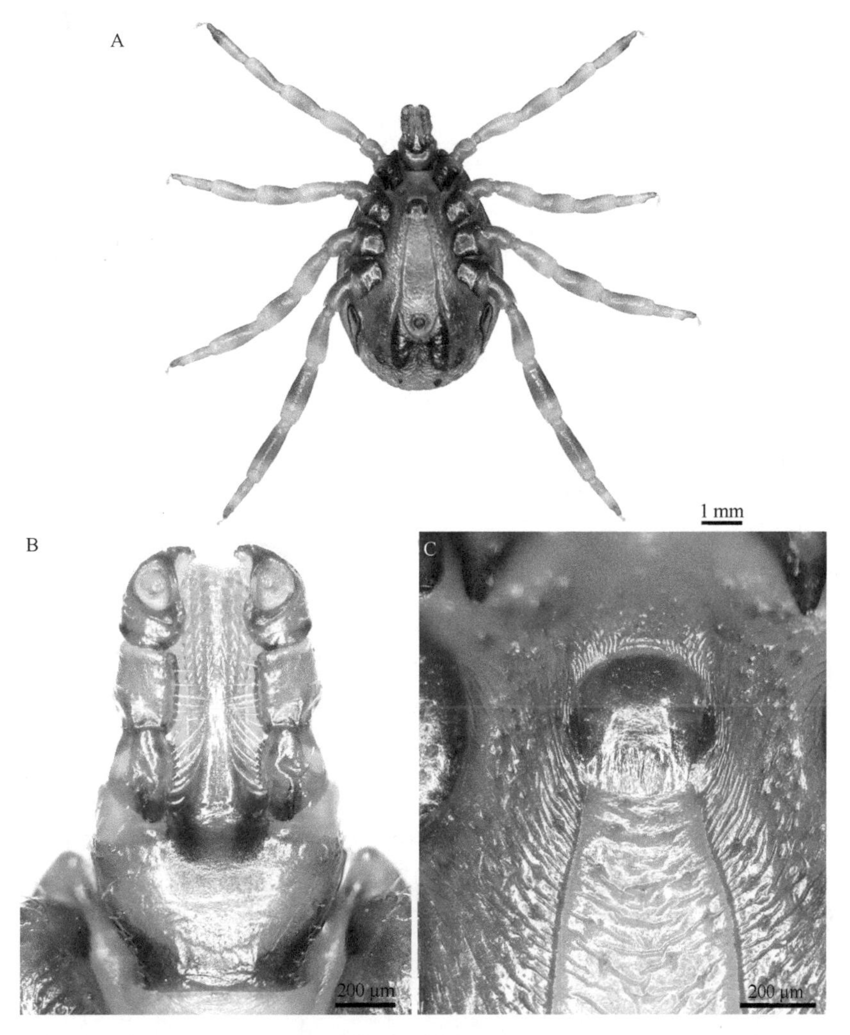

图 7-447　亚洲璃眼蜱雄蜱
A. 腹面观；B. 假头腹面观；C. 生殖孔

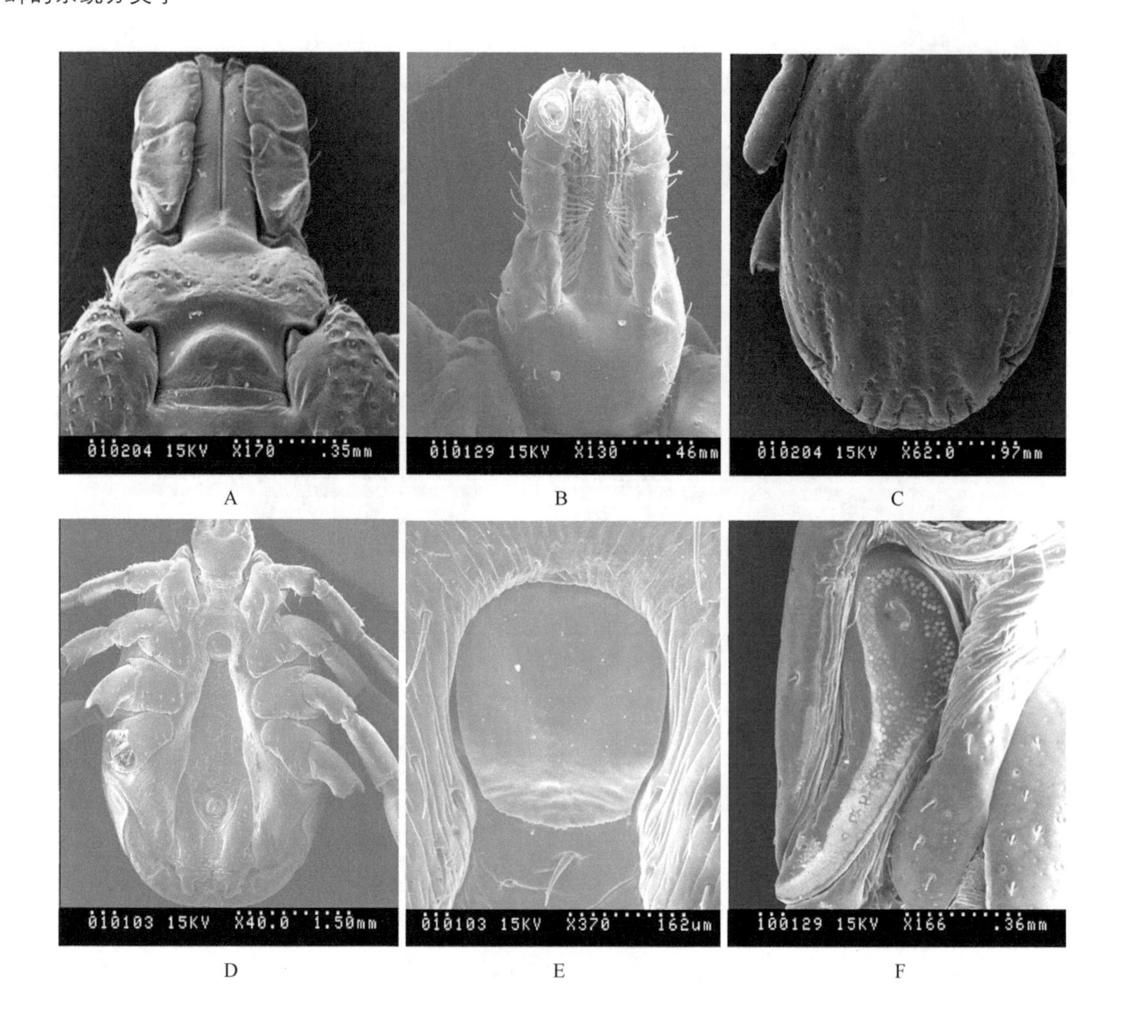

图 7-448　亚洲璃眼蜱雄蜱

A. 假头背面观；B. 假头腹面观；C. 躯体背面观；D. 腹面观；E. 生殖孔；F. 气门板

须肢窄长；第Ⅰ节短，背、腹面可见，第Ⅱ、Ⅲ节内、外侧大致平行，两节分界明显。假头基不向外侧突出，后缘呈角状内凹；基突粗大而钝。假头基腹面宽短，后侧缘不向外凸出，无耳状突和横脊。口下板棒状；齿式 3|3。

盾板黄色到红褐色，无珐琅斑。长宽为（3.07～6.53）（4.72±0.96）mm ×（1.82～4.32）（2.88±0.70）mm，长宽比为 1.48～1.86（1.65±0.09）。卵圆形，身体中部最宽，在气门板处渐窄，后缘钝圆；大刻点稀少，仅分布在中侧部及后部；中刻点和小刻点数目变异较大，尤其在后中沟及后侧沟之间。颈沟很深，十分显著，末端延伸至盾板 1/2 处。侧沟短而深，末端达到盾板的 1/3。后中沟末端达不到中垛；后侧沟明显。中垛呈明亮的淡黄色或暗褐色，为三角形或长方形。

足在关节处有淡色环带，背缘也有同样淡色的连续纵带。基节Ⅰ内、外距发达，长度约等或内距长于外距，末端渐细；基节Ⅱ～Ⅳ外距粗短，按节序渐小。爪垫不及爪长的 1/2。肛侧板窄长，前端渐窄，后端圆钝，侧缘略凸出，内缘中部有发达的凸角；副肛侧板长形；肛下板位于肛侧板下方，其大小和形状变异较大，通常中等大小，近似于纵向椭圆形。腹面中部无骨化板，但在中垛以外的缘垛上存在。气门板背突窄长，呈中度宽阔或非常窄向背后方斜伸，其上刚毛稀少。

若蜱（图 7-449，图 7-450）

体呈长卵形，两端收窄，中部靠前最宽。假头长宽为（0.268～0.479）mm ×（0.259～0.39）mm，长宽比为 1.02～1.29。须肢第Ⅱ节狭长，基部收窄。假头基背面观近似六角形，侧突较尖，锐角形；无基突。腹面后缘向后角状凸出，无耳状突和横脊。口下板棒状；齿式 2|2，每纵列具大齿 6 或 7 枚。

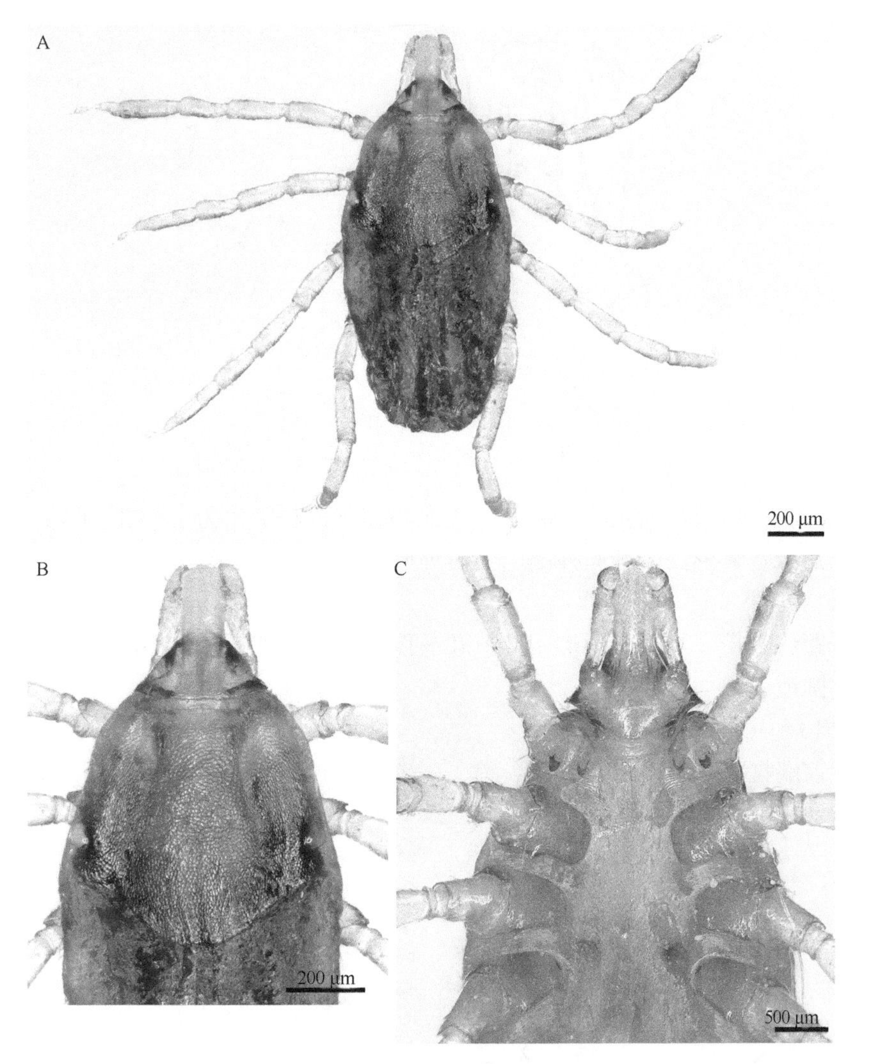

图 7-449　亚洲璃眼蜱若蜱

A. 背面观；B. 假头及盾板背面观；C. 基节

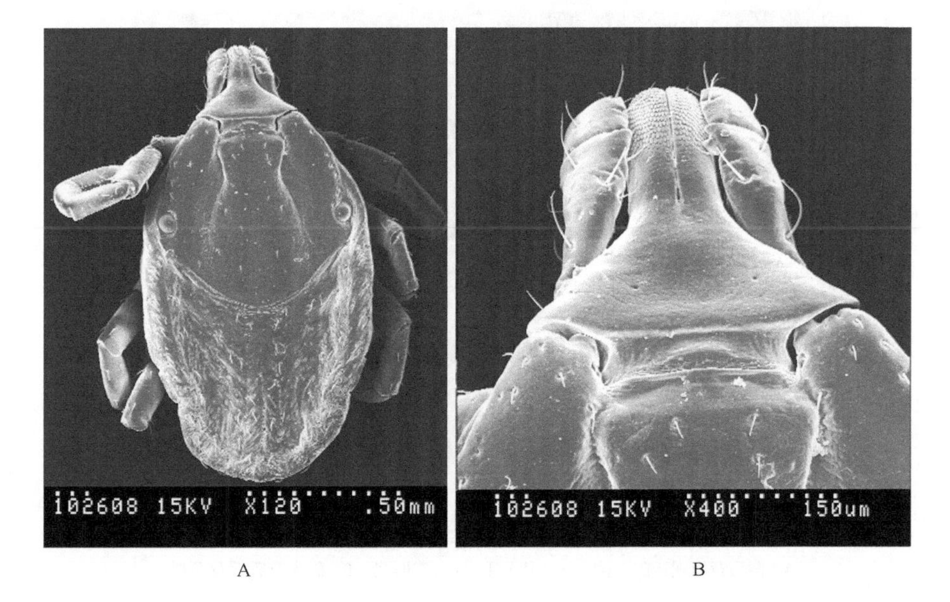

A　　　　B

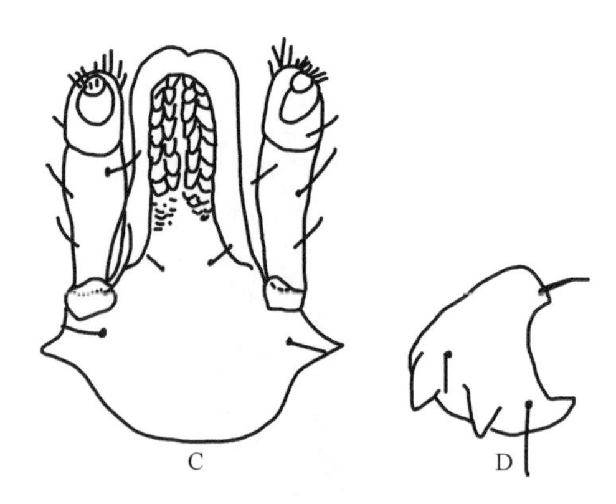

图 7-450　亚洲璃眼蜱若蜱

A. 背面观；B. 假头背面观；C. 假头腹面观；D. 基节 I

盾板长宽为（0.430～0.744）mm ×（0.483～0.768）mm，长宽比为（0.83～1.13）：1，中部最宽。前侧缘近似平直，后缘宽弧形，中部向外凸出，后外侧缘弧形内凹。颈沟明显，无侧沟。眼大近圆形，位于盾板侧角处。

基节 I 内、外距约等长，呈短三角形。基节 II～IV 无内距，外距按节序渐小。气门板近似椭圆形，背突较明显，顶端圆钝。

幼蜱（图 7-451）

体呈卵圆形，前端收窄，后端圆弧形。

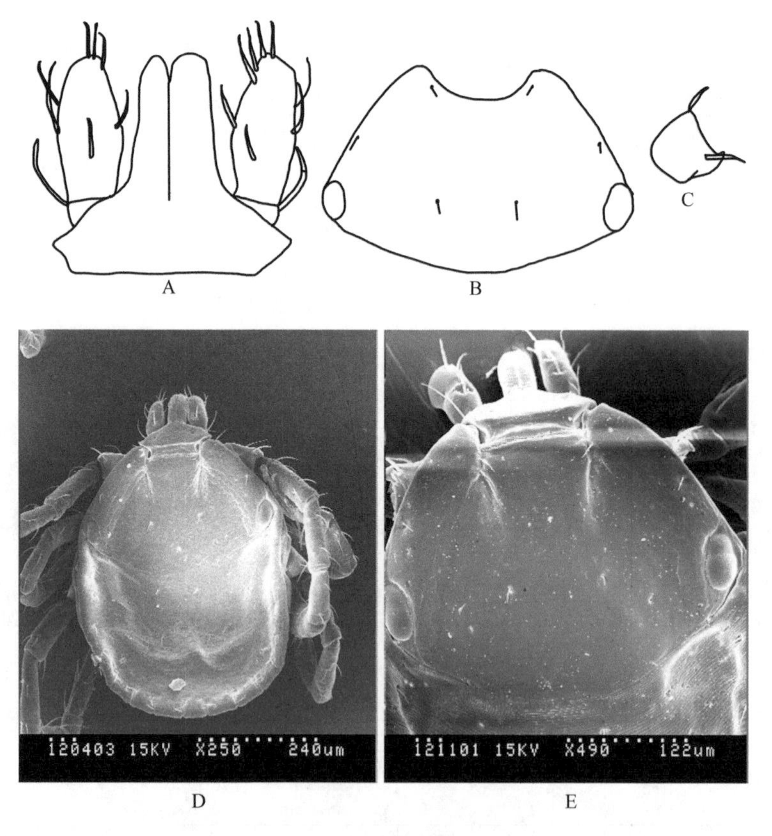

图 7-451　亚洲璃眼蜱幼蜱

A. 假头背面观；B. 盾板；C. 基节 I；D. 背面观；E. 假头及盾板背面观

须肢长近圆柱形，第 I 节短小，背、腹面可见，第III节无背刺和腹刺，第IV节位于第III节腹面的凹

陷内。假头基宽 0.129～0.176 mm，近六角形，侧突末端稍向前；无基突。腹面观侧突明显，呈锐角，无耳状突和横脊。口下板呈棒状，长宽为（0.070～0.098）mm ×（0.020～0.029）mm；齿式 2|2，每纵列具大齿 4 或 5 枚。

盾板长宽为（0.211～0.291）mm ×（0.331～0.462）mm，长宽比为（0.53～0.71）∶1。后缘浅弧形外弯。基节Ⅰ内距呈钝角。基节Ⅱ、Ⅲ均具 1 个小的三角形外距。

生物学特性　三宿主型蜱类。生活于荒漠或半荒漠地区。成蜱出现于 3～10 月，4～6 月常见于宿主体上。幼蜱和若蜱 3～9 月出现于宿主体上。

蜱媒病　该蜱是克里米亚-刚果出血热的传播媒介和储存宿主，其病原体可经卵传播；也是牛环形泰勒虫 *Theileria annulata*、Tamdy & Wad Medani virus 的传播媒介。实验证明，该蜱还能自然感染及传播 Q 热、北亚蜱媒斑疹热、蜱媒脑炎、泰勒虫病和无浆体病。

附注　亚洲璃眼蜱最初被认为是嗜驼璃眼蜱的亚种，即 *Hy. dromedarii asiaticum*。几年后，Schulze（1935）将其提升至种水平，苏联学者广泛认同该种名，而一些西方学者认为亚洲璃眼蜱是嗜驼璃眼蜱的同物异名。然而，现今人们支持亚洲璃眼蜱为有效种。

亚洲璃眼蜱分布范围广，但在不同的地理分布区形态变异很大，因此鉴定该蜱存在一定难度。最初人们鉴于亚洲璃眼蜱的变异性，将其分为 3 亚种：高加索亚洲璃眼蜱 *Hy. asiaticum caucasicum* Pomerantzev, 1939、亚洲璃眼蜱指名亚种 *Hy. asiaticum asiaticum* Schulze & Schlottke, 1929 及亚东璃眼蜱 *Hy. asiaticum kozlovi* Olenev, 1931。高加索亚洲璃眼蜱主要出现在亚洲璃眼蜱分布区的西部，东部到达里海及伊朗；亚洲璃眼蜱指名亚种向东部蔓延，到达中国和蒙古国；亚东璃眼蜱在亚洲璃眼蜱分布区的东部，主要局限在中国和蒙古国西南部。已报道自然界中亚洲璃眼蜱的高加索亚种和指名亚种常杂交且能产生可育后代，并认为这可能与这两个亚种在伊朗的分布存在重叠有关。以上亚种划分主要依据成蜱的以下特征：体型大小；盾板上刻点类型；气门板背突的长和宽；爪垫大小。一般亚洲璃眼蜱的西部类群体型小，刻点多，气门板背突宽短，而东部类群体型大。然而，Apanaskevich 和 Horak（2010）通过比较来自阿富汗、亚美尼亚、阿塞拜疆、中国、伊朗、伊拉克、哈萨克斯坦、吉尔吉斯斯坦、蒙古国、巴基斯坦、俄罗斯、塔吉克斯坦、土库曼斯坦和乌兹别克斯坦等 14 个国家的亚洲璃眼蜱（3700 只雄蜱、2100 只雌蜱、400 只若蜱和 700 只幼蜱），发现亚种的鉴定特征即使在同一亚种内也存在很大变异，存在很多中间型，因此，不能作为鉴定标准。他们认为亚东璃眼蜱、高加索璃眼蜱和璃眼蜱指名亚种应为同一种，没有亚种的划分，即它们统一称为亚洲璃眼蜱。这种统一将有利于以后鉴定工作的进行。

基于形态学，亚洲璃眼蜱属于亚洲璃眼蜱群 *Hy.*（*Euhyalomma*）*asiaticum* group，这个类群还包括嗜驼璃眼蜱 *Hy.*（*E.*）*dromedarii* Koch, 1844、缺板璃眼蜱 *Hy.*（*E.*）*impeltatum* Schulze & Schlottke, 1930、舒氏璃眼蜱 *Hy.*（*E.*）*schulzei* Olenev, 1931 和索马里璃眼蜱 *Hy.*（*E.*）*somalicum* Tonelli-Rondelli, 1935。亚洲璃眼蜱可从以下特征区别于该类群的其他种类，雌蜱：颈沟很深（无盾璃眼蜱和索马里璃眼蜱中等深度）；生殖孔呈窄 U 形（舒氏璃眼蜱为宽 U 形，嗜驼璃眼蜱和索马里璃眼蜱呈窄 V 形）；基节Ⅰ外距较窄，末端渐细（嗜驼璃眼蜱和舒氏璃眼蜱较宽，末端钝）；足各节背部具连续的淡黄色纵带（索马里璃眼蜱为小的斑块状）。雄蜱：盾板后缘圆钝（索马里璃眼蜱略微突出）；靠近中垛的缘垛没有超出盾板后边缘（舒氏璃眼蜱超出）；颈沟很深很长（无盾璃眼蜱和索马里璃眼蜱颈沟短、浅或中等深度）；后中沟未达到中垛（嗜驼璃眼蜱达到中垛）；肛侧板直（嗜驼璃眼蜱严重弯曲，无盾璃眼蜱、舒氏璃眼蜱和索马里璃眼蜱略微弯曲）；肛下板一般为中等大小（嗜驼璃眼蜱很大）；仅中垛无腹板（无盾璃眼蜱中垛、近中垛及第 4 缘垛均无腹板，索马里璃眼蜱均有腹板）；气门板背突延长（舒氏璃眼蜱很短）；假头基背部后缘深凹，呈角状（无盾璃眼蜱浅凹）；足各节背部具连续淡黄色纵带（索马里璃眼蜱为小的斑块状）。若蜱：盾板后外缘轻微内陷（嗜驼璃眼蜱、舒氏璃眼蜱和索马里璃眼蜱为中度内陷）；气门板背突短、窄（嗜驼璃眼蜱长、宽）；气门板外围杯状体环绕不完全（嗜驼璃眼蜱完全）；具基孔（嗜驼璃眼蜱和舒氏璃眼蜱无）。幼蜱：眼以后的盾板部分占盾板的 1/5～1/4（索马里璃眼蜱占 1/3.7）；须肢第Ⅲ节腹面无刺（无盾璃眼蜱有）；基节Ⅰ具1个小的三角形距指向后方或中部（舒氏璃眼蜱和索马里璃眼蜱具1大距指向侧方，嗜驼璃眼蜱和无盾璃眼蜱具1大距）。

（3）嗜驼璃眼蜱 *Hy. dromedarii* Koch, 1844

定名依据 dromedary意为单峰驼，词源不含寄生或吸血的意思，准确的应译为单驼璃眼蜱，但鉴于嗜驼璃眼蜱没有太大出入，为减少改动，保持原来译名。

宿主 成蜱主要寄生于骆驼，有时也寄生于其他家畜如牛、马、绵羊、山羊、犬等，偶尔也侵袭人。未成熟蜱主要寄生于骆驼，有时也寄生于牛和小型哺乳动物。

分布 国内：新疆；国外：阿富汗、阿拉伯联合酋长国、巴基斯坦、巴勒斯坦、苏联、沙特阿拉伯、土耳其、也门、伊拉克、伊朗、印度及非洲一些国家。

鉴定要点

雌蜱体型大，赤褐色到深褐色。盾板宽阔，宽度等于或稍大于长度，后缘圆钝；刻点少，粗细不均，分布亦不均；颈沟宽而明显，末端延伸至盾板后侧缘；侧沟延伸至盾板后侧缘。生殖帷窄长，三角形。气门板逗点形，背突细窄，向背方弯曲，背缘有几丁质增厚区。足黄褐色或赤褐色，关节附近有淡色环带，背缘有淡色纵带。

雄蜱体型大，赤褐色到深褐色。盾板卵圆形；大刻点相当稀少，中、小刻点数量稍多。颈沟明显，延至盾板中部；侧沟短而明显，前端约达盾板后1/3处；后中沟深，末端达到中垛；后侧沟明显，略似长三角形，与缘垛相连。中垛明显，呈淡黄色。肛侧板严重弯曲；肛下板大，较副肛侧板宽，位于副肛侧板下方。气门板曲颈瓶形，背突窄长，末端达到盾板边缘。足上色斑与雌蜱相似。

具体描述

雌蜱（图7-452，图7-453）

体型大，赤褐色至暗褐色。

须肢较短，长约为宽的2.3倍；前端平钝，内、外侧缘大致平行；第Ⅰ节短，背、腹面可见；第Ⅱ节明显长于第Ⅲ节，两节长度比约 1.4∶1；第Ⅲ节无背刺和腹刺；第Ⅳ节位于第Ⅲ节腹面的凹陷内。假头基宽短，宽约为长的2.4倍；两侧缘弧形凸出，后缘平直。孔区小，卵圆形，间距小于其短径。无基突。口下板压舌板形；齿式3|3。

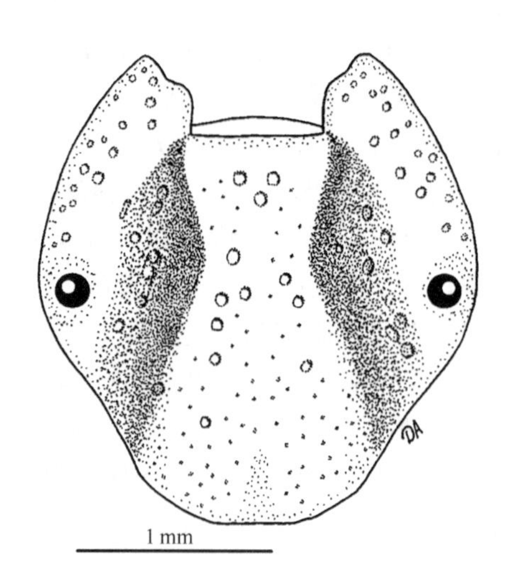

图7-452 嗜驼璃眼蜱雌蜱盾板（引自：Apanaskevich *et al.*，2008）

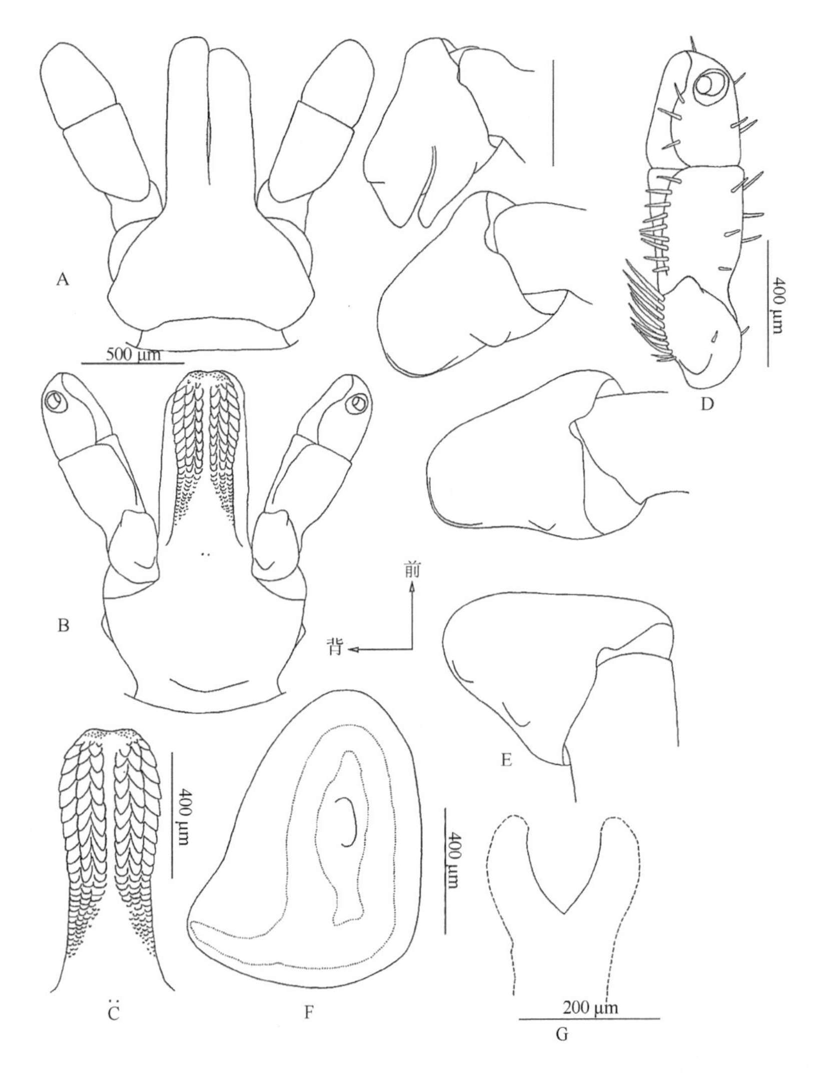

图 7-453　嗜驼璃眼蜱雌蜱（引自：Apanaskevich *et al.*，2008）

A. 假头背面观；B. 假头腹面观；C. 口下板；D. 须肢；E. 基节；F. 气门板；G. 生殖帷

盾板宽阔，宽约等于或稍大于长，中部最宽，向后明显弧形收窄，后缘圆钝；长宽为（1.85～2.60）mm ×（1.75～2.44）mm。眼半球形凸出，约位于盾板中部水平线。刻点分布均匀，前侧区的刻点较大且稀少；后中区的刻点小而稍密。颈沟宽而明显，末端延伸至盾板后侧缘。侧沟明显，伸达盾板后侧缘。

足黄褐色或赤褐色，中等大小；各关节附近有淡黄色环带，背缘也具同样淡色的纵带。基节Ⅰ内距粗大，外距窄长；基节Ⅱ～Ⅳ内距呈脊状，外距粗短，按节序渐小。爪垫不及爪长的 1/2。生殖帷呈窄 V 形。气门板逗点形，背突尖窄，弯向背方，背缘有几丁质增厚区。

雄蜱（图 7-454，图 7-455）

赤褐至暗褐色。体型大，长（包括假头）宽为（5.2～7.0）mm ×（3.0～4.5）mm。

须肢长约为宽的 2.5 倍，前端较平钝，内、外缘近于平行。第Ⅰ节短，背、腹面可见；第Ⅱ节明显长于第Ⅲ节；第Ⅲ节无背刺和腹刺；第Ⅳ节位于第Ⅲ节腹面的凹陷内。假头基宽约为长（包括基突）的 1.9 倍，后缘明显弧形凹入。基突粗短而钝。口下板齿式 3|3。

盾板卵圆形，中部最宽，前部渐窄，后缘圆弧形；长宽为（3.70～5.78）mm ×（2.47～4.03）mm。表面平滑，有光泽。刻点较大，中部相当稀少，靠盾板边缘稍多；小刻点多分布在后中沟与后侧沟之间。颈沟明显，斜弧形，末端延伸至盾板中部。侧沟短而明显，前端约达盾板后 1/3 处。后中沟与后侧沟明显；后中沟较窄而深，末端达到中垛，后侧沟略似长三角形，向后与缘垛相连。中垛明显，淡黄色。

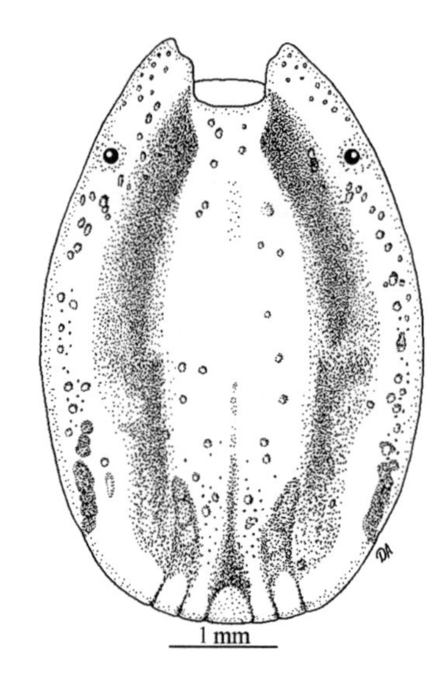

图 7-454 嗜驼璃眼蜱雄蜱盾板（引自：Apanaskevich *et al.*，2008）

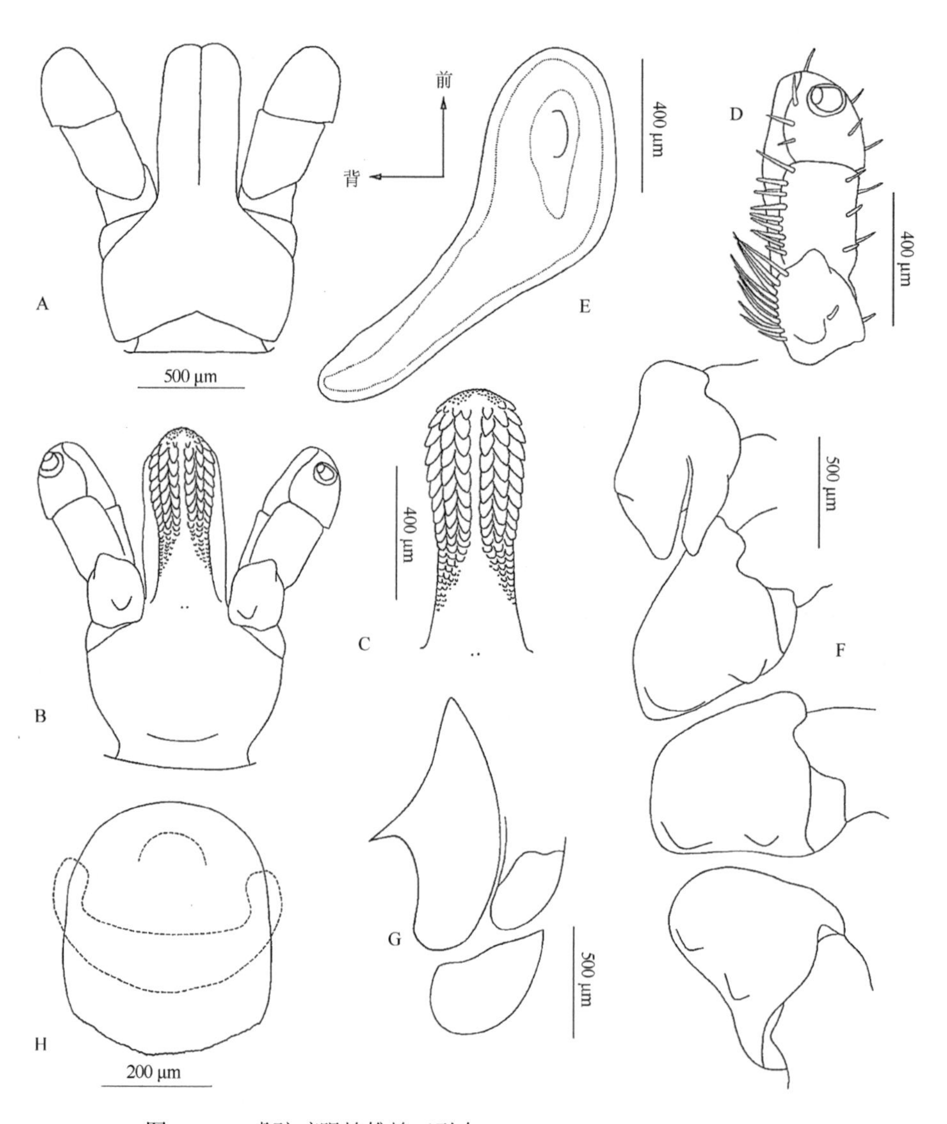

图 7-455 嗜驼璃眼蜱雄蜱（引自：Apanaskevich *et al.*，2008）

A. 假头背面观；B. 假头腹面观；C. 口下板；D. 须肢；E. 气门板；F. 基节；G. 肛侧板、副肛侧板、肛下板；H. 生殖帷

足黄褐色或赤褐色，按足序渐粗；在各关节附近具淡黄色环带，背缘具淡黄色纵带。基节Ⅰ外距窄长，端部略外弯，内距粗大；基节Ⅱ～Ⅳ外距粗短，按节序渐小，内距呈脊状。爪垫很小。肛侧板外缘与后缘弧形，内缘凸角窄长。肛下板大，较副肛侧板宽，位于副肛侧板下方或稍偏内。气门板匙形，背突窄长，末端达到盾板边缘。

若蜱（图 7-456）

体呈卵圆形，前端收窄，后端圆弧形；基节Ⅳ水平最宽。长（包括假头）宽为（1.40～1.60）mm ×（0.60～0.80）mm。

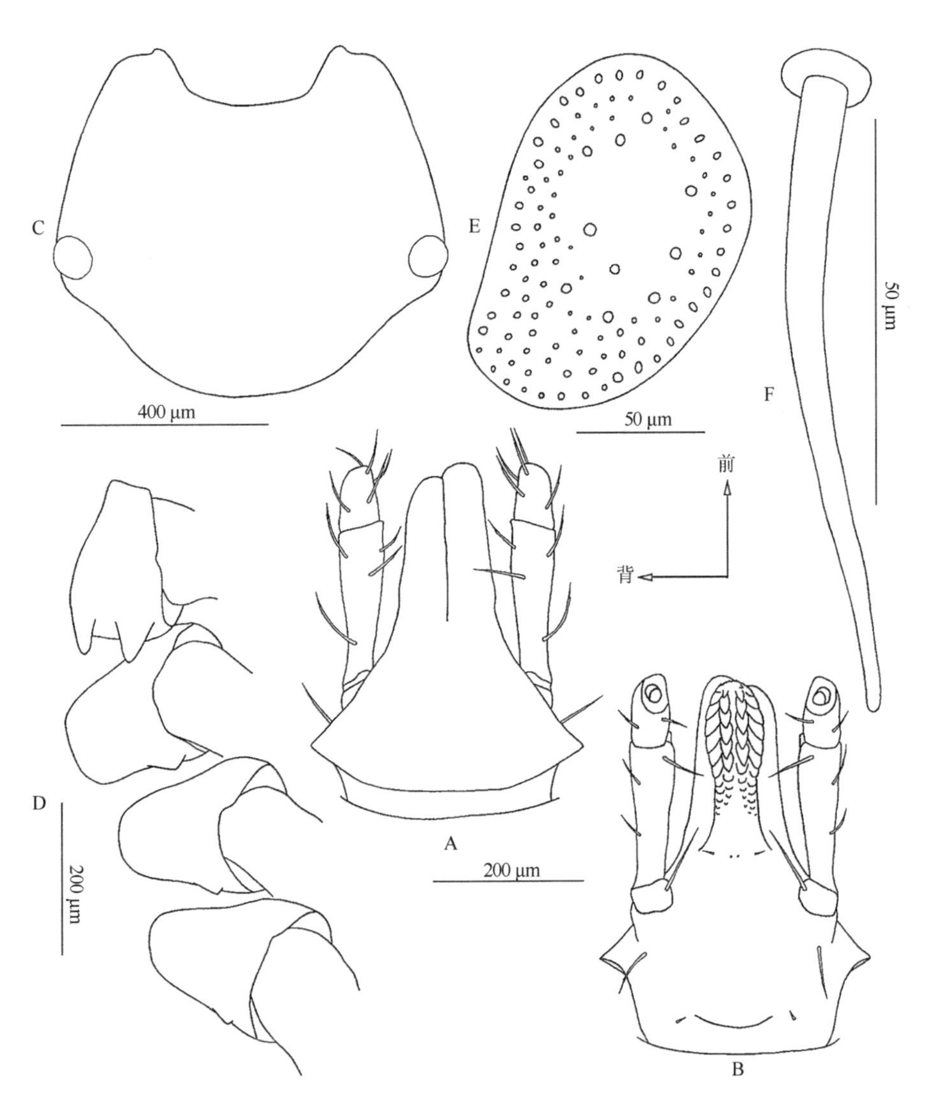

图 7-456　嗜驼璃眼蜱若蜱（引自：Apanaskevich *et al.*，2008）

A. 假头背面观；B. 假头腹面观；C. 盾板；D. 基节；E. 气门板；F. 异盾刚毛

假头基长宽为（0.39～0.48）mm ×（0.33～0.41）mm。须肢窄长。第Ⅰ节短，背、腹面均可见；第Ⅱ节最长，长度是第Ⅲ节的 2 倍多，基部收窄；第Ⅲ节无背刺和腹刺；第Ⅳ节位于第Ⅲ节腹面的凹陷内。假头基背面观六角形，侧突较尖，锐角形。无基突及耳状突。口下板棒状；齿式 2|2，每纵列具齿 7 或 8 枚。

盾板长宽为（0.53～0.74）mm ×（0.54～0.88）mm；中部最宽且向外侧凸出，后缘圆弧形，侧缘稍有些弧形内陷；眼大，近似圆形，位于盾板侧角处。颈沟浅而前端窄、后端宽，末端约达盾板后缘；无侧沟。

基节Ⅰ内、外距均窄，且内距稍长于外距。基节Ⅱ～Ⅳ无内距，外距短小，末端圆钝。跗节短，向末端逐渐收窄，无端齿和亚端齿。气门板短，逗点形，无几丁质增厚区。

幼蜱（图 7-457）

体呈卵圆形，前端收窄，后端圆弧形。长（包括假头）宽为（0.68～0.76）mm ×（0.42～0.49）mm。

假头背面（包括假头基）长宽为（0.13～0.15）mm ×（0.15～0.19）mm。须肢长，近圆柱形；长约为宽的 2.9 倍。第Ⅰ节短，背、腹面均可见；第Ⅱ、Ⅲ节分界不明显；第Ⅳ节位于第Ⅲ节腹面的凹陷内。假头基近六角形，侧突长，呈尖锐角形，宽 0.15～0.19 mm；无基突。假头基腹面宽阔，无耳状突。口下板呈棒状，长宽为（0.08～0.11）mm ×（0.02～0.03）mm；齿式 2|2，每纵列具齿 5 或 6 枚。

盾板长宽为（0.22～0.27）mm ×（0.34～0.45）mm；后缘弧度较大，但中部近平直，有时向内凹陷。盾板上第Ⅰ背中毛长 17.2～19.7 μm。腹面刚毛较短。眼着生于盾板最外侧。

基节Ⅰ内距呈锐角，明显超过基节后缘；无外距。基节Ⅱ、Ⅲ无内距，外距依次渐小。跗节Ⅰ长宽为（0.13～0.18）mm ×（0.04～0.06）mm。

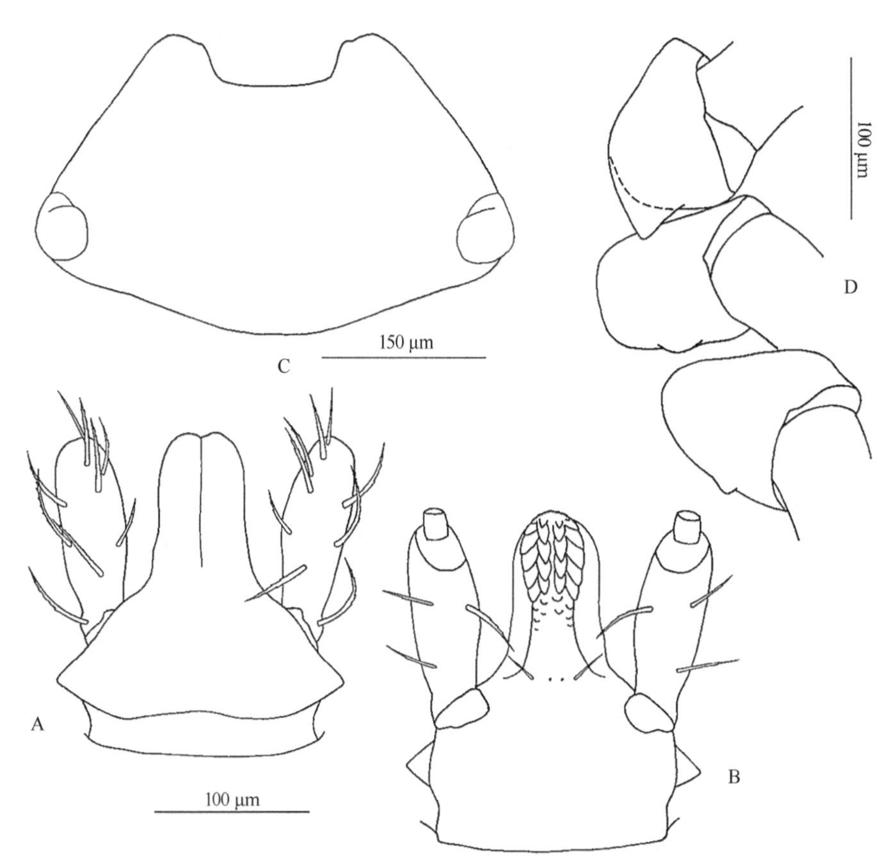

图 7-457　嗜驼璃眼蜱幼蜱（引自：Apanaskevich *et al.*，2008）

A. 假头背面观；B. 假头腹面观；C. 盾板；D. 基节

生物学特性　生活于荒漠及半荒漠地区。通常为三宿主型，但当环境或宿主不适应时，会转换为一宿主或二宿主型。成蜱全年可见，高峰在夏季或 11 月、12 月。若蜱也能全年寄生，高峰在 6 月、7 月和 10 月、11 月。实验室条件下，嗜驼璃眼蜱完成 1 个生活史需要 70～127 d。

蜱媒病　牛环形泰勒虫病的传播媒介，并能经期传播。

（4）伊氏璃眼蜱 *Hy. isaaci* Sharif, 1928

定名依据　以人名命名。

宿主　幼蜱和若蜱主要寄生于鸟类、小型哺乳动物，成蜱寄生于黄牛、犏牛、山羊等家畜和野生动物。

分布　国内：四川、新疆、云南；国外：克什米尔地区、孟加拉国、尼泊尔、斯里兰卡、印度。

鉴定要点

雌蜱赤褐色到深褐色。盾板长稍大于宽，后缘圆钝；细刻点稠密，粗刻点较少，分布不均；颈沟前端深，向后宽浅，末端延伸至盾板后侧缘。生殖帷宽短，后缘弧形。气门板逗点形，背突细窄，向前弯曲，背缘有几丁质增厚区。足黄褐色，关节附近的淡色环带明显，背缘无淡色纵带。

雄蜱赤褐色到深褐色。盾板长卵形；细刻点稠密，均匀分布，粗刻点稀少，分布不均匀。颈沟前深后浅，延至盾板前 1/3 处；侧沟明显，由眼部稍后延伸至气门板后缘上方；后中沟窄长，末端达到中垛；后侧沟略似窄三角形，与缘垛相连。中垛与周围缘垛颜色一致。肛侧板较宽，其内缘不形成角突，后缘直。肛下板小，位于肛侧板下方。气门板长逗点形，背突细窄，末端前缘有几丁质增厚区。足上色斑与雌蜱相似。

具体描述

雌蜱（图 7-458）

体呈卵圆形，前端收窄，后端圆弧形。

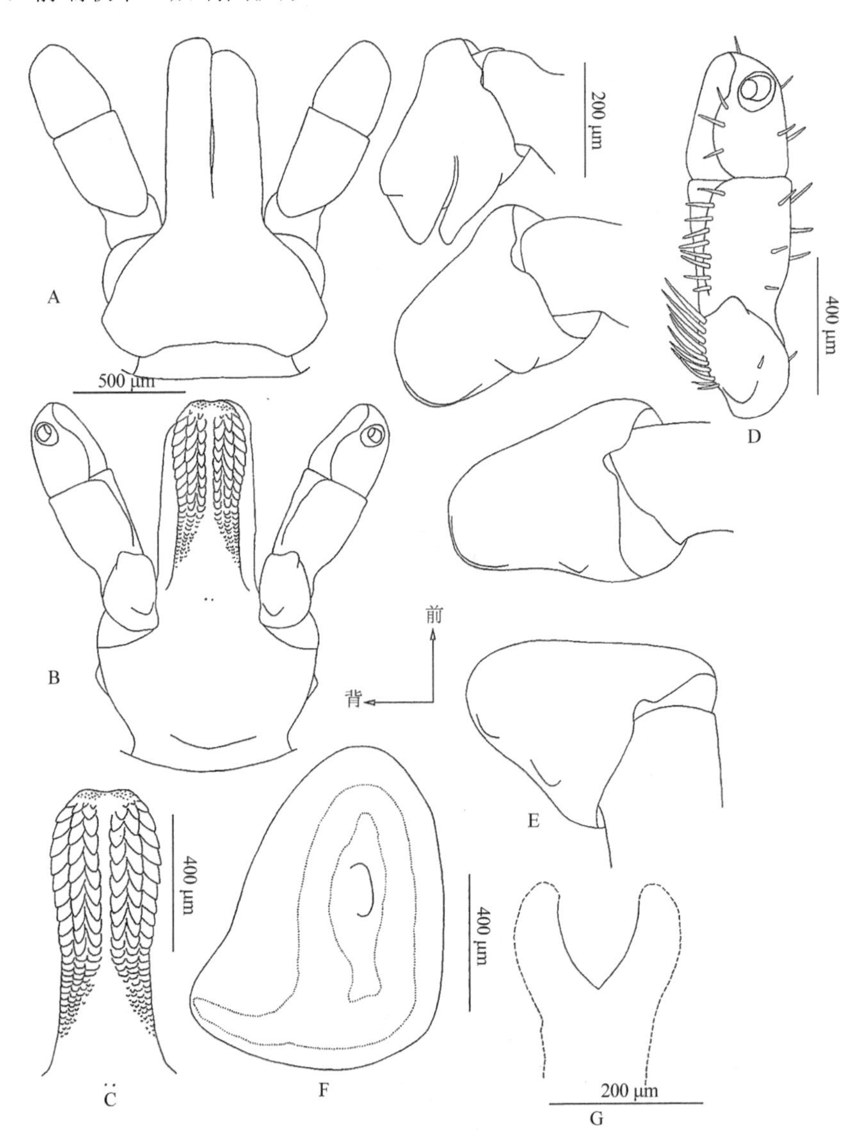

图 7-458　伊氏璃眼蜱雌蜱（参考：Apanaskevich & Horak，2008a）

A. 假头背面观；B. 假头腹面观；C. 口下板；D. 须肢；E. 基节；F. 气门板；G. 生殖孔

须肢长，中部稍宽，两端略窄；第Ⅰ节短，背、腹面可见；第Ⅱ节明显长于第Ⅲ节，是第Ⅲ节长度的 1.5 倍；第Ⅲ节无背刺和腹刺；第Ⅳ节位于第Ⅲ节腹面的凹陷内。假头基近五边形，中部稍后处最宽，后缘略直或弧形内凹；孔区卵圆形，间距明显短于其短径；无基突。假头基腹面宽，无耳状突和横脊。

盾板赤褐色或暗褐色，长宽为（1.91～2.57）mm ×（1.75～2.47）mm，在着生眼的水平线处最宽，向后弧形收窄，后缘圆钝。刻点大小不一，小刻点稠密，遍布表面；大刻点较少，在肩部稍多，中后区稀少。颈沟前深后浅，弧形外斜，具不规则皱褶，末端达到盾板后侧缘。

足黄褐色，中等大小，各关节附近有明亮的淡色环带，背缘无淡色纵带。基节Ⅰ外距较内距略长，末端尖细，稍向外弯。基节Ⅱ～Ⅳ无内距，外距粗短，按节序渐小。爪垫短小。生殖帷宽短，后缘弧形，略微隆起。气门板大，逗点形，背突细窄，向前略弯，具几丁质增厚区。气门板周围表皮上着生一些细毛。

雄蜱（图 7-459）

体呈卵圆形，前端收窄，后端圆弧形。

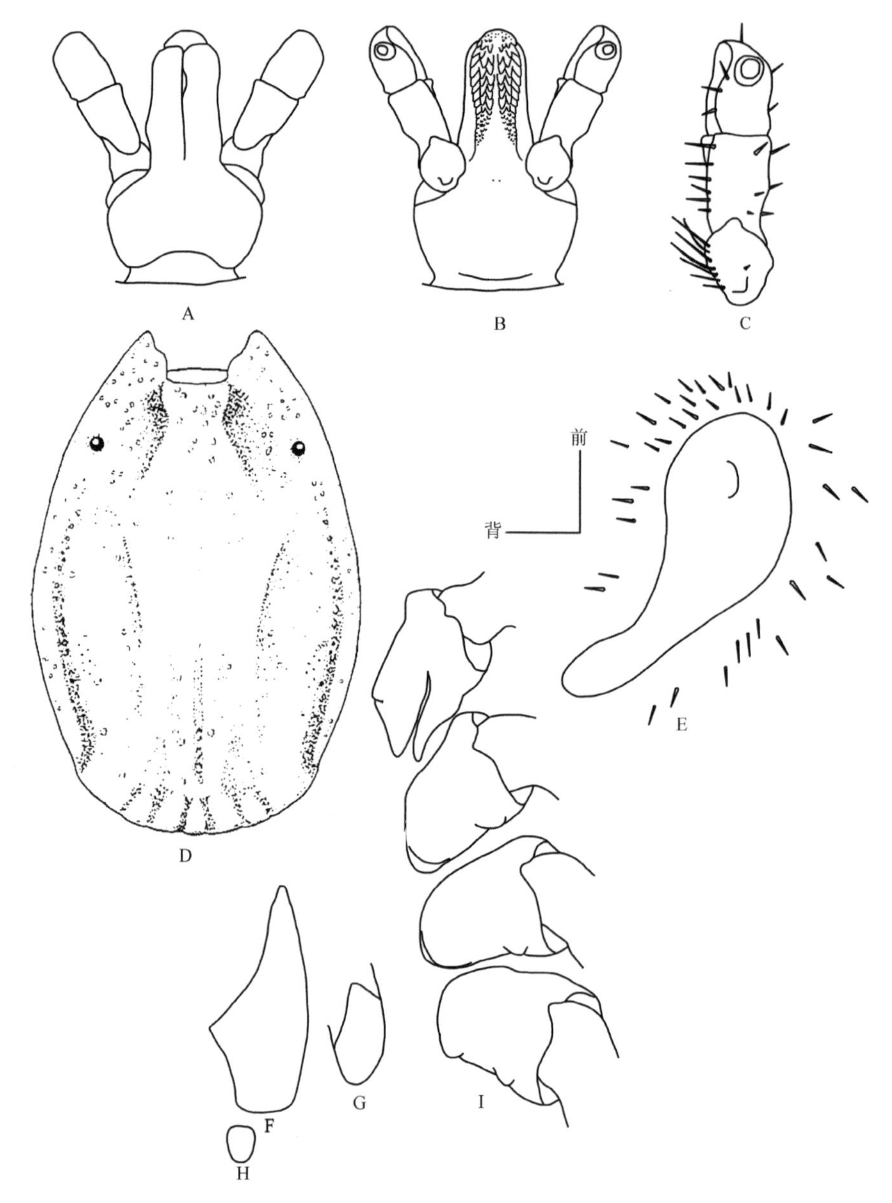

图 7-459 伊氏璃眼蜱雄蜱（参考：Apanaskevich & Horak，2008a）

A. 假头背面观；B. 假头腹面观；C. 须肢；D. 盾板；E. 气门板；F. 肛侧板；G. 副肛侧板；H. 肛下板；I. 基节

须肢较粗，第Ⅱ、Ⅲ节长度之比约 1.3∶1。假头基在须肢基部最宽，向后略微收窄，后缘弧形浅凹；基突粗短，末端圆钝。

盾板赤褐色至暗褐色，有光泽；长宽为（3.22～4.66）mm×（1.36～1.77）mm，长宽比为 1.26～1.77；长卵形，后缘较为平直。眼明亮，向外凸出。小刻点稠密，均匀分布；间杂少量大刻点，在肩部、颈沟之间及后部稍多，其余部位稀少。颈沟前深后浅，长弧形外斜，末端约达到盾板前 1/3 处。侧沟明显，较长，自眼稍后（约盾板前 1/3 处）向后延伸至气门板后缘上方。后中沟窄长而深，末端达到中垛；后侧沟深，略似窄三角形，后端与缘垛连接。后侧沟外侧有一对窄长的沟，向前几乎与颈沟连接。缘垛 5 个，分界明显，中垛的颜色与其他缘垛相似。

足各关节附近有明亮的狭窄的淡色环带，背缘具有小的淡色斑点。爪垫短小。肛侧板较宽，其内缘不形成角突，后缘平直。副肛侧板长形。肛下板小，位于肛侧板正下方。气门板长逗点形，背突窄，末端前缘有小的几丁质增厚部，气门板周围表皮着生一些细毛。

若蜱（图 7-460）

体宽卵形，前端窄，后端圆弧形；基节Ⅳ水平处最宽。长（包括假头）为 1.41～1.57 mm。

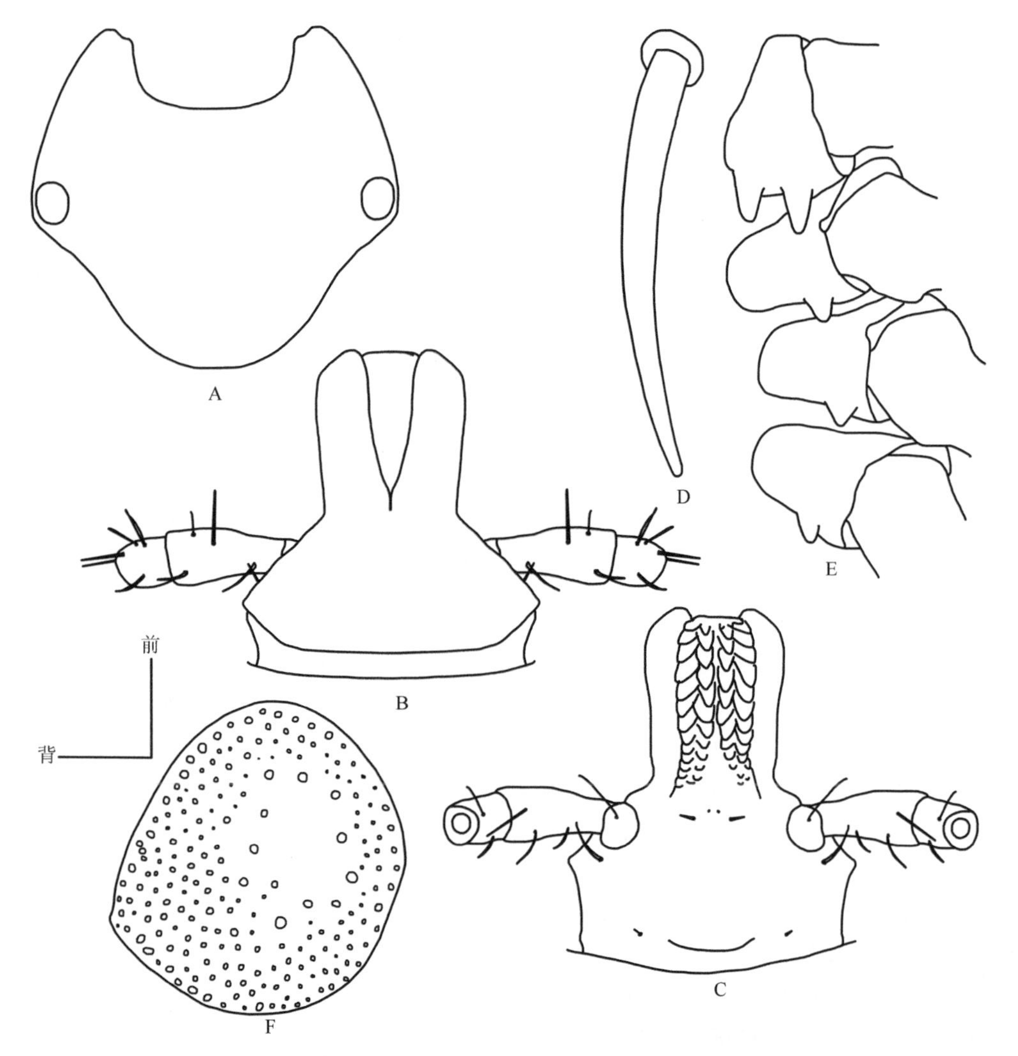

图 7-460　伊氏璃眼蜱若蜱（参考：Apanaskevich & Horak，2008a）

A. 盾板；B. 假头背面观；C. 假头腹面观；D. 异盾上的刚毛；E. 基节；F. 气门板

假头长宽为（0.372～0.427）mm×（0.310～0.376）mm，长宽比为 1.12～1.21。须肢窄长，长 0.24～0.29 mm，约为宽的 3.7 倍。第Ⅰ节短，背、腹面均可见；第Ⅱ节最长，长度是第Ⅲ节的 2 倍多，基部收窄；第

Ⅲ节无背刺和腹刺；第Ⅳ节位于第Ⅲ节腹面的凹陷内。假头基背面六角形，侧突钝角形，无基突及耳状突。口下板压舌板状，长宽为（0.20～0.25）mm×（0.07～0.10）mm；齿式2|2，每纵列具齿8或9枚。

盾板宽大于长，长宽为（0.52～0.66）mm ×（0.61～0.77）mm；中部最宽，着生眼，侧缘自该处向后弧形收窄，后缘弧度大，似弓形，颈沟明显较深。

基节Ⅰ内、外距均为窄三角形，内距稍长。基节Ⅱ～Ⅳ无内距，外距较尖，基节Ⅳ最短。跗节Ⅰ长0.28～0.29 mm。气门板宽椭圆形，气门斑位置靠前。肛门环近圆形。

幼蜱（图 7-461）

体呈卵圆形，前端收窄，后端圆弧形。体长（包括假头）为0.76～0.78 mm，体宽为0.44～0.47 mm。

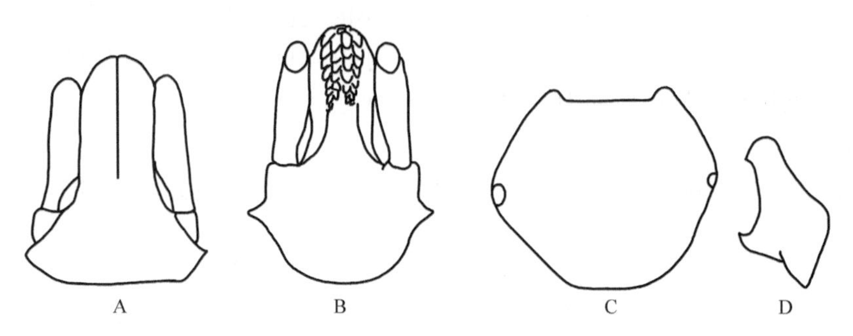

图 7-461　伊氏璃眼蜱幼蜱（参考：邓国藩和姜在阶，1991）
A. 假头背面观；B. 假头腹面观；C. 盾板；D. 基节Ⅰ

假头背面长0.20～0.23 mm。须肢长，近圆柱形，长0.13～0.14 mm。第Ⅰ节短，背、腹面均可见；第Ⅱ节与第Ⅲ节分界不明显，基部收窄；第Ⅳ节位于第Ⅲ节腹面的凹陷内。假头基背面观近三角形，宽0.16～0.18 mm，侧突较尖。无基突及耳状突。口下板棒状，长约0.10 mm。齿式2|2；每纵列具齿7或8枚。

盾板宽大于长，长宽为（0.27～0.35）mm ×（0.36～0.46）mm。中部最宽，着生眼，侧缘自该处向后弧形收窄，后缘弧度大，似弓形。

基节Ⅰ内距三角形，其长超过基节后缘，无外距；基节Ⅱ、Ⅲ无内距，外距粗短，末端钝。跗节Ⅰ长宽为（0.12～0.16）mm×（0.04～0.06）mm。

生物学特性　东洋界种类。生活于山地或灌丛地带。成蜱5～8月在宿主上出现。

附注　璃眼蜱属尤其是眸蜱亚属 *Euhyalomma* 的分类鉴定一直比较混乱。此亚属约20种，其内类似的种类又划分为几个类群，其中分类上最难辨认的一组是 *Hy.*（*E.*）*marginatum* 复组的种类。该类群分布广泛，几乎与整个璃眼蜱属的分布相一致，包括欧洲南部、小亚细亚、阿拉伯联合酋长国、中亚、南亚、东南亚和非洲，曾经将边缘璃眼蜱划为6亚种：边缘璃眼蜱指名亚种 *Hy.*（*E.*）*marginatum marginatum*、麻点边缘璃眼蜱 *Hy.*（*E.*）*marginatum rufipes*、伊氏边缘璃眼蜱 *Hy.*（*E.*）*marginatum isaaci*、印支边缘璃眼蜱 *Hy.*（*E.*）*marginatum indosinensis*、图兰边缘璃眼蜱 *Hy.*（*E.*）*marginatum turanicum* 及光滑边缘璃眼蜱 *Hy.*（*E.*）*marginatum glabrum*。通过对各地标本的大量比对，Apanaskevich 和 Horak（2008a）认为印支边缘璃眼蜱应为伊氏边缘璃眼蜱的同物异名，且提升为种级阶元，即称为伊氏璃眼蜱 *Hy.*（*E.*）*isaaci*。其余亚种也分别提升为种级阶元水平，分别为边缘璃眼蜱 *Hy.*（*E.*）*marginatum*、麻点璃眼蜱 *Hy.*（*E.*）*rufipes*、图兰璃眼蜱 *Hy. turanicum* 及光滑璃眼蜱 *Hy.*（*E.*）*glabrum*。

（5）盾糙璃眼蜱 *Hy. scupense* Schulze, 1918

=残缘璃眼蜱 *Hy. detritum* Schulze，1919

定名依据　“*-ense*”表示地名。如属名为中性名词，不用-*ensis*，后者多半是阴性名词。该种的一处采集地为 Uskub = Skopji（斯库）。然而，中文译名盾糙璃眼蜱已广泛使用。

宿主　幼蜱和若蜱主要寄生于啮齿动物；成蜱主要寄生于牛、马、驴、绵羊、骆驼等，偶见于野生动物。

分布　国内：北京、甘肃、河北、河南、黑龙江、湖北、吉林、辽宁、内蒙古、宁夏、山东、陕西、新疆；国外：保加利亚、法国、哈萨克斯坦、捷克、斯洛伐克、吉尔吉斯斯坦、罗马尼亚、南斯拉夫、尼泊尔、苏联、塔吉克斯坦、希腊、印度。

附注　Guglielmone 等（2014）将该种的定名日期错写为 1919。

鉴定要点

雌蜱体型略小，赤褐色到深褐色。盾板近椭圆形，后缘宽圆；刻点稀少，分布不均；颈沟浅，末端延伸至盾板后侧缘；侧沟不明显或付缺。气门板逗点形，背突较粗短，末端尖窄，向背方弯曲，背缘有几丁质增厚区。足赤褐色，关节附近无淡色环带，背缘淡色纵带有时不完整或无。

雄蜱体型略小，赤褐色到深褐色。盾板卵圆形，表面粗糙，刻点稀少；颈沟浅，延至盾板中部；侧沟短而深；后中沟深，末端达到中垛；后侧沟深，窄长三角形。中垛明显，呈淡黄色。肛侧板较短，前端尖细，后缘平钝；肛下板细小，位于肛侧板下方。气门板曲颈瓶形，背突较宽而长，末端达到盾板边缘，前缘具几丁质增厚区。足上色斑与雌蜱相似。

具体描述

雌蜱（图 7-462）

赤褐色到深褐色。体呈卵圆形，前端收窄，后端圆弧形。体型较小，长(包括假头)宽为 4.4 mm×2.4 mm。

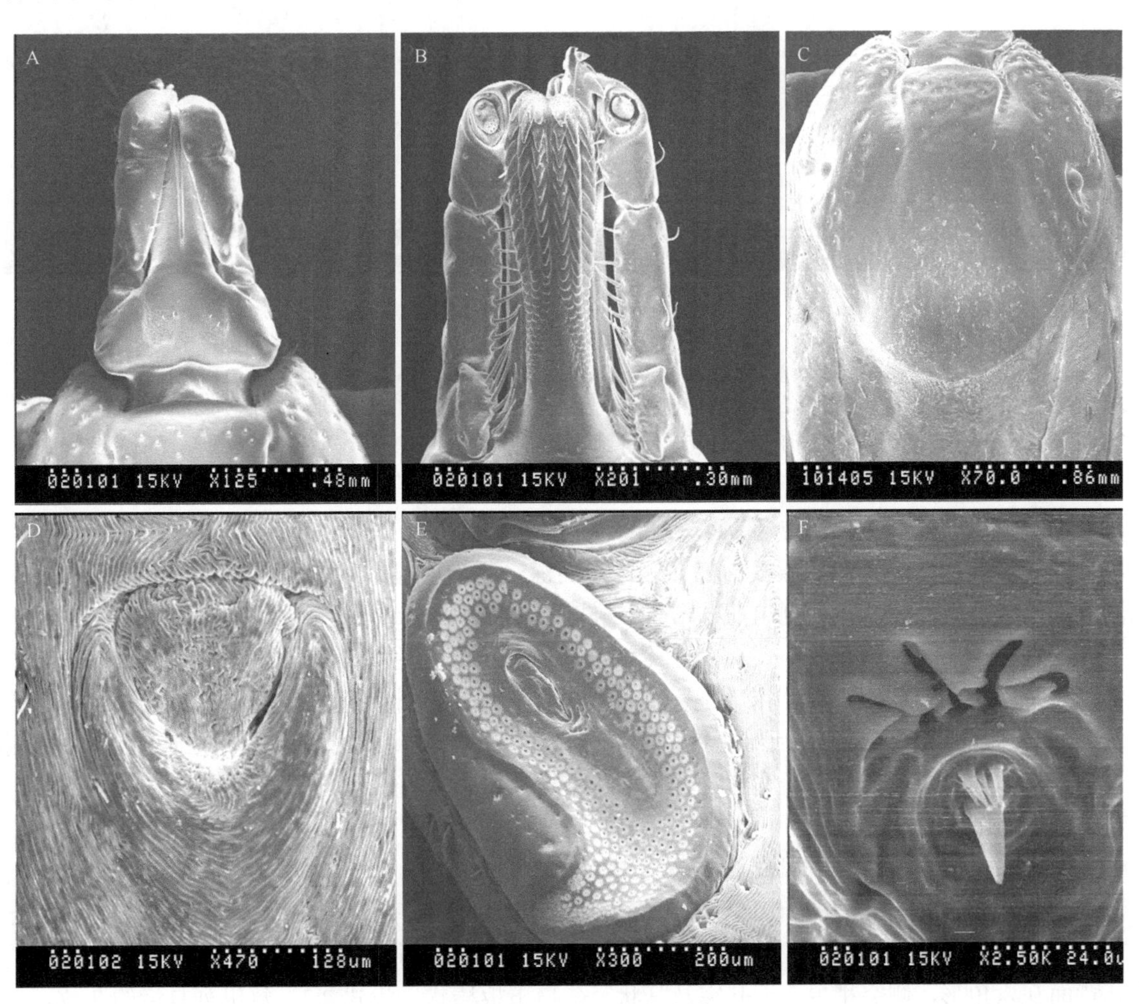

图 7-462　盾糙璃眼蜱雌蜱

A. 假头背面观；B. 假头腹面观；C. 盾板；D. 生殖孔；E. 气门板；F. 哈氏器

须肢前端宽圆，从第Ⅲ节基部向后渐窄；第Ⅰ节短，背、腹面可见；第Ⅱ节明显长于第Ⅲ节，是第Ⅲ节的 1.4 倍；第Ⅲ节无背刺和腹刺；第Ⅳ节位于第Ⅲ节腹面的凹陷内。假头基亚三角形，两侧缘浅弧形，后缘较直；孔区椭圆形，间距小于其短径；无基突。

盾板暗赤褐色；近椭圆形，中部最宽，后侧缘浅波状凸出，后缘宽圆；长宽为（1.82～2.56）mm ×（1.73～2.40）mm。表面光滑或具有横皱褶；刻点稀少，分布不均。眼半球形凸出，明亮。颈沟前段短而深，后段长而浅，弧形外弯，末端达到盾板后侧缘。侧脊不明显。

足赤褐色，较短，关节附近无淡色环带，背缘淡色纵带不完整或付缺。基节Ⅰ外距基部粗大，末端尖细，内距粗大，末端钝；基节Ⅱ～Ⅳ无内距，外距粗短，按节序渐小。爪垫不及爪长之半。气门板逗点形，背突较粗短，向背方弯曲，末端尖窄；背缘有几丁质增厚区。

雄蜱（图 7-463）

体呈卵圆形，前端收窄，后端圆弧形。

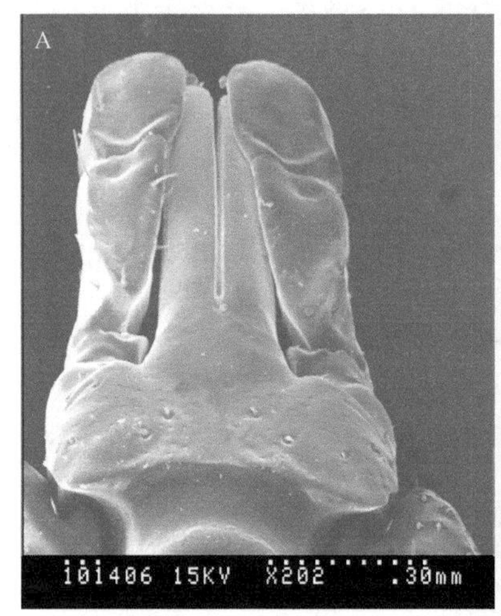

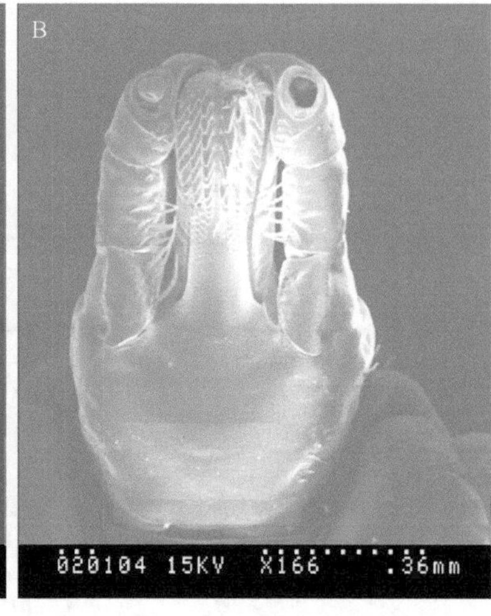

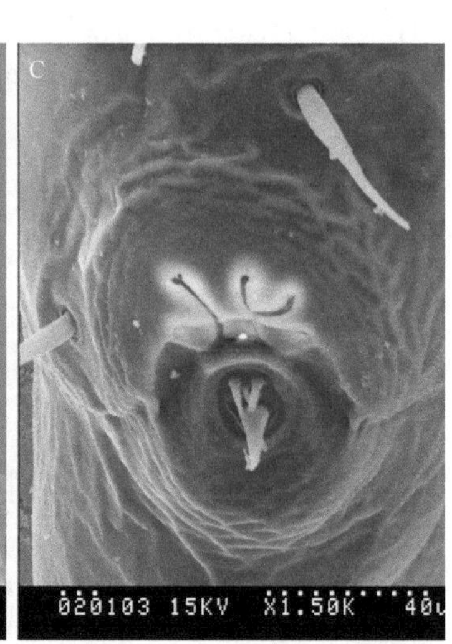

图 7-463　盾糙璃眼蜱雄蜱

A. 假头背面观；B. 假头腹面观；C. 哈氏器

须肢略粗，第Ⅱ、Ⅲ节长度之比约 1.4∶1，基部略微收窄；第Ⅰ节短，背、腹面可见；第Ⅱ节明显长于第Ⅲ节；第Ⅲ节无背刺和腹刺；第Ⅳ节位于第Ⅲ节腹面的凹陷内。假头基宽短，两侧缘浅弧形，后缘近于直或弧形微凹；基突粗短，末端钝。假头基腹面宽阔，无耳状突和横脊。

盾板赤褐色，卵圆形；长宽为（3.26～5.12）mm ×（1.98～3.01）mm。表面光滑或粗糙，刻点稀少，分布不均。颈沟浅，末端约达到盾板中部。侧沟短而深，相当明显。后中沟深而直，末端延伸至中垛；后侧沟窄长三角形，深陷；在后侧沟前方常有一椭圆形浅凹。中垛明显，淡黄色。

足赤褐色，Ⅰ～Ⅳ依次粗大；关节附近无淡色环带，背缘淡色纵带有时不完整或缺失。基节Ⅰ外距基部粗大，末端尖细，内距粗大，末端钝；基节Ⅱ～Ⅳ无内距，外距粗短，按节序渐小。爪垫不及爪长的 1/2。肛侧板较短，前端尖细，后缘平钝，内缘凸角短小；副肛侧板稍窄；肛下板细小，位于肛侧板下方。气门板近似曲颈瓶形，背突较宽而长，末端达盾板边缘，其前缘有几丁质增厚区。

若蜱（图 7-464）

体呈卵圆形，前端收窄，后端圆弧形。

假头基长 0.44～0.55 mm，宽 0.35～0.51 mm，长宽比为 1.08～1.38。须肢窄长，长约为宽的 4.5 倍。第Ⅰ节短，背、腹面均可见；第Ⅱ节最长，长度是第Ⅲ节的 2 倍多，基部收窄；第Ⅲ节无背刺和腹刺；假头基背面观六角形，侧突稍尖。无基突及耳状突。口下板棒状；齿式 2|2，每纵列具齿约 7 枚。

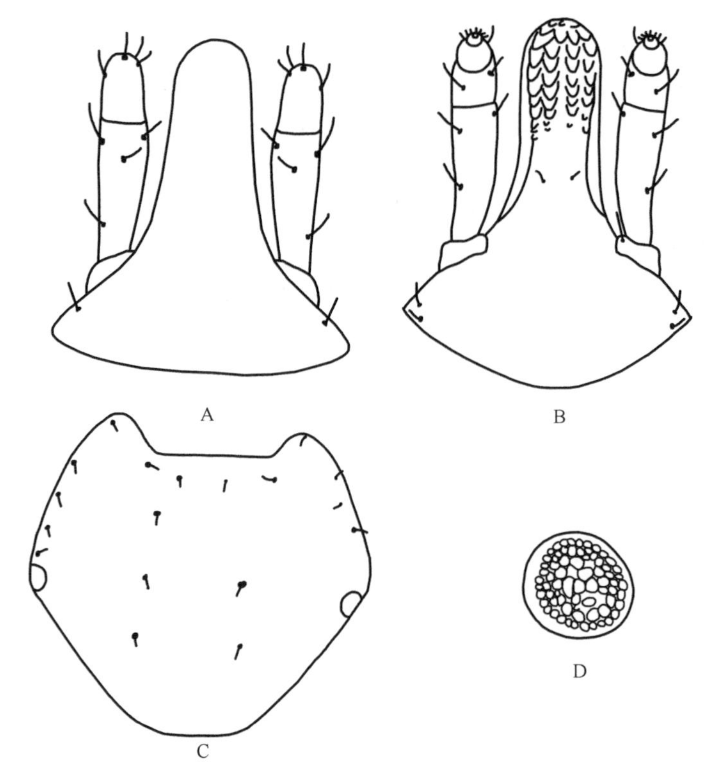

图 7-464　盾糙璃眼蜱若蜱（参考：邓国藩和姜在阶，1991）
A. 假头背面观；B. 假头腹面观；C. 盾板；D. 气门板

盾板长 0.57～0.95 mm，宽 0.61～0.90 mm，长宽比为 0.80～1.16。中部最宽，后缘圆弧形。眼大，位于盾板侧角处。颈沟明显，较窄，末端约达到盾板后侧缘。

基节Ⅰ外距发达，跗节Ⅰ较粗，自亚端部向末端逐渐收窄。气门板近圆形，无几丁质增厚区，外缘杯状体约 30 个。

幼蜱（图 7-465）

体呈卵圆形，前端收窄，后端圆弧形。

假头长（包括假头基）0.20～0.213 mm，宽 0.15～0.16 mm。须肢长，近圆柱形。第Ⅰ节短，背、腹面均可见；第Ⅱ、Ⅲ节分界不明显；第Ⅳ节位于第Ⅲ节腹面的凹陷内。假头基背面观近六角形，侧突呈钝角。无基突和耳状突。口下板棒状，长约 0.12 mm；齿式 2|2，每纵列具齿 5 或 6 枚。

盾板长宽为（0.26～0.33）mm ×（0.38～0.46）mm，长宽比为 0.67～0.81。中部最宽，向两端收窄，后缘弧度较大。眼着生于盾板外侧最宽处。颈沟深陷，未达盾板中部。

基节Ⅰ内距不明显，末端圆钝，无外距。跗节Ⅰ长宽为（0.13～0.17）mm ×（0.04～0.05）mm。

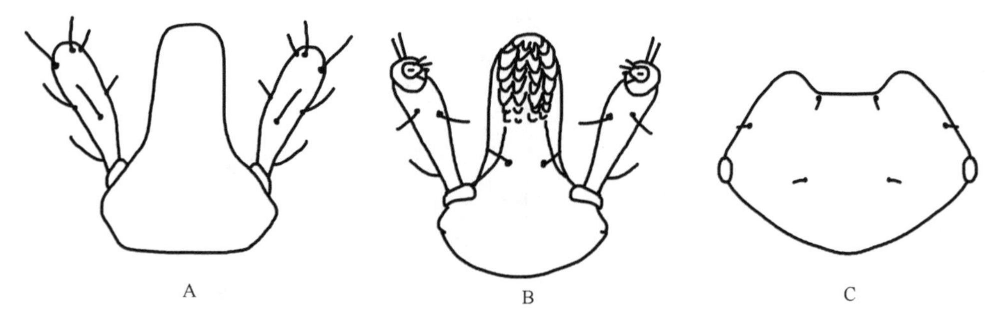

图 7-465　盾糙璃眼蜱幼蜱（参考：邓国藩和姜在阶，1991）
A. 假头背面观；B. 假头腹面观；C. 盾板

生物学特性 生活于草原地区、山坡草地及灌丛。一宿主蜱。该蜱从 10 月到翌年 4 月，包括整个寒冷季节均可见。幼蜱从 10 月开始寄生，11～12 月可看到宿主体上大部分为若蜱，1～4 月宿主体上成蜱很多。最初成蜱不吸血，到 3 月中开始取食，4 月开始饱食落下。饱血雌蜱落在畜栏内于夏季产卵。一年一代。

蜱媒病 该蜱是马巴贝虫和牛泰勒虫的传播媒介。

（6）麻点璃眼蜱 *Hy. rufipes* Koch, 1844

定名依据 *rufipes* 源自拉丁语“*rufus*”，意为“red”（红）；*-pes* 意为“foot”（足）。然而，中文译名麻点璃眼蜱已广泛使用。

宿主 成蜱主要寄生于山羊、绵羊、牛、马、双峰驼等。幼蜱及若蜱寄生于鸟、兔与刺猬等小型动物。

分布 国内：甘肃、内蒙古、宁夏、山西、新疆；国外：巴勒斯坦、苏联、土耳其、叙利亚、也门、伊拉克及非洲一些国家。

鉴定要点

雌蜱赤褐色到黑褐色。盾板宽大，长等于或稍大于宽，后缘圆钝；刻点很粗，相当稠密，遍布整个表面。颈沟深而窄，末端延伸至盾板后侧缘；侧沟明显，延伸至盾板后侧缘。生殖帷宽短，圆弧形。气门板逗点形，背突细窄，向前方弯曲，背缘有几丁质增厚区。足赤褐色，关节附近有淡色环带，背缘无淡色纵带。

雄蜱赤褐色到黑褐色。盾板卵圆形；刻点很粗，相当稠密，遍布整个表面。颈沟较深，约达盾板中部；侧沟短浅；后中沟浅；后侧沟宽浅。中垛与周边缘垛颜色一致。肛侧板较宽，近三角形，前端尖细，后端平钝；肛下板小，位于肛侧板下方。气门板曲颈瓶形，背突窄长，前缘有几丁质增厚区。足上色斑与雌蜱相似。

具体描述

雌蜱（图 7-466，图 7-467）

体呈卵圆形，前端收窄，后端圆弧形。

须肢长，背面略隆起，中部稍宽，两段略收窄；第 I 节短，背、腹面可见；第 II 节明显长于第III节，两节长度比约 1.5∶1；第III节无背刺和腹刺；第IV节位于第III节腹面的凹陷内。假头基近五边形，两侧缘向后内斜，后缘略直或弧形内凹；孔区卵圆形，前部内斜，间距小于其短径；无基突。

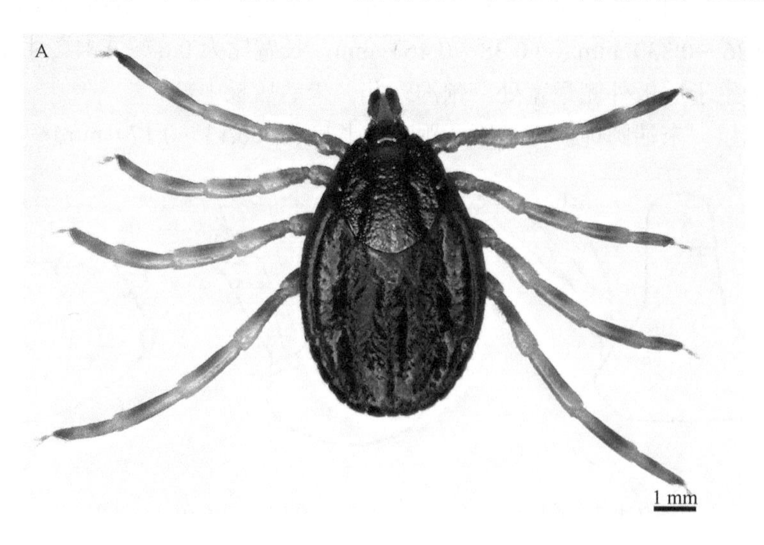

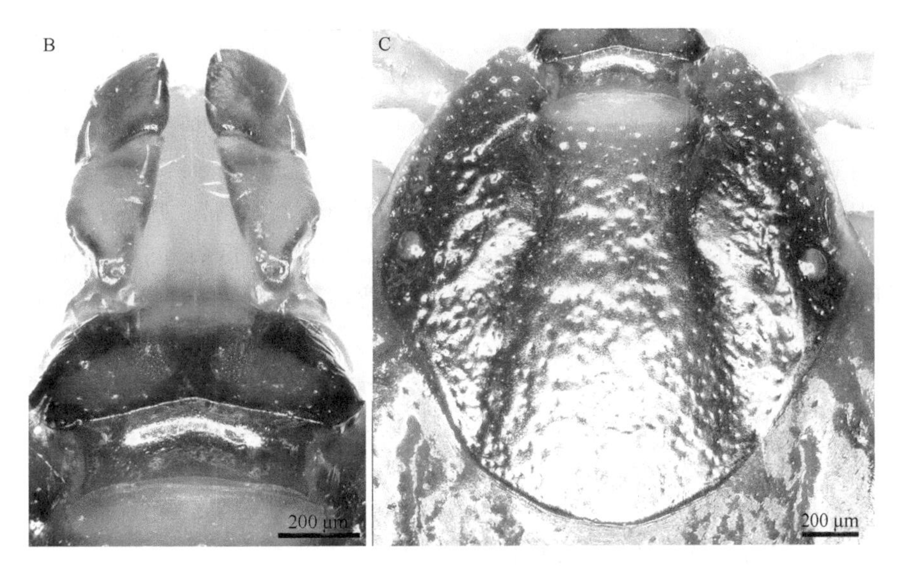

图 7-466　麻点璃眼蜱雌蜱

A. 背面观；B. 假头背面观；C. 盾板

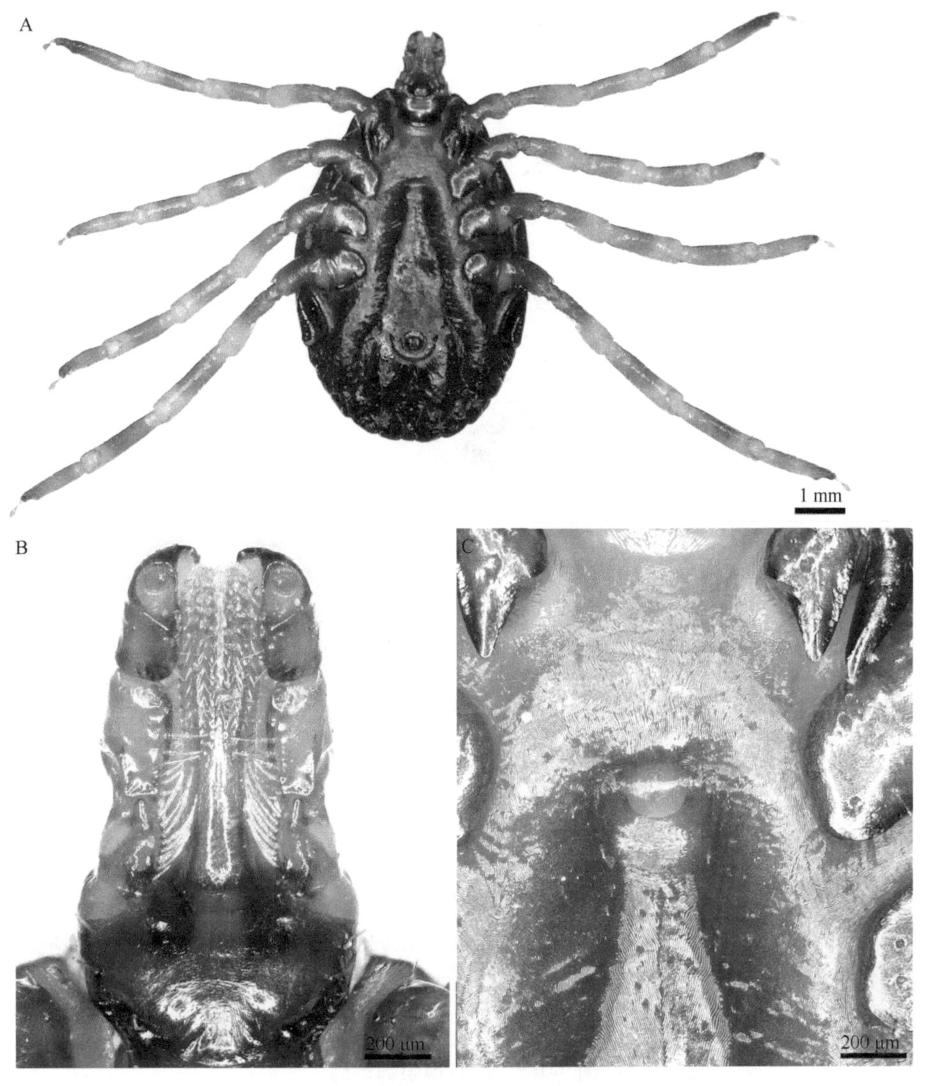

图 7-467　麻点璃眼蜱雌蜱

A. 腹面观；B. 假头腹面观；C. 生殖孔

盾板暗褐色至黑褐色，颈沟间区色略浅——赤褐色。盾板近似椭圆形，长等于或稍大于宽，中部略向外凸出，后缘圆钝；长宽为（2.21～3.13）mm ×（2.24～3.04）mm。大刻点相当稠密，遍布整个表面。眼大而明亮，凸出，位于盾板最宽水平。颈沟和侧沟深而长，末端均延伸至盾板后侧缘。颈沟与侧沟之间有很多陷窝或斜皱褶。

足赤褐色，中等大小，在关节附近有明亮淡色环带，背缘无淡色纵带。基节Ⅰ外距发达，较内距长，末端尖细，稍向外弯。基节Ⅱ～Ⅳ无内距，外距短钝，按节序渐小。爪垫短小。生殖帷宽短，圆弧形，略微隆起。气门板大，逗点形，背突细窄，末端向前方稍弯，有几丁质增厚区，气门板周围表皮着生很多细毛。

雄蜱（图 7-468，图 7-469）

体呈卵圆形，前端收窄，后端圆弧形。体长（包括假头）宽约 5.2 mm×2.9 mm。

须肢较粗；第Ⅰ节短，背、腹面可见；第Ⅱ节明显长于第Ⅲ节，是第Ⅲ节的 1.4 倍；第Ⅲ节无背刺和腹刺；第Ⅳ节位于第Ⅲ节腹面的凹陷内。假头基在须肢基部最宽，向后略窄，后缘向内弧形浅凹；基突粗短，钝形。假头基腹面向后显著收窄，无耳状突和横脊。

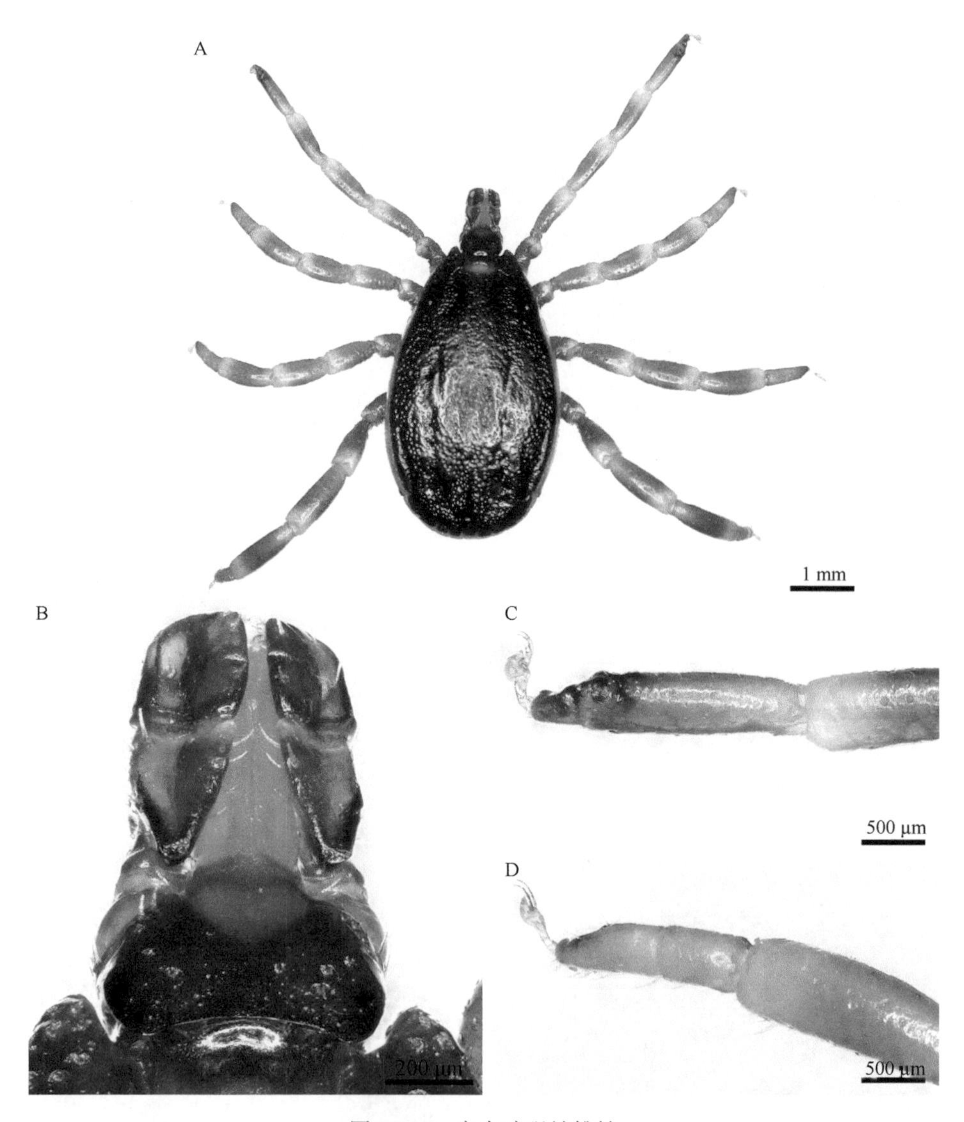

图 7-468 麻点璃眼蜱雄蜱

A. 背面观；B. 假头背面观；C. 跗节Ⅰ；D. 跗节Ⅳ

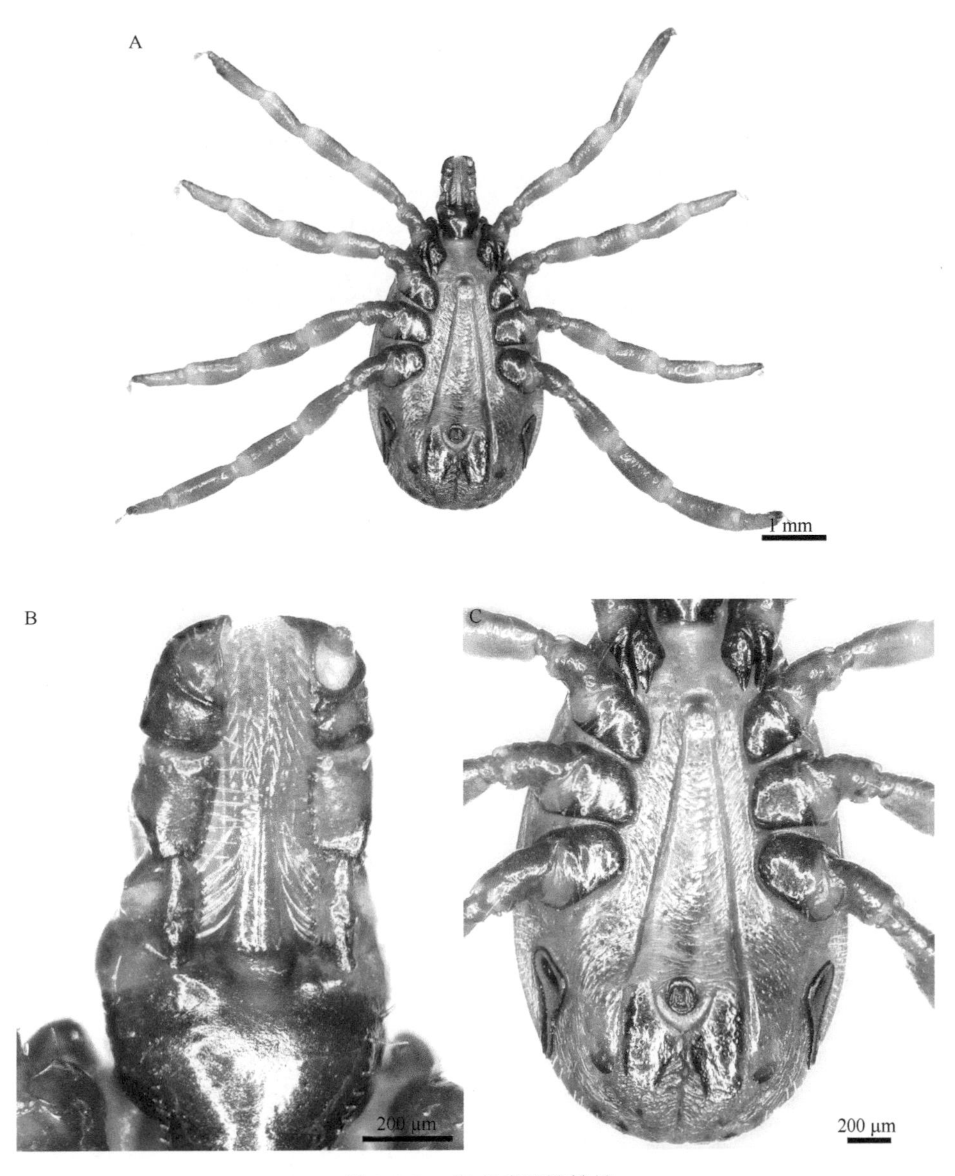

图 7-469　麻点璃眼蜱雄蜱
A. 腹面观；B. 假头腹面观；C. 包括生殖孔、气门板等在内的腹面结构

盾板暗褐或黑褐色，有时赤褐色。盾板较宽，卵圆形，向前弧形收窄，后缘圆钝；长宽为（4.45～5.80）mm ×（2.80～3.80）mm。大刻点很稠密，遍布整个表面，后中沟与后侧沟之间有密集的小刻点。眼大而明亮，向外凸出。颈沟较深，末端约达盾板中部。侧沟短，较浅，前端约达盾板中部。后中沟细窄，相当浅，末端达到中垛；后侧沟较宽，也很浅。中垛与其两侧缘垛的颜色和大小相似。

足赤褐色，在关节附近有明亮的淡色环带，背缘无淡色纵带。基节Ⅰ外距发达，较内距长，末端尖细，稍向外弯。基节Ⅱ～Ⅳ无内距，外距短钝，按节序渐小。爪垫短小。肛侧板较宽，近三角形，前端尖细，后缘平钝，内缘凸角短钝；副肛侧板大小适中，肛下板小，位于肛侧板下方。腹面表皮着生很多细毛。气门板曲颈瓶形，背突窄长，末端稍向背方弯曲，前缘有几丁质增厚区，气门板周围的表皮细毛分布稠密。

若蜱（图 7-470～图 7-472）

体呈椭圆形，两端收窄，中部最宽。体长（包括假头）宽约 1.58 mm×0.93 mm。

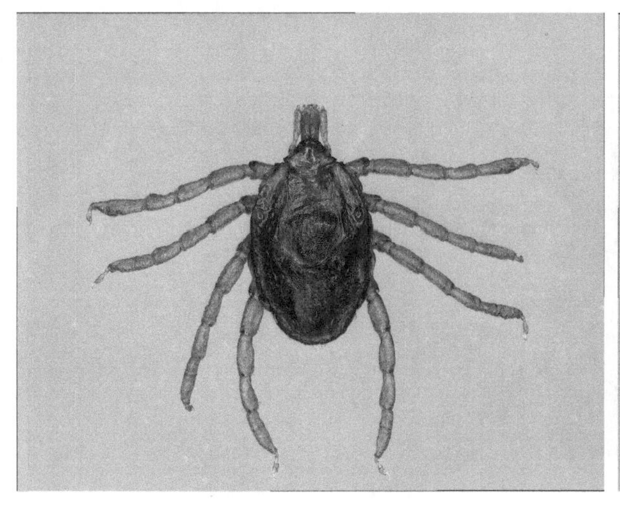

图 7-470　麻点璃眼蜱若蜱背面观

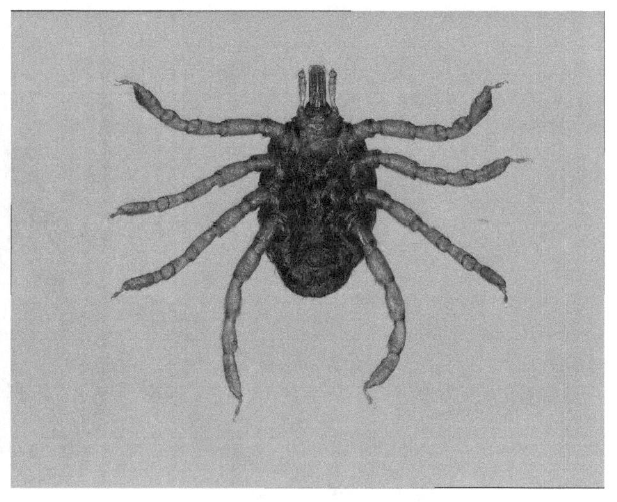

图 7-471　麻点璃眼蜱若蜱腹面观

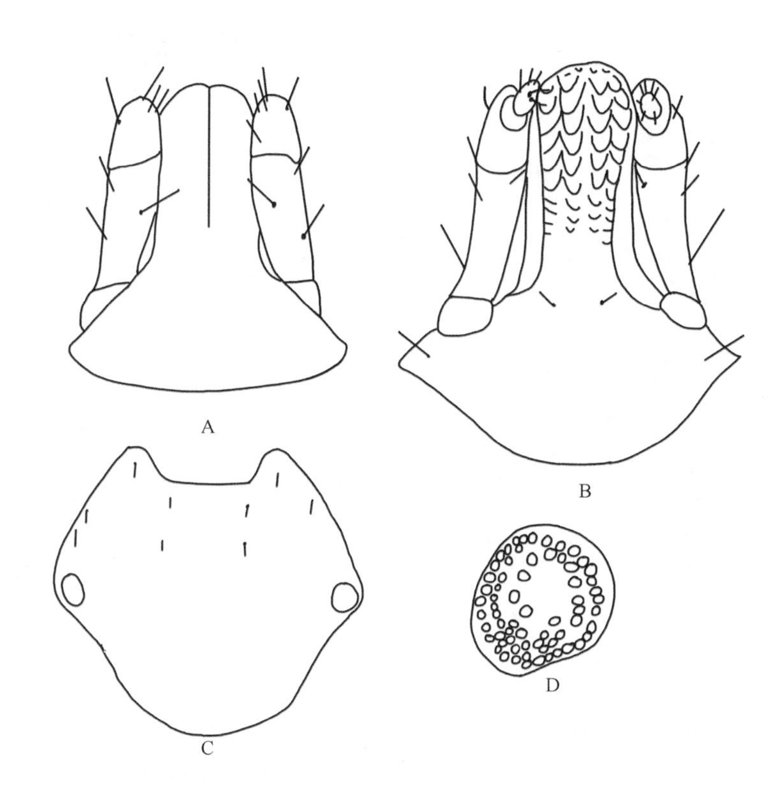

图 7-472　麻点璃眼蜱若蜱（参考：邓国藩和姜在阶，1991）

A. 假头背面观；B. 假头腹面观；C. 盾板；D. 气门板

假头背面长宽约 0.38 mm×0.30 mm。须肢窄长，长约为宽的 4.3 倍。第Ⅰ节短，背、腹面均可见；第Ⅱ节最长，长度是第Ⅲ节的 3 倍多，基部收窄；第Ⅲ节无背刺和腹刺；第Ⅳ节位于第Ⅲ节腹面的凹陷内。假头基背面观近六角形，侧突较尖。无基突及耳状突。口下板棒状，长宽为（0.38～0.50）mm ×（0.30～0.41）mm；齿式 2|2，每纵列具齿约 8 枚。

盾板宽稍大于长，长宽为（0.53～0.75）mm ×（0.65～0.87）mm。后缘圆弧形，眼后方两侧呈浅弧形内陷。颈沟明显，无侧沟。眼大近圆形，位于盾板侧角处。

基节Ⅰ内、外距约等长。基节Ⅱ～Ⅳ无内距，外距较钝。跗节远端呈锥形，无端齿和亚端齿。肛门环近圆形。气门板卵圆形，外缘杯状体约 35 个，无几丁质增厚区。

幼蜱（图 7-473，图 7-474）

体呈卵圆形，前端稍窄，后端圆弧形。体长（包括假头）0.71～0.80 mm，宽 0.46～0.52 mm。

假头背面（包括假头基）长宽为（0.18～0.21）mm ×（0.14～0.16）mm。须肢长，近圆柱形，长约为宽的 3.4 倍。第Ⅰ节短，背、腹面均可见；第Ⅱ、Ⅲ节分界不明显；第Ⅳ节位于第Ⅲ节腹面的凹陷内。假头基近矩形，侧突短，呈钝角形。无基突及耳状突。口下板棒状；齿式 2|2，每纵列具齿约 7 枚。

盾板长宽为（0.27～0.34）mm ×（0.35～0.45）mm；中部最宽，后缘弧度较大，侧缘眼后部浅弧形内凹。第Ⅰ背中毛较长，长 18～27 μm。

基节Ⅰ内距明显，伸出基节后缘，无外距。基节Ⅱ、Ⅲ无内距，外距呈脊状。

生物学特性　多见于荒漠、半荒漠地区。通常为二宿主型。成蜱多在 3～6 月活动，一年发生一代。

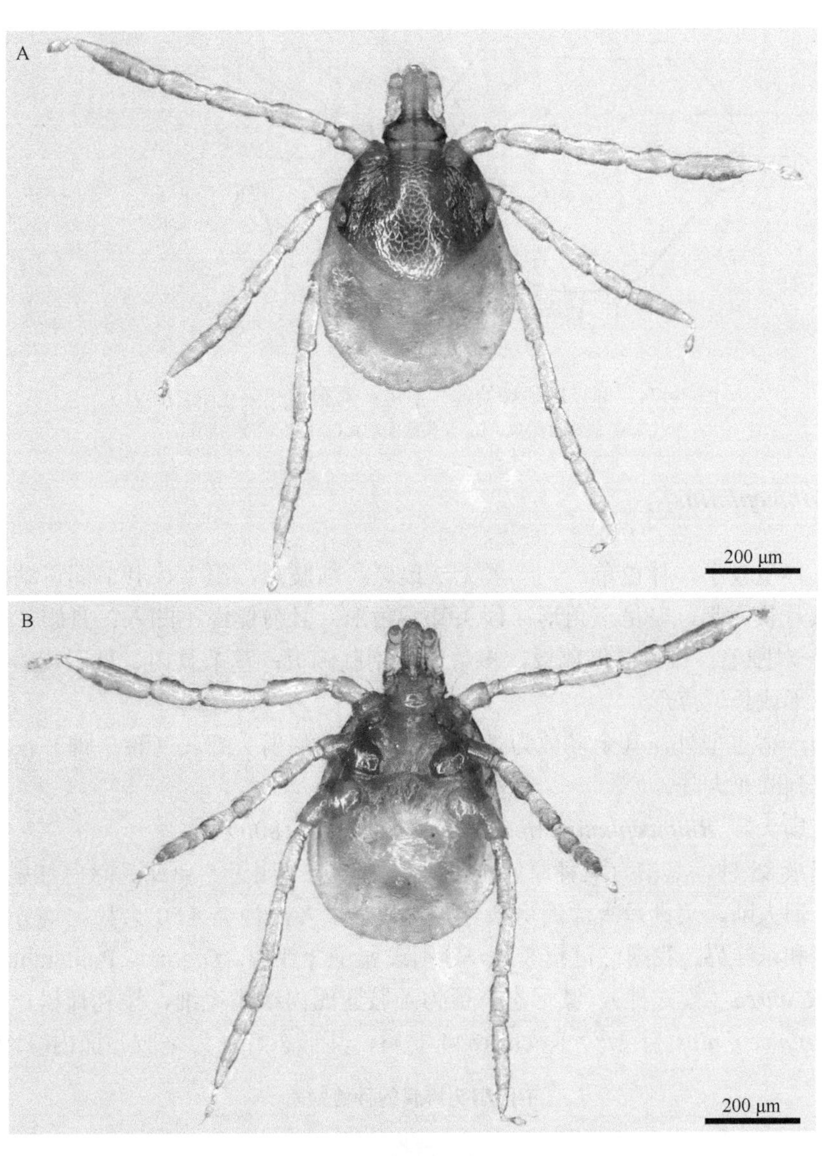

图 7-473　麻点璃眼蜱幼蜱

A. 背面观；B. 腹面观

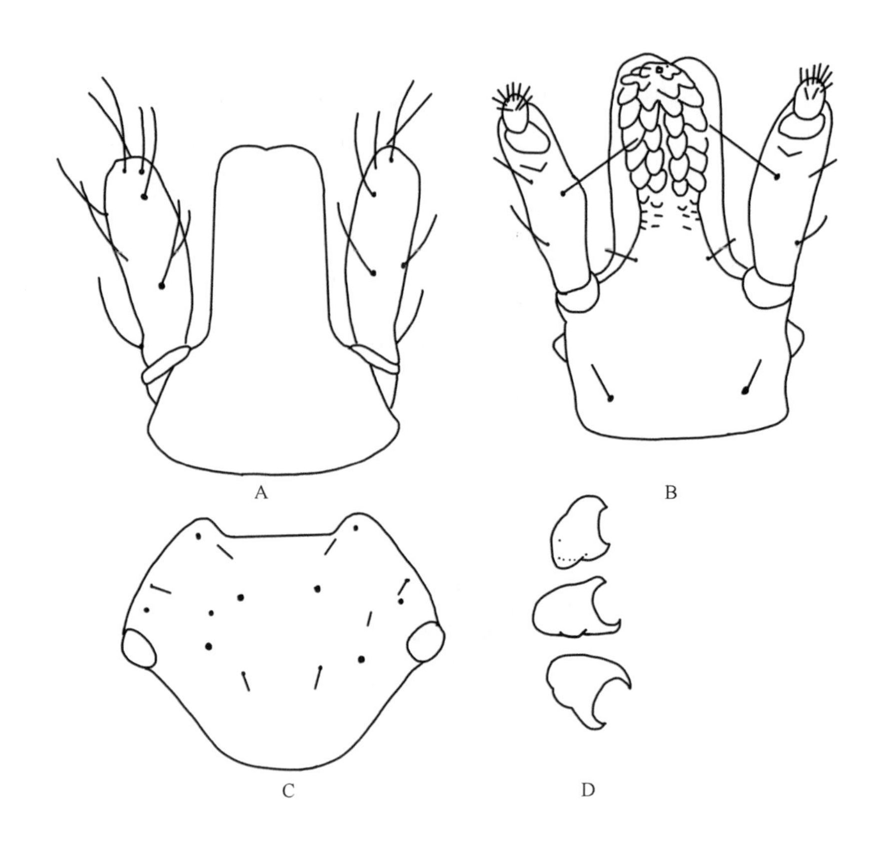

图 7-474 麻点璃眼蜱幼蜱（参考：邓国藩和姜在阶，1991）
A. 假头背面观；B. 假头腹面观；C. 盾板；D. 基节

七、扇头蜱属 *Rhipicephalus*

后沟型蜱类。体型较小，体色单一，一般无珐琅斑；须肢短，第Ⅰ、Ⅱ节间可动，有些种类第Ⅰ节背面可见，腹面具片状突起，略呈三角形；假头基六角形，且前侧缘不凹入；具眼；缘垛明显；具肛后中沟；肛门瓣具 4 对刚毛；雄蜱具肛侧板，多数还具副肛侧板；基节具内、外距，距裂深；雄蜱或具尾突；气门板呈逗点形或长逗点形。

除所有牛蜱为一宿主型外，其余多数为三宿主型。据推测扇头蜱属（含牛蜱）在非洲演化并在中新世（14 mya）扩散到欧亚大陆。

模式种　血红扇头蜱 *Rhipicephalus sanguineus*（Latreille, 1806）

扇头蜱属已记录 85 种，其中有 5 种原属于牛蜱属，分别隶属于 5 亚属。除血红扇头蜱 *R. sanguineus* 外，其分布仅限于旧大陆，美洲及大洋洲均未分布。其中大多数种类（50 余种）均分布于非洲界，其他种类分布于古北界和东洋界。我国已记载 8 种，分别隶属于 2 亚属。*Digineus* Pomerantzev, 1936 亚属中一种：囊形扇头蜱 *R. bursa*（模式种），其形态特征为须肢腹面内缘刚毛细，排列疏松，为二宿主型蜱类。其余 4 种均属于 *Rhipicephalus*（*s. str.*）Koch, 1844 亚属，其形态特征为须肢腹面内缘刚毛粗，排列紧密。

中国扇头蜱属的种检索表

雌蜱

1. 无缘垛，肛沟不明显……………………………………微小扇头蜱 *R.*（*Boophilus*）*microplus*（Canestrini）
   具缘垛，肛沟明显……………………………………………………………………………………2
2. 须肢第Ⅰ、Ⅱ节的腹面内缘刚毛较细而少，排列较稀疏；盾板上刻点较粗而深，分布稠密、均匀……………………………………………………………囊形扇头蜱 *R. bursa* Canestrini & Fanzago

须肢第Ⅰ、Ⅱ节的腹面内缘刚毛较粗，排列较紧密；盾板上粗刻点少而零散，细刻点较多（有时不甚明显）…………3
3. 须肢第Ⅲ节背面呈三角形，前端尖窄，仅覆盖螯肢鞘边缘，长明显大于宽…………舒氏扇头蜱 *R. schulzei* Olenev
须肢第Ⅲ节背面近似三角形或梯形，前端圆钝，能覆盖螯肢鞘大半，长不大于宽…………4
4. 足基节Ⅰ外距长于内距；气门板长宽约等…………短小扇头蜱 *R. pumilio* Schulze
足基节Ⅰ外距短于内距；气门板长大于宽…………5
5. 须肢前端非常平钝，第Ⅲ节近似梯形；爪垫约达爪长之半…………6
须肢前端较圆钝，第Ⅲ节近似三角形；爪垫约为爪长的1/3…………7
6. 盾板长略大于宽；侧沟明显，末端延伸至眼后…………镰形扇头蜱 *R. haemaphysaloides* Supino
盾板长宽约等；侧沟短或不明显…………俄扇头蜱 *R. rossicus* Yakimov & Kohl-Yakimova
7. 侧沟约达盾板后侧缘；气门板呈逗点形，背突较长，且明显伸出…………血红扇头蜱 *R. sanguineus*（Latreille）
侧沟较短未达到盾板后侧缘；气门板呈短逗点形，背突短钝…………图兰扇头蜱 *R. turanicus* Pomerantzev

雄蜱

1. 无缘垛，肛沟不明显…………微小扇头蜱 *R.*（*Boophilus*）*microplus*（Canestrini）
具缘垛，肛沟明显…………2
2. 须肢第Ⅰ、Ⅱ节的腹面内缘刚毛较细而少，排列较稀疏；盾板上刻点较粗而深，分布稠密、均匀…………囊形扇头蜱 *R. bursa* Canestrini & Fanzago
须肢第Ⅰ、Ⅱ节的腹面内缘刚毛较粗，排列较紧密；盾板上粗刻点少而零散，细刻点较多（有时不甚明显）…………3
3. 肛侧板镰刀形，内缘强度凹入…………镰形扇头蜱 *R. haemaphysaloides* Supino
肛侧板不呈镰刀形，内缘浅凹…………4
4. 肛侧板后部窄长，长大于宽的2.5倍…………5
肛侧板后部宽阔，长为宽的2～2.5倍…………6
5. 气门板呈长逗点形；背突渐窄长，末端宽度约为附近缘垛的1/2；肛侧板后缘较平直，内缘凸角不明显或较圆钝…………血红扇头蜱 *R. sanguineus*（Latreille）
气门板呈长卵形；背突宽短，急剧弯曲，末端约与附近的缘垛等宽；肛侧板后缘向内明显倾斜，内缘凸角较明显…………图兰扇头蜱 *R .turanicus* Pomerantzev
6. 气门板呈椭圆形，背突宽短并急剧弯曲…………俄扇头蜱 *R. rossicus* Yakimov & Kohl-Yakimova
气门板呈逗点形，背突较长不急剧弯曲…………7
7. 肛侧板内缘齿突明显，且指向肛门方向…………短小扇头蜱 *R. pumilio* Schulze
肛侧板内缘无明显的齿突…………舒氏扇头蜱 *R. schulzei* Olenev

（1）微小扇头蜱 *R.*（*Boophilus*）*microplus*（Canestrini, 1888）

定名依据　*microplus* 意为微小的。

宿主　主要寄生于黄牛、奶牛、水牛、牦牛、犏牛等，也常寄生于绵羊、山羊、马、驴、猪、犬、猫等，此外在水鹿 *Cervus unicolor*、青羊 *Naemorhedus goral*、野兔等野生动物上也有寄生，有时也侵袭人。

分布　国内：安徽、北京、福建、甘肃、广东、广西、贵州、海南、河北、河南、湖北、湖南、江苏、江西、辽宁、宁夏、山东、山西、陕西、上海、四川、台湾、西藏、云南、浙江；国外：澳大利亚、巴布亚新几内亚、菲律宾、柬埔寨、马来西亚、缅甸、日本、印度、印度尼西亚、越南及美洲和南非的一些国家。

鉴定要点

雌蜱小型。须肢粗短，第Ⅱ节内缘中部具缺刻；齿式4|4。盾板长显著胜于宽，后侧缘微波状，后角窄钝；无刻点。颈沟长，较宽而浅，末端达到盾板后侧缘。除盾板外，体表着生很多细长毛。无缘沟及缘垛。气门板长圆形。足长中等。基节Ⅰ亚三角形，内、外距均粗短而圆钝；基节Ⅱ、Ⅲ外距相当粗短，宽明显大于长，内距更为粗短；基节Ⅳ外距不明显，无内距。跗节Ⅰ中部较为粗大，腹面具端齿。跗节

Ⅱ～Ⅳ末端及亚末端各有一尖齿。爪垫小，不及爪长之半。

雄蜱体型小。须肢粗短，齿式4|4。盾板较窄，未完全覆盖躯体两侧；刻点稀少。颈沟浅而宽，末端约达盾板的2/3；无侧沟和缘垛；尾突明显，末端尖细。肛侧板长，后缘内角向后伸出成刺突，外角也略凸出成短钝的刺突；副肛侧板短，外缘弧形凸出，后缘末端尖细。气门板长圆形。足与雌蜱相似，但基节Ⅳ无距，雄蜱跗节Ⅰ亚端部骤然收窄。

具体描述

雌蜱（图7-475，图7-476）

长（包括假头）宽为（2.12～2.93）mm×（1.10～1.69）mm。

假头宽胜于长。须肢很粗短，靠边缘着生浅色细长毛；第Ⅰ节短小，背、腹面可见；第Ⅱ节内缘中部略现缺刻，向侧方延伸形成短沟；第Ⅲ节无背刺和腹刺；第Ⅳ节位于第Ⅲ节腹面的凹陷内。假头基六角形，前侧缘直，后侧缘浅凹，后缘直或略向后弯；孔区大，卵圆形，向前显著外斜，间距略大于其短径；无基突或很粗短，不明显；口下板粗短；齿式4|4，每纵列有8或9枚齿。

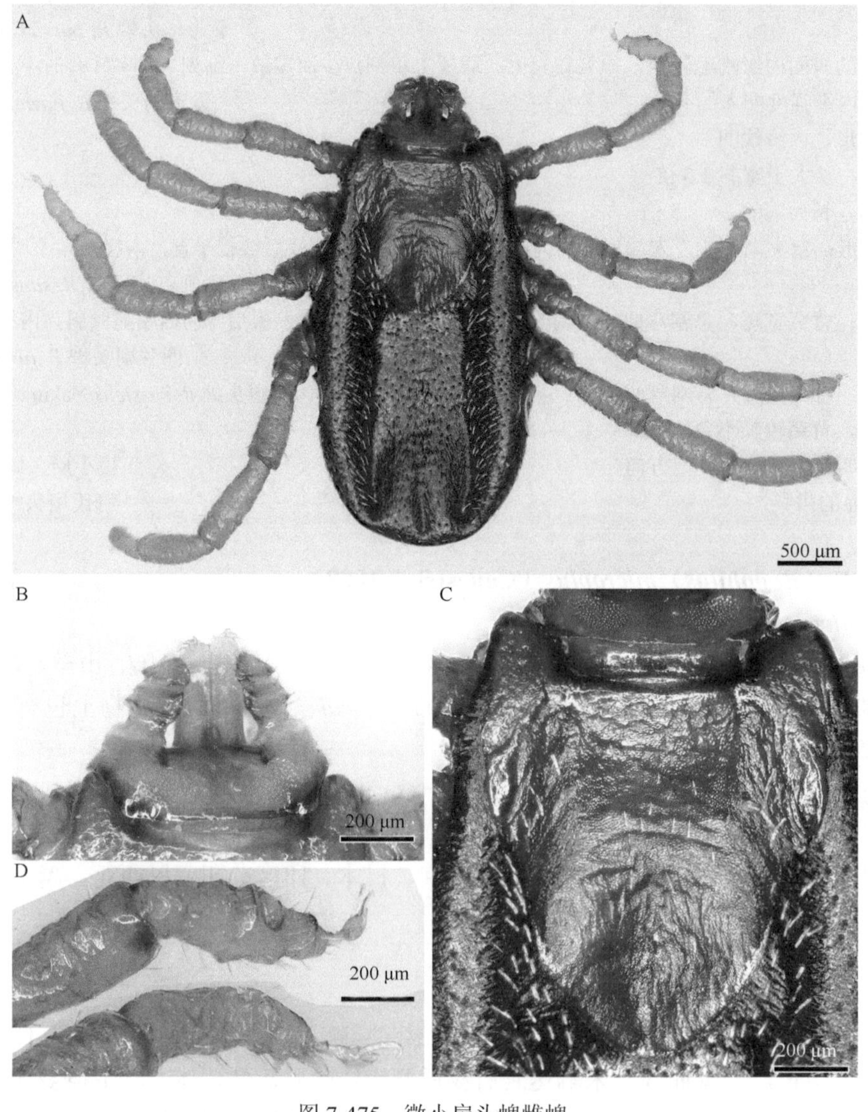

图7-475 微小扇头蜱雌蜱

A. 背面观；B. 假头背面观；C. 盾板；D. 跗节Ⅰ、跗节Ⅳ

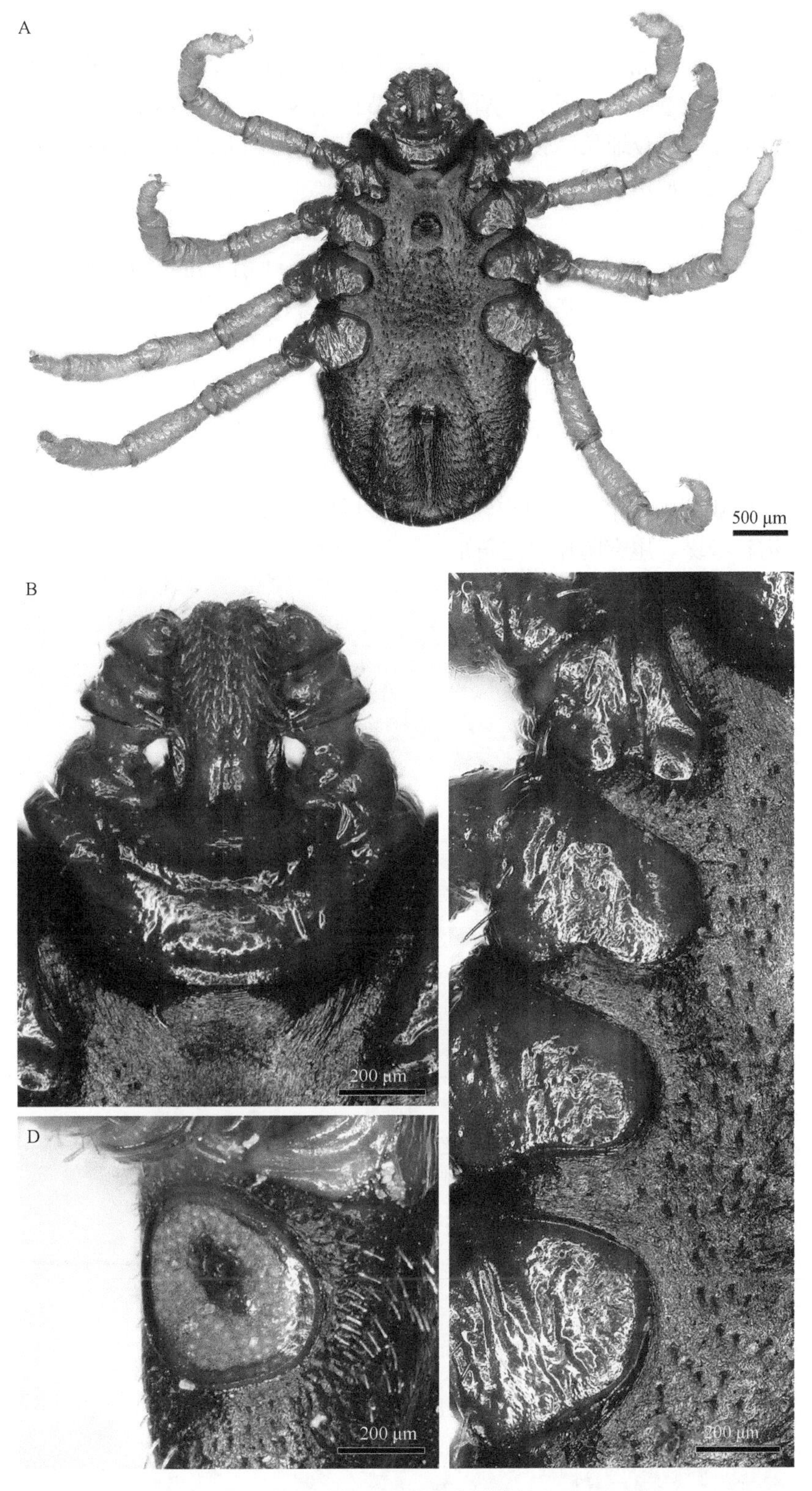

图 7-476　微小扇头蜱雌蜱

A. 腹面观；B. 假头腹面观；C. 基节；D. 气门板

盾板长胜于宽，长宽为 0.93 mm×0.82 mm；前侧缘稍凹，后侧缘微波状，后角窄钝。无刻点。表面有很细的颗粒点和稀疏的淡色细长毛。眼小，卵圆形，略微凸起，约位于盾板前 1/3 最宽处的边缘。肩突粗大而长，前端窄钝。缘凹深。颈沟较宽而浅，末端达盾板后侧缘。无侧沟及缘垛。异盾区着生很多淡色细长毛。

足中等大小。基节Ⅰ亚三角形，内、外距粗短，末端钝，其长度约等，分离较远。基节Ⅱ、Ⅲ无明显内距，外距相当粗短，宽显著大于长，呈脊状。基节Ⅳ无内距，外距不明显。跗节Ⅰ长，中部较为粗大，腹面具端齿。跗节Ⅱ～Ⅳ较细长，腹面具细长的端齿和稍短的亚端齿。爪垫不及爪长的1/2。气门板长圆形，大小适中，无几丁质增厚区，气门斑位置靠前。

雄蜱（图 7-477，图 7-478）

体型小，长（包括假头）宽为（1.87～2.62）mm ×（1.13～1.61）mm，中部最宽。

假头短。须肢粗短，未超出假头基外侧缘；第Ⅰ节短，背、腹面均可见；第Ⅱ、Ⅲ节外侧缘不连接；第Ⅳ节位于第Ⅲ节腹面的凹陷内。第Ⅰ～Ⅲ节腹面后内角向后凸出，呈钝突状。假头基六角形；后缘在基突间平直；基突短，三角形，末端稍钝。口下板短；齿式4|4，每纵列具齿约 8 枚。

盾板黄褐色或浅赤褐色；长宽为 1.75 mm×1.2 mm；表面有很细的颗粒点和淡色细长毛。刻点中等大小，数量稀少，在颈沟之间稍多。眼小，扁平。颈沟浅而宽，呈向外的浅弧形，末端约达到盾板前 1/3 处。在颈沟后方有一对亚圆形浅陷。后中沟较宽而深；后侧沟深，略呈窄三角形，前部向内倾斜，指向后中沟前端。无侧沟和缘垛。尾突明显，三角形，末端尖细。

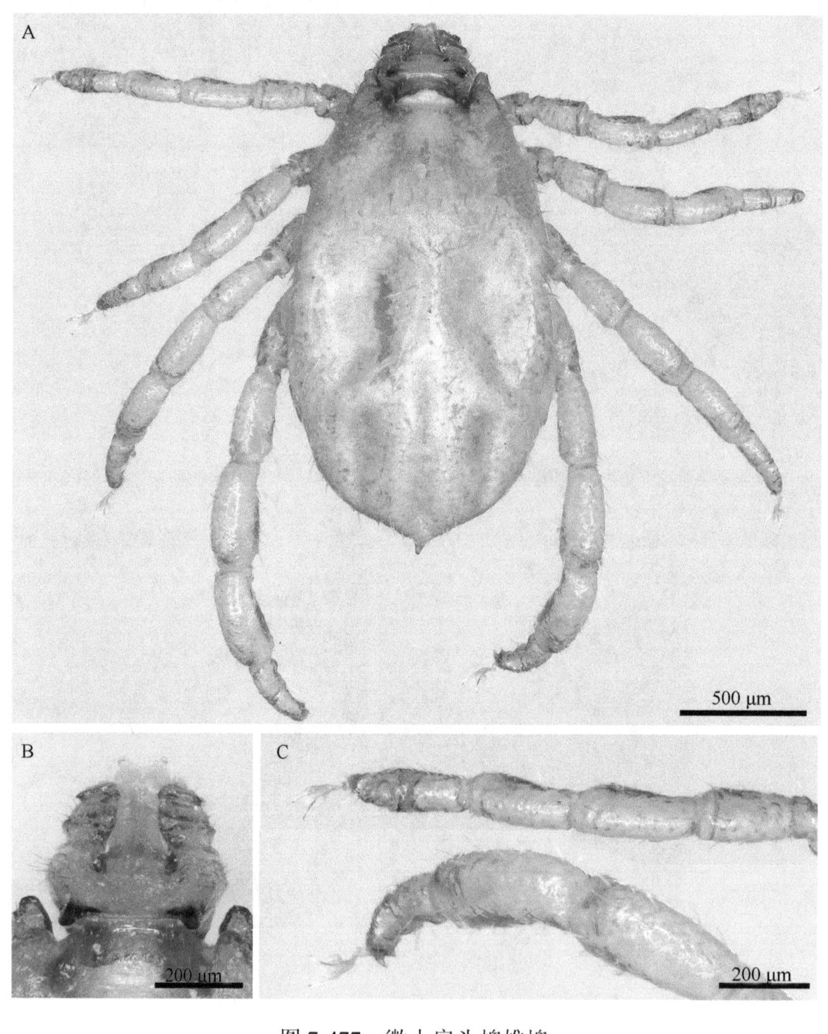

图 7-477　微小扇头蜱雄蜱

A. 背面观；B. 假头背面观；C. 跗节Ⅰ、跗节Ⅳ

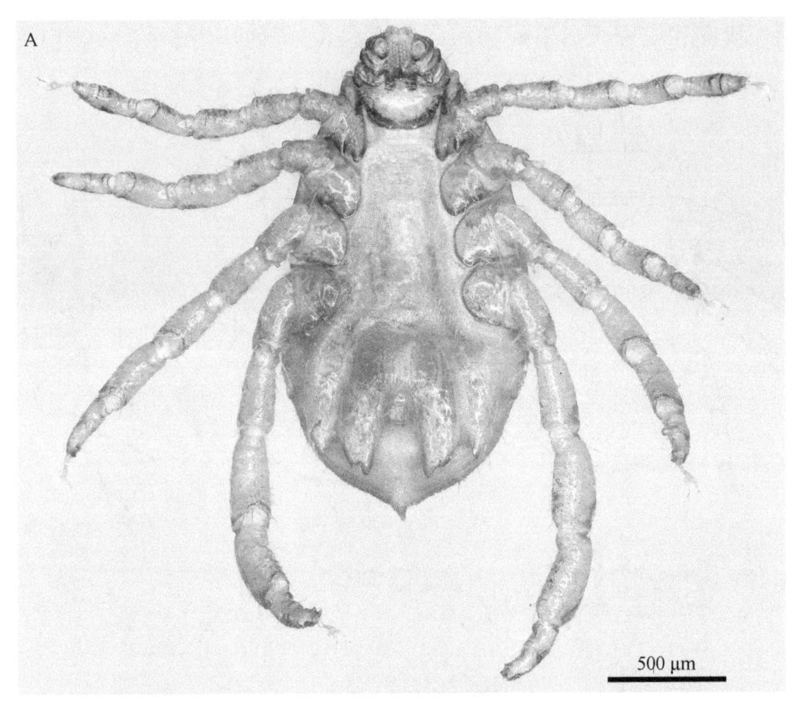

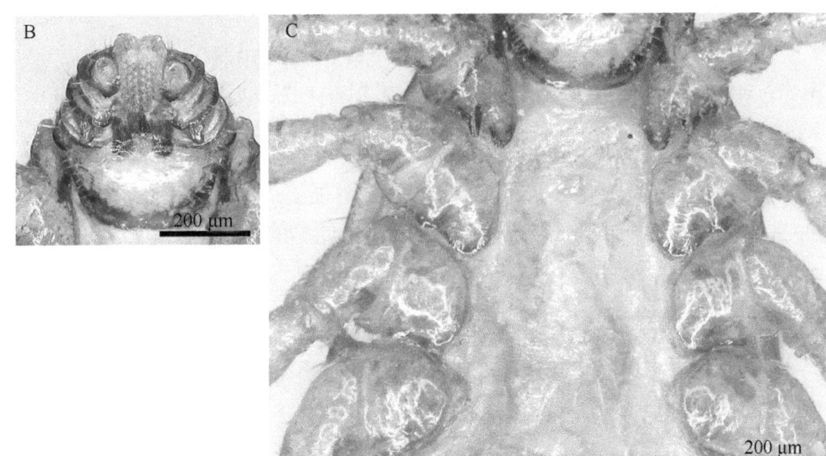

图 7-478　微小扇头蜱雄蜱

A. 腹面观；B. 假头腹面观；C. 基节及生殖孔

足依次渐粗。基节Ⅰ前角显著突出，从背面可见；内、外距略呈短三角形，长度约等，内距较外距稍宽。基节Ⅱ的内、外距粗短，末端圆钝，内距较外距稍宽。基节Ⅲ的距与基节Ⅱ的相似，但较短。基节Ⅳ无距。跗节Ⅰ长而粗，亚端部骤然收窄，具端齿。跗节Ⅱ～Ⅳ较短而细，亚端部逐渐收窄，具端齿和亚端齿，亚端齿较为细长。爪垫不及爪长之半。肛侧板长，后缘内角向后伸出成刺突，其外角也略凸出成短钝的刺突；副肛侧板短，外缘弧形凸出，后缘末端尖细。气门板长圆形，较雌蜱的稍短，无背突和几丁质增厚区，气门斑位置靠前。

若蜱（图 7-479）

躯体前 1/3 处最宽，向后渐窄，后缘弧形。

假头短小，背面长（包括基突）宽为（0.22～0.26）mm ×（0.28～0.31）mm，其后缘直或略向后弯。第Ⅰ节短小，背、腹面均可见；第Ⅱ节长稍大于宽，外缘中部略突出；第Ⅲ节亚三角形，长与宽约等；第Ⅳ节位于第Ⅲ节腹面的凹陷内。螯肢鞘长。假头基背面呈六角形，基突短小或不明显。假头基腹面宽

短，后缘呈弧形，无耳状突和横脊。口下板粗短；齿式 3|3，每列具齿 6～8 枚。口下板后毛短小。

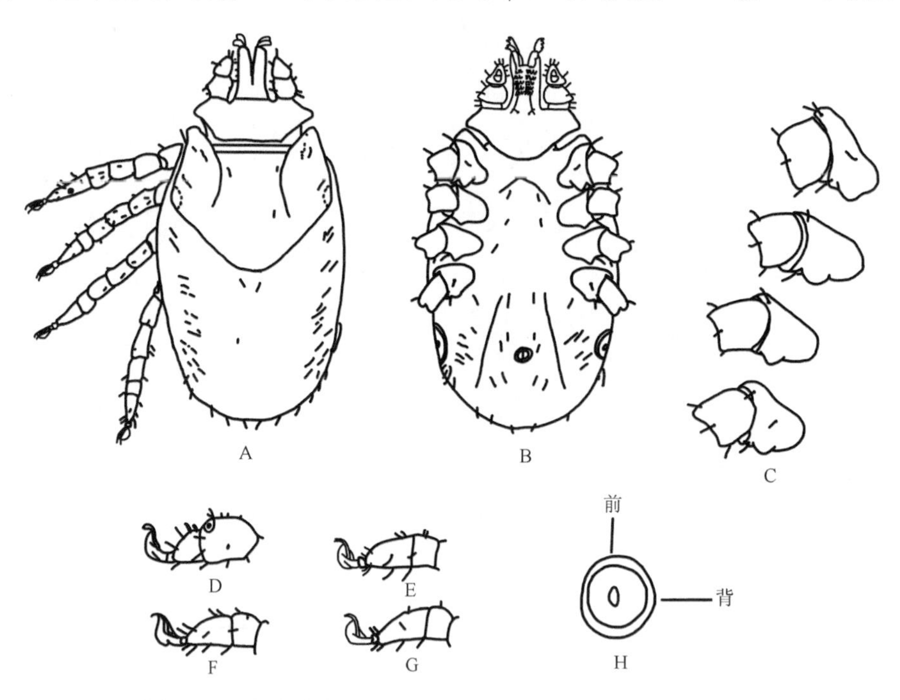

图 7-479　微小扇头蜱若蜱（参考：邓国藩和姜在阶，1991）

A. 背面观；B. 腹面观；C. 基节；D. 跗节Ⅰ；E. 跗节Ⅲ；F. 跗节Ⅱ；G. 跗节Ⅳ；H. 气门板

盾板呈五边形，长宽约等，长 0.43～0.48 mm，侧缘直，后端圆钝。盾板表面光滑，刻点极少，分布有数根细毛。眼小，卵形，位于盾板最宽处。肩突略钝，明显突出。缘凹深。颈沟浅，向后外斜。

足粗短。基节Ⅰ～Ⅳ无内距，外距宽短而圆钝，按节序渐小。各跗节粗短，以跗节Ⅰ尤其明显。爪垫稍超过爪长的 1/2。气门板小，圆形。

幼蜱（图 7-480）

体宽卵形，长（包括假头）约 0.60 mm，最宽处约 0.42 mm。

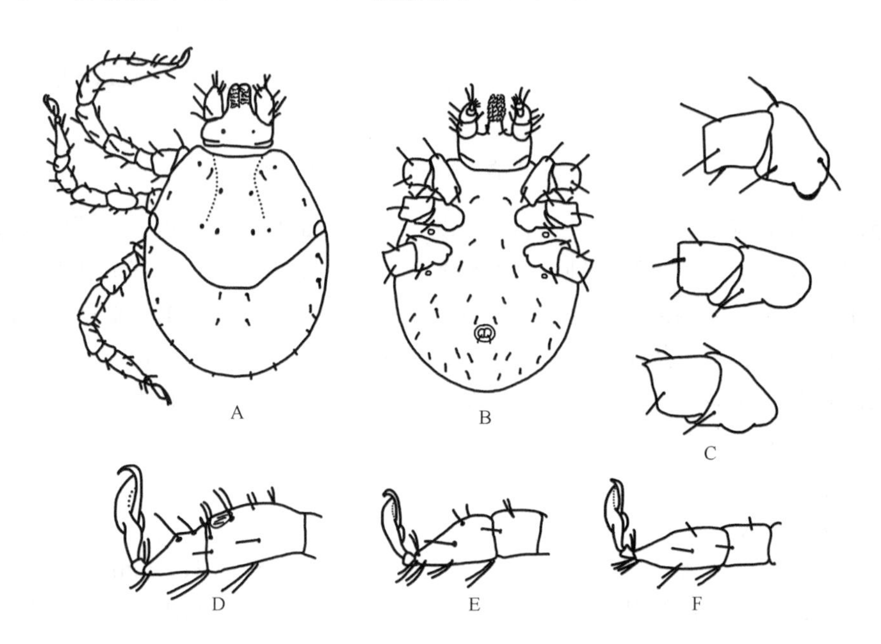

图 7-480　微小扇头蜱幼蜱（参考：邓国藩和姜在阶，1991）

A. 背面观；B. 腹面观；C. 基节；D. 跗节Ⅰ；E. 跗节Ⅱ；F. 跗节Ⅲ

假头短小，长宽约 0.15 mm×0.18 mm。须肢粗短，棒状。第Ⅰ节短，背、腹面均可见；第Ⅱ、Ⅲ节分界不明显；第Ⅳ节位于第Ⅲ节腹面的凹陷内。假头基侧缘与后缘连接成弧形，后缘较短，平直。无基突。口下板宽短；齿式 2|2，每纵列具齿 5 或 6 枚。口下板后毛细小。

盾板宽大于长，长 0.29～0.33 mm，宽 0.40～0.43 mm，中部最宽。眼小，位于盾板最宽处侧缘。盾板表面光滑，有稀疏细毛。颈沟短而浅，略呈弧形，末端约达到盾板中部。

足粗短。基节Ⅰ有粗短内距，无外距；基节Ⅱ、Ⅲ内距很不明显，略呈脊状。跗节Ⅰ较跗节Ⅱ、Ⅲ粗大。爪垫较大，将近达到爪端。

生物学特性　我国常见种，主要生活于农区。华北地区，该蜱自 3 月下旬至 11 月下旬前后共 8 个月均可见。雌蜱饱血后脱离宿主，经过 5～6 d 的产卵前期，开始产卵；产卵期为 20～26 d，共可产 3773～5929 粒。整个生活史经历 65～84 d。每年大约发生 3 代。华北地区微小扇头蜱以饥饿幼蜱在野地越冬，越冬期自 11 月下旬至翌年 3 月中旬（约 4 个月）。微小扇头蜱在我国南方地区终年可见，到 7～9 月达到高峰，10 月之后逐渐减少。详细描述见第四章第一节典型蜱种的生活史。

蜱媒病　在我国，该蜱是双芽巴贝虫 *Babesia bigemina*、牛巴贝虫 *Babesia bovis* 和瑟氏泰勒虫 *Theileria sergenti* 的传播媒介。另外，该蜱也能自然感染 Q 热、立克次体。

（2）囊形扇头蜱 *R. bursa* Canestrini & Fanzago, 1878

定名依据　*bursa* 源自 Middle Latin（中古拉丁语），意为“pouch”（囊）。该种的饱血雌蜱外形为囊状。

宿主　多寄生于绵羊、山羊、牛等大型哺乳动物，少数寄生于野兔，偶尔侵袭人。

分布　国内：新疆；国外：苏联、东南欧其他国家、中东和北非一些国家。

鉴定要点

雌蜱须肢粗短，第Ⅰ、Ⅱ节腹面内缘刚毛细而少，排列不紧密；齿式 3|3。盾板亚圆形，长略胜于宽；刻点较粗而稠密，分布大致均匀。颈沟明显，末端达到盾板中部；无侧沟。气门板逗点形，背突明显。足基节Ⅰ内、外距约等。跗节Ⅰ腹面无端齿；跗节Ⅱ～Ⅳ腹面端齿圆钝。

雄蜱须肢粗短，第Ⅰ、Ⅱ节腹面内缘刚毛细而少，排列不紧密；齿式 3|3。盾板刻点较粗而稠密，分布大致均匀。颈沟前深后浅，末端达到眼部水平线；侧沟窄长而深，末端约达第Ⅱ缘垛的 1/2。无尾突。足基节Ⅰ外距长，末端向外略弯。肛侧板相当宽，长不超过宽的 2 倍，呈不规则三角形；副肛侧板短，末端尖细。气门板曲颈瓶形，背突窄长，向背方斜伸。跗节Ⅰ腹面无端齿；跗节Ⅳ腹面末端及亚末端各具一尖齿。

具体描述

雌蜱（图 7-481～图 7-483）

长（包括假头）宽为（3.8～4.1）mm ×（2.2～3.0）mm。

假头宽略大于长，长宽为（0.70～0.94）mm ×（0.77～1.05）mm。须肢粗短；第Ⅰ节短，背、腹面可见，第Ⅰ、Ⅱ节腹面内缘刚毛细而少，排列不紧密；第Ⅱ节与第Ⅲ节约等或略长于第Ⅲ节；第Ⅲ节无背刺和腹刺；第Ⅳ节位于第Ⅲ节腹面的凹陷内。假头基六角形；后缘在基突间较直。孔区大，卵圆形，前部向外略斜；基突粗短但明显，末端钝。口下板齿式 3|3，每纵列具齿约 10 枚。

盾板赤褐色；亚圆形，宽略大于长，长宽为（1.41～1.82）mm ×（1.44～1.98）mm；后侧缘有时略凹，后缘圆钝，后 1/3 处最宽；多为大刻点且密度大，分布较均匀。眼卵圆形，略微凸起，位于盾板最宽处水平线。颈沟明显，弧形外斜，末端约达盾板中部稍后。无侧脊。

足粗细均匀。基节Ⅰ内、外距长度约等，内距粗壮，外距细长，末端略向外弯。基节Ⅱ～Ⅳ无内距，外距短钝，按节序渐小。跗节Ⅰ无腹面无端齿。跗节Ⅱ～Ⅳ腹面端齿圆钝。气门板逗点形，后缘稍微凸出，背突稍窄，无几丁质增厚区，气门斑位置靠前。

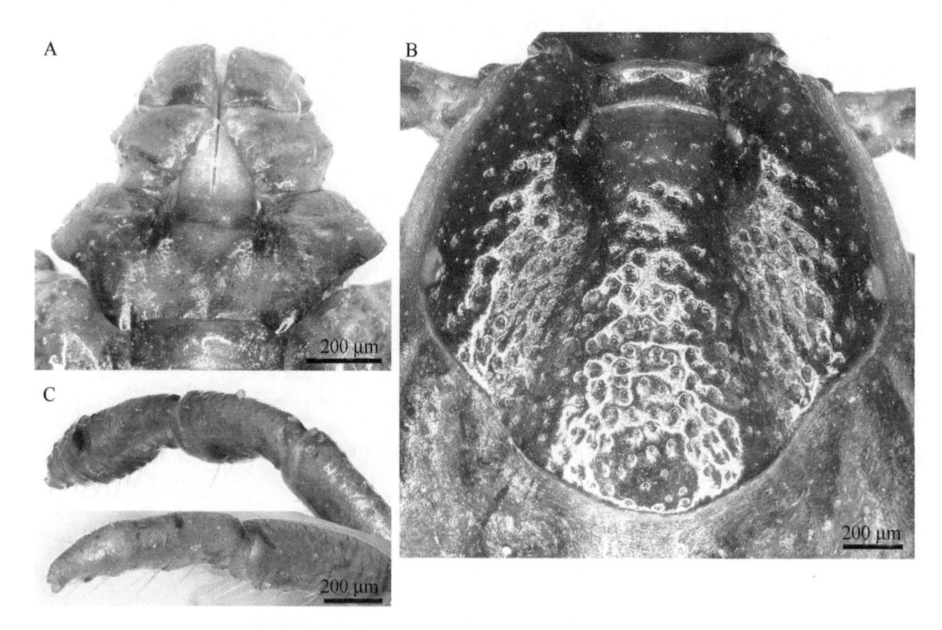

图 7-481　囊形扇头蜱雌蜱

A. 假头背面观；B. 盾板；C. 跗节Ⅰ、跗节Ⅳ

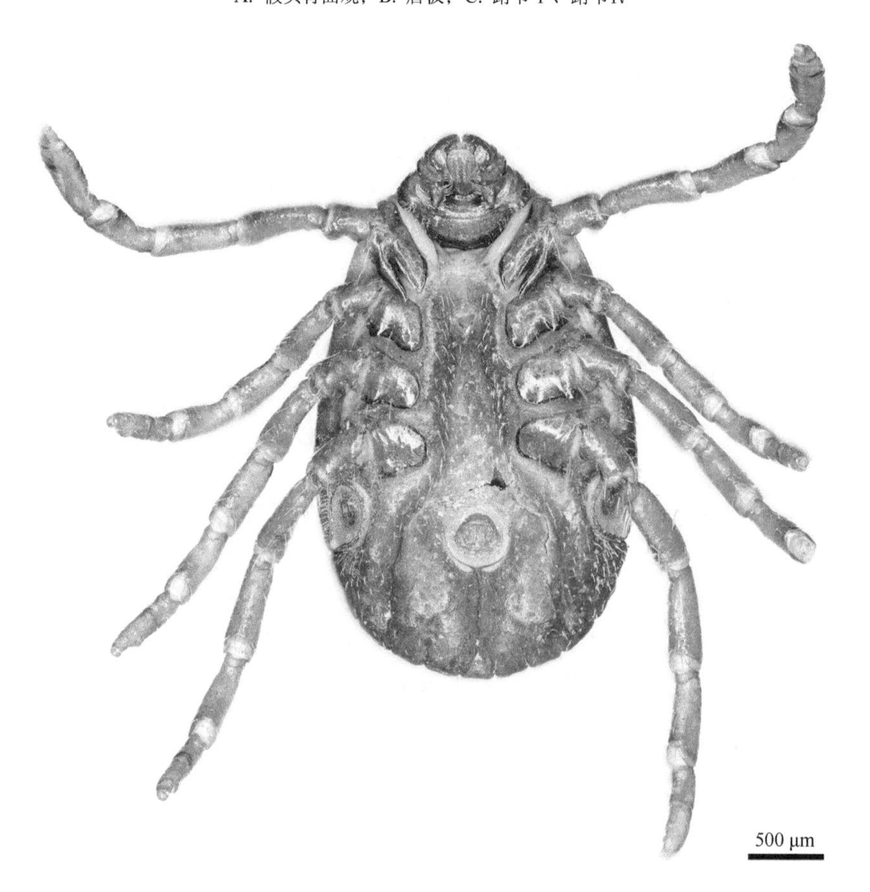

图 7-482　囊形扇头蜱雌蜱腹面观

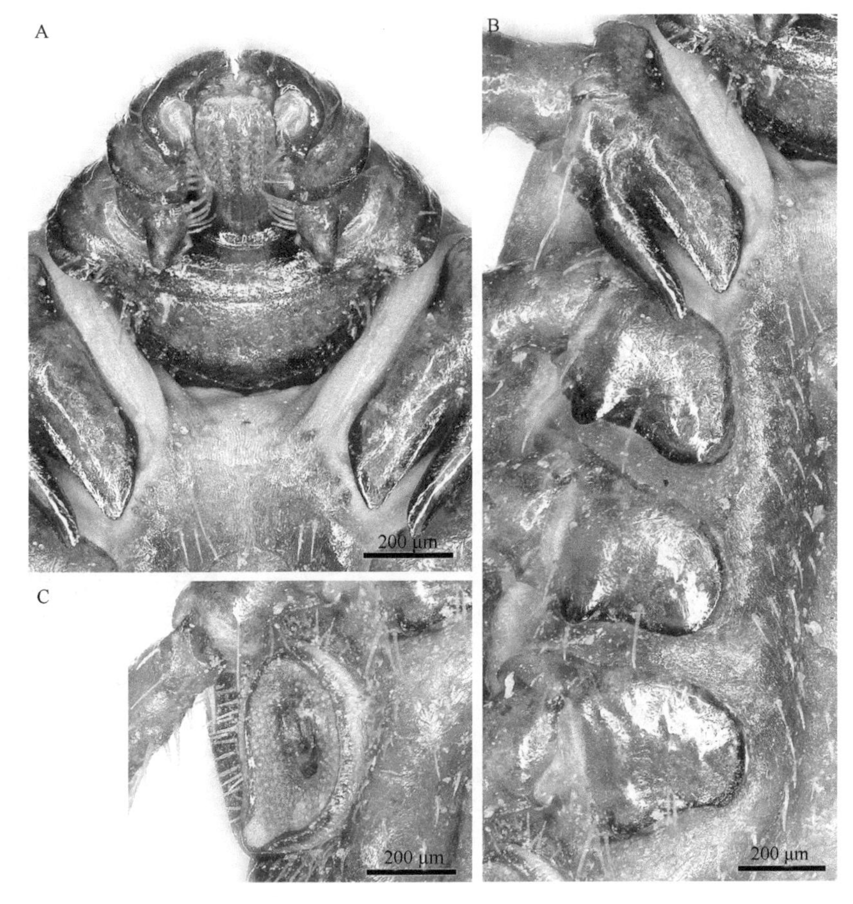

图 7-483　囊形扇头蜱雌蜱
A. 假头腹面观；B. 基节；C. 气门板

雄蜱（图 7-484）

体呈梨形，前端收窄，后端圆弧形。体长（包括假头）3.3～3.7 mm，体宽 2.2～3.0 mm。

假头宽略大于长，长宽为（0.66～0.88）mm ×（0.71～0.90）mm。须肢粗短，第Ⅰ节短，背、腹面可见，第Ⅰ、Ⅱ节腹面内缘刚毛细而少，排列不紧密；第Ⅱ、Ⅲ节后侧角突出；第Ⅲ节无背刺和腹刺；第Ⅳ节位于第Ⅲ节腹面的凹陷内。假头基宽短，呈六角形，后缘在基突间较直。基突粗短，末端圆钝。口下板短；齿式 3|3，每纵列约 8 枚。

盾板红褐色到暗褐色；宽卵形，前部略窄，后缘宽钝；长宽为（1.55～3.34）mm ×（1.02～2.26）mm；大刻点多，分布稠密而均匀。眼卵圆形，略微凸起。颈沟前部深陷，呈卵形，向后逐渐变浅，弧形外斜，末端约达盾板前 1/3 处。侧沟窄长而深，自眼后延伸到第Ⅱ缘垛的 1/2。后中沟长，约为盾板的 1/3，后端延至中垛。后侧沟短，呈不规则椭圆形。尾突付缺。

足基节Ⅰ外距窄长，末端向外略弯。该节前端显著凸出，从背面可见。跗节Ⅰ腹面无端齿。跗节Ⅳ腹面具端齿和亚端齿。肛侧板尤其是末端相当宽，长不到宽的 2 倍，呈不规则三角形；内缘下部凸角明显；后缘略平钝。副肛侧板短小，末端尖细。气门板曲颈瓶形，背突窄长，向背方斜伸，无几丁质增厚区，气门斑位置靠前。

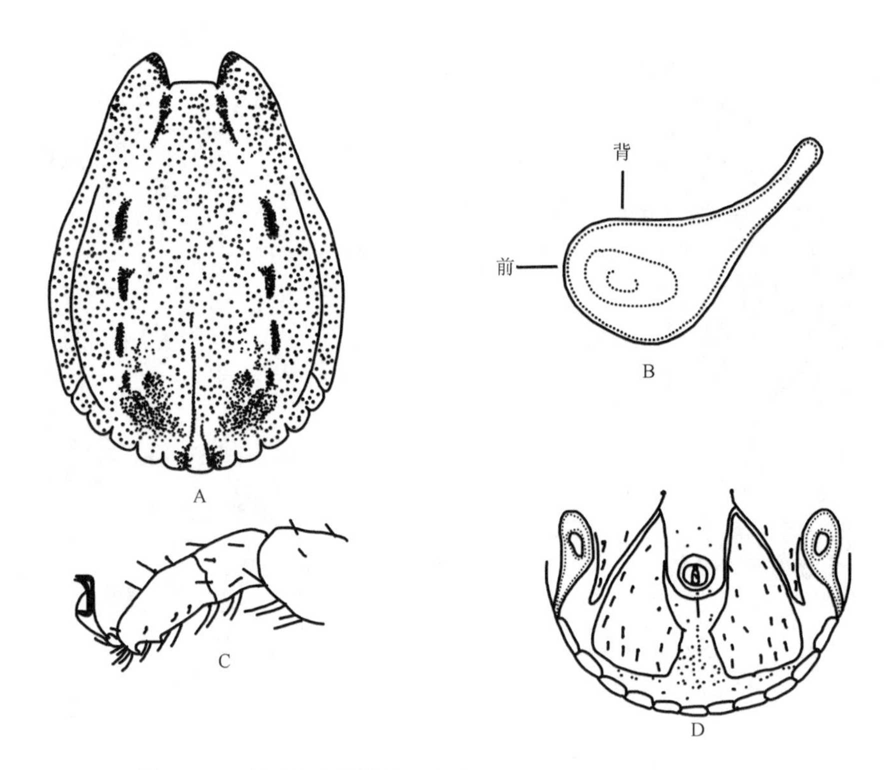

图 7-484　囊形扇头蜱雄蜱（参考：邓国藩和姜在阶，1991）
A. 盾板；B. 气门板；C. 跗节Ⅳ；D. 躯体腹面后部

若蜱（图 7-485）

体呈卵圆形，前端收窄，后端圆弧形。

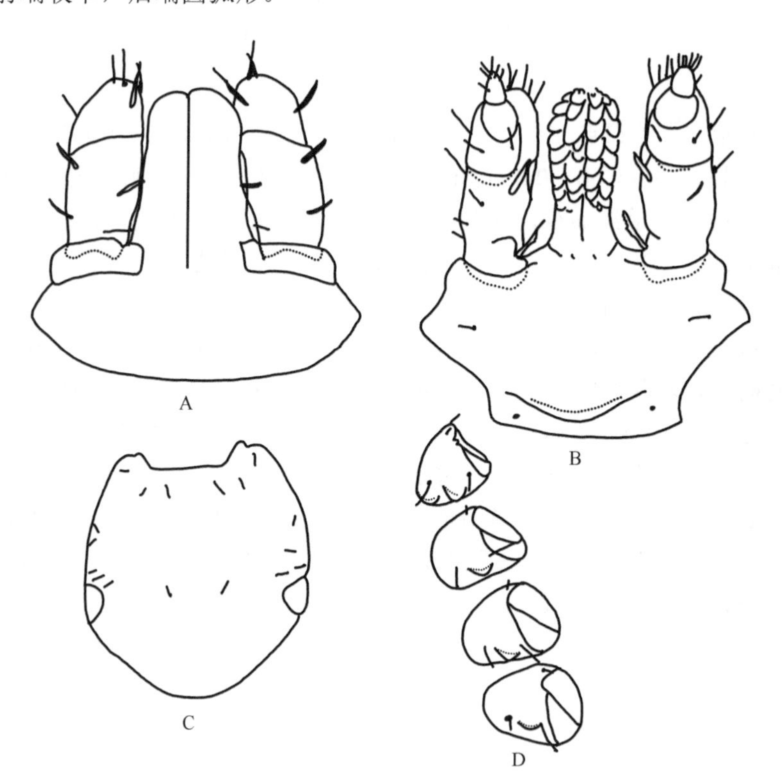

图 7-485　囊形扇头蜱若蜱（参考：邓国藩和姜在阶，1991）
A. 假头背面观；B. 假头腹面观；C. 盾板；D. 基节

假头宽大于长，长宽为（0.28～0.31）mm ×（0.30～0.36）mm。须肢较粗短；第Ⅰ节短，背、腹面均可见，第Ⅰ、Ⅱ节腹面内缘刚毛较短而细；第Ⅱ节最长，长度是第Ⅲ节的 2 倍多；第Ⅲ节顶端钝圆，无背刺和腹刺；第Ⅳ节位于第Ⅲ节腹面的凹陷内。假头基侧突短而稍钝，无基突；腹面宽阔，无耳状突。口下板棒状；齿式 2|2，每纵列具齿 7 或 8 枚。

盾板宽明显大于长，长宽为（0.51～0.59）mm ×（0.66～0.72）mm。后缘圆弧形。眼大，卵形，位于盾板两侧。

基节Ⅰ内、外距粗短，末端钝，外距大于内距。基节Ⅱ～Ⅳ无内距，外距粗短，末端圆钝，约等长，但略短于基节Ⅰ。气门板为不规则圆形，长径约 0.18 mm，其上杯状体大小较一致，排列无序，无气门斑和几丁质增厚区。

幼蜱（图 7-486）

体呈卵圆形，前端收窄，后端圆弧形。体长（包括假头）0.59～0.62 mm，体宽 0.41～0.43 mm。

假头宽略大于长，长宽为（0.13～0.14）mm ×（0.14～0.15）mm。须肢较窄短，顶端略尖。第Ⅱ、Ⅲ节分界不明显；第Ⅳ节位于第Ⅲ节腹面的凹陷内。假头基近似矩形，两侧缘近似平行，后缘较直；无基突；假头基腹面宽短，近似矩形，无耳状突。口下板短棒状；齿式 2|2，每纵列具齿 5 或 6 枚。

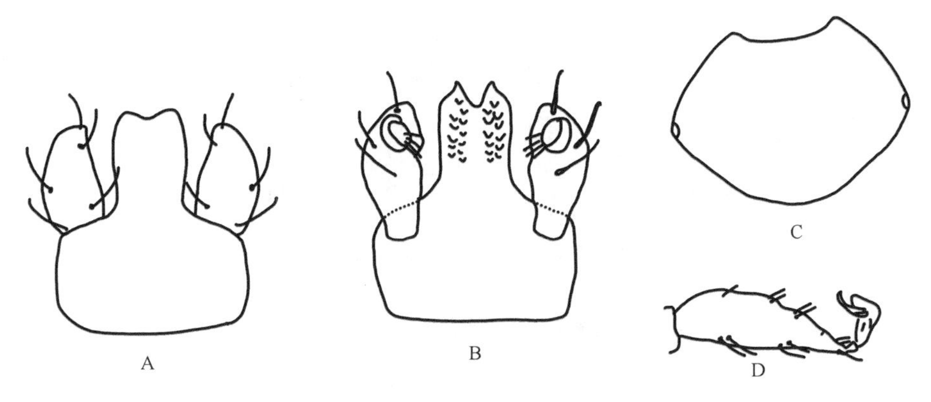

图 7-486　囊形扇头蜱幼蜱（参考：邓国藩和姜在阶，1991）

A. 假头背面观；B. 假头腹面观；C. 盾板；D. 跗节Ⅰ

盾板宽短，长宽为（0.26～0.30）mm ×（0.33～0.40）mm；中部最宽，向后弧形收窄，后缘圆弧形。眼卵形，位于盾板侧角。刻点小而均匀。缘垛分界明显，中垛较其他缘垛窄。

基节Ⅰ内距粗短，末端钝，外距不明显；基节Ⅱ无内距，外距粗短；基节Ⅲ无距。跗节Ⅰ爪垫几乎达到爪端，跗节Ⅲ爪垫仅达爪的 1/2。

生物学特性　二宿主型，多出现在低、中山地草原、平原及丛林中。4 月到 7 月可在宿主上发现成蜱，5 月或 6 月最多。幼蜱多秋季寄生，饱血后不脱离宿主，直接在宿主上蜕皮为若蜱；若蜱可在 11 月发现，并在宿主上越冬。自然条件下，囊形扇头蜱一年一代。实验室在 18～24℃条件下，雌蜱吸血到下一代成蜱出现需要 90～110 d。

蜱媒病　多种家畜梨浆虫病的传播媒介。

（3）镰形扇头蜱 *R. haemaphysaloides* Supino, 1897

定名依据　来自希腊语 *haimatos*，意为“blood”（血），*physalidos* 意为“a bladder”（囊）。然而，中文译名镰形扇头蜱已广泛使用。

宿主　幼蜱和若蜱寄生于野生哺乳动物；成蜱寄生于绵羊、山羊、水牛、黄牛、驴、犬、猪等，也寄生于野猪、狍子、狼、黑熊、水鹿 *Cervus unicolor*、野兔等野生动物，有时也侵袭人。

分布　国内：安徽、福建、广东、贵州、海南、湖北、江苏、江西、台湾、西藏、云南、浙江；国外：缅甸、斯里兰卡、印度、印度尼西亚及中南半岛。

鉴定要点

雌蜱须肢粗短，前端相当平钝；第Ⅰ、Ⅱ节腹面内缘刚毛粗，排列紧密；齿式3|3。盾板长略胜于宽，后缘圆钝；粗刻点少，细刻点多，分布不均匀。颈沟前深后浅，末端将达盾板边缘；侧沟明显，末端延至眼后。气门板短逗点形，背突粗短。足基节Ⅰ外距直，较内距稍短；基节Ⅱ～Ⅳ外距粗短，按节序渐小。跗节Ⅱ～Ⅳ腹面亚末端具一钝齿，末端均具一尖齿。爪垫约达爪长之半。

雄蜱须肢粗短，第Ⅰ、Ⅱ节腹面内缘刚毛粗，排列紧密；齿式3|3。盾板刻点粗细不均，分布亦不均匀。颈沟前深后浅，末端达到眼后水平线；侧沟窄长而深，末端达到第Ⅱ缘垛。尾突有时明显。肛侧板镰刀形，内缘强度凹入；副肛侧板小，末端尖细。气门板长逗点形，背突粗短，末端圆钝。足与雌蜱相似。

具体描述

雌蜱（图7-487，图7-488）

体呈卵圆形，前端收窄，后端圆弧形。长（包括假头）宽为（3.29～3.92）mm ×（1.93～2.51）mm。

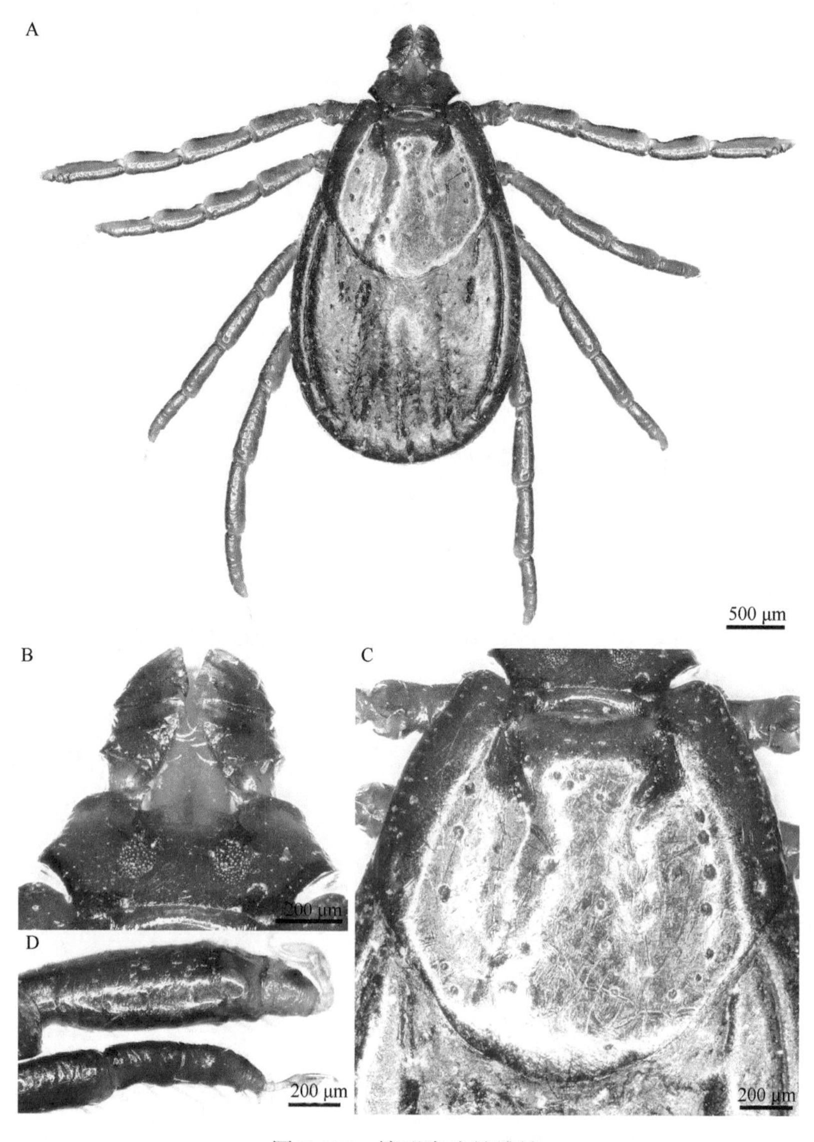

图7-487　镰形扇头蜱雌蜱

A. 背面观；B. 假头背面观；C. 盾板；D. 跗节Ⅰ、跗节Ⅳ

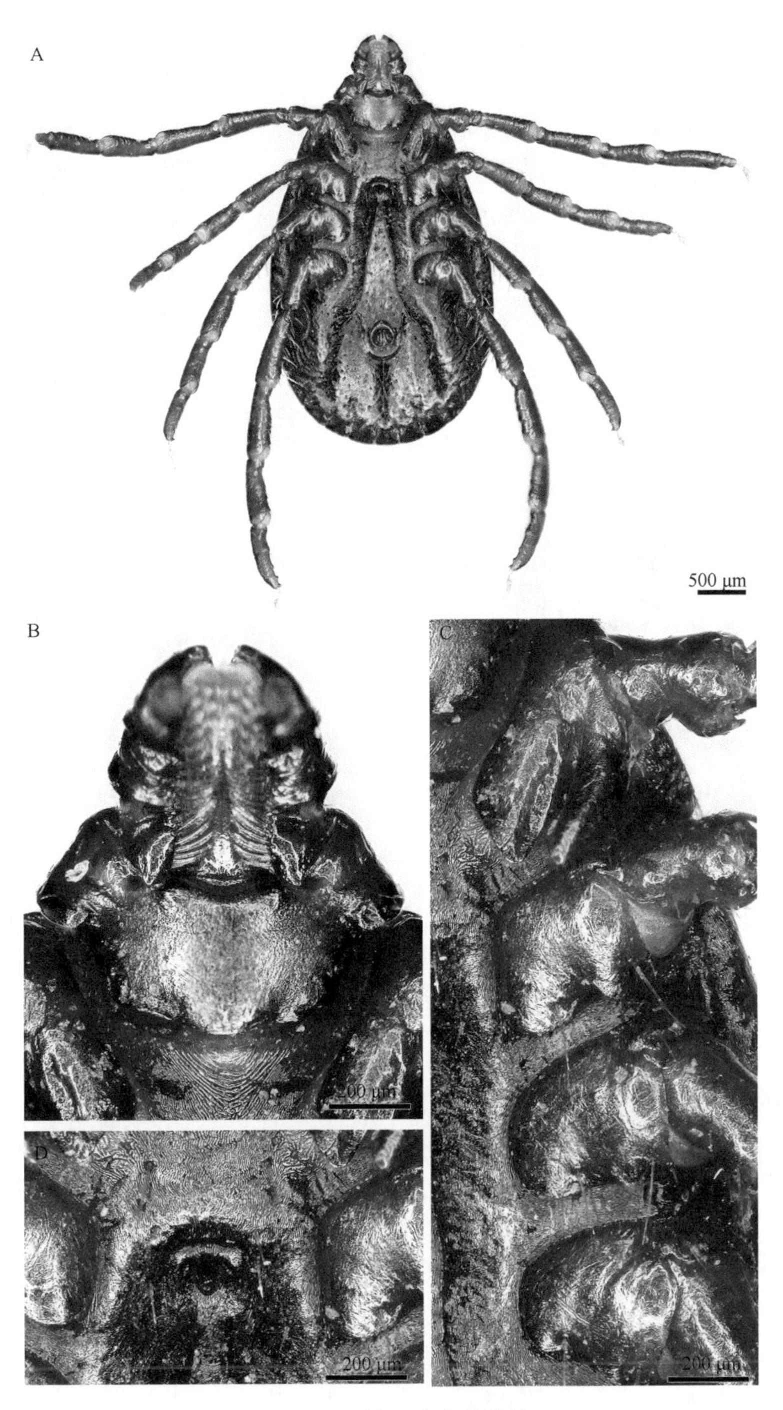

图 7-488　镰形扇头蜱雌蜱

A. 腹面观；B. 假头腹面观；C. 基节；D. 生殖孔

假头（包括假头基）长宽为（0.86～0.96）mm ×（0.90～1.05）mm。须肢粗短，前端略窄且相当平钝，中部稍宽；第Ⅰ节短，背、腹面可见，第Ⅰ、Ⅱ节腹面内缘刚毛粗，排列紧密。第Ⅱ节与第Ⅲ节长度约等，两节外侧缘不连接；第Ⅲ节顶端窄钝，无背刺和腹刺；第Ⅳ节位于第Ⅲ节腹面的凹陷内。假头基宽短，近似六边形，后缘在基突间较直；宽约为长的 2.2 倍；孔区呈直立卵形，间距约为短径的 1.5 倍；基突粗短，末端钝。假头基腹面侧缘向后收窄，无耳状突和横脊。口下板顶端圆钝，齿式 3|3，每纵列具齿 10 或 11 枚。

盾板赤褐色到暗褐色，表面光滑，长宽约等，长宽为（1.68～1.90）mm ×（1.65～1.92）mm；中部最宽，向后弧形收窄，后侧缘波纹状，后缘圆钝；大刻点少，小刻点多，分布不均匀。眼长卵形，略微凸起。

颈沟前端深陷，向后内斜，后端变浅，向后外斜，末端将达到盾板边缘。侧沟明显，其上散布大刻点，末端延伸至眼后。足粗细均匀。基节Ⅰ外距直，较内距稍短。基节Ⅱ～Ⅳ内距极不明显或呈脊状，外距粗短，按节序渐小。跗节Ⅱ～Ⅳ腹面端齿尖细，亚端齿短钝。爪垫约及爪长的1/2。气门板短逗点形，长大于宽（包括背突），背突粗短，末端几乎平钝，气门斑位置靠前。

雄蜱（图 7-489）

体呈卵圆形，前端收窄，后端圆弧形。

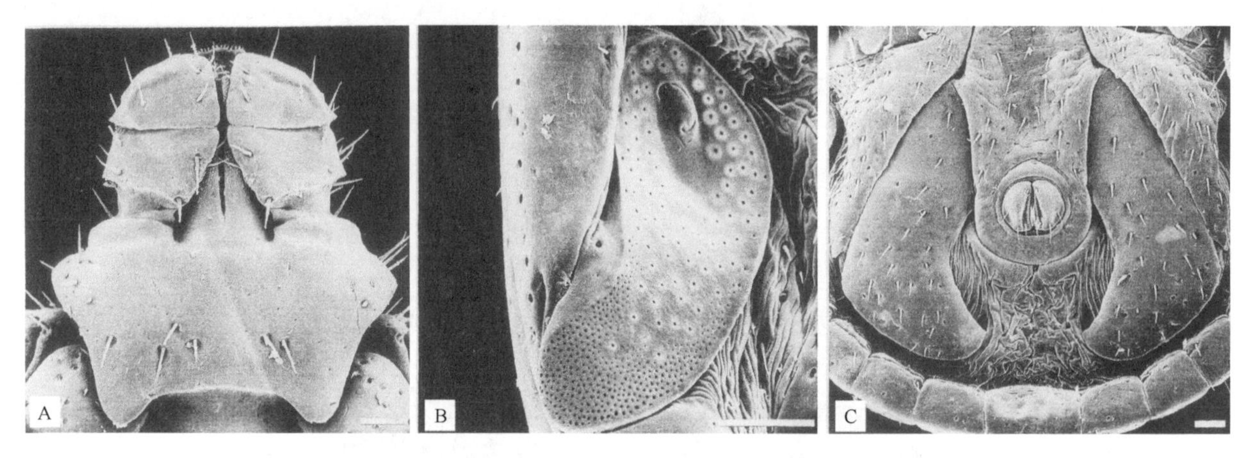

图 7-489　镰形扇头蜱雄蜱（Walker *et al.*，2000）

A. 假头背面观；B. 气门板；C. 肛侧板。比例尺表示 0.1 mm

假头（包括假头基）长宽为（0.76～0.89）mm ×（0.72～0.88）mm。须肢粗短，中部稍宽，前端略窄钝；第Ⅰ节短，背、腹面可见，第Ⅰ、Ⅱ节腹面内缘刚毛粗且排列紧密；第Ⅱ节与第Ⅲ节外侧缘约等长；第Ⅲ节顶端窄钝，无背刺和腹刺；第Ⅳ节位于第Ⅲ节腹面的凹陷内。假头基呈宽六角形，宽约为长的 2.2 倍，侧角明显，约位于假头基前 1/3 水平线，后缘在基突间较直；基突相当粗大，末端稍尖。口下板顶端圆钝；齿式 3|3，每纵列具齿 9 或 10 枚。

盾板赤褐色到暗褐色，呈卵圆形；长宽为（3.18～3.88）mm ×（2.20～2.61）mm。眼大，卵圆形，略微凸起。大刻点少，小刻点多，分布不均匀。颈沟前深后浅，弧形外弯，末端伸至眼后。侧沟窄而深，其上散布大刻点，自眼后延伸至第Ⅱ缘垛。后中沟前窄后宽，自盾板后 1/3 处延伸，末端达到中垛。后侧沟短，呈不规则的三角形。在后中沟前方两侧，各有一小的浅陷。尾突有时明显，在吸血后尤其明显。

足稍粗壮。基节Ⅰ外距较内距短；基节Ⅱ、Ⅲ内距呈脊状，外距粗壮；基节Ⅳ内、外距均短小。跗节Ⅱ～Ⅳ腹面具端齿和亚端齿。爪垫约及爪长的1/2。肛侧板镰刀形，长为宽的 1.6～1.9 倍。内缘中部强度凹入，其下方凸角窄而内弯；后外缘浅弧形弯曲。副肛侧板短小，末端尖细。气门板大，长逗点形，背突粗短，末端圆钝，具几丁质增厚区，气门斑位置靠前。

若蜱（图 7-490）

体呈卵圆形，前端收窄，后端圆弧形。长（包括假头）宽为（1.31～1.39）mm ×（0.63～0.76）mm，基节Ⅳ水平处最宽。缘垛分界明显，共 11 个。

假头（包括假头基）宽明显大于长，长宽为（0.22～0.27）mm ×（0.32～0.36）mm。须肢狭长，顶端略呈锥形，基部稍宽；第Ⅰ节短，背、腹面均可见；第Ⅱ节最长，长约为第Ⅲ节的 2 倍，内缘浅弧形外弯，基部收窄，第Ⅱ节腹面内缘基部具 1 根细长羽状刚毛；第Ⅲ节无背刺和腹刺；第Ⅳ节位于第Ⅲ节腹面的凹陷内。假头基宽短，侧角尖窄，基突十分短钝，不明显。假头基腹面宽短，具耳状突，无横脊。

口下板棒状；齿式 2|2，每纵列具齿 8 或 9 枚。

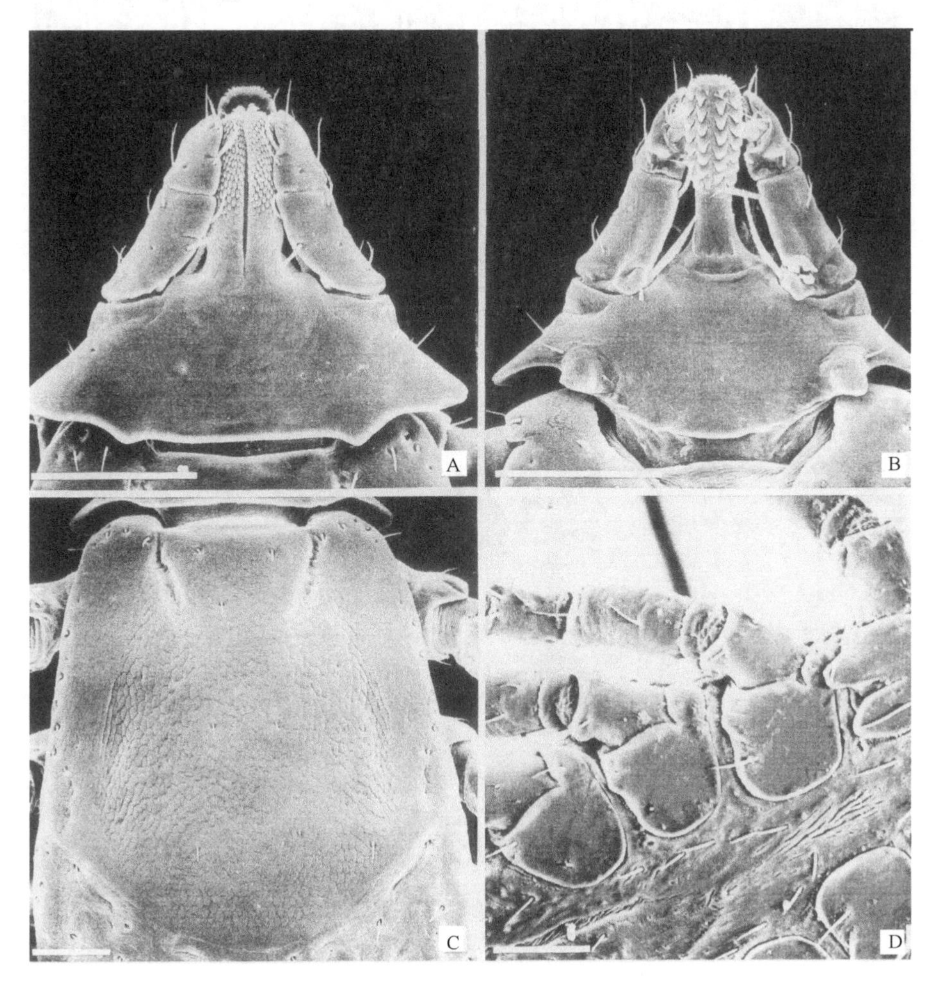

图 7-490 镰形扇头蜱若蜱（Walker *et al.*，2000）
A. 假头背面观；B. 假头腹面观；C. 盾板；D. 基节。比例尺表示 0.1 mm

盾板长大于宽，长宽为（0.45～0.55）mm ×（0.43～0.46）mm，盾板后 1/3 处最宽。前侧缘几乎直，向后外斜，后缘宽弧形。盾板表面具细裂纹状。盾板上背中毛较短而细，长 19.6～22.1 μm。颈沟明显，前深后浅，弧形外弯，末端达眼的水平线。眼大而凸出，长椭圆形，位于盾板最宽处。

基节Ⅰ内、外距较粗壮，末端圆钝，外距略大。基节Ⅱ、Ⅲ无内距，外距圆钝，基节Ⅳ无距。各跗节亚末端向末端逐渐收窄，腹面不具端齿和亚端齿。气门板长椭圆形，长径 0.15～0.17 mm，背突不明显，无几丁质增厚区，气门斑位置靠前。

幼蜱（图 7-491）

体呈宽卵形，长（包括假头）宽为（0.52～0.64）mm ×（0.34～0.38）mm，前 2/3 处最宽。缘垛分界明显，共 11 个。

假头（包括假头基）长宽为（0.12～0.16）mm ×（0.16～0.18）mm。须肢略呈圆锥形，顶端尖。第Ⅰ节短，背、腹面均可见；第Ⅱ、Ⅲ节分界不明显；第Ⅳ节位于第Ⅲ节腹面的凹陷内。假头基宽短，近似长矩形，侧角不明显，宽 0.16～0.18 mm；无基突。假头基腹面两侧向后略收窄，后缘圆弧形，耳状突宽圆，无横脊。口下板棒状；齿式 2|2，每纵列具齿 5 或 6 枚。

盾板短宽，长宽为（0.21～0.24）mm ×（0.28～0.33）mm，中部最宽，后缘圆弧形。颈沟短，前深后浅。

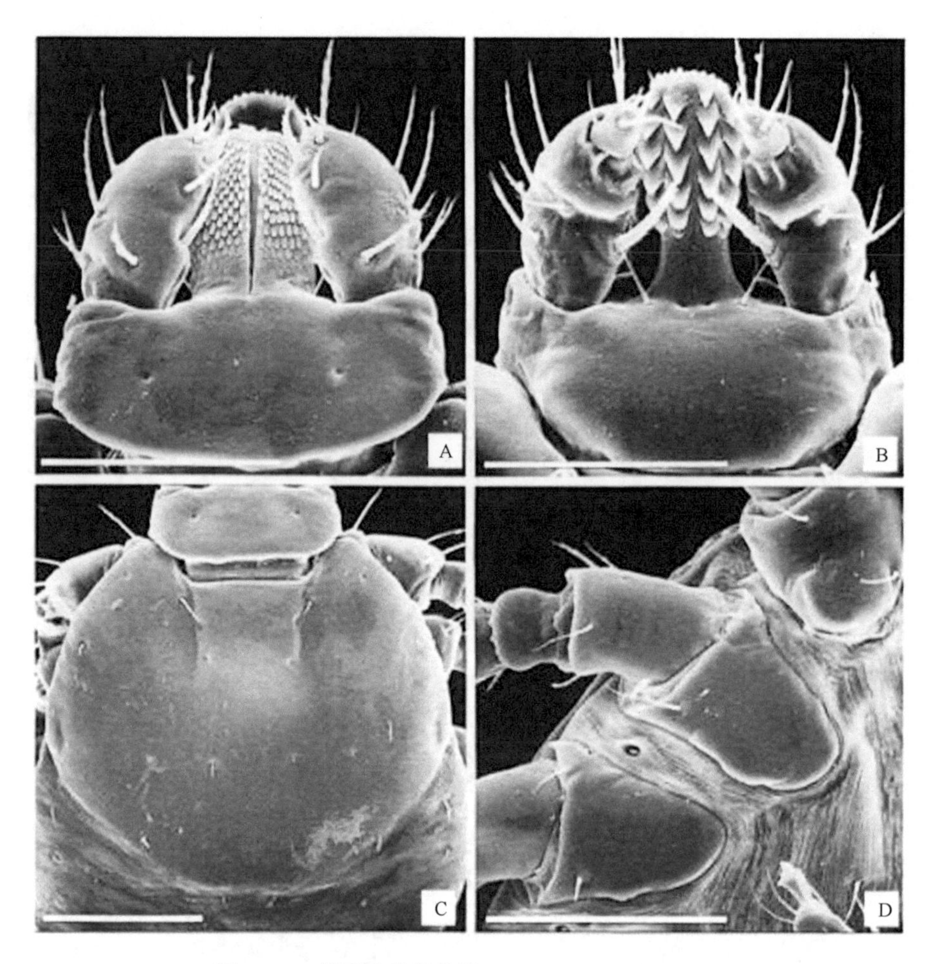

图 7-491　镰形扇头蜱幼蜱（Walker *et al.*，2000）

A. 假头背面观；B. 假头腹面观；C. 盾板；D. 基节。比例尺表示 0.1 mm

基节Ⅰ内距宽圆，外距不明显。基节Ⅱ无内距，外距粗短，呈脊状；基节Ⅲ无距。各跗节亚端部向末端逐渐收窄，爪垫短小。

生物学特性　三宿主型蜱类，常见于农区和山地草地。一年发生一代。4～6 月成蜱出现在宿主上，4 月末及 5 月上旬是活动高峰。实验室条件下，镰形扇头蜱完成一个世代需要 65～157 d。

蜱媒病　该蜱是牛巴贝虫 *Babesia bovis*、双芽巴贝虫 *B. bigemina* 和牛边缘无浆体 *Anaplasma marginale* 的传播媒介。

（4）短小扇头蜱 *R. pumilio* Schulze, 1935

定名依据　*pumilio* 源自拉丁语"*pumilius*"，意为"diminutive"（非常小的）、"dwarfish"（矮小的），鉴于该种体型小。

宿主　幼蜱和若蜱主要寄生于塔里木兔 *Lepus yarkandensis*、大耳猬、子午沙鼠 *Meriones meridianus* 等小型哺乳动物。成蜱多寄生于塔里木兔、大耳猬等小型野生动物，还寄生于猫、绵羊、山羊、牛、驴、双峰驼、犬等，在鹅喉羚 *Gazella subgutturosa*、狼、艾鼬 *Mustela eversmanni*、大沙鼠 *Rhombomys opimus* 等野生动物上也有寄生，有时侵袭人。

分布　国内：内蒙古、新疆；国外：苏联、克什米尔地区。

鉴定要点

雌蜱体型小，须肢粗短，前端近于平钝；第Ⅰ、Ⅱ节腹面内缘刚毛粗，排列紧密；齿式 3|3。盾板略呈椭圆形，长胜于宽，后缘圆钝；粗刻点少，细刻点多，分布不均匀。颈沟前深后浅，末端达不到盾

板边缘；侧沟明显，末端几乎达到盾板后侧缘。气门板逗点形，长约等于宽，背突明显伸出。足基节Ⅰ外距直，较内距长；基节Ⅱ～Ⅳ外距粗短，按节序渐小。跗节Ⅱ～Ⅳ腹面亚末端具一钝齿，末端均具一尖齿。

雄蜱须肢粗短，前端近于平钝；第Ⅰ、Ⅱ节腹面内缘刚毛粗，排列紧密；齿式3|3。盾板刻点粗细不均，分布亦不均匀。颈沟前深后浅，末端约达盾板前1/3处；侧沟细长，末端达到第Ⅱ缘垛。肛侧板前窄后宽，略似三角形，长约为宽的2倍，内缘中上部浅凹；副肛侧板小。气门板近似匙形，背突较窄长。足与雌蜱相似。

具体描述

雌蜱（图7-492）

体呈长卵形，两端收窄，中部最宽。长（包括假头）宽为（2.6～3.13）mm×（1.3～1.67）mm。

假头（包括假头基）长宽为（0.67～0.72）mm ×（0.76～0.82）mm。须肢短宽；第Ⅰ节短，背、腹面可见，第Ⅰ、Ⅱ节腹面内缘刚毛粗而长，排列紧密；第Ⅱ节明显长于第Ⅲ节，两节外侧缘相连；第Ⅲ节顶端平钝，基部最宽，向前渐窄，无背刺和腹刺；第Ⅳ节位于第Ⅲ节腹面的凹陷内。假头基宽短，呈六角形，侧角位于前1/3水平线；孔区亚圆形，间距略大于其直径。基突短，末端圆钝。口下板顶端圆钝；齿式3|3，每纵列具齿约10枚。

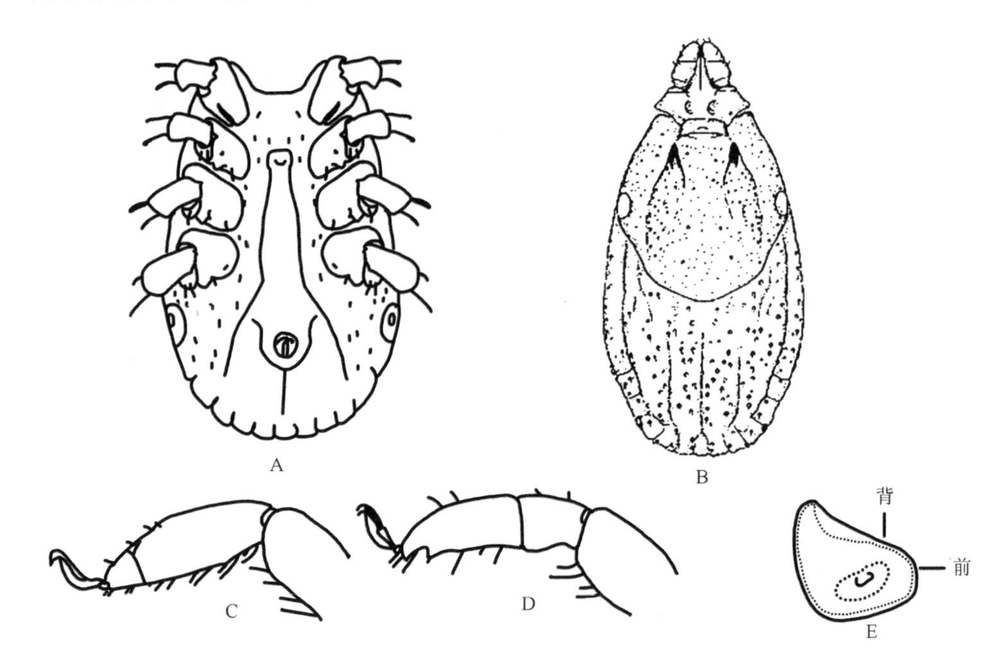

图7-492　短小扇头蜱雌蜱（参考：邓国藩和姜在阶，1991）
A. 躯体腹面观；B. 背面观；C. 跗节Ⅰ；D. 跗节Ⅳ；E. 气门板

盾板亮褐色到赤褐色；长大于宽，长宽为（1.40～1.56）mm ×（1.33～1.48）mm；略呈椭圆形，长大于宽，中部最宽，向后逐渐收窄，后侧缘微波状，后缘窄钝；眼明显，略微凸出。刻点大小不一；大刻点少而零散；小刻点多而密。颈沟前深后浅，弧形外弯，末端达不到盾板边缘。侧沟明显，末端约达到盾板后侧缘。

足稍细长。基节Ⅰ距裂窄，内、外距较发达，外距直，长于内距。基节Ⅱ～Ⅳ内距呈脊状，外距粗短，按节序渐小。跗节Ⅱ～Ⅳ腹面具端齿和亚端齿。爪垫短小。气门板逗点形，长约等于宽（包括背突），背突较长，后缘直或略微外弯，具几丁质增厚区，气门斑位置靠前。

雄蜱（图 7-493）

体型小。

假头（包括假头基）长宽为（0.55～0.65）mm ×（0.58～0.75）mm。须肢宽短，前端稍宽而平钝；第Ⅰ节短，背、腹面可见，第Ⅰ、Ⅱ节腹面内缘刚毛粗而长，排列紧密；第Ⅱ节略长于第Ⅲ节；第Ⅲ节无背刺和腹刺；第Ⅳ节位于第Ⅲ节腹面的凹陷内。假头基宽短，呈六角形，侧角位于中部之前，后缘在基突间较直；基突粗大，末端圆钝。口下板顶端圆钝；齿式 3|3，每纵列具齿约 8 枚。

盾板长卵形，前部收窄，后端圆钝；长宽为（2.30～3.05）mm ×（1.21～1.45）mm。眼卵圆形，略微凸起。刻点大小不一，小刻点多，大刻点较少，分布不均。颈沟前深后浅，弧形外弯，末端约达盾板前 1/3 处。侧沟细长，自眼后延伸至第Ⅱ缘垛。后中沟粗短，前端约达盾板后 1/3 处；在后中沟前方两侧，各有 1 个浅陷。后侧沟短，近卵形。缘垛窄长，分界明显，共 11 个。

足略粗壮。基节Ⅰ内、外距较发达，外距比内距长，末端直或略外弯。基节Ⅱ、Ⅲ内距呈脊状，基节Ⅳ内距短钝，基节Ⅱ～Ⅳ外距粗短，按节序渐小。跗节Ⅱ～Ⅳ腹面具端齿和亚端齿。爪垫短小。肛侧板前窄后宽，长约为宽的 2 倍，外缘及后缘较直，内缘上中部浅凹，内缘齿突明显，且指向肛门方向；副肛侧板短小，末端窄钝。气门板呈逗点形，背突较窄长，向背方斜伸，气门斑位置靠前。

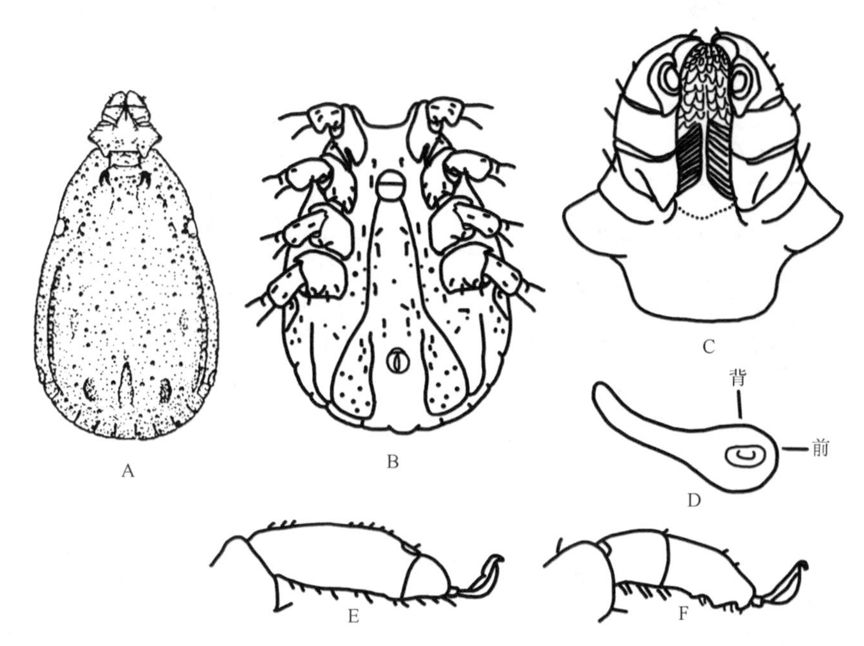

图 7-493　短小扇头蜱雄蜱（参考：邓国藩和姜在阶，1991）

A. 背面观；B. 躯体腹面观；C. 假头腹面观；D. 气门板；E. 跗节Ⅰ；F. 跗节Ⅳ

若蜱（图 7-494）

体长卵圆形，前端收窄，后端圆弧形。缘垛分界明显，共 11 个。

假头（包括假头基）长宽为（0.21～0.25）mm ×（0.31～0.32）mm。须肢窄长，第Ⅰ节短，背、腹面可见，第Ⅰ节腹面内缘具 1 长羽状刚毛；第Ⅱ节明显长于第Ⅲ节，第Ⅱ节长大于宽，内缘具 2 根羽状刚毛；第Ⅲ节近三角形，顶端尖，无背刺和腹刺；第Ⅳ节位于第Ⅲ节腹面的凹陷内。假头基中部具有较尖的侧角，无基突。假头基腹面宽阔，后侧缘具耳状突，末端窄钝。口下板棒状；齿式 2|2，每纵列具齿 6 枚。

盾板宽略大于长，盾板两侧缘较直，向后渐宽，后缘弧形；长宽为（0.47～0.50）mm ×（0.49～0.53）mm。眼卵形，位于盾板侧角。盾板上背中毛较短，长 24.8～33 μm。

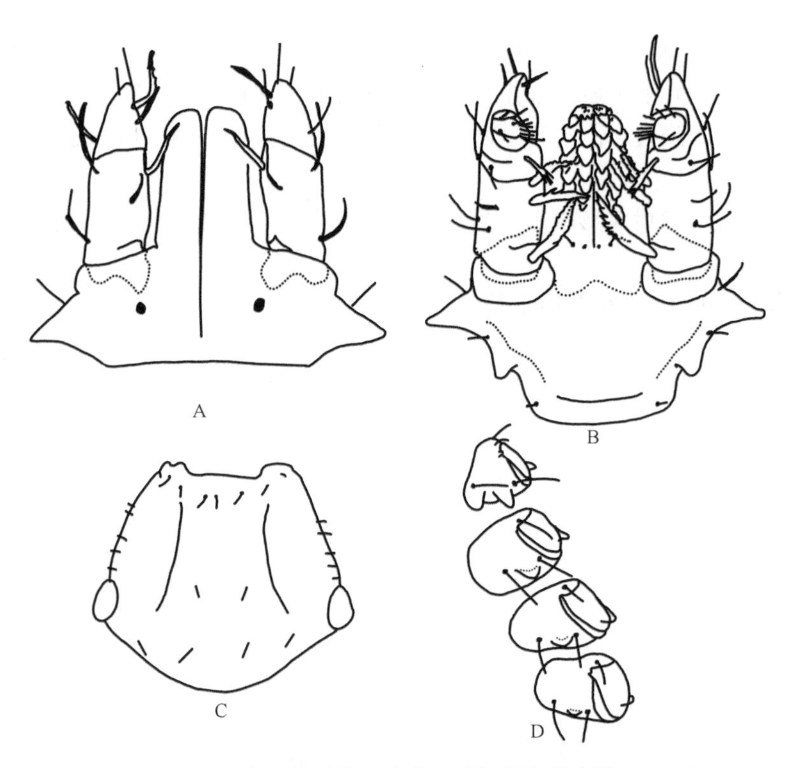

图 7-494　短小扇头蜱若蜱（参考：邓国藩和姜在阶，1991）
A. 假头背面观；B. 假头腹面观；C. 盾板；D. 基节

基节Ⅰ内、外距短钝，长度约等。基节Ⅱ～Ⅳ无内距，外距粗短，末端钝圆。气门板宽卵形，无几丁质增厚区，有气门斑。

幼蜱（图 7-495）

体宽卵圆形，前端稍窄，末端圆弧形。长（包括假头）宽 0.64 mm×0.42 mm。缘垛分界明显，共 9 个，中垛较其他缘垛窄。

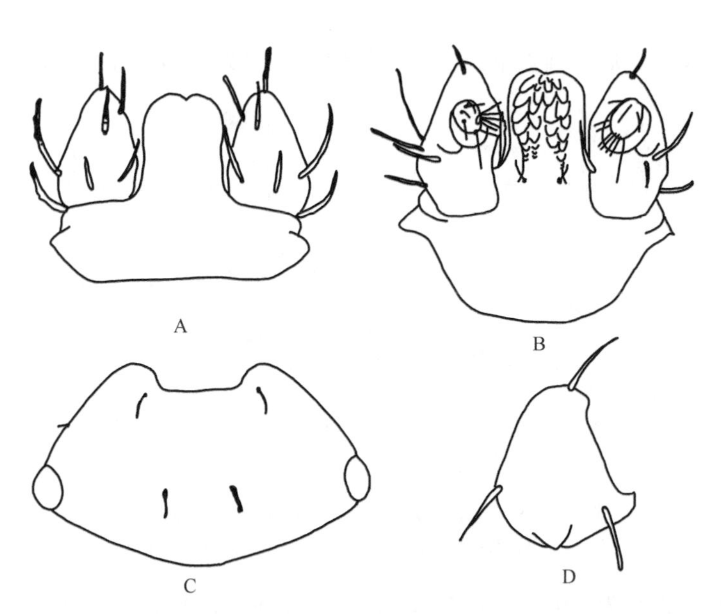

图 7-495　短小扇头蜱幼蜱（参考：邓国藩和姜在阶，1991）
A. 假头背面观；B. 假头腹面观；C. 盾板；D. 基节Ⅰ

假头（包括假头基）长宽为（0.11～0.15）mm ×（0.12～0.17）mm。须肢顶端尖，第Ⅰ节短，背、腹面均可见；第Ⅱ、Ⅲ节分界不明显；第Ⅱ节腹面内缘具1个羽状刚毛；第Ⅲ节呈锥形，无背刺和腹刺，第Ⅳ节位于第Ⅲ节腹面的凹陷内。假头基呈六角形，侧突较尖；无基突。口下板短棒状；齿式2|2，每纵列具齿5或6枚。

盾板宽短，中部最宽，向后弧形收窄，后缘宽圆；长宽为（0.23～0.26）mm ×（0.32～0.34）mm。眼位于盾板两侧。

跗节Ⅰ爪垫约为爪长的1/2，跗节Ⅲ爪垫更为短小。

生物学特性 三宿主型，生活于荒漠、半荒漠草原。4～8月出现成蜱，5～6月在宿主上达到高峰。幼蜱和若蜱多出现在4～11月，分别在4月和7～8月达到高峰。成蜱、若蜱、幼蜱各期均可越冬。实验室条件下，短小扇头蜱完成一个生活周期需要79～124 d。

（5）俄扇头蜱 *R. rossicus* Yakimov & Kohl-Yakimova, 1911

定名依据 可能因来源于俄罗斯而命名。

分布 国内：新疆；国外：保加利亚、苏联、哈萨克斯坦、乌克兰、土耳其。

鉴定要点

雄蜱须肢第Ⅰ、Ⅱ节腹面内缘刚毛粗，排列紧密；第Ⅲ节宽短，顶端圆钝；齿式3|3。盾板粗刻点少，细刻点多，分布不均匀。颈沟前深后浅；侧沟明显，自盾板中部向后延至第Ⅰ缘垛。肛侧板宽大，略似长三角形，长大于宽的2倍；副肛侧板窄，末端尖细。气门板椭圆形，背突短钝。足基节Ⅰ外距较内距稍短或等长；基节Ⅱ～Ⅳ外距较小，按节序渐小。基节Ⅳ内距短小。跗节Ⅱ～Ⅳ腹面亚末端和末端均具一齿突。爪垫约达爪长之半。

雌蜱第Ⅰ、Ⅱ节腹面内缘刚毛粗，排列紧密；第Ⅲ节宽短，顶端圆钝；齿式3|3。盾板近似圆形，长宽约等；刻点稀少。颈沟浅，末端达盾板后侧缘；侧沟短且不明显。气门板宽椭圆形，背突粗短，末端圆钝。足与雄蜱类似，但基节Ⅳ无内距。

具体描述

雌蜱（图7-496）

体呈卵圆形，前端收窄，后端圆弧形。长（包括假头）宽为（3.0～3.5）mm ×（2.0～2.3）mm。

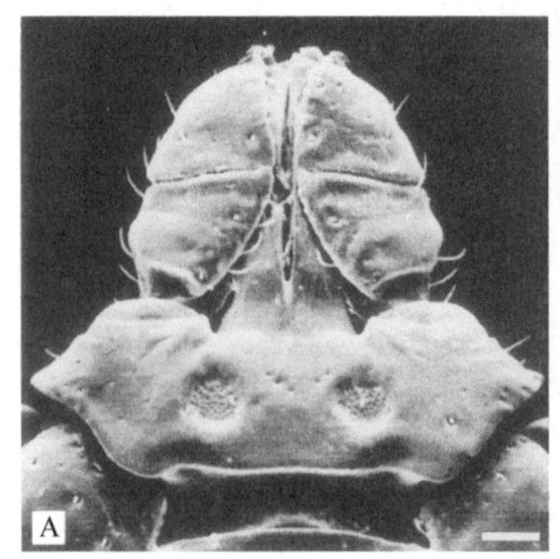

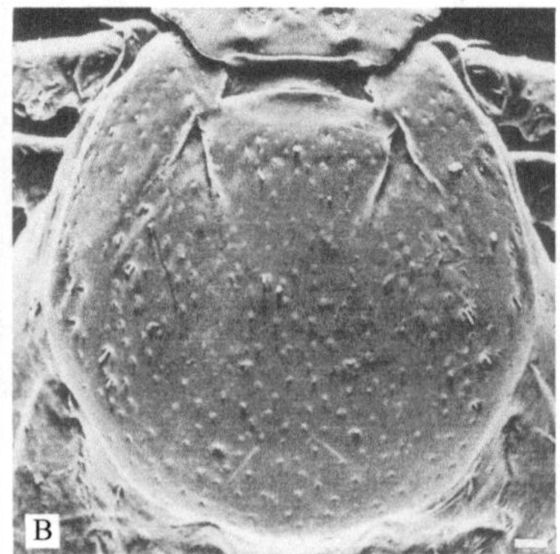

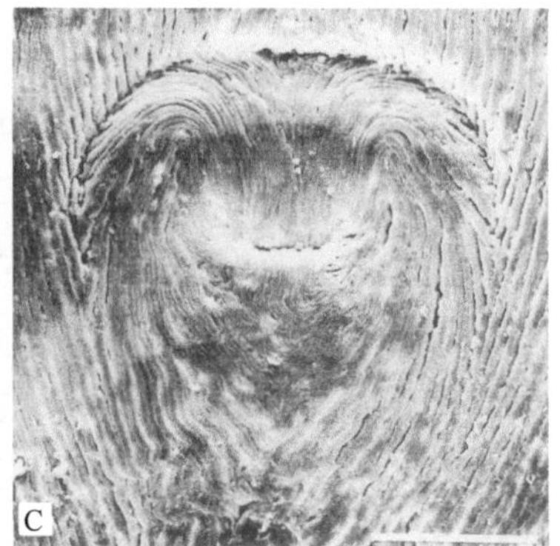

图7-496 俄扇头蜱雌蜱（Walker *et al.*，2000）

A. 假头背面观；B. 盾板；C. 生殖孔。比例尺表示0.1 mm

假头（包括假头基）长宽为（0.79～0.99）mm ×（0.86～1.10）mm。须肢较宽，外缘较直，内缘弧形，第Ⅰ节短，背、腹面可见，第Ⅰ、Ⅱ节腹面内缘刚毛粗而长，排列紧密；第Ⅱ节与第Ⅲ节约等，两节外侧缘相连；第Ⅲ节近似三角形，无背刺和腹刺；第Ⅳ节位于第Ⅲ节腹面的凹陷内。假头基宽短，呈

六边形，侧角明显，后缘在基突间平直；孔区亚圆形，间距大于其直径。基突较粗短，末端钝。口下板棒状；齿式 3|3。

盾板赤褐色，近似圆形，长宽约等，中部最宽，向后弧形收窄，末端宽圆形；长宽为（1.53～1.94）mm ×（1.51～2.00）mm。眼呈椭圆形。盾板刻点稀少。颈沟浅，较宽而长，约达盾板后侧缘。侧沟短或不明显。

足较细长。基节Ⅰ外距比内距短，基节Ⅱ～Ⅳ无内距，外距钝齿状，按节序渐小。跗节Ⅰ腹部无端齿，跗节Ⅱ～Ⅳ腹面具端齿和亚端齿。爪垫仅达爪长的 1/2。生殖孔位于基节Ⅱ水平线。气门板宽椭圆形，背突短，末端钝，气门斑位置靠前。

雄蜱（图 7-497）

体呈卵圆形，前端收窄，后端圆弧形。

假头（包括假头基）长宽为（0.74～0.83）mm ×（0.81～0.87）mm。须肢较宽，第Ⅰ节短，背、腹面可见，第Ⅰ、Ⅱ节腹面内缘刚毛长，排列紧密；第Ⅱ节与第Ⅲ节约等；第Ⅲ节近似梯形，其外缘与第Ⅱ节外缘相连，无背刺和腹刺；第Ⅳ节位于第Ⅲ节腹面的凹陷内。假头基呈六角形，宽大于长，侧角圆钝，后缘在基突间较直，基突宽短，末端钝。口下板齿式 3|3。

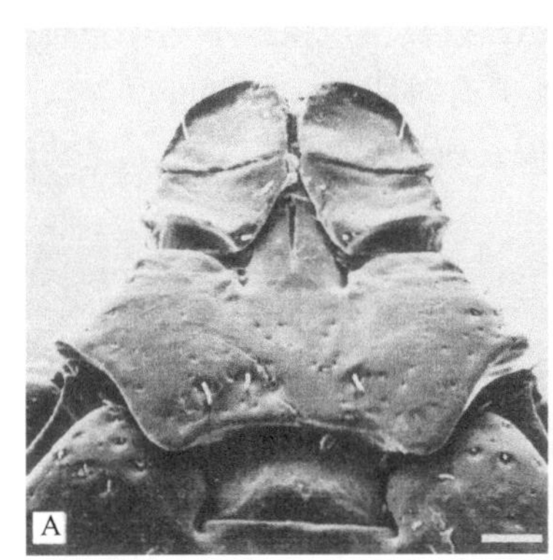

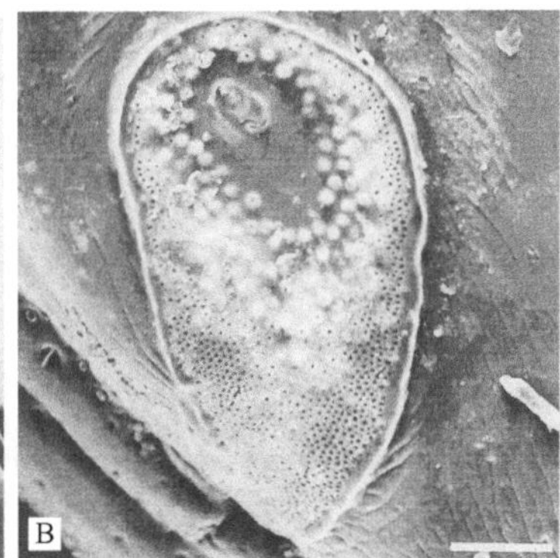

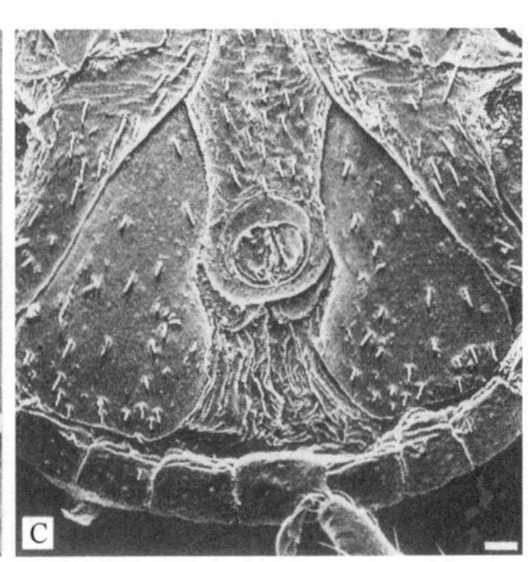

图 7-497　俄扇头蜱雄蜱（Walker *et al.*，2000）

A. 假头背面观；B. 气门板；C. 肛侧板。比例尺表示 0.1 mm

盾板卵圆形，中后部最宽，向两端渐窄，后缘宽圆；长宽为（3.27～3.50）mm ×（2.10～2.30）mm。眼椭圆形。刻点大小不一，大刻点稀少，多分布在前侧缘，小刻点稠密，遍布整个表面。颈沟前深后浅，弧形外斜。侧沟较短，自盾板中部向后延至第Ⅰ缘垛。后中沟短，末端达不到中垛；后侧沟更短，为不规则三角形。

足较粗壮，第Ⅳ对足最粗。基节Ⅰ内、外距约等长或内距略长。基节Ⅱ、Ⅲ无内距，基节Ⅳ内距短齿状。基节Ⅱ～Ⅳ外距钝齿状，按节序渐小；跗节Ⅰ腹部无端齿，跗节Ⅱ～Ⅳ腹面具端齿和亚端齿。爪垫仅达爪长的 1/2。生殖孔位于基节Ⅱ水平线。肛侧板宽大，似不等长三角形，长为宽的 2～2.2 倍，后缘宽大而平直。内缘中部深凹，其后方齿突明显。副肛侧板较窄，末端呈锥形。气门板宽大，呈椭圆形，背突延长且向背部急剧弯曲，末端圆钝，气门斑位置靠前。

生物学特性　出现于森林草原、山地草原及半荒漠地区。未成熟期寄生于小型哺乳动物。成蜱在 4～7 月出现，寄生于大型哺乳动物。自然界中，俄扇头蜱需 2 年完成一个生活周期。

（6）血红扇头蜱 *R. sanguineus*（Latreille, 1806）

定名依据　*sanguineus* 意为“of blood”“bloody”（吸血的），依据该蜱的吸血特性。

宿主　犬是血红扇头蜱的主要宿主，并且可能是维持血红扇头蜱种群的必要因素。但在一些地区此种蜱也会寄生于其他动物。幼蜱和若蜱可寄生于啮齿动物或其他小型哺乳动物，如塔里木兔、大耳猬、子午沙鼠 *Meriones meridianus* 等；成蜱通常寄生于大型动物如绵羊、山羊、牛等家畜和狐、塔里木兔 *Lepus* *yarkandensis*、大耳猬 *Hemiechinus auritus* 等野生动物上，偶尔也袭击人。

分布 世界广布种，主要分布在 35°S 到 50°N 之间。国内：北京、福建、甘肃、广东、广西、贵州、海南、河北、河南、江苏、辽宁、宁夏、山东、山西、陕西、台湾、西藏、新疆、云南；国外：日本、印度等亚洲一些国家及欧洲、大洋洲、非洲和美洲很多国家。

附注 目前世界上该蜱的分类地位还存在很多争论。血红扇头蜱复组由 10 个相近的物种组成。然而，血红扇头蜱复组的系统分类地位难以确定，尤其是通过形态学分析。目前表型分析的方法还不足以区分这个组的所有成员。因此这个组内成员的分类地位还应进一步研究。这个组的成员可能对感染特定的病原体表现出不同的敏感性，如康氏立克次体 *R. conorii*。

鉴定要点

雌蜱须肢粗短，前端略微圆钝；第Ⅰ、Ⅱ节腹面内缘刚毛粗，排列紧密；齿式 3|3。盾板长大于宽，后缘圆钝；粗刻点少，细刻点多，分布不均匀。颈沟弓形，末端达盾板中部稍后；侧沟明显，延至盾板后侧缘。气门板逗点形，背突较长。足基节Ⅰ外距直，较内距短；基节Ⅱ～Ⅳ外距粗短，按节序渐小；基节Ⅳ内距短小。跗节Ⅱ～Ⅳ腹面亚末端具一钝齿，末端均具一尖齿。爪垫约达爪长的 1/3。

雄蜱须肢粗短；第Ⅰ、Ⅱ节腹面内缘刚毛粗，排列紧密；齿式 3|3。盾板刻点粗细不均，分布亦不均匀。颈沟短，深陷；侧沟窄长而深，自眼后向后延伸至第Ⅰ缘垛。尾突有时明显。肛侧板近三角形，长为宽的 2.5 倍以上，内缘中部稍凹；副肛侧板锥形，末端尖细。气门板长逗点形，背突较宽。足与雌蜱相似，但基节Ⅰ外距大于或等于内距。

具体描述

雌蜱（图 7-498，图 7-499）

体长卵圆形，前端稍窄，后端圆弧形。长（包括假头）宽为（3.13～3.56）mm×（1.56～1.76）mm。

假头（包括假头基）长宽为（0.57～0.63）mm ×（0.67～0.71）mm。须肢粗短，中部最宽，前端稍窄，略圆钝；第Ⅰ节短，背、腹面可见，第Ⅰ、Ⅱ节腹面内缘刚毛长而粗大，排列紧密；第Ⅱ节与第Ⅲ节约等长；第Ⅲ节无背刺和腹刺；第Ⅳ节位于第Ⅲ节腹面的凹陷内。假头基宽短，六角形，侧角明显，后缘在基突间较直；孔区卵圆形，前部向外略斜，间距约等于其短径；基突粗短，末端钝。口下板棒状；齿式 3|3，每纵列具齿约 10 枚。

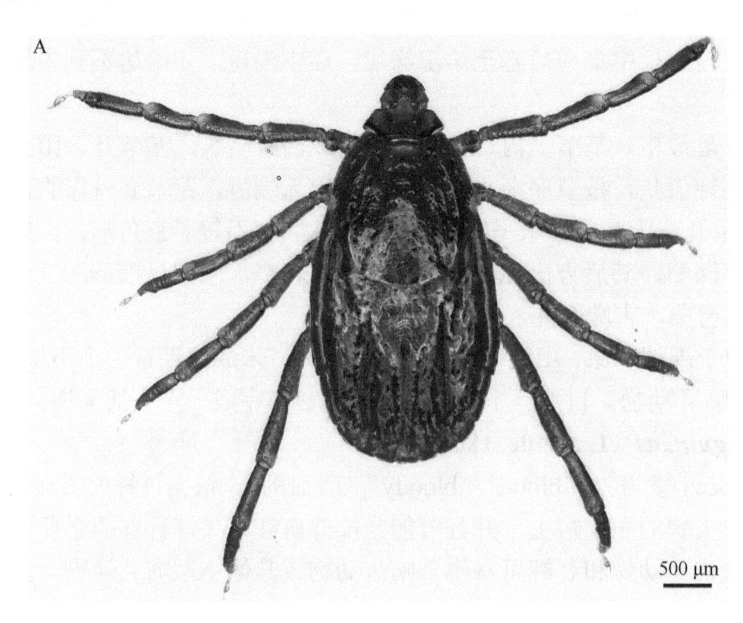

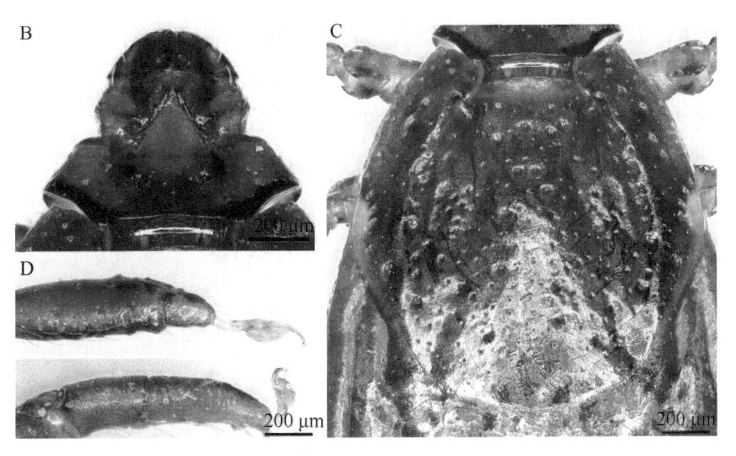

图 7-498　血红扇头蜱雌蜱

A. 背面观；B. 假头背面观；C. 盾板；D. 跗节Ⅰ、跗节Ⅳ

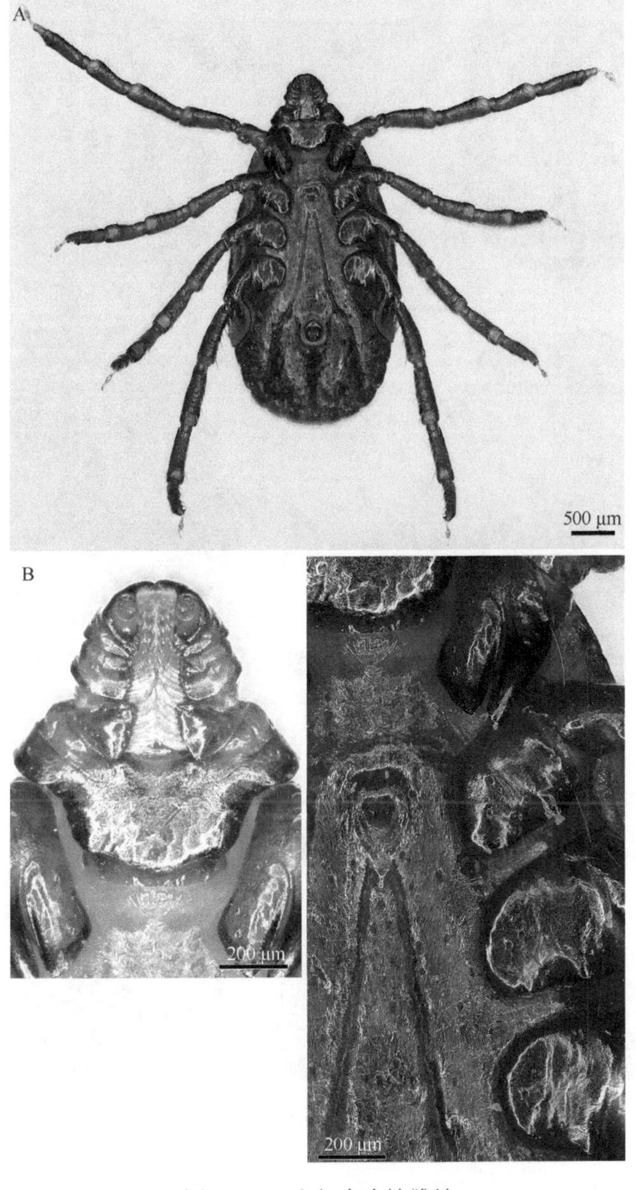

图 7-499　血红扇头蜱雌蜱

A. 腹面观；B. 假头腹面观；C. 生殖孔及基节

盾板赤褐色，有光泽；长大于宽，后侧缘微波状，后缘圆钝；长宽为（1.28～1.36）mm ×（1.14～1.23）mm；小刻点多，几乎遍布表面；大刻点少，主要在前侧部及中部。眼卵圆形，位于盾板最宽部。颈沟弓形，末端约达盾板中部稍后。侧沟明显，延伸至盾板后侧缘。

足稍细长。基节Ⅰ两距较发达，距裂窄，外距直，与内距约等长。基节Ⅱ～Ⅳ内距不明显，呈脊状或特别短小；外距粗短，按节序渐小。跗节Ⅰ无端齿；跗节Ⅱ～Ⅳ腹面端齿尖细，亚端齿短钝。爪垫仅为爪长的1/3。气门板逗点形，长大于宽（包括背突），背突较长，明显伸出，气门斑位置靠前。

雄蜱（图 7-500）

体呈长卵形，前端收窄，后端圆弧形。长（包括假头）宽为（2.59～3.92）mm ×（1.50～2.09）mm。

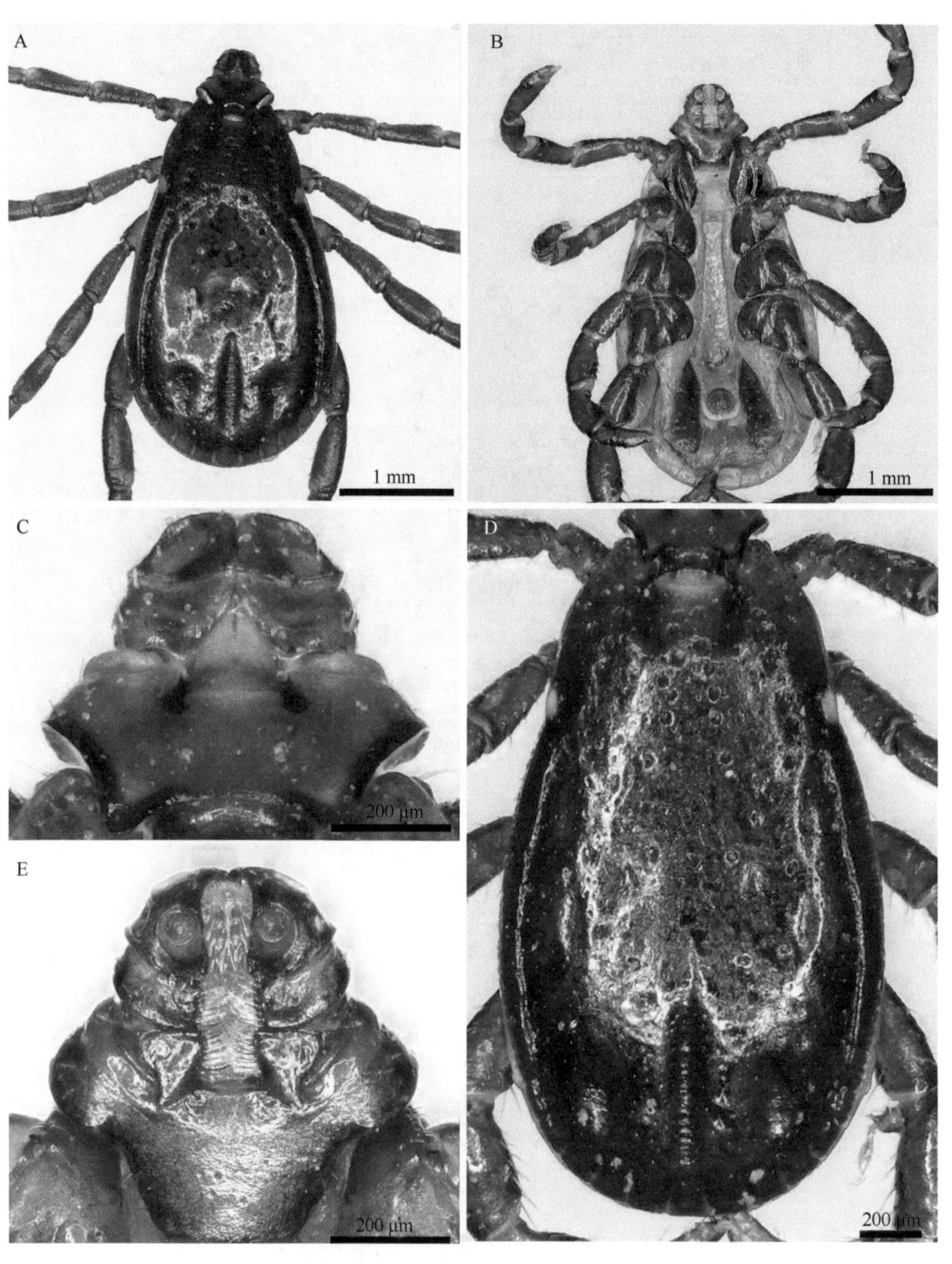

图 7-500　血红扇头蜱雄蜱

A. 背面观；B. 腹面观；C. 假头背面观；D. 盾板；E. 假头腹面观

假头（包括假头基）长宽为（0.49～0.57）mm ×（0.56～0.63）mm。须肢粗短；第Ⅰ节短，背、腹

面可见，腹面片状突明显；第Ⅰ、Ⅱ节腹面内缘刚毛粗大而长，排列紧密；第Ⅱ节与第Ⅲ节约等长；第Ⅲ节无背刺和腹刺；第Ⅳ节位于第Ⅲ节腹面的凹陷内。假头基宽短，六角形，侧角明显，后缘基突之间平直；基突为三角形，末端钝；口下板顶端圆钝；齿式3|3，每纵列具齿7或8枚。

盾板赤褐色，有光泽；长卵形，前部渐窄，后缘圆钝。小刻点多，遍布表面；大刻点少，零散分布。眼卵圆形，略凸起。颈沟短，深陷，略呈长卵形。侧沟窄长而明显，自眼后方延伸至第Ⅰ缘垛。后中沟稍宽；在后中沟前方两侧，各有一明显的浅陷。后侧沟短，略似半圆形。缘垛长稍大于宽，分界明显，共11个，中垛稍宽。尾突有时明显。

足依次渐粗。基节Ⅰ两距较发达，距裂很窄，内距宽，外距窄，末端直或微弯，其长与内距约等。基节Ⅱ～Ⅳ内距不明显，呈脊状或特别短小；外距粗短，按节序渐小。跗节Ⅰ无端齿；跗节Ⅱ～Ⅳ腹面端齿尖细，亚端齿短钝。生殖孔位于基节Ⅱ水平线。肛侧板近似三角形，长为宽的2.5～2.8倍，内缘中部稍凹，其下方凸角不明显或圆钝，后缘向内略斜。副肛侧板锥形，末端尖细。气门板长逗点形，背突较长，基部较宽，向后渐窄，末端宽度约为附近缘垛的1/2，气门斑位置靠前。

若蜱（图7-501，图7-502）

体呈长卵形，前端收窄，靠近中部最宽，后端圆弧形。长（包括假头）宽为（1.14～1.30）mm×（0.57～0.66）mm。

假头（包括假头基）长宽为（0.23～0.24）mm ×（0.31～0.33）mm。须肢窄长，第Ⅰ节从背面不可见，腹面观呈片状，位于内侧，其内缘具1根发达的羽状刚毛；第Ⅱ节长显著大于宽，腹面内缘具羽状刚毛1根；第Ⅲ节长宽约等，前端窄钝，无背刺和腹刺。假头基宽短，两侧突尖窄，位于中部靠下水平线，后缘弧形外弯；无基突。假头基腹面宽阔，向后收窄，后缘较直，耳状突位于后侧缘，指向后外侧，顶端圆钝，无横脊。口下板棒状；齿式2|2，每纵列具齿6或7枚。

盾板长宽为（0.49～0.63）mm ×（0.45～0.54）mm，中部稍后最宽；前侧缘几乎直，向后外斜，后缘宽弧形，末端圆钝。眼卵圆形，略微凸出，位于盾板最宽处的两侧。盾板表面略呈细裂纹状，背中毛较短。颈沟明显，前深后浅，末端约达眼的水平线。

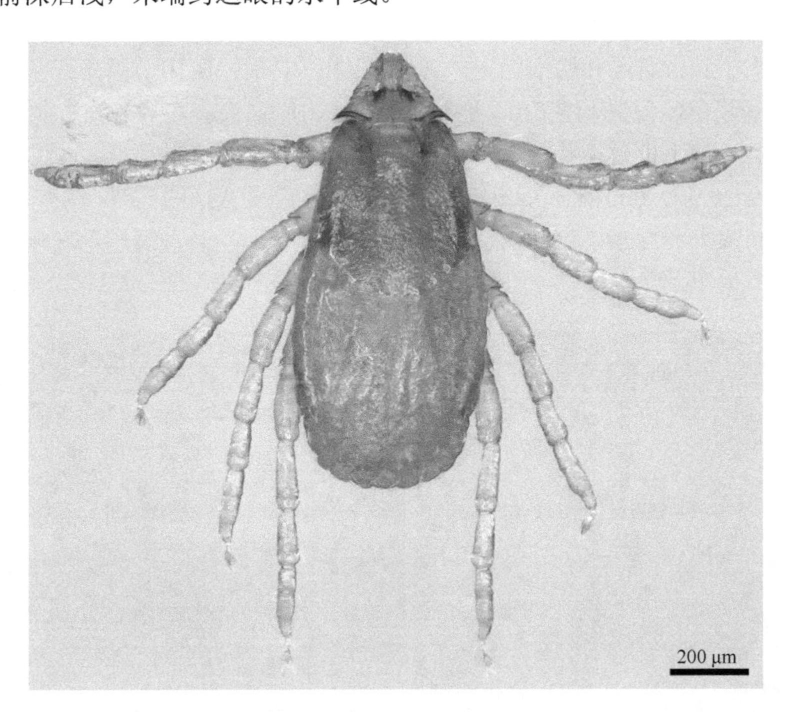

图7-501　血红扇头蜱若蜱背面观

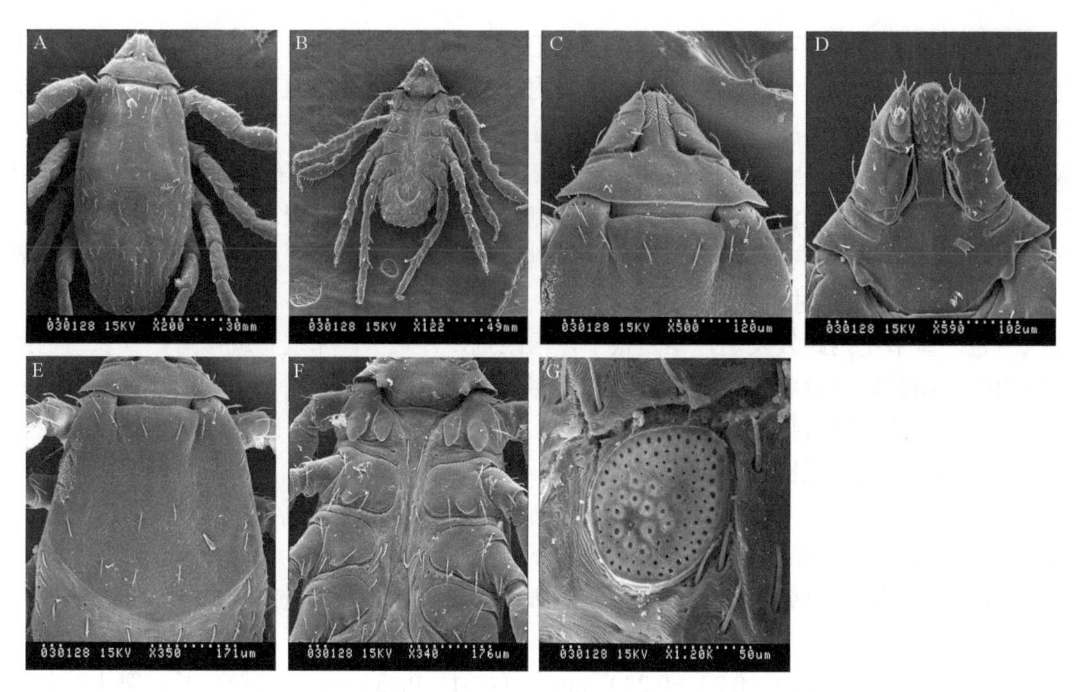

图 7-502　血红扇头蜱若蜱

A. 背面观；B. 腹面观；C. 假头背面观；D. 假头腹面观；E. 盾板；F. 基节；G. 气门板

基节Ⅰ内、外距粗短，相互分离，约等长，外距略宽；基节Ⅱ～Ⅳ无内距，外距粗短，末端圆钝，依次渐短。各跗节向末端逐渐收窄，腹面不具端齿。气门板椭圆形，长径约 0.12 mm，背突短，末端圆钝，无几丁质增厚区，气门斑位置靠前。杯状体大小不等，有气门斑。

幼蜱（图 7-503，图 7-504）

体呈卵圆形，前端收窄，后端圆弧形。长（包括假头）宽为（0.48～0.54）mm×（0.38～0.41）mm。

假头（包括假头基）长宽为（0.10～0.11）mm ×（0.14～0.16）mm。须肢第Ⅰ节短小，背、腹面可见；须肢第Ⅱ节宽略大于长，背面和腹面的内缘各具粗刚毛 1 根；第Ⅲ节圆角三角形，前端窄钝。第Ⅳ节位于第Ⅲ节腹面的凹陷内。假头基宽短，两侧突较粗短，位置靠前，后缘直；无基突。假头基腹面宽弧形，无耳状突和横脊。口下板短棒状；齿式 2|2，每纵列具齿 4 或 5 枚。

盾板长宽为（0.19～0.30）mm ×（0.23～0.38）mm，中部最宽，两侧缘向后外斜，略直，后缘浅弧形，中段弧度较明显。眼大而扁平，位于盾板最宽处。盾板表面有 3 对细刚毛。颈沟宽浅而明显，浅弧形外弯，末端略超过盾板中部。

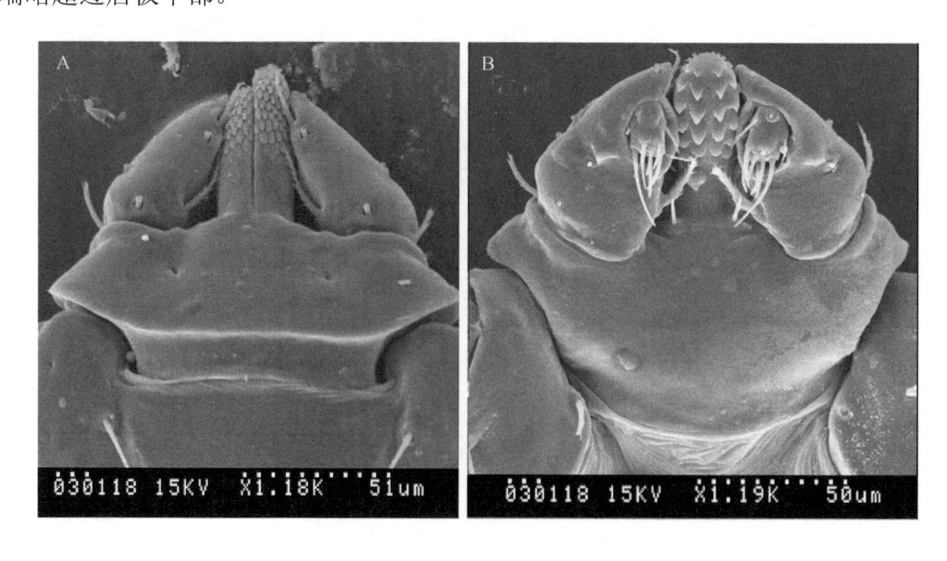

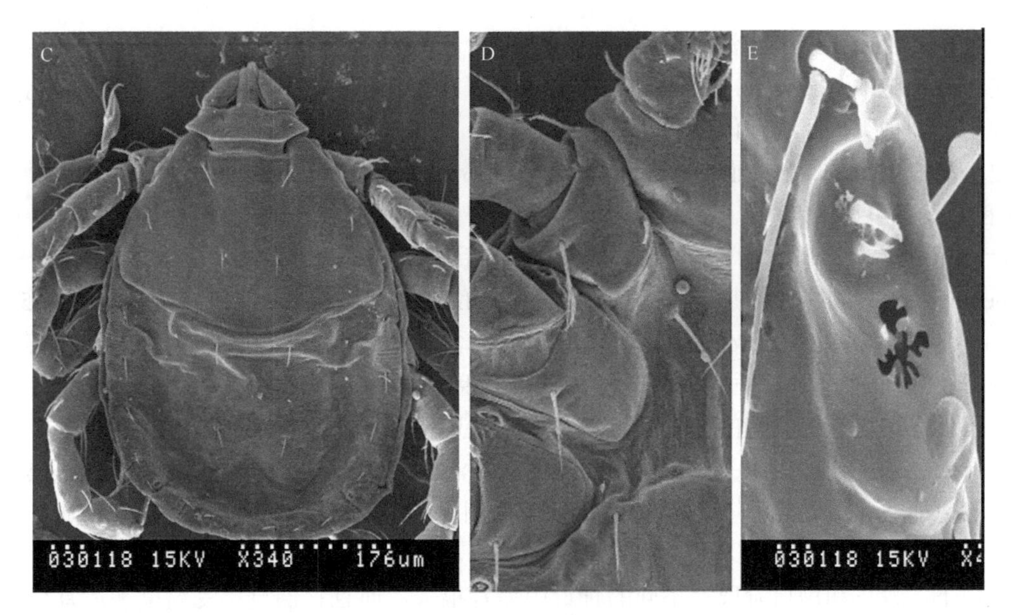

图 7-503　血红扇头蜱幼蜱

A. 假头背面观；B. 假头腹面观；C. 背面观；D. 基节；E. 哈氏器

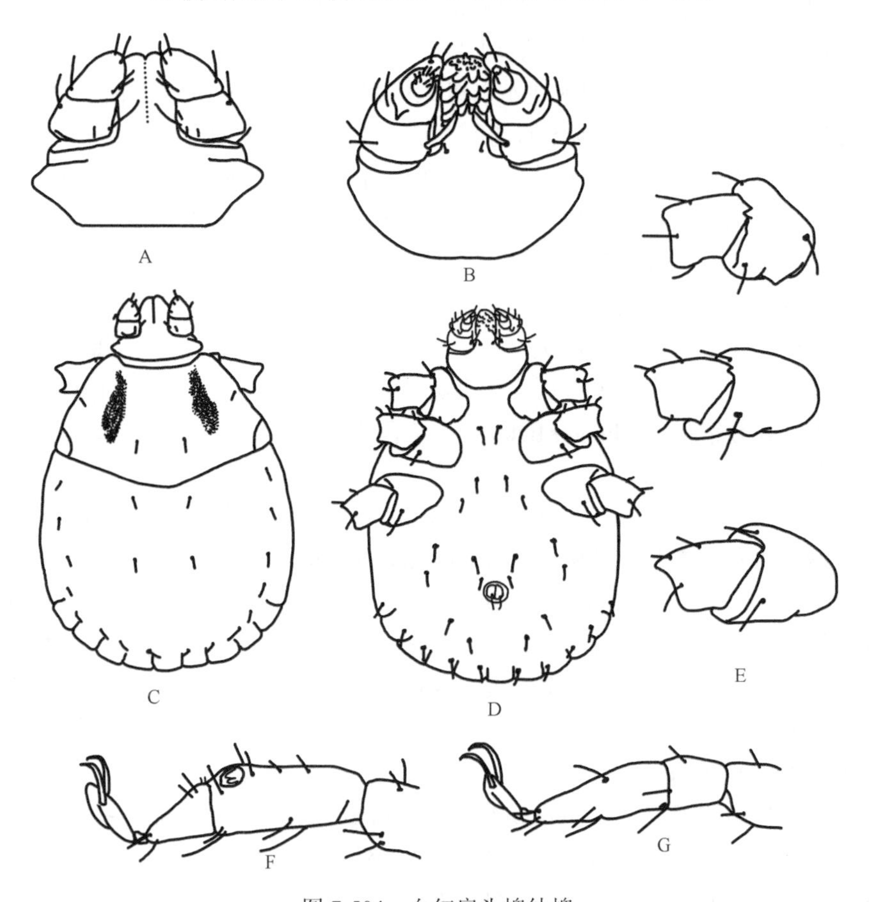

图 7-504　血红扇头蜱幼蜱

A. 假头背面观；B. 假头腹面观；C. 背面观；D. 腹面观；E. 基节；F. 跗节Ⅰ；G. 跗节Ⅲ

基节Ⅰ内、外距很粗短，相互分离；基节Ⅱ、Ⅲ无内距，外距粗短，按节序渐短，基节Ⅲ最短，呈脊状。各跗节亚端部向末端逐渐收窄，腹面无端齿。爪垫短小。跗节Ⅰ爪垫达爪长的1/2，跗节Ⅲ爪垫略短，仅达爪长1/3。肛沟不明显。

起源 关于血红扇头蜱的起源了解很少。一些学者认为它起源于非洲（Hoogstraal，1956），而其他学者认为它起源于地中海（Morel & Vassiliades，1963）。由于扇头蜱是典型的非洲种类，因此多数人认为血红扇头蜱是非洲种类，并由狗传播到世界各地。

生活史 三宿主蜱，成蜱吸血 5～21 d。产卵前期 3～14 d，平均产卵期 16～18 d。饱血个体通常可产卵 4000 粒，最多可达 7273 粒。其产卵的最适温度为 20～30℃。卵产在裂缝中，通常高于地面。雌蜱通常把卵产在宿主休息或睡觉附近，以便于幼蜱孵出后就能轻易地找到宿主，这可能是一种行为对策（strategic behaviour）。卵的孵化期为 6～23 d；孵出的幼蜱吸血 3～10 d；幼蜱蜕化为若蜱需 5～15 d；若蜱吸血 3～11 d 后饱血；蜕化为成蜱需要 9～47 d。饥饿幼蜱大约可存活 8 个月，饥饿若蜱可存活 6 个月，而饥饿成蜱可存活 19 个月。在适宜条件下，完成其生活史需要 63～91 d。

实验室条件下，血红扇头蜱的生物学参数（如产卵期和蜕皮期）会因为温度、相对湿度和宿主类型的不同而有很大区别。若蜱在 20℃、85%相对湿度下存活率最高，蜕皮的最低温度为 10～15℃。饥饿成蜱比饥饿若蜱更能适应干燥的环境，即在 35℃、35%相对湿度下都能存活。研究证明，血红扇头蜱并不依赖于潮湿的环境。

野外条件下，蜕皮和饱血阶段在不同的种群中差别很大，而且它们直接受温度和适宜宿主的影响。种群的大小与周围的环境有很大相关性，并且在不同地区完成其生活史的时间变化也很大。在野外血红扇头蜱每年大约繁殖两代。由于巴西的野外环境非常适宜，因此血红扇头蜱每年可完成 4 代。

生态习性 出现在农区或野外。成蜱的活动季节为 3～9 月，主要在 5 月、6 月和 8 月、9 月。若蜱为 5～9 月，7 月、8 月为高峰期。在国内通常以饥饿成蜱在自然界越冬，国外也有以若蜱和幼蜱越冬的报道，畜舍的石块下及砖瓦块下都是它越冬的场所。实验室条件下，血红扇头蜱完成一个生活周期需 60～139 d。通常幼蜱白天脱离宿主，而若蜱和成蜱在夜间脱离。多数硬蜱的生态行为与人类及其所处的环境无关，它们倾向于在室外活动。而血红扇头蜱相反，它们可经常在室内发现。在被此种蜱袭击的地方，它们倾向于爬到室内的墙上；在高度感染的地方，甚至可在地毯、家具上发现它们。温带地区，血红扇头蜱主要在春季晚期到秋季早期活动。在美国的俄克拉荷马州东南部和阿肯色州西北部，有两个幼虫和若虫高峰期（7 月和 9 月）、3 个成虫高峰期（4 月、7 月和 9 月）。在希腊，成蜱在春、夏季活跃。但在热带地区，它们可能全年活跃，此地区的血红扇头蜱多数栖息在室外，无明显的内栖性（endophily）。该蜱通常被认为属于主动找寻宿主型（hunter tick），但在不同条件下会有所不同。其雄蜱更倾向于从犬身上或自然环境中转移到人身上。

蜱媒病 该蜱为犬巴贝虫 *Babesia canis* 和犬埃利希体 *Ehrlichia canis* 的传播媒介，分别传播犬巴贝虫病（canine babesiosis）和犬单核细胞埃利希体病（canine monocytic ehrlichiosis）；还可以传播其他病原体如 *Leishmania*（*Leishmania*）*infantum* [syn. *Leishmania*（*Leishmania*）*chagasi*]，可引起内脏利什曼病；偶尔也会将病原体传播给人类，如蜱携带的 *Rickettsia rickettsii* 病原体在墨西哥、美国的亚利桑那州和其他地区可引起落基山斑疹热，在地中海蜱则携带 *Rickettsia conorii* 病原体，引起地中海斑疹热。该蜱所携带的病原体可经卵及经变态期传播。

（7）舒氏扇头蜱 *R. schulzei* Olenev, 1929

定名依据 为纪念德国的蜱类学家 Leopold Ernst Paul Schulze 博士（1887～1949）而命名。

宿主 主要为赤颊黄鼠和长尾黄鼠，也寄生于其他小型啮齿动物，如大沙鼠、赤颊黄鼠、五趾跳鼠和水䶄等。成蜱有时也寄生于大型哺乳动物，包括人。

分布 国内：新疆；国外：俄罗斯、哈萨克斯坦、外高加索地区和乌兹别克斯坦。

鉴定要点

雌蜱须肢较窄，仅掩盖螯肢鞘的边缘，第Ⅲ节呈三角形；第Ⅰ、Ⅱ节腹面内缘刚毛粗，排列紧密；齿式 3|3。盾板略呈椭圆形，长大于宽，后缘圆钝；刻点稀少，分布不均匀。颈沟前深后浅；侧沟明显，

达盾板后侧缘。气门板逗点形，背突明显。足基节Ⅰ外距直，长于内距；基节Ⅱ～Ⅳ外距粗短，按节序渐小。跗节Ⅱ～Ⅳ腹面亚末端具一钝齿，末端均具一尖齿。爪垫超过爪长的1/2。

雄蜱须肢较窄，仅掩盖螯肢鞘的边缘，第Ⅲ节呈三角形；第Ⅰ、Ⅱ节腹面内缘刚毛粗，排列紧密；齿式3|3。盾板刻点粗细不均，分布亦不均匀。颈沟前深后浅，末端达盾板前1/3处；侧沟明显，自眼后延伸至第Ⅱ缘垛。肛侧板前窄后宽，长约为宽的2倍，内缘中下部有较深的内凹；副肛侧板小，末端尖细。气门板近似匙形，背突逐渐变细。足与雌蜱相似。

具体描述

雌蜱（图7-505）

体呈卵圆形，前端收窄，后端圆弧形。长（包括假头）宽为（3.5～4.0）mm×（2.0～2.5）mm。

假头较长，略呈三角形，长宽为（0.66～0.88）mm ×（0.71～0.90）mm。须肢较窄，仅掩盖螯肢鞘的边缘；第Ⅰ节短小，背、腹面可见，与第Ⅱ节间距较大，第Ⅰ、Ⅱ节腹面内缘刚毛粗大，排列紧密；第Ⅱ、Ⅲ节约等长，或第Ⅲ节略长于第Ⅱ节；第Ⅲ节向前收窄，呈三角形，无背刺和腹刺；第Ⅳ节位于第Ⅲ节腹面的凹陷内。假头基呈六边形，较宽短，后缘在基突间直，基突短，钝齿状。孔区亚圆形，直立，间距略大于其直径。口下板齿式3|3。

盾板略呈椭圆形，长大于宽，后侧缘微波状，后缘圆钝，盾板后1/3处最宽；长宽为（1.12～1.36）mm×（1.09～1.31）mm。眼明显，略微凸起，位于盾板最宽。颈沟前深后浅，弧形外弯；侧沟明显，约达盾板后侧缘。

足中等大小；基节Ⅰ外距长于内距；基节Ⅱ～Ⅳ无内距，外距粗短，按节序渐小。跗节Ⅱ～Ⅳ腹面具端齿和亚端齿，爪垫超过爪长的1/2。生殖孔近似V形。气门板逗点形，背突明显伸出，有几丁质增厚区，气门斑位置靠前。

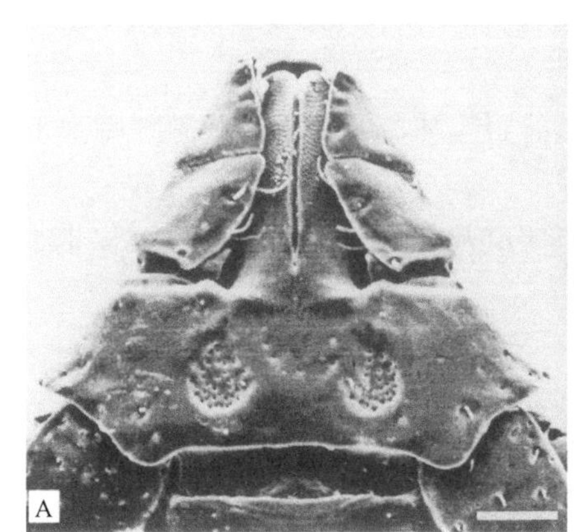

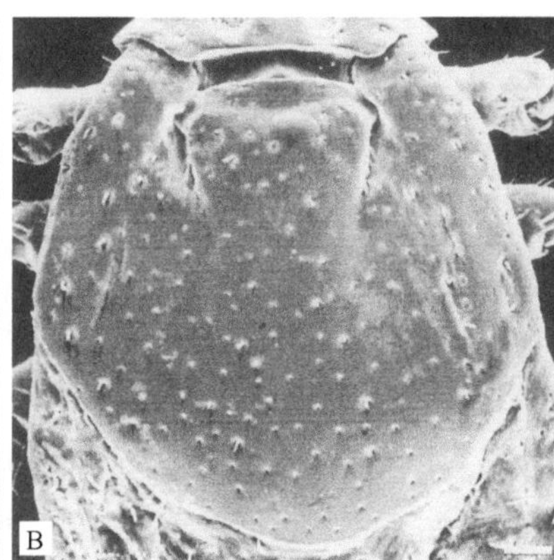

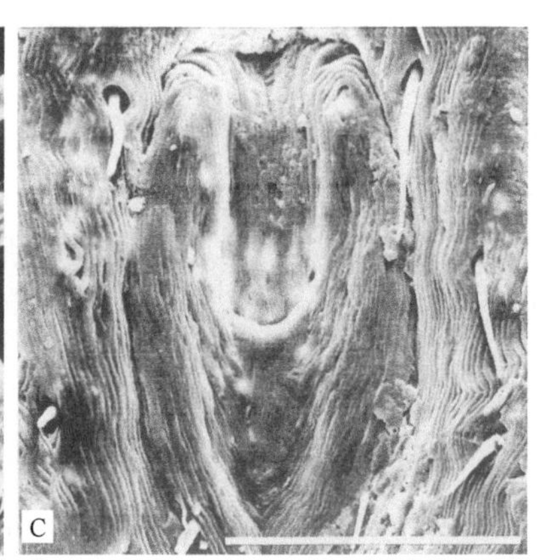

图7-505　舒氏扇头蜱雌蜱（Walker *et al.*，2000）
A. 假头背面观；B. 盾板；C. 生殖孔。比例尺表示0.1 mm

雄蜱（图7-506）

体长（包括假头）3.0～3.5 mm，体宽1.9～2.1 mm。

假头短，呈宽三角形；长宽为（0.47～0.54）mm×（0.55～0.61）mm。第Ⅰ节短小，背、腹面可见，与第Ⅱ节间距较大，第Ⅰ、Ⅱ节腹面内缘刚毛粗大，排列紧密；第Ⅱ节较宽，与第Ⅲ节约等长，或第Ⅲ节略长于第Ⅱ节；第Ⅲ节向前收窄，呈三角形，无背刺和腹刺；第Ⅳ节位于第Ⅲ节腹面的凹陷内。假头基呈六边形，较宽短，后缘在基突间直，基突短，钝齿状。口下板齿式3|3。

盾板长卵形，向前较窄，后端圆钝。刻点大小不一，大刻点多分布在前侧缘。眼卵形，略微凸起。颈沟前端深，弧形外斜，末端约达盾板前1/3处。侧沟明显，自眼后延伸至后部第Ⅱ缘垛。后中沟与后侧沟均较短。缘垛近似方形，分界明显。

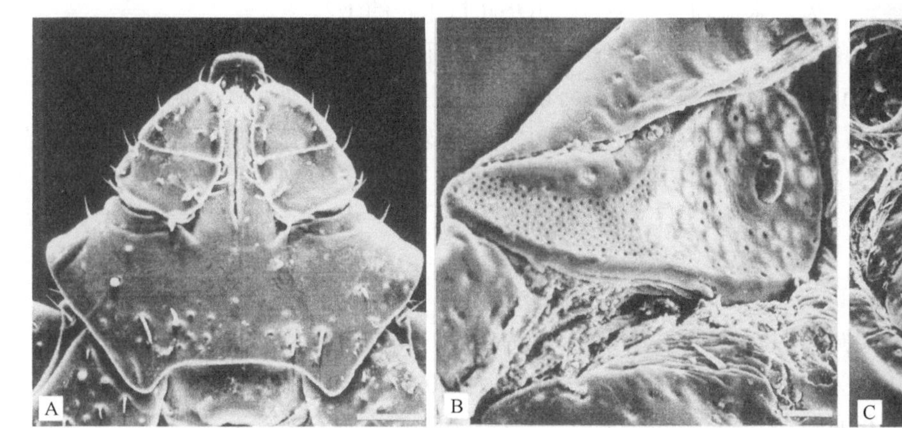
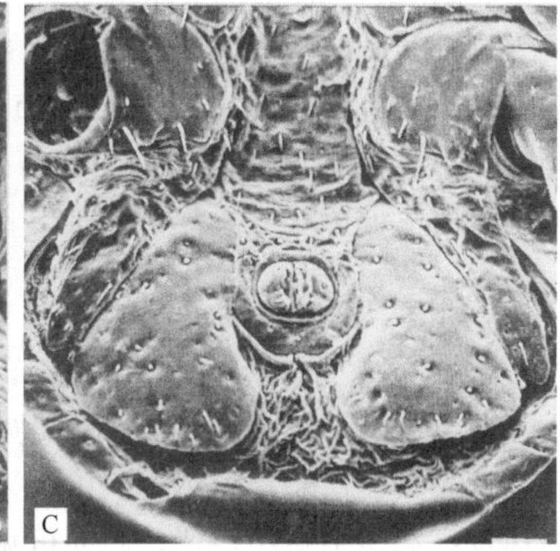

图 7-506　舒氏扇头蜱雄蜱（Walker *et al.*，2000）
A. 假头背面观；B. 气门板；C. 肛侧板。比例尺表示 0.1 mm

足中等大小。基节Ⅰ外距长于内距；基节Ⅱ～Ⅳ无内距或略呈脊状，外距粗短，按节序渐小。跗节Ⅱ～Ⅳ腹面具端齿和亚端齿，爪垫超过爪长的 1/2。肛侧板前窄后宽，长约为宽的 2 倍，外缘较直与后缘形成圆钝角，后缘微弧形与内缘形成钝角，内缘中下部有较深的内凹，无明显的齿突。副肛侧板窄长，末端较尖。气门板近似匙形，背突逐渐变细，末端窄钝，有几丁质增厚区，气门斑位置靠前。

生物学特性　三宿主型，分布于荒漠、半荒漠地带。幼蜱见于 5～8 月，若蜱见于 7 月、8 月，一年一代。

蜱媒病　传播土拉菌病及黄鼠孢子虫病。实验发现还感染黄鼠鼠疫。

（8）图兰扇头蜱 *R. turanicus* Pomerantzev, 1936

定名依据　依据其地名图兰（Turan）。

宿主　成蜱寄生于绵羊、山羊、牛、犬、马等家畜及刺猬、野兔等野生哺乳动物。未成熟蜱寄生于啮齿类及其他小型哺乳动物。

分布　国内：北京、陕西、新疆；国外：尼泊尔、苏联、伊朗、印度及其他一些中亚、欧洲和北非国家。

鉴定要点

雌蜱须肢粗短，前端略圆钝；第Ⅰ、Ⅱ节腹面内缘刚毛粗，排列紧密；齿式 3|3。盾板长大于宽，后缘圆钝或略窄；粗刻点少，细刻点多，分布不均匀。颈沟外弧形，末端达盾板的 2/3 处；侧沟末端达不到盾板后侧缘。气门板短逗点形，长大于宽，背突相当粗短，末端较平。足基节Ⅰ外距较内距稍短；基节Ⅱ～Ⅳ外距粗短，按节序渐小；基节Ⅳ内距短小。

雄蜱须肢粗短，第Ⅰ、Ⅱ节腹面内缘刚毛粗，排列紧密；齿式 3|3。盾板刻点粗细不均，分布亦不均匀。颈沟短而深陷，半圆形；侧沟窄长，自眼后延伸至末端达到第Ⅱ缘垛。尾突有时明显。肛侧板窄长，长大于宽的 2.5 倍，内缘中部浅凹，凸角明显；副肛侧板短小，锥形。气门板长卵形，背缘后 1/3 具浅凹，背突相当粗短，末端平钝。足与雌蜱相似，但基节Ⅰ外距稍长于或等于内距。

具体描述

雌蜱（图 7-507）

体呈卵圆形，前端收窄，后端圆弧形。长（包括假头）宽为 3.0 mm×1.7 mm。

假头（包括假头基）长宽为（0.56～0.72）mm ×（0.67～0.78）mm。须肢粗短，前端略圆钝；第Ⅰ

节短，背、腹面可见，第Ⅰ、Ⅱ节腹面内缘刚毛粗大而长，排列紧密；第Ⅱ节略长于第Ⅲ节；第Ⅲ节近似三角形，无背刺和腹刺；第Ⅳ节位于第Ⅲ节腹面的凹陷内。假头基宽短，呈六角形，侧角明显，后缘在基突间略浅凹或直；孔区亚圆形，间距约等于其直径；基突短小，末端圆钝。口下板齿式 3|3，每纵列具齿约 10 枚。

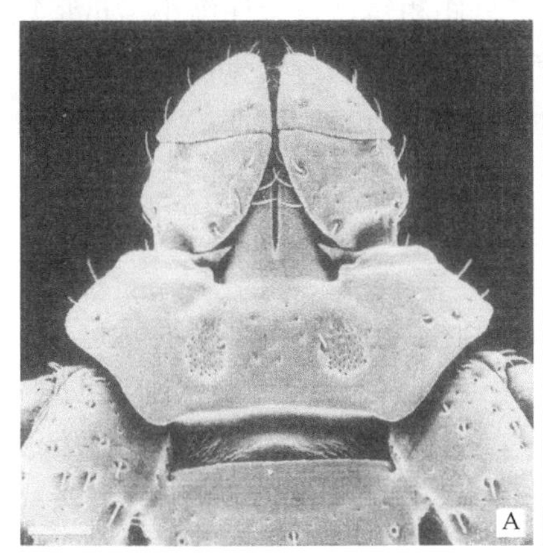

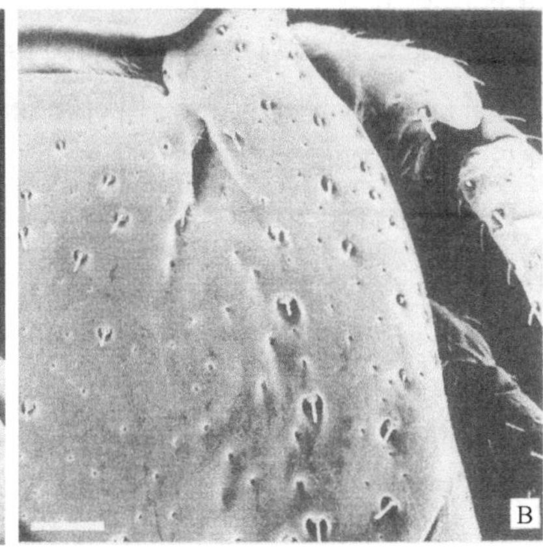

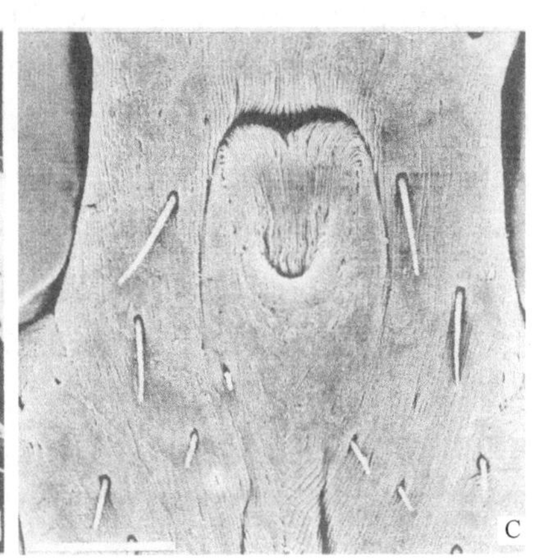

图 7-507　图兰扇头蜱雌蜱（Walker *et al.*，2000）
A. 假头背面观；B. 盾板；C. 生殖孔。比例尺表示 0.1 mm

盾板赤褐色，有光泽，长大于宽，后侧缘微波状；长宽为（1.20～1.53）mm ×（1.16～1.45）mm。眼卵圆形，略微凸起。盾板小刻点多，遍布表面，混着少量大刻点。颈沟浅，弧形外弯，末端约达盾板的 2/3。侧沟较短，达不到盾板后侧缘。

足稍细长。基节Ⅰ距裂窄，外距略短于内距。基节Ⅱ～Ⅳ无内距或呈脊状，外距粗短，按节序渐小。爪垫短小。生殖孔 U 形。气门板短逗点形，背突相当粗短，末端几乎平钝，有几丁质增厚区，气门斑位置靠前。

雄蜱（图 7-508）

体呈卵圆形，前端收窄，后端圆弧形。长（包括假头）宽为（2.82～3.38）mm ×（1.49～1.95）mm。

假头（包括假头基）长宽为（0.52～0.64）mm ×（0.56～0.65）mm。须肢粗短，前端略圆钝；第Ⅰ节短，背、腹面可见，第Ⅰ、Ⅱ节腹面内缘刚毛粗大而长，排列紧密；第Ⅱ节略长于第Ⅲ节；第Ⅲ节近似三角形，无背刺和腹刺；第Ⅳ节位于第Ⅲ节腹面的凹陷内。假头基宽短，呈六角形，侧角明显，后缘在基突间略浅凹或直；基突稍长，末端窄钝。口下板齿式 3|3，每纵列具齿约 8 枚。

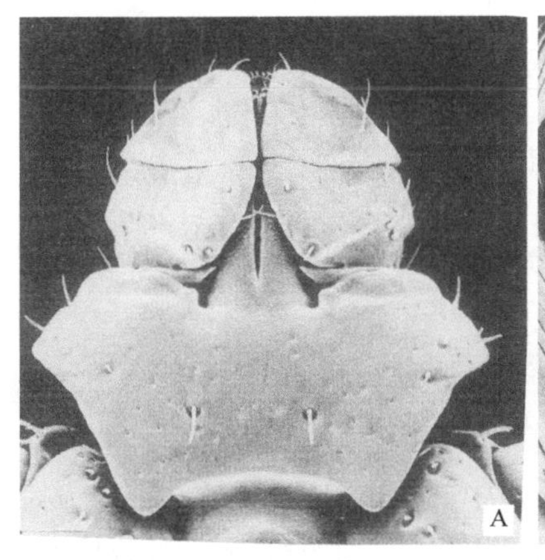

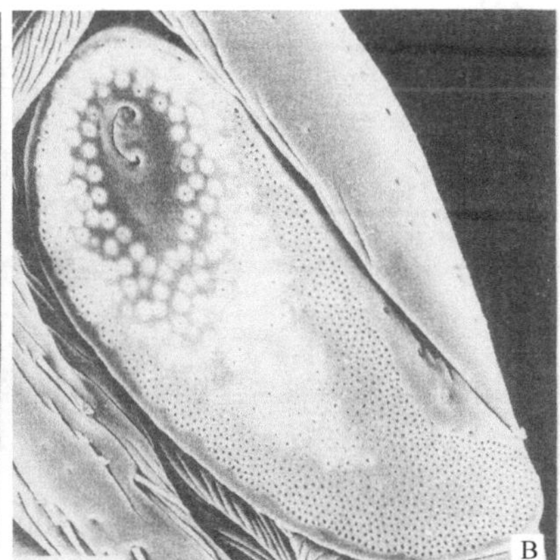

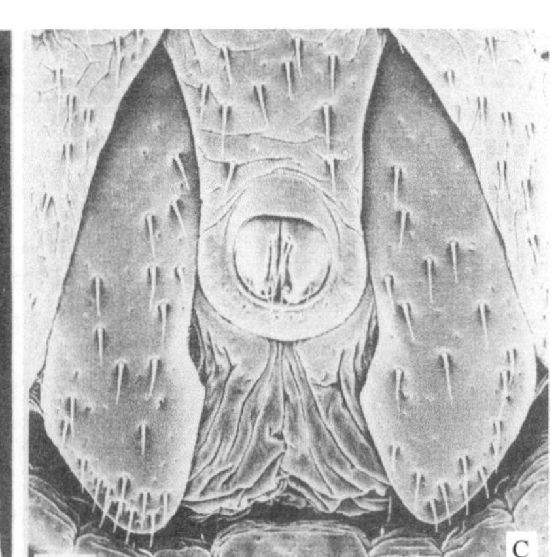

图 7-508　图兰扇头蜱雄蜱（Walker *et al.*，2000）
A. 假头背面观；B. 气门板；C. 肛侧板。比例尺表示 0.1 mm

盾板卵圆形，前部渐窄，后部圆钝；长宽为（2.34～2.90）mm ×（1.49～1.95）mm；小刻点多，遍布表面，混着少量大刻点。眼卵圆形，不明显凸出。颈沟短而深陷，半月形。侧沟窄长，相当明显，自眼后延伸至末端达到第Ⅱ缘垛。后中沟稍宽而长，与中垛相连。在后中沟前方两侧，各有一不大的浅陷。后侧沟短，呈不规则的卵圆形。身体末端具尾突，吸血后明显。

足较粗壮。基节Ⅰ内、外距约等长，基节Ⅱ～Ⅳ无内距或呈脊状，外距粗短，按节序渐小。爪垫短小。肛侧板窄长，长为宽的 2.8～3.0 倍，后缘向内显著倾斜，后内角延至后方；内缘中部浅凹，其后方的凸角明显。副肛侧板短小，呈锥形。气门板长卵形；背突相对粗而长，向背方急剧弯曲，末端平钝，约与附近的缘垛等宽；有几丁质增厚区，气门斑位置靠前。

若蜱（图 7-509）

体长卵形，前端收窄，后端圆弧形。

假头宽大于长，长宽为（0.15～0.18）mm ×（0.28～0.31）mm。须肢窄长，第Ⅰ节背面不可见，腹面内缘具 1 根长的羽状刚毛；第Ⅱ节长大于宽，外缘与第Ⅲ节外缘相连，腹面内缘具羽状刚毛 1 根；第Ⅲ节近三角形，顶端略尖，无背刺和腹刺。假头基背面侧突长而尖，位于中部以后水平线，后缘波浪状，无基突。假头基腹面具耳状突，后缘浅弧形向外凸出。口下板棒状；齿式 2|2，每纵列具齿 6 或 7 枚。

图 7-509　图兰扇头蜱若蜱（参考：邓国藩和姜在阶，1991）

A. 假头背面观；B. 假头腹面观；C. 盾板；D. 基节

盾板长稍大于宽，长宽为（0.39～0.46）mm ×（0.33～0.38）mm，中部稍后最宽；前缘平直，向后略外斜，后缘近似弓形。眼卵圆形，略凸出于盾板侧缘最宽处。盾板上背中毛长 33～34 μm，显著长于扇头蜱的其他种类。

基节Ⅰ内、外距相互分离，呈锥形，外距显著长于内距；基节Ⅱ～Ⅳ无内距，外距粗短，依次渐小。跗节Ⅰ爪垫几乎达到爪端，跗节Ⅳ爪垫仅达爪的 1/2。气门板卵圆形，无几丁质增厚区，气门斑位置靠前。

幼蜱（图 7-510）

体呈宽卵圆形，前端稍窄，后端圆弧形。长（包括假头）宽为（0.47～0.60）mm×（0.36～0.44）mm。

假头宽大于长，长宽为（0.09～0.10）mm ×（0.15～0.16）mm。须肢顶端尖，第Ⅰ节短，背、腹面可见；第Ⅱ节与第Ⅲ节分界不明显，腹面内缘具 1 根羽状刚毛；第Ⅲ节呈锥形。假头基宽短，宽约为长的 3 倍，侧突顶端略圆，位于中部；无基突。口下板短棒状；齿式 2|2，每纵列具齿 5 枚。

盾板宽短，长宽为（0.19～0.22）mm×（0.28～0.33）mm，后 1/3 处最宽，侧缘直，向后外斜，后缘浅弧形，中段弧度较明显。眼位于盾板最宽处。颈沟宽而明显。缘垛在身体末端，共 9 个，中垛较其他缘垛窄。

基节Ⅰ内距粗短，外距不明显；基节Ⅱ、Ⅲ无内距，外距粗短（基节Ⅱ）或呈脊状（基节Ⅲ）。跗节Ⅰ爪垫几乎达到爪端，跗节Ⅲ爪垫不及爪长的 1/2。

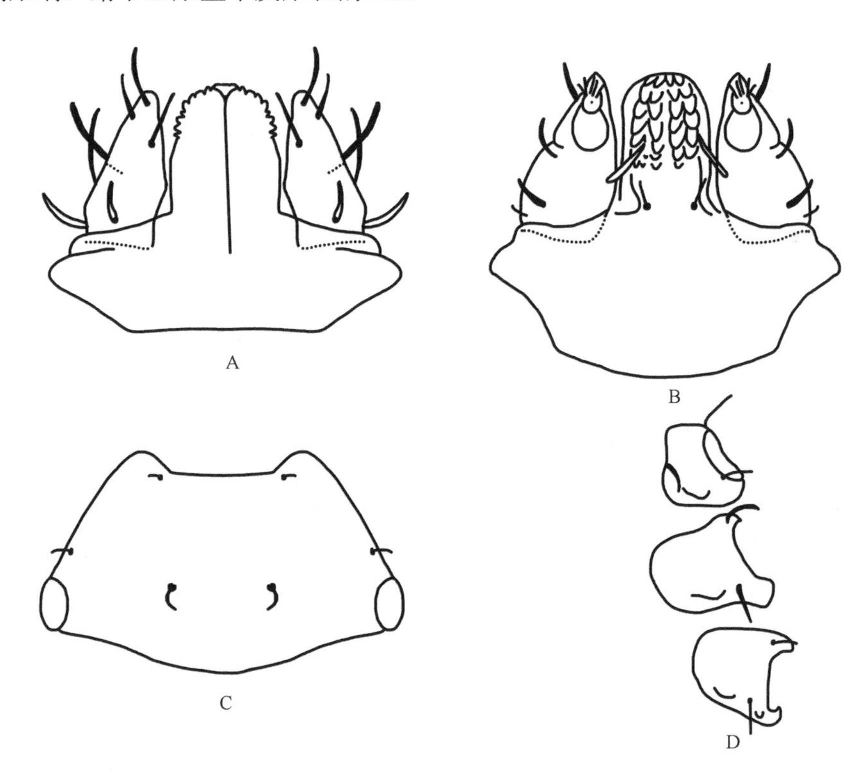

图 7-510　图兰扇头蜱幼蜱（参考：邓国藩和姜在阶，1991）

A. 假头背面观；B. 假头腹面观；C. 盾板；D. 基节

生物学特性　三宿主型，常见于半荒漠地区。成蜱活动季节为 2～9 月，宿主上的寄生高峰出现在 4 月、5 月。幼蜱出现在 6～9 月。若蜱出现在 7～10 月。实验室条件下，完成一个生活史需要 65～157 d。

蜱媒病　马巴贝虫 *Babesia equi* 和驽巴贝虫 *B. caballi* 的传播媒介。

第八章　蜱的生物信息学研究新进展

蜱作为一种重要的医学、兽医学体外吸血寄生虫，不仅会对宿主造成物理损伤，更重要的是它们携带的致病性病原会造成严重的医学病例，甚至可能引起流行性疫病。如前言所述，人类与蜱已经抗争了几千年，然而蜱及其蜱媒病却经久不衰，尤其是近些年来竟有抬头之势。例如，在我国，2007 年以来河南、山东、安徽等地发生蜱叮咬导致人畜死亡的事件，多数是由长角血蜱传播新型布尼亚病毒而引起；再如，我国自 2018 年暴发非洲猪瘟病毒以来，该病毒对猪的致死率很高，其中蜱也是其潜在的生物媒介。2017 年美国开始出现外来物种长角血蜱的入侵，引起美国农业部及多家科研单位的高度重视。其他蜱媒病如莱姆病、出血热等也一直都是困扰很多国家的重要人畜共患病。此外，蜱的物种多样性和基因多样性受环境影响很大，其选择的宿主及其传播的病原也有种间差异，同时还受环境变迁、地域、人为干扰、宿主等因素的影响。可见，目前蜱及其蜱媒病在国内外的形势比较严峻。

生物信息学（bioinformatics）的快速发展，给生命科学领域的深入研究，尤其是作用机制探讨、大数据分析、生物间及生物与周围环境间互作关系的研究等方面带来了诸多便利。本章将着重介绍蜱的生物信息学领域的最新进展。

1. 新型核糖体小 RNA 的发现

Chen 等（2017）通过 Illunima 高通量测序平台，对龟形花蜱的小 RNA 进行大数据分析，结果发现其 28S rRNA 和 5.8S rRNA 基因的 5′端、3′端存在大量的小 RNA 片段，我们分别定义为 rRF5 和 rRF3。该两种片段远多于 rRNA 基因内部出现的小 RNA 片段（图 8-1A）。rRF5 和 rRF3 系列片段存在很强的规律性：①序列很保守，同一系列的序列匹配度几乎为 100%；②序列长度按等差数列的模式递减或增长，序列间仅相差 1 bp（图 8-1B）。进一步生物信息学分析发现，这种模式除在蜱中存在外，在其他动物包括人中也普遍存在。细胞功能实验显示，沉默 20 nt 的 rRF3 序列可以诱导细胞凋亡，抑制细胞增殖。此外，RNA 干扰（RNAi）导致 G_2 期的 H1299 细胞显著减少（图 8-2）。由此可见，rRF5 和 rRF3 片段不是 rRNA 降解过程中的随机片段，它们是一类新的小 RNA。这类小 RNA 的功能还有待进一步深入研究。

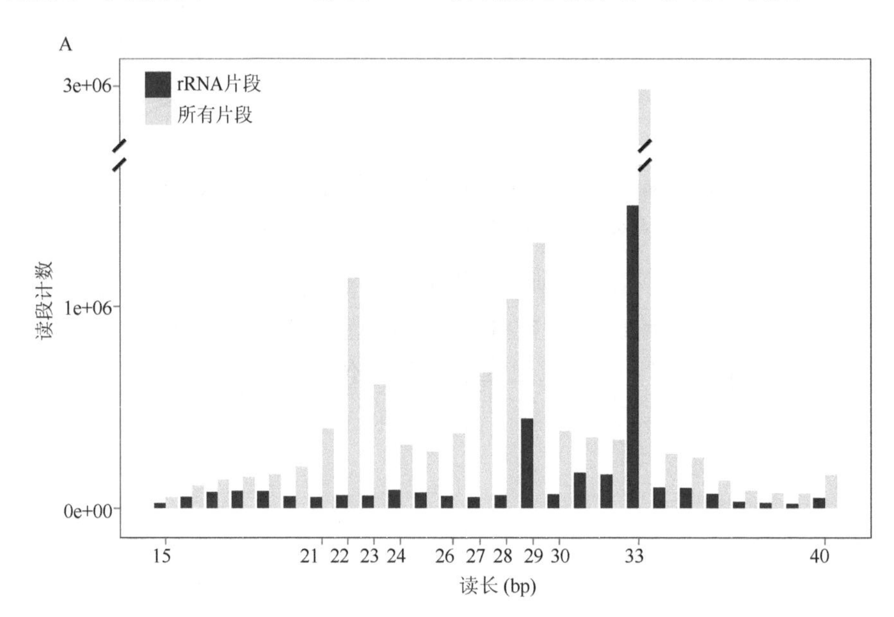

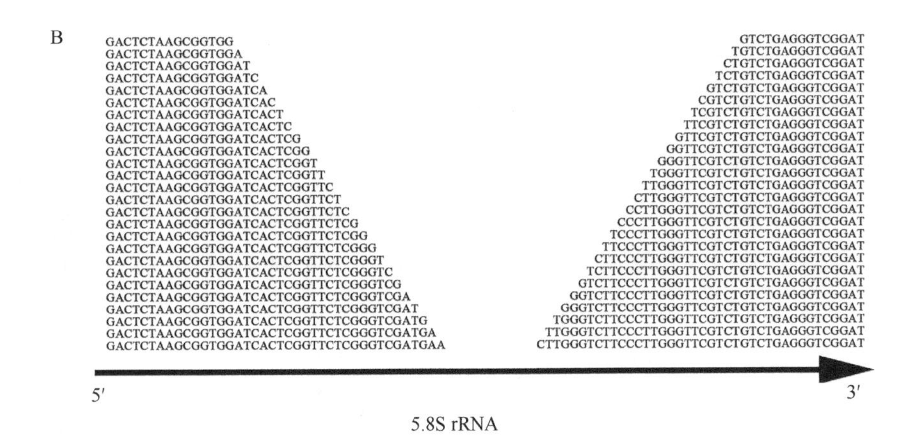

图 8-1　小 RNA 数据长度分布图

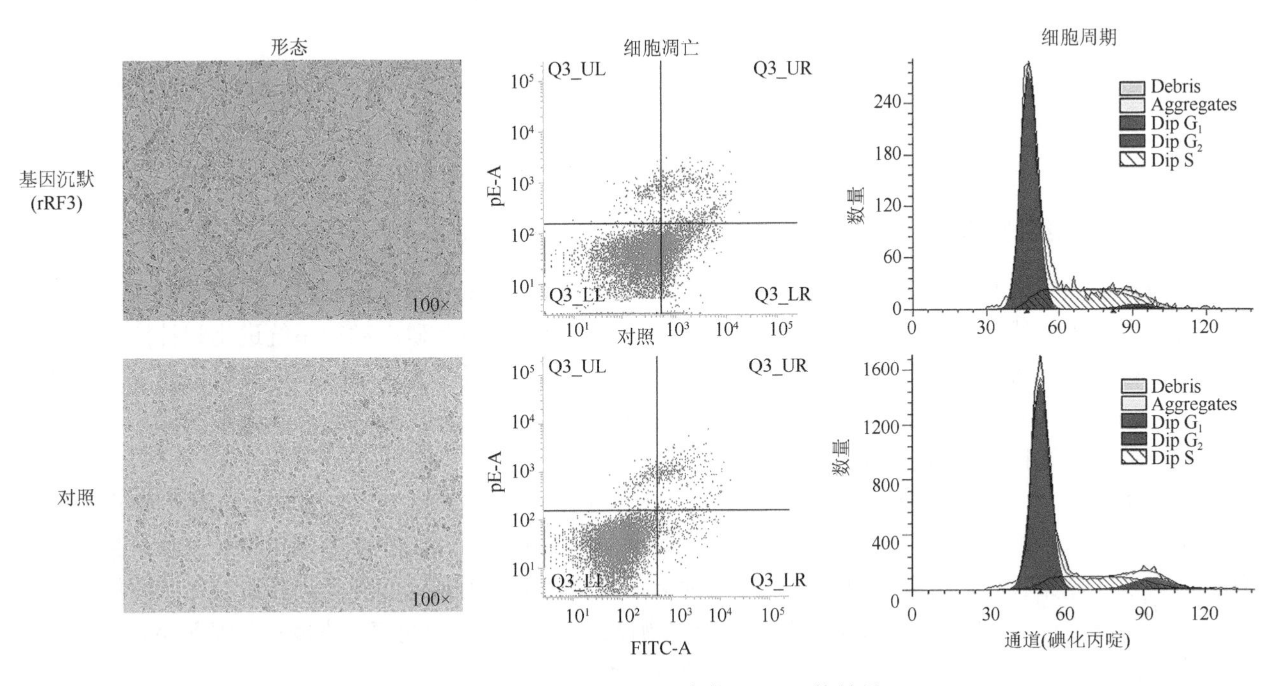

图 8-2　rRF3 在 H1299 细胞中的 RNA 干扰效果

基因敲低组使用 pSeren-retrQ 质粒，包含 RNA 干涉的靶序列，是一个 20 nt 的 rRF3 片段“ATTCGTAGA CGACCTGCTTC”；对照组也使用 pSeren-retrQ 质粒，包含一个随机序列“CGTACGCGGAATACTTCGA”。细胞凋亡检测使用 FITC-A（异硫氰酸荧光素）和 PE（藻红蛋白）做染料；细胞周期检测使用 PI（碘化丙啶）做染料。基因敲低组和对照组的细胞增殖率分别为 24.02%和 4.17%。rRF3 敲低 G_1 期、G_2 期和 S 期细胞的百分比分别占 68.8%、2.72%和 28.48%；对照组敲低的细胞周期百分比分别为 71.28%、7.93%和 20.87%

2. tick-box 及线粒体转座子类似元件的发现及其规律

Montagna 等（2012）发现所有蜱的 nad1 和 16S rRNA 转录本不遵循线粒体的 tRNA 间断模型，在 nad1 和 16S rRNA 的基因下游均存在一个 17 bp 的 DNA 模体（motif）称为 tick-box。该 motif 可能作为转录终止信号或原始转录本的处理信号，指导了 nad1/16S rRNA 的成熟 RNA 3′端的形成。tick-box 总是出现在 nad1 和 16S rRNA 的下游，主要存在于非编码区（所有后沟型硬蜱、澳西区硬蜱），偶尔出现在 trnL（CUN）内（软蜱和非澳西区硬蜱）。此外，Montagna 等（2012）还发现一个大的易位片段（large translocated segment，LT1）包含 nad1 和 $tRNA^{Gln}$ 的部分序列，在 LT1 的两端存在“tick-box”，表明它参与了重组事件，是导致后沟型硬蜱基因重组的原因。Chen 等（2020）通过进一步分析单只森林革蜱精准注释的线粒体基因组（图 8-3），发现 LT1 的两侧分别是两个反向互补的串联重复序列片段。鉴于人的基因组中将近一半是转座子，由此 LT1 很可能也是一种转座子，这在线粒体基因组中还从未发现过。

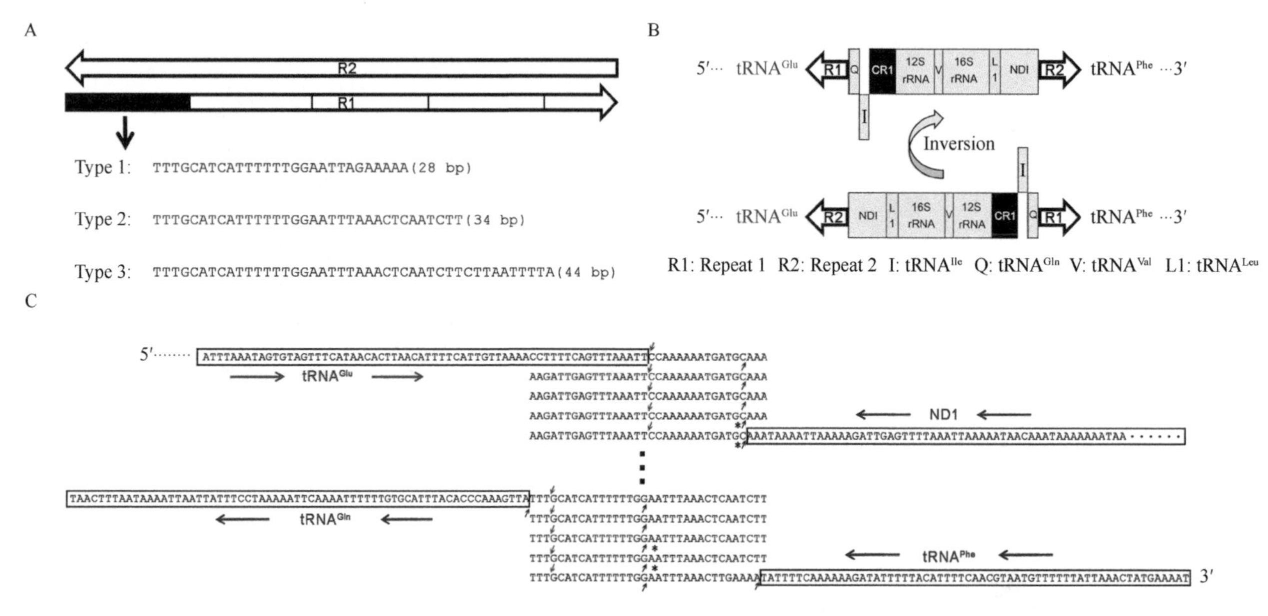

图 8-3　森林革蜱线粒体基因组的转座子类似元件

箭头表示酶切位；星号表示已有全长转录组支持的数据

3. 蜱线粒体基因组的精准注释

线粒体是真核细胞中广泛存在的一种细胞器，参与体内多种重要的生物过程，包括能量供给、细胞凋亡等。此外鉴于线粒体无组织特异性、进化速度快等特点，其也是研究动物系统进化和种群演化最常用的分子标记。尽管人们已经研究了很多蜱的线粒体基因组，但是早先实验、测序及分析技术不完善，导致获得的线粒体基因组均不完善或者注释的不精确，这影响了后人对蜱线粒体基因组的深入分析。由此可见，精准的线粒体基因组注释显得尤为重要。

目前主要通过以下几种途径获得蜱的线粒体基因组：①根据线粒体基因组是闭合环状的特点，通过设计不同引物多步扩增得到对应的基因片段，再通过 Sanger 测序，拼接得到基因组全长。这是最早人们使用的方法，结果也相对可靠，但是鉴于不同种类，尤其是亲缘关系远的种类，其线粒体基因组变异很大；大量串联重复片段及高 AT 含量的存在也给引物设计、成功扩增和测序带来困难，因此该方法成功获得一个蜱的线粒体基因组的时间通常很长。②随着高通量测序平台的建立，很多人开始使用该方法来获得蜱的线粒体基因组。通常人们可以通过两种途径来实现，一个是利用第一种方法成功获得的线粒体 PCR 产物，直接进行高通量测序，再根据已有的近缘物种的参考基因，利用测序获得的短片段和生物信息学分析再进行拼接注释；另一种是直接用蜱的全基因组进行高通量测序，再采用生物信息学的方法，根据已知的相关信息，进行拼接注释。这两种是目前采用最广泛的方法，优点是快捷、便利，但最大的缺点是由于高通量测序的测序长度很短，因此拼出的序列常不完整，容易出错，尤其在串联重复区、非编码区、高 AT 区等。此外，当参考基因组的物种与目的序列的关系相差很远时，更容易出现上述问题。此外，目前很多进行线粒体分析的科研人员没有生物信息学背景，在数据分析方面主要借助测序或生物信息分析公司，这一方面导致成本很高，另一方面公司分析人员的生物学背景知识匮乏，降低了数据的可靠性。

Xu 等（2019）发现了一类普遍存在于基因 5′和 3′端的小 RNA，该发现在基因的精准注释、发现非编码基因等方面具有重要意义。在此基础上，Chen 等（2020）开发了一种精准注释蜱线粒体基因组到 1 bp 的方法。该方法主要通过根据不同蜱源的线粒体基因组设计通用引物，采用长片段 PCR 的方法将线粒体基因组分两段获得，再通过高通量测序获得小片段目的序列，同时结合小 RNA 和全长 RNA 转录组数据对森林革蜱进行精准注释，精确度达到 1 bp。该精准注释的森林革蜱线粒体基因组可以作为所有其他亲缘物种的参考基因。

4. 小 RNA 高通量测序检测蜱媒微生物

蜱媒微生物（病毒、细菌、立克次体等）在蜱中普遍存在，且种类丰富，组成复杂。随着经济发展与人类活动的增强，各种蜱媒病日益威胁人类与家畜健康。如何准确、快速、便捷地检测蜱媒病原体对于有效防控蜱媒病具有重要意义。随着高通量测序技术的飞速发展，许多研究利用宏基因组学方法来检测蜱媒病原体。但在病毒方面，基于 DNA 测序的宏基因组学不能检测无 DNA 阶段的 RNA 病毒，为此基于转录组测序的方法被用于检测蜱媒病毒。然而，该方法会得到大量的冗余宿主序列。与转录组测序分析相比，小 RNA 高通量测序分析的方法更灵敏和经济，目前已成功用于检测蜱传立克次体。与传统方法相比，该方法在检测 RNA 病毒方面更有优势，本书作者及其合作者探索用小 RNA 高通量测序的方法检测蜱媒病毒，并对部分检测结果进行了 PCR 验证（Xu *et al.*，2020）。

通过分析从云南采集的 2 只龟形花蜱的小 RNA 高通量测序数据，发现云南的龟形花蜱存在莫纳病毒（Mogiana tick virus）和隐形病毒（Stealth virus）（AF191073）的小 RNA 片段。此外，测序数据量为 0.69 Gb 时，获得的莫纳病毒基因组的覆盖度能达到 79.1%，表明小 RNA 高通量测序具有较高的灵敏度。

通过 PCR 扩增并结合 Sanger 测序的方法验证了莫纳病毒，证明小 RNA 高通量测序检测蜱媒病毒方法的可行性，同时获得了莫纳病毒的全长基因组，并将 5′端和 3′端非翻译区精准注释到 1 bp。该结果在国际上首次证明了结合 5′端和 3′端小 RNA 的注释方法可以获得 RNA 病毒全长（full-length）的基因组完成图。

采用 PCR 扩增与小 RNA 序列进行深入挖掘、分析，确认 GenBank 上报道的隐形病毒（AF191073）鉴定错误，应为细菌 *Ochrobactrum quorumnocens* 23S rDNA 的部分序列。云南龟形花蜱、新疆草原革蜱与银盾革蜱若蜱均携带 *Ochrobactrum quorumnocens*。

以上结果表明，基于小 RNA 高通量测序的方法可用于蜱媒病毒的检测，而且可以检测到多种病毒。此外，除病毒外，细菌等其他微生物也可通过该方法检测到。然而受测序深度的限制，是否能检测到全部病毒，或何种测序深度才能检测全面还需进一步研究。

参 考 文 献

巴音查汗, 徐显曾. 2001. 森林革蜱与草原革蜱的超微形态学比较. 中国兽医科技, 31: 27-30.

白启, 刘光远, 韩根风. 1995. 草原革蜱各发育阶段对驽巴贝斯虫传播能力的研究. 畜牧兽医学报, 26: 47-52.

曹汉礼, 叶瑞玉, 肖红. 1991. 边缘革蜱的生物学观察. 地方病通报, 6: 53-55.

常德辉, 杨银书, 陶冶. 2005. 用随机扩增多态 DNA(RAPD)区分青海血蜱与日本血蜱. 中国媒介生物学及控制杂志, 16: 202-203.

陈天铎, 赵子珊, 黄渌漪. 1989. 福建省微小牛蜱的生物学特性. 福建农学院学报, 18: 548-552.

陈泽, 李思思, 刘敬泽. 2011a. 蜱总科新分类系统的科、属检索表. 中国寄生虫学与寄生虫病杂志, 29: 81-84.

陈泽, 刘敬泽. 2020. 蜱分类学研究进展. 应用昆虫学报, 57: 1009-1045.

陈泽, 罗建勋, 殷宏. 2011b. 非洲猪瘟的生物媒介. 畜牧兽医学报, 42: 605-612.

陈泽, 孙文敬, 罗建勋. 2011c. 蜱类毒素与蜱中毒的研究进展. 中国兽医科学, 41: 1085-1091.

陈泽, 温廷桓. 2017. 世界蜱类名录 2. 硬蜱亚科(螨亚纲: 蜱目: 硬蜱科). 中国寄生虫与寄生虫病杂志, 35: 371-381.

陈泽, 杨晓军, 刘敬泽. 2006. 河北省医学蜱螨研究报告. 医学动物防制, 22: 238-240.

陈泽, 杨晓军, 刘敬泽. 2007. 蜱螨高级分类阶元部分问题的讨论. 昆虫分类学报, 29: 235-240.

陈泽, 杨晓军, 刘敬泽. 2009. 蜱类分类系统的变更. 昆虫知识, 46: 323-326.

陈泽, 杨晓军, 杨晓红. 2008. 中国蜱类地理分布及区系分析. 四川动物, 27: 820-823.

陈泽. 2007. 中国蜱类名录订正、区系分析及扇头蜱亚科 Rhipicephalinae 部分种类的生物学特性研究. 河北师范大学硕士学位论文.

陈泽. 2010. 中国蜱类的系统分类及两种硬蜱的生物学特性分析. 河北师范大学博士学位论文.

邓岗领, 蒋卫, 叶瑞玉, 等. 1999. 新疆叶尔羌河流域蜱螨区系调查报告. 地方病通报, 14: 55-57.

邓国藩, 崔云琦. 1984. 青海血蜱的生物学观察及幼期描述. 昆虫学报, 27: 330-333.

邓国藩, 崔云琦. 1984. 云南血蜱属一新种及雄性川原血蜱记述(蜱螨目: 硬蜱科). 动物分类学报, 1: 40-43.

邓国藩, 黄重安. 1981. 我国异扇蜱属一新种(蜱螨目: 硬蜱科). 昆虫学报, 24: 99-102.

邓国藩, 姜在阶. 1965. 近年来国内外蜱类研究的进展//忻介六, 徐荫祺. 蜱螨学进展. 上海: 上海科学技术出版社: 251-301.

邓国藩, 姜在阶. 1991. 中国经济昆虫志 第三十九册 蜱螨亚纲 硬蜱科. 北京: 科学出版社.

邓国藩, 宋杰益. 1983. 江西省锐缘蜱属一新种——(蜱螨目: 软蜱科). 动物分类学报, 2: 153-156.

邓国藩, 王慧芙, 忻介六. 1989. 中国蜱螨概要. 北京: 科学出版社.

邓国藩. 1973. 中国硬蜱属的几个种包括二新种. 昆虫学报, 16: 73-81.

邓国藩. 1977. 中国硬蜱属的一新种(蜱螨目: 硬蜱科). 昆虫学报, 20: 342-344.

邓国藩. 1978. 中国经济昆虫志 第十五册(蜱螨目: 蜱总科). 北京: 科学出版社.

邓国藩. 1980a. 中国的血蜱属异血蜱亚属附一新种(蜱螨目: 硬蜱科). 昆虫学报, 23: 86-89.

邓国藩. 1980b. 中国血蜱属两新种(蜱螨目: 硬蜱科). 动物分类学报, 5: 144-149.

邓国藩. 1981. 海南岛花蜱属一新种(蜱螨目: 硬蜱科). 动物分类学报, 6: 65-67.

邓国藩. 1983. 中国锐缘蜱亚属小志. 动物分类学学报, 8: 255-261.

邓国藩. 1984. 嗜麝血蜱 *Haemaphysalis moschisuga* Teng 的地理分布、宿主及幼期描述. 动物分类学报, 1: 109-111.

邓国藩. 1986. 中国硬蜱属记述(蜱螨亚纲: 硬蜱科). 动物分类学报, 11: 46-53.

狄凯. 1980. 鸡蜱(波斯锐缘蜱). 山东养禽, 1: 34-36.

狄凯. 1982. 波斯锐缘蜱生活习性及消长规律的初步观察. 山东农业科学, 2: 53-54, 28.

段炜. 2013. 中国蜱类系统分类学研究 (蜱螨亚纲: 蜱目). 中国科学院大学硕士学位论文.

范雄林, 朱朝君. 1998. 蜱分类学研究进展. 中国媒介生物学及控制杂志, 9: 385-388.

富英群, 卢婷婷, 侯咏. 2015. 黑瞎子岛地区蜱及其携带病原体调查研究. 中国国境卫生检疫杂志, 38: 119-123.

高金亮, 殷宏, 罗建勋. 2004. 蜱的免疫学防制研究现状. 中国兽医科技, 34: 39-44.

高志华, 刘敬泽. 2003. 蜱类防治研究进展. 寄生虫与医学昆虫学报, 10: 251-256.

胡宏亮. 2000. 西洋文字、书籍与复制术的演进. 大中华印艺网.

黄克峻. 1979. 乳突钝缘蜱在山西省的新发现. 山西医药杂志, 5: 16-19.
黄重安, 邓国藩. 1980. 新疆喀什及其邻近地区的蜱类. 昆虫学报, 23: 93-95.
黄重安. 1978. 亚东璃眼蜱生活史的观察. 昆虫学报, 4: 105-106.
姜在阶, 白春玲. 1991. 硬蜱一些生物学特性的研究. 昆虫学报, 34: 43-49.
姜在阶, 刘来福. 1981. 革蜱幼虫的数值分类研究. 昆虫分类学报, 4: 305-315.
姜在阶. 1978. 近年来国内外蜱类研究进展概述. 北京师范大学学报(自然科学版), 1: 80-94.
姜在阶. 1987. 金泽革蜱的生物学特性研究. 昆虫学报, 30(3): 285-289.
蒋维佳, 王昭孝, 王晓学. 2009. 2006—2007 年贵州省大研镇草地二棘血蜱季节消长调查. 中国媒介生物学及控制杂志, 20: 70-71.
蓝明扬, 于心. 1996. 亚洲璃眼蜱基因组多态 DNA 的研究. 中国媒介生物学及控制杂志, 7: 101-104.
黎唯, 孙毅, 张桂林. 2015. 中国璃眼蜱属 (蜱螨亚纲: 硬蜱科)研究——附新记录种盾陷璃眼蜱 *Hyalomma excavatum* Koch, 1844 的描述. 寄生虫与医学昆虫学报, 22: 94-103.
李长江, 张鸿飞, 韩丹. 1987. 六种硬蜱哈氏器形态的比较研究. 昆明医学院学报, 8: 22-26.
李长江. 1960. 波斯隐喙蜱 *Argas persicus* Oken, 1818 在新疆察布查尔之发现. 昆虫学报, 10: 142.
李长江. 1962. 雄性花蜱 *Amblyomma cyprium* Neumann 在云南河口之发现. 动物学报, 14: 140-141.
李优良, 郝霁光, 张哲夫. 1991. 从四川东部林区二棘血蜱体内分离出莱姆病螺旋体. 中国媒介生物学及控制杂志, 2: 386.
李优良, 万康林. 2001. 二棘血蜱生态习性及其特点的初步研究. 中国媒介生物学及控制杂志, 12: 432-434.
李知新, 刘光远, 田占成, 等. 2007. 实验室条件下长角血蜱甘肃株孤雌生殖种群的生物学特性. 中国兽医科学, 37: 277-281.
刘敬泽, 陈泽, 刘立恒. 2004. 长角血蜱雌蜱保幼激素脂酶活性的检测与变化. 中国昆虫学会成立 60 周年纪念大会暨学术讨论会论文集, 672-674.
刘敬泽, 姜在阶. 1998. 实验室条件下长角血蜱的生物学特性研究. 昆虫学报, 41: 280-283.
刘敬泽, 杨晓军. 2013. 蜱类学. 北京: 科学出版社.
刘正语, 马玉琳, 马乐天. 1984. 二棘血蜱各发育期的培养观察. 中国兽医科技, 6: 15-17.
刘志刚, 宋杰益, 彭卫东. 1993. 中华硬蜱和二棘血蜱的交叉免疫反应. 昆虫学报, 36: 290-294.
陆宝麟, 吴维均. 1950. 中国蜱类名录. 昆虫学报, 1: 195-222.
吕继洲, 王振宝, 袁向芬. 2013. 草原革蜱和边缘革蜱的分子生物学鉴定. 中国畜牧兽医, 40: 8-15.
马德新, 张桂林, 王天祥. 1997. 阿里土拉菌病疫源地中西藏革蜱的媒介作用. 地方病通报, 12: 60-61.
马立君, 姜在阶, 陈晓端. 1991. 蜱类须肢感器的细微结构. 昆虫学报, 34: 292-296.
逄春积, 何华, 陈国仕. 1985. 银盾革蜱的生物学观察. 军事医学科学院院刊, 4: 397-403.
祁兆平, 刘连珠, 刘丽娟, 等. 1988. 波斯锐缘蜱生活史观察结果初报. 医学动物防制, 4: 13-15.
乔中东, 殷国荣. 1997. 4 种硬蜱的随机扩增多态性 DNA 分析. 中国人兽共患病学报, 13: 54-56.
秦志辉, 周洪福, 孟阳春. 1997. 蜱类染色体的核型研究进展. 蛛形学报, 6: 74-80.
秦志辉, 周洪福. 1991. 两种硬蜱的染色体扫描电镜观察初报. 苏州大学学报(医学版), 11: 4-6.
裘明华, 周友梅. 1989. 长角血蜱、亚洲璃眼蜱和残缘璃眼蜱同功酶的研究. 重庆医科大学学报, 14: 280-283.
裘明华, 朱朝君. 1982. 我国蝠蜱一新种(蜱总科: 软蜱科). 昆虫学报, 25: 328-331.
裘明华, 朱朝君. 1985. 中华锐缘蜱成虫和若虫的形态(蜱总科: 软蜱科). 昆虫学报, 28: 319-329.
邵冠男. 1991. 拉合尔鼻泡蜱的生物学及其防制研究. 中国媒介生物学及控制杂志, 2: 234-238.
孙彩琴, 刘建枝, 黄磊. 2012. 西藏当雄县无浆体分子流行病学调查. 动物医学进展, 33: 9-13.
孙明, 曾巧英, 殷宏. 2011. 实验室条件下小亚璃眼蜱生活史观察. 中国媒介生物学及控制杂志, 22: 344-347.
孙毅, 许荣满, 魏川川. 2011. 中国血蜱属(蜱螨目: 硬蜱科)研究: 嗜鸟血蜱亚属 Subgenus *Ornithophysalis* 附一新记载种. 寄生虫与医学昆虫学报, 19: 50-56.
孙毅, 郑寿贵, 许荣满. 2017. 中国革蜱属(蜱目: 硬蜱科)(Ixodida: Ixodidae): 系统分类与图形检索. 寄生虫与医学昆虫学报, 24: 25-40.
田庆云. 1989. 波斯锐缘蜱生活史研究. 畜牧兽医学报, 1: 160-161.
王凤振, 罗小瓊. 1962. 纳氏革蜱的变异. 中国昆虫学会 1962 年学术讨论会会刊, 311-312.
王敏娟, 蓝明扬. 1996. 淡色库蚊和缺乏库蚊基因组多态性 DNA 的研究. 中国媒介生物学及控制杂志, 7: 81-84.
王晓娟, 陈泽, 卜凤菊. 2010. 长角血蜱不同发育期盾窝超微结构的比较研究. 昆虫学报, 53: 564-571.
王晓娟, 陈泽, 杨晓军. 2007. 莱姆病流行病学及其预防. 医学动物防制, 23: 162-164.
温廷桓, 陈泽. 2016. 世界蜱类名录 1. 软蜱科与纳蜱科(螨亚纲: 蜱目). 中国寄生虫与寄生虫病杂志, 34: 58-74.

翁超然, 王昭孝, 罗高贞. 2004. 贵州省蜱类初查和草地二棘血蜱密度监测. 中国媒介生物学及控制杂志, 14: 376-377.
徐广, 方庆权, Keirans JE, 等. 2003. 分子系统进化关系分析的一种新方法——贝叶斯法在硬蜱属中的应用. 动物学报, 49: 380-388.
许慎. 1988. 说文解字. 上海: 上海古籍出版社.
杨彩明, 杨光友, 谢幼新. 2007. 孤雌生殖长角血蜱各虫期形态的扫描电镜观察. 寄生虫与医学昆虫学报, 14: 104-109.
杨晓军, 陈泽, 刘敬泽. 2007a. 蜱类系统分类学研究技术与进展. 河北师范大学学报(自然科学版), 31: 244-251.
杨晓军, 陈泽, 刘敬泽. 2007b. 蜱类系统学研究进展. 昆虫学报, 50: 941-949.
杨晓军, 陈泽, 刘敬泽. 2008a. 蜱类的起源和演化. 昆虫知识, 45: 28-33.
杨晓军, 陈泽, 刘敬泽. 2008b. 中国蜱类的有效属和有效种. 河北师范大学学报(自然科学版), 32: 529-533.
杨晓军, 陈泽, 杨晓红. 2008c. 中国蜱类不同宿主类型的主成份分析和聚类分析. 四川动物, 27: 824-826.
杨银书, 常德辉, 赵红斌, 等. 2004b. 用随机扩增多态 DNA 技术区分 7 种硬蜱. 中国寄生虫病防治杂志, 17: 301-303.
杨银书, 李德昌. 1989. 中国"二棘血蜱"和长角血蜱的生活周期和形态特征比较研究. 中国兽医学报, 9: 1-6.
杨银书, 赵红斌, 张继军, 等. 2004a. 七种媒介硬蜱基因组随机扩增多态性 DNA 分析. 中国寄生虫学与寄生虫病杂志, 22: 223-226.
姚文炳, 丁玉茂. 1984. 亚东璃眼蜱各发育期体重的变化. 昆虫学报, 27: 235-240.
姚文炳, 徐静安, 姚元. 1991. 温度对短小扇头蜱和银盾革蜱发育的影响. 昆虫学报, 34: 184-188.
姚文炳. 1985. 温、湿度对亚东璃眼蜱产卵的影响. 昆虫学报, 28: 173-180.
于心, 戴翔, 张渝疆, 等. 2006. 新疆塔里木盆地及其邻近地区的蜱类与疾病的关系. 中国媒介生物学及控制杂志, 17: 501-503.
于心, 叶瑞玉, 龚正达. 1997. 新疆蜱类志. 乌鲁木齐: 新疆科技卫生出版社.
于心. 1994. 银盾革蜱与西藏革蜱的地理分布及其鉴别要点. 地方病通报, 4: 43-44.
俞英昉. 2013. 镰形扇头蜱先天性免疫相关分子的分离鉴定与功能分析. 中国农业科学院博士学位论文.
张本华. 1958. 由人体采到一种花蜱——*Amblyomma cyprium* Neumann, 1899 的研究. 昆虫学报, 8: 290-292.
张和. 2007. 中国化石. 武汉: 中国地质大学出版社.
张菊仙, 陈泽, 刘敬泽. 2006. 室内饲养条件下三种硬蜱产卵和孵化特性的比较研究. 医学动物防制, 22: 864-867.
张璘. 2014. 新疆北疆地区蜱种分布及蜱源性病原检测方法的建立. 石河子大学硕士学位论文.
张士俊, 张国珍, 张进财. 1983. 肃南县明花区绵羊拉合尔钝缘蜱生物学特性及防制. 甘肃畜牧兽医, 1: 9-15.
张艳艳. 2013. 准噶尔盆地硬蜱分类研究. 石河子大学硕士学位论文.
张玉书, 陈廷敬. 1716. 康熙字典. 上海: 商务印书馆.
赵红斌, 杨银书, 史智勇. 2005. 不同地区草原革蜱基因组 DNA 多态性研究. 中国媒介生物学及控制杂志, 16: 41-43.
中国科学院编译出版委员会名词室(昆虫名称审查小组). 1956. 昆虫名称. 北京: 科学出版社.
周洪福, 蓝明扬, 孟阳春. 1984. 缺角血蜱的染色体及性别决定. 动物学研究, 5: 73, 106.
周洪福, 孟阳春, 康成贵, 等. 1987. 草原革蜱的染色体核型分析. 遗传, 9: 18-19.
周洪福, 孟阳春, 田庆云, 等. 1986. 日本血蜱的染色体. 苏州医学院学报, 3: 12-13, 90.
周金林, 周勇志, 龚海燕. 2004. 我国长角血蜱孤雌生殖种群的发现和生物学特性的研究. 中国媒介生物学及控制杂志, 15: 173-174.
周勇志, 曹杰, 龚海燕. 2013. 长角血蜱孤雌生殖与两性生殖种群的 CO Ⅰ 基因序列的特征性差异. 中国动物传染病学报, 21: 39-42.
北岡茂男, 鈴木博. 1983. タイ国の寄生虫相: 5. 哺乳動物寄生マダニと新種 *Ixodes siamensis* と *Rhipicephalus tetracornus* の記載. 熱帯医学, 25: 205-219.
Abdigoudarzi M, Noureddine R, Seitzer U, *et al*. 2011. rDNA-ITS2 identification of *Hyalomma*, *Rhipicephalus*, *Dermacentor* and *Boophilus* spp. (Acari: Ixodidae) collected from different geographical regions of Iran. Advanced Studies in Biology, 3: 221-238.
Anastos G. 1950. The scutate ticks, or Ixodidae of Indonesia. Entomologica Americana, 30: 1-144.
Apanaskevich DA, Apanaskevich MA. 2016. Description of two new species of *Dermacentor* Koch, 1844 (Acari: Ixodidae) from Oriental Asia. Systematic Parasitology, 93: 159-171.
Apanaskevich DA, Duan W, Apanaskevich MA, *et al*. 2014. Redescription of *Dermacentor everestianus* Hirst (Acari: Ixodidae), a parasite of mammals in mountains of China and Nepal with synonymization of *D. abaensis* Teng and *D. birulai* Olenev. The Journal of Parasitology, 100: 268-278.
Apanaskevich DA, Filippova NA, Horak IG. 2010. The genus *Hyalomma* Koch, 1844. X. Redescription of all parasitic stages of *H.*

(*Euhyalomma*) *scupense* Schulze, 1919 (= *H. detritum* Schulze) (Acari: Ixodidae) and notes on its biology. Folia Parasitologica, 57: 69-78.

Apanaskevich DA, Horak IG, Matthee CA, *et al*. 2011. A new species of *Ixodes* (Acari: Ixodidae) from South African mammals. The Journal of Parasitology, 97: 389-398.

Apanaskevich DA, Horak IG. 2005. The genus *Hyalomma* Koch, 1844. Ⅱ. Taxonomic status of *H. anatolicum* Koch, 1844 and *H. excavatum* Koch, 1844 (Acari, Ixodidae) with redescriptions of all stages. Acarina, 13: 181-197.

Apanaskevich DA, Horak IG. 2006. The genus *Hyalomma* Koch, 1844. I. Reinstatement of *Hyalomma* (*Euhyalomma*) *glabrum* Delpy, 1949 (Acari, Ixodidae) as a valid species with a redescription of the adults, the first description of its immature stages and notes on its biology. Onderstepoort Journal of Veterinary Research, 73: 1-12.

Apanaskevich DA, Horak IG. 2007. The genus *Hyalomma* Koch, 1844. Ⅲ. Redescription of the adults and larva of *H.* (*Euhyalomma*) *impressum* Koch, 1844 (Acari: Ixodidae) with a first description of its nymph and notes on its biology. Folia Parasitologica, 54: 51-58.

Apanaskevich DA, Horak IG. 2008a. The genus *Hyalomma* Koch, 1844: v. re-evaluation of the taxonomic rank of taxa comprising the *H.* (*Euhyalomma*) *marginatum* Koch complex of species (Acari: Ixodidae) with redescription of all parasitic stages and notes on biology. International Journal of Acarology, 34: 13-42.

Apanaskevich DA, Horak IG. 2008b. The genus *Hyalomma*. VI. Systematics of *H.* (*Euhyalomma*) *truncatum* and the closely related species, *H.* (*E.*) *albiparmatum* and *H.* (*E.*) *nitidum* (Acari: Ixodidae). Experimental and Applied Acarology, 44: 115-136.

Apanaskevich DA, Horak IG. 2009. The genus *Hyalomma* Koch, 1844. IX. Redescription of all parasitic stages of *H.* (*Euhyalomma*) *impeltatum* Schulze & Schlottke, 1930 and *H.* (*E.*) *somalicum* Tonelli Rondelli, 1935 (Acari: Ixodidae). Systematic Parasitology, 73: 199-218.

Apanaskevich DA, Horak IG. 2010. The genus *Hyalomma* Koch, 1844. XI. Redescription of all parasitic stages of *H.* (*Euhyalomma*) *asiaticum* Schulze & Schlottke, 1930 (Acari: Ixodidae) and notes on its biology. Experimental and Applied Acarology, 52: 207-220.

Apanaskevich DA, Schuster AL, Horak IG. 2008. The genus *Hyalomma*: Ⅶ. Redescription of all parasitic stages of *H.* (*Euhyalomma*) *dromedarii* and *H.* (*E.*) *schulzei* (Acari: Ixodidae). Journal of Medical Entomology, 45: 817-831.

Apanaskevich DA, Soarimalala V, Goodman SM. 2013. A new *Ixodes* species (Acari: Ixodidae), parasite of shrew tenrecs (Afrosoricida: Tenrecidae) in Madagascar. The Journal of Parasitology, 99: 970-972.

Apanaskevich MA, Apanaskevich DA. 2015a. Description of New *Dermacentor* (Acari: Ixodidae) species from Malaysia and Vietnam. Journal of Medical Entomology, 52: 156-162.

Apanaskevich MA, Apanaskevich DA. 2015b. Reinstatement of *Dermacentor bellulus* (Acari: Ixodidae) as a valid species previously confused with *D. taiwanensis* and comparison of all parasitic stages. Journal of Medical Entomology, 52: 573-595.

Arag OH. 1912. Contribui o para a sistematica e biolojia dos ixódidas: Partenojeneze em carrapatos: *Amblyomma agamum* n. sp. Memórias do Instituto Oswaldo Cruz, 7: 96-119.

Araya-Anchetta A, Busch JD, Scoles GA, *et al*. 2015. Thirty years of tick population genetics: A comprehensive review. Infection, Genetics and Evolution, 29: 164-179.

Arthur DR. 1953. The systematic status of *Ixodes percavatus* var. *rothschildi* Nuttall & Warburton, 1911. Parasitology, 43: 222-226.

Arthur DR. 1956. The *Ixodes* ticks of Chiroptera (Ixodoidea, Ixodidae). The Journal of Parasitology, 42: 180-196.

Arthur DR. 1960. A review of some ticks (Acarina: Ixodidae) of sea birds. Part Ⅱ. The taxonomic problems associated with the *Ixodes auritulus-percavatus* group of species. Parasitology, 50: 199-226.

Arthur DR. 1961. The synonymy of *Ixodes festai* Rondelli 1926. Parasitology, 51: 497.

Arthur DR. 1965. Ticks of the genus *Ixodes* in Africa. London: Athlone Press.

Auffenberg T. 1988. *Amblyomma helvolum* (Acarina: Ixodidae) as a parasite of varanid and scincid reptiles in the Philippines. International Journal for Parasitology, 18: 937-945.

Bahiense TC, Fernandes ÉKK, Bittencourt VREP. 2006. Compatibility of the fungus *Metarhizium anisopliae* and deltamethrin to control a resistant strain of *Boophilus microplus* tick. Veterinary Parasitology, 141: 319-324.

Baker EW, Wharton GE. 1952. An Introduction to Acarology. New York: Macmillan.

Balashov IS. 1993. The significance of the species classification of ixodid ticks and their hosts in the development of antitick immunity. Parazitologiia, 27: 369-377.

Balashov YS. 1972. Blood-sucking ticks (Ixodoidea)-vectors of diseases of man and animals. Annals of the Entomological Society of America, 8: 159-376.

Balashov YS. 2004. The main trends in the evolution of ticks (Ixodida). Entomological Review, 84: 814-824.

Baltazard M. 1952. *Ornithodorus tartakovskyi* Olenev 1931 and *Borrelia* (*Spirochaeta*) *latychevi* Sofiev 1941. Annales de Parasitologie Humaine et Comparee, 27: 311-328.

Barker SC, Murrell A. 2002. Phylogeny, evolution and historical zoogeography of ticks: a review of recent progress. Experimental

& Applied Acarology, 28: 55-68.

Barker SC, Murrell A. 2004. Systematics and evolution of ticks with a list of valid genus and species names. Parasitology, 129: 15-36.

Barker SC, Walker AR. 2014. Ticks of Australia. The species that infest domestic animals and humans. Zootaxa, 3816: 1-144.

Barker SC. 1998. Distinguishing species and populations of Rhipicephaline ticks with ITS 2 ribosomal RNA. The Journal of Parasitology, 84: 887-892.

Barros-Battesti DM. 2011. *Carios mimon* (Acari: Argasidae): description of adults and redescription of larva. Experimental & Applied Acarology, 54: 93-104.

Baxter GD, Barker SC. 1998. Acetylcholinesterase cDNA of the cattle tick, *Boophilus microplus*: Characterisation and role in organophosphate resistance. Insect Biochemistry & Molecular Biology, 28: 581-589.

Beati L, Keirans JE, Durden LA, *et al*. 2008. *Bothriocroton oudemansi* (Neumann, 1910) n. comb. (Acari: Ixodida: Ixodidae), an ectoparasite of the western long-beaked echidna in Papua New Guinea: redescription of the male and first description of the female and nymph. Systematic Parasitology, 69: 185-200.

Beati L, Keirans JE. 2001. Analysis of the systematic relationships among ticks of the genera *Rhipicephalus* and *Boophilus* (Acari: Ixodidae) based on mitochondrial 12S ribosomal DNA gene sequences and morphological characters. The Journal of Parasitology, 87: 32-48.

Beati L, Patel J, Lucas-Williams H, *et al*. 2012. Phylogeography and demographic history of *Amblyomma variegatum* (Fabricius) (Acari: Ixodidae), the tropical bont tick. Vector Borne & Zoonotic Diseases, 12: 514-525.

Bedford GAH. 1931. *Nuttalliella namaqua*, a new genus and species of tick. Parasitology, 23: 230-232.

Bequaert J. 1932. *Amblyomma dissimile* Koch, a tick indigenous to the United States (Acarina: Ixodid). Psyche: A Journal of Entomology, 39: 45-47.

Birula A. 1895. Ixodidae novi vel parum cogniti Musei Zoologici Academiae caesareae Scientiarum Petropolitanae. Izvestiya Akademii Nauk, 2: 353-364.

Bishopp FC, Trembley HL. 1945. Distribution and hosts of certain north American ticks. The Journal of Parasitology, 31: 1-54.

Black IV, Klompen JS, Keirans JE. 1997. Phylogenetic relationships among tick subfamilies (Ixodida: Ixodidae: Argasidae) based on the 18S nuclear rDNA gene. Molecular Phylogenetics & Evolution, 7: 129-144.

Black WC, Piesmanand J. 1994. Phylogeny of hard- and soft-tick taxa (Acari: Ixodida) based on mitochondrial 16S rDNA sequences. Proceedings of the National Academy of Science, 91: 10034-10038.

Black WC, Roehrdanz RL. 1998. Mitochondrial gene order is not conserved in arthropods: prostriate and metastriate tick mitochondrial genomes. Molecular Biology & Evolution,15: 1772-1785.

Borges LMF, Labruna MB, Linardi PM, *et al*. 1998. Recognition of the tick genus *Anocentor* Schulze, 1937 (Acari: Ixodidae) by numerical taxonomy. Journal of Medical Entomology, 35: 891-894.

Brahma RK, Dixit V, Sangwan AK, *et al*. 2014. Identification and characterization of *Rhipicephalus* (*Boophilus*) *microplus* and *Haemaphysalis bispinosa* ticks (Acari: Ixodidae) of North East India by ITS2 and 16S rDNA sequences and morphological analysis. Experimental and Applied Acarology, 62: 253-265.

Burger TD, Shao R, Barker SC. 2013. Phylogenetic analysis of the mitochondrial genomes and nuclear rRNA genes of ticks reveals a deep phylogenetic structure within the genus *Haemaphysalis* and further elucidates the polyphyly of the genus *Amblyomma* with respect to *Amblyomma sphenodonti* and *Amblyomma elaphense*. Ticks & Tick Borne Diseases, 4: 265-274.

Burger TD, Shao R, Barker SC. 2014a. Phylogenetic analysis of mitochondrial genome sequences indicates that the cattle tick, *Rhipicephalus* (*Boophilus*) *microplus*, contains a cryptic species. Molecular Phylogenetics & Evolution, 76: 241-253.

Burger TD, Shao R, Beati L, *et al*. 2012. Phylogenetic analysis of ticks (Acari: Ixodida) using mitochondrial genomes and nuclear rRNA genes indicates that the genus *Amblyomma* is polyphyletic. Molecular Phylogenetics & Evolution, 64: 45-55.

Burger TD, Shao R, Labruna MB, *et al*. 2014b. Molecular phylogeny of soft ticks (Ixodida: Argasidae) inferred from mitochondrial genome and nuclear rRNA sequences. Ticks & Tick Borne Diseases, 5: 195-207.

Byalynitskii-Birulya AA. 1895. *Ixodidae novi* vel parum cogniti Musei Zoologici Academiae Caesareae Scientiarum Petropolitanae. I. Известия Российской академии наук. Серия математическая, 2: 353-364.

Camicas J, Hoogstraal H, Kammah KM. 1973. Notes on African *Haemaphysalis* ticks. XI. *H.* (*Rhipistoma*) *punctaleachi* sp. n., a parasite of West African forest carnivores (Ixodoidea: Ixodidae). The Journal of Parasitology, 50: 563-568.

Camicas JL, Hervy JP, Adam F, *et al*. 1998. Les tiques du monde: Nomenclature, stades décrits, hôtes, répartition (Acarida, Ixodida). Paris: Orstom Editions.

Camicas JL, Morel PC. 1977. Position systématique et classification des tiques (Acarida: Ixodida). Acarologia, 18: 410-420.

Canestrini G. 1890. Prospctto dell' Acarofauna Italiana. Fainiglie, 4: 427-540.

Caporale DA, Rich SM, Spielman A, *et al*. 1995. Discriminating between Ixodes ticks by means of mitochondrial DNA sequences. Molecular Phylogenetics & Evolution, 4: 361-365.

Carrascal J, Oviedo T, Monsalve S, *et al*. 2009. *Amblyomma dissimile* (Acari: Ixodidae) parasite of boa constrictor in Colombia.

Revista Mvz Córdoba, 14(2): 1745-1749.

Černý. 1966. *Parantricola* sg. nov., a new subgenus of argasid ticks (Ixodoidea). Folia Parasitologica, 13: 379-383.

Chao LL, Hsieh CK, Shih CM. 2013. First report of *Amblyomma helvolum* (Acari: Ixodidae) from the Taiwan stink snake, *Elaphe carinata* (Reptilia: Colubridae), collected in southern Taiwan. Ticks & Tick Borne Diseases, 4: 246-250.

Chen X, Xu S, Yu Z, *et al*. 2014c. Multiple lines of evidence on the genetic relatedness of the parthenogenetic and bisexual *Haemaphysalis longicornis* (Acari: Ixodidae). Infection, Genetics and Evolution, 21: 308-314.

Chen X, Yu Z, Guo L, *et al*. 2012c. Life cycle of *Haemaphysalis doenitzi* (Acari: Ixodidae) under laboratory conditions and its phylogeny based on mitochondrial 16S rDNA. Experimental and Applied Acarology, 56: 143-150.

Chen Z, Li Y, Liu Z, *et al*. 2012a. The life cycle of *Hyalomma rufipes* (Acari: Ixodidae) under laboratory conditions. Experimental and Applied Acarology, 56: 85-92.

Chen Z, Li Y, Liu Z, *et al*. 2014a. Scanning electron microscopy of all parasitic stages of *Haemaphysalis qinghaiensis* Teng, 1980 (Acari: Ixodidae). Parasitology Research, 113: 2095-2102.

Chen Z, Li Y, Ren Q, *et al*. 2014b. *Dermacentor everestianus* Hirst, 1926 (Acari: Ixodidae): phylogenetic status inferred from molecular characteristics. Parasitology Research, 113: 3773-3779.

Chen Z, Li Y, Ren Q, *et al*. 2015. Does *Haemaphysalis bispinosa* (Acari: Ixodidae) really occur in China. Experimental and Applied Acarology, 65: 249-257.

Chen Z, Sun Y, Yang X, *et al*. 2017. Two featured series of rRNA-derived RNA fragments (rRFs) constitute a novel class of small RNAs. PLoS One, 12: e176458.

Chen Z, Xuan Y, Liang G, *et al*. 2020. Precise annotation of tick mitochondrial genomes reveals multiple copy number variation of short tandem repeats and one transposon-like element. BMC Genomics, 21: 488.

Chen Z, Yang X, Bu F, *et al*. 2010. Ticks (Acari: Ixodoidea: Argasidae, Ixodidae) of China. Experimental and Applied Acarology, 51: 393-404.

Chen Z, Yang X, Bu F, *et al*. 2012b. Morphological, biological and molecular characteristics of bisexual and parthenogenetic *Haemaphysalis longicornis*. Veterinary Parasitology, 189: 344-352.

Chen Z, Yu Z, Yang X, *et al*. 2009. The life cycle of *Hyalomma asiaticum kozlovi* Olenev, 1931 (Acari: Ixodidae) under laboratory conditions. Veterinary Parasitology, 160: 134-137.

Chitimia-Dobler L, De-Araujo BC, Ruthensteiner B, *et al*. 2017. *Amblyomma birmitum* a new species of hard tick in Burmese amber. Parasitology, 144: 1441-1448.

Chitimia-Dobler L, Lin R, Cosoroaba I, *et al*. 2009. Molecular characterization of hard ticks from Romania by sequences of the internal transcribed spacers of ribosomal DNA. Parasitology Research, 105: 1479-1482.

Cho BK, Nam HW, Cho SY, *et al*. 1995. A case of tick bite by a spontaneously retreated *Ixodes nipponensis*. Korean Journal of Parasitology, 33: 239-242.

Clifford CM, Anastos G. 1960. The use of chaetotaxy in the identification of larval ticks (Acarina: Ixodidae). The Journal of Parasitology, 46: 567-578.

Clifford CM, Hoogstraal H, Keirans JE, *et al*. 1978. Observations on the subgenus *Argas* (Ixodoidea: Argasidae: *Argas*). 14. Identity and biological observations of *Argas* (*A.*) *cucumerinus* from Peruvian seaside cliffs and a summary of the status of the subgenus in the Neotropical Faunal Region. Journal of Medical Entomology, 14: 57-73.

Clifford CM, Kohls GM, Sonenshine DE. 1964. The systematics of the subfamily Ornithodorinae (Acarina: Argasidae). I. The genera and subgenera. Annals of the Entomological Society of America, 57: 429-437.

Clifford CM, Sonenshine DE, Keirans JE, *et al*. 1973. Systematics of the subfamily Ixodinae (Acarina: Ixodidae). 1. The subgenera of *Ixodes*. Annals of the Entomological Society of America, 66(3): 489-500.

Colborne J, Norval RA, Spickett AM. 1981. Ecological studies on *Ixodes* (*Afrixodes*) *matopi* Spickett, Keirans, Norval & Clifford, 1980 (Acarina: Ixodidae). Onderstepoort Journal of Veterinary Research, 48: 31-35.

Cooley RA. 1937. Two new *Dermacentors* from Central America. The Journal of Parasitology, 23: 259-264.

Coons LB, Roshdy MA, Axtell RC. 1974. Fine structure of the central nervous system of *Dermacentor variabilis* (Say), *Amblyomma americanum* (L.), and *Argas arboreus* Kaiser, Hoogstraal, and Kohls (Ixodoidea). The Journal of Parasitology, 61: 687-698.

Crampton A, McKay I, Barker SC. 1996. Phylogeny of ticks (Ixodida) inferred from nuclear ribosomal DNA. International Journal for Parasitology, 26: 511-517.

Crosbie PR, Boyce WM, Rodwell TC. 1998. DNA sequence variation in *Dermacentor hunteri* and estimated phylogenies of *Dermacentor* spp. (Acari: Ixodidae) in the New world. Journal of Medical Entomology, 35: 277-288.

Dantas-Torres F, Latrofa MS, Annoscia G, *et al*. 2013. Morphological and genetic diversity of *Rhipicephalus sanguineus sensu lato* from the New and Old Worlds. Parasites & Vectors, 6: 213-229.

Dantas-Torres F, Otranto D. 2014. Dogs, cats, parasites, and humans in Brazil: opening the black box. Parasites & Vectors, 7: 22-46.

Dantas-Torres F, Otranto D. 2015. Further thoughts on the taxonomy and vector role of *Rhipicephalus sanguineus* group ticks. Veterinary Parasitology, 208: 9-13.

De la Fuente J, Almazán C, Blas-Machado U, *et al*. 2006. The tick protective antigen, 4D8, is a conserved protein involved in modulation of tick blood ingestion and reproduction. Vaccine, 24: 4082-4095.

De la Fuente J. 2003. The fossil record and the origin of ticks (Acari: Parasitiformes: *Ixodida*). Experimental & Applied Acarology, 29: 331-344.

Dharmarajan G, Fike JA, Beasley JC. 2009. Development and characterization of 12 polymorphic microsatellite loci in the American dog tick (*Dermacentor variabilis*). Molecular Ecology Resources, 9: 131-133.

Dobson SJ, Barker SC. 1999. Phylogeny of the hard ticks (Ixodidae) inferred from 18S rRNA indicates that the genus *Aponomma* is paraphyletic. Molecular Phylogenetics & Evolution, 11: 288-295.

Dreyer K, Fourie LJ, Kok DJ. 1997. Predation of livestock ticks by chickens as a tick-control method in a resource-poor urban environment. Onderstepoort Journal of Veterinary Research, 64: 273.

Dumbleton LJ. 1953. The ticks (Ixodoidea) of the New Zealand sub-region. New Zealand Cape Expedition Series Bulletin, 14: 1-28.

Dunlop JA, Apanaskevich DA, Lehmann J, *et al*. 2016. Microtomography of the Baltic amber tick *Ixodes succineus* reveals affinities with the modern Asian disease vector *Ixodes ovatus*. BMC Evolutionary Biology, 16: 203-210.

Durden LA, Keirans JE, Smith LL. 2002. *Amblyomma geochelone*, a new species of tick (Acari: Ixodidae) from the Madagascan ploughshare tortoise. Journal of Medical Entomology, 39: 398-403.

Durden LA, Merker S, Beati L. 2008. The tick fauna of Sulawesi, Indonesia (Acari: Ixodoidea: Argasidae and Ixodidae). Experimental and Applied Acarology, 45: 85-110.

Durden LA, Scott JD. 2015. *Amblyomma dissimile* Koch (Acari: Ixodidae) parasitizes bird captured in Canada. Systematic and Applied Acarology, 20: 854-860.

Edström J, Daneholt B. 1967. Sedimentation properties of the newly synthesized RNA from isolated nuclear components of *Chironomus tentans* salivary gland cells. Journal of Molecular Biology, 28: 331-343.

Edwards M, Owenevans G. 2012. Some observations on the chaetotaxy of the legs of larval Ixodidae (Acari: Metastigmata). Annals & Magazine of Natural History, 1: 595-601.

Emel'yanova ND, Hoogstraal H. 1973. *Haemaphysalis verticalis* Itagaki, Noda, and Yamaguchi: rediscovery in China, adult and immature identity, rodent hosts, distribution, and medical relationships (Ixodoidea: Ixodidae). The Journal of Parasitology, 59: 724-733.

Erster O, Roth A, Wolkomirsky R, *et al*. 2013. Comparative analysis of mitochondrial markers from four species of *Rhipicephalus* (Acari: Ixodidae). Veterinary Parasitology, 198: 364-370.

Estrada-Peña A, Castella J, Morel PC. 1994. Cuticular hydrocarbon composition, phenotypic variability, and geographic relationships in allopatric populations of *Amblyomma variegatum* (Acari: Ixodidae) from Africa and the Caribbean. Journal of Medical Entomology, 31(4): 534-544.

Estrada-Peña A, Dusb F, Castell J. 1995. Cuticular hydrocarbon variation and progeny phenotypic similarity between laboratory breeds of allopatric populations of *Argas* (*Persicargas*) *persicus* (Oken) (Acari: Argasidae). Acta Tropica, 59: 309-322.

Estrada-Peña A, Guglielmone AA, Mangold A, *et al*. 1993. Phenotypic variation of cuticular hydrocarbon composition in allopatric population of *Amblyomma cajennense* (Acarina: Ixodidae). Acta Tropica, 55: 61-78.

Estrada-Peña A, Mangold AJ, Nava S, *et al*. 2010. A review of the systematics of the tick family Argasidae (Ixodida). Acarologia, 50: 317-333.

Estrada-Peña A, Nava S, Petney T. 2014. Description of all the stages of *Ixodes inopinatus* n. sp. (Acari: Ixodidae). Ticks & Tick Borne Diseases, 5: 734-743.

Estrada-peña A, Osa JJ, Gorta C, *et al*. 1992. An account of the ticks of the northeastern of Spain (Acarina: Ixodidae). Annales De Parasitologie Humanine et Comparee, 67: 42-49.

Estrada-Peña A, Venzal JM, Mangold AJ, *et al*. 2005. The *Amblyomma maculatum* Koch, 1844 (Acari: Ixodidae: Amblyomminae) tick group: diagnostic characters, description of the larva of *A. parvitarsum* Neumann, 1901, 16S rDNA sequences, distribution and hosts. Systematic Parasitology, 60: 99-112.

Fairchild GB, Kohls GM, Tiptonand VJ. 1966. The ticks of Panama (Acarina: Ixodoidea). *In*: Wenzel WR, Tipton VJ. Ectoparasites of Panama. Chicago: Field Museum of Natural History: 167-219.

Filippova NA, Panova IV. 1978. *Anomalohimalaya lotozkyi*, a new species of ixodid ticks (Ixodoidea, Ixodidae) from the peter the first mountain ridge. Parazitologiia, 12: 391-399.

Filippova NA, Panova IV. 1984. Diagnosis of subgenera of the genus *Dermacentor* Koch by the larva and nymph and new data on the distribution of the subgenus *Asiacentor* (Ixodidae). Parazitologiia, 18: 135-139.

Filippova NA, Panova IV. 1987. A new species of ticks, *Dermacentor ushakovae* sp. n. (Ixodoidea, Ixodidae) from Kazakhstan and Central-Asia. Parazitologiia, 21: 450-458.

Filippova NA. 1964. Data on ticks of the subfamily Argasinae (Ixodoidea, Argasidae). Report Ⅱ. Taxonomy of Palearctic Argasinae and diagnoses of the species of the USSR fauna for all active phases in the life cycle. Parazitologicheskiy Sbornik Zoologicheskiy Institut Akademiya Nauk SSSR, 22: 7-27.

Filippova NA. 1966. Arachnoidea. Vol. Ⅳ Argasid ticks (Argasidae). Zoologicheskogo Institut Akademii Nauk. Moscow: Moscow-Leningrad (in Russian).

Filippova NA. 1977. Ixodid Tick of the Subfamily Ixodinae. *In*: Fauna of Russia and Adjacent Countries. Arachnida. Nauka: Leningrad.

Filippova NA. 1994. Classification of the subfamily Amblyomminae (Ixodidae) in connection with re-investigation of chaetotaxy of the anal valve. Parazitologiia, 28: 3-12.

Filippova NA. 1997. Ixodid ticks of subfamily Amblyomminae. Arachnoidea, 5: 1-436.

Filippova NA. 2008. Type specimens of argasid and ixodid ticks (Ixodoidea: Argasidae, Ixodidae) in the collection of the Zoological Institute, Russian Academy of Sciences (St. Petersburg). Entomological Review, 88: 1002-1011.

Fukunaga M, Yabuki M, Hamase A, *et al*. 2000. Molecular phylogenetic analysis of ixodid ticks based on the ribosomal DNA spacer, internal transcribed spacer 2, sequences. The Journal of Parasitology, 86: 38-43.

Ganjali M, Haddadzadeh H, Shayan P. 2011. Nucleotide sequence analysis of the second internal transcribed spacer (ITS2) in *Hyalomma anatolicum anatolicum* in Iran. Iranian Journal of Veterinary Medicine, 25: 89-93.

Gao S, Ren Y, Sun Y, *et al*. 2016. PacBio full-length transcriptome profiling of insect mitochondrial gene expression. RNA Biology, 13: 820-825.

Gargili A, Saravanan DB. 2013. Influence of laboratory animal hosts on the life cycle of *Hyalomma marginatum* and implications for an *in vivo* transmission model for Crimean-Congo hemorrhagic fever virus. Frontiers in Cellular and Infection Microbiology, 3: 39-48.

Geevarghese G, Mandke OA, Mishra AC. 2009. *Haemaphysalis* (*Kaiseriana*) *aculeata* Lavarra, 1904 (Ixodoidea: Ixodidae) re-description of adult and immature stages. Acarologia, 49: 5-11.

Geigy R, Wagner O. 1957. Ovogenses and Chromosomen verhal tinisse bei *Ornithodoros moubata*. Acta Tropica, 14: 88-91.

Ghosh M, Sangwan N, Sangwan AK, *et al*. 2017. Sexual alteration in antioxidant response and esterase profile in *Hyalomma anatolicum anatolicum* (Acari: Ixodidae) ticks. Journal of Parasitic Diseases, 41: 1-6.

Goddard J, Layton B. 2006. A Guide to the Ticks of Mississippi. Mississippi Agricultural & Forestry Experiment Station.

Goddard J, Piesman J. 2006. New records of immature *Ixodes scapularis* from Mississippi. Journal of Vector Ecology, 31: 421-422.

Goddard J. 2006. An annotated list of the ticks (Ixodidae and Argasidae) of Mississippi. Journal of Vector Ecology, 31: 206-209.

Gomez-Diaz E, Morris-Pocock JA, Gonzalez-Solis J, *et al*. 2012. Trans-oceanic host dispersal explains high seabird tick diversity on Cape Verde islands. Biology Letters, 8: 616-619.

Goroshchenko IL. 1962a. Karyotypes of Argasidase in relation to their systematization in the USSR. Tsitologiia, 4: 137-149.

Goroshchenko IL. 1962b. Karyological evidence for the systematic subdivision of the ticks belonging to the genus *Argas* "*reflexus*" group. Zool Zh, 41: 358-363.

Goroshchenko IL. 1962c. Chromosome complex of *Carios vespertilionis* Latr in connexion with problem of its generic appurtenance. Doklady Akademii Nauk SSSR, 144: 137-149.

Greenberg JR. 1969. Synthesis and properties of ribosomal RNA in *Drosophila*. Journal of Molecular Biology, 46: 85-98.

Grimaldi DA, Engel MS, Nascimbene PC. 2002. Fossiliferous Cretaceous amber from Myanmar (Burma): its rediscovery, biotic diversity, and paleontological significance. American Museum Novitates, 3361: 1-71.

Guan G, Yin H, Luo J, *et al*. 2002. Transmission of *Babesia* sp. to sheep with field-collected *Haemaphysalis qinghaiensis*. Parasitology Research, 88: 22-24.

Guglielmone AA, Keirans JE. 2002. *Ornithodoros kohlsi* Guglielmone and Keirans (Acari: Ixodida: Argasidae), a new name for *Ornithodoros boliviensis* Kohls and Clifford 1964. Proceedings Entomological Society of Washington, 104: 822.

Guglielmone AA, Nava S. 2014. Names for Ixodidae (Acari: Ixodoidea): valid, synonyms, incertae sedis, nomina dubia, nomina nuda, lapsus, incorrect and suppressed names—with notes on confusions and misidentifications. Zootaxa, 3767: 1-256.

Guglielmone AA, Robbins RG, Apanaskevich DA, *et al*. 2009. Comments on controversial tick (Acari: Ixodida) species names and species described or resurrected from 2003 to 2008. Experimental and Applied Acarology, 48: 311-327.

Guglielmone AA, Robbins RG, Apanaskevich DA, *et al*. 2010. The Argasidae, Ixodidae and Nuttalliellidae (Acari: Ixodida) of the world: a list of valid species names. Zootaxa, 2528: 1-28.

Guglielmone AA, Robbins RG, Apanaskevich DA, *et al*. 2014. The hard ticks of the world. Dordrecht, Heidelberg, New York, London: Springer.

Guglielmone AA, Venzal JM, Nava S, *et al*. 2006. The phylogenetic position of *Ixodes stilesi* Neumann, 1911 (Acari: Ixodidae): morphological and preliminary molecular evidences from 16S rDNA sequences. Systematic Parasitology, 65: 1-11.

Gunn SJ, Hilburn LR. 1989. Differential staining of tick chromosomes: techniques for C-banding and silver-staining and karyology of *Rhipicephalus sanguineus* (Latreille). The Journal of Parasitology, 75: 239-245.

Guzmán-Cornejo C, Robbins RG, Guglielmone AA. 2011. The *Amblyomma* (Acari: Ixodida: Ixodidae) of Mexico: identification keys, distribution and hosts. Zootaxa, 2998: 16-38.

Guzmán-Cornejo C, Robbins RG, Perez TM. 2007. The *Ixodes* (Acari: Ixodidae) of Mexico: parasite-host and host-parasite checklists. Zootaxa, 1553(1): 47-58.

Guzmán-Cornejo C, Robbins RG. 2010. The genus *Ixodes* (Acari: Ixodidae) in Mexico: adult identification keys, diagnoses, hosts, and distribution El género Ixodes (Acari: Ixodidae) en México: claves de identificación para adultos, diagnosis, huéspedes y distribución. Revista Mexicana de Biodiversidad, 81: 289-298.

Hall TJ, Cummings MR. 1977. Confirmation of a 32S ribosomal RNA intermediate in insects. Insect Biochemistry, 7: 347-349.

Hammen LV. 1983. Notes on the comparative morphology of ticks. Zoologische Mededelingen, 61: 209-242.

Hara J. 1963. A case report of the fowl tick, *Argas persicus* (Oken, 1818) which invaded residences (Acarina: Argasidae). Bulletin School Physiological Educational Juntendo University, 6: 23-125.

Haussecker D, Huang Y, Lau A, *et al*. 2010. Human tRNA-derived small RNAs in the global regulation of RNA silencing. RNA, 16: 673-695.

Hayashi F. 1986. Chromosome number of the lizard tick, *Ixodes asanumai* (Acarina: Ixodidae). International Journal of Acarology, 12: 211-213.

Heath A. 2015. Biology, ecology and distribution of the tick, *Haemaphysalis longicornis* Neumann (Acari: Ixodidae) in New Zealand. New Zealand Veterinary Journal, 64: 1-32.

Heath ACG. 2012. A new species of soft tick (Ixodoidea: Argasidae) from the New Zealand lesser short-tailed bat, Mystacina Tuberculata Gray. Tuhinga, 23: 29-37.

Herrin CS, Oliver J. 1974. Numerical taxonomic studies of parthenogenetic and bisexual populations of *Haemaphysalis longicornis* and related species (Acari: Ixodidae). The Journal of Parasitology, 60: 1025-1036.

Homsher PJ, Oliver JH. 1973. Cytogenetics of ticks (Acari: Ixodoidea). Ⅱ. Chromosomes of *Argas radiatus* Railliet and *Argas sanchezi* Dugès (Argasidae) with notes on spermatogenesis and hybridization. Journal of Parasitology, 59: 375-378.

Hoogstraal H, Aeschlimann A. 1982. Tick-host specificity. Bulletin de la Societe Entomologique de Suisse, 55: 5-32.

Hoogstraal H, Clifford CM, Saito Y, *et al*. 1973. *Ixodes* (*Partipalpiger*) *ovatus* Neumann, subgen. nov.: identity, hosts, ecology, and distribution (Ixodoidea: Ixodidae). Journal of Medical Entomology, 10: 157-164.

Hoogstraal H, Dhanda V, Bhat HR. 1970b. *Haemaphysalis* (*Kaiseriana*) *davisi* sp. n. (Ixodoidea: Ixodidae), a parasite of domestic and wild mammals in northeastern India, Sikkim, and Burma. The Journal of Parasitology, 56: 588-595.

Hoogstraal H, Dhanda V. 1970. *Haemaphysalis* (*H.*) *darjeeling* sp. n., a member of the *H.* (*H.*) *birmaniae* group (Ixodoidea, Ixodidae) parasitizing artiodactyl mammals in Himalayan forests of India, and in Burma and Thailand. The Journal of Parasitology, 56: 169-174.

Hoogstraal H, Gallagherand HY. 1985. *Haemaphysalis kutchensis*, an Indian-Pakistani Bird and Mammal Tick, Parasitizing a Migrant Whitethroat in the Sultanate of Oman. The Journal of Parasitology, 71: 129-130.

Hoogstraal H, Kaiser MN, Mitchell RM. 1970a. *Anomalohimalaya lama*, new genus and new species (Ixodoidea: Ixodidae), a tick parasitizing rodents, shrews, and hares in the Tibetan highland of Nepal. Annals of the Entomological Society of America, 65: 1576-1585.

Hoogstraal H, Kaiser MN. 1959. Observations on Egyptian *Hyalomma* ticks (Ixodoidea, Ixodidae). 5. Biological notes and differences in identity of *H. anatolicum* and its subspecies *anatolicum* Koch and *excavatum* Koch among Russian and other workers. Identity of *H. lusitanicum* Koch. Annals of the Entomological Society of America, 54: 243-261.

Hoogstraal H, Kaiser MN. 1960. Observations on ticks (Ixodoidea) of Libya. Annals of the Entomological Society of America, 53: 445-457.

Hoogstraal H, Kim KC. 1985. Tick and mammal coevolution, with emphasis on *Haemaphysalis*. *In*: Kim KC. Coevolution of Parasitic Arthropods and Mammals. New York: John Wiley & Sons.

Hoogstraal H, Kohls GM. 1960. Observations on the Subgenus *Argas* (Ixodoidea, Argasidae, *Argas*). 3. A Biological and Systematic Study of *A. reflexus hermanni* Audouin, 1827 (Revalidated), The African Bird Argasid. Annals of the Entomological Society of America, 53: 611-618.

Hoogstraal H, Kohls GM. 1963. Observations on the Subgenus *Argas* (Ixodoidea: Argasidae, *Argas*). 6. Redescription and biological notes on *A. lagenoplastis* Froggatt, 1906, of Australian fairy martins, *Hylochelidon ariel* (Gould). Annals of the Entomological Society of America, 58: 577-582.

Hoogstraal H, Moorhhouse DE, Wolf G, *et al*. 1977. Bat ticks of the genus *Argas* (Ixodoidea: Argasidae). *A.* (*Carios*) *macrodermae*, new species, from Queensland, Australia. Annals of the Entomological Society of America, 72: 861-870.

Hoogstraal H, Roberts FHS, Kohls GM, *et al*. 1968. Review of *Haemaphysalis* (*Kaiseriana*) *longicornis* Neumann (Resurrected) of Australia, New Zealand, New Caledonia, Fiji, Japan, Korea, and Northeastern China and USSR, and its parthenogenetic and bisexual populations (Ixodoidea, Ixodidae). The Journal of Parasitology, 54: 1197-1213.

Hoogstraal H, Saito Y, Dhanda V, *et al*. 1971. *Haemaphysalis* (*H.*) *obesa* Larrousse (Ixodoidea: Ixodidae) from northeast India and

Southeast Asia: description of immature stages and biological observations. The Journal of Parasitology, 57: 177-184.
Hoogstraal H, Trapido H. 1963. *Haemaphysalis silvafelis* sp. n., a parasite of the jungle cat in southern India (Ixodoidea, Ixodidae). The Journal of Parasitology, 49: 346-349.
Hoogstraal H, Uilenberg G, Klein J. 1967. *Haemaphysalis* (*Rhipistoma*) *anoplos* sp. n., a spurless tick of the elongata group (Ixodoidea, Ixodidae) parasitizing *Nesomys rufus* Peters (Rodentia) in Madagascar. The Journal of Parasitology, 53: 1103-1105.
Hoogstraal H, Varma M. 1962. *Haemaphysalis cornupunctata* sp. n. and *H. kashmirensis* sp. n. from Kashmir, with Notes on *H. sundrai* Sharif and *H. sewelli* Sharif of India and Pakistan (Ixodoidea, Ixodidae). The Journal of Parasitology, 48: 185-194.
Hoogstraal H, Wassef HY. 1973. The *Haemaphysalis* ticks (Ixodoidea: Ixodidae) of birds. 3. *H.* (*Ornithophysalis*) subgen. n.: definition, species, hosts, and distribution in the Oriental, Palearctic, Malagasy, and Ethiopian faunal regions. The Journal of Parasitology, 59: 1099-1117.
Hoogstraal H, Wassef HY. 1979. *Haemaphysalis* (*Allophysalis*) *kopetdaghica*: identity and discovery of each feeding stage on the wild goat in northern Iran (Ixodoidea: ixodidae). The Journal of Parasitology, 65: 783-790.
Hoogstraal H. 1956. African Ixodoidea. I. Ticks of the Sudan (with Special Reference to Equatoria Province and with Preliminary Reviews of the Genera *Boophilus*, *Margaropus*, and *Hyalomma*). Department of the Navy, Bureau of Medicine and Surgery, Washington.
Hoogstraal H. 1957. Bat Ticks of the Genus *Argas* (Ixodoidea, Argasidae), 2. *Secretargas* New Subgenus and *A. transgariepinus* White, 1846, its adult and immature stages; with a definition of the subgenus *Argas*. Annals of the Entomological Society of America, 52: 544-549.
Hoogstraal H. 1958. Bat ticks of the genus *Argas* (Ixodoidea, Argasidae), 3. The subgenus *Carios*, a redescription of *A.* (*C.*) *vespertilionis* (Latreille, 1802), and variation within an Egyptian population. Annals of the Entomological Society of America, 51: 19-26.
Hoogstraal H. 1966. Studies on southeast Asian *Haemaphysalis* ticks (Ixodoidea, Ixodidae). *H.* (*H.*) *capricornis* sp. n., the large malayan serow *Haemaphysalid* from southwestern Thailand. The Journal of Parasitology, 52: 783-786.
Hoogstraal H. 1969. *Haemaphysalis* (*Alloceraca*) *Kitaokai* sp. n. of Japan, and keys to species in the structurally primitive subgenus *Alloceraca* Schulze of *Eurasia* (Ixodoidea, Ixodoidae). The Journal of Parasitology, 55: 211-221.
Hoogstraal H. 1971. *Haemaphysalis* (*Kaiseriana*) *borneata* sp. n. (Ixodoidea: Ixodidae), a tick of the *H.* (*K.*) *aculeata* group parasitizing the sambar deer in Borneo. The Journal of Parasitology, 57: 1096-1098.
Hoogstraal H. 1985. Argasid and Nuttalliellid ticks as parasites and vectors. Advances in Parasitology, 24: 135-238.
Horak IG, Camicas JL, Keirans JE. 2002. The Argasidae, Ixodidae and Nuttalliellidae (Acari: Ixodida): A world list of valid tick names. Experimental and Applied Acarology, 28: 27-54.
Hornok S, Kontschán J, Kováts D, *et al*. 2014. Bat ticks revisited: *Ixodes ariadnae* sp. nov. and allopatric genotypes of *I. vespertilionis* in caves of Hungary. Parasites & Vectors, 7: 202.
Hosseini A, Dalimi A, Abdigoudarzi M. 2011. Morphometric study on male specimens of *Hyalomma anatolicum* (Acari: Ixodidae) in west of Iran. Iranian Journal of Arthropod-Borne Diseases, 5: 23-31.
Hosseini-Chegeni A, Hosseini R, Tavakoli M, *et al*. 2013. The Iranian *Hyalomma* (Acari: Ixodidae) with a key to the identification of male species. Persian Journal of Acarology, 2: 503-529.
Howell CJ. 1966. Studies on karyotypes of South African argasidae. I. *Ornithodoros savignyi.* (Audouin) (1827). Onderstepoort Journal of Veterinary Research, 33: 93-98.
Hunt LM, Hilburn LR. 1985. Biochemical differentiation between species of ticks (Acari: Ixodidae). Annals of Tropical Medicine & Parasitology, 79: 525-532.
Hutcheson HJ, Oliver JH, Houck MA, *et al*. 1995. Multivariate morphometric discrimination of nymphal and adult forms of the blacklegged tick (Acari: Ixodidae), a principal vector of the agent of Lyme disease in eastern North America. Journal of Medical Entomology, 32: 827-842.
Inatomi S, Yamaguti N. 1960. On an Argasid tick found at Niimi City. Bulletin of the Western British Japanese Society Zoology, 15: 17-18.
Jackson J, Chilton NB, Beveridge I, *et al*. 1998. An electrophoretic comparison of the Australian paralysis tick, *Ixodes holocyclus* Neumann, 1899, with *I. cornuatus* Roberts, 1960 (Acari: Ixodidae). Australian Journal of Zoology, 46: 109-117.
Juven-Gershon T, Kadonaga JT. 2010. Regulation of gene expression via the core promoter and the basal transcriptional machinery. Developmental Biology, 339: 225-229.
Kahn J, Muhsam BF. 1958. A note on tick chromosomes. Bulletin Research, 78: 205-206.
Kahn J. 1964. Cytotaxonomy of ticks. Quarterly Journal of Microscopical Science, 105: 123-137.
Kaiser MN, Hoogstraal H. 1963. The *Hyalomma* ticks (Ixodoidea, Ixodidae) of Afghanistan. The Journal of Parasitology, 49: 130-139.
Kaiser MN, Hoogstraal H. 1964. The *Hyalomma* ticks (Ixodoidea, Ixodidae) of Pakistan, India, and Ceylon, with keys to subgenera

and species. Acarologia, 4: 257-286.

Kaiser MN, Hoogstraal H. 1973. Bat ticks of the genus *Argas* (Ixodoidea: Argasidae). 9. *A.* (*Carios*) *daviesi*, new species, from Western Australia. Annals of the Entomological Society of America, 68: 423-428.

Kaiser MN, Hoogstraal H. 1974. Bat ticks of the genus *Argas* (Ixodoidea: Argasidae). 10. *A.* (*Carios*) *dewae*, new species, from Southeastern Australia and Tasmania. Annals of the Entomological Society of America, 69: 231-237.

Kaufman TS. 1972. A Revision of the Genus *Aponomma* Neumann, 1899 (Acarina, Ixodidae). PhD dissertation, University of Maryland.

Kaur H, Chhilar JS, Chhillar S. 2016. Mitochondrial 16S rDNA based analysis of some hard ticks belonging to genus *Hyalomma* Koch, 1844 (Acari: Ixodidae). The Journal of Advances in Parasitology, 33: 32-48.

Kaur H, Chhillar S. 2016. Phylogenetic analysis of some hard ticks from India using mitochondrial 16S rDNA. Journal of Applied Biology & Biotechnology, 33: 24-32.

Keirans J. 2009. Order Ixodida. *In*: Krantz G, Walter D. A Manual of Acarology. 3rd ed. Lubbock: Texas Tech University Press: 111-123 PP.

Keirans JE, Brewster BE. 1981. The Nuttall and British Museum (Natural History) tick collections: lec-totype designations for ticks (Acarina: Ixodoidea) described by Nuttall, Warburton, Cooper and Robinson. Bulletin of the British Museum Natural History, 41: 153-178.

Keirans JE, Bull CM, Duffield GA. 1996. *Amblyomma vikirri* n. sp. (Acari: Ixodida: Ixodidae), a parasite of the gidgee skink *Egernia stokesii* (Reptilia: Scincidae) from South Australia. Systematic Parasitology, 34: 1-9.

Keirans JE, Clifford CM, Corwin D. 1976. *Ixodes sigelos*, n. sp. (Acarina: Ixodidae), a parasite of rodents in Chile, with a method for preparing ticks for examination by scanning electron microscopy. Acarologia, 16: 217-225.

Keirans JE, Durden LA. 1998. Illustrated key to nymphs of the tick genus *Amblyomma* (Acari: Ixodidae) found in the United States. Journal of Medical Entomology, 35: 489-495.

Keirans JE, Hillyard PD. 2001. A catalogue of the type specimens of Ixodida (Acari: Argasidae, Ixodidae) deposited in the Natural History Museum, London. Occasional papers on Systematic Entomology, 13: 74.

Keirans JE, King DR, Sharrad RD. 1994. *Aponomma* (*Bothriocroton*) *glebopalma*, n. subgen., n. sp., and *Amblyomma glauerti* n. sp. (Acari: Ixodida: Ixodidae), Parasites of Monitor Lizards (Varanidae) in Australia. Journal of Medical Entomology, 31: 132-147.

Keirans JE, Lane RS, Cauble R. 2002. A series of larval *Amblyomma* species (Acari: Ixodidae) from amber deposits in the Dominican Republic. International Journal of Acarology, 28: 61-66.

Keirans JE, Litwak TR. 1989. Pictorial key to the adults of hard ticks, family Ixodidae (Ixodida: Ixodoidea), east of the Mississippi River. Journal of Medical Entomology, 55: 435-448.

Keirans JE, Robbins RG. 1987. *Amblyomma babirussae* Schulze (Acari: Ixodidae): redescription of the male, female, and nymph and description of the larva. Proceedings of the Entomological Society of Washington, 13: 646-659.

Keirans JE, Robbins RG. 1999. A world checklist of genera, subgenera, and species of ticks (Acari: Ixodida) published from 1973-1997. Journal of Vector Ecology, 24: 115-129.

Keirans JE, Walker JB, Horak IG, *et al.* 1993. *Rhipicephalus exophthalmos* sp. nov., a new tick species from southern Africa, and redescription of *Rhipicephalus oculatus* Neumann, 1901, with which it has hitherto been confused (Acari: Ixodida: Ixodidae). Onderstepoort Journal of Veterinary Research, 60: 229-246.

Keirans JE. 1992. Systematics of the Ixodida (Argasidae, Ixodidae, Nuttalliellidae): an overview and some problems. *In*: Tick Vector Biology. Springer, 1-21.

Kempf F, Boulinier T, De-Meeus T, *et al.* 2009. Recent evolution of host-associated divergence in the seabird tick *Ixodes uriae*. Molecular Ecology, 18: 4450-4462.

Keskin A, Bursali A, Kumlutas Y, *et al.* 2013. Parasitism of immature stages of *Haemaphysalis sulcata* (Acari: Ixodidae) on some reptiles in Turkey. The Journal of Parasitology, 99: 752-755.

Kishida K. 1939. Arachnida of Jehol. Orders: Scorpiones, Opiliones & Acarina. Rep. I. Sci. Exp. Manchoukuo, Sect. 5, Div. 1, Part 4, Art. 13: 1-49.

Kiszewski AE, Matuschka FR, Spielman A. 2001. Mating strategies and spermiogenesis in ixodid ticks. Annual Review of Entomology, 46: 167-182.

Kitaoka S, Suzuki H. 1983. Studies on the parasite fauna of Thailand. 5. Parasitic ticks on mammals and description of *Ixodes siamensis* sp. n. and *Rhipicephalus tetracornus* sp. n. (Acarina: Ixodidae). Tropical Medicine, 32: 205-219.

Kitaoka S. 1961. Physiological and ecological studies on some ticks. VII. Parthenogenetic and bisexual races of *Haemaphysalis bispinosa* in Japan and experimental crossing between them. The National Institute of Animal Health Quaterly, 1: 142-149.

Klompen H, Grimaldi D. 2001. First mesozoic record of a parasitiform mite: a larval Argasid tick in cretaceous amber (Acari: Ixodida: Argasidae). Annals of the Entomological Society of America, 94: 10-15.

Klompen H, Lekveishvili M, Iv WCB. 2007. Phylogeny of parasitiform mites (Acari) based on rRNA. Molecular Phylogenetics &

Evolution, 43: 936-951.

Klompen J, Dobson SJ, Barker SC. 2002. A new subfamily, Bothriocrotoninae n. subfam., for the genus *Bothriocroton* Keirans, King & Sharrad, 1994 status amend. (Ixodida: Ixodidae), and the synonymy of *Aponomma* Neumann, 1899 with *Amblyomma* Koch, 1844. Systematic Parasitology, 53(2): 101-107.

Klompen J, Oliver JH, Keirans JE, *et al*. 1997. A re-evaluation of relationships in the Metastriata (Acari: Parasitiformes: Ixodidae). Systematic Parasitology, 38: 1-24.

Klompen J, Oliver JH. 1993. Systematic relationships in the soft ticks (Acari: Ixodida: Argasidae). Systematic Entomology, 313-331.

Klompen JSH, Black IV, Keirans JE, *et al*. 2000. Systematics and biogeography of hard ticks, a total evidence approach. Cladistics 16: 79-102.

Klompen JSH, Black IW, Keirans JE, *et al*. 1996. Evolution of ticks. Annual Review of Entomology, 41: 141-161.

Klompen JSH, Connor B. 1995. Systematic relationships and the evolution of some life history aspects in the mite genus *Ensliniella* Vitzthum, 1925 (Acari: Winterschmidtiidae). Journal of Natural History, 29: 111-135.

Klompen JSH, Keirans JE, Durden LA. 1995. Three new species of ticks (Ixodida: Argasidae: *Carios*) from fruit bats (Chiroptera: Pteropodidae) in the Australasian region, with notes on host associations. Acarologia, 36: 25-40.

Klompen JSH. 1992. Comparative morphology of Argasid larvae (Acari: Ixodida: Argasidae), with notes on phylogenetic relationships. Annals of the Entomological Society of America, 85: 541-560.

Klompen JSH. 1999. Phylogenetic relationships in the family Ixodidae with emphasis on the genus *Ixodes* (Parasitiformes: Ixodidae). *In*: Needham GR, Michell R, Horn DJ, *et al*. Acarology IX: Symposia. Ohio Biological Survey, Columbus: 349-354.

Koch CL. 1844. Systematische übersicht über die Ordnung der Zecken. Archiv Für Naturgeschichte, 10: 217-239.

Kohls GM, Hoogstraal H, Clifford CM, *et al*. 1970. The subgenus *Persicargas* (Ixodoidea, Argasidae, *Argas*). 9. Redescription and new world records of *Argas* (*P.*) *persicus* (Oken), and resurrection, redescription, and records of *A.* (*P.*) *radiatus* Railliet, *A.* (*P.*) *sanchezi* Duges, and *A.* (*P.*) *miniatus* Koch, New. Annals of the Entomological Society of America, 63: 590-606.

Kohls GM. 1950. Two new species of ticks from Ceylon (Acarina: Ixodidae). The Journal of Parasitology, 36: 319-321.

Kohls GM. 1953. Notes on the ticks of Guam with the description of *Amblyomma squamosum* n. sp. (Acarina: Ixodidae). The Journal of Parasitology, 39: 264-267.

Kohls GM. 1956. Eight new species of *Ixodes* from Central and South America (Acarina: Ixodidae). The Journal of Parasitology, 42: 636-649.

Kohls GM. 1957. Insects of Micronesia Acarina: Ixodoidea.

Kolonin GV. 2007. Mammals as hosts of Ixodid ticks (Acarina, Ixodidae). Entomological Review, 87: 401-412.

Kolonin GV. 2009. Fauna of Ixodid ticks of the world (Acari, Ixodidae).

Krakowetz CN, Chilton NB. 2015. Sequence and secondary structure of the mitochondrial 16S ribosomal RNA gene of *Ixodes scapularis*. Molecular and Cellular Probes, 29: 35-38.

Krakowetz CN, Dergousoff SJ, Chilton NB. 2010. Genetic variation in the mitochondrial 16S rRNA gene of the American dog tick, *Dermacentor variabilis* (Acari: Ixodidae). Journal of Vector Ecology, 35: 163-173.

Krakowetz CN, Lindsay LR, Chilton NB. 2011. Genetic diversity in *Ixodes scapularis* (Acari: Ixodidae) from six established populations in Canada. Ticks & Tick Borne Diseases, 2: 143-150.

Krantz GW, Lindquist EE. 1979. Evolution of phytophagous mites (ACARI). Annual Review of Entomology, 24: 121-158.

Krantz GW, Walter DE. 2009. A manual of acarology. 3rd ed. Lubbock (Tx): Texas Tech University Press.

Krantz GW. 1978. A Manual of Acarology. 2nd ed. Corvallis: Oregon State University Book Stores Inc.

Krawczak FS, Martins TF, Oliveira CS, *et al*. 2015. *Amblyomma yucumense* n. sp. (Acari: Ixodidae), a parasite of wild mammals in Southern Brazil. Journal of Medical Entomology, 52: 28-37.

Kulakova NV, Khasnatinov MA, Sidorova EA, *et al*. 2014. Molecular identification and phylogeny of *Dermacentor nuttalli* (Acari: Ixodidae). Parasitology Research, 113: 1787-1793.

Kumar A. 1970. Ribosome synthesis in *Tetrahymena pyriformis*. The Journal of Cell Biology, 45: 623-634.

Labruna MB, Keirans JE, Camargo LMA, *et al*. 2005. *Amblyomma latepunctatum*, a valid tick species (Acari: Ixodidae) long misidentified with both *Amblyomma incisum* and *Amblyomma scalpturatum*. The Journal of Parasitology, 91: 527-541.

Labruna MB, Naranjo V, Mangold AJ, *et al*. 2007. Intercontinental studies on *Boophilus microplus*: will the real *B. microplus* stand up? Zanzíbar, Tanzania. Third Annual ICTTD-3 Meeting.

Labruna MB, Romero M, Martins TF, *et al*. 2010. Ticks of the genus *Amblyomma* (Acari: Ixodidae) infesting tapirs (*Tapirus terrestris*) and peccaries (*Tayassu pecari*) in Peru. Systematic and Applied Acarology, 15: 109-112.

Labruna MB, Venzal JM. 2009. *Carios fonsecai* sp. nov. (Acari, Argasidae), a bat tick from the central-western region of Brazil. Acta Parasitologica, 54: 355-363.

Landesman R, Gross PR. 1969. Patterns of macromolecule synthesis during development of *Xenopus laevis*: Ⅱ. Identification of the 40 S precursor to ribosomal RNA. Developmental Biology, 19: 244-260.

Lane RS, Poinar JG. 1986. First fossil tick (Acari: Ixodidae) in new world amber. International Journal of Acarology, 12: 75-78.

Latreille PA. 1795. Memoire sur la Phalène culiciforme de l'Eclaire. Magazin Encyclopédique, 4: 304-310.

Leach WE. 2010. A tabular view of the external characters of four classes of animals, which Linné arranged under Insecta, with the distribution of the genera composing three of these classes into orders, and descriptions of several new genera and species. Transactions of The Linnean Society of London: 3rd Series, 11: 306-400.

Lehtinen PT. 1991. Phylogeny and zoogeography of the Holothyrida. *In*: Dusbábek F, Bukva V. Modern Acarology.

Leo SS, Davis CS, Sperling F. 2012. Characterization of 14 microsatellite loci developed for *Dermacentor albipictus* and cross-species amplification in *D. andersoni* and *D. variabilis* (Acari: Ixodidae). Conservation Genetics Resources, 4: 379-382.

Leo SS, Pybus MJ, Sperling FA. 2010. Deep mitochondrial DNA lineage divergences within Alberta populations of *Dermacentor albipictus* (Acari: Ixodidae) do not indicate distinct species. Journal of Medical Entomology, 47: 565-574.

Li Y, Chen Z, Liu Z, *et al*. 2014a. Molecular identification of *Theileria* parasites of north-western Chinese Cervidae. Parasites & Vectors, 14: 225.

Li Y, Chen Z, Liu Z, *et al*. 2014b. First report of *Theileria* and *Anaplasma* in the Mongolian gazelle, Procapra gutturosa. Parasites & Vectors, 7: 614.

Li Y, Chen Z, Liu Z, *et al*. 2016. Molecular survey of *Anaplasma* and *Ehrlichia* of red deer and sika deer in Gansu, China in 2013. Transboundary & Emerging Diseases, 63: e228.

Li Y, Luo J, Guan G, *et al*. 2009. Experimental transmission of *Theileria uilenbergi* infective for small ruminants by *Haemaphysalis longicornis* and *Haemaphysalis qinghaiensis*. Parasitology Research, 104: 1227-1231.

Li Y, Luo J, Liu Z, *et al*. 2007. Experimental transmission of *Theileria* sp. (China 1) infective for small ruminants by *Haemaphysalis longicornis* and *Haemaphysalis qinghaiensis*. Parasitology Research, 101: 533-538.

Li Z, Ender C, Meister G, *et al*. 2012. Extensive terminal and asymmetric processing of small RNAs from rRNAs, snoRNAs, snRNAs, and tRNAs. Nucleic Acids Research, 40: 6787-6799.

Lindquist EE. 1984. Current theories on the evolution of major groups of Acari and on their relationships with other groups of Arachnida, with consequent implications for their classification. Griffiths DA, Bowman CE. Ellis Horwood, Chichester. Acarology VI, 1: 28-62.

Livanova NN, Tikunov AY, Kurilshikov AM, *et al*. 2015. Genetic diversity of *Ixodes pavlovskyi* and *I. persulcatus* (Acari: Ixodidae) from the sympatric zone in the south of Western Siberia and Kazakhstan. Experimental and Applied Acarology, 67: 441-456.

Londt JGH, Spickett AM. 1976. Gonad development and gametogenesis in *Boophilus decoloratus* (Koch, 1844) (Acarina Metastriata Ixodidae). Onderstepoort Journal of Veterinary Research, 43: 79-96.

Lopes SG, Andrade, GV, Costa-Júnior, LM. 2010. A first record of *Amblyomma dissimile* (Acari: Ixodidae) parasitizing the lizard *Ameiva ameiva* (Teiidae) in Brazil Primeiro registro de *Amblyomma dissimile* (Acari: Ixodidae) parasitando o lagarto Ameiva ameiva (Teiidae) no Brasil. Revista Brasileira de Parasitologia Veterinária, 19: 262-264.

Low VL, Tay ST, Kho KL, *et al*. 2015. Molecular characterisation of the tick *Rhipicephalus microplus* in Malaysia: new insights into the cryptic diversity and distinct genetic assemblages throughout the world. Parasites & Vectors, 8: 341.

Lu X, Lin X, Wang J, *et al*. 2013. Molecular survey of hard ticks in endemic areas of tick-borne diseases in China. Ticks & Tick Borne Diseases, 4: 288-296.

Lv J, Wu S, Zhang Y, *et al*. 2014a. Assessment of four DNA fragments (COI, 16S rDNA, ITS2, 12S rDNA) for species identification of the Ixodida (Acari: Ixodida). Parasites & Vectors, 7: 1-11.

Lv J, Wu S, Zhang Y, *et al*. 2014b. Development of a DNA barcoding system for the Ixodida (Acari: Ixodida). Mitochondrial DNA, 25: 142-149.

Ma ML, Chen Z, Liu AH, *et al*. 2016. Biological parameters of *Rhipicephalus* (*Boophilus*) *microplus* (Acari: Ixodidae) fed on rabbits, sheep, and cattle. Korean Journal of Parasitology, 54: 301-305.

Ma R. 1961. Comparative internal morphology of subgenera of *Argas* ticks (Ixodoidea, Argasidae). I. Subgenus *Carios*: *Argas vespertilionis* (Latreille, 1802). The Journal of Parasitology, 49: 987-994.

Ma R. 1974. Bat ticks of the genus *Argas* (Ixodoidea: Argasidae). Ⅱ. The structure and possible function of the ventral paired grooves in *A.* (*Chiropterargas*) *boueti* and *A.* (*Carios*) *vespertilionis*. Ztschrift Für Parasitenkunde, 44: 15-18.

Maa TC, Kuo JS. 1966. Catalogue and bibliography of ticks and mites parasitic on vertebrates in Taiwan. Quarterly Journal of the Taiwan Museum, 19: 373-413.

Mangold AJ, Bargues MD, Mas-Coma S. 1998a. Mitochondrial 16S rDNA sequences and phylogenetic relationships of species of *Rhipicephalus* and other tick genera among Metastriata (Acari: Ixodidae). Parasitology Research, 84: 478-484.

Mangold AJ, Bargues MD, Mas-Coma S. 1998b. 18S rRNA gene sequences and phylogenetic relationships of European hard-tick species (Acari: Ixodidae). Parasitology Research, 84: 31-37.

Mans BJ, Featherston J, Kvas M, *et al*. 2019. Argasid and ixodid systematics: Implications for soft tick evolution and systematics, with a new argasid species list. Ticks and Tick-Borne Diseases, 10: 219-240.

Mans BJ, Klerk DD, Pienaar R, *et al*. 2011. *Nuttalliella namaqua*: A living fossil and closest relative to the ancestral tick lineage: implications for the evolution of blood-feeding in ticks. PLoS One, 6: e23675.

Martin B, Michal S. 2013. First records of the tick *Ixodes frontalis* (Panzer, 1795) (Acari, Ixodidae) in Slovakia. Ticks & Tick Borne Diseases, 4: 478-481.

Martins TF, Labruna MB, Mangold AJ, *et al*. 2014. Taxonomic key to nymphs of the genus *Amblyomma* (Acari: Ixodidae) in Argentina, with description and redescription of the nymphal stage of four *Amblyomma* species. Ticks & Tick Borne Diseases, 5: 753-770.

Matheson R. 1935. Three new species of ticks, *Ornithodorus* (Acarina, Ixodoidea). The Journal of Parasitology, 21: 347-353.

Matheus H, Bernardi LFDO, Ogrzewalska M, *et al*. 2012. New records of rare *Ornithodoros* (Acari: Argasidae) species in caves of the Brazilian Amazon. Persian Journal of Acarology, 2: 127-135.

Mclain DK, Wesson DM, Collins FH, *et al*. 1995a. Evolution of the rDNA spacer, ITS 2, in the ticks *Ixodes scapularis* and *I. pacificus* (Acari: Ixodidae). Heredity, 75: 303-319.

McLain DK, Wesson DM, Oliver JH, *et al*. 1995b. Variation in ribosomal DNA internal transcribed spacers 1 among eastern populations of *Ixodes scapularis* (Acari: Ixodidae). Journal of Medical Entomology, 32: 353-360.

Mihalca AD, Kalmã RZ, Dumitrache MO. 2015. *Rhipicephalus rossicus*, a neglected tick at the margin of Europe: a review of its distribution, ecology and medical importance. Medical & Veterinary Entomology, 29: 215-224.

Miller HC. 2007. Distribution and phylogenetic analyses of an endangered tick, *Amblyomma sphenodonti*. New Zealand Journal of Zoology, 34: 97-105.

Miranpuri GS. 1975. Tick fauna of north-western India (Acarina: Metastigmata). International Journal of Acarology, 1: 31-54.

Mitani H, Takahashi M, Fukunaga MMAM. 2007. *Ixodes philipi* (Acari: Ixodidae): Phylogenetic status inferred from mitochondrial cytochrome oxidase subunit I gene Sequence comparison. The Journal of Parasitology, 93: 719-722.

Mixson TR, Fang QQ, Mclain DK, *et al*. 2004. Population structure of the blacklegged tick Ixodes scapularis revealed by SSCP data using the mitochondrial Cyt b and the nuclear ITS1 markers. Acta Zoologica Sinica, 50: 176-185.

Monis PT, Andrews RH, Saint CP. 2002. Molecular biology techniques in parasite ecology. International Journal for Parasitology, 32: 551-562.

Montagna M, Sassera D, Griggio F, *et al*. 2012. Tick-Box for 3′-end formation of mitochondrial transcripts in Ixodida, basal chelicerates and drosophila. PLoS One, 7: e47538.

Morel PC, Vassiliades G. 1963. Les *Rhipicephalus* du groupe sanguineus: Espèces africaines. Revue Delevage et de Medecine Veterinaire des Pays Tropicaux, 15: 343-386.

Morel PC. 1969. Contribution a la connaissance de la distribution des tiques (Acariens, Ixodidae et Amblyommidae) an Afrique Ethiopienne continentale. Ph.D. dissertation, University of Paris, Paris.

Movila A, Morozov A, Sitnicova N. 2013. Genetic polymorphism of 12S rRNA gene among *Dermacentor reticulatus* Fabricius ticks in the chernobyl nuclear power plant exclusion zone. The Journal of Parasitology, 99: 40-43.

Mtambo J, Van Bortel W, Madder M, *et al*. 2006. Comparison of preservation methods of *Rhipicephalus appendiculatus* (Acari: Ixodidae) for reliable DNA amplification by PCR. Experimental and Applied Acarology, 38: 189-199.

Murrell A, Barker CSC. 2003a. The value of idiosyncratic markers and changes to conserved tRNA sequences from the mitochondrial genome of hard ticks (Acari: Ixodida: Ixodidae) for phylogenetic inference. Systematic Biology, 52: 296-310.

Murrell A, Barker CSC. 2003b. Synonymy of *Boophilus* Curtice, 1891 with *Rhipicephalus* Koch, 1844 (Acari: Ixodidae). Systematic Parasitology, 56: 169-172.

Murrell A, Campbell NJH, Barker SC. 1999. Re: mitochondrial 12S rDNA indicates that the Rhipicephalinae (Acari: Ixodida: Ixodidae) is paraphyletic (letter to the editor). Molecular Phylogenetics & Evolution, 12: 83-86.

Murrell A, Campbell NJH, Barker SC. 2000. Phylogenetic analyses of the Rhipicephaline ticks indicate that the genus *Rhipicephalus* is paraphyletic. Molecular Phylogenetics & Evolution, 16: 1-7.

Murrell A, Campbell NJH, Barker SC. 2001a. Recurrent gains and losses of large (84-109 bp) repeats in the rDNA internal transcribed spacer 2 (ITS2) of Rhipicephaline ticks. Insect Molecular Biology, 10: 587-596.

Murrell A, Campbell NJH, Barker SC. 2001b. A total-evidence phylogeny of ticks provides insights into the evolution of life cycles and biogeography. Molecular Phylogenetics & Evolution, 21: 244-258.

Mwangi EN, Hassan SM, Kaaya GP, *et al*. 1997. The impact of *Ixodiphagus hookeri*, a tick parasitoid, on *Amblyomma variegatum* (Acari: Ixodidae) in a field trial in Kenya. Experimental & Applied Acarology, 21: 117-126.

Nava S, Beati L, Labruna MB, *et al*. 2014a. Reassessment of the taxonomic status of *Amblyomma cajennense* (Fabricius, 1787) with the description of three new species, *Amblyomma tonelliae* n. sp., *Amblyomma interandinum* n. sp. and *Amblyomma patinoi* n. sp., and reinstatement of *Amblyomma mixtum*, and *Amblyomma sculptum* (Ixodida: Ixodidae). Ticks & Tick Borne Diseases, 5: 252-276.

Nava S, Estrada-Peña A, Petney T, *et al*. 2015. The taxonomic status of *Rhipicephalus sanguineus* (Latreille, 1806). Veterinary

Parasitology, 208: 2-8.

Nava S, Guglielmone AA, Mangold AJ. 2009. An overview of systematics and evolution of ticks. Frontiers in Bioscience, 14: 2857-2877.

Nava S, Mastropaolo M, Mangold AJ, *et al*. 2014b. *Amblyomma hadanii* n. sp.(Acari: Ixodidae), a tick from northwestern Argentina previously confused with *Amblyomma coelebs* Neumann, 1899. Systematic Parasitology, 88: 261-272.

Nava S, Szabó MP, Mangold AJ, *et al*. 2008. Distribution, hosts, 16S rDNA sequences and phylogenetic position of the Neotropical tick *Amblyomma parvum* (Acari: Ixodidae). Annals of Tropical Medicine and Parasitology, 102: 409-425.

Nava S. 2011. Seasonal dynamics and hosts of *Amblyomma triste* (Acari: Ixodidae) in Argentina. Veterinary Parasitology, 181: 301-308.

Neumann LG. 1899. Révision de la famille des ixodidés (3e Mémoire). Mémoires de la Société Zoologique de France, 12: 107-294.

Neumann LG. 1901. Revision de la famille des Ixodides (4e Mémoire). Mémoires de la Société Zoologique de France, 14: 249-372.

Newton WH, Price MA, Graham OH, *et al*. 1972a. Chromosome patterns in Mexican *Boophilus annulatus* and *B. micropolus*. Annals of the Entomological Society of America, 65: 508-512.

Newton WH, Price MA, Graham OH, *et al*. 1972b. Chromosomal and gonadal aberrations observed in hybrid offspring of Mexican *Boophilus annulatus* & *Boophilus microplus*. Annals of the Entomological Society of America, 65: 536-541.

Niu Q, Liu Z, Yang J, *et al*. 2017. Genetic characterization and molecular survey of *Babesia* sp. Xinjiang infection in small ruminants and ixodid ticks in China. Infection Genetics and Evolution, 49: 330-335.

Noden BH, Grantham DAR. 2015. First report of adult *Amblyomma longirostre* (Acari: Ixodidae) in Oklahoma. Systematic and Applied Acarology, 20: 468-470.

Nomenclature ICOZ. 1961. International Code of Zoological Nomenclature. The International Trust for Zoological Nomenclature, London.

Nomenclature ICOZ. 1985. International Code of Zoological Nomenclature. 3rd ed. The International Trust for Zoological Nomenclature, London.

Nomenclature ICOZ. 1999. International Code of Zoological Nomenclature. 4th ed. The International Trust for Zoological Nomenclature, London.

Nordenskiold E. 1909. Zur Spermatogenese von *Ixodes reduvius*. Zoologischer Anzeiger, 34: 511-516.

Norris DE, Klompen JSH, Black WC. 1999. Comparison of the mitochondrial 12S and 16S ribosomal DNA genes in resolving phylogenetic relationships among hard ticks (Acari: Ixodidae). Annals of the Entomological Society of America, 1: 117-129.

Norris DE. 1996. Experimental infection of the raccoon (procyon lotor) with *Borrelia burgdorferi*. Journal of Wildlife Diseases, 32: 300-314.

Norris DE. 1997. Taxonomic status of *Ixodes neotomae* and *I. spinipalpis* (Acari: Ixodidae) based on mitochondrial DNA evidence. Journal of Medical Entomology, 34: 696-703.

Nuttall GHF, Cuncliffe N. 1913. Notes on ticks. III. Parasitology, 6: 131-138.

Nuttall GHF, Warburton C, Cooper WF, *et al*. 1908. Ticks: a monograph of the Ixodoidea, Parts 1-2. Cambridge: Cambridge University Press.

Nuttall GHF, Warburton C. 1908. On a new genus of the Ixodoidea together with a description of eleven new species of ticks. Proceedings of the Cambridge Philosophical Society, 14: 392-416.

Nuttall GHF, Warburton C. 1915. Ticks. A monograph of the Ixodoidea. Part III. The genus *Haemaphysalis*. Cambridge: Cambridge University Press.

Nuttall GHF. 1916. Notes on ticks. IV. Relating to the genus *Ixodes* and including a description of three new species and two new varieties. Parasitology, 8: 294-337.

Nyangiwe N, Gummow B, Horak IG. 2008. The prevalence and distribution of *Argas walkerae* (Acari: Argasidae) in the eastern region of the Eastern Cape Province, South Africa. Onderstepoort Journal of Veterinary Research, 83-86.

Olenev NO. 1927. A new species of the genus *Dermacentor* (Ixodidae). Parasitology, 19(1): 84.

Olenev NO. 1931. Parasitic ticks (Ixodoidea) of USSR. Opredeliteli po Faune Sssr, Izdavaemye Zoologischeskim Muzeem Akademii Nauk, 4: 125.

Oliver JH, Bremner KC. 1968. Cytogenetics of ticks. 3. chromosomes and sex determination in some Australian hard ticks (Ixodidae). Annals of the Entomological Society of America, 61: 837-844.

Oliver JH, Herrin CS. 1976. Differential variation of parthenogenetic and bisexual *Haemaphysalis longicornis* (Acari: Ixodidae). The Journal of Parasitology, 62: 475-484.

Oliver JH, Osburn AAL. 1974. Reproduction in Ticks (Acari: Ixodoidea). 3. Copulation in *Dermacentor occidentalis* Marx and *Haemaphysalis leporispalustris* (Packard) (Ixodidae). The Journal of Parasitology, 60: 499-506.

Oliver JH, Osburn RL, Stanley MA, *et al*. 1974b. Cytogenetics of ticks (Acari: Ixodoidea). 13. Chromosomes of *Ixodes kingi* with comparative notes on races east and west of the continental divide. The Journal of Parasitology, 60: 381-382.

Oliver JH, Tanaka K, Sawada M. 1973. Cytogenetics of ticks (Acari: Ixodoidea). 12. Chromosome and hybridization studies of bisexual and parthenogenetic *Haemaphysalis longicornis* races from Japan and Korea. Chromosoma, 42: 269-288.

Oliver JH, Tanaka K, Sawada M. 1974a. Cytogenetics of ticks (Acari: Ixodoidea). 14. Chromosomes of nine species of Asian Haemaphysalines. Chromosoma, 45(4): 445-456.

Oliver JH. 1966. Cytogenetics of ticks (Acari: Ixodoidea). 1. Karyotypes of the two *Ornithodoros* species (Argasidae) restricted to Australia. Annals of the Entomological Society of America, 59: 144-147.

Oliver JH. 1971. Parthenogenesis in mites and ticks (Arachnida: Acari). American Zoologist, 11: 283-299.

Oliver JH. 1977. Cytogenetics of mites and ticks. Annual Review of Entomology, 22: 407-429.

Oliver JH. 1982. Current status of the cytogenetic of ticks. *In*: Steiner WWM. Recent developments in the genetics of insect disease vectors. Stipes Publishing Co, Champaign, Illinois: 159-189.

Oliver JH. 1989. Lyme disease: tick vectors, distribution, and reservoir hosts. Journal of the Medical Association of Georgia, 78: 675-678.

Onofrio VC, Barros-Battesti DM, Labruna MB, *et al*. 2009. Diagnoses of and illustrated key to the species of *Ixodes* Latreille, 1795 (Acari: Ixodidae) from Brazil. Systematic Parasitology, 72: 143-157.

Oswald B. 1939. On Yugoslavian (Balkan) ticks (Ixodoidea). Parasitology, 31: 271-280.

Oz-Lealab SM, Daniel GA. 2015. The tick *Ixodes uriae* (Acari: Ixodidae): Hosts, geographical distribution, and vector roles. Ticks and Tick-borne Diseases, 6: 843-868.

Pegram RG. 1987. Comparison of populations of the *Rhipicephalus simus* group: *R. simus*, *R. praetextatus*, and *R. muhsamae* (Acari: Ixodidae). Journal of Medical Entomology, 24: 666-682.

Penalver E, Arillo A, Delclos X, *et al*. 2017. Ticks parasitised feathered dinosaurs as revealed by Cretaceous amber assemblages. Nature Communications, 8: 1924.

Poinar GO, Brown AE. 2003. A new genus of hard ticks in Cretaceous Burmese amber (Acari: Ixodida: Ixodidae). Systematic Parasitology, 54: 199-205.

Poinar GO, Buckley R. 2008. *Compluriscutula vetulum* (Acari: Ixodida: Ixodidae), A new genus and species of hard tick from Lower Cretaceous Burmese Amber. Proceedings of the Entomological Society of Washington, 110: 445-450.

Poinar GO. 1992. Life in Amber. Stanford University Press: xiii, 350.

Poinar GO. 1995. First fossil soft ticks, *Ornithodoros antiquus* n. sp. (Acari: Argasidae) in Dominican amber with evidence of their mammalian host. Experientia, 51: 384-387.

Pomerantzev BI. 1947. Basic directions of evolution of Ixodoidea. Parasitology, 10: 5-18.

Pomerantzev BI. 1950. Fauna of USSR Arachnida, Ixodid Ticks (Ixodidae) Paukoobraznye. Washington DC: The American Institute of Biological Sciences.

Porretta D, Mastrantonio V, Mona S, *et al*. 2013. The integration of multiple independent data reveals an unusual response to Pleistocene climatic changes in the hard tick *Ixodes ricinus*. Molecular Ecology, 22: 1666-1682.

Pospelova-Shtrom MV. 1946. On the Argasidae system (with description of two new subfamilies, three new tribes and one new genus). Meditsinskaya Parazitologiya, 15: 47-58.

Pospelova-Shtrom MV. 1969. On the system of classification of ticks of the family Argasidae Can., 1890. Acarologia, 11: 1-22.

Reinert JE. 2001. Revised list of abbreviations for genera and subgenera of Culicidae (Diptera) and notes on generic and subgeneric changes. Journal of the American Mosquito Control Association, 17: 51-55.

Ren Q, Chen Z, Luo J, *et al*. 2016. Laboratory evaluation of *Beauveria bassiana* and *Metarhizium anisopliae* in the control of *Haemaphysalis qinghaiensis* in China. Experimental & Applied Acarology, 69: 233-238.

Rich SM, Caporale DA, Telford SR, *et al*. 1995. Distribution of the *Ixodes ricinus*-like ticks of eastern North America. Proceedings of the National Academy of Sciences, 92: 6284-6288.

Robbins R, Robbins E. 2003. An indexed, annotated bibliography of the Chinese- and Japanese-language papers on ticks and tick-borne diseases translated under the editorship of the late Harry Hoogstraal (1917-1986). Systematic & Applied Acarology, 17: 1-12.

Robbins RG, Bush SE. 2006. First report of *Amblyomma papuanum* Hirst (Acari: Ixodida: Ixodidae) from the dwarf cassowary, *Casuarius bennetti* Gould (Aves: Struthioniformes: Casuariidae), with additional records of parasitism of *Casuarius* spp. by this tick. Proceedings of the Entomological Society of Washington, 108: 1002-1004.

Robbins RG, Karesh WB, Calle PP, *et al*. 1998. First records of *Hyalomma aegyptium* (Acari: Ixodida: Ixodidae) from the Russian spur-thighed tortoise, *Testudo graeca nikolskii*, with an analysis of tick population dynamics. The Journal of Parasitology, 84: 1303-1305.

Robbins RG, Phong BD, McCormack T, *et al*. 2006. Four new host records for *Amblyomma geoemydae* (Cantor) (Acari: Ixodida: Ixodidae) from captive tortoises and freshwater turtles (Reptilia: Testudines) in the Turtle Conservation Center, Cue Phuong National Park, Vietnam. Proceedings of the Entomological Society of Washington, 108: 726-729.

Robbins RG, Platt SG. 2011. *Amblyomma geoemydae* (Cantor) (Acari: Ixodida: Ixodidae): first report from the Arakan forest turtle, *Heosemys depressa* (Anderson) (Reptilia: Testudines: Emydidae), and first documented occurrence of this tick in the Union of

Myanmar. International Journal of Acarology, 47: 103-105.

Robbins RG. 2005. The ticks (Acari: Ixodida: Argasidae, Ixodidae) of Taiwan: A synonymic checklist. Proceedings of the Entomological Society of Washington, 107: 245-253.

Roberts FHS. 1953. The Australian species of *Aponomma* and *Amblyomma* (Ixodoidea). Australian Journal of Zoology, 39: 111-161.

Roberts FHS. 2010. *Ixodes* (*sternalixodes*) *myrmecobii* sp. n. from the numbat, myrmecobius fasciatus fasciatus waterhouse, in western australia (Ixodidae: Acarina). Austral Entomology, 1: 42-43.

Robinson LE. 1911. New species of ticks (*Haemaphysalis*, *Amblyomma*). Parasitology, 4: 478-484.

Robinson LE. 1926. The Genus *Amblyomma*.-Ticks: A Monograph of the Ixodoidea, Part Ⅳ. Cambridge: Cambridge University Press: 302pp.

Robyn N, Holly G, Jens C, *et al*. 2015. Comparative population genetics of two invading ticks: evidence of the ecological mechanisms underlying tick range expansions. Infection Genetics and Evolution, 35: 153-162.

Saito Y, Hoogstraal H, Wassef HY. 1974. The *Haemaphysalis* Ticks (Ixodoidea: Ixodidae) of Birds. 4. *H.* (*Ornithophysalis*) *phasiana* sp. n. from Japan. The Journal of Parasitology, 60: 198-208.

Saito Y, Hoogstraal H. 1973. *Haemaphysalis* (*Kaiseriana*) *mageshimaensis* sp. n. (Ixodoidea: Ixodidae), a Japanese deer parasite with bisexual and parthenogenetic reproduction. Journal of Parasitology, 59: 569-578.

Samish M, Ginsberg H, Glazer I. 2004. Biological control of ticks. Parasitology, 129: S389-S403.

Samish M. 2000. Biocontrol of ticks. Annals of the New York Academy of Sciences, 916: 172-178.

Sanchez JP, Nava S, Lareschi M, *et al*. 2010. Finding of an ixodid tick inside a late Holocene owl pellet from northwestern Argentina. The Journal of Parasitology, 96: 820-822.

Santos-Dias JAT. 1961. Nova contribu o para o conhecimento a ixodo fauna angolana. Carra as colhidas por uma miss o de estudo do Museu de Hamburgo. Anais dos Servi os de Veterinaria e Industria Animal, Mo Ambique, 9: 79-98.

Santos-Dias JAT. 1993. Nova contribuiçao para o estudo da sistemática do género Amblyomma Koch, 1844 (Acarina-Ixodoidea). Garcia de Orta, 19: 11-19.

Schille F. 1916. Entomologie aus der Mammut-und Rhinoceros-Zeit Galiziens. Entomologische Zeitschrift, 30: 42-43.

Schulze P. 1920. Bestimmungstabelle für das Zeckengenus Hyalomma Koch. Sitzungsber. Naturforsch. Sitzungsber Ges Naturforsch Freunde, 5: 189-196.

Schulze P. 1931. Einige Neue Chinesische Ixodiden (*Haemaphysalis*, *Dermacentor*). Sitzungsber Ges Naturforsch Freunde, 3: 49-54.

Schulze P. 1935. Zur Zeckenfauna Formosas. Zoologischer Anzeiger, 112: 233-237.

Scudder SH. 1885. A contribution to our knowledge of paleozoic Arachnida. Proceedings of the American Academy Sciences, 2: 12

Shao R, Aoki Y, Mitani H, *et al*. 2004. The mitochondrial genomes of soft ticks have an arrangement of genes that has remained unchanged for over 400 million years. Insect Molecular Biology, 21: 219-224.

Shao R, Barker SC, Mitani H, *et al*. 2005. Evolution of duplicate control regions in the mitochondrial genomes of metazoa: a case study with Australasian *Ixodes* ticks. Molecular Biology and Evolution, 22: 620-629.

Shaw M, Murrell A, Barker S. 2002. Low intraspecific variation in the rRNA internal transcribed spacer 2 (ITS2) of the Australian paralysis tick, *Ixodes holocyclus*. Parasitology Research, 88: 247-252.

Sheryl VN. 2015. Tick-induced allergies: mammalian meat allergy, tick anaphylaxis and their significance. Asia Pacific Allergy, 5: 3-16.

Shyma KP, Kumar S, Sharma AK, *et al*. 2012. Acaricide resistance status in Indian isolates of *Hyalomma anatolicum*. Experimental and Applied Acarology, 58: 471-481.

Simmons L, Burridge MJ. 2000. Introduction of the exotic ticks *Amblyomma humerale* Koch and *Amblyomma geoemydae* (Cantor) (Acari: Ixodidae) into the united states on imported reptiles. International Journal of Acarology, 26: 239-242.

Sirri K, Gurkan, Akyildiz, *et al*. 2015. External morphological anomalies in ixodid ticks from Thrace, Turkey. Experimental and Applied Acarology, 67: 457-466.

Siuda K, Hoogstraal H, Clifford CM, *et al*. 1979. Observations on the subgenus *Argas* (Ixodoidea: Argasidae: *Argas*). 17. *Argas* (*A.*) *polonicus* sp. n. parasitizing domestic pigeons in Krakow, Poland. The Journal of Parasitology, 65: 170-181.

Skoracka A. 2015. Cryptic speciation in the Acari: a function of species lifestyles or our ability to separate species? Experimental and Applied Acarology, 67: 165-182.

Snow KR, Arthur DR. 1970. Larvae of the *Ixodes ricinus* complex of species. Parasitology, 60: 27-38.

Sokolov II. 1954. The Chromosome complex of mites and its importance for systematic and phylogeny. Trud Leningrad Obshchest Estestvoispyt, 72: 124-159.

Sonenshine DE, Clifford CM. 1973. Contrasting incidence of rocky mountain spotted fever in ticks infesting wild birds in Eastern U.S. piedmont and coastal areas, with notes on the ecology of these ticks. Journal of Medical Entomology, 10: 497-502.

Spickett AM, Keirans JE, Norval RA, *et al.* 1981. *Ixodes* (*Afrixodes*) *matopi* n. sp. (Acarina: Ixodidae): a tick found aggregating on preorbital gland scent marks of the klipspringer in Zimbabwe. Onderstepoort Journal of Veterinary Research, 48: 23-30.

Spickett AM, Malan JR. 1978. Genetic incompatibility between *Boophilus decoloratus* (Koch, 1844) and *Boophilus microplus* (Canestrini, 1888) and hybrid sterility of Australian and South African *Boophilus microplus* (Acarina: Ixodidae). Onderstepoort Journal of Veterinary Research, 45: 149-153.

Stafford KC, Denicola AJ, Kilpatrick HJ. 2003. Reduced abundance of *Ixodes scapularis* (Acari: Ixodidae) and the tick parasitoid *Ixodiphagus hookeri* (Hymenoptera: Encyrtidae) with reduction of white-tailed deer. Journal of Medical Entomology, 40: 642-652.

Stephen CB, Walker AR, Campelo D. 2014. A list of the 70 species of Australian ticks; diagnostic guides to and species accounts of *Ixodes holocyclus* (paralysis tick), *Ixodes cornuatus* (southern paralysis tick) and *Rhipicephalus australis* (Australian cattle tick); and consideration of the place of Australia in the evolution of ticks with comments on four controversial ideas. International Journal for Parasitology, 44: 941-953.

Stothard DR, Fuerst PA. 1995. Evolutionary analysis of the spotted fever and *Thyphus* groups of Rickettsia using 16S rRNA gene sequences. Systematic & Applied Microbiology, 18: 52-61.

Strickland RK, Gerrisch RR, Hourrigan JL, *et al.* 1976. Ticks of Veterinary Importance. United States Department of Agriculture, Animal and Plant Health Inspection Service, 485: 122.

Sun C, Liu J, Huang L, *et al.* 2012. Molecular prevalence of *Anaplasma ovis* in Dangxiong county of China Tibet. Progress in Veterinary Medicine, 33: 9-13.

Sun Y, Xu RM. 2013. The genus *Dermacentor* and the subgenus *Indocentor* (Acari: Ixodidae) from China. Orient Insects, 47: 155-168.

Szabo MPJ, Mangold AJ, Joao CF, *et al.* 2005. Biological and DNA evidence of two dissimilar populations of the *Rhipicephalus sanguineus* tick group (Acari: Ixodidae) in South America. Veterinary Parasitology, 130: 131-140.

Tian Z, Liu G, Xie J, *et al.* 2011. Discrimination between *Haemaphysalis longicornis* and *H. qinghaiensis* based on the partial 16S rDNA and the second internal transcribed spacer (ITS-2). Experimental and Applied Acarology, 54: 165-172.

Toumanoff C. 1944. Les tiques (Ixodoidea) de l'Indochine. Institut Pasteur de l'Indochine, S.I.L.I., Saigon.

Trapido H, Hoogstraal H. 1964. *Haemaphysalis cornigera shimoga* subsp. n. from southern India (Ixodoidea, Ixodidae). The Journal of Parasitology, 50: 303-310.

Trout RT, Steelman CD, Szalanski AL. 2009. Population genetics and phylogeography of *Ixodes scapularis* from Canines and Deer in Arkansas. Southwestern Entomologist, 34: 273-287.

Trout RT, Steelman CD, Szalanski AL. 2010. Population genetics of *Amblyomma americanum* (Acari; Ixodidae) collected from Arkansas. Journal of Medical Entomology, 47: 152-161.

Tuzet O, Millot J. 1937. Recherches sur la spermiogènese des Ixodes. Bulletin Biologique de la France et de la Belgique, 71: 190-205.

Uchikawa K, Sato A, Kucimoto M. 1967. Studies on the argasid infesting the Japanese House Martin, Dclichon urbica. Medical Journal of Shishu University, 12: 141-155.

Uchikawa K, Sato A. 1968. Tarsal chaetotaxy of *Argas japonicus* Yamaguti, Clifford and Tipton, 1968 (Ixodoidea: Argasidae). Medical Entomology & Zoology, 19: 157-161.

Uchikawa K, Sato A. 1969. The Occurrence of *Argas japonicus* and *Ixodes lividus* in Nagano Prefecture, Japan (Ixodoidea: Argasidae; Ixodidae). Journal of Medical Entomology, 6: 95-97.

Ushijima Y, Oliver JH, Keirans JE, *et al.* 2003. Mitochondrial sequence variation in *Carios capensis* (Neumann), a parasite of seabirds, collected on Torishima Island in Japan. The Journal of Parasitology, 89: 196-198.

Van Nunen S. 2015. Tick-induced allergies: mammalian meat allergy, tick anaphylaxis and their significance. Asia Pacific Allergy, 5: 3-16.

Venzal JM, Barros-Battesti DM, Onofrio VC, *et al.* 2004. Three new species of *Antricola* (Acari: Argasidae) from Brazil, with a key to the known species in the genus. The Journal of Parasitology, 90: 490-498.

Venzal JM, Castro O, Cabrera P, deSouza C, *et al.* 2001. *Ixodes* (*Haemixodes*) *longiscutatum* Boero (new status) and *I.* (*H.*) *uruguayensis* Kohls & Clifford, a new synonym of *I.* (*H.*) *longiscutatum* (Acari: Ixodidae). Memórias do Instituto Oswaldo Cruz, 96: 1121-1122.

Venzal JM, Estrada-Peña A, Mangold AJ, *et al.* 2008. The *Ornithodoros* (*Alectorobius*) *talaje* species group (Acari: Ixodida: Argasidae): description of *Ornithodoros* (*Alectorobius*) *rioplatensis* n. sp. from southern South America. Journal of Medical Entomology, 45: 832-840.

Venzal JM, González-Acuña D, Muñoz-Leal S, *et al.* 2015. Two new species of *Ornithodoros* (Ixodida; Argasidae) from the Southern Cone of South America. Experimental and Applied Acarology, 66: 127-139.

Venzal JM, Nava S, González-Acuña D, *et al.* 2013a. A new species of *Ornithodoros* (Acari: Argasidae), parasite of *Microlophus* spp. (Reptilia: Tropiduridae) from northern Chile. Ticks & Tick Borne Diseases, 4: 128-132.

Venzal JM, Nava S, Mangold AJ, *et al*. 2012. *Ornithodoros quilinensis* sp. nov. (Acari, Argasidae), a new tick species from the Chacoan region in Argentina. Acta Parasitologica, 57: 329-336.

Venzal JM, Nava S, Terassini FA, *et al*. 2013b. *Ornithodoros peropteryx* (Acari: Argasidae) in Bolivia: an *Argasid* tick with a single nymphal stage. Experimental and Applied Acarology, 61: 231-241.

Vigueras JP. 1934. On the ticks of Cuba, with description of a new species, *Amblyomma torrei*, from *Cyelura macleayi* Gray. Psyche, 41: 13-18.

Voltzit OV, Keirans JE. 2003. A review of African *Amblyomma* species (Acari, Ixodida, Ixodidae). Acarina, 11: 135-214.

Wagner O. 1958. Fortpflanzung bei *Ornithodoros moubata* und genitale Uebertragung von *Borrelia duttoni*. Acta Tropica, 15: 119-168.

Walker AR, Bouattour A, Camicas JL, *et al*. 2007. Ticks of domestic animals in Africa: a guide to identification of species. The University of Edinburgh (Revised Edition).

Walker JB, Keirans JE, Horak IG. 2000. The Genus *Rhipicephalus* (Acari, Ixodidae): A Guide to the Brown Ticks of the World. Cambridge and New York: Cambridge University Press.

Walker JB, Keirans JE, Pegram RG. 1993. *Rhipicephalus aquatilis* sp. nov. (Acari: Ixodidae), a new tick species parasitic mainly on the sitatunga, *Tragelaphus spekei*, in east and central Africa. Onderstepoort Journal of Veterinary Research, 60: 205-210.

Walker JB, Olwage A. 1987. The tick vectors of *Cowdria ruminantium* (Ixodoidea, Ixodidae, genus *Amblyomma*) and their distribution. Onderstepoort Journal of Veterinary Research, 54: 353-379.

Walker JB. 1966. *Rhipicephalus carnivoralis* sp. nov. (Ixodoidea, Ixodidae). A new species of tick from East Africa. Parasitology, 56: 1-12.

Wang D, Wang Y, Yang G, *et al*. 2016. Ticks and tick-borne novel bunyavirus collected from the natural environment and domestic animals in Jinan city, East China. Experimental and Applied Acarology, 68: 213-221.

Warburton C. 1910. On two collections of Indian ticks. Parasitology, 3: 395-407.

Warburton C. 1913. On four new species and two new varieties of the ixodid genus *Haemaphysalis*. Parasitology, 6: 121-130.

Warburton C. 1927. On Five New species of ticks (Arachnida ixodoidea), *Ornithodorus nattereri*, *Ixodes theodori*, *Haemaphysalis toxopei*, *Amblyomma robinsoni* and *A. dammermani*, with a note on the ornate Nymph of *A. latum*. Parasitology, 19: 405-410.

Warburton C. 1933. On five new species of ticks (Arachnida Ixodoidea). Parasitology, 24: 558-568.

Warren E. 1933. On a typical modes of sperm development in certain arachnids. Annales Des Naturelles Museum, 7: 151-194.

Wassef HY, Hoogstraal H. 1983. *Dermacentor* (*Indocentor*) *compactus* (Acari: Ixodoidea: Ixodidae): identity of male and female. Journal of Medical Entomology, 20: 648-652.

Wassef HY, Hoogstraal H. 1986. *Dermacentor* (*Indocentor*) *steini* (Acari: Ixodoidea: Ixodidae): identity of male and female. Journal of Medical Entomology, 23: 532-537.

Wassef HY, Hoogstraal H. 1988. *Dermacentor* (*Indocentor*) *steini* (Acari: Ixodoidea: Ixodidae): hosts, distribution in the Malay Peninsula, Indonesia, Borneo, Thailand, the Philippines, and New Guinea. Journal of Medical Entomology, 25: 315-320.

Weidner H. 1964. Eine Zecke, *Ixodes succineus* sp. n., im baltischen Bernstein. Veroff Uberseemus Bremen, 3: 143-151.

Wen T, Chen Z, Robbins RG. 2016. *Haemaphysalis qinghaiensis* (Acari: Ixodidae), a correct original species name, with notes on Chinese geographical and personal names in zoological taxa. Systematic and Applied Acarology, 21: 267-269.

Wesson DM, Collins FH. 1992. Sequence and secondary structure of 5.8S rRNA in the tick, *Ixodes scapularis*. Nucleic Acids Research, 20(5): 1139.

Wesson DM, McLain DK, Oliver JH, *et al*. 1993. Investigation of the validity of species status of *Ixodes dammini* (Acari: Ixodidae) using rDNA. Proceedings of The National Academy, 90: 10221-10225.

Whittingham DG. 1980. Parthenogenesis in mammals. Oxford Reviews of Reproductive Biology, 2: 205-231.

Wier A, Michael D, Grimaldi D, *et al*. 2002. Spirochete and protist symbionts of a termite (*Mastotermes electrodominicus*) in Miocene Amber. Proceedings of the National Academy of Sciences of the United States of America, 99: 1410-1413.

Willadsen P. 2006. Tick control: thoughts on a research agenda. Veterinary Parasitology, 138: 161-168.

William CB, Klompen JSH, Keirans JE. 1997. Phylogenetic relationships among tick subfamilies (Ixodida: Ixodidae: Argasidae) based on the 18S nuclear rDNA gene. Molecular Phylogenetics & Evolution, 7: 129-144.

Williams JGK, Kubelik AR, Livak KJ, *et al*. 1990. DNA polymorphisms amplified by arbitrary primers are useful as genetic markers. Nucleic Acids Research, 18: 6531-6535.

Williams-Newkirk AJ, Burroughs M, Changayil SS, *et al*. 2015. The mitochondrial genome of the lone star tick (*Amblyomma americanum*). Ticks & Tick Borne Diseases, 6: 793-801.

Wilson N. 1970. Acarina: Metastigmata: Ixodidae of South Georgia, Heard and Kerguelen. Pacific Insects Monograph, 23: 78-88.

Woolley TA, Sauer JR. 1988. Acarology: mites and human welfare. Quarterly Review of Biology, 4: 298-299.

Wysoki M, Bolland HR. 1979. Timing of spermatogenesis, chromosomes and sex determination of *Amblyomma variegatum* and *A. lepidum* (Acari: Ixodidae). Genetica, 50: 73-77.

Xu X, Bei JL, Xuan YB, *et al*. 2020. Full-length genome sequence of segmented RNA virus from ticks was obtained using small

RNA sequencing data. BMC Genomics, 21: 641.

Xu X, Ji H, Jin X, *et al*. 2019. Using pan RNA-seq analysis to reveal the ubiquitous existence of 5′ and 3′ end small RNAs. Frontiers in Genetics, 10: 1-11.

Yamaguti N, Inatomi S. 1961. On the morphology of larva and nymph of *Argas* species collected in Okayama Prefecture, and some additional observations on its biology. The Japan Society of Medical Entomology and Zoology, 12: 142-151.

Yamaguti N, Tipton VJ, Keegan HL, *et al*. 1971. Ticks of Japan, Korea, and the Ryukyu Islands. Brigham Young University Science Bulletin, 15: 1-226.

Yamaguti NC, Clifford M, Tipton VJ. 1968. *Argas* (*Argas*) *japonicus* new species, associated with swallows in Japan and Korea (Ixodoidea, Argasidae). Japan Medical Entomology, 5: 453-459.

Yu Z, Zheng H, Chen Z, *et al*. 2010. The life cycle and biological characteristics of *Dermacentor silvarum* Olenev (Acari: Ixodidae) under field conditions. Veterinary Parasitology, 168: 323-328.

Yu Z, Zheng H, Yang X, *et al*. 2011. Seasonal abundance and activity of the tick *Dermacentor silvarum* in northern China. Medical and Veterinary Entomology, 25: 25-31.

Yunker CE, Keirans JE, Clifford CM, *et al*. 1986. *Dermacentor* ticks (Acari: Ixodoidea: Ixodidae) of the New World: a scanning electron microscope atlas. Proceedings of the Entomological Society of Washington, 88: 609-627.

Zahler M. 1997. Relationships between species of the *Rhipicephalus sanguineus* group: a molecular approach. The Journal of Parasitology, 83: 302-306.

Zhang RL, Zhang B. 2014. Prospects of using DNA barcoding for species identification and evaluation of the accuracy of sequence databases for ticks (Acari: Ixodida). Ticks & Tick Borne Diseases, 3: 352-358.

Zheng H, Yu Z, Chen Z, *et al*. 2011. Development and biological characteristics of *Haemaphysalis longicornis* (Acari: Ixodidae) under field conditions. Experimental and Applied Acarology, 53: 377-388.

Zhmaeva ZM. 1950. Parthenogenetic development of *Haemaphysalis bispinosa* Neum. (Acaria, Ixodidae). Entomologicheskoe Obozrenie, 31: 121-122.

Колонин ГВ. 1981. Мировое распространение иксодовых клещей (род Ixodes). М.: Наука.